Introduction and Practices of
Aircraft Certification

항공기 인증기술

[개론과 실무]

Introduction and Practices of
Aircraft Certification

항공기 인증기술
[개론과 실무]

인 쇄 : 2025년 11월 17일 초판 1쇄
발 행 : 2025년 11월 24일 초판 1쇄

저 자 : 이강이 · 김두만 · 이종희
발행인 : 송 준
발행처 : 도서출판 홍릉
주 소 : 01093 서울시 강북구 인수봉로 50길 10
등 록 : 1976년 10월 21일 제5-66호

전 화 : 02-999-2274~5, 903-7037
팩 스 : 02-905-6729
e-mail : hongpub@hongpub.co.kr
http://www.hongpub.co.kr
ISBN : 979-11-7570-004-8(93550)

정 가 : 65,000원

Introduction and Practices of Aircraft Certification

항공기 인증기술

[개론과 실무]

이강이 · 김두만 · 이종희 지음

도서출판 홍릉

저자소개

이강이

- 인하대학교 졸업, 충남대학교 석사, 부산대학교 박사
- 국방기술품질원, 삼성항공(한화에어로), 케이엠앤아이
- 한국항공우주연구원 팀장, 항공안전기술원 인증본부장
- 한미 항공안전협정(BASA) 부품인증체계 구축 연구책임자
- B737 타이어, KC-100 비행기 한미 시범인증 실무책임자
- 항공철도사고조사위원회 자문위원, 대법원 전문심리위원
- 군용항공기 감항인증 자문위원, 항공기 기술기준 심의위원
- 항공우주시스템공학회 부회장, 인하대학교 겸임교수

김두만

- 한국항공대학교 졸업, 단국대학교 석사, 공학박사
- 공군교육사령부 교관
- 인하공업전문대학 항공기계과 교수
- 한국항공대학교 항공우주기계공학부 교수 (명예교수)
- 국토교통부 및 산업자원부 항공부문 전문위원
- 한국항공모형과학협회 이사장, ㈜케이씨스 대표이사
- 한국항공우주산업진흥협회 운영위원 및 전문위원
- 항공우주시스템공학회 초대 회장, 한국항공우주학회 펠로우

이종희

- 서울대학교 졸업, KAIST 기계공학과 석사, 공학박사
- 삼성중공업 설계실, 한국기계연구원, 중원대학교 교수
- 한국항공우주연구원 항공우주안전인증센터장, 항공안전기술원 연구위원
- 항공법 및 항공안전법에 의한 우리나라 항공기 인증체계 구축
- 한미 항공안전협정(BASA) 추진 및 시범인증사업 연구책임자
- ICAO 및 FAA 항공안전평가프로그램 기술지원 (USOAP, IASA)
- 국토교통부 항공기 기술기준 심의위원, 항공안전위원회 위원
- 방위사업청 헬기사업단 전문위원, 군용항공기 감항인증 심의위원
- 항공우주시스템공학회 부회장, 명예회장

머리말

최신의 상업용 비행기 제작에는 50만종 이상의 부품과 200 km 이상의 전선이 사용되고 있습니다. 이들 항공기는 각종 첨단기술이 복합된 비행체로서 3차원의 공간을 비행한다는 점에서 그 성능뿐만 아니라, 고도의 신뢰성과 안전성이 요구됩니다. 이에 따라서 항공기 및 부품의 설계, 제작, 운용 과정에서 그 안전성에 관하여 인증을 받아야 합니다. 항공기 인증(Certification)은 안전성 요건을 규정하고 있는 감항기준에 대한 적합성을 기술적으로 입증하고 판단하는 과정입니다.

사람이 인력이 아닌 동력을 사용하는 비행을 처음 시도한 것이 1903년으로 알려져 있고, 항공기 인증을 처음으로 제도적으로 규정한 것은 1926년에 제정된 미국의 항공상업법(Air Commerce Act) 입니다. 1938년에는 민간항공법(Civil Aeronautics Act)이 제정되어 민간항공의 책무가 새로 구성된 독립기구인 민간항공당국(CAA)에 이관되었으며, 1958년에 발효된 연방항공법(Federal Aviation Act)은 항공 관련 제도의 기본법이 되었습니다.

우리나라는 1961년 항공법과 항공기제조사업법을 제정하였습니다. 이들 법률은 일본이 1927년 제정한 관련 법령을 기반으로 한 것으로, 항공기제조사업법은 1978년에 항공공업진흥법으로 전환되었고, 1987년에는 항공우주산업개발촉진법에 의한 항공기 및 부품에 대한 성능검사 및 품질검사가 시행되었습니다. 이 법령에 따라 1990년에 프랑스 정부와 항공분야 최초의 정부간 생산검증 협정을 체결한 바 있습니다.

우리나라의 감항당국인 국토교통부는 항공기 인증의 중요성과 세계적 항공산업의 환경변화를 인식하고, 1997년 한국항공우주연구원을 전문기관으로 지정하여 항공기 인증의 기술적 업무를 수행하게 함으로써 본격적인 항공기 인증업무가 시작되었다고 볼 수 있습니다. 이후 2014년 항공안전기술원법에 의하여 설립된 항공안전기술원으로 항공기 인증 업무가 이관되고, 2017년에는 항공법이 분법되어 항공안전법으로 제정됨으로써 항공안전과 인증은 이 법의 규정을 따르게 되었습니다.

우리나라는 이러한 제도적 변화와 항공기 인증체계 정립을 거쳐 미국과 동등한 수준으로 평가되어 2008년 미국과 항공안전협정(BASA: Bilateral Aviation Safety Agreement)을 체결함으로 우리나라의 항공생산품을 미국으로 수출할 수 있게 되었습니다. 2013년에는 한국항공우주산업(KAI)이 개발한 4인승 소형 항공기 KC-100에 대하여 항공법에 의한 형식증명을 발급하게 되었으며, 이후 항공안전협정에 의하여 미국 연방항공청(FAA)으로부터 최초의 형식증명을 발급받게 되었습니다.

저희 집필진은 오랜 기간의 항공기 인증 제도 확립과 기술적 발전에도 불구하고 항공기 및 구성품을 개발하거나 운용하려는 많은 관계자들이 인증의 개념과 법규, 절차, 기준, 적합성 입증 방안 등에 대하여 정보의 부족과 이해의 부족으로 어려움을 겪고 있음을 보아왔습니다. 이에 따라서, 그 동안 많은 해외기관 전문가와 토론하며 숙지한 지식과 항공기 인증활동 경험을 토대로 책자로 발간하여 같이 나누고자 합니다.

금번의 『항공기 인증기술』은 제1장의 항공기 인증제도부터 제7장의 군용 항공기 감항인증까지 7개 장으로 구성되었으며, 저자가 지난 30년간 항공산업, 인증업무, 교육현장에서 체득한 이론과 실무를 바탕으로 폭넓고 깊이 있는 전문서적으로 집필하였습니다.

『항공기 인증기술』은 정부기관 및 인증기관 종사자에게 항공안전 정책과 규정을 집행하는데 필요한 법률정보와 인증기술을 종합적으로 제공하고, 산업체 종사자에게는 항공기 및 부품의 설계와 인증을 위한 적합성 입증 실무기술을 제공하고, 대학의 학생들에게는 산업현장에서 필요한 항공안전기술을 사전에 습득하는데 가장 유용한 교본으로 활용될 수 있도록 구성하였습니다.

우리나라 항공기 인증 제도의 확립과 기술의 발전을 위하여 같이 애쓰신 여러분께 감사의 마음을 표하고자 합니다. 국토교통부에서 처음부터 인증업무를 맡아서 정책을 입안하고 진행하신 이광희 님, 초기 항공산업의 주역으로서 인증업무를 격려해 주신 대우중공업의 조효상 님, 학계에서 지원과 격려를 해주신 서울대 이동호 박사님과 경상대 조태환 박사님, 그리고 일일이 거명하지 못한 많은 분들께 감사드립니다.

끝으로, 집필과 교정 과정에서 제반 지원을 아끼지 않으신 국토교통부, 우주항공청, 방위사업청, 항공안전기술원, 대한항공, 한국항공우주산업, 한화에어로스페이스, 두산에너빌리티, LIG넥스원, 국방과학연구소, 국방기술품질원 관계자 여러분께 감사의 마음을 전하며, 『항공기 인증기술』을 통하여 항공산업 및 인증에 종사하는 후학들이 세계적인 전문가로 성장할 수 있는 기틀이 될 수 있기를 바랍니다.

2025년 11월 17일

저자 일동

감사의 말

우리나라의 항공산업 발전과 안전성 향상을 위하여 지난 30년 이상 각계에서 헌신을 아끼지 않으신 선배, 동료, 그리고 후배 항공인 여러분께 감사의 말씀을 전합니다.

우리나라에서 처음으로 『항공기 인증기술』을 출간하기까지 어려운 고비마다 격려와 지원을 아끼지 않은 항공안전기술원 직원 여러분께 감사드립니다. 그리고, 한국항공우주연구원 김재환 단장님, 대한항공 김경남 연구원장님, 정찬우 정비본부장님, 한국항공우주산업 최낙선 연구센터장님, 한국항공서비스 배기홍 사장님, 한화에어로스페이스 윤삼손 연구소장님, 두산에너빌리티 이상언 상무님과 고민석 상무님, LIG넥스원 백준기 단장님께 특별한 감사를 드립니다.

우리나라 항공산업 발전과 항공안전 정책을 이끌고 계신 국토교통부 항공정책실 직원 여러분, 방위사업청 인증기획과 이대용 과장님, 우주항공청 항공혁신부문 이광병 과장님, 현영목 과장님, 최미진 과장님께 존경의 마음을 전합니다.

그리고, 항공기 인증의 학술적 발전을 적극 지원하고 있는 한국항공우주학회 유창경 학회장님과 회원 여러분, 항공우주시스템공학회 김진한 학회장님과 회원 여러분, 한국추진공학회 한영민 학회장님과 회원 여러분께도 감사의 말씀을 드립니다.

현업에 바쁘신 와중에도 『항공기 인증기술』의 집필과 교정에 함께 참여하고, 학술적 이론과 정책 분야에서 자문해 주신 학계, 연구기관, 산업체의 전문가 여러분들께도 감사의 말씀을 전하고자 합니다.

서울대학교 기계항공공학부 이관중 교수님
한국항공대학교 신소재공학과 최원종 교수님
인하대학교 항공우주공학과 유창경 교수님
세종대학교 기계항공우주공학부 이경태 교수님
건국대학교 기계항공공학부 이재우 교수님
한국교통대학교 항공기계설계학과 한철희 교수님
한서대학교 항공산업공학과 김연명 교수님
한서대학교 항공교통물류학부 이강석 교수님
극동대학교 항공정비학과 유희준 교수님
충남대학교 항공우주공학과 허환일 교수님
부산대학교 항공우주공학과 김귀순 교수님
전북대학교 항공우주공학과 최성만 교수님

경상국립대학교 기계융합공학과 이석순 교수님
한국항공우주연구원 항공혁신연구소 김춘택 박사님
한국항공우주연구원 위성우주탐사연구소 박근영 실장님
한국항공우주연구원 우주발사체연구소 유승우 실장님
국방과학연구소 항공기술연구원 최철민 팀장님
국방과학연구소 항공기술연구원 김성래 박사님
국방기술품질원 감항인증연구센터 심대성 팀장님
국방기술품질원 감항인증연구센터 허진구 박사님
㈜대한항공 항공기술연구원 시험인증ILS팀 임효빈 팀장님
한국항공우주산업㈜ 김성진 팀장님, 엄영성 팀장님, 김종무 팀장님, 김대희 수석연구원
한화에어로스페이스㈜ 미래항공연구소 이지은 주임연구원
두산에너빌리티㈜ 파워서비스 BG 이동훈 팀장님
국토교통과학기술진흥원 항공우주실 김세녕 선임연구원
한국우주항공산업협회 표준인재센터 강광구 센터장님

또한, 항공산업 발전을 위해 헌신하신 국과연 이대열 박사님, 기품원 홍현의 박사님, 항우연 박종혁 센터장님, 이해창 박사님, 황도순 박사님, 국토교통과학기술진흥원 백승훈 실장님, 한화에어로스페이스 강석철 박사님, 그리고 항공안전기술원 초대 인증본부장을 지내신 이종희 박사님께도 감사와 존경을 드립니다.

금번의 『항공기 인증기술』 집필과 교정에 도움을 주신 여러 실무자 여러분께도 감사의 마음을 전하며, 이를 계기로 이론과 실무를 겸비한 항공안전 전문가로 성장하고, 우리나라 항공산업 발전에 크게 기여하는 역할을 기대합니다.

차례

CHAPTER 03

항공기 적합성 입증

CHAPTER 06 미래형 비행체 인증

CHAPTER 07 군용 항공기 감항인증

CHAPTER

01

항공기 인증제도

1.1 항공산업과 인증

1.1.1 항공산업 현황

항공기 인증(Aircraft Certification)은 안전한 항공기를 제작하고 운용함으로써 승객의 안전을 보장하고 산업발전을 도모하는데 목적이 있다.

글로벌 시장분석 전문기관에 따르면, 민수 항공기 제조산업은 2025년 10,420억달러(1,450조원)에서 연평균 7.7 %씩 성장하여 2035년 21,168억달러(2,944조원)에 이를 것으로 전망하고 있다. 군용 항공기 제조산업은 2025년 2,078억달러(289조원)에서 연평균 6.5 %씩 성장하여 2035년 4,461억달러(620조원) 규모로 전망하고 있다.

Boeing과 Airbus는 매년 향후 20년간 상용 항공기 시장 전망을 발표하고 있다. Boeing은 2024년 운항 중인 27,150대 중에 21,109대가 도태되고 이에 대한 신규 항공기 대체를 포함하여 2044년에 49,640대가 운항될 것으로 전망하고 있다. Airbus는 2024년 운항 중인 항공기를 24,730대로 추정하고 이 중에 18,930대가 도태로 대체되고 24,480대의 신규 항공기가 투입되어 2044년에 49,210대가 운항될 것으로 전망하고 있다.

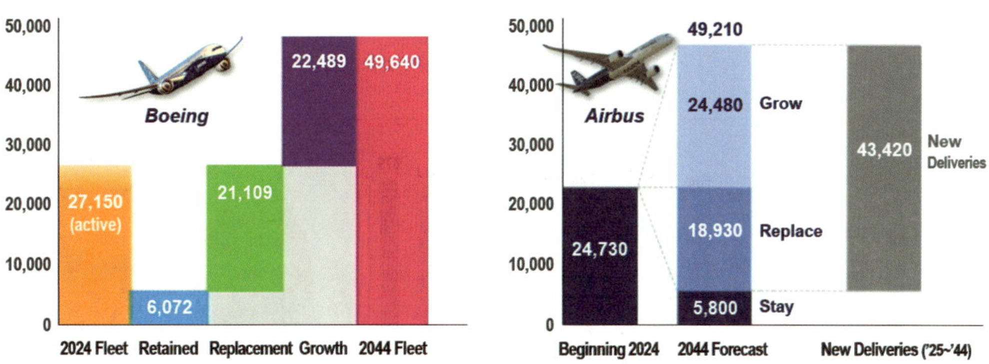

[그림 1-1] Boeing과 Airbus의 상용 항공기 시장 전망

민간 항공기는 대형 여객기와 화물기를 지칭하는 상용 항공기(Commercial Airplane), 그리고 소형 비행기, 비즈니스 제트기, 헬리콥터 등을 포함하는 일반 항공기(General Aviation)로 크게 분류할 수 있다. 국제항공운송협회(IATA)와 일반항공제작협회(GAMA)의 자료에 따르면 전세계에서 2022년 기준으로 25,000대의 상용 항공기와 220,000대의 일반 항공기가 운용되고 있다.

항공기 제작사, 항공산업협회, 시장분석 전문기관 등의 자료에 의하면, 2025년 전세계에서 운용되고 있는 항공기는 총 321,400대 이상으로 추산하고 있다. 이는 군용 항공기를 포함한 것이며,

2034년까지 연평균 6.8 %씩 증가할 것으로 전망하고 있다.

[표 1-1] 전세계 항공기 유형별 운용 대수 현황

구분	상업용 비행기	터보프롭 비행기	비즈니스 제트기	고정익 군용기	헬리콥터 (민간+군용)	왕복엔진 소형기(GA)	합계
항공기 대수	28,400	14,000	24,000	23,000	57,000	175,000	321,400
평균 엔진수	2.2	1.9	2.0	1.8	1.7	1.2	1.5
엔진 대수	62,480	26,600	48,000	41,400	96,900	210,000	485,380
엔진 종류	터보팬	터보프롭	터보팬	터보팬	터보샤프트	왕복엔진	

항공기술정보시스템(ATIS)에 따르면, 우리나라의 민간 항공기는 2025년 기준 총 879대가 등록·운용되고 있다. 글로벌 COVID-19으로 인하여 2020년부터 4년간 감소 또는 증가율이 정체되었으나, 2024년부터 항공수요가 완전히 회복되었고 2028년에는 1,000대가 넘을 것으로 예상된다. COVID-19 기간을 제외하고, 최근 10년간 항공기 증가 추세를 살펴보면, 2011년 550대, 2013년 623대, 2015년 724대, 2017년 795대, 2019년 853대로 연평균 약 37대(5.8 %)씩 증가하는 경향을 나타내고 있다.

항공기 운영 주체별로 살펴보면, 대한항공 168대, 아시아나항공 81대, 제주항공 42대, 티웨이항공 31대, 진에어 28대, 에어부산 23대, 이스타항공 10대를 운항 중이다. 그 밖에 사용사업용 202대, 자가용 142대, 국가기관용 82대의 항공기가 운용 중이며, 이 중에 헬리콥터는 217대이다.

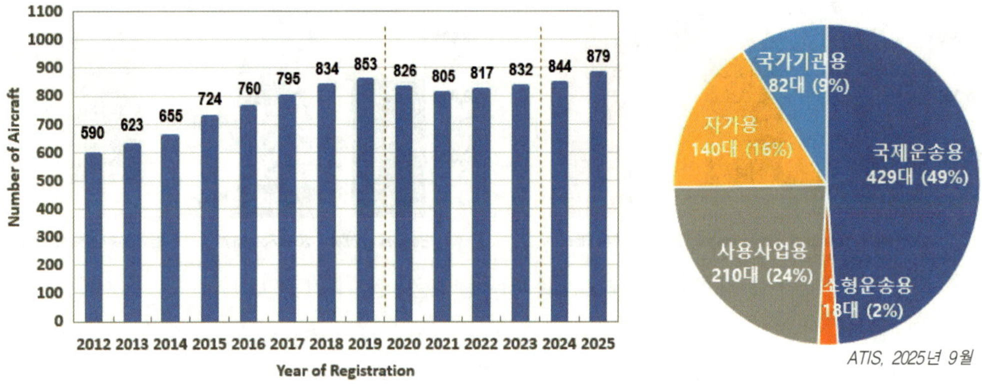

[그림 1-2] 우리나라의 민간 항공기 등록 현황

우리나라의 군용 항공기는 총 1,420여대가 운용되고 있다. 2023년 발간된 국방백서에 의하면, 공군은 F-35A, F-15K, F-16C/D, FA-50, KC-330, C-130J, CN-235, E-737, T-50, KT-1, KT-100 (KC-100AF) 등을 포함한 740여대, 육군은 CH-47D, UH-60P, AH-64E, AH-1S/F, KUH-1 등을

포함한 620여대, 해군은 P-3C, Lynx 99, AW-159, UH-60P 등을 포함한 60여대의 항공기를 운용하고 있다.

우리나라의 군용 항공기에 대한 연구개발은 1999년 양산 1호기가 납품된 KT-1 기본훈련기를 그 효시로 볼 수 있다. 2000년대 들어 T-50 고등훈련기와 KUH 수리온 헬기가 개발되었으며, 2024년 현재 KF-21 전투기 개발시험을 본격적으로 진행하고 LAH 무장헬기에 대한 양산이 착수되었다.

무인기 분야에서는 1999년 RQ-101 군단급 무인기를 필두로, 2000년대에 KUS-9 사단급 무인기와 리모아이 대대급 무인기가 개발되었고, 향후 무인공격헬기와 스텔스 무인전투기 개발을 고려하고 있다. 엔진의 경우에는 2002년 소형 터보제트 엔진 개발을 완료하였으며, 현재는 터보프롭, 터보샤프트, 터보팬 엔진을 개발 중이며, 전기식 엔진 및 하이브리드 엔진이 연구되고 있다.

항공기 개발에 필요한 기술은 크게 전통기술, 첨단기술, 안전기술로 분류해 볼 수 있다. 전통적 기술은 모든 기계장치에 필요한 구조해석, 공력해석, 성능해석, 상세설계, 재료기술, 제작기술, 시험기술 등을 말한다. 첨단형 기술은 경량 소재 및 경량화 설계기술, 친환경 고효율 설계 및 제작 기술, 항공전자 제어 및 소프트웨어 기술, 그리고 군용 항공기 피탐성을 위한 스텔스 기술 등을 들 수 있다.

항공기 안전기술로는 조종사, 승무원, 승객, 정비사의 행동양식을 분석하여 설계에 반영하는 인적요소(Human Factor), 항공기 시스템의 고장을 식별하고 대책을 강구하는 안전성 분석(Safety Analysis), 그리고 감항기준에 따른 적합성 입증을 통하여 안전성을 보장하는 감항인증(Airworthiness Certification) 기술로 분류할 수 있다.

항공산업은 항공기를 운용하는 사용자, 이를 공급하는 제작사, 그리고 항공운송 이용자에 의해서 발전한다고 볼 수 있다. 그중에 항공기를 개발, 제작, 공급하는 글로벌 기업으로 Boeing, Airbus, Lockheed Martin 등이 있으며, 우리나라에서는 한국항공우주산업(KAI), 한화에어로스페이스, 대한항공 항공우주사업부 등을 꼽을 수 있다.

우리나라의 항공기 제조산업은 1970년대에 시작된 창정비산업과 1980년대의 부품산업으로부터 시작되었다고 볼 수 있다. 이어서 1990년대의 면허생산 및 국제공동개발 단계를 거쳐 2000년대에 들어 독자개발 능력을 갖추게 되었다.

1970년대 후반부터 2000년대 초반까지 기술도입 면허생산 방식으로 500MD 헬기, F-5E/F 전투기, UH-60P 헬기, KF-16 전투기, BO-105 헬기를 생산하였고, 1980년 후반부터 2020년대 초반까지 독자개발 또는 기술협력 방식으로 KT-1 훈련기, T-50 훈련기, KUH-1 헬기, KUS 사단급 무인기, LAH 무장헬기가 개발되었고, 2024년 현재는 KF-21 전투기를 독자기술로 개발하고 있다. 민수 분야에서는 1990년대 초반에 개발된 창공-91 비행기를 시작으로 쌍발 복합제 비행기,

SB 427 헬기, 반디호, KC-100, 스마트 무인기, KLA-100 비행기를 독자개발 또는 공동개발 형태로 개발하였고, 최근에는 현대자동차가 해외법인을 통해 S-A2 UAM을 개발하고 있다.

[표 1-2] 국내외 항공기 및 부품 주요 제조업체 현황

구분	기업명	주요 생산품	종업원수	매출액	비고
해외 업체	Boeing Company	중대형 여객기, 화물기, 군용기, 헬기	142,000명	778억달러	
	Airbus SE	중대형 여객기, 화물기, 군용기, 헬기	126,495명	702억달러	
	Lockheed Martin	군용기, 헬기(Sikorsky), 국방시스템	122,000명	676억달러	
	Honeywell	중소형 엔진, 항공전자, 공조시설장비	95,000명	367억달러	
	Safran SA	항공전자, 기계류, 엔진, FADEC, 좌석	92,000명	248억달러	
	BAE Systems	육해공 전자장비, 기계장비, 보안장비	99,800명	287억달러	
	GE Aerospace	민항기 엔진, 전투기 엔진, 헬기 엔진	48,000명	318억달러	
	Pratt & Whitney	민항기 엔진, 전투기 엔진, 헬기 엔진	43,000명	162억달러	
	Rolls-Royce plc.	민항기 엔진, 육해상 추진, 발전설비	41,400명	205억달러	
국내 업체	한국항공우주산업㈜	전투기, 훈련기, 헬기, 무인기, 민수부품	5,098명	38,193억원	
	한화에어로스페이스	군용 엔진, 민수부품, 정비, 지상방산	6,808명	93,590억원	
	㈜대한항공	여객운송, 화물운송, 정비, 제조 (5 %)	17,890명	161,117억원	
	한화시스템㈜	육해공 전자장비, 열상장비, 지휘장비	4,678명	24,530억원	
	LIG넥스원㈜	항공전자, 유도무기, 레이더, 사통장비	4,277명	23,085억원	
	퍼스텍㈜	항공방산부품, 하네스, 드론, 로봇	388명	1,731억원	
	㈜아스트	항공기 동체부품 가공, 치공구 제작	287명	1,602억원	
	한국항공서비스㈜	민항기 중정비, 군용기 중정비	290명	380억원	

항공기 엔진 부문에서는 1970년대 후반에 J79-GE-17 엔진의 창정비를 시작으로 1980년대부터 정비용 및 해외수주 부품 제작과 함께 J85-GE-21, T700-GE-701, PT6A-62, F100-PW-229, F110-GE-129, F404-GE-102 엔진을 기술도입 면허생산 방식으로 생산하였고, 2024년 현재에는 F414-GE-400 엔진을 생산하고 있다.

항공기 부품류는 크게 정비용 부품, 일반 수주부품, 공동개발 수주부품, 기술도입 항공기 조립용 부품, 독자개발 항공기 조립용 부품으로 구분할 수 있다. 이들 대부분은 기체 부품에 해당하지만, 일부의 기계장치나 전기전자장비도 함께 개발되었다. 그리고 운용 중인 군용 항공기의 정비와 신규도입 항공기에 소요되는 부품류는 해당 국산화 사업을 통하여 지속적으로 개발되었다.

[그림 1-3] 우리나라의 항공기/엔진/부품 개발사업 발전과정

다만, 민간 항공기에 소요되는 부품류는 시장에서 요구하는 가격과 법적인 인증 요건을 충족해야 하기 때문에 군용 부품보다 시장진입이 더 어렵다고 볼 수 있다. 또한, 우리나라에서 양산을 고려해 개발된 민간 항공기가 없기 때문에 국산 부품의 시장진입이 더욱 어려운 실정이다. 이러한 어려운 환경에서도 2004년에 항공기 타이어를 시작으로 2012년 비행자료컴퓨터, 2013년 다기능 시현장치, 2015년 통합비행시현장치가 개발되어 인증을 받았고, 2019년과 2022년에는 중소기업이 자체적으로 구명복, 팔레트, 컨테이너를 개발하여 기술표준품승인을 받았다. 또한, 2022년과 2023년에는 우리나라에서 최초로 좌석에 부착되는 컵홀더와 웨어디스크, 그리고 객실의 창문 덮개가 개발되어 부품제작증명을 받고 시장에 진입하게 되었다.

1.1.2 항공기 인증개요

항공기 인증(Aircraft Certification)은 항공산업의 토대 위에서 법적인 안전성을 달성하기 위한 것으로써, 『항공기의 항행안전 확보를 위하여 설계, 생산, 운용의 모든 과정에서 안전성 요구사항(감항기준)에 따라 적합성을 기술적으로 판단하고, 이에 따라 증명, 승인, 허가, 제한, 금지 등의 법적 처분을 하는 것』으로 정의할 수 있다.

이는 항공제품의 개발, 생산, 판매에 있어 필수적인 기술적인 과정인 동시에 법적으로 요구되는 절차로써, 항공제품의 상업화에 반드시 필요한 과정이다. 또한, 자동차 산업의 자가인증제도, 일반산업의 공인기관 시험 및 검사, 제3자에 의한 상업적인 품질시스템 인증과 원천적인 차이가 있다.

항공기 감항성(堪航性, Airworthiness)은「항공기의 형식설계가 감항기준에 적합하고, 이에 따라 제작되는 항공기가 그 승인된 설계에 합치하고, 이로써 안전한 비행이 가능한 상태(능력)」를 말한다.[1] 여기서 형식설계(Type Design)라 함은 반복적으로 재생산(duplicable, or reproducible) 가능한 틀(機)이나 궤(櫃)를 의미하는 것이며, 해석, 시제작, 시험 등을 통하여 적합성이 입증된 문서로 정의되는 설계를 말한다. 즉, 인증과정에서 도출되고 감항당국의 승인을 받은 도면, 규격서, 보고서, 절차서, 매뉴얼, 시제작 공정서 등으로 정의될 수 있다.

항공기의 설계, 생산, 운용 단계별 모든 과정에서 각각 해당되는 인증을 받아야 한다. 항공기, 엔진, 프로펠러는 그 설계의 적합성(Compliance)을 입증하기 위한 형식증명(TC: Type Certificate)을 받고, 생산 단계에서는 항공기 등의 합치성(Conformity) 입증을 위한 품질시스템 평가를 통하여 제작증명(PC: Production Certificate)을 받고, 운용 단계에서는 해당 항공기의 안전성(Safety) 입증을 위한 감항증명(AC: Airworthiness Certificate) 검사를 받아야 한다.

항공기 엔진과 프로펠러는 형식증명과 제작증명을 받아야 하지만, 감항증명은 항공기만을 대상으로 하고 있으며, 그 소유자(운용자)가 신청하여야 한다. 형식증명을 받고 운용 중인 항공기, 엔진, 프로펠러의 형식설계를 변경하고자 하는 형식증명 소지자 또는 제3자는 부가형식증명(STC: Supplemental Type Certificate)을 받아야 한다.

형식증명을 받은 항공기, 엔진, 프로펠러, 그리고 기술표준품승인 받은 품목에 원래부터 사용되던 부품을 다른 부품으로 교체하고자 하는 경우에 부품제작자승인(PMA: Parts Manufacturer Approval)을 받아야 한다. 부품제작자승인은 해당 감항기준에 따라 적합성을 입증하는 설계승인(DA: Design Approval)과 품질시스템 요건에 따라 합치성을 입증하는 생산승인(PA: Production Approval) 과정으로 진행된다. 이는 통상 제3자가 신청할 수 있으며, 설계승인 과정은 부가형식증명과 동일한 과정으로 진행되므로 부품제작자승인 획득 후 곧바로 항공기 등에 장착하여 비행할 수 있는 장점이 있다.

기술표준품승인(TSOA: Technical Standard Order Authorization)은 감항당국이 지정・고시한 기술표준서(TSO) 및 최소성능표준(MPS)에 따라 설계에 관한 적합성을 입증하는 인증을 말한다. 또한, 부품제작자승인과 마찬가지로 품질시스템 요건에 따른 생산승인(PA) 과정이 함께 진행

1) An aircraft complies with the established standards for safe flight. The aircraft conforms to its type design, and is in a condition for safe flight.

되어야 한다. 기술표준품승인은 항공기 장착에 관한 입증이 제외되어 있고, 표준서에 따른 가장 간단한 형태의 인증이지만, 항공기 등에 사용되기 위해서는 기존 항공기 등에 대한 부가형식증명 또는 신규 항공기 등에 형식증명을 통한 장착 안전성에 관한 입증이 필요하다.

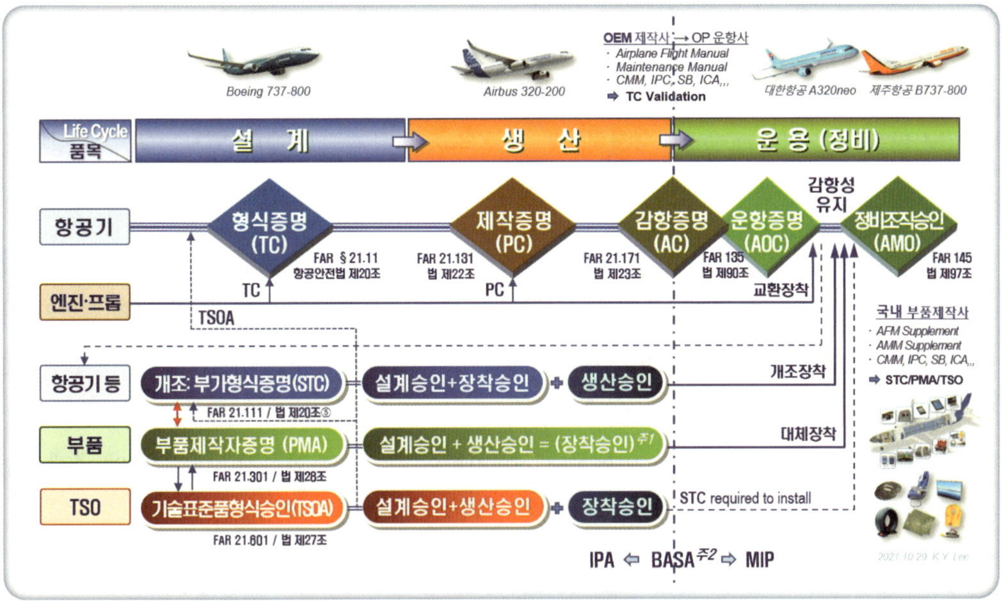

[그림 1-4] 항공기 및 부품의 단계별 인증 종류

완성 항공기에 대한 형식증명 및 제작증명은 그 이하의 모든 부품류에 대한 인증으로 연결되어 산업발전에 가장 영향력이 크지만, 기존 항공기 등에 교체 사용되는 부품 및 기술표준품에 대한 인증도 부품류 산업발전에 크게 기여하게 된다.

우리나라 산업체가 개발하여 형식증명, 제한형식증명, 부가형식증명을 받은 KC-100 비행기, KUH 관용헬기, EC155B1 헬기를 제외한 우리나라의 모든 민수 항공기, 엔진, 프로펠러는 형식증명승인(TCV: Type Certificate Validation)을 통해서 수입되고 있다. 형식증명승인은 해당 항공기 등을 설계·제작한 국가의 인증을 기반으로 우리나라의 법령에 따른 설계에 대한 적합성을 확인하는 검증 과정을 말한다. 다만, 2008년 미국과 우리나라가 항공안전협정(BASA: Bilateral Aviation Safety Agreement)을 체결함에 따라 미국에서 수입되는 소형 항공기와 이에 장착된 엔진 및 프로펠러에 대해서는 매우 간소화된 절차를 따르고 있다.

미국과 유럽연합은 항공안전협정(BASA) 또는 상호협정(BA) 및 업무약정(WA)이 체결되지 않은 국가에서 설계·제작된 항공기, 엔진, 프로펠러, 부품, 기술표준품에 대하여 인증 신청을 받지 않으며, 이로써 자국산 항공품목에 대한 수출이 원천적으로 불가능하게 된다. 이와 다른 방편으로 미국 또는 유럽의 원천업체(OEM)로부터 하청 수주하거나 현지법인 또는 협력회사를 통하여 수출이 가능하지만, 이러한 방식은 비용이 많이 발생하여 자국의 산업발전을 저해하게 된다.

우리나라는 2008년 기술표준품(타이어)을 대상으로 미국과 항공안전협정을 처음으로 체결하였고, 2014년에 소형 비행기(KC-100) 형식증명까지 확대 서명하였다. 이는 우리나라의 감항당국, 전문기관, 해당 산업체가 하나의 목표를 가지고 수년에 걸쳐 협력한 노력의 결과로 볼 수 있다. 그렇지만, 2017년에 착수된 회전익 항공기 국제협정(Part 29 STC)과 2018년에 착수된 항공정비협정(MIP)을 위한 연구과제에서는 협정에 이르지 못하고 종결되었으며, 2021년 착수된 항공개조협정(Part 25 STC) 연구과제도 괄목할 만한 성과를 이루지 못하고 있는 실정이다.

항공기 인증은 자국의 항공안전에 관한 사항이므로 각 국가별로 법령을 갖추고 주권을 행사하고 있다. 이는 국제민간항공기구(ICAO: International Civil Aviation Organization)의 협약과 이에 따른 국제표준권고서 및 매뉴얼에 따른 각국의 이행사항을 준수하는 것이기도 하다. 국제안전감독감사 프로그램(USOAP: Universal Safety Oversight Audit Programme)에 의한 상시평가를 통해서 각국의 인증제도와 안전절차 이행상태를 평가하여 기준에 부합하지 않는 경우에 국제운송을 제한하기도 한다.

미국은 교통법(Title 49 USC)에 따라 연방항공규정(Title 14 CFR; FAR)을 제정하여 항공기 및 부품류에 대한 인증을 법적으로 규정하고 있다. 연방항공청(FAA: Federal Aviation Administration)은 법적 인증규정을 시행하기 위하여 각 업무별로 지침서(Order)와 권고 회람서(Advisory Circular)를 제정하여 운영하고 있다. 미국은 유럽연합, 호주, 뉴질랜드, 일본, 싱가폴 등을 포함한 세계 48개 국가와 항공안전협정(BASA)을 체결하고, 항공품목에 대한 국제협력과 인증을 관장하고 있다.

유럽연합은 유럽의회 기본법(EU 2018/1139)에 따라 집행위원회 실행규정(EU 748/2012)을 제정하여 인증에 대한 법적 근거를 마련하였다. 유럽항공안전청(EASA: European Union Aviation Safety Agency)은 미국의 연방항공청과 같이 다양하고 방대하지는 않지만, 최소한의 인증 절차서를 두고 31개 회원국의 인증업무를 수행하고 있다. 다만, 설계승인 업무는 유럽항공안전청이 주관하여 진행하고, 생산승인과 운항안전 업무는 각국의 감항당국이 담당하는 체계로 운영되고 있다. 유럽의회 및 항공안전청은 미국, 캐나다, 브라질과 감항성에 관한 상호협정(BA: Bilateral Agreement)을 체결하였고, 호주, 중국, 일본, 싱가폴 등의 28개국과 업무약정(WA: Working Arrangement)을 통하여 국제인증을 수행하고 있다.

우리나라는 항공기 인증은 1961년에 제정된 항공법 제14조(형식증명) 및 제13조(감항증명)가 그 효시이며, 2017년 항공안전법으로 전환되면서 오늘에 이르고 있다. 항공안전법 제19조(기술기준)에 따른 15종의 기술기준을 두고 있으며, 이를 시행하기 위한 훈령 11건과 고시 5건을 제정하여 운영하고 있다. 우리나라는 기술표준품승인과 소형 비행기 형식증명에 관한 항공안전협정(BASA)을 미국과 체결하였으며, 호주 및 터키와는 항공안전 및 인증에 관한 업무약정(WA)을 체결하여 협력하고 있다.

[그림 1-5] 국제민간항공기구 및 각국의 인증제도

항공기 인증에 적용되는 감항기준(Airworthiness Standards)은 해당 제품의 개발, 인증, 안전성을 좌우하는 매우 중요한 기준이 된다. 미국은 법적 효력을 가진 연방규정(Title 14 CFR)으로 항공기 등에 대한 감항기준을 제정하여 운영하고 있다. 이러한 연방항공규정(FAR: Federal Aviation Regulation)으로 Part 23 Normal Airplane, Part 25 Transport Airplane, Part 27 Normal Rotorcraft, Part 29 Transport Rotorcraft, Part 33 Engine, Part 34 Exhaust Emission, Part 35 Propeller, Part 36 Noise 등을 적용한다.

유럽연합의 경우에는 유럽연합집행위원회(EC: European Commission)의 법적인 실행규정에 근거를 두고 있지만, 유럽항공안전청(EASA)이 제정한 인증규격(CS: Certification Specification)를 감항기준으로 적용하고 있다. 이러한 인증규격으로 CS-23 Normal Aeroplane, CS-25 Transport Aeroplane, CS-27 Small Rotorcraft, CS-29 Large Rotorcraft, CS-E Engine, CS-34 Engine Emission, CS-P Propeller, CS-36 Noise 등을 두고 있다.

우리나라의 감항기준은 항공안전법 제19조(기술기준)에 근거를 두고 있지만, 해당 기준 자체는 국토교통부 고시로 제정된 항공기 기술기준을 적용하고 있다. 즉, 법적 형태는 유럽의 방식을 택하고, 그 자체의 내용은 미국 연방항공규정과 동등한 방식을 따른다고 볼 수 있다. 이러한 항공기 기술기준(KAS: Korean Airworthiness Standards)으로 Part 23 보통류 비행기, Part 25 수송류 비행기, Part 27 보통류 회전익 항공기, Part 29 수송류 회전익 항공기, Part 33 엔진, Part 34 배기가스, Part 35 프로펠러, Part 36 소음 등을 적용한다.

우리나라의 군용 항공기에 대한 감항인증은 2009년에 제정된 군용항공기 비행안전성 인증에 관한 법률을 따르고 있다. 그리고 이를 시행하기 위한 훈령으로 군용항공기 비행안전성 인증에 관한 업무규정을 제정하였고, 군용항공기 표준감항인증기준을 고시하였다. 군용 항공기에 대한 인증은 민간 항공기 인증과 유사하게 형식인증, 생산확인, 감항인증 단계로 이루어진다. 다만, 민간 항공기 인증과 비교할 때 다음과 같은 사항에 차이가 있다.

- 인증대상 : 항공기 (엔진, 프로펠러, 부품류는 단독적인 인증 대상이 아님)
- 인증조직 : 감항당국(1), 사업관리기관(1), 주관기관(3), 전문기관(5)
- 신 청 자 : 사업관리기관 (개발업체의 법적인 책임과 역할이 명시되지 않음)
- 감항기준 : 표준감항인증기준을 바탕으로 기종별 감항인증기준을 작성함

이와 같은 군용 항공기 감항인증 제도는 민간 항공기 인증제도와 다수의 차이가 있으나, 이는 군용 항공기에 대한 고유의 목적과 군수품 개발 및 획득 사업의 특징적 요소를 반영한 것으로 판단된다. 이러한 제도 상의 차이가 있음에도 인증계획 수립, 설계 적합성 입증, 생산 합치성 확인, 항공기 감항성 검사를 통한 안전성 확보 과정은 민간 항공기 인증과 동일하다고 볼 수 있다.

군용 항공기에 대한 감항인증기준은 군용기 인증법 제3조(표준감항인증기준)와 제4조(감항인증절차)에 따라 제정되었지만, 해당 기준 자체는 방위사업청 고시로 발행된 표준감항인증기준과 사업관리기관이 작성하는 기종별 감항인증기준을 적용하고 있다. 방위사업청의 표준감항인증기준은 Part 1 기본 항공기, Part 2 보통 무인비행기 시스템, Part 4 소형 무인항공기 시스템으로 구성되어 있다.

민간 항공기와 달리 군용 항공기는 전통적으로 군작전요구성능(ROC: Required Operational Capability) 충족과 품질보증(QA: Quality Assurance) 활동을 통해서 조달되었다. 즉, 1959년에 발행된 MIL-Q-9858 Quality Program Requirements를 근간으로 지난 37년간 품질보증 활동을 통하여 납품되었으나, 1990년대 후반의 군사규격 개혁(MIL Spec Reform) 프로그램에 따라 MIL-Q-9858A가 폐지되었고, 2002년에 민간의 ISO9001 및 AS9100 품질시스템 요건에 국방품질 고유요건을 추가하여 KDS 0050-9000 국방품질경영시스템 요구서를 새로 제정하였다.

1990년대 후반의 미국 군사규격 개혁 프로그램은 군용 항공기에 대한 품질보증 활동이 약화되는

결과를 초래하게 되었고, 이를 만회하고 군용 항공기 안전성을 확보하기 위하여 2000년에 연합운용 규격지침서(JSSG: Joint Service Specification Guide)를 제정하고, 2002년에는 MIL-HDBK-516 Airworthiness Certification Criteria를 제정하여 군용 항공기 감항인증 체제를 갖추게 되었다.

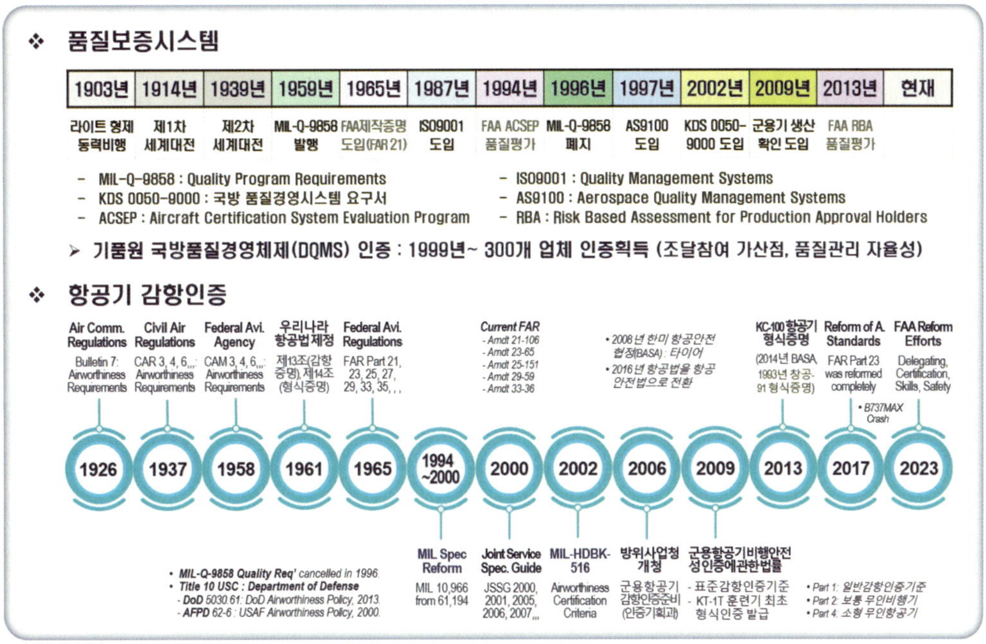

[그림 1-6] 항공기 품질보증 및 감항인증의 발전 과정

우리나라는 2006년 방위사업청이 개청됨에 따라 미국의 군용 항공기 감항인증 제도를 근간으로 2009년에 군용항공기 비행안전성 인증에 관한 법률과 표준감항인증기준을 제정하면서 군용 항공기에 대한 감항인증 토대를 갖추었다. 2009년 KT-1T 훈련기에 대한 감항인증을 시작으로 지난 20여년 동안 KUH 헬기, T-50 훈련기, FA-50 전투기, UAV 무인기, LAH 헬기 등에 대한 감항인증을 완료하였고, 2024년 KF-21 전투기에 대한 형식인증을 진행 중에 있다.

민간 항공기에 대한 인증은 1926년 미국 상무부(Department of Commerce)의 항공상업법(Air Commerce Act) 및 항공상업규정(Air Commerce Regulations)에 따른 Bulletin 7. Airworthiness Requirements가 그 효시이다. 이는 1937년 민간항공규정(CAR: Civil Air Regulations)으로 전환되었고, 1965년에 현재와 같은 연방항공규정(FAR: Federal Aviation Regulations) 체제를 갖추게 되었다.

미국의 연방항공청(FAA: Federal Aviation Administration)은 1958년에 상무부의 항공국(Bureau of Air Commerce)이 연방항공국(Federal Aviation Agency)으로 독립한 것을 모태로 1967

년 현재의 이름으로 개칭되었다. 2024년 현재 45,000여명의 직원이 항공관제(ATO), 항공안전(AVS), 스탭조직(SO), 공항시설(ARP), 보안위험물질(ASH), 상용우주운송(AST) 분야에서 글로벌 항공정책을 이끌고 있다.

유럽의 경우에는 1970년에 설립된 유럽항공당국(JAA: Joint Aviation Authorities)에서 유럽항공요건(JAR: Joint Aviation Requirements)을 제정하고, 1987년에는 항공기 인증을 포함하여 항공운항, 항공정비, 자격증명, 설계표준 업무조직으로 확대되었다. 이후 유럽의회의 EC No. 1592/2002 법안에 따라 2002년에 유럽항공안전청(EASA: European Union Aviation Safety Agency)으로 전환되었으며, 유럽항공요건(JAR)도 유럽인증규격(CS: Certification Specifications)으로 재편성하여 오늘에 이르고 있다.

우리나라의 항공기 인증은 1961년에 제정된 항공법을 근간으로 2017년에 분법 제정된 항공안전법에 따라서 수행되고 있다. 항공기 감항기준과 기술표준서는 미국과 동등한 체계를 갖추고 있다. 우리나라의 감항당국은 국토교통부이지만, 항공기 인증은 전문기관을 지정하여 수행하고 있다. 한국항공우주연구원 인증센터(KCA: Korea Civil Aviation Certification Agency)가 전문기관으로서 20여년간 우리나라의 인증제도 선진화에 기여하였고, 2015년 4월에 현재의 항공안전기술원(KIAST: Korea Institute of Aviation Safety Technology)로 이관되어 오늘에 이르고 있다.

1.2 미국의 인증제도

미국의 항공 관계법은 1926년 상무부의 항공상업법(Air Commerce Act)이 그 효시이며, 이는 1958년에는 연방항공법(Federal Aviation Act)으로 전환되었고, 오늘날에는 연방법 제49부 교통법(Title 49 of USC, Transportation)의 Subtitle VII. Aviation Programs로 편제되었다. 현재의 교통법은 의회의 법제화 과정을 통해서 1994년에 Public Law 103-272로 제정된 것이다. 미국의 법(USC: United States Code)은 총 51개 분야(Title)로 구성되어 있으며, 총 200,000 페이지에 이르는 방대한 법전이다.

미국의 교통법(Title 49 of USC) 시행을 위한 규칙은 연방규정[2])으로 제정되어 있는데, 이 중에 제14부가 항공우주규정(Title 14 of CFR, Aeronautics and Space)이고, 그중에 연방항공청이 관장하는 제1장(Chapter I. Federal Aviation Administration)을 일반적으로 연방항공규정(FAR: Federal Aviation Regulations)이라고 부르고 있다.

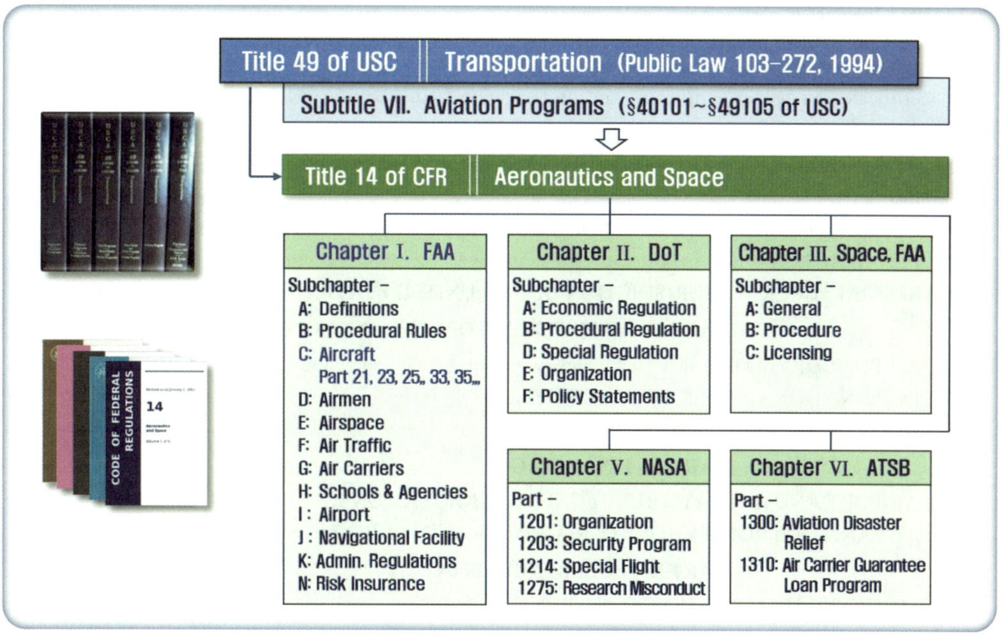

[그림 1-7] 미국의 교통법 및 연방항공규정 구성 체계

미국의 교통법(Title 49 of USC, PL 103-272) 중에 Subtitle VII. Aviation Programs을 항공법

2) 김범준의 "미국의 법률체계와 사법제도"에 의하면 Federal Regulation은 연방행정부가 제정한 법령 또는 규칙으로 주법(州法)에 우선한다. 법제처의 "법령용어 한영사전"에 의하면 "규칙"으로 해석되지만, 본서에서는 항공기 인증 실무 관점에서 "규정"으로 표기한다.

이라고 할 수 있으며, 이는 §40101부터 §49105까지의 조항으로 구성되어 있다. 이 중에 §44702 Issuance of Certificates에서 항공기에 대한 형식증명, 제작증명, 감항증명의 신청과 발급에 관한 사항을 규정하고 있다.

[표 1-3] 미국의 항공법 구성 목록 (49 USC, Subtitle VII)

SUBTITLE VII - AVIATION PROGRAMS

PART A - AIR COMMERCE AND SAFETY

401. GENERAL PROVISIONS	§40101 - §40130
411. AIR CARRIER CERTIFICATES	§41101 - §41113
413. FOREIGN AIR TRANSPORTATION	§41301 - §41313
415. PRICING	§41501 - §41511
417. OPERATIONS OF CARRIERS	§41701 - §41767
419. TRANSPORTATION OF MAIL	§41901 - §41912
421. LABOR-MANAGEMENT PROVISIONS	§42101 - §42121
423. PASSENGER AIR SERVICE IMPROVEMENTS	§42301 - §42304
441. REGISTRATION AND RECORDATION OF AIRCRAFT	§44101 - §44113
443. INSURANCE	§44301 - §44310
445. FACILITIES, PERSONNEL, AND RESEARCH	§44501 - §44519
447. SAFETY REGULATION	§44701 - §44744

§44702 - Issuance of certificates.

(a) The Administrator may issue airman certificates, design organization certificates, type certificates, production certificates, airworthiness certificates, air carrier operating certificates, airport operating certificates, air agency certificates, and air navigation facility certificates....

449. SECURITY	§44901 - §44948
451. ALCOHOL AND CONTROLLED SUBSTANCES TESTING	§45101 - §45107
453. FEES	§45301 - §45306
461. INVESTIGATIONS AND PROCEEDINGS	§46101 - §46111
463. PENALTIES	§46301 - §46320
465. SPECIAL AIRCRAFT JURISDICTION OF THE UNITED STATES	§46501 - §56507

PART B - AIRPORT DEVELOPMENT AND NOISE

471. AIRPORT DEVELOPMENT	§47101 - §47175
473. INTERNATIONAL AIRPORT FACILITIES	§47301 - §47306
475. NOISE	§47501 - §47534

PART C - FINANCING

481. AIRPORT AND AIRWAY TRUST FUND AUTHORIZATIONS	§48101 - §48114
482. ADVANCE APPROPRIATIONS FOR AIRPORT AND AIRWAY	§48201 - §48201

PART D – PUBLIC AIRPORTS

491. METROPOLITAN WASHINGTON AIRPORTS	§49101 - §49112

PART E - MISCELLANEOUS

501. BUY-AMERICAN PREFERENCES	§50101 - §50105

연방항공청(FAA)이 관장하는 연방항공규정(FAR, 14 CFR - Chapter 1)은 항공기의 설계, 제작, 운용, 그리고 이에 필요한 인원 및 시설에 관한 모든 법적 요건과 절차를 규정하고 있다. 이 중에서 항공기의 인증에 직접 관련된 규정은 Subchapter C: Aircraft이며, 이는 다음과 같은 Part로

구성되어 있다.

- Part 21 : Certification Procedures for Products and Articles
- Part 23 : Airworthiness Standards: Normal Category Airplanes
- Part 25 : Airworthiness Standards: Transport Category Airplanes
- Part 26 : Continued Airworthiness and Safety Improvements for Transport Airplanes
- Part 27 : Airworthiness Standards: Normal Category Rotorcraft
- Part 29 : Airworthiness Standards: Transport Category Rotorcraft
- Part 31 : Airworthiness Standards: Manned Free Balloons
- Part 33 : Airworthiness Standards: Aircraft Engines
- Part 34 : Fuel Venting and Exhaust Emission for Turbine Engine Powered Airplanes
- Part 35 : Airworthiness Standards: Propellers
- Part 36 : Noise Standards: Aircraft Type and Airworthiness Certification
- Part 39 : Airworthiness Directives
- Part 43 : Maintenance, Preventive Maintenance, Rebuilding, and Alteration
- Part 45 : Identification and Registration Marking

미국의 연방항공규정(FAR)은 크게 절차규정(Procedural Requirements)과 감항기준(Airworthiness Standards)으로 구분할 수 있다. 즉, FAR Part 21은 항공기, 엔진, 프로펠러, 부품, 기술표준품에 대한 형식증명, 제작증명, 감항증명, 부품제작자승인, 기술표준품승인 등에 대한 절차와 법적 요건을 규정하고 있다. FAR Part 39, Part 43, Part 45의 경우에도 각각 감항성개선지시서, 정비, 식별표시에 관한 절차적 요건을 규정하고 있다. 이와는 달리, FAR Part 23부터 Part 36은 각각 해당 분야의 감항성 요건 또는 기술적 요건을 규정하고 있는 감항기준이다.

FAR Part 21 Certification Procedures for Products and Articles은 항공기, 엔진, 프로펠러, 부품, 기술표준품에 대한 인증의 종류, 법적 요건, 절차를 규정하고 있으며, 유럽과 우리나라를 포함한 세계 각국의 인증절차 규정 제정 및 개정에도 크게 영향을 미치고 있는 것이 현실이다.

[표 1-4] 미국 연방항공청 FAR Part 21 인증절차 규정 목차

Subpart A - General §21.1 Applicability and definitions. §21.2 Falsification of applications, reports, or records. §21.3 Reporting of failures, malfunctions, and defects. §21.4 ETOPS reporting requirements. §21.5 Airplane or Rotorcraft Flight Manual.	§21.145 Privileges. §21.146 Responsibility of holder. §21.147 Amendment of production certificates. §21.150 Changes in quality system. **Subpart H - Airworthiness Certificates** §21.171 Applicability. §21.173 Eligibility.

§21.6 Manufacture of new aircraft, engines, and prop.
§21.7 Continued airworthiness and safety ~
§21.8 Approval of articles.
§21.9 Replacement and modification articles.

Subpart B - Type Certificates
§21.11 Applicability.
§21.13 Eligibility.
§21.15 Application for type certificate.
§21.16 Special conditions.
§21.17 Designation of applicable regulations.
§21.19 Changes requiring a new type certificate.
§21.20 Compliance with applicable requirements.
§21.21 Issue of type certificate: normal, utility, ~
§21.24 Issuance of type certificate: primary aircraft.
§21.25 Issue of type certificate: restricted aircraft.
§21.27 Issue of type certificate: surplus aircraft of ~
§21.29 Issue of type certificate: import products.
§21.31 Type design.
§21.33 Inspection and tests.
§21.35 Flight tests.
§21.37 Flight test pilot.
§21.39 Flight test instrument calibration and correction
§21.41 Type certificate.
§21.43 Location of manufacturing facilities.
§21.45 Privileges.
§21.47 Transferability.
§21.49 Availability.
§21.50 Instructions for continued airworthiness and ~
§21.51 Duration.
§21.53 Statement of conformity.
§21.55 Responsibility of type certificate holders to ~

Subpart C - Provisional Type Certificates
§21.71 Applicability.
§21.73 Eligibility.
§21.75 Application.
§21.77 Duration.
§21.79 Transferability.
§21.81 Requirements for Class I provisional TCs.
§21.83 Requirements for Class II provisional TCs.
§21.85 Provisional amendments to type certificates.

Subpart D - Changes to Type Certificates
§21.91 Applicability.
§21.93 Classification of changes in type design.
§21.95 Approval of minor changes in type design.
§21.97 Approval of major changes in type design.
§21.99 Required design changes.
§21.101 Designation of applicable regulations.
§21.175 Airworthiness certificates: classification.
§21.177 Amendment or modification.
§21.179 Transferability.
§21.181 Duration.
§21.182 Aircraft identification.
§21.183 Issue of standard airworthiness certificates ~
§21.184 Issue of special airworthiness certificates ~
§21.185 Issue of airworthiness certificates for ~
§21.187 Issue of multiple airworthiness certifications ~
§21.189 Issue of airworthiness certificate for limited ~
§21.190 Issue of a special airworthiness certificate ~
§21.191 Experimental certificates.
§21.193 Experimental certificates: general.
§21.195 Experimental certificates: Aircraft to be used~
§21.197 Special flight permits.
§21.199 Issue of special flight permits.

Subpart I - Provisional Airworthiness Certificates
§21.211 Applicability.
§21.213 Eligibility.
§21.215 Application.
§21.217 Duration.
§21.219 Transferability.
§21.221 Class I provisional airworthiness certificates.
§21.223 Class II provisional airworthiness certificates.
§21.225 Provisional airworthiness certificates ~

Subpart J - [Reserved]

Subpart K - Parts Manufacturer Approvals
§21.301 Applicability.
§21.303 Application.
§21.305 Organization.
§21.307 Quality system.
§21.308 Quality manual.
§21.309 Location or change to manufacturing facility.
§21.310 Inspections and tests.
§21.311 Issuance.
§21.313 Duration.
§21.314 Transferability.
§21.316 Responsibility of holder.
§21.319 Design changes.
§21.320 Changes in quality system.

Subpart L - Export Airworthiness Approvals
§21.321 Applicability.
§21.325 Export airworthiness approvals.
§21.327 Application.
§21.329 Issuance of export certificate of airworthiness.
§21.331 Issuance for engines, propellers, and articles.

Subpart E - Supplemental Type Certificates
§21.111 Applicability.
§21.113 Requirement for supplemental type certificate.
§21.115 Applicable requirements.
§21.117 Issue of supplemental type certificates.
§21.119 Privileges.
§21.120 Responsibility of STC holders to provide ~

Subpart F - Production under Type Certificate
§21.121 Applicability.
§21.122 Location or change to manufacturing facility.
§21.123 Production under type certificate.
§21.127 Tests: aircraft.
§21.128 Tests: aircraft engines.
§21.129 Tests: propellers.
§21.130 Statement of conformity.

Subpart G - Production Certificates
§21.131 Applicability.
§21.132 Eligibility.
§21.133 Application.
§21.135 Organization.
§21.137 Quality system.
§21.138 Quality manual.
§21.139 Location or change to manufacturing facility.
§21.140 Inspections and tests.
§21.141 Issuance.
§21.142 Production limitation record.
§21.143 Duration.
§21.144 Transferability.

§21.335 Responsibilities of exporters.

Subpart M - [Reserved]

Subpart N - Acceptance of Aircraft Engines, Propellers, and Articles for Import
§21.500 Acceptance of engines and propellers.
§21.502 Acceptance of articles.

Subpart O - Technical Standard Order Approvals
§21.601 Applicability and definitions.
§21.603 Application.
§21.605 Organization.
§21.607 Quality system.
§21.608 Quality manual.
§21.609 Location or change to manufacturing facility.
§21.610 Inspections and tests.
§21.611 Issuance.
§21.613 Duration.
§21.614 Transferability.
§21.616 Responsibility of holder.
§21.618 Approval for deviation.
§21.619 Design changes.
§21.620 Changes in quality system.
§21.621 Issue of letter of TSO design approval: Import.

Subpart P - Special Federal Aviation Regulations
§21.700 SFAR No. 111-Lavatory Oxygen Systems.

FAR Part 21 항공기 및 부품류 인증절차 규정은 2009년 10월의 Amendment 21-92에서 큰 폭으로 개정되었다. 즉, 제목이 ~ Products, Articles, and Parts에서 ~ Products and Articles로 변경되고, 모든 문안의 Administrator를 FAA로, Shall을 Must로 대체하여 의미를 명확히 하고, Subpart G의 제작증명, Subpart K의 부품제작자승인, Subpart O의 기술표준품승인에 관한 조항번호와 내용을 대폭 수정하였다.

FAR Part 23 보통급 비행기 감항기준은 2017년 8월에 발효된 Amendment 23-64에 따라서 기존의 감항기준을 실행형 기준(performance based standards)으로 완전히 다른 방식으로 전환하였다. 즉, 기존의 §23.1부터 §23.1589까지의 374개 감항요건을 §23.2000부터 §23.2620까지의 65개 실행요건으로 전환하였다. 다만, 기존의 §23.1457 조종실 음성기록장치, §23.1459 비행자료기록장치, §23.1529 감항성유지지침서는 그대로 유지하였다.

FAR Part 26 수송급 항공기 감항성 개선 기준은 2007년 12월에 발효된 개정법안 72FR63409

Enhanced Airworthiness Program에 따라 새로 제정된 기준이다. 이는 지난 수십년 동안에 수송급 비행기에서 발생한 노후된 전선에 의한 사고, 기체 구조물의 약화, 연료탱크 폭발 등의 사례 분석을 통하여 운항 중인 수송급 비행기에 대한 상태 점검과 개조 기준을 규정한 것이다.

[그림 1-8] 미국의 감항기준(AS), 지침서(Order), 회람서(AC)

미국 연방항공청은 기술표준품승인 대상이 되는 품목에 대하여 표준서(TSO: Technical Standard Order)를 제정하여 고시하고 있으며, 2025년 현재 156종의 기술표준서가 발행되었다. 이에 대한 최신판은 연방항공청 홈페이지에서 확인할 수 있다.

- TSO-C1e : Cargo Compartment Fire Detection Instruments
- TSO-C2d : Airspeed Instruments
- TSO-C3e : Turn and Slip Instrument
- TSO-C4c : Bank and Pitch Instruments
- TSO-C5f : Direction Instrument, Non-Magnetic (Gyroscopically Stabilized)
- TSO-C6e : Direction Instrument, Magnetic (Gyroscopically Stabilized)
- TSO-C7d : Direction Instrument, Magnetic Non-Stabilized (Magnetic Compass)
- TSO-C8e : Vertical Velocity Instruments (Rate-of-Climb)
- TSO-C10c : Pressure Altimeter System
- TSO-C11e : Powerplant Fire Detection Instruments (Thermal and Flame Contact)
- TSO-C13g : Life Preservers
- TSO-C14b : Aircraft Fabric, Intermediate Grade
- TSO-C15d : Aircraft Fabric, Grade A *(이하 중간생략)*
- TSO-C207b : Aeronautical Mobile Airport Communication System (AeroMACS)

- TSO-C209 : Electronic Flight Instrument System (EFIS) Display
- TSO-C210 : Airborne Head Up Display (HUD)
- TSO-C211 : Detect and Avoid (DAA) Systems
- TSO-C212 : Air-To-Air Radar (ATAR) for Traffic Surveillance
- TSO-C213a : UAS Control and Non-Payload Communications Terrestrial Link System
- TSO-C214 : Functional TSO Equipment using IMA Platform(s) and Module(s)
- TSO-C219a : Airborne Collision Avoidance System (ACAS) Xa/Xo
- TSO-C220 : GNSS-Aided Inertial System
- TSO-C230 : AC to AC Converters

미국 연방항공청은 연방항공규정에 따른 형식증명, 제작증명, 감항증명, 부품제작자승인, 기술표준품승인 업무절차를 구체적으로 규정하고, 인증담당 공무원에게 필요한 정보를 제공하기 위하여 다음과 같은 지침서(FAA Order)를 제정하여 운영하고 있다.

- Order 1100.128 : Implementation of Noise Type Certification Standards
- Order 4040.26C : Aircraft Certification Service Flight Test Risk Management
- Order 8010.2A : Aviation Safety (AVS) Service Difficulty Reporting System
- Order 8040.1C : Airworthiness Directives
- Order 8110.4C : Type Certification (change 7)
- Order 8040.6A : Unmanned Aircraft Systems Safety Risk Management Policy
- Order 8110.37F : Designated Engineering Representative (DER) Handbook
- Order 8110.42D : Parts Manufacturer Approval Procedures
- Order 8110.48A : How to establish the Certification Basis for Changed Products
- Order 8110.49A : Software Approval Guidelines
- Order 8110.54A : Instructions for Continued Airworthiness
- Order 8110.56B : Restricted Category Type Certification
- Order 8110.101 : Type Certification Procedures for Military CDA
- Order 8110.105 : Airborne Electronic Hardware Approval Guidelines
- Order 8110.118 : Commercial Parts
- Order 8110.119 : Streamlined Process for Parts Manufacturer Approval (PMA)
- Order 8120.16A : Suspected Unapproved Parts Program
- Order 8120.22A : Production Approval Procedures
- Order 8120.23A : Certificate Management of Production Approval Holders

- Order 8130.2J : Airworthiness Certification of Aircraft
- Order 8130.21H : Procedures for Authorized Release Certificate, FAA Form 8130-3
- Order 8130.34D : Airworthiness Certification of Unmanned Aircraft Systems
- Order 8150.1D : Technical Standard Order Program (change 1)

미국 연방항공청은 연방항공규정에 따른 인증에 있어서 신청자에게 구체적인 인증절차와 방법, 특히 각 요건에 대한 수락 가능한 적합성 입증방법(MoC: Means of Compliance)을 안내하기 위하여 다음과 같은 권고 회람서(AC: Advisory Circular)를 발행하여 활용하도록 하고 있다.

- AC 20-107B : Composite Aircraft Structure
- AC 20-128A : Uncontained Turbine Engine and APU Rotor Failure
- AC 20-135 : Powerplant Installation and Fire Protection Test Methods
- AC 20-190 : Aircraft Electromagnetic Compatibility Certification
- AC 21-26A : Quality Control for the Manufacture of Composite Structures
- AC 21-40A : Guide for a Supplemental Type Certificate
- AC 21-43A : Production Under 14 CFR Part 21, Subparts F, G, K, and O
- AC 21-45 : Commercial Parts
- AC 21-46A : Technical Standard Order Program
- AC 21-49 : Gaining Approval of Seats With Integrated Electronic Components
- AC 21-50 : Installation of TSOA Articles and LODA Appliances
- AC 21.101-1B : Establishing the Certification Basis of Changed Products
- AC 21.303-4 : Application for PMA via Tests and Computations or Identicality
- AC 23-2A : Flammability Tests
- AC 23-8C : Flight Test Guide for Certification of Part 23 Airplanes
- AC 23-13A : Fatigue, Fail-Safe, and Damage Tolerance for Normal Airplanes
- AC 23-16A : Powerplant Guide for Certification of Part 23 Airplanes
- AC 23.629-1B : Means of Compliance with §23.629, Flutter
- AC 25.1701-1 : Electrical Wiring Interconnection Systems on Transport Airplanes
- AC 25.307-1 : Proof of Structure
- AC 25.362-1 : Engine Failure Loads
- AC 25.1309-1 : System Design and Analysis
- AC 25.1353-1 : Electrical equipment and installations
- AC 27-1B : Certification of Normal Category Rotorcraft (change 9)

- AC 29-2C : Certification of Transport Category Rotorcraft (change 9)
- AC 33-2C : General Type Certification Guidelines for Turbine Engines
- AC 33.7-1 : Ratings and Operating Limitations for Turbine Engines
- AC 33.17-1A : Engine Fire Protection
- AC 33.28-3 : Guidance Material for 14 CFR §33.28 Engine Control Systems
- AC 33.63-1 : Turbine Engine Vibration
- AC 33.70-1 : Guidance Material for Aircraft Engine Life-Limited Parts
- AC 33.75-1A : Guidance Material for 14 CFR §33.75, Safety Analysis
- AC 33.76-1B : Bird Ingestion Certification Standards
- AC 33.83-1 : Vibratory Stresses and HCF Capability for PMA of Turbine Engine

세계적으로 항공산업을 선도하고 있는 미국의 연방항공청(FAA: Federal Aviation Administration)은 항공관제(ATO), 항공안전(AVS), 공항시설(ARP), 보안위험물질(ASH), 상용우주운송(AST) 분야의 글로벌 항공안전 정책을 이끌고 있으며, 워싱턴 D.C.에 본부와 각 지역 사무소, 해외 사무소를 두고 있다.

미국 연방항공청 본부에는 청장(Administrator) 및 부청장(Deputy Administrator) 예하에 항공안전실(AVS: Aviation Safety)을 비롯한 14개 실(室)이 있고, 항공안전실(AVS) 예하에 비행표준국(AFX: Flight Standards Service), 항공인증국(AIR: Aircraft Certification Service), 무인항공기시스템국(AUS: Unmanned Aircraft Systems)을 포함한 46개 국(局)[3]으로 운영되고 있다.

항공인증국(AIR)은 항공기, 엔진, 프로펠러, 부품, 기술표준품에 대한 설계승인, 생산승인, 감항증명, 부품제작자승인, 기술표준품승인과 감항성 유지 프로그램을 총괄하는 본부 조직이다. 항공인증국(AIR) 예하에 기존에는 항공인증부(Directorates), 항공인증사무소(ACO), 제조검사사무소(MIO), 제조검사지역사무소(MIDO) 등을 두고 인증업무를 수행하였으나, 2023년 항공인증국 조직개편에 따라서 디비젼(Divisions), 브랜치(Branches), 섹션(Sections)의 3단계 조직으로 개편하였다.

기존에 항공인증사무소(ACO)에서 수행하던 설계승인 업무는 새로 조직된 감항적합 디비젼(AIR-700: Compliance & Airworthiness Division)의 5개 인증 브랜치(CB)와 그 예하의 25개 섹션에서 수행하고, 제조검사지역사무소(MIDO)에서 수행하던 생산승인 및 검사업무는 새로 조직된 시스템감독 디비젼(AIR-800: System Oversight Division)의 3개 인증관리 브랜치(CMB)와 그 예하의 18개 섹션에서 수행한다.

3) 미국의 정부조직을 우리나라 정부조직 명칭과 대응하기에는 현실적인 어려움이 있으나, 연방항공청의 전체 규모와 각 부서의 역할을 고려할 때, 워싱턴 D.C. 본부의 AVS는 실(室), AIR는 국(局), 그 예하의 단위부서(Branch, Section, Unit)는 과(課)에 해당하는 것으로 볼 수 있다.

- East Certification Branch (AIR-750) : 7 Sections
  - Airframe, System, Cabin, Engine, Avionics, Program Mgt, Support Sections
- Central Certification Branch (AIR-760) : 7 Sections
  - Airframe, System, Cabin, Engine, Avionics, Program Mgt, Support Sections
- West Certification Branch (AIR-770) : 8 Sections
  - Airframe, System, Cabin, Engine, Avionics, Program Mgt, Support, Alaska Sections
- International Validation Branch (AIR-730) : 3 Sections
  - Europe, Middle East & Africa, Americas, Asia Pacific Sections
- Military Certification Branch (AIR-780) : itself (No Section)
- East Certificate Management Branch (AIR-850) : 7 Sections
  - Bradley, Boston, Atlanta, N. Cumberland, Farmingdale, Orlando, Program Mgt Secs
- Central Certificate Management Branch (AIR-860) : 7 Sections
  - Oklahoma, Ft Worth, S. Antonio, Minneapolis, Wichita, Vandalia, Program Mgt Secs
- West Certificate Management Branch (AIR-870) : 4 Sections
  - Scottsdale, Seattle, Los Angeles, Program Mgt Sections

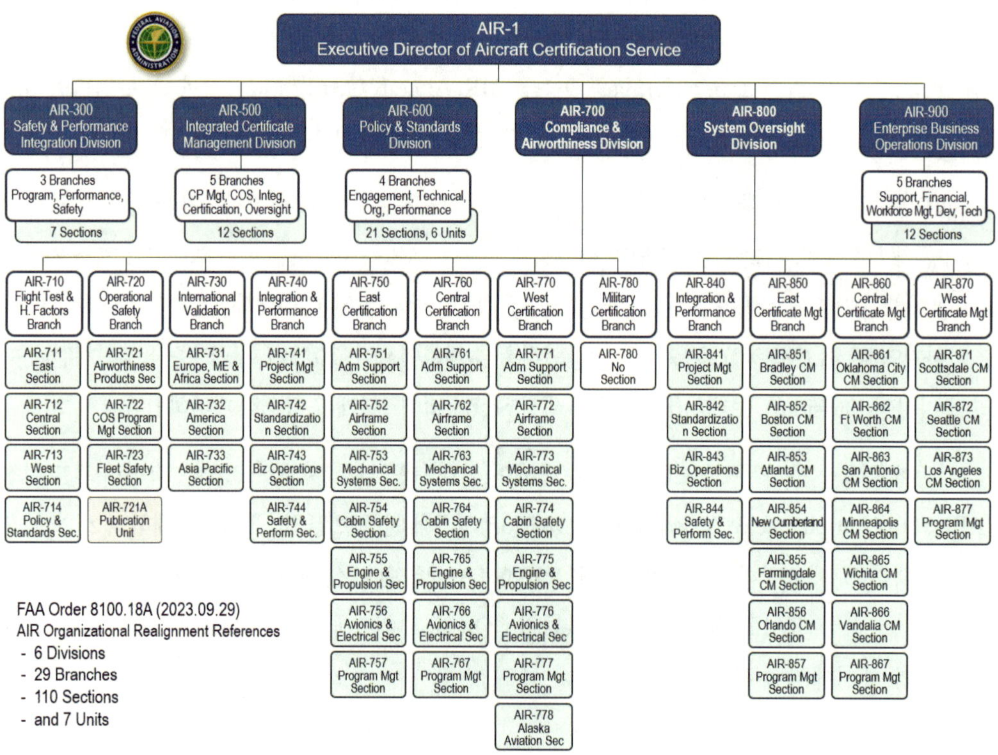

[그림 1-9] 미국 연방항공청 항공인증국(AIR) 조직도

미국 연방항공청의 인력은 총 45,000여명에 이르며, 항공관제(ATO)에 31,000여명, 항공안전(AVS)에 7,600여명, 스탭조직(SO)에 5,000여명, 공항시설(ARP)에 600여명, 보안위험물질(ASH)에 600여명, 상용우주운송(AST)에 200여명이 근무하고 있다.

미국 연방항공청은 항공기, 엔진, 프로펠러에 대한 형식증명 및 부가형식증명을 연간 평균 1,500건, 기술표준품 및 부품에 대한 승인 3,000건, 신규 생산승인 50건, 감항증명은 5,500건을 수행하고, 감항성개선지시서 400건을 발행하고 있다.

항공안전실(AVS: Aviation Safety)과 그 예하의 부서에 총 7,600여명이 근무하고 있으며, 그중에 비행표준국(AFX: Flight Standards Service) 예하에 5,000여명, 항공인증국(AIR: Aircraft Certification Service) 예하의 본부(Division), 브랜치(Branch), 섹션(Section)에 1,300여명이 근무하고 있다. 연방항공청의 위임 기술자(Designees: DER, DMIR, DAR-F)는 2,700여명이 활동하고 있으며, 지정인가조직(ODA: Organization Designation Authorization)은 70여곳이 인증업무를 수행하고 있다.

그 밖에 교통부 및 연방항공청 소속 기관으로 호클라호마 시티에 위치한 Mike Monroney Aeronautical Center와 아틀란틱 시티에 위치한 William Hughes Technical Center를 들 수 있다.

Mike Monroney Aeronautical Center에는 연방항공청 교육기관(FAA Academy)을 비롯하여 항공의학연구소(CAMI: Civil Aerospace Medical Institute), 연방항공청 보급센터(Logistic Center) 등이 소재하고 있다. 이 중에 연방항공청 교육기관(Academy)에는 항공교통관제, 공항관리, 항공보안, 항공기 인증, 항공시스템표준, 항공의학, 계기비행절차, 항공법규 등의 분야에 4,300여개 교육과정이 개설되어 있으며, 연방항공청 직원과 각국의 항공당국 또는 일부 산업체 직원을 대상으로 교육을 실시하고 있다.

William Hughes Technical Center는 항공교통관제, 통신, 항법, 공항, 안전성, 항공보안 분야의 연구개발, 시험평가, 확인 및 검증 업무를 수행하고 있다. 이와 같은 연구개발을 통하여 감항기준 등의 법령 개정과 항공기 사고조사를 지원한다.

- Fire Safety Test Research Lab
- Software and Systems Safety Lab
- NextGen Integration & Evaluation Capability
- Aviation Human Factors Laboratory

www.faa.gov

[그림 1-10] 연방항공청 기술센터 전경 및 항공기 캐빈 화재시험

미국 연방항공청은 항공기 인증, 자격증명, 항공의학 등의 전문분야에 위임 기술자 제도(Designee System)를 운영하고 있다. 이는 1958년 연방항공법(Federal Aviation Act)에 근원을 두고 있으며, 항공기 제작사 직원 중에서 선발된 검사원이 연방항공청을 대신하여 자사의 제품에 대하여 검사를 시작한 것이 효시이다. 이후 1960년대에 항공업체에 대한 위임선택인가(DOA)과 지정개조공장(DAS) 제도가 시행되었으며, 1970년대에는 지정제조검사관(DMIR)의 업무범위가 대폭 확대되었고, 1980년대부터 지정인증기술관(DER)과 지정감항검사관(DAR) 제도가 시행되었다.[4] 연방항공청이 시행하고 있는 위임제도 자격의 종류는 다음과 같다.

- 지정인증기술관 (DER: Designated Engineering Representative)
- 지정제조검사관 (DMIR: Designated Manufacturing Inspection Representative)
- 지정감항검사관 (DAR: Designated Airworthiness Representative)
- 지정인가조직 (ODA: Organization Designation Authorization)
- 정비사 지정시험관 (DME: Designated Mechanic Examiner)
- 낙하산작업자 시험관 (DPRE: Designated Parachute Rigger Examiner)
- 조종사 지정시험관 (DPE: Designated Pilot Examiner)
- 항공의학 시험관 (AME: Aviation Medical Examiner)

미국 연방항공청 위임 기술자 제도는 FAR Part 21 "항공기 및 부품에 대한 인증절차", Part 45 "식별 및 등록 표식", Part 183 "연방항공청장의 대리인" 등의 규정에 따라서 시행되며, Order 8100.8D "피지정자 관리 핸드북", Order 8110.37F "지정인증기술관 핸드북" 등에서 구체적인 내용을 규정하고 있다.

---

4) 우리나라의 경우에는 항공안전법 제31조(항공기등의 검사) 제2항 및 제3항에 따라 위촉검사관 제도에 대한 법적 근거가 마련되어 있으나, 거의 활용되지 않고 있는 실정이다. 이를 대신하여 제135조(권한의 위임 · 위탁) 제2항에 따른 전문검사기관 제도를 시행하고 있다.

지정인증기술관(DER)은 FAR §183.29 규정에 따라 항공기 각 분야별 기술적인 지식과 경험을 갖춘 자 중에서 임명되며, 형식증명 및 설계승인을 위한 기술보고서와 도면을 검토하고 해당 시험에 입회하여 그 결과를 승인 또는 연방항공청에 보고한다. 항공기 또는 부품 회사에 소속된 지정인증기술관(Company DER-Y)과 개인적으로 활동하는 지정인증기술관(Consultant DER-T)이 있으며, 본인의 기술적 경험에 따라 항공기 구조, 동력장치, 계통 및 장치, 항법통신, 비행성능, 비행시험, 소음, 엔진, 프로펠러, 그리고 비행시험조종, 수리개조설계 중에서 해당 전문분야를 지정받아 인증업무를 수행한다.

지정제조검사관(DMIR)은 FAR §183.31 규정에 따라 항공기 및 관련 부품의 검사에 대한 경험과 능력을 갖춘 자 중에서 임명된다. 지정제조검사관은 항공기 및 부품에 대한 합치성 검사를 수행하고, 해당 항공기에 대한 최초의 감항증명서 발급과 엔진, 프로펠러, 부품 등에 대한 감항성 승인, 형식증명 중인 항공기에 대한 실험용 감항증명서 발급, 수출 항공기에 대한 감항증명서 발급 및 특별비행허가 등의 업무를 수행한다. 지정제조검사관은 항공기, 엔진, 프로펠러에 대한 제작증명소지자 또는 그 협력회사에 소속되어 있으며, 개인의 검사업무는 인정되지 않는다.

지정감항검사관(DAR)은 FAR §183.33 규정에 따라 항공기 및 관련 부품의 검사, 시험, 정비에 대한 경험과 능력을 갖춘 자 중에서 임명된다. 항공인증국(AIR)에서 임명하는 제조분야 지정감항검사관(DAR-F)은 항공기 등에 대한 최초의 감항증명서 발급과 엔진, 프로펠러, 부품 등에 대한 합치성 검사를 수행하여 감항승인태그(FAA Form 8130-3)에 서명할 수 있으며, 컨설팅 계약에 따

U.S. Department of Transportation
Federal Aviation Administration

Certificate of Designation

Reposing special trust and confidence in the integrity, diligence, and discretion of

Name of FAA DER

who has been found to have the necessary knowledge, skill, experience, interest, and impartial judgment to merit special public responsibility, I hereby designate as

Company
Designated Engineering Representative

with authorization to act in accordance with the regulations and procedures prescribed by the Federal Aviation Administration relating to this designation.

Issued at Lakewood, California

Dated March 17, 2008

Certificate No. DERY-830907-NM

By Direction of the Administrator

Manager, Systems and Equipment Branch

FAA FORM 8000-5 (4-84)

www.faa.gov

[그림 1-11] 연방항공청 지정인증기술관(DER) 자격증명서

른 개인 자격의 검사와 자문도 수행할 수 있다. 비행표준국(AFX)에서 임명하는 정비분야 지정감항검사관(DAR-T)은 기체 및 동력장치 정비사 자격을 보유하거나 인가된 수리사업장 또는 운항증명을 받은 회사에 고용되어 수리작업자 자격을 갖추고 있어야 하며, 항공기 기체, 동력장치, 장비품 등에 대한 수리개조승인서(FAA Form 337)에 서명할 수 있는 권한을 가진다.

미국 연방항공청 지정인증기술관(DER), 지정제조검사관(DMIR), 지정감항검사관(DAR)이 되기 위해서는 연방항공규정, 인증절차, 감항기술기준, 감항성 지침, 관련 안내문서 등에 능통한 미국 국민이어야 한다. 다만, 지정감항검사관(DAR)의 경우에는 미국 시민권자가 아니더라도 해당 경력을 갖추고 자국 항공당국의 추천을 받으면 지원할 수 있다. 지정인증기술관(DER) 지원자는 해당 기술분야에서 8년의 경력을 갖추고 해당분야 전문가 3명의 추천을 받아야 한다. 지정제조검사관(DMIR)과 지정감항검사관(DAR) 지원자는 지원분야와 동일한 형식의 항공기 등에 대한 생산 또는 검사에 관련된 기술지식과 경험을 갖추고 해당분야의 전문가 3명의 추천을 받아야 한다. 생산승인 소지자 회사에 소속된 지원자는 형식증명, 감항증명, 수출감항증명, 부품의 승인 등에 관계된 해당 생산시설, 생산절차, 제조문서, 검사기법에 익숙하여야 한다.

미국 연방항공청의 항공인증국(AIR) 관련 업무를 수행하는 지정인증기술관(DER), 지정제조검사관(DMIR), 지정감항검사관(DAR-F)은 연평균 2,700여명이 활동하고 있으며, 이는 연방항공청 인증인력의 2배가 넘는 인원이다. 이와 같이 미연방항공청은 위임제도를 활성화함으로써 일상적인 검사와 승인 업무의 일부를 충분한 경험과 자격을 갖춘 민간 기술자에게 위임하고 연방항공청 직원은 항공안전에 직결된 업무에 더 집중할 수 있는 기틀을 마련하였다.

한편, 기존에 운영되던 지정개조사업장(DAS: Designated Alteration Station), 위임선택인가(DOA: Delegation Option Authorization), 특별감항기준 SFAR 36 사업장승인, 조직지정감항검사관(ODAR: Organizational Designated Airworthiness Representative) 제도는 2009년 11월에 폐지되고, 기존의 지정업체도 모두 지정인가조직(ODA; Organization Designation Authorization) 업체로 전환하도록 되었다.

미국 연방항공청의 지정인가조직(ODA) 제도는 연방법 제49부 교통법(49 USC, Transportation)의 §44702 증명서 발급과 연방규정 제14부 항공우주규정(14 CFR, Aeronautics and Space)의 Part 183 연방항공청장 대리인 규정에 따라서 시행하고 있다. 지정인가조직(ODA) 업체는 형식증명, 부가형식증명, 제작증명, 감항증명, 기술표준품승인, 부품제작자승인, 수리 및 개조 등에서 지정받은 인증업무를 자체적으로 수행할 수 있다. 이와 같은 인증업무에 대한 권한은 위임 기술자 개인에게 위임되는 것이 아니고 지정인가조직 업체에 위촉되는 것이며, 연방항공청은 지정인가조직 업체의 인증업무에 대한 관리 및 감독 활동을 수행한다.

미국의 연방항공청은 항공기, 엔진, 프로펠러, 부품, 기술표준품의 설계, 제작, 운용에 관하여 교통법과 연방규정에 따른 인증 제도를 갖추고 있다. 또한, 각각의 인증업무에 대한 지침서(Order)와 권고 회람서(AC)를 발행하여 담당공무원과 신청자에게 구체적인 업무지침과 적합성 입증방법을 안내하고 있다.

미국의 인증제도에서 가장 특징적인 요소는 적합성 입증과 감항성 유지에 대한 신청자의 법적인 책임과 역할을 명확히 규정하고 있다는 점을 들 수 있다. 또한, 위임제도를 활성화하여 인증 및 운용 단계에서 능력을 갖춘 민간 기술자를 효과적으로 활용함으로써 신속한 인증활동과 안전성 보장에 기여하고 있다.

1.3 유럽의 인증제도

유럽의 경우에는 1970년에 설립된 유럽항공당국(JAA: Joint Aviation Authorities)에서 유럽항공요건(JAR: Joint Aviation Requirements)을 제정하고, 1987년에는 항공기 인증을 포함하여 항공운항, 항공정비, 자격증명, 설계표준 업무조직으로 확대되었다. 이후 유럽의회의 EC No. 1592/2002 법안에 따라 2003년에 유럽항공안전청(EASA: European Union Aviation Safety Agency)으로 전환되었으며, 유럽항공요건(JAR)도 유럽인증규격(CS: Certification Specifications)으로 재편성하여 오늘에 이르고 있다.

유럽항공안전청을 구성하는 회원국은 유럽연합(EU) 회원국 27개국에 비회원국인 스위스, 노르웨이, 아이슬란드, Liechtenstein 4개국이 추가되어 총 31개국이 참여하고 있다. 영국의 경우에는 2020년에 발효된 브렉시트(Brexit)에 따라서 유럽연합 뿐만 아니라 유럽항공안전청에도 참여하지 않고 자체적으로 인증을 수행하고 있다.

유럽항공안전청 본부는 독일 Cologne에 있고, 벨기에 Brussels 사무소, 그리고 캐나다, 미국, 싱가폴, 중국에 대표부를 두고 있으며, 교육기관(JAA TO)은 네덜란드 암스테르담에 운영되고 있다. 유럽항공안전청의 전체 직원은 800여명 정도를 유지하고 있다.

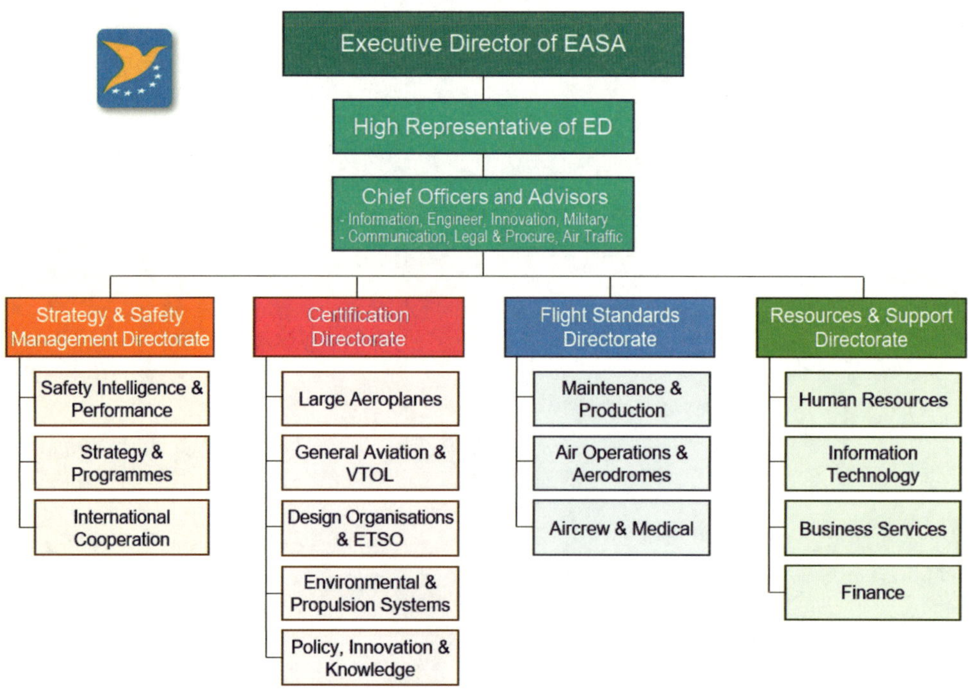

[그림 1-12] 유럽 항공안전청(EASA) 조직도

유럽항공안전청은 청장(ED: Executive Director)과 부청장, 분야별 최고책임자 예하에 4개의 본부(Directorate)와 15개의 단위부서(Office)를 갖추고 있다. 유럽연방항공청(EASA)은 각 회원국에서 제기되는 항공기, 엔진, 프로펠러, 기술표준품에 대한 설계승인, 설계조직승인(DOA), 법령 및 인증규격의 제정, 항공안전 및 국제협력 업무를 주관하여 수행하고, 항공기 제작, 정비, 자격증명, 항공교통관제, 공항시설에 관한 업무는 각국의 항공당국(NAA: National Aviation Authority)에서 직접 수행한다.

- Certification Directorate : 5 Offices
  - Large Aeroplanes, General Aviation & VTOL, Design Organisations & ETSO, Environmental & Propulsion Systems, Policy, Innovation & Knowledge
- Flight Standards Directorate : 3 Offices
  - Maintenance & Production, Air Operations & Aerodromes, Aircrew & Medical
- Strategy & Safety Management Directorate : 3 Offices
  - Safety Intelligence & Performance, Strategy & Programme, International Cooperation
- Resource & Support Directorate : 4 Offices
  - Human Resources, Information Technology, Business Services, Finance

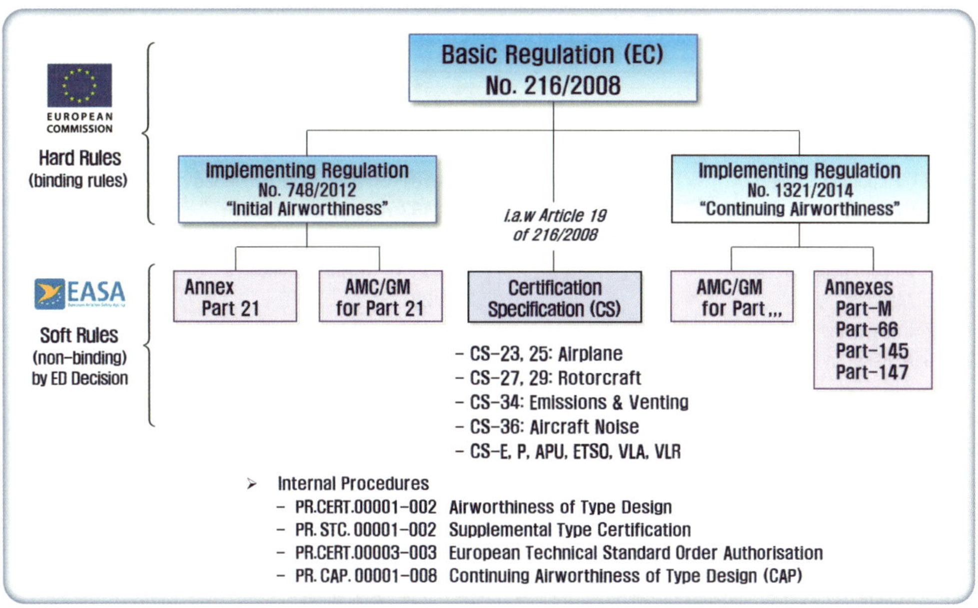

[그림 1-13] 유럽연합 및 유럽항공안전청 인증규정 체계

유럽항공안전청의 항공기 인증은 유럽의회의 기본규정 EC No. 216/2008 "Civil Aviation and establishing EASA"를 근거로 하고 있다. 이 규정의 Article 19 "Certification Specifications and

Guidance Material"를 근거로 인증규격(CS)이 제정되었고, 집행위원회 실행규정 EU No. 748/2012 "Rules for Airworthiness and Environmental Certification"에 따라 제정된 Part 21과 실행규정 EU No. 1321/2014 "Rules for Continuing Airworthiness"에 따라 제정된 Part-M, Part 66, Part 145 등을 적용하고 있다.

유럽연합의 EU Part 21 "Airworthiness and Environmental Certification of Aircraft and related Products, Parts and Appliances"는 항공기, 엔진, 프로펠러, 부품, 기술표준품에 대한 인증의 종류, 법적 요건, 절차를 규정하고 있다. EU Part 21는 크게 Section A "Technical Requirements"와 Section B "Procedures for Competent Authorities"로 구분되는데, 각각의 요건(조항, 항목)은 21.A.000과 21.B.000 방식으로 표기된다.

EU Part 21은 미국의 FAR Part 21과 달리, 소음(Noise), 수리(Repair), 비행허가(Permit to Fly), 식별표시(Indentification) 요건을 별도의 Subpart로 규정하고 있으며, 미국의 지정인가조직(ODA) 및 위임제도(Designee)와 일부 유사한 설계승인조직(DOA: Design Organisation Approval)과 생산승인조직(POA: Production Organisation Approval) 규정을 두고 있다. 그리고 부품에 대해서는 항공기 등의 형식증명, 부가형식증명, 기술표준품승인 절차를 따르도록 규정함으로써, 미국과 같은 제3자에 의한 부품제작자승인 제도를 두지 않고 있다.

[표 1-5] 유럽연합의 EU Part 21 인증절차 규정 목차

Subpart A - General Provisions	21.A.175 Language
21.A.1 Scope	21.A.177 Amendment or modification
21.A.2 Undertaking by another person ~	21.A.179 Transferability and re-issuance within States
21.A.3A Reporting system	21.A.181 Duration and continued validity
21.A.3B Airworthiness directives	21.A.182 Aircraft identification
21.A.4 Coordination between design and production	
21.A.5 Record-keeping	**Subpart I - Noise Certificates**
21.A.6 Manuals	21.A.201 Scope
21.A.7 Instructions for continued airworthiness	21.A.203 Eligibility
21.A.9 Access and investigation	21.A.204 Application
	21.A.207 Amendment or modification
Subpart B – Type Certificates and Restricted TCs	21.A.209 Transferability and re-issuance within States
21.A.11 Scope	21.A.211 Duration and continued validity
21.A.13 Eligibility	
21.A.14 Demonstration of capability	**Subpart J - Design Organisation Approval**
21.A.15 Application	21.A.231 Scope
21.A.19 Changes requiring a new type-certificate	21.A.233 Eligibility
21.A.20 Demonstration of compliance with TC basis ~	21.A.234 Application
21.A.21 Requirements for issuance of a TC or RTC	21.A.235 Issue of design organisation approval
21.A.31 Type design	21.A.239 Design management system
21.A.33 Inspections and tests	21.A.243 Handbook
21.A.35 Flight Tests	21.A.245 Resources
21.A.41 Type-certificate	21.A.247 Changes in the design management system
21.A.44 Obligations of the holder	21.A.249 Transferability

21.A.47 Transferability
21.A.51 Duration and continued validity
21.A.62 Availability of operational suitability data
21.A.65 Continuing structural integrity for structures

Subpart C - Not Applicable

Subpart D - Changes to TCs and Restricted TCs
21.A.90A Scope
21.A.90B Standard changes
21.A.90C Stand-alone changes to the ICA
21.A.91 Classification of changes to a type-certificate
21.A.92 Eligibility
21.A.93 Application
21.A.95 Requirements for approval of a minor change
21.A.97 Requirements for approval of a major change
21.A.101 Type-certification basis, operational data ~
21.A.108 Availability of operational suitability data
21.A.109 Obligations and EPA marking

Subpart E - Supplemental Type Certificates
21.A.111 Scope
21.A.112A Eligibility
21.A.112B Demonstration of capability
21.A.113 Application for supplemental type-certificate
21.A.115 Requirement for approval of major change ~
21.A.116 Transferability
21.A.117 Changes to part of product covered by STC
21.A.118A Obligations and EPA marking
21.A.118B Duration and continued validity
21.A.120B Availability of operational suitability data

Subpart F - Production without POA
21.A.121 Scope
21.A.122 Eligibility
21.A.124 Application
21.A.124A Means of compliance
21.A.125A Issuance of a letter of agreement
21.A.125B Findings and observations
21.A.125C Duration and continued validity
21.A.126 Production inspection system
21.A.127 Tests: aircraft
21.A.128 Tests: engines and propellers
21.A.129 Obligations of the production organisation
21.A.130 Statement of conformity

Subpart G - Production Organisation Approval
21.A.131 Scope
21.A.133 Eligibility
21.A.134 Application
21.A.134A Means of compliance
21.A.135 Issuance of production organisation approval
21.A.139 Production management system

21.A.251 Terms of approval
21.A.253 Changes to the terms of approval
21.A.258 Findings and observations
21.A.259 Duration and continued validity
21.A.263 Privileges
21.A.265 Obligations of the holder

Subpart K - Parts And Appliances
21.A.301 Scope
21.A.303 Compliance with applicable requirements
21.A.305 Approval of parts and appliances
21.A.307 The eligibility of parts and appliances for ~

Subpart L - Not Applicable

Subpart M - Repairs
21.A.431A Scope
21.A.431B Standard repairs
21.A.432A Eligibility
21.A.432B Demonstration of capability
21.A.432C Application for a repair design approval
21.A.433 Requirements for approval of repair design
21.A.435 Classification and approval of repair designs
21.A.439 Production of repair parts
21.A.441 Repair embodiment
21.A.443 Limitations
21.A.445 Unrepaired damage
21.A.451 Obligations and EPA marking

Subpart N - Not Applicable

Subpart O - European TSO Authorisations
21.A.601 Scope
21.A.602A Eligibility
21.A.602B Demonstration of capability
21.A.603 Application
21.A.604 ETSOA for an auxiliary power unit (APU)
21.A.605 Data requirements
21.A.606 Requirements for issuance of an ETSOA
21.A.607 ETSO authorisation privileges
21.A.608 Declaration of Design and Performance (DDP)
21.A.609 Obligations of holders of ETSOA
21.A.610 Approval for deviation
21.A.611 Design changes
21.A.619 Duration and continued validity
21.A.621 Transferability

Subpart P - Permit to Fly
21.A.701 Scope
21.A.703 Eligibility
21.A.707 Application for permit to fly
21.A.708 Flight conditions
21.A.709 Application for approval of flight conditions

21.A.143 Production organisation exposition	21.A.710 Approval of flight conditions
21.A.145 Resources	21.A.711 Issuance of a permit to fly
21.A.147 Changes in production management system	21.A.713 Changes
21.A.148 Changes of location	21.A.715 Language
21.A.149 Transferability	21.A.719 Transferability
21.A.151 Terms of approval	21.A.723 Duration and continued validity
21.A.153 Changes to the terms of approval	21.A.725 Renewal of permit to fly
21.A.158 Findings and observations	21.A.727 Obligations of the holder of a permit to fly
21.A.159 Duration and continued validity	
21.A.163 Privileges	**Subpart Q - Identification of Product, Part, Appliance**
21.A.165 Obligations of the holder	21.A.801 Identification of products
21.A.171 Scope	21.A.803 Handling of identification data
21.A.172 Eligibility	21.A.804 Identification of parts and appliances
21.A.173 Classification	21.A.805 Identification of critical parts
21.A.174 Application	21.A.807 Identification of ETSO articles

유럽항공안전청의 인증규격(CS: Certification Specification)은 유럽의회의 기본규정 EC No. 216/2008 제19조에 의거하여 유럽항공안전청장(ED: Executive Director)이 제정해 고시하는 방식을 따르고 있다. 항공기 인증규격(CS-23, 25, 27, 29)에 대해서는 미국의 감항기준과 부합화(Hamonization)를 위한 개정이 지속적으로 이루어지고 있으나, 엔진 인증규격(CS-E)은 그 항목이 많이 차이나고 있다. 보조동력장치(APU)의 경우에 미국은 기술표준서(TSO-C77b)로 제정되어 있으나, 유럽은 인증규격(CS-APU)으로 제정하여 형식증명 절차를 따르도록 하고 있다. 또한, 경량 항공기에 대하여 미국은 소형 비행기 감항기준(Part 23)을 적용하고 있으나, 유럽은 별도로 각각의 인증규격(CS-LSA, VLA, VLR)을 제정하여 형식증명을 수행하고 있다.

- CS-22 : Sailplanes and Powered Sailplanes
- CS-23 : Normal, Utility, Aerobatic and Commuter Aeroplanes
- CS-25 : Large Aeroplanes
- CS-26 : Additional Airworthiness Specifications for Operations
- CS-27 : Small Rotorcraft
- CS-29 : Large Rotorcraft
- CS-31 : Gas Ballons (GB), Hot Air Ballons (HB), Tethered Gas Baloons (TGB)
- CS-34 : Aircraft Engine Emissions and Fuel Venting
- CS-36 : Aircraft Noise
- CS-APU : Auxiliary Power Units
- CS-E : Engines
- CS-ETSO : European Technical Standard Orders
- CS-LSA : Light Sport Aeroplanes

- CS-P : Propellers
- CS-VLA : Very Light Aeroplanes
- CS-VLR : Very Light Rotorcraft

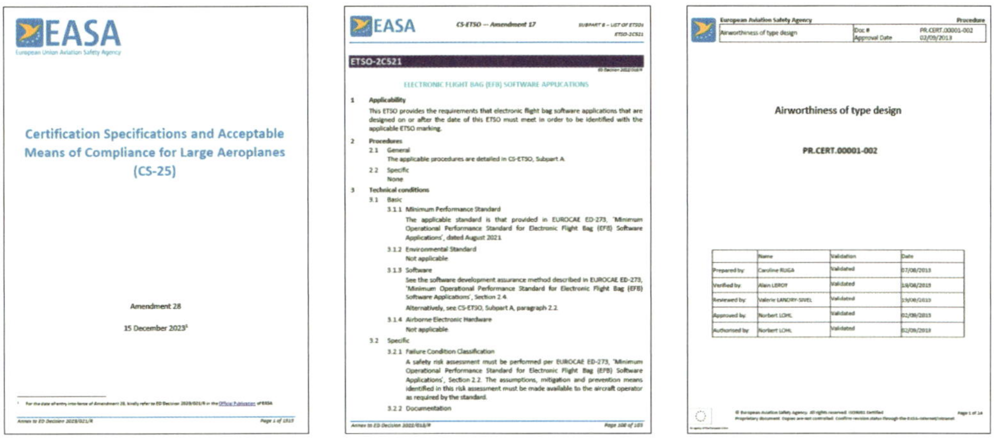

[그림 1-14] 유럽의 감항기준(CS), 표준서(ETSO), 절차서(Procedure)

유럽항공안전청의 기술표준서(ETSO: European Technical Standard Order)는 미국과 달리 CS-ETSO 인증규격에 통합 수록되어 있으며, 2024년 현재 177종의 표준서가 제정되었다. 이 중에 미국의 표준서와 기술적 내용에 차이가 있거나 유럽에만 존재하는 표준서는 55종에 이른다. 이들 차이가 있는 유럽기술표준서(ETSO)는 그 번호의 “C” 표시 앞에 “2”를 추가해 구별되도록 명명하였다.

- ETSO-C1e : Cargo Compartment Fire Detection Instruments
- ETSO-C2d : Airspeed Instruments
- ETSO-C3e : Turn and Slip Instruments
- ETSO-C4c : Bank and Pitch Instruments
- ETSO-C5f : Direction Instrument, Non-Magnetic (Gyroscopically Stabilized)
- ETSO-C6e : Direction Instrument, Magnetic (Gyroscopically Stabilized)
- ETSO-C7d : Direction Instrument, Magnetic Non-stabilized Type (Magnetic Comp.)
- ETSO-C8e : Vertical Velocity Instrument (Rate-of-Climb)
- ETSO-C9c : Automatic Pilots
- ETSO-C10c : Pressure Altimeter System
- ETSO-2C11e : Powerplant Fire Detection Instruments (Thermal and Flame Contact)
- ETSO-C13g : Life Preservers

- ETSO-C14b : Aircraft Fabric, Intermediate Grade; External Covering Material
- ETSO-C15d : Aircraft Fabric, Grade A; External Covering Material *(이하 중간생략)*
- ETSO-2C512 : Portable Gaseous Oxygen Supply (PGOS)
- ETSO-2C513 : Tow Release
- ETSO-2C514a : Airborne Systems for Non Required Telecommunication Services
- ETSO-2C515 : Aircraft Halocarbon Clean Agent Hand-Held Fire Extinguishers
- ETSO-2C517 : Automatic Deployable Flight Recorder (ADFR) Systems
- ETSO-2C518 : Runway overrun awareness and alerting system
- ETSO-2C519 : Emergency Breathing Systems (EBSs)
- ETSO-2C520 : 406-Mhz Satellite Personal Locator Beacon (PLB)
- ETSO-2C521 : Electronic Flight Bag (EFB) Software Applications
- ETSO-2C522 : Helicopter Terrain Awareness and Warning System (HTAWS)

유럽연방항공청의 형식증명, 부가형식증명, 기술표준품승인 등에 관한 인증업무 절차서는 그 종류가 많지 않으며, 내용도 비교적 간결한 편이다. 이는 미국 연방항공청의 지침서(FAA Order)가 매우 다양하고 구체적인 내용을 수록하고 있다는 점에서 차이가 있다. 또한, 유럽항공안전청에서 직접 수행하지 않는 제작증명과 감항증명에 관한 지침서나 절차서는 각 회원국가 항공당국(NAA)에서 발행하게 된다.

- PR.CERT.00001-002 : Airworthiness of Type Design
- PR.STC.00001-002 : Supplemental Type Certification
- PR.TCCH.00001-001 : Approval of Change to Type Certificate
- PR.CERT.00003-003 : European Technical Standard Order Authorisation
- PR.CAP.00001-008 : Continuing Airworthiness of Type Design (CAP)
- PR.CSERV.00003-003 : Maintenance Review Board (MRB)
- PR.CSERV.00001-004 : Certification Support for Validation
- PR.CAP.00007-004 : Safety information bulletin (SIB)
- TE.CERT.00075-002 : CRI consultation paper
- WI.CERT.00146-002 : CRI and CAI writing and management

유럽항공안전청은 인증규격(CS)의 각 요건에 대한 적합성 인정방법(AMC: Acceptable Means of Compliance)이나 안내자료(GM: Guidance Material)를 해당 인증규격의 각 항목에 연이어 함께 제시하고 있다. 이는 미국 연방항공청의 권고 회람서(AC)가 별도로 발행되어 찾아보기 어렵다는 단점을 극복하기 위한 측면으로 보이나, 법적인 적합성 요건과 입증방법에 관한 권고사항을 곧바로 대응시켜 제시함으로써 신청자의 다양한 선택에 영향을 줄 수도 있는 방식이다.

- GM 21.A.3 : Reporting System
- AMC 21.A.3 : Reporting System
- AMC 21.A.4 : Transferring of Information on Eligibility and Approval Status
- AMC1 21.A.5 : Record-keeping
- GM 21.A.5 : Record-keeping
- AMC 21.A.7 : ICA Contents, Identification of ICA, DAH Responsibility
- AMC CS 23.3 : Aeroplane Categories
- AMC CS 23.21 : Proof of Compliance
- AMC CS 23.23 : Load Distribution Limits
- AMC CS 23.25 : Weight Limits
- AMC CS 23.29 : Empty Weight and Corresponding Centre of Gravity
- AMC CS 23.31 : Removable Ballast
- AMC CS 23.33 : Propeller Speed and Pitch Limits
- AMC CS 25.21 : Proof of Compliance
- AMC CS 25.33 : Propeller Speed and Pitch Limits
- AMC CS 25.101 : Performance – General
- AMC CS 25.103 : Stall Speed
- AMC CS 25.1309 : Failure Conditions
- AMC CS 25.1581 : Aeroplane Flight Manual
- AMC CS 27.571 : Fatigue Evaluation of Flight Structure
- AMC CS 27.610 : Lightning and Static Electricity Protection
- AMC CS 27.613 : Material Strength Properties and Design Values
- AMC CS 29.801 : Model Test Method for Flotation Stability
- AMC CS 29.903 : Turbine Engine Installation
- AMC CS E.20 : Engine Configuration and Interfaces
- AMC CS E.50 : Engine Control System
- AMC CS E.130 : Fire Protection
- AMC CS E.210 : Failure Analysis
- AMC CS E.340 : Vibration Tests

유럽연방항공청의 인증제도에서 가장 두드러진 특징은 설계조직승인(DOA: Design Organisation

Approval)과 생산조직승인(POA: Production Organisation Approval)이라고 할 수 있다. 미국은 조직 위임제도(ODA: Organization Designation Authorization)와 개인 위임제도(Designee: DER, DMIR, DAR) 모두를 활발히 운영하고 있으며, 우리나라는 항공안전법 제31조에 위촉검사관 제도가 있으나 거의 시행하지 않고 이를 대신해 제135조에 따른 전문검사기관 제도를 운영하고 있다. 이러한 관점에서 각 국가별로 개인 또는 조직 위임제도를 운영하고 있으며, 유럽연방항공청의 설계조직승인(DOA)과 생산조직승인(POA) 제도는 다음과 같은 특징을 가지고 있다.

유럽항공안전청의 설계조직승인과 생산조직승인은 위임제도(Designation System) 관점 이외에 인증 신청자의 자격(Eligibility) 관점에서 볼 수도 있다. 즉, 미국의 경우에 인증 신청자의 자격이나 능력을 사전에 제한하지 않고, 적합성 및 합치성 과정에서 신청자의 능력을 평가하게 되지만, 유럽항공안전청은 설계조직승인과 생산조직승인을 통하여 사전에 신청자의 능력을 확인하고 인증을 신청할 수 있도록 한다고 볼 수 있다.

유럽항공안전청의 설계조직승인(DOA) 제도는 유럽의회 집행위원회 실행규정 EU 748/2012 Rules for Initial Airworthiness의 제8조에 근거하며, EU Part 21의 Subpart J, "Design Organisation Approval"에서 규정하고 있다. EU Part 21의 21.A.233 Eligibility에 따라서 다음의 인증 신청자는 설계조직승인을 반드시 받아야 하고, 경급 설계변경(Minor Change) 또는 경급 수리(Minor Repair) 설계승인 신청자는 자발적으로 설계조직승인을 받을 수 있다.

- 항공기, 엔진, 프로펠러에 대한 형식증명 신청자
- 항공기, 엔진, 프로펠러에 대한 부가형식증명 신청자
- 항공기, 엔진, 프로펠러, 부품, 기술표준품의 중급(Major) 수리 설계승인 신청자
- 유럽기술표준품승인(ETSOA) 신청자

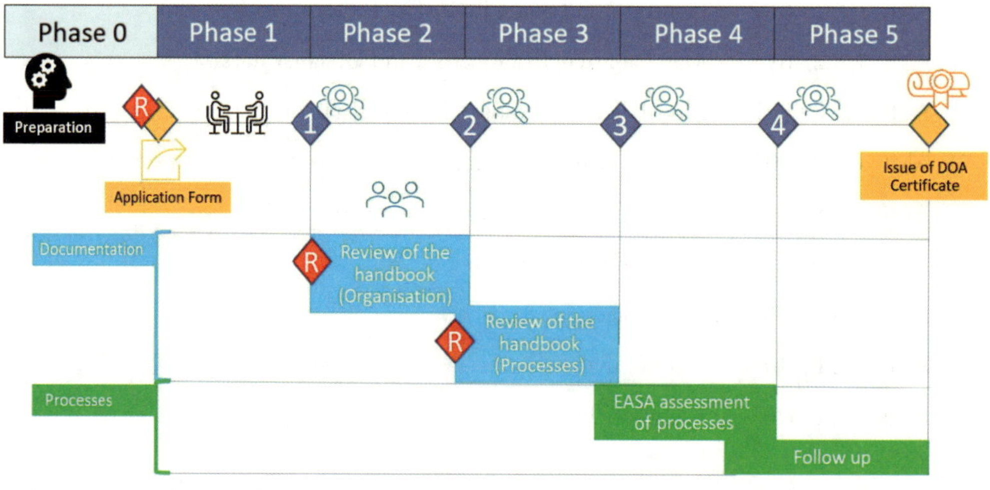

[그림 1-15] 유럽항공안전청 설계조직승인(DOA) 진행 과정

설계조직승인 Phase 0은 준비단계로 신청자는 설계조직승인 규정을 숙지하고, 조직과 인력을 편성하고, 설계조직승인 시스템을 구축하는 단계이다. 이러한 준비과정은 DOA Applicant Readiness Checklist의 15개 항목에 따라 진행하고, 각각의 증빙자료와 함께 설계조직승인 신청서와 사업자 등록증을 준비한다.

Phase 1은 착수회의 단계로 신청자는 설계조직 및 준비점검표, 인증계획 및 설계현황, 생산조직승인 계획, 인증계획과 조직승인계획 연계현황 등을 설명하고, 유럽항공안전청은 평가과정별 세부내용을 설명하고, 신청자의 실행계획에 대한 의견을 제시한다. 이 과정을 통하여 착수회의 회의록, 설계조직승인 준비점검표(RCL) 및 Part 21 Subpart J에 대한 적합성 점검표(CCL) 초안, 신청자의 자체평가계획 등이 도출된다.

Phase 2는 설계조직 핸드북의 조직부분 검토단계로 신청자는 설계조직의 구성, 조직 구성원의 역할과 책임, 그리고 경험과 능력을 명확히 제시하여야 한다. 이 과정을 통하여 신청자의 자체평가계획에 대한 보완, 설계조직 핸드북 조직부분 초안 및 증빙자료, 유럽항공안전청의 평가계획 등이 도출된다.

Phase 3은 설계조직 핸드북의 과정부분 검토단계로 신청자는 해당 제품의 설계 과정에 대하여 각 조직과 연계한 구체적인 절차와 제3자를 통한 검증방법(검토, 감사, 시험)을 제시하여야 한다. 이 과정을 통하여 설계조직 핸드북 과정부분 초안 및 증빙자료, Part 21 Subpart J에 대한 적합성 점검표(CCL) 등이 도출된다.

Phase 4는 유럽항공안전청의 평가단계로 특정한 설계과정에 대하여 실행되고 있는 절차를 직접 평가한다. 이 단계에서 확인된 부적합 사항은 필수 또는 비필수 항목으로 분류되고, 설계조직 핸드북 최종본, Part 21 Subpart J에 대한 적합성 점검표(CCL) 최종본, 시정조치 목록, 설계조직승인서 초안 등이 도출된다.

Phase 5는 후속조치 및 종결 단계로 신청자는 필수 시정조치 사항에 대한 해소방안을 제출하고, 유럽연방항공청은 설계조직승인서 발급에 필요한 행정을 진행한다. 즉, 설계조직승인 조건, 신청자의 특권 및 의무를 명확히 정의하고, 설계조직 핸드북 최종본을 승인하고, 설계조직승인서를 발급한다.

유럽항공안전청 설계조직승인 소지자는 승인된 범위 내에서 해당 설계업무를 수행할 수 있다. 즉, 유럽항공안전청의 추가 확인 없이도 적합성 문서를 수락할 수 있고, 독립적으로 특정한 인증업무를 수행할 수 있는 특권을 가진다. EU Part 21의 21.A.263에 규정된 설계조직승인 소지자의 특권은 다음과 같다.

- 형식증명이나 부가형식증명의 변경 및 수리 설계의 중급(Major)/경급(Minor) 분류

- 형식증명이나 부가형식증명의 경급 변경 및 경급 수리 설계에 대한 승인
- 항공기, 엔진, 프로펠러, 보조동력장치에 대한 특정한 중급 수리 설계승인
- 지정된 범위의 특정한 항공기 비행조건에 대한 승인
- 지정된 범위에 따라 설계 또는 개조된 항공기의 비행허가서 발급
- 지정된 범위의 특정한 중급(Major) 형식설계 변경에 대한 승인
- 지정된 범위의 특정한 부가형식증명서 발급과 중급 변경의 승인

유럽항공안전청의 생산조직승인(POA) 제도는 EU Part 21 Subpart G, "Production Organisation Approval"에서 규정하고 있다. EU Part 21의 21.A.133 Eligibility에 따라서 다음의 인증 신청자 또는 소지자는 생산조직승인을 받아야 하고, 이로써 생산과 설계의 연계성을 보장하여야 한다.

- 특정한 설계에 대한 합치성 입증을 목적으로 하는 승인 신청자
- 특정한 설계에 대한 승인 신청자 또는 승인서 소지자
- 즉, 항공기, 엔진, 프로펠러, 기술표준품, 부품 생산자

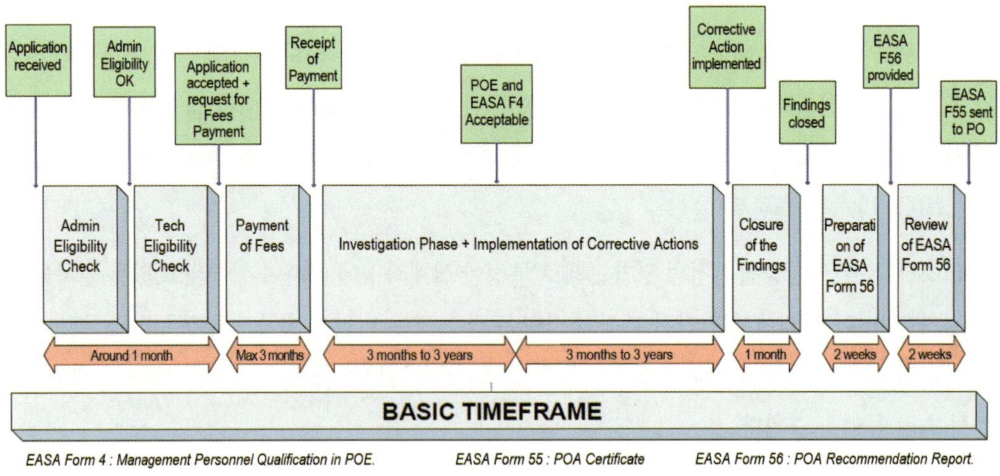

[그림 1-16] 유럽항공안전청 생산조직승인(POA) 진행 과정

유럽항공안전청 생산조직승인 준비단계에서 신청자는 생산조직승인 규정을 숙지하고, 조직과 인력을 편성하고, 생산조직승인 시스템을 구축한다. 유럽항공안전청은 신청자에게 생산조직승인 적합성 점검표(POA Compliance Checklist)와 생산조직전개 적합성 검검표(POE Compliance Checklist) 서식을 제공하고 착수회의 계획을 제안한다.

신청자의 생산조직에 대한 현장 평가단계에서 유럽항공안전청은 신청자 국가의 항공당국(NAA)에 평가에 참여할 대표자 파견을 요청할 수 있다. 현장평가 착수회의를 통하여 신청자에게 평가계획과 방법을 설명하고, 점검표에 따라서 신청자의 생산조직 시스템을 평가한다. 이때 확인

된 부적합 사항을 신청자에게 통지하여 시정조치가 완료되도록 한다.

생산조직승인서 발급 단계에서는 신청자의 시정조치 결과와 생산관리시스템 최신상태를 확인하고, EASA Form 55 서식에 따른 생산조직승인 증명서를 발급한다. 이때 생산조직승인 통지 공문과 함께 비용 청구서를 신청자에게 발송한다.

유럽항공안전청 생산조직승인 소지자는 추가적인 입증을 하지 않고 자체적으로 EU Part 21의 21.A.163에 규정된 바에 따라 다음과 같은 특권을 가질 수 있다.

- EU Part 21에 따른 해당 품목의 생산활동 수행
- 해당 항공기에 대한 감항증명서 및 소음증명서 획득
- 엔진, 프로펠러, 부품, 기술표준품에 대한 감항승인서(EASA Form 1) 발행
- 정비를 수행한 항공기에 대한 운항복귀승인서(EASA Form 53) 발행
- 지정된 범위에 따라 생산된 항공기의 비행허가서(Permit to Fly) 발급

유럽항공안전청은 유럽의 31개 회원국과 국제협정 당사국 산업체가 신청하는 형식증명, 부가형식증명, 부품, 기술표준품에 대한 인증과 이를 위한 설계조직승인 및 생산조직승인 업무를 수행한다. 생산조직승인은 유럽항공안전청이 주관하지만 각국의 항공당국 지원을 받고, 제작증명 및 감항증명은 각국의 항공당국에서 직접 발급한다.

유럽항공안전청의 인증에 관한 기본법령, 실행규정, 인증규격, 기술표준서, 인증 절차서 및 안내서 등이 미국 연방항공청에서 규정하는 방식과 다를 수 있지만, 미국과 유럽은 인증규정 및 절차에 대한 부합화(Harmonization)를 꾸준히 진행하고 있다.

유럽항공안전청의 인증제도에서 가장 큰 특징적 요소는 형식증명, 부가형식증명, 부품, 기술표준품 등에 대한 인증을 신청하기에 앞서 설계조직승인(DOA)과 생산조직승인(POA)을 먼저 획득하여 인증 신청자의 시스템과 능력을 검증받아야 한다는 것이다.

유럽항공안전청의 모든 인증 업무는 유럽의회 집행위원회의 수수료 규정에 따라서 비용이 청구된다. 이는 미국의 연방항공청과 달리 유럽의 해당 국가의 설계승인 업무를 유럽항공안전청에서 대신 수행하는 방식을 취하고 있기 때문으로 볼 수 있다.

1.4 한국의 인증제도

우리나라의 항공기 인증은 1961년에 제정된 항공법 제14조(형식증명) 및 제13조(감항증명)를 그 효시로 볼 수 있다. 항공법은 제1장 총칙을 비롯하여 항공기, 항공종사자, 항공기 운항, 항공시설, 항공운송사업, 항공기 취급업, 외국 항공기 등의 9개 장으로 구성되었고, 2016년까지 총 68회 개정된 후 2017년에 항공안전법으로 전환되었다. 항공안전법은 제1장 총칙을 비롯하여 항공기 등록, 항공기 기술기준 및 형식증명, 항공종사자, 항공기 운항, 항공교통관리, 항공안전관리, 외국 항공기, 경량 항공기, 초경량 항공기 등의 11개 장으로 구성되었다.

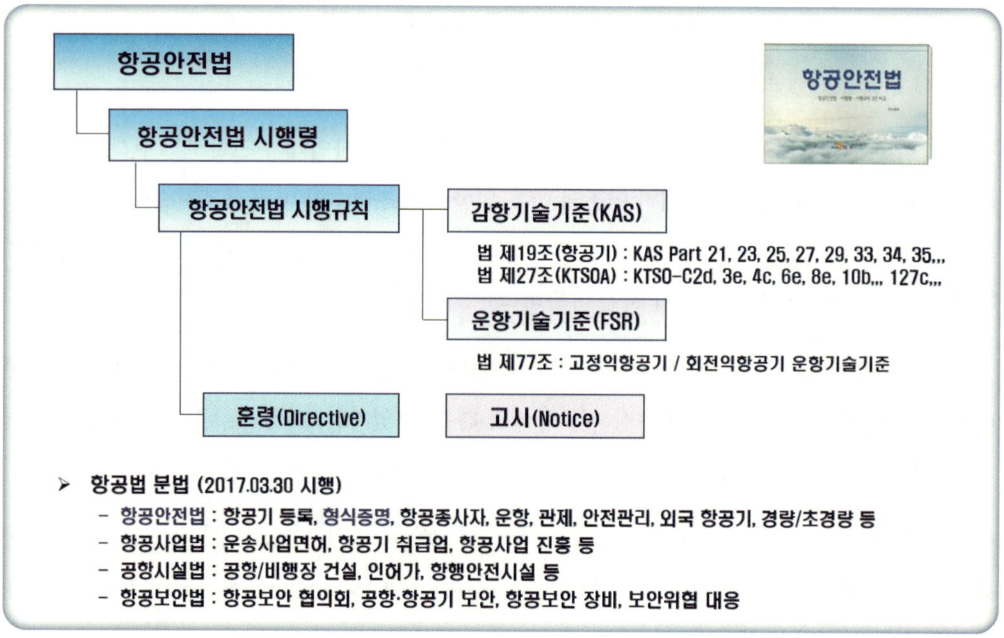

[그림 1-17] 한국의 항공기 인증 법령 구성 체계

우리나라의 항공기 인증제도는 전반적으로 미국의 제도를 근간으로 하고 있다. 다만, 미국의 경우에 교통법(49 USC), 연방항공규정(14 CFR, FAR), 지침서(Order), 회람서(AC) 체계로 구성되고, 우리나라는 항공안전법, 시행령, 시행규칙, 훈령, 고시로 구성되어 있다. 그 내용에 있어서는 미국의 FAR Part 21의 인증절차 규정의 내용을 채택하고 있지만, 국제민간항공기구(ICAO)의 국제표준권고서를 반영하기 위해 추가된 내용과 우리나라 실정을 고려해 수정 및 삭제한 부분도 있다.

우리나라 항공안전법에서 항공기 인증은 제3장 "항공기 기술기준 및 형식증명 등"에서 규정하고 있다. 제20조에서는 항공기, 엔진, 프로펠러에 대한 형식증명 및 제한형식증명을 규정하고, 제

[표 1-6] 한국의 항공안전법 및 시행규칙 인증 조항

항공안전법 제3장	항공안전법 시행규칙 제3장
제19조(항공기기술기준)	
제20조(형식증명 등)	제18조(형식증명 등의 신청) 제19조(형식증명 등을 받은 항공기등의 형식설계 변경) 제20조(형식증명 등을 위한 검사범위 등) 제21조(형식증명서 등의 발급 등) 제22조(형식증명서 등의 양도·양수) 제23조(부가형식증명의 신청) 제24조(부가형식증명의 검사범위) 제25조(부가형식증명서의 발급)
제21조(형식증명승인)	제26조(형식증명승인의 신청) 제27조(형식증명승인을 위한 검사범위) 제28조(형식증명승인서의 발급) 제29조(부가형식증명승인의 신청 등) 제30조(부가형식증명승인을 위한 검사범위) 제31조(부가형식증명승인서의 발급)
제22조(제작증명)	제32조(제작증명의 신청) 제33조(제작증명을 위한 검사범위) 제34조(제작증명서의 발급 등) 제34조의2(제작증명을 받은 자의 설비 이전 등의 보고)
제23조(감항증명 및 감항성 유지)	제35조(감항증명의 신청) 제36조(예외적으로 감항증명을 받을 수 있는 항공기) 제37조(특별감항증명의 대상) 제38조(감항증명을 위한 검사범위) 제39조(항공기의 운용한계 지정) 제40조(감항증명을 위한 검사의 일부 생략) 제41조(감항증명의 유효기간을 연장할 수 있는 항공기) 제42조(감항증명서의 발급 등) 제43조(감항증명서의 반납) 제44조(항공기의 감항성 유지) 제45조(항공기등·장비품 또는 부품 감항성개선 명령 등)
제24조(감항승인)	제46조(감항승인의 신청) 제47조(감항승인을 위한 검사범위) 제48조(감항승인서의 발급)
제25조(소음기준적합증명)	제49조(소음기준적합증명 대상 항공기) 제50조(소음기준적합증명 신청) 제51조(소음기준적합증명의 검사기준 등) 제52조(소음기준적합증명의 발급 및 재발급) 제53조(소음기준에 적합하지 아니한 항공기의 운항허가) 제54조(소음기준적합증명서의 반납)

21조에서는 해외에서 수입되는 항공기, 엔진, 프로펠러의 설계 안전성 검증을 위한 형식증명승인을 규정하고, 제22조에서는 형식증명 또는 제한형식증명을 받은 항공기, 엔진, 프로펠러에 대한 제작증명을 규정하고, 제23조에서는 항공기에 대한 표준감항증명, 특별감항증명, 감항성 유지 요건을 규정하고, 제27조에서는 기술표준품에 대한 인증을 규정하고, 제28조에서는 부품에 대한 인증을 규정하고 있다.

우리나라의 경우에도 미국 및 유럽과 같이 항공기 및 부품에 대한 인증절차를 제정하여 KAS Part 21로 고시하고 있으나, 이에 대한 대부분의 내용이 항공안전법 및 시행규칙에 반영되어 있고, 법제상 고시보다 법규가 우선하기 때문에 KAS Part 21은 인증실무에 적극적으로 인용되지 못하고 있는 실정이다.

우리나라의 항공기 감항기준은 1993년 8월 24일 건설교통부 고시 제1993-40호로 처음 제정되었고, 현재에는 항공안전법 제19조(항공기기술기준)에 따라서 국토교통부에서 고시한 항공기 기술기준(KAS: Korean Airworthiness Standards)을 적용한다. 이는 전반적으로 미국의 연방항공규정(FAR)을 기반으로 제정되었으나, KAS Part 36 항공기 소음기준은 국제민간항공기구의 Annex 16을 기반으로 제정되었다.

- Part 22 : 활공기에 대한 기술기준
- Part 23 : 감항분류가 보통류(N)인 비행기에 대한 기술기준
- Part 25 : 감항분류가 수송류(T)인 비행기에 대한 기술기준
- Part 26 : 수송류 비행기에 대한 감항성유지와 안전성 향상기준
- Part 27 : 감항분류가 보통(N)인 회전익항공기에 대한 기술기준
- Part 29 : 감항분류가 수송(TA 또는 TB)인 회전익항공기에 대한 기술기준
- Part 30 : 비행선에 대한 기술기준
- Part 33 : 항공기 엔진에 대한 기술기준
- Part 34 : 항공기 엔진의 연료・배기가스 배출기준
- Part 35 : 프로펠러에 대한 기술기준
- Part 36 : 항공기 소음기준
- Part 45 : 식별 표시 (Identification and Marking)

최대이륙중량 750kg 이하의 경비행기에 대한 기술기준은 유럽의 CS-VLA를 기반으로 KAS Part VLA로 제정되었으나, 2018년 KAS Part 23이 전면 개정되면서 이에 포함되었으므로 KAS Part VLA는 폐지하고, 현재는 KAS Part VLR 경회전익 항공기 기술기준만 존속되고 있다. 또한, 경량 항공기와 초경량 비행장치는 항공기와 다른 분류에 해당하므로 별도의 기준을 제정하여 고

시하고 있다.

우리나라의 항공기 감항기준(Airworthiness Standards)은 행정상으로 또는 관행적으로 "기술기준"으로 칭하고 있으나, 이는 항공안전법 제19조(항공기기술기준) 제1호에 명시된 바와 같이 "감항기준"으로 지칭할 필요가 있으며, "감항분류가 보통류"로 표시된 부분은 Category가 두 번 번역된 것으로 인식될 수 있으므로 "보통류" 또는 "수송급"와 같은 방식으로 표기하는 것이 더 적정하다고 할 것이다. 또한 우리나라 감항기준은 미국이나 유럽의 기준보다 10년 이상 개정되지 않은 상태일 수 있으므로 국제업무에서는 반드시 미국의 감항기준(FAR)이나 유럽의 인증규격(CS)을 인용할 필요가 있다.

우리나라 국토교통부는 기술표준품에 대한 표준서(KTSO: Korean Technical Standard Order)로 2025년 현재 70종을 제정하여 "항공기 기술표준품 형식승인 기준"의 첨부로 고시하고 있다. 이는 미국 156종과 유럽의 179종과 비교할 때 매우 부족할 실정이고, 우리나라 항공산업 기반을 대변하는 것으로 볼 수도 있다.

- KTSO-C2d : 대기속도 계기
- KTSO-C3e : 선회 및 경사계기
- KTSO-C4c : 자세 지시계
- KTSO-C6e : 자이로스코프형 자기방향지시계
- KTSO-C8e : 수직속도 계기 (상승율)
- KTSO-C10b : 정밀 기압식 고도계
- KTSO-C13g : 구명복
- KTSO-C22g : 안전벨트
- KTSO-C23d : 개인용 낙하산
- KTSO-C26d : 항공기 휠, 브레이크 및 휠-브레이크 조립품
- KTSO-C27 : 수상비행기용 쌍 플로트 *(중간생략)*
- KTSO-C127c : 회전익항공기, 수송용 비행기, 소형 비행기 좌석 시스템
- KTSO-C129a : GPS를 이용한 탑재용 보조항법장치
- KTSO-C135a : 운송용 비행기 휠, 휠 및 브레이크 조립체
- KTSO-C140 : 항공 연료, 엔진오일, 유압호스 조립체 *(중간생략)*
- KTSO-C175 : 갤리카트, 컨테이너 및 관련 구성품
- KTSO-C179b : 충전식 리튬 셀 및 리튬 배터리
- KTSO-C198 : 자동 비행유도 및 조종 시스템

국토교통부

Ministry of Land, Infrastructure and Transport

KTSO-C62d

제정일: 2005.06.02
개정일: 2017.06.02
Effective Date 2017.06.02

항공기 기술표준품 표준서

Korean Technical Standard Order

제 목 : 항공기용 타이어
Aircraft Tires

1. 적 용 (Applicability)

(1) 최소성능표준 (Minimum Performance Standard)

이 표준서(KTSO)는 테일휠 타이어를 제외한 항공기용 타이어가 만족하여야 하는 최소한의 성능 표준과 해당 KTSO 표식에 대한 사항을 규정한다. 이 KTSO는 「항공안전법」 제27조(기술표준품 형식승인) 및 관련 시행규칙에 규정된 법적 절차에 따라 제정하였다. 이 KTSO 제정일 이후에 제조되고 그에 따라 표식을 하고자 하는 타이어는 기술표준품 최소성능표준, 부록 1. "항공기용 타이어에 대한 최소성능표준"을 만족하여야 한다.

2. 표 식 (Marking)

항공기기술기준(KAS) Part 45. 45.15(b)항에 규정된 표식에 대한 요구조건에 추가하여, 다음의 정보를 기술표준품에 읽기 쉽고 영구적인 방법으로 표시하여야 한다.

(1) 상품명 및 적합성에 책임이 있는 제조자명 또는 등록상표
(2) 정격 속도, 정격 하중, 크기, 스키드 깊이, 일련번호, 일자, 제조자 부품번호 및 공장 코드, 및 재생 불가 등 해당 정보
(3) 해당 KTSO 번호

3. 기술자료 요구조건 (Data Requirements)

(1) 기술표준품 형식승인을 신청할 때, 「항공안전법」 제27조 및 관련 시행규칙의 요구조건에 추가하여, 기술표준품 제조자는 기술자료 사본 1부를

훈령

항공기 등의 부가형식증명 지침

Procedures for Supplemental Type Certificate

OD 17-2

국 토 교 통 부

Ministry of Land, Infrastructure and Transport
REPUBLIC OF KOREA

고시

항공기등의 제작증명 및 생산승인 기준

ND 17.3-1

국 토 교 통 부

Ministry of Land, Infrastructure and Transport
REPUBLIC OF KOREA

[그림 1-18] 한국의 기술표준서, 훈령 및 고시 예시

기술표준품승인(TSOA: Technical Standard Order Authorization)은 형식증명 등과 비교할 때 가장 간단한 형태의 인증이며, 각 품목별 표준서에 제출문서의 종류를 명확히 규정하고 있다. 우리나라의 경우에는 표준서 제정 당시에 충분한 검토가 부족하여 과도하거나 중복적인 자료를 제출하도록 규정된 사례가 있어 사전에 협의가 필요하다.

국토교통부는 항공기 및 부품에 대한 형식증명, 제작증명, 감항증명, 부품제작자승인, 기술표준품승인 업무절차를 구체적으로 규정하고, 인증담당 공무원이나 전문기관 담당자에게 필요한 정보를 제공하기 위하여 다음과 같은 지침을 훈령으로 제정하여 운영하고 있다. 이는 미국 연방항공청의 지침서(FAA Order)를 바탕으로 제정되었지만, 우리나라 법령과 업무환경 등을 고려해 수정된 내용을 다수 포함하고 있다.

- 훈령 제1701호(2024년) : 항공기 형식증명 지침
- 훈령 제1437호(2021년) : 항공기 제한형식증명 지침
- 훈령 제1025호(2018년) : 항공기 등의 부가형식증명 지침
- 훈령 제1529호(2022년) : 부품등제작자증명 지침
- 훈령 제0994호(2018년) : 항공기 기술표준품 형식승인 절차규정
- 훈령 제1702호(2024년) : 제작증명 및 생산승인 지침 (ACSEP 평가표 포함)
- 훈령 제0230호(2008년) : 운항증명소지자의 항공기 감항성 심사지침
- 훈령 제1028호(2018년) : 특별감항증명 발급 지침
- 훈령 제1080호(2018년) : 항공기 등의 감항승인 요령
- 훈령 제0881호(2017년) : 감항성개선지시서 발행 및 관리 지침
- 훈령 제1517호(2022년) : 항공기 등의 감항엔지니어 업무지침

우리나라는 미국이나 유럽과 달리 항공기 감항기준, 기술표준서, 운항기술기준, 그리고 일반적인 인증절차 및 요구조건을 고시로 제정하여 인증 신청자에게 안내하고 있다. 이는 미국과 유럽이 권고 회람서(AC) 및 적합성 인정방법(AMC) 문서를 통하여 구체적인 입증방법을 인증 신청자에게 안내하는 방식과 차이가 있다고 볼 수 있다.

- 고시 제2024-0833호 : 항공기 기술기준 (KAS Part 23, 25, 27, 29, 33, 35, 45 등)
- 고시 제2025-0252호 : 항공기 기술표준품 형식승인 기준 (KTSO 70종 포함)
- 고시 제2024-0143호 : 고정익항공기를 위한 운항기술기준
- 고시 제2024-0164호 : 회전익항공기를 위한 운항기술기준
- 고시 제2022-0316호 : 부품등제작자증명 기준
- 고시 제2018-0318호 : 항공기등의 제작증명 및 생산승인 기준 (품질체계 요건 포함)
- 고시 제2018-0544호 : 부품등 감항승인서 작성 및 사용 절차규정

항공기 감항기준이나 표준서의 각 요건에 대한 구체적인 입증방법을 고시로 안내하기 어려운 점을 감안하여 ATIS 항공기술정보시스템(atis.koca.go.kr)의 인증정보 모듈을 통하여 인증 지침서 및 안내서를 실무적으로 제공하고 있다. 이는 미국의 지침서(Order) 및 회람서(AC)를 기반으로 작성되어 국제적으로 통용될 수 있지만, 일부 사항은 적용성에 유의할 필요가 있다.

- Instruction 01 (2011년): 항공용 소프트웨어 승인 지침서
- Instruction 02 (2009년): 외국 감항당국 승인을 받은 적합성 입증자료 수락 지침서
- Instruction 03 (2009년): 감항성유지지침서의 구성요건에 관한 지침서
- Instruction 04 (2011년): 단순/복잡 전자 하드웨어 승인 지침서
- Instruction 05 (2013년): 프리프레그 공정관리문서 작성 및 관리 지침서
- Guidance 01 (2009년) : 항공용 스프트웨어 인증(RTCA DO-178B) 적용 안내서
- Guidance 02 (2009년) : 소프트웨어 모듈 재사용에 관한 안내서
- Guidance 03 (2009년) : 항공기 전자장비품의 설계 보증(RTCA DO-254) 적용 안내서
- Guidance 04 (2009년) : 고장, 기능장애 및 결함에 대한 제작자 보고 안내서
- Guidance 05 (2009년) : 항공제품의 환경시험(RTCA DO-160E) 적용 안내서
- Guidance 06 (2009년) : 항공기용 복합재구조물 제작을 위한 품질관리 안내서
- Guidance 07 (2009년) : 항공기 또는 관련제품에 사용되는 소프트웨어 품질보증 안내서
- Guidance 08 (2009년) : 컴퓨터 생성/저장한 기록의 관리 안내서
- Guidance 09 (2009년) : 제품판정 소프트웨어의 품질보증 관리 안내서
- Guidance 10 (2009년) : 복합재 재료/공정규격서 수락 안내서
- Guidance 11 (2009년) : 정비심의위원회 운영 안내서

- Guidance 12 (2013년) : 복합재료인증체계 안내서
- Guidance 13 (2023년) : 도심형항공기 인증기준 안내서
- Guidance 14 (2024년) : 비행기 좌석 결속시스템 및 탑승자 보호 동적평가 안내서
- Guidance 15 (2024년) : 항공기 좌석 동적조건 해석에 의한 인증방법 안내서
- Guidance 16 (2024년) : 기술표준품 형식승인 좌석 시스템 개조승인 안내서
- Guidance 17 (2024년) : 항공기 좌석 쿠션에 대한 가연성 요건 적용 안내서
- Guidance 18 (2024년) : 항공기 부가형식증명 획득절차 안내서

우리나라의 항공기 인증은 1990년대에 창공-91 비행기, KT-1 훈련기, 중형 항공기 사업을 대비한 형식증명에 관한 연구를 수행했지만, 본격적인 인증이나 실질적인 적합성 평가업무로 이어지지는 않았다. 1998년에 수행된 A330-223 항공기에 대한 형식증명승인(TCV)과 2004년부터 2008년까지 한미 항공안전협정(BASA) 시범인증사업으로 수행된 항공기 타이어에 대한 기술표준품승인(TSOA)이 최초의 인증에 해당한다.

항공기 타이어에 대한 시범인증을 통하여 정부의 법령체계와 인증절차를 미국과 동등한 수준으로 선진화할 수 있었고, 당시의 인증기관 및 해당 산업체도 국제적인 수준의 인증능력을 갖추게 되었다. 이를 바탕으로 2009년부터 2014년까지 항공안전협정 확대를 위한 시범사업으로 수행된 KC-100 소형 비행기 형식증명(TC)을 성공적으로 완수할 수 있게 되었다.

KC-100 소형 비행기에 대한 형식증명은 신청자(KAI), 감항당국(국토부) 및 전문기관(항우연), 미연방항공청(FAA)이 FAR 및 KAS Part 23에 따라 구조강도, 동력장치, 세부계통, 전기전자, 비행성능 분야별로 각각의 인증팀을 편성하여 체계적인 국제인증을 수행되었다. 2013년 3월 28일에 국토교통부 형식증명서가 발급되었고, 2014년 10월 28일에 한미 항공안전협정(BASA)이 확대 서명되었고, 2021년 5월 19일에 미국 연방항공청 형식증명서가 발급되었다. 2015년 12월 31일에는 KC-100AF 훈련기에 대한 개정형식증명서가 발급되었고, 공군사관학교 조종사 입문용 훈련기로 활용되게 되었다.

[표 1-7] 한국의 항공기 형식증명 및 제작증명 발급 현황

구분	대상 항공기		적용 기준	신청자	국토부 증명서 번호	FAA 증명서	비고
형식증명(TC)		창공-91 소형 비행기(5인승)	KAS Part 23	연구조합	ATC 93-01호(8.31)	-	
		KC-100 소형 비행기(4인승)	KAS Part 23	KAI	TCA 201301 (3.28)	A00079CE (2021.05.19)	BASA 확대
ATC		KT-100 (KC-100AF) 훈련기	KAS Part 23	KAI	TCA 201301 개정	-	2015.12.31
부가형식증명(STC)		EC155B1 헬기 환경제어	KAS Part 29	KAI	STCA 202101 (1.30)	-	
		EC155B1 헬기 연료소화	KAS Part 29	KAI	STCA 201901(12.31)	-	
		EC155B1 헬기 세부계통	KAS Part 29	KAI	STCA 202102 (1.30)	-	
		EC155B1 헬기 전기전자	KAS Part 29	KAI	STCA 202104(12.24)	-	
		EC155B1 헬기 착륙장치	KAS Part 29	KAI	STCA 202201 (8.02)	-	
		EC155B1 헬기 엔진장착	KAS Part 29	KAI	STCA 202103(11.22)	-	
RTC		KUHC-1 소방용 헬리콥터	제한형식증명	KAI	RTCA 202201 (5.23)	-	
제작증명(PC)		KC-100 소형 비행기	제작증명 지침	KAI	PC 201301 (12.17)	-	KC-100AF 포함
		KUHC-1 소방용 헬리콥터	제작증명 지침	KAI	PC 201301 개정	-	2022.07.01

2015년에 착수된 소형무장헬기(LAH: Light Armed Helicopter) 사업과 연계한 소형민수헬기(LCH: Light Civil Helicopter) 사업에서 EC155B1 헬기에 대한 부가형식증명(STC)도 함께 착수되었다. 다만, 국산화 부품의 종류와 항공기 개조 범위가 지나치게 방대하여 각 계통별로 분리하여 6건의 부가형식증명을 단계적으로 수행하였고, 2019년부터 2022년까지 증명서가 발급되었다. 이어서 군용 헬기로 실전 배치된 KUH-1 수리온 헬기의 운용 이력을 바탕으로 개조한 KUHC-1 소방용 헬기에 대한 제한형식증명서(RTC)가 2022년에 발급되었다.

기술표준품에 대한 인증(TSOA)은 2007년 항공기 타이어에 이어서 2012년 대기자료컴퓨터(ADC), 2013년 다기능시현장치(MFD), 2015년 통합비행시현장치(IFD), 2019년에 구명복과 팔레트, 2022년에는 화물용 컨테이너에 대한 인증서가 발급되었다. 이상과 같이 우리나라의 기술표준품승인서는 2025년까지 총 15건이 발급되었다.

부품제작자승인(PMA)은 기술표준품과 달리 항공기 감항기준의 해당 요건에 따라 적합성을 입증해야 하므로 기술표준품승인보다 다소 까다로운 측면이 있고, 인증 획득후 시장진입도 기술표준품보다 많은 상황을 고려해야 한다. 우리나라에서는 2022년에 승객용 좌석에 부착된 컵홀더에 대하여 최초의 부품제작자승인서가 발급되었고, 이어 2023년에 웨어디스크와 창문 덮개, 2025년에는 리클라인 버튼이 승인을 받았다.

[표 1-8] 한국의 기술표준품 및 부품 인증서 발급 현황

구분	인증품목		적용 기준	신청자	국토부 승인서 번호	FAA 증명서	비고
기술 표준품 승인 (TSO)		Aircraft Tire (B737-400 Main)	KTSO-C62d	금호타이어	KTSO 200701 (7.11)	2008.03.17	BASA 체결
		Aircraft Tire (B747-400 No/Ma)	KTSO-C62e	금호타이어	KTSO 200803 (7.24)	-	
		Aircraft Tire (B737-400 Nose)	KTSO-C62e	금호타이어	KTSO 200901 (1.14)	-	
		Air Data Computer (ADC)	KTSO-C106	퍼스텍	KTSO 201201 (5.25)	-	KUH 장착
		Multi-Function Display (MFD)	KTSO-C113	LIG넥스원	KTSO 201301(10.25)	-	
		Integrated Flight Display (IFD)	KTSO-C113a	LG CNS	KTSO 201501(12.29)	-	Partial 20종
		Life Preservers (SW-AIR-03)	KTSO-C13f	㈜시울프마린	KTSO 201901 (7.31)	-	
		ULD: Cargo Pallet (PMC, PAG)	KTSO-C90d	㈜써브	KTSO 201902 (7.31)	2020.04.03	
		ULD: Cargo Containers (LD3)	KTSO-C90d	㈜써브	KTSO 202201 (7.06)	2023.03.01	
		ULD: Cargo Pallet (FT011)	KTSO-C90d	플라인텍㈜	KTSO 202202(10.18)	2023.02.21	조립식
		Aircraft Seat (B737-800용)	KTSO-C127c	㈜KM&I	KTSO 202504(08.21)	(2025.12.00)	
부품 제작자 승인 (PMA)		Cup Holder (AP848655-401D)	KAS Part 25	ANH Str.	KPMA 202201 (4.06)	-	2022년
		Wear Disk (AP860525-001)	KAS Part 25	ANH Str.	KPMA 202201 (4.12)	-	2023년
		Cup Holder (AP848655-401A)	KAS Part 25	ANH Str.	KPMA 202201 (9.01)	-	2023년
		Window Shade (GP411W1602)	KAS Part 25	GTA Aero.	KPMA 202301(12.20)	-	2023년
		Recline Button (GPMC04685)	KAS Part 25	GTA Aero.	KPMA 202301 (2.07)	-	2025년

KUH-1 수리온 파생형 소방헬기 및 관용헬기, 그리고 KC-100AF 입문용 훈련기를 제외하면 우리나라에서 운용되고 있는 대부분의 민간 항공기는 미국 및 유럽에서 수입된 항공기이다. 이들 수입 항공기, 엔진, 프로펠러는 항공안전법 제21조에 따라 형식증명승인(TCV: Type Certificate Validation)을 받아야 한다. 우리나라 최초의 형식증명승인은 1998년에 A330-223 항공기를 대상으로 수행되었는데, 이 당시에는 형식증명승인 제도가 법제화되지 않아 형식증명서로 발행되었다.

1998년부터 2024년까지 우리나라의 형식증명승인서가 발급된 미국, 캐나다, 유럽, 브라질, 러시아의 항공기, 엔진, 프로펠러는 총 415종(type)에 이른다. 이를 다시 분류하면, 비행기 113종, 헬리콥터 51종, 터빈엔진 197종, 왕복엔진 25종, 프로펠러 29종이다.

2008년 한미 항공안전협정 체결과 2014년 항공안전협정 확대에 따라 미국에서 수입되는 소형 비행기 및 소형 헬리콥터, 그리고 이에 장착된 엔진 및 프로펠러는 세부 적합성 검증을 수행하지 않고 형식증명승인서를 발급하는 간소화 절차를 따르고 있다.

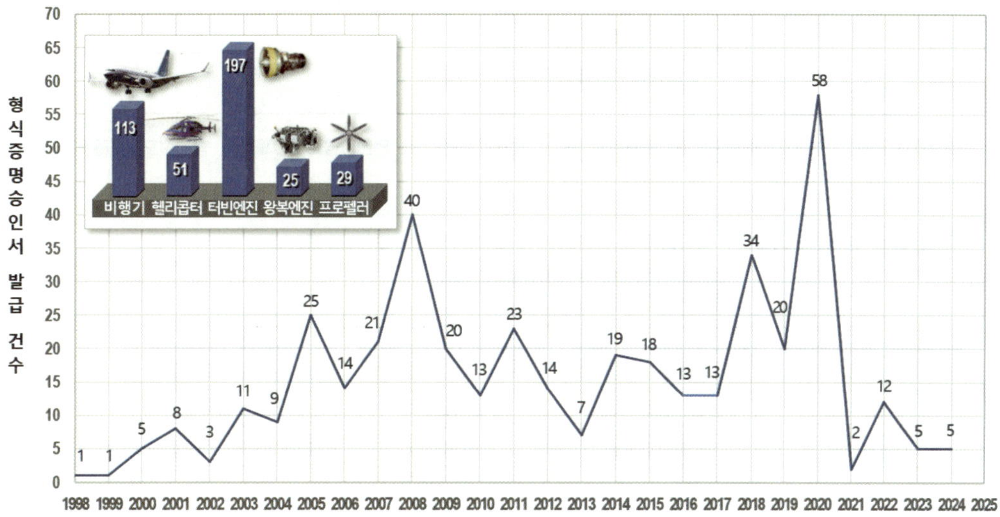

[그림 1-19] 한국의 형식증명승인서 발급 현황

우리나라에서 민간 항공기 인증을 담당하는 감항당국은 국토교통부이고, 그 실무는 항공정책실의 항공기술과[5]에서 담당한다. 항공기술과는 항공기 인증제도 및 정책 수립, 인증에 관한 국제협정, 항공기 인증 신청의 접수, 전문기관 기술검증 관리, 증명서의 발급 업무, 그리고 항공기 등록, 감항성개선지시서 발행 및 관리, ICAO 부속서 및 기후변화 대응 업무 등을 수행한다.

국토교통부 항공기술과의 인증인력은 3~4명에 불과하므로 항공기 형식증명, 형식증명승인, 부품 및 기술표준품에 대한 기술검증 업무는 항공안전법 제31조(항공기등의 검사) 및 제135조(권한의 위임·위탁)에 따라 전문기관에 의뢰하고 있다. 또한, 항공기 등에 대한 형식증명위원회를 통한 심의에서는 지방항공청의 감항검사관이 함께 참여하고, 특별한 사안이 있는 경우에 민간 전문가를 제한적으로 참여시키기도 한다.

5) ICAO 및 FAA 국제관계에서 우리나라 감항당국의 영문 명칭으로 항공정책실을 지칭하는 Korea Office of Civil Aviation (KOCA)를 지난 10년 이상 사용해 왔으나, 최근에는 국토교통부를 지칭하는 Ministry of Land, Infrastructure and Transport (MOLIT)로 표기하는 경향이 있다. 2020년에 차기 FAA BASA IPA 개정 시에 KOCA를 MOLIT로 변경하는 것을 제안했으며, 동년 EASA WA에는 MOLIT로 명기하였다.

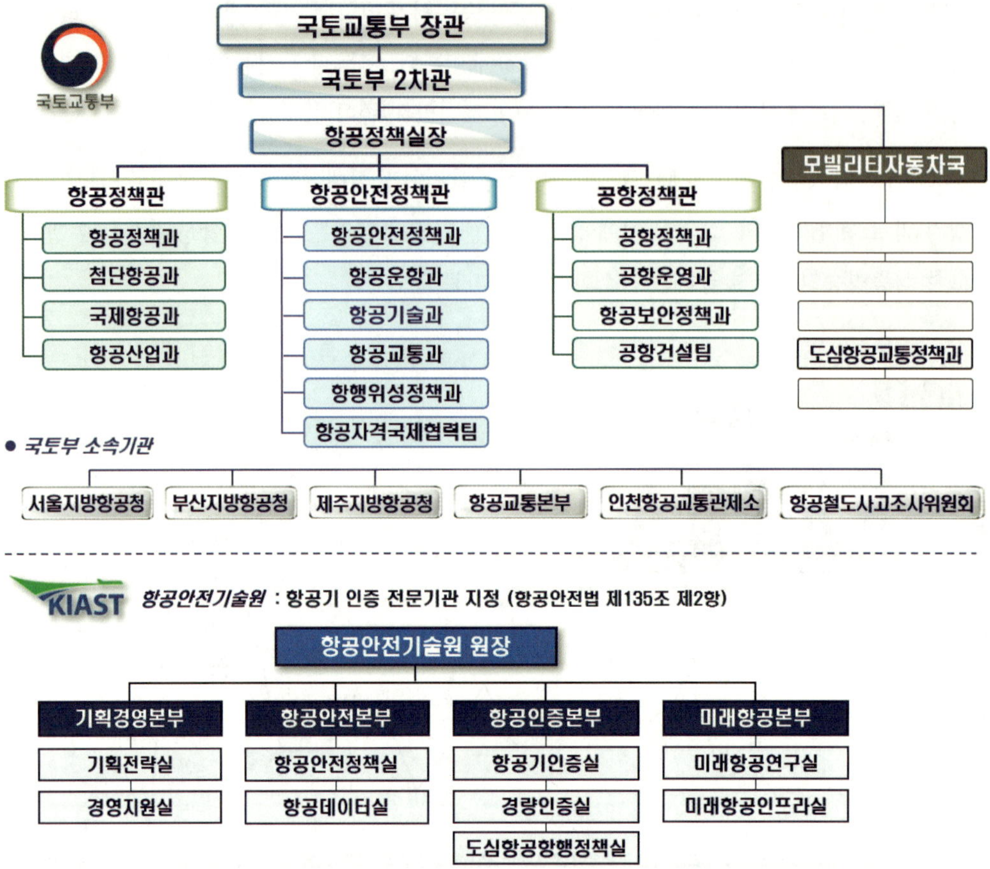

[그림 1-20] 한국의 감항당국(국토부) 및 전문기관(기술원) 조직도

항공안전기술원(KIAST: Korea Institute of Aviation Safety Technology)은 2014년 5월 21일 항공안전기술원 법이 제정됨에 따라 동년 11월 24일에 공식 출범하였다. 이어 2015년 4월 15일에 국토교통부로부터 항공기 인증 전문기관으로 지정되었다. 항공안전기술원은 항공인증본부를 비롯하여 4개의 본부와 9개의 실로 구성되어 있으며, 항공인증본부의 항공기인증실에서 형식증명, 형식증명승인, 제작증명, 부품제작자승인, 기술표준품승인 등의 기술검증 업무를 담당하고 있다.

기존에는 한국항공우주연구원 인증센터(KCA: Korea Civil Aviation Certification Agency)가 전문기관으로서 20여년간 우리나라의 인증제도 선진화에 기여하였다. 항우연 인증센터(KCA)는 항공기 인증제도 및 인증기술에 대한 연구, 수입 항공기 형식증명승인, 기술표준품에 대한 한미 항공안전협정(BASA) 시범인증, 소형 비행기 형식증명에 대한 항공안전협정 확대 시범인증을 수행하면서 선진국 수준의 인증능력을 갖추게 되었다.

항공기 인증 전문기관이 항우연 인증센터에서 항공안전기술원으로 전환되면서 기존의 인증자료가 새로운 전문기관으로 전부 이관되었으나, 인증인력은 기존의 34명 중에 극히 소수의 인력만 참여하고 거의 모든 인원을 새로 채용하게 되었다. 2015년 그 당시에 한국과 미국은 항공안전 협정 확대 서명 후 KC-100 비행기에 대한 미국의 형식증명이 진행 중인 상태이었으며, 미국은 한국의 인증조직 변경과 인증의 연속성에 대한 우려를 표명하는 상황에 이르게 되었다.[6)]

우리나라의 항공기 인증제도를 선진국 수준으로 발전시키기 위하여 지난 20 ~ 30년 동안 끊임없는 노력이 계속 이어지고 있다. 그렇지만, 최근 10년 동안에는 2017년 3월에 항공법이 항공안전법으로 전환 시행되고, 2017년 12월에 제한형식증명이 도입된 것을 제외하면, 괄목할 만한 제도적인 발전을 이루지 못하고 있다.

현행 항공안전법에서 항공기, 엔진, 프로펠러 등의 항공제품(Product)를 나타내는 "항공기등", 부품제작자승인(PMA)을 나타내는 "부품등제작자증명", 엔진을 나타내는 "발동기", 그리고 법제처의 표기법 권고를 따르지 않는 "항공기기술기준" 등에 대한 표기는 향후 개정 시에 수정될 필요가 있다.

또한, 미국이나 유럽과 같이 권고 회람서(AC) 또는 적합성 인정방법(AMC, GM)을 통해서 감항기준의 각 요건에 대한 입증방법을 안내할 필요가 있는데, 우리나라 고시는 인증절차나 과정만을 안내하고 개별적인 입증방법을 안내하는 문서를 두지 않고 있다. 이를 해소하기 위하여 ACS 항공인증시스템(atis.koca.go.kr)의 지침서와 안내서를 더욱 확대하고 공식화해서 신청자에게 적극적으로 기술정보를 제공할 필요가 있다.

아울러, 우리나라의 훈령과 고시는 개정될 때마다 그 번호가 매번 바뀌게 되어 인증 신청자가 이용하는데 다소 불편을 겪고 있다. 이에 대한 혼란을 피하기 위하여 미국의 지침서(Order)나 회람서(AC)와 같이 영구적이고 효과적인 번호체계를 고려할 필요가 있다고 판단된다.

6) 한국의 인증조직 변경 및 연속성에 관한 미국의 우려는 당시의 국제인증 전문가를 통해 전해졌으며, 항공안전기술원과 국토교통부는 2015년 10월 미국 연방항공청을 직접 방문하여 한국의 조직변경과 인증현안에 대하여 충분히 설명함으로써 해소되었고, 2021년 5월에 KC-100 비행기에 대한 미국의 형식증명도 발급될 수 있었다.

1.5 국제협력 인증제도

각국의 항공기 인증제도는 국제민간항공기구(ICAO: International Civil Aviation Organization)의 국제민간항공협약(Convention on International Civil Aviation)의 부속서(Annex)로 제정된 국제표준권고서(SARPs: Standards and Recommended Practices)를 준수할 수 있도록 법령 제도를 마련하고 있다.

항공기 인증은 당사국의 항공기와 승객의 안전을 보장하기 위한 해당 국가의 주권(主權, Sovereignty)을 행사하는 것이며, 이러한 인증에 관한 주권은 ICAO 국제표준권고서를 바탕으로 하는 자국의 법령에 의해서 이루어진다. 따라서 각 국가는 ICAO 협약과 국제표준권고서의 관련 요건을 자국의 법령에 반영하고, 항공기를 수출입하거나 운항하는 상대국의 법령에 따라 국제인증을 받아야 한다.

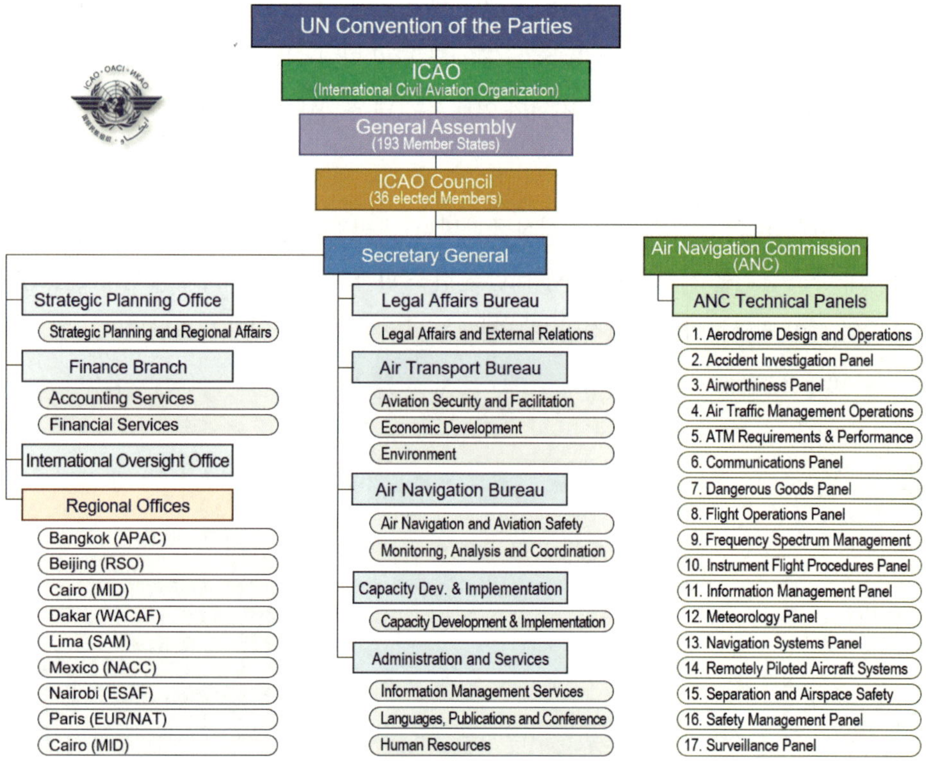

[그림 1-21] 국제민간항공기구(ICAO) 조직도

국제민간항공기구 협약은 1994년 미국 시카고에서 52개국이 서명하여 발효되었으며, 2024년 현재 193개국이 회원국으로 참여하고 있다. 국제민간항공협약은 다음과 같은 4개의 Part에 22개

Chapter, 96개 Article로 구성되었다.

- Part Ⅰ : Air Navigation
- Part Ⅱ : International Civil Aviation Organization
- Part Ⅲ : International Air Transport
- Part Ⅳ : Final Provisions

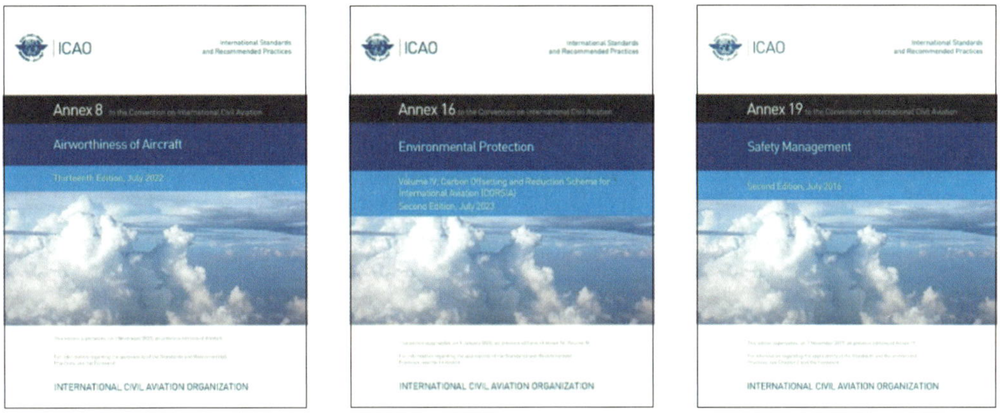

[그림 1-22] 국제민간항공기구 부속서(ICAO Annex) 예시

국제민간항공협약의 부속서(Annex)로 제정된 국제표준권고서(SARPs)는 가장 최근 2013년에 제정된 Annex 19를 포함하여 총 19건의 문서로 구성되어 있고, 여기에 제시된 권고사항을 각국의 법령에 반영하여야 한다. 이 중에 항공기 인증은 Annex 8과 Annex 16에서 다루고 있으며, 항공기 운항에 관한 Annex 6과 Annex 19도 참고할 필요가 있다.

- Annex 1 : Personnel Licensing
- Annex 2 : Rules of the Air
- Annex 3 : Meteorological Service for International Air Navigation (Volume I, II)
- Annex 4 : Aeronautical Charts
- Annex 5 : Units of Measurement to be used in Air and Ground Operations
- Annex 6 : Operation of Aircraft (Part I, II, III, IV)
- Annex 7 : Aircraft Nationality and Registration Marks
- Annex 8 : Airworthiness of Aircraft
- Annex 9 : Facilitation
- Annex 10 : Aeronautical Telecommunications (Volume I, II, III, IV, V)
- Annex 11 : Air Traffic Services; Air Traffic Control, Flight Information and Alerting

- Annex 12 : Search and Rescue
- Annex 13 : Aircraft Accident and Incident Investigation
- Annex 14 : Aerodromes (Volume I, II)
- Annex 15 : Aeronautical Information Services
- Annex 16 : Environmental Protection (Volume I. Noise, Volume II. Emissions)
- Annex 17 : Security; Safeguarding International Civil Aviation
- Annex 18 : The Safe Transport of Dangerous Goods by Air
- Annex 19 : Safety Management

항공기 감항성을 규정하고 있는 ICAO Annex 8. Airworthiness of Aircraft는 다음과 같이 10개의 Part로 구성되어 있다. Part II에서는 형식증명, 제작증명, 감항증명에 관한 국제표준 인증절차를 제시하고, Part III부터 Part X은 각각 대형 비행기, 헬리콥터, 소형 비행기, 엔진, 프로펠러, 원격조종비행기, 원격조종헬리콥터, 원격조종스테이션에 대한 국제표준 감항기준을 제시하고 있다.

- Part Ⅰ : Definitions
- Part Ⅱ : Procedures for Certification and Continuing Airworthiness
  - Chapter 1. Type Certification
  - Chapter 2. Production
  - Chapter 3. Certificate of Airworthiness
  - Chapter 4. Continuing Airworthiness
  - Chapter 5. Safety Management
  - Chapter 6. Maintenance Organization Approval
- Part Ⅲ : Large Aeroplanes
- Part Ⅳ : Helicopters
- Part Ⅴ : Small Aeroplanes
- Part Ⅵ : Engines
- Part Ⅶ : Propellers
- Part Ⅷ : Remotely Piloted Aeroplanes (RPA)
- Part IX : Remotely Piloted Helicopters (RPH)
- Part X : Remote Pilot Station (RPS)

ICAO Annex 8의 Part II, Chapter 1에서 형식증명은 해당 항공기의 양산 계획이 수립된 경우에만 신청하고, 특정한 항공기에 추가 감항요건이 필요한 경우에는 기존의 안전성과 동등한 수준의 요건으로 설정하도록 규정하고 있다. 그리고 설계국가는 해당 항공기가 감항기준에 적합할 때 형식증명을 발급하고, 설계국이 아닌 체약국가는 감항기준에 적합하다는 증빙자료에 따라 형식증명을 발급하도록 규정하고 있다.7)

또한, Annex 8, Part II, 1.4.1절의 Note에 일부의 체약국가는 엔진과 프로펠러에 대해서도 형식증명을 발급하고 있다고 명시함으로써, 이것이 ICAO에서 요구하는 필수 사항이 아님을 나타내고 있다. 다만, 미국과 유럽 등을 포함한 대부분의 선진국에서 엔진과 프로펠러에 대하여 형식증명을 발급하고 있음을 고려할 때, Note 사항은 감항당국의 역량이 부족하여 엔진과 프로펠러에 대해서도 형식증명을 발급하기 어려운 일부 국가에게 자국의 법령 요건을 완화할 수 있는 근거를 주기 위한 것으로 판단된다.

[그림 1-23] 국제민간항공기구 매뉴얼(ICAO Doc) 예시

국제민간항공협약 부속서(Annex)에서 규정하고 있는 국제표준권고 사항을 이행하기 위한 구체적인 절차나 요건, 매뉴얼은 Doc 문서에 제시되어 있다. 이들 ICAO Doc 문서는 79건 이상 발행되어 있으며, 이 중에 항공기 인증과 관련된 문서는 다음과 같다.

- Doc 9332 : Manual on the ICAO Bird Strike Information System (IBIS)
- Doc 9501 : Environmental Technical Manual (Volume I, II, III, IV)
- Doc 9646 : Engine Exhaust Emissions Data Bank
- Doc 9734 : Safety Oversight Manual

7) 1.1 Applicability : Note - Normally, a request for a Type Certificate is submitted by the aircraft manufacturer when the aircraft is intended for serial production.
1.2.4 ~ additional requirements that are considered by the Contracting State to give at least an equivalent level of safety shall be applied.
1.4.2 When a Contracting State, other than the State of Design, issues a TC, it shall do so on basis of satisfactory evidence that the aircraft is in compliance with appropriate airworthiness requirements.

- Doc 9756 : Manual of Aircraft Accident and Incident Investigation
- Doc 9760 : Airworthiness Manual
- Doc 9829 : Guidance on the Balanced Approach to Aircraft Noise Management
- Doc 9859 : Safety Management Manual (SMM)
- Doc 10019 : Manual on Remotely Piloted Aircraft Systems (RPAS)

항공기 감항성에 관한 국제표준 세부절차 및 요건은 ICAO Doc 9760. Airworthiness Manual에서 구체적으로 제시하고 있다. 이는 다음과 같이 5개의 Part로 구성되어 있으며, 그중에 Part II에서는 국가별 감항당국 조직 및 책임, Part III에서는 등록국가 역할, Part IV에서는 운용국가 역할, 그리고 Part V에서는 설계국가 및 제작국가의 형식증명, 제작증명, 감항증명에 관한 사항을 설명하고 있다.

- Part Ⅰ : Definitions and Abbreviations
- Part Ⅱ : Airworthiness Organizational Structure and State Responsibilities
- Part Ⅲ : State of Registry
- Part Ⅳ : State of the Operator
- Part Ⅴ : State of Design and State of Manufacture
  - Chapter 1. Airworthiness Legislation System
  - Chapter 2. Type Certification
  - Chapter 3. Aircraft Maintenance
  - Chapter 4. Production Approvals/Certification
  - Chapter 5. Additional Requirements
  - Chapter 6. Continuing Airworthiness
  - Chapter 7. Issuance of Export Certificates of Airworthiness

ICAO Doc 9760의 Part III, 4.3.1절에서 항공기 등록국가는 해당 항공기가 감항기준을 만족한다는 증빙자료를 가지고 형식증명, 형식검증, 형식수락 중에 하나의 방식으로 인증하도록 규정하고 있다. 4.3.4절에서는 등록국가의 인증에 대하여 설계국가에서 이미 수행한 적합성의 평가와 같은 수준으로 수행하지 말도록 권고하고 있다. 그리고, Doc 9760의 Part IV, 1.1.1절에서는 체약국가 감항당국은 그들의 임무와 책임을 수행할 수 있는 조직, 예산, 인력, 권한을 갖추도록 규정하고 있다. 특히, 기술력을 갖춘 인력이 항공산업체를 평가하도록 명시하고 있다.[8)]

---

8) 4.3.1 the State of Registry has to have satisfactory evidence that the design of the aircraft meets its airworthiness requirements. a) Type certification; b) Type validation; or c) Type acceptance.
4.3.4 It is neither expected nor encouraged that the State of Registry perform the same in-depth determination of compliance that the State of Design already did.

또한, ICAO Doc 9760의 Part V, Part III, Part IV에서는 항공기 설계국가(state of design), 제작국가(state of manufacturer), 등록국가(state of registry), 운용국가(state of operator)의 인증에 관한 역할과 책임을 각각 다음과 같이 규정하고 있다.

[표 1-9] ICAO 9760에 따른 각 국가의 역할과 책임

설계국가	제작국가	등록국가	운용국가
Part V, 1.2.1 State of Design - 항공기 형식증명서 발급 - 최대이륙중량 5,700kg 이상 항공기에 대한 구조건전성프로그램(SIP) 확인 - 다른 나라에서 제작된 엔진 및 프로펠러에 대한 감항성 유지 확인 - 형식증명을 받은 항공기에 대한 개조 및 변경사항 확인 - 등록국가 및 운용국가에서 접수되는 고장보고 조치 및 감항성 유지	Part V, 1.2.2 State of Manufacture - 제작공정 및 시스템 평가를 통한 생산승인서 발급 - 설계승인에 따라 제작된 항공기 부품의 감항성 확인 - 협력업체에서 제작된 항공기 부품에 대한 감항성 확인	Part III, 1.2 State of Registry - 항공기 등록증명서 발급 - 항공기 감항증명서 발급 - 항공기 소음증명서 발급 - 수출 감항증명서 발급 - 특별비행허가서 발급 - 수리개조승인서 발급 - 항공기 정비 프로그램 승인 - 항공기 정비조직 승인 - 항공기 감항성 유지	Part IV, 1.2 State of Operator - 운항사에 대한 감항증명 검사 수행 - 운항사 정비관리매뉴얼(MCM) 평가 및 수락 - 운항증명에 따라 운항되는 항공기 감항성 유지 - 운항사에 대한 운항증명서 발급 - 운항증명을 받은 운항사에 대한 감독활동

국제민간항공기구(ICAO)는 항공안전감독 프로그램 상시평가(USOAP-CMA: Universal Safety Oversight Audit Programme - Continuous Monitoring Approach)을 통하여 각국의 법령 제도와 운항 실태를 수시로 평가하고 있다. 기존에는 10년 주기로 각 국가를 방문하여 현장평가를 수행하였으나, 2013년부터 각종 안전지표에 대한 상시 모니터링과 온라인 원격 질의응답과 같은 상시감독 방식으로 변경하여 시행하고 있다.

항공안전감독 프로그램 상시평가(USOAP-CMA)는 ICAO Annex 1부터 19에서 다루는 내용을 법령제도(Legislation), 조직(Organization), 자격증명(Licensing), 운항(Operations), 감항성(Airworthiness), 사고조사(Investigation), 항법서비스(Navigation), 공항(Aerodromes)의 8개 분야로 재편성하였고, 총 9,608개 항목에 대하여 평가한다.

우리나라의 경우에는 2001년 평가에서 항공안전 2등급 국가로 평가되어 국적 항공기에 대한 운항 및 탑승 제한 등의 조치를 받았으며, 정부에서는 특별팀을 편성하여 법령 제도와 절차를 긴급하게 보완하여 2001년 12월 재평가에서 1등급으로 회복할 수 있었다. 그 후에 2008년 평가에서

1.1.1 The civil aviation organization should ensure it is appropriately organized, funded, staffed and empowered to carry out its duties and responsibilities. Further, the State should assess its aviation industry and ensure sufficient qualified technical personnel are available to fulfill the needs.

는 항공안전 이행률(EI Score) 98.5 %를 달성하였다.

[그림 1-24] 항공안전감독 프로그램 상시평가(ICAO USOAP-CMA) 항목

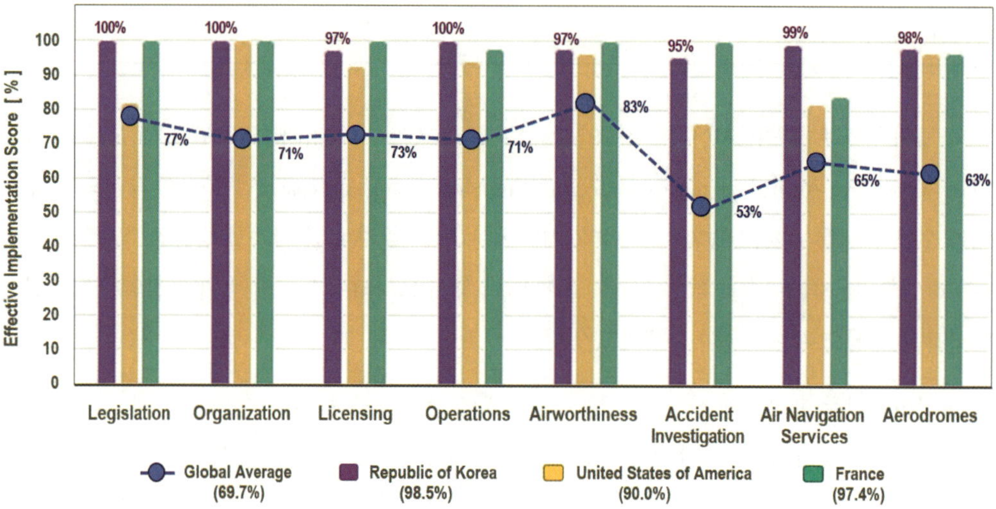

[그림 1-25] 항공안전감독 프로그램 상시평가(ICAO USOAP-CMA) 결과

ICAO의 발표에 의하면, 2007년부터 2023년까지 수행된 항공안전 평가에서 각국의 이행률 평균은 69.7 %이고, 이 중에 한국은 2008년에 98.5 %, 미국은 2007년에 90.0 %, 프랑스는 2020년에 97.4 %, 영국은 2009년에 68.8 %, 일본은 2010년에 88.6 %, 독일은 2021년에 92.9 %를 달성하였다. 그렇지만, 이러한 평가 방식과 평가 결과가 법령 제도의 성숙도와 항공안전의 척도로 볼 수 있는지 살펴볼 필요가 있다.

항공기 인증에 관하여 국제민간항공기구는 ICAO Annex 8, "Airworthiness of Aircraft"에서 항공기 설계국가에서 감항기준에 따라 해당 항공기의 안전성을 평가하여 형식증명서를 발급하고, 설계국가가 아닌 등록국가에서는 설계국가의 적합성 증빙자료를 근거로 형식증명서를 발급하도록 권고하고 있다. 또한, ICAO Doc 9760, "Airworthiness Manual"에서는 설계국가가 아닌 등록국가는 형식증명서를 발급할 때 형식증명, 형식검증, 형식수락 중에 하나의 방법으로 적합성을 확인하고, 자국의 법규 및 정책 또는 설계국가와 상호협정을 통하여 상대국가의 형식증명을 최대로 신뢰하고 중복시험을 최소화하도록 명시하고 있다.

미국의 경우에 교통법(Title 49 of USC, PL 103-272)의 §44711(a)에서 감항증명을 받지 않은 항공기에 대하여 미국 내에서 운용을 금지하고 있으며, 연방항공규정(Tile 14 of CFR, FAR)의 §21.29(a)에서는 미국과 협정(Agreement)이 체결된 국가에서 수입되는 항공기에 대해서만 연방항공청의 형식증명을 발급할 수 있다고 규정하고 있다.[9)]

미국의 연방항공규정 FAR §21.29(a)에 언급된 협정은 항공안전협정(BASA: Bilateral Aviation Safety Agreement)을 의미하며, 이는 민간 항공제품의 수출입에 있어서 상대국의 안전성 인증을 수용하기 위한 국가간 협정을 말한다. 미국과 항공안전협정을 체결하거나 그 범위를 확대하기 위해서는 시범인증(Shadow Certification) 사업을 통하여 미국과 동등한 수준의 안전성을 확보할 수 있는 법규, 절차, 조직, 인력, 기술 등을 갖추고 있음을 평가받아야 한다.

미국 연방항공청은 항공안전협정이 체결되지 않은 국가로부터 수입되는 항공기, 엔진, 프로펠러 및 관련 구성품에 대하여 감항증명서나 감항승인서를 발급하지 않으며, 제3국과 면허협정에 의한 생산품도 형식증명서에 일련번호 등을 별도로 명기하여 향후에 미국 내로 수입되지 않도록 하고 있다. 이로 인하여 미국뿐만 아니라 다른 국가로 수출하는데도 영향을 받게 된다.

미국의 항공안전협정은 국가를 대표하여 당사국 외교부가 서명하는 행정협정(EA: Executive Agreement)과 감항당국 간에 서명하는 이행절차(IP: Implementation Procedures)로 구성된다. 이행절차는 협정의 대상이 되는 분야에 따라서 감항성 이행절차서(IPA: Implementation Procedure for Airworthiness), 정비 이행절차서(MIP: Maintenance Implementation Procedure), 시뮬레이터 이행절차서(SIP: Simulator Implementation Procedure), 자격증명 이행절차서(IPL: Implementation Procedure for Licensing)로 구분된다.

미국과 항공안전협정을 체결하고자 하는 국가는 외교부를 통해서 미국 국무부에 의향서(LOI:

9) Title 49 USC, §44711(a) A person may not operate a civil aircraft in air commerce without an airworthiness certificate in effect or in violation of a term of the certificate;
Title 14 CFR, §21.29(a) The FAA may issue a type certificate for a product that is manufactured in a foreign country with which the United States has an agreement for the acceptance of these products.

Letter of Intent)를 발송하고, 미국무부는 해당 국가의 의향서를 연방항공청 및 관련부처에 전달하여 해당 국가와 협정이 체결되었을 때의 미국 내 영향성을 분석한다. 해당 국가와 협정 체결을 위한 과정을 진행하는 것으로 결정되면, 상호이해를 위한 착수회의를 개최하고, 협정 체결과 시범인증에 소요되는 연방항공청의 비용을 상대국가에 청구하는 비용부담 협약에 서명한다.

미국 연방항공청은 협정을 요청하는 해당 국가에 미국과 동등한 수준의 인증제도 및 인증능력을 갖추도록 요구하게 되는데, 해당 국가 감항당국은 이를 위하여 미국 연방항공청에 교육훈련과 기술지원을 요청할 수 있다. 이러한 과정을 통하여 해당 국가의 인증제도와 인증능력이 갖춰지고 시범인증 과제가 준비되면, 연방항공청은 해당 국가에 대한 기술평가(TA: Technical Assessment)를 착수하게 된다.

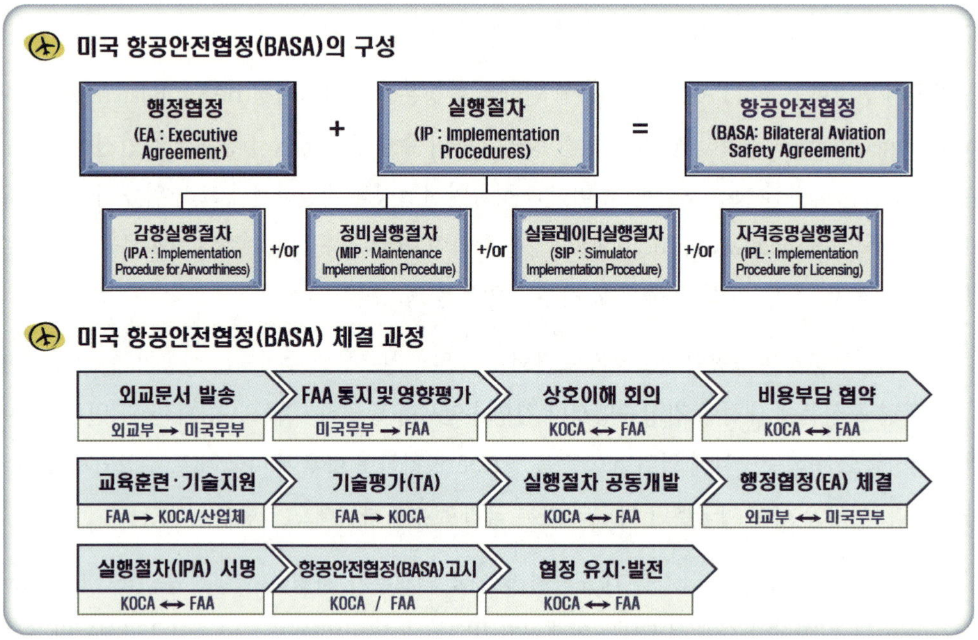

[그림 1-26] 미국의 항공안전협정 구성 및 체결 과정

미국 연방항공청은 기술평가(TA)에서 상대국가의 인증제도 및 인증능력을 12개 분야로 나누어 현장평가를 수행한다. 인증제도에 관한 평가는 법령, 감항기준, 절차규정, 조직운영, 인증인력, 행정처분 등에 대하여 동등성 여부를 판단하고, 인증능력에 대한 평가는 산업체가 신청한 인증에 대하여 인증 착수회의, 인증계획 검토, 설계자료 검토, 시험 입회, 적합성 판단, 합치성 검사, 형식증명위원회, 인증서 발급 등의 전체 과정에 참여하게 된다. 이러한 평가방식을 시범인증(Shadow Certification) 또는 집중관찰(Fishbowl Exercise)이라고 부른다.

기술평가(TA)를 통하여 해당 국가의 인증제도 및 인증능력이 미국과 동등한 것으로 판단되면,

양국 외교부가 행정협정(EA)에 서명하고, 양국 감항당국이 감항성 이행절차서(IPA)를 작성하여 서명하면 항공안전협정(BASA)이 완성되게 된다. 미국 연방항공청은 항공안전협정 체결국가와 지역별로 매년 회의(BASA Partners Dialogue Meeting)를 개최하고 협정의 유지·발전과 국제인증 협력을 도모한다.

[그림 1-27] 항공안전협정 기술평가 분야 및 체결 국가

미국은 1996년 이전에 감항협정(BA: Bilateral Airworthiness Agreement) 제도를 운영하였고, 그 후에는 항공안전협정(BASA)을 체결하고 있다. 2024년 현재까지 미국과 직접 협정을 체결한 국가는 유럽항공안전청을 포함하여 31개국이며, 미국과 유럽항공안전청 간의 협정에 의해서 미국에 인증을 신청할 수 있는 유럽 19개국을 포함하면 총 50개국이 협정의 효력으로 미국과 국제인증 및 수출입이 가능하다.

미국 연방항공청은 최근에 항공안전협정 당사국들에게 수입국 인증을 수행할 때 기존의 일률적인 검증 방식을 탈피하여 위험기반 접근법(Risk-based Approach)을 적용한 탄력적인 방식으로 수행하도록 권고하고 있다.

유럽항공안전청(EASA)은 유럽의회 기본규정 EC No. 216/2008의 제12조(제3국 인증의 수락)에서 EASA 또는 그 회원국은 제3국과 체결한 협정(Recognition Agreement)에 의거하여 해당 항공기 등에 대한 증명서를 발급할 수 있다고 규정하고 있다. 또한, 유럽의회 집행위원회 실행규정 EU 748/2012의 제3조(형식증명 및 감항증명의 유효성)에서는 2003년 이전에 회원국이 외국과 체결한 상호협정(Bilateral Agreement)에 의한 설계국가의 형식증명은 이 규정에 따라 인증된 것으로 본다고 규정하고 있다.

유럽항공안전청의 절차규정 PR.CERT.00001, “Airworthiness of Type Design”에 따르면, EC No. 216/2008의 제12조에 따라 유럽연합과 제3국이 체결한 협정(Bilateral Agreement)이 이 절차보다 우선하고, 감항성에 관한 상호협정(BA: Bilateral Agreement)이나 업무약정(WA: Working Arrangement)이 체결되지 않은 제3국의 인증 신청에 대해서 인증과정을 진행할 수 없다고 규정하고 있다.[10)]

이에 따라서 유럽연합 이외의 국가가 유럽항공안전청에 인증을 신청하기 위해서는 국가간 감항성에 관한 상호협정(BA)이나 업무약정(WA)을 체결해야 한다. 통상적으로 항공기 형식증명에 대해서 유럽의회의 승인 필요한 상호협정을 체결해야 하고, 기술표준품 등의 부품류에 대해서는 유럽항공안전청과 상대국가 감항당국이 서명하는 업무약정만으로도 가능할 수 있다.

감항성에 관한 협정이나 약정이 체결된 후, 유럽항공안전청에 형식증명, 부가형식증명, 기술표준품승인 등의 인증을 신청하기 위해서는 EU Part 21의 Subpart J와 Subpart G에 따른 설계조직승인(DOA)과 생산조직승인(POA)을 먼저 받아야 한다. 이는 21.A.14의 형식증명 신청자 능력 실증, 21.A.112의 부가형식증명 신청자 능력 실증, 21.A.602의 기술표준품승인 신청자 능력 실증 요건에 따른 것이다.

유럽연합(EU)은 항공제품 인증과 수출입에 포괄적인 영향을 미치는 제3국과의 상호협정(BA)에 대하여 매우 엄격한 기준을 적용한다. 즉, 유럽의 항공산업에 중대한 영향을 미칠 수도 있다고 판단하여 항공자유화협정(Open Skies)까지도 함께 고려하여 체결 여부를 결정하고 있다. 이에 따라서 지금까지 유럽연합과 상호협정을 체결한 국가는 미국, 캐나다, 브라질, 일본을 포함한 4개국에 불과하다.

이에 반하여 유럽항공안전청의 판단에 따라 체결하는 업무약정(WA)은 특정한 항공기 기종이나 업무범위를 한정하여 비교적 많은 국가와 약정을 체결하고 있다. 이는 산업체에서 요구하는 국제인증과 교역에 능동적으로 대응하면서 유럽의 항공산업에 최소한의 영향을 미치도록 하기 위한 것으로 판단된다.

---

10) EC 216/2008, Article 12 Acceptance of Third-Country Certification : the Agency may issue certificates on the basis of certificates issued by aeronautical authorities of a third country, as provided for in recognition agreements between the Community and that third country.
PR.CERT.00001-002 Airworthiness of Type Design : check applicability of Bilateral Agreement (BA), Working Arrangement (WA) and Implementing Procedure (IP). If there is no BA, WA, or EASA approved DOA/POA in place, the certification process cannot be proceeded.

유럽항공안전청은 2024년 현재까지 총 42개국과 업무약정(WA)을 체결하였다. 유럽연합과 상호협정(BA)을 체결한 4개국을 제외하면, 업무약정만 체결한 국가는 38개국이며, 이 중에 유럽에 취항하는 외국 항공기 운항안전(SAFA: Safety Assessment of Foreign Aircraft)이나 특정한 항공기 운항감독(Fleet Oversight)에만 참여하는 업무협정을 제외하면, 항공제품에 대한 인증을 위한 업무약정은 35개국이 체결하였다.

[표 1-10] 유럽의 상호협정 및 업무약정 체결 현황

구분	상호협정(BA)	업무약정(WA)
정의	유럽연합(EU)과 비 유럽연합 국가의 항공제품 인증을 포괄적으로 상호 수락하는 협정	유럽항공안전청(EASA)과 비 유럽연합 국가의 감항당국(CAA) 사이에 특정한 품목의 감항성을 상호 수락하는 약정 (새로운 품목은 추가로 WA 필요함)
인정범위	TC, STC, PMA, TSO 등을 포괄적으로 상호 인정	특정한 제작자 또는 항공기 또는 증명서로 한정하여 인정
서명권자	유럽연합과 상대국 외교부	유럽항공안전청과 상대국 감항당국
체결국가	4개국 : Brazil, Canada, Japan, United States	35개국 : Albania, Armenia, Azerbaijan, Belarus, Bosnia, Cambodia, Chile, China, Egypt, Georgia, Hong Kong, India, Israel, Kazakhstan, Kyrgyzstan, Mexico, Moldova, Monaco, Montenegro, New Zealand, North Macedonia, Republic of Korea, Russia, Saudi Arabia, Serbia, Singapore, Taiwan, Tajikistan, Turkmenistan, Turkiye, Ukraine, UAE, United Kindom, Uzbekistan, Vietnam

우리나라의 경우에는 미국이나 유럽과 같이 협정을 통하여 다른 나라의 인증 신청을 제한하지 않고 있다. 오히려 우리나라와 협정을 체결한 국가에서 신청하는 인증에 대하여 간소화된 절차로 증명서를 발급하거나 이미 인증을 받은 것으로 간주하고 있다.

즉, 항공안전법 제21조(형식증명승인) 제2항에 따라 우리나라와 항공안전협정을 체결한 국가로부터 형식증명을 받은 소형 비행기 및 헬리콥터와 이에 장착된 엔진 및 프로펠러는 우리나라의 형식증명승인을 받은 것으로 보고, 제6항에 따른 부가형식증명승인에 대해서도 검사의 일부를 생략할 수 있다.

그리고, 항공안전법 제27조(기술표준품 형식승인) 제1항의 단서에 따라 항공안전협정을 체결한 국가로부터 기술표준품승인을 받은 품목은 우리나라의 기술표준품승인을 받은 것으로 보고, 제28조(부품등제작자증명) 제4항에 따라서 항공안전협정을 체결한 국가로부터 부품제작자승인을 받은 품목은 우리나라의 부품제작자승인을 받은 것으로 본다고 규정하고 있다.

그러나, 항공안전법의 간소화 절차 또는 검사 생략 조항은 해당 항공안전협정에 따라 상호 인정되는 인증의 범위나 종류, 그리고 상대 국가의 간소화 여부에 무관하게 조건 없이 우리나라의 인증을 받

은 것으로 간주하기 때문에 국가간 상호 인정이라는 측면에서 매우 불평등한 규정이 될 수도 있다.

[표 1-11] 미국에서 인증 가능한 한국의 항공제품 및 인증범위

(BASA IPA, Table 2: Summary of ROK State of Design Products and Articles Eligible for Export to the U.S.)

<table>
<tr><th rowspan="2">Products/Article Type</th><th rowspan="2" colspan="2">Import Eligible Designs & Design Changes</th><th rowspan="2">KAS Ref.</th><th colspan="2">Design Approval Type</th><th rowspan="2">Export Record</th></tr>
<tr><th>KOCA</th><th>FAA</th></tr>
<tr><td>PRODUCTS</td><td>TC</td><td>STC</td><td colspan="4"></td></tr>
<tr><td>Normal Airplanes</td><td>✔ Note 1</td><td>[RES]</td><td>Part 23</td><td rowspan="12">TC</td><td rowspan="12">Validated TC or STC</td><td rowspan="15">AAIR Form 9</td></tr>
<tr><td>Utility Airplanes</td><td>✔ Note 1</td><td>[RES]</td><td>Part 23</td></tr>
<tr><td>Acrobatic Airplanes</td><td>✔ Note 1</td><td>[RES]</td><td>Part 23</td></tr>
<tr><td>Commuter Airplanes</td><td>[RES]</td><td>[RES]</td><td>Part 23</td></tr>
<tr><td>Transport Airplanes</td><td>[RES]</td><td>[RES]</td><td>Part 25</td></tr>
<tr><td>Normal Rotorcraft</td><td>[RES]</td><td>[RES]</td><td>Part 27</td></tr>
<tr><td>Transport Rotorcraft</td><td>[RES]</td><td>[RES]</td><td>Part 29</td></tr>
<tr><td>Airships</td><td>[RES]</td><td>[RES]</td><td>Part 30</td></tr>
<tr><td>Very Light Airplanes</td><td>✔ Note 1</td><td>[RES]</td><td>Part VLA</td></tr>
<tr><td>Gliders</td><td>[RES]</td><td>[RES]</td><td>Part 22</td></tr>
<tr><td>Powered Lift</td><td>[RES]</td><td>[RES]</td><td>None</td></tr>
<tr><td>Manned Free Balloons</td><td>[RES]</td><td>[RES]</td><td>None</td></tr>
<tr><td>Primary</td><td>*</td><td>*</td><td rowspan="3">Part 21</td><td rowspan="3" colspan="2">* Import Requires Special Arrangement</td></tr>
<tr><td>Restricted</td><td>*</td><td>*</td></tr>
<tr><td>Surplus Military</td><td>*</td><td>*</td></tr>
<tr><td>Engine (New)</td><td>[RES]</td><td>[RES]</td><td rowspan="3">Part 33</td><td rowspan="4">N/A</td><td rowspan="4">N/A</td><td rowspan="4">N/A</td></tr>
<tr><td>Engine (Rebuilt)</td><td>[RES]</td><td>[RES]</td></tr>
<tr><td>Engine (Overhauled)</td><td>[RES]</td><td>[RES]</td></tr>
<tr><td>Propellers</td><td>[RES]</td><td>[RES]</td><td>Part 35</td></tr>
<tr><td>ARTICLES</td><td colspan="6"></td></tr>
<tr><td>TSO</td><td colspan="2">✔</td><td rowspan="4">Part 21</td><td>KTSOA</td><td>TSOA</td><td>AAIR Form 10</td></tr>
<tr><td>PMA</td><td colspan="2">[RES]</td><td>N/A</td><td>N/A</td><td>N/A</td></tr>
<tr><td>Replacement and Modification Parts</td><td colspan="2">✔</td><td>Original Approval</td><td>Original Approval</td><td>AAIR Form 10</td></tr>
<tr><td>Standard Parts</td><td colspan="2">[RES]</td><td>None</td><td>None</td><td>No KOCA Form</td></tr>
</table>

Note 1 *: The FAA has retained certain compliance determinations in the following references: Addendum to Implementation Procedures for Airworthiness: U.S. Type Certification Criteria between the Federal Aviation Administration (FAA) and Korea Office of Civil Aviation (KOCA).*

Note 2 *: Replacement and Modification Parts manufactured by the original production approval holder for the above airplanes and TSO articles.*

[BASA TSO Workshop, '05.04.29]

[타이어 인증시험 3차, 2006.12.05]

[타이어 품질시스템, 2006.09.19]

[타이어 KTSOA 발급, 2007.07.01]

[BASA-TSOA 체결, 2008.02.19]

[FAA TSO LODA 발급, '08.03.17]

[그림 1-28] 한미 항공안전협정(BASA) 기술표준품 시범인증

[KC-100 시범인증 착수, '10.07.20]

[KC-100 비행기 조립, 2011년]

[KC-100 인증비행시험, 2012.08.25]

[BASA IPA 확대 서명, 2014.10.28]

[KC-100 FAA 현안 회의, '15.10.20]

[FAA TC 기술검증, 2016.06.03]

[그림 1-29] 한미 항공안전협정(BASA) 소형 비행기 시범인증

우리나라는 항공기 타이어를 시범인증 대상으로 선정하여 2008년에 미국과 기술표준품에 대한 항공안전협정을 처음으로 체결하였다. 이후 2014년에서는 KC-100 소형 비행기를 시범인증으로 Part 23 비행기 형식증명까지 범위를 확대하였다. 2020년에는 EC155B1 헬기를 시범인증으로 하는 부가형식증명 확대를 미국 연방항공청에 제안하였고, 이를 2023년에 Part 25 수송급 비행기

부가형식증명으로 변경해 다시 제안하였으나, 시범인증 프로젝트 준비 미흡 등으로 인하여 착수되지 못한 실정이다.

2014년에 개정된 현재의 한미 항공안전협정 감항성 이행절차서(IPA)에 따르면, 미국의 모든 항공제품에 대하여 우리나라의 인증이 가능하고, 우리나라의 기술표준품승인과 소형 비행기 형식증명에 대해서만 미국에 인증을 신청할 수 있다. 또한, 우리나라 항공제품의 좌석에 대한 동적 시험, 전자장비, 복합재 구조물에 대해서는 미국에서 추가로 실증을 요구할 수 있도록 규정하고 있다.

현재의 한미 항공안전협정 감항성 이행절차서와 별도로 2023년 12월에 우리나라 국토교통부와 미국 연방항공청은 미래항공모빌리티(AAM: Advanced Air Mobility)에 대한 인증협력서(Declaration of Cooperation)에 서명하였다. 이에 따르면 양국은 AAM에 대한 감항성, 자격증명, 운항을 포함한 안전감독 증진에 협력하고, 이를 위한 정보와 기술을 교환할 수 있게 되었다.

한편, 우리나라 국토교통부와 유럽항공안전청은 한국의 민수헬기(LCH: Light Civil Helicopter) 사업으로 선정된 EC155B1 헬기의 생산에 관한 업무약정(WA)을 2020년 9월에 체결하였다. 당초에는 한국에서 수행되는 EC155B1 헬기에 대한 부가형식증명을 대상으로 업무약정을 제안하였으나, 최종 협의 단계에서 생산(Production) 부문으로 한정하여 서명하게 되었다.

연습문제

문제 1 다음 중에 항공안전법에 따른 형식증명(TC: Type Certification) 대상이 아닌 것은?

① 항공기 ② 엔진 ③ 프로펠러 ④ 기술표준품

문제 2 다음 중에 항공안전법에 따라서 감항증명(AC: Airworthiness Certification)을 받아야 하는 품목은?

① 항공기 ② 엔진 ③ 프로펠러 ④ 기술표준품

문제 3 다음 중에 민간 항공기 인증을 담당하는 국가별 감항당국이 바르게 제시되지 않은 것은?

① 미국 - FAA ② 유럽 - EASA ③ 한국 - NAA ④ 중국 - CAAC

문제 4 다음 중에 미국 연방항공청이 Part 183 Representatives of the Administrator에 따라서 임명하는 위임자(individual designee)가 아닌 것은?

① DER ② DMIR ③ DAR ④ ODA

문제 5 국제민간항공협약 부속서(ICAO Annex)로 제정된 국제표준권고서(SARPs) 중에 항공기 감항성(Airworthiness of Aircraft)을 규정한 문서는?

① Annex 6 ② Annex 8 ③ Annex 16 ④ Annex 19

문제 6 항공기 인증이란 무엇인지를 인증의 목적, 대상품목, 적용기준, 기술적 및 법적 활동 관점에서 설명하시오.

문제 7 우리나라 최초로 형식증명을 받은 항공기와 최초의 기술표준품승인을 받은 품목에 대하여 설명하시오.

문제 8 항공기 인증에서 적합성, 합치성, 감항성은 무엇을 의미하는지 우리말과 영어로 설명(정의) 하시오.

문제 9 항공기, 엔진, 프로펠러, 부품류에 대한 인증의 종류를 3가지 이상 나열하고, 각각에 대하여 설명하시오.

문제 10 항공기 인증 절차를 법적으로 규정하고 있는 미국, 유럽, 우리나라의 법령 또는 규정은 무엇인지 쓰시오.

문제 11 미국의 연방항공규정(FAR)은 미국의 법령체계에서 무엇을 지칭하는지, 그에 대한 규정은 어떤 종류가 있는지 설명하시오.

문제 12 미국의 연방항공규정(FAR) Part 21에서 Subpart B, Subpart G, Subpart K, Subpart O는 각각 어떤 인증에 관한 절차를 규정하고 있는지 쓰시오.

문제 13 유럽항공안전청(EASA)의 설계조직승인(DOA)과 생산조직승인(POA) 제도에 대하여 설명하시오.

문제 14 미국의 항공안전협정(BASA)이나 유럽의 상호협정(BA) 및 업무약정(WA)에 대하여 선택하여 설명하시오.

문제 15 한미 항공안전협정(BASA)의 감항성 이행절차서(IPA)에 따라 우리나라의 인증을 받으면 미국 연방항공청에도 인증을 신청할 수 있는 품목 및 인증의 종류를 쓰시오.

문제 16 우리나라의 군용항공기 비행안전성 인증에 관한 법률에 따른 감항인증과 항공안전법에 따른 민간 인증에서 뚜렷하게 구별되는 특징을 3가지 이상 쓰시오.

CHAPTER

02

항공기 인증절차

2.1 인증절차 규정

2.1.1 인증규정 개요

항공기 및 부품류에 대한 형식증명, 제작증명, 감항증명, 부품제작자승인, 기술표준품승인 등에 관한 인증 요건과 절차를 법적인 규정으로 제정되어 있다. 다만, 미국 연방항공청과 유럽항공안전청은 각각 FAR Part 21과 EU Part 21로 단일규정을 적용하지만, 우리나라는 항공안전법, 시행규칙, 항공기 기술기준(KAS Part 21)의 3가지 형태로 법적 요건과 절차를 규정하고 있다.

미국의 경우에 교통법(Title 49 of USC)에 따른 연방항공규정(Title 14 of CFR, FAR)으로 Part 21 "항공기 및 부품류에 대한 인증절차"를 제정하였고, 유럽항공안전청(EASA)은 유럽의회 집행위원회의 실행규정으로 Part 21 "항공기, 관련제품, 부품, 장비품의 인증과 설계 및 생산조직에 관한 인증"을 제정하였다. 우리나라의 경우에는 항공안전법 제19조(항공기기술기준) 제5호에 따라 항공기 기술기준의 일부로 Part 21 "항공기등, 장비품 및 부품 인증절차"를 2009년에 제정하였다.

세계적으로 가장 많이 적용되고 있는 미국 연방항공청의 FAR Part 21은 항공기, 엔진, 프로펠러의 형식증명을 비롯하여 총 14개의 Subpart와 141개의 Section으로 구성되어 있다. 이 중에 임시형식증명(Provisional Type Certificate)과 임시감항증명(Provisional Airworthiness Certificate), 그리고 Subpart P의 화장실 산소시스템(Lavatory Oxygen Systems)은 우리나라에서 아직 도입하지 않고 있는 제도이다.

유럽항공안전청의 EU Part 21은 미국과 일부 다른 14개의 Subpart와 152개의 요건으로 구성되어 있다. EU Part 21에서는 FAR Part 21의 임시형식증명, 임시감항증명, 제작증명, 수출감항승인, 엔진, 프로펠러, 부품류에 대한 수락 제도를 규정하지 않고 있으며, 생산조직승인(POA), 소음증명서, 설계조직승인(DOA), 수리요건, 비행허가, 식별표시 요건을 추가로 규정하고 있다.

우리나라의 KAS Part 21은 미국의 FAR Part 21을 기반으로 제정되었지만, 임시형식증명과 임시감항증명 채택하지 않았고, Subpart H의 감항증명에는 별도로 규정되어야 하는 비행교범 요건, 정비프로그램, 검사프로그램, 서류검사표, 상태검사표, 합치성 확인서 서식 등을 부록으로 첨부하였고, Subpart K의 부품제작자승인과 Subpart O의 기술표준품승인 요건은 10년 이상 개정되지 않아 미국의 FAR Part 21과 큰 차이를 보이고 있다. 따라서 우리나라 인증을 획득한 후에 미국 연방항공청에 인증을 추가로 신청하는 경우에는 매우 유의할 필요가 있다.

미국 연방항공청의 항공기 및 부품류 인증절차 규정은 크게 설계승인, 생산승인, 감항승인을 위한 절차적 요건으로 구성되어 있으며, 미국 내의 형식증명, 제작증명, 감항증명, 부품제작자승인, 기술표준품승인 뿐만 아니라, 수출 및 수입하는 항공제품에 대한 감항성 요건도 함께 규정하고 있다. §21.29 "수입 항공기 등에 대한 형식증명 발급"에서 미국과 협정을 체결한 국가로부터 수입되는 항공기로 한정하고 있으며, Subpart N "수입 항공기 엔진, 프로펠러 및 품목의 수락" 규정에 따라서 항공기 이외의 엔진, 프로펠러, 부품, 장비품 등에 대해서도 항공기와 마찬가지로 미국과 협정을 체결한 국가로부터 수입되는 항공제품으로 한정하고 있다.

미국 연방항공청의 FAR Part 21, 유럽항공안전청의 EU Part 21, 우리나라 KAS Part 21을 Subpart 구성을 비교하면 다음의 그림과 같다.

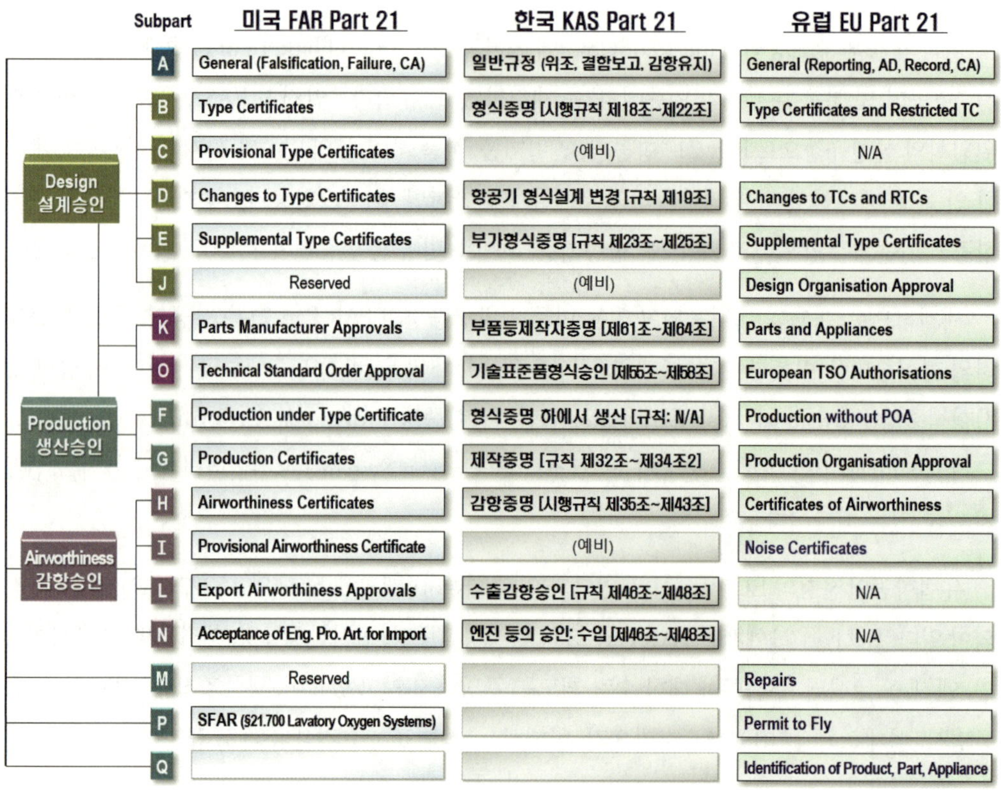

[그림 2-1] 항공기 인증절차 규정 구성 (FAR/KAS/EU Part 21)

항공기 및 부품류에 대한 인증절차 규정은 세계적으로 미국의 FAR Part 21을 기반으로 하고 있으므로 이에 대한 주요 내용을 살펴볼 필요가 있다. 미국의 FAR Part 21은 연방항공청 홈페이지(www.faa.gov)에 연결된 정부인쇄국(GPO; www.ecfr.gov)에서 최신 원문을 확인할 수 있으며, 본 서적에서는 2025년 7월 24일 개정판(FAR Amdt 21-109)을 기준으로 설명하고자 한다.

2.1.2 FAR Part 21 인증절차

(1) Subpart A 일반규정

미국 연방항공청의 FAR Part 21에서 공통적으로 적용되는 Subpart A의 일반규정 중에 용어의 정의, 항공기 고장 보고, 장거리 운항승인 보고, 비행교범, 감항성 유지에 관한 요건을 살펴보면 다음과 같다.

§21.1 적용범위 및 정의

연방항공규정 FAR Part 21은 설계승인서, 생산승인서, 감항증명서, 감항승인서, 부품류 승인서의 신청과 발급을 위한 절차적 요건과 그 소지자를 관리하는 규칙을 규정한다. 이 규정에서 사용하는 용어는 다음과 같이 정의한다.[11)]

- 감항승인서(Airworthiness Approval)는 연방항공청이 항공기, 엔진, 프로펠러 또는 부품류에 대하여 발급하는 문서로서, 해당 항공기, 엔진, 프로펠러 또는 부품류가 그 승인된 설계에 합치하고 안전한 운용상태에 있음을 증명하는 문서를 말한다. 다만, 별도로 규정된 경우에는 예외로 한다.
- 부품류(Article)는 재료, 부품, 구성품, 공정 또는 장비품을 말한다.
- 상업용 부품(Commercial Part)은 연방항공청이 승인한 상업용 부품목록(CPL) 또는 이 절차의 §21.50 요건에 따라 요구되는 설계승인 소지자의 감항성유지지침서(ICA)에 등재된 부품류를 말한다.
- 설계승인서(Design Approval)는 개정형식증명 및 부가형식증명을 포함한 형식증명, 또는 부품제작자승인(PMA), 기술표준품승인(TSOA), 기술표준품 설계승인(LODA)에 따라서 승인된 설계 부분, 또는 기타의 방법으로 설계를 승인하는 문서를 말한다.
- 인터페이스 구성품(Interface Component)은 항공기와 엔진, 엔진과 프로펠러, 또는 항공기와 프로펠러 사이에서 기능적 인터페이스 역할을 하는 부품류를 말한다. 이와 같은 인터페이스 구성품은 해당 품목에 대해 승인된 설계자료를 관리하는 형식증명 소지자 또는 부가형식증명 소지자에 의해서 지정된다.
- 제품(Product)은 항공기, 엔진, 또는 프로펠러를 말한다.
- 생산승인서(Production Approval)는 승인된 설계와 승인된 품질시스템에 따라 제품(product) 또는 부품류(article)를 생산할 수 있는 자에게 연방항공청(FAA)이 발급하는 제작증명서, 부품제작자승인서, 또는 기술표준품승인서 형태의 문서를 말한다.

11) FAR Amendment 21-92 (2011.04.16)에서 감항승인서 등을 비롯한 7개 용어를 추가하여 개정하였다. 또한, 인증절차 규정 전체에서 실행의 주체로서 "연방항공청장(Administrator)"을 "연방항공청(FAA)"으로 모두 바꾸어 나타내고, 혼동을 가져올 수 있는 "shall"을 "must"로 바꿈으로써 법적 의미를 강조하고 명확한 의미가 전달되도록 개정하였다.

- 설계국가(State of Design)는 민간 항공제품 또는 부품류의 설계 및 감항성 유지를 책임지는 조직에 대한 규제권한을 가지고 있는 국가 또는 관할당국을 말한다.
- 제작국가(State of Manufacture)는 민간 항공제품 또는 부품류의 생산 및 감항성을 책임지는 조직에 대한 규제권한을 가지고 있는 국가 또는 관할당국을 말한다.
- 공급자(Supplier)는 제품 또는 부품류의 설계, 제작 또는 장착에 사용되는 제품, 부품류, 또는 용역을 제공하는 공급체인의 각 단계에 있는 자를 말한다.

§21.3 고장, 기능장애, 결함의 보고

형식증명서, 부품제작자승인서, 기술표준품승인서 소지자 또는 형식증명에 대한 면허계약자는 해당 제품 또는 품목이나 이를 제작하는 품질시스템으로 인하여 다음의 상황(occurrences)을 초래하는 고장, 기능장애 또는 결함이 발생하면, 그를 인지한 시점부터 24시간 이내에 연방항공청에 보고하여야 한다.

- 시스템 또는 장치품의 고장, 기능장애 또는 결함에 의한 화재.
- 엔진, 인접한 기체 구조물, 장치품 또는 구성품에 손상을 유발하는 엔진의 배기시스템 고장, 기능장애 또는 결함.
- 승무원실 또는 객실에 독성가스나 유해가스의 축적 또는 순환.
- 프로펠러 제어시스템의 기능장애, 고장 또는 결함.
- 프로펠러 또는 회전익 항공기 허브 또는 블레이드의 구조적 고장.
- 일반적으로 점화원이 존재하는 영역에 가연성 유체의 누출.
- 운용 중에 구조적 또는 재료의 문제로 인한 브레이크 시스템의 고장.
- 피로, 강도부족, 부식 등으로 인한 기체 주 구조물의 중대한 결함 또는 고장.
- 구조적 또는 시스템 기능장애, 결함 또는 고장으로 인한 비정상적 진동 및 버피팅.
- 항공기 엔진에 대한 고장.
- 조종성을 저하시키는 구조적 또는 비행제어시스템 기능장애, 결함 또는 고장.
- 항공기 운용 중에 하나 이상의 발전시스템 또는 유압시스템의 완전한 손실.
- 운용 중에 하나 이상의 자세계기, 속도계기 또는 고도계기의 고장 또는 기능장애.

또한, 항공기 사고조사보고서 또는 항공기 고장보고서(SDR)에서 지적된 불안전한 상태를 해소하고 감항성개선지시서(AD)를 발행하는데 필요한 데이터를 연방항공청에 제출하여야 한다.

§21.4 장거리 운항승인 보고

수송급 비행기-엔진 조합에 대하여 조기 장거리 운항승인(Early ETOPS)을 받은 형식증명 소지자는 운항 중에 발생하는 다음의 상황(occurrences)을 보고, 추적 및 해결하는 시스템을 운영하여야 한다.

- 비행중 엔진정지(IFSD). 단, 비행훈련을 위한 비행중 엔진정지는 제외함.
- 쌍발 엔진 비행기에 대한 비행중 엔진정지율.
- 엔진 제어가 불가능하거나 목적하는 추력 또는 출력 발생이 불가능.
- 예방이 필요한 추력 또는 출력의 감소.
- 비행중 엔진 시동 능력의 저하.
- 의도하지 않은 연료 유실이나 이용불가 또는 시정할 수 없는 연료 불균형.
- 장거리운항 그룹 1 중대한 시스템 고장 및 결함의 회귀 또는 전환.
- 장거리운항 그룹 1 중대한 시스템에 사용되는 동력원의 손실.
- 장거리운항 중에 안전한 비행과 착륙을 위태롭게 하는 모든 이벤트.
- 보고된 상황(occurrences)을 해소하기 위한 비계획 엔진 장탈(UER).

또한, 쌍발 엔진 비행기에 대한 비행중 엔진정지 발생 내역, 12개월 연속평균 비행중 엔진정지율(IFSD rate), 장거리 운항 기단의 운항실적을 보고해야 하고, 120분 이하, 180분 이하, 180분 초과 장거리 운항에 대해서는 운용 신뢰성 데이터를 제출하여야 한다.

§21.5 항공기 비행교범

비행기 또는 회전익 항공기 형식증명 소지자 또는 형식증명에 대한 면허계약자는 해당 항공기 소유자에게 비행교범을 배포하여야 한다. 해당 비행교범에는 다음의 정보가 수록되어야 한다.

- 해당 항공기 형식증명 당시에 적용된 감항성 규정에 의거한 비행교범 또는 교범자료, 식별표시, 플래카드에 제시되는 운용한계 및 정보.
- 해당 감항성 규정의 요건에 따라서 비행교범의 성능정보 부분에 엔진의 냉각을 위하여 실증된 최대 대기온도.
- 비행기 비행교범에는 §38.11에 따라 계산된 연료효율 값(metric value)과 §38.17에 따라 입증된 연료효율 한계(limits).[12)]

§21.7 수송급 비행기 감항성 유지 및 안전성 개선

2007년 12월 10일 이후에 수송급 비행기에 대한 설계승인 신청자 또는 소지자, 형식증명에 대한 면허계약자는 연방항공규정 Part 26 "수송급 비행기 감항성 유지 및 안전성 개선"의 해당 요건에 대한 적합성을 입증하여야 한다.

---

12) FAR Amendment 21-107 (2024.04.16)에서 환경보호청(EPA: Environmental Protection Agency) 배출기준과 청정대기법(Clean Air Act) 충족을 위하여 FAR Part 38: Airplane Fuel Efficiency Certification 규정을 새로 제정하고, 이를 FAR Part 21의 §21.5, §21.17, §21.21, §21.29, §21.31 §21.93, §21.101, §21.115, §21.183, §21.187 조항이 개정하여 인증에 반영하도록 하였다.

또한, 신규로 생산되는 비행기에 대하여 연방항공규정 Part 26에 제시된 감항성 유지 및 안전성 개선의 해당 요건을 만족하여야 한다. 다만, 해당 비행기의 최종 조립을 담당하는 조직이 연방항공청의 관할에 있는 경우에만 적용된다.[13]

(2) Subpart B 형식증명 규정

미국 연방항공청의 FAR Part 21의 Subpart B에서 규정하는 항공기, 엔진, 프로펠러에 대한 형식증명 규정을 살펴보면 다음과 같다.

§21.15 형식증명 신청

항공기, 엔진, 또는 프로펠러에 대한 형식증명(TC: Type Certificate) 신청서는 연방항공청이 지정한 서식과 방법에 따라서 작성되어야 한다.

항공기에 대한 형식증명 신청서에는 해당 항공기의 삼면도와 가용한 주요 데이터를 첨부하고, 엔진에 대한 형식증명 신청서에는 그 엔진의 설계특징, 운용특성, 운용한계를 첨부하여야 한다.

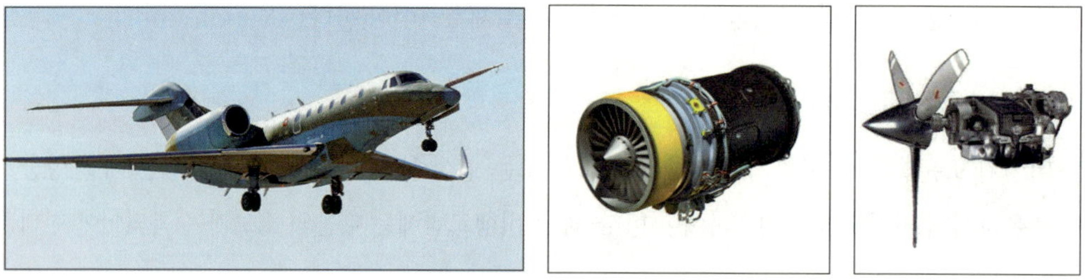

[그림 2-2] 형식증명 제품 (항공기, 엔진, 프로펠러) 예시

§21.16 특별감항조건

항공기, 엔진 또는 프로펠러의 설계 특징이 새롭거나 특이하기 때문에 현행 감항규정이 해당되는 안전성 기준을 포함하고 있지 않거나 그대로 적용하기에 적정하지 않은 것으로 확인된 경우에 연방항공청은 당해 제품에 대한 특별감항조건(SC: Special Condition)을 설정할 수 있다.

특별감항조건(SC)은 연방항공규정 Part 11에 따라 발행되는 것이며, 해당 항공기, 엔진, 또는 프로펠러의 안전성을 기존의 적용 규정에 따른 안전성과 동등한 수준으로 유지하는데 필요한 요건을 규정한다.

---

13) FAR Amendment 21-90 (2007.12.10)에서 Part 26: Continued Airworthiness and Safety Improvements for Transport Category Airplane을 새로 제정하였고, Part 21에는 §21.7을 신설하고, §21.17, §21.31, §21.50, §21.101 등을 개정하였다. 또한, Part 25에 Subpart H: EWIS 등의 요건이 신설 및 개정되었다.

§21.17 적용 기준의 지정

형식증명 신청자는 해당 항공기, 엔진, 또는 프로펠러가 형식증명 신청일에 유효한 연방항공규정의 감항성 요건과 특별감항조건(SC)의 안전성 요건을 만족한다는 것을 입증하여야 한다.

수송급 항공기에 대한 형식증명 신청은 5년 동안 유효하고, 기타의 다른 형식증명 신청은 3년 동안 유효하다. 다만, 신청자가 형식증명을 신청할 당시에 해당 제품의 설계, 개발 및 시험이 장기간 수행되어야 한다는 것을 밝히고 연방항공청이 이를 승인한 경우에는 예외로 한다.

형식증명 신청서를 제출한 이후에 유효한 연방항공규정의 개정판에 대한 적합성 입증을 선택하는 경우, 해당 신청자는 연방항공청이 직접적으로 관련 있다고 판단한 그 밖의 개정판에 대해서도 적합성을 입증하여야 한다.

§21.20 적용요건에 대한 적합성

개정형식증명 또는 부가형식증명을 포함한 형식증명 신청자는 모든 적용요건에 대한 적합성을 입증하고, 그 적합성 입증에 사용된 방법을 연방항공청에 제출하여야 한다.

신청자가 적용요건에 대한 적합성을 입증하였다는 것을 나타내는 기록서(SoC: Statement of Compliance)를 연방항공청에 제출하여야 한다.

§21.21 항공기, 엔진, 프로펠러 형식증명서 발급

보통, 실용, 곡예, 커뮤터 및 수송급 항공기, 유인자유기구, 특별분류 항공기, 그리고 엔진 또는 프로펠러에 대한 형식증명 신청자는 해당 항공기, 엔진, 또는 프로펠러를 입증하는데 필요한 형식설계, 시험보고서 및 계산결과 등을 제출하여야 한다.

연방항공청은 해당 형식설계를 검토하고, 모든 시험 및 검사를 완료한 후에 해당 소음 요건과 연료 및 배기가스 배출 요건을 만족하고, 해당 감항성 요건 및 특별감항조건(SC)에 적합하고, 그 밖에 불안전한 상태를 유발하는 특징 또는 특성이 없음을 확인한 경우에 해당 형식증명서를 발급한다.

§21.25 제한급 항공기 형식증명서 발급

다음과 같은 항공기에 대하여 Part 36 소음 요건에 따라 적합성을 입증하고, 해당 한계 내에서 운용될 때 불안전한 상태를 유발하지 않음을 입증하는 경우에 특별목적으로 운용되는 제한급(restricted category) 항공기로 형식증명을 받을 수 있다.

- 해당 감항 요건을 만족하는 항공기. 단, 그 감항 요건이 해당 항공기의 특별목적에 적용되지 않는 것으로 연방항공청이 확인한 경우는 예외로 함.

- 미국의 군용 항공기 요건에 따라 제작되어 이에 사용되는 것으로 수락되고 이후에 특별목적으로 개조된 항공기.

제한급 항공기 형식증명을 받을 수 있는 특별목적 운용(special purpose operations)은 다음과 같은 운용을 말한다.

- 농업용 항공기 운용(분무, 살포, 파종, 가축과 육식 동물의 관리).
- 산림과 야생동물 보존용 항공기 운용.
- 항공 관찰용 항공기 운용(사진촬영, 지도제작, 오일과 광물탐사).
- 순찰용 항공기 운용(송유관, 전력선, 운하).
- 기상관리용 항공기 운용(구름 살포 등).
- 공중 광고용 항공기 운용 (공중문자쓰기, 배너 견인, 공중 신호와 대중연설).
- 연방항공청이 규정하는 기타의 항공기 운용.

§21.27 군잉여 항공기 형식증명서 발급

미국에서 설계, 제작, 운용될 목적으로 수락되고, 미군에 의해서 잉여물자로 선언된 항공기가 해당 감항 요건에 적합한 경우, 보통, 실용, 곡예, 커뮤터 또는 수송급 항공기 형식증명을 받을 수 있다.

해당 감항 요건을 엄격하게 적용하면 신청자에게 과도한 부담을 주게 되는 경우, 연방항공청은 그 엄격한 적합성 부담을 경감할 수 있다. 한편, 필요한 경우에 특별감항조건(SC)을 발행하거나 당초의 감항성 규정보다 더 최근의 요건에 대한 적합성을 입증하도록 요구할 수도 있다.

군잉여 항공기에 장착된 엔진, 프로펠러 및 보기류도 해당 항공기에 사용되는 것으로 승인을 받을 수 있다. 이 경우에 기존의 군 검정, 수락, 운용기록을 바탕으로 엔진 또는 프로펠러가 연방항공규정 Part 33 또는 Part 35에 따라 형식증명을 받은 경우와 실질적으로 동등한 수준의 감항성을 갖는다는 것을 입증하여야 한다.

§21.29 수입 항공기 형식증명서 발급

수출 및 수입 제품의 수락에 관한 협정을 체결한 외국 또는 관할권역에서 제작되어 미국에 수입되는 항공기, 엔진, 또는 프로펠러에 대하여 다음의 요건을 만족하는 경우에 형식증명서를 발급할 수 있다.

- 설계국가에서 제품의 검사 및 시험을 실시하고, 항공기 소음, 연료 및 배기가스 배출, 연료효율 요건, 그리고 해당 감항 요건을 만족하는 것으로 증명하는 경우.
- 신청자가 해당 제품에 적용되는 요건을 만족한다는 것을 입증하기 위한 기술자료를 제출하

는 경우.

- 적용 감항 요건에 의거 요구되는 매뉴얼, 플래카드, 목록 및 계기 식별표시를 영문으로 제출하는 경우.

§21.33 검사 및 시험

형식증명 신청자는 해당 항공기, 엔진, 프로펠러 또는 부품에 대하여 다음 사항을 결정하기 위한 모든 검사와 시험을 수행하여야 한다.

- 적용 감항 요건, 소음 요건, 연료 및 배기가스 배출 요건에 대한 적합성.
- 재료 및 제품의 형식설계 규격서에 대한 합치성.
- 제품을 구성하는 부품의 형식설계 도면에 대한 합치성.
- 제조공정, 제작과정 및 조립체의 형식설계 내용에 대한 합치성.

형식증명 신청자는 연방항공청이 해당 적용요건에 대한 적합성을 결정하는데 필요한 모든 검사와 시험 및 비행시험을 할 수 있도록 하여야 한다.

- 신청자의 검사와 시험을 통해 적합성이 입증되지 않은 제품은 연방항공청의 시험을 위해서 이를 제시할 수 없다.
- 신청자의 검사와 시험을 통해 적합성을 입증한 후, 이를 연방항공청의 시험을 위해 제시하기 전에 해당 제품 및 부품에 어떠한 변경도 없어야 한다.

§21.35 비행시험

항공기 형식증명 신청자는 구조적 적합성과 형식설계 합치성을 입증하고, 자신의 비행시험 보고서를 제출하여야 한다. 신청자의 비행시험에는 연방항공청이 다음의 적합성을 결정하는데 필요한 비행시험을 포함하여야 한다.

- 연방항공규정의 적용 요건에 대한 적합성 결정.
- 해당 항공기, 구성품, 장치품의 신뢰성과 기능을 보증할 수 있는지 결정.
  - 운용실적이 없는 신규 엔진을 장착한 경우에는 최소 300시간 운용.
  - 기타의 다른 항공기의 경우에는 최소 150시간 동안 운용.
  - 회전익 항공기의 경우에는 로터구동 시스템에 대한 내구성 시험.

형식증명 신청자는 각 비행시험 동안에 비행시험 승무원이 비상 탈출 또는 낙하산을 이용할 수 있는 적정한 장치를 구비하고, 다음의 경우에는 시정조치가 완료될 때까지 비행시험을 중단하여야 한다.

- 시험비행 조종사가 요구된 비행시험을 할 수 없거나 또는 의지가 없는 경우.
- 부적합으로 인해 비행시험이 의미 없게 되거나 극도로 위험하게 되는 경우.

보통, 실용, 곡예, 커뮤터 또는 수송급 항공기에 대한 형식증명 신청자는 이 규정에서 요구되는 비행시험을 수행하는데 필요한 자격을 갖춘 조종사를 참여시켜야 한다.

§21.39 비행시험 계기 교정 및 보정

보통, 실용, 곡예, 커뮤터 또는 수송급 항공기에 대한 형식증명 신청자는 시험목적으로 사용되는 계기의 교정(calibration)과 표준대기조건에 대한 시험결과의 보정(correction)에 관련되는 계산 및 시험을 입증하는 보고서를 연방항공청에 제출하여야 한다.

신청자는 연방항공청이 교정 및 보정 보고서에 제시된 계기의 정밀도를 점검하는데 필요한 모든 비행시험을 수행할 수 있도록 하여야 한다.

§21.50 감항성유지지침서 및 정비교범

항공기 형식증명 소지자는 해당 형식의 항공기 운용자에게 "감항한계" 부분을 포함하고 있는 항공기 정비교범(MM: Maintenance Manual)을 배포하여야 한다.

항공기, 엔진, 또는 프로펠러 형식증명 등에 대한 설계승인 소지자는 해당 제품을 인도할 때 또는 최초의 표준감항증명서를 발급받을 때 해당 항공기 소유자에게 감항성유지지침서(ICA: Instructions for Continued Airworthiness)를 제공하여야 한다.

상업용 부품을 지정받은 경우에는 그 상업용 부품목록(CPL: Commercial Parts List)을 감항성유지지침서에 포함시켜야 한다. 상업용 부품을 지정받고자 하는 경우에 다음의 자료를 제출하여야 한다.[14)]

- 상업용 부품목록(CPL).
- 각 부품의 고장으로 인한 안전수준과 규격 및 식별표시를 나타내는 데이터.
- 연방항공청이 해당 목록을 승인하는데 필요한 그 밖의 데이터.

§21.53 합치성 확인서

신청자는 형식증명을 받기 위해 제시되는 엔진 또는 프로펠러의 형식설계에 대한 합치성을 나타내는 기록서를 연방항공청이 인정하는 서식과 방법으로 제출하여야 한다.

신청자는 시험을 위하여 연방항공청에 제시되는 각 항공기 또는 부품에 대한 합치성 확인서

14) FAR Amendment 21-92 (2011.04.16)에서 상업용 부품(commercial parts)에 대한 정의를 §21.1(b)(3)항에 추가하고, §21.50(c)항에 상업용 부품을 지정받기 위한 제출문서의 종류를 명시하였다.

(statement of conformity)를 제출하여야 한다. 이 합치성 확인서에는 신청자가 §21.33(a)항에 대한 적합성을 입증하였다는 내용을 포함하여야 한다.[15]

(3) Subaprt E 부가형식증명 규정

미국 연방항공청의 FAR Part 21, Subpart D의 형식증명 변경과 Subpart E의 부가형식증명에 대한 규정을 살펴보면 다음과 같다.

§21.93 형식설계 변경 분류

항공기, 엔진, 또는 프로펠러에 대한 형식설계 변경(changes in type design)에 있어서 "경급 변경(minor change)"은 중량, 균형, 구조강도, 신뢰성, 운용특성 또는 제품의 감항성에 관련되는 기타의 특성에 현저한 영향(appreciable effect)을 주지 않는 변경을 말한다. 그 밖의 모든 변경사항은 "중급 변경(major change)"으로 분류한다.

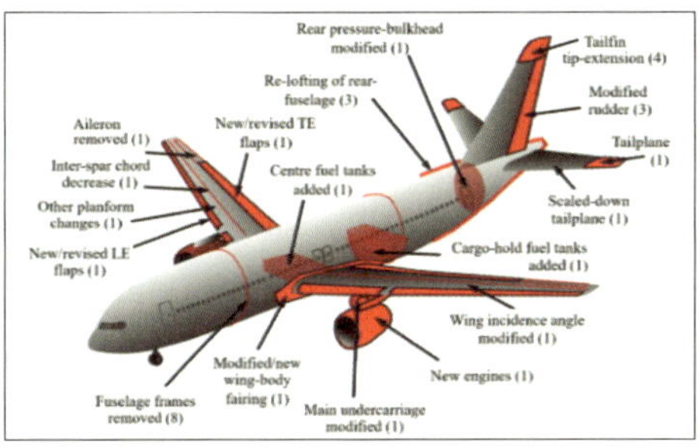

[그림 2-3] 항공기 형식설계 변경 및 틸트로터 항공기(AW609) 예시

수송급 대형 비행기, 제트추진 비행기(랜딩기어, 낫셀, 엔진), 프로펠러 추진 커뮤터 및 소형 비행기, 특수·전용 이외의 헬리콥터, 틸트로터[16] 항공기에 대한 변경이 소음을 증가시킬 수 있는 경우에는 Part 36에 따른 적합성을 입증하여야 한다.

비행기 또는 엔진의 형식설계에 대한 변경이 연료 또는 배기가스 배출을 증가시킬 수 있는 경우에는 Part 34에 따른 적합성을 입증하여야 한다.

제품의 설계, 출력, 추력 또는 중량에 관한 변경이 매우 광범위하여 적용규정에 대한 적합성을 실질적으로 완전한 조사가 필요하다고 연방항공청이 판단한 경우에는 §21.19에 따라서 신규 형식

15) 형식증명에서 합치성 확인서(Statement of Conformity)는 FAR §21.53에 따라 제출하고, 적합성 확인서(Statement of Compliance)는 §21.20(b)항에 따라 제출하도록 규정하고 있다. 다만, §21.53(b)항의 후단에서도 적합성을 언급하고 있어 신청자가 혼동하지 않도록 수정이 필요하다.

16) FAR Amendment 21-97 (2013.03.11)에서 소음 기준을 적용해야 하는 대상에 틸트로터 항공기를 추가하여 개정하였다. 이는 국제민간항공협약 부속서 Annex 16의 소음 기준과 부합화를 위한 개정으로서, 2016년까지 연방항공청의 인증을 목표로 개발 중인 AgustaWestland사의 AW609 틸트로터 항공기를 첫 대상으로 하고 있다. 이후 인증 목표는 2025년으로 연기되었다.

증명으로 신청하여야 한다.

§21.97 중급 형식설계 변경 승인

형식설계에 대한 경급(minor) 변경은 §21.95에 따라서 그 내용을 입증하거나 이와 관련된 데이터를 연방항공청에 제출하기 전에도 연방항공청이 인정하는 방법에 따라서 승인될 수 있다.

중급(major) 형식설계 변경 승인 신청자는 해당 요건에 대하여 적합성을 입증하고, 다음의 자료를 제출하여야 한다.

- 형식설계에 포함되어 있는 입증 데이터와 서술 데이터를 제출한다.
- 변경된 해당 제품의 적합성을 입증하고, 그 입증방법을 제출한다.
- 해당되는 모든 적합성을 입증하였음을 나타내는 기록서를 제출한다.

항공기 엔진에 대한 중급 형식설계 변경에 있어서 동일한 형식의 다른 형상에도 해당 설계변경을 적용하고자 하는 경우, 해당 형식설계가 그 다른 형상과 동등하다는 것을 입증하여야 한다.

§21.99 필수적인 설계변경

연방항공청이 발행한 감항성개선지시서(AD)에 관련된 제품의 형식증명 소지자는 해당 제품의 불안전한 상태를 시정하기 위하여 설계변경이 필요하다고 판단되는 경우에 해당 설계변경 내용을 연방항공청에 제출하여 승인을 받고, 그 승인된 변경내용을 해당되는 모든 운용자가 이용할 수 있도록 해야 한다.

또한, 현재는 불안전한 상태가 아니지만, 해당 제품의 안전성 증대를 위하여 형식설계 변경이 필요하다고 판단되는 경우에도 당해 형식설계 변경 내용을 연방항공청에 제출하여 승인을 받을 수 있다.

§21.101 적용 기준의 지정

형식증명 변경 신청자는 변경된 제품이 그 신청일에 유효한 최신의 감항 요건과 Part 34의 배출 기준 및 Part 36의 소음 기준에 적합함을 입증하여야 한다. 다만, 다음의 변경에 대해서는 형식증명 변경 신청일 이전에 개정된 과거의 감항 요건을 적용하여 적합성을 입증할 수 있다.

- 연방항공청이 중대하지 않은 것(not significant)으로 확인한 변경.
- 해당 변경으로 인하여 영향을 받지 않는 것(not affected)으로 확인된 각각의 영역, 시스템, 구성품, 장치품 또는 장비품.
- 해당 변경에 의해서 영향을 받지만, 안전수준에 실질적으로 기여하지 않는 것(impractical)으로 확인된 각각의 영역, 시스템, 구성품, 장치품 또는 장비품.

연방항공청은 신청자가 제안한 변경 내용이 새롭거나 특이한 설계 특징을 가지고 있는 경우에 특별감항조건(SC)을 발행하여 이에 대한 적합성을 입증하도록 해야 한다. 적용규정이 지정된 수송급 항공기 형식증명 변경 신청은 5년 동안 유효하고, 기타의 형식증명 변경 신청은 3년 동안 유효하다.

수송급 비행기에 대한 형식증명 변경 신청자는 Part 26에 대한 적합성을 입증하여야 한다. 다만, 신청자가 Part 26의 발행일 또는 그 이후에 개정된 Part 25의 대응하는 조항을 적용하여 적합성을 입증하는 것으로 선정하거나 이렇게 요구되는 경우에는 예외로 한다.

§21.113 부가형식증명 신청

항공기, 엔진, 또는 프로펠러에 대한 형식증명 소지자는 형식설계 중급 변경 절차에 따라서 해당 제품을 개조하는 경우에 부가형식증명(STC)을 신청하거나 원래의 형식증명에 대한 개정(변경)을 신청할 수 있다.

항공기, 엔진, 또는 프로펠러에 대한 형식증명을 소지하지 않은 자는 형식설계 중급 변경 절차에 따라서 해당 제품을 개조하는 경우에 부가형식증명을 신청할 수 있다.

§21.115 부가형식증명 적용 요건

항공기, 엔진, 또는 프로펠러에 대한 부가형식증명 신청자는 개조된 제품에 다음의 요건을 적용하여 적합성을 입증하여야 한다.

- §21.101에 따른 형식증명 변경을 위한 적용 규정.
- §21.93(b)의 소음 변경인 경우에는 Part 36의 소음 요건.
- §21.93(c)의 배출 변경인 경우에는 Part 34의 배출 요건.
- §21.33에 따른 검사 및 시험 요건과 §21.53에 따른 합치성 확인서.

§21.117 부가형식증명서 발급 및 특권

부가형식증명 신청자가 §21.113의 신청 요건과 §21.115의 적용 요건을 만족시키는 경우, 연방항공청은 해당 신청자에게 부가형식증명서를 발급한다.

항공기, 엔진, 또는 프로펠러에 대한 부가형식증명서는 해당 형식설계 변경에 대한 연방항공청의 승인서와 그 이전에 발급된 원래의 형식증명서로 구성된다.

항공기, 엔진, 또는 프로펠러에 대한 부가형식증명 소지자는 §21.119에 따라서 다음의 권리를 가질 수 있다.

- 항공기에 대한 부가형식증명 소지자는 감항증명을 받을 수 있다.

- 엔진 또는 프로펠러 부가형식증명 소지자는 형식증명을 받은 항공기에 그 제품에 대한 장착 승인을 받을 수 있다.
- 부가형식증명에 의거 승인된 형식설계 변경 제품에 대하여 Subpart G의 제작증명 요건에 따라서 제작증명을 받을 수 있다.

(4) Subpart G 제작증명 규정

미국 연방항공청의 FAR Part 21의 Subpart G에서 규정하는 항공기, 엔진, 프로펠러에 대한 제작증명에 대한 요건을 살펴보면 다음과 같다.

§21.131 제작증명 신청 자격

현재 유효한 형식증명서, 부가형식증명서, 면허계약에 의한 형식증명 또는 부가형식증명에 대한 권리를 가지고 있는 자는 해당 제품에 대한 제작증명(PC)을 신청할 수 있다.

제작증명 신청자 또는 소지자는 §21.135에 따라서 본 제작증명 규정에 대한 적합성을 보장하는 방법을 서술한 문서를 제출하여야 한다. 이 문서에는 신청자 조직에 대한 정해진 책임과 위임된 권한, 그리고 경영부서 및 다른 조직 구성체에 대한 품질 책임의 기능적 관계를 포함하여야 한다.[17)]

§21.137 품질시스템

제작증명 신청자는 각 제품 및 품목이 당해 승인된 설계에 합치하고 안전한 운용 상태에 있음을 보장하기 위한 품질시스템을 수립하고 이를 문서로 작성하여야 한다. 이 품질시스템에는 다음 사항을 포함하여야 한다.

- 설계 데이터 관리 : 최신의, 정확한, 그리고 승인된 데이터만을 사용하기 위하여 설계 데이터 및 후속 변경내용을 관리하는 절차를 말한다.
- 문서 관리 : 최신의, 정확한, 승인된 문서와 데이터만을 사용하기 위하여 품질시스템 문서 및 데이터와 후속 변경내용을 관리하는 절차를 말한다.
- 공급업체 관리 : 공급업체 품목의 합치성을 보장하는 절차와 수락 이후 불합치 사항이 확인될 경우에 이를 통지 및 요청하는 절차를 말한다.
- 제조공정 관리 : 각 제품 및 품목이 당해 승인된 설계에 합치함을 보장하기 위하여 제조공정을 관리하는 절차를 말한다.
- 검사 및 시험 : 각 제품 및 품목이 당해 승인된 설계에 합치함을 보장하기 위하여 수행되는

17) FAR Amendment 21-92 (2011.04.16)에서 제작증명에 관한 모든 조항이 개정되었고, §21.135의 신청자 조직, §21.139의 제조시설 위치 및 변경, §21.150의 품질시스템 변경 요건을 신설하여 품질시스템의 변경관리 요건을 강화하였다. 이와 같은 취지로 부품제작자승인의 생산에 관한 §21.305, §21.309, §21.320 요건과 기술표준품승인의 생산에 관한 §21.605, §21.609, §21.620 요건도 함께 신설되었다.

검사 및 시험에 대한 절차를 말한다. 항공기에 대한 비행시험 절차와 엔진 및 프로펠러에 대한 기능시험 절차를 포함한다.

- 검사, 측정, 시험장치 관리 : 제품 및 품목의 합치성을 결정하는데 사용된 모든 검사, 측정, 시험장치를 관리하고, 교정 결과를 보장하는 절차를 말한다.
- 검사 및 시험 상태 : 당해 승인된 설계에 따라 공급되거나 제작된 제품 및 품목의 검사 및 시험 상태를 결정하는 절차를 말한다.
- 불합치 제품 및 품목 관리 : 불합치 제품 및 품목의 식별, 문서기록, 평가, 격리, 처분판정 및 이를 위한 자격관리에 대한 절차와 폐기된 품목을 사용할 수 없도록 격리 및 반납하는 절차를 말한다.
- 시정 및 예방조치 : 승인된 설계에 불합치하거나 잠재적인 불합치 또는 품질시스템에 부적합 원인을 제거하기 위한 시정 및 예방조치 절차를 말한다.
- 취급 및 저장 : 각 제품 및 품목을 취급, 보관, 저장, 포장, 납품하는 동안에 손상 및 성능저하를 방지하기 위한 절차를 말한다.
- 품질기록 관리 : 품질기록을 식별, 보관, 보호, 검색, 유지를 위한 절차를 말한다. 당해 제품 및 품목의 품질기록은 최소 5년 동안, 치명 구성품의 경우에는 최소 10년 동안 보관하여야 한다.
- 내부 감사 : 당해 승인된 품질시스템에 대한 적합성을 보장하기 위하여 내부 감사를 계획하고, 이를 수행하고, 그리고 문서화하는 절차를 말한다.
- 운용중 결함통보 처리 : 운용 중에 발생하는 고장, 오작동 및 결함에 대한 통지(in-service feedback)를 접수 및 처리하는 절차를 말한다.
- 품질시스템 이탈품 처리 : 품질시스템을 거쳐서 제공된 이후에 해당 설계 데이터 또는 품질시스템 요건에 합치하지 않음이 확인된 제품 또는 품목을 식별 및 분석하고, 적정한 시정조치를 제기하는 절차를 말한다.

항공기, 엔진, 프로펠러에 대한 제작증명 신청자는 §21.138에 따라서 해당 품질시스템을 서술한 매뉴얼을 연방항공청에 제출하고 이를 승인받아야 한다.

제작증명서를 발급받은 후에 당해 품질시스템이 변경되는 경우, §21.150에 따라서 그 변경사항에 대하여 연방항공청의 검토를 받아야 한다. 해당 제품 또는 품목의 검사, 합치성 또는 감항성에 영향을 미치는 모든 변경사항에 대해서는 그 즉시 문서로 연방항공청에 통지하여야 한다.

§21.139 제조시설의 위치 및 변경

연방항공청이 교통법(Title 49 USC)과 연방항공규정(Title 14 CFR, FAR)의 요건을 적용하고 증명을 관리하는데 과도한 부담이 되지 않는다고 판단하는 경우에 신청자는 미국 밖에 위치한 제조시설에서 제작증명을 받을 수 있다.

제작증명 소지자는 해당 제조시설의 위치를 변경하기 전에 연방항공청의 승인을 받아야 한다. 특히, 해당 제품이나 품목의 검사, 합치성 또는 감항성에 영향을 미칠 수 있는 제조시설의 변경에 대해서는 그 즉시 문서로 연방항공청에 통지하여야 한다.

§21.140 검사 및 시험

제작증명 신청자 또는 소지자는 연방항공청이 해당 품질시스템, 시설, 기술 데이터, 제작된 제품 또는 품목을 검사하고, 임의의 시험에 입회할 수 있도록 하여야 한다.

또한, 연방항공규정에 대한 적합성을 결정하는데 필요한 경우에 공급자의 시설에서 검사 또는 시험을 실시할 수 있다.

§21.141 제작증명서 발급, 유효기간, 양도성

연방항공청은 해당 신청자가 제작증명 요건에 적합하다는 것을 확인한 후에 §21.141에 따라서 제작증명서를 발급한다.

제작증명서를 발급할 때 §21.142에 따라서 생산승인지정서(PLR: Production Limitation Record)를 함께 발급한다. 이 지정서에는 형식증명서 번호와 제작증명 소지자가 제작을 인가받은 모든 제품의 모델명을 기재한다.

제작증명서는 §21.143에 따라서 반납, 정지, 취소되거나 연방항공청이 만료 일자를 달리 규정하지 않으면 계속하여 유효하고, 제작증명 소지자는 §21.144에 따라서 해당 제작증명서를 타인에게 양도할 수 없다.

§21.145 제작증명 소지자 특권

항공기, 엔진, 또는 프로펠러에 대한 제작증명 소지자는 다음과 같은 권리를 가질 수 있다.

- 형식설계에 대한 합치성 확인을 위한 연방항공청의 항공기 검사를 제외하고, 추가적인 입증 없이 해당 항공기에 대한 감항증명을 받을 수 있다.
- 다른 제품의 경우에는 형식증명을 받은 항공기에 장착을 위한 연방항공청의 승인을 받을 수 있다.

초급 항공기 또는 초급으로 특별감항증명을 받을 수 있는 보통, 실용 또는 곡예급 항공기에 대한 제작증명 소지자는 다음의 권리를 가질 수 있다.

- 항공기 형식설계의 일부로써 승인된 특별검사 및 예방정비 프로그램을 수행하는 사람에 대

한 교육을 자체적으로 실시할 수 있다.

- 이에 따라 승인받은 교육 프로그램을 성공적으로 수료한 사람에게 해당하는 자격증명을 발급할 수 있다.

§21.146 제작증명 소지자 책임

항공기, 엔진, 또는 프로펠러에 대한 제작증명 소지자는 다음과 같은 사항을 이행하여야 한다.

- 조직이 변경되는 경우에 §21.135에 따라 신청자 조직을 설명하는 문서에 그 내용을 반영하여 개정하고, 연방항공청에 제출한다.
- 해당 제작증명을 위해 승인된 데이터 및 절차에 적합한 품질시스템을 유지한다.
- 감항증명 또는 감항승인 대상 항공기용으로 제공되는 품목 및 완성 제품이 승인된 설계에 합치하고 안전한 운용 상태에 있음을 보장한다.
- 제작증명서 또는 생산승인서가 발급된 해당 제품 또는 품목, 그리고 치명성 부품에 연방항공규정에 따른 식별표시를 한다.
- 제조시설에서 출하되는 당해 제품의 부품이나 구성품에 대해서도 제조자 부품번호, 이름, 상표, 심볼 또는 그 밖의 표식으로 식별한다.
- 제작증명에 의거하여 생산된 각 제품 및 품목의 합치성과 감항성 결정에 필요한 형식설계 데이터를 이용할 수 있도록 한다.
- 당해 제작증명 관련 문서를 유지하고, 연방항공청이 요청하는 경우에 이를 이용할 수 있도록 제시한다.
- 공급업체에 위임된 모든 권한에 대한 정보를 연방항공청이 이용할 수 있도록 한다.

(5) Subpart H 감항증명 규정

미국 연방항공청 FAR Part 21의 Subpart H에서 규정하는 항공기에 대한 감항증명 요건을 살펴보면 다음과 같다.

§21.173 감항증명 신청 자격 및 분류

미국에 등록된 항공기 소유자 또는 소유자의 대리인은 해당 항공기에 대한 감항증명(AC)을 신청할 수 있다. 감항증명 신청서는 §21.173에 따라서 연방항공청이 인정하는 서식과 방법에 따라서 작성하고, 연방항공청 사무소에 제출할 수 있다. 항공기에 대한 감항증명은 §21.175에 따라서 다음과 같이 표준감항증명서와 특별감항증명서로 구분된다.

- 표준감항증명서 : 보통, 실용, 곡예, 커뮤터, 또는 수송급으로 형식증명을 받은 항공기.
- 특별감항증명서 : 초급, 제한, 한정, 라이트-스포츠 항공기. 임시감항증명서, 특별비행허가

서, 실험용 증명서도 이에 해당함.

§21.181 유효기간 및 양도성

항공기에 대한 감항증명서는 반납, 정지, 취소되거나 연방항공청이 만료 일자를 달리 규정하지 않으면, 다음과 같이 유효하다. 또한, 감항증명서는 §21.179에 따라서 항공기와 함께 양도될 수 있다.

- 표준감항증명서와 초급, 제한 또는 한정급 특별감항증명서는 해당 규정에 따라서 정비, 예방정비, 개조가 수행되고, 미국에 등록되어 있는 한 유효하다.
- 특별비행허가서는 해당 허가서에 명시된 기간 동안 유효하다.
- 라이트-스포츠 카테고리 특별감항증명서는 해당 항공기 정의를 만족하고, 원래의 항공기 형상에 합치하고, 불안전한 상태가 없거나 이를 유발하지 않을 것으로 예상되고, 항공기가 미국에 등록되어 있는 경우에 유효하다.
- 연구개발, 적합성 입증, 조종사 훈련, 시장조사를 목적으로 하는 실험용 증명서는 별도로 규정하지 않는 한 발급일 또는 갱신일로부터 1년간 유효하다.
- 아마추어-제작 항공기 운용, 전시, 비행경주, 초급 키트-조립 항공기 운용, 또는 라이트-스포츠 항공기 운용을 목적으로 발급된 실험용 증명서는 별도로 기간을 명시하지 않는 한 유효기간에 제한이 없다.

§21.183 항공기 감항증명서 발급

보통, 실용, 곡예, 커뮤터 및 수송급 항공기, 유인자유기구, 특별분류 항공기에 대하여 다음과 같이 해당하는 표준감항증명서를 발급받을 수 있다.

- 제작증명에 의거하여 제작된 신규 항공기 : 형식설계에 대한 합치성과 안전한 운용 상태 여부를 결정하기 위한 연방항공청의 항공기 검사를 제외하고 추가적인 입증 없이 표준감항증명을 받을 수 있다.
- 형식증명에 의거하여 제작된 신규 항공기 : 형식증명 소지자 또는 면허계약자가 합치성 확인서(SoC)를 제출하고, 해당 항공기의 합치성과 안전한 운용 상태가 확인되면 표준감항증명을 받을 수 있다.
- 수입 항공기 : 미국의 형식증명을 받고 다른 국가 감항당국 확인 하에서 생산되고 협정에 따라 제작국가가 합치성과 안전성을 증명하는 경우, 연방항공청이 최종 합치성과 안전 운용 상태를 확인한 경우에는 표준감항증명을 받을 수 있다.
- 중고 항공기와 미군의 잉여 항공기 : 승인된 형식설계 및 해당 감항성개선지시서에 대한 합치성 입증자료를 제출하고, §43.15에 제시된 100시간 검사 또는 이에 동등한 실행표준에 따

른 검사를 받았고, 자격을 갖춘 인원에 의해 감항성이 확인된 경우에 표준감항증명을 받을 수 있다.

최초(original)의 표준감항증명서를 발급하는 항공기는 Part 36의 소음 요건에 적합하여야 하고, 정격추력 8,090 lbf 이상의 터빈엔진을 장착한 비행기의 경우에는 Part 34의 연료 배출 및 배기가스 요건에 적합하여야 감항증명서를 발급할 수 있다.

또한, 2024년 4월에 신설된 §21.179(j)항에 따라서 신청자가 Part 38의 연료효율 요건에 적합하다는 것을 실증하지 않으면, 표준감항증명서를 발급하지 않는다.

§21.185 제한급 항공기 감항증명서 발급

다음의 요건을 만족하는 제한급(restricted) 항공기에 대하여 특별감항증명서를 발급받을 수 있다.

- 제작증명 또는 형식증명에 의해 제작된 항공기 : 기존에 다른 카테고리로 형식증명을 받지 않고 한정급 형식증명을 받은 항공기가 표준감항증명서 발급 요건에 적합한 경우에 최초의 제한급 감항증명을 받을 수 있다.
- 수입 항공기 : 항공안전협정이 체결된 국가의 감항당국 확인 하에서 생산된 경우, 연방항공청이 형식설계에 합치하고 안전한 운용 상태에 있음을 확인한 경우에 최초의 제한급 특별감항증명을 받을 수 있다.
- 기타의 항공기 : 군 잉여 항공기, 다른 카테고리로 형식증명을 받은 항공기, 제한급 형식증명을 받은 항공기를 검사하여 보존 및 수리 상태가 양호하고 안전한 운용 상태에 있음을 확인한 경우에 해당 감항증명을 받을 수 있다.

Part 36의 소음 요건에 대한 적합성을 확인함에 있어서 비행 실적이 없는 소형 프로펠러 비행기는 연방항공청이 이를 확인한 경우가 아니면 최초의 제한급 감항증명서를 발급할 수 없고, 수입되는 비행기의 경우에는 해당 비행기의 제작국가가 소음 요건에 대한 적합성을 증명하고 연방항공청이 이를 확인하여야 한다.

§21.191 실험용 증명서

연방항공청은 연구개발, 적합성 입증, 승무원 교육, 전시, 비행경주, 시장조사, 아마추어-제작 항공기 운용, 초급 키트-조립 항공기 운용, 라이트-스포츠 항공기 운용을 위한 실험용 증명서를 발급할 수 있다. 실험용 증명서 신청자는 §21.193에 따라서 다음의 문서를 연방항공청에 제출하여야 한다.

- 해당 항공기의 사용 목적이 기재된 문서, 해당 항공기를 식별하는데 충분한 데이터(사진 등을 포함), 항공기 검사 시에 일반대중 보호에 필요한 정보.

- 실험용 항공기로 사용되는 경우에 실험의 목적, 예상 비행시간 및 비행횟수, 실험이 수행될 장소, 항공기 삼면도 또는 치수가 기입된 삼면 사진.
- 키트로 조립된 라이트-스포츠 항공기의 경우에 원 제작자의 라이트-스포츠 특별감항증명서, 해당 항공기 운용지침서, 정비 및 검사절차서, 키트 제작자의 적합성 보증서, 비행훈련 보충서, 항공안전협정(BASA) 또는 이와 동등한 협정을 체결한 국가에서 해당 키트가 제작되었음을 나타내는 문서.

§21.197 특별비행허가

현재 시점에 해당 감항 요건을 만족시킬 수 없지만, 특정한 비행능력이 확인된 항공기에 대하여 다음의 경우에 특별비행허가서(special flight permit)를 발급할 수 있다.

- 수리, 개조 또는 정비를 목적으로 기지 또는 보관소까지 비행하는 경우.
- 항공기를 인도 또는 수출하는 경우.
- 신규 생산 항공기에 대한 양산비행시험을 하는 경우.
- 위험지역으로부터 항공기를 긴급 대피시키는 경우.
- 양산비행시험을 완료한 신규 항공기에 대하여 고객실증비행을 하는 경우.
- 적절한 착륙시설이나 지정된 연료를 이용할 수 없어 항속거리를 초과하는 비행을 위하여 최대이륙중량 이상의 중량으로 운용하고자 하는 경우.
- 적용 감항성 요건을 만족하지 못하지만, 정비나 개조를 수행할 기지로 안전하게 비행할 수 있는 항공기에 대하여 연속적인 비행을 인가하는 경우.

특별비행허가 신청자는 비행목적, 비행일정, 승무원, 미충족 감항성 요건의 대안, 안전한 운용을 위한 제한사항, 운용한계 지정에 필요한 정보를 수록한 문서를 제출하고, 연방항공청은 신청자에게 안전에 필요한 검사 또는 시험을 실시하도록 요구할 수 있다.

(6) Subpart L 수출감항승인 규정

미국 연방항공청 FAR Part 21의 Subpart L에 규정된 수출되는 항공기, 엔진, 프로펠러, 부품류에 대한 감항승인과 Subpart N에 규정된 수입되는 엔진, 프로펠러, 부품류에 대한 감항승인 요건을 살펴보면 다음과 같다.

§21.325 수출감항승인서 요건

항공기에 대한 수출감항승인(export airworthiness approval)은 수출감항증명서(export certificate of airworthiness) 서식으로 발급한다. 이 증명서는 해당 항공기의 운용을 승인하는 것은 아니다. 연방항공청은 엔진, 프로펠러 또는 품목에 대한 수출감항승인을 위한 서식과 방법을 별도로 규

정하고 있다.[18)]

연방항공청이 교통법(Title 49 USC)과 연방항공규정(Tile 14 CFR, FAR)의 요건을 적용하고 인증을 관리하는데 과도한 부담이 되지 않는다고 판단하는 경우에 미국 밖에 위치한 제조시설의 제품 또는 품목에 대하여 수출감항승인서를 발급할 수 있다.

§21.327 항공기에 대한 수출감항증명서

항공기에 대한 수출감항승인 신청 자격에는 특별한 제한이 없으며, 연방항공청이 규정한 서식과 방법에 따라서 누구든지 이를 신청할 수 있다. 다만, 연방항공청은 §21.329에 따라서 다음의 요건을 만족하는 경우에 수출감항증명서를 발급한다.

- 형식증명에 의한 생산 또는 제작증명에 따라서 제작된 신규 또는 중고 항공기가 표준감항증명이나 특별감항증명에 적용되는 감항 요건을 만족하는 경우.
- 형식증명에 의한 생산 또는 제작증명에 따라서 제작되지 않은 신규 또는 중고 항공기가 유효한 표준감항증명서나 특별감항증명서를 가지고 있는 경우.

해당 항공기에 대하여 수입국가 또는 관할당국이 연방항공청의 서식과 방법에 따라서 당해 요건에 대한 완화(deviation)를 수락한 경우, 또는 수출될 항공기와 해당 형식설계 사이의 차이점에 대한 면제(exception)를 승인한 경우에는 이를 수출감항증명서에 명시하여 발급할 수 있다.

§21.331 엔진, 프로펠러, 부품류 수출감항승인서

연방항공청은 인증절차 규정에 따라 제작된 신규 또는 중고 엔진, 프로펠러, 또는 부품류가 승인된 설계에 합치하고 안전한 운용 상태에 있는 경우에 수출감항승인서를 발급할 수 있다.[19)]

신규 또는 중고의 엔진, 프로펠러, 부품류에 대하여 수입국가 또는 관할당국이 연방항공청의 서식과 방법에 따라서 당해 요건에 대한 완화(deviation)를 수락하는 경우, 그리고 수출될 엔진, 프로펠러 또는 부품류와 해당 승인된 설계 사이의 차이점을 면제(exception)로 명시하는 경우에도 수출감항승인서를 발급할 수 있다.

§21.500 엔진 및 프로펠러의 수락

외국 또는 관할권역에서 제작되는 미국으로 수입되는 항공기 엔진 및 프로펠러는 연방항공규정

---

18) 항공기에 대한 수출감항증명서는 FAA Form 8130-4 "Export Certificate of Airworthiness"를 사용하고, 엔진, 프로펠러, 그 밖의 품목에 대한 수출감항승인서는 FAA Form 8130-3 "Airworthiness Approval Tag, Authorized Release Certificate" 서식으로 발급된다.

19) FAR Amendment 21-92 (2011.04.16)에서 §21.331 요건을 전면 개정하였다. 기존에 생산승인 소지자(PAH)가 클래스 II의 중요 구성품에 대한 수출감항승인서 발급이 가능하였으나, 이를 클래스 I의 엔진 및 프로펠러와 함께 연방항공청이 발급하는 것으로 변경되었다.

에 의거한 다음의 수락 요건을 만족하여야 한다.

- 해당 외국정부 및 관할당국이 해당 제품의 수락을 위하여 미국과 체결한 협정의 해당 절차를 따른다.
- 해당 제품은 미국의 식별 및 등록 표식 규정(Part 45)에 따라서 식별 표시한다.
- 해당 제품을 수출하는 국가와 체결한 협정의 절차에 따라서 해당 국가의 수출 감항승인서가 함께 제출한다.

§21.502 부품류의 수락

기술표준품 설계승인서에 의거해 생산되는 품목을 포함하여 외국 또는 관할권역에서 제작된 부품류는 연방항공규정에 의거한 다음의 수락 요건을 만족하여야 한다.

- 해당 외국정부 및 관할당국은 해당 부품류의 수락을 위하여 미국과 체결한 협정의 해당 절차를 따른다.
- 해당 부품류는 연방항공규정 Part 45에 따라서 식별 표시되어야 한다.
- 미국으로 수입되는 부품류에 대한 협정의 절차에 따라서 해당 부품류에 대한 수출 감항승인서가 발급되어야 한다.

(7) Subpart K 부품제작자승인 규정

미국 연방항공청 FAR Part 21의 Subpart K에서 규정하는 부품제작자승인에 대한 요건을 살펴보면 다음과 같다.

§21.303 부품제작자승인 신청

부품제작자승인(PMA) 신청자는 연방항공청의 서식과 방법에 따라서 다음 사항을 포함한 신청서를 제출하여야 한다.

- 해당 부품이 장착될 제품에 대한 식별 정보.
- 해당 부품이 제작될 제조시설의 이름과 주소.
- 해당 부품의 설계를 나타내는데 필요한 도면 및 규격서, 그리고 구조적 강도를 정의하는데 필요한 치수, 재료 및 공정에 관한 정보.
- 해당 부품의 설계가 연방항공규정의 감항 요건에 만족함을 입증하는데 필요한 시험보고서 및 계산내용.
- 시험보고서 및 계산내용을 근거로 하는 신청자는 해당 감항 요건에 대한 적합성을 나타내는 기록서.

부품제작자승인 신청자는 감항 요건에 대한 적합성, 규격에 대한 재료의 합치성, 설계에 대한 품목의 합치성, 그리고 제조공정이나 제작방식 및 조립체의 합치성을 결정하는데 필요한 모든 검사와 시험을 하여야 한다.

[그림 2-4] 부품제작자승인 대상 부품 및 장비품 예시

§21.305 신청자 조직 및 품질매뉴얼

부품제작자승인 신청자 또는 소지자는 자기의 조직이 부품제작자승인 규정에 대한 적합성을 보장하는 방법을 서술한 문서를 연방항공청에 제출하여야 한다. 이 문서에는 최소한 정해진 책임과 위임된 권한, 그리고 경영부서 및 다른 조직 구성체에 대한 품질 책임의 기능적 관계를 포함하여야 한다.

부품제작자승인 신청자 또는 소지자는 §21.307에 따라서 §21.137의 제작증명 품질시스템 요건을 만족하는 부품제작자승인 품질시스템을 수립하고, §21.308에 따라서 해당 품질시스템 매뉴얼을 연방항공청에 제출해 승인받아야 한다.

또한, §21.309에 따라서 연방항공청이 인증을 관리하는데 과도한 부담이 되지 않는다고 판단하는 경우에 미국 밖에 위치한 제조시설에서 부품제작자승인을 받을 수 있다. 부품제작자승인 소지자는 해당 부품의 검사, 합치성 또는 감항성에 영향을 미칠 수 있는 제조시설의 변경에 대하여 그 즉시 문서로 연방항공청에 통지하여야 한다.

§21.310 검사 및 시험

부품제작자승인 신청자 또는 소지자는 연방항공청이 해당 품질시스템, 시설, 기술 데이터, 제작된 품목을 검사하고, 임의의 시험에 입회할 수 있도록 하여야 한다. 또한, 연방항공규정에 대한 적합성을 결정하는데 필요한 경우에 공급자의 시설에서 검사 또는 시험을 실시할 수 있다. 신청자 또는 소지자는 연방항공청이 달리 허가하지 않으면 다음 사항을 금해야 한다.

- 규격에 대한 재료의 합치성, 설계에 대한 품목의 합치성, 그리고 제조공정이나 제작방식 및 조립체의 합치성이 입증되지 않은 품목을 연방항공청의 검사 또는 시험을 위해서 제시하지

않아야 한다.

- 규격에 대한 재료의 합치성, 설계에 대한 품목의 합치성, 그리고 제조공정이나 제작방식 및 조립체의 합치성을 입증한 후, 연방항공청의 검사 또는 시험 전에 당해 품목에 어떠한 변경도 하지 않아야 한다.

§21.311 증명서 발급, 유효기간, 양도성

연방항공청은 신청자가 본 규정에 대한 적합성을 입증하고, 해당 설계가 부품이 장착될 제품에 적용되는 항공기 감항기준에 적합하다고 확인되면 신청자에게 부품제작자승인서를 발급한다.

부품제작자승인서는 반납, 철회 또는 연방항공청이 달리 이를 만료시키지 않으면 §21.313에 따라서 계속하여 유효하다. 부품제작자승인 소지자는 §21.314에 따라서 해당 부품제작자승인서를 타인에게 양도할 수 없다.

§21.316 부품제작자승인 소지자 책임

연방항공청의 부품제작자승인서를 발급받고 해당 품목을 생산하는 부품제작자승인 소지자는 다음 사항에 대한 책임이 있다.

- §21.305에 따른 신청자 조직이 변경되는 경우에 그 변경내용을 반영하여 해당 문서를 개정하고, 연방항공청에 제출하여야 한다.
- 해당 부품제작자승인을 대상으로 승인된 데이터 및 절차에 적합한 품질시스템을 유지하여야 한다.
- 부품제작자승인에 따라 제작된 각 품목이 승인된 설계에 합치하고, 안전한 운용 상태에 있음을 보장하여야 한다.
- 부품제작자승인서가 발급된 해당 품목에 연방항공규정에 따른 식별표시를 하여야 한다. (치명성 부품 식별표시 포함)
- 제조시설에서 출하되는 해당 품목의 부품이나 구성품에 대해서도 제조자 부품번호, 이름, 상표, 심볼 또는 그 밖의 표식으로 식별하여야 한다.
- 해당 부품제작자승인에 의거해 생산된 각 품목의 합치성과 감항성 결정에 필요한 설계 데이터를 이용할 수 있어야 한다.
- 해당 부품제작자승인 관련 문서를 유지하고, 연방항공청이 요청하는 경우에 이를 이용할 수 있도록 제시하여야 한다.
- 공급업체에 위임된 모든 권한에 대한 정보를 연방항공청이 이용할 수 있도록 하여야 한다.

(8) Subpart O 기술표준품승인 규정

미국 연방항공청 FAR Part 21의 Subpart O에서 규정하는 기술표준품승인에 대한 요건을 살펴보면 다음과 같다.

§21.601 적용범위 및 정의

연방항공청의 기술표준품승인(TSO Approval) 규정에서 사용하는 용어의 정의는 다음과 같다.

- 기술표준서(TSO: Technical Standard Order)는 민간 항공기에 사용되는 특정한 품목(article)에 대한 최소성능표준(MPS: Minimum Performance Standard)을 말한다.
- 기술표준품승인서(TSOA: TSO Authorization)는 해당 기술표준서를 만족하는 것으로 확인된 품목의 제작자에게 연방항공청이 발급하는 설계와 생산에 관한 승인서를 말한다.
- 기술표준품 설계승인서(LODA: Letter of TSO Design Approval)는 항공안전협정이 체결된 외국에 제작된 품목이 해당 기술표준서를 만족하는 것으로 확인된 경우에 연방항공청이 발급하는 설계에 관한 승인서를 말한다.
- 기술표준품승인서(TSOA), 기술표준품 설계승인서(LODA), 기술표준서의 개정 또는 폐지에 따른 연방항공청의 수락서한에 의거하여 제작된 품목은 그 품목의 승인에 적용된 요건을 만족하는 품목으로 본다.
- 품목 제작자(Article Manufacturer)는 외부의 공급업체로부터 납품된 관련 부품, 공정 또는 용역을 포함하여 해당 품목의 설계와 품질을 관리하는 제작자를 말한다.

§21.603 기술표준품승인 신청

기술표준품승인 신청자는 연방항공청이 지정한 서식과 방법에 따라서 해당 기술표준품에 대한 적합성 확인서[20]와 기술표준서에서 요구되는 기술자료 사본을 신청서와 함께 제출하여야 한다.

신청자는 기술표준품승인 과정에서 경급 변경이 예상되는 경우에 기본 모델번호와 부품번호 뒤에 비어 있는 괄호를 사용함으로써 변경표시용 문자 또는 번호를 수시로 추가 기재할 수 있다.

연방항공청은 신청서가 불충분하게 제출된 경우에 추가정보를 제출하도록 요청하고, 보완요청 일자로부터 30일 이내에 신청자가 추가정보를 제출하지 않는 경우에는 신청서 접수를 거절하고 이를 신청자에게 통지한다.

20) FAR 21.603(a)(1)항에 합치성 확인서(SoC: Statement of Conformance)를 제출하도록 규정하고 있으나, 이는 FAA의 관행적 오류로 적합성 확인서(SoC: Statement of Compliance)로 수정할 필요가 있다. EASA는 이미 21.A.605(a), 21.A.608(a), 21.A.611(c)에서 Compliance로 표기하고 있다.

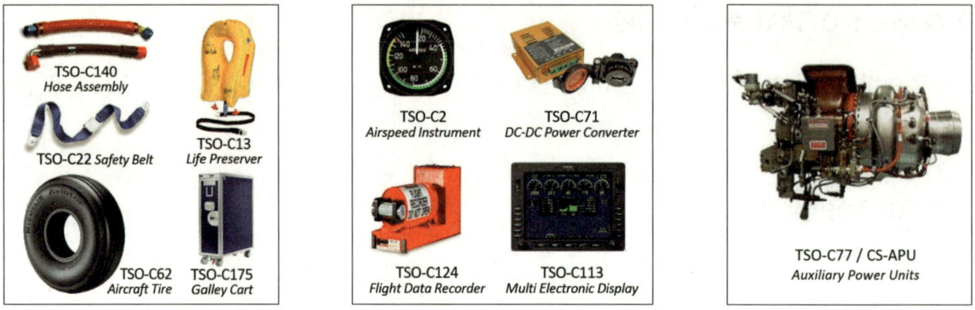

[그림 2-5] 항공기 기술표준품승인 대상 품목 예시

§21.605 신청자 조직, 품질매뉴얼, 제조시설

기술표준품승인 신청자 또는 소지자는 §21.605에 따라서 신청자 조직에 대한 적합성을 서술한 문서, 부서 간의 기능적 관계를 서술한 문서, 총괄 품질관리자를 식별하는 문서를 연방항공청에 제출하여야 한다.

기술표준품승인 신청자 또는 소지자는 §21.607에 따라서 §21.137의 제작증명 품질시스템 요건을 만족하는 기술표준품승인을 위한 품질시스템을 수립하여야 한다.

기술표준품승인 신청자 또는 소지자는 §21.608에 따라서 품질시스템을 서술한 매뉴얼을 연방항공청에 제출하여 승인 받아야 한다.

연방항공청은 §21.609에 따라서 인증을 관리하는데 과도한 부담이 되지 않는다고 판단하는 경우에 신청자는 미국 밖에 위치한 제조시설에서 기술표준품승인을 받을 수 있다. 그리고, 해당 품목 및 제품의 검사, 합치성 또는 감항성에 영향을 미칠 수 있는 제조시설의 변경에 대하여 그 즉시 문서로 연방항공청에 통지하여야 한다.

§21.610 기술표준품승인 검사 및 시험

기술표준품승인 신청자 또는 소지자는 연방항공청이 해당 품질시스템, 생산시설, 기술 데이터, 그리고 제작된 품목을 검사하고, 임의의 시험에 입회할 수 있도록 협조하여야 한다.[21]

또한, 연방항공규정에 대한 적합성을 결정하는데 필요한 경우에 공급자의 시설에서 검사 또는 시험을 실시할 수 있다.

---

21) 기술표준품승인 규정에서 신청자의 합치성 검사가 수행되지 않은 품목을 연방항공청의 검사 및 시험에 제시하는 행위와 연방항공청의 검사 및 시험 전에 해당 설계나 제조공정을 변경하는 행위를 금지하는 조항을 명문으로 규정하지 않고 있지만, 항공기에 대한 제작증명이나 부품제작자승인에서는 이와 같은 행위를 금지하고 있으므로 기술표준품승인에도 동일하게 적용되는 규정이라고 할 수 있다.

§21.611 승인서 발급, 유효기간, 양도성

연방항공청은 §21.611에 따라서 신청자가 연방항공규정[22]의 해당 요건에 대한 적합성을 입증한 것으로 확인한 경우에 신청자에게 기술표준품승인서를 발급한다.

기술표준품 승인서 또는 기술표준품 설계승인서는 §21.613에 따라서 반납, 철회 또는 연방항공청이 달리 만료시키지 않으면 계속하여 유효하다. 다만, 기술표준서가 개정되거나 폐지된 경우에 이로 인하여 영향을 받는 합치성 확인서 수락서한, 기술표준품승인 또는 기술표준품 설계승인 소지자는 원래의 기술표준서를 만족하는 품목을 계속하여 생산할 수 있지만, 연방항공규정의 해당 요건에 적합하여야 한다.

기술표준품승인 또는 기술표준품 설계승인 소지자는 §21.614에 따라 해당 기술표준품승인서 또는 기술표준품 설계승인서를 타인에게 양도할 수 없으며, §21.616에서 규정하고 있는 책임을 이행하여야 한다.

§21.618 완화에 대한 승인

기술표준품의 해당 성능표준에 대한 완화(deviation) 승인을 요청하는 제작자는 동등한 수준의 안전성을 제공하는 요소 또는 설계가 해당 기술표준서의 요건을 보상할 수 있음을 입증하여야 한다.

해당 제작자는 완화승인 요청서를 이에 관련되는 모든 데이터와 함께 연방항공청에 제출하여야 한다. 해당 품목이 외국 또는 그 관할권역에서 제작되는 경우에는 해당 국가 또는 관할당국의 민간항공당국을 경유하여 연방항공청에 제출하여야 한다. 연방항공청은 §21.621에 따라서 완화사항을 기재한 기술표준품 설계승인서를 발급한다.

§21.619 기술표준품 설계변경

기술표준품승인 소지자에 의한 경급 변경(minor change)은 연방항공청의 추가적인 승인을 받지 않을 수 있다. 이러한 경우에 설계가 변경된 품목은 최초의 모델번호를 유지하여야 한다. 또한, 경급 변경에 의한 모델번호 또는 부품번호의 변경에 관련된 모든 개정 데이터를 연방항공청에 제출하여야 한다.

해당 기술표준품의 적합성을 결정하는데 있어서 실질적으로 완전한 조사가 요구될 만큼 광범위한 설계변경은 중급 변경(major change)에 해당한다. 따라서 기술표준품승인 소지자에 의한 중급 변경은 해당 품목에 새로운 형식 또는 모델 명칭을 부여하고, 기술표준품승인을 다시 신청하

22) 기술표준품승인을 위한 적합성 입증기준을 연방항공규정(FAR, Subchapter C - Aircraft)으로 명시하고 있는데, 이는 포괄적인 선언에 불과한 것이며, 직접적으로는 FAR Part 21의 Subpart O 기술표준품승인 규정과 해당 품목의 기술표준서(TSO) 및 최소성능표준(MPS)에 대한 적합성 입증을 말한다.

여야 한다.

당해 기술표준품승인 제작자가 아닌 다른 사람에 의한 설계변경은 별도의 새로운 기술표준품승인을 신청하는 경우가 아니면 승인을 받을 수 없다. 다만, 당해 제작자가 아닌 자는 정비 및 수리개조 규정(Part 43) 또는 그 밖의 관련 규정에 따라서 설계변경에 대한 승인을 받을 수 있다.

§21.621 기술표준품 설계승인서 발급

수출 및 수입 품목의 수락에 관한 협정을 따르는 외국 또는 그 관할권역에서 설계 및 제작되는 품목으로서 다음의 요건을 만족하는 품목에 대하여 기술표준품 설계승인서(LODA: Letter of TSO Design Approval)를 발급할 수 있다.

- 설계국가는 당해 품목이 검사 및 시험되었고, 해당 기술표준서 또는 설계국가의 적용 성능표준, 그리고 연방항공청이 규정하는 기타의 다른 성능표준을 만족하는 것으로 확인되었음을 증명하여야 한다.
- 제작자는 해당 성능표준에서 요구된 기술 데이터 사본을 설계국가 감항당국을 경유하여 연방항공청에 제출하여야 한다.

2.1.3 EU Part 21 인증절차

(1) Subpart J 설계조직승인 규정

유럽연합 EU Part 21의 Subpart J에서 규정하는 설계조직승인(DOA: Design Organisation Approval)에 대한 요건을 살펴보면 다음과 같다.

21.A.233 신청자격

다음과 같은 인증을 받고자 하는 사람 또는 법인(natural or legal person)은 설계조직승인(DOA)을 신청할 수 있다.

- 이 규정의 21.A.14에 따른 형식증명, 21.A.112B에 따른 부가형식증명, 21.A.432B에 따른 수리승인, 또는 21.A.602B에 따른 기술표준품승인.
- 이 규정의 21.A.263에 따른 설계조직승인 특권으로 수행하는 경급 설계변경 또는 경급 수리설계에 대한 승인.

설계조직승인 신청은 유럽항공안전청에서 지정한 서식과 방법에 따라 제출되어야 하고, 해당 설계조직에 대한 요약서와 승인조건 및 범위를 포함하여야 한다.

21.A.239 설계관리시스템

안전관리요소와 설계보증요소를 포함하여 다음과 같은 설계관리시스템(DMS: Design Management System)을 구축, 시행, 유지하여야 한다.

- 해당 조직의 크기, 그리고 활동의 특성 및 복잡도에 상응하는 것이고, 그들 활동에 내재된 위험상황(hazards)과 그에 관련된 위험요소(risks)가 고려되어야 한다.
- 이 규정의 21.A.245(a)에 따라 임명된 단일 관리자의 책임 하에서 수립, 시행, 유지되어야 한다.

설계관리시스템(DMS)의 안전관리요소(safety management element)는 다음과 같이 구축되어야 한다.

- 안전정책과 안전목표를 설정, 시행, 유지하여야 한다.
- 이 규정의 21.A.245(b)에 따른 핵심 안전요원을 임명하여야 한다.
- 위험상황 식별, 위험요소 평가 및 경감조치를 포함하는 안전 위험요소 관리 프로세스를 수립, 시행, 유지하여야 한다.
- 안전성과 측정 및 모니터링, 설계관리시스템 및 핸드북 변경 관리, 안전관리요소 개선 원칙을 포함하는 안전보증 프로세스를 수립, 시행, 유지하여야 한다.
- 교육 및 훈련, 의사소통 활동을 통하여 조직 내에서 안전을 증진시켜야 한다.
- 지속적 안전 개선에 기여하기 위하여 21.A.3A에 따른 상황보고시스템(occurrence reporting system)을 수립하여야 한다.

설계관리시스템(DMS)의 설계보증요소(design assurance element)는 다음과 같이 구축되어야 한다.

- 설계조직 승인조건에 지정되는 제품, 부품 및 장비품에 대한 설계, 설계변경, 수리의 관리 및 감독을 위한 시스템을 구축, 시행, 유지하여야 한다.
- 해당 설계조직이 감항성 및 운용 적정성 자료 및 환경보호 요건에 대한 적합성을 실증하는 것을 기반으로 독립적인 확인 기능을 수립, 시행, 유지하여야 한다.
- 문서로 작성된 절차에 따라서 협력업체에서 설계된 부품 또는 장비품이나 업무의 수락에 대한 방법을 특정화하여야 한다.

해당 설계조직은 21.A.245(b)에 따른 인원 및 21.A.245(a)에 따른 관리자에게 피드백되는 과정을 포함하여 시정조치 이행을 보장할 수 있는 독립적인 모니터링 기능을 갖추어야 한다.

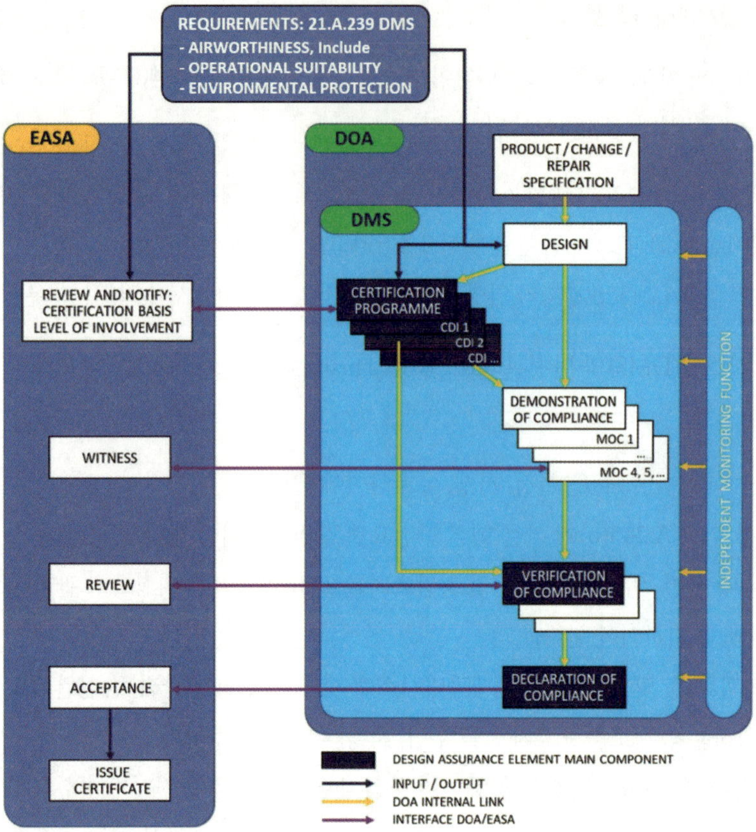

Figure 1 of AMC1 21.A.239(d)

[그림 2-6] 설계조직승인을 위한 설계관리시스템 구성체계

21.A.243 설계관리핸드북

설계계조직은 조직의 구성 및 정책, 프로세스 및 절차, 설계업무의 종류, 승인조건에서 식별되는 제품, 부품 및 장비품의 유형, 협력업체 관리 및 인터페이스 업무를 포함하는 설계관리 핸드북을 작성하여 유럽연방항공청에 제출하여야 한다.

비행시험이 수행될 예정인 경우에는 다음 사항을 포함하는 비행시험 운영 매뉴얼(flight test operations manual)을 작성하여 유럽항공안전청에 제출하여야 한다.

- 비행허가서 발행 과정을 포함하는 비행시험에 관한 조직의 프로세스.
- 비행시험 승무원 구성, 능력, 자격유지, 비행시간을 포함하는 승무원에 관한 정책.
- 비행 승무원 이외의 사람 운송 절차 및 비행시험 훈련에 관한 절차.
- 위험요소 및 안전관리 정책과 그에 대한 대처방법.
- 비행시험 관련 계기 및 장치를 식별하는 절차.
- 비행시험을 위해 작성될 문서의 목록.

협력업체에서 제품, 부품 또는 장비품이 설계되거나 그 설계가 변경되는 경우, 그에 대한 적합성 실증방법과 협력업체의 설계활동 및 조직에 관한 정보와 설명을 직접 또는 상호인용 방식으로 핸드북에 포함하여야 한다.

해당 설계조직은 감항성 및 운용 적정성 자료, 그리고 환경보호 관련사항에 영향을 미치는 관리 스탭과 기타 인원의 자격검정 및 경험에 대한 설명자료를 작성하여 소관당국에 제출하고, 이를 유지하여야 한다.

21.A.245 설계자원

해당 조직은 조직 내의 모든 설계활동이 해당 표준서에 따라 수행된다는 것을 보장하는 설계조직 책임자를 임명해야 하고, 해당 설계조직이 21.A.239에 따른 설계관리시스템 요건 및 21.A.243에 규정된 절차에 대한 적합성을 계속 유지할 수 있어야 한다.

설계조직 책임자는 다음의 역할을 수행하는 인원을 지명하고 그에 해당하는 권한을 부여해야 한다.

- 감항성 책임자.
- 독립적인 모니터링 책임자.
- 해당 조직의 적합성 보장에 요구되는 기타의 인원 또는 그룹.

위에서 규정된 바와 달리, 다음의 경우에는 감항성 업무를 설계조직 책임자의 지휘 하에서 수행할 수 있다.

- 설계조직의 업무범위가 경급 설계변경 또는 경급 수리로 한정되는 경우.
- 감항성 책임자가 한정된 기간만 지명하지 않거나, 설계조직 책임자 지휘 하에 수행하는 것이 더 적절한 경우.

위의 요건에 따라 해당 조직의 적합성 보장을 위해 지명되는 인원 또는 그룹은 다음과 같아야 한다.

- 설계조직 책임자의 지시에 응해야 하고, 직접 보고할 수 있어야 한다.
- 그들의 책임을 수행하는데 필요한 적절한 지식, 배경 및 경험이 있어야 한다.

기술부서의 스탭은 해당 업무를 수행하는 충분한 수의 인원과 경험 인력으로 구성되어야 한다. 그들의 책임에 따른 권한이 주어지고, 감항성 및 운용 적정성 자료와 환경보호 요건을 해당 제품에 실현하는데 필요한 시설, 장치 및 근무환경이 주어져야 한다.

감항성 및 운용 적정성 자료와 환경보호 업무에 관하여 관련 부서 사이에 그리고 해당 부서 내에서 효과적으로 협력할 수 있어야 한다.

21.A.258 확인사항 및 관찰사항

설계조직승인 신청자 또는 소지자가 21.B.433에 따라서 확인사항(findings)을 통지받는 경우에 유럽항공안전청이 동의하는 기간 내에 다음과 같이 조치하여야 한다.

- 해당 부적합(non-compliance)을 유발한 근본원인과 기여인자를 식별하여야 한다.
- 시정조치 계획을 수립하여야 한다.
- 유럽항공안전청이 만족할 수 있는 시정조치 실행을 실증하여야 한다.

이 규정의 21.B.433(e)에 따라서 통지된 관찰사항(observations)에 대해서는 해당 설계조직승인 신청자 또는 소지자가 고려한 기한까지 조치하여야 한다. 해당 조직은 그들 관찰사항에 취해진 결정을 기록하여야 한다.

21.A.263 설계조직승인 소지자 특권

설계조직승인 소지자는 21.A.251에 따라 발급된 승인조건의 범위 내에서 그리고 설계관리시스템의 관련 절차에 따라서 다음의 특권이 부여된다.

- 형식증명 또는 부가형식증명, 수리 설계의 변경에 대하여 중급(major) 또는 경급(minor) 변경으로 분류할 수 있다.
- 형식증명 또는 부가형식증명에 대한 경급 변경과 경급 수리 설계에 대하여 승인할 수 있다.
- 이 규정의 Subpart M에 따라서 제품 또는 보조동력장치(APU)에 대한 특정한 중급 수리 설계를 승인할 수 있다.
- 이 규정의 21.A.710(a)(2)에 따라 발급되는 비행허가서를 위한 특정한 항공기에 대한 비행조건을 승인할 수 있다.
- 이 규정의 21.A.263(c)(6)에 따라서 설계되거나 개조되거나 승인된 항공기에 대하여 21.A.711(b)에 따른 비행허가서를 발행할 수 있다.
- 이 규정의 Subpart D에 따른 형식증명에 대한 중급 변경을 승인할 수 있다.
- 이 규정의 Subpart E에 따른 특정한 부가형식증명서를 발행하고, 그에 대한 중급 변경을 승인할 수 있다.

21.A.265 설계조직승인 소지자 의무

설계조직승인 소지자는 유럽항공안전청이 지정한 승인조건 내에서 다음과 같은 의무를 이행하여야 한다.

- 이 규정의 21.A.243에 따라 요구되는 설계조직핸드북을 설계보증시스템에 합치하도록 유지하여야 한다.

- 설계조직핸드북 또는 이에 상호 인용된 관련 절차서가 조직 내에서 기본 업무문서로 사용됨을 보장하여야 한다.
- 해당 제품 또는 그 변경, 또는 수리가 해당 형식증명 기준, 운용 적정성 자료, 그리고 환경보호 요건에 적합하고, 불안전한 특성이 없음을 결정하여야 한다.
- 위와 같이 입증된 적합성을 확인하는 기록서(statements) 및 그에 관련된 문서를 유럽항공안전청에 제출하여야 한다.
- 이 규정의 21.A.3B에 따라 요구된 감항성개선지시서에 관련된 자료 및 정보를 유럽항공안전청에 제출하여야 한다.
- 이 규정의 21.A.263(c)(6)에 따라 비행허가서가 발행되는 비행조건을 결정해야 한다.
- 이 규정의 21.A.263(c)(7)에 따라서 항공기 비행허가서가 발행되기 전에 21.A.711(b) 및 (e)에 대한 적합성을 입증하여야 한다.
- 설계조직의 권한으로 발행하는 자료는 "이 문서의 기술적 내용은 설계조직승인서 EASA.21J.[xxxx]의 권한에 따라 승인된 것이다." 문안으로 구별되어야 한다.
- 이 규정의 Subpart A의 일반규정에 대한 적합성을 유지하여야 한다.

(2) Subpart G 생산조직승인 규정

유럽연합 EU Part 21의 Subpart G에서 규정하는 생산조직승인(POA: Production Organisation Approval)에 대한 요건을 살펴보면 다음과 같다.

21.A.133 신청자격

이 Subpart에 따라 생산조직승인(POA)을 받고자 하는 사람 또는 법인(natural or legal person)은 신청자가 될 수 있다. 해당 신청자는 다음과 같이 수행하여야 한다.

- 이 Subpart에 따른 승인을 위하여 정의된 업무범위는 특정한 설계에 대한 합치성을 입증하는데 적정한 것이어야 한다.
- 그 특정한 설계에 대한 승인을 신청하였거나 승인을 받은 상태이어야 한다.
- 해당 설계승인 신청자 또는 소지자와 적정한 관계를 통하여 설계와 생산 사이의 협력이 원만하게 이루어짐을 보장하여야 한다.

생산조직승인 신청은 소관당국(competent authority)에서 지정한 서식과 방법에 따라 제출되어야 하고, 생산조직시스템에 대한 요약서와 승인조건을 포함하여야 한다.

생산조직승인을 신청하는 조직은 이 규정에서 제시하지 않는 대체 적합성 입증방법(alternative MoC)을 사용할 수 있지만, 그에 대한 충분한 설명자료를 사전에 소관당국에 제출하여야 한다.

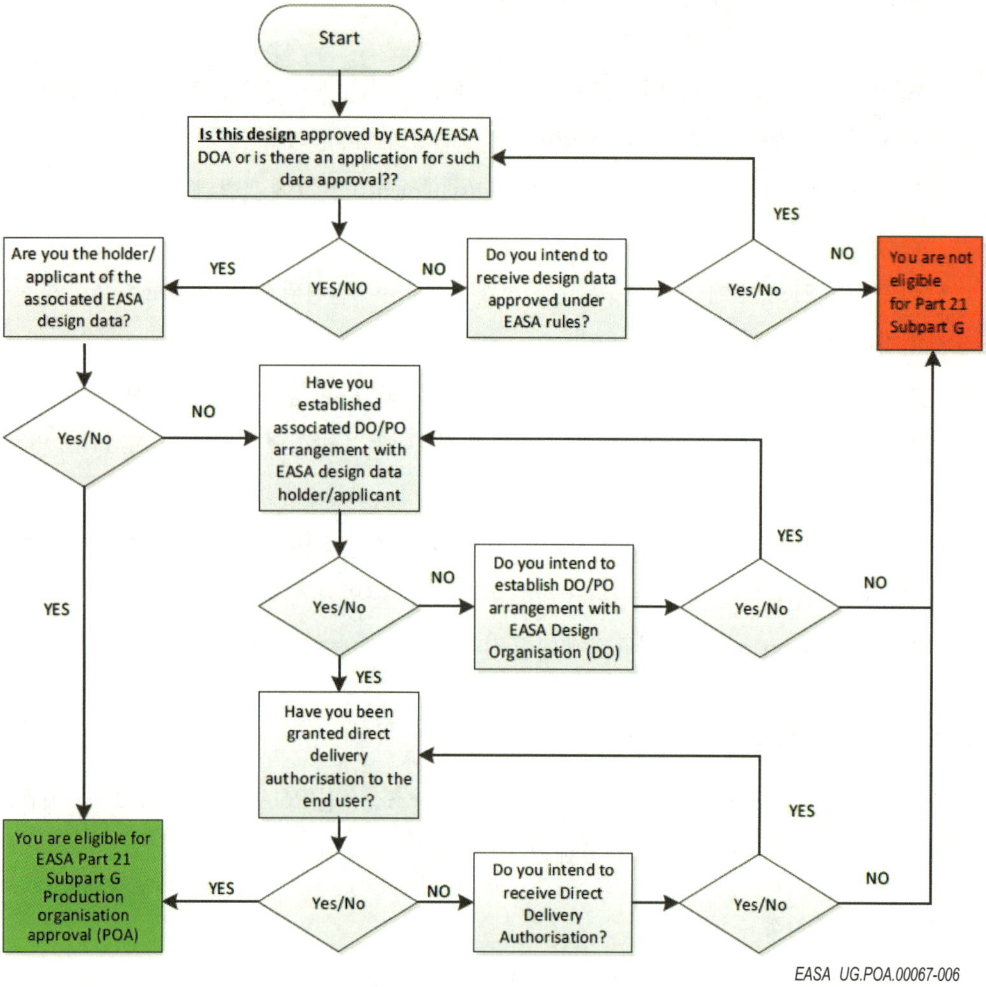

[그림 2-7] 유럽항공안전청 생산조직승인(POA) 신청 자격

21.A.139 생산관리시스템

생산조직은 안전관리요소와 품질관리요소를 포함하는 다음과 같은 생산관리시스템(PMS: Production Management System)을 구축, 시행, 유지하여야 한다.

- 해당 조직의 크기, 활동의 특성 및 복잡도에 상응하고, 그들 활동에 내재된 위험상황(hazards)과 그에 관련된 위험요소(risks)가 고려된 것이어야 한다.
- 이 규정의 21.A.145(c)(1)에 따라 임명된 단일 관리자의 직접적인 책임 하에서 수립, 시행, 유지되는 시스템이어야 한다.

해당 조직의 생산관리시스템 안전관리요소(safety management element)는 다음과 같이 구축되어야 한다.

- 안전정책, 그리고 그에 따른 안전목표를 설정, 시행, 유지하여야 한다.
- 이 규정의 21.A.145(c)(2)에 따른 핵심 안전요원을 임명하여야 한다.
- 위험상황(hazards)을 식별하기 위한 안전 위험요소 관리 프로세스(safety risk management process)를 수립, 시행, 유지하여야 한다.
- 안전성과 측정 및 모니터링, 생산관리시스템 변경 관리, 안전관리요소의 지속적 개선 원칙을 포함하는 안전보증 프로세스를 수립, 시행, 유지하여야 한다.
- 교육 및 훈련, 의사소통 활동을 통하여 조직 내에서 안전을 증진시켜야 한다.
- 지속적 안전 개선에 기여하기 위하여 21.A.3A에 따른 상황보고시스템(occurrence reporting system)을 수립하여야 한다.

해당 조직의 생산관리시스템 품질관리요소(quality management element)는 다음과 같이 구축되어야 한다.

- 해당 조직 또는 외부의 협력업체에서 공급되는 제품, 부품, 또는 장비품이 적용 설계자료에 합치하고 안전한 운용 상태에 있음을 보장하여야 한다.
- 생산조직 승인범위 내에서 다음 중에 해당되는 관리절차(control procedures)를 수립, 시행, 유지하여야 한다. (문서 발행, 승인 또는 변경, 협력업체 평가 및 관리, 구매품 합치성 확인, 식별 및 추적성, 제조 공정, 검사 및 시험, 툴, 지그, 시험장치 교정, 불합치품 관리, 설계승인 소지자 협력, 기록의 완성 및 유지관리, 작업자 자격검정, 감항승인문서 발행, 취급, 저장 및 포장, 내부 품질감사 및 시정조치, 승인시설 이외의 업무, 배송 전에 수행된 업무, 비행허가서 및 비행조건승인서 발행)
- 해당 관리절차에 치명 부품(critical parts)에 관한 특정한 조항을 포함하여야 한다.

해당 생산조직은 21.A.145(c)(2)에 따른 인원 및 21.A.145(c)(1)에 따른 관리자에게 피드백되는 과정을 포함하여 해당 조직의 적합성을 확인할 수 있는 독립적인 모니터링 기능을 갖추어야 한다.

21.A.143 생산조직시스템

해당 생산조직은 생산관리시스템(PMS)에 관련된 다음의 정보를 직접 또는 상호인용 방식으로 나타내는 생산조직시스템(POE: Production Organisation Exposition)을 구축하고 유지하여야 한다.

- 생산조직시스템 및 관련 매뉴얼의 적합성을 나타내는 책임 관리자의 보증서.
- 관리자들의 직책 및 성명.
- 관리자들의 임무와 책임.
- 관리자들의 책임 관계를 나타내는 조직도.
- 인증스탭의 명단.

- 인적자원에 관한 설명자료.
- 생산시설에 관한 설명자료.
- 생산조직의 업무범위에 관한 설명자료.
- 조직 변경을 소관당국에 통지하는 절차.
- 생산조직시스템 문서를 개정하는 절차.
- 생산관리시스템, 정책, 공정, 절차서에 대한 설명자료.
- 외부 협력업체 명단.
- 다음 사항을 포함하는 비행시험 운영 매뉴얼(flight test operations manual).
  - 비행허가서 발행 과정을 포함하는 비행시험에 관한 조직의 프로세스.
  - 비행시험 승무원 구성, 능력, 자격유지, 비행시간을 포함하는 승무원 관련 정책.
  - 비행 승무원 이외의 사람 운송 절차 및 비행시험 훈련에 관한 절차.
  - 위험요소 및 안전관리 정책과 그에 대한 대처방법.
  - 비행시험 관련 계기 및 장치를 식별하는 절차.
  - 비행시험을 위해 작성될 문서의 목록.

생산조직시스템은 해당 조직에 대한 설명을 최신 상태로 유지하기 위하여 개정되어야 한다. 이에 대한 초판은 소관당국의 승인을 받아야 하고, 이후의 모든 개정판은 소관당국에 제출되어야 한다.

21.A.145 생산자원

해당 생산조직의 생산시설, 작업조건, 장치 및 툴, 제조공정 및 관련 소재, 생산인원의 수 및 능력, 그리고 일반조직은 21.A.165에 따른 의무를 수행하는데 적정하여야 한다.

해당 조직에서 생산하는 제품의 감항성 및 환경보호에 필요한 모든 사항에 대하여 다음과 같아야 한다.

- 해당 생산조직은 적용 설계자료에 대한 품목의 합치성을 결정하는데 필요한 모든 자료를 보유해야 한다.
- 해당 생산조직이 감항성 및 환경보호 자료가 생산 자료에 정확하게 반영됨을 보장하는 절차가 수립되어 있어야 한다.
- 이들 자료는 최신 상태로 유지되어야 하고, 해당 업무 수행을 위하여 그들 자료가 필요한 모든 인원이 이용할 수 있어야 한다.

해당 생산조직을 운영하는 관리자 및 스탭(management and staff)은 다음과 같아야 한다.

- 해당 조직에서 임명된 책임 관리자는 모든 생산이 지정된 표준을 따르고, 생산관리시스템

및 생산조직시스템(POE)에 적합하게 운영됨을 보장하여야 한다.

- 책임 관리자는 각 분야별로 담당자 또는 그룹을 지명하고, 그들의 책임과 함께 명단을 제시하여야 한다.
- 모든 레벨의 스탭(staff)에게는 그들의 책임에 따른 권한이 주어지고, 감항성 및 환경보호 자료에 관하여 완전하고 효과적으로 협업할 수 있어야 한다.

생산조직에 인가된 인증스탭은 생산조직 승인조건의 범위 내에서 21.A.163에 따라 발행되는 문서에 서명할 수 있어야 하고, 다음의 요건을 갖추어야 한다.

- 할당된 책임을 수행하는데 필요한 지식, 배경, 경험을 갖추고 있어야 한다.
- 인증스탭에게 그들의 인가범위를 나타내는 증서를 주어야 한다.

21.A.147 생산관리시스템 변경

생산조직승인 증명서가 발급된 이후에 기존의 합치성 실증이나 해당 제품, 부품, 또는 장비품의 감항성 및 환경보호 특성에 중대한 영향을 미치는 생산관리시스템의 변경에 대하여 이를 시행하기 전에 소관당국의 승인을 받아야 한다.

이 규정의 21.A.148에 따라 제조시설 위치가 변경되는 것이 중대한 것으로 간주되는 경우, 해당 생산관리시스템 변경 요건에 적합하여야 한다.

이 규정의 21.A.149에 따라 소유권 이전으로 인하여 생산관리시스템에 중대한 영향을 미치는 경우에 해당 생산조직승인서는 양도될 수 없다.

21.A.158 확인사항 및 관찰사항

생산조직승인 신청자 또는 소지자가 21.B.225에 따라서 확인사항(findings)을 통지받는 경우에 소관당국이 동의하는 기간 내에 다음과 같이 조치하여야 한다.

- 해당 부적합(non-compliance)을 유발한 근본원인과 기여인자를 식별하여야 한다.
- 시정조치 계획을 수립하여야 한다.
- 소관당국이 만족할 수 있는 시정조치 실행을 실증하여야 한다.

이 규정의 21.B.225(e)에 따라서 통지된 관찰사항(observations)에 대해서는 해당 생산조직승인 신청자 또는 소지자가 고려한 기한까지 조치하여야 한다. 해당 조직은 그들 관찰사항에 취해진 결정을 기록하여야 한다.

21.A.163 생산조직승인 소지자 특권

이 규정의 21.A.135에 의거 발급된 승인조건에 따라서 생산조직승인 소지자는 다음과 같이 수행할 수 있다.

- 이 규정에 따른 생산활동을 수행할 수 있다.
- 완성 항공기에 대하여 합치성 확인서를 제시하는 경우에 추가적인 입증 없이 항공기에 대한 감항증명서 및 소음증명서를 받을 수 있다.
- 그 밖의 제품, 부품 또는 장비품에 대하여 추가적인 입증 없이 감항승인서(authorised release certificates)를 발행할 수 있다.
- 생산이 완료된 항공기를 정비하고, 운항복귀승인서(certificate of release to service)를 발행할 수 있다.
- 생산이 완료된 항공기에 대하여 21.A.710(b)에 따른 비행조건 승인을 포함하여 21.A.711(c)에 따른 비행허가서(permit to fly)를 발행할 수 있다.

21.A.165 생산조직승인 소지자 의무

생산조직승인 소지자는 생산조직시스템(POE)과 관련 문서를 해당 조직 내에서 기본적인 업무문서로 사용되도록 하고, 해당 생산조직을 승인된 자료 및 절차서에 합치하도록 유지하여야 한다. 이 규정에 따른 생산조직승인 소지자는 해당 품목에 대하여 다음의 합치성을 결정하여야 한다.

- 완성 항공기에 대한 합치성 확인서를 소관당국에 제출하기 전에 형식설계에 합치하고 안전한 운용 상태에 있음을 결정하여야 한다.
- 그 밖의 제품, 부품, 또는 장비품에 대한 감항승인서를 발행하기 전에 해당 품목이 승인된 설계자료에 합치하고 안전한 운용 상태에 있음을 결정하여야 한다.
- 완성된 엔진은 해당 엔진 제조일에 유효한 배기가스 배출기준에 적합한 상태이어야 하고, 완성된 비행기는 해당 비행기에 대한 첫 번째 감항증명서가 발급되는 날에 유효한 CO_2 배출 요건에 적합한 상태이어야 한다.
- 그 밖의 제품, 부품, 또는 장비품에 대한 감항승인서를 발행하기 전에 해당 품목이 적용 자료에 합치함을 결정하여야 한다.

기존에 생산된 제품, 부품, 또는 장비품에 대한 감항성 유지 조치를 위해서 해당 형식증명 소지자 또는 그 밖의 설계승인 소지자를 지원하여야 한다. 해당 승인조건 하에서 생산조직승인 소지자가 운항복귀승인서를 발행하고자 하는 경우, 그 승인서 발행 전에 완성된 항공기가 필요한 정비를 받았고 안전한 운용 상태에 있음을 결정하여야 한다.

이 규정의 21.A.163(e)에 제시된 특권에 따라서 비행허가서(permit to fly)가 발행될 수 있는 상태인지를 결정하고, 21.A.711(c)와 (e)에 대한 적합성을 확인하고, Subpart A의 일반규정에 대한 적합성을 유지하여야 한다.

2.2 형식증명 절차

형식증명(TC: Type Certification)은 항공기, 엔진, 프로펠러를 대상으로 하며, 그 설계가 해당 감항기준에 적합한가를 입증하는 과정을 말한다. 그리고, 설계의 범위, 신청자, 항공기 용도 등에 따라서 형식증명, 형식증명변경(CTC), 개정형식증명(ATC), 부가형식증명(STC), 제한형식증명(RTC)으로 분류한다.

신규로 설계된 항공기, 엔진, 프로펠러에 대해서는 형식증명을 신청하고, 형식증명 소지자가 그 설계의 일부만 변경하는 경우에는 형식증명변경을, 형식명칭(모델번호)이 변경(추가)되는 경우에는 개정형식증명을, 제3자가 형식설계를 변경(개조)하고자 하는 경우에는 부가형식증명을, 그리고 특별한 목적으로 한정되어 운용되는 항공기에 대해서는 제한형식증명을 신청할 수 있다.

형식증명, 개정형식증명, 부가형식증명, 제한형식증명에 관한 법적인 요건은 미국과 유럽의 Part 21과 우리나라의 항공안전법 및 시행규칙에서 규정하고 있으며, 그에 대한 세부절차는 각 국가별로 Order, AC, PR, 훈령 및 고시를 통해서 안내하고 있다.

[표 2-1] 형식증명 종류별 적용 인증절차 규정 및 지침서

구분	형식증명 (TC)	개정형식증명 (CTC · ATC)	부가형식증명 (STC)	제한형식증명 (RTC)
대상품	항공기, 엔진, 프로펠러	항공기, 엔진, 프로펠러	항공기, 엔진, 프로펠러	항공기
신청자	신규 설계자	형식증명 소지자	제3자 또는 소지자	원제작자 또는 제3자
미국	• FAR Part 21, Subpart B • Order 8110.4C: TC • AC 21.17: Regulations	• FAR Part 21, Subpart D ← ←	• FAR Part 21, Subpart E ← • AC 21-40, AC 21.101	• FAR Part 21, §21.25 • Order 8110.56B: RTC • AC 21.25-1: Agricultural
유럽	• EU Part 21, Subpart • PR.CERT.00001-002	• EU Part 21, Subpart D • PR.TCCH.00001-001	• EU Part 21, Subpart E • PR.STC.00001-002	• EU Part 21, 21.A.21 (PR.CERT.00001-002)
한국	• 항공안전법 20조 2항 1호 • 훈령: 형식증명 지침	• 항공안전법 20조 1항 단서 ←	• 항공안전법 제20조 제5항 • 훈령: 부가형식증명 지침	• 항공안전법 20조 2항 2호 • 훈령: 제한형식증명 지침

유럽의 경우, EU Part 21에 따라 제한형식증명서를 발급되고 있으나, 미국이나 우리나라와 달리 Part 21에 제한형식증명에 관한 명확한 정의나 요건을 규정하지 않고 있으며, PR 지침서도 제정되지 않은 상태이다.[23]

23) 유럽항공안전청(EASA)은 NPA 2008-06을 통해서 21.A.12 Restricted Type Certificate를 신설하고, 이에 대한 감항증명을 위해 21.A.185, 21.A.187, 21.A.189, 21.A.191, 21.A.193, 21.A.195 Restricted Certificate of Airworthiness를 개정 또는 신설하고자 했으나, 2024년 현재까지 Part 21에 반영되지 않고 있으며, 이에 대한 세부절차나 지침도 제정되지 않은 상태로 제도가 운영되고 있다.

2.2.1 형식증명 세부절차

미국 연방항공청은 FAA Order 8110.4C Type Certification을 통해서 형식증명에 관한 세부절차를 안내하고 있다. 이 지침서는 2023년 10월에 Change 7로 발행되었으며, 연방항공청 인증조직 개편으로 인한 새로운 부서명칭과 역할이 반영되었다.

유럽항공안전청의 PR.CERT.00001-002 Airworthiness of Type Design과 우리나라 국토교통부의 훈령 제2024-1701호 항공기 형식증명 지침도 대체로 미국 연방항공청의 지침서를 따르고 있으며, 각 국가의 인증조직이나 산업환경을 고려해 미국보다 간단한 내용으로 형식증명 절차를 안내하고 있다.

항공기, 엔진, 프로펠러에 대한 형식증명은 별도로 지정된 서식을 사용하여 신청해야 한다. 즉, 미국 연방항공청은 FAA Form 8110-12를 사용하고, 우리나라는 항공안전법 시행규칙 별지 제1호 서식을 사용한다. 형식증명서는 해당 제품의 형식, 인증기준, 운용한계 등을 기재한 형식증명자료집(TCDS: Type Certificate Data Sheet)과 함께 발급된다.

미국 연방항공청 Order 8110.4C의 Chapter 2에 제시된 형식증명 과정은 신규 항공기, 엔진, 프로펠러의 형식증명에 적용되는 기본 절차이지만, 개정형식증명, 부가형식증명, 제한형식증명에도 공통적으로 적용될 수 있다. 또한, 감항당국 활동을 중심으로 설명하고 있지만, 신청자도 이에 대한 세부사항을 숙지하여 인증계획을 수립하고 적합성을 입증하여야 한다.

FAA Form 8110.12 FAA Form 8110.9 Cited from Order 8110.4

[그림 2-8] 미국의 형식증명 신청서, 증명서, 자료집 서식

항공기, 엔진, 프로펠러에 대한 형식증명은 크게 5단계 과정으로 진행된다. 즉, 개념설계, 요건정의, 적합성 계획, 적합성 실행, 인증후 활동 과정으로 이루어진다. 그리고 적합성 실행 단계는 적합성 자료 생성, 입증, 확인 과정으로 세분화할 수 있다. 각 단계별 신청자와 감항당국의 세부 활동은 다음의 그림에 제시된 바와 같다.

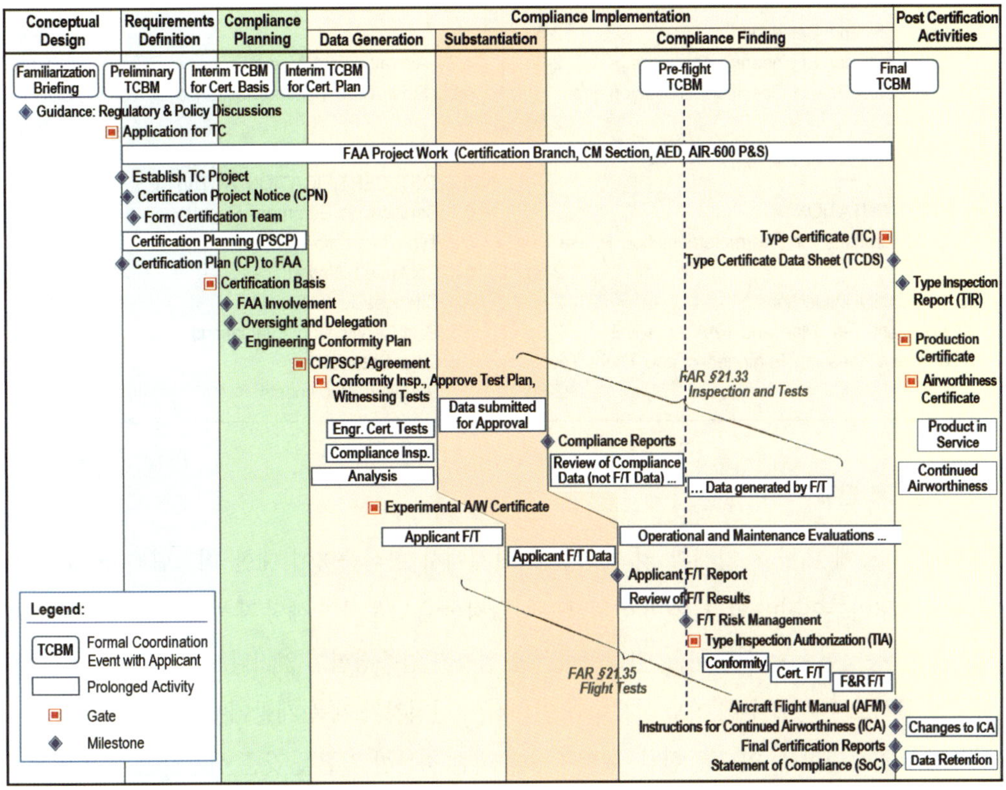

Figure 2-1 and 2-9 of Order 8110.4C

[그림 2-9] 미국 연방항공청 형식증명 인증 프로세스

[표 2-2] 미국 연방항공청 형식증명 단계별 인증활동

1. CONCEPTUAL DESIGN		4.5 Engineering Certification Tests	2-6e
1.1 Process Orientation	2-3a	4.6 Engineering Compliance by Inspection	2-6f
1.2 Pre-Project Guidance	2-3b	4.7 Engineering Analysis	2-6g
1.3 Familiarization Briefing	2-3c	4.8 Experimental Airworthiness Certificate	2-6h
1.4 Certification Plan	2-3d	4.9 Applicant's Flight Tests	2-6i
		4.10 Compliance Substantiation – General	2-6j
2. REQUIREMENTS DEFINITION		4.11 Data Submitted for Approval	2-6k
2.1 Application for TC, Amended TC, and PC	2-4a	4.12 Applicant Flight Test Data and Report	2-6l
2.2 Establishment of TC Project	2-4b	4.13 Compliance Reports	2-6m
2.3 Certification Project Notification (CPN)	2-4c	4.14 FAA Review of Compliance Data	2-6n
2.4 Form the Certification Team (and TCB)	2-4d	4.15 Review of Applicant's Flight Test Results	2-6o
2.5 Develop Certification Project Plan (CPP)	2-4e	4.16 Flight Test Risk Management Process	2-6p
2.6 Preliminary TCB Meeting	2-4f	4.17 Pre-Flight TCB Meeting	2-6q
2.7 Issue Paper, Issues Book	2-4g	4.18 Type Inspection Authorization (TIA)	2-6r
2.8 Project Specific Certification Plan (PSCP)	2-4i	4.19 Flight Test Conformity Inspection	2-6s
2.9 Certification Basis	2-4j	4.20 Certification Flight Tests	2-6t
2.10 Interim TCB Meeting for Certification Basis	2-4k	4.21 Operational and Maintenance Evaluations	2-6u
		4.22 Instructions for Continued Airworthiness (ICA)	
3. COMPLIANCE PLANNING			2-6v
3.1 FAA Involvement	2-5a	4.23 Function and Reliability (F&R) Flight Testing	

(1) 개념설계 단계

항공기 등에 대한 사업계획 및 개념설계 단계에서 형식증명에 대한 최초협의(process orientation)가 이루어져야 한다. 예비 신청자는 감항당국을 방문하여 해당 제품에 대한 기본사양, 개발일정, 인증경험 등을 설명하고, 감항당국은 신청자가 인증경험이 없거나 인증절차를 충분히 이해하지 못하고 있는 경우에 이를 상세하게 안내하여 신청자가 제품 개발에 인증 요건을 반영하고 인증계획을 수립할 수 있도록 한다. 형식증명에 대한 충분한 경험을 갖춘 신청자는 전화 또는 이메일로 간단하게 협의할 수 있다.

인증규정 및 정책 사전안내(pre-project guidance) 과정에서 감항당국은 예비 신청자에게 형식증명에 관한 규정, 정책, 안내서 등을 제공하고, 해당 제품의 설계가 독특하거나 특이한 특징이 있는지 살펴보고 과거의 인증사례도 살펴본다. 예비 신청자는 인증 프로세스와 인증규정 및 절차에 대하여 자체 교육을 실시하고, 인증계획 수립 및 초도회의 개최를 준비한다.

형식증명을 위한 준비회의(familiarization briefings)를 통하여 예비 신청자는 감항당국에 제품 개발사업과 설계 내용을 설명하고, 감항당국은 해당 설계를 충분히 이해하고 재원 투입계획을 수립할 수 있어야 한다. 신청자는 감항당국에 기술적 현안 및 독특하거나 특이한 설계 특성, 해당 제품의 운용방식, 주요 협력업체, 장치품 승인현황, 일정계획, 위임 기술자 또는 조직의 활용계획 등을 설명하도록 한다.

인증계획 수립(certification plan) 과정에서 예비 신청자는 감항당국에 제출할 인증계획서를 준비하여야 한다. 단순한 인증과제는 모든 신청자료 수록하여 완전한 인증계획서로 작성하고, 복잡한 인증과제는 신청 시점에 제출 가능한 정보만 수록하고 완성되지 않은 자료는 추후에 별도로 제출할 수 있다. 다만, 인증계획서의 내용이 부실할 경우에 감항당국은 인증 신청을 반려할 수 있다. 인증계획서에 수록될 정보는 다음과 같다.

- 신청자 식별정보, 신청일자, 해당 제품의 모델명칭 등을 포함한 일반 정보
- 해당 제품의 도면 또는 개략도를 포함한 설계에 대한 설명자료
- 해당 제품의 운용방식(kinds of operations) 및 정비 프로그램에 적용될 운용규정
- 감항기준 항목별 개정번호, 면제, 동등안전성, 특별감항조건 포함한 인증기준 제안
- 각 요건별 적합성 입증방법(MoC: GT, FT, AN, SI, etc) 및 그에 대항 설명
- 각 요건별 적합성 입증을 위해 제출될 문서 목록. 적합성 점검표(CCL)로 제시함
- 적합성 입증에 사용될 시험 품목(test articles) 목록. 합치성 확인 특별지침 포함
- 형식증명이 발급된 이후의 안전운용유지 요건 만족을 위한 설명자료
- 분석자료, 입증자료, 합치성 및 시험, 인증 완료 일자 등을 포함한 일정계획
- 과제에 참여할 지정인증기술관(DER) 명단, 인가분야, 직접승인자료, 승인제안자료
- 과제에 참여할 지정제조검사관(DMIR, DAR) 명단, 인가분야 코드, 검사활동내역

(2) 요건 정의 단계

형식증명 신청(application for TC)은 감항당국에서 지정한 서식과 방법을 따라야 한다. 신청서류에는 인증계획서와 함께 지정된 자료가 포함되어야 한다. 신청 시점의 인증계획서는 인증과제의 복잡도와 신청자의 경험 등에 따라서 구성내용이나 완성도가 다를 수 있다. 항공기에 대한 형식증명에는 해당 항공기의 3면도를 첨부하고, 엔진의 경우에는 설계특성, 운용특성 및 운용한계 설명자료를 함께 제출하여야 한다.

감항당국은 신청자의 신청서류를 근거로 형식증명 과제를 생성(establishment of TC project)하고, 과제번호, 과제책임자, 과제담당관, 전문인력을 할당한다. 과제책임자(project manager)는 해당 인증과제에 대한 계획, 검토, 평가, 협력, 인증팀 구성 등의 모든 사항에 권한과 책임을 가진다. 과제담당관(project officer)은 인증팀이 현행의 정책과 지침을 적용하도록 하고, 과제책임자와 함께 인증과제계획서(CPP)를 작성한다.

감항당국의 과제 주관부서는 인증과제통지서(CPN: Certification Project Notification)를 작성하여 관련부서에 인증과제 착수와 진행 공식적으로 통지한다. 인증과제통지서에는 과제번호, 주관부서, 과제제목, 대상품목, 과제요약, 신청자 정보, 신청일자, 예상되는 종결일자 등을 기재한다.

해당 인증과제에 대한 인증팀 및 형식증명위원회(certification team and TCB)를 구성한다. 인증팀은 감항당국 및 인증기관 담당자로 편성하고, 형식증명위원회는 특정한 규모의 과제에 대해서만 구성한다. 인증팀에서 과제를 관리하고 형식증명위원회 기능을 수행할 수 있는 경우에는 형식증명위원회를 구성하지 않을 수 있다.[24)]

감항당국은 인증과제계획서(CPP: Certification Project Plan)를 작성하여 정책주관부서와 인증과제부서의 업무를 정의한다. 이를 통하여 신청자의 일정계획에 따른 감항당국의 재원과 책임뿐만 아니라 인증과제 일정계획을 설정한다. 과제책임자는 인증과제부서 책임자와 함께 인증과제계획서를 작성하여 정책주관부서에 제출한다.

형식증명위원회 착수회의(preliminary TCB meeting)는 기술분야, 비행시험, 제작분야, 정비 및 운용 관점이 종합된 인증계획의 기초사항을 정립하는 최초의 공식 회의이다. 이 회의를 통하여 감항당국과 신청자는 해당 인증과제가 다양한 측면으로 충분히 검토되어 정식으로 착수할 준비가 되었는지 확인한다.

- 감항당국 인원에게 인증과제 현황을 업데이트해서 설명함
- 인증기준(CB) 설정을 위한 검토를 진행함 (TCB 중간회의 전까지 결정 필요)
- 설계 세부내용과 예상 문제점에 대하여 분야별 전문가와 함께 협의함
- 잠재적인 문제에 대하여 특별 인증팀 구성이 필요한 분야를 식별함
- 독특하거나 특이한 설계 특성, 재료, 또는 공정을 식별함
- 해당 인증과제에 대한 일정계획을 확인함

과제특정인증계획서(PSCP: Project Specific Certification Plan)는 신청자의 인증계획서(CP)와 감항당국의 인증과제계획서(CPP)를 근간으로 작성하여 신청자와 감항당국이 서명하는 인증과제 관리문서이다.[25] 과제특정인증계획서는 과제 진행 중에 개정될 수 있지만, 해당 인증과제가 다음과 같이 진행될 것임을 보장하기 위한 것이다.

- 서명권자의 권한 내에서 수행됨
- 감항당국의 규정 또는 정책을 만족함
- 증명서 발급 일자를 고정하여 동의하지 않음
- 다른 과제 및 신청자에게 부과되었던 의무사항을 고려함

인증현안검토서(Issue Paper) 작성을 통하여 인증 과정에서 발생하는 기술적, 규정적, 행정적 중요 현안을 식별하고 해소할 수 있도록 한다. 인증현안검토서는 감항당국의 지정된 서식을 사용

24) 미국의 형식증명위원회는 감항당국과 신청자가 회의를 진행하지만, 우리나라에서는 감항당국(국토부)이 회의를 주관하고 인증기관(기술원)이 발표하는 방식을 취하고 있다. 신청자는 참관자로서 필요한 경우에 한하여 의견을 제시할 수 있다. 또한, 미국에서는 과제특정인증계획서(PSCP)가 도입되면서 형식증명위원회 구성을 생략하기도 하지만, 우리나라는 예외를 인정하지 않고 있어 개선이 필요하다.

25) 미국 연방항공청과 산업단체는 2001년에 The FAA and Industry Guide to Product Certification 초판을 발행하였고, 여기서 제안된 인증협력계획서(PSP)와 과제특정인증계획서(PSCP)를 2007년에 개정된 Order 8110.4C에 처음으로 반영하였다. 이들 문서에 의하면 신청자와 당국은 총 4개의 인증계획서(CP, CPP, PSP, PSCP)를 작성해야 하는데, 이는 지나치게 과도한 부담이 될 수 있으므로 개선이 필요하다.

하고 감항당국에서 작성 및 관리하지만, 신청자도 인증현안검토서 발행을 제안할 수 있다. 인증과제 진행 중에 발생하는 모든 인증현안검토서는 하나의 책자(Issues Book) 형태로 결합하여 모든 인증 참여자에게 배포되어야 한다. 인증현안검토서(IP) 작성은 FAA Order 8110.4C 및 AC 20-166A에 제시된 안내와 서식을 사용한다. 우리나라의 경우에는 "항공기 형식증명 지침"을 참고할 수 있다.

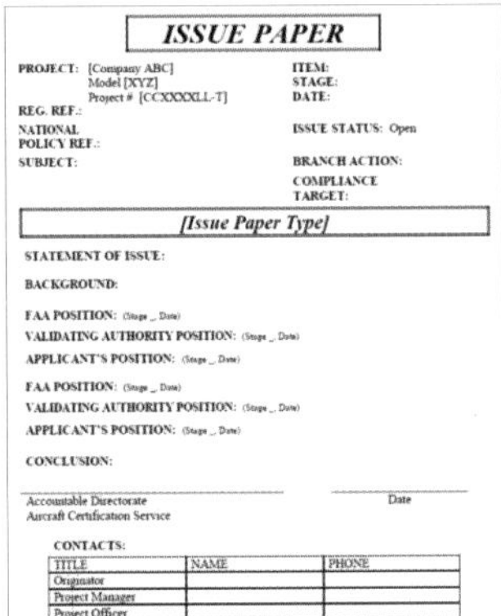

ISSUE PAPER

PROJECT: [Company ABC] Model [XYZ] Project # [CCXXXXLL-T]
ITEM:
STAGE:
DATE:
REG. REF.:
NATIONAL POLICY REF.:
ISSUE STATUS: Open
SUBJECT:
BRANCH ACTION:
COMPLIANCE TARGET:

[Issue Paper Type]

STATEMENT OF ISSUE:

BACKGROUND:

FAA POSITION: (Stage _, Date)
VALIDATING AUTHORITY POSITION: (Stage _, Date)
APPLICANT'S POSITION: (Stage _, Date)

FAA POSITION: (Stage _, Date)
VALIDATING AUTHORITY POSITION: (Stage _, Date)
APPLICANT'S POSITION: (Stage _, Date)

CONCLUSION:

Accountable Directorate
Aircraft Certification Service
Date

CONTACTS:

TITLE	NAME	PHONE
Originator		
Project Manager		
Project Officer		

FILE NAME:

FAA AC 20-66A

주요사안검토서 (ISSUE PAPER)

PROJECT: KC-100 Type Certificate
REG. REF: KAS/FAR §23.1309
POLICY REF: MLTM Order No. 2009-282
ITEM: P-1
STAGE: 4
DATE: January 12, 2010
ISSUE STATUS: Open
COMPLIANCE TARGET: Pre-TC

SUBJECT: Installation of Full Authority Digital Engine Control (FADEC) System on the KC-100 Airplane

Stage 1

REGULATORY REFERENCE:
- KAS/FAR §23.1309 Equipment, Systems, and Installations

STATEMENT OF ISSUE:
The TSIOF-550-K reciprocating engine to be installed on the KC-100 airplane equips with a full authority digital engine control (FADEC) system instead of a conventional carburetor or a fuel injection system.

This KC-100 airplane will have a novel or unusual design feature(s) associated with the installation of a FADEC system. The applicable airworthiness standard do not contain adequate or appropriate safety

훈령 별지 제14호: SC 사례

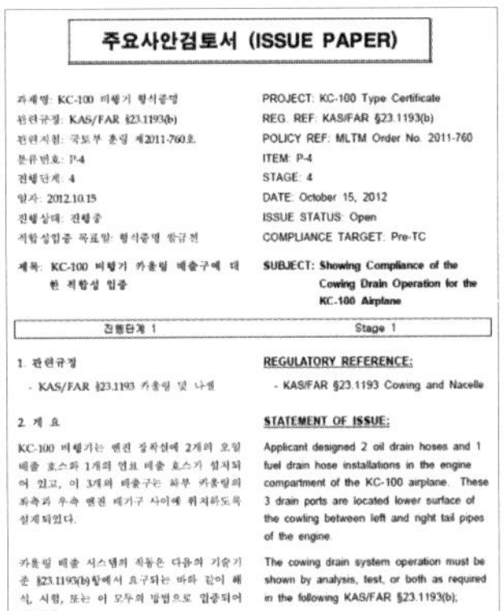

주요사안검토서 (ISSUE PAPER)

PROJECT: KC-100 Type Certificate
REG. REF: KAS/FAR §23.1193(b)
POLICY REF: MLTM Order No. 2011-760
ITEM: P-4
STAGE: 4
DATE: October 15, 2012
ISSUE STATUS: Open
COMPLIANCE TARGET: Pre-TC

SUBJECT: Showing Compliance of the Cowing Drain Operation for the KC-100 Airplane

Stage 1

REGULATORY REFERENCE:
- KAS/FAR §23.1193 Cowing and Nacelle

STATEMENT OF ISSUE:
Applicant designed 2 oil drain hoses and 1 fuel drain hose installations in the engine compartment of the KC-100 airplane. These 3 drain ports are located lower surface of the cowling between left and right tail pipes of the engine.

The cowing drain system operation must be shown by analysis, test, or both as required in the following KAS/FAR §23.1193(b);

"There must be means for rapid and

훈령 별지 제14호: Test 사례

[그림 2-10] 미국 인증현안검토서 서식 및 우리나라 사용 예시

형식증명 인증기준(CB: Certification Basis)은 신청자의 제안을 고려하여 감항당국이 최종적으로 결정하고 신청자가 동의해야 하는 사항이다. 해당 항공기 등의 형식증명에 적용할 감항기준과 각 요건별 개정번호, 항공기 소음기준, 배출기준, 그리고 면제사항, 동등수준안전성, 특별감항조건 등을 설정한다.

- 신규 형식증명에 대하여 특별한 사정이 없는 한, FAR §21.17(a)(1)항에 따라서 신청일자에 유효한 감항기준, 소음기준, 배출기준을 적용하는 것을 원칙으로 함
- 해당 설계 특성이 독특하거나 특이하여 현행 규정을 적용하기 어려운 경우에 FAR §21.16에 따라서 특별감항조건(SC)을 설정하고, 법제화 과정을 통하여 고시함
- 현행 규정에 따른 적합성을 입증할 수 없으나 보충적(compensating) 방법으로 동등한 수준의 안전성을 입증할 수 있는 경우에 동등수준안전성(ELOS)으로 설정함
- 특정한 요건에 대한 면제(exemption)는 공공의 이익, 안전성을 저해하지 않고, 동등수준의 안전성을 보장하는 경우에 신청자의 청원에 따라 법제화 과정으로 결정됨

형식증명위원회 중간회의(interim TCB meeting for CB)를 통해서 감항기준, 소음기준, 배출기준의 개정번호, 면제사항, 동등수준안전성, 특별감항조건 등의 인증기준을 최종 결정한다. 인증기준에 관한 현안을 해결하기 위하여 다음과 같이 조치할 수 있다.

- 형식증명위원회에서 인증기준을 결정할 수 없는 경우에 해당 현안을 해결할 수 있는 인원에게 명확한 임무와 기한을 할당하고 회의록에 기재함
- 인증 요건을 완전하게 정의하지 않았을 발생할 수 있는 신청자의 사업일정, 재설계, 재시험, 감항당국의 인력운영 등과 같은 위험요소(risk)를 명확히 제시함

(3) 적합성 계획 단계

신청자의 설계자료와 인증계획을 검토하여 감항당국 참여범위(FAA involvement)를 정한다. 즉, 제품의 안전이나 적합성 확인에 중요한 결정 또는 이벤트에는 위임기술자 대신에 감항당국이 직접 인증업무를 진행한다. 다만, 상대적으로 덜 중요한 분야 또는 위임기술자에 대한 신뢰성이 확인되면 위임제도를 최대한 활용한다.

감독 및 위임(oversight and delegation)에 있어서 감항당국이 직접 수행하는 인증업무를 결정하면, 그 이외의 업무는 위임할 수 있는 업무로 간주된다. 감항당국이 직접 수행하는 적합성 확인 업무량을 줄이기 위하여 다음과 같이 3가지 유형으로 분류한다.

- 감항당국이 직접 수행하지 않을 수 있는 확인업무 : 위임기술자가 단독으로 확인업무를 수행하고 감항당국 인증부서에서 추가로 검토하지 않음
- 지정인증기술관(DER) 확인문서 일부를 재검토 : 과제관리 및 DER 감독 차원에서 위임된 업무 결과를 재검토하고, 오류가 식별되면 해당 DER과 신청자에게 통지함
- 감항당국 인증부서가 직접 수행하는 확인업무 : 안전성에 중요한 분야에 대해서 위임기술자로부터 자료 승인 제안을 받아 감항당국이 직접 적합성을 확인함

신청자는 개발 합치성 검사(conformity for engineering purpose) 계획을 수립하여 감항당국에 제출하여야 한다. 감항당국의 합치성 검사는 신청자의 합치성 검사에 대한 검증활동이다. 시험 품목에 대한 신청자의 합치성 검사는 FAR §21.33(b)에 따라서 100 % 수행되어야 한다. 형식증명 제품에 사용되는 기술표준품승인 또는 부품제작자승인을 받은 품목은 승인된 설계자료에 합치하는 것으로 간주된다.

신청자의 인증계획서(CP) 또는 감항당국-신청자 간의 과제특정인증계획서(PSCP) 작성을 완료하여야 한다. 감항당국 인증팀은 합치성 검사 요청, 시험계획서 승인, 인증시험 입회, 그 밖의 인증활동 전에 해당 인증계획서에 동의할 수 있어야 한다. 이는 감항당국 인증팀과 신청자가 인증자료에 대한 동일한 기반을 가지게 된다는 것을 의미한다.

형식증명위원회 중간회의(interim TCB meeting for CP or PSCP)를 통해서 종합적인 인증계획에 대하여 합의가 이루어져야 한다. 중간회의에서 과제특정인증계획서(PSCP) 또는 인증계획

서(CP) 및 인증과제계획서(CPP)를 기반으로 적합성 입증 및 확인 활동을 진행하는데 발생할 수 있는 위험요소(risk)를 평가한다. 그리고 다음과 같은 경우에 중간회의에서 인증계획서를 검토하여 부합되도록 할 수 있다.

- 해당 과제가 재원의 중대한 조정이 요구되는 경우
- 모든 당사자가 적합성 입증계획을 이해하는데 대면회의가 필요한 경우
- 신청자가 하나를 요청하는 경우
- 인증계획서에 관한 현안에 관리적 시각이 필요한 경우
- 과제책임자가 감항당국과 신청자 내부의 팀웍을 독려하는 경우
- 다수의 의견과 질문이 사람들에게 더 효율적으로 언급될 수 있는 경우
- 인증계획서의 모호한 부분을 해소하는데 필요한 경우

(4) 적합성 실행 단계

적합성 실행 단계는 인증계획서에 따라서 적합성 자료를 생성하고, 입증하고, 확인하는 과정으로 이루어진다. FAR §21.33 검사 및 시험과 §21.35 비행시험 요건은 매우 유사하면서 일부에만 차이가 있어 중복되지 않는 효과적인 계획과 진행이 필요하다. 신청자는 감항당국이 입회하지 않은 상태로 개발 시험과 검사를 수행할 수 있다. 비행시험의 경우에 신청자가 먼저 시험을 수행하여 그 결과를 감항당국에 제출하면, 감항당국이 그중에 일부의 비행시험 조건을 선정하여 인증비행시험을 수행한다.

1 적합성 자료 생성 활동

합치성 검사(conformity inspections)를 통하여 부품, 조립체, 시험품목, 시험셋업, 장착상태가 해당 설계자료에 합치하는가를 확인하고 그 결과를 문서로 작성한다. FAR §21.33(a)에 따라서 신청자는 감항당국이 합치성 검사를 수행할 수 있도록 지원하여야 한다. 신청자는 검사 대상과 일정에 대하여 감항당국 엔지니어 및 검사관과 사전에 협의한다. 모든 합치성 검사는 항공기 지상 및 비행 인증시험 전에 완료되어야 한다.

신청자는 시험으로 적합성을 입증하는 항목에 대한 시험계획서를 작성하여 해당 시험이 시작되기 전에 감항당국의 승인(test plan and approval)을 받아야 한다. 시험계획서는 시험 대상 품목, 장비의 교정, 합치성 검사, 적용 감항요건, 적합성 입증내용, 시험절차, 합/부 판정기준 등을 포함하여 일목요연하게 작성되어야 한다.

개발 및 비행시험(engineering and flight tests)은 감항당국 입회 없이 신청자가 자체 계획에 따라 수행할 수 있다. 다만, 공식적인 입회 시험으로 수행할 때는 감항당국이 승인한 시험계획서의 시

험절차에 따라 수행되어야 한다. 시험이 장기간 진행될 때는 최소한 해당 시험의 핵심 부분에 입회하고 시험 완료후 상태를 살펴보아야 한다. 감항당국 담당 엔지니어나 조종사가 입회할 수 없는 경우에 다른 부서의 엔지니어, 조종사, 또는 지정인증기술관이 입회하거나 제조검사관의 도움을 요청할 수도 있다.

개발 인증시험(engineering certification tests)은 신청자가 적합성 입증에 필요한 자료 수집 또는 적합성 실증을 위해 수행하는 적합성 시험(compliance tests)을 말한다. 이에 대한 예시로 부품 검정시험, 시스템 기능시험, 아이언 버드 시험, 피로시험, 난연시험, 착륙장치 시험, 진동시험, 전자기시험 등을 들 수 있으며, 감항당국의 인증 비행시험 전에 모든 신청자 시험이 성공적으로 완료되어야 한다.

기술 적합성 검사(engineering compliance by inspection)는 도면이나 보고서 검토를 통하여 인증요건에 대한 적합성을 결정할 수 없을 때 제품의 설계나 장착 측면에서 수행하는 검사를 말한다. 이는 제조검사관이 수행하는 합치성 검사와 구별되는 것으로 적합성 검사를 수행하기 전에 형식설계에 대한 합치성을 먼저 확인하여야 한다. 주로 인테리어, 제어시스템, 화재방지, 시스템 배치 등에 대한 적합성을 검사한다.

기술적 해석(engineering analysis)은 적합성을 입증하는 종합적인 업무로써, 이론 공식, 컴퓨터 알고리즘, 컴퓨터 모델링 및 시뮬레이션, 시스템 안전성 평가 등의 기법을 사용할 수 있다. 다만, 잘 정립된 해석기법을 사용하는 것만으로 그 결과에 대한 유효성을 보장하는 것은 아니므로 신청자가 그 데이터에 대한 유효성을 입증해야 한다. 감항당국은 그 데이터의 정확도와 그 해석의 가정조건을 확인한다.

신청자는 비행시험 수행 전에 실험용 감항증명(experimental airworthiness certificate)을 받아야 한다. 이에 대한 세부사항은 Order 8130.2K의 Chapter 4에 제지된 지침을 따른다. 신청자는 해당 항공기의 비행에 앞서 항공교통관제소에 항공기 형식명칭, 동력장치 유형 및 대수, 항공기 중량 및 중량 분류, 평균 상승률, 최대 순항 및 착륙 속도 등에 대한 정보를 통지한다.

형식증명 신청자는 FAR §21.35(a)(4)항에 따라 형식검사승인(TIA) 전에 비행시험(applicant's flight tests)을 수행하고, 그 결과를 감항당국에 제출하여야 한다. 신청자 비행시험 그 자체는 형식증명 과정의 일부로 인정되지 않을 뿐만 아니라, 명백히 감항당국의 비행시험 프로그램의 일부로도 인정되지 않는다. 다만, 감항당국이 동시 시험으로 사전에 동의한 경우에는 예외로 할 수 있다.

2 적합성 입증 활동

적합성 입증 일반사항(compliance substantiation – general)으로 신청자 비행시험 자료 및 보고서와 신청자의 책임에 대하여 살펴볼 필요가 있다. 신청자는 FAR 21.33과 21.35에 따라서 감항당국의 인증 비행시험 전에 신청자 비행시험을 수행하고, 그 결과를 제출하여야 한다. 다만, 감항당국이 동시에 비행시험을 수행하는 것에 동의한 경우에는 보고서를 추후에 제출할 수 있다. 이 과정에서 신청자의 책임은 다음과 같다.

- 해당 제품에 대한 형식설계 자료와 적용 감항기준. 소음기준, 배출기준, 특별감항조건 등에 대한 입증자료를 제출함
- FAR §21.53에 따라 형식증명 및 시험을 위해 제시되는 항공기, 엔진, 프로펠러에 대한 합치성 확인서(statement of conformity)를 제출함
- FAR §21.33에 따라 감항당국이 해당 규정의 적용 요건에 대한 적합성을 확인하는데 필요한 검사, 지상시험, 비행시험할 수 있도록 지원함
- FAR §21.35(a)에 규정된 바와 같이 감항당국 비행시험 전에 신청자 비행시험 및 적합성 입증을 완료하고, 비행시험에 자격을 갖춘 조종사를 배치함

승인용 자료를 제출(data submitted for approval) 단계에서 형식증명 신청자는 대상 제품이 해당 감항기준, 소음기준, 배출기준, 특별감항조건 등에 적합함을 입증하는 설계 자료, 시험 보고서, 계산 자료 등을 감항당국에 제출하여야 한다. 신청자가 감항당국에 제출한 자료는 관련 규정에 따라 보호되며, 기존에 승인받을 자료는 추가적인 입증 없이 유사한 다음의 인증에 인용될 수 있다.

형식증명 신청자는 비행시험 자료 및 보고서(applicant flight test data and report)를 감항당국에 제출하여야 한다. FAR §21.35(a)(4))에 따라서 비행시험 보고서를 준비하고, §21.39(a)항에 따라 비행시험 계기 교정 및 보정 보고서를 제출한다. 수송급 비행기에 대한 형식증명에서는 비행시험 조종사의 서명이 포함되어야 한다.

적합성 보고서(compliance reports)는 신청자가 형식증명을 발급받는데 가장 중요한 문서이지만, 이에 국한하지 않는다. 신청자가 적합성을 입증하고, 감항당국이 그 적합성을 확인하고, 해당 형식설계에 불안전한 특성이 없음을 확인했을 때 형식증명서를 발급한다. 신청자는 FAR §21.20에 따라서 적합성 확인서를 제출하고, §21.2에 따라서 모든 자료 및 보고서에 거짓 또는 혼동을 유발하는 내용이 없어야 하고, 감항당국이 필요할 때 제한 없이 열람 가능해야 한다.

3 적합성 확인 활동

적합성 자료 검토(FAA review of compliance data) 과정에서 감항당국은 신청자가 제출한 자료가 감항기준, 소음기준, 배출기준 등에 적합한가를 확인한다. 신청자 자료에 대한 승인은 모든 검사, 분석, 시험이 만족스럽게 수행된 이후에 이루어진다. 이 과정에서 충족되지 않는 사항이 발견되면 다음과 같이 처리한다.

- 특정한 사유로 인하여 감항당국의 형식증명 검사 또는 시험을 중단해야 하는 경우에 형식증

명위원회에서 신청자에게 문서로 통지함

- 형식증명 시험을 중단할 필요는 없지만, 감항당국의 지상 또는 비행시험 중에 부적합 사항이 발견된 경우에 형식증명위원회 또는 과제책임자 문서로 통지함

신청자 비행시험결과 검토(review of applicant's flight test results) 과정에서 감항당국은 해당 항공기가 형식설계에 합치하는지 결정하고, 감항당국 시험비행 조종사가 재평가할 특정한 비행시험 조건을 식별하기 위하여 신청자의 비행시험 보고서를 검토한다. 신청자의 기술자료가 만족되는 경우에 다음 과정으로 진행한다.

비행시험 위험요소 관리(flight test risk management process) 과정에서 Order 4040.26에 따른 비행시험 위험요소(risk) 관리 프로세스를 수행하여 그 위험요소에 대한 수락 가능성을 보장하도록 한다. 위험요소 평가에는 해당 과제에 참여하지 않는 인원이 함께 검토하고, 잠재적인 위험상황(hazard)에 대한 경감 절차를 제안한다.

형식증명위원회 비행전 회의(pre-flight TCB meeting)는 감항당국 비행시험에 대한 의문사항을 협의하고 이를 명확히 해소하는 공식 회의이다. 엔진이나 프로펠러 형식증명에서는 이 회의를 형식검사 승인전 회의(pre-TIA meeting)라고 지칭하기도 한다. 이 회의를 통하여 해결되지 않은 합치성 검사 현안과 적합성 결정 사항을 식별하고, 이들이 모두 해소되면, 형식검사승인서(TIA)를 발행한다.

형식검사인가(TIA: Type Inspection Authorization)는 감항당국의 공식적인 항공기 합치성 검사, 감항성 검사, 지상시험 및 비행시험을 인가하는 과정으로써, 별도의 지정된 서식을 이용하여 해당부서에 전달된다. 항공기 운용 및 감항 요건이 명시된 경우에 항공기 평가부(AED: Aircraft Evaluation Division)의 운용평가를 포함해야 한다. 이 시점까지 엔진이나 프로펠러에 대한 형식증명이 완료되지 않은 경우, 해당 인증부서와 협력하여 항공기 형식검사승인을 진행한다.

비행시험 합치성 검사(flight test conformity inspection)을 통하여 비행시험 대상 항공기가 최소 품질 요건을 만족하는지 물리적으로 확인하고, 기술자료에 합치하고 계획된 지상시험 및 비행시험에 안전한 상태를 유지하고 있는지 확인한다.

- 일반적으로 지상검사는 기본검사, 공식검사, 지상-비행 통합검사의 3단계로 진행되지만, 인증과제의 복잡도에 따라 간소화 절차로 진행될 수도 있음
- 제조검사관은 안전한 운용 상태와 기수행된 시험에 근거하여 비행시험용 항공기를 초기 수락하고, 비행시험 담당자와 함께 매일 과제책임자께 현황을 보고함

감항당국은 인증 비행시험(certification flight tests)을 통하여 신청자가 제출한 비행시험자료를

확인하거나 신청자와 함께 동시에 수행되는 비행시험에 대한 적합성 자료를 수집한다. 이 시험에서 항공기 성능, 비행특성, 운용특성, 장치품 작동, 운용한계, 운용절차, 조종사 정보 등을 평가한다. 또한, FAR §21.35(b)항과 (f)항, AC 23-8C, 25-7D, 27-1B, 또는 29-2C에 따라서 기능 및 신뢰성 시험(F&R test)을 포함하여야 한다.

운용 및 정비 평가(operational and maintenance evaluations) 과정에서 항공기 평가부는 인증 요원들과 함께 운항 측면을 검토하는 운항검사관 및 감항검사관 역할을 수행하고, 비행표준위원회(FSB), 비행운용평가위원회(FOEB), 정비심의위원회(MRB)에 참여한다.

- 항공기 평가부(AED)는 운용 적정성 검토, 감항성유지지침서 검토, 정비심의위원회 보고서 작성, 비행교범 검토, 최소장비목록 검토, 자격요건 수립 등을 수행함
- 비행표준위원회(FSB)는 항공기 형식한정 요건, 조종사 자격한정, 최소 훈련 요건, 특별 훈련 요건, 운용 적정성, 비행승무원 훈련 요건, 비상탈출 능력 등을 결정함
- 비행운용평가위원회(FOEB)에는 감항검사관, 운항검사관, 비행시험 조종사, 정책표준부서 담당자 등이 참여하며, 최소장비목록 검토 및 항공기 운용평가를 수행함
- 정비심의위원회(MRB)에는 비행표준국 검사관, 인증과제 책임자, 인증부서 담당자 등이 참여하며, 수송급 항공기 정비 프로그램의 최초 정비 관련 사항을 검토함

신청자는 감항성유지지침서(ICA: Instructions for Continued Airworthiness)를 작성하여 감항당국에 제출하고, 항공기 평가부(AED) 및 인증 엔지니어는 FAR §21.50과 §23.1529, §25.1529, §27.1529, §29.1529, §31.82, §33.4, 또는 §35.4, 그리고 Order 8110.54A에 따라 검토하여 적합성을 평가한다.

- 감항성유지지침서는 FAR §21.31(c)와 §21.41 규정에서도 요구되며, 이 지침서의 감항한계 부분만 감항당국의 승인이 요구되는 것임
- 인증부서는 항공기 평가부와 함께 FAR §xx.1529, §31.82, 33.4, 또는 §35.4에 따른 감항성유지지지침서 및 정비교범의 감항한계 부분에 대한 적합성을 확인함
- 감항한계 부분은 늦어도 형식증명이 완료되는 시점에는 승인되어야 하고, 감항성유지지침서 전체는 첫 번째 감항증명 또는 항공기 인도 전까지 발행되어야 함

항공기 형식증명 신청자는 FAR §21.35(b)(2)와 (f)에 따른 기능 및 신뢰성 비행시험(function and reliability flight testing)을 포함하여 FAR §21.35(b)와 §21.39(b)에 따라 필요한 모든 비행시험을 수행하여야 한다. 항공기 기능 및 신뢰성 비행시험은 구조요건 적합성 입증, 지상 검사 및 시험, 형식설계에 대한 합치성 실증, 그리고 비행시험 보고서를 감항당국에 제출한 후에 별도로 수행할 수 있다.

항공기 비행교범(AFM: Aircraft Flight Manual)은 FAR §21.5에 따라 요구되는 것이며, 해당 항공기의 운용한계, 운용절차, 성능, 적재정보 등이 수록되어야 한다. 비행교범에 대한 승인은 비행시험 조종사, 비행시험 엔지니어, 항공기 평가부 운용 전문가, 인증담당 엔지니어가 운용한계와 정상 및 비정상 비상절차에 동의하고, 감항당국 비행시험 엔지니어가 성능 부분에 대한 승인을 제안하고, 항공기 평가부에서 그 전체를 최종 검토 및 수락하는 과정으로 이루어진다.

형식증명위원회 최종회의(final TCB meeting)는 신청자가 해당 제품의 모든 인증기준 요건에 대한 적합성을 실증한 것이 확인되는 시점에 개최한다. 최종회의에서 주요 진행사항, 비행교범, 감항성유지지침서, 적합성 입증 미결사항 여부, 주요 기술자료 현황 등을 검토하고, 형식증명서 및 형식증명자료집 발급(Issuance of TC & TCDS) 여부를 결정한다. 형식증명서는 신청자가 FAR §21.20에 따라 적합성 확인서 제출을 포함하여 모든 요건에 대한 적합성을 입증하고, 감항당국이 이를 확인한 경우에 발급된다.

(5) 인증후 활동 단계

감항당국의 인증요약보고서(CSR: Certification Summary Report)는 해당 과제의 복잡도와 중요성에 따라 조정하여 작성할 수 있으며, 주요 이슈 및 해소 현황에 대한 핵심 요약문이 포함되어야 한다. 이 보고서는 차기 형식증명 과제에 도움이 되는 지적자산 및 교훈으로 이용될 수 있을 뿐만 아니라, 향후에 별도로 수행될 외국정부의 형식증명 검증에서 설계국 감항당국이 관심을 가졌던 확인사항에 대한 정보를 제공하게 된다. 다음과 같은 항공기 및 과제에 대하여 인증요약보고서를 작성한다.

- 최대 중량 75,000lbs (34,000kg)을 초과하는 신규 비행기 및 수송급 회전익 항공기
- 중대한 기술 현안, 독특하거나 특이한 설계, 논란이 되는 설계 방식의 항공기
- 특이한 대중적 관심이 예상되는 형식증명 과제

감항당국의 형식검사보고서(TIR: Type Inspection Report)는 FAR §21.33 및 §21.35에 따라 적합성 확인을 위해 수행된 검사, 지상시험, 비행시험 내용을 기록하는 문서이다. 형식검사보고서는 감항당국이 별도로 지정한 서식 서식을 이용하여 다음과 같이 작성 및 보관되어야 한다.

- 형식증명서가 발급된 후 90일 이내에 작성을 완료함
- 형식검사승인(TIA)에 따른 모든 검사 및 시험 결과를 포함하여 기재함
- 인증시험 부적합 해소를 위해 신청자 또는 당국의 요구에 의한 설계변경 목록
- 형식검사보고서는 지정된 관리자의 승인을 받아야 함
- 신청자에게 사본을 제공하고, 인증을 담당한 부서에 보관함

감항성 유지(continued airworthiness) 활동은 해당 제품의 전체 수명 주기 동안 인증 당시에 정의된 안전성을 유지하는 것으로써, 해당 제품의 설계, 생산, 운용, 정비, 개조 및 수리 등의 모든 과정에 적용된다.

- 항공기 인증국(AIR)은 형식증명을 통해 승인된 제품, 부품, 또는 품목의 안전성 유지하기 위하여 설계승인 및 생산승인 소지자를 감독 활동을 수행함
- 항공기 인증국(AIR)은 항공기 운용, 정비, 개조를 담당하는 비행표준국(AFX, FS) 및 관련부서와 협력하여 운용 환경에 대응하는 감항성 유지 업무를 수행함
- 주 구조물의 중급 수리에 필요한 응력해석, 손상허용평가, 공정규격 자료는 감항당국 인증부서, 지정인증기술관(DER), 지정인가조직(ODA)에서만 승인될 수 있음

설계승인 소지자는 FAR §21.50(b)에 따라 해당 제품 운용자가 감항성유지지침서 개정판(changes to ICA)을 이용할 수 있도록 제공해야 한다. 이는 형식증명 당시에 인증부서와 항공기 평가부(AED)에서 수락한 계획서에 따른 것이며, 변경내용은 원래의 지침서에 대한 보충판 형태이고 변경된 사항이 명확히 표시되어야 한다.

감항당국은 인증후 평가(post-certification evaluations) 활동으로 특별인증검토와 사실확인조사를 수행한다. 특별인증검토는 해당 형식증명 과정과 잠재적인 불안전 설계 특성을 평가하는 방식으로 이루어지며, 복잡하거나 특이한 설계, 첨단 설계 및 제작 기술, 추가 분석 및 평가가 필요한 잠재적 불안전성, 운용 적정성, 불안전 운용 또는 정비 특성, 동등수준안전성, 불안전 특성의 상호연관성에 대하여 중점적으로 검토한다. 사실확인조사는 연방법령에 따른 것으로써, 형식증명이 발급된 이후에 인증기준에 대한 부적합 사항을 기재한 보고서 또는 진술서가 접수되면 이를 조사하는 과정이다.

감항당국은 형식증명 자료를 과제자료, 형식설계 및 입증자료, 그리고 인증 실무자료로 분류하고 해당 절차에 따라 보존(data retention)한다. 인증부서는 신청자의 형식증명 신청서를 포함하여 지정된 종류의 과제 파일을 연방시설에 보관한다. 감항당국은 신청자가 제출한 형식설계 및 입증자료와 감항당국이 작성한 문서를 포함하여 지정된 종류의 자료를 보관하고 유지한다. 감항당국은 필요한 경우에 이들 자료 중에 일부를 신청자에게 보관하도록 요청할 수 있다. 인증 실무자료는 개인적 노트, 연락용 자료, 문서화되지 않은 인증현안검토서, 인증활동, 의견서, 일정계획 등을 지칭하며, 이들 자료는 인증부서 책임자의 판단에 따라 보관 여부를 결정한다.

형식증명 소지자는 해당 제품이 고객에게 인도될 때 요구되는 문서(required documents)를 함께 제공하여야 한다. 이들 문서는 최신의 비행교범, 현재의 중량 및 균형 정보, 감항성유지지침서, 감항성개선지시서 이행현황, 그리고 항공기 운항 및 감항성 유지에 필요한 그 밖의 자료 등을 말한다.

2.2.2 부가형식증명 절차

부가형식증명(STC)은 형식증명(TC)을 받고 운항 중인 항공기, 엔진, 프로펠러를 대상으로 하며, 새로운 부품이나 장치품을 교체 장착 또는 성능향상 등을 목적으로 개조할 때 그 설계가 변경되는 항공기 등이 형식증명 당시의 안전성을 유지할 수 있는지 입증하는 인증을 말한다.

미국 연방항공청은 FAA Order 8110.4C Type Certification의 Chapter 4에서 형식설계 변경과 함께 부가형식증명에 관한 세부절차를 안내하고 있다. 이는 부가형식증명 절차는 일부의 절차를 제외하면 전반적으로 형식증명 절차와 동일하기 때문에 하나의 지침서로 형식증명과 부가형식증명 절차를 함께 안내하고 있는 것이다.

유럽항공안전청은 기존에 형식증명 변경과 부가형식증명에 대하여 각각 PR.TCCH.00001 Approval of Change to TC와 PR.STC.00001 Supplemental Type Certification을 적용하였으나, 2013년에 PR.CERT.00001 Airworthiness of Type Design을 개정하면서 기존 2개의 절차서를 폐지하고 하나의 절차서로 단일화 하였다.

우리나라 국토교통부는 미국이나 유럽의 감항당국과 달리 훈령 제2018-1025호 항공기 등의 부가형식증명 지침을 별도로 제정해 적용하고 있다. 이는 미국 FAA Order 8110.4C의 Chapter 4. Changes to Type Design을 기반으로 제정되었으나, 형식증명 절차를 다시 인용하는 경우가 많아서 독립된 하나의 절차서로 이용하기에 번거로운 면이 있다.

부가형식증명을 신청할 때, 미국에서는 형식증명과 동일한 FAA Form 8110-12 서식을 이용하고, 우리나라는 항공안전법 시행규칙 별지 제5호 서식을 사용한다. 부가형식증명서는 본문과 별지로 구성되는데, 본문에는 증명서 번호, 소지자 명칭, 형식(모델) 명칭, 설계변경 내용, 제한 조건이 기록되고, 별지에는 인증기준과 입증자료가 기재된다.

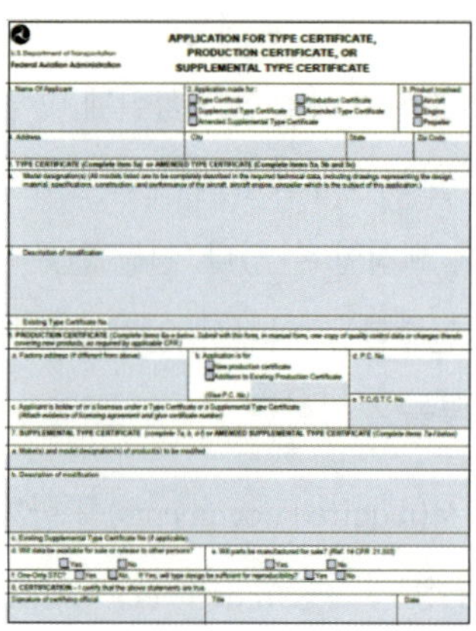
APPLICATION FOR TYPE CERTIFICATE, PRODUCTION CERTIFICATE, OR SUPPLEMENTAL TYPE CERTIFICATE

FAA Form 8110-12

United States of America
Department of Transportation
Federal Aviation Administration
Supplemental Type Certificate

FAA Form 8110-2

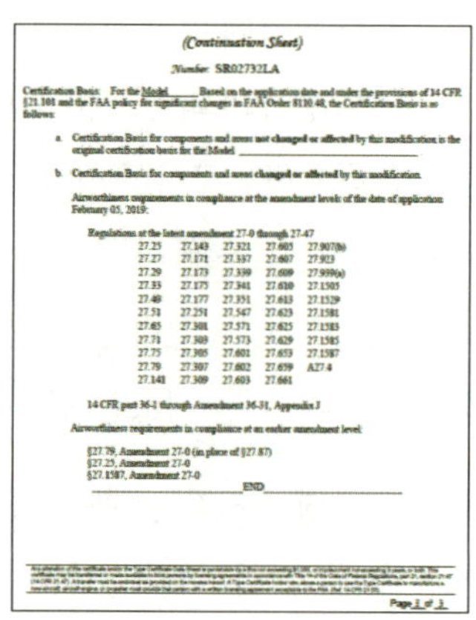
(Continuation Sheet)

FAA Form 8110-2

[그림 2-11] 미국의 부가형식증명 신청서, 증명서, 별지 서식

부가형식증명은 전반적으로 형식증명 절차를 따라서 진행된다. 부가형식증명에서 가장 중요한 부분은 부가형식증명 대상 여부, 중급/경급 설계변경 분류, 해당 설계변경에 대한 인증기준 설정으로 볼 수 있다.

(1) 부가형식증명 대상 여부

부가형식증명은 기존에 형식증명을 받고 운항 중인 항공기, 엔진, 프로펠러에 대한 중급 설계변경을 대상으로 한다. 그렇지만 중급 설계변경이라 할지라도 설계변경 범위가 방대하고 그 영향성이 큰 경우에 신규 형식증명으로 분류되거나 그와 반대로 경미한 사항에 대해서는 감항검사 절차에 따른 현장승인으로 처리될 수도 있다.

또한, 감항당국의 인증정책, 기존 부가형식증명 사례, 그리고 통상적인 관례에 따라서 신청자가 제안한 설계변경이 신규 형식증명, 형식설계변경, 부가형식증명, 현장승인 등으로 분류될 수 있다.

먼저, 형식설계변경 및 부가형식증명에 관한 인증규정에 따라서 부가형식증명 대상 여부를 판단할 수 있다.

- FAR §21.19 신규 형식증명이 요구되는 변경 : 항공기 설계, 출력, 추력 또는 중량에 대한 변경이 매우 광범위(so extensive)하여 실질적이고 완전하게 조사(substantially complete investigation)할 필요가 있다고 판단되면 신규 형식증명을 신청해야 함.
- FAR §21.93 형식설계 변경 분류 : 경급 변경(minor change)은 중량, 균형, 구조강도, 신뢰성, 운용특성 또는 감항특성에 상당한 영향(appreciable effect)을 주지 않는 변경을 말하고, 그 밖의 모든 변경은 중급 변경(major change)으로 분류함.
- FAR §21.113 부가형식증명 신청 요건 : 신규 형식증명 대상이 아닌 중급 변경(major change)에 대하여 형식증명 소지자는 부가형식증명 또는 개정형식증명을 신청할 수 있고, 형식증명을 소지하지 않은 자는 부가형식증명을 신청할 수 있음.

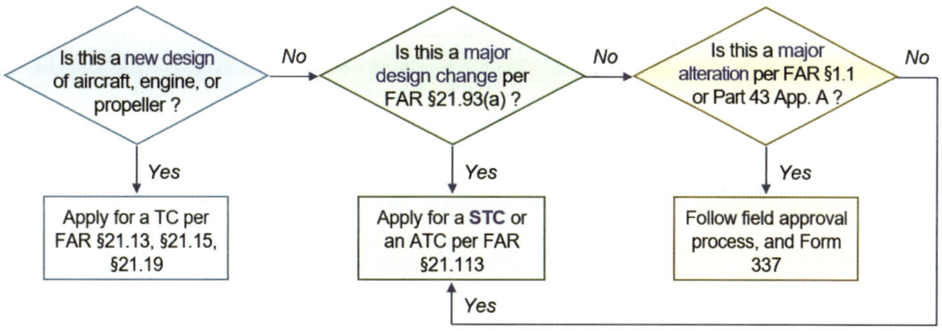

[그림 2-12] 형식증명 – 부가형식증명 – 현장승인 분류 흐름도

둘째로, 감항당국의 인증정책이나 실무적인 판단에 따라서 부가형식증명 대상 여부를 판단할 수 있다. FAA Order 8110.4C의 Chapter 4에서는 다음과 같이 부가형식증명서가 발급되는 경우와 발급되지 않는 경우를 설명하고 있다.

- 4-9. 부가형식증명이 발급되는 경우 : FAR §21.113에 따라 신규 형식증명이 요구되지 않는 중급 설계변경, 교체용 부품에 대한 부가형식증명이 먼저 요구되고 부품제작자승인으로 납품할 때, 기술표준품승인 품목을 항공기 등에 장착할 때.
- 4-10. 부가형식증명이 발급되지 않는 경우 : 협정이 체결되지 않은 외국에서 신청할 때, 경급 설계변경에 해당할 때, 중급 설계변경이 아닌 부품을 장착일 때, 기술표준품의 설계변경일 때, 추가 적합성 입증을 하지 않는 2건 이상의 부가형식증명일 때, 등록국 감항당국이 참여하지 않는 외국 항공기 부가형식증명일 때.

셋째로, 감항당국의 기존 부가형식증명 인증사례를 살펴보고 이에 준하는 설계변경에 대하여 부가형식증명 신청 대상으로 분류할 수 있다. 즉, 기존 사례의 설계변경 등급, 범위, 영향성, 신청자 및 항공기 조건 등을 기준으로 대상 여부를 결정할 수 있다.

[표 2-3] 항공기 부가형식증명 및 신규 형식증명 분류 사례

구분	해당 항공기 및 부품	설계변경 범위
TSO-STC	 B737-400 항공기 TSO-62 타이어 / KC-100 항공기 TSO-C113 IFD	• 항공기 타이어 TSO-C62 인증 (국토부 KTSO 2007001, FAA LODA) - 항공기 장착/사용을 위한 부가형식증명 필요 (AMM/IPC 등재) • 통합시현장치 TSO-C113 인증 획득 (국토부 KTSO 201501) - 항공기 장착/사용을 위한 부가형식증명 필요 (예산부족으로 취소)
PMA-STC	 Alternator AL12 PMA / Alternator BC410 PMA-STC / Piper 32-300 PMA-STC	• Hartzell AL12-P70 교류발전기 - 형식증명 동일성으로 적합성 입증 : PMA (PQ1383CE) • B&C Specialty BC410-1 교류발전기 - 발전특성 변화, 조정기 추가 : PMA (PQ3029CE) + STC (SA01066WI)
STC 사례	 EC135 Float Install STC by Apical / B737-700 Winglet Installation STC by APB	• Apical사가 Eurocopter EC135를 개조하여 Float 장착 - Emergency Float 1종 설계변경 장착 : STC (SR01855LA) • APB사가 Boeing 737-700을 개조하여 Blended Winglet 장착 - Winglet 장착 구조해석 및 비행특성 변화 : STC (ST00830SE)
ATC 사례	 AS332 → EC255 ATC by AH / KC-100 → KC-100AF ATC by KAI	• Eurocopter AS332 → EC225 모델명 추가 - 신형 엔진, 로터, MGB 등 8종 설계변경 : ATC (EASA R.002) • KAI KC-100 → KC-100AF (KT-100) 모델명 추가 - 민/군 전용 설계변경 58건 : ATC (국토부 TCA201301)
New TC	 스페인 CASA CN235-100 → 인니 PTDI CN235-110 / 캐나다 Havilland DHC6-300 → Viking Air DHC6-400	• CASA CN235-100 (EASA A.186) → PTDI CN235-110 (인니 A.008) - 제원/MTOW/엔진 동일, 전기장치/환경장치 등 변경 : New TC • de Harvilland DHC6-300 → Viking Air DHC6-400 (TCCA A-82) - 신형 엔진, 전자계기 등 19건 설계변경 : New TC (ATC: TC 매입)

(2) 설계변경 등급 분류

항공기, 엔진, 프로펠러에 대한 부가형식증명을 신청하기에 앞서 가장 먼저 해야 할 사항은 해당 설계변경이 그 범위와 영향성에 따라서 중급 설계변경(major change)에 해당하는지를 판단하는 것이다.

즉, 형식설계변경 또는 부가형식증명을 신청하고자 할 때, FAR §21.93에 따라 형식설계 변경이 중급에 해당하면서 FAR §21.19에 따른 신규 형식증명에 해당하지 않으면, FAR §21.97에 따라 개정 형식증명 또는 형식설계변경을 신청하거나, FAR §21.113에 따라 부가형식증명을 신청할 수 있다.

FAR §21.93에서 경급(minor) 설계변경은 중량, 균형, 구조강도, 신뢰성, 운용특성 또는 제품의 감항성에 관련되는 기타의 특성에 현저한 영향(appreciable effect)을 주지 않는 변경이고, 그 이외의 변경사항, 소음 변경, 연료 및 배기가스 배출에 대한 변경은 중급(major) 설계변경으로 정의하고 있다.

그러나, "현저한 영향(appreciable effect)" 등은 매우 모호한 표현이기 때문에 미국 연방항공청은 2009년에 AC 21.93-1을 제정하여 이를 명확히 정의하고 구체적인 분류기준을 제시하고자 하였으나, 청문 과정에서 하나의 결론으로 종합하기 어려운 다양한 의견이 제안되어 현재까지 권고회람서를 제정하지 못하고 있다.

이에 반하여 유럽항공안전청은 GM 21.A.91과 이에 대한 부록을 제정하여 중급/경급 설계변경에 대한 구체적인 정의와 사례를 제시하고 있다. 이에 따르면 다음과 같은 경우에 중급 설계변경으로 분류하고 있다.

- 형식증명 인증기준(CB)에 대한 수정(adjustment)이 요구되는 경우
- 적합성 입증방법(AMC)이 설정되지 않아 새로운 해석(interpretation)이 필요한 경우
- 해당 설계변경 특성으로 인하여 기존과 다른 적합성 실증방법이 사용되는 경우
- 새로운 적합성 입증자료와 이에 대한 재평가가 필요한 것으로 판단되는 경우
- 감항한계 및 운용한계에 대한 수정(alter)이 요구되는 경우
- 감항성개선지시서(AD)에 따라 필수적으로 수행되는 변경인 경우 (경급 변경 제외)
- 치명(catastrophic) 또는 위험(hazardous)으로 분류된 고장에 영향을 미치는 경우
- 항공기 운용 적정성에 현저한 영향을 미치는 최소장비목록(MMEL) 변경인 경우

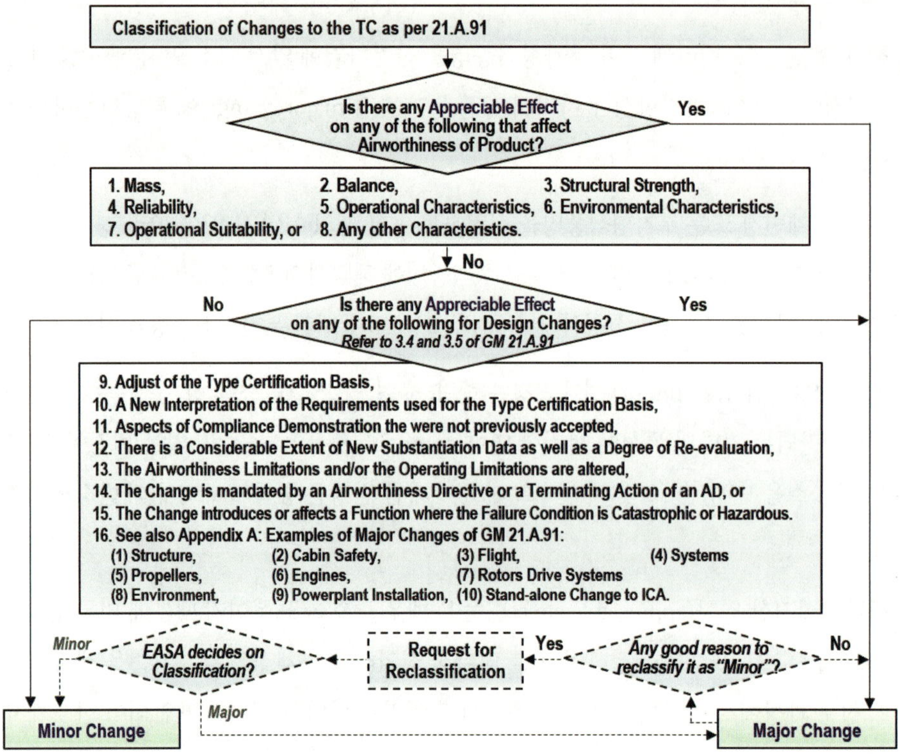

Figure 3-1 of GM 21.A.101

[그림 2-13] 중급 및 경급 형식설계 변경 분류 흐름도

(3) 부가형식증명 인증기준

항공기, 엔진, 프로펠러에 대한 형식증명에 적용된 인증기준(CB)은 해당 기종의 형식증명자료집에 명시되어 있다. 그렇지만, 그 형식설계가 변경되는 부가형식증명에서는 FAR §21.101과 §21.115에 따라서 부가형식증명 신청일에 유효한 인증기준을 적용하는 것을 원칙으로 하고 있다.

형식설계가 변경되는 제품에 대한 인증기준은 이것이 어떻게 설정되느냐에 따라 항공기의 안전성 뿐만 아니라, 신청자의 적합성 입증 기간과 비용에도 중대한 영향을 미치게 된다. 그러나, 인증기준을 결정하는 과정은 FAR §21.19의 실질성(substantial), §21.93의 중급/경급 분류, §21.101(b)의 중대성(significant), 영향성(affected), 실용성(practical) 등을 고려하는 매우 복잡한 과정이므로 미국 연방항공청은 Order 8110.4C의 4-3. Certification Basis와 함께 다음의 지침서와 회람서를 제정하여 안내하고 있다.

- Order 8110.48A : How to Establish Certification Basis for Changed Products
- AC 21.101-1B : Establishing Certification Basis of Changed Aeronautical Products

미국 연방항공청의 Order 8110.4C의 4-3절에 따르면, 다음과 같은 설계변경에 대해서는 부가형식증명 신청일에 유효한 최신의 감항기준, 소음기준, 배출기준을 적용하지 않고 해당 항공기 형식증명자료집에 명시된 기존의 인증기준을 적용할 수 있다.

- 해당 설계변경이 중대한 것으로 분류되지 않을 때 (not significant)
- 설계변경에 의해서 항공기 부분에 영향을 받지 않을 때 (not affected)
- 영향받는 부분에 최신 요건 적용이 안전성에 실리적이지 않을 때 (not materially)
- 최신 요건을 적용한 적합성 입증 요구가 비용적으로 비실용적일 때 (impractical)
- 해당 구성품이나 시스템이 완전히 새롭게 설계되어 현재의 감항요건을 적용하기 어려워 특별감항조건이 발행되는 경우 (a new or substantially complete redesign)

(4) 부가형식증명 과제 진행

항공기, 엔진, 프로펠러에 대한 부가형식증명 신청자는 감항당국이 지정한 서식(FAA Form 8110-12, 항공안전법 시행규칙 별지 제5호)을 작성하여 인증계획서 및 관련자료와 함께 제출하여야 한다.

- 서식에 따라 신청자 명칭, 신청의 종류(TC, STC, ATC, PC), 제품의 종류, 주소 등에 대한 기초정보를 기재함
- 부가형식증명 란에 설계 변경될 항공기 등의 제작사와 모델명칭을 기재하고, 설계 변경될 내용을 간단하고 명료하게 작성함
- 설계변경 내용에 개조가 수행될 장소, 입증자료 준비 및 전체 일정계획을 포함하여 작성하고, 과제 착수회의 필요성 여부를 기재하거나 별도 요청할 수 있음

감항당국은 부가형식증명 신청서를 접수한 후에 형식증명 절차와 같은 과정으로 Order 8110.115에 따라서 부가형식증명 과제를 생성하고, 신청자에게 AC 21-40에 따라 부가형식증명이 진행될 수 있도록 안내한다.

- Order 8110.115 : Certification Project Initiation and Certification Project Notification
- AC 21-40A : Application Guide for Obtaining a Supplemental Type Certificate

적합성 검사(compliance inspection) 과정에서는 원래의 형식설계에서 변경되는 범위와 인터페이스 부분이 정확하게 설명되었는지 확인한다. 일부의 형식설계 변경은 다수의 개별적인 변경으로 구성될 수 있기 때문에 이런 경우에 적합성 검사를 통하여 하나의 통합된 설계변경으로 검토할 수 있다. 예를 들어, 수송급 비행기의 개별 캐빈 구성품에 대하여 감항기준 FAR §25.78부터 §25.820까지의 요건에 따라 하나의 적합성 검사를 수행하게 된다. 일반적으로 부가형식증명 신청자가 원래의 항공기 설계자료를 쉽게 이용할 수 없는 상황에서는 적합성 검사가 더욱 중요하게 된다.

신청자는 개발 비행시험을 위하여 감항당국에 실험용 증명서(experimental certificate) 발급을 요청하여야 한다. 이 실험용 증명서는 신청자의 적합성 입증과 감항당국의 인증 비행시험에서도 그대로 적용될 것이다. 감항당국은 지상 작동에서 요구되는 운용한계와 비행시험에서 원래의 한계에 근접한 조건에 실험용 증명서를 발급한다. 인증부서 엔진지어는 적합성 확인을 위하여 실험용 증명서가 필요한 경우에 이를 형식검사승인서(TIA)에 기재하고 제조검사관 지침으로도 나타낸다.

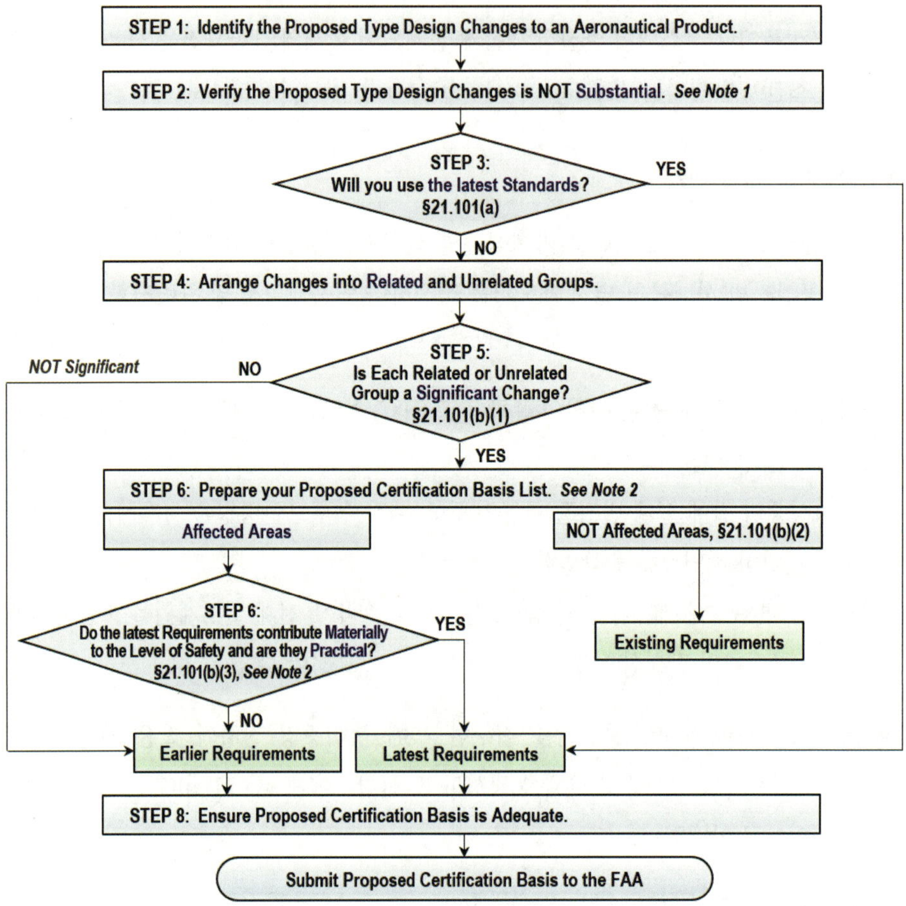

Figure 3-1 of AC 21.101-1B

Notes:

1. Changed products that are substantially changed do not follow this flowchart. Refer to §21.19 New TC.
2. Process and propose each applicable requirement individually. If requirements are linked together, then they should be assessed together.

[그림 2-14] 설계변경 인증기준 설정을 위한 흐름도

신청자는 설계변경으로 인하여 기존의 항공기 성능에 부정적인 영향을 주는지 검토하여 필요하면 성능자료를 개정(revisions of performance data) 하여야 한다. 부가형식증명으로 인하여 항공기 성능에 부정적 영향을 주는 자료는 감항당국의 승인이 요구되는 자료가 아니며, 신청자는 비행교범 보충판(AFM supplement)에 기존에 발행된 해당 자료가 유효하지 않다는 내용을 기재하여야 한다. 감항당국은 비행교범 보충판 승인되기 전에는 부가형식증명서를 발급하지 않는다.

부가형식증명 신청자는 기술적 요건(technical requirements for an STC)으로 정의되는 FAR §21.115에 따른 적합성을 입증하여야 한다. 이는 적용 인증기준에 대한 적합성 입증 자료를 감항당국에 제출하는 것을 말한다. 해당 형식설계 변경이 중대한(significant) 변경에 해당하는 것으로 감항당국이 판단한 경우, 신청자는 최신 규정에 따른 적합성을 보장하여야 한다. 신청자는 FAR §21.20에 따른 적합성 확인서를 제출하고, 감항당국은 다음의 경우에 부가형식증명서를 발급한다.

- 모든 필요한 시험과 적합성 검사를 완료했을 때
- 신청자의 입증자료가 해당 규정에 만족함을 확인했을 때
- 설계변경된 제품에 불안전한 형상이나 특성이 없음을 확인했을 때

감항당국의 제조검사관은 개조되는 항공기에 수행된 검사와 시험 결과를 부가형식증명 형식검사보고서(STIR: Supplemental Type Inspection Report)에 기록한다. 광범위하게 구조물 또는 기계적인 변경을 수반하는 부가형식증명에 대해서는 형식검사보고서(TIR) 서식에 부적합 여부를 나타내는 검사내용을 기재할 수도 있다. 인증 엔지니어와 제조검사관은 합치성 검사 계획에 대하여 협의하고, 설계변경의 복잡도에 따른 검사와 평가를 수행하고 보고서를 작성한다.

감항당국 인증부서는 부가형식증명 과제가 종료되면 2주 이내에 해당 부가형식증명서와 별지를 전산시스템(DRS: Dynamic Regulatory System)에 입력한다. 다만, 인증부서 책임자가 부가형식증명서에 아직 서명하지 않았거나 지정인가조직(ODA)에서 증명서를 발급한 경우에는 그 기한이 연기될 수 있다. 또한, 부가형식증명에 관한 도면, 규격서, 지침서 등과 같은 기술자료는 해당 부가형식증명 소지자의 자산이므로 전산시스템(DRS)에 입력하지 않는다. 이에 따라서 부가형식증명서와 그에 대한 별지는 누구나 열람할 수 있으며, 그에 대한 기술자료는 해당 증명서 소지자의 허락이 필요하다

(5) 해외 부가형식증명 과제

미국 연방항공청은 FAR §21.29 등에 따라서 항공안전협정이 체결된 국가의 부가형식증명에 대해서만 미국의 부가형식증명서를 발급하고, 우리나라는 항공안전법 제21조 제5항에 따라서 국가간 협정 등의 제한 없이 다른 국가의 부가형식증명에 대하여 우리나라의 부가형식증명승인서

를 발급한다.

미국 연방항공청은 Order 8110.4C의 4-15, 4-21, 4-22절에서 외국에 등록된 항공기에 대한 미국의 부가형식증명 절차와 다른 국가에서 발급한 부가형식증명에 대한 미국의 검증 절차를 안내하고 있다.

미국이 설계국가가 아니고 외국에 등록된 항공기에 대하여 미국의 부가형식증명(STC projects involving foreign-registered aircraft)을 받고 수입하고자 하는 경우, 그 신청자는 조속히 연방항공청 인증부서와 협의해야 인증과제의 지연을 최소화할 수 있다. 연방항공청은 해당 부가형식증명의 복잡도에 따라서 그 항공기를 최초로 인증한 국가의 감항당국이 미국의 부가형식증명에 참여해야 하는지를 결정하여야 한다. ICAO Annex 6: Operation of Aircraft에 따라서 연방항공청은 신청자가 외국의 감항 요건에 따라 해당 항공기를 개조하는 것을 허용할 수 있지만, 등록국가 감항당국이 항공기 개조 수락 요건에 동의하지 않으면 해당 항공기에 대한 검사 및 시험을 진행할 수 없다. 연방항공청은 신청자가 미국의 부가형식증명 요건에 따라 적합성을 입증하는 경우에 비행시험을 위하여 실험용 감항증명서 대신에 특별비행허가서를 발급할 수 있다.

수출품에 대한 부가형식증명(other foreign STC)을 위해서 연방항공청은 설계국가 인증당국(CA: Certificating Authority)으로서 수입국가의 수락 절차를 지원한다. 즉, 연방항공청은 연방항공규정에 따른 적합성을 확인하고, 수입국가의 감항기준에 따른 적합성을 결정한다. 이들 수출품에 대한 수입국 인증을 위한 지원은 항공안전협정이 체결되지 않은 국가에 대해서도 동일한 방식으로 이루어진다.

수입품에 대한 부가형식증명(validation of STC)은 항공안전협정이 체결된 국가에서 신청되는 경우에만 검증이 이루어질 수 있다. 이에 대한 세부적인 요건과 절차는 해당 국가와 체결된 항공안전협정의 감항성 이행절차서와 FAA Order 8110.52B: Type Validation에 제시되어 있다. 감항성 이행절차서에 형식증명 또는 부가형식증명을 포함하지 않고 있는 국가로부터 신청되는 인증에 대하여 FAR §21.43 및 §21.137에 따른 과도한 부담이 발생한다고 판단되는 경우, 해당 신청을 수락하지 않는다.

우리나라의 경우에는 2021년 EC155B1 헬리콥터에 대한 부가형식증명(STC) 6건이 진행되었고, 해외 항공기에 대한 부가형식증명 승인(STCV)은 약 73건이 수행되었다. 항공기에 대한 부가형식증명에는 부품제작자승인(PMA)을 받은 부품이나 기술표준품승인(TSOA)을 받은 장비품을 장착하는 경우와 이들 부품이나 장비품에 대한 적합성 승인을 부가형식증명 과정에서 함께 진행하는 경우로 나누어 볼 수 있다. 전자의 경우에는 해당 부품 또는 장비품에 대해서는 승인서만을 확인하고 부가형식증명에서는 장착에 대한 적합성을 중점 확인한다. 후자의 경우에는 부가형식

증명에서 해당 부품 또는 장비품에 대한 적합성 승인과 장착 적합성 확인을 모두 진행하여야 한다.[26)]

2.2.3 제한형식증명 절차

제한형식증명(RTC: Restricted Category TC)은 감항당국이 지정한 특별목적으로 운용되는 항공기에 대하여 그 운용범위 내에서 불안전한 특성이 없음을 입증하였을 때 발급되는 형식증명의 일종을 말한다.

미국 연방항공청은 FAR §21.25에서 법적인 요건을 규정하고, Order 8110.56B Restricted Category Type Certification에서 제한형식증명에 관한 세부절차를 안내하고 있다. 제한형식증명은 형식증명, 부가형식증명, 개정형식증명 등과 비교할 때 그 요건이나 절차에 비교적 많은 차이가 있어 별도의 지침서로 제정한 것으로 판단된다.

유럽항공안전청도 제한형식증명 제도를 갖추고 있으나 미국과 달리 EU Part 21에서 제한형식증명을 독립된 요건으로 제정하지 않고, 내부 절차서도 발행하지 않은 상태이다. 법률 개정안 NPA 2008-06호를 통하여 제한형식증명 요건 및 절차를 구체화하려고 했으나, 의견 수렴 과정에서 합의에 이르지 못하였다.

우리나라는 2017년 12월에 항공안전법 제20조(형식증명 등) 제2항에 제한형식증명 제도를 신설하였고, 2019년 1월에 국토교통부 훈령으로 항공기 제한형식증명 지침을 별도로 제정하였으며, 2022년 5월에 군용 수리온 헬기를 민간용으로 개조한 KUHC-1 소방용 헬기가 최초의 제한형식증명을 받았다.

미국의 경우에 FAR §21.25(a)(1)항과 (2)항에서 항공기 감항기준에 따른 적합성 입증을 필수적으로 요구하지 않고 있으나, 우리나라의 경우에는 항공안전법 제20조 제2항 제2호에 단서나 예외 조항을 두지 않아 항공기 감항기준에 대한 적합성 입증을 요구하고 있는 것으로 규정된 상태이다. 이에 따라 형식증명과 제한형식증명의 적합성 입증방법이 뚜렷하게 차별성을 갖지 못하게 되었다.

또한, 특별목적 운용의 종류에 대해서 미국은 우리나라보다 공중 광고, 한시적 화물 수송, 타겟 견인비행, 글라이더 견인비행, 우주비행체 발사 등을 더 허용하고 있으며, 우리나라에서는 미국에서 규정하지 않고 있는 공공의 안녕과 질서유지에 사용되는 항공기도 제한형식증명 대상으로 명문화하고 있다.

---

26) 우리나라 인증기관은 부가형식증명에 사용되는 PMA 부품 또는 TSOA 장비품에 대해서도 그 인증 과정에서 이미 승인된 상세 도면을 부가형식증명 과정에서 다시 승인하는 방식으로 진행하고 있다. 이는 국제적 기준과 절차에 부합되지 않는 방식이므로 조속한 개선이 필요하다.

[표 2-4] 미국과 우리나라의 제한형식증명 제도 비교

미국 제한형식증명 (FAR Part 21, Oder 8110.56B)	우리나라 제한형식증명 (항공안전법, 시행규칙, 훈령)
FAR §21.25 제한급 항공기 형식증명서 발급 (a) Part 36에 대한 적합성을 입증하고, 해당 한계에 따라 운용될 때 제한급 형식증명을 받을 수 있다. (1) 해당 항공기 감항요건을 만족하는 항공기. (2) 미군 요건에 따라 제작되고 개조된 항공기.	**법 제20조(형식증명 등)** ② 항공기기술기준 등에 적합한지를 검사한 후 다음 각 호에 따른 증명을 한다. 1. 해당 항공기등의 설계가 항공기기술기준에 적합한 경우: 형식증명 2. 항공기기술기준에 적합하고 운용범위에서 안전하게 운항할 수 있음을 입증한 경우: 제한형식증명 가. 산불진화, 수색구조 등에 사용되는 항공기 나. 군용기 인증법에 따라 인증을 받은 항공기
(b) 특별목적 운용이라 함은 다음 사항을 포함한다. (1) 농업용 항공기(분무, 살포, 파종, 가축 등). (2) 산림과 야생동물 보존용 항공기 운용. (3) 항공 관측용 항공기(사진, 지도, 오일, 광물). (4) 순찰용 항공기 운용(송유관, 전력선, 운하). (5) 기상 관리용 항공기 운용(구름 살포 등). (6) 공중 광고용 항공기(문자, 배너, 신호, 연설). (7) 연방항공청이 규정하는 기타의 항공기 운용.	**시행규칙 제20조(형식증명 등을 위한 검사범위 등)** ② 특정한 업무란 다음 각 호의 업무를 말한다. 1. 산불 진화 및 예방 업무 2. 재난·재해 등으로 인한 수색·구조 업무 3. 응급환자의 수송 등 구조·구급 업무 4. 씨앗 파종, 농약 살포, 어군탐지 등 농·수산업 5. 기상관측, 기상조절 실험 등 기상 업무 6. 건설자재 등을 외부에 매달고 운반(헬리콥터) 7. 해양오염 관측 및 해양 방제 업무 8. 산림, 관로, 전선 등의 순찰 또는 관측 업무
Order 8110.56B: 제5장 특별목적 운용 +(7) 회전익 항공기 외부 적재물 운용. +(8) 한시적 화물 수송 운용. +(9) 타겟 견인비행 운용. +(10) 비수송급 수색 및 구조 운용. +(11) 우주비행체 발사 운용. +(12) 글라이더 견인비행 운용. +(13) 알래스카 연료 수송 운용. +(14) 알래스카 고정익 비행기 외부 적재물 운용.	**훈령 제2024-1961호: 제7장 특수목적 운용** +9. 공공의 안녕과 질서유지를 위한 업무를 수행하는 경우로서 국토교통부장관이 인정하는 경우

제한형식증명을 신청할 때, 미국에서는 형식증명에 사용하는 FAA Form 8110-12 서식을 제한형식증명에 함께 사용하지 않으며 별도의 서식을 지정하지도 않고 있다. 우리나라의 경우에도 항공안전법 시행규칙 별지 제1호 형식증명 신청서 서식과 별지 제3호 증명서 서식을 제한형식증명에 함께 사용한다.

제한형식증명서를 발급할 때, 형식증명자료집(TCDS)을 함께 발행하며, 형식명칭 부분에는 민간 형식명칭, 제한형식증명 표기, 기존의 군용 또는 상용 명칭이 함께 기재된다. 인증기준 부분에는 제한형식증명 근거를 21.25(a)(1) 또는 (2)로 기재하고, 특별목적 운용의 종류도 21.25(b)(1), (2), (7) 등과 같은 방식으로 기재한다.

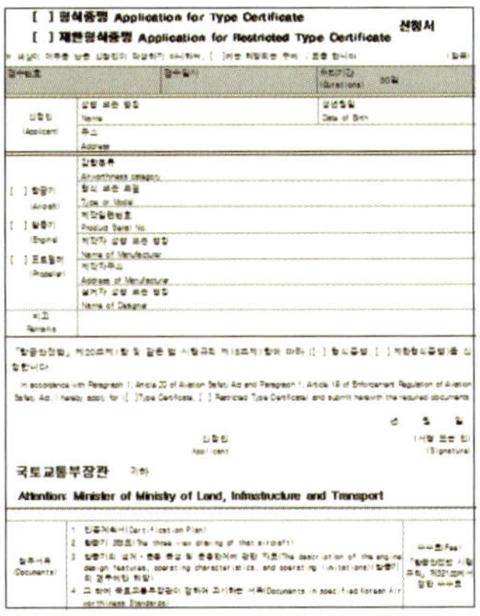
[ ] 형식증명 Application for Type Certificate
[ ] 제한형식증명 Application for Restricted Type Certificate
신청서

국토교통부장관 귀하
Attention: Minister of Ministry of Land, Infrastructure and Transport

시행규칙 별지 제1호 서식

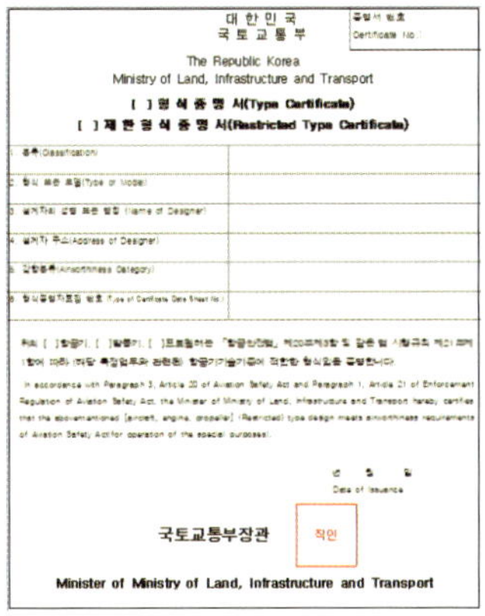
대 한 민 국
국 토 교 통 부
The Republic Korea
Ministry of Land, Infrastructure and Transport
[ ] 형 식 증 명 서(Type Certificate)
[ ] 제 한 형 식 증 명 서(Restricted Type Certificate)

국토교통부장관
Minister of Ministry of Land, Infrastructure and Transport

시행규칙 별지 제3호 서식

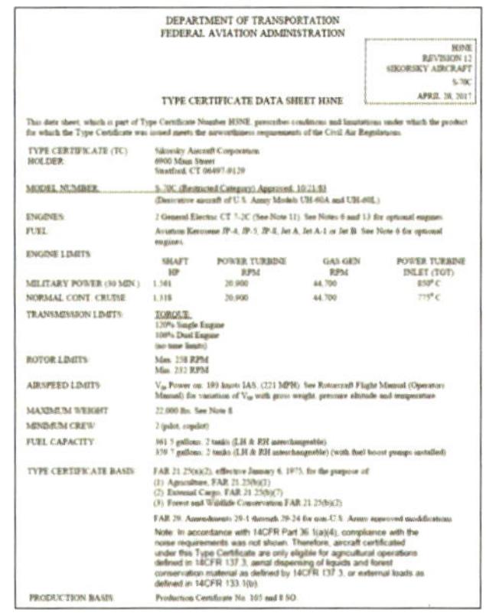
DEPARTMENT OF TRANSPORTATION
FEDERAL AVIATION ADMINISTRATION
TYPE CERTIFICATE DATA SHEET H9NE

Cited from https://drs.faa.gov/

[그림 2-15] 항공기 제한형식증명 신청서, 증명서, 자료집 서식

제한형식증명은 기존의 항공기 운용이력과 안전성을 바탕으로 특별목적 운용을 위하여 개조되는 부분에 대한 적합성 입증이 중요하다. 즉, 기존의 항공기 운용에 적용되었던 도면, 부품목록, 사양서, 비행교범, 정비교범, 기타 기술자료 그대로 인용하고, 개조되는 부분에 대해서만 감항기준에 따른 적합성을 입증하게 된다.

그리고, 제한형식증명 대상 항공기는 FAR §21.25(a)(1)항에 따른 일반 항공기와 §21.25(a)(2)항에 따른 군용 항공기로 분류된다. 이들 항공기에 대하여 미국 연방항공청의 Order 8110.56B에서 안내하는 인증절차는 다음과 같다.

(1) 제한형식증명 일반사항

감항당국은 FAR §21.25(b)항에 규정된 특별목적 운용을 위하여 개조되는 §21.25(a)(1)항의 일반 항공기와 §21.25(a)(2)항의 군용 항공기가 해당 요건을 만족하면 제한형식증명을 발급한다. 특별목적 운용의 종류는 하나 이상을 지정할 수 있으며, 추후에 추가로 지정하기 위하여 제한형식증명에 대한 부가형식증명 또는 개정형식증명을 수행할 수도 있다. 제한형식증명을 받은 항공기는 특별목적 운용을 위한 승무원 탑승 이외에 승객 운송에는 사용될 수 없다.

FAR §21.25(a)(1)항의 항공기는 보통급, 실용급, 곡예급, 커뮤터, 또는 수송급 등과 같은 표준 카테고리 감항기준을 만족하는 일반 항공기를 말한다. 다만, 감항당국이 해당 특별목적 운용에 적용되지 않는 것으로 확인한 요건은 제외된다. FAR §21.25(a)(2)항의 항공기는 군용 요건에 따라 제작되고 군에 의해서 사용이 승인된 군용 항공기를 말한다. 무인 항공기 시스템도 FAR §21.25에 따라 제한형식증명을 신청할 수 있다.

특별목적 운용은 FAR §21.25(b)항과 Order 8110.56의 Chapter 5에 규정된 14가지 용도에 대

해서 승인될 수 있다. 특별목적 운용조건에서 해당 항공기의 안전성을 보장하기 위한 평가와 소음요건에 대한 적합성 확인을 수행하여야 한다. 다만, 농업용 소형 프로펠러 비행기 및 회전익 항공기, 산림 및 야생동물 보호용 소형 프로펠러 비행기 및 회전익 항공기, 외부 적재물 운송용 회전익 항공기는 소음요건이 면제될 수 있다.

제한형식증명 항공기에 대한 안전성 수준(level of safety)은 표준 카테고리 항공기의 안전성 수준보다 낮을 수 있다. 그렇지만 이와 같은 정책에 따라 감항성 유지 요건 등과 같은 형식증명의 절차적 요건이 면제되지는 않는다. 또한, 승객 운송이 금지될 뿐만 아니라, 인구밀집 지역, 혼잡한 항로, 분주한 공항 주변에서 운항이 제한된다.

제한형식증명 항공기에 대한 확실성 수준(level of certitude)은 표준 카테고리 항공기의 확실성 수준과 동등해야 한다. 여기서, 확실성 수준은 해당 항공기가 적용 감항기준에 적합하다는 확신의 정도(degree of certainty)를 말한다. 이는 표준 카테고리 인증과 같은 수준의 엄격도(level of rigor)로 입증되는 것을 의미한다.

제한형식증명 신청자는 제안된 용도에 따라 설정된 운용한계 내에서 해당 항공기가 불안전한 특성을 유발하지 않음을 입증하여야 한다. 이를 위하여 신청자는 특별목적 운용환경을 먼저 정의하고, FAR §21.25(a)항에 대한 적합성을 입증하여야 한다.

(2) FAR §21.25(a)(1) 일반 항공기

미국 연방항공규정 FAR §21.25(a)(1)항에 따른 일반 항공기에 대한 제한형식증명을 위한 요구조건은 다음과 같다.

- FAR §21.25(a)(1)항에 따른 항공기는 표준 카테고리 감항요건을 만족해야 하지만, 감항당국이 특별목적 운용에 적용되지 않는 것으로 확인한 요건은 제외됨
- 인증기준으로 FAR §21.25(a)(1), 해당 감항기준의 적용 요건, 승인 신청된 특별목적 운용의 종류, 비적용 규정으로 식별된 항목을 포함하여 설정함
- 해당 항공기의 특별목적 운용에 사용되는 장비(equipment)에는 특별감항조건(SC) 설정이 요구될 수 있음
- 특별목적 운용은 FAR §21.25(b)항과 Order 8110.56의 Chapter 5에 규정된 14가지 용도에 대해서 승인될 수 있음
- FAR Part 36 소음기준에 따른 적합성이 필요함. 농업용 항공기, 산림 및 야생동물 보호용 항공기, 외부 적재물 운송용 회전익 항공기는 면제될 수 있음
- 제한형식증명을 위한 적합성 요건 및 입증 절차 등을 제외한 일반적인 사항은 Order

8110.4C의 형식증명 절차를 따라서 진행함

제한형식증명 신청자는 엔진 및 프로펠러를 포함하여 해당 항공기에 대한 특별목적 운용환경을 다음과 같이 정의하고 평가해야 한다.

- 운항방식의 종류 및 운항지역
- 공항의 지면상태 (자갈길, 목초지, 더러운 활주로 등)
- 화물 운송 방식
- 항공기 사용, 미션 프로파일, 하중 및 피로 스펙트럼

제한형식증명 신청자는 해당 항공기에 대한 감항한계와 감항성 유지 요건을 작성하고, 해당 특별목적 운용 상태에서 다음 사항을 설명하여야 한다.

- 항공기 구조물, 구성품, 시스템, 엔진에 대한 감항성 유지
- 항공기, 엔진, 프로펠러의 치명부품에 대한 수명한계
- 감항성개선지시서의 적용
- 항공기 부식 또는 구조물 손상
- 특별목적 운용에서 수명한계 부품으로 새로 설정된 부품의 식별

신청자는 특별목적 운용환경 조건에서 개조된 항공기, 엔진 및 프로펠러에 대한 평가를 수행하여야 한다. 즉, 피로에 치명적이거나 민감한 구성품의 수명한계를 포함하여 안전한 운용한계를 설정하기 위한 피로 및 하중 해석을 수행한다. 또한, 다음과 같은 경우에 용도에 따른 안전성(safe for its intended use) 평가 및 해석을 수행한다.

- 새로운 엔진 또는 프로펠러 장착
- 특별목적 운용의 추가
- 다른 유형의 특별목적 운용환경
- 감항한계에 대한 변경
- 운용한계에 대한 변경

FAR Part 23, Part 25, Part 27, Part 29 항공기에 사용되는 형식증명을 받은 엔진 및 프로펠러에 대한 요건은 미적용 요건으로 지정될 수 없고, 이에 따라 Part 33과 Part 35도 미적용 요건이 될 수 없다. 다만, 동등수준안전성으로 설정하는 것은 허용된다. Part 23 및 Part 27 항공기의 최대 총중량 한계도 미적용 요건으로 지정될 수 없다.

기본적인 감항요건을 면제(waiver)하거나 수정할 때는 다음 사항을 고려해야 하고, 신청자의 인증계획서 또는 G-1 인증현안검토서에 미적용 감항요건으로 결정하는 사유를 설명하여야 한다.

또한, 최종적으로 형식증명자료집에도 미적용 요건을 기재한다.

- 특별목적 운용의 특성에 따라 면제(waiver)가 수락될 수 있는 감항요건
- 적용하기에 부적정하여 미적용으로 결정하고 수정되어야 하는 감항요건
- 운항규정에 따라 제한형식증명 항공기 부과되는 추가적인 운용제한 사항

형식증명자료집의 인증기준 부분에는 FAR §21.25(a)항과 §21.25(a)(1)항에 따른 것임을 나타내고, 특별목적 운용의 종류, 적용 감항기준, 미적용 감항요건, 동등수준안전성, 특별감항조건, 면제(exemption), 그리고 Part 36 소음기준에 대한 적합성 입증 여부를 기재한다. 항공기 좌석 수를 기재하고, 그 다음에 "승객 탑승 금지 (No passengers are permitted)"라고 명시한다. 이는 비행교범에도 동일하게 기재한다.

기존에 표준 카테고리로 형식증명을 받은 항공기에 대해서도 특별목적 운용을 위한 제한형식증명을 신청할 수 있다. 감항당국이 해당 특별목적 운용에 미적용되는 것으로 확인한 기존의 형식증명 요건을 면제하거나 수정할 수 있다. 또한, 감항증명서 발급 전에 제한형식증명 요건을 만족시키기 위하여 제한형식증명과 함께 표준 형식증명을 동등한 제한형식증명(equivalent restricted category TC)으로 간주할 수 있다.

과거의 일부 제한형식증명 과제에서 소형 비행기의 초과중량 운용(overweight operation)을 입증 과정 없이 승인한 사례가 있지만, 이제는 더 이상 승인하지 않는 것으로 정책이 변경되었다. 즉, 표준 카테고리 항공기가 제한 카테고리에서 표준보다 더 무거운 중량으로 운용되도록 승인될 수 있지만, 항공기, 엔진, 프로펠러의 감항요건에 만족함을 입증하여야 한다. 이때, Part 23 비행기는 19,000lbs를 초과할 수 없고, Part 27 회전익 항공기는 7,000lbs를 초과할 수 없다.

제한형식증명을 받은 항공기 다수가 국가기관 항공기(public aircraft)로 운용되고 있다. 국가기관 항공기는 형식증명이 반드시 요구되지 않고 있지만, 감항당국은 인증을 받은 항공기를 사용하도록 권고하고 있다.

제한형식증명은 국가별로 매우 상이할 수 있으므로 미국 연방항공청은 외국 감항당국의 제한형식증명 항공기를 FAR §21.25에 따른 제한형식증명 및 §21.29에 따른 수입 항공기 형식증명 검증 대상으로 간주하지 않는다. 또한, 외국에서 설계된 제한형식증명 항공기의 수입과 검증은 항공안전협정의 범위에 포함되어 있어야 한다.

무인 항공기 시스템(UAS)은 보통급, 실용급, 곡예급, 커뮤터, 또는 수송급 등과 같은 표준 카테고리 감항요건을 만족하는 경우에 FAR §21.25(a)(1)항에 따른 제한형식증명으로 인증을 받을 수 있다. 이때 감항당국이 해당 항공기의 특별목적 운용에 적용되지 않는 것으로 확인한 요건은 예외

로 한다.

(3) FAR §21.25(a)(2) 군용 항공기

미국 연방항공규정 FAR §21.25(a)(2)항은 미군의 요건에 따라 제작되고, 그 사용이 수락된 군용 항공기에 대한 제한형식증명을 규정하고 있다. 이 제한형식증명은 해당 항공기를 군에서 계속 운용하고 정비한 이력에 근거를 두고 있다. 다만, 승객 운송이 금지될 뿐만 아니라, 인구밀집 지역, 혼잡한 항로, 분주한 공항 주변에서 운항이 제한된다.

- FAR §21.25(a)(2)항에 따른 항공기는 미군의 잉여 항공기이거나 동일한 제작자가 연방항공청의 생산승인에 따라 새로 제작한 항공기를 대상으로 함
- 잉여 항공기는 군의 미션, 설계번호, 시리즈를 나타내는 군용 명칭으로 식별하고, 새로 생산되는 항공기는 제작자가 제안하는 새로운 명칭을 부여함
- FAR §21.25(a)(2)항에 따른 제한형식증명은 원래의 군용 항공기 제작자뿐만 아니라, 잉여 항공기 소유자도 신청할 수 있어 다수의 증명서가 발급될 수 있음
- 군용 항공기에 대한 제한형식증명은 기체, 엔진 및 프로펠러를 포함한 것이므로 군용 엔진 및 프로펠러에 대하여 별도의 형식증명을 발급하지 않음
- 잉여 항공기에 대해서도 특별목적 운용이나 그 밖의 필요에 따라 개조를 수행할 수 있고, 이에 대하여 연방항공청의 승인을 받아야 함
- FAR Part 36 소음기준에 따른 적합성 입증이 필요하지만, Part 36, Order 1050.1F, Order 8110.56B, Order 8110.4C에 따라 특별목적 운용에는 면제될 수도 있음

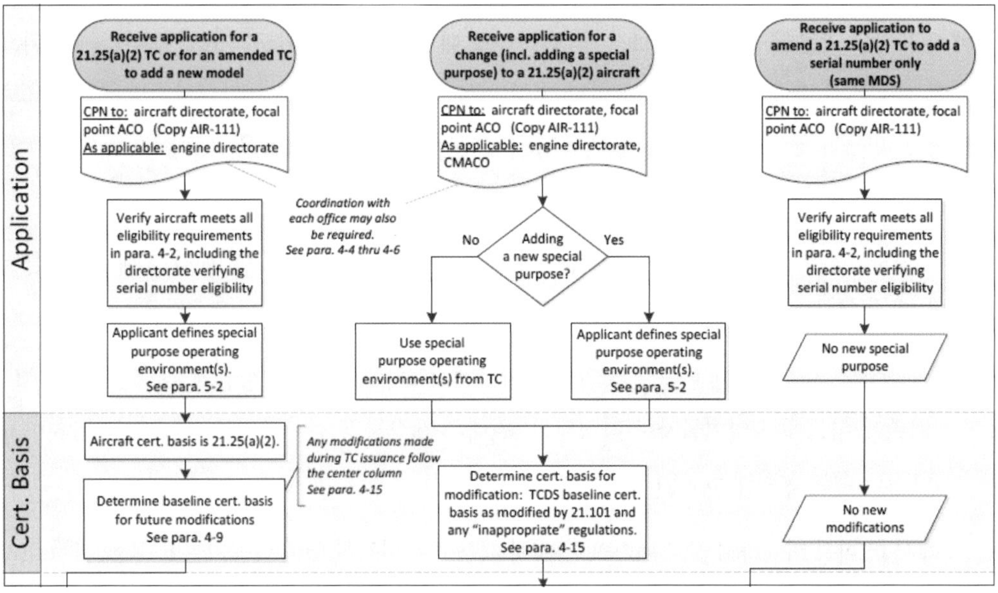

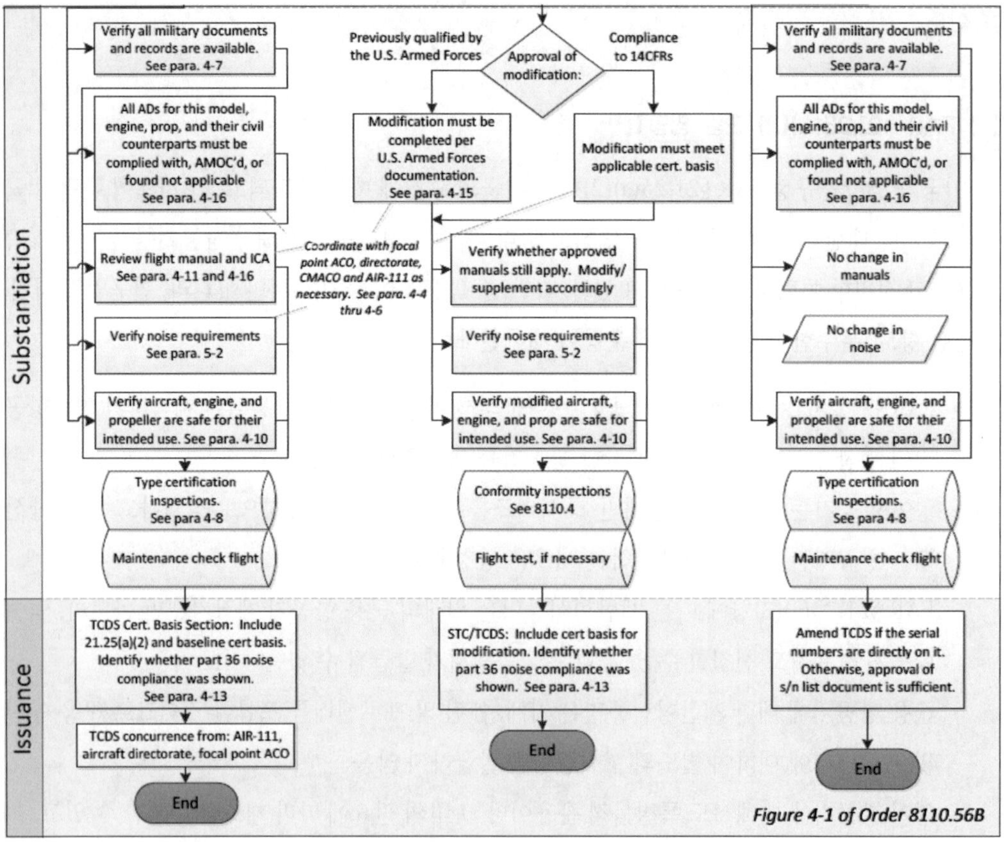

[그림 2-16] 군용 항공기에 대한 제한형식증명 흐름도

제한형식증명 대상이 되는 군용 항공기는 군에서 최소 10년 이상의 만족한 운용이력이 있어야 하는데, 이에 동등한 명칭의 항공기 운용시간도 함께 고려될 수 있다. 미국 내에서 뿐만 아니라 해외에서 제작된 미군의 군용 항공기도 제한형식증명 대상이 되지만, 미군의 요건에 따라 제작되고 미군이 사용을 수락한 항공기이어야 한다. FAR §21.185(b)항에 따른 제한감항증명은 미군으로부터 직접 획득한 잉여 항공기를 대상으로 하지만, 제3자로부터 획득한 잉여 항공기도 대상이 될 수 있다.

외국의 군, 정부, 군에 준하는 단체의 잉여 항공기는 FAR §21.25(a)(2)항에 따른 제한형식증명 대상이 될 수 없다. 다만, 다음의 항공기는 예외로 한다.

- 외국에서 운용된 후에 미군에 복귀되어 미군에서 운용 및 정비된 항공기
- 기존에 미군에서 잉여물자로 지정되고, 원래의 제작자가 검사하여 설계 요건에 합치하고 안전한 작동 상태에 있음이 문서로 보장된 항공기

군에서 더 이상 비행하지 않고 폐기 또는 지상 활용으로 한정한 잉여 항공기는 FAR §21.25(a)(2)

항에 따른 제한형식증명 대상이 되지 않는다. 이들 항공기에 대한 정부의 이관 문서에 항공기의 상태를 충분히 설명하지 않을 뿐만 아니라, 이들 항공기가 민간 영역에 진입하는 것을 방지하는 의도로 간주된다.

제한형식증명을 신청할 때, 신청자는 해당 잉여 항공기를 인도받을 당시의 "완전한 항공기(complete aircraft)" 또는 주요 구성품 분실을 식별하는 문서를 제출하여야 한다. 이는 더 이상 비행에 사용할 수 없는 폐기품, 예비품, 잉여부품, 또는 항공기 시험 품목을 이용해 조립된 항공기의 인증을 방지하기 위한 것이다. 즉, 미군의 항공기 이관 문서에 비행 가능한 것으로 기재되어 있으면 제한형식증명 대상이 될 수 있다.

- "완전한 항공기(complete aircraft)"는 주요 구성품이 분실되지 않은 것으로 말함. 여기서 주요 구성품은 항공기의 중량, 균형, 구조강도, 성능, 동력장치, 비행특성, 또는 감항성에 영향을 미치는 구성품을 말함
- 지자체 및 정부에서 주요 구성품을 교체하면서 공공 목적으로 사용하거나 주요 구성품이 교체되지 않은 상태로 수년간 저장 상태로 있는 항공기의 경우에 군의 추적성을 확인할 수 있으면 여전히 제한형식증명 대상으로 볼 수 있음

FAR §21.25(a)(2)항에 따른 군용 항공기 제한형식증명을 위하여 신청자가 감항당국에 제출하는 자료는 다음과 같다. 모든 문서 및 매뉴얼에 표기된 군용 항공기 명칭과 제한형식증명 자료집 및 기타의 감당당국 문서에 표기되는 명칭이 일치해야 한다.

- 해당 명칭의 군용 항공기 사용수명(service life)을 나타내는 자료
- 미군의 매도 증서(bill of sale)
- 폐기 또는 지상 활용이 아니고 추가 비행이 가능함을 나타내는 정부의 이관 문서
- 운용이력 및 개조사항 기록문서 (수명제한 품목의 시간 및 사이클, 주요 손상 등)
- 해당 항공기에 대한 군의 비행교범
- 군의 기술지시서, 정비교범, 창정비교범, 수리교범 (감항한계, AD 또는 동등문서 등)
- 필요시, 특별목적 운용 항공기 안전성 평가 및 입증을 위한 모든 시험 및 해석자료 (피로, 하중, 수명한계, 검사자료: 자체, 군, 원제작사, 기타 방법으로 자료 확보)
- 신청자의 개조사항 입증에 필요한 모든 설계, 시험, 해석자료 (적용 도면 포함)

감항당국은 제한형식증명서를 발급하기 전에 해당 항공기가 FAR §21.25(a)(2)항에 따른 군용 항공기 제한형식증명 요건에 적합한지를 검사하여야 한다. 이를 위한 형식증명 검사는 2개 부분으로 나누어 수행하는데, 첫째로 군 잉여 당시의 항공기 상태를 평가하여 제한형식증명 대상이 되는지 여부를 확인하는 것이고, 둘째로 신청자가 개조한 부분에 대한 적합성을 확인하는 단계이다.

- Appendix A. Sample Checklist for Part 1: Configuration as Surplused
- Appendix B. Sample Checklist for Part 2: Configuration as Modified

군용 항공기 제한형식증명 인증기준은 FAR §21.25(a)항과 §21.25(a)(2)항, 그리고 특별목적 운용의 종류를 포함하여야 한다. 개조 부분에 대한 인증기준은 해당 항공기가 군에서 운용이 수락된 날짜에 유효한 Part 23, Part 25, Part 27, Part 29 중에 해당되는 감항기준을 지정하고, 필요한 경우에 Part 33 및 Part 35를 포함한다. 그리고 Part 36 소음기준에 대한 적합성 입증 여부를 기재한다.

FAR §21.25(a)항에 대한 적합성 입증을 위하여 신청자는 해당 항공기가 제안된 사용목적(intended use)에 설정된 한계 내에서 운용될 때 불안전한 특성이 없음을 입증하여야 한다. 또한, 특별목적 운용환경 조건에서 개조된 항공기, 엔진 및 프로펠러에 대한 평가를 수행하여야 한다. 즉, 피로에 치명적이거나 민감한 구성품의 수명한계를 포함하여 안전한 운용한계를 설정하기 위한 피로 및 하중 해석을 수행한다.

군용 항공기에 대한 제한형식증명 신청자는 해당 항공기의 특별목적 운용환경을 다음과 같이 정의하고 평가해야 한다.

- 운항방식의 종류 및 운항지역
- 공항의 지면상태 (자갈길, 목초지, 더러운 활주로 등)
- 화물 운송 방식
- 항공기 사용, 미션 프로파일, 하중 및 피로 스펙트럼

군용 항공기에 대한 제한형식증명 신청자는 해당 항공기의 다음 사항에 영향을 미치는 특별목적 운용에 대하여 설명하여야 한다.

- 항공기 구조물, 구성품, 시스템, 엔진에 대한 감항성 유지
- 항공기, 엔진, 프로펠러의 치명부품에 대한 수명한계
- 감항성개선지시서의 적용
- 항공기 부식 또는 구조물 손상
- 특별목적 운용에서 수명한계 부품으로 새로 설정된 부품의 식별

신청자는 해당 특별목적 운용에 대한 감항한계, 운용한계, 감항성 유지 요건을 수립하여야 한다. 또한, 기존의 군용 항공기 운용환경과 제한형식증명에서 제안된 특별목적 운용환경의 비교에 근거하여 피로 및 하중 평가를 수행할 수 있다. 신청자는 별도로 입증하지 않으면, 군용 항공기에 대한 감항한계 및 운용한계를 유지하여야 한다.

군용 항공기 제한형식증명 신청자는 해당 항공기의 사용목적에 설정된 한계 내에서 운용될 때, 개조된 항공기에 불안전한 특성이 없음을 입증하여야 한다. 또한, 다음의 경우에 사용목적에 따른 안전성(safe for its intended use) 평가 및 해석을 수행한다.

- 새로운 엔진 또는 프로펠러 장착
- 특별목적 운용의 추가
- 다른 유형의 특별목적 운용환경
- 감항한계에 대한 변경
- 운용한계에 대한 변경

신청자는 군용 비행교범과 그 서식을 사용하여 특별목적 운용에 필요한 추가의 절차 또는 한계를 제시하고, 군 전용품에 관한 부분을 지우거나 들어낼 수 있다. 이와 달리 신청자 자신의 비행교범을 작성하여 감항당국의 수락 및 승인을 받을 수도 있다. 비행교범에는 항공기 개조, 특별목적 운용환경의 사용목적에 따른 항공기 안전성 보장, 그리고 적용 감항성개선지시서를 반영한 절차와 한계를 포함하여야 한다.

군 잉여 항공기에 대한 제한형식증명 신청자는 FAR §21.31에 따른 전체 형식설계 확보가 요구되지 않으며, 이에 따라서 제작증명 신청 대상이 되지 않는다. 이로써 자가부품(owner/operator parts) 제작 승인이나 부품제작자승인(PMA)에 의한 부품 생산을 금지하는 것이다. 이에 반하여 군용 항공기 원제작자가 제한형식증명을 신청하는 경우에는 FAR §21.31에 따른 전체 형식설계를 보유하고 있기 때문에 신규 항공기 생산을 위한 제작증명도 신청할 수 있다.

형식증명자료집의 인증기준(CB) 부분에 FAR §21.25(a)(2)항에 따른 것임을 나타내고, 특별목적 운용의 종류, 개조에 적용된 감항규정, 그리고 Part 36 소음기준에 대한 적합성 입증 여부를 기재한다. 생산기준(PB) 부분에 군 잉여 항공기는 "해당 없음. 이 승인에 따라 항공기 및 부품 생산할 수 없음. (None. No aircraft or parts may be manufactured under this approval.)"으로 표기하고, 새로 생산되는 항공기는 생산승인 또는 제작증명 번호를 기재한다. 군 잉여 항공기와 새로 생산되는 항공기의 일련번호를 각각 기재한다. 항공기 좌석 수를 기재하고, 그 다음에 "승객 탑승 금지(No passengers are permitted)"라고 명시한다. 이는 비행교범에도 동일하게 기재한다.

제한형식증명서가 발급되면 군 잉여 항공기는 기존의 명판(data plate) 부근에 민간 명판을 부착하여야 한다. 민간 항공기 명판은 Part 45에 따른 것이며, 형식증명 소지자 이름, 군용 항공기 명칭, 군용 일련번호, 엔진 및 프로펠러 모델번호, 형식증명서 번호, 형식증명 발급일자가 기재되어야 한다.

군용 형상에 대한 개조는 최초의 제한형식증명 일부로 승인되거나 그 후에 개정형식증명 또는 부가형식증명에 의해서 승인될 수 있다. 이에 대한 적합성은 해당되는 감항요건에 대해 직접 입증하거나 군에서 기존에 검정된 자료를 활용할 수 있다. 인증기준을 설정할 때는 FAR §21.101(f)에 따라서 신청일에 유효한 감항기준을 고려하고, 그 밖의 사항은 Order 8110.48A의 인증기준 설정에 관한 안내를 따른다.

기존에 군에서 검정된 개조에 대해서는 연방항공규정에 따른 적합성을 입증할 필요가 없다. 이에 따라서 그 개조에 대한 승인을 위한 개정형식증명이나 부가형식증명이 발급, 군의 개조 지침서 적용, 군의 추가 운용한계 및 정비한계 활용, 개조된 항공기의 안전성 보장을 위한 평가, 소음요건에 대한 적합성이 입증된 것으로 본다.

엔진 또는 프로펠러에 대한 변경은 최초의 제한형식증명이나 그 후의 개정형식증명 또는 부가형식증명에 따라서 승인될 수 있다. 새로운 엔진 또는 프로펠러 모델에 대하여 항공기 감항한계에 미치는 영향을 포함하여 특별목적 운용환경에서 평가되어야 한다. 기존의 엔진과 다른 터빈엔진으로 교체되는 개조에는 형식증명을 받은 엔진을 사용해야 한다. 다만, 새로 채택된 터빈엔진이 기존에 동일한 항공기에 사용되었던 모델인 경우에는 예외로 할 수 있다.

군용 항공기 제한형식증명에서 FAR §21.50에 따른 감성성유지침서는 예외로 할 수 있다. 이는 기존에 군에서 수행된 지속적인 정비 및 검사에 기반을 두고 있다. 제한형식증명 신청자는 사용목적에 따른 한계와 감항성개선지시서 적용을 포함하여 개조되는 부분이나 특별목적 운용환경에 필요한 정비 및 검사에 관한 사항을 군의 절차서에 통합해 작성할 수 있다. 신청자는 모든 적용 감항성개선지시서와 이에 동등한 군의 문서를 형식증명자료집에서 식별되는 마스터 문서 목록에 등재하여야 한다.

제한형식증명을 받은 잉여 항공기에 교체용으로 장착되는 부품은 FAR §21.9 요건을 만족하여야 한다. 이들 부품에 대한 적합성 입증에 다음의 회람서를 참고할 수 있다.

- AC 20-62E : Eligibility, Quality, and Identification of Aeronautical Replacement Parts
- AC 20-142 : Eligibility and Evaluation of U.S. Military Surplus Flight Safety Critical Aircraft parts, Engines, and Propellers.

교체된 엔진 또는 프로펠러에는 명판(data plate) 또는 이와 동등한 식별표식이 부착되고, 그 운용기록을 확인할 수 있어야 한다. FAR §21.25(a)(2)항에 따른 특정한 군용 항공기에는 그에 대응하는 민간 항공기의 부품번호와 동일한 부품이 사용될 수 있다. 수명제한 부품이 사용되는 경우에 감항한계에 근거하여 잔존 수명을 조정할 수 있으며, 그 조정 방식에 대하여 감항당국의 승인을 받아야 한다.

감항당국, 항공기 소유자, 형식증명 소지자가 동의하는 경우에 하나의 형식증명서에 등재된 항공기가 다른 형식증명서로 이동될 수 있다. 특정한 항공기 일련번호가 다른 형식증명서에 추가로 기재되기 전에 해당 항공기는 이동될 형식증명자료집에 기재된 모든 요건에 적합해야 하고 이를 확인하기 위한 형식증명 검사가 완료되어야 한다. 그 이외에 경우에는 형식증명자료집에 등재된 항공기 일련번호는 삭제되거나 변경되지 않는다. 다만, 특정한 항공기가 파손되거나 멸실된 경우는 예외로 한다.

다수의 제한형식증명 항공기가 국가기관 항공기(public aircraft)로 운용되고 있다. 이들 국가기관 항공기는 형식증명이 반드시 요구되지 않지만, 감항당국은 인증을 받은 항공기를 사용하도록 권고하고 있다. 그렇지만, 국가기관 항공기로 사용된다는 점을 고려해 인증 과정에서 안전성 수준을 낮추거나 감항요건을 경감하지는 않는다.

제한형식증명은 국가별로 매우 상이할 수 있으므로 미국 연방항공청은 외국 감항당국의 제한형식증명 항공기를 FAR §21.25(a)항에 따른 제한형식증명 검증 대상으로 간주하지 않는다. 또한, 외국에서 설계된 제한형식증명 항공기의 수입과 검증은 항공안전협정의 범위에 포함되어 있어야 한다.

군 잉여 무인 항공기 시스템(UAS)은 FAR §21.25(a)(2)항에 따른 제한형식증명을 받을 수 있다. 이들 군용 무인 항공기 시스템은 FAR §21.25의 요건과 Order 8110.56B의 지침을 만족해야 한다. 일반적인 군 잉여 항공기 문서와 민간의 인증문서가 다를 수 있다. 이에 따라서 문서체계, 비행교범, 정비교범, 기타의 매뉴얼 등이 민간 환경에서 운용되는 무인 항공기 시스템의 안전성을 보장하기 위하여 해당 요건의 의도를 충족시키는데 필요한 수준으로 조정될 수 있다.

2.3 제작증명 절차

제작증명(PC: Production Certification)은 형식증명을 받은 항공기, 엔진, 프로펠러를 대상으로 하며, 이를 생산하는 시스템이 해당 규정에 적합한가를 입증하는 과정을 말한다. 항공기 등에 대한 제작증명 소지자는 추가적인 입증을 하지 않아도 해당 항공기에 대한 감항증명을 받을 수 있는 특권을 가지게 된다.

제작증명을 위한 생산시스템은 해당 항공기 등에 대한 합치성과 감항성을 보장할 수 있는 품질시스템을 말하고, 이에는 생산시설, 조직 및 인력, 감항성 유지 등이 포함된다. 이와 같은 제작증명에 적용되는 규정과 세부절차는 다음과 같다.

- FAR Part 21, Subpart F – Production under TC, Subpart G – Production Certificates
- Order 8120.22A : Production Approval Procedures
- Order 8120.23A : Certificate Management of Production Approval Holders
- AC 21-43A : Production under 14 CFR Part 21, Subparts F, G, K, and O

FAR Part 21의 Subpart G에 따른 제작증명을 위한 생산시스템을 완전하게 갖추기 곤란한 경우에 Subpart F에 따라 최소한의 생산시스템만 갖추고 항공기 등을 생산할 수도 있으며, 부품제작자승인 및 기술표준품승인을 신청한 경우에도 설계승인과 함께 생산승인(PA: Production Approval)을 받아야 한다.

한편, 미국은 FAR §21.139 규정 Order 8120.22A의 지침에 따라서 미국 이외의 국가에 위치한 제작시설에 대해서 제작증명을 발급하지 않은 것을 원칙으로 하고 있다. 즉, 연방항공청이 해외 제작시설에 대하여 제작증명을 발급 및 관리하는데 부담이 되지 않는 경우에만 제작증명을 발급할 수 있다고 규정하고 있다. 이에 따라서 미국에 수입이 필요한 경우에만 해당 국가와 항공안전협정을 체결하여 형식증명을 발급하고, 제작에 관한 사항은 상대국가 감항당국의 인증체계를 따르는 방식을 취하고 있다.

유럽의 경우에는 EU Part 21의 Subpart G에 따른 생산조직승인을 받고, 각 국가별 규정에 따라 해당 국가 감항당국의 제작증명을 별도로 받아야 한다. 유럽의 경우에도 미국과 마찬가지로 해외 생산시설에 대한 생산조직승인 및 제작증명에 상호협정(BA)이나 업무약정(WA)을 요구하고 있지만, 미국보다 비교적 간소한 방식으로 생산조직승인 및 제작증명을 받을 수 있다.

- EU Part 21, Subpart G - Production Organisation Approval
- EASA Internal Working Procedure Production Organisation Approval (POAP)

우리나라의 경우에는 항공안전법, 시행규칙, 훈령 및 고시에서 제작증명에 관한 요건과 세부 절차를 규정하고 있다. 우리나라의 제작증명 규정은 미국과 동등한 체계를 갖추고 있으나, 주요 항목과 내용에 대한 최신화 개정이 필요한 상태이다.

- 항공안전법 제22조(제작증명), 시행규칙 제32조(제작증명의 신청)
- KAS Part 21, Subpart F 형식증명 하에서 생산, Subpart G 제작증명
- 국토교통부 훈령 제2024-1702호 : 제작증명 및 생산승인 지침
- 국토교통부 고시 제2018-318호 : 항공기등의 제작증명 및 생산승인 기준

항공기, 엔진, 프로펠러, 부품, 기술표준품에 대한 생산승인은 설계승인을 받은 품목의 합치성과 감항성을 보장할 수 있는 생산시스템을 갖추는 것인데, 여기서 생산시스템이라 함은 감항당국의 요건이 반영된 품질시스템을 지칭하는 것으로 볼 수 있다.

- ISO 9001 : Quality Management Systems - Requirements
- SAE AS9100 : Quality Management Systems - Requirements for Aviation, Space and Defense Organizations
- FAA Order 8120.23A : Certificate Management of Production Approval Holders, Appendix D. Standardized Noncompliance Codes for PAHs
- 국토부 훈령 : 제작증명 및 생산승인 지침, [별표 1] 항공기 인증시스템 평가(ACSEP)

이들 품질시스템은 요구항목이 매우 유사하고 동등한 수준의 요구조건으로 볼 수 있지만, ISO 9001과 AS9100은 주로 업체 간의 상용 거래에 적용되거나 책임성과 연속성을 보장할 수 없는 제3자에 의한 인증제도이므로 감항당국에서 인정하지 않고 있다.

따라서, 항공기, 엔진, 프로펠러, 부품, 기술표준품에 대한 생산승인에는 FAA Order 8120.23A의 부록 D에 제시된 생산승인 소지자 점검표(quality noncompliance codes)를 적용한다. 우리나라의 경우에는 국토부 훈령의 별표 1에 제시된 항공기 인증시스템 평가(ACSEP: Aircraft Certification System Evaluation Program) 점검표를 적용하고 있지만, 이는 10년 전에 미국에서 폐지된 것이므로 조속한 개정이 필요하다고 볼 수 있다.

2.3.1 미국의 제작증명 절차

미국 연방항공청은 항공기, 엔진, 프로펠러에 대한 제작증명(PC)과 부품제작자승인 및 기술표준품승인에 대한 생산승인(PA)을 위하여 기존에는 Order 8100.7에 따른 항공기 인증시스템 평가

[표 2-5] 생산승인 품질시스템 평가 항목수 비교

SAE AS9101F Quality System Audit Check Sheet	FAA Order 8120.23A, Appendix D Quality Noncompliance Codes	국토부 훈령, [별표 1] 항공기 인증시스템 평가(ACSEP)
• 7 분야, 395 구절, 107 요건 - 81개 항목	• 16개 분야 - 161개 항목	• 6개 분야 - 132개 항목
4. Organization : 5항목	(a) Design Data Control : 11항목	1. 조직관리 : 17항목
5. Leadership : 9항목	(b) Document Control : 3항목	2. 설계관리 : 10항목
6. Planning : 5항목	(c) Supplier Control : 22항목	3. S/W 품질보증 : 15항목
7. Support : 14항목	(d) Manufacturing Process : 21항목	4. 제작공정 : 37항목
8. Operation : 36항목	(e) Inspection and Testing : 15항목	5. 제작관리 : 34항목
9. Performance : 8항목	(f) Insp/Meas/Test Equip : 7항목	6. 공급업체 관리 : 19항목
10. Improvement : 4항목	(g) Insp and Test Status : 3항목	
	(h) Nonconforming Control : 10항목	
	(i) Corrective Actions : 6항목	
	(j) Handling and Storage : 4항목	
	(k) Quality Record Control : 3항목	
	(l) Internal Audit : 4항목	
	(m)In-Service Feedback : 3항목	
	(n) Quality Escapes : 5항목	
	(o) Authorized Release Doc. : 2항목	
	(p) Others : 42항목	

프로그램(ACSEP: Aircraft Certification System Evaluation Program)을 적용하였으나, 2013년부터 Order 8120.22 생산승인 절차 지침과 Order 8120.23 생산승인 소지자 인증관리 지침에 따른 평가제도를 운영하고 있다.

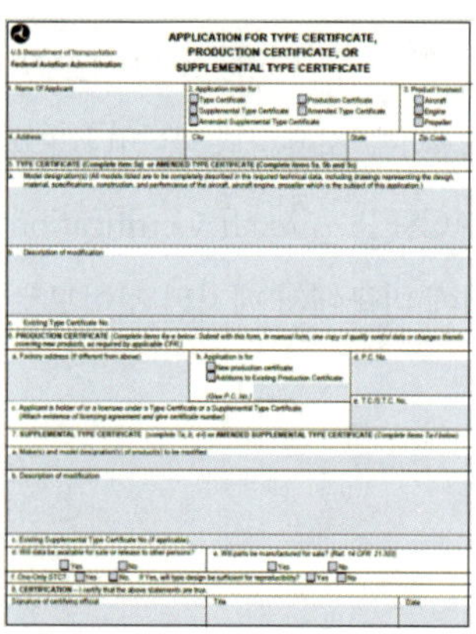

FAA Form 8110-12

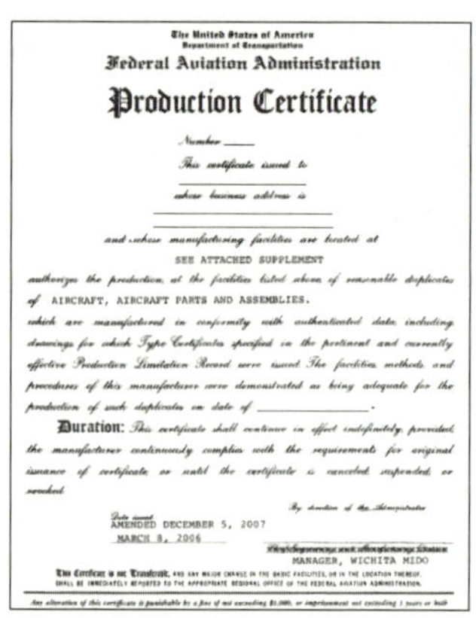

FAA Form 8120-4

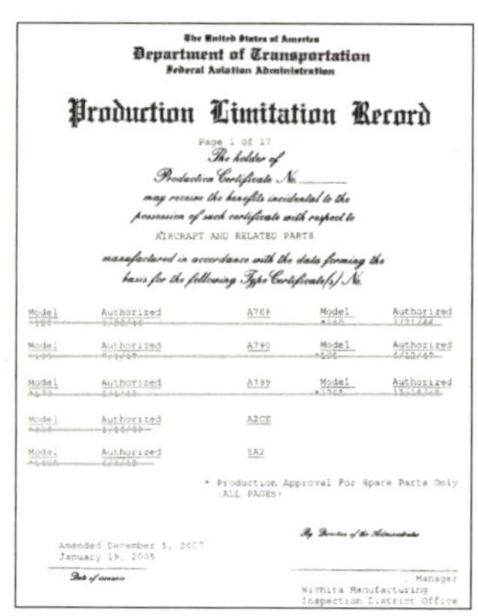

FAA Form 8120-3

[그림 2-17] 미국의 제작증명 신청서, 증명서, 한정서 서식

FAA Order 8120.22A에서는 제작증명 및 생산승인을 위한 신청 절차, 신청자 권고사항, 기본인증관리(PCM: Preliminary Certificate Management) 감사, 제작증명위원회(PCB: Production Certification Board) 구성, 회의 개최, 회의록 작성, 제작증명 종결 및 위원회 해산, 제작증명서(PC) 및 생산한정서(PLR: Production Limitation Record) 발급 등에 대한 지침을 제시하고 있다. 또한, 제작증명 소지자에 대한 최초의 위험기반 자원배분(RBRT: Risk-Based Resource Targeting) 평가를 수행하여 Order 8120.23A에 따른 생산승인 소지자 인증관리에 근거자료로 적용되도록 한다.

항공기, 엔진, 프로펠러에 대한 제작증명 신청은 형식증명 신청과 동일한 FAA Form 8110-12 서식을 사용하고, FAR §21.135에 따른 신청자 조직 설명자료, §21.137에 따른 품질매뉴얼 등을 포함하여 Subpart O에서 요구하는 그 밖의 서류를 함께 제출한다. 연방항공청은 제작증명을 위한 적합성이 확인되면, 신청자에게 제작증명서(PC)와 함께 생산한정서(PLR)를 함께 발급한다.

FAA Order 8120.23A는 생산승인을 획득한 소지자에 대한 사후 정기감사 및 감독을 위한 지침이지만, 생산승인을 위한 최초의 평가에도 이를 적용하고 있다. 이 지침서에서는 인증관리 일반사항, 생산승인 소지자에 대한 위험요소 평가(risk assessment), 항공기 인증 감사 정보시스템(ACAIS: Aircraft Certification Audit Information System) 사용 등에 대한 지침을 규정하고 있으며, 위험 레벨 결정을 위한 치명성 부품(critical parts) 및 카테고리 부품 목록(CPL: Category Parts List), 생산승인 품질시스템 점검표(standardized noncompliance codes) 등을 부록으로 수록하고 있다.

연방항공청은 제작증명과 생산승인 관리를 위하여 기존의 인증관리 정보시스템(CMIS: Certification Management Information System) 운영을 중단하고, 새로운 항공기 인증 감사 정보시스템(ACAIS: Aircraft Certification Audit Information System)을 사용하도록 하였다. 또한, 제작증명 및 생산승인 과제에 대한 위험기반 자원배분(RBRT: Risk-Based Resource Targeting) 평가를 수행하여 위험요소(risk)를 식별하고, 그 위험에 따라 자원을 배분하고, 여러 과제의 우선순위를 정하도록 하였다.

연방항공청의 위험기반 자원배분(RBRT) 평가는 항공기 인증 감사 정보시스템(ACAIS)을 활용하여 해당 제품이 운항되는 빈도, 품질시스템 상태, 불합치품 생산 가능성에 따른 조직적 위험요소를 결정하고. 위험 레벨에 따라 감사주기 결정 단계로 진행된다. 이 중에 조직에 대한 위험요소 평가에서는 위험 레벨을 다음과 같이 3가지로 구분한다.

- 높음(High) : 불일치품 생산 가능성 높은 소지자 또는 신청자
- 중간(Med.) : 불일치품 생산 가능성 중간 소지자 또는 신청자
- 낮음(Low) : 불일치품 생산 가능성 낮은 소지자 또는 신청자

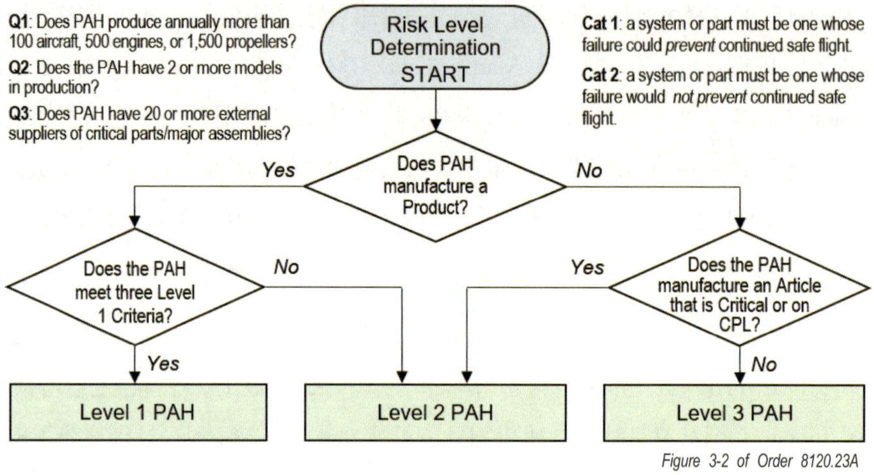

[그림 2-18] 제작증명 소지자 위험 레벨 결정 흐름도

위험 레벨 평가는 항공기 인증 감사 정보시스템(ACAIS)의 인증 소지자 정보와 사전에 설정된 질문에 Yes/No 답변을 통해서 결정되는 방식으로 진행한다. 또한, 치명성 부품(critical parts)은 고장 시에 완성제품의 기능, 성능, 수명 등에 중대한 영향을 미치는 부품으로 인증과정에서 규정된 부품을 말하며, 이밖에 고장의 유형에 따라서 카테고리 부품 목록(CPL: Category Part List)을 정하여 위험 레벨 결정에 적용한다. 이와 같은 과정으로 결정된 위험 레벨에 따라서 평가 주기와 평가팀 인원 규모가 정해지게 된다.

[표 2-6] 위험 레벨 평가에 따른 품질시스템 감사주기

Level 1			Level 2			Level 3	
High	Medium	Low	High	Medium	Low	Medium	Low
18+Audits within 12 months 1 QSA NTE 24 months	12+Audits within 12 months 1 QSA NTE 24 months	6+ Audits within 12 months 1 QSA NTE 36 months	4+ Audits within 12 months 1 QSA NTE 24 months	3+ Audits within 24 months 1 QSA NTE 36 months	1+ Audits within 36 months 1 QSA NTE 48 months	1+ Audits within 48 months	1+ Audits within 60 months

Table 3-1 of Order 8120.23A

Note 1: All audits in the table above are only "minimum" audit requirements. The plus symbol (+) indicates that management of the CM section may determine additional audits are required based on risk.

Note 2: Product Audits must be conducted during all audits. / QSA: Quality System Audit, NTE: Not to Exceed

카테고리 부품 목록(CPL)은 위험요소 평가의 위험 레벨을 결정하는데 적용되는 것으로서, 카테고리 등급(category rating) 1 또는 2로 할당된 시스템, 조립체, 부품을 말한다. 카테고리 등급 1은 고장 시에 안전한 비행과 착륙을 계속할 수 없을 정도로 안전 마진이 감소되거나 성능이 저하되거나 특정한 비행능력을 상실하는 것을 말하고, 카테고리 등급 2는 고장 시에 계속적인 안전한

비행과 착륙을 저해하지 않지만 불리한 운용조건이나 후속 고장에 대한 대처능력을 저하시키는 것을 말한다.

위험기반 자원배분(RBRT) 평가를 통하여 결정된 위험 레벨에 따른 제작증명 및 생산승인 소지자의 품질시스템 감사(audit)는 다음과 같이 16개 분야의 161개 항목에 대하여 수행된다. 이를 항공기 등의 제작증명과 부품 및 기술표준품에 대한 생산승인에 적용되는 항목으로 분류하면 다음과 같다.

- 항공기, 엔진, 프로펠러의 제작증명(PC) : 161개 항목
- 부품제작자승인(PMA)을 위한 생산승인 : 153개 항목
- 기술표준품승인(TSOA)을 위한 생산승인 : 152개 항목

[표 2-7] FAA 생산승인 품질시스템 점검표 (Noncompliance Codes)

Description of Noncompliance	PC	PMA	TSOA
(a) Design Data Control			
001. The audited facility did <u>not have</u> written procedures for controlling design data and subsequent changes to ensure that only current, correct, and approved data are used.	§21.137(a)	§21.307	§21.607
002. The audited facility did <u>not follow</u> procedures for controlling design data or subsequent changes to ensure that only current, correct, and approved data are used. *(skipped through Code 011)*	§21.146(b)	§21.316(b)	§21.616
(b) Document Control			
012 The audited facility did <u>not have</u> written procedures for controlling quality system documents and subsequent changes to ensure that only current, correct, and approved data are used.	§21.137(b)	§21.307	§21.607
013. The audited facility did <u>not follow</u> procedures for controlling quality system documents or subsequent changes to ensure that only current, correct, and approved data are used. *(skipped through Code 014)*	§21.146(b)	§21.316(b)	§21.616
(c) Supplier Control			
015. The audited facility did <u>not have</u> approved written procedures to ensure that each supplier-furnished product, article, or service conforms to the PAH's requirements.	§21.137(c)(1)	§21.307	§21.607
016. The audited facility did <u>not follow</u> approved written procedures to ensure that each supplier-furnished product, article, or service conforms to the PAH's requirements. *(skipped through Code 036)*	§21.146(b)	§21.316b)	§21.616(b)
(d) Manufacturing Process Control			
037. The PAH did not properly identify or define a special process within FAA-approved design data or in detailed process specifications.	§21.31	§21.303	§21.601
038. The audited facility did <u>not have</u> written procedures for controlling manufacturing processes. *(skipped through Code 057)*	§21.137(d)	§21.307	§21.607
(e) Inspection and Testing			
058. An audited facility did <u>not have</u> a written procedure for inspection or test to ensure a product or article conforms to its approved design.	§21.137(e)	§21.307	§21.607
059. An audited facility did <u>not follow</u> a procedure for inspection and test to ensure a product or article conforms to its approved design. *(through 072)*	§21.146(b)	§21.316b)	§21.616(b)
(f) Inspection, Measuring, and Test Equipment Control			
073. The audited facility did <u>not have</u> approved written procedures to ensure	§21.137(f)	§21.307	§21.607

that each supplier-furnished product, article, or service conforms to the PAH's requirements.			
074. The audited facility did not follow approved written procedures to ensure that each supplier-furnished product, article, or service conforms to the PAH's requirements. *(skipped through Code 079)*	§21.146(b)	§21.316b)	§21.616(b)
(g) Inspection and Test Status			
080. The audited facility did not have a procedure for documenting the inspection and test status of products and articles supplied or manufactured to the approved design.	§21.137(g)	§21.307	§21.607
081. The audited facility did not follow a procedure for inspection, measuring, and test equipment control to ensure calibration and control of all inspection, measuring, and test equipment used in determining conformity of a product or article to its approved design. *(skipped through Code 082)*	§21.146(b)	§21.316b)	§21.616(b)
(h) Nonconforming Procedure and Article Control			
083. The audited facility did not have a procedure for the identification, documentation, evaluation, segregation, and disposition by authorized individuals of nonconforming products and articles.	§21.137(h)	§21.307	§21.607
084. The audited facility did not follow a procedure for the identification, documentation, evaluation, segregation, and disposition by authorized individuals of nonconforming products and articles. *(skipped thr. Code 092)*	§21.146(b)	§21.316b)	§21.616(b)
(i) Corrective and Prevention Actions			
093. The audited facility does not have written procedures for implementing corrective and preventative actions to eliminate the causes of an actual or potential nonconformity or noncompliance.	§21.137(i)	§21.307	§21.607
094. The audited facility did not follow procedures for implementing corrective and preventative actions to eliminate the causes of an actual or potential nonconformity or noncompliance. *(skipped through Code 098)*	§21.146(b)	§21.316b)	§21.616(b)
(j) Handling and Storage			
099. The audited facility did not have a procedure to prevent damage and deterioration of each product and article during handling, storage, preservation, and packaging.	§21.137(j)	§21.307	§21.607
100. The audited facility did not follow a procedure to prevent the damage or deterioration of a product or article during handling, storage, preservation, or packaging. *(skipped through Code 102)*	§21.146(b)	§21.316b)	§21.616(b)
(k) Control of Quality Records			
103. The audited facility did not have a written procedure for identifying, storing, protecting, and retrieving quality records.	§21.137(k)	§21.307	§21.607
104.The audited facility did not have a written procedure for the retention of quality records for at least 5 years for products/articles manufactured under its approval and 10 years for critical components pursuant to §45.15(c). *(skipped through Code 105)*	§21.137(k)	§21.307	§21.607
(l) Internal Audits			
106. The audited facility did not have written procedures for planning, conducting, and documenting internal audits to ensure compliance with the approved quality system.	§21.137(l)	§21.307	§21.607
107. The audited facility did not follow approved procedures for planning, conducting, or documenting internal audits. *(skipped through Code 109)*	§21.146(b)	§21.316b)	§21.616(b)
(m) In-Service Feedback			
110. The audited facility does not have an approved procedure for receiving and processing feedback on in-service failures, malfunctions, and defects.	§21.137(m)	§21.307	§21.607
111.The audited facility did not follow approved procedures for receiving and processing feedback on in-service failures, malfunctions, and defects. *(skipped through Code 112)*	§21.146(b)	§21.316b)	§21.616(b)

(n) Quality Escapes			
113. The audited facility does not have an approved procedure for identifying, analyzing, and initiating appropriate corrective action for quality escapes.	§21.137(n)	§21.307	§21.607
114. The audited facility is not following approved procedures for identifying, analyzing, and initiating appropriate corrective action for quality escapes. *(skipped through Code 117)*	§21.146(b)	§21.316b)	§21.616(b)
(o) Issuing Authorized Release Documents			
118. The PAH has issued authorized release documents that were not in accordance with approved written procedures.	§21.137(o)	§21.307	§21.607
119. The PAH is issuing authorized release documents outside of the scope of its approved procedures.	§21.146(b)	§21.316b)	§21.616(b)
(p) Others			
120. The PAH did not report a failure, malfunction, or defect pursuant to §21.3.	§21.3	§21.3	§21.3
121. The PAH did not comply with §21.3(f) requirements related to investigation of and corrective action for products or articles deemed unsafe due to a manufacturing or design data defect. *(skipped through Code 162)* * *Code 139 is prescribed as N/A. Total Number of Codes is 161.*	§21.3(f)	§21.3(f)	§21.3(f)

Table D-2 of Appendix D, Order 8120.23A

2.3.2 우리나라 제작증명 절차

우리나라의 제작증명 및 생산승인은 항공안전법 제22조(제작증명), 제27조(기술표준품 형식승인), 제28조(부품등제작자증명), 그리고 이에 대한 훈령과 고시에 따라서 수행된다. 항공기 기술기준 KAS Part 21의 Subpart F 형식증명 하에서 생산과 Subpart G 제작증명에서도 해당 요건과 절차를 규정하고 있으나, 우리나라 인증실무에서 이를 직접 인용하지는 않고 있다.

국토교통부 훈령 "제작증명 및 생산승인 지침"과 고시 "제작증명 및 생산승인 기준"은 제작증명 및 생산승인에 대한 세부절차를 거의 동일한 내용으로 규정하고 있으나, 고시의 [별표 1]에 품질시스템 요구조건(품질체계 기준)이 제시되고, 훈령의 [별표 1]에는 품질시스템 평가표(ACSEP survey sheet)가 제시되어 있다.

항공기, 엔진, 프로펠러에 대한 제작증명은 그에 대한 형식증명, 제한형식증명, 부가형식증명 소지자 또는 생산에 관한 면허 계약자가 신청할 수 있다. 면허생산의 경우에는 해당 계약서에 설계변경 및 감항성 유지에 관한 책임이 명확히 규정되어야 한다.

또한, 훈령 제20조(제작시설의 위치)에 따라서 항공안전협정이 체결되지 않은 국가의 생산시설에 대하여 행정적 또는 재정적인 부담을 고려하여 제작증명서를 발급하지 않을 수 있고, 제23조(국제공동개발)에 따라서 국내 제작업체가 외국 제작업체와 면허생산 방식으로 공동개발 또는 생산하는 경우에 해당 외국 감항당국에 우리나라의 제작증명에 공동으로 참여 또는 지원을 요청할 수 있다.

항공기 등에 대한 제작증명을 신청할 때는 항공안전법 시행규칙 별지 제11호 제작증명 신청서 서식을 사용하고, 감항당국에서 증명서를 발급할 때는 시행규칙 별지 제12호 제작증명서 서식과 훈령 별지 제5호 생산승인 지정서를 함께 발급한다. 부품제작자승인 및 기술표준품승인을 위한 생산승인은 별도의 신청서나 증명서 서식을 사용하지 않고, 각각의 인증 신청서와 승인서에 포함되는 방식을 취하고 있다.

제작증명 신청자는 항공안전법 시행규칙 제32조(제작증명 신청) 및 고시 제5조(신청)에서 규정하고 있는 신청서류를 제출하여야 한다. 이는 항공기 기술기준 KAS Part 21, Subpart G의 21.135 조직, 21.137 품질시스템, 21.138 품질매뉴얼, 21.139 제작시설 위치 등에 대한 요건을 충족하기 위한 것이다.

1. 품질관리규정
2. 제작 방법 및 기술 설명자료
3. 제작 설비 및 인력 현황
4. 품질관리 및 검사체계 설명자료
5. 감항성 유지 및 관리체계 설명자료

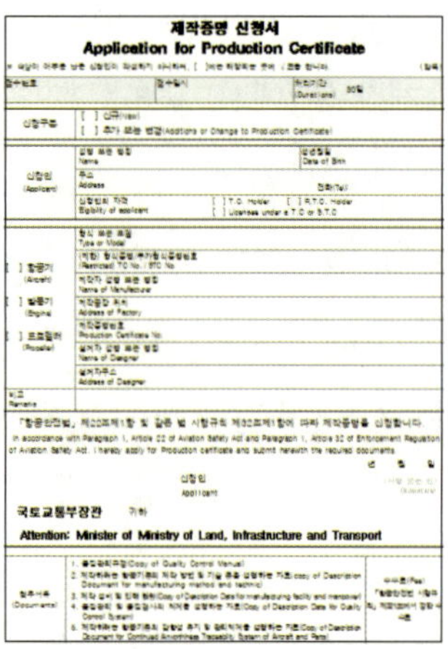
제작증명 신청서
Application for Production Certificate

시행규칙 별지 제11호 서식

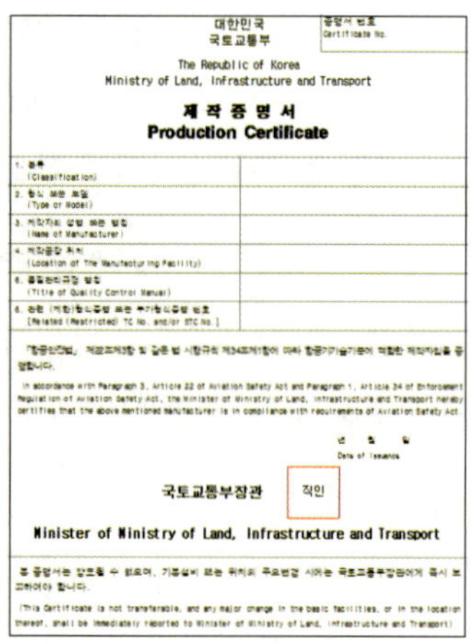
대한민국
국토교통부
The Republic of Korea
Ministry of Land, Infrastructure and Transport
제 작 증 명 서
Production Certificate

국토교통부장관 직인
Minister of Ministry of Land, Infrastructure and Transport

시행규칙 별지 제12호 서식

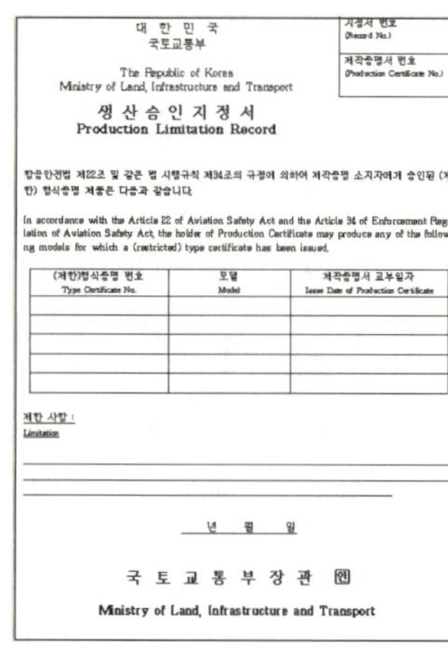
대 한 민 국
국토교통부
The Republic of Korea
Ministry of Land, Infrastructure and Transport
생 산 승 인 지 정 서
Production Limitation Record

국 토 교 통 부 장 관
Ministry of Land, Infrastructure and Transport

훈령 별지 제5호 서식

[그림 2-19] 우리나라 제작증명 신청서, 증명서, 지정서 서식

항공기 등에 대한 제작증명 신청서가 접수되면, 국토교통부는 신청서류를 검토하여 제작증명 인증과제를 편성한다. 이어서 제작증명위원회(PCB: Production Certification Board)를 구성하고, 항공기 인증 전문기관에 기술검증을 의뢰한다.

제작증명위원회(PCB)는 항공기술과장이 위원장을 맡고, 부위원장과 분야별 전문가를 포함하여 10인 이내로 구성된다. 다만, 최초의 제작증명, 생산시설의 이전, 또는 전문적인 심의가 필요한 경우에 구성하는 것을 원칙으로 한다. 제작증명위원회는 해당 제작증명 평가팀 구성, 평가계획 및 평가결과에 대한 적절성, 제작증명서 교부 등과 같은 중요 안건에 대한 심의를 통하여 의사결정을 수행한다.

제작증명 평가팀은 항공기 인증 전문기관에 구성되는 것이 일반적이지만, 필요한 경우에 국토교통부나 지방항공청 인원이 참여하기도 한다. 평가팀의 인원은 제작증명을 신청한 생산공장의 인원 규모에 따라서 다음과 같이 구성한다.[27] 다만, 생산공장에서 적용되는 공정 및 절차의 형태나 복잡성에 따라 필요한 인원이 추가될 수 있다.

- 직원이 400명 이하인 경우, 팀장 1명과 팀원 1명 내지 3명
- 직원이 400명 초과 2,000명 미만인 경우, 팀장 1명과 팀원 2명 내지 4명
- 직원이 2,000명 이상인 경우, 팀장1명과 팀원 3명 내지 5명

제작증명 평가팀은 신청자가 제출한 자료를 검토하여 생산승인 및 인증관리 계획서를 작성하여 감항당국의 제작증명위원회(PCB)에 제출한다. 이에 따라서 항공안전법, 시행규칙, 훈령의 해당 요건에 대한 적합성을 평가하고, 부적합 사항에 대해서는 부적합 보고서를 작성하여 신청자에게 통보한다.

- 경영자를 포함하는 품질관리 조직도와 각 조직에 부과된 책임과 위임사항
- 공급업체에서 생산하는 원자재, 구매품, 부품, 조립품에 대한 검사 절차
- 특수공정 식별, 부품 및 조립품 생산검사 및 공정관리 방법, 완성품 시험절차
- 부적합 품목에 대한 자재심의 절차 및 자재심의위원회 심의결과 자료
- 도면, 규격서, 품질관리절차 등의 최신 변경사항을 검사원에게 통보하는 절차
- 검사장소와 내용을 설명하는 목록 또는 배치도
- 해당 항공기 등에 대한 감항성 유지 및 사후 인증관리체계

제작증명 및 생산승인 신청자의 품질시스템에 대한 평가는 국토부 훈령의 [별표 1] 항공기 인증시스템 평가 점검표(ACSEP survey sheet)에 따라서 수행된다. 이 점검표는 2003년에 미국 연방항공청 Order 8100.7A를 근거로 15개 분야 129개 항목을 "품질보증체제 평가 점검표"를 제정한 것이 그 효시이다. 이를 2005년에 미국과 동일한 명칭의 "항공기 인증시스템 평가 점검표(ACSEP survey sheet)"로 수정하여 현재까지 적용하고 있다. 항공기 인증시스템 평가 점검표의 6개 분야와 각 분야의 항목은 다음과 같다.

27) 미국 연방항공청이 2013년에 Order 8120.23에 따른 위험기반 자원배분(RBRT: Risk-Based Resource Targeting) 평가제도를 전면 도입한 점을 고려할 때, 우리나라도 제작증명 신청자 생산시설의 물리적 규모에 따른 평가팀 편성과 평가 방식은 개선될 필요가 있다.

(1) 조직관리(organization) : 17항목

(2) 설계관리(design control) : 10항목

(3) 소프트웨어 품질보증(SQA) : 15항목

(4) 제작공정(manufacturing process) : 37항목

(5) 제작관리(manufacturing control) : 34항목

(6) 공급업체관리(supplier control) : 19항목

항공기 인증시스템 평가 점검표의 6개 분야 132개 항목에 대하여 항공기 등에 대한 제작증명(PC)과 부품 및 기술표준품에 대한 생산승인(PA)에 적용되는 항목으로 분류하면, 각각 다음과 같다.

- 항공기, 엔진, 프로펠러 제작증명(PC) : 131개 항목
- 부품제작자승인(PMA)의 생산승인 : 121개 항목
- 기술표준품승인(TSOA)의 생산승인: 123개 항목

[표 2-8] 항공기 인증시스템 평가 점검표 (ACSEP Survey Sheet)

평가 항목	평가결과			비고
	Yes	No	NA	
1. 조직관리 (Organizational Management)				
101. 제작증명서, 부품등제작자증명서, 또는 기술표준품 형식승인서가 당해 제작공장에 적절하게 전시되어 있는가?	☐	☐	☐	
102. 당해 제작공장은 생산승인서(제작증명/부품등제작자증명/기술표준품 형식승인)의 생산제한조건 범위 내에서 운용되고 있는가?	☐	☐	☐	
103. 각 기능을 담당하는 제작공장 및 개별 조직의 책임과 권한 범위를 규정하고 있는 전반적인 정책 및 절차적인 문서가 있는가? *(117항까지 생략)*	☐	☐	☐	
2. 설계관리 (Design Control)				
201. 기술자료/문서를 관리하기 위한 절차가 있으며, 보관, 유지 및 보호에 대한 내용을 포함하고 있는가?	☐	☐	☐	
202. 설계와 기술자료 문서에 대한 발행, 수정, 배포, 그리고 최신현황을 관리하고 있는가?	☐	☐	☐	
203. 제작, 품질, 그리고 운용/지원 부서는 설계 및 기술자료 변경에 대한 검토에 참여하는가? *(210항까지 생략)*	☐	☐	☐	
3. 소프트웨어 품질보증 (S/W Quality Assurance) – Part A. 항공기 탑재용 소프트웨어				
301. 항공기용 소프트웨어 형상관리를 위한 소프트웨어 형상관리 계획서(SCMP) 또는 절차서가 있는가?	☐	☐	☐	
302. 형상관리 대상 모든 소프트웨어 문서를 목록화하고 부품번호가 기재되는 형상색인문서(CID)가 유지되고 있는가?	☐	☐	☐	
303. 소프트웨어 문제를 보고, 추적, 그리고 해결하는데 필요한 지침 및 절차가 수립되어 있는가? *(309항까지 생략)*	☐	☐	☐	

평가 항목	평가결과			비고
	Yes	No	NA	
3. 소프트웨어 품질보증 (S/W Quality Assurance) – Part B. 제품 합부 판정용 소프트웨어				
310. 항공기용 소프트웨어 형상관리를 위한 소프트웨어 형상관리 계획서(SCMP) 또는 절차서가 있는가?	☐	☐	☐	
311. 제품 합부 판정용 소프트웨어에 대한 모든 변경사항을 문서화하고 이를 승인하는가?	☐	☐	☐	
312. 소프트웨어 관련 제품의 수락 문제를 보고, 추적, 그리고 해결하는데 필요한 지침 및 절차가 수립되어 있는가? *(315항까지 생략)*	☐	☐	☐	
4. 제작공정 (Manufacturing Processes) - Part A. 제작공정 및 특수공정				
401. 작업지침서 및 이에 대한 개정사항은 검토, 승인, 관리, 그리고 문서화되는가?	☐	☐	☐	
402. 운용 중인 모든 특수공정을 식별하고, 이를 국토부의 승인을 받은 설계자료에 정의하고, 공정규격에 구체적으로 명시하고 있는가?	☐	☐	☐	
403. 신규 또는 변경된 공정은 적합한 인원에 의하여 검토 및 승인되는가? *(412항까지 생략)*	☐	☐	☐	
4. 제작공정 (Manufacturing Processes) - Part B. 자재인수, 취급 및 저장				
413. 원자재 및 공급업체의 부품/용역이 국토교통부의 승인을 받은 설계자료 또는 구매주문서 요구사항에 합치하는지 확인하기 위한 인수검사 절차가 있는가?	☐	☐	☐	
414. 인수검사에 대한 기록을 작성하고 이를 유지하고 있는가?	☐	☐	☐	
415. 구매한 시효성 자재와 품목이 규격서의 요구조건을 만족하는지 확인하기 위하여 검사를 수행하는가? *(424항까지 생략)*	☐	☐	☐	
4. 제작공정 (Manufacturing Processes) - Part C. 감항성 결정				
425. 장착/납품을 위하여 불출하기 전에, 창고에 보관 중인 제품/부품에 요구되는 설계변경이 반영되었는가를 확인하는가?	☐	☐	☐	
426. 합치성이 확인되고 적합하게 식별 표시된 제품/부품만을 창고에 보관하고 부품의 이동/불출을 관리하고 있는가?	☐	☐	☐	
427. 완성된 제품/부품에는 적합한 식별 표시가 되어 있는가? *(437항까지 생략)*				
5. 제작관리 (Manufacturing Controls) - Part A. 통계적 품질관리				
501. 인수검사 및 제작과정에서 특정한 제품특성의 합부 판정을 할 수 있도록 통계적 샘플링 검사계획이 수립되어 있는가?	☐	☐	☐	
502. 기술부서와 제작부서는 제품에 대한 합부 판정을 위해 통계적 품질관리(SQC)와 통계적 공정관리(SPC)를 검토, 수행, 그리고 유지하는데 참여하는가?	☐	☐	☐	
503. 특정한 제품 특성에 맞는 합부 판정이 가능하도록 통계적 공정관리(SPC) 방법이 수립되어 있는가? *(506항까지 생략)*	☐	☐	☐	
5. 제작관리 (Manufacturing Controls) - Part B. 치공구 및 게이지				
507. 검사 및 시험용으로 사용되는 특정한 기기류는 검사 대상 특성의 합치성을 결정하는데 적합한 정밀도를 가지고 있는가?	☐	☐	☐	
508. 치공구, 게이지, 기기류는 최초 승인 후, 주기적으로 검사 및 검교정을 받고 있는가?	☐	☐	☐	
509. 교정에 사용되는 표준은 적정한 정밀도를 가지고 있고, 공인된 국제표준기구에 의한 관리를 받고 있는가? *(512항까지 생략)*	☐	☐	☐	

평가 항목	평가결과			비고
	Yes	No	NA	
5. 제작관리 (Manufacturing Controls) - Part C. 시험				
513. 시험절차/해당지침 그리고 이에 대한 변경내용을 수립, 유지, 그리고 적절하게 관리하고 있는가?	□	□	□	
514. 시험지침 또는 시험절차의 검토에 해당되는 관련 부서가 참여하도록 절차에 규정하고 있는가?	□	□	□	
515. 시험 합격한 후에 조정작업이나 재작업을 수행한 제품/부품에 대하여 승인된 절차에 따라서 재시험을 하는가? *(519항까지 생략)*				
5. 제작관리 (Manufacturing Controls) - Part D. 비파괴 검사				
520. 비파괴검사 공정과 이에 대한 변경사항은 국토교통부의 승인을 받은 설계자료에 합치하도록 문서화, 관리, 그리고 검토되고 있는가?	□	□	□	
521. 비파괴검사 작업자를 자격인증, 재인증, 그리고 인증취소를 하며, 그들에게 인가된 범위 내에서 작업을 수행하도록 하는가?	□	□	□	
522. 비파괴검사 절차 및 공정 규격은 쉽게 이용가능하고 검사원이 이를 사용하고 있는가? *(528항까지 생략)*	□	□	□	
5. 제작관리 (Manufacturing Controls) - Part E. 불일치 자재				
529. 자재심의위원회를 구성하고, 이에 대한 문서화 및 운영을 하는가?	□	□	□	
530. 불일치 제품/부품을 식별, 관리, 판정처리를 하는가?	□	□	□	
531. 자재심의위원회에서 중요 변경으로 판정된 사항은 설계승인 과정을 통하여 국토교통부의 승인을 받는가? *(534항까지 생략)*	□	□	□	
6. 공급업체 관리 (Supplier Control)				
601. 승인된 공급업체를 활용하도록 하는가?	□	□	□	
602. 공급업체에 대하여 최초평가 및 주기평가를 실시하고, 필요시에 공급업체에서 발견된 결함사항에 대한 시정조치를 하는가?	□	□	□	
603. 공급업체의 품질관리매뉴얼(최상위 문서)은 생산승인(제작증명, 부품제작증명, 기술표준품형식승인) 소지자에 의해서 승인되었는가? *(619항까지 생략)*	□	□	□	

국토교통부 훈령, 별표 1

국토교통부는 제작증명위원회 및 평가팀을 통하여 신청자의 생산승인 품질시스템에 대한 시정조치가 완료되고, 해당 요구조건에 적합하다고 확인한 경우에 생산승인 지정서와 함께 제작증명서를 발급한다. 제작증명서가 발급된 이후에 신청자의 생산시설이나 품질시스템이 해당 제품의 합치성 및 감항성에 영향을 미칠 수 있는 다음과 같은 변경이 발생하는 경우에 적합성을 다시 평가한다.

- 공장의 일부를 이전하거나 기존의 공장을 증설하는 경우
- 정상적인 휴가 기간보다 오랫동안 가동을 중지한 후에 생산을 재개하는 경우
- 생산 활동을 현저하게 감축한 후 생산을 재개하는 경우
- 상당한 수의 품질관리 인원을 감축하거나 재배치하는 경우

- 품질관리 자료 및 관련 공정이나 절차를 변경 또는 개정하는 경우

국토교통부 및 전문기관은 생산승인 소지자에 대한 정기 감사(audit)를 통하여 해당 품목의 합치성 및 감항성 유지 상태를 확인한다. 이는 다음과 같이 검사관 평가, 공급업체관리 감사, 제품 감사, 항공기 인증시스템 평가로 구분하여 국토부 훈령의 [별표 1] 항공기 인증시스템 평가 점검표의 전부 또는 일부를 적용하여 수행한다.

- 검사관 평가 : 연간 2회 이상
- 공급업체관리 감사 : 연간 2개 내지 4개 업체
- 제품 감사 : 연간 1회
- 항공기 인증시스템 평가 : 연간 1회

우리나라의 제작증명 및 생산승인 사례는 2024년 현재까지 약 10여건 정도에 불과하다. 2000년 5월에 Bell 427 헬기에 대한 형식증명승인서가 발급된 이후 당시의 삼성항공산업㈜ 및 한국항공우주산업㈜에서 Bell Canada와 공동개발한 SB427 (Bell 427) 헬기에 대하여 항공법 제17조의3(품질보증체제 인증)에 따른 초보적인 수준의 제작증명이 수행되었고, 2002년 2월에 인증서가 발행되었다.

금호타이어㈜는 2007년 7월에 항공기 타이어를 대상으로 우리나라 최초의 기술표준품에 대한 생산승인을 받았으며, 한국항공우주산업㈜은 2013년 12월에 KC-100 비행기를 대상으로 우리나라 최초의 제작증명을 획득하였다. 이어서 2022년 7월에 KUHC-1 제한형식증명 소방헬기에 대한 제작증명을 받아 생산승인 지정서에 등재되었다.

우리나라 기술표준품에 대한 생산승인은 2007년 금호타이어㈜를 필두로 2012년 퍼스텍㈜, 2013년 LIG넥스원, 2015년 LG CNS, 2019년 시올프마린㈜과 ㈜써브, 2022년 플라인텍㈜이 인증을 받았다. 항공기 부품에 대한 생산승인은 2022년 ANH Structure가 컵홀더와 웨어디스크를 대상으로, GTA Aerospace가 2023년 창문 덮개를 대상으로 인증을 받았다.

2.4 감항증명 절차

감항증명(AC: Airworthiness Certification)은 형식증명(TC)이나 제작증명(PC)과 달리 항공기만을 대상으로 한다. 다만, 엔진, 프로펠러, 부품, 기술표준품에 대해서는 감항승인(airworthiness approval)을 받아야 항공기에 장착하여 사용할 수 있다.

항공기 감항증명(AC)은 그 설계가 감항기준에 적합하고, 이를 통해 승인된 설계에 합치하게 제작되고, 이로써 해당 항공기가 안전한 비행 상태를 유지하고 있음을 검사와 시험을 통하여 입증하는 것이다.

그리고, 형식증명과 제작증명을 통하여 공장에서 제작된 신규 항공기는 최종 완성 항공기에 대한 양산 검사와 비행시험만으로 감항증명을 받을 수 있고, 최초의 감항증명을 받고 운항에 사용되고 있는 항공기의 경우에는 인가된 정비 프로그램 등에 따라 감항성을 유지하는 경우에 감항증명이 갱신되거나 신규 감항증명을 받을 수 있다.

또한, 항공기 감항증명은 미국 연방항공규정 FAR §21.175 감항증명 분류와 우리나라 항공안전법 제23조(감항증명 및 감항성 유지) 제3항에 따라서 다음과 같이 표준감항증명(Standard AC)과 특별감항증명(Special AC)으로 분류된다.

- 표준감항증명 : 보통급, 실용급, 곡예급, 커뮤터, 수송급으로 형식증명을 받은 항공기, 그리고 유인자유기구와 특별분류로 지정된 항공기에 대한 감항증명(§21.183)
- 특별감항증명 : 초급(§21.184 primary), 제한급(§21.185 restricted), 한정급(§21.189 limited), 라이트-스포츠(§21.190 light-sport), 실험용(§21.191 experimental), 특별비행허가(§21.197 special flight permit), 그리고 임시감항증명(§21.211 provisional)

미국의 항공기 감항증명은 FAR Part 21의 Subpart H와 Subpart I, 그리고 부품류 감항승인은 Subpart L에서 규정하고 있다. 이를 시행하기 위한 지침서와 안내서는 다음과 같다. 이들 문서는 항공기에 대한 표준감항증명과 특별감항증명, 부품류에 대한 감항승인, 그리고 수출입 감항승인에 관한 것으로 분류할 수 있다.

- Order 8130.2K : Airworthiness Certification of Aircraft
- Order 8130.21H : Procedures for Completion and Use of Airworthiness Approval Tag
- Order 8130.29A : Special Airworthiness Certificate for R&D Flight Testing
- Order 8130.34D : Airworthiness Certification of UAS and Optionally Piloted Aircraft
- AC 21-2L : Requirements of Importing Countries When Exporting U.S. Products

- AC 21-12C : Application for U.S. Airworthiness Certificate, FAA Form 8130-6
- AC 21-23B : Airworthiness Certification of Aircraft Imported to the United States
- AC 21-44A : Issuance of Export Airworthiness Approvals under Part 21 Subpart L

우리나라의 항공기 감항증명은 항공안전법 제23조(감항증명 및 감항성 유지)에서 표준감항증명과 특별감항증명을 규정하고, 제24조(감항승인)에서는 부품류에 대한 감항승인과 항공기 등에 대한 수출 감항승인을 규정하고 있다. 이를 시행하기 위한 훈령과 고시는 다음과 같다. 다만, 항공기에 대한 표준감항증명 세부절차를 규정하는 감항성 심사지침은 오랫동안 개정되지 않고 있는 실정이다.

- 항공안전본부 훈령 제2008-230호 : 운항증명 소지자의 항공기 감항성 심사지침
- 국토교통부 훈령 제2018-1028호 : 특별감항증명 발급 지침
- 국토교통부 훈령 제2018-1080호 : 항공기 등의 감항승인 요령
- 국토교통부 고시 제2018-0544호 : 부품등 감항승인서 작성 및 사용절차규정

미국 연방항공청은 항공기 운항을 담당하는 비행표준국(AFX)이 아닌 항공인증국(AIR)에서 감항증명 업무를 수행한다. 인증브랜치(CB)와 인증관리브랜치(CMB) 소속의 제조분야 및 감항분야 항공안전검사관(ASI)이 감항증명서를 발급하며, 지정인가조직(ODA)의 유닛 멤버, 그리고 지정제조검사관(DMIR)과 지정감항검사관(DAR-F)도 연방항공청의 위임을 받아 감항증명서를 발급할 수 있다.

우리나라의 경우에는 항공안전법 시행령 제26조에 따라 국토교통부의 위임을 받은 지방항공청에서 항공기에 대한 감항증명서와 부품류에 대한 감항승인서를 발급한다. 다만, 형식증명을 받은 항공기에 대한 최초의 표준감항증명서, 제한형식증명을 받은 항공기에 대한 최초의 특별감항증명서, 그리고 부품 및 기술표준품에 대한 최초의 감항승인서는 국토교통부에서 직접 발급한다. 또한, 이를 위한 기술검증 업무는 항공기 인증 전문기관 지정서에 따라서 항공안전기술원에서 수행한다.

2.4.1 감항증명 일반절차

미국 연방항공청의 Order 8130.2K의 Chapter 2의 2-3절에서 특별감항증명과 특별감항증명에 공통적으로 적용되는 절차를 제시하고 있다. 이에 따르면 항공기 감증증명 업무는 신청서류 검토, 감항증명 이력 검토, 잠재적 위험 식별, 항공기 기록 검토, 해당 항공기 검사, 검사 결과 기록, 감항증명서 발급, 서류정리 및 보관 단계로 진행된다.

신청서류 검토 단계에서는 감항증명 신청서가 AC 21-12에 제시된 안내에 따라 해당 항공기 식별, 감항증명 종류, 소유자 및 형식증명, 감항검사 수행업체, 연방항공청 및 위임검사관, 제작증명 및 양산 비행시험, 특별비행허가, 등에 대한 내용이 충실히 작성되었는지 확인한다. 항공기 소

유자를 대신하여 대리인이 감항증명을 신청하는 경우에 이를 공증하는 문서를 함께 제출했는지 확인한다. 항공기 형식증명자료집(TCDS), 항공기 사양서, 항공기 인증목록 등을 검토하여 감항증명을 신청한 항공기의 제작사, 모델번호, 일련번호를 비교 확인한다.

감항증명 이력 검토 단계에서는 항공기 등록시스템(the Registry, https://registry.faa.gov/)을 통하여 해당 항공기의 등록국가와 등록번호를 확인한다. 신규로 제작된 항공기가 아닌 경우, 기존에 감항증명 발급이 거절된 사례가 있는지, 그 사유가 해소되었는지 확인한다.

잠재적 위험 식별 단계에서는 해당 항공기, 엔진, 프로펠러 등에 잠재적인 위험(potential safety hazards)이 있는지 확인한다. 즉, 해당 항공기에 대한 인증 이력, 운항 및 정비 이력, 사고 이력 등을 검토하여 항공기 형상, 장착된 장비품, 새롭거나 특이한 특징, 최근으 고객 인도 검사 및 품질결함, 항공기 고장 및 사고, 소유자 변경이력, 장기간 저장 여부 등을 확인한다.

항공기 기록 검토 단계에서는 감항증명 신청서에 기재된 항공기 정보와 등록증명서에 기재된 내용의 일치 여부를 확인한다. 또한, 감항증명 신청자가 특정한 항목에 대하여 면제(exemption)를 신청했는지 확인하다. 해당 항공기의 정비 기록, 중량 및 균형 보고서, 적용 정비교범 및 비행교범, 비행시험 수행 여부 등을 확인한다.

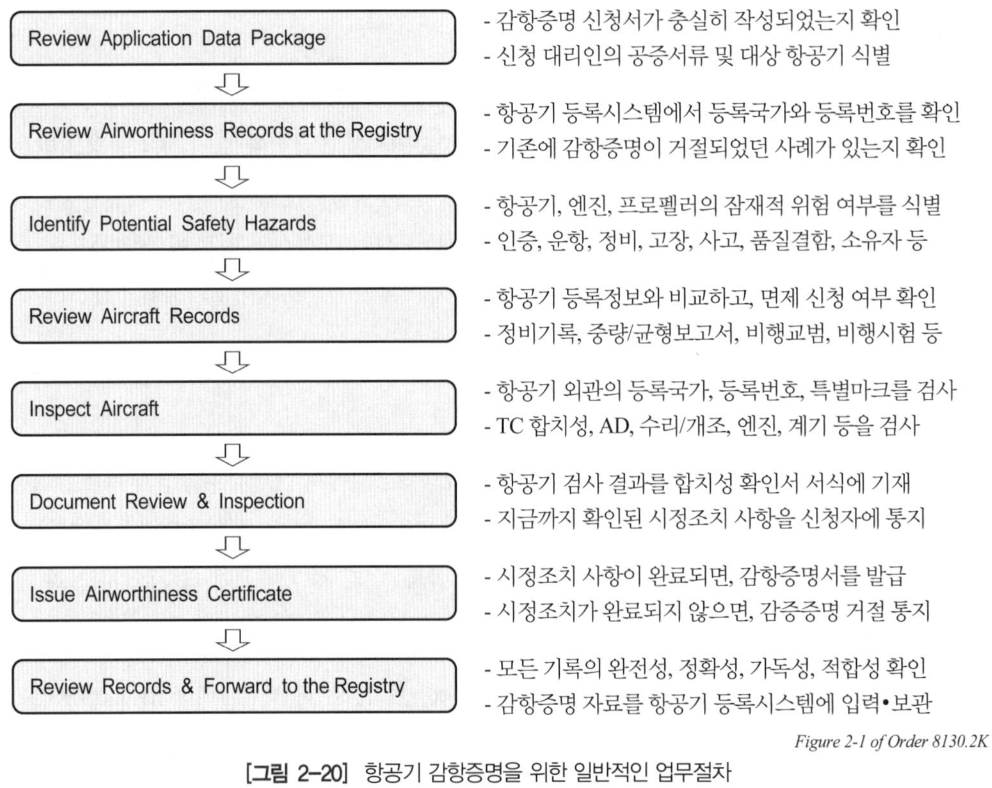

Figure 2-1 of Order 8130.2K

[그림 2-20] 항공기 감항증명을 위한 일반적인 업무절차

항공기 검사 단계에서는 먼저 항공기 외관의 등록국가, 등록번호, 특별마크 등을 해당 요건에 따라 검사한다. 다음으로 해당 항공기의 형식증명 내용에 대한 합치성을 검사하고, 형식증명 이후의 감항성개선지시서 이행 상태, 중급 수리 및 개조, 경급 수리 및 개조 사항을 검사한다. 이어서 엔진, 프로펠러, 시스템, 장치품, 계기 및 플래카드, 외부이물질에 의한 손상 여부 등을 검사한다.

검사 결과 기록 단계에서는 항공기 검사 결과를 합치성 검사 기록서에 기재한다. 또한, 항공기 검사 중에 확인된 시정조치 사항에 대하여 감항증명 신청자가 해소하였는지를 함께 기록한다.

감항증명서 발급 단계에서는 지금까지의 검토 및 검사 결과에 따라서 해당 항공기가 감항성을 유지하고 기타의 적용 요건을 만족하고 있다고 판단되는 경우, 감항증명서를 발급한다. 감항증명 신청서의 Section V. 연방항공청 및 위임검사관 부분과 Section VIII. 감항증명 종결 부분의 내용을 기록한다. 감항증명 선언문(maintenance record entry)을 포함하여 서식에 따라 감항증명서를 작성하여 신청자에게 전달한다.

감항증명을 위한 서류 검토 및 항공기 검사에서 확인된 시정조치 사항을 신청자가 일정한 기간 내에 수정작업을 완료하지 못하는 경우에 감항증명을 거절하는 문서를 신청자에게 발송한다. 이러한 경우에 감항증명 신청서의 Section V와 Section VIII 내용은 기록하지 않는다.

서류정리 및 보관 단계에서는 감항증명을 위해 수행된 모든 기록에 대한 완전성, 정확성, 가독성, 그리고 해당 요건에 대한 적합성을 최종적으로 확인한다. 감항증명에 관계된 모든 서류를 항공기 등록시스템(the Registry)에 입력 보관한다.

2.4.2 표준감항증명 세부절차

항공기 표준감항증명을 위한 법적인 요건은 FAR Part 21, Subpart H의 §21.183에서 규정하고 있으며, 이에 대한 세부절차 지침은 Order 8130.2K의 Chapter 3에 제시되어 있다. 이는 일반적인 보통급, 실용급, 곡예급, 커뮤터, 수송급 항공기, 그리고 유인자유기구에 대한 감항증명을 말하며, §21.17(b)에서 규정하는 글라이더, 비행선, 기타의 비전통적 항공기 등과 같은 특별분류(special classes) 항공기를 포함한다.

항공기 표준감항증명 신청자는 FAR §21.173에 따라 지정된 FAA From 8130-6 Application for U.S. Airworthiness Certificate 서식을 작성하여 관련자료와 함께 연방항공청의 관할 인증관리 브랜치의 해당 섹션 사무실에 제출하고, 연방항공청 소관 부서는 해당 항공기에 대한 적합성 및 합치성이 확인되면 §21.183에 따라서 FAA Form 8100-2 Standard Airworthiness Certificate 서식으로 감항증명서를 발급한다. 항공기 이외의 엔진, 프로펠러, 부품, 기술표준품에 대해서는 FAA Form 8130-3 Airworthiness Approval Tag 서식으로 감항승인서를 발급한다.

감항증명 대상 항공기의 기록을 검토할 때, §21.183(e)에 따른 소음, §21.183(f)에 따른 비상 출구, §21.183(g)에 따른 연료배출 및 배기가스에 대한 사항을 반드시 검토해야 한다. 또한, §91.1505에 따른 여압식 동체에 대한 수리 평가와 §91.1507에 따른 연료탱크 검사 프로그램 등에 대한 항목이 포함되어야 한다.

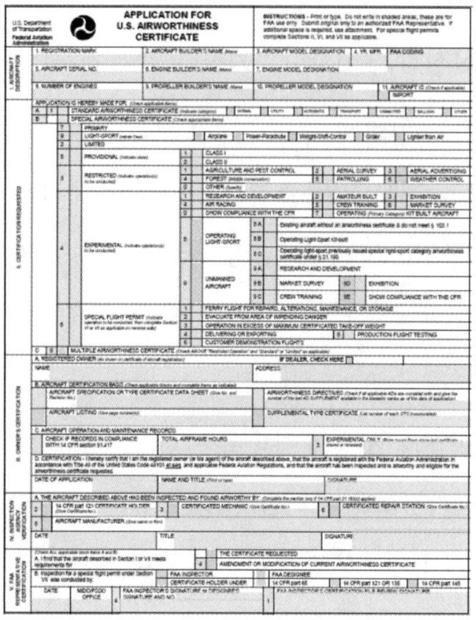
APPLICATION FOR U.S. AIRWORTHINESS CERTIFICATE

FAA Form 8130-6 *Page 1 of 2*

UNITED STATES OF AMERICA
DEPARTMENT OF TRANSPORTATION-FEDERAL AVIATION ADMINISTRATION
STANDARD AIRWORTHINESS CERTIFICATE
N54321
Cirrus Design Corporation SR20
Normal
None
22 Feb 2017
JAMES EDWARD NEWINGER
AIR-113

FAA Form 8100-2

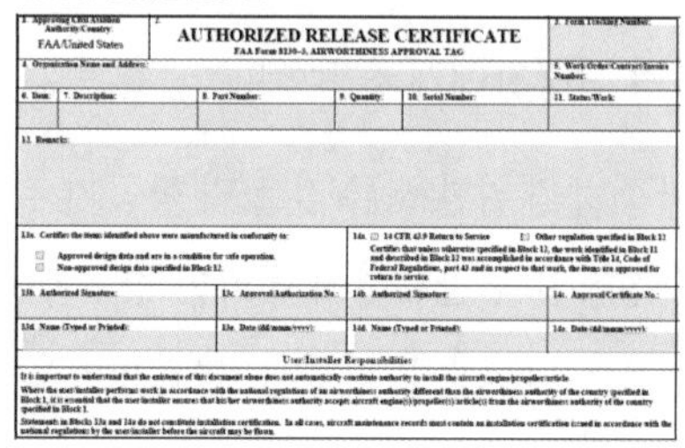
AUTHORIZED RELEASE CERTIFICATE

FAA Form 8130-3

[그림 2-21] 미국의 표준 감항증명 신청서, 증명서, 감항승인서 서식

FAR §21.183(a)에 규정된 바와 같이 제작증명을 받고 생산되는 항공기는 추가적인 입증 없이도 감항증명을 받을 수 있다. 해당 항공기에 대한 신청자의 합치성 확인서(SoC)를 제출할 필요가 없으며, 연방항공청의 항공기 검사도 필수적으로 요구되지 않는다. 제작증명 소지자에 대한 연방항공청의 검사 주기는 관할 인증관리 브랜치 및 섹션에서 조정할 수 있는데, 최근의 항공기 설계, 품질시스템, 인력, 협력업체에 대한 변경사항과 고객이 확인한 결함, 품질결함, 고장 및 사고 이력 등을 고려한다. 항공기에 대한 검사를 수행하는 경우에는 제작증명서 및 생산승인 지정서를 통하여 제작자를 식별하고, 양산 비행시험을 포함하여 품질시스템 절차서 이행 상태를 확인한다.

FAR §21.183(b)에 규정된 바와 같이 바와 같이 형식증명만 받고 생산되는 항공기에 대한 감항증명은 신청서류 검토 단계에서 신청자의 생산승인에 대한 유효성을 확인하고, 신청자가 제출한 합치성 확인서의 내용을 확인한다. 항공기 기록 검토 단계에서는 각 항공기에 대한 기존의 연방항공청 검사 기록, 신청자 검사 기록, 불합치품에 대한 자재심의 조치내용 등을 확인한다. 항공기 검사 단계에서는 표준감항증명 발급 대상 항공기에 대한 직접적인 검사를 수행한다. 신청자의 제조시스템, 절차, 인력 등에 중대한 변경이 있는 경우에는 항공기 검사를 강화할 수 있다. 감항성개선지시 이행 상태를 포함하여 형식증명에 대한 합치성을 확인하고, 항공기에 대한 합치성 검사를 수행한다. 연방항공청이 합치성 검사는 자체적인 판단으로 조정될 수 있으나, 다른 방법으로 대체되거나 생략될 수 없다.

FAR §21.183(c)에 규정된 바와 같이 외국(SOM: State of Manufacture)에서 신규로 제작되어 수입되는 항공기에 대한 표준감항증명 절차는 다음 절에서 별도로 설명할 것이다. FAR §21.183(d)에 따른 중고 항공기에 대한 표준감항증명을 위하여 항공기 기록 검토 단계에서 항공기 정비 기록을 검토하여 감항증명 신청 30일 전에 검사를 통하여 감항성을 판단하였는지 확인한다. 이는 Part 43에 따른 100시간 주기검사를 말하며, 다음과 같은 자격을 갖춘 인원이 해당 항공기를 검사하고 감항성을 판단했는지 확인한다.

- 해당 항공기 제작자
- Part 145에 따른 수리사업증명 소지자
- Part 65에 따른 정비자격 소지자
- Part 119에 따른 운항증명 소지자

유인자유기구(manned free balloons)에 대한 표준감항증명은 항공기 검사 단계에서 신청자가 완전한 항공기 형태를 제시하고 있는가를 확인하여야 한다. 일반적으로 유인자유기구는 버너, 연료시스템, 바스켓과 함께 기구(envelope)으로 구성되는데, 이와 같은 구성 요소가 형식증명자료집에 기재된 내용과 일치하는가를 확인한다. 이 중에 일부 품목만 제시된 경우에는 표준감항증명을 발급하지 않는다. 다만, 기구(envelope)가 버너 및 바스켓과 조립되어 비행시험을 수행했고, 형식증명에 따라서 다른 버너 및 바스켓에도 조립될 수 있고, 이에 따라 기구만 별도로 인도되는 경우에는 표준감항증명 발급이 가능하다. 또한, 해당 형식증명에 규정된 경우에 버너 및 바스켓과 기구는 서로 교환 조립해 사용될 수 있다.

우리나라의 표준감항증명은 항공안전법 제23조(감항증명 및 감항성 유지)에서 법적 요건을 규정하고 있으며, 훈령 "항공기 감항성 심사 지침"에 따라 지방항공청에서 수행되고 있다. 해당 훈령에는 신청서류 확인, 검사 범위, 상태 검사, 탑승 검사 등에 대한 절차와 별지 서식으로 서류검사표와 상태검사표가 제시되어 있다.

감항증명 서류검사표는 항공기 현황표와 서류검사표로 구성되어 있으며, 항공기 현황표에는 항공기에 대한 소유자, 등록번호, 제작자, 항공기 제원, 총 사용시간, 정비후 사용시간 등과 함께 엔진 및 프로펠러 이력을 함께 기재한다. 서류검사표에는 기술자료, 개조현황, 감항성개선지시서, 정비일지, 장비목록, 수명제한 품목, 중량 및 평형, 수리작업 상태 등을 만족/불만족 방식으로 체크하고, 종합적인 검사 결과를 기재한다.

감항증명 상태검사표는 동체 부위, 조종실 및 객실, 엔진 및 덮개, 착륙장치, 날개 부위, 항공기 꼬리, 전자장비, 프로펠러, 안전운항 장비, 그리고 회전익 항공기에 대한 메인 로터 및 꼬리 로터 부위에 대한 각 항목을 검사하여 정상/불량 방식으로 체크하고, 종합적인 검사 결과를 기재한다.

항공기에 대한 서류검사와 지상검사가 완료되면, 항공기 기종별로 정해진 비행시험 점검표에 의한 탑승 검사를 수행한다. 관할 지방항공청은 해당 항공기에 대한 감항검사가 완료하고 항공안전법과 훈령에 규정된 요건을 충족하는 경우에 운용한계 지정서와 함께 표준감항증명서를 발급한다.

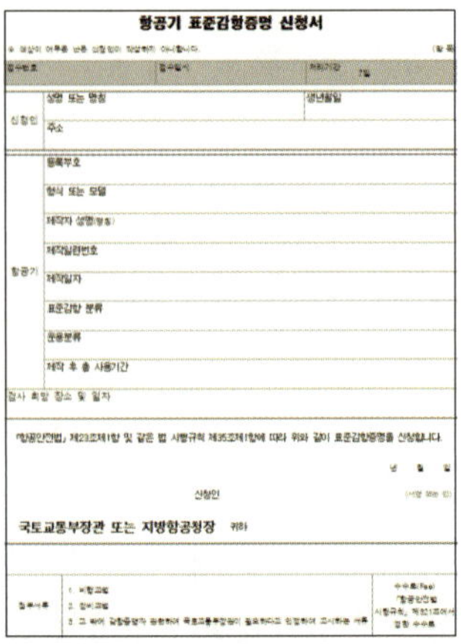

시행규칙 별지 제13호 서식

시행규칙 별지 제15호 서식

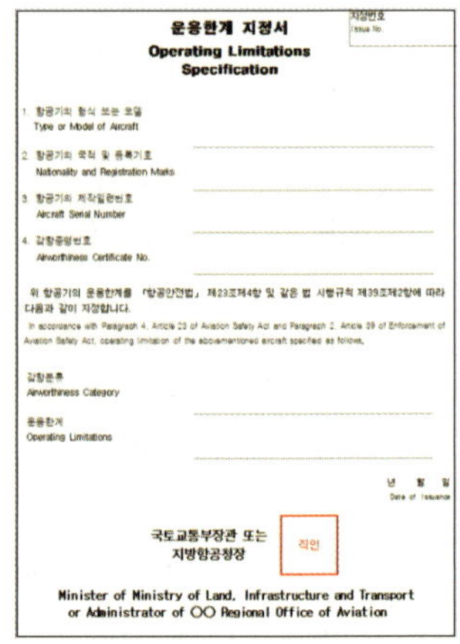

시행규칙 별지 제18호 서식

[그림 2-22] 우리나라 표준 감항증명 신청서, 증명서, 지정서 서식

2.4.3 특별감항증명 세부절차

특별감항증명 대상이 되는 항공기는 미국 연방항공규정 FAR §21.175(b)에서 규정하고 있다. 즉, §21.184에 따른 초급(primary) 항공기, §21.185에 따른 제한급(restricted) 항공기, §21.189에 따른 한정급(limited) 항공기, §21.190에 따른 라이트-스포츠 항공기(LSA), §21.191에 따른 실험용(experimental) 항공기, §21.197에 따른 특별비행허가(special flight permit), 그리고 §21.211에 따른 임시감항증명(provisional)를 말한다.

항공기 특별감항증명을 위한 세부절차 지침은 Order 8130.2K의 Chapter 4부터 Chpater 19에서 각 항공기에 대한 특별감항증명 종류별로 설명하고 있다. 그리고 비행시험을 위한 특별감항증명을 세부절차는 Order 8130.29A를 참고할 수 있고, 특별감항증명을 받는 라이트-스포츠 항공기(LSA)의 식별, 마킹, 플래카드는 AC 45-4, 그리고 군용 항공기로 사용되던 항공기에 대한 실험용 특별감항증명은 AC 21-54에서 설명하고 있다.

항공기 특별감항증명을 신청할 때는 표준감항증명과 동일한 FAA From 8130-6 Application for U.S. Airworthiness Certificate 서식을 사용한다. 해당 서식의 II. Certification Requested 부분 B항의 2번부터 9번까지 중에 신청하고자 하는 특별감항증명의 종류와 분류에 체크하는 방식으로 기재한다. 연방항공청 소관 부서는 해당 항공기에 대한 적합성 및 합치성이 확인되면 FAA Form 8130-7 Special Airworthiness Certificate 서식으로 특별감항증명서를 발급한다. 특별감항증명서에는 초급, 제한급, 한정급, 라이트-스포츠, 실험용 등과 같은 증명의 종류와 발급조건 및 운용한계가 명시된다.

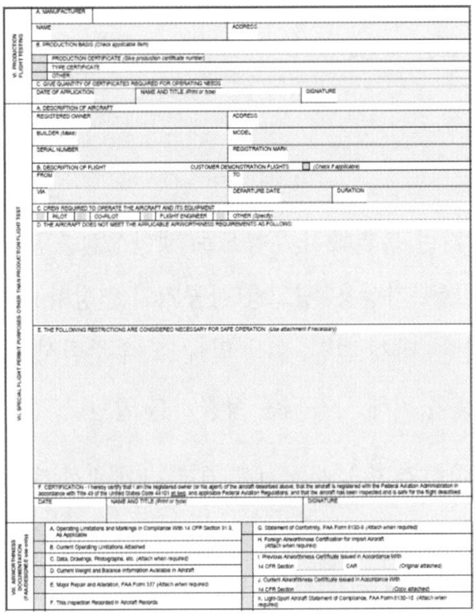

FAA Form 8130–6 *Page 2 of 2*

UNITED STATES OF AMERICA
DEPARTMENT OF TRANSPORTATION-FEDERAL AVIATION ADMINISTRATION
SPECIAL AIRWORTHINESS CERTIFICATE

CATEGORY/DESIGNATION	Restricted	
PURPOSE	Agricultural	
MANU-FACTURER	NAME	N/A
	ADDRESS	N/A
FLIGHT	FROM	N/A
	TO	N/A
N 54321	MODEL S2R-H80	SERIAL NO. H80-9999
BUILDER Thrush Aircraft Inc.		DATE OF ISSUANCE 15 Mar 2017

Unless sooner surrendered, suspended, revoked, or the termination date of unlimited, this airworthiness certificate is effective under the conditions prescribed in 14 CFR, Part 21, Section 21.181 or 21.217.

SIGNATURE OF FAA REPRESENTATIVE: Johnna Thompson — DESIGNATION OR OFFICE NO: CE-XX

FAA Form 8130–7 *Restricted Category*

UNITED STATES OF AMERICA
DEPARTMENT OF TRANSPORTATION-FEDERAL AVIATION ADMINISTRATION
SPECIAL AIRWORTHINESS CERTIFICATE

CATEGORY/DESIGNATION	Experimental	
PURPOSE	Research and development	
MANU-FACTURER	NAME	N/A
	ADDRESS	N/A
FLIGHT	FROM	N/A
	TO	N/A
N 54321	MODEL A-4K	SERIAL NO. 654321
BUILDER Douglas Aircraft Company		DATE OF ISSUANCE 21 Mar 2017

Unless sooner surrendered, suspended, revoked, or the termination date of 21 Sep 2017, this airworthiness certificate is effective under the conditions prescribed in 14 CFR, Part 21, Section 21.181 or 21.217.

SIGNATURE OF FAA REPRESENTATIVE: Robert G. Smith — DESIGNATION OR OFFICE NO: CE-XX

FAA Form 8130–7 *Experimental (R&D)*

[그림 2–23] 미국의 특별 감항증명 신청서 및 증명서 서식

특별감항증명은 위에서 설명한 바와 같이 초급, 제한급, 한정급, 실험용 등을 포함하여 총 7가지 종류로 분류된다. 이 중에 §21.191(f)에 따른 시장조사를 위한 실험용 감항증명과 §21.197(a)(5)에 따른 고객홍보비행을 위한 특별비행허가(SFP: Special Flight Permit)는 비행 목적이 매우 유사하기 때문에 신청자가 선호하는 것으로 선택할 수 있다. 다만, 특별비행허가(SFP)는 다른 특별감항증명보다 일부 절차가 다르고, 운용한계(operating limitations)도 별도의 방식으로 지정한다.

(1) 초급 항공기 특별감항증명

초급(primary category) 항공기는 실속속도 61knots 이하, 로터하중 6lb/ft^2 이하, 중량 2,700lbs 이하, 4인승 이하이고, 레저, 비행교육, 개인용으로 사용되는 비여압 항공기로서, 승객 운송은 금지된 항공기를 말한다. 즉, 글라이더, 유인자유기구, 소형 비행기 및 회전익 항공기 등이 이에 속한다.

FAR §21.184에 따른 초급 항공기에 대한 특별감항증명은 항공기 기록 검토 단계에서 해당 항공기 제작자 및 모델에 승인된 특별 검사 및 예방정비 프로그램을 적용하고 있는지를 확인한다. 해당 항공기 조종사 또는 소유자는 연방항공청이 승인한 정비사 양성기관, 제작증명 소지자 교육

기관, 그 밖의 승인 교육기관에서 특별 검사 및 예방정비 프로그램에 대한 교육을 받고 자격을 갖추어야 한다.

표준감항증명을 받았던 초급 항공기에 대하여 특별감항증명을 신청한 경우에는 신청자에게 현재의 감항기준에 대한 적합성을 모두 입증하지 않으면 원래의 표준감항증명으로 되돌아 갈 수 없음을 고지한다. 그 밖의 초급 항공기에 대해서는 해당 항공기가 형식증명 형상에 합치하고, 감항성 개선지시를 모두 수행하고, 12개월 이내에 수행한 항공기 검사에서 감항성이 확인되어야 한다.

(2) 제한급 항공기 특별감항증명

제한급(restricted category) 항공기는 §21.25에 의거한 특별목적 운용으로 제한형식증명을 받은 항공기를 말한다. 즉, 농업용, 산림용, 관측용, 순찰용, 기상용, 광고용 항공기와 연방항공청이 별도로 지정한 회전익 항공기 외부하중 운용, 화물 운송, 타겟 견인, 수색 및 구조, 우주발사체, 글라이더 견인, 연료 운반, 고정익 항공기 외부하중 운용을 위해 사용되는 항공기를 말한다.

FAR §21.185에 따른 제한급 항공기에 대한 특별감항증명은 신청서류 검토 단계에서 해당 항공기가 제한형식증명을 받은 특별목적 분야를 확인한다. 항공기 기록 검토 단계에서 FAR Part 36 소음 요건에 대한 적합성을 입증하였는지 확인한다. 항공기 검사 단계에서 해당 항공기에 "제한급(restricted)"으로 표시되었는지 확인한다.

부가형식증명이나 설계변경 승인을 통하여 기존에 제한형식증명을 받은 항공기와 다른 카테고리로 개조된 항공기의 경우에는 연방항공청이 승인한 자료에 합치하고, 저장 상태 및 수리 부분이 양호하고 안전한 운용 상태에 있어야 한다.

(3) 한정급 항공기 특별감항증명

한정급(limited category) 항공기는 주로 군용 잉여 항공기를 민간용으로 개조한 항공기를 말하여, 연방항공청 데이터베이스에서 검색하거나 Order 8130.2K의 Table 8-1에서 항공기 제작자, 형식증명 소지자, 항공기 모델 명칭, 식별번호 등을 확인할 수 있다.

FAR §21.189에 따른 한정급 항공기에 대한 특별감항증명은 항공기 기록 검토 단계에서 형식증명자료집, 항공기 규격서, 그리고 연방항공청의 한정급 특별감항증명 대상 항공기 목록, 정비기록, 장기 저장 여부 등을 확인한다.

항공기 검사 단계에서는 해당 항공기에 "한정급(limited)"으로 표시되었는지 확인한다. 군 잉여 항공기는 장기 저장 및 미작동 또는 수명 경과 등으로 인하여 성능이나 기능이 저하될 수 있기 때문에 저장 상태 및 수리 부분을 검사하여 안전한 작동 상태 여부를 확인하여야 한다.

(4) 라이트-스포츠 항공기 특별감항증명

라이트-스포츠 항공기(LSA)는 §1.1의 정의에 따라서 이륙중량 1,320lbs (600kg) 이하, 수평비행속도 120knots 이하, 초과금지속도 120knots 이하, 실속속도 45knots 이하, 탑승인원 2인 이하의 비여압식 소형 비행기를 말한다.

FAR §21.190에 따른 라이트-스포츠 항공기에 대한 특별감항증명은 신청서류 검토 단계에서 해당 항공기 제작국가와 적합성 확인서(SoC)를 확인한다. 항공안전협정이 체결된 국가에서 제작된 라이트-스포츠 항공기는 수입 제품으로 취급하지 않는다. 또한, 라이트-스포츠 항공기의 형식증명 및 감항증명에는 기존의 감항기준이 아니고, 연방항공청이 수락한 합의표준(consensus standards)을 적용한다.

항공기 기록 검토 단계에서 외국 감항당국에서 다른 카테고리로 감항증명을 받지 않았는지를 확인하고, 검사 및 정비 절차서, 감항성 유지 보고 시스템, 항공기 운용 지침서, 중량 및 균형 데이터, 정비 기록 등을 확인한다.

항공기 검사 단계에서는 해당 항공기가 라이트-스포츠 항공기 정의 요건을 만족하는지 확인하고, 항공기 형상, 장착된 장치품, 계기류 종류와 마킹 및 플래카드, 각 시스템 제어장치 등에 대한 검사를 수행한다. 또한, 전기체 낙하산을 구비한 항공기의 경우에는 그에 대한 마킹, 식별표시, 사용기한 등을 검사한다.

(5) 실험용 항공기 특별감항증명

FAR §21.191에서 규정하는 연구개발, 승무원 교육, 전시, 비행경주, 시장조사를 위한 비행과 초급 키트-조립 항공기 및 라이트-스포츠 항공기 운용을 위한 실험용 증명서는 연방항공청에서 지정한 신청 서식을 사용하고 §21.193에 규정된 서류를 첨부하여 신청하여야 한다. 즉, 실험 목적, 예상 비행시간 및 비행횟수, 실험비행 장소, 해당 항공기 삼면도 등을 제출한다.

연방항공청은 신청서류 검토 단계에서 이에 대한 적절성을 확인한다. 실험용 특별감항증명은 §21.191에 규정된 목적에 한하며, 해당 항공기는 비행승무원 전환, 연구개발, 추적기(chase plane), 엔진 및 부품 운송 등과 같은 다른 목적의 프로그램에도 겸해서 사용될 수 있다. 다만, 해당 항공기의 조종성과 설계 및 운용 특성이 입증되어야 한다. 신청자가 제출하는 프로그램 설명서에는 예상되는 비행횟수, 비행시간, 비행기간, 비행구역, 항공기 삼면도 또는 사진 등이 포함되어야 한다. 해당 항공기에는 "실험용(Experimental)"으로 표시되고, 일반 대중을 위한 안전조치 정보가 제공되어야 한다.

안전성이 입증되지 않는 실험용 항공기는 그 조종성과 설계 및 운용 특성이 입증될 때까지 비행시험 구역을 지정하여야 한다. 즉, 항공교통량이 적은 개활 수면(open water)이나 비밀집 지역 상공으로 제한하는 것이 권장되고, 2곳 이상의 비행시험 구역 및 공항을 지정하는 것이 필요할 수 있다. 최초의 비행이 인구 밀집지역 공항에서 수행되는 경우에 사람이 가장 적고 지상시설에 위험이 가장 적은 접근/출발 경로(approach/departure route)를 선택한다. 인구 밀집지역의 접근/출발 경로가 적정하지 않은 것으로 판단되는 경우에 신청자에게 다른 비행시험 공항을 지정하도록 요청한다. 비행시험 구역 사용기간을 한정하는 요건은 없으나, 프로그램의 복잡도를 고려하여 적정한 기간으로 정한다. 해당 항공기의 조종성과 설계 및 운용 특성이 입증되는 경우에 운용한계를 확대하여 증명서를 개정 발급할 수 있다.

특별감항증명을 신청하는 제작증명 소지자 또는 항공기 개조사업자는 연방항공청에 승인된 절차에 따라 비행시험을 수행할 수 있다. 이를 위한 비행시험 절차는 특별감항증명서와 함께 발급되는 운용한계 지정서에 명시되어야 한다. 비행시험 구역을 지정하고, 비행전 검사와 적합성 입증에 관한 사항을 일일 비행 로그북에 기록한다. 특별감항증명 기간 동안에는 지정된 비행시험 구역으로 제한되고, 그 이후에는 양산 비행시험을 위해 제한이 해제될 수 있다. 특별감항증명 항공기에는 조종사, 시험기록자, 그 밖에 시험 목적에 따라 필요한 인원 이외에는 탑승할 수 없다. 다만, 승객 운송용 항공기나 다른 규정에 따라 허용되는 경우에는 예외로 한다.

터빈엔진 장착 항공기 또는 중량 12,500lbs 이상의 항공기에 대한 특별감항증명에는 항공기 검사 프로그램이 요구된다. 즉, 신청자는 해당 항공기에 적용되는 검사 프로그램을 제안하고, 비상탈출 좌석, 제작자 매뉴얼, 대체 소재 또는 교체용 부품, 구성품 수명한계 연장, 구성품 창정비 주기 연장 등에 관한 사항을 설명하여야 한다.

FAR §21.191(a)에 따른 연구개발을 위한 실험용 특별감항증명은 신청서류 검토 단계에서 해당 목적이 신규 항공기 설계 개념, 장치품, 장착, 운용기술 등에 관한 것인지 확인하고, §21.191(b)에 따른 적합성 입증을 위한 특별감항증명은 형식증명, 부가형식증명, 중급 설계변경에 대한 적합성 입증을 목적으로 비행하는 것인지 확인한다. 추적기(chase plane)나 결빙 비행시험 항공기(tanker) 등과 같이 연구개발 비행을 직접 지원하는 항공기는 해당 프로젝트와 함께 특별감항증명서가 발급될 수 있다.

FAR §21.191(c)에 따른 승무원 훈련을 위한 실험용 특별감항증명은 신청서류 검토 단계에서 해당 항공기가 신청자의 비행승무원 훈련에 적합한 것인지를 확인한다. 이는 형식증명 프로그램 또는 양산 비행시험을 수행하는 항공기 제작자 비행승무원 훈련을 포함한다. 최초의 신규 항공기 모델에 대한 승무원 훈련이 아니고, 표준감항증명을 받은 동등한 항공기를 승무원 훈련에 이용할 수 있는 경우에는 특별감항증명서를 발급하지 않는다.

FAR §21.191(d)에 따른 전시(exhibition)를 위한 실험용 특별감항증명은 신청서류 검토 단계에서 전시 목적이 명확한 것인지 확인한다. 이들 목적에는 에어쇼, 비행모임(fly-ins), 이와 유사한 행사, 또는 영화나 텔레비전에서 해당 항공기의 비행능력, 성능, 또는 특이한 특성을 전시하는 것이 포함될 수 있다.

FAR §21.191(e)에 따른 비행경주(air racing)를 위한 실험용 특별감항증명은 신청서류 검토 단계에서 비행경주 목적이 명확한 것인지 확인한다. 이들 목적에는 비행경주에 참가하여 비행하는 것뿐만 아니라, 비행경주 행사장까지 비행하고 그 후에 귀환하는 비행도 포함될 수 있다.

FAR §21.191(f) 및 §21.195에 따른 시장조사, 판매홍보, 고객 승무원 훈련을 위한 실험용 특별감항증명은 신청서류 검토 단계에서 해당 목적이 명확한 것인지 확인한다. 신청자가 §21.191(f) 및 §21.195 요건을 만족시키는 경우에 해당 항공기는 특별감항증명을 받을 수 있다. 항공기 기록 검토 단계에서 해당 항공기가 최소 비행시간 요건을 만족하고 검사 및 정비 프로그램에 준수 여부를 확인한다.

FAR §21.191(g)에 따른 아마추어 제작 항공기 운용을 위한 실험용 특별감항증명은 신청서류 검토 단계에서 신청자격 확인서(eligibility statement)에 기재된 소유자 정보, 항공기 정보, 본인 제작비율을 확인한다. 여기서, 신청자는 레크레이션이나 교육용 항공기의 "대부분"을 본인이 제작 및 조립하는 아마추어 제작자(amateur builder)이고, 대부분(major portion)이라 함은 51 % 이상을 말한다. 항공기 기록 검토 단계에서는 신청자격 확인서 보충서류, 검사 기록 문서, 중량 및 균형 절차서, 연료계통 시험보고서 등을 확인한다. 항공기 검사 단계에서는 해당 항공기 최종조립 상태, 신청자가 수행한 제작 및 조립 부분, 해당 항공기에 "실험용(experimental)"으로 표시되었는지 확인한다. 형식증명을 받은 엔진 및 프로펠러를 장착한 아마추어 제작 항공기는 지정된 비행시험 구역에서 25시간 비행하고, 그렇지 않은 경우에는 40시간 동안 비행시험을 수행한다.

FAR §21.191(h)에 따른 초급 키트-조립 항공기 운용을 위한 실험용 특별감항증명은 항공기 기록 검토 및 항공기 검사 단계에서 해당 항공기가 초급 형식증명서를 발급 받았는지, 해당 항공기 키트를 제작증명 소지자가 제작한 것인지, 제작증명 소지자의 품질시스템을 적용해 항공기를 조립하지 않았는지를 확인한다.

FAR §21.191(i)에 따른 라이트-스포츠 항공기 운용을 위한 실험용 특별감항증명은 시청서류 검토 단계에서 해당 항공기가 항공안전협정이 체결된 외국에서 제작된 키트로 조립된 것인지 확인하고, 적합성 확인서(SoC), 기존에 감항증명 여부, 항공기 기록 및 관련문서를 확인한다. 항공기 검사 단계에서는 "실험용(experimental)" 표시, 승객 경고문(passenger warning) 표시, 평판의 기재내용을 확인하고, 항공기 조립상태, 장착된 장비품, 비행조종시스템, 조종실의 계기 등을 검사한다.

(6) 특별비행허가 세부절차

FAR §21.197에 따른 연방항공청의 특별비행허가(SFP: Special Flight Permit)는 미국에 등록된 항공기만을 대상으로 하며, 적용 감항기준을 모두 충족시킬 수는 없지만 최소한의 안전한 비행능력을 갖춘 항공기에 대하여 허가된다. 다만, 외국 정부의 허가를 받지 않고 해당 국가 영공을 비행하거나 연방항공규정 요건에 대한 완화(deviation)를 인가하는 것은 아니다.

특별비행허가는 FAR §21.197에 규정된 항공기 수리, 개조 또는 정비를 위한 비행, 항공기 인도 또는 수출을 위한 비행, 신규 생산 항공기에 대한 양산비행시험, 위험지역에서 긴급 대피하는 비행, 고객을 위한 실증비행, 장거리 이동을 위해 연료를 추가로 탑재하는 비행 이외에도 형식증명이 진행 중인 항공기의 비행시험, 항공기 구매자, 운항사, 또는 그 밖의 기지로 인도하는 비행, 4발 항공기의 한 엔진 부작동(OEI) 상태로 비상업용 운항, 연간 검사기한이 초과한 항공기의 검사장 입고비행, 상태 검사기한이 초과한 아마추어 제작 항공기의 검사장 입고비행, 라이트-스포츠 항공기에 대한 양산비행시험에 대하여 발급될 수 있다.

특별비행허가는 감항증명 신청서와 동일한 FAA Form 8130-6 서식을 사용하며, 신청 서식의 Section II의 8. Special Flight Permit 부분에 체크하고, 관련서류를 첨부하여 연방항공청 소관부서에 제출한다. 연방항공청은 신청서류 검토 단계에서 신청서에 기재된 신청자의 성명, 서명, 연락처 등을 포함하여 항공기 정보, 특별비행허가의 종류, 그리고 특별비행허가를 신청하는 상세내용의 적절성을 확인한다.

항공기 기록 검토 및 항공기 검사 단계에서 해당 항공기의 운용 목적에 따른 안전한 비행 능력을 갖추고 있는지 확인한다. 자료 검토와 항공기 검사는 감항기준을 만족하지 못하는 부분에 대하여 중점적으로 수행되어야 한다. 신청자의 항공기 검사는 자격을 갖춘 정비사 또는 수리사업장에서 수행되어야 하며, 그 기록이 제시되어야 한다. 해당 항공기에 감항성개선지시서가 발행된 경우에는 이를 모두 수행하여야 한다.

특별비행허가 대상 항공기의 운용한계는 각 상황마다 매우 다양할 수 있으므로 하나의 지침으로 규정하기 어렵지만, 일반적으로 고려될 사항으로 해당 항공기 기술자료에 따른 합치성, 안전한 운용에 필요한 장비품, 조종사 및 승무원의 자격 요건, 항공기 중량 한계, 연료 및 연료배분 한계, 무게중심 한계, 기동 한계, 오토파일롯과 같은 비행장비의 사용 한계, 기상 조건, 비행속도 한계, 과중량 상태에서 인구밀집지역 비행 조건, 활주로 선택 조건, 비표준 항공기의 이착륙에 요구되는 공항 관제소 통신 요건, 외국 영공에서 비행 조건, 항공기 검사 요건 등을 들 수 있다.

연방항공청은 특별비행허가를 신청한 항공기가 해당 요건에 적합한 것으로 확인한 후에 운용한계 지정서를 작성하고, FAA Form 8130-7 특별감항증명서 서식을 사용하여 특별비행허가서를 발급한다. 연방항공청이 직접 발급한 특별비행허가서는 이메일 등으로 신청자에게 전달할 수 있고, 위임기술자가 발급한 허가서는 직접 신청자에게 전달한다.

항공기 형식증명 및 제작증명 소지자는 FAR §21.197에 따라서 신규 생산 항공기에 대한 양산비행시험을 위한 특별비행허가서를 발급받을 수 있다. 이 허가서는 양산비행시험에만 유효한 것이 원칙이지만, 해당 항공기의 등록에 활용할 수 있고, 다음에 생산되는 동일한 형상의 다른 항공기에 전환될 수도 있다. 또한, 양산비행시험과 고객실증시험을 모두 허용하는 것으로 허가받을 수도 있다.

(7) 임시감항증명 세부절차

FAR Part 21, Subpart I에 따른 임시감항증명(Provisional Airworthiness Certificate)은 §21.213에 따라 클래스 I과 클래스 II로 구분된다. 클래스 I 임시감항증명은 미국 시민으로서 미국 내에서 항공기를 제조하는 제작자와 엔진 교체 장착하기 위해 항공기를 개조하는 엔진 제작자가 신청할 수 있으며, 최소 5시간의 비행시험이 요구되고 해당 증명서를 다른 사람에게 양도할 수 없다. 클래스 II 임시감항증명은 미국 시민으로서 해당 항공기에 대한 운항증명을 소지한 사업자가 신청할 수 있으며, 제작자에 의한 최소 5시간의 비행시험이 요구되고 해당 증명서를 다른 운송사업자에게 양도할 수 있다.

항공기 임시감항증명은 신청서류 검토 단계에서 FAR §21.213에 따른 신청자 자격요건을 충족하는지 검토하고, 신청자의 비행 목적이 FAR §91.317에 따라 허용되는 비행승무원 교육, 향후의 고객을 대상으로 하는 실증비행, 시장조사를 위한 비행, 기본 감항성에 영향을 미치지 않는 계기류, 보기류, 장치품에 대한 비행점검, 항공기 보급을 위한 비행 등의 목적에 부합하는지 확인한다.

항공기 기록 검토 단계에서는 해당 항공기가 최소한 5시간 동안 비행하였다는 것을 나타내는 항공기 정비 기록을 확인한다. 항공기 검사 단계에서는 안전한 운용 상태, 국적 및 등록기호 표시, 비행교범 및 플래카드를 확인한다. 임시감항증명 대상 항공기는 대부분 형식증명 과정 중에 있기 때문에 연방항공청이 인증 현황과 합치성 상태를 충분히 인지하고 있으므로 운용한계 내에서 불안전한 특성이 존재하는가를 중점적으로 확인한다. 항공기에는 "임시감항증명(provisional)" 표시가 되어야 한다.

해당 항공기에 대한 임시형식증명서를 발급할 때 설정된 운용한계를 임시감항증명서 발급시에도 고려하여야 한다. 항공기 플래카드와 임시비행교범에 포함되지 않은 운용한계 항목과 해당 항공기의 특성에 따라 추가로 필요한 항목이 있는 경우에 임시감항증명서와 함께 발급되는 운용한계 지정서에 기재하여야 한다.

(8) 특별감항증명 유효기간

항공기 특별감항증명서에 대한 유효기간은 FAR §21.181 Duration과 Order 8130.2K의 Appendix A의 Section 4. 특별감항증명서 작성 지침에서 규정하고 있다. 감항증명서는 반납, 정지, 취소되거나 연방항공청이 만료 일자를 달리 규정하지 않으면, 해당 조건을 충족하는 경우에 계속하여 유효하다.

즉, 표준감항증명서와 초급, 제한급, 한정급 특별감항증명서는 FAR Part 43과 Part 91에 따라서 정비, 예방정비, 그리고 개조가 수행되고, 해당 항공기가 미국에 등록되어 있는 한 계속하여 유효하다. 라이트-스포츠 항공기 특별감항증명서의 경우에도 해당 항공기가 라이트-스포츠 항공기의 정의를 만족하고, 원래의 형상에 합치하고. 불안전한 상태가 없고, 미국에 등록되어 있는 한 계속하여 유효하다.

다만, 연구개발, 적합성 입증, 조종사 훈련, 시장조사를 목적으로 하는 실험용 증명서는 별도로 규정하지 않으면 발급일 또는 갱신일로부터 1년 동안 유효하다. 또한, 아마추어-제작 항공기, 전시 참여, 비행경주 참여, 초급 키트-조립 항공기, 라이트-스포츠 항공기 운용을 목적으로 발급된 실험용 증명서는 특정한 기간을 명시하지 않으면 유효기간에 제한이 없다. 그리고 특별비행허가서는 해당 허가서에 명시된 기간 동안 유효하다.

임시감항증명서는 FAR §21.217 Duration에 따라서 반납, 대체, 취소되거나 달리 만료되지 않으면, 해당 임시형식증명서, 임시형식증명서의 개정본 또는 형식증명서 임시개정본에 상응하는 기간 동안 유효하다.

(9) 우리나라의 특별감항증명

우리나라의 항공기 특별감항증명은 항공안전법 제23조(감항증명 및 감항성 유지), 시행규칙 제35조(감항증명 신청) 내지 제42조(감항증명서 발급)에서 법적 요건을 규정하고, 국토교통부 훈령 "특별감항증명 발급 지침"에 세부절차를 제시하고 있다.

우리나라의 특별감항증명 제도는 2012년 항공법 제15조(감항증명) 제3항 제2호로 처음 도입되었으며, 2017년 항공안전법으로 전환되면서 현재의 제23조(감항증명 및 감항성 유지) 제3항 제2호로 유지되고 있다. 다만, 특별감항증명 발급을 위한 국토교통부 훈령은 2007년에 처음 제정되었으나, 당시에는 법적인 제도를 갖추기 못한 상태에서 국내 항공사의 항공기 도입 및 정비를 위한 공수비행 등에만 한정적으로 적용되었다.

미국과 우리나라의 특별감항증명 제도를 비교해 보면, 미국의 경우에 특별감항증명을 초급, 제한급, 한정급, 라이트-스포츠, 실험용 증명서, 특별비행허가서, 임시감항증명서와 같이 7가지로 분류한 반면에, 우리나라는 제한분류, 실험분류, 특별비행허가와 같이 3가지로만 분류하고 있다.

[표 2-9] 미국과 우리나라의 특별감항증명 대상 비교

미국 특별감항증명 (FAR Part 21, Oder 8130.2J)	우리나라 특별감항증명 (항공안전법, 시행규칙, 훈령)
FAR §21.175 감항증명서 분류 (b) 특별감항증명서는 초급, 제한급, 한정급, 라이트-스포츠 항공기, 그리고 임시감항증명서, 특별비행허가서, 실험용 증명서를 말한다. **FAR §21.191 실험용 증명서** (종류) (a) 연구개발, (b) 적합성 입증, (c) 승무원 교육, (d) 전시 참여, (e) 비행경주, (f) 시장조사, (g) 아마추어-제작, (h) 초급 키트-조립, (i) 라이트-스포츠. **FAR §21.193 실험용 증명서 일반요건** [제출서류] (a) 연방항공청이 지정한 서식과 방법 [신청서] (b) 항공기 식별 데이터 (사진 등을 포함). (c) 일반 대중의 보호를 위해 필요한 정보. (d) 실험용 비행 목적, 비행시간, 횟수, 장소, 3면도. **FAR §21.197 특별비행허가** (a)(1) 수리, 개조, 정비를 목적으로 비행하는 경우. (2) 항공기를 인도 또는 수출하는 경우. (3) 신규 생산 항공기 양산비행시험을 하는 경우. (4) 위험지역으로부터 긴급 대피시키는 경우. (5) 신규 생산 항공기 고객실증비행을 하는 경우. (b) 최대이륙중량 이상으로 장거리 비행하는 경우. **Order 8110.2J: 항공기 감항증명 지침** [실험 증명서] Chapter 10. 연구개발 및 적합성 (§21.191(a), (b)) Chapter 11. 승무원 훈련 항공기 (§21.191(c)) Chapter 12. 전시 참여 항공기 (§21.191(d)) Chapter 13. 비행경주 항공기 (§21.191(e)) Chapter 14. 시장, 판매, 고객훈련 (§21.191(f), §21.195) Chapter 15. 아마추어-제작 항공기 (§21.191(g)) Chapter 16. 초급 키트-조립 항공기 (§21.191(h)) Chapter 17. 라이트-스포츠 항공기 (§21.191(i))	**법 제23조(감항증명 및 감항성 유지)** ③ 다음 각 호의 어느 하나에 해당하는 감항증명 ~ 1. 표준감항증명: 해당 항공기가 형식증명(승인)에 따라 설계에 일치하게 제작되고 안전한 경우 2. 특별감항증명: 항공기가 제한형식증명을 받았거나 연구·개발 등 국토교통부령으로 정하는 경우 ④ 항공기 설계, 제작과정, 완성 후의 상태와 비행성능에 대하여 검사하고 운용한계를 지정하여야 한다. **시행규칙 제37조(특별감항증명의 대상)** 법 제23조제3항제2호에서 "국토교통부령으로 정하는 경우"란 (1. 가. 연구·개발, 나. 판매·홍보·전시·시장조사, 다. 조종사 양성 / 2. 가. 제작·정비·수리 또는 개조 후 시험비행, 나. 정비·수리 또는 개조 장소까지 비행, 다. 수입·수출하기 위한 비행, 형식증명변경 운용한계 초과 시험비행 / 3. 무인항공기 / 4. 제20조제2항의 제한형식증명 항공기 / 5. 공공의 안녕과 질서유지)를 말한다. **훈령 제2018-1028호: 특별감항증명 발급 지침** 제3조(발급기관) ① 국토교통부장관 : 1. 가. 연구·개발, 나. 판매·전시·시장조사, 다. 조종사 양성 / 2. 운용한계 초과 시험비행 / 3. 무인항공기 / 4. 위험지역 대피 / 공공 질서유지 ② 지방항공청장 : 1. 가. 정비·수리·개조 시험비행, 나. 공수비행, 다. 수입·수출 비행 / 2. 가. 수색·구조, 나. 산불진화, 다. 응급환자, 라. 씨앗·농약·어군탐지 제9조(특별감항증명의 유효기간) 1. 제한 분류 : 1년 이내의 기간 2. 실험 분류 : 1년 이내의 실제 비행하려는 기간 3. 특별비행허가 : 비행일자, 비행횟수 등으로 제한

미국의 경우에 실험용 증명서의 종류를 연구개발, 적합성 입증, 승무원 교육, 전시 참여, 비행경주 참여, 시장조사, 아마추어-제작, 초급 키트-조립, 라이트-스포츠와 같이 9가지로 구분하고, 특별비행허가서의 종류를 수리·개조·정비 비행, 항공기 인도·수출 비행, 신규 양산비행시험, 위험지역 긴급대피 비행, 신규 고객실증비행, 과중량 장거리 비행과 같이 6가지로 구분하고 있으나, 우리나라의 경우에는 실험용 증명서와 특별비행허가를 구별하지 않고 하나의 특별감항증명으로 나타내고 있다. 즉, 판매·홍보·전시·시장조사, 조종사 양성, 제작·정비·수리·개조 시험비행, 공수비행,

수입·수출 비행, 운용한계 초과 시험비행, 위험지역 대피 비행와 같은 8가지로 구분하고 있다. 또한, 미국에서 별도로 규정하는 무인항공기와 “공공의 안녕과 질서유지”를 특별감항증명 분류에 포함시키고, 제한급 항공기 특별감함증명 유효기간을 미국과 달리 1년으로 한정하고 있다.

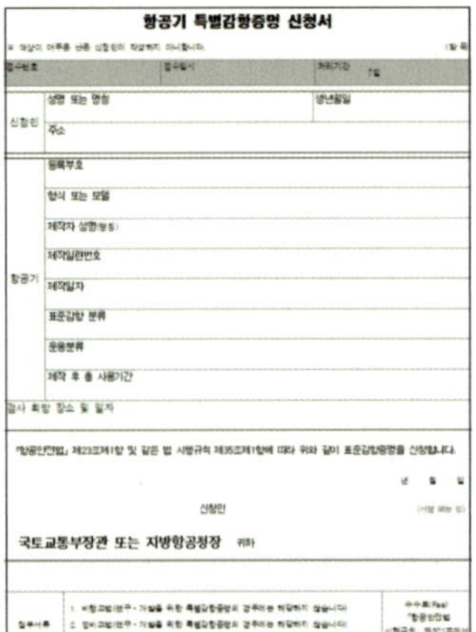
항공기 특별감항증명 신청서

국토교통부장관 또는 지방항공청장

시행규칙 별지 제14호 서식

대 한 민 국
국토교통부
The Republic of Korea
Ministry of Land, Infrastructure and Transport

특별감항증명서
Certificate of Airworthiness(Special)

국토교통부장관 또는 지방항공청장

Minister of Ministry of Land, Infrastructure and Transport
or Administrator of OO Regional Office of Aviation

시행규칙 별지 제16호 서식

KAI 특별감증명 헬기 사례

[그림 2-24] 우리나라 특별 감항증명 신청서, 증명서, 인증 사례

우리나라에서 개발된 항공기에 대한 특별감항증명은 2011년에 발급된 KC-100 소형 비행기 형식증명 적합성 입증을 위한 실험용 증명서가 최초의 사례이다. 그 이후 2018년에 KUH-1FS 산림헬기와 KUH-1EM 소방헬기가 특별감항증명을 받고 산림청과 제주소방본부에서 운용되고 있으며, 2022년에는 KUHC-1 산림/소방헬기가 제한형식증명을 통하여 특별감항증명을 받고 경남소방본부에서 운용되고 있다. 또한, 소형민수헬기(LCH) 사업으로 부가형식증명을 받은 EC155B1 닥터헬기가 2022년에 특별감항증명을 받고 제주도 응급의료센터에서 운용 중에 있다.

2.4.4 수출입 감항승인 세부절차

미국 연방항공청은 항공제품의 국가간 인증과 수출입을 위하여 상대국가에 항공안전협정(BASA)을 요구하고, 유럽항공안전청의 경우에도 상대국가에 감항성에 관한 상호협정(BA) 또는 업무약정(WA)을 요구하고 있다.

미국 연방항공청은 이들 협정이 체결된 국가에서 발급된 수출 감항증명서 또는 수출 감항승인서를 근거로 미국의 인증서를 발급하고 해당 제품을 수락하게 된다. FAR Part 21의 Subpart H에서 항공기 수출입 감항증명 요건을 함께 규정하고, Subpart L에서 엔진 및 부품류에 대한 수출 감항승인, 그리고 Subpart N에서 수입 엔진 및 부품류의 수락에 관한 요건을 규정하고 있다. 이에 대한 세부절차는 Order 8130.2K와 8130.21H, 그리고 AC 21-2L, 21-23B, 21-44A를 통해서 안내하고 있다.

(1) 항공기에 대한 수출입 감항증명

미국에 수입되는(import) 항공기는 FAR §21.183(c)와 (d)에 따른 표준감항증명이나 FAR §21.184(b)와 (d)에 따른 초급 항공기 특별감항증명을 받아야 한다. 이에 대한 세부절차는 Order 8130.2K의 Chapter 20과 AC 21-23B에서 안내하고 있다.

미국에 항공기를 수출하는 국가의 감항당국은 해당 항공기에 대한 수출 감항증명서(Export CoA: Certificate of Airworthiness)를 발급하여 연방항공청의 감항성 확인 업무를 지원하여야 한다. 상대국가의 수출 감항증명서는 미국의 감항증명서와 다른 것이며, 수출 감항증명서로는 항공기 운항을 허가할 수 없다. 신규 항공기에 대해서는 수출 감항증명서가 필수적으로 요구되지만, 항공안전협정이 체결된 국가의 중고 항공기는 수출 감항증명서가 필수적으로 요구되지는 않는다. 다만, 이 경우에 해당 중고 항공기에 대한 감항성을 신청자가 입증하고 연방항공청이 검사를 통해서 확인하는데 어려움이 있을 수 있다. 이에 따라서 신청자는 중고 항공기에 대해서도 해당 국가 감항당국의 수출 감항증명서 연방항공청에 제출하는 것이 권장된다.

신청자는 자국의 수출 감항증명서가 발급된 이후에 수행될 수 있는 항공기 정비, 장치품의 장착, 수리 및 개조 사항을 식별하고, 해당 항공기의 합치성 및 안전한 운용 상태를 보장하여야 한다. 신청자는 해당 항공기가 미국의 기준에 면제(exceptions) 사항이 있어도 감항성이 있음 설명하는 수락 요청서(letter of acceptance)를 자국의 감항당국을 통해서 수출 감항증명서에 첨부되도록 하면, 연방항공청은 추가 요청 없이 면제 사항을 수락할 것이다.

연방항공청은 감항증명 신청서류 검토 단계에서 상대국가 감항당국의 수출 감항증명서(Export CoA), 항공안전협정의 감항성 이행절차(IPA), 해당 항공기의 형식증명자료집(TCDS)과 신청자료를 연계 확인하다. 항공기 기록 검토 단계에서는 신청자의 합치성 검사 및 정비 기록을 살펴보고, 중고 항공기에 대해서는 100시간 주기검사 기록을 확인한다. 항공기 검사 단계에서는 수출 감항증명서 발급 이후에 수행된 설계변경이나 개조작업, 성능 및 기능 저하 여부를 확인한다. 국가간 항공기 이동을 위하여 분해하였다가 재조립한 경우에는 §21.191(b)에 따른 비행시험이 요구될 수 있다.

연방항공청의 AC 21-23B는 미국으로 수입되는 항공기, 엔진, 프로펠러, 부품, 기술표준품에 대한 설계승인, 생산승인, 감항승인, 그리고 감항성 유지에 관한 세부절차를 안내하고 있다. 연방항공청은 이 AC의 서문에서 미국과 항공안전협정이 체결되지 않은 국가로부터 수입되는 항공기에 대해서는 연방항공규정에 따른 표준감항증명서를 발급할 수 없음을 명확히 선언하고 있다.

미국에 감항증명을 신청하는 외국의 신청자는 자국 감항당국의 승인을 받은 기술회보(SB), 구조수리매뉴얼, 구조검사 보충문서 등을 포함하여 해당 항공기의 감항성 유지에 필요한 문서를 연방항공청에 제출하여야 한다. 감항성 유지에 필수사항은 연방항공청의 감항성개선지시서(AD)로 발행되어야 유효하고, 해당 항공기에 대한 고장보고서(SDR)는 연방항공청의 데이터-베이스에 입력되어야 한다. 수출국 감항당국의 필수 감항성 유지 조치(mandatory continuing airworthiness action)는 연방항공청에 즉시 통지되어야 하고, 연방항공청은 이를 평가하여 불안전한 상태를 해소하는 조치를 취한다.

FAR §21.329에 따라 미국이 수출하는(export) 항공기에 대한 수출 감항증명서는 FAA Form 8130-1 서식으로 신청하고, FAA Form 8130-4 서식으로 발급한다. 연방항공청의 수출 감항증명서는 수입국가의 감항증명을 지원하기 위한 것이며, 해당 항공기 운항을 허가하거나 수출 사업자와 수입 사업자 간의 협약을 보장하거나 수출제한 등과 같은 다른 연방규정에 대한 적합성을 보장하는 것은 아니다.

연방항공청은 수출 감항증명 신청서류 검토 단계에서 FAA Form 8130-1 신청서에 기재된 내용, FAR §21.329에 따른 적격성, Subaprt F 또는 G에 따른 제작증명, 그리고 해당 항공기를 수입할 국가와 체결한 항공안전협정과 AC 21-2L의 부록에 제시된 수입 국가별 요건을 확인한다.

수출 감항증명서 발급 단계에서 수출 감항증명서 번호(E-Card Number)를 부여하고, 증명서 서식에 따라 해당 내용을 입력하고, 감항증명 선언문(maintenance record entry)을 작성한다. 신청자에게 수출 감항증명서를 발급하고, FAR §21.335에 따른 수출사업자의 책임을 한번 더 고지한다.

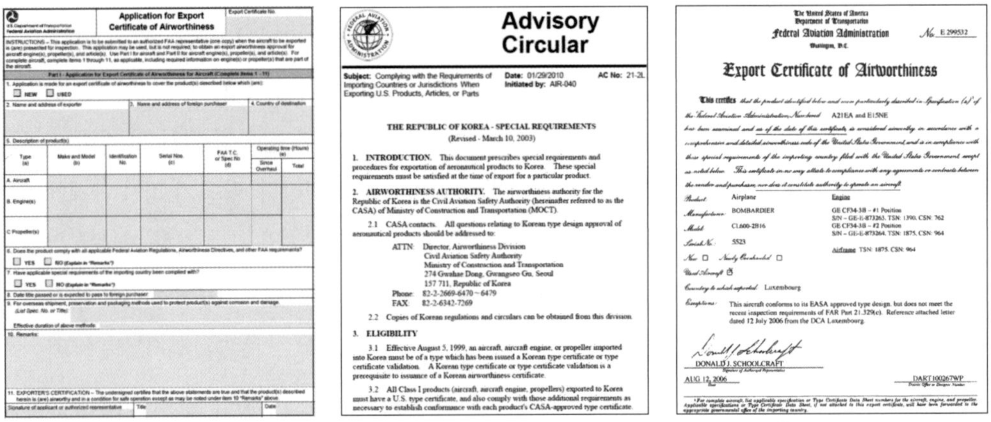

FAA Form 8130-1 *Page 1 of 2* AC 21-2L, *App. 2 - R.O.K* FAA Form 8130-4

[그림 2-25] 미국의 수출 감항증명 신청서 및 증명서 서식

연방항공청의 AC 21-2L 부록에는 미국과 항공안전협정을 체결한 국가를 포함하여 89개국의 수입 항공기에 대한 형식증명(승인) 및 감항증명 요건이 수록되어 있다. 유럽항공안전청과 항공선진국의 경우에 최신의 요건을 제시하고 있으나, 우리나라의 수입 항공기에 대한 요건은 2003년

이후 최신 요건을 통지하지 않은 상태이다.

연방항공청은 AC 21-44A를 통해서 FAR 21.329에 따른 항공기 수출 감항증명서 발급을 위한 세부절차를 안내하고 있다. 연방항공청이 FAA Form 8130-4 서식으로 수출 감항증명서를 발급할 때, 해당 항공기 수입 국가에서 수입 국가의 형식증명(승인) 설계에 합치성을 보장하는 보충 확인서를 요청하는 경우에 이를 첨부하여 증명서를 발급할 수 있다. 수출 감항증명서는 FAR Part 21의 Subpart F, G, H에 따라 생산승인 및 제작증명, 감항증명을 받은 항공기를 대상으로 수출을 위한 표준감항증명서, 초급 또는 제한급 특별감항증명서로 발급되는 것이다.

다만, 수입 국가에서 수락하는 경우에 미국의 제작증명 및 감항증명을 받지 않은 항공기나 면제(exception) 또는 완화(deviation) 사항이 있어도 수출 감항증명서를 발급할 수 있다. 또한, 해당 항공기에 대한 수출 감항증명 소지자가 FAR 21.335에 규정된 수출 사업자 책임 중에 일부를 이행할 수 없는 경우에 수입국 감항당국이 이에 동의하는 문서를 발송하면 연방항공청의 수출 감항증명서가 발급될 수 있다.

(2) 엔진 및 부품류 수출입 감항승인

미국에 수입되는(import) 엔진 및 프로펠러는 FAR §21.500 요건에 따라서, 그리고 부품 및 기술표준품은 FAR §21.502 요건에 따라 연방항공청의 수락을 받아야 한다. 이에 대한 세부절차는 AC 21-23B에서 안내하고 있다.

FAR §21.500에 따라서 외국의 제작자가 엔진이나 프로펠러에 대한 연방항공청의 수락을 신청하는 경우에 미국과 체결한 협정의 해당 절차를 준수해야 하고, FAR Part 45에 따라 해당 제품에 식별 표시를 하여야 한다. 또한, 개별 엔진 또는 프로펠러가 미국의 형식증명 설계에 합치하여 안전한 운용 상태에 있고, 제작자가 최종 작동점검을 수행한 후에 수출 감항승인서를 발급받아 제출하여야 한다.

FAR §21.502에 따라서 외국의 제작자가 부품이나 기술표준품에 대한 연방항공청의 수락을 신청하는 경우에 미국과 체결한 협정의 해당 절차를 준수해야 하고, FAR Part 45에 따라 해당 부품류에 식별 표시를 하여야 한다. 또한, 개별 부품 또는 기술표준품에 대하여 수출국 감항당국의 수출 감항승인서를 발급받아 제출하여야 한다.

연방항공청의 AC 21-23B에서 미국으로 수입되는 엔진, 프로펠러, 부품, 기술표준품에 대한 감항승인 및 감항성 유지에 관한 세부절차를 안내하고 있다. 연방항공청은 이 AC의 서문에서 미국과 항공안전협정이 체결된 국가로부터 수입되는 엔진, 프로펠러, 부품류에 대해서만 연방항공규정에 의해 수락될 수 있음을 명확히 선언하고 있다.

미국에 기술표준품 설계승인(TSO LODA)을 신청하고자 하는 외국의 제작자는 자국의 감항당국을 통하여 첨부서류와 함께 연방항공청에 신청하여야 한다. 수출국 감항당국은 최근에 동일한 기술표준품에 대하여 연방항공청에 설계승인을 요청한 사례가 없으면, 해당 기술표준품 설계승인에 대한 연방항공청의 최신 정책 및 승인절차를 사전에 문의할 필요가 있다.

연방항공청의 기술표준품 설계승인을 위하여 제출해야 할 일반적인 서류는 해당 품목의 성능, 장착, 운용, 정비에 관한 자료, 해당 기술표준품에 대한 최소성능표준 완화(deviations) 사항, 해당 기술표준품의 검사, 시험, 적합성을 나타내는 수출국 감항당국의 확인서 등이다. 그리고 해당 기술표준서(TSO)에서 미국의 설계승인을 위하여 제출하도록 규정된 문서를 함께 제출하여야 한다.

미국에서 수출하는(export) 엔진 또는 프로펠러는 FAR Part 21의 Subpart B와 G에 따른 형식증명 및 제작증명을 받고 FAR §21.331 요건에 따른 수출 감항승인서를 받아야 하고, 부품 또는 기술표준품은 FAR Part 21의 Subpart K와 O에 따른 부품제작자승인이나 기술표준품승인을 받은 후에 FAR §21.331 요건에 따른 수출 감항승인서를 신청하여야 한다. 또한, AC 21-2L의 부록에 제시된 수입 국가의 인증 요건 및 절차에 따라야 한다. 엔진, 프로펠러, 부품, 기술표준품에 대한 감항승인서(AAT: Airworthiness Approval Tag)는 Order 8130-21H의 지침에 따라서 발급된다.

FAR §21.331에 따라서 미국의 제작자는 신규 생산된 엔진, 프로펠러, 부품, 기술표준품가 해당 설계에 합치하고 안전한 운용 상태에 있으면 수출 감항승인서를 발급받을 수 있다. 해당 품목에 대한 완화(deviation) 또는 면제(exception) 사항에 대해서는 수입국 감항당국의 수락을 받아야 한다. 중고 엔진, 프로펠러, 부품, 기술표준품에 대해서도 동일한 절차에 따라서 수출 감항승인서 발급을 신청할 수 있다.

항공기 엔진, 프로펠러, 부품류에 대한 감항승인서(AAT)는 FAA Form 8130-3 서식을 사용하며, 이는 미국내 사용 품목, 정비 및 개조 품목, 수출 품목에 각각 동일한 서식을 사용할 수 있다. 이 중에 수출 감항승인서 발급을 위한 세부절차는 Order 8130-21H의 Section 4에서 규정하고 있다.

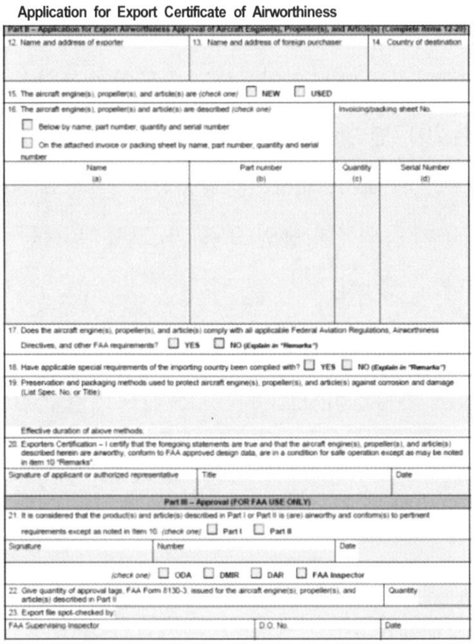

Application for Export Certificate of Airworthiness

Part II – Application for Export Airworthiness Approval of Aircraft Engine(s), Propeller(s), and Article(s) (Complete Items 12-20)

12. Name and address of exporter | 13. Name and address of foreign purchaser | 14. Country of destination

15. The aircraft engine(s), propeller(s), and article(s) are (check one) ☐ NEW ☐ USED

16. The aircraft engine(s), propeller(s) and article(s) are described (check one) | Invoicing/packing sheet No.

☐ Below by name, part number, quantity and serial number

☐ On the attached invoice or packing sheet by name, part number, quantity and serial number

Name (a)	Part number (b)	Quantity (c)	Serial Number (d)

17. Does the aircraft engine(s), propeller(s), and article(s) comply with all applicable Federal Aviation Regulations, Airworthiness Directives, and other FAA requirements? ☐ YES ☐ NO (Explain in "Remarks")

18. Have applicable special requirements of the importing country been complied with? ☐ YES ☐ NO (Explain in "Remarks")

19. Preservation and packaging methods used to protect aircraft engine(s), propeller(s), and article(s) against corrosion and damage (List Spec. No. or Title)

Effective duration of above methods

20. Exporters Certification – I certify that the foregoing statements are true and that the aircraft engine(s), propeller(s), and article(s) described herein are airworthy, conform to FAA approved design data, are in a condition for safe operation except as may be noted in item 10 "Remarks"

Signature of applicant or authorized representative | Title | Date

Part III – Approval (FOR FAA USE ONLY)

21. It is considered that the product(s) and article(s) described in Part I or Part II is (are) airworthy and conform(s) to pertinent requirements except as noted in Item 10. (check one) ☐ Part I ☐ Part II

Signature | Number | Date

(check one) ☐ ODA ☐ DMIR ☐ DAR ☐ FAA Inspector

22. Give quantity of approval tags, FAA Form 8130-3, issued for the aircraft engine(s), propeller(s), and article(s) described in Part II | Quantity

23. Export file spot-checked by:

FAA Supervising Inspector | D.O. No. | Date

FAA Form 8130-1 *Page 2 of 2*

AUTHORIZED RELEASE CERTIFICATE

FAA Form 8130-3, AIRWORTHINESS APPROVAL TAG

FAA United States

BE5432987

Dave's Aircraft Parts Manufacturing, 2010 Falcon Way, Somewhere, OK (PQ5410SW)

WO 2185

Item	Description	Part Number	Quantity	Serial Number	Status/Work
1	Flap	C 54321	1	9876543	NEW

12. Remarks

Export Airworthiness Approval – This article meets the special requirements of (enter country)

A. Inspector

DMIR-000011-SW

25 Oct 2007

User/Installer Responsibilities

FAA Form 8130-3 *PMA Part*

AUTHORIZED RELEASE CERTIFICATE

FAA Form 8130-3, AIRWORTHINESS APPROVAL TAG

FAA United States

ACE 2345

WO 7020

Item	Description	Part Number	Quantity	Serial Number	Status/Work
1	Gimbal Ring	RI 4586	1	N/A	NEW

12. Remarks

Export airworthiness approval – This article meets the special requirements of (enter country)

This [Gimbal Ring] is a subcomponent of a TSO authorization

A. Inspector

DMIR-003333-SW

25 Oct 2007

User/Installer Responsibilities

FAA Form 8130-3 *TSOA Article*

[그림 2-26] 미국의 수출 감항승인 신청서 및 감항승인서 서식

연방항공청의 수출 감항승인서는 엔진, 프로펠러, 부품류에 대한 감항성이 확인되고, 수입국 감항당국의 인증에 관한 특별 요건을 만족하는 경우에 발급된다. 이는 연방항공청 항공안전검사관(ASI) 또는 지정검사관(designee)이 발급하며, 해당 품목이 연방항공청에서 수입국 감항당국으로 이관된다는 의미를 가지고 있다. 다만, FAA Form 8130-3 감항승인서는 해당 품목을 특정한 항공기, 엔진, 또는 프로펠러에 장착 사용하는 것을 승인하는 것이 아니며, 이는 별도의 승인 및 검사를 통하여 진행할 수 있다.

미국의 생산승인 소지자가 대량 운송단위(bulk shipment)로 감항승인서를 발급받은 후에 그 운송단위를 2개 이상으로 분리하여 수출하는 경우에 잔여 품목은 연방항공청의 관리를 받지 않고 수입국 감항당국 소관으로 본다. 그리고 최초의 감항승인서 발급 이후에 해당 생산승인 소지자의 동일한 품질 및 검사시스템에서 생산되는 후속 품목은 기존의 감항승인서를 갱신하는 개념으로 발급하여 수출을 위해서 제시될 수 있다.

부품제작자승인(PMA) 품목에 대한 수출 감항승인서는 발급 시에 매우 유의할 필요가 있다. 즉, 수입국과 체결한 항공안전협정에 부품제작자승인 품목에 대한 특별한 조항이 있는가 확인하여야 한다. 이에 대한 내용을 FAA Form 8130-3 감항승인서의 Block 12에 기재하고, 부품제작자승인 소지자가 해당 부품의 치명성(criticality)을 제안한 경우에 이 내용도 함께 기재한다.

(3) 우리나라 수출입 감항승인 절차

우리나라의 수출 감항증명 및 감항승인은 2007년 항공법 제15조의2(항공기 등의 수출감항승인)가 신설되면서 법적 제도를 갖추게 되었다. 이후 2017년 항공안전법으로 전환되면서 항공안전법 제24조(감항승인), 시행규칙 제46조(감항승인 신청) 내지 제48조(감항승인서 발급)로 개편되었다. 이에 대한 세부절차는 국토교통부 훈령 "항공기 등의 감항승인 요령"과, 고시 "부품등 감항승인서 작성 및 사용절차 규정"에서 안내하고 있다.

국토교통부 고시 제4조(부품등 감항승인서 발급 권한)에서 국토교통부장관, 지방항공청자, 생산승인 소지자, 정비조직승인 소지자가 엔진 및 부품류 감항승인서를 발급할 수 있는 것으로 규정하고 있으나, 이는 국토교통부장관 또는 지방항공청장이 발급할 수 있다고 규정한 항공안전법 시행규칙 제48조(감항승인서의 발급)와 시행령 제26조(권한 및 업무의 위임·위탁)에 배치될 수 있으므로 유의할 필요가 있다.

우리나라의 감항승인 제도에서는 항공기에 대한 감항증명(AC)과 엔진, 프로펠러, 부품, 기술표준품에 대한 감항승인(AA)을 구별하지 않고 모두 감항승인으로 지칭하고 있으며, 항공기 수출 감항증명서에 대하여 법령에서는 "타인에게 제공"으로 표기하고, 해당 서식에는 "Export"로 표기하고 있는 등의 혼선이 있어 개선이 필요하다.

또한, 미국 연방항공청의 수출 감항증명 및 감항승인 절차를 안내하는 AC 21-2L의 부록에 제시되는 우리나라의 항공기 및 부품류에 대한 수입국의 특별요건(special requirements of importing countries)이 오랫동안 개정되지 않은 상태이다. 즉, 유럽항공안전청, 영국, 싱가포르 등이 2024년 최신 요건을 제시하고, 일본과 대만의 경우에도 2020년 요건을 수록하고 있으나, 우리나라는 2003년 요건을 연방항공청에 통지하고 20년 이상 최신 요건을 제시하지 않은 상태이다.

미국의 경우에 FAA Form 8130-1 하나의 서식으로에 대한 항공기 수출 감항증명(page 1)과 엔진 및 부품류에 대한 수출 감항승인(page 2) 신청에 모두 사용할 수 있으나, 우리나라의 경우에는 시행규칙 별지 제19호와 제20호 서식을 각각 달리 사용하도록 규정하고 있다. 항공기 수출 감항증명서는 시행규칙 별지 제21호 서식을 사용하고, 엔진 및 부품류 수출 감항승인서는 별지 제22호 서식을 사용하는데 이는 FAA Form 8130-3 서식과 동일하며 우리나라 법령 조항과 국/영문으로 병기된 것만 차이가 있다.

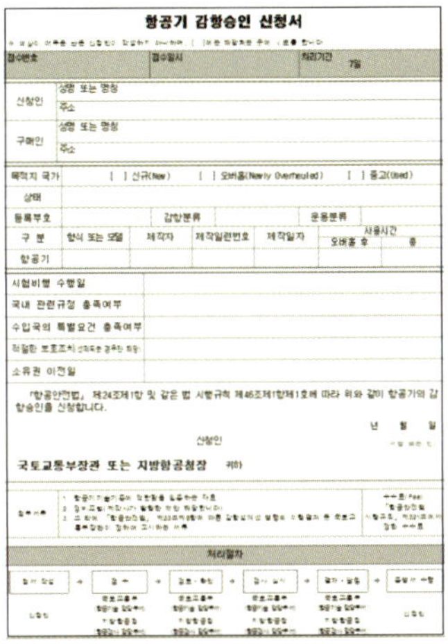

항공기 감항승인 신청서

시행규칙 별지 제19호 서식

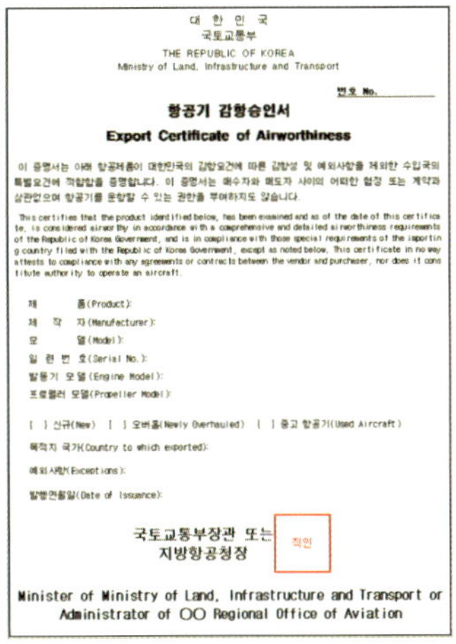

대 한 민 국
국토교통부
THE REPUBLIC OF KOREA
Ministry of Land, Infrastructure and Transport

항공기 감항승인서
Export Certificate of Airworthiness

국토교통부장관 또는 지방항공청장

Minister of Ministry of Land, Infrastructure and Transport or Administrator of OO Regional Office of Aviation

시행규칙 별지 제21호 서식

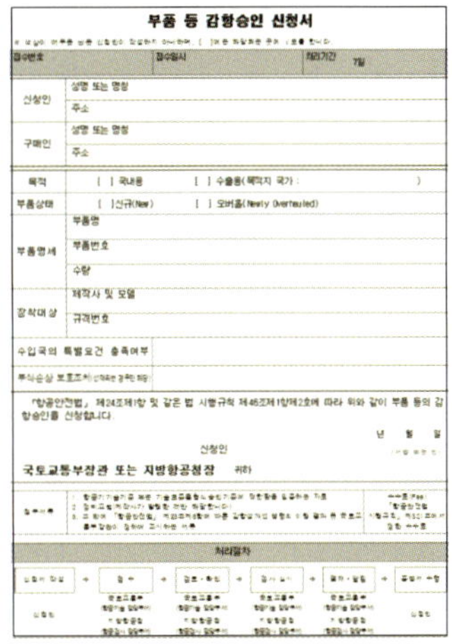

부품 등 감항승인 신청서

시행규칙 별지 제20호 서식

[그림 2-27] 우리나라 수출 감항승인 신청서 및 감항승인서 서식

우리나라에서 수출 감항승인 제도가 2007년 항공법에 도입되었고, 이어 2007년에 항공기 타이어가 개발되어 기술표준품승인을 받았으며, 2013년에는 KC-100 소형 비행기가 형식증명과 제작증명을 받았다. 2017년 항공안전법으로 전환된 이후 현재까지 10여종의 기술표준품승인서가 발급되었고, 2022년과 2023년에는 컵홀더를 비롯한 4종의 국산 개발품에 대하여 부품제작자승인서가 발급되었지만, 수출 감항증명서 또는 수출 감항승인서 발급을 통하여 수출된 사례는 아직까지 확인되지 않고 있다.

한편, 외국에서 우리나라에 수입되는 항공기, 엔진, 프로펠러는 항공안전법 제21조(형식증명승인)에 따라서 우리나라의 형식증명승인을 받아야 하지만, 부품의 경우에 제28조(부품등제작자증명) 제1항의 단서에 따라서 형식증명승인을 받은 항공기 등에 장착되었던 외국의 부품은 우리나라의 인증을 받은 것으로 간주하고, 기술표준품의 경우에도 제27조(기술표준품 형식승인) 제1항의 단서에 따라서 항공안전협정이 체결된 외국의 기술표준품에 대해서 우리나라의 인증을 받은 것으로 보기 때문에 제작국가의 수출 감항승인서가 법적으로 요구되지 않는다.

다만, 외국에서 도입돼 운항 중인 항공기에 정비용으로 사용되는 품목과 국내에서 개발되는 항공기 및 장비품에 사용되는 외국의 엔진, 프로펠러, 부품, 기술표준품은 미국 FAA Form 8130-3 또는 유럽 EASA Form 1 서식에 의한 감항승인서가 해당 품목에 동봉되어 전달되고 있다.

2.5 부품제작자승인 절차

부품제작자승인(PMA: Parts Manufacturer Approval)은 항공기 부품의 설계가 감항기준의 해당 요건에 적합한지를 입증하고, 그에 대한 합치성을 보장하는 생산시스템에 대한 인증을 말한다. 즉, 항공기 부품에 대한 설계승인(DA)과 생산승인(PA) 과정이 단계별로 진행되는 인증이다.

부품제작자승인 대상이 되는 "부품(part)"은 완성된 항공기, 엔진, 프로펠러, 기술표준품을 제외하고, 그를 구성하는 임의의 부품을 지칭한다. 미국 연방항공청은 2009년에 FAR Amendment 21-92 개정에서 부품제작자승인 대상을 기존의 재료, 부품, 공정, 장비품에서 재료와 공정을 제외하고 부품(parts)과 장비품(appliances)으로 한정하였다. 또한, 이를 품목(articles)으로 단일화하여 지칭하고 있다.[28]

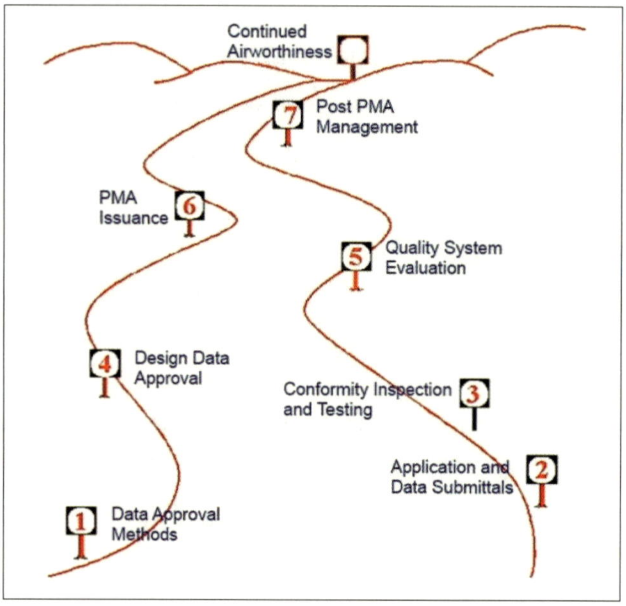

[그림 2-28] 부품제작자승인 진행 과정

부품제작자승인에서 해당 부품은 원래의 형식증명 또는 기술표준품승인 품목에 사용되었던 부품과 동일한 수준(identicality)의 안전성이 요구된다. 이에 따라서 그 부품이 장착될 항공기, 엔진, 프로펠러, 기술표준품의 모델명칭(eligibility)이 지정된다. 그리고 설계승인 입증방법(design

28) 우리나라 항공안전법 제28조(부품등제작자증명)에서는 "부품등"으로 표기하고 있으나, 이는 부품제작자승인 대상이 부품 뿐만 아니라 재료, 공정, 장비품 등도 포함된다는 의미로 그렇게 표기한 것으로 판단된다. 대중의 혼동을 방지하기 위해 "부품"으로 단일화하여 개정할 필요가 있다.

approval basis)에 따라서 다음과 같이 4가지로 분류된다.

- 면허계약에 의한 동일성 입증 (with license agreement)
- 면허계약 없이 동일성 입증 (without license agreement)
- 계산 및 시험에 의한 입증 (by test and computation)
- 부가형식증명을 통한 입증 (accompany with/by STC)

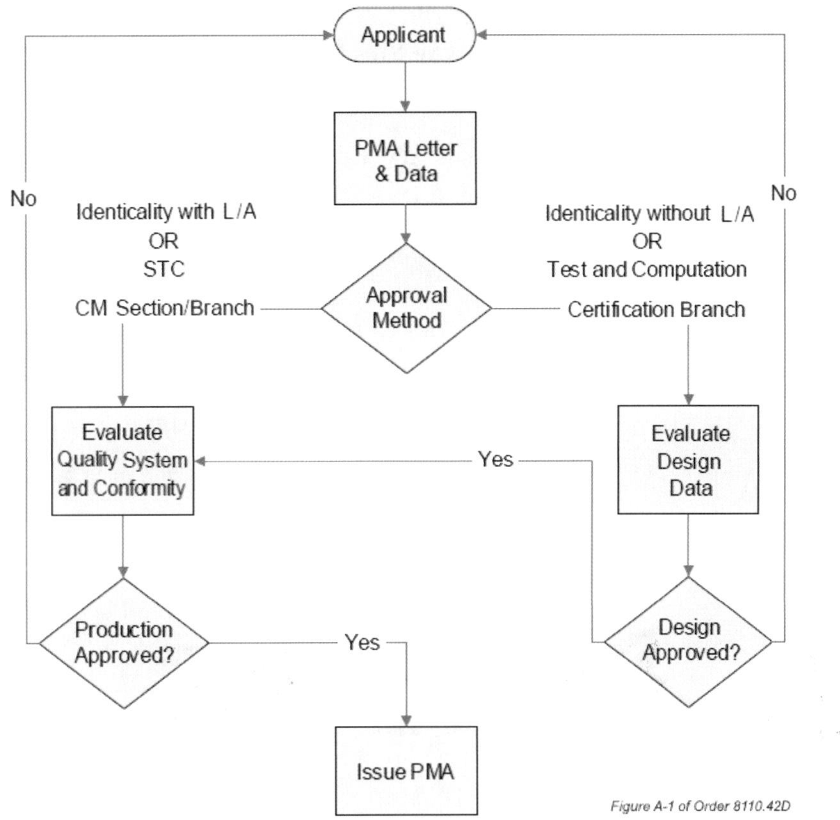

[그림 2-29] 설계 입증방법에 따른 부품제작자승인 과정

부품제작자승인에서 생산승인 과정은 감항당국의 법적 요건에 따라서 해당 부품의 합치성 및 감항성을 보장할 수 있는 품질시스템을 갖추는 것을 말한다. 이는 ISO 9001 품질경영시스템이나 AS9100 항공우주 품질경영시스템으로 대체될 수 없으며, 감항당국으로부터 직접 평가받고 연간 및 수시 감사에 응해야 한다.

부품제작자승인은 항공기, 엔진, 프로펠러, 기술표준품에 대한 형식증명 및 제작증명 소지자에게 부품을 공급하는 협력업체가 아닌 제3자가 정비용 부품을 공급하고자 하는 경우에 신청한다. 그리고, 부품제작자승인을 통해서 공급되는 부품은 부가형식증명 등과 같은 추가적 인증 없이 곧바로 항공기 등에 장착 사용할 수 있다.

미국 연방항공청은 FAR Part 21의 Subpart K - Parts Manufacturer Approvals에서 부품제작자 승인 요건을 규정하고, 세부절차는 Order와 AC를 통해서 안내하고 있다. 우리나라는 항공안전법 제28조(부품등제작자증명)와 시행규칙 제61조(부품등제작자증명 신청) 내지 제64조(부품등제작자증명 발급), 그리고 이에 대한 훈령과 고시를 적용한다.

- Order 8110.42D : Part Manufacturer Approval Procedures
- Order 8110.119 : Streamlined Process for Parts Manufacturer Approval (PMA)
- AC 21.303-4 : Application for PMA via Tests and Computations or Identicality
- AC 33-8 : PMA of Turbine Engine and APU Parts under Test and Computation
- 국토교통부 훈령 : 부품등제작자증명 지침
- 국토교통부 고시 : 부품등제작자증명 기준

유럽의 경우에 EU Part 21의 Subpart K - Parts and Appliances에서 유럽부품승인(EPA: European Part Approval) 규정을 두고 있으나, 이는 미국이나 우리나라의 부품제작자승인(PMA) 제도와 차이가 있는 별도의 인증제도이다. 즉, 유럽부품승인을 직접 신청하는 것이 아니고, 설계조직승인(DOA)과 생산조직승인(POA)을 통하여 항공기 등의 정비에 필요한 부품을 공급하는 방식으로 운영하고 있다.

Cessna L/G Shimmy Damper Bearing | Hawker 800 Tailpipe Exhaust Bracket | DC Noise Filter by Lone Star Aviation | Cessna 208 Door Hinges by McFarlane | Gas Turbine Engine Blade by Pacific Sky

[그림 2-30] 부품제작자승인 부품 및 마킹 표시 예시

2.5.1 부품제작자승인 세부절차

미국의 부품제작자승인(PMA)은 FAR Part 21, Subpart K의 §21.301부터 §21.320까지의 13개 요건으로 규정되어 있다. 그에 대한 세부절차는 FAA Order 8110.42D, Order 8110.119, AC 21.303-4 등에서 안내하고 있다.

FAR §21.303, §21.305, §21.307, §21.308에 따라서 신청자 신청자는 부품제작자승인을 신청하는 공문(letter)을 작성하여 관할 인증 브랜치 또는 인증관리 브랜치 및 섹션에 제출한다. 이 신청 공문에는 적합성 확인서(SoC: Statement of Compliance)와 함께 해당 부품이 장착될 항공기 등에 대한 식별 정보, 해당 부품의 제조시설 주소, 도면, 규격서, 재료 및 공정 정보, 시험 보고서 및 해석 보고서, 합치성 검사 방안, 신청자 조직 설명자료, 품질시스템 설명자료 등이 포함되어야 한다.

FAR §21.310에 따라서 부품제작자승인 신청자는 연방항공청이 해당 품질시스템, 시설, 기술 데이터, 그리고 해당 부품을 검사하고, 시험에 입회할 수 있도록 하여야 한다. 이는 협력업체에서 수행하는 검사 및 시험에도 동일하게 적용된다. 또한, 신청자는 적합성이 입증되지 않은 부품을 연방항공청의 검사 및 시험에 제시하지 않아야 하고, 연방항공청의 검사 및 시험 전후에 어떠한 변경도 허용되지 않는다.

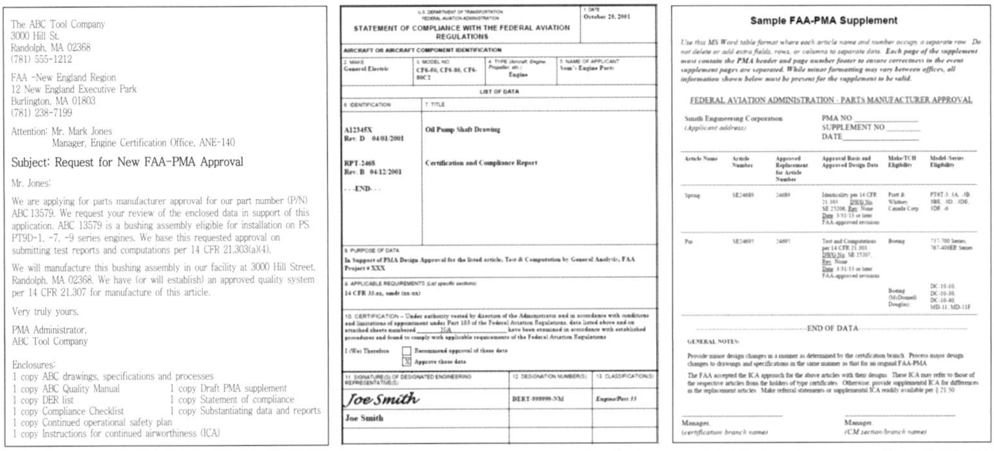
The ABC Tool Company
3000 Hill St.
Randolph, MA 02368
(781) 555-1212

FAA -New England Region
12 New England Executive Park
Burlington, MA 01803
(781) 238-7199

Attention: Mr. Mark Jones
Manager, Engine Certification Office, ANE-140

Subject: Request for New FAA-PMA Approval

Mr. Jones:

We are applying for parts manufacturer approval for our part number (P/N) ABC 13579. We request your review of the enclosed data in support of this application. ABC 13579 is a bushing assembly eligible for installation on PS PT9D-1, -7, -9 series engines. We base this requested approval on submitting test reports and computations per 14 CFR 21.303(a)(4).

We will manufacture this bushing assembly in our facility at 3000 Hill Street, Randolph, MA 02368. We have (or will establish) an approved quality system per 14 CFR 21.307 for manufacture of this article.

Very truly yours,

PMA Administrator,
ABC Tool Company

Enclosures:
1 copy ABC drawings, specifications and processes
1 copy ABC Quality Manual
1 copy DER list
1 copy Compliance Checklist
1 copy Continued operational safety plan
1 copy Instructions for continued airworthiness (ICA)
1 copy Draft PMA supplement
1 copy Statement of compliance
1 copy Substantiating data and reports

STATEMENT OF COMPLIANCE WITH THE FEDERAL AVIATION REGULATIONS

Sample FAA-PMA Supplement

FEDERAL AVIATION ADMINISTRATION - PARTS MANUFACTURER APPROVAL

PMA Application Letter *AC 21.303-4* FAA Form 8110-3 *Order 8110.42D* FAA-PMA Supplement *Order 8110.42D*

[그림 2-31] 미국의 PMA 신청서, 적합성 확인서, 부품 식별서 예시

FAR §21.311에 따라서 신청자가 해당 요건에 대한 모든 적합성을 입증하고, 연방항공청이 이를 확인하면 부품제작자승인서를 발급한다. 연방항공청의 적합성 확인은 설계승인과 생산승인 단계로 나누어 진행되며, 부품제작자승인서는 별도로 지정된 서식이 없이 공문(letter)으로 작성하여 신청자에게 전달한다. 이때, 해당 부품에 대한 정보와 이 부품이 장착될 수 있는 항공기 등의 모델명칭이 기재된 부품 식별서(FAA-PMA Supplement)가 함께 첨부된다.

부품제작자승인서를 발급받은 신청자는 FAR §21.316에 규정된 승인서 소지자의 책임을 이행해야 하고, 해당 부품의 설계, 품질시스템, 제조시설에 중대한 변경이 발생하는 경우에는 FAR §21.319, §21.320, §21.309에 따라서 연방항공청에 통지하고, 필요한 경우에 다시 승인을 받아야 한다.

연방항공청의 인증 브랜치, 인증관리 브랜치 및 섹션, 지정인증기술관(DER) 및 지정인가조직(ODA)이 수행하는 부품제작자승인 세부업무는 FAA Order 8110.42D의 Chapter 2, Chapter 3, Chapter 4에서 각각 규정하고 있다. 연방항공청의 인증 브랜치와 지정인가조직(ODA)은 부품제작자승인을 위한 적합성 확인 업무에서 거의 동일한 책임과 권한을 갖는다. 다만, 지정인가조직

(ODA)은 자체적인 인증 절차서를 작성하여 연방항공청의 승인을 받고 시행하여야 한다.

부품제작자승인 신청 서류는 신청자가 선택한 동일성(identicality) 입증방법에 따라서 연방항공청의 접수 부서가 달라진다. 즉, 면허계약 없이 동일성 입증과 시험 및 계산에 의한 입증의 경우에는 인증 브랜치에서 접수하고, 면허계약에 의한 동일성 입증과 부가형식증명을 통한 입증의 경우에는 인증관리 브랜치 및 섹션에서 접수한다. 해당 부서의 인증업무 부하 또는 우선순위에 따라서 지연이 예상되는 경우에 그 상황을 해당 신청자에게 이메일이나 공문으로 통지한다.

미국 이외의 국가에 설치된 제조시설 및 품질시스템에 대하여 인증관리 브랜치 및 섹션에서 부담(undue burden)이 되지 않는다고 판단한 경우에는 해외 시설까지 확대하여 부품제작자승인서를 발급할 수도 있다. 그렇지만, 인증 브랜치는 해외 시설에 대한 부담 여부를 결정하기 위하여 상위 부서와 협의하여야 한다.

부품제작자승인 대상 부품이 치명성(critical) 부품, 수명제한(life-limited) 부품, 영향성(influencing) 부품, 또는 복합설계(complex designs) 부품에 해당하여 광범위하고 시간 소비적인 해석 및 시험을 통한 적합성 입증이나 복잡한 제조공정이 포함되어 있는 경우에 신청자와 연방항공청이 함께 서명하는 부품특정인증계획서(PartSCP: Part Specific Certification Plan) 작성이 요구될 수 있다. 이 계획서에는 적용 문서, 과제 일정계획, 인증기준(CB), 시험, 합치성 검사, 위임기술자 사용계획 등이 수록되며, 이에 대한 작성 여부는 인증 브랜치에서 판단한다.

해당 부품제작자승인 과제에 대한 위험요소(risk)를 평가하여 연방항공청의 참여범위 수준을 결정한다. 이 평가는 부적합 가능성을 정량화하기 위하여 조직적 및 기술적 지수(indicators)를 사용한다. 조직적 지수로 신청자의 연방항공청 관계, 안전 문화, 조직적 안정성, 품질시스템, 협력업체 및 외부 용역 활용 등을 고려하고, 기술적 지수로 해당 부품의 중대성, 설계 경험 및 능력, 신규 제조기술이나 복잡한 제조기술 적용, 해당 부품의 운용이력 등을 고려한다. 항공기 등의 안전성에 대한 부품의 영향성은 적용 감항 요건에 대한 부적합 심각도(severity)로 나타낼 수 있다. 신청자의 안전성 평가 결과를 이들 지수의 초기 값으로 사용할 수 있지만, 연방항공청의 부품 인증 및 항공기 형식증명 경험으로 조정할 수 있다.

해당 부품제작자승인 과제를 담당하는 인증 브랜치는 해당 부품의 중대성, 과제 위험요소, 과제관리 선택사항에 따라서 신청자가 제출한 자료를 검토, 확인, 또는 수락할 수 있다. 즉, 항공기 등의 안전성에 대한 해당 부품의 중대성, 원래의 부품에 대한 운용이력, 항공기 등에 대한 장착 적격성, 부품이 장착될 항공기 등의 감항 요건, 원래의 부품과 인증 대상 부품의 차이, 합치성 검사, 시험계획서 및 보고서, 적합성 입증자료, 운용안전성유지 계획서(COS plan) 등을 확인, 검토, 평가한다.

대부분의 부품제작자승인 신청자는 시험 및 계산을 통한 감항기준 적합성 입증을 위하여 원래의 부품과 비교 분석하는 방법과 해당 감항 요건에 대한 직접적인 적합성 입증 방법을 주로 사용한다. 연방항공청은 신청자의 적합성 확인서(SoC) 및 적합성 점검표(CCL)을 확인하고, 안전성 평가, 역설계, 시험계획서 및 보고서, 감항성유지 지침서 또는 정비 지침서, 원래의 부품에서 설계변경 여부 등을 확인한다. 경급(minor) 설계변경은 부품제작자승인을 계속 진행할 수 있지만, 중급(major) 설계변경의 경우에는 부가형식증명(STC)으로 전환되어야 한다.

부품제작자승인을 담당하는 인증 브랜치는 치명성 부품, 수명제한 부품, 영향성 부품에 대해서는 인증관리 브랜치 및 섹션과 사전에 협의하고, 그 이외의 부품에 대해서는 인증 브랜치의 판단에 따라 진행한다. 인증관리 브랜치는 해당 부품의 특성, 안전 중대성, 운용이력, 기타의 지수(indicators)를 고려해 참여범위 수준을 결정한다. 해당 부품이 동일성(identicality)에 기반을 두고 있는 경우에 인증 브랜치는 인증관리 브랜치와 함께 신청자가 제시한 제조공정이 형식증명 또는 부가형식증명을 통해서 생산되는 부품의 치명성, 수명제한, 영향성과 동일한지를 확인한다.

해당 인증 브랜치는 신청자가 제출한 장착 적격성(eligibility) 증빙자료를 검토한다. 형식증명 소지자의 도해식 부품목록(IPC)을 통해서 원래의 부품에 대한 장착 적격성을 확인할 수 있지만, 이 도해식 부품목록은 연방항공청의 승인 대상이 아니다. 그렇지만, 도해식 부품목록이 장착 적격성 확인을 위한 유일한 수단인 경우에는 비 치명성 부품에 한하여 이를 사용하도록 수락할 수 있다. 이때 해당 도해식 부품목록의 진본 여부와 최신성, 그리고 해당 부품에 대한 적용성을 확인한다. 그 밖의 경우에는 도해식 부품 목록과 다른 증빙자료를 조합하는 방식으로 장착 적격성을 확인한다.

신청자가 제출한 원래의 부품에 대한 운용이력 보고서 또는 증빙자료를 검토한다. 해당 부품이 감항성개선지시(AD) 대상이 아니고 유사한 감항성 유지 문제가 없는지 확인한다. 형식증명을 받은 원래의 부품에 잠재적인 불안전 상태이고, 부품제작자승인을 신청한 부품도 유사한 설계 문제를 가지고 있는 경우에 신청자가 해당 부품에 동일한 불안전 상태가 없음을 입증하지 않으면 해당 신청을 반려하거나 문제가 해소될 때까지 부품제작자승인 진행을 연기한다. 해당 부품에 대한 운용 애로사항(service difficulties)이 보고되어 연방항공청이 형식증명 소지자로 하여금 설계변경 등의 시정조치를 요구하고 있는 경우에는 해당 부품제작자승인 신청을 반려한다. 다만, 원래의 부품을 운용하지 않도록 하는 기술회보(SB)가 발행된 경우에는 그것만으로 부품제작자승인 신청을 반려하는데 충분하지 않다.

수명제한 부품에 대하여 신청자가 해당 부품의 수명한계 설정을 위한 해석과 시험을 수행하고 그 내용이 적합한 것인지 검토한다. 이를 위하여 신청자는 피로시험을 수행하고, 연방항공청은 감항성유지지침서 수락 및 부품제작자승인서 발급 전에 그 부품의 수명한계를 보장하기 위한 재료,

제작, 시험 및 공정 관리 절차를 확인한다. 엔진 부품의 경우에는 신청자가 제출한 영향성 부품에 대한 입증자료를 검토한다. 이는 엔진 수명제한 부품의 환경 및 운용조건에 영향을 미치는 부품을 말하며, FAR §33.70 및 AC 33.70-1을 참조할 수 있다.

면허계약 없이 동일성을 입증하는 부품제작자승인 신청에 대하여 신청자는 해당 부품의 설계가 모든 면에서 형식증명, 부가형식증명, 또는 기술표준품승인을 받은 원래의 부품 설계와 동일함을 입증하여야 한다. 즉, 신청자는 해당 부품의 치수, 공차, 재료, 공정, 규격을 원래의 부품과 비교할 수 있도록 설계를 정의하여야 한다. 이는 일반적으로 신청자가 원재의 부품에 대한 설계도면 및 도면에서 인용하는 규격서를 모두 보유하고 제출할 수 있는 경우에만 가능하다. 역설계 방법은 부품을 개발하는 하나의 방식이지만, 일반적으로 동일한 설계에 이르기 어렵기 때문에 해당 신청을 반려하고, 시험 및 계산에 의한 동일성 입증방법으로 다시 신청하도록 권고한다. 신청자가 제출한 자료로 동일성을 충분히 확인할 수 없는 경우에는 해당 신청을 반려한다. 면허계약 없이 동일성을 입증하는 방법에서는 해당 부품의 설계변경이 제한받게 된다.

시험 및 계산에 의해 입증하는 부품제작자승인 신청에 대하여 신청자는 해당 부품의 설계가 적용 감항기준 요건에 적합하다는 것을 직접 입증하여야 한다. 일반적으로 신청자는 해당 부품을 형식증명 소지자 또는 면허계약자의 부품과 비교하기 위하여 비교 분석 접근법을 사용하여 설계 차이와 적합성에 미치는 영향을 식별한다. 대부분의 부품제작자승인 부품은 기본적인 기술적 분석을 통해서 비교할 수 있지만, 일부의 부품은 단계적인 비교 분석을 위해서 시험이 요구되기도 한다. 인증 브랜치 담당자는 신청자의 적합성 점검표(CCL)를 검토하여 적용 감항기준 요건, 적합성 입증방법, 입증문서, 그리고 적합성 확인서(SoC)를 확인한다. 또한, 신청자의 치명성 부품, 수명제한 부품, 영향성 부품 여부를 판단하고 그에 대한 안전성을 평가한 자료를 검토한다. 이어서 역설계 과정과 그에 대한 자료, 시험계획서 및 보고서, 감항성유지지침서 또는 정비지침서 등을 검토한다. 항공기 등의 장착을 위한 중급 설계변경이 필요한 경우에는 신청자에게 부가형식증명으로 전환해 다시 신청하도록 안내한다.

연방항공청 인증 브랜치는 계속하여 해당 부품의 도면, 마킹, 합치성 검사계획 등을 검토하고, 신청자가 제출한 모든 설계 입증자료가 해당 감항기준 요건에 적합한 경우에 신청자에게 설계승인(DA)이 완료되었음을 통지하고, 인증관리 브랜치 및 섹션에는 생산승인(PA) 과정을 진행하도록 통지한다.

부품제작자승인을 위한 인증관리 브랜치 및 섹션의 생산승인 세부절차는 FAA Order 8110.42D에서 규정하지 않고, Order 8120.22A의 Chapter 4에서 규정하고 있다. 인증관리 브랜치 및 섹션은 모든 부품제작자승인에 대한 생산승인 뿐만 아니라, 면허계약에 의한 동일성 입증과 부가형식증명에 의한 입증으로 분류된 부품제작자승인 신청서를 직접 접수하여 인증을 진행한다. 다만, 면허계약에 의한 입증이라 하더라도 수명제한 부품에 대한 승인을 신청한 경우에는 인증 브랜치로 회송한다.

인증관리 브랜치 및 섹션은 인증 브랜치의 요청에 따라 해당 부품제작자승인을 위한 합치성 검사를 직접 수행하거나 지정제조검사관에게 위임한다. 신청자가 제출한 품질시스템 설명자료를 검토하여 FAR 21.307 요건에 적합하고, 품질시스템 평가기준을 만족하는지 평가한다. 이는 부품제작자승인서 발급 전 또는 발급 후 30일 이내에 사전 인증관리 감사를 통해서 수행될 수 있다.

신청자의 품질시스템에 경급 설계변경 및 자재심의 판정 절차와 권한을 포함하고 있는 경우에 이에 대한 평가는 인증 브랜치와 협의해야 한다. 형식증명, 부가형식증명, 기술표준품승인 소지자와 면허계약에 의해 동일성을 입증하는 경우에는 해당 소지자의 "부품제작자승인 지원 서한(PMA assist letter)"가 제출되어야 한다. 인증관리 브랜치 및 섹션은 부품제작자승인 지원 서한과 면허계약서를 근거로 해당 부품에 대한 동일성을 확인하고, 부품 식별서(PMA supplement)를 첨부하여 부품제작자승인 공문(PMA letter)을 작성하여 신청자에게 전달한다.

2.5.2 시험 및 계산 입증절차

부품제작자승인을 위한 연방항공청의 일반적인 업무절차는 Order 8110.42D에서 규정하고 있으며, 신청자가 숙지해야 하는 세부절차는 AC 21.303-4에서 안내하고 있다. 그중에서 시험 및 계산에 의한 적합성 입증 과정은 해당 감항기준 요건에 대한 적합성을 신청자가 직접 입증해야 하는 과정이다. 그리고, 면허계약 없이 동일성을 입증하는 과정과 함께 인증 브랜치에서 직접 적합성을 확인한다.

시험 및 계산에 의한 방법으로 설계 적합성을 입증하는 부품제작자승인을 신청할 때는 공통으로 제출되는 서류 외에 다음의 서류를 추가로 제출한다.

- 인증 브랜치에서 요구하는 경우에 부품특정인증계획서(PartSCP)
- 적용 요건, 입증방법, 보고서 등을 나열한 적합성 점검표(CCL)
- AC 21-51에 따른 적합성 선언서(statement on your checklist)[29)]
- 적합성 점검표에 제시된 시험 및 계산 보고서(test reports and computations)
- 부품의 특성 및 고장 영향성을 나타내는 안전성 평가서(safety assessment)
- 필요한 경우에 지정인증기술관(DER) 명단 및 그들의 인가 분야 목록

부품제작자승인 신청자는 해당 부품이 장착될 항공기, 엔진, 프로펠러, 또는 기술표준품의 형

---

29) 연방항공청 AC 21.303-4와 AC 21-51에서 신청자 서식에 의한 적합성 선언서(statement letter)와 적합성 목록(compliance listing)을 제출하도록 규정하고 있으나, Order 8110.42D에서는 FAA Form 8110-3 서식을 사용해 적합성 확인서(SoC: Statement of Compliance)를 제출하도록 규정하고 있다.

식증명서 또는 기술표준품승인서에 명시된 제작사, 모델명칭 등을 목록으로 작성하여 식별한다. 항공기 등에 대한 형식증명서는 양도가 가능하기 때문에 형식증명 소지자나 제작사가 변경될 수 있음에 유의해야 한다.

항공기 등에 장착된 원래의 부품을 해당 형식증명에서 사용하는 품명과 부품번호로 지칭해야 하는데, 도면, 구매 주문서, 기술회보, 정비교범, 기술자료 등과 함께 도해식 부품목록(IPC)를 이용해서 식별할 수 있다. 또한, FAA Form 8130-3 감항승인서, 그 밖의 부품 식별서, 기타의 운항사가 제공하는 서류를 장착 적격성(eligibility)을 나타내는 입증서류로 제시할 수 있다.

치명성 부품 및 수명제한 부품은 일반적으로 부가형식증명이 요구된다. 이는 해당 부품에 경미한 설계 차이가 이 부품이 장착되는 항공기 등의 수명한계에 영향을 주는 중급 설계변경에 해당할 수 있기 때문이다. 따라서, 치명성 부품 및 수명제한 부품에 대한 부품제작자승인은 항공기 등에 경급 설계변경을 유발할 수 있는 경우에 한하여 진행될 수 있다. 부품제작자승인은 부가형식증명을 위한 적합성 입증 과정과 동일하며, 적합성에 관한 기본 프레임과 입증계획을 부품특정인증계획서(PartSCP)로 작성한다.

부품제작자승인 대상 부품에 대한 안전성 평가를 통해서 해당 부품의 고장 모드가 상위 조립체 및 관련 인터페이스에 미치는 영향을 판단하여야 한다. 또한, 이로 인한 상위 조립체의 성능저하 또는 고장이 항공기 등에 미치는 영향을 평가한다. 이를 위한 분석기법으로 고장모드 및 영향분석(FMEA)을 주로 사용하며, FAR §23.2510, §25.1309, §27.602, §29.602, §33.75 요건에서도 이를 요구하고 있다.

부품제작자승인 대상 부품에 대한 시험 및 분석을 통하여 적용 감항기준 요건에 따른 직접적인 적합성을 입증하여야 한다. 또한, 비교 시험과 분석을 통하여 부품제작자승인 부품이 형증증명애서 승인된 원래의 부품에 최소한 동일한 수준임을 입증한다. 해당 부품에 대한 적합성 입증 방법은 형식증명 부품과 다를 수 있지만, 적용 감항기준 요건을 만족하여야 한다. 해당 부품의 설계에 관한 여러 관점에서 일반적인 분석과 비교에 의한 분석 모두를 적용할 수 있는데, 이를 통해서 해당 부품의 기능적 설계가 원래의 형식증명 부품에 최소한 동일한 수준임을 확인할 수 있다.

부품제작자승인 부품을 설계하는 방법 중에 하나로 인정되는 역설계는 다양한 결과를 생성할 수 있고, 그 결과에 대한 검증이 요구되기도 한다. 자체적인 치수 분석은 해당 부품을 완전하게 특정하고 비교 분석에 크게 기여할 수 없지만, 고유의 특성이 잘 알려지고 비 치명성으로 분류되는 부품에 대해서는 재료 분석과 함께 역설계 기법으로 적용할 수 있다. 해당 부품에 대한 역설계를 수행할 때, 샘플 수량, 샘플 집단(sources), 치수 공차, 주요 치수 특성 및 데이텀, 재료, 중량 및 질량 특성 등을 고려해야 한다.

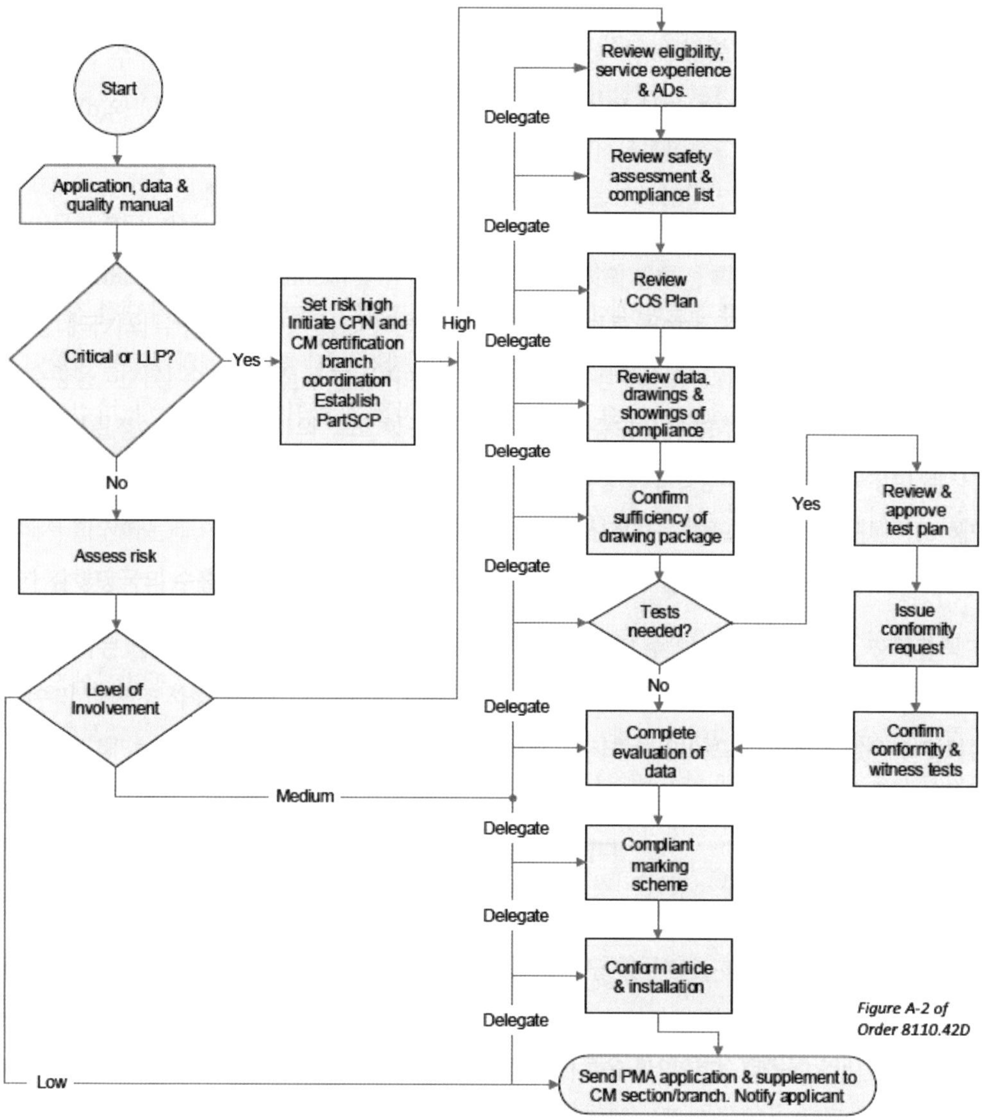

[그림 2-32] 시험 및 계산에 의한 부품제작자승인 진행 과정

해당 부품의 특성과 안전성 영향에 따라서 시험의 종류와 범위가 결정되고, 그 시험 결과에 따라서 해당 부품의 기능적 설계와 성능이 다양해질 수 있다. 이들 시험에는 성능시험, 내구시험, 피로시험, 크립시험, 부식시험, 동적시험, 운용하중시험 등이 포함될 수 있고, 이들 통하여 적용 감항기준 요건에 대한 적합성을 입증하게 된다. 다만, 안전성에 영향이 적은 일부의 비 치명성 부품은 시험이 요구되지 않을 수도 있다. 해당 부품의 기능적 설계, 합치성, 의도된 기능을 확인하기 위하여 필요한 경우에 비행시험이 요구될 수도 있다. 이를 위한 항공기 비행시험은 FAA Form 8110-1 형식검사승인(TIA) 과정을 따라서 진행되어야 한다.

연방항공청의 Order 8110.119에서는 시험 및 계산에 의한 적합성 입증이 요구되지만, 항공기의 안전한 비행과 착륙에 영향을 주지 않는 비 안전성 부품에 적용되는 간소화 절차(streamlined process)를 규정하고 있다. 또한, 이 절차는 동급의 부품에 대한 최소 4년 이상의 제작 경험이 있고, 긴급 기술회보(SB), 감항성개선지시서(AD), 품질시스템 부적합 보고사항이 없는 부품제작자승인 소지자에게 적용된다. 연방항공청은 신청서류 접수일로부터 30일 이내에 승인을 완료하는 것을 목표로 하고 있다.

연방항공청은 신청서류 검토 단계에서 간소화 절차를 따르고자 하는 신청자에 대한 적격성을 인증정보 데이터베이스를 통해서 확인한다. 간소화 절차 자격 요건 중에 하나의 부적격 사항이 확인되면 그에 대한 완화(deviation)를 요청하고 간소화 절차를 계속 진행할 수 있으나, 다수의 부적격 사항이 확인되면 표준 절차를 따라야 한다. 부품제작자승인을 처음 신청한 경우에는 적합성 자료를 정의하기 위한 양해각서(MoU)를 작성하여 서명한다. 필요한 경우에 부품특정인증계획서(PartSCP)를 작성할 수도 있다.

부품제작자승인 진행 단계에서는 신청자의 해당 부품에 대한 특징과 고장 영향성을 검토한다. 신청자의 안전성 평가는 해당 부품이 비 안전성 부품이고 그 고장이 안전한 비행 및 착륙에 영향을 미치지 않음을 입증하는 것이야 한다. 신청자의 적합성 확인서와 그에 따른 자료를 검토한다. 비 안전성 부품에 대한 최초의 합치성 검사는 요구되지 않으며, 신청자의 초도품 검사보고서가 이를 대신한다. 연방항공청은 신청자가 간소화 절차 요건을 만족하는 경우에 부품제작자승인 부품 식별서(PMA supplement)에 서명하는 것으로 인증 과정을 완료한다.

2.5.3 우리나라 부품제작자승인 절차

우리나라의 부품제작자승인 제도는 2003년 항공법 제20조의2(부품등제작자증명)가 신설되고, 2006년 훈령과 고시가 제정됨으로써 시행체계를 갖추게 되었다. 이후에 2017년 항공안전법 제28조(부품등제작자증명)와 시행규칙 제61조(부품등제작증명 신청) 내지 제64조(부품등제작자증명서 발급)으로 전환되었고, 이를 시행하기 위한 훈령과 고시도 최근까지 계속 개정되고 있다.

우리나라 항공안전법 및 시행규칙의 부품등제작자증명 제도는 2003년 당시의 미국 연방항공규정 FAR Part 21의 Subpart K를 바탕으로 법제화된 것이며, 훈령과 고시는 1999년의 Order 8110.42A, 2002년의 Order 8120.2C 등을 바탕으로 제정된 것이다. 우리나라의 훈령 및 고시가 최근까지 계속 개정되고 있지만, 주로 근거법령의 변경이나 정책적인 일부의 내용만 개정되었을 뿐, 그 골격은 2006년 제정 당시의 내용을 그대로 유지하고 있는 것이 현실이다.

부품제작자승인을 받고자 하는 신청자는 항공안전법 시행규칙 제61조(부품등제작자증명 신청) 제1항에 따른 별지 제29호 서식의 신청서를 작성하고, 시행규칙 제61조 제2항과 해당 신청서 서식 하단의 안내문, 고시의 제6조 제1항 및 제2항에 따라서 다음의 서류를 첨부하여 국토교통부에 제출한다.

1. 장비품 및 부품 식별서
2. 적합성 입증 계획서 또는 확인서
3. 설계도면 · 설계도면 목록 및 부품 목록
4. 제조규격서 및 제품사양서
5. 품질관리규정
6. 감항성 유지 및 관리체계 설명자료
7. 그 밖의 참고사항을 기재한 서류

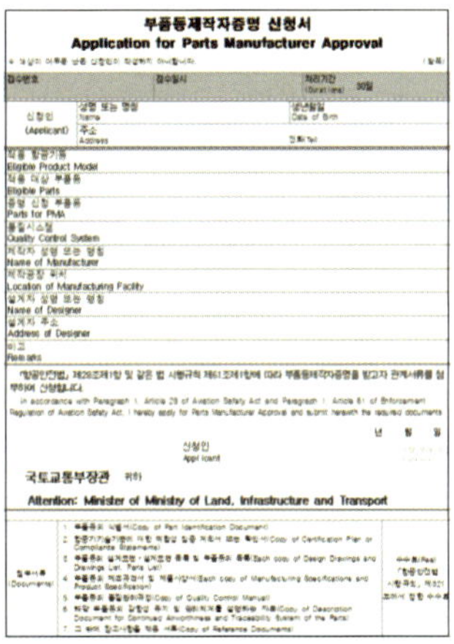

부품등제작자증명 신청서
Application for Parts Manufacturer Approval

Eligible Product Model
Eligible Parts
Parts for PMA
Quality Control System
Name of Manufacturer
Location of Manufacturing Facility
Name of Designer
Address of Designer
Remarks

국토교통부장관 귀하
Attention: Minister of Ministry of Land, Infrastructure and Transport

시행규칙 별지 제29호 서식

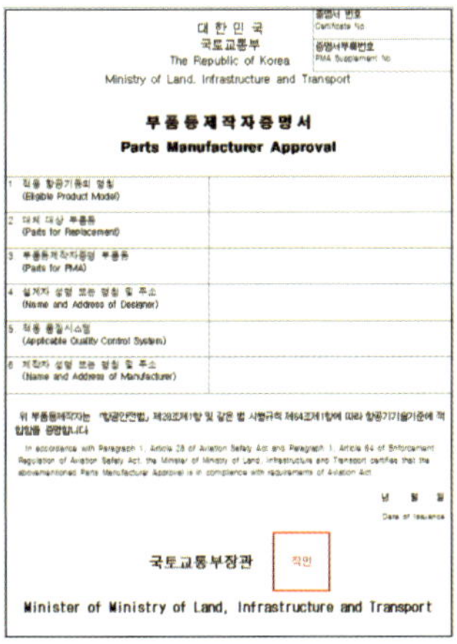

대한민국
국토교통부
The Republic of Korea
Ministry of Land, Infrastructure and Transport

부품등제작자증명서
Parts Manufacturer Approval

1 (Eligible Product Model)
2 (Parts for Replacement)
3 (Parts for PMA)
4 (Name and Address of Designer)
5 (Applicable Quality Control System)
6 (Name and Address of Manufacturer)

국토교통부장관
Minister of Ministry of Land, Infrastructure and Transport

시행규칙 별지 제30호 서식

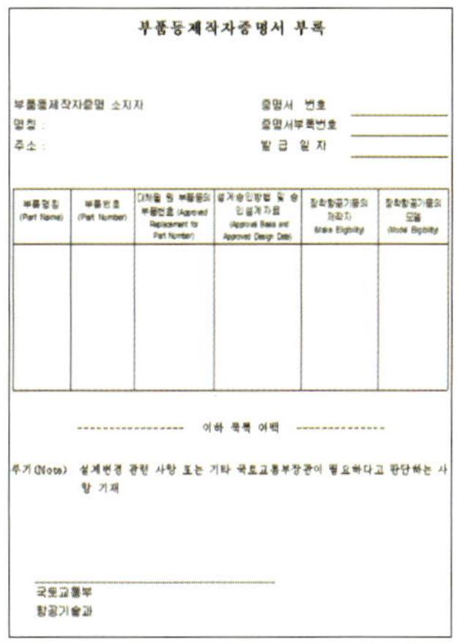

부품등제작자증명서 부록

훈령 별지 제1호 서식

[그림 2-33] 우리나라 부품제작자승인 신청서, 증명서, 식별서

우리나라 부품등제작증명 신청 서류에 포함되는 참고사항으로 ① 설계승인 방법과 관련자료, ② 검사 및 시험절차, ③ 시험결과, ④ 안전성 평가자료, ⑤ 설계변경관리 절차, ⑥ 감항성 제한사항, ⑦ 수명평가, ⑧ KAS Part 34 및 KAS Part 36 요구자료, ⑨ 운용안전성유지 계획, ⑩ 장착 적격성 입증자료, ⑪ 감항성개선지시서, ⑫ 정비 매뉴얼 및 감항성유지지침, ⑬ 수명제한 부품 감항성 유지지침, ⑭ 부품등제작자증명서 부록 초안 중에 해당되는 서류를 제출한다.

미국의 FAR Part 21, Subpart K - Parts Manufacturer Approvals 규정은 2009년 Amendment 21-92에서 기존의 §21.301, §21.303, §21.305의 3개 요건을 §21.307부터 §21.320까지 추가하여 총 13개 요건으로 전면 개정하고, 재료와 공정을 부품제작자승인 대상에서 제외하였다. 이에 반하여 우리나라는 2009년 폐기된 기존의 FAR 요건을 바탕으로 제정된 항공안전법, 시행규칙, 훈령 및 고시에 2024년 현재까지 최신 내용이 반영되지 않아서 많은 차이를 보이고 있다. 항공기 부품 인증제도에 대한 국제적 동등성 확보를 위하여 조속한 개정이 필요한 실정이다.

즉, KAS Part 21, Subpart K의 각 요건을 미국과 동등하게 13개 항목으로 추가 하고, 승인 대상에서 재료와 공정을 제외하고, 간소화 인증절차를 신설하고, 부품등제작증명 용어를 법제처 권고 및 일반 산업적 관점에서 변경할 필요가 있다고 판단된다.

[표 2-10] 미국과 우리나라의 부품제작자승인 규정 비교

미국 FAR Part 21 (Amdt 21-92, 2009.10.16)	한국 KAS Part 21 (고시 제2021-1287호, '21.11.25)
Subpart K - Parts Manufacturer Approvals	**Subpart K. 재료, 부품, 공정 및 장비품의 승인**
§21.301 Applicability.	21.301 적용
§21.303 Application.	21.303 교체 및 개조부품
§21.305 Organization.	21.305 재료, 부품, 공정, 장비품 승인
§21.307 Quality System.	
§21.308 Quality Manual.	
§21.309 Location of Change to Manufacturing Facilities.	
§21.310 Inspections and Tests.	
§21.311 Issuance.	
§21.313 Duration.	
§21.314 Transferability.	
§21.316 Responsibility of Holder.	
§21.319 Design Changes.	
§21.320 Changes in Quality System.	

우리나라에 2003년 부품제작자승인 제도가 처음으로 도입된 이후, 항공안전법 제28조에 따른 최초의 부품등제작자증명은 2022년 컵홀더에 대하여 발급되었으며, 2024년 현재까지 다음과 같이 4건의 부품이 증명서를 받았다.

- KPMA20220001 : ANH Structure, Cup Holder, AP848655-401D, 2021.06.01 ~ 2022.04.06
- KPMA20220002 : ANH Structure, Wear Disk, AP860525-001, 2022.07.01 ~ 2023.04.12
- KPMA20220003 : ANH Structure, Cup Holder, AP848655-401A, 2023.07.01 ~ 2023.09.01
- KPMA20230001 : GTA Aerospace, Window Shade, GP411W1602, 2023.05.01 ~ 2023.12.20

2.6 기술표준품승인 절차

기술표준품승인(TSOA: Technical Standard Order Authorization, or Approval)은 기술표준품의 설계가 해당 기술표준서에 적합한지를 입증하고, 그에 대한 합치성을 보장하는 생산시스템에 대한 인증을 말한다. 즉, 기술표준품에 대한 설계승인(DA)과 생산승인(PA) 과정이 단계별로 진행되는 인증이다.

기술표준품승인 대상이 되는 "기술표준품(TSO article)"이라 함은 감항당국이 지정 고시한 각각의 기술표준서(TSO)에 정의된 품목을 말한다. 미국, 유럽, 한국을 포함한 세계 각국은 자국의 기술표준서를 제정하여 고시하고 있다. 2025년 현재 미국 연방항공청은 156종, 유럽항공안전청은 179종, 우리나라 국토교통부는 70종의 기술표준서를 고시하고 있다. 이들 기술표준서는 각국 감항당국의 홈페이지에서 확인할 수 있다.

이들 기술표준서 중에 미국과 유럽의 표준서가 동일한 것은 120종이고, 미국과 유럽과 한국이 동일한 것은 55종, 미국에만 있는 표준서는 12종, 유럽에만 있는 표준서는 55종으로 분류된다. 유럽의 경우에 미국과 표준서 번호 및 제목이 동일하지만 요구조건을 달리 규정한 표준서(번호의 "C" 앞에 "2"를 추가로 표시)와 미국에는 없고 유럽에서만 독립적으로 제정한 표준서를 운영하고 있다.

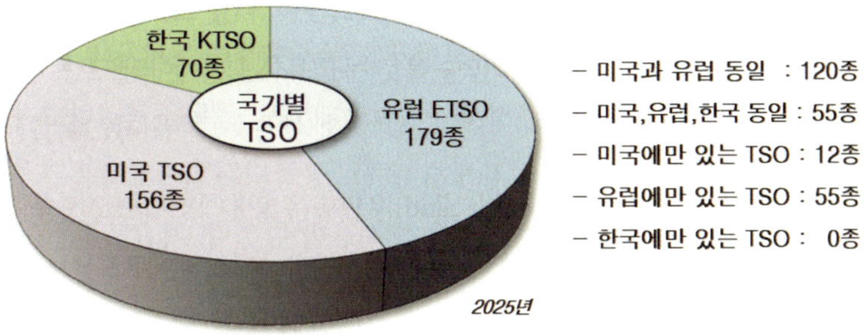

[그림 2-34] 국가별 기술표준서 제정·고시 현황

기술표준서는 감항당국의 지정된 서식에 따라서 목적, 적용성, 요구조건, 마킹, 신청자료 요건, 제작자료 요건, 고객자료 요건 등의 순서로 작성하여 고시한다. 기술표준서의 요구조건 부분에는 감항당국이 자체적으로 설정한 기술적 요건과 함께 해당 기술표준품이 충족해야 하는 최소성능표준(MPS: Minimum Performance Standard)을 SAE, RTCA, ASTM, EUROCAE 등의 표준서로 지정하고 있다. 기술표준품승인을 위한 설계승인(DA)은 이 기술표준서의 요구조건과 해당 최소성능표준을 충족시키는 과정을 말한다.

기술표준품승인에서 생산승인(PA) 과정은 부품제작자승인과 마찬가지로 감항당국의 법적 요건에 따라서 해당 기술표준품의 합치성 및 감항성을 보장할 수 있는 품질시스템을 갖추는 것을 말한다. 이는 ISO 9001 품질경영시스템이나 AS9100 항공우주 품질경영시스템으로 대체될 수 없으며, 감항당국으로부터 직접 평가받고 연간 및 수시 감사에 응해야 한다.

[그림 2-35] 기술표준품승인 진행 과정

기술표준품승인은 항공기 등의 형식증명 신청자 또는 제작증명 소지자에게 해당 품목을 공급하는 협력업체 또는 항공기 등의 개조 및 정비 사업자에게 해당 품목을 공급하고자 하는 제3자가 신청할 수 있다. 그리고, 개조 및 정비 사업자에게 신규로 공급되는 기술표준품은 부가형식증명이나 별도의 장착승인을 통해서만 항공기 등에 장착해 사용할 수 있다. 기술표준품승인 제도는 기술표준품으로 지정된 품목에 대하여 단품 자체의 인증과 장착을 위한 부가형식증명으로 분리함으로써, 인증관리의 편의성과 다양성을 추구하고 신속한 인증을 도모하는 제도라고 볼 수 있다.

기술표준품승인 제도는 부품제작자승인 제도와 비교할 때, 설계승인과 생산승인 단계로 진행된다는 것은 동일하지만, 인증 대상이 되는 품목이 다르고, 부품제작승인은 곧바로 항공기 등에 장착 사용할 수 있는 반면에 기술표준품승인은 부가형식증명 등을 통하여 장착승인 받아야 한다는 점에서 차이가 있다. 또한, 부품제작자승인은 항공기 등에 대한 감항기준의 해당 요건에 적합해야 하고, 기술표준품승인은 해당 기술표준서 및 최소성능표준에 따라 적합성을 입증하는데 차이가 있다.

[표 2-11] 기술표준품승인과 부품제작자승인의 차이

구 분	부품제작자승인 (PMA)	기술표준품승인 (TSOA)
대상 품목	TC, STC, TSOA 부품과 동일하게 제작하여 정비용으로 교환/장착되는 부품 • 인증을 받고 운용 중인 항공기 등의 정비 및 개조에만 사용됨	감항당국이 기술표준품으로 지정해 고시한 품목 • 운용 중인 항공기 등과 신규로 설계 및 인증받는 항공기 등에 모두 사용 가능함
품목 예시	AC 발전기, 기체부품, 엔진부품 등	DC 발전기, 타이어, APU 등 약 160종
적용 항공기	항공기 모델 지정 필요 (Eligibility)	항공기 모델 지정 불필요
장착 적격성	장착승인 불필요 (설계승인에 포함)	별도의 장착승인(STC) 필요
승인 단계	설계승인 + 생산승인	설계승인 + 생산승인
설계승인기준	해당 항공기 등의 감항기준	해당 TSO 및 최소성능표준(MPS)
생산승인기준	감항당국의 품질시스템 요건	감항당국의 품질시스템 요건
신청 자격	제한 없음 (설계/생산 입증능력 필요)	제한 없음 (설계/생산 입증능력 필요)
양 도 성	양도 불가능	양도 불가능

미국 연방항공청은 FAR Part 21의 Subpart O - Technical Standard Order Approvals에서 기술표준품승인 요건을 규정하고, 세부절차는 Order와 AC를 통해서 안내하고 있다. 우리나라는 항공안전법 제27조(기술표준품 형식승인)[30]와 시행규칙 제55조(기술표준품 형식승인 신청) 내지 제58조(기술표준품 형식승인서 발급), 그리고 이에 대한 훈령과 고시를 적용한다.

- Order 8150.1D : Technical Standard Order Program
- AC 21-46A : Technical Standard Order Program
- AC 21-50 : Installation of TSOA Articles and LODA Appliances
- 국토교통부 훈령 : 항공기 기술표준품 형식승인 절차규정
- 국토교통부 고시 : 항공기 기술표준품 형식승인 기준

유럽의 경우에 EU Part 21의 Subpart O - European Technical Standard Authorisations에서 유럽기술표준품승인(ETSOA: European TSO Authorisation) 규정을 두고 있으나, 미국이나 우리나라와 달리 사전에 설계조직승인(DOA)과 생산조직승인(POA)을 통하여 자격 요건을 갖추어야 기술표준품승인을 신청할 수 있다. 유럽항공안전청은 EU Part 21, Subpart O의 각 항목 아래에 적합성 입증방법(AMC)과 안내자료(GM)을 규정하고 있으며, 내부절차로 PR.CERT.00003 ETSO Authorisation을 두고 있다.

30) 우리나라 항공안전법 제27조(기술표준품 형식승인)에서 "형식승인"으로 표기하고 있으나, 형식(type)은 항공기, 엔진, 프로펠러의 설계(형식증명)를 의미하는 용어이다. 미국의 기술표준품승인 제도는 자체 인증(self certification) 또는 위임기술자 인증 개념을 적용하여 인가(authorization) 제도로 운영하고 있는 점을 고려할 때, 우리나라도 용어를 수정하고 절차를 간소화할 필요가 있다.

각국의 기술표준품승인에서 공통적으로 중요하게 다루는 것으로 인증 품목에 대한 식별표시(marking)를 들 수 있다. 즉, Part 21의 §21.616(d), 해당 기술표준서의 4. Making, 그리고 Part 45의 §45.15(b)에 따라 해당 품목에 기술표준품승인 소지자 명칭, 상표, 또는 심벌, 부품번호, 해당 기술표준서 번호, 일련번호 또는 제조일자를 영구적이고 읽기 쉬운 방식으로 표기해야 한다.

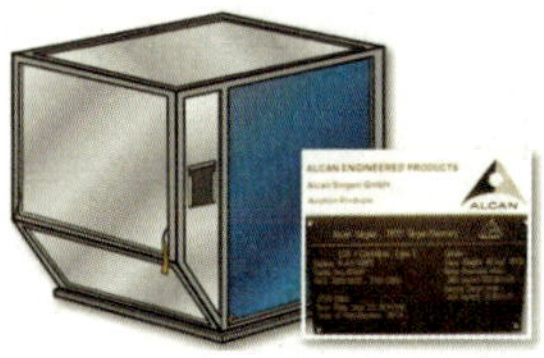

TSO-C90 Cargo Container
by ALCAN

TSO-C106 ADC
by Aerosonic

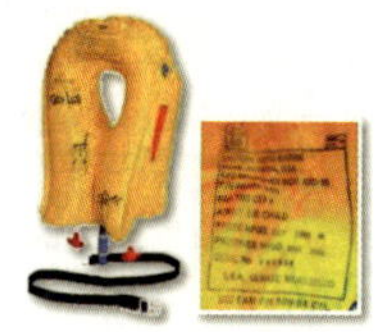

TSO-C13 Life Preserver
by Eastern A.M.

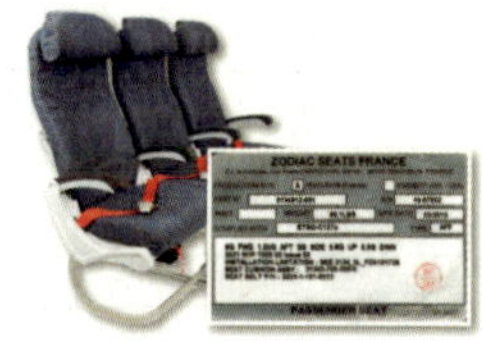

TSO-C127 Passenger Seat
by Zodiac Aerospace

[그림 2-36] 기술표준품승인 대상 및 마킹 표시 예시

2.6.1 미국 기술표준품승인 세부절차

미국의 기술표준품승인(TSOA)은 FAR Part 21, Subpart O의 §21.601부터 §21.621까지의 15개 요건으로 규정되어 있다. 이에 대한 세부절차는 FAA Order 8150.1D와 AC 21-46A에서 안내하고, 기술표준품 장착에 관한 사항은 AC 21-50을 참고할 수 있다.

FAR §21.603, §21.605, §21.607, §21.608에 따라서 신청자 신청자는 기술표준품승인을 신청하는 공문(letter)을 작성하여 관할 인증 브랜치 또는 인증관리 브랜치 및 섹션에 제출한다. 이 신청 공문에는 합치성 확인서(SoC: Statement of Conformance)[31]와 함께 해당 기술표준서의 5. Application Data Requirements에 규정된 신청서류, 그리고 신청자 조직 설명자료, 품질시스템 및 품질매뉴얼 설명자료 등이 첨부되어야 한다.

FAR §21.610에 따라서 기술표준품승인 신청자는 연방항공청이 해당 품질시스템, 시설, 기술 데이터, 그리고 해당 부품을 검사하고, 시험에 입회할 수 있도록 하여야 한다. 이는 협력업체에서 수행하는 검사 및 시험에도 동일하게 적용된다. FAR §21.611에 따라서 신청자가 해당 요건에 대한 모든 적합성을 입증하고, 연방항공청이 이를 확인하면 기술표준품승인서를 발급한다. 연방항공청의 적합성 확인은 설계승인과 생산승인 단계로 나누어 진행되며, 기술표준품승인서는 별도로 지정된 서식이 없이 공문(letter)으로 작성하여 신청자에게 전달한다.

31) 미국의 FAR §21.603(a)(1)에 규정된 Statement of Conformance는 FAA의 관행적 표기 또는 오기로 판단되며, Statement of Compliance로 수정될 필요가 있다. 유럽의 경우에는 EU Part 21의 21.A.605, 608, 611에서 Statement of Compliance로 표기하고 있다.

{Company Name}
{Company Address}
{City, State, ZIP Code}
{Phone Number and/or Email}

Federal Aviation Administration (FAA)
{Name of Certification Branch or Section}
{Regional Office Address}
{City, State, ZIP Code}

Attention: {Name of Responsible Manager}
{Manager, Name of Regional Office, Office Code}

Subject: Application for TSOA of *{TSO Number and Title}*

Dear {Name of FAA Manager},

We are applying for Technical Standard Order Authorization (TSOA) for our {article name}, in accordance with 14 CFR 21.603. This application is made on behalf of {Company Name}, and it is our intention to secure TSOA for our {article name and/or model}. Please refer to the enclosed application data.

For any additional information, please contact me directly at {Phone Number} or via email at {Email Address}. We look forward to your favorable review and approval of our request for TSO Authorization.

Sincerely,

{Name of Applicant}
{Title and Company Name}

Enclosures:
1 copy Drawings, Specifications and Processes
1 copy Statement of Conformance
1 copy Compliance Checklist, and DER List
1 copy Substantiating Data and Reports
1 copy Instructions for Continued Airworthiness (ICA)
1 copy Installation Instructions
1 copy Quality System Manual

TSOA Application Letter

Statement of Conformance

{Company Name}
{Company Address}
{City, State, ZIP Code}
{Phone Number and/or Email}

Federal Aviation Administration (FAA)
{Name of Certification Branch or Section}
{Regional Office Address}
{City, State, ZIP Code}

In accordance with 14 CFR 21.603(a)(1), {Name of Company, Applicant} hereby provides this Statement of Conformance for our {article name and/or model, part number, and applicable TSO number}.

We, {Name of Company}, certify that the {article name} described above complies with the requirements of the {TSO Number}. The system has been designed, manufactured, and tested in accordance with the applicable standards and specifications outlined in the TSO.

This statement confirms that the article meets all the performance, safety, and compliance criteria as stipulated in the referenced TSO. We affirm that the design, materials, and workmanship of the article is in strict adherence to the technical and regulatory requirements set forth by the TSO.

- Drawings: {drawing numbers or list of drawings}
- Test Reports: {report numbers or list}
- Analysis Reports: {report numbers or list}
- Substantiation Reports: {report numbers or list}
- Installation Instructions
- Instructions for Continued Airworthiness (ICA)

Sincerely,

{Name of Applicant}
{Title and Company Name}

Statement of Conformance

U.S. Department of Transportation
Federal Aviation Administration

{Certification Branch}
{certification branch address}
{Date}

{Name of applicant point of contact (POC)}
{POC's title} {Name of company}
{Street address} {City and zip code}

Dear {Mr. /Mrs. /Ms. name of applicant POC}:

Subject: TSOA Application *{insert reference number}*

This is in reply to your letter of {enter date of application} requesting TSO authorization for your {insert type of article}. We accept your statement certifying that your article meets the requirements of TSO-C {enter applicable TSO number} and that you meet the requirements of Title 14, Code of Federal Regulations (14 CFR) part 21, subpart O.

{Insert the following, if applicable, to include the integrated non-TSO function(s) specified.} We also accept the data you submitted in support of the non-TSO functions listed in attachment 1 on a non-interference basis.

Effective this date, we authorize you to identify the following {insert type of article} with the marking requirements defined in § 21.616(d) and in TSO-C {enter applicable TSO number}.

{Enter Part/Model} Number	{Enter type of article} Description
{List each part number (with open brackets to allow for minor changes) or model number. If both numbers are necessary, use two separate columns.}	{Enter a basic description of article. Include major features that distinguish this part or model number from other part or model numbers on the list.}

Sincerely,

{Name of certification branch manager}
{Name of certification branch}

Letter of TSOA Order 8150.1D

[그림 2-37] 미국의 TSOA 신청서, 합치성 확인서, 승인서 예시

기술표준품승인서를 발급받은 신청자는 FAR §21.616에 규정된 승인서 소지자의 책임을 이행해야 하고, 해당 부품의 설계, 품질시스템, 제조시설에 중대한 변경이 발생하는 경우에는 FAR §21.619, §21.620, §21.609에 따라서 연방항공청에 통지하고, 필요한 경우에 다시 승인을 받아야 한다.

부품제작자승인 규정과 비교할 때, 기술표준품승인은 FAR §21.618에 따른 완화(deviation)와 FAR §21.621에 따른 설계승인서(LODA) 요건을 추가로 규정하고 있다. 기술표준서 또는 그에 따른 최소성능표준의 특정한 요건에 대한 완화는 해당 설계가 동등한 수준의 안전성이 보상(compensate)되어야 승인될 수 있으며, 해외 기술표준품에 대한 연방항공청의 설계승인서는 항공안전협정이 체결된 국가의 감항당국을 통하여 신청하는 경우에만 발급될 수 있다.

연방항공청의 기술표준품승인 세부업무는 FAA Order 8110.42D의 Chapter 3에서 연방항공청 관련부서 업무를 구분하고, Chapter 4에서 정책표준 디비젼(AIR-600)의 업무, Chapter 5에서 인증 브랜치와 인증관리 브랜치의 업무, Chapter 6에서 기술표준품승인 진행과정, Chapter 7에서 최소성능표준 완화 승인과정, Chapter 8에서 Non-TSO Function에 대한 처리과정을 규정하고 있다.

미국 연방항공청의 기술표준품승인 업무는 항공인증국(AIR-1: Aircraft Certification Service) 예하의 정책표준 디비젼(AIR-600: Policy & Standards Division), 감항적합 디비젼(AIR-700: Compliance & Airworthiness Division)의 인증 브랜치 및 섹션, 그리고 시스템감독 디비젼(AIR-800: System Oversight Division)의 인증관리 브랜치 및 섹션에서 협력하여 수행한다. 신청자는 FAR Part 21의 Subpart O 요건과 AC 21-46A의 안내에 따라서 신청서류를 제출하고, 인증계획에 따른 적합성을 입증한다.

[표 2-12] 미국 기술표준품승인 신청자 및 연방항공청 부서별 업무

Applicant for TSOA	AIR-600: Policy & STD Div.	Certification Branch	CM Section
• Control the design and quality of the article. • Show compliance with applicable TSO standard. • Set up and maintain a quality system that meets §21.607 or is i.a.w a BA. • Provide a statement of conformance to the applicable TSO(s). • Request approval to deviate from the TSO(s). • Establish installation instructions, operational limitations, and maintenance instructions. • Provide maintenance instructions and installation limitations, and ensure the article continues to meet MPS of TSO after installation. • Mark each article according to §45.15(b) and as specified in each applicable TSO. • Report service difficulties pursuant to §21.3 • As applicable, work with certification branch to develop Partnership for Safety Plans (PSP).	• Administer TSO program policy. • Develop and issue new TSOs. • Determine when TSOs require revisions. • Cancel obsolete TSOs. • Determine if all TSOAs for a particular TSO must be withdrawn and publish intentions of withdrawal in the Federal Register before the withdrawal. If it is determined necessary, the process in paragraph 4-5 of this order will be followed. • Grant/deny deviation requests not delegated to the certification branches. • Maintain records for TSOs, including canceled TSOs.	• Process TSOA applications and LODA applications if applicable. • Recommend approval or denial of deviations to the TSO to AIR-600. • Grant/deny deviations that this order or a specific TSO has delegated to the Certification Branches. • Coordinate with CM Section or follow the procedures defined in the BA (LODA). • Witness various functions if deemed necessary. (Refer to §21.610) • Find that the article design complies with the applicable TSO. • Send applicant TSOA, LODA, or denial letter. • Investigate reports of service difficulties and noncompliance. • Submit enforcement reports when holders do not comply with Part 21, Subpart O. • As applicable, work with applicants to develop the PSP.	• Verify production system produces articles that conform to the approved design. • Approve the quality system. • Issue TSOA article production approval letter to certification branch. • Conduct surveillance at the TSOA holder's and supplier's facilities (both domestic and foreign if appropriate). • Investigate service difficulty reports and nonconformities. • Submit enforcement reports when holders do not comply with Part 21, Subpart O.
• Refer to applicable TSO and Part 21, Subpart O, for further details.	• Refer to Chapter 4 of this order for further details.	• Refer to Chapters 5 through 8 of this order for further details.	• Refer to FAA Order 8120.22 for further details.

Figure 3-1 of Order 8150.1D

연방항공청 정책표준 디비젼(AIR-600)은 기술표준품승인 인증제도를 관리하고, 이에 대한 정책, 절차, 안내를 제공한다. 또한, 신규 기술표준품 성능표준 및 기술표준서를 발행하고, 기존의 기술표준서 개정 또는 폐기를 포함하여 모든 기술표준서를 유지 및 관리한다. 신청자가 요청한 완화사항에 대하여 관할 인증 브랜치에 위임되지 않은 사항을 직접 승인하거나 반려할 수 있다.

감항적합 디비젼(AIR-700)의 인증 브랜치 및 섹션은 기술표준품승인 신청서류 접수 및 검토, 기술자료 평가, 설계검토 및 승인 관리, 브랜치에 위임된 완화 요청에 대한 승인 또는 반려, 브랜치

에 위임되지 않은 완화 요청에 대한 의견 제시, 부적합 품목에 대한 보고서 검토, 인증관리 섹션이 품질시스템을 평가 및 승인하는데 협력, 기술표준품승인서 발급 또는 반려, 기술표준품승인 소지자에 대한 모니터 활동을 수행한다.

인증 브랜치는 기술표준품승인 신청서류 검토 단계에서 신청자가 제출한 자료가 FAR §21.603에 따라 해당 지역 인증 브랜치에 제출되었는지 검토한다. 기술표준품승인 신청서류는 해당 품목의 설계 및 품질을 관리하는 주 생산시설이 있는 지역 사무소에 제출되어야 하고, 다른 지역에도 생산시설이 있는 경우에는 해당 지역의 인증관리 섹션에도 신청서류 사본이 전달되어야 한다.

기술표준품승인 신청서류는 "해당 품목은 신청일에 유효한 기술표준서를 만족한다."는 내용의 기록서(statement)와 함께 제출되어야 한다. 인증 브랜치는 신청서류에 적용 기술표준서 번호, 신청자 명치 및 주소, 해당 기술표준서에서 요구하는 기술자료 사본, 신청자 조직 설명자료, 품질시스템 매뉴얼 등을 모두 포함되어 있는지 확인하고, 누락된 서류가 있는 경우에 문서로 해당 신청자에게 통지하여야 한다.

인증 브랜치는 신청자가 제출한 기술자료를 검토하여 해당 품목이 적용 기술표준서를 만족하는지 확인하여야 한다. 해당 기술표준서의 각 요건에 대한 해석과 적용에 관한 문가 있는 경우에 정책표준 디비젼(AIR-600)과 협의해야 하고, 해당 신청자의 경험과 능력을 고려하여 신청자료 및 입증계획을 검토한다.

즉, 제출된 도면이 해당 품목을 정의하는데 충분한지, 해당 기술표준서에서 요구하는 모든 상세도면과 규격서가 제출되었는지, FAR §45.15(b)에 따른 식별표시 요건을 충족하는지, 전자장비에 대한 하드웨어 및 소프트웨어가 식별되고 RTCA DO-178 및 DO-254에 적합한지, 해석 보고서 및 시험 보고서가 해당 기술표준서를 충분히 만족시킬 수 있는지, 미해결 보고서(OPR: Open Problem Reports)에 장착 영향성이 모두 평가되었는지, 그리고 장착 지침서, 정비 지침서, 장착 한계가 적정하게 수립되었는지를 검토한다.

기술표준품승인에서 완화(deviation)는 해당 기술표준서에 규정된 성능표준을 만족시키는데 다른 방법이나 기준을 적용하는 것으로써, 등등한 수준의 안전성을 보장할 수 있는 보상 요소(compensating features)를 함께 제시하는 것을 말한다. 기술표준품승인 신청자는 해당 기술표준서에 규정된 성능표준에서 차이가 있는 모든 사항에 대하여 연방항공청에 완화 승인을 신청하여야 한다. 예를 들어, 해당 기술표준서에 지정된 산업표준을 더 최신판으로 적용하는 것도 완화 승인의 대상이 된다.

연방항공청 인증 브랜치는 신청자가 제출한 완화 승인 요청에 대하여 FAR §21.618 요건에 적합한지를 검토하고, 정책표준 디비젼(AIR-600)에 승인 또는 반려를 제안한다. 이때 신청자의 완화 요청에 제시된 보상 요소가 동등한 수준의 안전성을 입증할 수 있는 것이지 검토한다. RTCA DO-160, DO-178, DO-254, DO-200 산업표준의 최신판을 적용하는 경우, 다중 기술표준서가 적용된 승인에서 하나의 주된 기술표준서의 식별표시 요건에 대한 완화, TSO-C39 및 TSO-C127의 좌석 기준점(SRP) 설정에 관한 사항, TSO-C39 좌석의 난연시험에 관한 사항, TSO-C90 화물운송용구의 중량 표시에 관한 사항은 정책표준 디비젼에 보고 및 협의 없이 인증 브랜치에서 단독으로 승인 여부를 판단하여 신청자에게 문서(latter)로 통지할 수 있다.

기술표준품승인은 특정한 기술표준서 및 성능표준에 규정되지 않은 기능(NTF: Non-TSO Functions)에 대해서도 이 기능을 포함한 품목에 대하여 인증을 신청할 수 있다. 다만, 해당 기술표준서 및 성능표준을 만족하는 주된 품목(기능)에 대해서만 기술표준품승인을 받을 수 있고, 기술표준서에 규정되지 않는 기능에 적용할 다른 기술표준서가 없을 때, 해당 기능이 주된 품목(기능)에 영향을 미치거나 간섭하지 않고, 주된 품목의 한계를 침해하지 않아야 한다. 또한, 주된 품목의 환경 조건, 하드웨어 및 소프트웨어 보증수준이 기술표준서에 규정되지 않은 기능에도 적용되어야 한다.

기술표준품승인 신청자는 기술표준서에 규정되지 않은 기능이 포함되어 있는 경우에 고장상태에 대한 위험분류를 평가할 수 있도록 해당 기능의 명확한 정의와 운용 필요성을 제시해야 한다. 또한, 그 기능에 대한 성능요건, 시험절차, 운용지침 및 한계와 함께 주된 품목에 적용되는 소프트웨어 및 하드웨어 설계 보증수준이 해당 기능에도 적용됨을 확인하는 자료를 제출하여야 한다. 기술표준서에 규정되지 않은 기능이 인증의 대상은 아니지만, 해당 기술표준품승인 품목과 하나로 통합되어 있으므로 그에 대한 설계변경이 발생하는 경우에 연방항공청의 해당 인증 브랜치에 통지하여야 한다.

인증 브랜치의 설계자료 검토가 완료되면, 시스템감독 디비젼(AIR-800)의 인증관리 섹션은 Order 8120.22A의 절차에 따라서 신청자의 품질시스템이 FAR §21.607 및 §21.608의 요건에 적합한지를 평가하고, 그 결과를 인증 브랜치에 통지한다. 인증 브랜치는 기술표준품승인을 위한 설계 및 품질 요건에 대한 적합성을 최종 확인하고 신청자에게 기술표준품승인서를 발급한다. 이때 기술표준품승인서는 해당 품목의 설계와 품질을 관리하는 주 생산시설을 대상으로 발급된다.

기술표준품승인서는 공문(letter)의 형태로 발급되며, 원본은 신청자에게 전달되고 사본은 연방항공청 데이터베이스에 보관한다. 또한, 해당 기술표준품승인 소지자에 대한 검사와 모니터링을 담당하는 인증관리 섹션에도 승인서 발급내용을 통지한다. 해당 기술표준품승인서에는 신청자가 제출한 모든 자료를 나열하고, 기술표준품 식별표시에 대한 안내와 적합성 확인 및 승인서 발급 근거를 설명하고, 신청자에게 고장보고의 의무, 변경사항에 대한 통지, 기술표준서에서 요구되는 자료의 제공, 경급 설계변경에 대한 통지절차 수립 등의 의무사항을 함께 고지한다.

기술표준품승인에 따라 생산된 품목에 부적합 또는 불합치 보고서가 확인된 경우에 인증 브랜치는 해당 제작자에게 시정조치를 요구하여야 한다. 운용 중인 품목이 해당 기술표준서를 만족하지 않는 경우에 해당 기술표준품승인 소지자에게 특별감항정보회보(SAIB: Special Airworthiness Information Bulletin) 수준의 운용 정보를 제공하도록 독려한다. 기술표준품승인 설계에 불합치 보고서가 확인된 경우에 인증관리 섹션은 해당 제작자에게 시정조치를 요구하고, 그 원인이 해소될 때까지 해당 품목의 생산과 인도를 중지시켜야 한다.

기술표준품승인 소지자가 설계조직 또는 생산시설을 변경하고자 하는 경우에 연방항공청에 해당 내용을 통지하여야 한다. 승인서 소지자 또는 인증관리 섹션으로부터 이를 통지받은 인증 브랜치는 해당 제작자에게 변경된 조직 및 시설에 대한 재평가와 승인서 재발급 전까지 해당 품목을 출하하지 말도록 조치한다. 생산시설의 위치만 변경되는 경우에 인증관리 섹션은 해당 품질시스템이 FAR §21.137 요건을 만족하는지 Order 8120.22A 절차에 따라서 평가하고 기술표준품승인서를 재발급할 수 있다. 설계조직의 변경이나 명칭이 변경되는 경우에는 인증 브랜치에서 해당 승인서를 재발급할 수 있다.

기술표준품승인서는 FAR §21.614에 규정된 바와 같이 다른 사람이나 법인에 양도될 수 없는 것이 원칙이다. 그러나, 다음의 경우에 한하여 인증 브랜치는 정책표준 디비젼(AIR-600)의 참여 없이도 승인서 양도 요청을 직접 승인할 수 있다. 즉, 기술표준품 설계 자료와 생산시설을 포함하여 회사가 매각되는 경우에 해당 기술표준품승인서에 대한 양도를 승인할 수 있으며, 회사의 명칭만 변경되는 경우나 생산시설이 재배치되는 경우는 양도로 보지 않고 변경에 대한 심사후 승인서를 재발급할 수 있다.

연방항공청의 AC 21-46A에서 기술표준품승인에 관한 세부절차를 신청자 입장에서 안내하고 있다. Chapter 2에서 기술표준품승인 제도를 설명하고, Chapter 3에서 기술표준품승인 신청자의 책임, Chapter 4에서 기술표준품승인 소지자의 책임, 그리고 Chapter 5에서는 개조용 부품, 일부 구성품 납품, 불완전한 기술표준품, 다중 기술표준품승인, 기술표준서에 규정되지 않은 기능(NTF) 등에 관한 절차를 안내하고 있다.

AC 21-46A의 부록 B에서는 기술표준품승인 신청자가 인증계획 수립 시에 가장 중요시되는 적합성 매트릭스(compliance matrix) 작성 예시를 안내하고 있다. 이는 기술표준품승인을 위한 적합성 점검표(CCL)에 대한 예시이지만, 부품제작자승인이나 항공기 등의 형식증명에도 동일한 방식으로 사용될 수 있다.

- Part 1 : FAR Part 21, Subpart O의 각 요건에 대한 입증방법 및 입증문서

- Part 2 : 적용 기술표준서의 각 요건에 대한 입증방법 및 입증문서를 나열
- Part 3 : 기술표준서에서 지정된 산업표준(SAE, RTCA 등)의 각 요건에 대한 사항

2.6.2 유럽 기술표준품승인 세부절차

유럽의 기술표준품승인(ETSOA: European Technical Standard Order Authorisations) 대상 품목은 2025년 현재 총 179종으로 이에 대한 기술표준서는 CS-ETSO 문서에 일괄로 수록되어 있다. 또한, 유럽 기술표준품승인서가 발급된 소지자, 승인번호, 발급일자, 품명 등의 전체 발급내역도 List of ETSO Authorisations 문서에 일괄로 제시하고 있다. 이는 미국의 연방항공청이 기술표준서와 발급내역을 각 품목별 문서로 고시하는 방식과 차이가 있다고 볼 수 있다. 이들 문서는 각각 유럽항공안전청과 미국의 연방항공청 홈페이지에서 확인할 수 있다.

유럽의 기술표준품승인(ETSOA)에 대한 규정은 EU Part 21, Subpart O의 21.A.601부터 21.A.621까지 14개 요건으로 구성되어 있다. 이 중에 21.A.602B, 21.A.605, 21.A.606, 21.A.608, 21.A.609, 21.A.611 요건은 그 아래에 적합성 입증방법(AMC) 또는 안내자료(GM)를 함께 제시하고 있고, 유럽항공안전청의 내부절차는 PR.CERT.00003 ETSO Authorisation을 적용하고 있다.

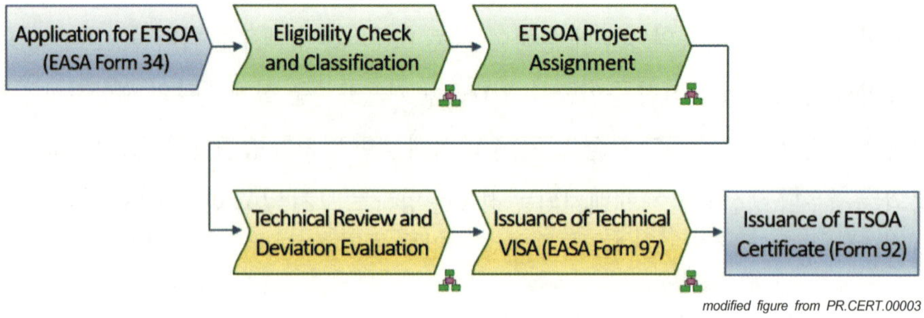

[그림 2-38] 유럽항공안전청의 기술표준품승인 진행 과정

유럽항공안전청은 미국 연방항공청과 달리 EU Part 21의 21.A.602A와 21.A.602B에서 기술표준품승인 신청자격으로 설계조직승인(DOA)과 생산조직승인(POA)을 받아야 한다고 규정하고 있다. 다만, 생산검사시스템을 수립하고 개별 품목에 대한 합치성 검사를 수행하는 경우에는 생산조직승인을 받지 않을 수 있고, 설계지침서 및 설계자원을 보유하고 적합성 입증 절차를 수립한 경우에는 설계조직승인을 받지 않을 수도 있다. 그러나, 보조동력장치(APU)에 대해서는 반드시 설계조직승인을 받아야 하고, 형식증명 절차에 따라서 기술표준품승인을 신청하여야 한다.

유럽의 기술표준품승인 신청자는 적합성 확인서(SoC: Statement of Compliance), 설계 및 성능 명세서(DDP: Declaration of Design Performance), 해당 기술표준서에 규정된 기술자료 각 1

부, 생산조직 설명서 또는 생산검사 매뉴얼, 설계조직 설명서 또는 설계 적합성 절차서를 유럽항공안전청에 제출하여야 한다.

유럽항공안전청은 신청서류를 검토하여 신청요건과 신청자격에 대한 적격성(eligibility)을 검토하고, 신청의 종류를 분류한다. 이때 보조동력장치를 대상으로 신청한 경우에는 형식증명 절차에 따라 설계조직승인과 생산조직승인을 함께 신청하도록 조치하고, 중급 설계변경이 수반된 품목인 경우에는 신규 기술표준품으로 신청하도록 통지한다. 유럽항공안전청은 기술표준품의 유형과 입증범위 등을 고려하여 해당 기술표준품 인증팀을 구성하고 해당 부서에 과제(project)를 배정한다.

기술표준품 신청 품목이 보조동력장치의 경우에는 추진계통 인증부서에 배정하고, 그 밖의 품목은 장비품 인증부서에 배정한다. 해당 인증부서는 신청서류에 대한 기술검토를 통하여 기술표준품승인 규정 및 최소성능표준에 대한 적합성을 확인하고, 신청자가 완화(deviation)를 제안한 경우에는 이에 대한 승인 여부를 결정한다.

기술표준품 인증부서는 신청자가 제출한 기술자료에 대한 적합성을 검토하고, 설계조직승인 및 생산조직승인 또는 이에 준하는 절차가 수립되었는지 확인하고, 해당 품목에 대한 감항성 유지를 절차와 관련 문서에 대한 적정성 판단한다. 즉, 기술검토 단계에서 기술표준품승인 신청서, 설계 및 성능 명세서(DDP), 완화(deviation) 승인 요청서를 검토하고, 필요한 경우에 인증착수 사전회의를 개최하고, 인증기준 설정, 적합성 확인계획 수립, 시험계획서 및 시험보고서 검토, 식별표시 명판 검토, 매뉴얼 등을 검토하고 신청자와 기술회의를 통하여 세부사항을 확인한다.

유럽연방항공청은 기술표준품승인 규정 및 절차에 대한 적합성 판단이 완료되면 기술검토 종결보고서(technical visa)를 작성하고, EASA Form 92 서식으로 기술표준품승인서를 발급한다. 여기서, 기술검토 종결보고서는 해당 과제가 기술적 및 행정적으로 종결될 때 과제책임자가 작성되는 유럽항공안전청의 내부 보고서를 말한다. 인증부서는 이를 근거로 해당 증명서 또는 승인서를 발급하고, 행정부서에서는 인증비 청구서를 작성하는 근거로 활용한다. 형식증명 과제에서는 EASA Form 95 서식을 사용하고, 기술표준품승인 과제에서는 EASA Form 97 서식을 사용한다.

유럽의 기술표준품승인 소지자는 EU Part 21의 21.A.607에 따라서 해당 기술표준품을 생산하고 식별표시를 할 수 있는 특권이 부여된다. 또한, 21.A.609에서 규정하고 있는 다음과 같은 의무를 준수해야 한다.

- 합치성 및 안전성을 보장하는 생산시스템에 따라서 제작한다.
- 각 품목의 모델별 기술자료와 기록을 최신판으로 유지한다.
- 해당 품목에 요구되는 모든 매뉴얼을 준비, 유지, 최신화한다.

- 정비교범 및 수리교범을 사용자와 당국이 이용하는 체계를 갖춘다.
- 기술표준품 식별 요건에 따라 각 품목에 식별표시를 한다.
- 보고시스템, 감항성개선지시서, 설계/생산 협력, 방문/조사 요건에 적합해야 한다.
- 조직능력 실증 요건에 계속 만족하여야 한다.

유럽항공안전청 회원국 이외의 외국에서 제작되는 기술표준품은 해당 국가와 체결된 인증에 관한 상호협정(BA) 또는 업무약정(WA)에서 기술표준품에 관한 상호인증을 포함하고 있는 경우에만 유럽항공안전청에 기술표준품승인을 신청할 수 있다. 2024년 현재 유럽의회의 승인을 받아 상호협정을 체결한 국가는 미국, 캐나다, 브라질 3개국이며, 호주, 중국, 일본, 싱가폴 등의 28개국이 유럽항공안전청과 업무약정을 체결하였다.

2.6.3 우리나라 기술표준품승인 절차

우리나라의 기술표준품승인 제도는 2003년에 부품제작자승인 제도와 함께 도입되었는데, 당시의 항공법 제20조(예비품증명)를 제20조(기술표준품에 대한 형식승인)으로 전면개정하는 방식으로 신설되었고, 2005년에 훈령과 고시가 제정됨으로써 시행체계를 갖추게 되었다. 이후에 2017년 항공안전법 제27조(기술표준품 형식승인)와 시행규칙 제55조(기술표준품형식승인 신청) 내지 제58조(기술표준품형식승인 발급)으로 전환되었고, 이를 시행하기 위한 훈령과 고시도 최근까지 계속 개정되고 있다.

기술표준품승인을 받고자 하는 신청자는 항공안전법 시행규칙 제55조(기술표준품형식승인 신청) 제1항에 따른 별지 제26호 서식의 신청서를 작성하고, 시행규칙 제55조 제2항과 해당 신청서 서식 하단의 안내문, 훈령 제7조 및 고시 제6조의 제1항 및 제2항에 따라서 다음의 서류를 첨부하여 국토교통부에 제출한다.

1. 적합성 입증 계획서 또는 확인서
2. 설계도면, 설계도면 목록 및 부품 목록
3. 제조규격서 및 제품사양서
4. 품질관리규정
5. 감항성 유지 및 관리체계 설명자료
6. 그 밖에 참고사항을 적은 서류

기술표준품형식승인 신청서
Application for Technical Standard Order Authorization

신청인 (Applicant) 성명 또는 명칭 Name / 주소 Address / 생년월일 Date of Birth / 전화 Tel
기술표준품명칭 Name of TSO
기술표준품부품번호 Part Number of TSO
적용최소성능표준 Applicable MPS
품질시스템명칭 Title of QC System
제작자 성명 또는 명칭 Name of Manufacturer
제작공장위치 Location of Manufacturing Facility
설계자 성명 또는 명칭 Name of Designer
설계자주소 Address of Designer
비고 Remarks

국토교통부장관 귀하
Attention: Minister of Ministry of Land, Infrastructure and Transport

시행규칙 별지 제26호 서식

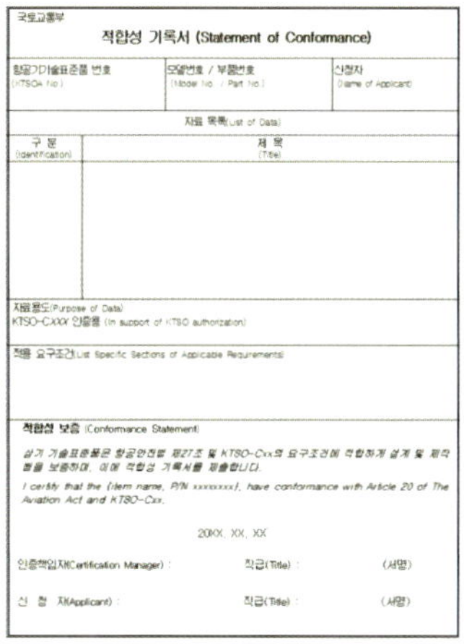

적합성 기록서 (Statement of Conformance)

항공기기술표준품 번호 (KTSO No.) | 모델번호 / 부품번호 (Model No. / Part No.) | 신청자 (Name of Applicant)

자료 목록 (List of Data)
구 분 (Identification) | 제 목 (Title)

자료용도(Purpose of Data)
KTSO-CXXX 인증용 (In support of KTSO authorization)
적용 요구조건 (List Specific Sections of Applicable Requirements)

적합성 보증 (Conformance Statement)
상기 기술표준품은 항공안전법 제27조 및 KTSO-Cxx의 요구조건에 적합하게 설계 및 제작됨을 보증하며, 이에 적합성 기록서를 제출합니다.
I certify that the (item name, P/N xxxxxxxx), have conformance with Article 20 of The Aviation Act and KTSO-Cxx.

20XX. XX. XX

인증책임자(Certification Manager) : 직급(Title) : (서명)
신 청 자(Applicant) : 직급(Title) : (서명)

훈령 별지 제2호 서식

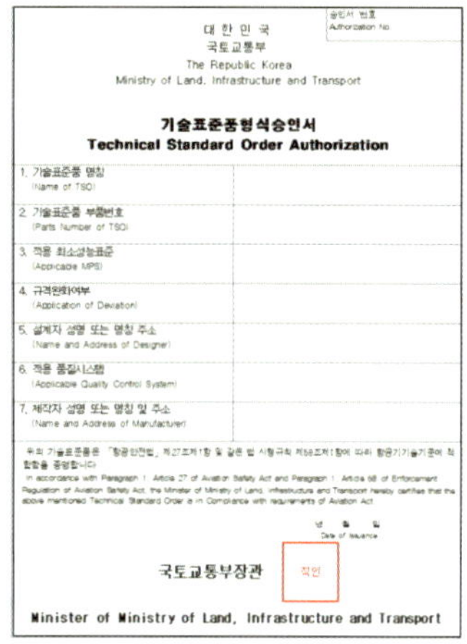

승인서 번호 Authorization No.

대 한 민 국
국토교통부
The Republic Korea
Ministry of Land, Infrastructure and Transport

기술표준품형식승인서
Technical Standard Order Authorization

1. 기술표준품 명칭 (Name of TSO)
2. 기술표준품 부품번호 (Parts Number of TSO)
3. 적용 최소성능표준 (Applicable MPS)
4. 규격완화여부 (Application of Deviation)
5. 설계자 성명 또는 명칭 및 주소 (Name and Address of Designer)
6. 적용 품질시스템 (Applicable Quality Control System)
7. 제작자 성명 또는 명칭 및 주소 (Name and Address of Manufacturer)

국토교통부장관 (직인)

Minister of Ministry of Land, Infrastructure and Transport

시행규칙 별지 제27호 서식

[그림 2-39] 우리나라 기술표준품승인 신청서, 적합성 확인서, 승인서

또한, 기술표준품승인을 위한 입증서류를 제출할 때, 훈령 제7조 제1항에 따른 적합성 기록서(Statement of Conformance)[32] 또는 고시 제6조 제1항에 따른 적합성 확인서(Statement of Conformance)를 함께 제출하고[33], 해당 기술표준품승인에 완화(deviation)가 필요한 경우에 훈령 및 고시 제14조(성능표준 불일치 신청: deviation)에 따라 서면으로 승인을 요청할 수 있다.

우리나라의 기술표준품승인은 항공안전법 시행규칙 제57조(기술표준품형식승인 검사범위), 훈령과 고시의 제8조(설계적합성) 및 제9조(생산승인)에 의거하여 미국과 같은 방식으로 설계승인(DA)과 생산승인(PA) 과정으로 진행한다. 다만, 설계승인에 적용되는 기술표준서 요건 일부가 미국과 다르거나 최신성을 갖추지 못하고 있으며, 생산승인에 적용하는 품질시스템 평가기준으로 미국에서 폐지된 항공기 인증시스템 평가 점검표(ACSEP survey sheet)를 적용하고 있다.

우리나라의 기술표준서(KTSO: Korean Technical Standard Order)는 미국의 기술표준서를 근간으로 2025년 현재까지 총 70종이 제정되었으며, 국토교통부 고시의 [별표 1]에 목록으로 제시되어 있고, 각각의 기술표준서는 별도의 파일로 제공되고 있다. 미국의 기술표준서에서는 신청서류로 제출할 도면을 특정한 일부의 도면만 요구하고 있으나, 우리나라의 경우에는 해당 기술표준품에 대한 전체 도면을 제출하고, 그 도면에 대한 승인 과정을 별도로 진행하고 있는 차이가 있다.

- 미국 TSO-C127c Seating Systems : a list of all drawings, and installation schematic, marking

32) 우리나라의 기술표준품승인 제도는 미국의 FAR Part 21의 Subpart O를 근간으로 제정되었으며, 이에 따라서 FAR §21.603(a)(1)의 Statement of Conformance에 대한 관행적 표기 또는 오기가 우리나라 규정에도 그대로 인용되었다. 또한, 훈령에는 "기록서", 고시와 KAS 21.605에서는 "확인서"로 표기된 것도 통일해서 표기할 필요가 있다.

33) 미국의 FAR §21.603(a)(1), 유럽의 21.A.605(a)(2), 항공안전법 시행규칙 제55조 및 훈령/고시 모두에서 신청자가 적합성 확인서(SoC)를 작성하여 감항당국에 제출하도록 규정하고 있는데, 우리나라의 인증기관은 인증기관이 작성하여 감항당국에 제출하고 있으므로 이에 대한 조속한 개선이 필요하다.

drawing, cushion drawings, PLPC drawings

- 한국 KTSO-C127c 좌석 시스템 : 모든 도면을 제출, +장착 개략도, +정보표시 도면, +쿠션 도면, +주하중경로구성품 도면

유럽의 경우에는 EU Part 21의 21.A.605(a)(4)에서 해당 기술표준서에 명시된 기술자료를 제출하도록 규정하고 있으나, 총 179종에 이르는 모든 기술표준서에서 해당 품목의 도면을 제출하도록 명시하지 않고 있으며, 유럽항공안전청의 내부절차 PR.CERT.00003 ETSO Authorisation에서도 해당 품목의 도면을 제출받아 직접 검토하거나 승인하는 과정을 두지 않고 있다.

[표 2-13] 미국과 우리나라의 기술표준품승인 규정 비교

미국 FAR Part 21 (Amdt 21-92, 2009.10.16)	한국 KAS Part 21 (고시 제2021-1287호, '21.11.25)
Subpart O - Technical Standard Order Approvals	**Subpart O. 기술표준품형식승인**
§21.601 Applicability and Definitions.	21.601 적용
§21.603 Application.	21.603 기술표준품 표시권한
§21.605 Organization.	21.605 기술표준품에 대한 형식승인 신청 및 교부
§21.607 Quality System.	21.607 형식승인소지자의 의무
§21.608 Quality Manual.	
§21.609 Location of Change to Manufacturing Facilities.	21.609 성능표준불일치 승인
§21.610 Inspections and Tests.	
§21.611 Issuance.	21.611 설계변경
§21.613 Duration.	21.613 기록보관 요구조건
§21.614 Transferability.	
§21.616 Responsibility of Holder.	21.615 국토교통부의 검사
§21.618 Approval for Deviation.	21.617 협정체결국 형식승인을 얻은 기술표준품 수락
§21.619 Design Changes.	21.619 형식승인서의 취소
§21.620 Changes in Quality System.	
§21.621 Letters of Design Approval: Import Articles.	21.621 양도 및 유효기간

미국의 FAR Part 21, Subpart O – TSO Approvals 규정은 부품제작자승인 규정과 함께 2009년 Amendment 21-92에서 전면 개정되었다. 즉, 기존의 §21.601, §21.603, §21.605 등의 11개 요건을 §21.608, §21.610, §21.614, §21.618, §21.620을 추가해 총 15개 요건으로 전면 개정하고, 그 조항 번호도 재배열하여 새로운 규정의 면모를 갖추게 되었다. 이에 반하여 우리나라의 KAS Part 21, Subpart O의 각 요건은 2009년 폐기된 기존의 FAR 요건을 바탕으로 제정된 이후 2025년 현재까지 그 내용이 개정되지 않고 있어 국제적 동등성 유지를 위한 최신화 개정이 필요한 것으로 판단된다.

한편, 외국에서 우리나라에 수입되는 기술표준품의 경우에 항공안전법 제27조(기술표준품 형식승인) 제1항의 단서에 따라서 우리나라와 항공안전협정이 체결된 국가의 기술표준품에 대해서 우리나라의 기술표준품승인을 받은 것으로 본다고 규정하고 있기 때문에 이에 대한 우리나라의

기술검증을 실시하지 않고, 승인서도 발급하지 않는다. 또한, KAS Part 21의 21.617에서도 수출국가의 기술표준품승인서, 장착 및 감항성 유지 정보, 감항승인서가 동봉되고 수출국가의 기술표준품 식별표시 요건에 따라 표시된 품목을 그대로 수락하도록 규정하고 있다. 이는 미국 연방항공청이나 유럽항공안전청이 자국의 기술표준품승인 규정과 요건에 충족하도록 하는 제도와 크게 배치되는 것으로 최소한의 우리나라 검증 제도가 필요할 것으로 판단된다.

기술표준품승인 제도가 2003년 우리나라에 처음으로 도입된 이후, 기존의 항공법 제20조에 따른 최초의 기술표준품 형식승인은 2007년 항공기 타이어에 대하여 발급되었으며, 2025년 현재까지 다음과 같이 15건의 기술표준품승인서가 발급되었다. 이 중에 타이어, 팔레트, 컨테이너, 좌석 등은 한미 항공안전협정에 따라서 미국 연방항공청의 설계승인서(LODA)를 추가로 획득하였다.[34)]

- KTSO2007001 : 금호타이어㈜, KTSO-C62d, Main Tire (B737), KS151BO50, '05.10.17 ~ '07.07.01
- KTSO2009001 : 금호타이어㈜, KTSO-C62d, Nose Tire (B737), KS141BF50, '08.01.18 ~ '09.01.14
- KTSO2012001 : 퍼스텍㈜, KTSO-C106, 대기자료컴퓨터(ADC), FH-ADC-001, '08.03.13 ~ '12.05.25
- KTSO2013001 : LIG 넥스원, KTSO-C113, 다기능시현기(MFD), 583-G70000, '10.02.01 ~ '13.10.25
- KTSO2015001 : LG CNS, KTOS-C113a외, 통합비행시현기(IFD), IFCL12-1A, '12.08.27 ~ '15.12.29
- KTSO2019001 : 시울프마린㈜, KTSO-C13f, 구명복, SW-AIR-03, 2015.11.26 ~ 2019.07.31
- KTSO2019002 : ㈜써브, KTSO-C90d, 팔레트 (ULD Type 2), SUP-PMC, 2016.11.22 ~ 2019.07.31
- KTSO2022001 : ㈜써브, KTSO-C90d, 컨테이너 (ULD Type 2), SUC-LD3, 2020.09.09 ~ 2022.07.06
- KTSO2022002 : 플라인텍㈜, KTSO-C90d, 팔레트 (ULD Type 2), FT011, 2020.07.06 ~ 2022.10.18
- KTSO2025004 : ㈜케이엠앤아이, KTSO-C127c, 항공기 좌석, 80300001, 2021.10.01 ~ 2025.08.21

---

34) 우리나라 기술표준품승인 품목에 대하여 미국에 설계승인서(LODA)를 신청할 때는 인증규정 §21.621 요건과 해당 기술표준서(TSO)의 제5장에 명시된 인증문서를 국토교통부 경유 FAA에 제출하여야 한다. 그러나, 우리나라 인증당국은 기존에 제출된 적합성 확인서(SoC)를 중복적으로 요청하고, 해당 규정에 따라 요구되지 않는 품질시스템 절차서, 항공기 장착교범, 상세 도면 등을 추가로 제출하도록 하고 있다. 이는 국제적 인증절차에 부합하지 않으므로 조속한 개선이 필요하다.
통상적으로 우리나라 기술표준품 승인서가 발급된 직후에 FAA 인증을 신청하면 발급까지 3~4개월 정도 소요되지만, 행정적 상황에 따라서 6개월 이상 걸리는 경우도 있으므로 매우 유의할 필요가 있다.

2.7 형식증명승인 절차

형식증명승인(TCV: Type Certificate Validation)은 외국에서 형식증명을 받고 우리나라에 수입되는 항공기, 엔진, 프로펠러에 대한 우리나라의 형식증명을 말한다. 즉, 수입되는 항공기 등의 설계가 우리나라의 감항기준에 적합한가를 확인하는 법적 및 기술적 과정이라고 할 수 있다. 또한, 외국에서 부가형식증명을 받은 항공기, 엔진, 프로펠러를 수입하는 경우에는 우리나라의 부가형식증명승인을 받아야 한다.

다만, 항공안전법 제21조(형식증명승인) 제1항에 따르면 형식증명승인 항공기 등의 설계에 관한 것이며, 항공기 기술기준에 적합함을 승인하는 것으로 규정하고 있지만, 시행규칙 제27조(형식증명승인 검사범위)에서는 설계에 대한 검사와 제작과정에 대한 검사를 하는 것으로 규정하고 있다.

한편, 항공안전법 제21조 제1항의 단서에 따라 모든 국가의 최대이륙중량 5,700kg 이하 비행기와 3,175kg 이하 헬리콥터에 장착된 엔진 및 프로펠러는 해당 항공기에 포함해 형식증명승인을 신청할 수 있다.[35] 이들 소형 항공기가 우리나라와 항공안전협정을 체결한 국가로부터 수입되는 경우에는 우리나라의 형식증명승인을 받은 것으로 보고 있다. 이들 협정국가의 소형 항공기는 시행규칙 제27조 제2항에 따라서 설계와 제작에 대한 검사를 수행하지 않고, 상대국가의 형식증명서와 형식증명자료집만으로 우리나라의 승인서를 발급하고 있다. 이는 2008년 한미 항공안전협정 체결과 2014년 협정의 확대에 따라 형식증명승인 제도를 부분적인 간소화 절차로 개정한 것이다.[36]

우리나라의 형식증명승인은 항공안전법 제21조(형식증명승인)와 시행규칙 제26조(형식증명승인 신청) 내지 제28조(형식증명승인서 발급)에 규정하고, 부가형식증명승인은 항공안전법을 제21조 제5항과 시행규칙 제29조(부가형식증명승인 신청) 내지 제31조(부가형식증명승인서 발급)에서 규정하고 있다. 이를 위한 훈령과 고시는 다음과 같다.

- 국토교통부 훈령 : 항공기 형식증명 지침의 제8장 형식증명승인(TCV)
- 국토교통부 훈령 : 항공기 등의 부가형식증명 지침의 제6조의2(부가형식증명승인 신청), 제13조의2(부가형식증명승인 검증), 제21조의2(부가형식증명승인서)

35) 소형 항공기에 장착된 엔진 및 프로펠러에 대하여 항공기에 포함해 형식증명승인을 신청한다는 것은 각각의 형식증명 소지자(신청자)가 다르기 때문에 현실적으로 실행하기 곤란한 방식이다. 또한, 국제민간항공기구, 미국 및 유럽 등의 제도와 부합하지 않는 것으로 판단될 수도 있어 개선이 필요하다.

36) 항공안전협정 체결국가의 소형 항공기에 대한 간소화 절차는 2024년 현재까지 미국 이외의 국가에서 형식증명을 받은 항공기는 해당되지 않으며, 미국에서 형식증명을 받은 소형 항공기라 할지라도 특수기술기준(SC)이 적용된 5년 이내의 신형 항공기에 대해서는 정식의 기술검증 절차를 따른다.

• 국토교통부 고시 : 항공기 기술기준 (Part 21, Part 23, 25, 27, 29, 33, 34, 35, 36 등)

우리나라의 형식증명승인 제도는 1999년 항공법 제17조의2(수입항공기등의 형식증명승인)가 신설되고, 2002년에 항공기 형식증명(승인) 지침이 훈령으로 제정되면서 시행체계를 갖추게 되었다. 이보다 앞서 1998년에 Airbus사가 A330-223과 A330-323 항공기에 대하여 당시의 항공법 제17조(형식증명)에 따라 우리나라에 형식증명을 신청하였고, 우리나라는 형식증명승인 방식의 절차에 따라서 형식증명서를 발급하였다. 형식증명승인서로 발급되지 않았지만, 이것을 우리나라의 형식증명승인의 효시로 볼 수 있다.

1998년부터 2024년까지 우리나라의 형식증명승인서가 발급된 미국, 캐나다, 유럽, 브라질, 러시아의 항공기, 엔진, 프로펠러는 총 415종(model)에 이른다. 이를 다시 분류하면, 비행기 113종, 헬리콥터 51종, 터보팬엔진 132종, 터보샤프트엔진 54종, 터보프롭엔진 11종, 왕복엔진 25종, 프로펠러 29종이다.

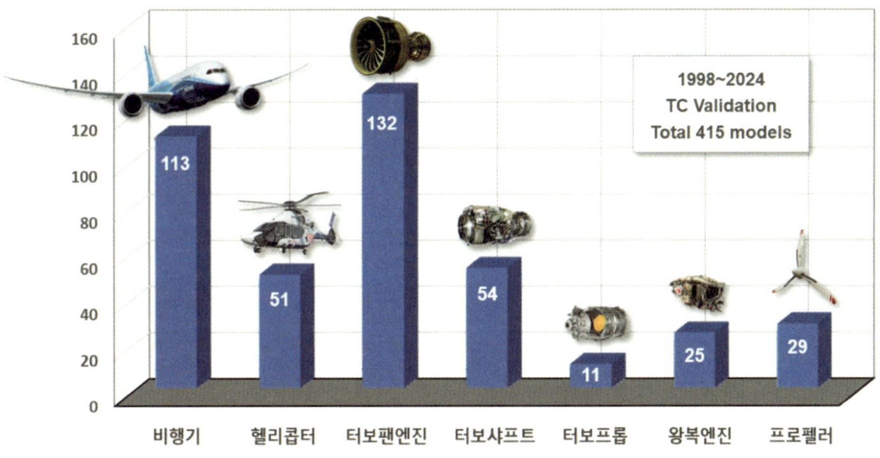

[그림 2-40] 우리나라 형식증명승인 발급현황 (형식별 분류)

2.7.1 형식증명승인 세부절차

항공기, 엔진, 프로펠러에 대한 형식증명승인은 우리나라의 항공사, 사용사업자, 공공기관이나 개인이 해외에서 제작된 항공기 등을 수입하여 운항하고자 하는 경우에 해외의 형식증명 소지자가 우리나라 감항당국에 신청하는 인증을 말한다.

따라서, 신규 제작 항공기 또는 중고 항공기에 대한 구매계약에 우리나라의 형식증명승인까지 판매자의 책임으로 명시할 필요가 있다. 이러한 과정을 간과하고 항공기를 먼저 도입하는 경우에 형식증명승인, 감항증명, 운항증명 등으로 인하여 수개월 또는 수년간 항공기를 공항에 보관하는 상황이 발생하기도 한다.

항공기 도입자, 소유자, 운용자는 도입할 항공기 기종이 결정되면, 설계 및 제작국가의 형식증명, 제작증명, 감항증명 여부를 확인하고, ATIS 항공기술정보시스템(atis.koca.go.kr)의 인증정보에서 형식증명승인서 발급현황을 검색하여 해당 기종이 우리나라의 형식증명승인을 받은 기종인지 확인한다. 국내에 처음으로 도입하는 기종인 경우에는 구매계약 후에 형식증명승인을 먼저 신청하고, 국내 수입승인(산업부), 현지 수출감항증명, 항공기 운송, 국내 항공기 등록, 국내 감항증명, 정비조직승인, 운항증명 순으로 인증을 진행할 필요가 있다. 또한, 사전에 국토교통부 및 항공안전기술원을 방문하거나 이메일을 통해서 안내를 받을 필요도 있다.

우리나라의 형식증명승인은 항공안전법 제21조(형식증명승인), 시행규칙 제26조(형식증명승인 신청) 내지 제28조(형식증명승인서 발급), 그리고 국토교통부의 형식증명(승인) 관련 훈령 및 고시에 따라 진행된다. 또한, 형식증명승인을 위한 기술검증을 담당하는 항공안전기술원의 "수입 항공기 등의 형식증명승인 검사업무 지침"을 적용한다.

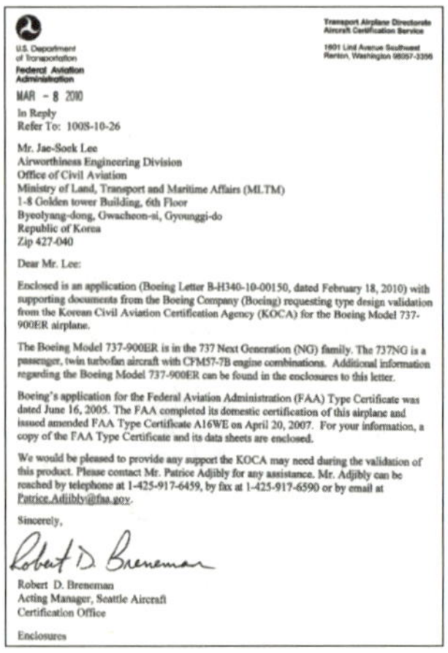

FAA Letter for Korean TCV

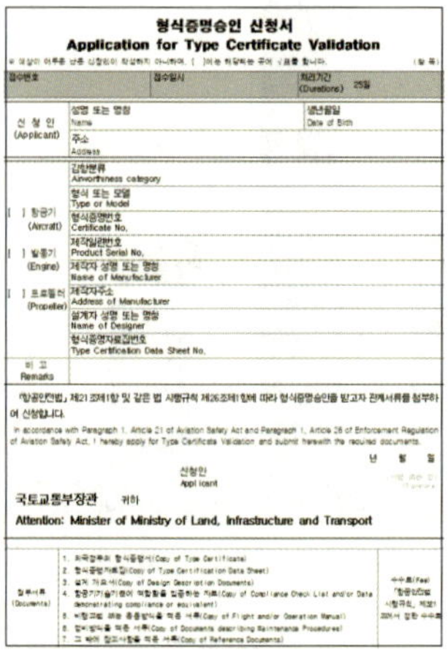

시행규칙 별지 제7호 서식

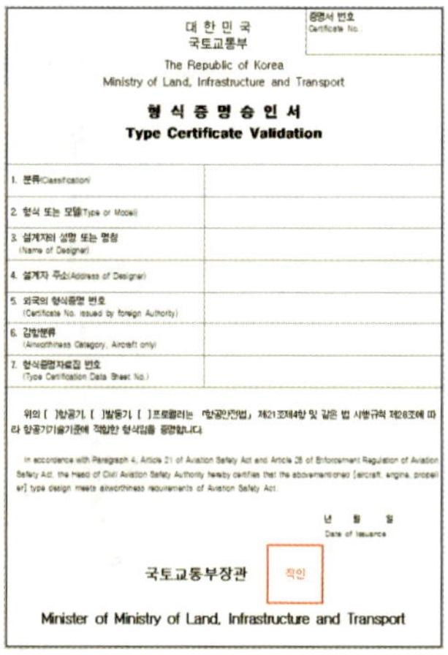

시행규칙 별지 제8호 서식

[그림 2-41] 우리나라 형식증명승인 신청서한, 신청서, 승인서 예시

항공기 등에 대한 해외 형식증명 소지자는 항공안전법 시행규칙 제26조(형식증명승인 신청)의 별지 제7호 서식을 작성하고, 제2항에 규정된 서류를 첨부하여 국토교통부에 해당 항공기 등에 대한 형식증명승인을 신청하여야 한다. 기존에는 미국이나 유럽에서 요구되는 바와 같이 설계국가 감항당국의 협조공문(letter)이 함께 제출되어야 했지만, 최근에 항공안전법규 및 훈령을 개정하면서 이를 삭제하였다.

1. 외국정부의 형식증명서 (copy of type certificate)
2. 형식증명자료집 (copy of type certification data sheet)

3. 설계 개요서 (copy of design description documents)
4. 항공기 기술기준 적합성 입증자료 (copy of CCL and/or compliance data)
5. 비행교범 또는 운용방식 서류 (copy of flight and/or operation manual)
6. 정비방식을 적은 서류 (copy of documents describing maintenance procedures)
7. 그 밖에 참고사항을 적은 서류 (copy of reference documents)

앞에서 서술한 바와 같이 항공안전법 시행규칙 제27조(형식증명승인 검사범위)에서 설계에 대한 검사와 제작과정에 대한 검사를 규정하고 있지만, 제26조(형식증명승인 신청)에 의한 신청서류에 제작과정을 확인할 수 있는 서류를 규정하지 않고 있으며, 실제로 이에 대한 사항은 제작국가 감항당국 소관업무이므로 형식증명승인에서는 확인하지 않는 것이 바람직하다. 또한, 국토교통부 훈령에 형식증명승인위원회, 합치성 입증자료, 비행시험 등에 관한 사항을 규정하고 있지만, 1998년 이후 지금까지 모든 형식증명승인 과제에서 위원회 개최, 합치성 검사, 비행시험을 수행한 사례는 확인할 수 없다.

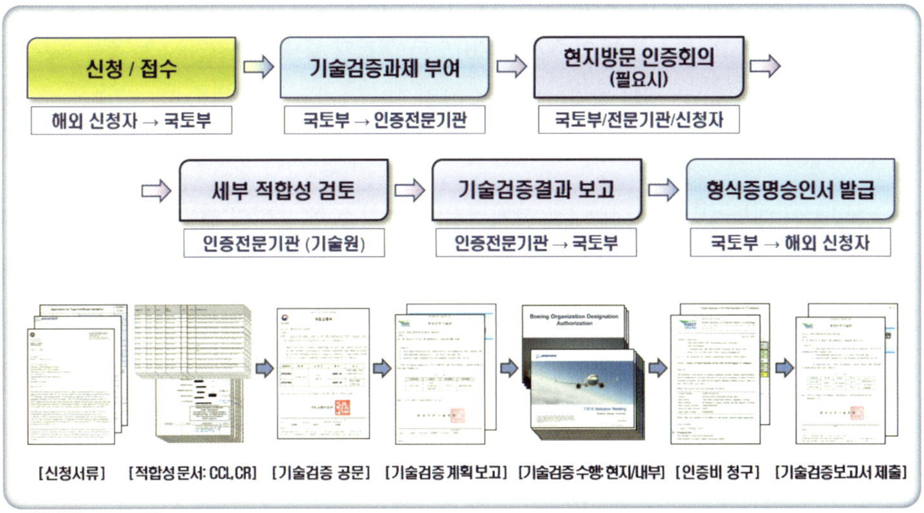

[그림 2-42] 우리나라 형식증명승인 진행 과정 및 단계별 서류

미국 및 유럽을 비롯한 해외의 형식증명 소지자는 한국의 구매자 또는 자국의 감항당국으로부터 한국의 형식증명승인에 대한 절차를 안내받을 알 수 있다. 특히, 미국의 경우에는 연방항공청의 AC 21-2L: Requirements of Importing Countries When Exporting U.S. Products와 한미 항공안전협정의 감항성 이행절차서(BASA IPA)에 따라서 국토교통부에 형식증명승인을 신청할 수 있다.

해외의 형식증명승인 신청자는 항공안전법 시행규칙 제26조(형식증명승인 신청)에 규정된 신청서류와 함께 제321조(수수료) 및 [별표 47]에 따른 수수료를 수입인지로 납부하여야 한다. 해외의 신청자는 한국에 소재한 사무실, 대리인, 구매자 등이 수입인지를 구매하여 국토교통부 담당자에게 제출하도록 하거나, 정부의 전자수입인지 납부 서비스(www.e-revenuestamp.or.kr)를 이용할 수도 있다.

국토교통부는 항공안전법 시행규칙 제26조에 규정된 신청서류와 제321조에 따른 수수료 접수가 완료되면, 해당 형식증명승인 신청에 과제번호를 부여하고, 항공기 인증 전문기관으로 지정된 항공안전기술원에 기술검증을 의뢰한다. 항공안전기술원은 해당 항공기 등에 대한 신청서류, 설계특성, 형식증명 및 운용 이력을 검토하여 추가서류 필요성, 현지검증 필요성, 세부검토가 필요한 적합성 보고서, 기술검증 참여인력 및 일정계획 등을 국토교통부에 보고하고 해당 신청자에게도 통지한다.

형식증명승인을 위한 기술검증은 ICAO Doc 9760: Airworthiness Manual의 4.3.4절에 따라서 설계국가에서 수행된 적합성 판단 수준보다 깊게 수행되지 않도록 유의할 필요가 있다. 이에 따라서, 해당 항공기 등의 설계특성, 인증기준(CB), 운용이력 등을 검토하여 적합성 검증항목을 최소한으로 선정한다. 즉, 설계특성에 따라 구조강도, 동력장치,항공장비, 전기전자, 비행성능 분야에서 최소한의 검증항목을 선정하고, 형식증명 인증기준(CB)으로 설정된 특별감항조건(SC), 동등수준안전성(ELOS), 면제(Exemption)에 대한 적정성과 최종 입증내용, 그리고 형식증명 이후 현재까지 운용 중에 발생한 감항성개선지시서에 따른 설계변경 및 정비 조치사항 등에 대하여 중점적으로 확인한다.

형식증명승인 대상 항공기 등에 대한 설계특성, 인증기준, 운용이력 검토를 통하여 선정된 최소한의 적합성 보고서를 제출하도록 신청자에게 요청하고, 필요한 경우에 설계국가 감항당국에도 협조를 요청할 수 있다. 극히 일부의 신청자는 지적자산 보호 등을 이유로 적합성 보고서 제출을 거부하는 경우가 있는데, 이러한 경우에는 현지방문 기술검증 회의를 통해서 확인하거나 해당 과제에 대한 기술검증 활동을 중단할 수도 있다. 또한, 형식증명 소지자의 변경, 군용 항공기에 대한 제한형식증명, 형식증명 입증자료의 분실 또는 미확보, 제3자에 의한 형식증명승인 신청 등으로 인하여 적합성 보고서를 제출할 수 없는 경우에도 기술검증 수행이 불가능하다.

신청자가 적합성 보고서를 제출하면, 해당 항목에 대한 세부 적합성 검토를 수행하고 그 결과를 기술검증 보고서로 작성하여 국토교통부에 제출한다. 국토교통부는 항공안전기술원의 기술검증 보고서를 바탕으로 해당 항공기 등에 대한 최종적인 적합성을 확인하고, 해당 신청자에게 형식증명승인서를 발급한다. 이와 함께 항공안전기술원에 해당 과제가 종료되었음을 통지하고, 필요한 경우에 해당 국내 도입자에게도 해당 항공기 등에 대한 형식증명승인서가 발급되었음을 알릴 수 있다.

형식증명승인서를 발급받은 해외 신청자는 앞서 설명한 신청 수수료(수입인지) 이외에 항공안전법 시행규칙 제321조(수수료) 및 [별표 47]의 비고 제1호에 따라서 인증전문기관의 기술검증에 소요된 비용을 납부하여야 한다. 이는 항공안전기술원의 "수입 항공기 등의 형식증명승인 검사업무 지침"의 제22조(수수료) 규정된 바에 따라 인건비, 간접비, 출장비 및 경비를 포함하는 일체의 비용이 신청자에게 청구된다.

2.7.2 형식증명승인 사례

우리나라의 형식증명승인 제도는 1999년에 도입되었지만, 이보다 앞서 1998년에 A330-223 비행기와 Bell 427 헬리콥터가 우리나라에 형식증명을 신청하였고, 각각 1998년과 2000년에 증명서가 발급되었다. 이는 형식증명으로 신청되었지만, 외국에서 설계된 항공기임으로 고려해 형식증명승인 방식으로 기술검증을 수행하였다. 1999년 이전에 도입되어 운용 중인 항공기에 대해서는 형식증명승인을 유예하였지만, 그 후에 추가로 도입되는 항공기의 경우에는 형식증명승인을 받는 방식으로 운영되었다. 2024년 현재까지 총 415종의 항공기, 엔진, 프로펠러에 대한 형식증명승인서가 발급되었다.

유럽의 Airbus사는 대한항공에서 도입할 A330-223 비행기에 대하여 1998년 8월에 우리나라 형식증명을 신청하였고, 동년 12월에 외국 항공기에 대한 우리나라 최초의 형식증명서가 발급되었다. 당시의 건설교통부 항공국 지침에 따라 형식증명승인(TC Validation) 방식의 기술검증을 수행하는 것으로 결정하였으며, 한국항공우연구원 품질인증부 주관으로 Airbus사에서 9일 동안 현지 기술검증을 수행하였다. 이후 약 3개월 동안 세부적인 적합성 검토를 통하여 동년 11월 30일에 기술검증을 완료하였으며, 건설교통부는 12월 23일에 해당 비행기에 대한 형식증명서를 발급하였다.

캐나다의 Bell Helicopter사는 Model 427 헬리콥터에 대하여 1997년 당시 건설교통부에 형식증명을 신청하였고, 2000년 5월에 우리나라 형식증명서가 발급되었다. 이는 당시의 삼성항공과 Bell사가 공동 개발 및 생산하는 Bell 427 (SB 427) 헬기에 대하여 1997년 2월에 삼성항공이 형식증명을 신청한 후, 1998년 1월에 Bell사로 신청자를 변경하였다. Bell 427 헬기에 대하여 캐나다는 1999년 11월, 미국은 2000년 1월에 형식증명서를 발급하였고, 우리나라는 3차에 걸친 현지검증 및 인증회의, 그리고 143건의 보고서를 검토하여 기술검증을 완료하고 2000년 5월에 형식증명서를 발급하였다.

미국의 Cirrus사는 SR20 및 SR22 소형 비행기에 대하여 2007년 9월에 우리나라에 형식증명승인을 신청하였고, 2008년 5월에 형식증명승인서가 발급되었다. Cirrus사는 1984년에 키트 항공기 제작사로 창업된 후, 1998년에 SR20 비행기 형식증명, 2016년에 SF50 제트기 형식증명을 받아 기술력이 뛰어난 기업으로 평가받고 있었으나, 2011년에 소유주가 중국항공산업(AVIC)으로 변경되었다. 우리나라 형식증명승인에서는 2008년 3월에 3일간의 현지검증 회의를 수행하고 적합성 보고서 21건을 요청하였으나, 최종적으로 8건을 제출하여 이를 기반으로 기술검증을 완료하였다. SR20 비행기는 우리나라에 총 6대가 도입되어 한국교통대학교에서 비행훈련용으로 활용하고 있다.

[표 2-14] 우리나라의 형식증명승인 발급 내역

순번	신청자	형식 명칭	승인서 번호	발급일	신청일	비고
1	Airbus Industries	A330-223	KTC9801A	1998.12.23	1998.08.11	형식증명승인(TCV)으로 분류
2	Airbus Industries	A330-323	KTC9901A	1999.09.16	1998.12.22	형식증명승인(TCV)으로 분류
3	Pratt & Whitney	PW4098	KTCV200001E	2000.02.28	1999.08.09	B777-300에 장착
4	Pratt & Whitney	PW4098D	KTCV200001E	2000.02.28	1999.08.09	B777-300에 장착
5	P & W Canada	PW207D	KTC200001E	2000.05.01	1999.02.22	Bell 427에 장착. TCV로 분류
≈	≈	≈	≈	≈	≈	≈
227	Cessna Aircraft	Model 182S	KTCV201407A	2014.06.20	2014.00.00	간소화 절차에 따라 발급
228	Piper Aircraft	PA-34-220T	KTCV201408A	2014.08.08	2014.00.00	간소화 절차에 따라 발급
229	Beechcraft	Model C23	KTCV201409A	2014.10.16	2014.00.00	간소화 절차에 따라 발급
230	Diamond Aircraft	DA-42	KTCV201410A	2014.12.19	2014.00.00	행정상 간소화 절차로 발급
231	Beechcraft	King Air B300	KTCV201501A	2015.01.06	2014.09.08	기상청 항공기 도입
항공기 인증전문기관 전환 : 한국항공우주연구원 인증센터 → 항공안전기술원 인증본부 (2015.04.15)						
232	GE Aviation	CF 34 Series	KTCV201501E	2015.10.05	2015.05.13	CL-600-2B19(CRJ200)에 장착
233	P & W Canada	PT6A-60A	KTCV201502E	2015.10.26	2015.05.07	King Air 300/350에 장착
234	Rolls-Royce Corp.	AE3007A1	KTCV201503E	2015.11.19	2015.08.24	EMB-145EP 항공기에 장착
235	BRP-Powertrain	Rotax 912iSc2	KTCV201504E	2015.12.17	2015.04.27	KLA-100 항공기에 장착
236	BRP-Powertrain	Rotax 912iSc3	KTCV201504E	2015.12.17	2015.04.27	KLA-100 항공기에 장착
≈	≈	≈	≈	≈	≈	≈
411	Dassault Aviation	Falcon 2000	KTCV202401A	2024.03.15	2023.00.00	민간 및 군용 개조사업
412	Dassault Aviation	Falcon 2000EX	KTCV202401A	2024.03.15	2023.00.00	민간 및 군용 개조사업
413	Honeywell	AL5512	KTCV202401E	2024.03.19	2023.00.00	Columbia 107 (CH-46)에 장착
414	Airbus Helicopters	H160-B	KTCV202402A	2024.04.23	2023.00.00	의료 및 미래수요 대응용
415	Safran Engines	Arrano 1A	KTCV202402E	2024.05.14	2023.00.00	H160 헬기에 장착

ATIS 항공기술정보시스템 (atis.koca.go.kr)

Airbus사는 대한항공의 A380-861 비행기에 대한 형식증명승인을 2009년 6월에 신청하여 2011년 3월에 승인서를 받았고, 아시아나의 A380-841 비행기에 대하여 2013년 2월에 신청하여 2014년 3월에 승인서를 받았다. A380-861 비행기는 최대 탑승인원 853명의 초대형 신규 개발 항공기임을 고려해 2010년 9월에 프랑스와 독일 현지에서 8일간의 기술검증을 수행하였다. 현지검증팀도 당시 국토해양부와 인증기관 인원 7명이 참여하는 최대 규모로 편성되었다. A380-861 비행기 기술검증

기간 중에 콴타스 A380-842 항공기가 엔진 파손으로 대체공항에 비상착륙하는 결함이 발생함에 따라 각 비행기에 장착되는 GP7270 엔진과 Trent 972 엔진의 오일시스템 및 구조 강건성에 대한 추가 자료를 검토하고, A380-861 비행기에 대한 최종 적합성을 판단하였다. A380 비행기는 2003년부터 2021년까지 254대 생산 후 단종되었으며, 우리나라에서 14대 운용 중에 있다.

Pratt & Whitney Canada는 2006년 9월부터 2008년 6월까지 PT6A-21 엔진을 비롯하여 12종에 대한 형식증명승인을 순차적으로 신청하였으나, 적합성 보고서를 제출하지 않아 장기간 기술검증이 중단된 바 있다. 당시에 3차례에 걸친 현지방문 회의에서도 적합성 보고서를 제시하지 않음에 따라 2011년까지 최대 5년간 기술검증을 완료할 수 없었다. 이에 따라서 해당 엔진이 장착되는 항공기의 도입계획이 변경된 7종에 대해서 신청을 철회하고, 나머지 5종의 엔진에 대해서만 요약 보고서를 제출하도록 조치하였다. 이를 토대로 PT6A-21, PT6A-114A, PT6A-135A, PT6A-67D, PT6C-67C 엔진에 대한 기술검증을 완료하고, 2011년에 순차적으로 형식증명승인서를 발급하였다.

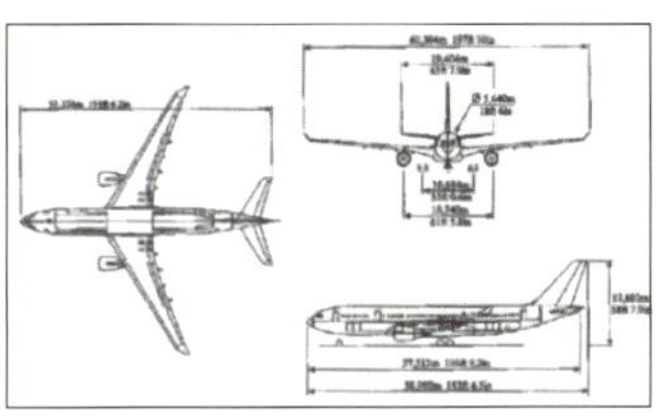
[A330-223 현지검증, 1998년 8월]

[Bell 427 현지검증, 1999년 8월]

[SR20 현지검증, 2008년 3월]

[A380-861 현지검증, 2010년 9월]

[CT7-8 현지검증, 2005년 7월]

[TSIOF-550 현지검증, 2010년 5월]

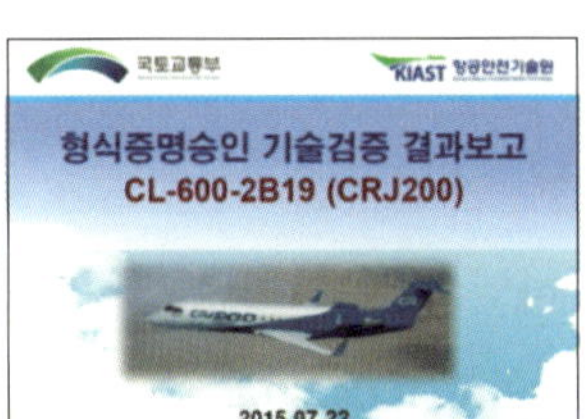

[CRJ200 현지검증, 2015년 6월]

[EMB-145 현지검증, 2015년 8월]

[B737 MAX 현지검증, 2018년 7월]

[그림 2-43] 우리나라 형식증명승인 기술검증 주요 사례

이에 반하여 Rolls-Royce, General Electric, Lycoming, Continental의 엔진에 대한 형식증명승인을 위한 기술검증은 국제적 기준에 부합하도록 원만하게 수행되었다. S-92A 헬리콥터에 장착되는 GE사의 CT7-8 터빈엔진은 2004년 9월에 형식증명승인을 신청하여 2005년 7월에 4일간의 현지검

증을 수행하였고, 12건의 적합성 보고서를 검토하여 기술검증을 완료하여 2007년 3월에 승인서가 발급되었다. Continental사는 우리나라에서 개발되는 KC-100 비행기에 장착될 TSIOF-550-K 왕복엔진에 대한 형식증명승인을 2010년 2월에 신청하여 동년 8월에 승인서가 발급되었다. 이에 대한 현지검증은 2010년 5월에 3일간 수행되었고, 총 30건의 보고서가 제출되었다.

국토교통부의 항공기 인증전문기관이 2015년 4월 15일부로 기존에 한국항공우주연구원에서 항공안전기술원으로 변경되었다. 이에 따라서 항공기 등에 형식증명승인을 위한 기술검증 업무도 항공안전기술원 항공인증본부에서 수행하게 되었다.

캐나다의 Bombardier사는 2015년 3월에 CL-600-2B19 (CRJ200) 비행기에 대한 형식증명승인을 신청하였고, 동년 7월에 승인서가 발급되었다. 이 비행기는 당시에 저비용 항공사 설립을 준비하던 유스카이항공에 도입될 예정이었으며, 항공안전기술원이 형식증명승인 기술검증 업무를 이관받은 후 첫 번째로 수행한 기술검증 활동이었다. 2015년 6월에 국토교통부와 함께 Bombardier사에서 4일간의 현지 기술검증을 수행하고, 특별감항조건 4건, 동등수준안전성 3건, 면제 4건, 감항성개선지시서 130건, 그리고 적합성 보고서 10건을 검토하여 기술검증을 완료하였다. 동계열 비행기는 50인승급으로 1991년부터 2006년까지 1,021대 생산 후 단종되었으며, 우리나라는 국토교통부 비행점검센터와 에어포항에서 각 1대씩 보유하고 있다.

브라질의 Embraer사는 EMB-145EP (ERJ145) 비행기에 대하여 2015년 6월에 형식증명승인을 신청하였고, 2015년 10월에 승인서가 발급되었다. 이 비행기는 코리아익스프레스에어가 도입하는 것으로써, Embraer사는 우리나라에 처음으로 형식증명승인을 신청하는 것이었다. 항공안전기술원은 국토교통부와 함께 동년 8월에 5일간의 현지 기술검증을 수행하고, 특별감항조건 3건, 동등수준안전성 10건, 감항성개선지시서 40건, 그리고 적합성 보고서 11건을 검토하여 기술검증을 완료하였다. 동계열 비행기는 50인승급으로 1992년부터 2020년까지 1,240대 생산 후 단종되었으며, 우리나라는 코리아익스프레스에어 1곳에서 1대를 보유하고 있다.

한편, 형식증명승인을 위한 기술검증에서 기존에는 신청자가 제출한 개별적인 적합성 보고서를 검토하여 적합성검사기록서(Compliance Review Report)를 작성하였으나, 2016년부터는 중요한 감항기준 요건에 대한 신청자의 입증 내용만 확인하여 적합성 확인표(Validation Checklist)를 작성하는 방식으로 전환되었다. 이에 따라서 신청자가 적합성 보고서를 제출하는 부담은 경감되었지만, 인증기관이 해외의 신청자를 대상으로 부족한 입증자료를 근거로 적합성을 판단해야 하는 어려움이 가중되게 되었다.

미국의 Boeing사는 B737-8 (MAX) 신형 비행기에 대하여 2018년 3월에 우리나라 형식증명승인을 신청하였고, 동년 12월에 승인서가 발급되었다. 이보다 앞서 미국과 유럽은 2017년 3월에 형식증명서를 발급하였으나, 2018년 10월 인도네시아 라이온에어 JT610편이 기동특성증대시스템(MCAS) 결함으로 추락하는 사고가 발생하였다. 2019년 3월에도 에티오피아항공 ET302편이 동일한 결함으로 추락함에 따라 각 운용 국가와 미국은 해당 항공기 운항을 1년 8개월 동안 금지시켰다. 한편, 항공안전기술원은 국토교통부와 함께 2018년 7월에 Boeing사에서 형식증명승인을 위한 현지검증을 수행하고, 특별감항조건 9건, 동등수준안전성 21건, 면제 7건, 감항성개선지시서 3건, 적합성 보고서 14건을 검토하고, 25개 항목에 대한 적합성 확인표를 작성하였다. 또한, MCAS 결함에 대한 연방항공청의 조치사항과 Boeing사의 설계변경 내용을 확인하여 기술검증을 완료하였다. 2018년 12월에 형식증명승인서가 발급된 직후 이스타항공이 제일 먼저 해당 비행기를 도입하여 운항하였으나, 결함해소를 위한 운항금지 및 세계적 팬데믹으로 인하여 3~4년간 어려움을 겪게 되었다. 2022년 하반기부터 신형 항공기 도입과 운항이 재개되어 2024년 현재 우리나라에서 17대의 B737-8 (MAX) 비행기가 운항되고 있다.

유럽의 Airbus사는 A321-200 (neo) 신형 비행기 5종에 대하여 2018년 6월과 2019년 3월에 우리나라 형식증명승인을 신청하였고, 2019년 6월에 승인서가 발급되었다. 이보다 앞서 미국과 유럽은 2018년 3월에 형식증명서를 각각 발급하였다. 항공안전기술원은 본격적인 기술검증에 앞서 2016년 3월에 Airbus사가 아랍에미레이트 두바이에서 개최한 국제인증 친숙화 회의에 참석하였으며, 2018년 10월에는 Airbus사에서 4일간의 현지 기술검증을 수행하였다. 이후에 특별감항조건 22건, 동등수준안전성 5건, 감항성개선지시서 4건, 적합성 보고서 약 20건을 검토하고, 26개 항목에 대한 적합성 확인표를 작성하여 기술검증을 완료하였다. 2019년 6월에 형식증명승인서가 발급된 직후 아시아나항공에서 제일 먼저 해당 비행기를 도입하였고, 2024년 현재까지 총 28대의 A321-200 (neo) 비행기가 운항되고 있다.

2.8 합치성 검사 절차

항공기, 엔진, 프로펠러, 부품 및 기술표준품에 대한 합치성 검사(conformity inspection)는 설계 적합성 입증을 위한 시험 대상품(prototype test article)에 대한 검사와 인증 완료 단계에서 승인되는 품질시스템에 따른 양산품(production article) 검사로 크게 구분할 수 있다.

항공기, 엔진, 프로펠러에 대한 형식증명 또는 부가형식증명 중에 요구되는 합치성 검사는 FAR/KAS §21.33 Inspection and Tests 및 §21.53 Statement of Conformity, 부품제작자승인은 §21.303 Application 및 §21.310 Inspections and Tests, 그리고 기술표준품승인은 §21.603 Application 및 §21.610 Inspections and Tests 규정에 따른 것이다.

인증 신청자는 FAR/KAS §21.137, §21.307, §21.607에 따른 품질시스템을 갖추고, 모든 원자재, 구매품, 부품, 조립체, 완성품에 대하여 100 % 자체 검사를 수행하며, 인증기관과 협의하여 합치성 검사 대상 품목(공정)을 결정하고, 자체 검사 합격품에 대하여 인증기관에 합치성 검사를 의뢰한다.

인증 과정 중에 수행되는 합치성 검사는 아직 설계가 확정된 단계가 아니므로 해당 시제품이 현재의 신청자 설계도면(engineering drawing)에 합치하는가를 확인하는 과정이다. 이후 시제품에 대한 인증시험 및 인증서 발급을 통해서 설계가 확정되고, 제작증명 또는 생산승인에 따라 생산되는 양산품에 대해서는 승인도면(approved drawing)에 합치하는가를 검사한다.[37)]

인증 신청자가 적합성 입증 문서를 제출할 때는 적합성 확인서(SoC: Statement of Compliance)를 함께 제출하고, 합치성 검사를 의뢰할 때는 합치성 확인서(SoC: Statement of Conformity)를 함께 제출하여야 한다. 그리고 개별 부품 및 조립체에 합치성 검사는 해당 도면 및 규격서에 따라서 검사하고, 인증시험 품목(test article)은 해당 시험계획서에 별도로 지정된 도면이나 검사기준에 따라서 합치성 검사를 수행할 수 있다.

항공기 등의 형식증명, 부품제작자승인, 기술표준품승인을 위한 시제품 제작에 사용되는 구매품, 가공부품, 조립체, 완성품이 인증시험 등을 목적으로 국가간 이동하거나 다른 시설로 운송되는 경우에는 합치성 검사 완료한 후에 감항승인서(AAT: Airworthiness Approval Tag)를 발급받아 해당 폼목에 동봉하여야 한다.

양산품에 대한 합치성 검사는 해당 형식증명 또는 부품류 인증을 통해서 승인된 도면 및 규격

37) 미국과 유럽 감항당국은 신청자의 설계도면(engineering drawing)을 그대로 적용해 인증 시제품에 대한 합치성 검사를 수행하고 있으나, 우리나라의 인증기관은 신청자 도면에 대한 잠정승인 단계를 거쳐서 그 도면(approved drawing)을 검사에 적용하도록 하고 있다. 이와 같은 잠정승인 절차는 훈령과 고시에도 규정되지 않은 것이며, 인증의 절차적 개념에도 부합하지 않으므로 개선이 필요하다.

서를 적용하고, 제작증명 또는 생산승인을 통해 갖춰진 품질시스템에 따라서 수행된다. 다만, 미국, 유럽, 우리나라의 감항당국 검사조직체계 및 위임제도가 서로 달라서 합치성 검사 의뢰와 감항승인서(AAT) 발행 요청에 유의할 필요가 있다.

2.8.1 합치성 검사 대상 선정

형식증명, 부가형식증명, 부품제작자승인, 기술표준품승인 신청자는 FAR/KAS §21.137, §21.307, §21.607 요건에 따른 품질시스템을 갖추고, FAR/KAS §21.33, §21.310, §21.610 요건에 따라 모든 원자재, 구매품, 부품, 조립체, 완성품에 대하여 100 % 자체 검사를 수행하고, 인증기관의 합치성 검사 대상 품목에 대하여 검사를 의뢰하여야 한다.

인증기관의 합치성 검사 대상 품목을 결정하기 위하여 신청자는 모든 검사 대상 품목을 합리적인 기준에 따라 분류하고 검사서류 및 방법을 설정하여 인증기관에 제안하는 방식이 권장된다. 이를 위하여 인증 시제품에 대한 시스템 안전성 분석(SSA)과 중요도(R/E/C) 분류가 선행될 필요가 있다.

- SSA : 각 품목 및 기능을 CAT, HAZ, MAJ, MIN, No Safety Effect 등으로 분류
- R/E/C : 감항기준, 성능표준, 설계특성을 검토하여 Required, Essential, Critical로 분류

[표 2-15] 합치성 검사 대상 선정을 위한 품목별 분류표 예시

<table>
<tr><td>부품번호(P/N)</td><td colspan="2">ABC282081-003</td><td>품명</td><td colspan="2">FUEL SELECTOR VALVE</td><td>제조사</td><td>ANDAIR LTD. / 영국</td></tr>
<tr><td>실수요/총수량</td><td>2/3</td><td>입고수량</td><td>3</td><td>입고일자</td><td>20XX.XX.XX</td><td>합치성 검사</td><td>( ) 입고검사, (○) 현지검사</td></tr>
<tr><td>특성구분</td><td colspan="7">• SSA: MAJ • R/E/C: R, E, C • TC/TSO: No • 신청자 검사: 현지검사</td></tr>
<tr><td colspan="5" rowspan="2">형상 (도면, 3D VIEW)
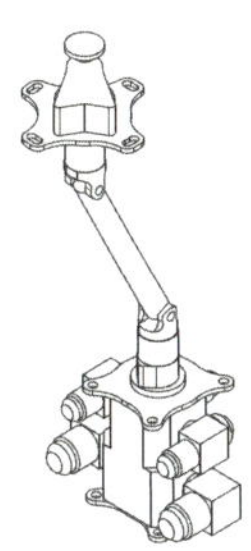</td><td colspan="3">합치성 검사 분류
- 입고검사: ( ) 단순품목, ( ) 입고검사 가능품
- 현지검사: (○) 제품형상 및 기능상 제조사 검사</td></tr>
<tr><td colspan="3">합치성 검사 항목(서류)
- SCD 도면 - MARKING/ID
- 시험 성적서 - 검사 성적서
- 제작국가 AAT - 육안검사
- 기능검사 (항공기 장착 후 기능점검 수행)
- 기타 검사항목:</td></tr>
<tr><td colspan="5">제품특성 및 기능 요약
- 좌/우 연료탱크 중에 연료를 공급할 탱크 선택
- Fuel Shutoff 기능 제공</td><td colspan="3">미입수 검사서류
1. 검정시험 보고서 (QTR)
2. 제작국가 감항승인서 (AAT: EASA Form 1)</td></tr>
</table>

인증 시제품에 대한 안전성 분석 결과 및 중요도 분류기준에 따라 각 부품 및 공정별로 위의 예시와 같은 합치성 검사 대상 분류표를 작성하고, 이를 모아서 전체 분류 내용을 하나의 문서로 작성하여 인증기관과 협의한다.

인증 신청자가 직접 제작하는 부품 및 조립체의 도면뿐만 아니라, 국내외 협력업체에서 제작되거나 구매되는 모든 부품은 구매관리도면(SCD: Source Control Drawing)을 작성하여 검사기준이 명확히 기재되도록 하고, 모든 특수공정에 대한 규격서를 사전에 제시하여야 한다.

시스템 안전성 분석에 따른 심각도가 Major 이상인 품목이나 중요도 분류가 R/E/C에 해당하는 품목임에도 불구하고, 현지 제작사의 검정시험보고서(QTR), 초도품 검사보고서(FAIR), 해당국가 감항당국이나 위임검사관이 발행한 감항승인서(AAT)가 제시되지 않는 경우에 해당 제작사 시설에서 현지검사 및 시험 대상이 될 수 있다.

인증 시제품의 부품이나 조립체가 시험을 위하여 일부 형상이 원래의 도면과 달라지는 경우에 그 시험 대상 품목(test article)에 대한 도면을 별도로 작성하여 시험계획서에 첨부함으로써, 해당 품목에 대한 합치성 검사를 진행할 수 있다. 이때 그 차이에 대한 설명과 시험에 미치는 영향성을 설명하는 요약서(DSR: Deviation Summary Report)를 시험계획서에 함께 첨부하는 것이 권장된다.

인증 시제품에 대한 합치성 검사뿐만 아니라, 우리나라에서는 인증시험에 사용되는 시험장비와 시험 셋업도 인증기관 검사관의 검사 대상에 포함하고 있다. 다만, 별도로 합치성 검사를 의뢰하지 않고, 인증 엔지니어 주관의 인증시험에 검사관이 동행하여 시험장비 및 셋업에 대한 검사를 수행하고 있다.[38)]

2.8.2 합치성 검사 의뢰 및 수행

인증 시제품에 대한 인증기관 합치성 검사 대상 분류표에 따라 결정된 합치성 검사 대상 품목(공정)에 대하여 신청자 자체 검사를 완료한 후에 인증기관에 합치성 검사를 의뢰한다. 이때 함께 제출될 서류는 합치성 확인서(SoC), 합치성 검사 대상 품목 목록, 그리고 신청자의 자체 검사 결과를 나타내는 제반 검사서류를 첨부한다.

형식증명, 부가형식증명, 부품제작자승인 시제품에 사용되는 일반부품에 대한 합치성 검사 서류는 해당 품목별 특성을 고려하여 인증기관에 제안할 수 있으나, 그 부품이 기술표준품인 경우에는 해당 기술표준서(TSO)의 제공자료 요건(Furnished Data Requirements)에 명시된 모든 서류는 반드시 포함되어야 한다.

형식증명 또는 부가형식증명에 사용되는 부품 및 조립체에 대한 합치성 확인서(SoC: Statement of Conformity)는 FAR/KAS §21.33 및 §21.53 요건에 따른 FAA Form 8130-9 또는 국토부 훈령 항공기 형식증명 지침의 별지 제12호 서식을 사용하고, 부품제작자승인의 경우에도 이에 준하여 합

38) 미국과 유럽 감항당국의 경우, 시험계획서에 의한 시험장비 및 셋업의 적정성을 확인하는 것은 엔지니어 소관 업무이므로 특별한 경우가 아니면 검사관이 인증시험에 입회하거나 검사를 수행하지 않는다.

치성 확인서를 작성해 인증기관에 제출한다.

기술표준품승인을 위한 FAR/KAS §21.603 요건에서 적합성 확인서(SoC: Statement of Compliance)가 대신에 합치성 확인서(SoC: Statement of Conformance)를 제출하도록 규정하고 있으며, §21.610 요건에서는 합치성 확인서를 일체 언급하지 않고 있다. 또한, 미국과 유럽은 기술표준품에 대한 합치성 확인서 서식을 별도로 지정하지 않고 있으며, 신청자가 그 취지에 맞는 방식으로 작성하여 제출하도록 하고 있다.

미국의 경우에 FAR §21.603(a)(1)에서 합치성 확인서(SoC: Statement of Conformance)를 제출하도록 규정하고 있으나, 이는 적합성 확인서(SoC: Statement of Compliance)의 오기 또는 관행적 표기로 판단된다. 이는 유럽의 21.A.605, 21.A.608, 21.A.611에서 적합성 확인서(Statement of Compliance)로 명기하고 있다는 것을 보면 알 수 있다.[39)]

합치성 확인서 (Statement of Conformity)		
제1절 항공기 (Section 1. Aircraft)		
1. 제작자(Make):	2. 모델명(Model):	
3. 일련번호(Serial No.):	4. 등록번호(Registration No.):	
제2절 엔진 (Section 2. Engine)		
1. 제작자(Make):	2. 모델명(Model):	
3. 일련번호(Serial No):		
제3절 프로펠러 (Section 3. Propeller)		
1. 제작자(Make):	2. 모델명(Model):	
3. 블레이드 모델명(Blade Model):	4. 허브 일련번호(Hub Serial No.):	
5. 블레이드 일련번호(Blade Serial No.):		
제4절 보증 (Section 4. Certification) 본 신청자는 다음 사항을 보증함. I hereby certify that □ 1. 본 신청자는 항공기기술기준 Part 21.33(a)의 요건을 준수했음. I have complied with Part 21.33(a). □ 2. 형식증명서만을 교부받아(Part 21 Subpart F) 제작한 상기 항공기는 당해 형식증명서에 합치하며 안전한 운용상태에 있으며, (년 월 일)자로 비행 점검이 완료되었음. The aircraft described above, produced under type certificate only (Part 21 Subpart F), conforms to its type certificate, is in a condition for safe operation, and was flight checked on (yyyy/mm/dd). □ 3. 상기 엔진 또는 프로펠러는 형식증명을 위해 제출하였으며, 당해 형식설계에 합치함. The engine or propeller described above, presented herewith for type certification, conforms to type design. □ 4. 형식증명서만을 교부받아(Part 21 Subpart F) 제작한 상기 엔진 또는 프로펠러는 형식증명서와 합치하며 안전한 운용상태에 있음. 엔진 또는 (해당되는 경우) 가변 피치 프로펠러는 제작자에 의해 (년 월 일)자로 최종 작동상태가 점검되었음. The engine or propeller described above, produced under type certificate only (Part 21 Subpart F), conforms to its type certificate and is in a condition for safe operation. The engine or, if applicable, the variable pitch propeller was subjected by the manufacturer to a final operational check on (yyyy/mm/dd)		
규격불일치완화(Deviations):		
이름(Name):	서명(Signature):	직위(Title):
회사명(Organization):	일자(Date: yyyy/mm/dd): / / /	

항공기 형식증명 지침 [별지 제12호 서식]

합 치 성 검 사 요 청 서 (Request for Conformity)			
1. 수신(To):	2. 추적번호(RFC Tracking No.)		
3. 과제번호(Project No.)	4. 작성일(Initial Date)		
5. 합치성검사요청 종류 (Request for Conformity Inspection)			
□ 부품 합치성검사(Part Conformity): □ 장착성(Installation): □ 기타(Other):			
합치성검사 대상 (A conformity inspection pertaining to the subject is requested for the following)			
6. 신청자(Applicant Name)			
7. 회사명/주소 (Company Name/Address)			
8. 가용일시(Time/Data Available)		9. 신청자가 국토교통부로 연락 (Applicant will contact MLIT)	☑ 예
10. 장착형식(Type Installation)			
11. 제조사/모델(Make/Model)		12. 수량(Quantity)	
13. 설계자료(개정번호/일자) (Design Data(Rev./Date)			
14. 특수지침(Special Instructions)			
15. 업체담당자명(Contact Name)	(전화:)		
16. 과제책임자(Project Manager) 과제엔지니어(Project Engineer)	(전화:) (전화:)		
17. 비고(Remarks)			
18. □형식검사승인서 발행되었음.(T.I.A. Issued)	19. ☑ 합치성검사기록서 필요함.(C.I.R. Required)		
20. □형식검사보고서 필요함.(T.I.R. Required)	21. ☑ 합치성확인서 필요함(Statement of Conformity Required)		
22. □ 감항성인증서 필요함(Airworthiness Approval Tags Required)			
(주) 합치성검사 종료 후 이 합치성검사요청서(RFC)를 MLIT 합치성 관련 서류와 함께 과제책임자에게 송부 Please return this request for conformity to the Project Manager together with the MLIT conformity document			

항공기 형식증명 지침 [별지 제15호 서식]

[그림 2-44] 형식증명 합치성 확인서 및 합치성 검사 요청서 서식

인증 신청자는 업무메모 또는 별도로 협의된 방법으로 합치성 확인서와 함께 검사서류를 3근무일 전에 인증기관 담당 엔지니어에게 제출한다. 다만, 장기간 검사, 검사장비 특수성, 해외 현지 검사 등의 경우에는 동시 검사를 제안할 수도 있다. 인증기관의 엔지니어는 신청자의 검사서류를

39) 우리나라의 경우에 KAS 21.610 및 훈령에서 요구하는 기술표준품 합치성 확인서를 인증실무에서 항공기 형식증명 합치성 확인서 서식으로 작성하도록 하고, 시험 대상 시제품(test article)뿐만 아니라 인증시험(test setup)에 대해서도 합치성 확인서를 제출하도록 하고 있는데, 이는 국제기준에 부합하지 않아 개선이 필요하다. 또한, 동시에 검사 의뢰하는 다량의 부품에 대해서 1 : 1로 합치성 확인서를 제출하도록 함으로써 TSOA나 PMA 인증에서 수십 ~ 수백 건의 합치성 확인서가 작성되어야 한다.

검토하여 합치성 검사 요청서(RFC)를 작성하고, 이를 지정된 검사관에게 전달하여 신청자의 현장에서 합치성 검사를 수행할 수 있도록 한다.

인증 신청자는 인증기관 검사관이 합치성 검사를 수행하는데 필요한 제반 편의를 제공하고, 합치성 검사 착수에 앞서 자체 검사 결과와 특이사항에 대하여 상세히 설명함으로써, 검사관의 이해를 돕고 신청자 검사에 대한 신뢰성을 높일 수 있도록 한다.

인증기관 검사관은 신청자의 품질시스템과 연계한 검사절차의 준수 여부, 검사항목의 선정 및 결과 기록 상태, 제반 검사서류의 충실도 등을 확인하고, 인증기관 합치성 검사 항목을 선정하여 검사를 수행한다. 이때 신청자 검사원의 지원을 받을 수도 있다.

2.8.3 검사결과 기록 및 AAT 발행

인증 신청자는 시제품 제작을 위한 원자재, 구매품, 가공부품, 조립체, 완성품에 대하여 100 % 전수 검사를 수행하는 것을 원칙으로 하고, 그에 대한 검사서류는 해당 항공기가 운항되는 동안 계속 보관하여야 한다.

합 치 성 검 사 기 록 서 (Conformity Inspection Record)			1. 과제번호, 합치성요청일 Project No., TIA/Request Date		2. 용지: _쪽/총_쪽 Sheet / Sheets	
3. 신청자/제작자 Applicant/Manufacturer	/					
4. 검사시작일 Beginning Date				5. 검사종료일 Ending Date		
6. 모델, 부품식별(번호) Model or Part Description and No.				7. 검사자 Inspector		
8. 항목번호 Item No.	9. 검사항목명칭 Nomenclature of Item Inspected	10. 도면문서규격 등 Dwg. Doc., Spec. etc.	11. 개정번호/일자 Rev. No./Date	12. 판정 항목 개수 Number of Items determined 만족 SAT.	불만족 UNSAT.	13. 비고 Comments

항공기 형식증명 지침 [별지 제17호 서식]

합 치 성 검 사 종 결 보 고 (Conformity/TIA Completion Report)			
1. 발신자 From Inspector		2. 수신자 To Project Manager	
3. 검사종료일 Completion Date		4. 과제번호 Project No.	
5. 요청서 추적번호 RFC/TIA Tracking No.		6. 신청자명 Applicant Name	
7. □ 합치성검사의 요청에 따라 검사를 종료하였음. 이하의 표시된 순서대로 합치성검사 수행 자료를 첨부함. 합치성검사기록서상에 기록된 규격불일치완화 및 불만족사항이 승인되었으며 종결되었음을 확인하였음. We have completed the Inspections for this conformity inspection request. Attached are Conformity Inspection Records as listed in the order shown below. We verified all deviations / unsatisfactory conditions noted in Conformity Inspection Record are approved and closed			
8. 첨부 서식 (Attached Forms)			
□ 합치성검사요청서 (Request for Conformity, RFC)			일자(Date):
□ 합치성검사기록서 (Conformity Inspection Record, CIR)			
□ 합치성 확인서 (Statement of Conformity)			일자(Date):
□ 감항성인증서 (Airworthiness Approval Tag)			일자(Date):
□ 적합성 확인서 (Statement of Compliance with Airworthiness Requirements)			
□ 형식검사보고서 (Type Inspection Report, TIR)			
□ 부가형식검사보고서 (Supplemental Type Inspection Report, STIR)			
15. 엔지니어링 판단(Engineering Disposition) 첨부된 합치성검사기록서에 기록된 불만족사항(Unsat) 중 총 ___건에 대하여 엔지니어링 판단을 요청하였음. Engineering disposition is requested for a total of ___ unsatisfactory conditions noted on the attached conformity inspection records. □ 최종 엔지니어링 판단이 종료되는 즉시, 발송자에게 회신. Please return to sender upon final disposition as soon as possible.			
16. 비고(Comments)			
17. 확인자명 Reviewed by			일자(Date):

항공기 형식증명 지침 [별지 제20호 서식]

[그림 2-45] 합치성 검사 기록서 및 합치성 검사 종결보고 서식

검사결과 기록서는 인증 신청자의 자체 양식을 사용할 수 있으며, 해당 도면 및 규격서에 지정된 모든 검사항목을 기록할 수 있어야 한다. 부품번호(P/N)와 일련번호(S/N)를 식별해야 하지만, 표준품이나 일련번호가 부여되지 않는 부품은 예외로 할 수 있다.

검사 대상 부품이 초도품에 해당되는 경우에 초도품 검사보고서(FAIR)를 작성하여야 한다. 또한, 수량이 많은 일반적인 표준품이나 사전에 인증기관과 협의된 부품을 제외하면, 샘플링 검사는 원칙적으로 허용되지 않는다.

인증기관의 검사관은 신청자의 검사서류를 검토한 후에 해당 품목에 대한 합치성 검사를 수행하고, 그 결과를 합치성 검사 기록서(CIR) 양식에 기재한다. 이어서 합치성 검사 종결 보고서(CCR)를 작성하여 내부 인증책임자의 서명을 받은 후에 검사서류 전체를 인증문서시스템에 보관한다.

미국의 경우에 연방항공청의 인증관리 브랜치(CMB) 및 섹션(CMS) 검사관 이외에도 위임검사관(DMIR. DAR, ODA, PAH)이 합치성 검사를 수행하고 감항승인서(AAT: FAA Form 8130-3)를 발급한다. 유럽은 생산조직승인(POA)에 따라 권한을 위임받은 해당 국가 제작사의 검사관이 합치성 검사를 수행하고 감항승인서(ARC: EASA Form 1)를 발급한다. 우리나라의 경우에는 항공안전법 제24조(감항승인)에 따라 감항승인서(AAT: 시행규칙 서식 제22호)를 발급하는데, 양산품에 대한 합치성 검사 및 감항승인서는 지방항공청에서 발급하고, 개발품에 대한 합치성 검사 및 감항승인서는 제135조(권한의 위임·위탁)에 따라 국토교통부의 위탁을 받은 전문검사기관에서 발행할 수 있다.[40]

1. Approving Civil Aviation Authority/Country: FAA/United States
2. AUTHORIZED RELEASE CERTIFICATE
FAA Form 8130-3, AIRWORTHINESS APPROVAL TAG
3. Form Tracking Number:
4. Organization Name and Address:
5. Work Order/Contract/Invoice Number:
6. Item: 7. Description: 8. Part Number: 9. Quantity: 10. Serial Number: 11. Status/Work:
12. Remarks:
13a. Certifies the items identified above were manufactured in conformity to:
☐ Approved design data and are in a condition for safe operation.
☐ Non-approved design data specified in Block 12.
14a. ☐ 14 CFR 43.9 Return to Service ☐ Other regulation specified in Block 12
Certifies that unless otherwise specified in Block 12, the work identified in Block 11 and described in Block 12 was accomplished in accordance with Title 14, Code of Federal Regulations, part 43 and in respect to that work, the items are approved for return to service.
13b. Authorized Signature: 13c. Approval/Authorization No.: 14b. Authorized Signature: 14c. Approval/Certificate No.:
13d. Name (Typed or Printed): 13e. Date (dd/mmm/yyyy): 14d. Name (Typed or Printed): 14e. Date (dd/mmm/yyyy):
User/Installer Responsibilities
It is important to understand that the existence of this document alone does not automatically constitute authority to install the aircraft engine/propeller/article.
Where the user/installer performs work in accordance with the national regulations of an airworthiness authority different than the airworthiness authority of the country specified in Block 1, it is essential that the user/installer ensures that his/her airworthiness authority accepts aircraft engine(s)/propeller(s)/article(s) from the airworthiness authority of the country specified in Block 1.
Statements in Blocks 13a and 14a do not constitute installation certification. In all cases, aircraft maintenance records must contain an installation certification issued in accordance with the national regulations by the user/installer before the aircraft may be flown.

FAA Form 8130-3 (02-14)

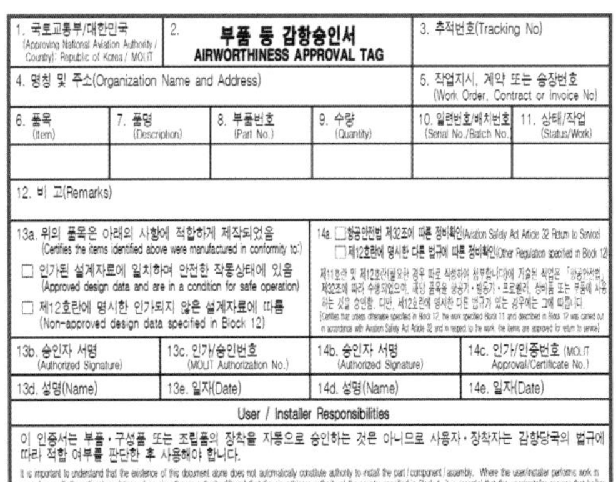
1. 국토교통부/대한민국 (Approving National Aviation Authority / Country): Republic of Korea / MOLIT
2. 부품 등 감항승인서 AIRWORTHINESS APPROVAL TAG
3. 추적번호(Tracking No)
4. 명칭 및 주소(Organization Name and Address)
5. 작업지시, 계약 또는 송장번호 (Work Order, Contract or Invoice No)
6. 품목 (Item) 7. 품명 (Description) 8. 부품번호 (Part No.) 9. 수량 (Quantity) 10. 일련번호/배치번호 (Serial No./Batch No.) 11. 상태/작업 (Status/Work)
12. 비 고(Remarks)
13a. 위의 품목은 아래의 사항에 적합하게 제작되었음 (Certifies the items identified above were manufactured in conformity to:)
☐ 인가된 설계자료에 일치하며 안전한 작동상태에 있음 (Approved design data and are in a condition for safe operation)
☐ 제12호란에 명시한 인가되지 않은 설계자료에 따름 (Non-approved design data specified in Block 12)
14a. ☐ 항공안전법 제32조에 따른 정비확인(Aviation Safety Act Article 32 Return to Service)
☐ 제12호란에 명시한 다른 법규에 따른 정비확인(Other Regulation specified in Block 12)
13b. 승인자 서명 (Authorized Signature) 13c. 인가/승인번호 (MOLIT Authorization No.) 14b. 승인자 서명 (Authorized Signature) 14c. 인가/인증번호 (MOLIT Approval/Certificate No.)
13d. 성명(Name) 13e. 일자(Date) 14d. 성명(Name) 14e. 일자(Date)
User / Installer Responsibilities
이 인증서는 부품·구성품 또는 조립품의 장착을 자동으로 승인하는 것은 아니므로 사용자·장착자는 감항당국의 법규에 따라 적합 여부를 판단한 후 사용해야 합니다.
It is important to understand that the existence of this document alone does not automatically constitute authority to install the part / component / assembly. Where the user/installer performs work in accordance with the national regulations of an airworthiness authority different that the airworthiness authority of the country specified in Block 1, it is essential that the user/installer ensures that his/her airworthiness authority accepts parts/components/assemblies from the airworthiness authority of the country specified in Block 1. Statements in Blocks 13a and 14a do not constitute installations certification. In all cases, aircraft maintenance records must contain an installation certification issued in accordance with the national regulations by the user/installer before the aircraft may be flown.

항공안전법 시행규칙 [별지 제22호서식]

[그림 2-46] 미국과 우리나라의 감항승인서에 대한 서식

최근 10여년간 미국 연방항공청의 항공기 인증 제도에는 크게 세 번의 변혁이 있었다. 첫째로, 2012년 연방항공청 현대화 및 개혁 법(PL 112-95: FAA Modernization and Reform Act) 및 2013년 소형 비행기 활성화 법(PL 113-53: Small Airplane Revitalization Act)에 따른 2016년의 Part 23

40) 미국과 유럽 감항당국은 시험용으로 반출되는 모든 부품류 및 시제품에 대하여 Prototype AAT를 발행하고 있으나, 우리나라의 인증기관은 인증 과정의 시제품이나 부품에 대한 AAT를 발행하지 않고 있어 국제적 인증절차에 부합하도록 개선이 필요하다. 또한, AAT 대신에 합격 여부를 문서로 통지할 수도 있으나, 이 역시 이루어지지 않아 신청자는 검사 완료 품목을 식별하는데 애로를 겪고 있다.

감항기준 전면개정(Part 23 Reform, Amdt 23-64)이고, 둘째로, 2018년과 2019년 B737 MAX 항공기 추락사고를 계기로 2020년에 발의된 항공기 인증, 안전성 및 책임성 법안(HR 8408: Aircraft Certification, Safety, and Accountability Act)을 통해서 감독(oversight) 제도와 위임(delegation) 제도 개선하였다. 그리고 이들 법(안)에 따라 2017년부터 2023년까지 연방항공청의 인증조직이 개편(FR FAA-2018-0119, Order 8100.5E) 되었고, Part 21 규정, 감항기준, Order, AC 등에 명시된 조직 명칭과 일부의 인증절차가 연이어 개정되고 있다.

미국 연방항공청은 2016년 Part 23 소형 비행기 감항기준 전면개정(Amdt 23-64)을 통하여 기존의 지시형 규정(PR: Prescriptive Regulations)을 실행형 규정(PBR: Performance-Based Regulations)으로 개편하였다. 이에 따른 새로운 Part 23 감항기준은 안전성 목표(safety objective)만을 정성적으로 제시하고, 구체적인 입증 항목, 방법, 절차, 수치 등에 대한 기준은 해당 인증과제를 실행하는 과정에서 정할 수 있도록 하였다. 즉, §23.2010 Accepted Means of Compliance에 따라서 산업계에 통용되는 합의 표준(consensus standards)을 적합성 입증방법(MoC: Means of Compliance)으로 적용하고, 이에 대한 구체적인 기준과 절차는 신청자가 세부설계기준(DDS: Detailed Design Standard)으로 작성하여 감항당국의 승인을 받도록 하였다.

이와 같은 실행형 규정(PBR), 합의 표준(CS), 세부설계기준(DDS) 방식은 감항기준 요건을 단순화하고 신청자의 자율권을 확대할 수 있다는 장점이 있지만, 결과적으로 감항기준 요건을 3단계로 전개해야 하는 부담이 추가된다고 볼 수도 있다. 이는 마치 1990년대 후반에 군사규격개혁(MIL Spec Reform) 프로그램에 따라 군사규격서를 과도하게 폐지한 후에 이를 대체하기 위한 표준서(STD)나 핸드북(HDBK)을 추가로 제정하거나 참조 문서를 다량 지정하는 방식과 유사한 것으로 볼 수 있다. 즉, 군용 항공기에 대한 표준감항인증기준(MIL-HDBK-516), 인용 문서(references), 기종별 감항인증기준(TACC) 방식과 매우 유사한 형태가 되었다.

적합성 입증방법(MoC: Means of Compliance)은 감항기준의 해당 요건에 대한 적합성을 입증하는 구체적인 방법을 말하는 것으로써, 시험(test), 분석(analysis), 유사성(similarity) 등과 같이 분류하여 표기한다. 이는 오랫동안 미국 및 유럽의 감항당국 규정과 인증실무에서 사용되고 있는 용어(traditional MoC)이지만, 2016년 Part 23 감항기준 전면개정(Amdt 23-64)에 따른 2022년의 Part 23 Amendment 23-64 Implementation Procedures Guide에서 적합성 입증방식(methods of compliance)이라는 새로운 용어를 사용하면서, 이를 감항기준에 대한 적합성 입증 접근방식(how, approach, framework)으로 정의하고, 산업계 합의 표준(ASTM, RTCA, SAE 등)으로 지정하도록 안내하고 있다. 이에 앞서 2016년 Part 21 전면개정에서는 §23.2010 Accepted Means of Compliance로 표기함으로써 용어에 대한 혼동이 더욱 심화되고 있다. 이와 같은 혼동을 해소하기 위하여 FAR §23.2010과 AC 23.2010-1의 제목은 Acceptable Consensus Standards로 수정하고,

적합성 입증방식(methods of compliance) 용어는 달리 정의하지 않는 것이 바람직할 것으로 판단된다. 유럽의 CS에서는 적합성 입증방법(AMC: Acceptable Means of Compliance)과 적합성 입증방식(acceptable methods of compliance)을 동일한 의미로 혼용해서 사용하고 있는데, 이 또한 적합성 입증방법(AMC)으로 통일해 표기할 필요가 있다. 군용 항공기에 대한 표준감항인증기준(MIL-HDBK-516C)에서도 Methods of Compliance로 표기하고 있으나, 이는 민간의 전통적인 Means of Compliance와 동일한 의미로 사용되고 있다.

대체 적합성 입증방법(AMOC: Alternative Means of Compliance)은 미국의 FAR §39.19 및 Order 8110.103B에 따라서 감항성개선지시서(AD)에 지정된 적합성 입증방법 이외에 다른 방법을 적용하여 해당 요구사항을 충족시키는 것을 말한다. 일반적으로 형식증명이나 부품에 관한 인증에서는 인정되지 않고, Order나 AC에 제시된 수락 가능한 적합성 입증방법(acceptable MoC)만 인정되는 것으로 보아야 한다. 다만, AC 23.2010-1에 따라서 Part 23 소형 비행기 형식증명에서는 수락 가능한 적합성 입증방법(acceptable MoC) 이외에 대체 적합성 입증방법(AMOC)으로 산업계 합의 표준(ASTM, RTCA, SAE 등) 이외의 기준을 제안할 수도 있다. 유럽의 경우에도 미국과 동일하게 감항성개선지시서(AD)에 대한 적합성 입증에 대체 적합성 입증방식(AMOC: Alternative Method of Compliance)을 적용하지만, 용어를 다르게 표기하고 있다. 또한, 유럽의 CS에서는 항공기 등의 형식증명에 수락 가능한 적합성 입증방법(AMC) 이외에 교차 적합성 입증방법(Alternate MoC)을 폭넓게 인정하고 있다. 이와 같이 미국의 대체 적합성 입증방법(Alternative MoC)과 유럽의 교차 적합성 입증방법(Alternate MoC)은 근거 규정과 용어 표기가 일부 다르지만, 전반적으로 같은 의미와 용례로 사용되고 있다고 보아야 한다.

감항성 유지(CA: Continued Airworthiness)는 일반적으로 형식증명 소지자(제작자)가 항공기 등의 설계에 대하여 감항성을 유지하는 활동으로 정의하고, 감항성 유지(CA: Continuing Airworthiness)는 항공기 등의 운용자(항공사, 정비사업자)가 정비, 수리, 검사, AD 수행 등을 통해서 감항성을 유지하는 활동으로 정의하는 경우가 있으나, 이는 관련 규정과 인증실무를 충분히 이해하지 못한 것으로 볼 수 있다. 미국의 경우에 FAR Part 21뿐만 아니라, Part 43과 Part 91에서도 모두 Continued Airworthiness로 표기하고, Continuing Airworthiness 표기를 일체 사용하지 않고 있다. 유럽의 EU Part 21에서는 Continuing Airworthiness와 Continued Airworthiness를 혼용하고 있으며, EASA Part-M에서는 Continuing Airworthiness로만 표기하고, EASA Part-145에서는 Continued Airworthiness로만 표기하고 있다. 또한, 인증실무의 관점에서 감항성 유지 활동은 형식증명 소지자(제작지)와 항공기 운용자(항공사) 여부에 관계 없이 각자의 역할에 따라 해당 요건이 부과되는 것이므로 Continued/Continuing을 구분하여 다르게 정의할 필요가 없는 것이다.

연습문제

문제 1 미국의 연방항공규정(FAR) 중에서 항공기 및 부품류에 대한 인증절차를 제시하고 있는 규정은 어느 것인가?

① Part 21 ② Part 23 ③ Part 25 ④ Part 27

문제 2 미국의 연방항공규정(FAR) 중에 항공기 엔진에 대한 감항기준을 제시하고 있는 규정은 어느 것인가?

① Part 29 ② Part 33 ③ Part 35 ④ Part 36

문제 3 형식증명을 받은 항공기, 엔진, 프로펠러에 사용되는 부품이나 장비품에 대하여 제3자가 신청할 수 있는 인증의 종류는?

① 부가형식증명 ② 부품제작자승인 ③ 기술표준품승인 ④ 부품생산승인

문제 4 다음 중에 감항당국이 지정하여 고시한 특정한 품목에 대한 설계와 생산에 관한 인증을 무엇이라고 하는가?

① 부가형식증명 ② 부품제작자승인 ③ 기술표준품승인 ④ 부품생산승인

문제 5 다음 중에 항공기 엔진, 프로펠러, 부품, 기술표준품에 대한 합치성 검사를 완료하고 감항당국 또는 위임검사관이 발행하는 문서는?

① 제품보증서(CoC) ② 적합성 확인서
③ 합치성 확인서 ④ 감항승인서(AAT)

문제 6 미국과 유럽은 각각 자국의 Part 21에서 법적인 인증절차를 규정하고 있다. 이에 대응하는 우리나라의 법령체계 및 기술기준에 대하여 설명하시오.

문제 7 미국의 FAR Part 21에 따른 인증제도(Subpart) 중에 우리나라 KAS Part 21에서 채택하지 않고 있는 제도를 2가지 이상 나열하시오.

문제 8 유럽의 EU Part 21에 따른 인증제도(Subpart) 중에 우리나라 KAS Part 21에서 채택하지 않고 있는 제도를 3가지 이상 나열하시오.

문제 9 FAR Part 21과 KAS Part 21의 §21.3 고장, 기능장애, 결함 보고 요건에 대하여 알고 있는 내용을 설명하시오.

문제 10 FAR §21.17에 따라서 소형 항공기 형식증명 "신청"은 3년 동안, 수송급 항공기는 5년 동안 유효하다. 이 시한 내에 감항기준에 대한 적합성을 입증하지 못할 경우에 신청자가 취할 수 있는 형식증명 진행방법에 대하여 설명하시오.

문제 11 FAR §21.21 보통, 실용, 곡예, 커뮤터, 수송급 항공기, 유인자유기구, 특별분류 항공기, 엔진, 프로펠러 형식증명서 발급 요건에 따라 형식증명을 받을 수 있는 항공기의 종류(categories)와 그 밖의 항공제품을 5가지 이상 나열하시오.

문제 12 FAR §21.25 제한급 항공기에 대한 형식증명서 발급 요건에 따라 제한급 형식증명을 받을 수 있는 항공기의 특별운용(special purpose operations) 종류를 5가지 이상 나열하시오.

문제 13 FAR §21.93 형식설계 변경 분류 요건에서 규정하는 중급 설계변경(major change)과 경급 설계변경(minor change)에 대한 분류 기준을 설명하시오.

문제 14 기존의 항공기에 출력이 더 높은 엔진으로 교체 장착하고, 날개와 동체를 연장하여 더 많은 승객이 탑승하도록 개조하는 부가형식증명을 신청하고자 한다. 감항당국 입장에서 이를 수락할 수 있는지 의견을 쓰시오.

문제 15 제작증명 신청자가 FAR §21.137에 요구된 품질시스템을 갖추기 위하여 공인기관에서 SAE AS9100 항공우주 품질시스템 인증을 받고, 그 결과를 감항당국에 제출하였다. 감항당국 입장에서 이를 수락할 수 있는지 의견을 쓰시오.

문제 16 FAR §21.139 제조시설 위치 및 변경 요건에 따라서 제작증명을 받은 제조시설이 변경되는 경우에 즉시 감항당국에 통지하여야 한다. 그 이유를 설명하시오.

문제 17 FAR §21.175 감항증명서 분류 요건에 따라서 표준감항증명을 받을 수 있는 항공기 카테고리와 특별감항증명을 받을 수 있는 종류(분류)를 각각 3가지 이상 나열하시오.

문제 18 부품제작자승인(PMA)을 위한 설계승인에서 동일성을 입증하는 방법(design approval basis)을 4가지 나열하고, 간단히 설명하시오.

문제 19 기술표준품승인(TSOA)에 적용되는 항공기 감항기준을 3가지 이상 쓰시오. 만약에 감항기준을 적용할 수 없다면 설계승인에 적용되는 기준은 무엇인가?

문제 20 부품제작자승인(PMA)과 기술표준품승인(TSOA)의 절차적 관점에서 볼 때, 서로 동일한 점과 다른 점에 대하여 설명하시오.

문제 21 항공기 및 부품에 대한 인증 신청자가 감항당국에 제출해야 하는 적합성 확인서(SoC: Statement of Compliance)와 합치성 확인서(SoC: Statement of Conformity)의 차이(용도)를 설명하시오.

문제 22 형식증명서, 부가형식증명서, 제작증명서, 감항증명서, 부품제작자승인서, 기술표준품승인서를 양도 가능한 인증서와 불가능한 인증서로 분류하고, 양도 불가한 인증서에 대해서는 그 이유를 설명하시오.

CHAPTER

03 항공기 적합성 입증

3.1 인증계획 수립

3.1.1 항공기 설계 자료

항공기에 대한 형식증명(TC), 부가형식증명(STC), 부품제작자승인(PMA)을 위한 인증계획을 수립하기 위해서는 먼저 대상 항공기 및 부품에 대한 설계 자료를 살펴보아야 한다. 이는 항공기 및 부품에 대한 설계의 구성 및 특징에 따라서 적용해야 하는 감항기준 요건과 적합성 입증방법이 달라질 수 있기 때문이다. 이때의 설계는 기본설계가 완료된 것이 권장되지만, 신청자와 인증당국의 협의에 따라서 개념설계 또는 상세설계 단계에서 제시되는 설계를 대상으로 인증계획을 수립할 수도 있다.

항공기 및 부품에 대한 설계는 인증계획을 수립하는 과정에서 감항기준을 충족시키기 위하여 해당 설계를 변경해야 하는 경우도 있기 때문에 설계 과정과 인증계획 수립 과정은 병렬적 상호 보완 관계로 볼 수 있다. 즉, 설계에는 감항기준 요건과 적합성 입증방법이 고려되어야 하므로 설계는 인증 과정의 시작이라고 할 수 있다.

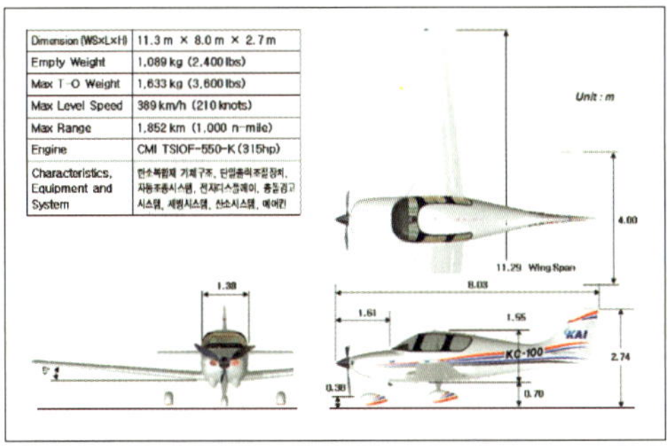

[KC-100 소형 비행기: Part 23]

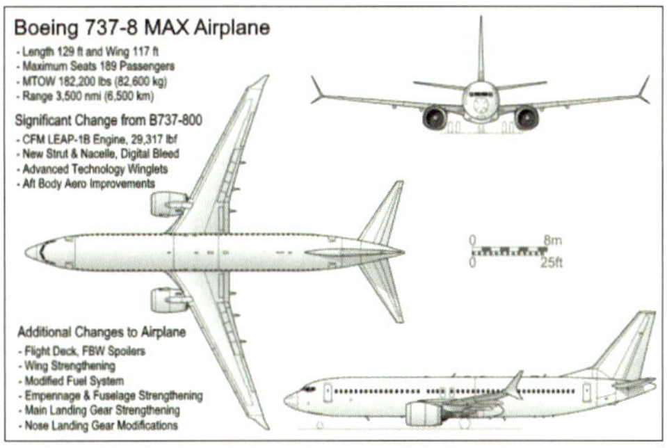

[B737-8 MAX 수송급 비행기: Part 25]

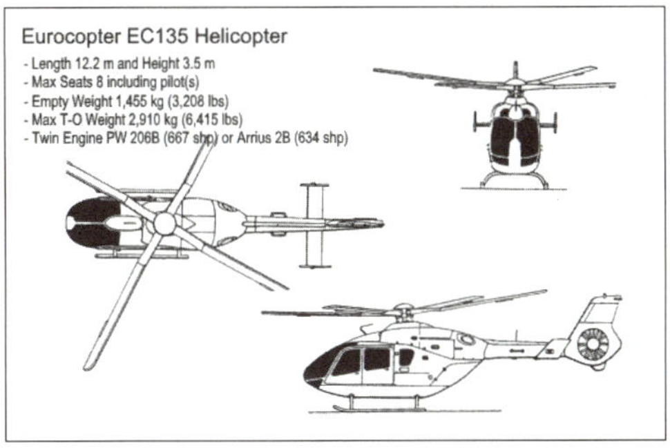

[EC135 소형 회전익 항공기: Part 27]

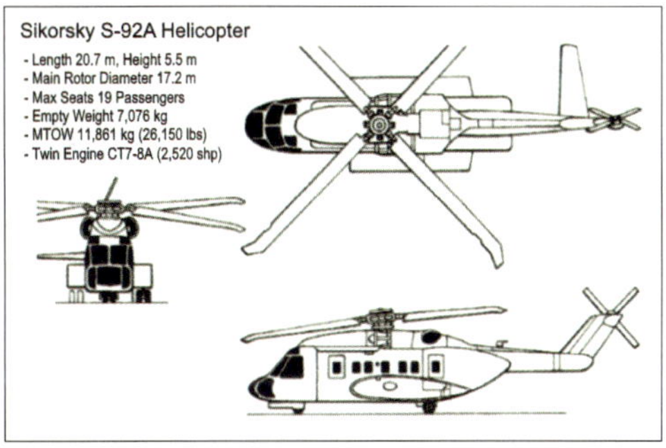

[S-92A 수송급 회전익 항공기: Part 29]

[그림 3-1] 형식증명 대상 항공기 설계 삼면도 및 제원 예시

항공기 형식증명을 신청할 때에는 인증계획서와 함께 해당 항공기에 대한 삼면도(3-view drawing)만 제출하면 되지만, 인증계획서에 설계 특징이 기재되어야 하고, 형식증명이 진행되는 과정을 따라서 필요한 시기에 설계 정의 문서(design description document)와 해당 도면 및 규격서 목록, 재료 및 공정 목록, 해석 보고서, 시험계획서, 시험보고서, 비행교범, 정비교범, 감항성 한계, 감항성유지지침서 등이 제출되어야 한다.

항공기 설계 정의 문서에는 해당 항공기의 설계구성 및 특징을 설명하고, 형식설계를 정의하는 도면 목록, 규격서 목록, 재료 및 공정 목록을 개정번호와 함께 수록하고, 설계변경 절차를 제시하여야 한다. 그리고, 도면 목록에 개별적인 장비품 및 부품이 모두 포함되지 않는 경우에는 이를 별도의 목록으로 제시할 수도 있다. 미국과 유럽의 경우에는 도면 및 규격서를 인증당국에 직접 제출하지 않고, 신청자가 관리하고 있는 도면을 현장에서 확인하고 적용하지만, 우리나라의 경우에는 모든 도면과 규격서를 제출하여 개별적인 승인을 받고 적용하는 방식을 취하고 있다.

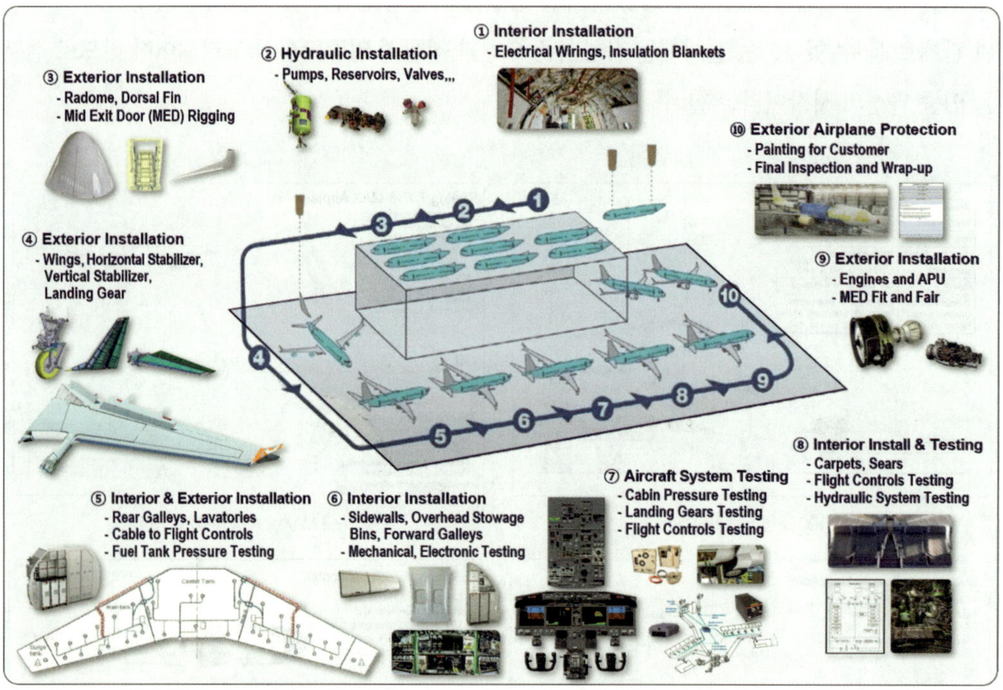

[그림 3-2] Boeing 737-8 MAX 설계구성 및 제작 공정도

항공기 설계구성 및 특징은 해당 감항기준의 각 Subpart별로 요구하는 내용을 고려하여 설명할 필요가 있다. 대표적으로 수송급 비행기 감항기준을 적용하는 항공기에 대해서는 다음과 같은 Part 25의 Subpart 분류를 권장한다.

- Subpart C. 구조강도 : 하중, 안전계수, 비행선도, 돌풍하중, 고양력장치, 엔진파손하중, 조

종면하중, 지상하중, 비상착륙, 피로평가, 낙뢰방호 등

- Subpart D. 설계구성 : 재료 강도 및 설계값, 공탄성, 조류충돌, 조종시스템, 착륙장치, 객실, 승무원실 및 화물실, 비상설비, 환기 및 난방, 여압시스템 등
- Subpart E. 동력장치 : 엔진, 프로펠러, 보조동력장치, 역추력시스템, 연료시스템, 연료구성품, 오일시스템, 냉각특성, 흡입시스템, 배기시스템, 화재방지 등
- Subpart F. 항공장비 : 기능 및 장착, 비행계기, 장치품, 시스템 및 장착, 낙뢰 방호, HIRF 방호, 전기시스템, 조명등, 안전장치, 기타 장치품 등
- Subpart G. 운용한계 : 중량, 비행승무원 수, 운용 방식, 대기온도 및 고도, ETOPS 승인, 표식 및 플래카드, 비행교범(운용한계, 운용절차, 성능정보) 등
- Subpart H. 전선연결시스템(EWIS) : 기능 및 장착, 시스템 분리, 화재방지, 본딩 및 정전기, 회로보호기구, 인화성 유체, 동력장치, 화재탐지시스템 등
- Subpart B. 비행특성 : 하중분포, 무게중심, 실속속도, 이륙속도, 이륙거리, 상승요건, 복행, OEI 상승, 조종성, 트림, 안정성, 실속, 진동 및 버피팅 등

또한, 항공기 형식증명자료집(TCDS)에 명시되도록 규정된 항목을 참고하여 해당 항공기에 대한 설계구성 및 특징을 설명할 수도 있다. 이는 FAA Order 8110.4C의 3-3 Type Certification Data Sheet (TCDS)와 Order 8110.121 TCDS Notes에 제시된 항목, 그리고 실제 동급 항공기에 대해 발급된 형식증명자료집을 참고할 수 있다.

- 각 모델별 기술정보 : 엔진, 연료, 엔진 한계, 프로펠러 한계, 로터 한계, 트랜스미션 한계, 대기속도 한계, 무게중심 범위, 위치 기준점, 균형 측정 방법, 최대 중량, 최소 승무원 수, 좌석 수, 수하물실 적재량, 연료 적재량, 오일량, 최대 운용고도, 조종면 이동량, 인증기준(CB), 생산기준(PB), 장치품 종류 등
- 주기로 기록될 정보 : 중량 및 균형 관련정보, 플래카드 기재사항, 감항성유지지침서 및 감항성 한계, 비행교범 승인, 연료 및 방빙제 규격, 검사 주기 및 교체 수명, 형식설계 및 감항성 관련 문서, 특정 모델에 대한 특이사항 등

항공기에 대한 형식증명 인증계획 수립 단계에서는 개략적인 설계구성 및 특징만 제시할 수 있으나, 해당 기술 분야별 적합성 입증 단계에서는 각 분야별로 상세한 내용의 설계구성 및 특징을 설명할 수 있어야 한다.

도면 및 규격서 목록 이외에 해석 보고서, 시험계획서 및 보고서, 비행교범, 정비교범, 감항성 한계, 감항성유지지침서 등을 포함하는 전체 인증문서는 인증계획서에 목록으로 제시하고, 작성이 완료되는 시점에 인증당국에 제출하여 승인을 받아야 한다.

3.1.2 감항기준 및 입증방법

항공기, 엔진, 프로펠러에 대한 형식증명(TC) 및 부가형식증명(STC), 그리고 부품제작자승인(PMA)에는 각각에 해당되는 감항기준(AS)을 적용하여야 한다. 미국은 연방항공규정(FAR), 유럽은 인증규격(CS), 우리나라는 감항기준(KAS)을 고시로 제정했지만, 모두 법적인 효력을 가진 국가 기준으로 정의되고 있다.

- FAR Part 23 : Normal Category Airplanes, Amendment 23-65, 2022.12.09
- FAR Part 25 : Transport Category Airplanes, Amendment 25-151, 2023.07.11
- FAR Part 27 : Normal Category Rotorcraft, Amendment 27-51, 2023.02.10
- FAR Part 29 : Transport Category Rotorcraft, Amendment 29-59, 2023.02.10
- FAR Part 33 : Airworthiness Standards: Aircraft Engines, Amdt 33-36, 2023.04.04
- FAR Part 34 : Fuel Venting & Exhaust Emission Requirement, Amdt 34-7, '24.04.24
- FAR Part 35 : Airworthiness Standards: Propellers, Amendment 35-10, 2016.12.30
- FAR Part 36 : Noise: Aircraft Type and Airworthiness Certification, Amdt 36-31

형식증명, 부가형식증명, 또는 부품제작자승인 신청자는 항공기 감항분류(category)에 따라 적용되는 감항기준을 Part 23, 25, 27, 29 중에서 선택하고, 그에 대한 적합성을 입증하여야 한다. 항공기에 장착되는 엔진은 Part 33, 프로펠러는 Part 35에 따라서 형식증명을 받은 제품이어야 한다. 터빈엔진을 장착하는 비행기에 대해서 대해서는 Part 34 배출기준에 대한 적합성을 입증하고, 모든 항공기에 대하여 Part 36 소음기준에 대한 적합성을 입증하여야 한다. 형식증명 신청자는 §21.17에 따라서 신청일에 유효한 최신의 감항기준 개정판(Amendment)을 적용하여야 한다. 다만, 부가형식증명이나 부품제작자승인의 경우에는 원래의 항공기 인증기준(CB)으로 지정된 구판을 적용할 수도 있다.

항공기, 엔진, 프로펠러에 대한 감항기준, 배출기준, 소음기준은 기술 발전, 사고 방지, 안전 강화, 국제적 동등성 확보 등을 위하여 수개월 또는 수년마다 개정되기 때문에 인증을 신청하는 시점에 유효한 기준을 개정번호(amendment)로 확인하여야 한다. 또한, 항공기에 대한 형식증명 기간이 3년 또는 5년을 초과하는 경우에 그 기간 동안 개정된 요건에 대하여 추가로 입증이 필요할 수도 있다. 소형 비행기의 경우에는 2017년을 기점으로 Part 23이 전면 개편되었기 때문에 각 항목의 적용과 적합성 입증방법을 설정하는데 특히 유의할 필요가 있다.

소형 비행기 감항기준 Part 23은 기존에 §23.1부터 §23.1589까지 374개 요건이 2017년 이후에는 §23.2000부터 §23.2620까지 65개의 새로운 요건과 전반부에 수록된 기존의 §23.1457 CVR, §23.1459 FDR, §23.1529 ICA 요건을 합하여 총 68개 요건으로 개편되었다. 수송급 비행기 감항기준 Part 25는 §25.1부터 §25.1801까지 총 406개 요건, 소형 회전익 항공기 감항기준 Part 27은 §27.1부터 §27.1589까지 252개 요건, 수송급 회전익 항공기 감항기준 Part 29는 §29.1부터 §29.1589까지 308개 요건으로 구성되어 있다. 이 중에 Part 25 수송급 비행기는 가장 많은 승객이 탑승하고 화물이 탑재되므로 안전성 강화를 위하여 가장 많은 요건을 규정하고 있으며, 가장 활발하게 개정되고 있다.

[표 3-1] 수송급 비행기에 대한 감항기준(Part 25) 목차

수송급 비행기 감항기준 (Part 25, Amdt 25-152, 2024.08.27)		
Subpart A. 일반규정		
§25.1	적용성	25-0
§25.2	소급적용 특별요건	25-99B
§25.3	장거리 운항 형식설계승인 특별조항	25-120
§25.4	정의	25-152
§25.5	인용자료 정보	25-145
Subpart B. 비행특성		
일반규정		
§25.21	적합성 보증	25-140
§25.23	하중분포 한계	25-0
§25.25	중량 한계	25-63
§25.27	무게중심 한계	25-0
§25.29	공허중량 및 대응 무게중심	25-72
§25.31	제거 가능한 밸러스트	25-0
§25.33	프로펠러 회전속도 및 피치 한계	25-72
비행성능		
§25.101	일반요건	25-92
§25.103	실속속도	25-121
§25.105	이륙	25-140
§25.107	이륙속도	25-135
§25.109	가속-정지 거리	25-92
§25.111	이륙경로	25-140
§25.113	이륙거리 및 이륙활주	25-92
§25.115	이륙비행경로	25-92
§25.117	상승 일반요건	25-0
§25.119	모든 엔진 작동상태 복행	25-140
§25.121	한 엔진 부작동상태 상승	25-140
§25.123	항로비행경로	25-140
§25.125	착륙	25-140
조종성 및 기동성		
§25.143	일반요건	25-140
§25.145	세로조종	25-108
§25.147	방향조종 및 가로조종	25-115
§25.904	자동이륙추력 제어시스템	25-62
§25.905	프로펠러	25-126
§25.907	프로펠러 진동 및 피로	25-126
§25.925	프로펠러 여유간격	25-72
§25.929	프로펠러 제빙	25-140
§25.933	역추력시스템	25-152
§25.934	터보제트 및 터보팬 엔진 역추력시스템 시험	25-23
§25.937	터보프로펠러 항력 제한시스템	25-0
§25.939	터빈엔진 운용특성	25-40
§25.941	공기흡입구, 엔진 및 배기구의 적응성	25-121
§25.943	부(-)의 가속도	25-40
§25.945	추력 또는 출력증강시스템	25-115
연료시스템		
§25.951	일반요건	25-73
§25.952	연료시스템 분석 및 시험	25-40
§25.953	연료시스템 독립성	25-0
§25.954	연료시스템 낙뢰 방호	25-146
§25.955	연료유량	25-11
§25.957	상호연결된 탱크 사이의 연료이송	25-0
§25.959	사용불능 연료량	25-40
§25.961	연료시스템 고온기상 운용	25-57
§25.963	연료탱크 일반요건	25-139
§25.965	연료탱크 시험	25-40
§25.967	연료탱크 장착	25-0
§25.969	연료탱크 팽창공간	25-11
§25.971	연료탱크 섬프	25-0
§25.973	연료탱크 주입구 연결부	25-115
§25.975	연료탱크 및 기화기 증기 벤트	25-143
§25.977	연료탱크 출구	25-36
§25.979	압력식 급유시스템	25-72
§25.981	연료탱크 폭발방지	25-146
연료시스템 구성품		
§25.991	연료펌프	25-0
§25.993	연료시스템 라인 및 피팅	25-15

수송급 비행기 감항기준 (Part 25, Amdt 25-152, 2024.08.27)

수송급 비행기 감항기준 (Part 25, Amdt 25-152, 2024.08.27)		
§25.353	러더 조종역전 조건	25-147
부가조건		
§25.361	엔진 및 보조동력장치 토크	25-141
§25.362	엔진 파손 하중	25-141
§25.363	엔진 및 보조동력장치 마운트 측방 하중	25-91
§25.365	여압실 하중	25-149
§25.367	엔진 고장에 따른 비대칭 하중	25-0
§25.371	자이로스코프 하중	25-141
§25.373	비행속도 제어장치	25-141
조종면 및 시스템 하중		
§25.391	조종면 하중 일반요건	25-141
§25.393	힌지선에 평행한 하중	25-0
§25.395	조종시스템	25-141
§25.397	조종시스템 하중	25-72
§25.399	이중 조종시스템	25-0
§25.405	2차 조종시스템	25-0
§25.407	트림 탭 효과	25-0
§25.409	탭	25-0
§25.415	지상돌풍조건	25-141
§25.427	비대칭 하중	25-86
§25.445	보조 공력면	25-86
§25.457	날개 플랩	25-0
§25.459	특별장치	25-72
지상하중		
§25.471	일반요건	25-148
§25.473	착륙하중조건 및 가정	25-103
§25.477	착륙장치 배열	25-0
§25.479	수평 착륙조건	25-91
§25.481	꼬리내림 착륙조건	25-94
§25.483	한쪽바퀴 착륙조건	25-91
§25.485	측방향 하중조건	25-91
§25.487	리바운드 착륙조건	25-0
§25.489	지상 조종조건	25-23
§25.491	지상활주, 이륙 및 착륙활주	25-91
§25.493	브레이크 롤 조건	25-97
§25.495	지상선회	25-0
§25.497	후륜 요잉	25-0
§25.499	전륜 요잉 및 조향	25-91
§25.503	피보팅	25-0
§25.507	역전 제동	25-0
§25.509	견인 하중	25-23
§25.511	다중 휠 유닛 비대칭 지상하중	25-0
§25.519	재킹 및 타이다운 지지대	25-81
§25.1163	동력장치 보기류	25-57
§25.1165	엔진 점화시스템	25-72
§25.1167	보기 기어박스	25-38
동력장치 화재방지		
§25.1181	지정방화구역	25-115
§25.1182	방화벽 후방 나셀부 및 부착 구조물	25-11
§25.1183	가연성 유체를 운반하는 구성품	25-101
§25.1185	가연성 유체	25-94
§25.1187	화재위험구역 드레인 및 환기	25-0
§25.1189	차단수단	25-57
§25.1191	방화벽	25-0
§25.1192	엔진 보기부 다이어프램	25-23
§25.1193	카울링 및 나셀 스킨	25-0
§25.1195	소화시스템	25-46
§25.1197	소화제	25-0
§25.1199	소화제 용기	25-40
§25.1201	소화시스템 재료	25-0
§25.1203	화재탐지시스템	25-123
§25.1207	적합성	25-46
Subpart F. 항공장비		
일반규정		
§25.1301	기능 및 장착	25-152
§25.1302	비행승무원용 시스템 및 장치품	25-137
§25.1303	비행계기 및 항법계기	25-90
§25.1305	동력장치 계기	25-115
§25.1307	기타 장치품	25-72
§25.1309	장치품, 시스템 및 장착	25-152
§25.1310	전력원 용량 및 분배	25-123
§25.1316	전기전자시스템 낙뢰 방호	25-134
§25.1317	고강도 전자기장(HIRF) 방호	25-122
계기 장착		
§25.1321	계기 배치 및 가시성	25-41
§25.1322	비행승무원 경보	25-131
§25.1323	대기속도 지시시스템	25-140
§25.1324	받음각 시스템	25-140
§25.1325	정압시스템	25-140
§25.1326	정압관 가열 지시시스템	25-43
§25.1327	자기방향지시기	25-0
§25.1329	비행안내시스템	25-119
§25.1331	전원을 사용하는 계기	25-41
§25.1333	계기시스템	25-41
§25.1337	동력장치 계기	25-40

수송급 비행기 감항기준 (Part 25, Amdt 25-152, 2024.08.27)

조항	제목	개정
수상하중		
§25.521	일반요건	25-0
§25.523	설계중량 및 무게중심 위치	25-23
§25.525	하중의 작용	25-148
§25.527	정체 및 메인 플로트 하중배수	25-23
§25.529	정체 및 메인 플로트 착수조건	25-0
§25.531	정체 및 메인 플로트 이수조건	25-23
§25.533	정체 및 메인 플로트 바닥압력	25-23
§25.535	보조 플로트 하중	25-148
§25.537	시윙 하중	25-0
비상착륙조건		
§25.561	일반요건	25-91
§25.562	비상착륙 동적 조건	25-64
§25.563	구조적 비상착수기구	25-0
피로평가		
§25.571	구조물 손상허용 및 피로평가	25-148
낙뢰 방호		
§25.581	낙뢰 방호	25-23
Subpart D. 설계 및 구성		
일반규정		
§25.601	일반요건	25-0
§25.603	재료	25-46
§25.605	제작방법	25-46
§25.607	패스너	25-23
§25.609	구조 보호	25-0
§25.611	접근 기구	25-123
§25.613	재료 강도특성 및 설계값	25-112
§25.619	특별계수	25-23
§25.621	주물계수	25-139
§25.623	면압계수	25-0
§25.625	피팅계수	25-72
§25.629	공탄성 안정성 요건	25-152
§25.631	조류충돌 손상	25-23
조종면		
§25.651	강도 보증	25-0
§25.655	장착	25-0
§25.657	힌지	25-23
조종시스템		
§25.671	일반요건	25-152
§25.672	안정성 증대, 자동 및 동력식 시스템	25-23
§25.675	멈춤기구	25-38
§25.677	트림시스템	25-115
전기시스템 및 장치품		
§25.1351	일반요건	25-72
§25.1353	전기장치 및 장착	25-123
§25.1355	배전시스템	25-38
§25.1357	전기회로 보호기구	25-123
§25.1360	부상에 대한 예방조치	25-123
§25.1362	비상상태 전기공급장치	25-123
§25.1363	전기시스템 시험	25-0
§25.1365	전기용품, 모터 및 변압기	25-152
조명등		
§25.1381	계기등	25-72
§25.1383	착륙등	25-0
§25.1385	위치등 시스템 장착	25-38
§25.1387	위치등 시스템 2면각	25-30
§25.1389	위치등 배광 및 광도	25-0
§25.1391	전방 및 후방 위치등 수평면 최소광도	25-0
§25.1393	전방 및 후방 위치등 수직면 최소광도	25-0
§25.1395	전방 및 후방 위치등 중복광 최대광도	25-0
§25.1397	색도 규격	25-27
§25.1399	정박등	25-0
§25.1401	충돌방지등 시스템	25-41
§25.1403	날개결빙 탐지등	25-38
안전장치		
§25.1411	일반요건	25-116
§25.1415	비상착수장치	25-82
§25.1419	결빙방지	25-129
§25.1420	과냉각 대형입자 결빙조건	25-140
§25.1421	메가폰	25-41
§25.1423	기내 방송시스템	25-115
기타 장치품		
§25.1431	전자장치	25-113
§25.1433	진공시스템	25-72
§25.1435	유압시스템	25-104
§25.1438	여압 및 공압시스템	25-41
§25.1439	개인용 보호장치	25-115
§25.1441	산소공급장치 및 산소공급	25-0
§25.1443	보충산소 최소유량	25-0
§25.1445	산소분배시스템에 대한 기준	25-0
§25.1447	산소공급장치에 대한 기준	25-151
§25.1449	산소공급 확인수단	25-0
§25.1450	화학적 산소발생기	25-138
§25.1453	산소공급장치 파열방지	25-0
§25.1455	동결될 수 있는 유체 배출	25-23

수송급 비행기 감항기준 (Part 25, Amdt 25-152, 2024.08.27)

형식증명, 부가형식증명, 부품제작자승인 신청을 위한 인증계획 또는 적합성 입증계획을 수립하기 위해서 Part 21 인증절차와 이에 관련된 미국 연방항공청의 Order 및 AC 내용을 숙지할 필요가 있다. 또한, 2017년 5월에 발행된 FAA and Industry Guide to Product Certification의 절차와 서식을 참고할 수도 있다.

항공기 감항기준(AS)의 각 요건에 대한 적합성 입증방법(MoC: Means of Compliance)에 대하여 미국 연방항공청은 홈페이지(www.faa.gov)의 Regulations 부분에 Orders & Notice와 Advisory Circular 문서로 고지하고 있으며, 유럽항공안전청은 인증규격(CS)의 각 요건(CS xx.xxxx) 아래에 그에 해당되는 적합성 입증방법(AMC: Acceptable Means of Compliance)을 함께 제시하고 있다. 우리나라는 항공기술정보시스템(atis.koca.go.kr)의 인증정보 부분의 규정 및 방침의 지침서/안내서에 극히 일부의 문서를 게시하고 있다.

미국 연방항공청의 Order 중에 항공기 인증에 관련된 문서는 8000번에서 8999번까지로 분류되며, 대부분의 문서는 인증에 관한 절차를 규정하고 있으나, 그중에 다음과 같은 일부의 문서는 적합성 입증에 관한 내용을 다루고 있다.

- Order 8110.9 : Vibration Substantiation and Fatigue Evaluation of Helicopter.
- Order 8110.48A : How to establish the Certification Basis for Changed Products.
- Order 8110.49A : Software Approval Guidelines.
- Order 8110.103B : Alternative Methods of Compliance (AMOC).
- Order 8110.105 : Simple and Complex Electronic Hardware Approval Guidance.
- Order 8110.118 : Commercial Parts.

미국 연방항공청의 Advisory Circular 중에 항공기 인증에 관련된 문서는 20번에서 45번까지로 분류되며, 인증 절차에 관한 일부 문서를 제외하면, 대부분의 문서는 감항기준의 각 요건별(AC 2x.xxxx) 적합성 입증방법 또는 여러 개의 유사한 요건(AC 2x-xxx)에 대한 적합성 입증방법을 함께 안내하고 있다. 이들 AC에 제시된 내용이 충분하지 않거나 모호한 경우에는 유럽항공안전청 인증규격(CS)에서 해당되는 요건 아래에 제시된 적합성 입증방법(AMC) 내용을 참고할 수 있다. 또한, Order 8110.103B에 따라서 신청자가 새로운 대체 입증방법을 연방항공청에 제안할 수도 있다.

- AC 20-24C : Approval of Propulsion Fuels and Lubricating Oils.
- AC 20-105B : Reciprocating Engine Power-Loss Accident Prevention.
- AC 20-113 : Reciprocating Engine Induction and Fuel System Icing Problems.
- AC 20-124 : Water Ingestion Testing for Turbine Powered Airplanes.
- AC 20-135 : Powerplant Installation Fire Protection Test Methods.
- AC 20-147 : Turboprop, and Turbofan Engine Induction System Icing Ingestion.
- AC 20-157 : Reliability Assessment Plans for Aircraft Systems and Equipment.
- AC 23-2A : Flammability Tests.

- AC 23-8C Flight Test Guide for Certification of Part 23 Airplanes.
- AC 23-9 : Evaluation of Flight Loads on Small Airplanes with Empennage.
- AC 23-13A : Fatigue, Fail-Safe, and Damage Tolerance Evaluation.
- AC 23-14 : Conversion from Reciprocating to Turbine Powered Airplanes.
- AC 23-15A : Small Airplane Certification Compliance Program.
- AC 23-16A : Powerplant Certification Guide for Part 23 Airplanes and Airships.
- AC 23-17C : Systems and Equipment and Airships Guide for Part 23 Airplanes.
- AC 23-18 : Installation of TAWS approved for Part 23 Airplanes.
- AC 23-19A : Airframe Certification Guide for Part 23 Airplanes.
- AC 23-23 : Standardization Guide for Integrated Cockpits in Part 23 Airplanes.
- AC 23.562-1 : Dynamic Testing of Seat Restraint and Occupant Protection.
- AC 23.607-1 : Self-Locking Nuts on Bolts Subject to Rotation.
- AC 23.629-1B : Means of Compliance with Title 14 CFR §23.629 Flutter.
- AC 23.1309-1E : System Safety Analysis and Assessment for Part 23 Airplanes.
- AC 23.1311-1C: Installation of Electronic Display in Part 23 Airplanes.
- AC 23.1521-1B : Type Certification of Automobile Gasoline in Part 23 Airplanes.
- AC 23.1521-2 : Type Certification of Oxygenates and Oxygenated Gasoline Fuels.
- AC 23.1523 : Minimum Flight Crew.
- AC 25-7D : Flight Test Certification Guide for Transport Category Airplanes.
- AC 25-9A : Smoke Detection, and Evacuation Test and Emergency Procedure.
- AC 25-11B : Electronic Flight Displays.
- AC 25-13 : Reduced and Derated Takeoff Thrust (Power) Procedures.
- AC 25-15 : Approval of Flight Management Systems in Transport Airplanes.
- AC 25-16 : Electrical Fault and Fire Prevention and Protection.
- AC 25-17A : Transport Airplane Cabin Interiors Crashworthiness Handbook.
- AC 25-20 : Pressurization, Ventilation and Oxygen Systems Assessment.
- AC 25-22 : Certification of Transport Airplane Mechanical Systems.
- AC 25-23 : Installation Approval of a TAWS for Part 25 Airplanes.
- AC 25-24 : Sustained Engine Imbalance.
- AC 25-25A : Performance and Handling Characteristics in Icing Conditions.
- AC 25-27A : EWIS Instructions Using and Enhanced Zonal Analysis Procedure.
- AC 25-28 : Compliance of Transport Category Airplanes in Icing Conditions.
- AC 25-30 : Fuel Tank Strength in Emergency Landing Conditions.

- AC 25-32 : Time-of-Arrival Landing Performance Assessments.
- AC 25.307-1 : Proof of Structure.
- AC 25.335-1A : Design Dive Speed.
- AC 25.341-1 : Dynamic Gust Loads.
- AC 25.362-1 : Engine Failure Loads.
- AC 25.415-1 : Ground Gust Conditions.
- AC 25.491-1 : Taxi, Takeoff and Landing Roll Design Loads.
- 25.562-1B : Dynamic Evaluation of Seat Restraint and Occupant Protection.
- AC 25.571-1D : Damage Tolerance and Fatigue Evaluation of Structure.
- AC 25.613-1 : Material Strength Properties and Material Design Values.
- AC 25.621-1 : Casting Factors.
- AC 25.629-1C : Aeroelastic Stability Substantiation of Transport Category Airplanes
- AC 25.703-1 : Takeoff Configuration Warning Systems.
- AC 25.723-1 : Shock Absorption Tests.
- AC 25.729-1 : Transport Airplane Landing Gear Retracting Mechanism.
- AC 25.735-1 : Brakes and Braking Systems Certification Tests and Analysis.
- AC 25.773-1 : Pilot Compartment View Design Considerations.
- AC 25.775-1 : Windows and Windshields.
- AC 25.783-1A : Fuselage Doors and Hatches.
- AC 25.795-1A : Flight Deck Intrusion Resistance.
- AC 25.795-2A : Flight Deck Penetration Resistance.
- AC 25.795-3 : Flight Deck Protection (Smoke and Fumes).
- AC 25.795-4 : Passenger Cabin Smoke Protection.
- AC 25.795-5 : Cargo Compartment Fire Suppression.
- AC 25.795-6 : Least Risk Bomb Location.
- AC 25.795-7 : Survivability of Systems.
- AC 25.795-8 : Interior Design to facillitate Searches.
- AC 25.795-9 : Chemical Oxygen Generator Security Standards.
- AC 25.803-1A : Emergency Evacuation Demonstrations.
- AC 25.807-1 : Uniform Distribution of Exits.
- AC 25.812-1A : Floor Proximity Emergency Escape Path Marking.
- AC 25.812-2 : Emergency Escape Path Marking, Photoluminescent Elements.
- AC 25.851-1 : Built-in Fire Extinguishing Systems in Cargo Compartments.

- AC 25.853-1 : Flammability Requirements for Aircraft Seat Cushions.
- AC 25.856-1 : Thermal Acoustic Insulation Flame Propagation Test Details.
- AC 25.856-2A : Thermal Acoustic Insulation for Burnthrough Protection.
- AC 25.857-1 : Class B and F Cargo Compartments
- AC 25.869-1A : Fire Protection Systems.
- AC 25.899-1 : Electrical Bonding and Protection against Static Electricity.
- AC 25.905-1 : Minimizing the Hazards from Propeller Blade and Hub Failures.
- AC 25.939-1 : Evaluating Turbine Engine Operating Characteristics.
- AC 25.954-1 : Transport Airplane Fuel System Lightning Protection.
- AC 25.963-1 : Fuel Tank Access Covers.
- AC 25.975-1 : Fuel Vent Fire Protection.
- AC 25.981-1D : Fuel Tank Ignition Source Prevention Guidelines.
- AC 25.981-2A : Fuel Tank Flammability.
- AC 25.994-1 : Design to protect Fuel Systems during a Wheels-Up Landing.
- AC 25.1302-1 : Installed Systems and Equipment for Use by the Flightcrew.
- AC 25.1309-1A : System Design and Analysis.
- AC 25.1322-1 : Flightcrew Alerting.
- AC 25.1329-1C : Approval of Flight Guidance Systems.
- AC 25.1353-1A : Electrical equipment and installations.
- AC 25.1357-1A : Circuit Protective Devices.
- AC 25.1360-1 : Protection Against Injury.
- AC 25.1362-1 : Electrical Supplies for Emergency Conditions.
- AC 25.1365-1 : Electrical Appliances, Motors, and Transformers.
- AC 25.1435-1 : Hydraulic System Certification Tests and Analysis.
- AC 25.1455-1 : Waste Water Potable Water Drain System Certification Testing.
- AC 25.1523-1 : Minimum Flightcrew.
- AC 25.1529-1A : Instructions for Continued airworthiness of Structural Repairs.
- AC 25.1581-1 : Airplane Flight Manual.
- AC 25.1701-1 : Certification of EWIS on Transport Category Airplanes.
- AC 27-1B : Certification of Normal Category Rotorcraft.
- AC 29-2C : Certification of Transport Category Rotorcraft.
- AC 34-1B : Fuel Venting and Exhaust Emission for Turbine Powered Airplanes.
- AC 36-4D : Noise Standards Aircraft Type and Airworthiness Certification.

- AC 45-2E : Identification and Registration Marking.

3.1.3 적합성 입증계획 수립

항공기, 엔진, 프로펠러에 대한 형식증명, 부가형식증명, 그리고 부품제작자승인은 이에 적용되는 감항기준(AS)에 따른 적합성을 입증하는 과정이다. 또한, 항공안전법 및 FAR/KAS Part 21의 법적 요건과 Order 및 훈령의 지침을 충족하고, AC의 적합성 입증방법 안내에 따라서 인증계획을 수립하여야 한다.

2004년 이전에는 신청자의 인증계획서(CP: Certification Plan)와 감항당국의 인증과제계획서(CPP: Certification Project Plan)만 요구되었으나, 2004년 9월에 인증 프로세스 개선(CPI: Certification Process Improvement)을 위한 FAA and Industry Guide to Product Certification 2차 개정에서 신청자와 감항당국이 서명하는 인증협력계획서(PSP: Partnership for Safety Plan)와 과제특정인증계획서(PSCP: Project Specific Certification Plan)가 처음으로 제안되었고, 2005년 10월에는 Order 8110.4C: Type Certification에도 반영되어 총 4개의 계획서가 작성되게 되었다.[41]

- 인증계획서(CP) : 신청단계에서 신청자가 작성하여 감항당국에 제출하는 계획서
- 인증과제계획서(CPP) : 인증계획서를 바탕으로 감항당국이 작성하는 자체 계획서
- 과제특정인증계획서(PSCP) : 신청자와 감항당국이 작성하여 서명하는 세부 계획서
- 인증협력계획서(PSP) : 신청자와 감항당국이 함께 작성하여 서명하는 최상위 계획서

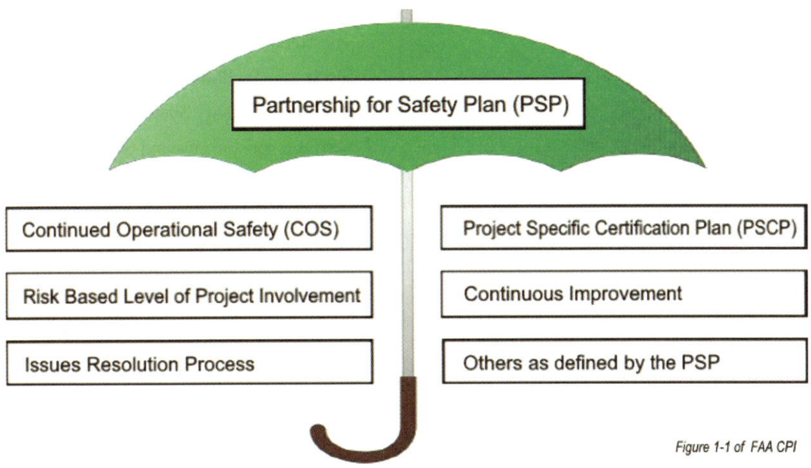

[그림 3-3] 인증협력계획서 및 과제특정인증계획서 개념도

41) 인증계획서(CP)는 신청자가 제출해야 하는 법정서류이고, 인증과제계획서(CPP)는 감항당국이 내부과제를 구성 및 착수하기 위해 필요하지만, 과제특정인증계획서(PSCP)와 인증협력계획서(PSP)는 그 필요성이 모호하고, 신청자에게 중복적인 부담을 줄 뿐만 아니라, 신청자의 책임을 희석시키는 결과를 초래할 수 있다. 미국의 경우에는 PSCP를 작성해 서명하면, 형식증명위원회(TCBM) 개최를 생략하거나 형식검사(TIA)를 간소화하는 것으로 알려져 있다.

과제특정인증계획서(PSCP)는 신청자의 인증계획서(CP)와 감항당국의 인증과제계획서(CPP) 그리고 FAA and Industry Guide to Product Certification에서 권고하는 세부사항이 합해진 형태로 작성되며, 인증협력계획서(PSP)는 모든 계획서의 최상위(umbrella) 계획서 역할을 하는 것으로써 과제특정인증계획서의 내용에 지속운용안전(COS)과 위험기반의 감항당국 참여범위 등을 구체화한 계획서이다.

- 과제특정인증계획서(PSCP) = 인증계획서(CP) + 인증과제계획서(CPP) + 인증과정개선(CPI)
- 인증협력계획서(PSP) = 과제특정인증계획서(PSCP) + 지속운용안전(COS) + 위험기반참여(RBI)

[표 3-2] 인증협력계획서 및 과제특정인증계획서 목차

Contents of the PSCP	Contents of the PSP
1. Purpose 2. Scope 3. References and Acronyms 4. Project Description 5. Other Certification Related Items 6. Project Schedule 7. Certification Basis 8. Compliance Plan 9. Communication and Coordination 10. Testing Plan 11. Compliance Documentation 12. Production Certification 13. Post Certification Requirements 14. Project Issue Planning	1. Purpose 2. Stakeholders, Roles and Responsibilities 3. Corporate Planning 4. Communication and Coordination 5. Project Specific Certification Plan 6. Certification Schedule and Planning 7. Authority Level of Project Involvement 8. Minor Change Agreement 9. Conformity 10. Electronic Technology 11. Production Quality System 12. Staff Responsibilities and Oversight 13. Certification Data Retention 14. Continuous Improvement 15. Issues Resolution Process 16. Applicant Audit Procedures 17. Continued Operational Safety 18. Performance Measures

감항당국의 인증과제계획서(CPP), 과제특정인증계획서(PSCP), 인증협력계획서(PSP)는 모두 신청자의 인증계획서(CP)를 기반으로 작성된다. 이들 계획서에 공통적으로 제시되는 내용은 인증개요, 설계특징, 인증기준(CB), 일정계획, 적합성 입증계획, 시험계획, 합치성 검사, 설계변경 관리계획, 감항성유지 관리계획 등이며, 이들 내용은 신청자의 인증계획서(CP) 내용의 약 90% 정도를 차지한다고 볼 수 있다. 또한, 신청자의 인증계획서(CP)에는 감항당국에서 중요시 다루

고 있는 지속운용안전(COS), 위험기반 과제분석, 상시감독절차 구축, 의사소통 및 협력 등에 관한 내용이 제시될 수도 있다.

신청자가 작성할 수 없는 유일한 내용은 감항당국의 인증과제 조직 및 참여범위 부분이라고 할 수 있는데, 이를 위해서 과제특정인증계획서(PSCP)와 인증협력계획서(PSP)를 추가로 작성하여 서명하는 것보다 감항당국의 인증과제계획서(CPP)에 수록된 내용을 그대로 실행하는 것이 더욱 실용적이라고 볼 수 있다.

이와 같이 인증 실무에서는 신청자의 인증계획서(CP)가 가장 중요하다고 볼 수 있다. 신청자는 인증계획서를 통해서 감항당국과 함께 인증과제를 효과적으로 관리 및 진행시킬 수 있을 뿐만 아니라, 신청자의 적합성 입증에 대한 책임과 의무를 이행할 수 있다.

신청자의 형식증명 인증계획서(CP)는 일반적으로 인증 개요, 인증 대상 항공기 설계 특징, 인증기준(CB), 적합성 입증계획, 비행시험 계획, 합치성 검사계획, 시스템 안전성 평가, 설계 관리 계획, 적합성 입증자료, 감항성 유지 계획 등에 대한 내용으로 작성한다. 이 중에 적합성 입증계획 수립은 항공기 설계 특징, 인증기준(CB), 시험계획, 시스템 안전성 평가 분야와 연계하여 광범위하고 깊이 있는 검토가 필요한 부분이다. 이를 위하여 각 기술 분야별로 항공기 설계, 감항기준 요건, 적합성 입증방법(MoC)을 검토하여 적합성 점검표(CCL: Compliance Checklist)로 작성하는 것이 필요하다.

[표 3-3] 항공기 형식증명 신청자 인증계획서 사례

소형 비행기 형식증명 인증계획서 (Certification Plan)

소형 비행기 형식증명 인증계획서 (Certification Plan)	

소형 비행기 형식증명 인증계획서 (Certification Plan)	

항공기 형식증명을 위한 적합성 점검표(CCL: Compliance Checklist)는 법적으로 요구되는 인증문서가 아니지만, 감항기준에 따른 적합성 입증계획을 나타내는 실무적인 문서로 산업계에서 오랫동안 사용되어 왔고, 감항당국도 일정한 서식을 갖춘 적합성 점검표(CCL)를 실무적인 인증문서로 인정하고 있다. 또한, 미국 연방항공청은 최근 2017년 AC 21-46A: Technical Standard Order Program 개정판의 부록에서 적합성 점검표 서식과 작성 방법을 안내하고 있다. 이는 기술표준품승인을 위한 적합성 점검표 예시이지만, 항공기 형식증명에도 동일한 방식으로 사용할 수 있도록 구성되어 있다.

항공기에 대한 적합성 점검표(CCL)에서 사용하는 적합성 입증방법(MoC)을 일반적으로 다음과 같이 표기하고 있다. 유럽의 산업체는 주로 숫자로 표기하는 방식을 선호하고 있으며, 미국의 산업체는 영문 약자로 표기하는 방식을 주로 사용한다. 따라서 이는 형식증명을 신청하는 업체가 선호하는 방식으로 MoC Code를 표기할 수 있다.

- 0 : Compliance Statement (CS) : 간단한 적합성 설명문 (별도 입증문서 불필요)
- 1 : Design Review (DR) : 도면, 규격서, 공정서를 제시하거나 그 설명으로 입증
- 2 : Analysis (AN) : 구조해석, 공력해석, 열해석, 피로해석, 손상해석 등으로 입증
- 3 : Safety Assessment (SA) : SAE ARP4761에 따른 시스템 안전성 평가로 입증
- 4 : Laboratory Test (LT) : 재료, 구조물, 구성품, 장비품 등에 대한 실험실 시험
- 5 : Ground Test (GT) : 지상에서 수행하는 항공기 및 장착 구성품에 대한 시험
- 6 : Flight Test (FT) : 항공기 이착륙, 상승, 순항, 실속 등을 입증하는 비행시험
- 7 : Inspection (IN) : 재료, 공정, 부품, 장비품, 항공기 등에 대한 검사로 입증
- 8 : Demonstration (DM) : 항공기 또는 장착 구성품에 대한 실연(實演)으로 입증
- 9 : Qualification Test (QT) : 장비품 등에 지정된 규격에 따른 검정(檢定)시험

적합성 점검표(CCL)는 각 신청자(업체)가 선호하는 서식과 표기법을 사용할 수 있지만, 각 감항기준 요건별로 그에 대한 적합성 입증방법(MoC), 입증문서 번호 및 제목, 제출일자 및 승인일자를 나타낸 것이어야 한다. 일부 신청자는 인증이 완료되기 전까지 각 감항기준 요건별 기술분야 또는 담당자를 표기하여 내부 진도관리와 감항당국의 질문에 대응하는데 활용하기도 한다.

적합성 점검표의 감항기준 요건에 대하여 요건 번호와 제목은 필수적으로 나타내고, 해당 감항기준 요건의 개정번호(amendment)를 함께 표기하는 것을 권장한다. 일부 신청자는 해당 감항기준 요건의 내용을 모두 나타내거나 그 하위의 (a), (b), (c), (1), (2), (3), (i), (ii), (iii) 번호를 세분화해서 나타내기도 한다. 이에 따라서 항공기 형식증명을 위한 적합성 점검표는 보통 수백 페이지로 작성되며, 일부는 수천 페이지에 이르기도 한다.

[표 3-4] 항공기 형식증명 적합성 점검표(CCL) 예시

SQ	FAR 25 Sections	FAR Part 25 Requirements	Amdt	MoC	Substantiation Documents (Doc No. Rev. Title)	Person in Charge	Submittal Date	Approval Date	Remarks
	Subpart A - General								
1	§25.1 Applicability.	(a) This part prescribes airworthiness standards for the issue of type certificates, and changes to those certificates, for transport category airplanes. (b) Each person who applies under Part 21 for such a certificate or change must show ~	25-0	N/A	No Document : §25.1 is not a requirement. It is just applicability and/or definitions.	○ ○ ○	N/A	N/A	
2	§25.2 Special retroactive requirements.	The following special retroactive requirements are applicable to an airplane for which the regulations referenced in the type certificate predate the sections specified below - (a) Irrespective of the date of application, each applicant for a supplemental type certificate ~	25-99	N/A	No Document : §25.2 is not applicable for the Airplane Model under type certification.	○ ○ ○	N/A	N/A	
3	§25.3 Special provisions for ETOPS type design approvals.	(a) Applicability. This section applies to an applicant for ETOPS type design approval of an airplane: (1) That has an existing type certificate on February 15, 2007; or (2) For which an application for an original ~	26-120	CS, DR	No Document for this Section. Refer to the substantiation document for §25.1535 ETOPS Approval.	○ ○ ○	N/A	N/A	
		- 이하생략 -							
	Subpart B - Flight								
4	§25.21 Proof of compliance.	(a) Each requirement of this subpart must be met at each appropriate combination of weight and center of gravity within the range of loading conditions for which certification is requested. This must be shown - (1) By tests upon an airplane of the type ~	25-140	AN, FT	BCD13669-70C : Flight Manual Calculations. BCD13669-85B : Aerodynamic Flight Test Report.	○ ○ ○ ○ ○ ○	yyyy.mm.dd yyyy.mm.dd	yyyy.mm.dd yyyy.mm.dd	
5	§25.23 Load distribution limits.	(a) Ranges of weights and centers of gravity within which the airplane may be safely operated must be established. If a weight and center of gravity combination is allowable only within certain load distribution limits (such as spanwise) that could be inadvertently ~	25-0	AN, FT	BCD11180-24D : Summary Data for Loads Analysis. BCD13669-51B : Certification Flight Test Plan. BCD13669-53A : Summary Report of Flight Test.	○ ○ ○ ○ ○ ○ ○ ○ ○	yyyy.mm.dd yyyy.mm.dd yyyy.mm.dd	yyyy.mm.dd yyyy.mm.dd yyyy.mm.dd	
6	§25.25 Weight limits.	(a) Maximum weights. Maximum weights corresponding to the airplane operating conditions (such as ramp, ground or water taxi, takeoff, en route, and landing), environmental conditions (such as altitude and temperature), and loading conditions (such as zero fuel ~	26-63	AN, FT	BCD11180-24D : Summary Data for Loads Analysis. BCD13669-51B : Certification Flight Test Plan. BCD13669-53A : Summary Report of Flight Test.	○ ○ ○ ○ ○ ○ ○ ○ ○	yyyy.mm.dd yyyy.mm.dd yyyy.mm.dd	yyyy.mm.dd yyyy.mm.dd yyyy.mm.dd	
		- 이하생략 -							
	Subpart C - Structure								
47	§25.301 Loads.	(a) Strength requirements are specified in terms of limit loads (the maximum loads to be expected in	25-23	AN, LT, QT	BCD13239-58B : Stress Analysis Report.	○ ○ ○	yyyy.mm.dd	yyyy.mm.dd	

SQ	FAR 25 Sections	FAR Part 25 Requirements	Amdt	MoC	Substantiation Documents (Doc No. Rev. Title)	Person in Charge	Submittal Date	Approval Date	Remarks
		service) and ultimate loads (limit loads multiplied by prescribed factors of safety). Unless otherwise provided, prescribed loads are limit loads. ~			BCD13087-12A : FEM Validation Test Report. BCD13451-14A : L/G Qualification Test Plan. ~	○ ○ ○ ○ ○ ○ ~	yyyy.mm.dd yyyy.mm.dd ~	yyyy.mm.dd yyyy.mm.dd ~	
48	§25.303 Factor of safety.	Unless otherwise specified, a factor of safety of 1.5 must be applied to the prescribed limit load which are considered external loads on the structure. When a loading condition is prescribed in terms of ultimate loads, a factor of safety need not be applied unless otherwise specified.	25-23	AN, LT, QT	BCD12928-01A : Fuselage Stress Analysis Report. BCD13087-08B : Thrust Reverser Static Test Report. BCD13457-21B : Fire Protection System Qualification Test Report.	○ ○ ○ ○ ○ ○ ○ ○ ○	yyyy.mm.dd yyyy.mm.dd yyyy.mm.dd	yyyy.mm.dd yyyy.mm.dd yyyy.mm.dd	
49	§25.305 Strength and deformation.	(a) The structure must be able to support limit loads without detrimental permanent deformation. At any load up to limit loads, the deformation may not interfere with safe operation. (b)The structure must be able to support ultimate loads without failure for at least ~	25-86	AN, LT, QT	BCD12928-01A : Fuselage Stress Analysis Report. BCD13480-02A : Flight Deck Door Static Test Report. BCD13487-15B : Environmental Qualification Test Report.	○ ○ ○ ○ ○ ○ ○ ○ ○	yyyy.mm.dd yyyy.mm.dd yyyy.mm.dd	yyyy.mm.dd yyyy.mm.dd yyyy.mm.dd	
		- 이하생략 -							
	Subpart D - Design and Construction								
116	§25.601 General.	The airplane may not have design features or details that experience has shown to be hazardous or unreliable. The suitability of each questionable design detail and part must be established by tests.	25-0	DR, AN, LT, IN, QT	BCD13221-02C : Structural Safety Margin Summary. BCD13478-65A : Similarity Analysis for Forward Panel. BCD13480-02A : Flight Deck Door Static Test Report. ~ ~	○ ○ ○ ○ ○ ○ ○ ○ ○ ~ ~	yyyy.mm.dd yyyy.mm.dd yyyy.mm.dd ~ ~	yyyy.mm.dd yyyy.mm.dd yyyy.mm.dd ~ ~	
117	§25.603 Materials.	The suitability and durability of materials used for parts, the failure of which could adversely affect safety, must - (a) Be established on the basis of experience or tests; (b) Conform to approved specifications (such ~	25-46	DR, AN, LT, QT	BCD12928-21A : New Material Design Report. BCD13478-68A : MFP Similarity Analysis Report. BCD13087-10B : Core Allowables Test Report. ~	○ ○ ○ ○ ○ ○ ○ ○ ○ ~	yyyy.mm.dd yyyy.mm.dd yyyy.mm.dd ~	yyyy.mm.dd yyyy.mm.dd yyyy.mm.dd ~	
118	§25.605 Fabrication methods.	(a) The methods of fabrication used must produce a consistently sound structure. If a fabrication process (such as gluing, spot welding, or heat treating) requires close control to reach this objective, the process must be performed under an approved process ~	25-46	DR, AN, LT, QT	BCD13453-14B : Stress Summary Report. BCD13456-51A : AICP Similarity Report. BCD13086-06A : Acoustic Panel Test Report. ~	○ ○ ○ ○ ○ ○ ○ ○ ○ ~	yyyy.mm.dd yyyy.mm.dd yyyy.mm.dd ~	yyyy.mm.dd yyyy.mm.dd yyyy.mm.dd ~	
		- 이하생략 -							
	Subpart E - Powerplant								
202	§25.901 Installation.	(a) For the purpose of this part, the airplane powerplant installation includes each component that - (1) Is necessary for propulsion; (2) Affects the control of the major propulsive units; or ~	25-152	AN, LT, FT, QT	BCD13239-01A : APU Installation Analysis Report. BCD13224-33A : IDG Oil Lines Fire Test Report. BCD13228-04B : Fuel Suction Flight Test Report. ~	○ ○ ○ ○ ○ ○ ○ ○ ○ ~	yyyy.mm.dd yyyy.mm.dd yyyy.mm.dd ~	yyyy.mm.dd yyyy.mm.dd yyyy.mm.dd ~	
203	§25.903 Engines.	(a) Engine type certificate. (1) Each engine must have a type certificate and must meet the applicable requirements of part 34 of this chapter. (2) Each turbine engine must comply with one of the following: ~	25-148	DR, AN, SA, FT, QT	BCD13234-15B : Review of Electrical Compliance. BCD13085-02A : Pylon Damage Analysis Report. BCD13239-44A : APU System Safety Analysis Report. ~ ~	○ ○ ○ ○ ○ ○ ○ ○ ○ ~ ~	yyyy.mm.dd yyyy.mm.dd yyyy.mm.dd ~ ~	yyyy.mm.dd yyyy.mm.dd yyyy.mm.dd ~ ~	

SQ	FAR 25 Sections	FAR Part 25 Requirements	Amdt	MoC	Substantiation Documents (Doc No. Rev. Title)	Person in Charge	Submittal Date	Approval Date	Remarks
204	§25.904 Automatic takeoff thrust control system (ATTCS).	Each applicant seeking approval for installation of an engine power control system that automatically resets the power or thrust on the operating engine(s) when any engine fails during the takeoff must comply with the requirements of appendix I of this part.	25-62	N/A	No Document : §25.904 is not applicable for the Airplane Model which is not installed with the ATTCS.	○ ○ ○	N/A	N/A	
		- 이하생략 -							
	Subpart F - Equipment								
292	§25.1301 Function and installation.	Each item of installed equipment must - (a) Be of a kind and design appropriate to its intended function; (b) Be labeled as to its identification, function, or operating limitations, or any applicable combination of these factors; and ~	25-152	DR, AN, GT, FT, QT	BCD12928-35B : System Description Document. BCD13487-85A : Sensor Similarity Analysis Report. BCD13224-05A : Drainage Ground Test Report. ~ ~	○ ○ ○ ○ ○ ○ ○ ○ ○ ~ ~	yyyy.mm.dd yyyy.mm.dd yyyy.mm.dd ~ ~	yyyy.mm.dd yyyy.mm.dd yyyy.mm.dd ~ ~	
293	§25.1302 Installed systems and equipment for use by the flightcrew.	This section applies to installed systems and equipment intended for flightcrew members' use in operating the airplane from their normally seated positions on the flight deck. The applicant must show that these systems and installed equipment, individually and in ~	25-137	DR, FT, DM	BCD13464-17B : Flightcrew Operations Report. BCD13464-19A : RSAT Flight Test Summary Report.	○ ○ ○ ○ ○ ○	yyyy.mm.dd yyyy.mm.dd	yyyy.mm.dd yyyy.mm.dd	
294	§25.1303 Flight and navigation instruments.	(a) The following flight and navigation instruments must be installed so that the instrument is visible from each pilot station: (1) A free air temperature indicator or an air-temperature indicator which provides indications that are convertible to free-air ~	25-90	DR, AN	BCD13464-01A : Flightcrew Operations Summary Report. BCD13462-17A : Electrical Load Analysis Report.	○ ○ ○ ○ ○ ○	yyyy.mm.dd yyyy.mm.dd	yyyy.mm.dd yyyy.mm.dd	
		- 이하생략 -							
	Subpart G - Operating Limitations and Information								
355	§25.1501 General.	(a) Each operating limitation specified in §25.1503 through §25.1533 and other limitations and information necessary for safe operation must be established. (b) The operating limitations and other information necessary for safe operation must ~	25-42	DR, AN	BCD13238-04C : Fuel System Description Document. BCD13669-17D : Flight Manual Calculations Report.	○ ○ ○ ○ ○ ○	yyyy.mm.dd yyyy.mm.dd	yyyy.mm.dd yyyy.mm.dd	
256	§25.1503 Airspeed limitations: general.	When airspeed limitations are a function of weight, weight distribution, altitude, or Mach number, limitations corresponding to each critical combination of these factors must be established.	25-0	AN	BCD13669-17D : Flight Manual Calculations Report.	○ ○ ○	yyyy.mm.dd	yyyy.mm.dd	
257	§25.1505 Maximum operating limit speed.	The maximum operating limit speed (V_{MO}/M_{MO} airspeed or Mach Number, whichever is critical at a particular altitude) is a speed that may not be deliberately exceeded in any regime of flight (climb, cruise, or descent), unless a higher speed is authorized for flight test or pilot ~	25-23	AN, FT	BCD13549-15B : Summary Data for Loads Analysis. BCD13669-26B : Flight Test Summary Report.	○ ○ ○ ○ ○ ○	yyyy.mm.dd yyyy.mm.dd	yyyy.mm.dd yyyy.mm.dd	
		- 이하생략 -							
	Subpart H - Electrical Wiring Interconnection Systems (EWIS)								
389	§25.1701 Definition.	(a) As used in this chapter, electrical wiring interconnection system (EWIS) means any wire, wiring device, or combination of these, including termination devices, installed in any area of the airplane for the purpose of transmitting electrical	25-123	N/A	No Document : §25.1701 is not a requirement. It is just the definitions for EWIS.	○ ○ ○	N/A	N/A	

SQ	FAR 25 Sections	FAR Part 25 Requirements	Amdt	MoC	Substantiation Documents (Doc No. Rev. Title)	Person in Charge	Submittal Date	Approval Date	Remarks
		energy, including data and signals, between ~							
390	§25.1703 Function and installation: EWIS.	(a) Each EWIS component installed in any area of the aircraft must: (1) Be of a kind and design appropriate to its intended function. (2) Be installed according to limitations specified for the EWIS components. ~	25-123	DR, IN, QT	BCD13239-56C : Electrical Compliance Document. BCD13465-01A : Electrical Wiring Inspection Report. BCD13238-16B : Electrical Qualification Test Report.	○○○ ○○○ ○○○	yyyy.mm.dd yyyy.mm.dd yyyy.mm.dd	yyyy.mm.dd yyyy.mm.dd yyyy.mm.dd	
391	§25.1705 Systems and functions: EWIS.	(a) EWIS associated with any system required for type certification or by operating rules must be considered an integral part of that system and must be considered in showing compliance with the applicable requirements for that system. (b) For systems to which the following rules ~	25-123	DR, SA	BCD13462-25B : Wiring Compliance Summary Report. BCD13239-44C : Wiring Safety Analysis Report.	○○○ ○○○	yyyy.mm.dd yyyy.mm.dd	yyyy.mm.dd yyyy.mm.dd	
		- 이하생략 -							

MoC Code 0: Compliance Statement (CS) 1: Design Review (DR) 2: Analysis (AN) 3: Safety Assessment (SA) 4: Laboratory Test (LT) 5: Ground Test (GT) 6: Flight Test (FT) 7: Inspection (IN) 8: Demonstration (DM) 9: Qualification Test (QT)

적합성 점검표(CCL)의 적합성 입증방법(MoC) 중에 적합성 설명(CS)을 제외한 모든 입증문서는 보고서 형식으로 작성되어야 한다. 이는 해석(AN), 안전성 평가(SA), 실험실 시험(LT), 지상시험(GT), 비행시험(FT), 검정시험(QT)은 물론이고, 설계검토(DR), 검사(IN), 실증(DM)에 대해서도 보고서 방식으로 해당 내용을 작성하는 것을 말한다.

또한, 모든 시험에 대해서 대상 품목(test article)을 제작, 검사, 시험하기에 앞서 시험계획서(TP: Test Plan)를 작성하여 인증기관의 승인을 받아야 한다. 시험계획서는 해당 시험의 개요, 관련 문서, 시험 일정 및 장소, 시험 대상 품목, 시험 셋업 및 계측장치, 시험절차 및 기준, 시험 데이터 측정 및 기록, 시험 지원 장비, 시험 안전성 평가, 합치성 검사 및 입회 순으로 작성하는 것을 권장한다. 시험계획서의 부록으로 시험 대상 품목의 도면, 시험 대상품 완화 보고서(DSR), 검교정 목록 및 유효기간, 합치성 점검표 양식, 시험결과 기록서 양식 등을 첨부한다.

[표 3-5] 항공기 형식증명을 위한 시험계획서 사례

Airplane Test Plan for Engine Cooling Compliance	
1. INTRODUCTION ······ 1	**1. 개요** ······ 1
1.1 Purpose of Tests ······ 1	1.1 시험 목적 ······ 1
1.2 Test Requirements ······ 1	1.2 시험 요건 ······ 1
1.3 Acronym ······ 1	1.3 약어 설명 ······ 1
2. RELATED DOCUMENTS ······ 2	**2. 관련 문서** ······ 2
2.1 Applicable Drawing ······ 2	2.1 적용 도면 ······ 2
2.2 Applicable Documents ······ 3	2.2 적용 문서 ······ 3
2.3 Reference Documents ······ 3	2.3 참고 문서 ······ 3

Airplane Test Plan for Engine Cooling Compliance

Airplane Test Plan for Engine Cooling Compliance			
Appendix G. Conformity Check Sheet ················ 49		부록 G. 합치성 점검표 ······················ 49	
Appendix H. Test Record Sheet ······················ 51		부록 H. 시험결과 기록서 ···················· 51	
Appendix I. Electrical Loading Setup ··············· 60		부록 I. 전기부하 셋업 ······················ 60	

시험보고서(TR: Test Report)는 각 시험을 완료한 이후에 작성하는 시험 결과 보고서를 말한다. 시험계획서의 주요 내용을 인용하여 수정하고, 시험 결과와 결론을 추가하는 방식으로 작성할 수 있다. 그리고, 서명된 시험 대상품 완화 보고서(DSR), 합치성 점검표, 시험 셋업 점검표, 시험 운영절차 등을 부록으로 첨부한다.

인증 대상 품목에 대한 시험은 개발시험, 적합성 입증시험, 인증시험으로 구분할 수 있다. 개발시험은 신청자가 자유롭게 진행하는 시험이지만, 인증 요건을 반영해 시험하는 것이 권고된다. 적합성 입증시험은 인증 요건과 절차에 따라 수행하는 신청자 시험이고, 인증시험은 인증당국이 승인한 시험계획서에 따라 수행하는 공식적인 시험을 말한다. 시험 비용 많이 소요되거나 장기간 시험해야 하는 일부 항목에 대해서는 개발시험, 적합성 입증시험, 인증시험을 동시에 수행하는 방안으로 건의할 수 있다.

항공기 형식증명 신청자의 적합성 입증 보고서는 인증당국의 형식검사(TIA) 및 인증시험(CT) 전에 모두 제출되어야 하고, 인증당국은 이를 검토하여 해당 항공기에 대한 형식검사 및 인증시험 항목을 선정하여 신청자에게 통지함으로써 본격적인 인증시험을 착수하게 된다.

3.2 구조강도 입증

3.2.1 구조강도 설계 구성

항공기 구조 설계는 감항기준의 Subpart C: Structure와 Subpart D: Design and Construction 요건을 반영하여 이에 대한 적합성을 입증할 수 있어야 한다. 특별히 허용된 일부 조건을 제외하면, 극한하중은 제한하중에 안전계수 1.5를 곱한 값이어야 하고, 균열 성장에 대비할 수 있는 페일-세이프 및 손상허용 설계 개념을 적용하여야 한다.

항공기 구조는 동체, 주날개, 꼬리날개, 조종면, 착륙장치, 보기장치, 엔진 마운트, 캐빈, 화물실, 그리고 헬리콥터의 로터시스템 및 트랜스미션 등으로 구분된다. 동체는 Longeron, Stringer, Bulkhead, Skin 등으로 구성되는 세미모노코크 타입으로 제작된다.

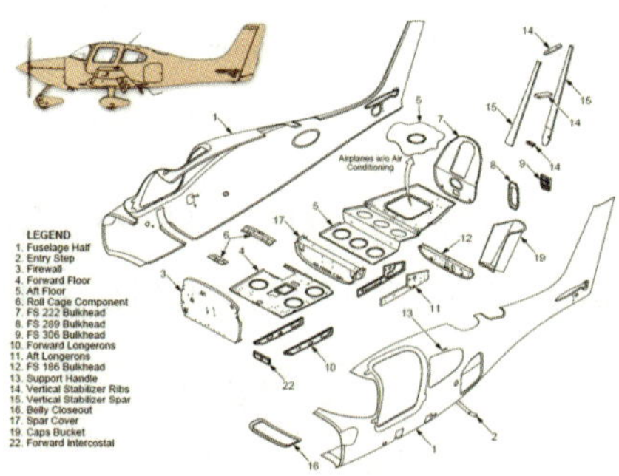

[SR20 소형 비행기 기체 구조도]

[EC135 헬리콥터 기체 구조도]

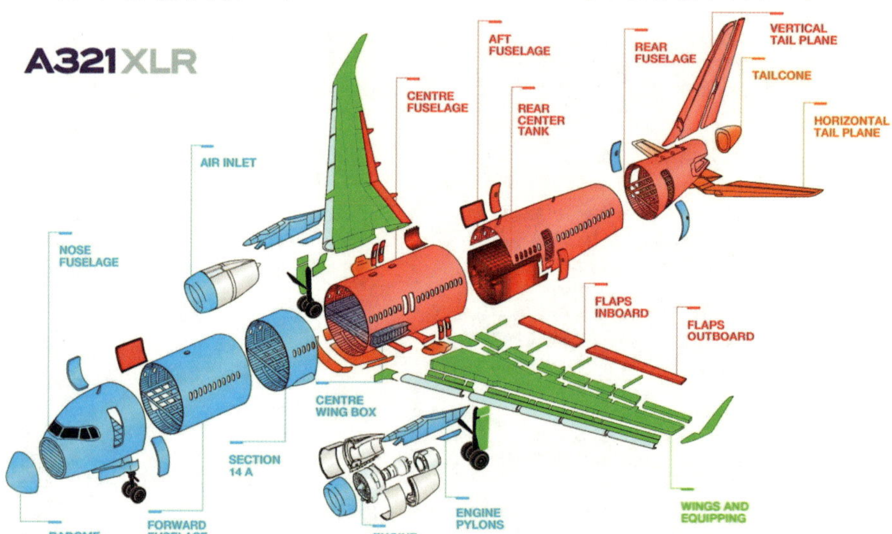

[그림 3-4] 항공기 기체 구조도: 소형기, 헬기, 수송급 비행기

주날개의 형태는 직선형(straight), 테이퍼형(tapered), 젖힘형(swepback), 델타형(delta) 등이 있으며, Spar, Rib, Skin 등으로 제작된다. 꼬리날개는 동체에 고정된 수직 및 수평 날개에 결합되어 조종면으로 사용되는 Rudder 및 Elevator로 구성된다. 그밖에 착륙장치, 보기장치, 엔진, 보조동력장치 등이 장착되는 마운트와 이들로 인하여 기체에 작용하는 하중을 고려하여야 한다. 객실 및 화물실을 구성하는 부품은 난연성을 갖춰야 하고, 항공기 운용되는 모든 조건에서 중량물에 의한 하중을 고려해 설계하여야 한다.

헬리콥터의 기체 구조는 회전하는 로터시스템과 이를 구동하는 엔진 및 트랜스미션이 동체 상부에 장착되므로 이로 인한 하중에 견딜 수 있도록 설계하여야 한다. 또한 테일 붐 구조물은 테일로터 및 구동축의 하중과 공력 하중에 견딜 수 있어야 한다. 기존에는 스키드 방식의 착륙장치를 사용했지만, 최근에는 타이어 방식을 주로 사용해 착륙지형 적응성이 높아지고 지상 택싱 능력을 향상시키고 있다.

항공기 구조물 제작에 사용되는 재료는 강도/중량 비율(strength-to-weight ratio), 강성/중량 비율(stiffness-to-weight ratio), 피로특성(fatigue resistance), 파괴인성(fracture toughness), 내식성(corrosion resistance), 손상허용(damage tolerance), 제조성(manufacturability), 수리성(repairability)이 양호한 것을 선택하여야 한다.

이들 항공기 구조용 재료는 크게 금속 소재와 비금속 소재로 구분된다. 금속 소재로는 알루미늄 합금, 티타늄 합금, 강철 등이 사용되고, 비금속 및 복합 소재는 탄소섬유강화중합체(CFRP), 유리섬유강화중합체(GFRP), 아라미드섬유강화중합체(AFRP, Kevlar), 그리고 열가소성 및 열경화성 플라스틱 소재가 사용되고 있다.

[표 3-6] 항공기 구조용 재료에 대한 종류 및 특성

구분	종류	주요 특성	주요 사용처
금속 소재	알루미늄 합금 (2024, 7075, 6061)	경량, 강도, 내식성	동체스킨, 날개, 벌크헤드, 바닥빔
	티타늄 합금 (Ti-6Al-4V)	고강도, 내식성, 내열성	착륙장치 부품, 고응력 기체 부품
	강철 (4130 chromoly, SUS)	고강도, 내구성, (고중량)	착륙장치 스트럿, 패스너, 조인트
비금속 소재	탄소섬유강화중합체 (CFRP)	강도/중량 비율, 피로수명	날개 구조물, 동체스킨
	유리섬유강화중합체 (GFRP)	단열성, CFRP 대비 저가	페어링, 레이돔, 이차구조물
	아리미드섬유중합체 (AFRP)	내충격성, 경량소재	캐빈패널, 카고라이너, 방탄부품

항공기 소재 기술이 발전하고 친환경 소재 사용이 요구됨에 따라서 고강도 경량 소재 사용이 점차 증가하고 있는 추세이다. 예를 들어, 1960년대 말에 개발되어 2차례 개조를 거친 후 1997년에 운항을 시작한 B737NG 비행기에는 알루미늄 합금 75 %, 강철 10 %, 티타늄 합금 3%, 복합재

료 10 %, 기타소재 2 %가 사용되었으나, 2015년에 운항을 시작한 A350XWB 비행기에는 복합재료 53 %, 알루미늄 합금 20 %, 티타늄 합금 14 %, 강철 7 %, 기타소재 6 %가 사용되고 있다. 이는 중량 비율이며, 체적 비율로는 복합재료가 약 70% 이상 차지하는 것으로 추정된다.

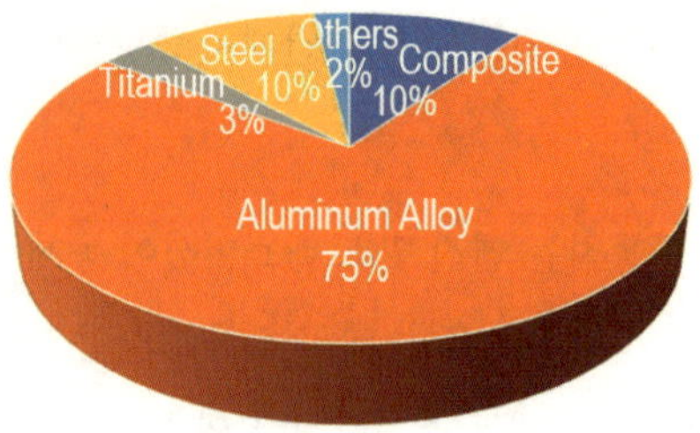

[B737NG 비행기 재료]

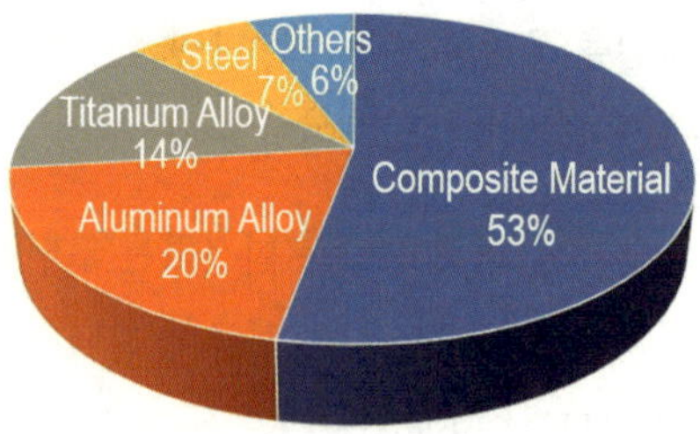

[A350XWB 비행기 재료]

[그림 3-5] B737NG 및 A350XWB 비행기 재료 구성 비율

복합재료는 알루미늄 합금보다 비강도가 커서 항공기 중량을 감소시킬 수 있고 이에 따른 연료 절감 효과를 기대할 수 있다. A350 및 B787 비행기의 경우에 복합재료를 약 50% 사용해 중량이 약 25% 감소되면, 연료가 약 20% 절감되는 것으로 알려져 있다. 다만, 이는 신형 엔진의 효율과 항공기 공력설계 개선 효과가 포함된 것이다. 또한, 복합재료는 제조공정 균일성 관리와 수리기술 개발이 필요하고, 재활용에 어려움이 있다.

항공기 구조 설계는 요구조건 정의, 개념설계, 기본설계, 상세설계, 시제작, 시험, 인증 과정으로 진행된다. 요구조건 정의 단계에서는 고객의 제안에 따른 용도 및 미션 프로파일(항속거리, 비행속도, 패이로드 등), 감항기준 적용 요건, 운용 환경 조건 등을 정하고, 중량 한계, 하중배수, 피로수명, 손상허용, 정비성, 가격 등의 목표를 설정한다.

개념설계 단계에서는 기체 구성도에 따라 날개, 동체, 꼬리부분의 형상을 정하고, 하중 경로와 주 구조물을 결정하고, 이에 사용될 재료를 선정한다. 이때부터 캐드 모델과 기본적인 유한요소해석(FEA), 그리고 자체적인 설계변수 계산 툴을 사용한다. 기본설계 단계에서는 날개 박스, 동체 프레임, 스트링어, 벌크헤드, 조종면, 꼬리 구조 등의 배치를 정의하고, 공력해석, 미션분석, 감항기준에 따른 하중을 예측하고, 응력해석을 통한 구조물 사이즈를 결정한다. 상세설계 단계에서는 동체 스킨, 스티프너, 패스너, 조인트 등을 포함한 구조물 전체에 대한 3차원 모델링과 응력해석을 수행한다. 또한, 선형 및 비선형 응력과 버클링 및 동적 반응을 포함하여 상세한 유한요소해석(FEA)을 수행한다. 손상허용해석을 통하여 균열의 성장, 리던던시, 페일-세이프 구조를 평가하고, 복합재 성형, 금속 성형, 결합 공정 등을 포함한 제조 프로세스와 연계하여 검토한다.

항공기 구조물에 대한 시험은 유한요소해석 및 전산유체역학을 이용한 가상 시험과 시제작이 완료된 구조물을 이용하는 실제의 물리적 시험으로 구분할 수 있다. 가상 시험을 통하여 정적 및 동적 하중, 플러터 및 진동, 내추락성 등을 예측하고, 물리적 시험은 재료 쿠폰 및 조인트 부품 등에 대한 실험실 시험과 서브조립체 및 전기체를 대상으로 날개 굽힘 시험, 동체 여압 시험, 낙하 시험, 피로 시험, 극한하중 시험 등을 수행한다. 시험에 실패하는 경우에는 설계변경을 통하여 앞의 과정을 다시 수행한다.

항공기 구조물에 대한 인증은 감항기준 Part 23, Part 25, Part 27, Part 29의 Subpart C와 Subpart D의 요건에 따라서 구조분야 적합성 입증계획을 수립하고, 시험계획서를 작성하여 인증당국의 승인을 받고, 인증당국 입회 하에 인증시험을 수행한다. 즉, 구조물의 정적 강도, 피로 및 손상허용, 환경 조건, 그리고 제조 품질 및 반복성 등에 대한 해석, 시험, 설계문서 등을 통해서 실증한다.

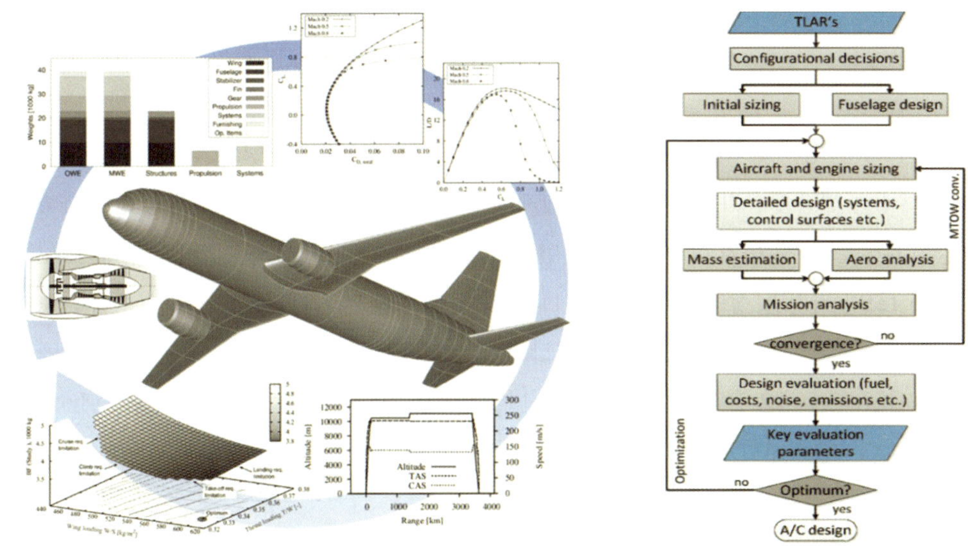

[비행기 구조 설계 프로세스에 대한 예시]

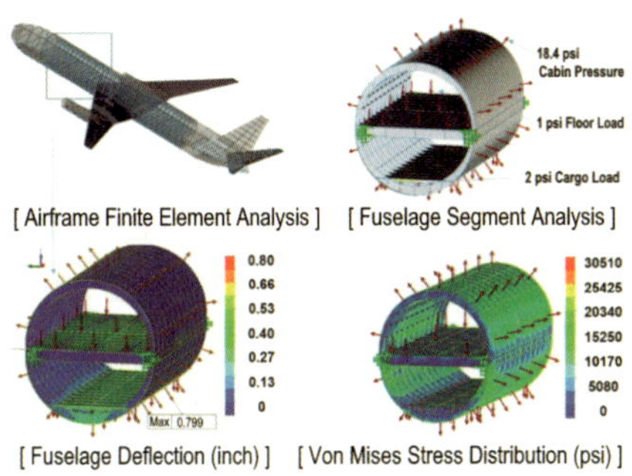

[비행기 동체 구조하중 해석]

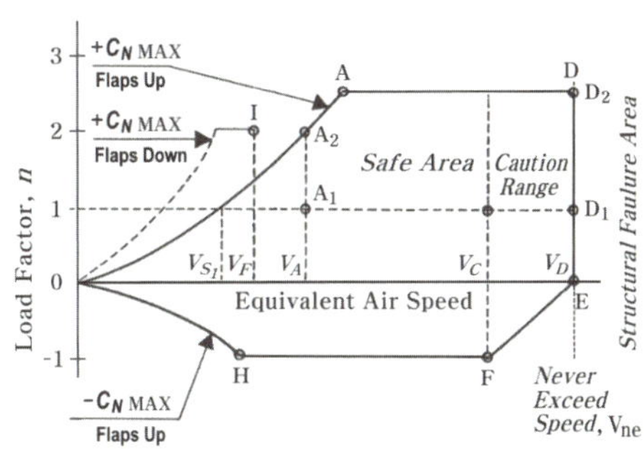

[비행기 비행선도 (Flight Envelope, §25.333)]

[그림 3-6] 비행기 구조 설계 프로세스: 구조해석, 비행선도

항공기 구조물 해석 및 설계에는 다양한 상용 툴과 자체 프로그램을 사용한다. 캐드작업에는 CATIA, Simens NX, SolidWorks, 유한요소해석에는 ANSYS, NASTRAN, ABAQUS, 하중해석에는 MSC FlightLoads, ZAERO, 복합재 모델링에는 FEMAP, HyperMesh, 그리고 Teamcenter, Windchil와 같은 제품주기관리(PLM) 시스템을 사용하기도 한다. 최근에는 적층가공(AM, 3DP) 모델링에 Stratasys나 SharkCAD 등을 사용하기도 한다.

항공기 비행선도(flight envelope, V-n diagram)는 구조 설계 과정에서 중요하게 고려해야 할 뿐만 아니라, 항공기 카테고리별 감항기준 §23.2215, §25.333, §27.337, §29.337에서도 요구되고 있다. 가로축은 등가대기속도(EAS, V_E)를 나타내고, 세로축은 항공기 날개의 양력(L)과 항공기 중량(W)의 비, 즉 하중계수(load factor, n)로 나타낸 것으로 비행 영역별 항공기에 작용하는 하중의 척도가 된다.

$$n = \frac{L}{W} \quad L = C_L \frac{1}{2} \rho V_E^2 S \quad EAS\,(V_E) = calibrated\ TAS \times \sqrt{\frac{\rho}{\rho_0}}$$

항공기 구조 설계는 모든 비행속도와 하중계수 조합을 나타내는 비행선도 경계 조건을 만족해야 하고, 이는 해당 항공기의 구조적 운용한계 설정을 위한 기준이 된다. 정상비행 중에 하중계수는 양의 값을 가지며, 음의 하중계수는 배면비행 상태를 나타낸다. 등속수평비행할 때는 n = 1이고, n이 1보다 커지면, 상승 가속도는 (n-1) · g가 된다. 항공기 카테고리별 감항기준에 하중계수의 최대값을 정해 놓고 있는데, 이를 제한하중계수(limit load factor)라고 한다. 제한하중계수에 안전율(safety factor)을 곱한 값인 극한하중계수(ultimate load factor)를 적용해야 하는데, 이는 최대 하중계수에서 파괴되지 않고 3초 이상 견딜 수 있도록 설계하고 시험을 통해서 입증해야 한다.

- 보통급 비행기 : n = -1.5 ~ +3.8g
- 수송급 비행기 : n = -1.0 ~ +2.5g (설계이륙중량에 따라서 3.8g까지 가능)
- 민간 헬리콥터 : n = -1.0 ~ +3.5g
- 군용 전투기 : n = -10 ~ +14g (임무특성 및 개발요건에 따라 결정됨)

비행선도의 0 ~ A 구간은 항공기 이륙하여 가속하는 구간으로 실속속도 근처에서는 양력계수가 최대이지만, 속도가 작기 때문에 양력도 매우 작다. 속도가 빨라지면서 공기력이 속도의 제곱에 비례하여 양력이 급격히 증가하여 하중계수도 따라서 증가하는데, 구조적인 한계 때문에 속도에 상관없이 A ~ D 구간의 제한하중계수 n = +2.5 이하로 비행하여야 한다. 아음속 항공기에서는 수직으로 급강하 비행할 때 최대속도(terminal speed, dive speed)에 이를 수 있는데, 구조적 파괴를 방지하기 위하여 제한속도를 설정하여야 한다. 이는 비행선도의 D ~ E 구간을 말하며, 이때의 비행속도를 초과금지속도(never exceed speed, Vne)라고 한다.

고속 비행영역에서 간헐적으로 나타날 수 있는 버핏이나 과도한 진동으로 인하여 구조적 제한을 둘 수 있는데, 이는 비행선도의 D 부분 또는 E ~ F 구간으로 표시된다. 항공기가 배면비행할 때는 음의 하중계수를 갖게 되는데, 이는 일시적인 비행이므로 정상비행보다 작은 값의 하중계수를 적용해 구조물이 비대해지는 것을 방지한다. 비행선도의 F ~ H 구간은 정상비행과 마찬가지로 비행속도와 관계없이 구조적인 제한하중계수로 설정한 것이다. 항공기가 이륙 또는 착륙 중에 돌풍(gust)을 만날 수 있는데, 항공기 아래에서 위로 향하는 돌풍이 순간적으로 유입되면 양력이 커져서 하중계수 증가할 수 있다. 이를 비행선도의 0 ~ I 구간과 같이 나타낼 수 있으며, 이를 고려해서 구조 설계를 진행하여야 한다.

수송급 비행기 감항기준 §25.341 Gust and Turbulence Loads에 따르면, 수평비행 중인 비행기에 대하여 다음과 같은 돌풍(U)을 받는다고 가정하고, 비정상 공기역학 특성 및 강체운동을 포함한 모든 주요 구조적 자유도를 고려한 하중해석을 수행하여야 한다.

$$U = \frac{U_{ds}}{2}\left[1-\cos\left(\frac{\pi s}{H}\right)\right] \qquad U_{ds} = U_{ref}F_g(H/350)^{1/6}$$

여기서, s : 돌풍에 들어간 거리(m). 단, $0 \le s \le 2H$

U_{ds} : 등가대기속도에 대한 설계돌풍속도

H : 최고돌풍속도에 도달할 때 비행경로(m) 기울기

U_{ref} : 등가대기속도에 대한 기준돌풍속도

F_g : 비행경로 완화계수(alleviation factor)

기준돌풍속도(reference gust velocity)는 해당 비행기 속도가 최대돌풍강도 설계속도(VB)와 설계순항속도(VC) 사이에 있을 때, 해면고도에서 ±17.1 m/s부터 고도 4,572 m에서 ±13.4 m/s까지 선형적으로 감소될 수 있다. 또한, 고도 4,572 m에서 ±13.4 m/s부터 고도 18,288 m에서 ±6.4 m/s까지 선형적으로 더 감소될 수 있다. 다이브 설계속도(VD)에서는 위에 제시된 값의 0.5배를 적용한다.

비행경로 완화계수(flight profile alleviation factor, F_g)는 해면 상에서 1.0으로 가정하고, 최고운용고도(maximum operating altitude)까지 직선적으로 감소하는 것으로 계상할 수 있다. 해면 상에서 비행경로 완화계수는 다음과 같이 정의된다.

$$F_g = 0.5 \times (F_{gz} + F_{gm})$$

여기서, $F_{gz} = 1 - \frac{Z_{mo}}{250000}$

$F_{gm} = \sqrt{(R_2 \times \tan(\pi \times R_1/4)}$

$$R_1 = \frac{\text{최대착륙중량}}{\text{최대이륙중량}}$$

$$R_2 = \frac{\text{최대공허중량}}{\text{최대이륙중량}}$$

Z_{mo}= 최고운용고도, m (ft)

항공기 날개에 엔진이 장착된 경우에는 부가 돌풍 조건(supplementary gust conditions을 고려해야 한다. 즉, 엔진 마운트, 파일론, 그리고 날개 지지 구조물은 다음의 동적 돌풍 조건에서 낫셀 무게중심에 작용하는 최대 반응을 고려해 설계되어야 한다. 이때, 모든 6-자유도(X, Y, Z, pitch, yaw, roll)에는 최대 엔진하중 각각에 대하여 다음의 제한하중(P_L) 공식을 적용해야 한다.

- 비행경로에 수직한 각각의 각도에서 이산형 돌풍(discrete gust)
- 하나는 수직이고 다른 하나는 수평인 한 쌍의 이산형 돌풍(pair of discrete gusts)

$$P_L = P_{L-1g} \pm 0.85\sqrt{L_V^2 + L_L^2}$$

여기서, P_{L-1g} : 정상조건 1g 하중

L_V : 수직 돌풍 피크 점진반응(peak incremental response)

L_L : 수평 돌풍 피트 점진반응(peak incremental response)

항공기 구조물에 대한 하중해석은 정적하중, 동적하중, 공력하중, 돌풍하중, 지상하중, 열적하중, 피로하중을 고려하여 수행한다. 또한, 비상착수, 조류충돌, 엔진정지 비대칭, 이륙단념 시에 항공기에 작용하는 비상하중도 고려하여야 한다. 이 중에 돌풍하중, 기동하중(push-up/over, roll), 착륙하중, 비대칭하중(engine out, rudder hardover), 캐빈 여압 하중 등은 치명(critical) 하중 케이스로 분류된다. 이들 하중해석을 통하여 비행선도(V-n diagram)에서 비행 속도별로 허용되는 하중계수를 확인하고, 가장 치명적인 하중 케이스를 식별한다.

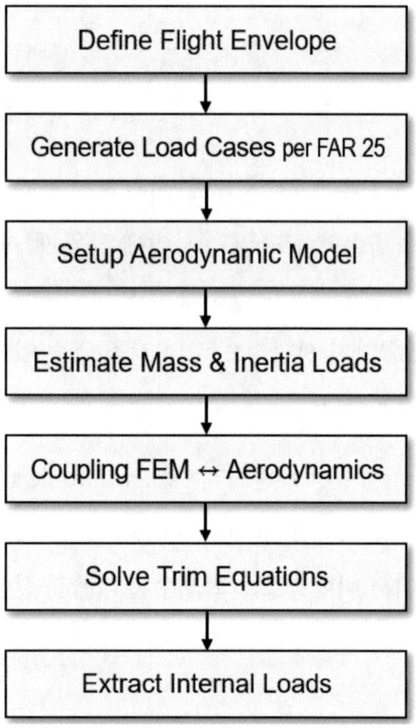

[그림 3-7] 구조하중해석 프로세스

항공기 구조해석에는 자유물체도(FBD) 및 평형 이론, 전단력 및 벤딩 모멘트 다이어그램, 가동하중 영향성(influence Lines for moving loads), 스킨-프레임(스파)-동체(윙박스) 하중경로, 강성에 기반한 패널 및 스트링어 하중분포, 국부 및 전면적 버클링 이론을 적용한다. 피로하중 스펙트럼(fatigue load spectrum)에는 TWIST (Transport Wing Standardized Spectrum)나 FALSTAFF (Fighter Aircraft Load Spectrum Tests And Failure Forecast) 등을 이용할 수 있다. 복합재 구조물에는 라미네이트 및 플라이 이론을 적용하고 Tsai-Hill이나 Tsai-Wu와 같은 파괴모델(failure criteria)이 이용될 수 있다. 또한, ABAQUS의 접착영역모델(CZM: Cohesive Zone Modeling)을 이용할 수도 있다.

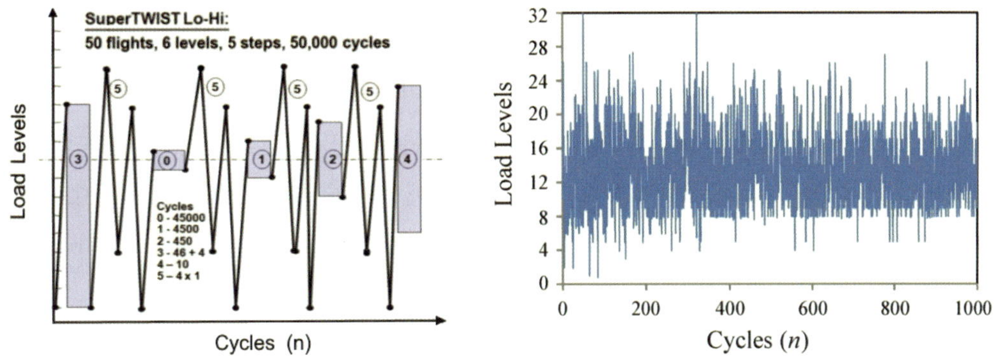

[TWIST 하중 스펙트럼] *by Sunder Ramasubbu*　　[FALSTAFF 하중 스펙트럼] *by Pablo Zuluaga-Ramírez*

[그림 3-8] 민항기 TWIST 및 군용기 FALSTAFF 피로하중 스펙트럼 예시

[표 3-7] 복합재 구조 파괴모델 Tsai-Hill과 Tasi-Wu 비교

Feature	Tsai-Hill Failure Model	Tsai-Wo Failure Model
Origin	Adapted from Hill's criterion	Generalization of failure theories
Form	Quadratic, no linear terms	Quadratic + Linear terms
Complexity	Simpler	More complex
Interaction Terms	Limited	Full interaction (normal, shear, ten, comp)
Tension/Compression	No - cannot distinguish T vs C failure	Yes - can model different T/C behavior
Material Data req'd	Tensile strengths in 0°, 90°, shear	Ten & comp strength in 0°, 90°, shear
Failure Surface	Symmetric ellipsoid	Asymmetric failure surface
Use Case	Quick estimates, conservative	More accurate, used in FEA & design
Math Formulations	$\left(\frac{\sigma_1}{X}\right)^2 - \left(\frac{\sigma_1\sigma_2}{X^2}\right) + \left(\frac{\sigma_2}{Y}\right)^2 + \left(\frac{\tau_{12}}{S}\right)^2 \leq 1$	$F_1\sigma_1 + F_2\sigma_2 + F_{11}\sigma_1^2 + F_{22}\sigma_2^2 + F_{66}\sigma_{12}^2$ $+2F_{12}\sigma_1\sigma_2 \leq 1$

항공기 구조물에는 FAR §25.303, §27.303, §29.303 Factor of Safety에 따라서 외부하중에 관한 제한하중에 대하여 안전계수 1.5를 적용하여야 한다. 다만, 하중 조건이 극한하중인 경우에는 이 안전계수를 적용하지 않을 수 있다. 또한, FAR §25.629 Aeroelastic Stability 및 AC 25.629-1C에 명문화되지는 않았지만, 산업계에서는 공탄성 관련 불확실성(uncertainty)을 때문에 계산된 하중에 ±10%의 안전계수를 적용하고 있다.

이와 같은 구조해석을 통해서 도출되는 산출물로 최악 조건을 포함한 하중 케이스 매트릭스(load cases matrix), 각 위치의 전단력, 모멘트, 토션 등을 포함한 하중선도(load envelope), 하중경로 다이어그램(load path diagram), 안전마진을 포함한 유한요소해석 보고서(FEA report), 시험 데이터를 이용한 상관분석(correlation), 감항기준에 대한 적합성 보고서(compliance report) 등을 제시한다.

항공기 구조분야 시험은 크게 재료시험, 구성품 시험, 정적시험, 피로시험, 동적시험, 조류충돌시험, 낙하시험, 비행시험 등을 수행하여야 한다. 항공기 주조물 제작에 사용되는 재료는 FAR §25.603 Materials에 따라서 기존의 사용경험 데이터 또는 물성 및 기계적 특성 시험을 통해서 적합성이 입증되어야 한다. 스트링어, 리브, 윙 박스, 동체 패널 등의 부품 및 서브조립체에 대해서는 FAR §25.305 Strength and Deformation 및 §25.571 Damage Tolerance and Fatigue에 따라서 구성품 시험을 수행하여야 한다.

항공기 구조물에 대한 정적시험은 FAR §25.305 Strength and Deformation 및 §25.307 Proof of Structure에 따라서 제한하중에서 영구적인 변형이 발생하지 않고 극한하중에서 파손되지 않음을 보장하기 위한 것이다. 날개 하중시험, 동체 여압시험, 착륙장치 하중시험 등이 이에 해당한다. 각 구조물은 제한하중의 1.5배에 해당하는 극한하중에서 3초 동안 파손되지 않아야 한다. B787 비행기의 경우에는 전기체 정적시험에서 변형량 측정을 위해 100개 이상의 센서를 사용하였으며, 설계 하중의 150%에 해당하는 하중을 날개에 작용시켜 파손되지 않음을 입증하였다.

「A350XWB 날개 하중시험」 *Airbus*

「항공기 동체 여압시험」 *MTS Systems*

[그림 3-9] 항공기 날개 하중시험 및 동체 여압시험 예시

항공기 구조물에 대한 피로시험은 FAR §25.571 Damage Tolerance and Fatigue에 따라서 수명기간 동안 작용하는 반복하중에 견디고 균열이 성장하지 않는지 실증하는 것으로써, 전기체 피로시험과 쿠폰, 엘리먼트, 조인트 등에 대한 균열 성장 시험이 이에 해당한다. 일반적으로 항공기 운용수명의 3배 이상에 해당하는 가속 사이클로 하중을 작용시키고, 해당 구조물이 파손될 때까지 시험을 수행한다.

[B787 전기체 피로시험] *Boeing*

[KC-135 플러터 시험 모델] *Boeing*

[그림 3-10] 항공기 구조 피로시험 및 동적시험 예시

항공기 구조물에 대한 동적시험은 FAR §25.629 Aeroelastic Stability, §25.353 Rudder Control Reversal, §25.251 Vibration and Buffeting에 따라서 플러더, 조종역전, 다이버전스, 진동 등과 같은 동적하중에 대한 반응을 입증하는 시험이다. 공진 주파수 및 모드 형태를 식별하기 위하여 Multi-Axis Simulation Table (MAST), Electrodynamic Shaker, Modal Analysis 등의 방법을 사용한다. 플러터 시험은 지상 진동시험 및 비행시험을 통하여 다이브 속도(VD, MD)까지 모든 속도 영역에서 플러터가 발생하지 않음을 입증한다.

항공기 구조물에 대한 비행시험은 FAR §21.35 Flight Tests와 §25.301부터 §25.629의 구조강도 요건에 따라서 지상 조건에서 수행한 재료시험, 구성품 시험, 정적시험, 피로시험, 동적시험과 구조해석 결과를 실제 비행 조건에서 실증하는 과정이다. 비행시제 항공기 구조재의 지정된 위치에 스트레인게이지, 가속도계, 변위센서 등을 설치하고 시험을 수행한다. 보통 1,000개 이상의 센서가 설치되며, 이들 센서 신호는 항공기에 탑재된 데이터획득시스템(Flight DAS)을 통해서 지상의 비행시험 통제소에 실시간 전송된다.

[A350XWB 탑재 비행시험장비] *Airbus*

[A350XWB 개발비행시험] *Airbus*

[그림 3-11] 항공기 구조 비행시험 #1 and #2 예시

그밖에 FAR §xx.631 Bird Strike에 따라서 윈드쉴드, 레이돔, 날개, 엔진 흡입구 등에 대하여 조류 충돌시험을 수행하여야 한다. 기체와 윈드쉴드에는 4.0 lbs, 꼬리 부분에는 8.0 lbs, 헬리콥터 기체 부분에는 2.2 lbs 조류를 규정된 속도로 충돌 후에도 심각한 손상이 없어야 한다. 또한, FAR

§xx.562 Emergency Landing, §xx.725 Drop Test, §xx.965 Fuel Tank에 따라서 각각 좌석, 착륙장치, 연료탱크 또는 그 동체 조립체에 대하여 낙하시험이나 충격시험을 수행하여야 한다.

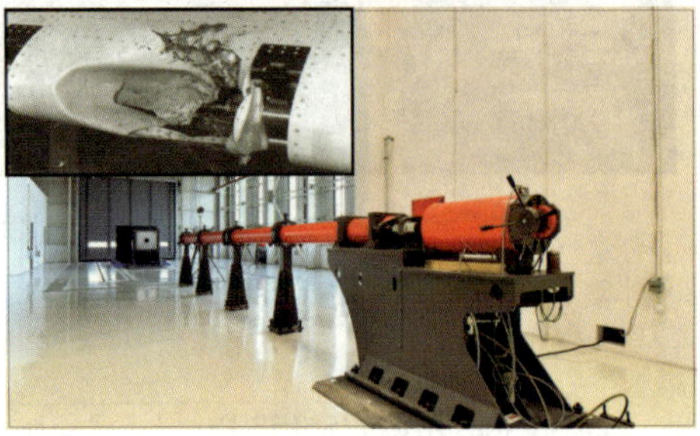

[항공기 조류 충돌시험]
Turkish Aerospace Industries

[XB-1 착륙장치 낙하시험] *Boom Supersonic*

[그림 3-12] 항공기 조류 충돌시험 및 착륙장치 낙하시험 예시

항공기 구조강도 부문에 대한 설계 구성에 따라서 감항기준의 적용 요건이나 적합성 입증방법이 달라질 수 있다. 또한, 해당 요건에 관련된 훈령, 고시, Order, AC를 함께 검토하여 적합성 입증 계획을 수립하고, 해석 보고서, 시험 계획서, 시험 보고서 등을 작성하여야 한다. 소형 비행기 및 회전익 항공기의 구조강도 분야에 대한 적합성 입증 예시를 다음과 같이 살펴볼 수 있다.

3.2.2 소형 비행기 구조해석 입증

소형 비행기 구조 설계는 해당 감항기준에 따라서 해석, 시험, 또는 경험자료 및 유사성으로 적합성을 입증하여야 한다. 기존의 운용 경험자료 없이 신규로 설계되는 비행기에 대한 적합성 입증은 구조해석을 통한 기본적인 입증과 시험 조건을 설정하고, 최종적으로 시험을 통해서 입증하여야 한다. 소형 비행기 구조 설계에 대한 적합성 입증에 적용되는 FAR/KAS Part 23 감항기준 요건은 다음과 같다.[42)]

- §23.305 Strength and Deformation Amdt 23-45 1993.09.07
- §23.307 Proof of Structure Amdt 23-0 1965.02.01
- §23.561 General (Emergency Landing Conditions) Amdt 23-0 1965.02.01
- §23.573 Damage Tolerance and Fatigue Evaluation Amdt 23-48 2008.04.11
- §23.613 Material Strength Property and Design Value Amdt 23-45 1993.09.07

42) 예시의 소형 비행기 형식증명이 신청되었던 2009년 9월에는 기존의 FAR Part 23 Amdt 23-59 (2008.12.23)가 적용되었으며, 이후 Amdt 23-64 (20016.12.30)에서 전면 개정되었다. 본문에서는 2009년 당시에 유효했던 FAR Part 23 Amdt 23-59를 적용한 적합성 입증을 예시로 들었다.

• §23.619 Special Factors	Amdt 23-7	1969.09.14
• §23.623 Bearing Factors	Amdt 23-7	1969.09.14
• §23.625 Fitting Factors	Amdt 23-7	1969.09.14
• §23.651 Proof of Strength	Amdt 20-0	1965.02.01
• §23.657 Hinges	Amdt 23-48	1996.03.11
• §23.659 Mass Balance	Amdt 23-0	1965.02.01
• §23.965 Fuel Tank Tests	Amdt 23-51	1996.03.11
• §23.1193 Cowling and Nacelle	Amdt 23-43	1993.05.10.

소형 비행기 감항기준 FAR §23.305에서는 제한하중에서 영구변형이 발생하지 않고 극한하중에서 3초 이상 파괴되지 않고 견디도록 설계하고, §23.307에서는 구조강도 및 변형 요건을 임계하중 조건에서 구조해석 및 하중시험으로 입증하고, §23.561에서는 상방 3.0g, 전방 9.0g, 측방 1.5g, 하방 6.0g의 비상착륙 상태에서 탑승자가 중상을 입지 않도록 설계하고, §23.573에서는 복합소재 구조물에 대하여 날개, 꼬리, 조종면, 여압객실 등에 손상허용기준을 적용해 평가하고, §23.613에서는 재료의 강도특성 및 설계값을 시험 결과에 근거해 결정하도록 요구하고 있다.

또한, FAR §23.619에 따라서 강도가 불확실한 부재나 강도가 저하될 우려가 있는 부재의 안전계수는 더 큰 값을 적용하고, §23.623에 따라서 충격 및 진동을 받는 부품은 충분히 큰 면압계수를 적용하고, §23.625에 따라서 피팅, 체결기구, 베어링 등에는 1.15 이상의 피팅계수를 적용하고, §23.651에 따라서 조종면에 대하여 제한하중 시험을 수행하고, §23.657에 따라서 조종면 힌지 베어링의 안전계수는 6.67 이상을 적용하고, §23.659에 따라서 조종면에 사용되는 평형추에 수직 24g, 전후 12g, 평행 12g의 제한가속도를 적용해 설계하고, §23.965에 따라서 통합형 탱크는 최대 극한 가속도에 의해 발생하는 압력에 견디도록 설계하고, §23.1193에 따라서 카울링은 운용 중에 받을 수 있는 진동, 관성력 및 공기 하중에 견딜 수 있게 설계하여야 한다.

다음의 구조해석에 대한 적합성 입증 예시는 6기통 왕복엔진과 프로펠러를 장착한 최대이륙중량 1,633 kg의 4인승 소형 비행기를 대상으로 하고 있다.[43] 해당 비행기는 동체와 날개가 복합재료로 제작된 전기체 복합재 비행기로 동체, 주날개, 꼬리날개로 구성되고, 주날개에 통합형 연료탱크를 갖추고 있다. 복합재 구조물에 대한 구조해석 및 설계 시에는 복합재료의 이방성(anisotropic), 손상허용 및 피로(damage tolerance and fatigue) 비선형적 파손(nonlinear failure), 조인트 및 결합부의 응력집중, 층간 분리(delamination), 잔류 응력(residual stress) 등에 유의할 필요가 있다.

43) 여기에 제시된 적합성 입증 예시는 독자의 이해를 돕기 위하여 법적인 인증 요건, 일반적인 인증 보고서 사례, 그리고 저자의 경험을 바탕으로 편집된 내용으로써, 실제 보고서의 내용과 다를 수 있다.

Stress Analysis for Normal Category Airplane

1. INTRODUCTION

The stress analysis contained in this report pertains to the Airplane primary and some secondary structures whose failure would reduce the structural integrity of the primary structure. The Airplane was constructed primarily of composite materials (composed of fiberglass/carbon fiber, epoxy resin, and honeycomb core) and aluminum alloy...

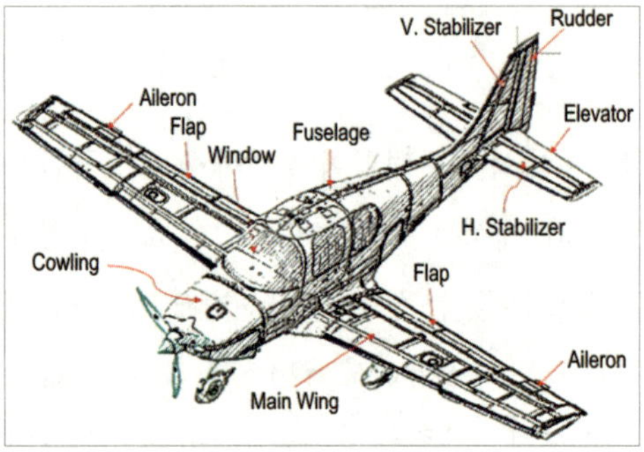

Figure x. The Airplane Configuration

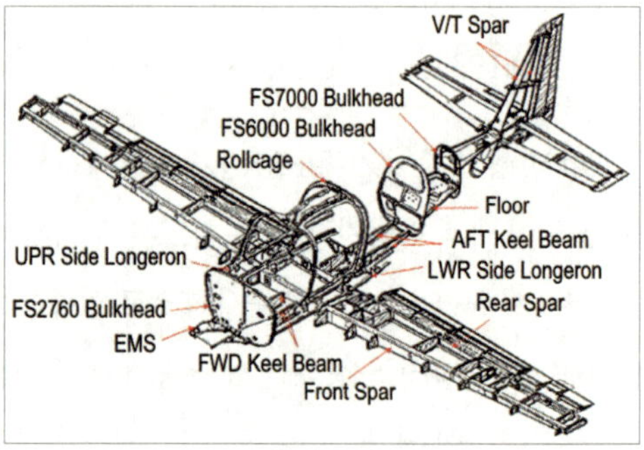

Figure x. The Airplane Airframe Structure

1.1 Objectives

The objective of stress analysis report for the Airplane airframe is mainly to substantiate airframe design analytically. The Airplane airframe primary and some secondary structures of which stress analyses were performed and met static strength requirements defined in the document of the Airplane Structural Design Criteria as follows.

- No detrimental, permanent deformation occurs under the limit loads.
- No structural failure occurs under the ultimate loads...

1.2 Summary of Stress Analysis

This report presents the stress analysis of the Airplane airframe. The airframe was analyzed for design load cases which were described in Chapter x and material properties & design values which were described in Chapter x. As the Airplane airframe has been analyzed for static strength, instability, and joint with positive margins of safety resulting, the applicable requirements of KAS/FAR Part 23 were verified with the stress analysis result.

- Applicable Requirements of KAS/FAR : §23.305(a)(b), §23.307(a), §23.561(a)(b)(2)(3)(e), §23.573(a)(1)(2), §23.613(b)(c)(d), §23.619(a)(b)(c), §23.623(a), §23.625(a)(b)(c)(d), §23.641, §23.657(b), §23.659, §23.783(c)(1), §23.785(a)(1), §23.865, §23.963(a), §23.965(a)(2), §23.967(e)(1), §23.1193(a).

Table x. Applicable KAS/FAR Part 23 of the Airplane Stress Analysis

KAS/FAR Part 23	Compliance Statement
§23.305 Strength and deformation. (a) The structure must be able to support limit loads without detrimental, permanent deformation. At any load up to limit loads, the deformation may not interfere... (b) The structure must be able to support ultimate loads without failure for at least three seconds...	Stress analysis of structure was performed and Margin of safety showed to be positive under ultimate load (composite) and limit/ultimate load (metallic structure).
§23.307 Proof of structure. (a) Compliance with the strength and deformation requirements of §23.305 must be shown for... (b) Certain parts of the structure must be tested as specified in Subpart D of this part.	Stress analysis of structure was performed and M.S. showed to be positive under ultimate load and limit/ultimate load...
...	...

2. DESIGN AND ANALYSIS CRITERIA

2.1 Material Properties

Material properties of metallic structures were taken from MMPDS-04 Metallic Materials Properties Development and Standardization (MMPDS). Metallic structures for the Airplane are generally aluminum alloys. Because any loss of strength due to elevated temperature was considered negligible, room temperature was applied to metallic structure...

2.2 Static Strength

Maximum strain failure criteria and first ply failure assumption was used for lamina strength analysis. The composite skins in the FEM were modeled with ABCDE cards that represented the actual ply lay-up sequence. The ABCDE card referenced lamina properties with a MABC card for orthotropic materials...

2.3 Stability

Plate buckling was considered under pure shear load, pure compressive load, bi-axial compression load, bending, or various combinations of these loads. The buckling allowable was different for each loading type and was calculated independently. These boundary conditions were fixed (FF), simply supported (SS), or free. For expediency...

2.4 Damage Tolerance

0.00-inch OH (open hole) strength was used as damage tolerance allowables in primary composite structures. The composite airframe structures, the failure of which would result in catastrophic loss of the airplane, shall retain ultimate load capability when subjected to possible damages and expected fatigue loads during its operational life...

2.5 Environment Requirements

Each set of the mechanical properties and design values included environmental conditions (CTD,

RTD, and ETW)...

2.6 Joints

Bonded Joint: Bonding of discrete panels and joining of separately fabricated components are a general practice for lightly loaded composite structures. Single lap and double lap joint were applied in KC-100 airframe...

3. DESIGN LOADS

3.1 Flight Loads

The flight maneuver conditions described in Reference x consist of 000 cases: 00 symmetric conditions, 00 anti-symmetric conditions, and 00 mirrored conditions.

(1) Symmetric Conditions: 00 cases

FEM Load Case		Application Region	Load Conditions	Load Factor		
Reduced	Fully			Nx (g)	Ny (g)	Nz (g)
1501	1801	All	2.1-L01-NGN21-17500-0505.4	0.00	0.00	-0.00
1502	1802	All	2.1-L01-P1P38-13925-6101.3	0.00	0.00	0.00
...	...	...	...	...	...	...

(2) Anti-Symmetric Conditions: 00 cases...

(3) Mirrored Conditions: 00 cases...

3.2 Ground Loads and L/G Strut Loads

The landing conditions described in Reference x consist of 00 cases.

FEM Load Case		Application Region	Load Conditions	Load Factor		
Reduced	Fully			Nx (g)	Ny (g)	Nz (g)
9001	9301	Fuselage	2.1-D01-3LL00-00000-0000.4	-0.00	0.00	0.00
9002	9302	Fuselage	2.1-D01-3LL00-00000-0000.2	0.00	0.00	0.00
...	...	...	...	...	...	...

3.3 Engine Mount Loads

The engine mount conditions described in Reference x consist of 00 cases.

FEM Load Case		Application Region	Load Conditions	Load Factor		
Reduced	Fully			Nx (g)	Ny (g)	Nz (g)
8001	None	Fuselage	2.1-L00mESIDE-00000-0000.0	0.00	-0.00	0.00
8002	None	Fuselage	2.1-L08-RPP25-17514-3601.1	0.00	0.00	0.00
...	...	...	...	...	...	...

4. FULL SCALE AIRFRAME FEM

This chapter provides a description of the Airplane airframe coarse FEM that was used to derive internal loads for the airframe stress analysis. The Airplane airframe coarse FEM consist of two models designated "fully effective model" and "reduced effective model". These two models were identical except for the difference in effectiveness of the removable covers. The fully effective model has used the actual material stiffness for material being modeled for all elements. The reduced effective model have used a reduced stiffness for removable covers to simulate the reduced effective stiffness of these covers due to the looser, removable fastener patterns which attached these covers to...

Figure x. The Airplane Fuselage and Engine Mount Structure FEM

The Airplane airframe coarse FEM contained 00,000 nodes and 00,000 elements. The following NASTRAN element types were used.

- CELAS/CBUSH: 2-node spring element. These elements connected 2 D.O.F (Degree of Freedom) in the structure. These elements were commonly used in...
- CROD: An element with axial stiffness and torsional stiffness about the axis for the element. Examples included flange of axial members and stiffeners.

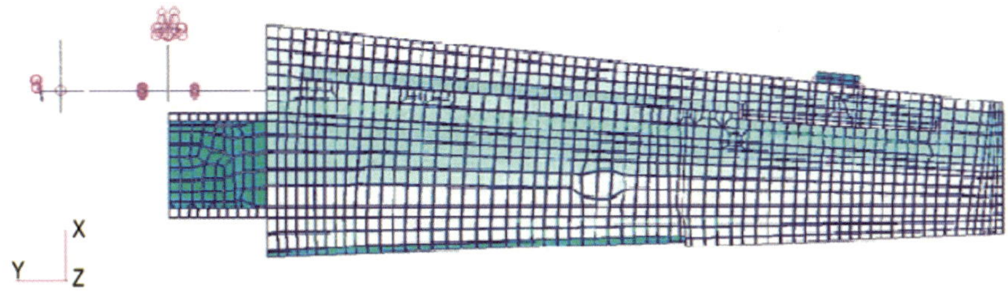

Figure x. The Airplane Main Wing Finite Element Model (FEM), LH

In wing FEM, some parts which have no concern were modeled as Rigid Body Element for simplicity. Although MLG and support structures were modeled simply using RABC in Wing box FEM, it were modeled as fine FEM separated from Wing box FEM. Wing spar, rib's web and skin were modeled as quadrilateral element. And the flange of rib was modeled as Rod elements to carry axial force only. Wing to fuselage joint fasteners were modeled as BAR element to carry axial force and bending moment. These have a role of connection wing box to fuselage structure (spar cover)...

H/T structure was composed of carbon prepreg except aluminum alloy fitting. FE Model was modeled by using 2-D element for skin, spar and rib and 1-D element for flange. There were totally four fitting at

H/T and V/T for installation H/T to V/T. In H/T side, two fitting were attached on H/T UPR skin and spar. And another two fitting were installed V/T intercostal web and front V/T spar. All fittings had the surface contacted flanged shape using the prying force effect to eliminate the bending moment on the fitting...

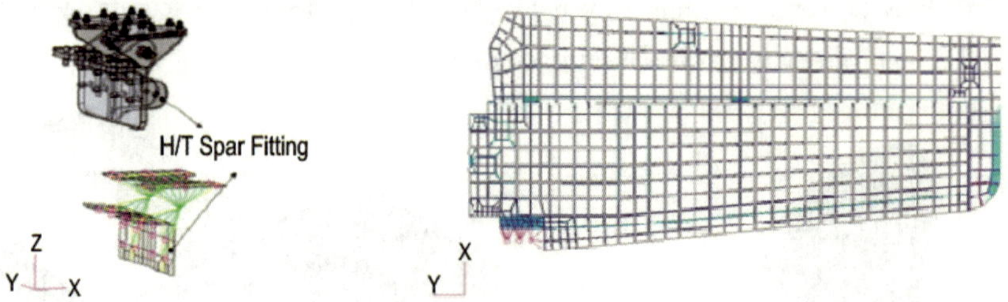

Figure x. H/T Spar Fitting and Horizontal Stabilizer FEM, LH

5. CONCLUSION

The Applicant conducted structural analysis for the fuselage, main wing, and tail wing structures of the Airplane to show compliance with applicable KAS/FAR Part 23 airworthiness requirements. As a result of stress analysis, all structural parts (load cases) had sufficient margin of safety (M.S.) respectively as presented in appropriate stress analysis report, Volume I through Volume IV.

The Applicant showed compliance with applicable KAS/FAR Part 23 structural requirements by stress analysis of the Airplane fuselage, wing, and tail structures. The Applicant will also show compliance with regulations by materials and components laboratory test, aircraft ground structural test, and flight structural test in accordance with those test plans.

Stress Analysis Reports for the Airplane

1. ABCR00000-1 : General General Stress Analysis Report, Volume I
2. ABCR00000-2 : Fuselage Structure Stress Analysis Report, Volume II
3. ABCR00000-3 : Wing Structure Stress Analysis Report, Volume III
4. ABCR00000-4 : Tail Structure Stress Analysis Report, Volume IV

3.2.3 회전익 항공기 정적 구조시험

회전익 항공기는 회전하는 로터시스템에 의해서 양력을 발생하고 비행한다는 점에서 비행기와 가장 큰 차이가 있다. 그밖에 엔진의 동력을 메인 로터와 테일 로터에 전달하는 트랜스미션, 테일 붐, 착륙장치, 비행조종 링키지 등의 구조적 차이가 있다. 이와 같은 구조적 차이로 인하여 동체에 대한 응력 해석, 진동에 대한 댐핑기구 설계, 메인 로터 마스터를 중심으로 하는 중량 배분, 로터 회전과 연계된 지상 공진에 대응할 수 있도록 설계하여야 한다.

FAR/KAS Part 27 및 Part 29, CS-27 및 CS-29 회전익 항공기 감항기준에서 구조에 대한 요건

은 Subpart C와 Subpart D에서 규정하고 있다. 미국과 유럽은 정기적인 감항기준 부합화(harmonization)을 통해서 양국의 감항기준을 동등한 수준으로 개정하고 있다. 유럽항공안전청은 2003년에 기존의 유럽연합항공요건(JAR: Joint Aviation Requirements)을 인증규격(CS: Certification Specification)으로 개편하였고, 2025년 현재까지 11차례 최신화 및 부합화 개정하였다. 유럽항공안전청의 대형 회전익 항공기 인증규격 CS-29에서 구조분야에 대한 주요 요건은 다음과 같다. 다만, 2011년에 형식증명을 신청한 헬리콥터에 대한 구조시험 요건을 살펴보기 위해서 2008년에 개정된 CS-29 Amendment 2를 기준으로 정적 구조시험 적용 요건을 다음과 같이 제시할 수 있다.

- CS 29.301 Loads Amendment 0 2003.11.14
- CS 29.303 Factor of Safety Amendment 0 2003.11.14
- CS 29.305 Strength and Deformation Amendment 0 2003.11.14
- CS 29.307 Proof of Structure Amendment 0 2003.11.14
- CS 29.321 General (Flight Loads) Amendment 0 2003.11.14
- CS 29.337 Limit Manoeuvring Load Factor Amendment 0 2003.11.14
- CS 29.339 Resultant Limit Manoeuvring Loads Amendment 0 2003.11.14
- CS 29.341 Gust Loads Amendment 0 2003.11.14
- CS 29.351 Yawing Conditions Amendment 0 2003.11.14
- CS 29.471 General (Ground Loads) Amendment 0 2003.11.14
- CS 29.473 Ground Loading Conditions and Assumption Amendment 0 2003.11.14
- CS 29.475 Tyres and Shock Absorbers Amendment 0 2003.11.14
- CS 29.479 Level Landing Conditions Amendment 0 2003.11.14
- CS 29.481 Tail-down Landing Conditions Amendment 0 2003.11.14
- CS 29.483 One-wheel Landing Conditions Amendment 0 2003.11.14.
- CS 29.485 Lateral Drift Landing Conditions Amendment 0 2003.11.14
- CS 29.493 Braked Roll Conditions Amendment 0 2003.11.14
- CS 29.549 Fuselage and Rotor Pylon Structures Amendment 0 2003.11.14.

유럽항공안전청의 감항기준 CS 29.301에서는 공력하중, 지상하중, 수상하중이 각 부재에 작용하는 관성력과 평형을 이루는 조건에서 하중을 입증하고, 29.303에서는 외력 및 관성력에 대하여 안전계수 1.5를 적용해 설계하고, 29.305에서는 제한하중에서 영구적인 변형이 발생하지 않고 극한하중에서 파손되지 않고 3초 이상 견디도록 설계하고, 29.307에서는 로터 동적시험 및 내구성 시험, 조종시스템 제한하중 시험, 비행 응력 측정시험, 착륙장치 낙하시험 등으로 입증하고,

29.321에서는 비행 하중계수는 항공기 종축에 수직하고 관성 하중계수는 무게중심에 반대로 작용하는 것으로 입증하고, 29.337에서는 제한 기동하중계수를 3.5g에서 -1.0g 범위에서 설계하고, 29.339에서는 제한 기동하중계수에 따른 합체 하중이 로터 허브의 중심에 작용하는 것으로 설계하고, 29.341에서는 수직 및 수평으로 9.1 m/s의 돌풍 하중에 견디도록 규정하고 있다.

또한, CS 29.351에서는 전진속도 0.6 V_{NE}에서 발생하는 하중에 견디도록 설계하고, 29.471에서는 최대 설계하중 범위에서 치명적인 무게중심을 설정하고, 29.473에서는 착륙 시의 로터 양력이 최대 설계중량의 2/3 이하가 되도록 설계하고, 29.475에서는 착륙조건에서 타이어 및 충격 흡수기가 가장 최악의 위치에 있는 것으로 설계하고, 29.479에서는 착륙장치의 각 휠이 동시에 착지하는 자세와 후방 휠이 접지하고 전방 휠이 띄어진 하중조건으로 설정하고, 29.481에서는 최대 상향 자세로 착륙할 때 지면에 수직으로 지상하중이 작용하는 것으로 입증하고, 29.483에서는 하나의 휠로 착륙하는 조건에서 수평 자세로 후방 휠이 착지하는 수직 하중을 고려하고, 29.485에서는 수평 착륙 자세에서 측방 하중이 최대 지상 반력의 1/2에 결합되는 것으로 설계하고, 29.493에서는 하중계수 1.33에 근거하여 제한 수직하중을 설정하고, 29.549에서는 동체 및 로터 파일론 구조가 각 조건에서 설정된 하중에 견디도록 규정하고 있다.

다음의 정적 구조시험에 대한 적합성 입증 예시는 최대이륙중량 8,300 kg의 19인승 헬리콥터를 대상으로 하고 있다.[43] 해당 회전익 항공기는 2,000 shp급의 터보샤프트엔진 2대를 장착하고 있으며, 메인 로터는 직경이 14.6 m이고 복합재료로 제작된 5엽 블레이드로 구성되어 있다. 이 헬리콥터는 로터 블레이드뿐만 아니라, 동체와 테일 붐도 복합재료로 제작되었으며, 기체 프레임과 스트링어가 통합으로 제작되고, 에너지 흡수식 착륙장치와 내추락성이 보강된 연료탱크, 고강성 로터 파일론으로 설계되었다.

Primary Structure Static Test for Large Rotorcraft

1. INTRODUCTION

1.1 Scope

This document reports the results from a series of static tests that were performed on the primary structure of the Helicopter. The scope of the testing was to demonstrate the static strength of the airframe under the most critical loading conditions defined by the civil authority requirements. In addition, the results of the static tests were used to qualify the Helicopter Finite Element Model (FEM)...

1.2 Test Location

The tests were carried out at the Applicant's Structural Test Laboratory, in City, Country. The dates on which the various tests were conducted are reported in appropriate section.

1.3 Test Witnessing

All tests were witnessed by the Applicant's Representative Engineer and relevant personnel. The load case which included all metallic and composite factors was witnessed by the European Aviation Safety Agency (EASA).

1.4 Airworthiness Requirements

This document is intended to comply with the following requirements of CS-29:

CS Sections	Title of CS Sections	Remarks
29.301	Loads	
29.303	Factor of Safety	
29.305	Strength and Deformation	
...	...	

2. APPLICABLE DOCUMENTS

2.1 Civil Authority Requirements

- Reference 1. EASA Certification Standards CS-29, Amendment 2, effective 17-11-2008.

2.2 Applicant's Documents

- Reference 1. 000A0000T003A: Rear Fuselage and Tail Unit Fatigue Test Proposal.
- Reference 2. 000A0000T001B: Primary Structure Static Test Proposal.
- Reference 3. 000A0000N001A: Certification Subject Document for...

2.3 Other Documents

- Reference 11. Naval Air Systems Command Document, Structural Design Requirements (AR-56), February 1970...

3. TEST SPECIMEN

3.1 Description of Specimen

The test specimen was defined by the Applicant's design document xxxxx, which includes:

- Canopy Installation
- Fuselage Structure...

3.2 Specimen Compliance

Specimen compliance was demonstrated by a certificate of conformity issued by the Applicant's Quality department. The green tag for the fuselage is shown in Figure x. Complete conformity documentation is enclosed in Appendix x...

3.3 Specimen Conditions

For the purpose of evaluating the aircraft's damage tolerance under static loading conditions, the test article was subject to a barely visible impact damage campaign. The energy levels and number of impacts are defined in Reference x...

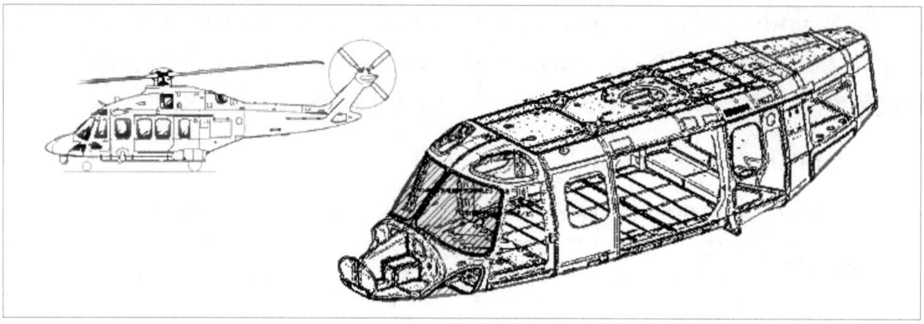

Figure x. The Helicopter Primary Structure Test Specimen

4. TEST LOADS

4.1 Evaluation of Critical Load Condition

An assessment of design loads based on the Helicopter configuration was undertaken to identify shear force and bending moment envelopes that must be cleared. Test loads were then calculated for each of the critical cases identified in Table xxx and Table xxx in order to match the theoretical envelope...

4.2 Applied Loads

The load condition reported above is deemed to be the most critical among the family of symmetrical manoeuvre conditions. Selection criteria are based on:

- Maximum vertical bending moment (MY) for the fuselage aft of the mast position (STA5006). This is critical for the upper deck and main cabin section.
- Minimum margins of safety from preliminary stress analysis...

5. TEST RIG

5.1 General Description

The test rig consisted of:

- A metallic frame to constrain and support the specimen;
- Test load application equipment combined with data acquisition and control systems;
- Equipment to discharge the specimen of its own weight and the weight...

5.2 Constraints

The structure was supported by a dummy part representing the mast and the transmission. The dummy part was constrained by means of a clamp and was connected to the anti-torque beam and the transmission supporting rods, as shown in Figure x below:

5.3 Loading Equipment

The equipment which was used to load the specimen is listed below. Figures showing the location of the loading equipment are reported in Appendices x and x.

- Equipment to apply nose avionics inertia loads: The equipment (Figure xx and Figure xxx) introduced avionics inertial loads to the horizontal nose panels at...

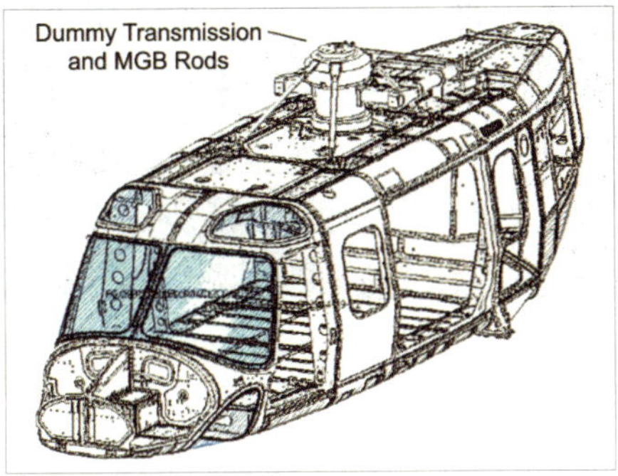

Figure x. Test Specimen Attachment to main rotor dummy mast

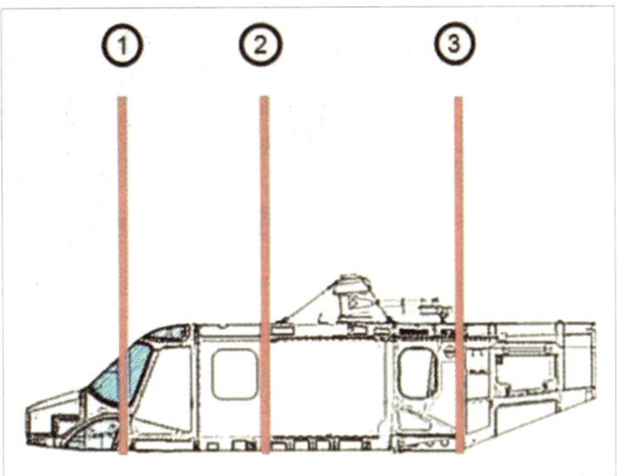

Figure x. Position of Counterpoise Straps

5.4 Load Discharging Equipment

Counterpoise put the test specimen into a simulated zero g, massless configuration, onto which case consistent loads were applied. This was achieved by suspending the specimen by a series of straps at STA1785, STA3800 and STA6700, as shown in Figure x...

6. LOAD APPLICATION AND TEST PROCEDURES

6.1 Load Factors

The load factors that were used in the test are reported in Table 6.1-1. These ensured the tested load envelope covered the required load envelope, and in addition, account for the required composite factors: ...

6.2 Test Planning and Procedures

The static test was divided in to 00 test cases:

- 0 static test cases at the limit load condition
- 0 static test case at the ultimate load condition...

7. TEST MEASUREMENT AND INSTRUMENTATION

7.1 Displacement trackers

In a deviation from the test proposal, the AICON MoveInspect Photogrammetric measurement system was used to measure specimen displacement. The targets were positioned on the port side of the aircraft only due to the obstructed field of...

7.2 LVDT Location

In addition to the photogrammetric measurement system, a single Linear Variable Displacement Transducer (LVDT) was installed at STA280 BL0 WL1047.

Figure x. Photo Targets on Dummy MRGB

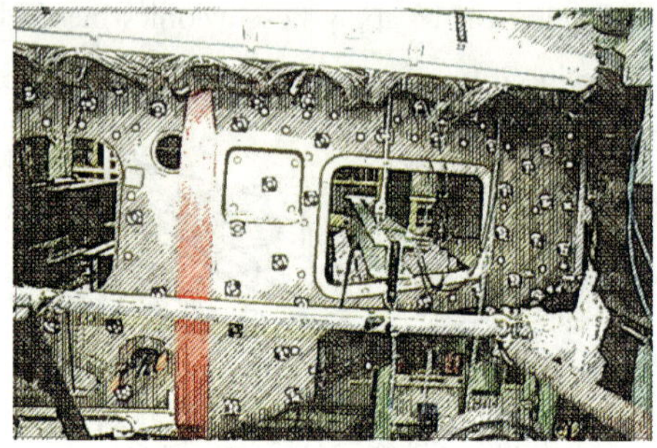

Figure x. Photo Targets on Rear Fuselage

7.3 Strain Gauge Locations

The locations of all strain gauges for the Helicopter prototype aircraft and the test specimen are documented in Reference x. However, a tabulated record of all strain gauges is reported in Table xxx...

8. ANALYSIS OF STATIC TEST RESULTS

8.1 Test Schedule

Table xxx reports the dates on which the various test cases were performed on the Helicopter static test airframe;

Load Case ID	100% Limit Load	150% Limit Load (Metallic Ultimate)	180% Limit Load (Composite Ultimate)	Failure Case
A_000AB0000	day month year	day month year	day month year	day month year
B_000CD0000	day month year	N/A	N/A	N/A
...	...	...	...	...

8.2 Limit Load Test Results

A comparison between the requested actuator loads and actual loads applied on test for load condition 1 are reported below:

(1) Achieved Loads for Load Condition 1

(2) Strain Gauge Output for Load Condition 1

(3) Strain Gauge Linearity Check for Load Condition 1...

8.3 Ultimate Load Test Results of Metallic Structures

A comparison between the requested actuator loads and actual loads applied on test for load condition x at the ultimate load level are reported below:

(1) Achieved Loads for Load Condition 5 (150% LL)

(2) Strain Gauge Output for Load Condition 5 (150% LL)

(3) Strain Gauge Linearity Check for Load Condition 5 (150% LL)...

8.4 Ultimate Load Test Results of Composite Structures

(1) Achieved Loads for Load Condition 1 (188% LL)

(2) Strain Gauge Output for Load Condition 1 (188% LL)

(3) Displacement Data for Load Condition 1 (188% LL)...

8.5 Failure Case Test Results

(1) Achieved Loads for Load Condition 1 (Failure Case)

(2) Strain Gauge Output for Load Condition 1 (Failure Case)

(3) Strain Gauge Linearity Check for Load Condition 1 (Failure Case)...

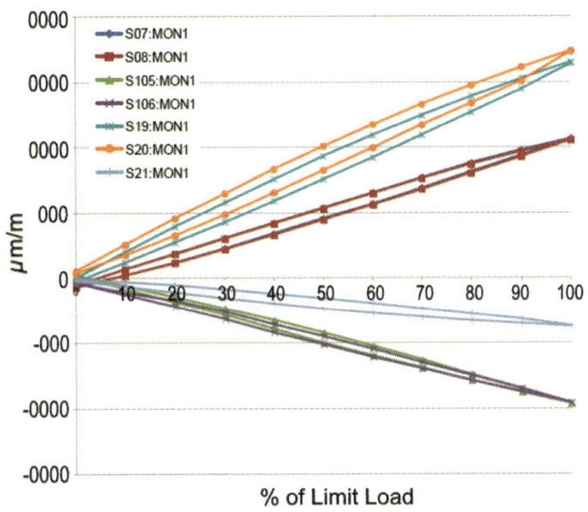

Figure x. Critical Strains for 100% Load

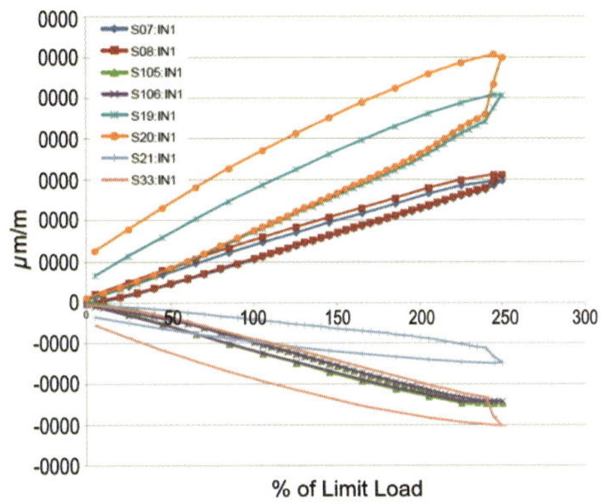

Figure x. Critical Strains for Failure Case 1

(Sustained SFBM Envelopes, Static Test and NASTRAN Data Comparison...)

9. CONCLUSION

9.1 Conclusion of Static Test Result

The purpose of this document was to report on a series of static tests that were designed to demonstrate the ability of the Helicopter primary structure to sustain design loads with the appropriate metallic and composite factors. Conformity inspection on the test specimen was conducted by the Applicant's quality personnel. The static test procedures, test conditions, and test results were complied with appropriate regulatory requirements.

9.2 Conclusion of NASTRAN Correlation

A secondary objective of this document was to use the static test data to validate the Helicopter finite element model. It can therefore be concluded that the Helicopter primary structure is fully compliant with appropriate airworthiness regulation requirements.

3.3 동력장치 입증

3.3.1 동력장치 설계 구성

항공기의 동력장치(powerplant)는 크게 추진시스템, 연료시스템, 보조동력시스템으로 나눌 수 있다. 이를 다시 세부적으로 구분하면, 엔진, 프로펠러, 보조동력장치, 터보과급기, 동력제어장치, 자동이륙추력제어장치, 역추력장치, 로터구동장치, 낫셀 및 카울, 연료탱크 및 구성품, 시동장치, 흡기계통, 배기계통, 공압계통, 방빙계통, 냉각계통, 화재탐지 및 소화장치, 계기 및 시현장치 등이 동력장치에 포함된다.

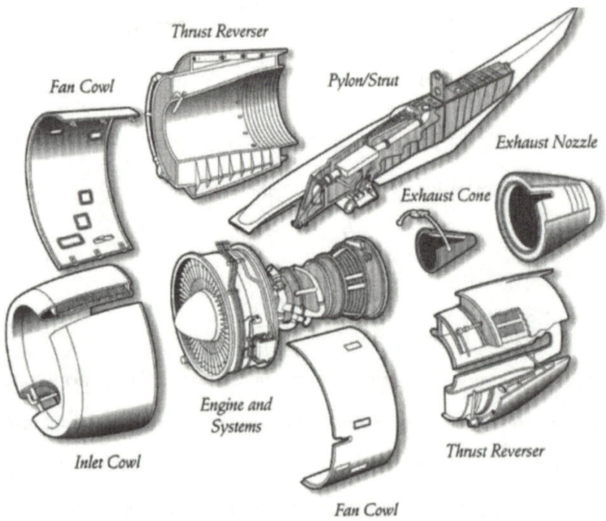

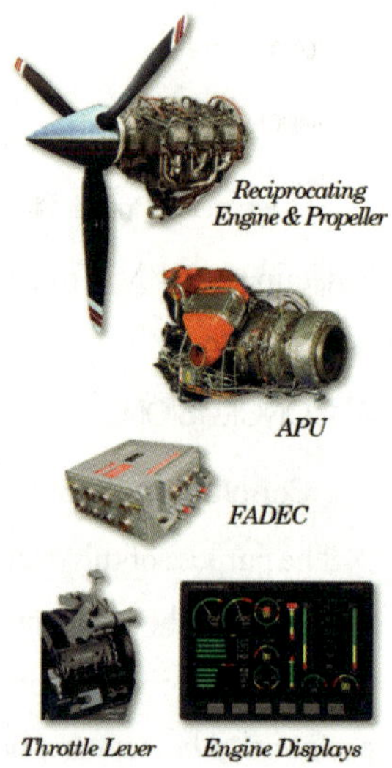

[그림 3-13] 항공기 동력장치 구성품에 대한 예시

항공기에 대한 형식증명에서 엔진과 프로펠러는 형식증명을 받은 제품을 선정하고, 보조동력장치(APU)는 기술표준품승인(TSOA)을 받은 품목을 선정하면 그 자체에 대한 적합성 입증 부담을 경감시킬 수 있다. 항공기의 용도 또는 그 설계에 적정한 엔진을 찾을 수 없는 경우에는 현존하는 엔진을 개조하거나 새로 설계된 엔진을 사용하여야 하는데, 이 경우에는 항공기 개발 일정에 영향을 줄 수 있으므로 신중하게 결정하여야 한다. 그럼에도 불구하고 항공기 고객의 요구나 시장성, 경제성 등을 고려하여 신형 엔진을 새로 개발하거나 기존 엔진의 설계변경 개조를 병행하는 경우도 있다. 이와 같은 사례로 A380 비행기의 GP7200 및 Trent 970 엔진, B787 비행기의 GEnx-1B 및 Trent 1000 엔진, KUH-1 수리온 헬기의 T700-701K 엔진과 KC-100 소형 비행기의 TSIOF-550-K 엔진 등을 들 수 있다.

항공기 설계 과정에서 동체, 주날개, 꼬리날개 등을 포함한 전체 항력이 결정되면, 이러한 항력을 이기고 비행할 수 있는 추력을 결정할 수 있다. 엔진의 선정은 항공기에서 요구하는 추력을 제공할 뿐만 아니라, 그 항공기의 용도와 임무에 적합하고 신뢰성과 경제성을 고려해서 선택하여야 한다. 이에 따라 가장 먼저 고려할 사항은 항공기에서 요구하는 추력/중량 비를 충족하는 엔진의 종류를 선택하는 것이다.

경제적인 순항 비행이 중요한 장거리 비행기의 경우에는 해당 순항 마하수 및 고도에서 항공기 비행 조건(항력, 추력 등)을 만족시키는 범위에서 작은 추력/중량 비를 갖는 엔진을 선정할 수 있다. 이에 반하여 기동성이 중요한 전투기용 엔진은 매우 큰 추력/중량 비를 갖는 엔진을 선정하게 된다.

터보팬엔진 또는 터보제트엔진을 장착한 대표적인 비행기의 추력/중량 비는 0.20~0.80 lbf/lbs 범위에 있다. 한편, 왕복엔진을 장착한 Cessna 172, Cirrus SR22, KC-100 등과 같은 소형 비행기의 출력/중량 비는 0.06~0.09 hp/lbs 범위이고, 터보샤프트엔진을 장착한 MD 500C, Bell 412EP, KUH-1 등의 헬리콥터는 0.12~0.20 shp/lbs 범위의 출력/중량 비를 갖는다.

[표 3-8] 비행기 유형별 추력/중량 비에 대한 데이터

비행기 유형	추력/중량 비	대표적 비행기 예시
장거리 비행기	0.20~0.35 lbf/lbs	A380-861 (0.22), B787-8 (0.25), B747-400 (0.28)
중단거리 비행기	0.30~0.45 lbf/lbs	B737-800 (0.31), Citation X (0.36), MRJ 90 (0.40)
초음속 여객기	0.31~0.37 lbf/lbs	Concorde takeoff with afterburner (0.37)
초음속 전투기	0.40~0.80 lbf/lbs	F-5E (0.40), F-35A (0.61), Eurofighter (0.78)

항공기의 비행 영역별로 엔진의 특성을 살펴보면, 설계하고자 하는 항공기가 주로 운용될 비행 속도와 고도영역에 따라서 엔진의 작동능력이나 연료효율에 차이가 있으므로 해당 항공기의 운용 목적에 적합한 종류의 엔진을 선택하여야 한다.

프로펠러를 사용하는 왕복엔진은 가장 전통적인 추진 방식으로써 마력당 연료소비율이 작아 경제적으로 운용할 수 있는 장점이 있다. 그러나, 출력/중량 비가 작고, 프로펠러와 엔진 자체의 작동한계로 인하여 고속비행이나 대형 항공기에는 적합하지 않은 방식이다. 또한 왕복엔진과 프로펠러는 다른 추진 방식보다 소음과 진동이 크고, 비행고도가 상승할수록 그 성능이 급격히 감소하는 단점이 있다. 왕복엔진의 고고도 출력 감소를 극복하기 위하여 터보과급기를 사용할 수 있으며, 이 경우에 약 20,000 ft 고도까지 엔진의 출력을 일정한 수준으로 유지할 수 있게 된다. 일부의 단점에도 불구하고 왕복엔진과 프로펠러는 저고도에서 저속으로 운용되는 소형 비행기에 가장 적합한 추진 방식이라고 할 수 있다.

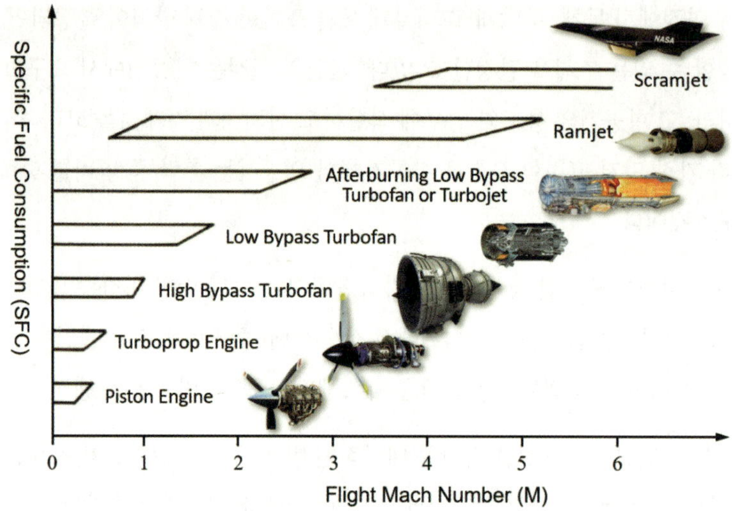

[그림 3-14] 항공기 비행속도별 엔진의 작동능력 및 연료소비 특성

터보프롭엔진을 사용하는 경우, 왕복엔진보다 진동이 적고 보다 높은 고도에서 운용할 수 있는 장점이 있다. 또한, 프로펠러 추력 이외에 배기노즐에서 부가적인 추력을 얻을 수 있어 보다 높은 출력/중량 비를 갖게 됨으로써 왕복엔진 비행기보다 기동성을 향상시킬 수 있다. 배기노즐에서 발생하는 부가적인 추력은 마하 0.5 영역에서 효과가 크게 나타나 왕복엔진 비행기보다 높은 추진효율을 얻음으로써 중단거리 수송급 비행기 또는 커뮤터용 추진 방식으로 널리 사용되고 있다.

터보팬엔진에서 바이패스 비는 팬의 중심부(core)를 통과하는 공기와 바깥쪽에서 바이패스되는 공기의 비율을 나타낸 것으로 현존 엔진은 0.25 ~ 10 범위의 값을 갖는다. 바이패스 공기는 중심부 공기보다 저압·저온·저속이지만, 바이패스 공기 유량을 크게 할수록 소음을 줄일 수 있다는 장점이 있다. 전투기의 경우에는 고출력·고속비행이 요구되므로 전방면적(직경)이 작은 바이패스 비 1 미만의 터보팬엔진을 사용하고, 장거리 수송급 비행기는 저소음·고효율 특성이 강조되므로 5 ~ 10 범위의 고 바이패스 비 터보팬엔진을 사용하고 있다. 현존하는 터보팬엔진 중에서 GE9X-105B1A 엔진은 바이패스 비가 10이고 압력비가 60에 이르는 가장 큰 바이패스 비와 가장 높은 압력비를 갖는 고효율 엔진으로 B777-9 최신 대형 여객기에 장착되고 있다.

램제트엔진은 고속비행에 의한 공기의 압축효과를 이용하기 때문에 마하 2.0 이상에서만 작동이 가능하며, 마하 3.0 ~ 5.0 영역에서 터보제트엔진보다 효율적으로 작동할 수 있다. 스크램제트엔진은 초음속 압축공기 유동에서 연소가 이루어지며, 마하 5.0 이상의 극초음속 비행영역에서 효과적으로 작동할 수 있다. 스크램제트엔진은 기존의 스페이스셔틀과 같은 지구궤도 비행체 또는 미래형 극초음속 수송기(HSST: Hyper Supersonic Transport)용 추진기관으로 활발히 연구되고 있다.

엔진의 출력은 대기 온도와 압력에 따라 그 크기가 변하므로 이를 일정한 조건에서 특정한 값으로 정할 필요가 있다. 이에 따라서 상용 터보팬엔진의 경우에는 이륙, 상승, 순항 또는 연속 등으로 정격을 구분하고, 형식증명 과정에서 이를 입증하게 된다. 이륙 정격은 엔진이 발생할 수 있는 최대추력을 말하며, 항공기 이륙시 5분 또는 10분 동안만 사용하는 것으로 시간제한이 따른다. 정격 이륙추력은 표준대기 해면고도 조건에서 정해지는데, 실제 운용에 있어서 엔진의 흡입공기 온도(대기온도)가 상승하면 추력이 감소하게 되므로 이를 보상하기 위하여 다음의 그림에서 보는 바와 같은 일정한 정격추력(flat rated thrust)을 발생하도록 설계되어 있다. 상승 정격은 상승비행 중에 발생할 수 있는 최대추력을 말하며, 일반적으로 이륙 정격추력의 90 ~ 93 % 정도의 범위에서 정해진 추력이다. 순항 정격은 연속적인 순항 비행에 사용되는 최대추력을 말하며, 통상 이륙 정격추력의 약 80 % 정도에 해당한다.

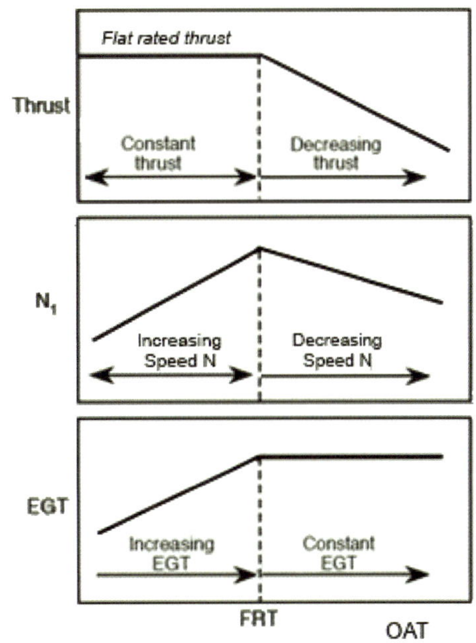

[그림 3–15] 대기온도에 따른 추력 변화

쌍발 헬리콥터 엔진의 정격은 정상 작동 상태에서 이륙출력, 30분 출력, 최대연속출력을 설정하고, 한 엔진 부작동(OEI) 상태에서 연속출력, 30분 출력, 2분 출력, 30초 출력으로 정격을 구분한다.

항공기에서 엔진의 출력(추력)은 엔진 자체의 미장착 출력(uninstalled power)으로부터 공기 흡입구, 장착 항력, 그리고 냉각시스템 등에 의한 손실을 고려한 장착출력(installed power)으로 설계에 반영하여야 한다.

엔진 제작사에서 제시하는 추력은 그 엔진의 미장착 추력(uninstalled thrust)이며, 이는 엔진 시험실에서 측정한 엔진 자체의 추력을 말하는 것이다. 항공기 성능 측면에서는 엔진 자체의 추력에 대한 영향과 추진시스템의 항력을 고려한 실제의 장착추력(installed thrust)을 항공기 설계에 반영하여야 한다.

[표 3–9] 엔진 장착에 따른 추력 영향 및 추진시스템 항력

엔진 자체의 추력 영향	추진시스템 장착 항력
1. 흡입구 압력 회복률 2. 흡입구 공기 왜곡 영향성 2. 블리드 공기 및 출력 인출량 4. 배기덕트 또는 배기노즐 성능	1. 흡입구 항력: 흡입구 형상에 따른 공급공기량과 엔진의 요구공기량 차이로 인하여 발생 2. 트림 항력: 추력 모멘트 상쇄를 위한 트림 3. 배기덕트 또는 배기노즐 항력

추진시스템 장착 항력에 대한 예측은 충분한 형상 데이터와 장착 조건이 확정되어야 하기 때문에 개념설계 단계에서는 이를 고려하지 않는다. 엔진의 장착에 따른 영향성 중에 추력에 가장 큰 영향을 미치는 요소는 흡입구 압력 회복률(inlet pressure recovery)과 블리드 공기 인출(bleed air extraction)이다.

엔진의 미장착 추력은 흡입구 압력이 완전하게 회복된 상태, 즉 $P_i/P_\infty = 1.0$일 때를 말한다. 이는 정지 상태 또는 마하수 $M_\infty < 1$의 아음속 영역에 해당하는 것이다. 이와는 달리 마하수 $1.0 < M_\infty < 2.5$의 초음속 영역에서 흡입구 압력 손실에 의한 추력 손실(%)은 다음과 같이 예측할 수 있다.

$$Loss(\%) = C_{ram}\left[\left(\frac{P_i}{P_\infty}\right)_{ref} - \left(\frac{P_i}{P_\infty}\right)_{act}\right] \times 100$$

여기서, $C_{ram} = 1.35 - 0.15(M_\infty - 1)$

$(P_i/P_\infty)_{ref} = 1 - 0.075(M_\infty - 1)^{1.35}$

$(P_i/P_\infty)_{act} = 1 \ \text{for}\ M_\infty < 2.5$

위 식에서 기준 회복률(reference recovery rate), $(P_i/P_\infty)_{ref}$는 군사규격 MIL-E-5008에 제시된 것이다. 실제 회복률(actual recovery rate), $(P_i/P_\infty)_{act}$은 이상적 혼합-압축 등엔트로피 스파이크 흡입구에 대한 것이며, 흡입구 설계 형상에 따라 변하는 값이다.

대형 상업용 비행기에서는 엔진의 압축기에서 블리드 공기를 인출하여 객실에 공급하는데, 이 공기유량은 엔진 전체 유량의 1 ~ 5 % 정도에 해당한다. 엔진의 추력은 유량에 비례하기 때문에 블리드 공기 인출로 인하여 다음과 같이 추력이 감소된다. 여기서, 블리드 계수는 $C_{bleed} \simeq 2.0$이다.

$$Loss(\%) = C_{bleed}\left[\frac{\dot{m}_{bleed}}{\dot{m}_{engine}}\right] \times 100$$

문헌에 의하면 터빈엔진의 블리드 공기 인출이나 보기류 구동에 소요되는 동력을 제외할 때, 장착출력은 미장착 출력보다 5 ~ 10 % 감소하는 것으로 알려져 있다. 또한 전문가의 경험에 의하면 300마력급 왕복엔진을 비행기에 장착하였을 때, 출력이 약 10마력(3 ~ 4 %) 감소할 수 있으며, 냉각공기의 흡입과 배출 등으로 발생하는 항력으로 인한 동력소비는 엔진 출력의 약 10 %에 이를 수 있다고 한다.

프로펠러 비행기의 추진시스템 설계에서 가장 중요한 설계변수는 프로펠러의 직경과 엔진의 출력이다. 비행기의 날개에서 양력이 발생되는 원리와 같은 방법으로 프로펠러에서 추력이 발생한다.

프로펠러의 추력 T, 출력 P, 토크 Q는 다음과 같이 무차원 계수 C_T, C_P, C_Q로 각각 나타낼 수 있다. 여기서, n은 프로펠러 회전속도(rev/s), D는 프로펠러 직경, ρ는 공기밀도이다.

$$C_T = \frac{T}{n^2D^4} \qquad C_P = \frac{P}{\rho n^3 D^5} \qquad C_Q = \frac{Q}{\rho n^2 D^5}$$

프로펠러 비행기의 추진효율 η_p는 다음과 같이 엔진의 축동력에 대한 비행기의 추력동력의 비로 나타낼 수 있다. 여기서, T는 프로펠러에 의한 추력, V는 비행기의 진대기속도, P는 엔진의 동력이다.

$$\eta_p = \frac{(\text{비행기 추력동력})}{(\text{엔진의 축동력})} = \frac{TV}{P}$$

프로펠러의 팁 속도는 $V_{tip} = \pi n D$로 나타낼 수 있고, 이에 대한 비행기 진대기속도의 비를 다음과 같이 진행비(advance ratio) J로 정의한다. 한편, 프로펠러 추진효율 η_p를 진행비 J와 추력계수 C_T, 출력계수 C_P로 다음과 같이 나타낼 수 있다. 이를 정리하면, 프로펠러의 추력을 다음과 같이 나타낼 수 있다.

$$J = \frac{V}{nD} \qquad \eta_p = J\frac{C_T}{C_P} \qquad T = \frac{P}{nD}\frac{C_T}{C_P}$$

프로펠러의 추진효율은 블레이드 각도와 회전속도에 따라서 변하게 된다. 다음의 그림은 프로펠러 진행비 $J = V/nD$와 블레이드 각도에 따른 추진효율 η_p의 변화를 나타낸 것이다.

터보프롭 추진시스템에서는 프로펠러에 의한 추력 이외에 엔진의 배기구에서 추가적인 추력이 발생한다. 즉, 터보프롭엔진의 총 출력은 축출력과 배기출력을 합한 것으로 나타내며, 이를 등가축출력(ESHP: Equivalent Shaft Horsepower)이라고 한다.

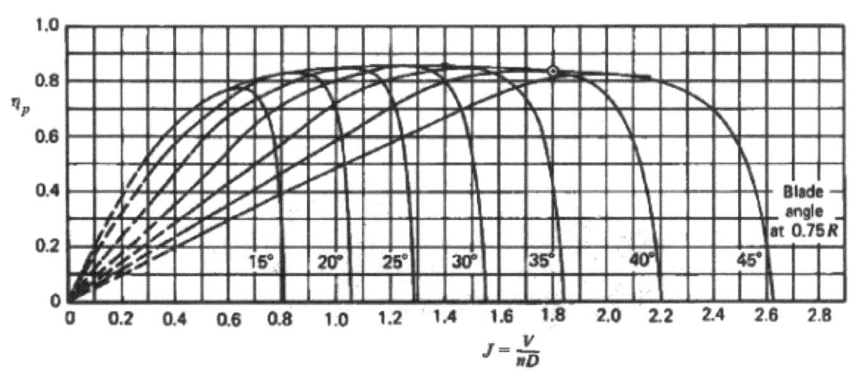

[그림 3-16] 전형적인 프로펠러의 추진효율 챠트 예시

터보프롭 추진시스템에서는 프로펠러에 의한 추력 이외에 엔진의 배기구에서 추가적인 추력

이 발생한다. 즉, 터보프롭엔진의 총 출력은 축출력과 배기출력을 합한 것으로 나타내며, 이를 등가축출력(ESHP: Equivalent Shaft Horsepower)이라고 한다.

터보프롭엔진을 장착한 비행기가 $V > 50\, f/s$ 속도로 비행할 때, 엔진의 배기구 추력 T_j에 의한 추력마력은 $THP = T_j V / \eta_p$로나타낼 수 있다. 여기서, 프로펠러 효율을 $\eta_p = 0.8$이라 하고 엔진의 축출력을 SHP로 표시하면, 터보프롭엔진의 등가축출력 $ESHP$은 다음과 같이 나타낼 수 있다.

$$ESHP = SHP + \frac{T_j V}{0.8}$$

그러나, 비행기가 지상에 정지된 상태 또는 비행속도가 $V < 50\, f/s$인 이륙단계를 포함하는 정적조건에서는 마력과 추력 환산계수 $2.5\, lbs/hp$를 적용하여 다음과 같이 등가축출력을 나타낼 수 있다.

$$ESHP = SHP + \frac{T_j}{2.5}$$

이와 같이 터보프롭엔진은 순항비행조건과 정적조건에서 등가축출력이 다르게 나타나므로 이를 고려하여 각 조건별 비행기 추력을 결정하여야 한다.

체코의 L-410UVP 비행기에 장착되는 Walter사의 M601E 터보프롭엔진은 최대연속 축출력이 657 shp이고 배기추력을 환산한 출력은 67 shp으로써 등가축출력은 724 eshp이 된다. 일반적인 터보프롭엔진의 등가축출력(eshp)은 시험실에서 측정한 축출력(shp)보다 5 ~ 10 % 정도 큰 값을 갖는다.

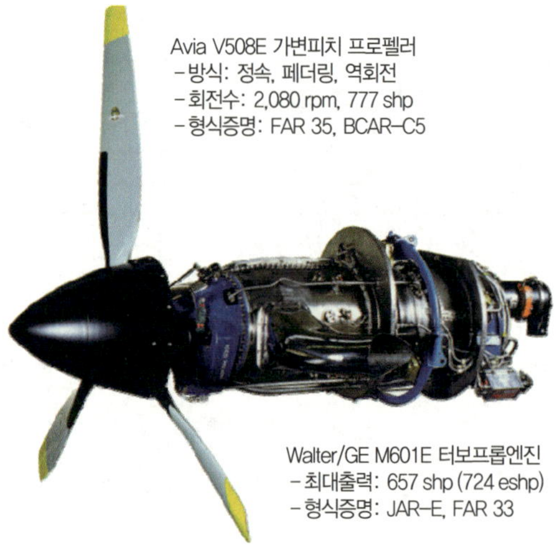

[그림 3-17] 터보프롭엔진 및 프로펠러에 대한 예시

항공기의 용도 및 설계 요건을 충족하는 엔진을 선정한 후에 장착설계 과정에서 가장 중요하게 다루어져야 하는 것 중에 하나는 엔진의 냉각에 관한 것이다. 특히, 소형 비행기, 헬리콥터, 전투기, 초음속 비행기 등과 같이 엔진이 동체 내부에 장착되는 항공기의 경우에 냉각의 중요성이 더욱 강조된다. 엔진 장착실 내부에 축적되는 열을 효과적으로 배출시키지 못하면 엔진 자체가 과열되거나 주변에 장착된 보기류의 오작동 및 손상을 유발할 수 있다. 또한, 엔진의 고온부와 가열된 공기에 의해서 엔진 주변의 동체 구조물 강도와 수명이 저하될 수 있으므로 알루미늄 합금이나 복합재보다 티타늄 합금(녹는점 1,670℃) 또는 스테인리스 소재로 제작하기도 한다.

항공기 엔진실에 장착된 엔진의 작동온도는 엔진 자체의 출력뿐만 아니라, 비행고도, 비행속도, 계절에 따른 대기온도 변화에 크게 영향을 받는다. 따라서 운용환경 변화가 비교적 적은 소형 항공기의 엔진 장착실 냉각시스템은 냉각공기 흡입구, 배플, 시일, 배출구 등으로 간단히 구성되지만, 운용환경 변화가 크거나 급기동이 요구되는 항공기는 기본 구성품 이외에 루버, 카울 플랩, 바이패스 밸브, 가변형 흡입구 및 배출구 등을 설치하여 각 비행조건에 따라서 냉각공기 유량을 최적 상태로 제어할 수 있도록 설계하여야 한다.

민간 여객기에 장착되는 대형 터보팬엔진은 항공기 동체 외부에 낫셀과 파일론으로 장착되기 때문에 초음속 군용기의 터빈엔진이나 소형 비행기의 왕복엔진과 비교할 때, 상대적으로 냉각유로 설계가 용이하다고 볼 수 있다. 엔진 내부의 터빈 블레이드 및 베인 냉각, 오일 냉각 및 기밀, 터빈 케이스 냉각, 방빙계통에 공급되는 공기와 항공기 및 승객용으로 공급되는 공기는 엔진의 팬 및 압축기를 통해 인출되는 공기를 사용하며, 이는 엔진 자체의 냉각 설계에 해당한다. 낫셀 내부에 설치된 엔진의 표면과 오일 냉각기, 전자장비, 기타 보기류에 대한 냉각을 위하여 낫셀 표면에서 흡입되는 공기와 팬 후방에서 인출되는 공기를 사용한다.

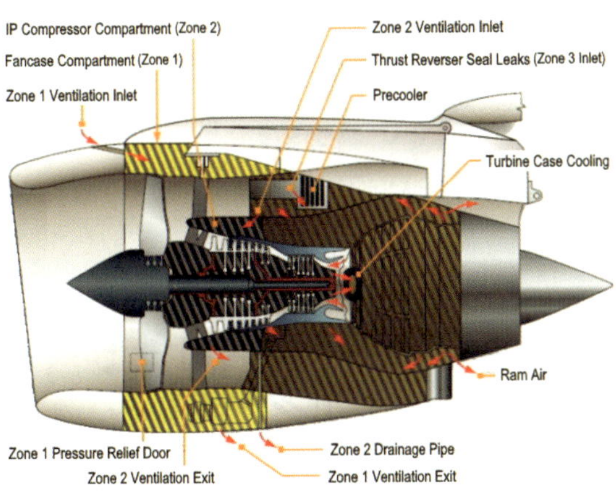

[대형 터보팬엔진 장착 냉각시스템]

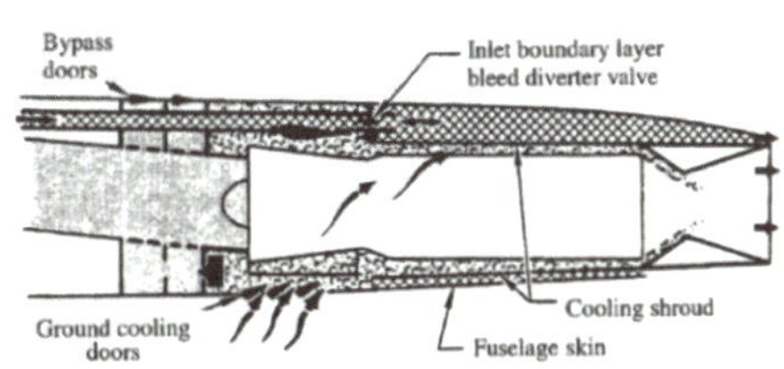

[초음속 전투기 엔진 냉각 유로 : up to Mach 0.55]

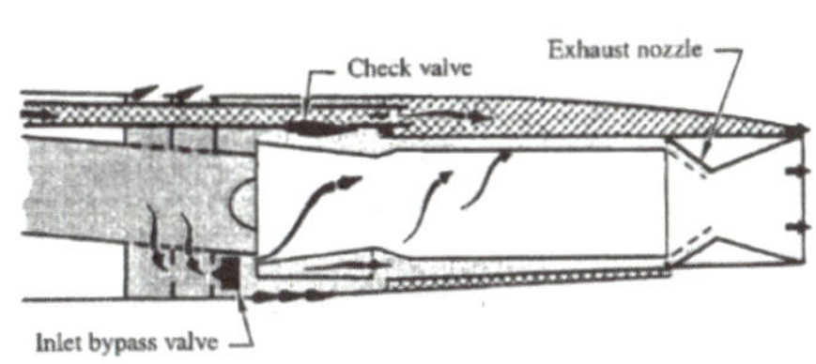

[초음속 전투기 엔진 냉각 유로 : Mach 0.55 to 3.0]

[그림 3-18] 항공기 터빈엔진 장착실 냉각공기 흐름도

초음속 전투기, 정찰기, 폭격기 등에 장착되는 터보제트엔진 또는 터보팬엔진의 냉각기구는 저속비행 모드와 초음속 모드에서 각기 다르게 작동하도록 설계되어 있다. 즉, 마하 0.55 이하의 저속비행 모드에서는 흡입덕트 바이패스 공기, 흡입구 경계층 블리드 공기, 그리고 지상 냉각 도어를 통해서 유입되는 추가 공기가 모두 엔진의 냉각에 사용된다. 엔진의 외부를 감싸는 쉬라우드는 엔진에서 발생하는 열을 차단하여 기체 구조물로 전달되지 않도록 하는 역할을 한다. 마하 0.55 이상의 고아음속부터 3.0까지의 초음속 비행에서는 엔진의 흡입구로 유입되는 공기와 경계층 블리드를 따라 유입되는 공기만을 냉각에 사용한다. 모든 비행속도 영역에서 엔진실의 냉각공기 중에 일부는 엔진의 노즐을 통해서 분사되고 그 나머지는 엔진 후방의 출구를 통해서 외부로 배출된다.

소형 비행기에서 왕복엔진의 냉각은 가장 중요한 장착설계 중의 하나에 해당하는데, 이는 엔진과 관련 구성품의 과열뿐만 아니라 엔진의 출력 손실을 수반하기 때문이다. 냉각공기를 흡입하고 엔진 주위로 통과시켜 배출되는 과정에서 항력이 발생하고 이를 극복하기 위하여 약 10 % 정도의 엔진 출력이 더 필요할 수 있다. 소형 비행기는 엔진의 장착 위치에 따라 전방식(tractor)과 후방식(pusher)으로 구분하며, 냉각공기의 유로에 따라서 하향식(downdraft)과 상향식(updraft)으로 분류한다.

전방식 엔진의 하향식 냉각에서는 프로펠러 후방의 엔진실 가장 앞부분에 냉각공기 흡입구가 위치한다. 흡입구로 유입된 공기는 엔진의 실린더 상부를 냉각시키고 배플에 의해서 방향이 바뀌어 각 실린더 사이의 공간을 따라 아래로 흐르며 엔진 전체를 냉각시키고 엔진실 하부에 있는 배출구로 빠져나간다. 다만, 배출구가 위치한 동체 전방 하부는 압력이 비교적 높은 부분이기 때문에 냉각공기를 배출하는데 최적의 위치라고는 할 수 없다. 냉각공기의 원활할 배출을 위하여 카울 플랩을 사용하기도 한다.

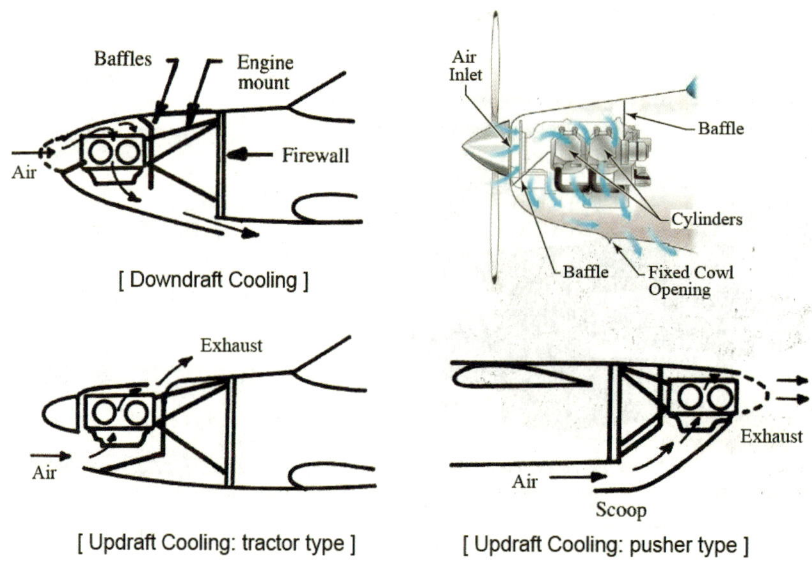

[그림 3-19] 왕복엔진 장착 형상에 따른 냉각공기 흐름도

전방식 엔진의 상향식 냉각에서는 배출구가 동체 전방 상부에 위치하기 때문에 외부의 압력이 비교적 낮아 엔진실 내부의 냉각공기 흐름과 배출에 보다 더 효과적일 수 있다. 그러나 엔진실에서 누출된 오일이 섞인 고온의 냉각공기가 윈드쉴드에 표면에 닿기 때문에 윈드쉴드의 노화를 촉진하거나 검은색 오일이 도포될 수 있는 단점이 있다. 또한, 흡입구로 유입된 공기가 고온의 엔진 배기구 부분을 먼저 지나면서 가열되어 엔진 및 실린더에 대한 냉각 효과가 저감되기도 한다.

냉각시스템으로 인한 항력을 줄이기 위하여 작은 양의 공기로 효과적으로 엔진을 냉각시킬 수 있도록 설계하여야 한다. 통상적인 공냉식 왕복엔진은 100마력당 1.0 lb/s의 냉각공기 유량을 필요로 한다. 냉각공기 흡입구 면적은 가장 악조건의 상승속도로 비행할 때 필요한 공기량을 기준으로 설계한다. 즉, 흡입구 면적 $A(ft^2)$는 엔진의 출력 $BHP(hp)$에 비례하고 상승속도 $V_{climb}(ft/s)$에 반비례하며, 이를 다음과 같은 경험식으로 나타낼 수 있다.

$$A_{cooling} = \frac{BHP}{2.2\,V_{climb}}$$

냉각공기 배출구 면적은 경험에 의하면 흡입구보다 약 30 % 커야 하는 것으로 알려져 있다. 다만, 고정식 배출구 이외에 가변형 카울 플랩을 사용하는 경우에는 배출구 면적을 흡입구보다 작게 설계할 수 있다. 이 경우에 배출구/흡입구 비율은 $A_{ex}/A_{in} = 0.8$까지 가능하고, 카울 플랩을 전개하였을 때 총면적 비율은 2.0 이상으로 설계하도록 권장한다. 이로써 흡입구 면적이 일정한 크기 이상인 경우에 카울 플랩만을 조절하여 각 비행조건에 적정한 냉각 공기를 공급할 수 있다. 그러나 해당 비행기 설계에서 가변형 카울 플랩을 채택하지 않은 경우에는 고정식 배출구 면적을 흡입구보다 30 % 이상 크게 제작하고 반복적인 비행시험을 통해서 최적의 면적으로 결정해야 한다.

항공기 연료시스템은 크게 중력식(gravity system)과 압력식(pressure system)으로 구분한다. 중력식 연료시스템은 엔진의 연료장치보다 높은 위치에 연료탱크를 설치하고 중력에 의해 연료를 공급하는 방식을 말한다. 따라서 단발 왕복엔진을 장착한 고익기 형태의 소형 비행기에 주로 사용되는 방식으로 비행 중에 연료의 공급이 원활하지 못할 수 있어 이륙출력 연료소비량의 150 %까지 공급하도록 설계하여야 한다. 압력식 연료시스템은 엔진의 연료펌프 이외에 연료탱크에 설치된 부스트 펌프로 연료를 가압하여 엔진에 공급하는 방식을 말한다. 연료탱크와 엔진의 거리가 멀거나 공급능력을 향상시키기 위하여 제트펌프나 이젝터 펌프 등과 같은 보조연료펌프를 추가로 사용하는 경우도 있다. 압력식 연료시스템은 이륙출력 연료소비량의 125 %까지 공급하도록 설계한다.

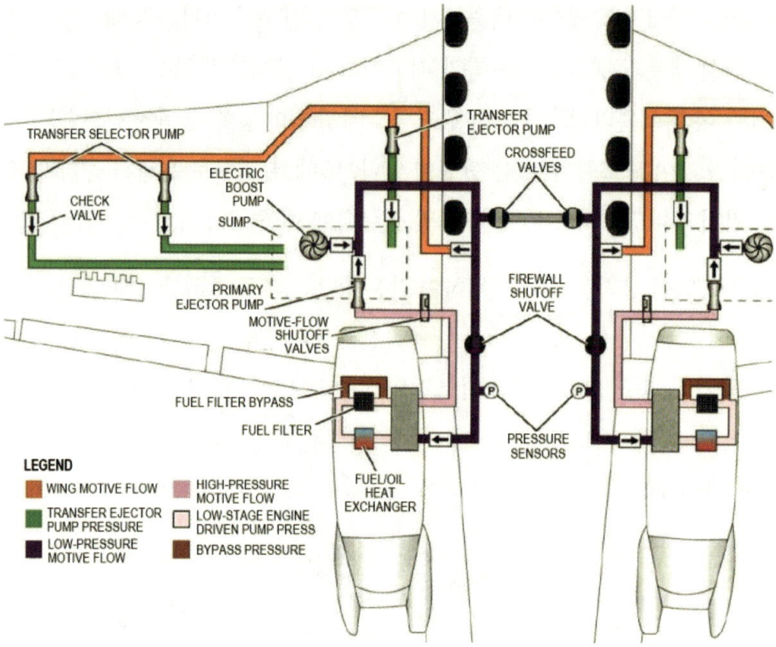

[그림 3-20] 쌍발 터보팬엔진 비행기 연료시스템 계통도

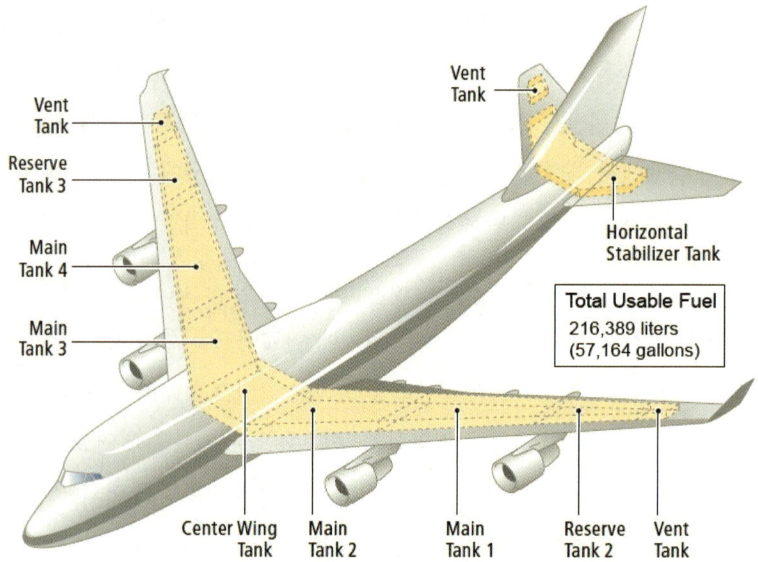

[그림 3-21] B747-400 비행기 일체형 연료탱크 배치도

다발 항공기 연료시스템은 일반적으로 좌우측 연료탱크에 각각 전기식 부스트 펌프를 사용하고, 단일엔진 운용상태에서는 좌측탱크의 연료를 우측엔진에 공급하거나 그 반대로 공급하는 교차공급(cross-feed) 방법을 사용하기도 한다. 또한 항공기의 좌우측 중량 균형을 위하여 한쪽 탱크의 연료를 양쪽 엔진에 동시에 공급하거나 한쪽 연료탱크에서 반대쪽 연료탱크로 이송(transfer)

하는 기능도 구비하여야 한다.

터빈엔진 항공기는 왕복엔진 항공기보다 다양한 연료를 사용하고 고고도 및 저온 환경에서 장거리 비행을 한다. 이에 따라서 연료탱크 내부에 물이 응축되거나 -55℃ 내외의 저온 고형화를 방지하기 위하여 연료탱크에 온도센서와 가열장치를 구비하여야 한다. 또한 연료탱크에 엔진의 블리드 공기를 공급하여 습도 높은 공기를 배출하고 부스트 연료펌프에 부압이 작용하지 않도록 설계하여야 한다.

[블래더 연료탱크] [일체형 연료탱크] [독립형 보조연료탱크]

[그림 3-22] 항공기 연료탱크의 3가지 형식

항공기에 사용되는 연료탱크는 독립형(discrete), 블래더(bladder), 그리고 일체형(integral)으로 분류할 수 있다. 독립형 연료탱크는 별도로 제작된 저장용기를 항공기 외부에 볼트나 스트랩을 이용하여 설치하는 방식의 탱크를 말한다. 이 독립형 연료탱크는 소형 항공기(GA)와 자가제작(homebuilt) 항공기에 주로 사용되며, 날개의 안쪽이나 동체의 엔진 가까운 곳에 설치된다. 군용 항공기의 장거리 비행 시에 사용하는 보조연료탱크는 독립형 연료탱크와 같이 항공기 외부에 장착하지만, 연료 소진후 분리 낙하시키거나 공중방출 기능을 구비한 점이 차이가 있다.

블래더 연료탱크는 항공기 동체의 공동(空洞) 부분에 일정한 형상을 갖춘 고무 백을 채워 넣는 방법으로 제작한다. 블래더 연료탱크는 고무 백의 두께가 이용 가능한 공간의 10 %를 차지할 정도로 두껍기는 하지만, 자체 밀봉(self-sealing) 성질이 있기 때문에 군용 항공기에서 널리 사용하고 있는 방식이다. 즉, 블래더 연료탱크에 총탄이 관통하는 경우에도 대량의 연료 누출과 이로 인한 화재를 방지할 수 있어 항공기의 생존성을 높일 수 있다는 장점이 있다.

일체형 연료탱크는 날개의 내부(wing box) 또는 동체 벌크헤드 사이의 구조물을 직접 밀봉하여 연료탱크로 사용하는 것으로서 현재의 민간 항공기 대부분에서 채택하고 있는 방식이다. 일체형 연료탱크는 동체 내부의 공간을 최대로 활용할 수 있다는 장점이 있지만, 블래더 방식보다 밀봉에 취약하다는 단점이 있다. 화재 위험을 줄이기 위하여 탱크 내부에 다공질 소재를 채우는 경우가 있는데, 이는 다공질 소재의 자체 부피가 총 공간의 약 2.5 %를 차지하고, 이와 별도로 전체 연료의 약 2.5 %가 다공질 소재에 흡수된다는 단점이 있다. 이로써 사용불능 연료량(unusable fuel)이 증가하게 되고, 다공질 소재 자체의 중량(21 kg/m^3)도 부담으로 작용한다.

[표 3-10] 항공기 연료의 규격 및 물리적 특성

구분	연료규격	밀도 kg/m^3, 15℃	어는점 ℃, max	인화점 ℃, min	발화점 ℃, min	발열량 MJ/kg	비고
Avgas	ASTM D910	700~750	-58℃	-40℃	280℃	43.5	Grade 100LL
Diesel	ASTM D975	820~850	-12℃	52℃	210℃	44.6	EN590
JP-4	MIL-DTL-5624	751~802	-58℃	-18℃	240℃	42.8	US Air Force
JP-5	MIL-DTL-5624	788~845	-46℃	60℃	246℃	42.6	US Navy
JP-8	MIL-DTL-83133	775~840	-47℃	38℃	210℃	42.8	US Air Force
Jet A	ASTM D1655	775~840	-40℃	38℃	210℃	43.2	Commercial
Jet A-1	ASTM D1655	775~840	-47℃	38℃	210℃	43.0	Commercial
Jet B	ASTM D6615	750~801	-51℃	-18℃	240℃	42.8	Cold Weather

항공기에 사용하는 연료는 크게 항공가솔린(aviation gasoline)과 제트연료(jet fuel)로 구분한다. 제트연료의 경우에는 등유계 정제유(kerosene; JP-5, JP-8, Jet A, A-1), 그리고 가솔린과 등유를 섞은 혼합유(wide-cut; JP-4, Jet B)로 구분되며, 용도에 따라 상업용 제트연료와 군용 제트연료로 분류한다.

항공기 연료는 ASTM D910, D1655, D6615, MIL-DTL-5624 등의 규격을 만족하도록 제조되지만, 이를 생산하는 국가별, 지역별, 정유사별로 그 조성이나 특성이 달라질 수 있기 때문에 해당 국가 또는 지역에서 실제로 공급 가능한 연료의 물성치를 항공기 연료계통 설계에 반영하여야 한다.

항공기 동력장치 부문에 대한 설계 구성에 따라서 감항기준의 적용 요건이나 적합성 입증방법이 달라질 수 있다. 또한, 해당 요건에 관련된 훈령, 고시, Order, AC를 함께 검토하여 적합성 입증을 위한 해석 보고서, 시험 계획서, 시험 보고서 등을 작성하여야 한다. 소형 비행기, 수송급 비행기, 회전익 항공기의 동력장치 분야에 대한 적합성 입증 예시를 다음과 같이 살펴볼 수 있다.

3.3.2 엔진 장착 냉각능력 입증

감항기준에 따라서 항공기에 장착된 엔진의 냉각능력을 입증하여야 한다. 엔진 자체의 냉각능력은 그 엔진의 형식증명 과정에서 입증되었으나, 항공기의 엔진 장착실에 장착되는 형태와 냉각 유로에 따라서 비행 중의 냉각능력이 영향을 받게 된다. 항공기의 감항분류에 따른 감항기준의 엔진 냉각능력 요건은 다음과 같다.

❑ Part 23 소형 비행기

- §23.1041 General (of cooling) Amdt 23-51 1996.03.11
- §23.1043 Cooling Tests Amdt 23-51 1996.03.11
- §23.1045 Cooling Test Procedure for Turbine Engine Amdt 23-51 1996.03.11
- §23.1047 Cooling Test Procedure for Reciprocating ~ Amdt 23-51 1996.03.11.

❑ Part 25 수송급 비행기

- §25.1041 General Amdt 25-38 1977.02.01
- §25.1043 Cooling Tests Amdt 25-42 1978.03.01
- §25.1045 Cooling Test Procedures Amdt 25-57 1984.03.26.

❑ Part 27 소형 회전익 항공기

- §27.1041 General (of cooling) Amdt 27-23 1988.10.03
- §27.1043 Cooling Tests Amdt 27-14 1978.03.01
- §27.1045 Cooling Test Procedures Amdt 27-23 1988.10.03.

❑ Part 29 수송급 회전익 항공기

- §29.1041 General (of cooling) Amdt 29-26 1988.10.03
- §29.1043 Cooling Tests Amdt 29-26 1988.10.03
- §29.1045 Climb Cooling Test Procedures Amdt 29-26 1988.10.03
- §29.1047 Takeoff Cooling Test Procedures Amdt 29-26 1988.10.03
- §29.1049 Hovering Cooling Test Procedures Amdt 29-0 1965.02.01.

소형 비행기 감항기준 §23.1045 터빈엔진 장착 비행기는 비행교범의 모든 비행조건에서 냉각시험을 요구하고, §23.1047 왕복엔진 장착 비행기는 상승 비행조건에서만 냉각능력을 입증하도록 규정하고 있다. 수송급 회전익 항공기 감항기준에서는 §29.1045, §29.1047, §29.1049에서 보는 바와 같이 상승, 이륙, 호버링 조건에서 각각 냉각시험을 요구하고 있다. 그 밖에 항공기의 최대 운용고도 및 최대 대기온도 시험 요건, 온도 안정화 요건, 대기온도에 따른 냉각온도 보정(correction) 요건 등은 항공기 감항분류에 관계없이 동일한 요건을 규정하고 있다.

다음의 추진시스템 냉각시험에 대한 적합성 입증 예시는 6기통 왕복엔진을 장착한 4인승 소형 비행기를 대상으로 하고 있다.[43] 해당 왕복엔진은 최대출력을 350마력에서 315마력으로 감소시키고 전자식 엔진제어시스템(FADEC)을 사용하는 모델이지만, 2개의 터보차저로 고고도 출력을 일정하게 유지하는 방식으로 구동되고, 엔진 장착실이 신규로 설계된 것이므로 비행 조건에서 냉각능력에 대한 입증이 필요하다. 항공기 장착 엔진에 대한 냉각시험에서는 극한 조건 및 비행시험 프로파일 설정, 온도 안정화 판단, 측정 데이터 보정, 설계변경 시의 재시험 필요성 등에 유의하여야 한다.

Airplane Flight Test for Engine Cooling Compliance

1. INTRODUCTION

1.1 Purpose of Test

This report describes the result of engine cooling test of the airplane model. The cooling flight test was conducted to show compliance with FAR/KAS §23.1041, §23.1043 and §23.1047.

1.2 Regulation or Advisory Circular

The related regulations on this test are as follows.

§23.1041 General: ...

§23.1043 Cooling Tests: ...

§23.1047 Cooling Test Procedures for Reciprocating Engine powered Airplanes: ...

1.3 Acronym

AEI : Aircraft Equipment Instruction

BE : Best Economy

BP : Best Power...

2. RELATED DOCUMENTS

2.1 Applicable Document

Part 23 : Airworthiness Standards: Normal, Utility, Acrobatic, and Commuter Airplanes

AC 23-16A : Powerplant Guide for Certification of Part 23 Airplanes

ABCD00000: Certification Plan for Airplane Model Propulsion system...

2.2 Applicable Drawings

ABCD0000101-000 Engine for the airplane model

ABCD0000102-000 Electronic Control Unit, No 1

ABCD0000102-000 Electronic Control Unit, No 2...

3. TEST DATE AND SITE

The engine cooling flight test was conducted on Month Day, Year at the airplane assembly plant of company name and test range area was MOA 26/27 in Korea. The testing was witnessed by the authority representatives.

4. TEST ARTICLE

4.1 Propulsion System Description

The engine model is an air-cooled, turbo-supercharged, horizontally opposed, 6-cylinder, fuel injected, and four-stroke engine installed in test aircraft. The engine incorporates a wet oil sump, top mounted tuned induction system, and bottom mounted exhaust system, including two turbochargers. The engine has two rear-mounted accessory drive pads. Rated maximum continuous power is 315 hp at 2,500 rpm...

The engine air cooling system consists of cowling, two cooling intakes, baffles and baffle seals. Air flow induced by the aircraft's forward speed enters through two cooling intakes and directed by cowling, baffles and baffle seals to cooling fins of cylinder barrel and head, oil cooler and intercooler.

4.2 Test Article

Flight test was conducted using the flight test aircraft No. 1. The type definition of test article is described in detail at the latest "Airplane Model Prototype Aircraft Configuration Definition" and the effect of deviation caused by test set up will be explained as a "Deviation Summary Report (DSR) for the Airplane Model" which will be prepared as the extra document...

4.3 Deviation of Test Article

Deviations between type design and test article are summarized in the DSRs. List of DSR is attached in Appendix x.

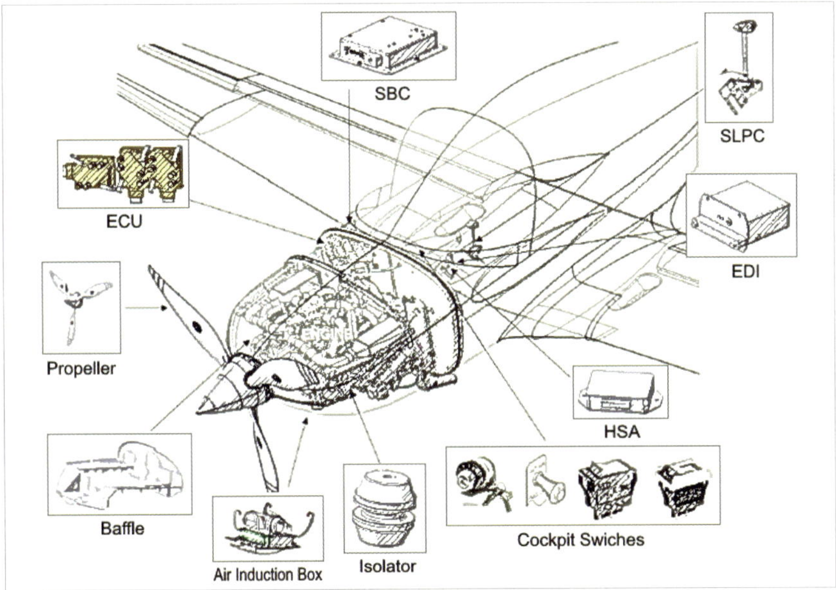

Figure x. Powerplant Components Installation

4.4 Inspection of Test Article

Test article inspection was conducted on Month Day, Year prior to the flight test by the Applicant's quality engineer in accordance with the cooling test plan. The result of test article inspection were reviewed and approved by the Authority representatives.

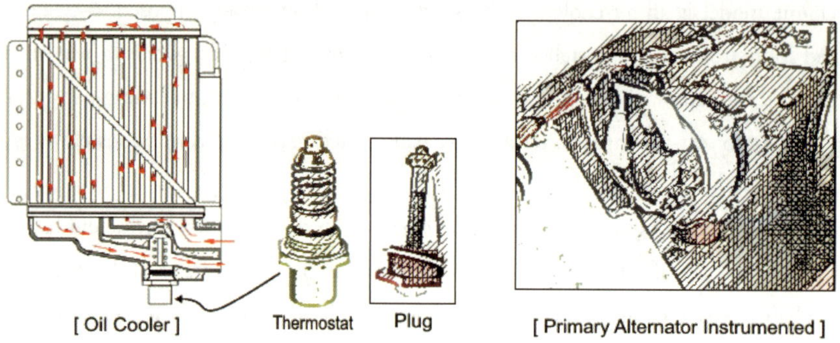

Figure x. Oil Cooler and Alternator Setup

5. TEST SETUP

Test setup was established per the requirement specified in the cooling test plan. Test setup check was completed on Month Day, Tear prior to the test by the Applicant's quality engineer. All things were confirmed to meet the requirement specified in the test plan. The whole test setup processes including the inspection results were reviewed by the Authority representatives during the test setup check.

6. TEST PROCEDURE

Flight test for the Airplane engine cooling was conducted in accordance with the test procedures defined in paragraph x.x.x of the cooling flight test plan.

6.1 Test Condition and Procedure

- Test was conducted in a smooth air, free from visible moisture not to be in an advantageous condition for engine cooling performance.
- Forward Heavy (FH) weight and balance was maintained for all flight since it is the most critical condition for cooling. The FH envelope is defined as the aircraft weight over the maximum take-off weight and center-of gravity...

Table x. Cooling Test Conditions and Procedures

SQ	MSL (ft)	IAS (KCAS)	Power	Test Procedures
6.1.1	2,000 ft	A/R	00.0 in-Hg	**Low Altitude Cruise (BP/BE)** a. Turn on electrical loads and push-in circuit breakers of the resistors and verify ALT #1 and #2 currents. b. Set engine power to 30.5 ±0.5 in-Hg, and trim the airplane at this level-flight condition...
6.1.2	2,000 to 25,000 ft	000 knot	Max	**Max Power Climb** a. ...
6.1.3	25,000 ft	A/R	00.0 in-Hg	**Max Altitude Cruise (BP)** a. ...
6.1.4	25,000 ft	A/R	00.0 in-Hg	**Max Altitude Cruise (BE)** a. ...

6.2 Pass/Fail Criteria

The temperatures of engine and propulsion system components should not exceed the limits as follows.

- Cylinder #1, #2, #3, #4, #5, #6 Head Temperatures < 460 °F respectively
- Oil Temperature < 240 °F
- Alternator #1 Stator Slot Temperature < 356 °F
- Alternator #2 Stator Slot Temperature < 360 °F...
- TG Turbine Inlet Temperature < 1,850 °F
- ECU Surface Temperature < 185 °F
- EMS Surface Temperature < 400 °F

7. TEST RESULT

7.1 Test Summary

All values of temperature except ALT #2 Positive Heat Sink are processed through on-board DAS and recorded. Due to the incompatibility between on-board DAS system and signal output from thermo-couple of ALT #2 Positive Heat Sink, portable thermo-couple signal instrumentation was used.

Co-pilot checked the reading from the instrumentation and test engineer in MCR recorded the data at every 1 minute during the test. Alternator average currents were maintained higher than the maximum anticipated operating condition, 00.0 A for alternator #1 and 00.0 A for alternator #2 as defined in the test plan. Figure x shows measured current during the test. At altitude approximately over 00,000ft, Alt #1 current shows fluctuation due to cyclic operation of de-frost system of ECS which removes frost from heat exchanger.

Takeoff weight and C.G was 0,000 kg and 00.0 % MAC, and landing weight and C.G was 0,000 kg and 00.0 % MAC, and this meets the forward heavy weight and...

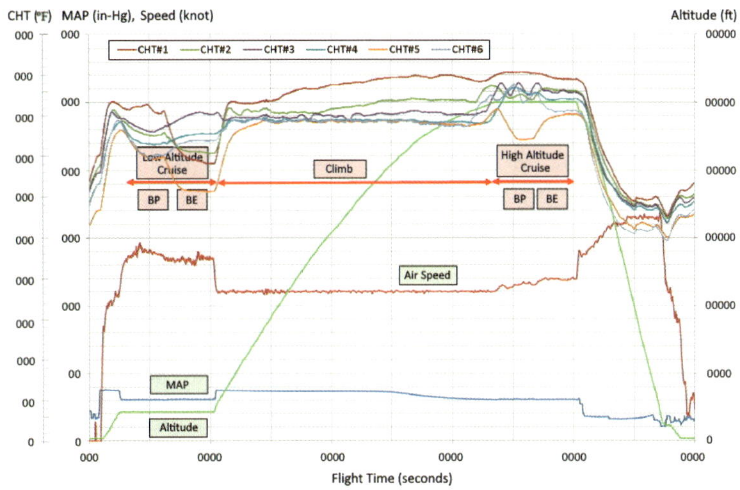

Figure x. Engine Cooling Flight Test Results

Table x. Engine Cooling Flight Test Results (Corrected Temperature)

Cooling Parameters (Temperature)	Limits (req')	Test corrected	Remarks
Alternator Stator Temperature #1	< 356 °F	000 °F	
Cylinder Head Temperature #1	< 460 °F	000 °F	marginal
Oil Temperature	< 240 °F	000 °F	marginal
...	...	...	...

7.2 Test Evaluation

Through the flight test, temperature limits established for powerplant components and engine fluids such as turbine inlet temperature, ECU surface, EMS surface, alternators, cylinders and oil temperature were maintained within the temperature limits and met the requirements...

8. CONCLUSION

Engine Cooling flight test for the Airplane Model was conducted per the Cooling Test Plan to ensure that the propulsion system complies with the KAS/FAR requirements of §23.1041, §23.1043 and §23.1047. Through the flight test, all temperatures of engine fluid and propulsion system components for which temperature limits are established are within the limits under the most adverse flight operating conditions for cooling...

3.3.3 연료시스템 적합성 입증

항공기 연료시스템은 연료탱크, 팽창공간, 섬프, 벤트, 드레인, 연료주입구, 연료펌프, 연료밸브, 연료필터, 연료량 측정장치, 압력센서, 유량센서, 연료탱크 선택밸브, 연료이송장치, 연료방출시스템, 연료정보 시현장치 등으로 구성되고, 각 시스템 및 구성품의 독립성, 낙뢰에 대한 방호, 연료 공급 유량, 사용불능 연료량, 고온기상 운용, 연료탱크 발화방지를 보장할 수 있도록 설계하여야 한다.

연료시스템 및 구성품에 대한 감항기준 요건은 주로 Subpart E 동력장치와 Subpart F 항공장비의 각 요건이 적용되고, Subpart D 설계 및 구성과 Subpart G 운용한계 및 정보의 일부 요건이 적용되기도 한다. 수송급 비행기 감항기준에서 연료시스템 및 구성품에 적용되는 주요 요건은 다음과 같다.

- §25.863 Flammable Fluid Fire Protection Amdt 25-46 1978.12.01
- §25.951 General (Fuel System) Amdt 25-73 1990.09.10
- §25.952 Fuel System Analysis and Test Amdt 25-40 1977.05.02
- §25.953 Fuel System Independence Amdt 25-0 1965.02.01

• §25.954 Fuel System Lightning Protection	Amdt 25-146	2018.11.19
• §25.955 Fuel Flow	Amdt 25-11	1967.06.04
• §25.959 Unusable Fuel Supply	Amdt 25-40	1977.05.02
• §25.961 Fuel System Hot Weather Operation	Amdt 25-57	1984.03.26
• §25.965 Fuel Tank Tests	Amdt 25-40	1977.05.02
• §25.967 Fuel Tank Installations	Amdt 25-0	1965.02.01
• §25.969 Fuel Tank Expansion Space	Amdt 25-11	1967.06.04
• §25.975 Fuel Tank Vents and Carburetor Vapor Vents	Amdt 25-143	2016.08.23
• §25.981 Fuel Tank Explosion Prevention	Amdt 25-146	2018.11.19
• §25.1301 Function and Installation	Amdt 25-152	2024.08.27
• §25.1305 Powerplant Instruments	Amdt 25-115	2004.08.02
• §25.1309 Equipment, Systems, and Installations	Amdt 25-152	2024.08.27
• §25.1353 Electrical Equipment and Installations	Amdt 25-123	2007.12.10
• §25.1357 Circuit Protective Devices	Amdt 25-123	2007.12.10.

항공기 연료시스템 및 구성품에 대한 적합성 입증에 있어서 §xx.961에 따른 고온기상 운용, §xx.954 및 §xx.1316에 따른 낙뢰 방호, §xx.863 및 §xx.1183에 따른 화재방지, §xx.1305(a)(2) 및 §xx.1553에 따른 연료량 측정 및 시현, 그리고 §25.981에 따른 연료탱크 폭발방지 등에 대한 입증이 매우 중요하게 다루어진다.

그중에서 연료탱크 폭발방지 요건은 수송급 비행기에만 요구되는 규정으로써, 1996년 7월에 발생한 미국 TWA 800편 B747-100 여객기의 연료탱크 폭발 사고로 인하여 그 요건이 강화되게 되었다. 4년간의 교통안전위원회(NTSB) 조사 결과를 바탕으로 연방항공청은 2001년 6월에 SFAR 88. Fuel Tank System Fault Tolerance Evaluation 요건을 제정하고, FAR §25.981 요건을 전면 개정(Amdt 25-102)하여 연료증기 점화 고장 방지, 가연성 노출시간 제한, 그리고 발화 경감 장치를 설치하도록 하였다.

이로 인하여 신규로 제작되는 수송급 비행기는 물론이고, 기존부터 운항되고 있었던 A320, A330, B737, B767, B777 등의 모든 항공기가 2026년까지 연료증기 가연성 경감장치를 구비하도록 강제되었다. 이를 위하여 Boeing은 질소발생시스템(NGS: Nitrogen Generating System)을 사용하고, Airbus는 연료탱크 불활성 시스템(FTIS: Fuel Tank Inerting System)을 사용하고 있다. 이들 장치는 연료탱크 내부 공간의 산소농도를 통상의 21 %에서 12 % 이하로 낮추어 연료증기 발화를 방지하는 역할을 한다. 항공기 연료탱크 가연성 저감에 대한 적합성 입증 예시는 다음과 같다.[43]

Fuel Tank Flammability Reduction for Airplane Model

1. INTRODUCTION

1.1 Purpose

This document provides a system description and safety analysis for the certification of the Flammability Reduction System (FRS) as installed on the Model xxx airplanes. The analysis will support demonstration that the FRS will comply with all applicable FAR Part 25 requirements and FAA 25-308-SC and EASA CRI PTC/E-10...

1.2 Scope

The safety analysis includes the System Safety Assessment, Failure Modes & Effects Analysis (FMEA), and Fault Tree Analyses to show compliance with the FAR requirements and special conditions on the FRS of a fuel supply system...

2. SYSTEM DESCRIPTION

The FRS consists of a supplier developed NGS, a modified center fuel tank vent system and a modified refuel system. The NGS generates nitrogen enriched air that is supplied to the center wing tank ullage volume. The NGS is installed outside the pressure vessel of the airplane in the left air conditioning pack bay and wing-to-body fairing area...

2.1 Nitrogen Generation System

The NGS receives bleed air from the engine bleed air system via the crossover manifold and cooling air from the left air conditioning pack ram air system. Bleed air enters the system through a pressure regulating and shutoff valve and passes through an ozone converter and a heat exchanger where it is cooled to 160 °F. This temperature is maintained by a closed loop digital control system which monitors the Air Separation Module (ASM) inlet temperature and adjusts the heat exchanger cooling flow by repositioning the ram air valve until the desired temperature is achieved...

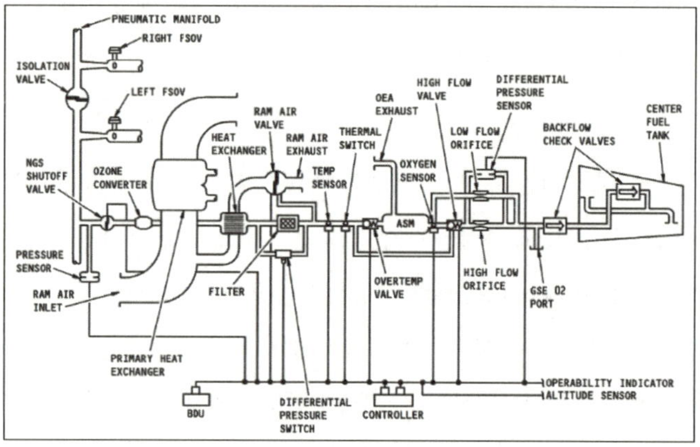

Figure x. Nitrogen Generation System Schematic of Airplane Model

2.2 Center Fuel Tank Modification

The center fuel tank vent system is revised to prevent cross venting during normal and non-normal operation while allowing the vent system to retain its functionality and certification basis. A check valve is added to the vent channel in the right hand surge tank in order to prevent cross-venting of air through the center wing tank...

3. CERTIFICATION REQUIREMENTS

3.1 FAR and JAR Requirements

The following is a listing of the applicable FAR and JAR requirements pertaining to the Nitrogen Generation System that are addressed in this safety analysis document.

- FAR/JAR §25.831 Ventilation. Amdt 25-89
- FAR/JAR §25.863 Flammable Fluid Fire Protection. Amdt 25-46
- FAR/JAR §25.901 Installation. Amdt 25-126
- FAR/JAR §25.981 Fuel Tank Explosion Prevention. Amdt 25-125
- FAR/JAR §25.1301 Function and Installation. Amdt 25-123
- FAR/JAR §25.1309 Equipment, Systems, and Installations. Amdt 25-123
- FAR/JAR §25.1316 Electrical and Electronic System Lightning Protection. Amdt 25-80

3.2 Special Conditions

The following Special Condition and Certification Review Item are applicable to the Nitrogen Generation System:

- FAA Special Condition 25-308-SC: Flammability Reduction Means (Fuel Tank Inerting).
- EASA CRI No. PTC/E-10: Flammability Reduction System.

4. SYSTEM SAFETY ASSESSMENT

The function of the flammability reduction system was evaluated with regard to possible hazards during airplane operation. The phase of flight as well as the effect on other systems was considered. The table below summarizes the events, defines their criticality, identifies the applicable FAR and JAR, and identifies the method of compliance.

Hazard Description	Consequence Severity	Applicable FAR/JAR	Means of Compliance
Contamination of fuel tank from nitrogen generating system leading to dual engine shutdown.	Catastrophic	§25.901(c)	Design Review, Safety Assessment and Component Qualification Test contained in the Compliance Report.
Ignition in the wing to body fairing, a flammable fluid leakage zone.	Hazardous	§25.863, §25.981(a)	Refer to Compliance Document xxxx-xx, "Fuel System Description and Analysis" and xxxx-xx, "Fire Safety of the Airplane Model".
Temperature in fuel tank exceeding fuel tank auto-ignition temperature.	Catastrophic	§25.981(a)	Design Review, Safety Assessment, Component Qualification Testing and Fault Tree Analysis contained in Section xx of this document.
...	...	...	...

4.1 Flammability Reduction System Criticality

The primary function of the flammability reduction system (FRS) is to reduce the flammability exposure time of the center wing tank. This is done by reducing the oxygen concentration of the fuel tank ullage volume to a level below what is required to sustain combustion. This is accomplished by supplying Nitrogen Enriched Air (NEA) to the center fuel tank.

Although the above system safety assessment summary identified potential failure effects of, hazardous and catastrophic, a Design Assurance Level (DAL) of C is appropriate for the FRS based on the safety assessment of the system that considered the redundant electrical and mechanical design features of the system that would prevent these failures from occurring. In addition, the safety assessment of the system determined the following:

1. When considered on an airplane basis, failures due to software result in **Minor** failure effects (small reduction in safety margins);
2. An un-annunciated failure of the FRS to perform its intended function is considered a **Major** failure level effect when the failure would not be detected by a planned maintenance program...

4.2 Software Criticality

The nitrogen generation system controller contains software that performs the following functions:

1. System On-Off
2. Air separation module temperature control
3. Aircraft flight phase determination and flow mode control
4. Over-temperature shutdown (backup and redundant over-temp shutdown is independent of the controller software)...

5. FAULT TREE ANALYSIS

5.1 Fuel Tank Auto-Ignition Temperature

The fault tree analysis provided in Figures x, x, and x demonstrate that the probability of the nitrogen system to delivering air into the fuel tank that is at or above the certification limit of 390 °F is 1.24E-12 per FH...

5.2 Accumulation of Nitrogen Hazardous to Flightcrew and/or Passengers

By design review it is shown that there is no path for NEA to enter the occupied compartment. All tubing that transports nitrogen enriched air is external to the pressure vessel. The fuel tank has two barriers, primary structure and special coating, between the fuel or ullage volume, and the occupied compartment. In addition, cabin pressure would prevent NEA from leaking into the compartment should the integrity of the fuel tank be compromised...

5.3 Accumulation of Nitrogen Hazardous to Maintenance Personnel

Analysis of a worst case NEA leak in pack bay shows that the resulting pack bay environment is not hazardous to maintenance personnel, and thus a fault tree analysis is not required. Caution placards located on the inside and stencils on the outside of the airplane have been installed to alert airline maintenance personnel that the airplane has the nitrogen generation system installed, and that a low oxygen environment is possible...

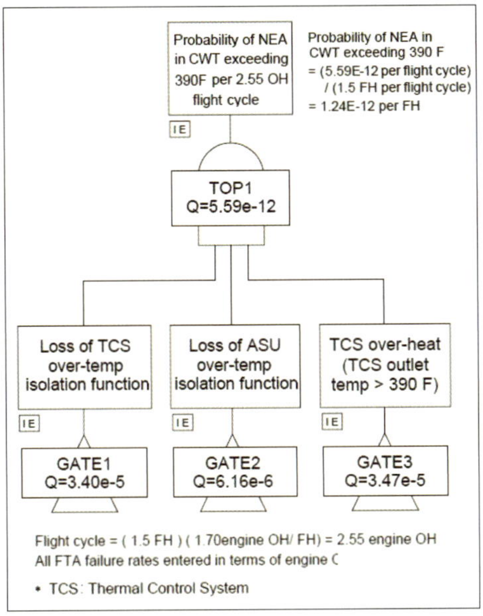

Figure x. FTA: NEA Temperature

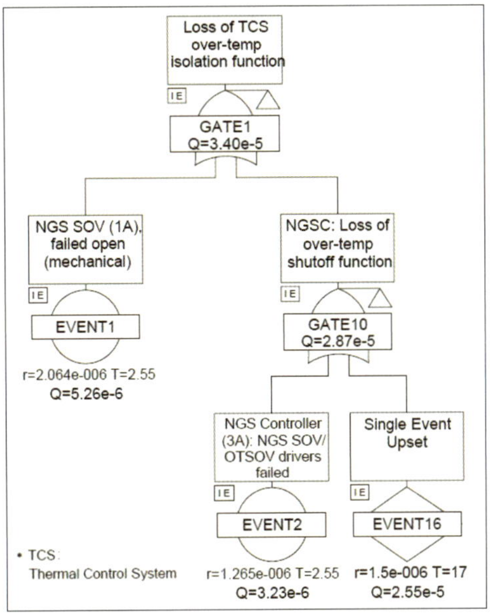

Figure x. FTA: Loss of TCS Function

6. FAILURE MODE AND EFFECTS ANALYSIS

The FMEA demonstrates that all failures result in minor effects. As a result, no indications are required to alert the flightcrew of failures or to take corrective action...

Component	Function	Failure Mode	Flight Phase	Failure Effect on System	Failure Effect on Airplane	Failure Detection / Indication	Compensating Provisions	Remark
NGS Shutoff Valve	Provides NGS On/Off function. Secondary function is to regulate pressure into NGS.	NGS SOV fails open	All	Unable to close in the event of an overtemp condition.	None	INOPERATIVE, Amber lamp.	OTSOV provides redundant shutoff.	None
		NGS SOV fails closed	All	Loss of ability to produce NEA.	Increase in tank exposure.	DEGRADED, Blue lamp.	None required	None
Ozone Converter	Reduces ozone concentration of ASM feed air.	Contamination of catalyst	All	Possible reduction in ASM life.	None	None	Periodic ozone converter cleaning.	Nne
Heat Exchanger	Provides heat sink for NGS bleed air.	Bleed side header ruptures.	All	NGS bleed air escapes to ambient. Loss of ability to ~	Increase in tank exposure.	DEGRADED, lamp. WING-BODY light.	Procedure to select the bleed air to off.	None
...	...	...	...	...	...	...	...	...

7. FLEET AVERAGE FLAMMABILITY EXPOSURE

The fuel tank Fleet Average Flammability Exposure on the Airplane is derived from the FAA-provided Monte Carlo Flammability Exposure Model. The Fleet Wide Flammability Exposure shall not exceed 3

CHAPTER 3 항공기 적합성 입증

%. Neither contribution of performance or reliability individually can cause the Fleet Wide Flammability Exposure to exceed 1.8 %...

8. CONCLUSION

The function of the flammability reduction system was evaluated by Hazard Analysis, Fault Tree Analysis, and Failure Modes & Effects Analysis in the airplane operation conditions.

The fuel tank Fleet Average Flammability Exposure by Monte Carlo Flammability Exposure Model shows compliance with FAR 25.981 requirement. It shall not exceed 3 %.

3.3.4 로터구동시스템 내구성 입증

회전익 항공기의 로터구동시스템은 엔진에서 로터 허브로 동력을 전달하는데 필요한 모든 부품을 말하며, 기어박스, 샤프트, 클러치, 브레이크, 유니버설조인트, 커플링, 베어링, 보기 패드, 냉각 팬 등이 포함된다. 이는 감항기준 Part 27 및 Part 29의 Subpart E: Powerplant의 xx.917부터 xx.935까지 6개 요건에 대한 입증이 필요하며, 그 외에 §xx.307 Proof of Structure, §xx.602 Critical Parts, §xx.607 Fasteners, §xx.1521 Powerplant Limitations 등의 요건도 함께 고려되어야 한다.

❑ Part 27 소형 회전익 항공기

• §27.917 Desig. (Rotor Drive System)	Amdt 27-11	1977.02.01
• §27.921 Rotor Brake	Amdt 27-0	1965.02.01
• §27.923 Rotor Drive System & Control Mechanism Test	Amdt 27-29	1994.10.17
• §27.927 Additional Tests	Amdt 27-23	1988.10.03
• §27.931 Shafting Critical Speed	Amdt 27-0	1965.02.01
• §27.935 Shafting Joints	Amdt 27-0	1965.02.01.

❑ Part 29 수송급 회전익 항공기

• §29.917 Design (Rotor Drive System)	Amdt 29-40	1996.08.08
• §29.921 Rotor Brake	Amdt 29-0	1965.02.01
• §29.923 Rotor Drive System & Control Mechanism Test	Amdt 29-42	1998.09.08
• §29.927 Additional Tests	Amdt 29-26	1998.10.03
- §29.931 Shafting Critical Speed	Amdt 29-12	1977.02.01
- §29.935 Shafting Joints	Amdt 29-0	1965.02.01.

소형 회전익 항공기 Part 27과 수송급 회전익 항공기 Part 29의 로터구동시스템 요건은 그 제목이 동일할 뿐만 아니라, 자동회전 장치, 토크 제한장치, 로터 브레이크 보호장치, 축의 위험속도, 축 조인트에 관한 설계 입증 요건, 그리고 초과속도, 초과온도, 초과토크 등에 대한 시험 요건이 동일하다. 그렇지만, 수송급 회전익 항공기 Part 29에서는 모든 운용조건에서 고장 분석을 수행하여 설계 안전성을 입증하고, 200시간의 내구성 시험과 30분 동안의 오일손실 작동시험이 요구된다. 이는 소형 회전익 항공기 로터구동시스템보다 2배의 시험시간을 요구하는 것이다.

회전익 항공기의 로터구동시스템은 메인 로터 및 테일 로터와 함께 기술적 요구도가 매우 높은 품목으로 인식되고 있다. 즉, 기어와 축에 대한 설계기술을 바탕으로 소재, 열처리, 표면처리, 베어링, 윤활, 진동, 소음 등에 대한 원천기술, 그리고 감항성, 내구성, 안전성을 보장할 수 있는 시험기술과 인증기술이 요구된다.

다음의 로터구동시스템 내구성 시험 입증 예시는 2,000 shp급의 터보샤프트 엔진 2대를 장착한 19인승 헬리콥터를 대상으로 하고 있다.[43] 해당 헬리콥터의 메인 로터는 5엽의 복합재 블레이드와 관절형 헤드로 구성되었으며, 직경은 14.6 m이고, 285 rpm으로 회전한다. 테일 로터는 4엽 블레이드로 구성되었고, 직경은 2.9 m, 회전수는 1,406 rpm이며, 중간기어박스(IGB)와 테일기어박스(TGB)를 통해서 구동된다. 이 헬리콥터의 메인 기어박스(MGB)는 3단 감속으로 최대 엔진 회전수 20,000 rpm을 200 ~ 300 rpm까지 감속시키고, 오일 없이도 50시간 동안 건식 작동이 가능하도록 설계되어 있다.

Rotor Drive System Endurance Test for Rotorcraft Model

1. INTRODUCTION

1.1 Scope

Purpose of this document is to describe the results of the endurance test, overtorque and overspeed tests performed on the rotor drive system and control mechanisms to evaluate the functional behavior at the required conditions.

1.2 Applicable Compliance Requirements

This document intends to demonstrate compliance to the following EASA CS-29 and FAR Part 29 requirements.

- CS/FAR §29.307 Proof of Structure. Amdt 29-30
- CS/FAR §29.923 Rotor Drive System and Control Mechanism Tests. Amdt 29-42
- CS/FAR §29.927 Additional Tests. Amdt 29-26
- CS/FAR §29.1521 Powerplant Limitations. Amdt 29-41

1.3 Test Location and Witnessing

The Test were conducted in the names of test facility and company, and the test was witnessed by Transmission CVE in accordance with the agreements reached on the certification program plan as per the instruction provided in the DOA Handbook.

- on Transmission Test Rig from dd/mm/yyyy to dd/mm/yyyy.
- on Laboratory Test Rig in date dd/mm/yyyy.

2. REFERENCES

[1] EASA CS-29: Certification Specification for Large Rotorcraft, Amendment 3, 11/12/2012

[2] FAR Part 29 - Airworthiness Standards: Transport Category Rotorcraft, Amendment 29-54, 12/01/2011...

3. TEST SPECIMEN

3.1 Test Articles

The rotor drive system and its rotors used for the endurance test as test articles. The type certification configuration for the rotor drive system is listed below:

- ABCD00132M8 Main Rotor Gearbox
- ABCD00111T8 Main Rotor System Main Rotor Installation
- ABCD00112T8 Tail Rotor System Tail Rotor Installation...

The differences between type certification configuration and the tested one are reported in Table x and Table x. They are only formal; existing components have been reworked to obtain the same type certification configuration.

3.2 Lubricants

The following materials was used during the endurance test as lubricants for the rotor drive system:

- DOD-L-85734 ATO555: Lubricating Oil
- MIL-G-81322: Grease...

3.3 Conformity Inspection

The components under test are representative for the purpose of the test. All relevant documentation and Certificates of Conformance were supplied with the test specimen. They are stored in the Quality Department and they are available under request...

4. TEST METHOD

4.1 Test Equipment

The test was conducted on the Transmission Test Rig of the applicant. Nevertheless, the test rig has some limitation; the overtorque OEI for the drive system was not performed on the test rig, but on the transmission rig as permitted by the rule.

4.2 Rotor Ratings and Limitations

The rotor drive system ratings and limitations are reported below: (refer to Reference [3]).

- MCP AEO, unlimited: 100 %
- TOP, AEO, 30 minutes: 116 %
- MCP, OEI, unlimted: 135 %...

4.3 Instrumentation

The following instrumentation parameters will be displayed and continuously recorded during the test.

i) Time (mins)

ii) Ambient temperature (℃)

iii) MGB oil temperature (℃)...

5. TEST PROCEDURES

5.1 Endurance Test

The test procedure for this test is derived from the requirements of CS-29 and FAR Part 29 and have been presented in tabulated form in Table x.

20 cycles, each 11:10 [hrs:min] long, were repeated to accumulate 223 [hrs:min], covering the requested load conditions. To demonstrate the "30 minutes" AEO, the MCP conditions were run at the "30 minutes" power condition. The proposed test consisted of 20 equal cycles covering the following conditions:

- Take-off Power (5 min.) (@ 30 minutes power - 116 %)
- 2.0 minute OEI
- 30 seconds OEI...

5.2 Overtorque Test

At the end of the type test the following additional test were performed according to CS/FAR §29.927(b)(1). During each overtorque application, the speed of rotors was set at 104 % NR and the flight controls in the position preview for Take-off condition...

5.3 Overspeed Test

This test was carried out in OEI condition (Engine 2) to satisfy CS/FAR §29.927(d)(1), (2), (3). The rotor speed was set at 80 % NR; it was increased to the "Over-speed" rotation of 119 % NR in 10" and it was maintained for a time higher 30"...

5.4 Clutch Engagement and Brake

N° 564 cycles of freewheel for engine 1 and N° 561 cycles for Engine 2 were accounted from initial activities:

- N° 15 rotor brake applications at different speed (50 % - 30 % - 20 % - 15 % NR)

- N° 4 rotor brake applications at double actuation of the RB lever (50 % - 40 % NR)
- N° 394 rotor brake applications at 40 % NR...

6. TEST RESULTS

A total of 334:50 running hours have been carried out during the type-test:

- 251:10 [hrs:min] at the "Endurance Test Cycles" (17 cycles)
- 53:00 [hrs:min] at oil hot and low pressure tests...

6.1 Events During the Test

The events occurred during the type-test on the Test Rig are reported in Appendix I. Herein are only listed those event specifically of the rotor drive system and rotors.

6.2 Rotor Drive System Test

During the course of the activity, on the drive system was experienced some MGB oil leak from the generator pad. The leak was considered acceptable as within the limits that will be in the maintenance manual...

6.3 Rotor System Test

During the course of the type test activity, no mechanical fault occurred on the main rotor and tail rotor, and control systems. No disassembly or replacement of components have been carried out...

7. POST TEST STRIP EXAMINATIONS

7.1 Main Rotor Drive System

At the end of the test activities, the MGB gearbox was disassembled for visual detailed inspection and NDT inspection. The results of NDT inspections are in App C...

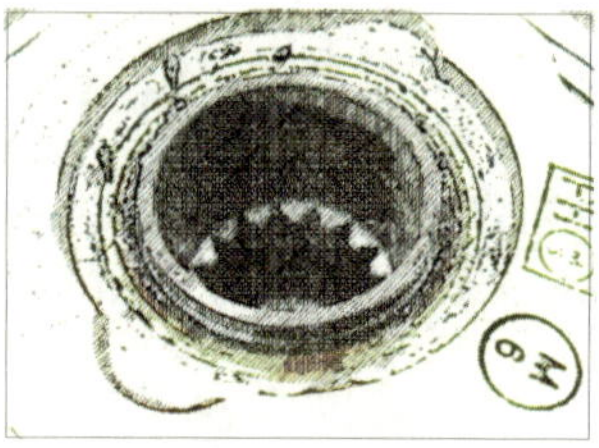

[Fan Quill: Before Test]

[Fan Quill: After Test]

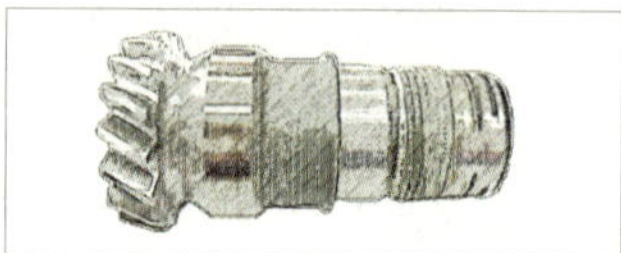

At the inspection some cocked oil was found. No oil leakage was evidenced around the seal. After disassembling, the shaft was found free of wear. The seal was not damaged by the cocked oil.

7.2 Engine Shaft/Gimbal Installation

The engine shaft and gimbal components were removed from the Transmission Test Rig; detailed visual inspection (refer to Reference [9], Appendix B) and NDT inspection (Appendix C) were performed. All the components have been defined serviceable.

7.3 Tail Rotor Drive System

The tail rotor drive system assembly were removed from the Transmission Test Rig; detailed visual inspection (refer to Reference [10], Appendix B) and NDT inspection (Appendix C) were performed. All the components have been defined serviceable.

7.4 Rotor System

After the test on the Transmission Test Rig, the main and tail rotor systems, the main and tail rotor controls were stripped for visually detailed inspection and NDT inspection (Appendix G). The dimensional checks performed before the test were repeated...

Each component has been given a status category which refers to its serviceability. More details are reported regarding some components that were defined unserviceable.

8. CONCLUSIONS

For the rotor drive system, all the parts have sustained the test without dismounting or replacement. Based on the results of the strip examination at the end of the test, the rotor drive system components meet the applicable civil regulations.

For the main and tail rotor systems, the strip examination performed revealed no items of concern. All the findings can be considered compatible with the usage. Based on the results of the strip examination at the end of the test and with the discussions presented in this report the rotors components meet the applicable civil regulations.

3.4 세부계통 입증

3.4.1 세부계통 설계 구성

항공기 세부계통은 감항기준의 Subpart F: Equipment의 기계장치와 Subpart D: Design and Construction에 규정된 일부의 장치를 말한다. 즉, 전기장치 및 전자장비를 제외한 기계장치(mechanical system, or component)를 지칭하며, 조종계통, 착륙장치, 유압계통, 공압계통, 환경계통, 캐빈시스템 등을 들 수 있다.

항공기 세부계통의 설계는 각 구성품의 성능, 기능, 신뢰성, 안전성, 인증을 고려할 뿐만 아니라, 항공기 장착 및 인터페이스에도 각별히 유의하여야 한다. 또한, 항공기 운용환경 및 운용조건을 충족할 수 있어야 한다. 각 구성품의 개발에는 기술표준서(TSO) 또는 해당 산업규격을 적용할 수 있으나, 항공기 장착 및 형식증명을 위해서는 감항기준의 해당 요건을 충족하도록 설계하여야 한다. 해당 구성품을 포함한 항공기 레벨의 시스템 안전성 분석에서 기준을 충족하지 못하면 설계변경이 필요할 수도 있다.

[그림 3-23] 수송급 비행기 세부계통 분류도

항공기 비행조종계통(FCS: Flight Control System)은 기존의 기계식 조종장치(mechanical)와 최근의 전자식 조종장치(fly by wire)로 구분할 수 있다. 대부분의 소형 비행기와 헬리콥터에는 여전히 기계식 조종장치를 주로 사용하고 있으며, 비즈니스 제트기, 중대형 상용 비행기, 그리고 전투기에는 전자식 조종장치를 보편적으로 사용되고 있다. 또한, 헬리콥터의 경우에는 비행기의 조종면(control surfaces) 제어 방식과 달리 로터 블레이드의 컬렉티브(collective)와 사이클릭(cyclic) 조종이 필요하다.

소형 비행기와 헬리콥터의 기계식 비행조종장치에 대하여 살펴보면 다음과 같다. 소형 비행기 조종장치는 조종석의 조종간 및 페달이 각각 에일러론, 엘리베이터, 러더에 케이블, 풀리, 보조기구로 연결되어 비행기의 롤(roll), 피치(pitch), 요(yaw) 방향 비행을 제어한다. 이와 함께 2차로 이착륙 시에 플랩을 조종하여 양력을 증감시키고, 순항 비행 중에 트립 탭을 세팅하여 조종사의 부하를 경감시키고, 스포일러를 작동시켜 롤 비행을 원활히 하거나 스피드 브레이크 역할로 사용할 수도 있다.

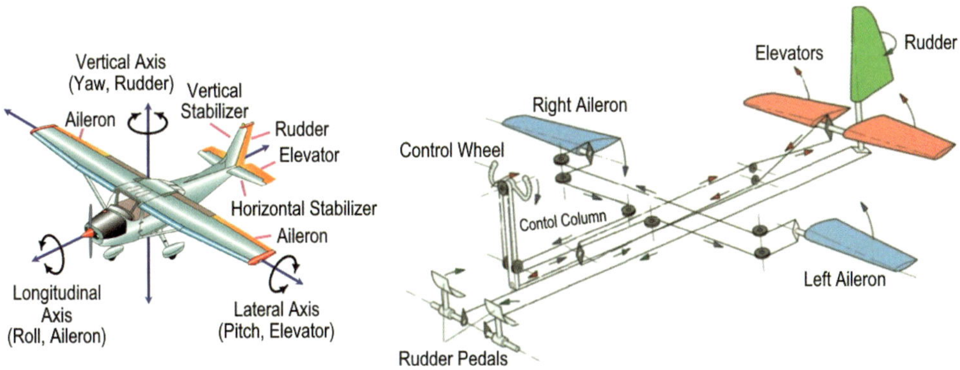

[보통급 비행기의 기계식 조종장치]

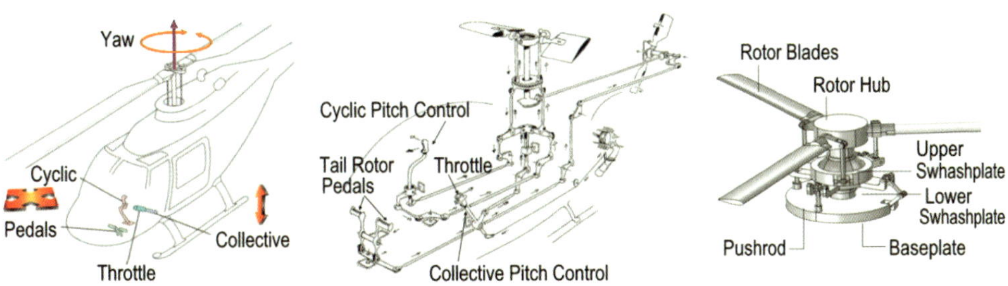

[헬리콥터의 기계식 조종장치 구성도]

[그림 3-24] 비행기 및 헬리콥터의 기계식 조종장치 구성도

헬리콥터 조종장치는 조종석의 사이클릭 조종간, 컬렉티브 조종간, 페달이 각각 메인 로터 디스크, 메인 블레이드, 테일 블레이드에 케이블, 로드, 벨크랭크, 유압기구 등으로 연결되어 헬리콥

터의 롤(roll), 피치(pitch), 요(yaw) 방향 비행을 제어한다. 이와 함께 2차로 순항 비행 중에 트림 탭을 세팅하여 조종사의 부하를 경감시킬 수도 있다. 조종석의 페달(anti-torque pedals)은 테일 로터를 조절하여 요 방향 선회 또는 직진 비행을 조종하고, 헬리콥터 조종장치에만 사용되는 스와시 플레이트(swhashplate)는 기본 플레이트, 상부 플레이트, 하부 플레이트, 푸시로드 등으로 구성되며, 컬렉티브와 사이클 조종간의 작동에 따라서 로터 디스크와 블레이드 피치를 조종하여 헬리콥터의 상승, 하강, 전진, 선회 비행이 가능하게 한다.

이들 항공기 조종장치는 신뢰성, 정비성, 내식성, 진동 저항성, 수분 저항성을 갖도록 설계되어야 한다. 신뢰성 및 안전성을 보장하기 위해서 리던던시 계통이 추가될 수도 있다. 항공기 형식증명을 위한 적합성 입증을 위하여 재료시험, 부품 및 구성품 시험, 환경시험, 항공기 지상시험 또는 모의장치시험(iron bird test), 그리고 비행시험을 통해서 입증하여야 한다.

항공기 조종장치에는 감항기준 Subpart D의 Control Systems 부분의 §xx.671 General부터 §xx.703 Takeoff Warning System까지 요건이 적용되며, 조종계통에 단일고장이 고장이 발생하여도 비행과 착륙이 가능해야 하고, 조종면이나 링키지에 재밍이 발생하지 않아야 한다. 조종계통의 파국적 고장(catastrophic failure)은 극히 불가능(extremely improbable)해야 하며, 이에 대한 확률(probability)은 10^{-9} 수준이 요구된다.

항공기 착륙장치(LGS: Landing Gear System)는 비행기의 세바퀴식(tricycle) 착륙장치와 헬리콥터의 세바퀴식(tricycle) 또는 스키드(skid) 방식 착륙장치로 구분할 수 있다. 비행기의 세바퀴식 착륙장치는 노즈 기어 1개와 메인 기어 2개를 사용하며, 비행기의 중량이 커지면 휠 및 타이어를 복열로 배치한 방식을 사용한다. 그리고 중장거리 비행기에는 착륙장치가 기체로 인입되는 방식을 취하고 있다. 헬리콥터에는 스키드 방식 착륙장치를 주로 사용했으나, 중량이 무거운 중대형 헬리콥터에는 세바퀴식 착륙장치를 주로 사용하고 있다. 이는 굴곡진 지면에 착륙이 가능하고 자체적인 지상 택싱이 가능하다는 장점이 있다. CH-46, CH-47, V-22, Mi-26 등의 초대형 군용 헬리콥터는 네바퀴식(quadricycle) 착륙장치를 사용하기도 한다.

전형적인 바퀴식(wheel type) 착륙장치는 스트러트, 휠, 브레이크, 타이어, 조향장치, 인입/인출장치, 착륙장치 도어, 상향/하향 고정기구, 위치 센서 및 지시기 등으로 구성된다. 착륙장치의 스트러트는 질소가스와 유압유의 상호작용으로 충격을 흡수하는 올레오 방식(oleo type)을 주로 사용하고, 고강도 강철이나 티타늄 합금으로 제작되며, 정적하중, 피로하중, 충격하중에 견딜 수 있도록 설계되어야 한다. 휠 및 브레이크 조립체는 TSO-C135a, 타이어는 TSO-C62e에 따른 기술표준품승인 품목을 사용하거나 이에 준하여 설계와 시험을 수행하여야 한다.

착륙장치는 착륙 접지 시에는 충격하중, 이착륙 활주 중에는 수직하중, 브레이크 작동 중에는 종축방향 하중, 택시 선회 및 측풍을 받을 때는 측면 하중에 견딜 수 있도록 설계하고, 스트러트와 주변 구성품에 대한 피로시험을 통해서 안전성을 입증해야 한다. 올레오 유공압장치는 충격하중을 열에너지로 전환하여 발산하며, 브레이크 조립체는 앤티-스키드 시스템(ABS)을 갖추고 있고 온도 센서를 부착하여 과열 여부를 확인한다. 노즈 랜딩기어의 조향장치는 유압식, 기계식, 또는 전기식으로 작동하여 조종실의 조향 손잡이(tiller) 또는 러더 페달로 작동시키게 된다.

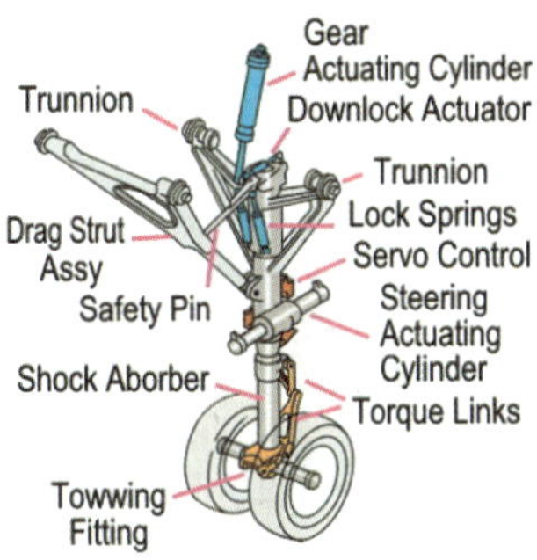

[Nose Landing Gear]

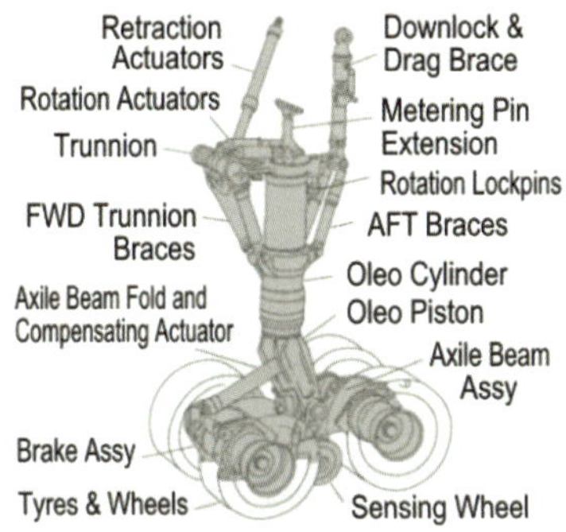

[Main Landing Gear]

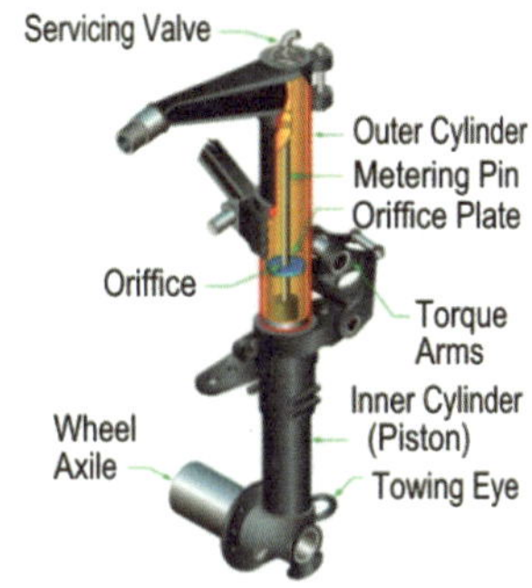

[Oleo Type Strut]

[Brake Test] *PowerNation*

[Drop Test] *Messier Dowty*

[Retract/Exten. Test] *Airbus*

[그림 3-25] 항공기 착륙장치 구조도 및 시험의 종류

항공기 착륙장치에 대하여 FAR §xx.723에 따른 12 fps 낙하시험(drop test), FAR §xx.729에 따른 1.5V_{SR1} 인입/인출시험(retraction/extension test), FAR §xx.735에 따른 RTO 브레이크 성능시험(braking performance test), FAR §xx.731 및 §xx.733에 따른 휠 및 타이어 견실성 시험(wheel/tire integrity test), FAR §xx.473에 따른 마찰계수 0.8 착륙조건 충격시험(landing impact test), FAR §xx.571에 따른 이륙-착륙-택시 응력 사이클 피로시험(fatigue test) 등을 수행하여야 한다.

항공기 유압계통(HS: Hydraulic System)은 유압으로 착륙장치 인입/인출, 브레이크 작동, 플랩 및 스포일러, 비행 조종면, 화물실 도어, 역추력장치 등을 작동시키는 시스템으로써, 유압펌프, 오일저장용기, 축압기, 액추에이터, 오일, 제어밸브, 필터, 릴리프밸브, 체크밸브, 차단밸브, 호스, 튜브, 센서 및 게이지 등으로 구성된다.

유압펌프는 엔진구동펌프, 전기구동펌프, 램에어터빈(RAT), 유압이송유닛(PTU) 등이 사용될 수 있으며, 유압 오일은 소형 비행기에 MIL-PRF-5606 광물성 유압유, 수송급 사용 비행기에 Skydrol 내화성 오일, 군용 및 고성능 항공기에 MIL-PRF-83282 또는 MIL-PRF-87257 탄소수소계 합성오일을 사용한다. 소형 비행기 유압계통은 약 1,000 psi, 수송급 비행기는 약 3,000 psi, 군용 전투기는 약 5,000 psi 압력으로 작동한다.

최근의 항공기 유압계통에는 전자식 유압 엑추에이터(EHA: Electro-Hydrostatic Actuators)를 사용해 유압이 필요한 부분에만 오일을 공급하고 중앙 집중식 배관을 제거하여 중량을 15% 이상 감량하고, 진동, 과열, 침전물에 대한 예방정비를 위한 IoT 센서를 대폭 사용하는 설계 방식을 채택하고 있다.

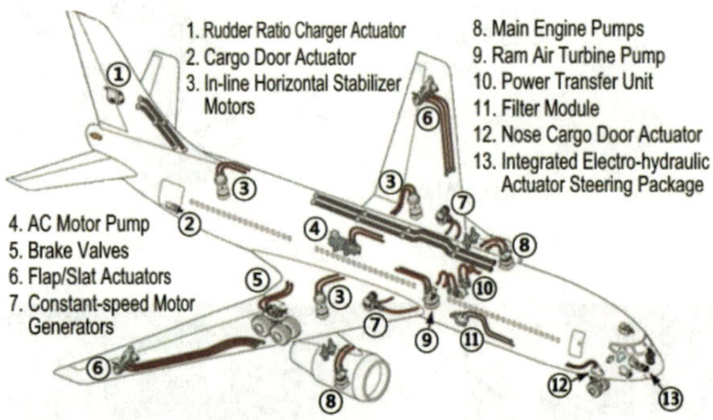

[Transport Airplane Hydraulic Components]

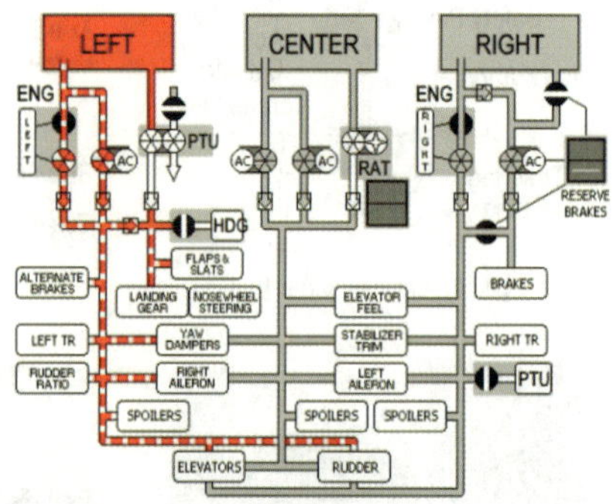

[Hydraulic System Bock Diagram]

[Hydraulic Test Rig] *Bombardier*

[H. Actuator Test] *Avtron*

[Hose Burst Test] *NeoMetrix*

[그림 3-26] 항공기 유압계통 구성품 및 시험의 종류

항공기 유압계통은 구성부품에 파손이나 고장이 발생할 수 있을 뿐만 아니라, 압력이 낮아져 공동화(cavitation) 현상이 발생할 수 있고, 내부 부품의 마모나 이물질 유입으로 유압유가 오염될 수 있으며, 고온에서 오일이 변질되어 기능이 저하될 수도 있다. 유압계통에 탄화플루오르 탄성중합체 시일(fluorocarbon elastomer seal)을 사용하면 시일의 노화로 인한 누설 등을 방지할 수 있다.

유압계통의 안전성 보장을 위하여 다중 유압펌프(엔진, 전기, RAT), 축압기 백업, 격리 밸브 등을 사용하는 다중의 독립 시스템으로 설계하고, 엔진이나 연료탱크 주변 부품은 불연성(fireproof) 소재로 제작하여야 한다. 감항기준 FAR §xx.1309에 따라서 유압계통에 대한 시스템 안전성 분석을 수행하고, 유압 동력을 상실하는 파국적(caterstrophic) 고장은 비행시간당 10-9 수준이어야 한다.

감항기준 FAR §25.1435 Hydraulic Systems에 따라서 유압계통 및 그 구성품에 대하여 보증압력시험(proof pressure test), 극한압력시험(ultimate pressure test), 피로시험(fatigue test) 등을 수행하여야 한다. 또한, FAR §xx.863 Flammable Fluid에 따라서 난연시험을 수행하고, RTCA DO-160G에 따라서 환경시험을 수행하여야 한다. 유압계통의 튜브, 피팅, 저압용기는 설계작동압력(DOP: Design Operating Pressure)의 1.5배에 해당하는 보증압력(proof pressure), 호스는 2.0배에 견딜 수 있어야 한다. 튜브의 극한압력(ultimate pressure)은 설계작동압력(DOP)의 3배, 호스는 4배 이상이어야 한다.

항공기 공압계통(PS: Pneumatic System)은 엔진 및 보조동력장치, 지상장비에서 공급되는 고압 공기를 이용하여 엔진 시동, 날개 및 엔진 방빙, 오일저장용기 가압, 화물실 난방, 전자장비 냉각 및 가압 등의 기능을 수행하는 시스템으로써, 엔진 빛 보조동력장치 블리드 밸브, 공기저장용기, 압력 조절기, 드라이어, 필터, 격리밸브, 체크밸브, 차단밸브, 방빙밸브, 시동밸브, 공압덕트, 압력센서, 온도센서 등으로 구성된다.

그 이외에 착륙장치 전개 및 인입, 브레이크, 조종면 작동에도 공압이 사용될 수 있다. 공압시스템은 유압시스템과 비교할 때 경량으로 제작이 가능하고, 부식 적응력이 뛰어나고, 신속한 반응성과 정밀제어가 가능하고, 정비가 비교적 간단한 장점이 있다. 다만, 유압보다 큰 힘을 전달하기 어렵고, 에너지 소모적 특성이 있어 유압시스템의 고장에 대비한 백업 시스템으로 주로 사용되는 경향이 있다.

엔진 및 보조동력장치의 압축기에서 인출되는 블리드 공기는 일반적으로 압력이 30 ~ 50 psi 정도이고, 온도는 170 ~ 450 ℃ 수준에 이른다. 이를 압력 조절기와 열교환기를 통해서 공압시스템에 적정한 압력과 온도로 낮추어 사용한다. 최신의 공압계통 설계에는 적층가공() 부품을 사용하여 중량을 30%까지 감량하고, IoT 센서를 사용하여 압력 부품의 마모 및 파손으로 인한 압력 누설을 탐지하기도 한다.

공압계통의 고열부 배관은 단열재로 피복하여 주변 부품에 열에 의한 손상을 주지 않도록 하고, 가연성 유체 및 전자제품 주변을 지나지 않도록 배치한다. 이를 위하여 지지대, 진동 격리기구, 차폐기구 등을 이용할 수 있다. 밸브 등과 같은 공압계통 부품은 스프링 기구 등을 이용하여 고장 시에 안전한 위치로 복귀되는 방식으로 설계하여야 한다. 예를 들어, 방빙 밸브는 고장 시에 차단 위치에 놓이게 설계되어 있다.

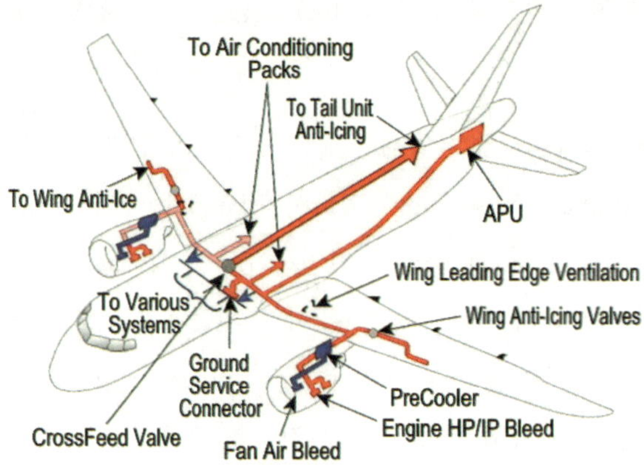

[Transport Airplane Pneumatic Components]

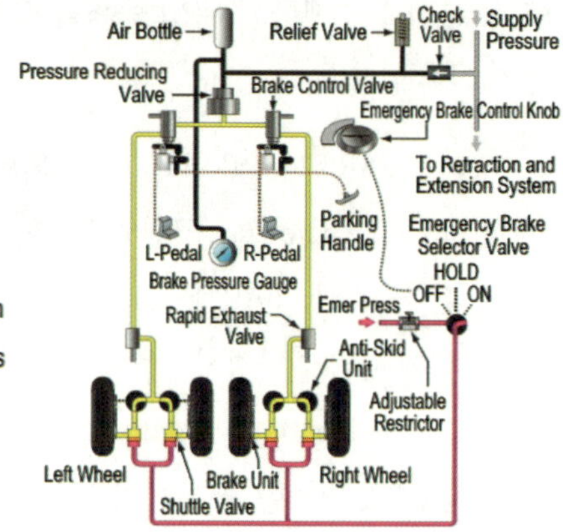

[Pneumatic Brake Bock Diagram]

[Pneumatic Test Stand] *A. Systems*

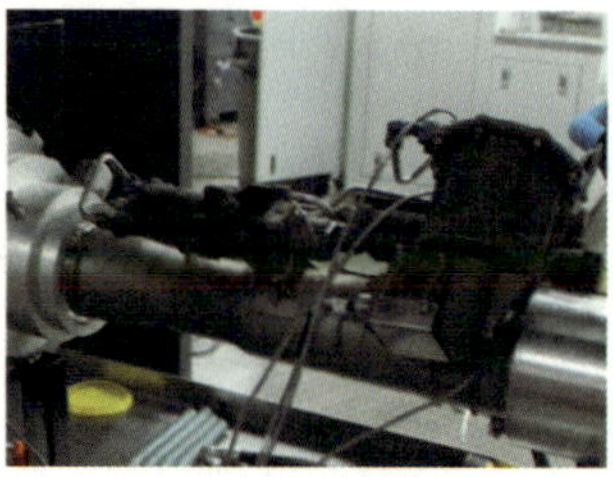

[Pneumatic Valve Test] *Bauer*

[Air Starter Test Stand] *Bauer*

[그림 3-27] 항공기 공압계통 구성품 및 시험의 종류

항공기 공압계통은 감항기준 FAR §xx.1309 및 AC 25.1309-1에 따라서 시스템 안전성 분석을 수행하여 고장의 심각도를 경미, 중대, 위험, 파국으로 분류하고 그에 따른 각각의 고장 확률을 입증하여야 한다. 그리고, FAR §xx.1438 Pneumatic System에 따라서 보증압력시험(proof pressure test), 파열압력시험(burst pressure test), 피로시험(fatigue test) 등을 수행하여야 한다. 공압계통 구성품에 대한 보증압력시험은 정상작동압력(NOP: Normal Operating Pressure)의 1.5배에 해당하는 압력으로 수행하고, 파열압력시험은 정상작동압력(NOP)의 3배로 시험하여야 한다.

항공기 환경계통(ECS: Environmental Control System)은 엔진 및 보조동력장치, 지상장비에서 공급되는 공기를 이용하여 기내의 공기조화, 습도조절, 여압, 환기 등의 기능을 수행하는 시스템으로써, 블리드 밸브, 냉각기 또는 열교환기 또는 공기사이클머신(ACM), 혼합챔버, 혼합밸브, 필터, 온도제어밸브(TCV), 캐빈압력제어기, 습도제어기, 공기배출밸브(OFV), 재순환 팬, 공기덕트, 구역별 온도센서 등으로 구성된다.

대부분의 항공기는 엔진 및 보조동력장치의 블리드 공기를 환경계통에 이용하지만, 최근의 일부 항공기는 전기모터로 구동되는 압축기에 공급되는 공기를 이용하기도 한다. 이들 공기는 필터 정화를 거쳐 재순환되므로 환기나 누설 등으로 부족한 공기를 보충할 때만 새로운 압축공기를 추가로 공급한다. 객실 및 조종실에 공급되는 공기의 온도는 공기사이클머신(ACM: Air Cycle Machine)과 혼합밸브에 의해서 조절되고, 압력은 공기배출밸브(OFV: Outflow Valve)와 압력제어기에 의해서 조절된다.

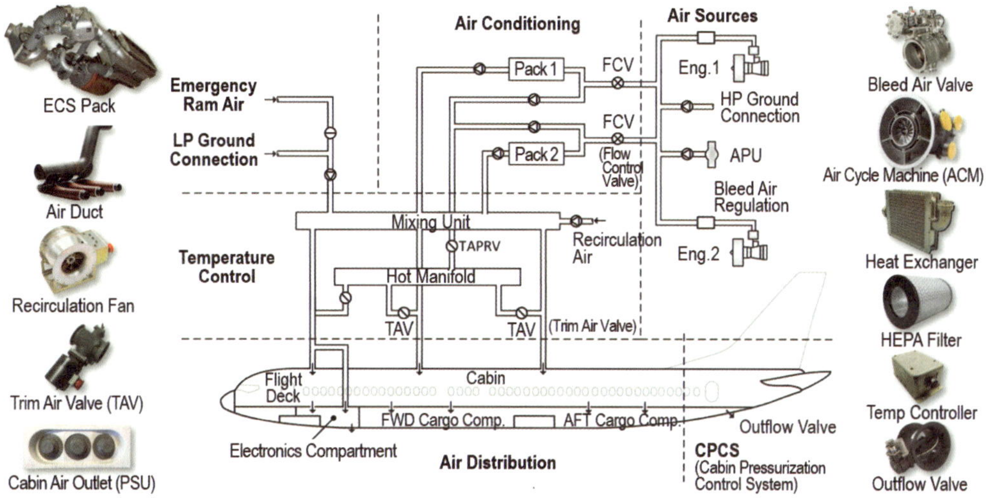

[Environmental Control System (ECS) Components of Transport Airplane]

[ECS Test Rig] *NeoMetrix*

[ACM Test] *Turkish Technic*

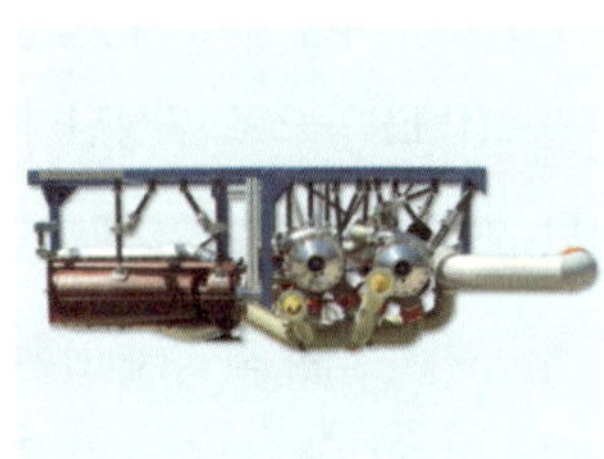

[Electrical ECS Pack] *Liebherr*

[그림 3-28] 항공기 환경계통 구성품 및 시험의 종류

항공기 환경계통 설계 시에는 리던던시 및 고장 적응력, 에너지 효율, 중량, 인적요소 등을 고려한다. 교차 블리드 밸브(cross-bleed valve) 등을 사용해 2중 또는 3중 시스템으로 설계한다. 엔진의 블리드 공기 대신에 전기모터 압축기 또는 램 에어를 이용하는 경우에 연료소비를 약 5 % 절감할 수 있고, 공기 덕트를 티타늄 합금이나 알루미늄 합금으로 제작하면 중량을 약 30 % 감량할 수 있는 것으로 알려져 있다. 환경계통의 소음(65 dB), 외풍, 오존 노출을 줄이고, 습도를 약 20 % 수준으로 유지하여 승객의 건강과 쾌적성을 높일 수 있도록 설계한다.

환경계통의 공기 오염을 방지하기 위하여 기존에는 엔진 및 보조동력장치 블리드 공기 오염(customer bleed air contamination) 방지 요건에 제시되었지만, 최근의 수송급 상용 비행기 환경계통에는 고효율 입자공기(HEPA: High-Efficiency Particulate Air) 필터를 사용하여 일반적인 오염물질과 연기뿐만 아니라, 박테리아, 바이러스, 꽃가루 등을 정화하여 신선한 공기를 공급한다. 기존의 일부 항공기 환경계통에는 공기 정화를 위해 숯(charcoal) 필터를 사용하기도 했다.

항공기 환경계통의 안전성을 강화하기 위하여 항공기의 화재 및 연기 탐지 시스템과 통합하여 설계하고, 공기 공급 및 여압 구성품은 고장에 대비하여 리던던시를 보강하여 신뢰성을 높이고, 승객 및 승무원 보호를 위하여 릴리프 밸브, 압력센서, 비상산소 시스템을 포함하여 설계하여야 한다.

감항기준 FAR §xx.1309 System Safety Requirements에 따라서 환경계통에 대한 시스템 안전성 분석을 수행하고, FAR §xx.831 Ventilation 및 §xx.841 Pressurized Cabins에 따라서 환경계통을 구성하는 공기사이클머신, 밸브, 열교환기, 센서, 필터 등에 대한 구성품 시험과 환경시험을 수행하고, 이들이 통합된 전체 환경계통에 대하여 기능시험, 성능시험, 압력시험, 온도시험 등을 수행하여야 한다. 각 구성품에 대한 환경시험은 RTCA DO-160G에 따라서 온도 및 고도, 습도, 진동, 충격, EMI/EMC, 모래/먼지, 유체 적응력 등에 대한 시험을 수행하여야 한다.

항공기 캐빈시스템(CS: Cabin System)은 객실의 승객에게 편의와 안전을 제공하고 승무원이 임무를 수행하기 위한 시스템으로써, 좌석, 주방, 화장실, 승무원실, 수하물실, 조명, 승객서비스 유닛(PSU), 비상장비, 카펫, 플래카드, 산소시스템, 방화시스템, 전기시스템, 통신시스템, 엔터테인먼트(IFE) 등으로 구성된다. 환경계통의 공기조화시스템을 캐빈시스템에 포함해 분류하기도 한다.

항공기 승객용 좌석(seat)은 인체공학, 공간 효율성, 안전성을 고려해 설계하고, 이코노미석, 비즈니스석, 일등석 등으로 분류된다. 좌석의 레그와 프레임을 알루미늄 합금, 복합소재, 마그네슘 합금 등으로 제작하고, 난연성 쿠션 및 드레스 커버, 밀 테이블, 리터러처 포켓 등으로 구성된다. 중장거리용 여객기 좌석에는 엔터테인먼트 모니터와 모바일기기 충전단자를 갖추고 있다. 모든 여객기에는 16g 동적시험을 통과한 좌석이 29 ~ 40인치 간격으로 설치되고, 항공기 중량과 승객의 안전에 직접적인 영향을 미치므로 중량이 가볍고 난연성을 갖춘 재료로 제작되어야 한다.

항공기 주방(galley)은 오븐, 냉장고, 음료기구, 커피기구, 보관용 카트, 트롤리, 전원기구, 음용수, 배수구, 주방 쓰레기 압축기 등으로 구성된다. 화장실(lavatory)은 진공식 변기, 세면대, 배수기구, 거울, 전기 콘센트, 위생 및 미용 용구 등을 갖추고 있다. 주방과 화장실은 FAR §25.853 Compartment Interiors에 따라서 난연성 재료로 제작되어야 하며, §25.854 Lavatory Fire Protection에 따라서 연기 탐지기가 설치되어 있고, §25.851 Fire Extinguishers에 따라서 소화기가 비치되어 있다.

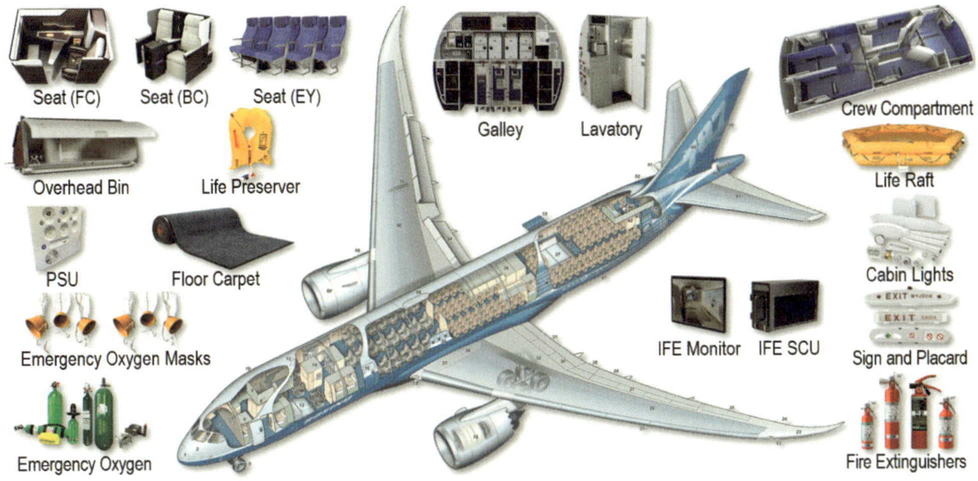

[Transport Airplane Cabin System Components]

[Cabin Furniture Static Test] *AVIC*

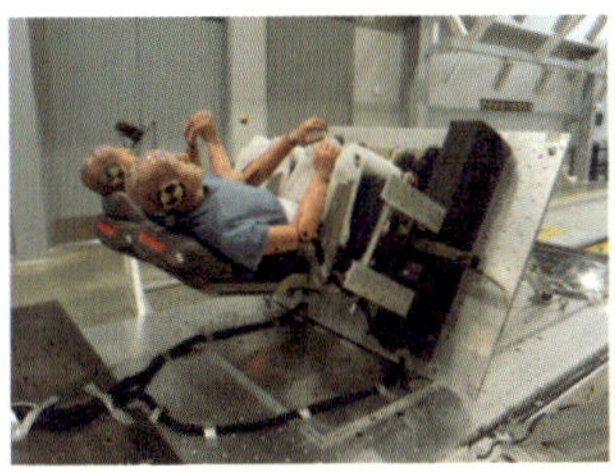

[Seat Dynamic Test] G.G.

[Oil Burner Test] *QCM*

[그림 3-29] 항공기 캐빈시스템 구성품 및 시험의 종류

항공기 승객용 좌석 상부 천정에 설치된 승객서비스유닛(PSU: Passenger Service Unit)은 공기 유입구, 산소 마스크, 독서등, 콜 버튼 등으로 구성되고, FAR §25.791 Passenger Information Signs and Placards, §25.853 Compartment Interiors, §25.1447 Oxygen Dispensing Units 요건을 충족하도록 설계되어야 한다. 객실에 비치되어야 하는 비상장비로 구명복은 각 좌석의 하단에 비치되고, 휴대용 소화기는 승객이 61 ~ 200명일 때 3대를 비치하고, 모든 승객과 승무원이 탑승할 수 있는 구명정을 구비하여야 한다.

항공기 캐빈시스템 및 구성품의 설계는 FAR §25.561, §25.561, §25.562, §25.787, §25.851, §25.853, §25.1301, §25.1309, §25.1411, §25.1441 등에 적합해야 하고, 일반적으로 구조시험(structural test), 난연시험(flammability test), 내추락성 시험(crashworthiness test), 각 구성품 시험(component test), 환경시험(environmental test) 등이 요구된다. 특히, 좌석의 경우에는 FAR §25.562 Emergency Landing Dynamic Conditions에 따라서 16g 동적시험이 요구되고, 좌석의 쿠션 및 드레스 커버를 포함한 모든 객실 구성품은 §25.853 Compartment Interiors 및 부록 F에 따른 난연시험이 요구된다.

3.4.2 비행기 유압시스템 적합성 입증

형식증명 대상이 되는 비행기에 신규로 개발되는 유압시스템(hydraulic system)이 장착되거나, 부가형식증명에 따라서 개조되는 경우에 감항기준의 해당 요건에 대한 적합성을 입증하여야 한다. 해당 유압시스템의 설계 및 구성 방식에 따라서 감항기준의 적용 요건 선정하고, 미국 연방항공청의 해당 권고회람서(AC) 및 유럽항공안전청의 수락 가능한 적합성 입증방법(AMC)를 검토하여 인증 대상 유압시스템에 대한 각 항목별 적합성 입증방법(MoC)을 결정한다. FAR Part 25는 2024년 8월의 Amendment 25-153이 가장 최신판으로써, 유압시스템에 적용되는 요건은 다음과 같다.

- §25.581 Lightning Protection　Amdt 25-23　1970.05.08
- §25.601 General (Design and Construction)　Amdt 25-0　1965.02.01
- §25.607 Fasteners　Amdt 25-23　1970.05.08
- §25.863 Flammable Fluid Fire Protection　Amdt 25-46　1978.12.01
- §25.869 Fire Protection: Systems　Amdt 25-123　2007.12.10
- §25.1182 Nacelle Areas behind Firewalls　Amdt 25-11　1967.06.04
- §25.1183 Flammable Fluid-Carrying Components　Amdt 25-101　2001.01.18
- §25.1185 Flammable Fluids　Amdt 25-94　1998.03.25
- §25.1189 Shutoff Means　Amdt 25-57　1984.03.26
- §25.1301 Function and Installation　Amdt 25-152　2024.08.27
- §25.1309 Equipment, Systems, and Installations　Amdt 25-152　2024.08.27
- §25.1435 Hydraulic Systems　Amdt 25-104　2001.06.15.

수송급 비행기 감항기준 FAR §25.581에서는 금속 재료 및 미금속 재료 구성품에 대하여 낙뢰 방호를 위한 수단을 설계에 반영하고, §25.601에서는 경험적으로 입증되는 않은 설계에 대하여 시험을 통하여 입증하고, §25.607에서는 잠금기구를 갖춘 패스너(fastener)을 사용하고, §25.863에선는 가연성 유체로 인한 화재를 방지할 수 있도록 설계에 반영하고, §25.869에서는 전기시스템 구성품, 지정방화구역 부품에 대하여 화재 방지 대책을 설계을 반영하고, §25.1182에서는 방화벽 후방 나셀부 및 엔진 포드 부착 구조물에 대하여 화재 방지 대책을 설계에 반영하도록 규정하고 있다.

또한, FAR §25.1183에 따라서 가연성 유체를 운반하는 구성품에 대한 내화성(fire resistant) 및 비불연성(non-fireproof)을 입증하고, §25.1185에 따라서 가연성 유체 탱크를 지정화재구역 내부에 설치하지 않도록 설계하고, §25.1189에 따라서 각 엔진의 장착 및 화재위험구역의 가연성 유체 유입, 유출, 또는 통과를 차단할 수 있는 수단을 구비해야 하고, §25.1301에 따라서 각 장치품이 의도된 기능을 발휘하고 한계를 초과하지 않도록 장착 설계에 반영하고, §25.1309에 따라서 각 장치품, 시스템, 그 장착에 대하여 시스템 안전성 분석을 수행하고, §25.1435에 따라서 유압시스템의 보증압력 및 극한압력을 입증하고, 고장에 대비할 수 있도록 설계하고, 각 구성품 및 전체 시스템에 대한 시험을 통하여 입증하도록 규정하고 있다.

다음의 유압시스템에 대한 적합성 입증 예시는 추력 70,000 lbf급 터보팬엔진을 2대 장착하고, 최대 380명의 승객이 탑승할 수 있는 최대이륙중량 500,000 lbs의 수송급 비행기를 대상으로 하고 있다.[43] 해당 비행기는 동체와 날개를 복합재료로 제작하여 항공기 중량을 감소시키고 연료 효율을 증대시키는 개념으로 설계되었다. 이에 따라서 항공기 자체와 이에 장착되는 전자장비, 전기장치, 기계장치에 대한 화재방지(fire protection)와 낙뢰 방호(lightning protection) 설계에 유의할 필요가 있다.

Hydraulic System Compliance for Transport Category Airplane

1. INTRODUCTION

This document provides the details of design reviews and analyses performed at a system level for the Certification Plans and the reference documents.

1.1 Nomenclature

- AC : Alternating Current, Advisary Circular
- AR : Authorized Representative
- ARP : Aerospace Recommended Practice
- AS : Aerospace Standard...

1.2 System Overview

- ABCCD 00001 : Compliance Document for Hydraulic System Components.
- ABCCD 00002 : Post Type Certification Compliance Document for HYDIF Software.
- ABCCD 00003 : Ram Air Turbine (RAT) Installation Change...

1.3 Design Features Overview

The hydraulic system on the Airplane was designed to implement specific design features in order to comply with the regulations discussed within this document...

The hydraulic system has a high pressure side and a low pressure side. The high pressure side delivers fluid to actuation systems at a variable flow rate, so as to maintain a constant pressure. The low pressure side of the system conducts the fluid that is...

2. SYSTEM LEVEL COMPLIANCE

2.1 Fire Protection Compliance

(1) Compliance to Regulation 25.863(a)(b)

Hydraulic System compliance to 25.863(a)(b) is shown by addressing the system components, transport elements, and installations. This section contains detailed compliance information for the Airplane baseline and the Airplane derivative. Areas of the Airplane design that are different from the Airplane baseline are addressed separately...

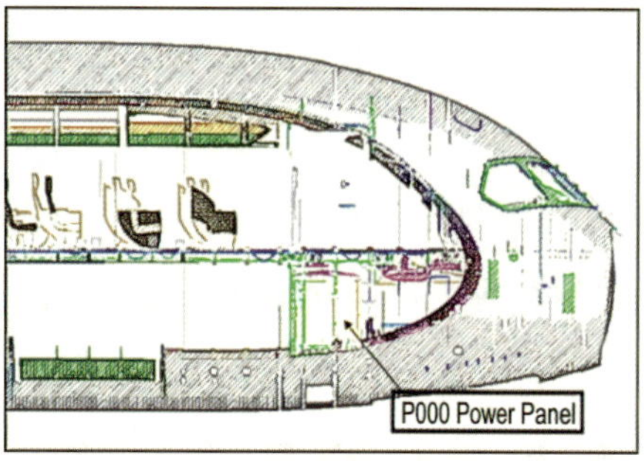

Figure x. FWD EE Bay Shielding Location

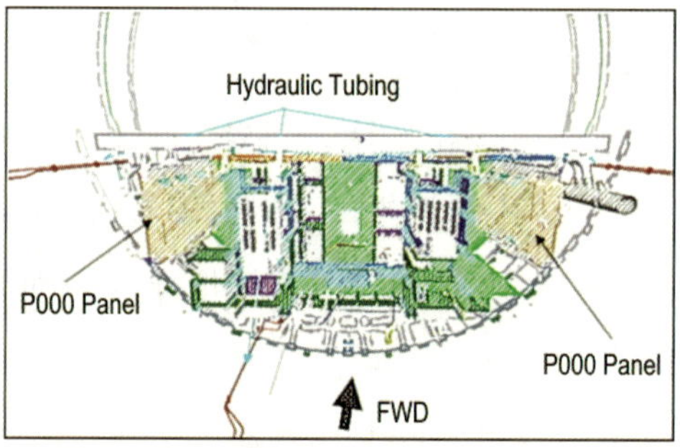

Figure x. AFT EE Bay Hydraulic Tubing

(2) Compliance to Regulation 25.863(c)

The hydraulic system Engine Supply Shutoff Valves ESSOVs provide a hydraulic fluid shutoff means in the event of an engine fire. There are two valves, one located in each aft strut fairing between the reservoir and the engine driven pump...

2.2 Lightning/EME Compliance

(1) Compliance to Regulation 25.581(a)

Per the requirements of FAR 25.581(a), the Hydraulic System must be protected against catastrophic effects from lightning. The sub-sections below contain detailed compliance information for the Airplane baseline. An analysis, including design review, of the Airplane hydraulic system design differences relative to the Airplane baseline was...

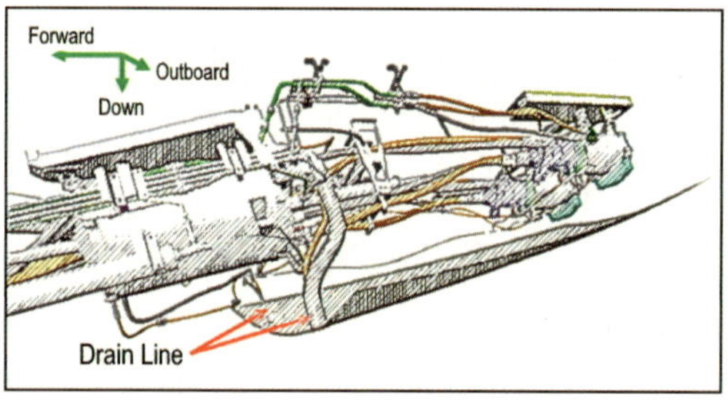

Figure x. Body Faring of Center Hydraulic System

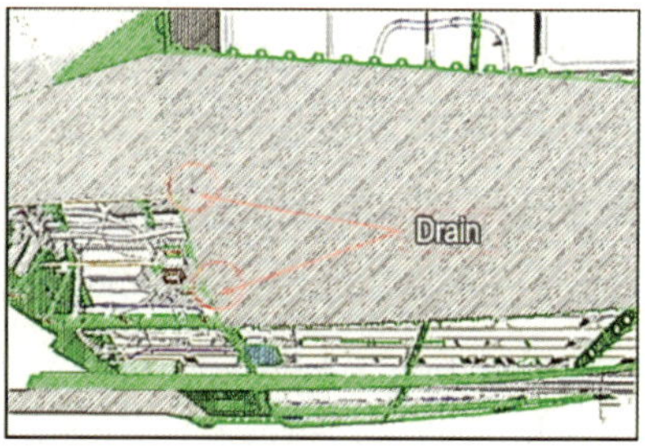

Figure x. Center Hydraulic Drains

(2) Compliance to Regulation 25.581(b)(1)(2)

For metallic components, compliance with paragraph (a) of this section may be shown by:

- Bonding the components properly to the airframe; or
- Designing the components so that a strike will not endanger the airplane...

2.3 Electrical Compliance

(1) Compliance to CS 25.899(a)(b)

Components are designed to ensure continuity with electrical bonding paths. Hydraulic system electrical components are bonded to the airplane structure via fay surface bonds, grounding straps and through electrical connector backshells. Hydraulic system tubing is bonded to the airplane where the tubing passes through the pressure bulkheads...

(2) Compliance to Regulation 25.1353(a)

Wire separation is created by design, coded, and ensured correct by design review. Analyses and component qualification testing was performed to show that components meet electromagnetic interference requirements...

(3) Compliance to Regulation 25.1357(a)

The electrical system is protected from EMP faults by the use of circuit breakers and Motor Controller protective monitors. See Hydraulics System Description Document for more details. Component qualification testing was performed...

(4) Compliance to Regulation 25.1357(c)

A design review was performed to ensure the requirements of 25.1357(c) have been met through the use of circuit breakers and Motor Controller protective monitors; documented in the Hydraulics System Description Document...

2.4 Design and Construction Compliance

(1) Compliance to Regulation 25.601

The hydraulic system utilizes design approaches which have been reliable in service and are not hazardous. New designs are qualification tested to ensure reliable functioning. For Hydraulic Component Qualification Reports.

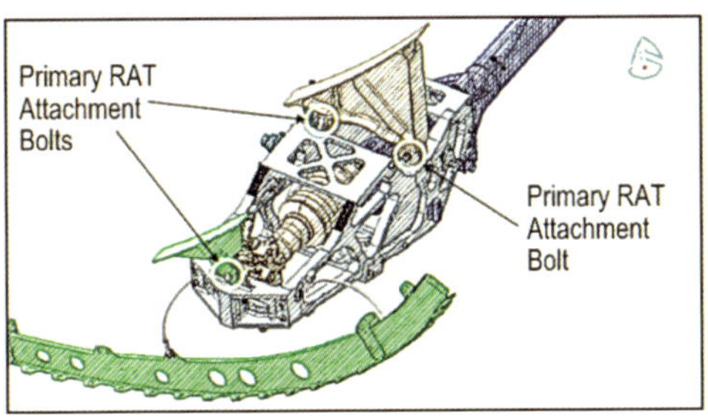

Figure x. RAT Attachment Bolt Locations

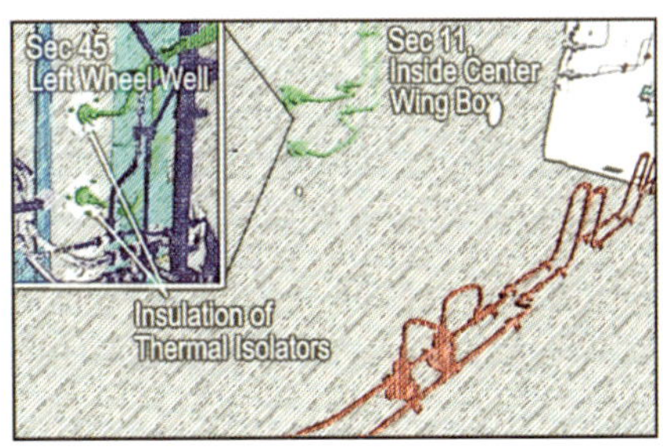

Figure x. Section 11/45 Thermal Insulators

(2) Compliance to Regulation 25.607(a)

Only applies to Ram Air Turbine. The RAT assembly is comprised of many fasteners at the top assembly and sub assembly levels. The Sub-assembly level consists of connections of the lower level parts that make up the Line Replaceable Unit (LRU) such that the fasteners would not be expected to be removed by operators for maintenance...

2.5 Cockpit controls and Indication Compliance

(1) Compliance to Regulation 25.777(a)

A design review was performed to ensure that each hydraulic system cockpit control is located to provide convenient operation and to prevent confusion and inadvertent operation. Hydraulic system control location on 787 is based on existing Boeing airplane models. See Reference x D000A001-01 document for control system location.

(2) Compliance to Regulation 25.1322

The primary indication of aircraft condition and system faults is through the Engine Indicating and Crew Alerting System (EICAS) display unit. Panel lights are used to aid flight crews during non-normal operation requiring specific crew action in identifying affected controls and to reduce the likelihood of selecting the wrong control, especially where doing so directly affects the immediate safety of the airplane, and particularly if miss-selection is likely due to close proximity and/or appearance of the controls...

(3) Compliance to Regulation 25.1555(a)

Hydraulic system cockpit controls are plainly marked as to function and method of operation. See the Hydraulic System Description Document for more information. Hydraulic system controls utilize design philosophy of existing Applicant model airplanes...

2.6 Function and Installation Compliance

(1) Compliance to Regulation 25.1301

This section contains compliance information for the Airplane baseline. An analysis, including design review, of the Airplane hydraulic system design differences relative to the Airplane baseline was conducted resulting in the determination that this compliance is appropriate and complete for the Airplane hydraulic system.

(2) Compliance to Regulation 25.1309(b)(1)(2)(3)

The hydraulic system transport elements (also noted as tubes, tubing and lines) installed in the electronic bays in the fuselage are protected from electrical panel failure by structural shielding. The specific failure is from an arcing and fire event that may cause molten aluminum to spray toward the hydraulic lines that are installed near the electrical panels.

Analysis was performed to show that the hydraulic system would not be compromised due to an arcing event within the electrical panels. Using data obtained from an engineering test that defined the threat to the hydraulic system and from thermal and stress analysis it was shown that the hydraulic tube shield and the hydraulic line would not fail from an electrical panel failure event. Molten aluminum spatter that impinged on the shield would not elevate the temperatures of the shield material to its melting point. Diffused spatter on the hydraulic tube would not elevate the tube surface temperate to its melting point...

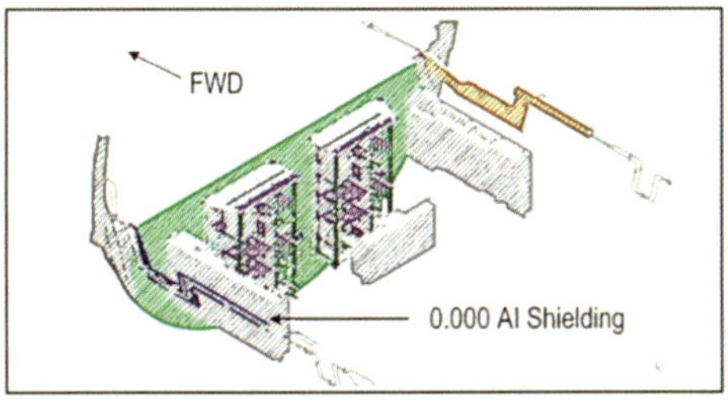

Figure x. AFT EE Bay P100 Panel

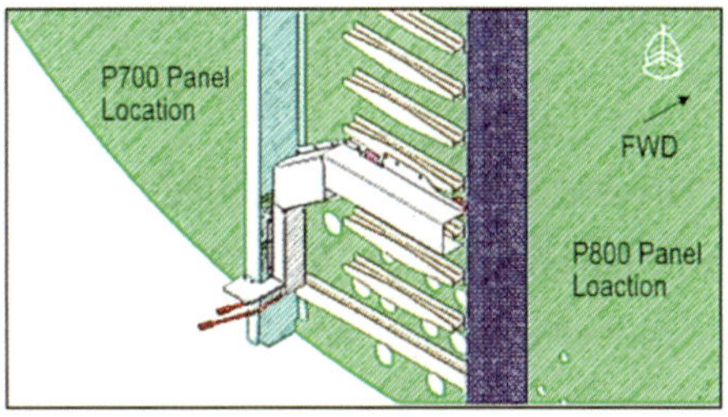

Figure x. AFT EE Bay P700 and P800 Panel

2.7 Lightning Protection Compliance

(1) Compliance to Regulation 25.1316(a) and 25.1316(b)

Hydraulic system electrical components were qualification tested according to their Design Assurance Level document to ensure they perform their functions when exposed to lightning. See the Hydraulic Component Qualification Reports.

(2) Compliance to Regulation 25.1316(c)(4)(5)(6)(7)

Hydraulic system electrical components were qualification tested according to their Design Assurance Level document to ensure they perform their functions when exposed to lightning. For CS 25.1316(c)(5) only, component qualification testing was performed for lightning protection. See the Hydraulic Component Qualification Reports.

2.8 HYDIF Software Compliance

(1) Compliance to Regulation 25.1435(c)(2), HYDIF 4.0

HYDIF software was revised from version 3.5 to 4.0 to address hydraulic system maintenance function discrepancies observed during pre-Type Cert lab and airplane testing and to incorporate changes allowing for compatibility with future derivative aircraft. There are no operational impacts that result from these changes...

(2) Compliance to Regulation 25.1435(c)(2), HYDIF 5.0

HYDIF software was revised from version 4.0 to 5.0 to address three issues identified on the Airplane in service and one issue identified in Airplane flight test that is common to the Airplane. There are no operational impacts that result from these changes. This section contains asummary of the changes and description of the tests that were used to support compliance to 25.1435(c)(2).

(3) Compliance to Regulation 25.1435(c)(2), HYDIF 6.0

HYDIF software was revised from version 5.0 to 6.0 to address the 20 Problem Reports (PRs) shown in Table x below.

The scope of this change is not significant in terms of impact to the airplane design and function. The change eliminates some known and potential customer nuisance conditions which can result in inappropriate maintenance and dispatch delays. Additionally, several improvements and an error correction were made to HYDIF as a result of field related problems and Boeing analysis of the system operation...

3. CONCLUSION

The Applicant showed compliance FAA Part 25 and EASA CS-25 Fire Protection, Lightning and EME (Electro-Magnetic Effects), Electrical Requirements, Design and Construction, Cockpit Controls and Indication, Ventilation, Function and Installation, Lightning Protection, Icing Protection, Fluid Specification, HYDIF Software, Marking and Placards requirements for the hydraulic system of the Airplane under type certification.

These airworthiness requirements applicable to the hydraulic system of the Airplane were showed by Design Review, Safety Analysis, Material and Component Test, Qualification Test, Airplane Ground Test, Airplane Flight Test, and so on.

Appendixes

- Appendix A : The Airplane Hose and Fittings Tables.
- Appendix B : Hydraulic Component Qualification Reports.
- Appendix C : FAA and EASA Regulations Matrix.
- Appendix D : Hydraulic Systems Placards and Markers.
- Appendix E : Scenario 1 - Thermal Model for Half Spherical Aluminum Spatter.
- Appendix F : Scenario 2 - Thermal Model for Thin Disk Aluminum Spatter.
- Appendix G : Scenario 3 - Thermal Model for Single Aluminum Spatter Particle I.
- Appendix H : Scenario 4 - Thermal Model for Single Aluminum Spatter Particle II.
- Appendix I : Analytical Model of Hydraulic System.
- Appendix J : Arc Fault Test Plan for Airborne Electronic Module (AEM).
- Appendix K : EME Direct Effects Analysis of Hydraulic Bulkhead Fitting Doubler.
- Appendix L : Ram Air Turbine (RAT) Installation, Shoulder Bolt Grip Length.

3.4.3 회전익 환경계통 비행시험 입증

회전익 항공기 환경제어시스템(ECS: Environmental Control System)은 엔진 또는 보조동력장치의 블리드 공기를 이용하여 조종실 및 객실의 냉방, 난방, 환기, 습도조절, 전자장비 방열, 윈드쉴드 성에제거, 기능을 수행하며, 블리드 밸브 열교환기, 압축기, 증발기, 응축기 또는 공기사이클 머신(ACM), 덕트, 팬, 필터, 유량밸브, 차단밸브, 온도센서, 압력센서 등으로 구성된다. 윈드쉴드 성에제거에 전기식 가열기구를 사용할 수도 있으며, 엔진 블리드 공기 대신에 전기식 공기 압축기를 사용할 수도 있다.

수송급 회전익 항공기에 대한 미국의 FAR Part 29과 유럽의 CS-29 요건은 거의 동등한 수준으로 제정되어 있으며, 2023년 2월에 개정된 CS-29의 Amendment 11에서 환경제어시스템에 적용되는 요건을 살펴보면 다음과 같이 제시할 수 있다.

- CS 29.771 Pilot Compartment Amendment 0 2003.11.14
- CS 29.773 Pilot Compartment View Amendment 0 2003.11.14
- CS 29.831 Ventilation Amendment 0 2003.11.14
- CS 29.853 Compartment Interiors Amendment 0 2003.11.14
- CS 29.863 Flammable Fluid Fire Protection Amendment 0 2003.11.14
- CS 29.1301 Function and Installation Amendment 0 2003.11.14
- CS 29.1309 Equipment, Systems, and Installations Amendment 11 2023.02.07
- CS 29.1321 Arrangement and Visibility Amendment 0 2003.11.14
- CS 29.1351 General (Electrical System) Amendment 0 2003.11.14
- CS 29.1431 Electronic Equipment Amendment 0 2003.11.14.

유럽항공안전청의 감항기준 CS 29.771에서는 조종실의 진동, 소음, 강우, 강설 등으로 인하여 조종에 피로하지 않도록 설계하고, CS 29.773에서는 심한 강우 및 결빙을 포함한 모든 조건에서 조종사의 시야가 확보될 수 있도록 설계하고, CS 29.831에서는 승무원 1인당 0.3 m^3/min 이상의 신선한 공기를 공급하고, CS 29.853에서는 내화성(fire-resistant)과 자체 소화성(self-extinguishing properties)을 가진 인테리어 부품 및 재료를 사용하고, CS 29.863에서는 가연성 유체의 누설로 인한 점화 위험을 최소화하고 화재 시에 승무원에게 경고하는 기구를 갖추도록 규정하고 있다.

또한, CS 29.1301에 따라서 장치품의 의도된 기능을 수행하도록 장착하고, CS 29.1309에 따라서 안전성 분석을 통해서 안전에 치명적인 시스템이 모든 조건에서 신뢰성 있게 작동하고 파국적 고장은 극히 불가능하고, 위험한 고장은 극히 희박하게 설계하고, CS 29.1321에 따라서 치명적인 계기는 조종사 시야의 중심에 혼동되지 않도록 배치하고, CS 29.1351에 따라서 전기시스템에 고장이 발생하여도 필수적 전기 부하가 계속 공급될 수 있도록 설계하고, CS 29.1431에 따라서 극한 조건에서도 통신 및 항법시스템이 정상적으로 작동하도록 요구하고 있다.

다음의 환경계통 비행시험에 대한 적합성 입증 예시는 출력 2,000 shp급 터보샤프트엔진 2대를 장착한 최대이륙중량 8,300 kg의 19인승 헬리콥터를 대상으로 한다.[43] 해당 회전익 항공기의 동체는 길이 14.6 m, 폭 3.0 m, 높이 4.0 m이며, 메인 로터는 직경이 14.6 m이고 복합재료로 제작된 5엽 블레이드로 구성되어 있다. 이 헬리콥터의 환경제어시스템은 블리드 공기 인출장치, 공기 사이클머신 및 공기조화팩(ACP), 공기분배장치, 객실 및 조종실 히터, 그리고 환기장치 등으로 구성된다. 환경계통 비행시험 시에는 고온기상(hot day), 침냉(cold soak), 습도 조건, 고장모드 조건 등에 유의해야 한다.

Environmental Control System Flight Test for Large Rotorcraft

1. SCOPE

The flight test report presents the results and analysis from the flight tests conducted on the Helicopter full ECS configuration (ventilation, heating and air conditioning systems) to show compliance of the ventilation and heating systems with the requirements of EASA CS-29, Amendment 2 dated November 10, 2008...

2. APPLICABLE REQUIREMENTS

As agreed in the ECS Certification Subject Document the following CS-29 paragraphs have been identified to be addressed by the Flight Test Proposal and Flight Test Report:

- CS 29.771 Pilot Compartment
- CS 29.773 Pilot Compartment View
- CS 29.1301 Function and Installation
- CS 29.1309 Equipment, Systems and Installation

3. APPLICABLE CONFIGURATION

This Flight Test Report is applicable to the Helicopter fitted with the Full ECS configuration as identified by the following Applicant's drawings:

- 1A0000D0001, Rev A : Air Conditioning Installation
- 2B0000E0002, Rev B : Heating System Installation
- 3C0000F0003, Rev C : Cockpit and Cabin Ventilation Installation...

4. REFERENCES

4.1 Applicant's Documents

[1] 123H0000A001, Rev A : AG Form 59 Helicopter S/N 00000

[2] 123H0000B002, Rev B : Environmental Control System Flight Test Proposal

[3] 123H0000C003, Rev C : Environmental Flight Test Plan...

4.2 Other Documents

- EASA CS-29, Amendment 2, 10/11/2008 : Certification Specifications for Large Rotorcraft

5. TEST INSTRUMENTATION

Due to the Helicopter, S/N 00000, containing no in-built instrumentation, the following hand-held devices were utilised for the mandatory testing:

- 0 off Portable Multimeter/Data Loggers and Probes
- 0 off Portable Gas Detector...

5.1 Ground Test Measurements

The data loggers and probes were used to measure the flows from all of the ventilation system outlets in the cockpit and cabin for the initial ground test flow survey to determine the relationship between each outlet and key locations. This enabled the maximum 00 points for measure flow velocity and temperature for the flight tests to be identified.

5.2 Flight Test Measurements

For the ventilation system assessment, the probes were located and secured at 0 positions in the outlets of the cockpit distribution system left hand side and at 0 positions in the roof outlets of the cabin distribution system left hand side. (see Figure x and Figure x)

For the heating system assessment, the 0 cockpit probe positions were maintained with an additional probe located at the co-pilot foot outlet on the left side of the cockpit centre console. In the cabin the 0 roof probes were removed and replaced by...

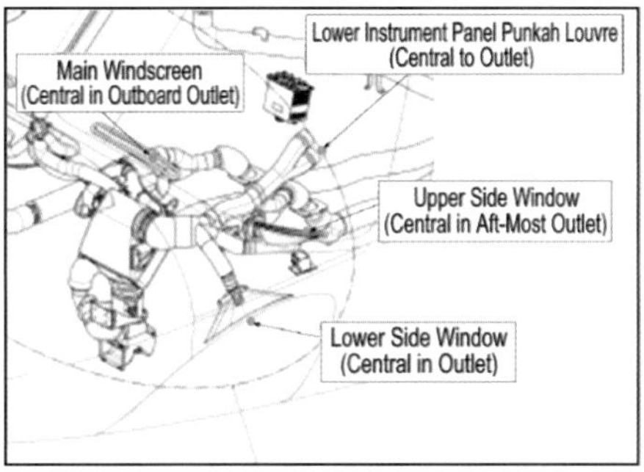

Figure x. Location of Probes in Cockpit

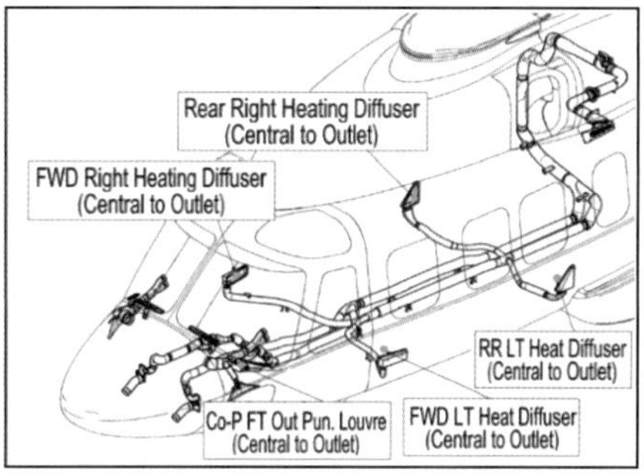

Figure x. Location of Probes in Cabin

6. BUILD STANDARD AND CONFIGURATION

6.1 Build Standard

The Environmental Control System build standard is defined by the drawing suite defined in the Document, which is in accordance with the equipment detailed in Reference [0] (S/N 00000 ECS FCJ).

The ECS equipment configuration is fully representative of the production equipment fit. All performance data captured and qualitative assessments made during the ground and flight tests are valid in contribution towards the objectives of the flight test programme.

6.2 Aircraft Configuration

The test activity conducted in this report was carried out on the Helicopter, S/N 00000, representative of the Type Design configuration for a production aircraft, the general configuration and limitations of which are contained in Reference [0] (Form 59 S/N 00000).

The configuration of the aircraft "as built" is confirmed by the Construction and Certification Standard Document, and the Statement of Conformity, 000A0000B000 Rev 0, which are referenced in Volume 1 of Reference [0] (Form 59 S/N 00000)...

7. ECS FLOW AND VENTILATION TEST

7.1 CO and CO_2 Concentration

CO and CO_2 concentrations in the cockpit and cabin ambient air were required to be measured throughout the flight tests for the operation of both the cockpit and cabin ventilation and heating systems in the following flight conditions:

- Ground Static (APU cases) to establish ambient air intake and CO/CO_2 levels in static conditions...

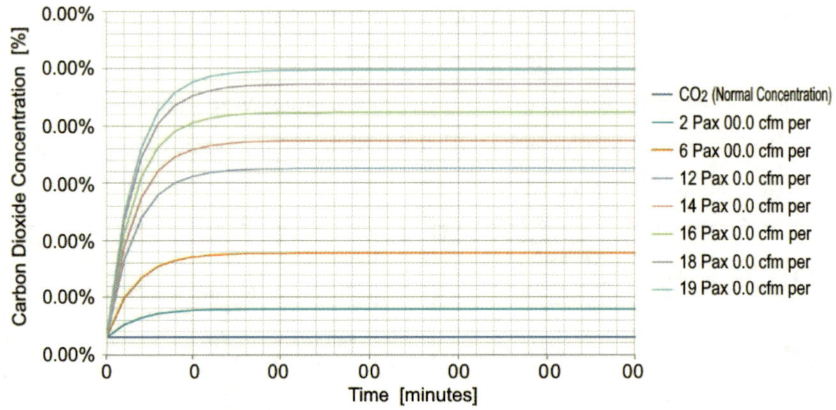

Figure x. CO_2 Concentration for Cabin Occupancy

7.2 Cockpit and Cabin Ventilation System

The demonstration of satisfactory ventilation from the cockpit and cabin ventilation system is a mandatory requirement for airworthiness certification purposes.

Thus, it is necessary to demonstrate that the cockpit system is capable of delivering sufficient fresh air to supply the minimum requisite for each crew member and the cabin can provide appropriate amounts of fresh air to maintain the cabin CO2 levels below acceptable limits with the maximum cabin occupancy...

7.3 Cockpit and Cabin Heating System

As for the ventilation systems, the demonstration of satisfactory ventilation (fresh air) from the cockpit and cabin heating system is a mandatory requirement for airworthiness certification purposes.

Thus, it is necessary to demonstrate that the cockpit system is capable of delivering sufficient fresh air to supply the minimum requisite for each crew member and the cabin can provide appropriate amounts of fresh air to maintain the cabin CO2 levels below acceptable limits with the maximum cabin occupancy...

7.4 Environmental Control System Functionality

The operation of the ECS for the flight tests detailed in the appropriate paragraphs together with the successful completion of the ECS functional and electrical ATPs, Reference [0] and [00], prior to the flight tests, show that the Helicopter environmental control system is of kind and design appropriate to its intended function and functions properly when installed and is therefore in compliance with the requirements of CS 29.1301 and CS 29.1309(a) and (c).

7.5 Nose Bay Avionics Cooling

Testing of the nose bay avionics cooling has been performed in accordance with Reference [0] Flight Test Plan with the production standard avionics equipment installation on the aircraft.

This testing has been performed in suitably warm conditions to show the Nose Bay Avionics Cooling System provides adequate cooling to maintain the ambient temperatures of the bays at acceptable levels for all the units therein, for all external conditions...

7.6 Limitations and Impacts on RFM Procedure

The APU electrical generator alone can only support either the cockpit or cabin air conditioning systems. Both systems can be operated if at least one engine generator is functioning with the APU generator, as identified in Reference [00] Electrical Load Analysis.

8. CONCLUSION

The Applicant showed compliance with CS 29.771, CS 29.773, 29.831, 29.1301, 29.1309 for the Environmental Control System (ECS) of the Helicopter by the Flight Test, which was applied for type certificate to the EASA.

This report is submitted to the EASA with the following appendixes for approval as a compliance document of the Helicopter.

Appendixes

- Appendix A : Measurement Probe Calibration Certificates.
- Appendix B : Gas Alert Micro Model Calibration Certificate.
- Appendix C : Ventilation System Flight Test Results.
- Appendix D : Coordination Memo, Sizing of Restriction for Fresh Air Requirement.
- Appendix E : Heating System Flight Test Results,
- Appendix F : Flight Test Data Files.

3.5 항공전자 입증

3.5.1 전자장비 설계 구성

항공기의 전자장비 및 전기장치는 감항기준의 Subpart F: Equipment의 전기/전자 관련 요건과 그밖에 다른 Subpart의 일부 해당 요건을 반영하고, 이에 대한 적합성을 입증하여야 한다. 항공기 전기/전자 분야에서 가장 중요한 사항으로 전자기 간섭 및 적응성, 환경시험, 하드웨어 및 소프트웨어 통합, 상호운용성 및 인터페이스 통합설계, 안전성 및 위험경감 설계 등을 들 수 있다. 최근에는 인적요소 및 휴먼 인터페이스, 사이버보안 및 데이터 견실성 등이 중요하게 부각되고 있다.

또한, 기존 항공기의 기계식 세부계통 및 엔진 제어시스템이 전자식 시스템으로 전환됨에 따라서 항공전자 및 전기계통 구성품에 대한 중요성이 날로 증대되고 있다. 이에 대한 하드웨어뿐만 아니라, 소프트웨어 안전성에도 각별히 유의할 필요가 있다.

항공기 전자장비(avionics)는 크게 비행조종시스템(FCS), 비행관리시스템(FMS), 항법장비(INS, IRS, GNSS), 통신장비(VHF, UHF), 충돌방지장치(TCAS), 기상 레이더(weather radar), 시현 및 경고장치(displays), 엔터테인먼트(IFE), 기록장치(FDR, CVR) 등으로 분류되고, 전기장치(electrical equipment)는 발전장치(RAT, IDG, APU), 축전지(battery), 전력변환장치(tansformer), 전원제어장치(controls), 전원분배장치(distribution), 전기모터 및 액추에이터(EMA), 조명장치(lights), 케이블, 하네스, 커넥터 등으로 구성된다.

[그림 3-30] 수송급 비행기 전자장비 및 전기장치 분류

최근의 항공기는 기계식보다 전기전자식(fly-by-wire) 비행조종시스템(FCS: Flight Control System)을 주로 사용하고 있다. 이는 비행제어컴퓨터(FCC: Flight Control Computer), 제어입력기구(control input devices), 전자기계식 액추에이터(EHA: Electro-Hydrostatic Actuators) 및 전자제어기구(ACE: Actuator Control Electronics), 그리고 이에 필요한 비행 데이터 관련 센서와 데이터 버스로 구성된다.

전기전자식 비행조종시스템(FCS)은 전자기계식 액추에이터를 작동시켜 조종면을 제어하고, 비행선도 상의 속도와 하중을 초과하지 않도록 제어하고, 비행 안정성 및 제어 로직에 따라 자동적으로 안전성을 증대시키고, 자동출력장치(autothrottle), 자동비행장치(autopilot), 비행디렉터(flight director), 비행관리시스템(FMS) 등과 통합하여 작동한다. 이들 비행조종시스템 및 구성품은 다중의 리던던시 컴퓨터 및 데이터 채널을 갖도록 설계하여야 한다. 예를 들면, 센서나 액추에이터 등의 고장 시에 자동 로직이 수동으로 전환되거나 백업 채널을 이용하거나 자동 로직의 일정 부분이 제한되도록 설계한다.

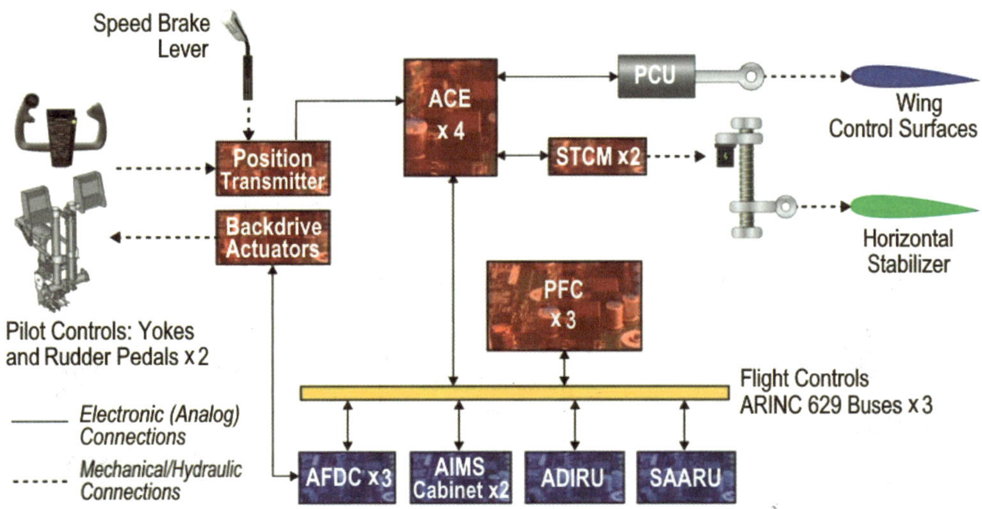

PCU : Power Control Unit (EMA)
PFC : Primary Flight Computer
ADIRU: Air Data Inertial Reference Unit
ACE : Actuator Control Electronics
AFDC: Autopilot Flight Director Computer
SAARU: Secondary Attitude Air Data Reference Unit
STCM: Stabilizer Trim Control Module
AIMS: Airplane Information Management System

[그림 3-31] 수송급 비행기 전기전자식 비행조종시스템

항공기 항법시스템(navigation system)은 비행 중인 항공기의 위치, 방향, 속도를 측정 계산하여 목적지까지 비행경로를 제시하는 기능을 수행한다. 과거에는 자이로스코프 특성을 이용하는 관성항법시스템(INS: Inertial Navigation System)이 사용되었으나, 최근에는 관성기준시스템(IRS: Inertial Reference System) 또는 비행자료 관성기준시스템(ADIRS: Air Data Inertial Reference System)이 사용되고 있다. 이는 관성항법시스템의 기계식 자이로에서 발생하는 고유의 편차(drift errors)를 해소하고, 정확도를 개선하기 위하여 링레이저 자이로 또는 섬유광학 자이로와 함께 별도로 측정되는 가속도, 속도, 고도, 자세 등을 이용하는 방식이다. 통상적으로 Boeing은 관성기준시스템(IRS)으로 칭하고, Airbus는 비행자료 관성기준시스템(ADIRS)으로 부르고 있다.

최근에는 글로벌 위성항법시스템(GNSS: Global Navigation Satellite System)이 도입되고 있는데, 이는 관성기준시스템(IRS, ADIRS)을 기반으로 글로벌 위치시스템(GPS) 위성정보를 이용하여 관성 편차(inertial drift)를 보정함으로써 장시간의 대륙간 비행에서 고정밀 위치정보를 제공하고 비행경로를 안내하는 최신형 항법시스템이다.

항공기 비행관리시스템(FMS: Flight Management System)은 관성항법시스템(INS) 및 관성기준시스템(IRS), 글로벌 위치시스템(GPS) 및 위성항법시스템(GNSS), 초단파 전방향 무선표지(VOR) 및 무선거리측정장치(DME), 레이더 고도계(radar altimeter), 피토정압시스템(pitot-static system) 등에서 비행 및 위치정보를 입력받고, 비행관리컴퓨터(FMC)와 제어 및 시현 유닛(CDU)을 통해서 비행계획, 항법 및 위치 결정, 좌우 및 수직 비행(LNAV, VNAV) 안내, 연료 및 비행시간 예측 등의 기능을 수행한다. 이를 위하여 기존의 항법 데이터베이스와 성능 데이터베이스를 이용하며, 자동출력장치(autothrottle), 자동비행장치(autopilot), 비행디렉터(flight director), 지형인식 및 경고시스템(TAWS), 엔진제어시스템(FADEC) 등과 통합되어 있다.

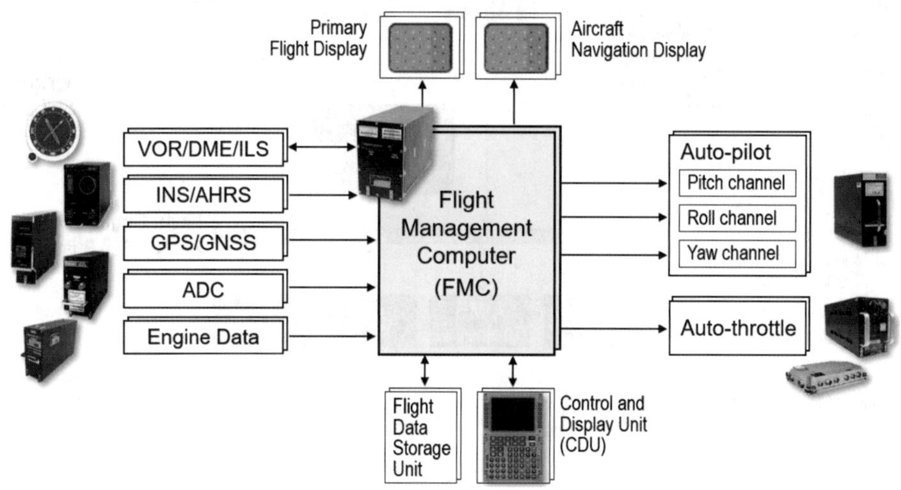

[그림 3-32] 수송급 비행기 비행관리시스템 구성도

항공기 통신장비(communication system)은 비행승무원이 지상의 관제소, 자사의 운항센터, 객실승무원 등과 교신을 위한 장비를 말하며, 데이터 링크나 텔리메트리를 통하여 항공기 탑재 시스템과 외부의 시스템 사이에 이루어지는 데이터 통신을 포함한다.

초단파 무선통신장비(VHF Radio)는 118 ~ 137 MHz 주파수로 비교적 가까운 지상의 관제소와 교신할 때 사용하며, 단파 무선통신장비(HF Radio)는 3 ~ 30 MHz 주파수로 대양을 지나는 원거리 교신할 때 사용한다. 위성통신장비(SATCOM)는 Inmarsat이나 Iridium 등과 같은 위성을 통해서 글로벌 음성 교신 및 데이터 통신에 사용된다. 항공기 통신보고시스템(ACARS: Aircraft Communications Addressing and Reporting System)은 디지털 데이터 링크를 통해서 비행경로, 기상정보, 비행정보 등을 지상 관제소 및 운항센터에 송신 및 수신할 수 있다. 관제소-조종사 데이터 링크 통신장비(CPDLC: Controller–Pilot Data Link Communication)는 대양 상공이나 고고도 비행 중에 지상 관제소와 문자를 통신할 때 사용한다.

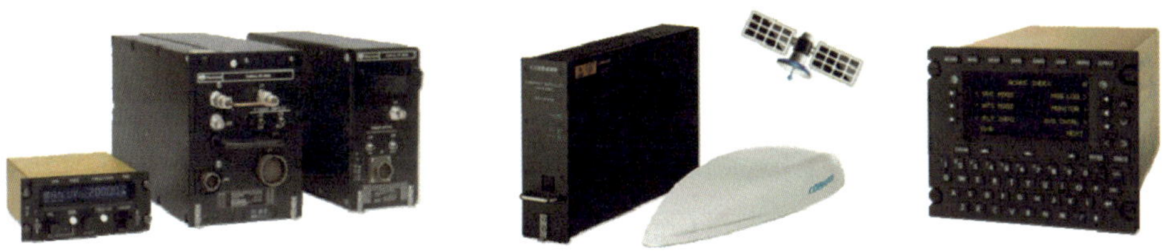

[HF Radio Equipment] [SATCOM Controller/Antenna] [CPDLC Terminal]

[그림 3–33] 항공기 통신장비에 대한 예시

항공기 기내 음성통신은 비행 인터폰(flight interphone)을 사용해 비행승무원과 객실승무원 간에 통화하고, 승객 안내시스템(passenger address system)을 사용해 객실승무원이나 비행승무원이 객실의 승객에게 방송으로 안내하고, 캐빈 인터폰(cabin interphone)을 이용해 객실, 주방, 조종실에 있는 승무원 간에 통화할 수 있다. 이들 무선통신 및 인터콤은 음성제어패널(ACP: Audio Control Panels)에서 선택하고 통제할 수 있다.

항공기의 시현장치와 경고장치(displays ans warning system)는 주 비행시현장치(PFD), 항법시현장치(ND), 다기능시현장치(MFD), 엔진지시 및 승무원 경고시스템(EICAS) 또는 전자식 중앙항공기 모니터(ECAM), 헤드업 디스플레이(HUD) 등으로 구성된다. 이들은 장치는 비행관리시스템(FMS), 비행자료 관성기준시스템(ADIRS), 시현장치 제어패널(DCP), 중앙컴퓨터(CMC) 등과 통합되어 있다. 시현장치의 경보(alert) 및 경고(warning)는 조명, 음성, 문자, 시각적 표시 등으로 나타나고, 승무원 경보시스템(CAS), 이착륙 형상 경고장치, 착륙장치 경고장치, 충돌방지시스템(TCAS), 지형인식 및 경고시스템(TAWS), 급변풍(windshear) 탐지 및 경보장치 등에서 메시지를 전달받는다.

항공기 객실에 설치되는 시현장치는 각 좌석의 뒤에 매립되는 엔터테인먼트(IFE) 모니터가 대표적이며, 그밖에 오버헤드 디스플레이, 안내정보 디스플레이 패널, 객실관리터미널(CMT) 또는 객실승무원 패널(FAP) 등으로 구성된다. 최근에는 위성통신과 와이파이를 통한 무선 엔터테인먼트 시스템(wireless connectivity)이 보편화되고 있다.

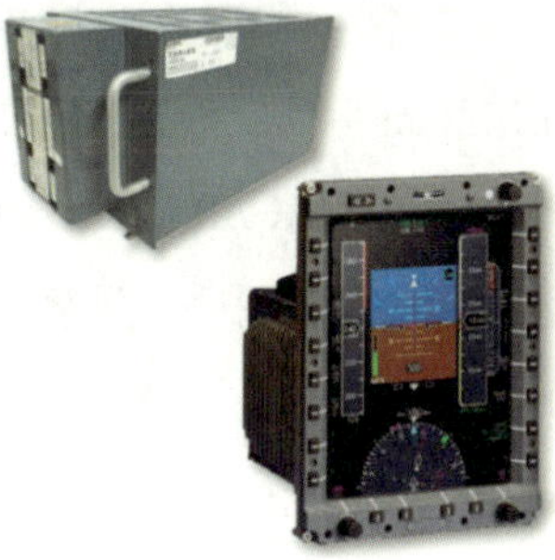

[DMC and PFD]

[EDCU and EICAS]

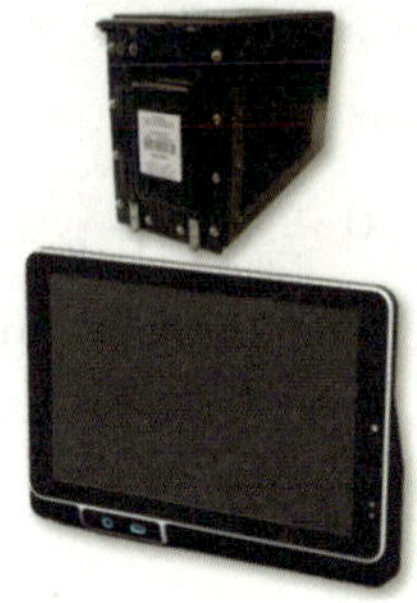

[IFE Server and Monitor]

[그림 3-34] 항공기 시현장치에 대한 예시

항공기 공중충돌방지장치(TCAS: Traffic Collision Avoidance System, or ACAS: Airborne Collision Avoidance System)는 비행 중에 주변의 다른 항공기를 탐지 및 추적하여 충돌 위험을 판단하여 조종사에게 회피 기동을 권고하는 기능을 수행한다. 이는 충돌방지 컴퓨터, 전방향 안테나, 트랜스폰더, 조종실 시현장치 및 음성 경고장치 등으로 구성된다. 공중충돌방지장치의 권고는 교통권고(TA: Traffic Advisory, "Traffic, Traffic"), 조치 권고(RA: Resolution Advisory, "Climb, Climb Now" or "Descend, Descend"), 조치 전환(RA Reversal, "Increase Climb" or "Monitor Vertical Speed")으로 구분된다.

TCAS/ACAS I은 주변상황을 인식하여 교통권고(TA)만 가능한 시스템이고, TCAS/ACAS II는 교통권고(TA)와 함께 충돌 가능성을 판단하여 조치권고(RA)까지 가능한 시스템을 말한다. ICAO Annex 6, FAR Part 121, EU 2025/343에서는 최대이륙중량(MTOW) 5,700 kg을 초과하는 터빈엔진 장착 항공기에 대하여 TCAS/ACAS II를 의무적으로 장착하도록 규정하고 있다. 항공기 탑승인원에 대해서 ICAO와 EASA는 19인승을 초과하는 항공기로 규정하고, FAA는 30인승을 초과하는 항공기에 적용된다. 다만, 미국의 경우에 19 ~ 30인승 항공기에 대해서는 TCAS I을 장착하도록 규정하였다.

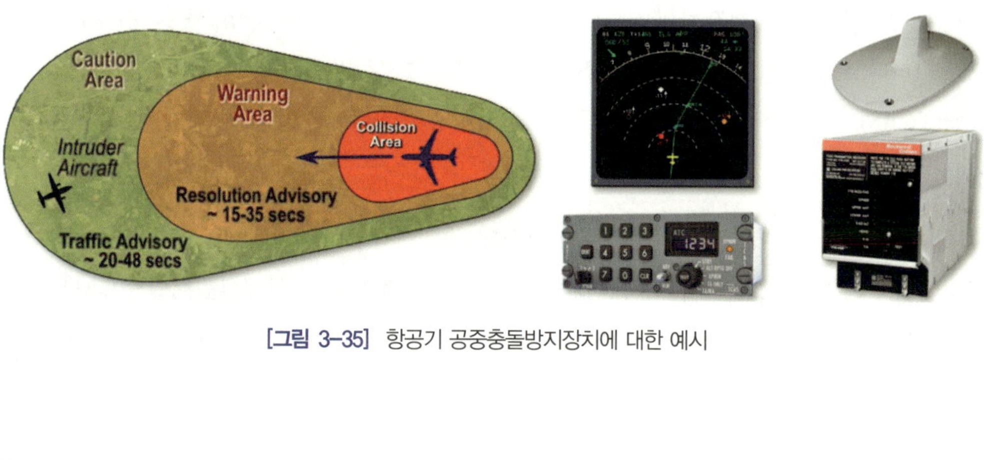

[그림 3-35] 항공기 공중충돌방지장치에 대한 예시

항공기 비행자료기록장치(FDR: Flight Data Recorder)는 해당 항공기의 시간, 위치, 비행고도, 진행방향, 비행속도, 수직속도, 피치, 롤, 요, 조종면 위치, 자동비행 세팅, 착륙장치 상태, 엔진 회전수, 압력비, 연료유량 등의 변수를 최소 25시간 이상 저장한다. 이 기록장치는 내충격성 및 불연성 재료로 밀봉된 메모리 유닛(CSMU), 비행자료 획득유닛(FDAU), 수중위치 비콘(ULB), 기록장치 전용 전원(RIPS) 등으로 구성되며, 일반적으로 항공기 꼬리 부분의 격리된 공간에 설치된다.

음성기록장치(CVR: Cockpit Voice Recorder)는 조종사의 음성, 무선 교신 내용, 계기에서 발생하는 경고 내용 등을 최소 25시간 이상 저장한다. 이 기록장치는 내충격성 및 불연성 재료로 밀봉된 반도체 메모리, 조종실 마이크로폰(CAM), 수중위치 비콘(ULB), 기록장치 전용 전원(RIPS) 등으로 구성되며, 일반적으로 항공기 꼬리 부분의 격리된 공간에 비행자료기록장치와 함께 설치된다.

국제민간항공기구(ICAO)는 최대이륙중량(MTOW) 5,700 kg을 초과하는 상업용 항공기에 비행자료기록장치와 음성기록장치를 모두 장착하도록 권고하고, 미국 연방항공청(FAA)은 FAR Part 121에 따른 30인승 이상의 항공기와 Part 135에 따른 10 ~ 30인승 항공기에도 비행자료기록장치와 음성기록장치를 모두 장착하도록 규정하고 있다.

[그림 3-36] 비행자료기록장치 및 음성기록장치에 대한 예시

중대형 상용 항공기 전기시스템(electrical system)의 주전원은 400 Hz의 교류 115 VAC와 직류 28 VDC를 사용한다. 다만, 소형 항공기의 주전원과 대형 항공기의 대기 배터리는 직류 24 VDC로 공급된다. 이들 전기시스템은 발전장치, 축전지, 전력변환장치, 전원제어장치, 전원분배장치, 전기모터 및 액추에이터 등으로 구성되고, 항공기에 탑재되는 각종 전자장비 및 전기장치에 전원을 공급한다.

항공기에서 사용되는 전원은 엔진에 의해서 구동되는 통합구동발전기(IDG: Integrated Drive Generator) 또는 가변주파수 시동발전기(VFSG: Variable Frequency Starter Generator)에서 공급되며, 비상 시에는 보조동력장치(APU)의 발전기와 램에어터빈(RAT) 발전기를 가동시켜 전기를 공급할 수 있다. A350, A380, B787 항공기는 가변주파수 시동발전기(VFSG)를 사용하고, 그 이외의 항공기는 정속으로 구동되는 통합구동발전기(IDG) 발전기를 사용한다.

항공기에 탑재되는 축전지(battery)는 니켈-카드뮴(Ni-Cd), 리튬-이온(Li-ion), 납산(Lead-Acid) 배터리를 사용할 수 있다. 다만, 납산 배터리는 중량이 무겁고 수명이 짧아 일부 소형 항공기나 중형 항공기에만 사용되고, 리튬-이온 배터리는 에너지 밀도가 높고 경량이지만 열과 충격에 민감하여 엄격한 기준에 따라 인증을 받아야 한다. B737과 A320 항공기는 24 VDC의 23 ~ 28 Ah 니켈-카드뮴 배터리를 2개 이상 탑재하고, A350과 B787 항공기는 리튬-이온 배터리를 사용하고 있는데, B787 항공기는 29 VDC의 72 Ah 배터리 2개를 탑재하고, A350 항공기는 50 VDC의 45 Ah 배터리 4개를 탑재하고 있다.

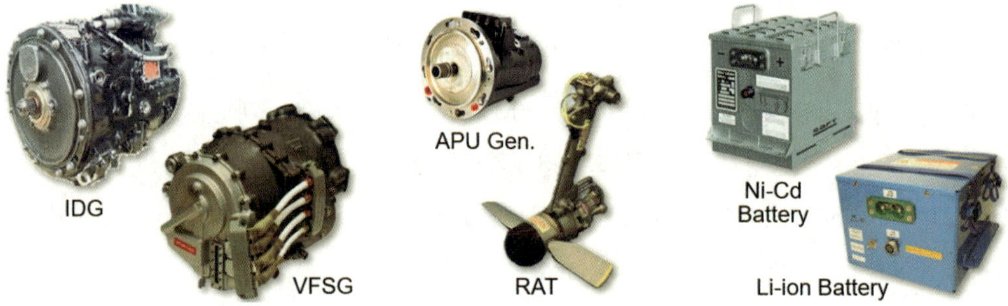

[그림 3-37] 비행자료기록장치 및 음성기록장치에 대한 예시

항공기 전력 변환을 위하여 트랜스포머 정류기 유닛(TRU: Transformer Rectifier Unit)에서 교류를 직류로 변환하고, 인버터(static inverter)에서 직류를 교류로 변환하고, 컨버터(converter unit)에서 직류-직류 또는 교류-교류로 변환하거나 전압 및 주파수를 함께 변환하기도 한다. 소형 항공기의 경우에는 별도의 전압 조정기(voltage regulator)를 사용하여 전압을 ±2 % 수준으로 안정되게 유지한다.

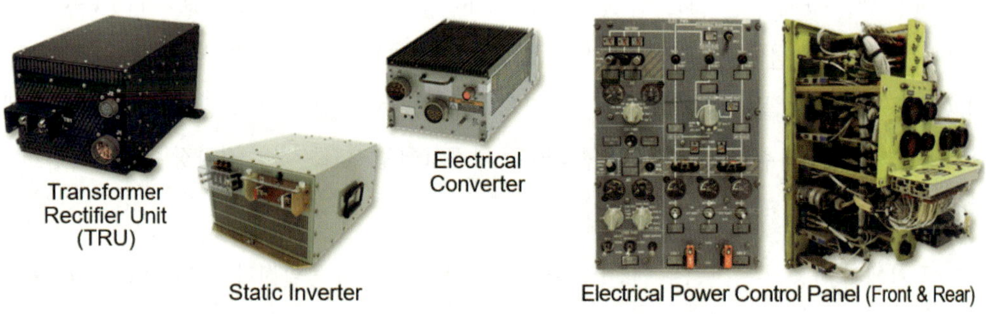

[그림 3-38] 항공기 전기시스템 변환 및 제어장치 예시

항공기 전기시스템의 모니터링 및 제어는 전력제어 유닛(EPCU: Electrical Power Control Unit), 전기부하 관리시스템(ELMS: Electrical Load Management System), 전기 제어패널(ECP:

Electrical Control Panel), 버스 개폐 조정기(BTB: Bus Tie Breaker) 등에서 이루어진다. 이들 전원은 교류버스, 직류버스, 필수버스, 비상버스, 배터리버스 등을 통해서 각각의 전기장치 및 전자장비에 공급된다.

항공기 전기 및 전자시스템은 크게 발전, 변환, 분배, 제어, 부하 부분으로 나누어 볼 수 있으며, 이들은 도선, 부하, 스위치, 저항, 커패시터, 인덕터, 다이오드, 트랜지스터 등으로 회로를 형성한다. 전기전자시스템의 회로는 직류회로와 교류회로, 그리고 직렬회로와 병렬회로로 나누어 볼 수 있다.

[표 3-11] 전기전자시스템 기본 회로 및 적용 이론

구분	회로도	기본공식
직류회로 (DC Circuit)	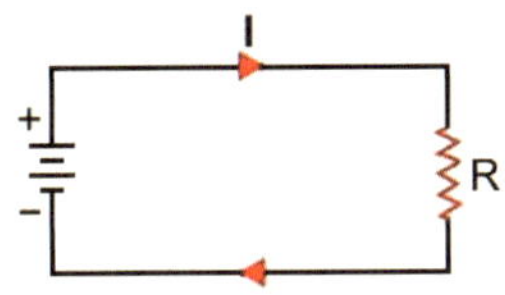	• 전압, $V=IR$ • 전력, $P=VI=I^2R=\frac{V^2}{R}$
교류회로 (AC Circuit)	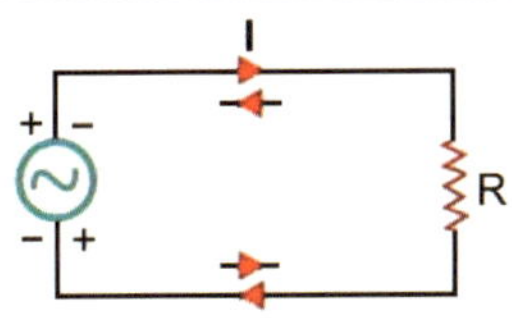	• 순시값, $v(t)=V_{max}\sin(\omega t)$ • 실효값, $V_{rms}=\frac{V_{max}}{\sqrt{2}}$, $I_{rms}=\frac{I_{max}}{\sqrt{2}}$ • 전력, $P=V_{rms}I_{rms}\cos(\phi)$
직렬회로 (Series Circuit)	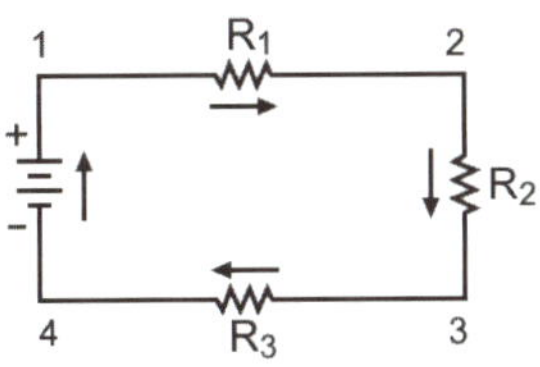	• 저항, $R_t=R_1+R_2+R_3$ • 전류, $I=\frac{V}{R_t}$ (모든 소자에 동일) • 전압, $V_i=IR_i=V\frac{R_i}{R_t}$
병렬회로 (Parallel Circuit)	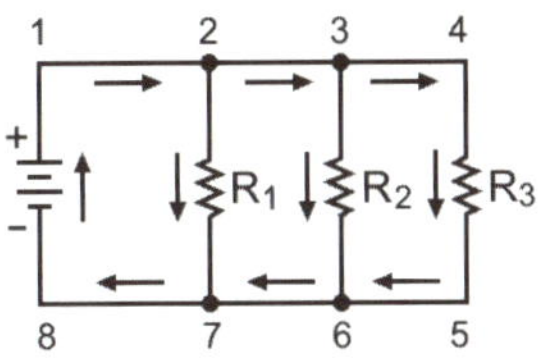	• 저항, $\frac{1}{R_t}=\frac{1}{R_1}+\frac{1}{R_2}+\frac{1}{R_3}\cdots$ • 전압, $V_t=V_1=V_2=V_3\cdots$ • 전류, $I_i=\frac{V}{R_i}$
교류 직렬회로 (AC Series Circuit)	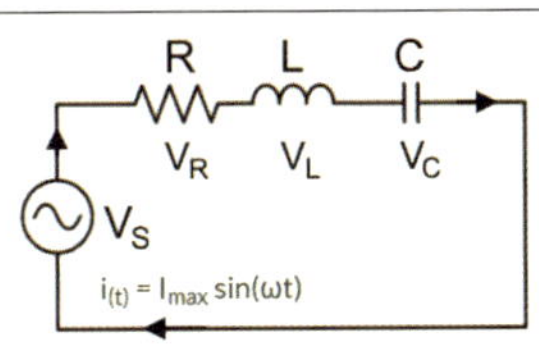	• 각주파수, $\omega=2\pi f$ • 위상차, $\phi=\omega t$ • 리액턴스, $X_L=\omega L$, $X_C=1/\omega C$ • 임피던스, $Z_R=R$, $Z_L=j\omega L$, $Z_C=1/j\omega C$ • 전압, $V_S=IZ$, $Z=\sqrt{R^2+(X_L-X_C)^2}$
교류 병렬회로 (AC Parallel Circuit)	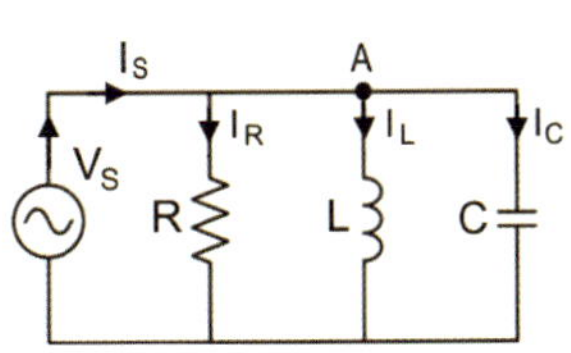	• 부분전류, $I_R=\frac{V}{R}$, $I_L=\frac{V}{X_L}$, $I_C=\frac{V}{X_C}$ • 전체전류, $I_S=\sqrt{I_R^2+(I_L-I_C)^2}=V/Z$ • 임피던스, $\frac{1}{Z}=\sqrt{\left(\frac{1}{R}\right)^2+\left(\frac{1}{X_L}-\frac{1}{X_C}\right)^2}$

교류회로는 저항(R) 이외에 인덕턴스(L)와 커패시턴스(C)로 이루어지며, 이를 RLC 회로라고 한다. 그리고 교류의 주파수(f)에 따라서 각주파수(ω)와 위상차(φ)를 발생한다. 교류회로의 임피던스(Z)는 주파수 변화에 무관한 저항(R)과 주파수에 따라 변화하는 인덕턴스(L)와 커패시턴스(C)가 발생하는 저항의 개념이다. 즉, 특정한 회로의 전압(V)과 전류(I)의 비($Z = V/I$)로 정의된다. 인덕턴스는 코일의 전류 변화에 따라 생성되는 자기장의 기전력(E)을 말하며, 단위는 헨리(H)로 나타낸다. 커패시터는 전하를 축적하여 에너지를 저장하고 전류를 제한하는 기능을 하며, 단위는 정전용량(C)으로 나타낸다.

반도체 소자(semiconductor device)는 실리콘(Si), 게르마늄(Ge), 갈륨비소(GaAs) 등의 소재로 제작되는 다이오드, 트랜지스터, 집적회로(IC), 전력반도체, 미세전자기계시스템(MEMS: Micro-ElectroMechanical System), 금속산화막 반도체장효과 트랜지스터(MOSFET: Metal-Oxide-Semiconductor Field-Effect Transistor) 등을 말한다. 이들은 항공기의 전력 변환, 전력 배분, 제어기기, 비행조종컴퓨터, 항법컴퓨터, 비행관리컴퓨터, 자세방향기준시스템(AHRS), 전자기계식 액추에이터(EMA) 등에 다양하게 사용되고 있다.

반도체 소자를 고상 소자(solid-state device)라고 지칭하기도 하는데, 이는 기계적인 가동 부품(mechanical moving part), 진공관, 액체 및 가스 등이 사용되지 않는 순전한 고체 형태의 반도체를 이용한다는 측면에서 유래된 명칭이다. 즉, 반도체 소자를 이용해 제작하는 릴레이, 기억소자(RAM), 저장매체(SSD), 진동기(oscillator) 등을 지칭하는데, 명확한 정의보다 산업계의 관행에 따라 부여되는 명칭으로 볼 수 있다.

항공기 전기전자시스템 설계는 일반적으로 시스템 모델링, 전기적 설계, PCB 및 하네스 배치, 시뮬레이션 및 분석, 설계 검증 및 시험 단계로 진행된다. 산업계에서는 시스템 모델링을 위해서 OMG SysML, MathWorks Simulink 등의 툴을 사용하고, 전기적 설계에는 Siemens Capital, Zuken E3, CATIA Electrical 등을 사용하고, PCB 및 하네스 배치를 위해서 Altium Designer, Mentor PADS, CATIA Electrical 등을 주로 사용하고 있다. 전기전자시스템의 시뮬레이션 및 분석에는 Linear Tech LTspice, Cadence OrCAD, Mentor HyperLynx 등을 사용하고, 설계 검증에는 SCADE Suite, LDRA Tool Suite, IBM DOORS 등의 툴을 사용하고 있다.

항공기 전기전자시스템 설계에서 구성품의 선정과 통합설계, 아날로그 및 디지털 데이터 통신, 전기적 부하 분석, 항공기 장착 및 인터페이스 설계 등이 중요하게 다루어져야 한다. 또한, 전자기 간섭(EMI), 전자기 적응(EMC), 고강도 전자기장(HIRF)을 포함하는 전자기 환경시험과 하드웨어 및 소프트웨어 인증에 적합하도록 설계되어야 한다.

전기전자시스템의 전자기 간섭(EMI: Electromagnetic Interference)을 방지하기 위하여 전기

전자 소자뿐만 아니라 금속 케이스나 무선주파수 가스켓 등을 사용해 차폐(shielding)하고, 배선에 전력선 필터, 페라이트 비드, EMI 필터 등을 사용해 필터링(filtering)하고, 고전력선과 저전력선을 격리하여 분리(separation)하고, 단일 포인트 또는 다중 포인트 접지(grounding)를 설계에 반영하고, 회로기판(PCB)은 루프 면적, 접지, 간격(trace) 등을 고려해 회로를 배치하도록 한다. 전자기 적응(EMC: Electromagnetic Compatibility) 설계를 위하여 구성품 디레이팅, 차등 신호 및 트위스트 케이블, 차폐용 커넥터 등을 사용하도록 설계하여야 한다. 고강도 전자기장(HIRF: High-Intensity Radiated Field) 방호 설계를 위하여 치명적 항전박스를 차폐하고, 섬유광학 데이터 링크를 사용하고, 낙뢰 및 무선주파수 방호를 위한 본딩에 유의하여 설계하여야 한다.

항공기 전기전자시스템 하드웨어는 RTCA DO-254에 따라서 하드웨어 확인 계획, 설계보증 레벨, 요건기반 설계, 시험 및 분석을 통한 설계 확인, 툴 검정, 형상관리, 인증문서 작성 단계로 진행하여야 한다. 이때, ModelSim, Synplify, Questa, Vivado, DOORS, LDRA 등을 툴을 사용할 수 있다. 소프트웨어에 대해서는 RTCA DO-178C에 따라서 소프트웨어 인증 계획, 설계보증 레벨, 요건기반 개발, 시험 및 분석을 통한 소트트웨어 확인, 요건-설계-코트-시험 추적성, 툴 검정, 형상관리, 인증문서 작성 단계로 진행하여야 한다. 이를 위하여 SCADE, Simulink, VectorCAST, LDRA, DOORS, Jenkins, Git 등의 툴을 사용할 수 있으며, 다음과 같은 소프트웨어 인증문서를 작성하여야 한다.

- Plan for Software Aspects of Certification (PSAC)
- Software Development Plan (SDP)
- Software Verification Plan (SVP)
- Software Requirements Specification (SRS: High-Level, Low-Level)
- Software Design Description (SDD)
- Software Test Procedures and Test Reports
- Software Structural Coverage Analysis Report
- Software Traceability Matrix Document
- Software Configuration Index (SCI)
- Software Accomplishment Summary (SAS)

항공기 전기전자시스템에 대한 안전성 분석은 FAR §xx.1309에 의거한 SAE ARP4761A 및 SAE ARP4754B에 따라서 기능적 위험평가(FHA), 예비 시스템 안전성 평가(PSSA), 시스템 안전성 평가(SSA), 결함나무분석(FTA), 고장모드 및 영향분석(FMEA), 공통원인분석(CCA), 공통모드분석(CMA), 구역별 안전성 분석(ZSA), 특정위험분석(PRA) 등을 수행하여야 한다. 다만, RTCA DO-254에 따른 하드웨어 설계보증 수준(DAL)과 RTCA DO-178C에 따른 소프트웨어 설계보증 수준(DAL)에 따라서 안전성 분석의 종류, 범위, 수준이 달라질 수 있다.

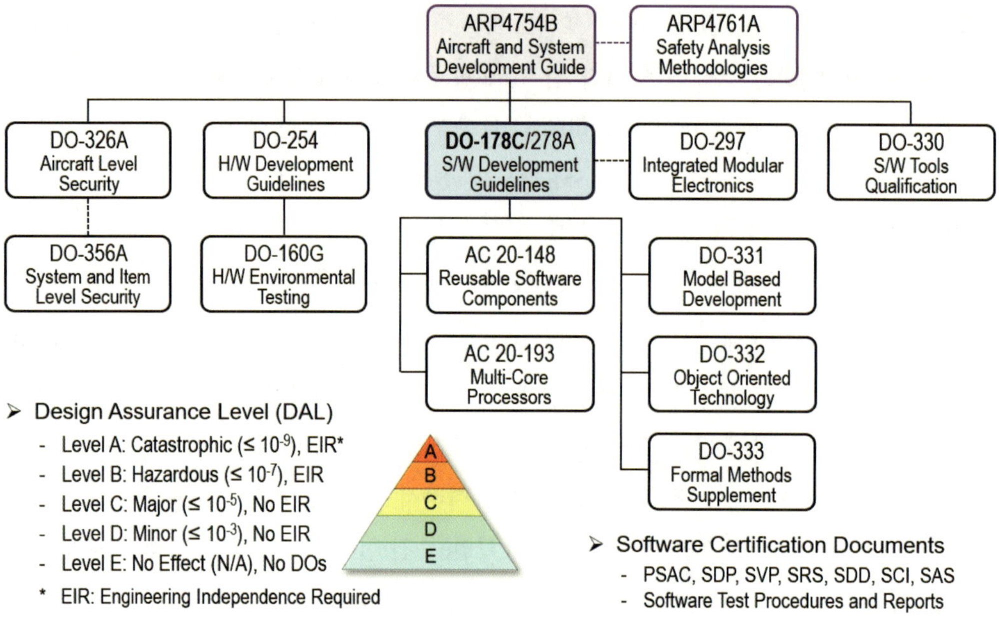

[그림 3-39] 항공기 전자장비 소프트웨어 인증 체계도

항공기 전기전자시스템 및 구성품에 대한 기능시험, 성능시험, 신뢰성 시험 등은 항공기 감항기준의 해당 요건이 반영된 최소성능기준, 산업규격, 그리고 인증기관이 승인한 시험계획서에 따라서 수행할 수 있으며, 이에 대한 환경시험은 RTCA DO-160G에 따라서 다음과 같은 시험을 수행하여야 한다.

- Section 4.0 Temperature and Altitude
- Section 5.0 Temperature Variation
- Section 6.0 Humidity
- Section 7.0 Shock and Crash Safety
- Section 8.0 Vibration
- Section 9.0 Explosion Proofness
- Section 10.0 Water Proofness
- Section 11.0 Fluids Susceptibility
- Section 12.0 Sand and Dust
- Section 13.0 Fungus Resistance
- Section 14.0 Salt and Fog (Salt Spray)

- Section 15.0 Magnetic Effect
- Section 16.0 Power Input
- Section 17.0 Voltage Spike
- Section 18.0 Audio Frequency Conducted Susceptibility
- Section 19.0 Induced Signal Susceptibility
- Section 20.0 Radio Frequency Susceptibility (EMC, HIRF)
- Section 21.0 Radio Frequency Emission (EMI)
- Section 22.0 Lightning Indirect Effects
- Section 23.0 Lightning Direct Effects
- Section 24.0 Icing
- Section 25.0 Electrostatic Discharge (ESD)
- Section 26.0 Flammability

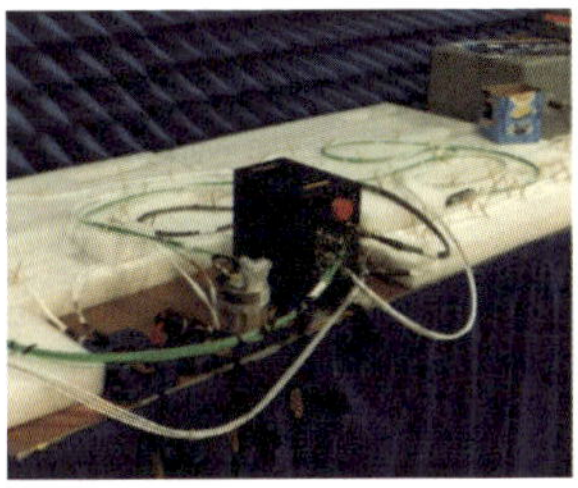

[EMI Test] *by Sam Pedrotty*

[Full Scale EMC Test] *by EMCC*

[Full Scale Lightning Test] *by Embraer*

[그림 3-40] 항공기 전자장비 전자기 환경시험

항공기 전기전자시스템의 종류와 그 설계 구성에 따라서 감항기준의 적용 요건이나 적합성 입증방법이 달라질 수 있다. 또한, 해당 요건에 관련된 훈령, 고시, Order, AC를 함께 검토하여 적합성 입증계획을 수립하고, 설계 보고서, 해석 보고서, 소프웨어 보고서, 안전성 분석 보고서, 시험 계획서, 시험 보고서 등을 작성하여야 한다. 수송급 비행기 및 회전익 항공기의 전기전자시스템 분야에 대한 적합성 입증 예시를 다음과 같이 살펴볼 수 있다.

3.5.2 수송급 비행기 전기부하 입증

항공기 전기전자시스템은 해당 감항기준에 따라서 해석, 시험, 또는 경험자료 및 유사성으로 적합성을 입증하여야 한다. 기존에 형식증명을 받은 비행기의 설계를 바탕으로 개조하여 개발하는 경우에는 기존의 감항기준 요건을 인증기준(CB: Certification Basis)으로 설정할 수 있으며, 기존의 설계에 근거한 경험자료를 이용한 유사성 방법으로 적합성을 입증할 수도 있다.

즉, 현재의 유럽항공안전청 대형 비행기에 대한 인증규격은 CS-25, Amendment 28 (2023.12.19)이지만, 기존의 유럽연합항공요건 JAR-25의 해당 요건을 적용할 수도 있다. 유럽연합항공당국(JAA)의 JAR-25, Amendment 16 (2003.05.01)에서 전기전자시스템에 대한 전기부하 분석으로 요구하는 항목은 다음과 같다.

• JAR 25.1165 Engine Ignition Systems	Change 14	1994.05.27
• JAR 25.1301 Function and Installation	Amendment 16	2003.05.01
• JAR 25.1309 Equipment, Systems and Installations	Amendment 16	2003.05.01
• JAR 25.1351 General (Electrical Systems)	Amendment 16	2003.05.01.

대형 비행기 감항기준 JAR 25.1165에서는 엔진 점화 전원에 대하여 모든 수요에 충분한 용량, 발전기 및 축전지 고장에 대비한 설계, 화재구역 배선의 불연성, 점화시스템 독립성, 축전지 방전 경고기구를 갖추도록 요구하고 있다. JAR 25.1301에서는 항공기 장치품에 대하여 해당 기능에 적정하고, 식별 표시되고, 규격에 따라 장착하도록 규정하고 있다. JAR 25.1309에서는 항공기 시스템에 대하여 운용조건에서 안전하게 작동하고, 파국적 고장은 극히 불가능하고, 위험한 고장은 극히 희박하고, 중대한 고장은 희박하도록 설계하고, 조종사에게 경고와 지시하도록 규정하고 있다.

또한, JAR 25.1351에 따라서 항공기 전기시스템은 부하 분석 및 안전성 요건을 만족하도록 설계하고, 발전시스템은 안전하게 기능을 수행하고, 출력 품질을 유지하고, 필수계통에 전원을 공급할 수 있어야 한다. 그리고, 일반적인 전원 상실이 극히 불가능한(extremely improbable) 조건이 아닌 경우에는 필수계통에 전원을 공급하기 위한 독립적인 백업 전력시스템을 갖추어야 한다.

다음의 전기부하 분석에 대한 적합성 입증 예시는 추력 27,000 lbf급 터보팬엔진을 2대 장착하고, 최대 195명의 승객이 탑승하는 최대이륙중량 174,000 lbs의 대형 비행기를 대상으로 하고 있다.[43] 해당 비행기는 1980년대 후반에 처음으로 개발되어 형식증명을 받았고, 2010년대에 엔진을 포함한 항공기 시스템을 전면 개조하여 새로운 기종으로 형식증명을 개정하였다. 이에 따라서 항공기 자체와 이에 장착되는 전자장비 및 전기장치에 대한 전기부하 분석을 다시 수행할 필요가 있었다. 전기부하 분석 시에는 부하의 식별과 분류, 비행 조건별 부하, 발전 용량, 과도부하 조건 등에 유의할 필요가 있다.

Electrical Load Analysis for Transport Category Airplane

1. INTRODUCTION

The aim of this document is to present the Electrical Load Analysis for the Aeroplane in different electrical configurations: normal, degraded and emergency. The document is applicable to all Aeroplane

Models and all engine options. The electrical load analysis calculation is based on electrical loads files of an Aeroplane by considering the envelope.

In Chapter 2 of this document, definitions of power consumptions, shedding, and maximum power and characteristics for each power sources used to perform electrical load...

In Chapter 5 and Chapter 6 of this document, load analyses are depicted for:

- Normal electrical configuration (at generator level, at TRU level)
- Degraded electrical configuration (1 IDG inoperative, 1 TRU lost)...

1.1 Certification Basis

- JAR 25.1165(b); JAR 25.1301(a); JAR 25.1309(e); JAR 25.1351(a)
- EASA CRI A-0001-002, Issue 6 for the Aeroplane
- FAA IP-G1, Stage 4 for the Airplane...

1.2 References

- AB00CD0000000, Issue 4.0 : Electrical System Certification Plan for the Aeroplane, day month year.
- AB00EF0000000, Issue 1.0 : Battery Autonomy Certification Objective, day month year...

1.3 Acronyms

- A/C: Aircraft
- AC: Alternating Current
- APU: Auxiliary Power Unit
- ATA: Air Transport Association of America...

2. ASSUMPTIONS AND DEFINITIONS

2.1 Nominal Power

Nominal power corresponds to the contractual power consumption agreed between the equipment supplier and Airbus for AC loads and DC loads.

2.2 Maximum Power Consumption

Maximum power consumption corresponds to the maximum power consumption of equipment in worst case or degraded operation (i.e. night situation, cold temperature). The protective device is defined according to the maximum power of equipment...

2.3 Operational Power Consumption

Operational power consumption corresponds to the most probable power consumption in normal operating conditions (flight in normal weather conditions).

2.4 Permanent/Intermittent Loads

The intermittent loads are related to systems that have a power consumption of short duration. Intermittent loads of short duration are not counted but they contribute to increase the temporary peaks, which have been taken into account in the definition of...

2.5 Shedding Function

Shedding on configuration of some galleys and some commercial bus bars is performed thanks to relay logics in degraded configurations and according to the A/C models. The table below presents a list of bus bars which are automatically shed during specific...

2.6 Power Sources

Power Sources	Designation & FIN	Nominal Capacity
IDG (x2)	GEN1: 4000XU GEN2: 4000XU	90 kVA
APU Generator (x1)	GEN APU: 8XS	90 kVA
...	...	...

2.7 EPower Factor and Efficiency Descriptions

The tables below present the power factor and efficiency of TRs, Static Inverter and 115 / 26 VAC transformers for different loads values...

2.8 Conversion of Watt Values into VA

The power factor and efficiency of the transformer (TR or Static Inverter) are function of its load. The curve is not linear and the electrical load analysis uses the previous tables to compute the loads at transformer level. The tables identify the transformers...

2.9 Flight Phases

The typical flight has been broken down as follows in order to establish the load profiles.

- Start: start of the engines
- Roll: taxi lights ON, roll, engines at idle, braking sequence. Sequence stops...

3. ELECTRICAL LOAD ANALYZER AND C/B LISTS

3.1 Electrical Load Analyzer Configuration

The software used to compute electrical load analysis is name of software version 0.0. Network used is and is stored in Aeroplane Model reference area. This network has been selected based on aircraft selected to compute the electrical load analysis.

3.2 Input C/B Lists

Several C/B Lists have been collected to obtain an overview about power consumptions for the Aeroplane Model. Following serial number have been selected because associated electrical load analysis is sizing...

3.3 Modifications applied on C/B List Envelope

The table below shows modifications applied on the C/B List envelope since S/N 0000 has been chosen to be the sizing S/N...

3.4 C/B List Envelope Aeroplane

The C/B list envelope used for the Aeroplane electrical load analysis is attached hereunder: the name of C/B List...

4. AC AND DC POWER SOURCES

The aim of this chapter is to present AC and DC Electrical Load Analysis for following electrical configurations on all flight phases:

- Normal electrical configuration with Maximum values
- Normal electrical configuration with Operational values
- Degraded electrical configuration (one IDG lost, one TRU lost) with Operational values

4.1 Electrical Load Analysis at IDG Level

(1) Load Analysis on all flight phases in maximum values with 2 IDGs available

(2) Load Analysis on all flight phases in operational values with 2 IDGs available

(3) Load Analysis on all flight phases in operational values with 1 IDG lost...

4.2 Electrical Load Analysis at APU Gen Level

(1) Load Analysis on all flight phases in operational values with 1 IDG lost

(2) Load Analysis on all flight phases in operational values with 2 IDGs lost...

4.3 Electrical Load Analysis at TRU Level

(1) Load Analysis on all flight phases in maximum values with TR1 & 2 available

(2) Load Analysis on all flight phases in operational values with TR1 & 2 available

(3) Load Analysis on all flight phases in operational values with TR1 lost...

5. EMERGENCY CONFIGURATION

5.1 Introduction of Analysis

In emergency configuration the Electrical Load Analysis is envelope and based on realistic power consumptions values (collected from Applicant laboratory/flight tests or Suppliers laboratory tests)...

5.2 Emergency Electrical Configuration

The following chapters present the specific calculations for the emergency electrical configuration. In normal or degraded configurations (with at least one main power source available), the emergency network is supplied by the main electrical network...

5.3 Constant Speed Motor/Generator Power Capacity

Constant Speed Motor/Generator is received hydraulic power from RAT and converts it into electrical power. The table below provides Constant Speed Motor/Generator power capacity according to the emergency condition and A/C type...

5.4 CSM/G and Essential TRU Level in Emergency Configuration

(1) Load Analysis at CSM/G and Essential TRU level with both engines running

(2) Load Analysis at CSM/G and Essential TRU level with one engine lost

(3) Load Analysis at CSM/G and Essential TRU level in Total Engine Flame Out...

5.5 Static Inverter Level in Emergency Configuration

In emergency configuration, Static Inverter is used to supply AC essential bus when Constant Speed Motor/Generator is not available during RAT deployment and after Constant Speed Motor/Generator shutdown...

5.6 ELA at batteries level in emergency configuration

In emergency configuration, battery 1 and battery 2 are used to supply DC essential bus, AC essential bus through Static Inverter, and HOT BUS remain supplied...

6. ENGINE HORSE POWER EXTRACTION LIMITATION

6.1 Engine Specification

The engine specification provides sizing cases on IDG electrical load, IDG heat rejection, and hydraulic load for all flight phases. For IDG loads, the specified envelop corresponds to IDG sizing cases: ...

6.2 Limitation Definition

Following the engine Horse Power Extraction specification relaxation, the IDG maximum load are limited to :

- 00 kVA in-flight, ECS OFF
- 00 kvA on ground, ECS OFF...

6.3 Impacts on Electrical Load Analysis

To recover margin, the change P00000 is systematically applied, and the configurations impacted by the P00000 are : ...

(1) Load Analysis on all flight phases in operational values with 1 IDG lost

(2) Load Analysis on all flight phases in operational values with 2 IDGs lost...

7. CONCLUSION

In Electrical Load Analysis at AC and DC main electrical power sources level, the power consumption in each configuration is compliant with maximum IDG's capacity and maximum TRU's capacity and Essential TRU. In Electrical Load Analysis in emergency configuration, the power consumption is compliant with batteries capacity of 00 Ah.

The highest electrical load values of the Aeroplane for each power source depending on electrical configuration are leas than the electrical power capacities of IDG, APU Gen, TRU, Essenstial TRU, Constant Speed Motor/Generator, Static Inverter, Battery 1 and 2.

The Applicant showed compliance with JAR 25.1165(b), 25.1301(a), 25.1309(e), 25.1351(a) requirements by electrical load analysis of the Aeroplane.

3.5.3 회전익 항공기 HIRF 입증

고강도 전자기장(HIRF: High-Intensity Radiated Field)은 항공기 전기전자장비의 작동과 기능에 영향을 줄 수 있는 전자기파가 방사되는 영역을 지칭한다. 주로 레이더, 방송 송신기, 위성통신 안테나 등에서 발생하는 고출력 전파 에너지에 해당하며, 이러한 에너지에 노출된 전기전자시스템이 오작동하거나 오작동 후에 정상 기능으로 회복되는지 여부를 시험을 통해서 확인하여야 한다.

전자기 간섭(EMI)은 항공기에 탑재된 전기전자장비의 내부 또는 주변 장비에서 발생하는 비교적 저주파의 전자기 노이즈에 의한 영향을 말하지만, 고강도 전자기장(HIRF)은 항공기 외부의 공항 레이더, 송수신기, 군용시스템 등에서 발생하는 전자기파가 항공기에 탑재된 전기전자장비에 미치는 영향을 말한다. 고강도 전자기장(HIRF) 방호 요건은 FAR §xx.1317 HIRF Protection에서 규정하고, FAR Part 25의 Appendix L 및 RTCA DO-160의 Section 20에 따라서 전자기 주파수 10 kHz ~ 40 GHz와 전자계 강도 10 ~ 300 V/m 범위에서 각 구간별로 시험을 통하여 입증해야 한다.

고강도 전자기장(HIRF) 방호를 위하여 전기전자장비의 전자기 레벨에 따라 특정구역을 지정하여 배치하고, 전자장비 장착실을 전도성 구리 메쉬로 엔크로징하고, 비행조종시스템 등과 같은 치명 시스템에는 HIRF에 강한 리던던시 버스를 설계에 반영한다. 또한, 케이블 차폐, 방화벽 필터, 트위스트 배선, 광학 데이터 버스, HIRF 필터, 과도전압억제(TVS) 다이오드, 단일 포인트 접지 등을 사용하여 HIRF 방호 능력을 높일 수 있다. 그리고 필수 부하와 비필수 부하는 분리하여 배치하고, 안테나는 파장의 1.5배 이상 떨어지 위치에 배치하도록 한다. 특히, 기체가 복합재료로 제작되는 항공기의 경우에는 고강도 전자기장 방호 설계에 더욱 유의할 필요가 있다.

고강도 전자기장(HIRF) 방호 요건은 2007년 Amendment 25-122를 통해서 신설된 FAR §xx.1317과 CS xx.1317에서 각각 규정하고 있다. 그 이전에 형식증명을 신청한 항공기 또는 과거의 인증기준(CB)을 적용하고자 하는 신청자에게는 특별감항조건(SC)을 발행하거나 인증항목검토서(CRI)를 작성하여 고강도 전자기장(HIRF) 방호에 대한 적합성을 입증하도록 하였다. 미국과 유럽의 수송급 및 대형 회전익 항공기 전기전자시스템에 대한 고강도 전자기장(HIRF) 방호 요건은 다음과 같다.

❑ **수송급 비행기 감항기준**

• FAR §25.1317 HIRF Protection	Amdt 25-122	2007.09.05.
Appendix L : HIRF Environments and Test Levels	Amdt 25-122	2007.09.05
• CS 25.1317 HIRF Protection	Amdt 25/17	2015.07.16.
Appendix R : HIRF Environments and Test Levels	Amdt 25/17	2015.07.16.

❑ 수송급 회전익 항공기 감항기준

• FAR §29.1317 HIRF Protection	Amdt 29-49	2007.09.05.
Appendix E : HIRF Environments and Test Levels	Amdt 29-49	2007.09.05
• CS 29.1317 HIRF Protection	Amdt 29/4	2016.12.01.
Appendix E : HIRF Environments and Test Levels	Amdt 29/4	2016.12.01.

미국과 유럽의 §xx.1317 HIRF 요건과 Appendix의 시험 레벨은 동일한 내용으로 규정되어 있다. HIRF Environment I은 12개 구간으로 나눠진 전자기 주파수 10 kHz ~ 40 GHz의 각 구간에 평균 전자계 강도 50 ~ 300 V/m가 작용하는 환경이고, HIRF Environment II는 14개 구간으로 나눠진 10 kHz ~ 40 GHz 각 구간에 10 ~ 230 V/m가 작용하는 환경이고, HIRF Environment III는 11개 구간으로 나눠진 10 kHz ~ 40 GHz 각 구간에 150 ~ 490 V/m가 작용하는 환경으로 규정하였다.

고장이 발생하면 항공기의 비행능력이나 비행승무원의 대처능력을 감소시키는 전기전자시스템에 대해서는 HIRF Environment I과 II에 따른 시험을 통해서 해당 장비가 부정적인 영향을 받지 않음을 입증해야 하고, 회전익 항공기 전기전자시스템 중에 고장으로 인하여 비행능력이나 대처능력을 감소시키는 장비에 대해서는 HIRF Environment III에 따른 고강도 조건에서 추가적인 시험이 요구된다.

다음의 고강도 전자기장(HIRF) 방호에 대한 적합성 입증 예시는 1,000 shp급 터보샤프트엔진 2대를 장착한 최대이륙중량 4,800 kg의 12인승급 헬리콥터를 대상으로 하고 있다.[43] 해당 헬리콥터 동체의 주구조물은 알루미늄 합금으로 제작되지만, 메인 로터 블레이드와 테일 로터 블레이드, 그리고 캐빈, 테일 붐, 도어, 카울링 등에는 복합재료를 사용하고 있어 고강도 전자기장 및 낙뢰 방호에 유의할 필요가 있다.

Full Scale Large Rotorcraft HIRF Test

1. INTRODUCTION

This report is issued to support the certification of the Rotorcraft to the High Intensity Radiated Fields (HIRF) regulatory requirements...

1.1 Scope

This report covers compliance of the Rotorcraft with the applicable HIRF requirements and its demonstration following the guidelines in EUROCAE ED-107A. The approach to compliance, derived from ED-107A is detailed within the Rotorcraft HIRF Test Plan.

1.2 Applicable Requirements

This document supports the demonstration of compliance with the EASA CS paragraphs and CRI listed below.

- CRI F-01 HIRF Protection : JAA Interim Policy, Issue 3, 01.10.2003
- CS 29.1309(a)(g) Equipment, Systems and Installation...

1.3 Reference Materials

- EASA CS-29 Certification Specification for Large Rotorcraft, Amendment 2
- CRI F-01 High-Intensity Radiated Field (HIRF) Protection
- EUROCAE ED-107A Guide to Certification of Aircraft in a High Intensity Radiated Field (HIRF) Environment...

1.4 Acronyms and Abbreviations

- ATA : Air Transport Association (of America)
- AMMC: Aircraft Mission and Management Computer
- ADF : Automatic Direction Finder
- AFCS: Automatic Flight Control System...

2. AIRCRAFT BUILD AND WITNESSING

2.1 Aircraft Build Standard

The Rotorcraft configuration is detailed within the HIRF Test Plan and is considered as the configuration of the Rotrocraft to be certified.

Low Level Swept Coupling (LLSC) and Low Level Swept Field (LLSF) measurements were completed on aircraft serial number 00000 where the build standard of the aircraft was considered suitably representative of the Rotrocraft to be certified...

2.2 Responsibility and Witnessing

Applicant was responsible for the aircraft testing described in this document. All aircraft level transfer function measurement testing was performed at Applicant's name of facility by the test engineering company. All the aircraft tests have been witnessed and supported by Applicant personnel authorised...

3. APPROACH TO COMPLIANCE

3.1 Classification of EME

Compliance is demonstrated using the approach defined in the HIRF Test Plan. The Electromagnetic Effect (EME) criticality associated with each of the aircraft's systems and functions is provided in the EME Equipment Level Designators Report.

The following equipment details the critical equipment whose critical (EME Level A) functions with Catastrophic Functional Failures are intrinsically immune to HIRF but have lesser functionality to be assessed.

- 1A0000D00000, Fire Detection and Extinguishing Control Panel
- 2B0000D00000, Rescue Hoist Control Panel

- 3C0000D00000, Rescue Hoist Operator Control Panel...

The following equipment details equipment classified as EME Level A which are considered fully intrinsically immune to the effects of HIRF.

- 5E0000F00000, Pilots and Co-Pilots Cyclic Grip
- 6F0000F00000, Pilots and Co-Pilots Collective Grip
- Vendor 00000, Immersion Switches...

3.2 EME Level A Control

Determination of the aircraft's transfer functions using Low Level Swept Coupling (10 kHz to 400 MHz) and attenuation curves using Low Level Swept Field (100 MHz to 18 GHz) measurements...

3.3 EME Level A Display

Equipment that meet the requirements (or equivalent) of DO-160G Category YL (VFR), OG (IFR) are considered satisfactory to cover the generic aircraft transfer functions detailed in the HIRF Test Plan extrapolated to the Severe External environment (VFR) and Certification Environment (IFR)...

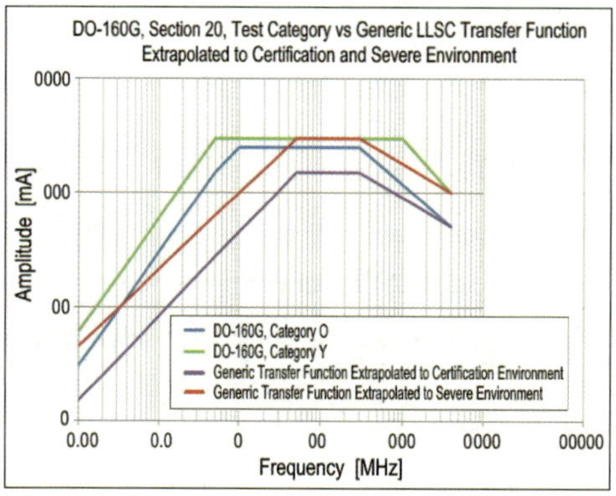

Figure x. RTCA DO-160G Section 20, Severe

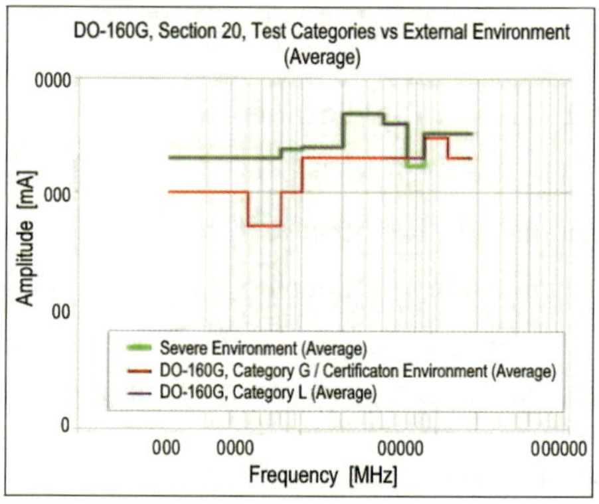

Figure x. RTCA DO-160G Section 20, Average

3.4 EME Level B, Level C, and Level D

Comparison of equipment/system level susceptibility profiles and/or test levels against the applicable requirements of DO-160 Category R or T or equivalent...

EME Level D or below is no substantiation to the HIRF requirements is required.

4. HIRF TEST RESULTS

4.1 EME Level A Control

Following the approach detailed RF conducted and radiated susceptibility qualification data is compared with the results of transfer function measurements extrapolated to the relevant HIRF environment. Over the frequency range 10 kHz to 400 MHz the LLSC method is used to determine the level of induced current for comparison to RF Conducted...

4.2 EME Level A Display

Systems classified as EME Level A Display have been qualified by the suppliers during their qualification program. RFCS and RFRS testing was completed at or above levels needed to demonstrate compliance to either aircraft transfer functions or the generic coupling curves provided in the HIRF Test Plan using AC 20-158 extrapolated to...

4.3 EME Level B and Level C

Systems classified as EME Level B and C have been tested by the suppliers during their qualification testing. RFCS and RFRS testing completed was in accordance with DO-160, Section 20, Category R (EME Level B) or T (EME Level C) as a minimum...

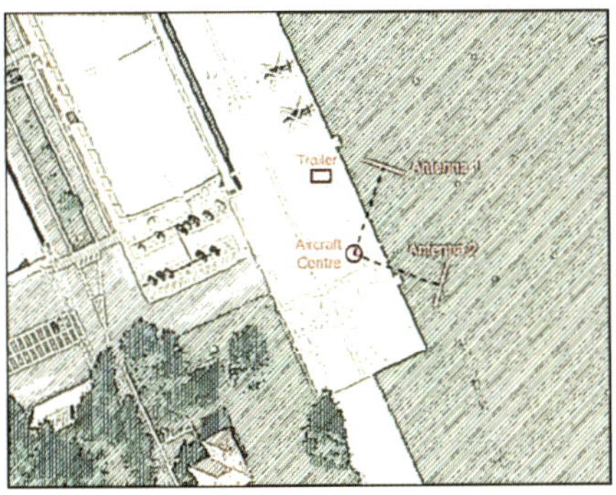

Figure x. HIRF LLSC Test Site

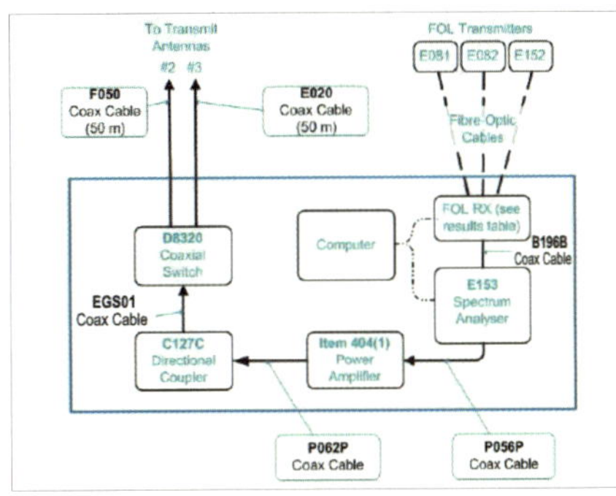

Figure x. HIRF LLSC Equipment Configuration

5. ANALYSIS OF TEST RESULTS

5.1 EME Level A Control

The results and comparison of the extrapolated LLSC transfer functions detailed in this report with system/equipment RFCS testing detailed in the appropriate section of this report are provided in Appendix x and cross referenced in Table x. The LLSC results are extrapolated to the External RF Environment defined in Table x...

5.2 EME Level A Display

Table x below provides a comparison of the results of supplier HIRF testing summarised and reference in the EMC/HIRF/IEL Qualification Summary Report for systems and equipment classified as Critical (EME Level A) Display. The applicable DO-160 requirement is compared to the level achieved to demonstrate compliance...

5.3 EME Level B and C

The results and observations from the supplier HIRF testing for systems and equipment classified as Hazardous or Major (EME Level B or C) are contained within the EMC/HIRF/IEL Qualification Summary Report.

EME Level B and C systems have demonstrated compliance by ensuring their qualification levels are equal or in excess of the certification requirements...

5.4 Summary of Test Result Analysis

Table xx below summarises the results provided in above section for equipment and systems demonstrating compliance as Critical Control (EME Level A Control). Compliance for the systems classified as Critical Display (EME Level A Display) are provided in Table x and are provided in the EMC/HIRF/IEL Qualification Summary Report...

Figure x. HIRF LLSF Test Site

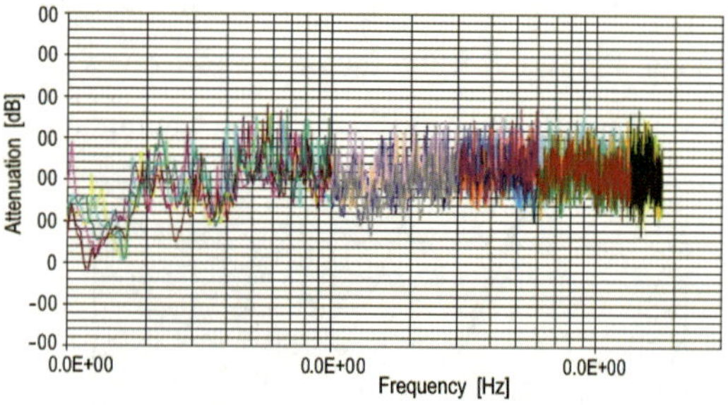

Figure x. HIRF LLSF Test Results

6. CONCLUSION

This report has summarised the results, analysis and testing performed in support of the demonstration of the Rotorcraft to the High Intensity Radiated Fields (HIRF) requirements and following the methodologies detailed in the Certification Subject Document, and using the guidance of advisory circular ED-107A.

For EME Level A Systems the helicopter transfer functions have either been measured or derived using generic curves and used to ascertain the Level A system requirements. With the notes provided in the appropriate section of this report...

Annex

- Annex A : Aircraft Build Standard.
- Annex B : LLSC, LLSF, Bulk Current Injection (BCI) Test Report.
- Annex C : HIRF Analysis of Level A Control Systems.

3.6 안전성 분석

3.6.1 안전성 분석 개요

항공기 시스템 안전성 분석(SSA: System Safety Analysis, or Assessment)[44]은 항공기 시스템 설계 및 인증 과정에서 위험상황(hazard)을 식별하고, 잠재적 고장(failure)을 평가하고, 안전에 미치는 영향(impact)을 결정하고, 법적 안전성 요건에 따른 적합성(compliance)을 확인하는 구조화된 프로세스를 말한다. 이를 통해서 항공기 또는 인명에 수락되지 않는 위험요소(risk)를 초래하는 고장이 발생하지 않도록 항공기 시스템이 설계되었음을 보장하기 위한 것이다.

이와 달리, 국방산업과 일반산업에서는 신뢰성 분석(reliability analysis)을 수행하고 있다. 신뢰성 분석은 특정한 시스템 또는 구성품이 주어진 운용조건과 기간 동안 고장이 발생하는지에 초점을 맞추고 있다. 즉, 안전성보다는 성능과 기능에 중점을 두고 있다. 이를 통해서 예측되지 않는 고장을 최소화하고, 정비성과 가용성을 개선하고, 고장간 평균시간(MTBF)을 예측함으로써, 운용 신뢰성 목표를 충족하기 위한 것이다.

신뢰성 분석을 통해서 설계 수명을 달성하고, 운용중 고장을 감소시키고, 안전 클레임에 대응할 수 있다. 시스템 안전성 분석을 통해서 규제당국의 안전성 요건을 만족하는 항공기 시스템을 제시할 수 있으므로 이들 두 가지 분석은 상호 보완적 관계라고 볼 수 있다. 또한, 시스템 안전성은 신뢰성이 확보된 부품에서 시작된다고 말할 수 있다.

[표 3-12] 시스템 안전성 분석과 신뢰성 분석의 특징

구분	시스템 안전성 분석 (SSA)	신뢰성 분석 (Reliability Analysis)
중점 (focus)	고장이 안전에 미치는 영향 (impact)	고장 발생 가능성 (failure likelihood)
Failure Perspective	What's the worst that could happen?	How often will it happen?
목적 (objective)	위험상황 이벤트 방지 및 경감	고장률 예측 및 고장률 감소
관심사항 (concern)	발생하는 결과의 심각도 (severity)	고장의 빈도(freq) 및 주기(duration)
주요척도 (metrics)	위험상황 분류: 파국, 위험, 중요 등	MTBF, 고장률(λ), 가용도(availability)
접근법 (approach)	하향식(top-down): 위험상황 → 원인	상향식(bottom-up): 구성품 → 고장
방법론 (methodol.)	FHA, PSSA, FMEA, FTA, CCA, ZSA, PRA	RBD, FMECA, Weibull Analysis
결과활용(output for)	위험요소 경감 및 인증에 활용	설계 최적화, 정비계획 수립에 활용
법적근거 및 기준	FAR/CS xx.1309, SAE ARP4761A	MIL-HDBK-217F, SAE ARP4761A

44) 분석(Analysis)은 수행자(신청자) 입장으로, 평가(Assessment)는 평가자(당국) 입장으로 나타낸 표현이지만, 분석 수행자도 관점을 달리하여 평가할 수 있으므로 그 표기법이 중요한 의미를 갖지는 않는다.

시스템 안전성 분석(SSA)은 항공기, 엔진, 프로펠러 감항기준의 다음의 요건에서 규정하고 있다. 이들 감항기준에서는 항공기 시스템의 고장 분류와 안전성을 설계에 반영하고, 그를 입증하도록 규정하고 있으며, 시스템 안전성 분석에 대한 직접적인 지침과 안내는 권고 회람서(AC)와 이에 관련된 산업표준(SAE, RTCA)에서 제시하고 있다.

- FAR §23.2510 Equipment, Systems, and Installations (Amdt 23-64, 2016.12.30)
- FAR §25.1309 Equipment, Systems, and Installations (Amdt 25-152, 2024.08.27)
- FAR §27.1309 Equipment, Systems, and Installations (Amdt 27-51, 2023.02.10)
- FAR §29.1309 Equipment, Systems, and Installations (Amdt 29-59, 2023.02.10)
- FAR §33.75 Safety Analysis (Amdt 33-24, 2007.09.04)
- AC 23.1309-1E System Safety Analysis and Assessment for Part 23 Airplanes
- AC 25.1309-1B System Design and Analysis
- AC 27-1B Certification of Normal Category Rotorcraft
- AC 29-2C Certification of Transport Category Rotorcraft
- AC 33.75-1A Guidance Material for 14 CFR §33.75 Safety Analysis
- AC 20-115D Airborne Software Development Assurance using RTCA DO-178
- AC 20-152A Development Assurance for Airborne Electronic Hardware (DO-254)
- AC 20-174 Development of Civil Aircraft and Systems (SAE ARP4754A)
- SAE ARP4754B Guidelines for Development of Civil Aircraft and Systems
- SAE ARP4761A Guidelines and Methods for Conducting Safety Assessment Process
- RTCA DO-254 Design Assurance Guidance for Airborne Electronic Hardware
- RTCA DO-178C Software Considerations in Airborne Systems and Equipment

보통급 비행기에 대한 감항기준 FAR §23.2510에서는 모든 비행기 시스템 또는 장치품에 대하여 고장의 심각도(severity)와 발생 확률(probability)이 반비례 관계(inverse relationship)에 있도록 해당 시스템 및 장치품을 설계하고 장착하도록 규정하고 있다. 즉, 파국적 고장(catastrophic failure)은 극히 불가능(extremely improbable)하고, 위험한 고장(hazardous failure)은 극히 희박(extremely remote)하고, 중요한 고장(major failure)은 희박(remote)하도록 설계하고 입증하여야 한다.

수송급 비행기에 대한 감항기준 FAR §25.1309에서는 §25.671(c)(3)의 비행조종장치 재밍, §25.735(b)(1)의 브레이크 시스템 단일결함, §25.810(a)(1)(v)와 25.812의 고장 상태, §25.903(d)(1), §25.1193, Part 33에 따른 미봉쇄 엔진 로터 파손, 엔진 케이스 파열, 엔진 케이스 과연소침식(burn-through) 파손, 그리고 §25.905(d)와 Part 35에 제시된 프로펠러 파편 방출(debris release)을 제외한 모든 비행기 장치품이나 시스템에 대하여 안전성을 입증하도록 규정하고 있다.

또한, 형식증명 또는 운용규정에서 요구되는 장치품 및 시스템은 해당 운용조건 및 환경조건에서 의도된 바에 따라서 작동되고, 해당 비행기나 탑승자의 안전, 장치품 및 시스템의 적절한 기능에 악영향을 미치지 않도록 설계되고 장착되어야 한다. 비행기 시스템 및 관련 구성품의 파국적 고장(catastrophic failure)은 극히 불가능(extremely improbable)하고, 위험한 고장(hazardous failure)은 극히 희박(extremely remote)하고, 중요한 고장(major failure)은 희박(remote)하도록 설계되고 장착되어야 한다. 비행기 및 시스템이 불안전한 상태로 작동되는 경우에 비행승무원이 이를 인지하고 시정조치를 취할 수 있도록 이에 관한 정보, 지시, 알림 수단을 반영하여 설계하여야 한다. 신청자는 고장의 전개(development)를 방지하는데 필요한 사항을 정립하여 감항성유지지침서의 감항성 한계 부분에 포함시켜야 한다.

항공기, 엔진, 프로펠러의 감항기준 FAR §23.2510, §25.1309, §27.1309, §29.1309, §33.75, §35.15에서는 시스템 안전성 분석 대상이 되는 장치품 및 시스템을 구체적으로 명시하지 않고 있다. 이는 형식증명 신청자가 감항기준의 해당 요건, 권고 회람서(AC), 산업표준에 따라서 자신의 항공기 시스템 설계에 대한 고장모드를 분류하여 각각의 심각도와 발생 확률을 반영하여 안전성 분석을 수행하여야 한다. 또한, 감항기준의 §xx.1309 이외에도 각 Subpart의 다른 요건에서 "안전해야 한다", "저하되지 않아야 한다", "고장이 없어야 한다", "파국적, 위험한, 중요한, 경미한", "극히 불가능, 불가능, 극히 희박, 희박" 등으로 규정된 부분은 시스템 안전성 분석 대상이 될 수 있다.

항공기 시스템에 대한 안전성 분석은 파국적 결과(catastrophic outcome)를 초래할 수 있는 위험상황(hazard)을 식별하고, 이를 제거하거나 경감시켜서 해당 구성품의 고장에도 불구하고 항공기가 안전성을 유지할 수 있도록 설계하는 것이다. 이에 따라서 특정한 고장이 초래하는 결과(consequences of failures, what happens if this fails)에 대하여 중점적으로 다루어야 한다. 수송급 항공기의 경우에 파국적 고장의 발생 확률은 비행시간당 1×10^{-9} 이하 이어야 하고, 위험을 경감(mitigation)시키는 방법으로 리던던시(redundancy), 격리(isolation), 조종사 경보(pilot alert) 등을 설계에 반영할 수 있다.

항공기 시스템 안전성 분석은 크게 예비 시스템 안전성 평가(PSSA: Preliminary System Safety Assessment)와 시스템 안전성 평가(SSA: System Safety Assessment)로 분류할 수 있다. 예비 시스템 안전성 평가(PSSA)는 시스템 구조를 분석하여 안전성 목표, 설계보증수준(DAL), 설계 개선안을 제시하는 것이고, 시스템 안전성 평가(SSA)는 시스템 설계가 안전성 요건을 만족하는지 확인하기 위해 결함나무분석(FTA)이나 고장모드 및 영향분석(FMEA) 등과 같은 상세 분석을 수행하는 일련의 과정을 말한다.

- 기능적 위험평가 (FHA: Functional Hazard Assessment) : 잠재적 고장 상태를 식별하고, 항공기와 탑승자에 미치는 영향에 따른 심각도를 분류함

- 결함나무분석 (FTA: Fault Tree Analysis) : 특정한 이벤트를 발생시키는 고장의 조합을 하향식(top-down)의 연역적(deductive) 방법으로 분석을 수행함
- 고장모드 및 영향분석 (FMEA: Failure Modes and Effects Analysis) : 각 구성품의 고장모드와 영향을 상향식(bottom-up)의 귀납적(inductive) 방법으로 분석을 수행함
- 공통원인분석 (CCA: Common Cause Analysis) : 모든 백업장치를 손상시키는 단일 이벤트와 같이 다중 고장을 유발하는 하나의 위험요소가 존재하는지 식별함
- 공통모드분석 (CMA: Common Mode Analysis) : 하나의 고장이 다중 리던던시 구성품에 동일한 방식으로 고장을 유발하는지 분석함. CCA의 일부로 수행됨
- 구역별 안전성 분석 (ZSA: Zonal Safety Analysis) : 하나의 고장이 동일한 구역의 다른 시스템이나 구성품에도 영향을 미치는지 구역별 평가를 수행함
- 특정위험분석 (PRA: Particular Risk Analysis) : 조류, 낙뢰, 타이어 파열 등과 같은 외부 이벤트에 의한 항공기 시스템 및 구성품에 대한 고장을 분석함

항공기 시스템 안전성 분석은 항공기 및 시스템 개발 과정과 연계하여 상호 보완적 관계로 진행되며, SAE ARP4754B에서 상세한 시스템 안전성 분석 프로세스를 제시하고 있다. 항공기부터 각 구성품까지 하향식(top-down)으로 안전성 요건을 전개하면서 목표 달성 가능성을 확인하고, 다시 상향식(bottom-up)으로 각 구성품부터 항공기까지 상세 분석으로 통하여 안전성을 확인하는 과정으로 진행된다. 이러한 진행 형태가 V자 모양을 이루기 때문에 이를 V-Model 프로세스라고 한다.

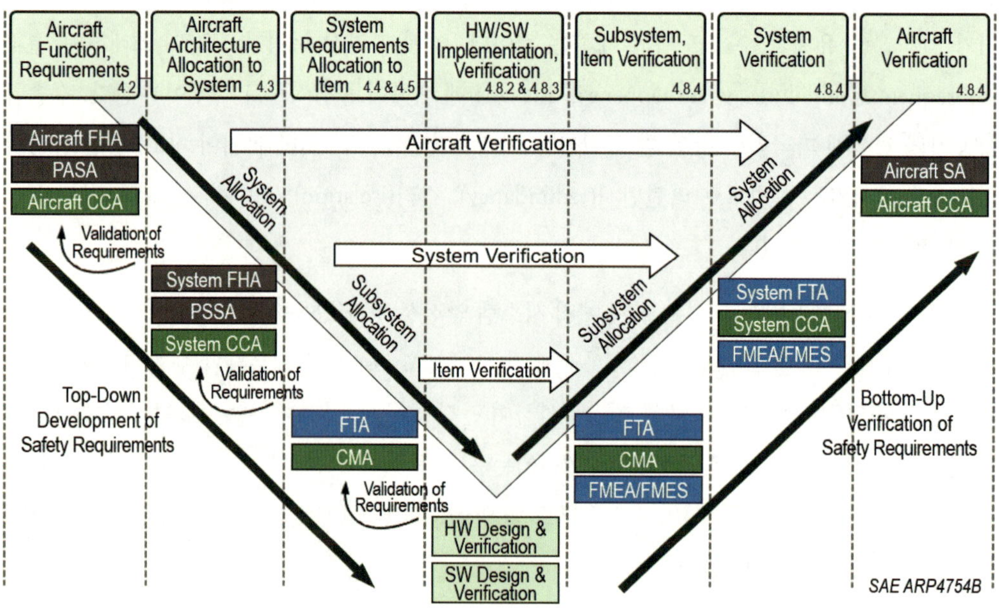

[그림 3-41] 항공기 시스템 안전성 분석 V-Model 프로세스

또한, 항공기 시스템 안전성 분석(SSA)은 개발 과정과 연계된 시스템 엔지니어링(SE) 과정으로 볼 수도 있다. 다음의 그림은 SAE ARP4754에 제시된 시스템 엔지니어링과 안전성 평가의 상호관계를 나타내고 있다. 이는 개발 초기에 안전성 요건을 설계에 반영되고 계속적으로 연계되어야 함을 나타낸다. 그리고, 고장의 영향에 근거한 설계보증수준(DAL) 할당, 안전성 목표에 따른 시스템 구조의 결정, 안전성 요건 실현을 확인하기 위한 추적성을 나타내고 있다. 또한, SAE ARP4754, ARP4761, RTCA DO-254, DO-178에 따른 일련의 시스템 안전성 분석 과정을 함축적으로 설명하고 있다.

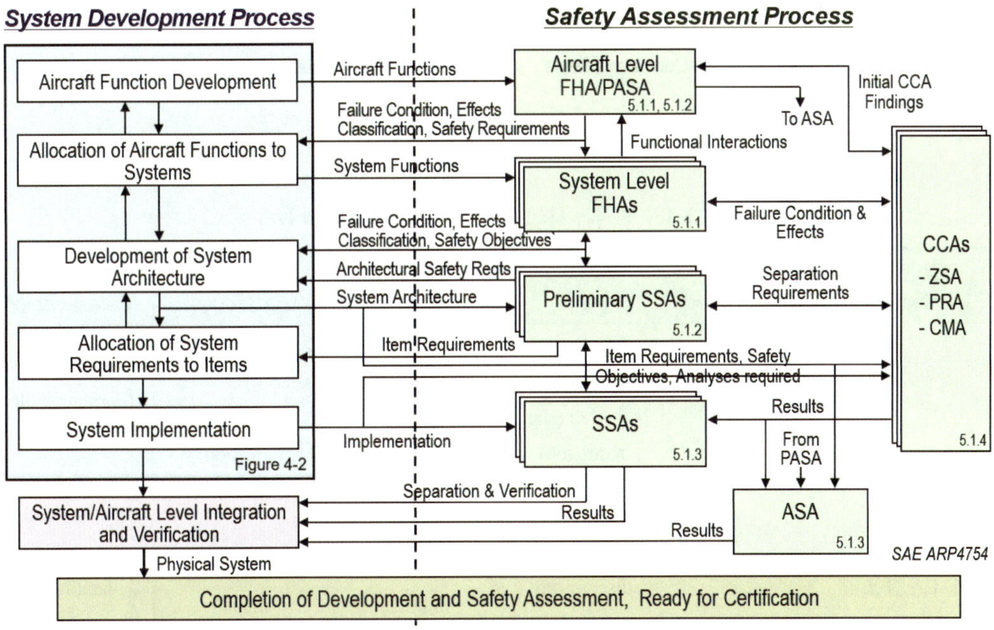

[그림 3-42] 항공기 시스템 개발 및 안전성 분석 연계 프로세스

항공기 시스템 안전성 목표(safety objective)는 미국 연방항공청 권고 회람서 AC 25.1309-1B의 Chapter 4에서 규정하고 있다. FAR §25.1309(b)에서 규정하고 있는 고장(failure)에 관한 요건은 특정한 고장으로 인하여 발생하는 영향의 심각도(severity)와 그 발생 확률(probability) 반비례 관계(inverse relationship)를 나타내야 한다. 즉, 경미한(minor) 고장은 가능(probable)하고, 중요한(major) 고장은 희박(remote)하고, 위험한(hazardous) 고장은 극히 희박(extremely remote)하고, 파국적(catastrophic) 고장은 극히 불가능(extremely improbable)해야 한다.

또한, 심각도와 확률의 관계를 항공기 및 탑승자에 미치는 영향에 따라서 분류하고, 안전성 목표를 정량적인 확률로 규정하고 있다. 즉, 수송급 비행기에서 파국적(catastrophic) 고장은 기체 상실(hull loss), 탑승자 사망(multiple fatalities), 조종사 사망(fatalities or incapacitation) 등의 결과를 초래하는 고장을 말하며, 이는 비행시간당 10^{-9} 미만으로 발생한다는 것을 입증하여야 한다.

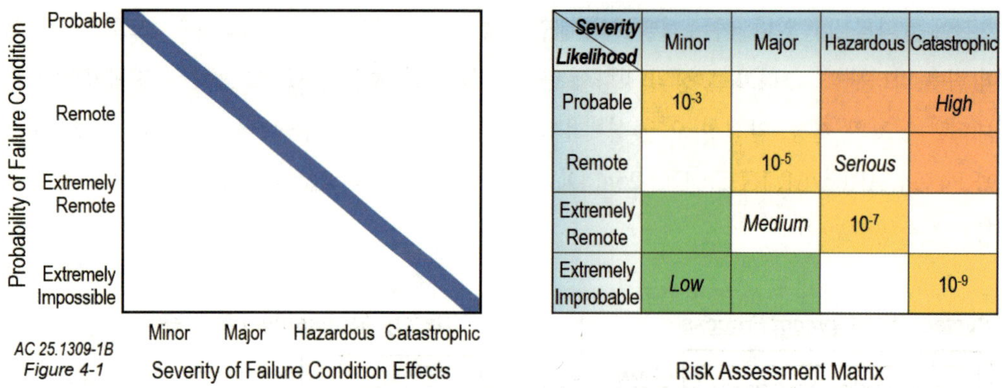

[그림 3-43] 고장 영향에 따른 심각도와 확률의 관계도

[표 3-13] 항공기 시스템 고장의 심각도와 확률의 관계

고장 분류 (Classification)	무영향 (No Safety Effect)	경미 (Minor)	중요 (Major)	위험 (Hazardous)	파국 (Catastrophic)
비행기에 미치는 영향	운용능력 및 안전에 영향 없음	기능적 능력 또는 안전마진 일부 감소 (slight reduction)	기능적 능력 또는 안전마진 현저히 감소 (significant reduction)	기능적 능력 또는 안전마진 대폭 감소 (large reduction)	기체 상실 (normally hull loss)
탑승자 또는 기타인원에 미치는 영향	불편함 (inconvenience)	신체적 불편함 (physical discomfort)	부상을 포함한 신체적 고통 (distress including injuries)	일부 인원의 심각 또는 치명적 부상 (serious or fatal injury)	다수의 사망 (multiple fatalities)
비행승무원에 미치는 영향	비행승무원 부하에 영향 없음	조종 부하 일부 증가(slight increase)	신체적 불편, 현저한 부하 증가, 또는 조종 효율 저하	신체적 고통이나 임무 완수가 어려울 정도의 과도한 부하	사망 또는 조종 불가(fatalities or incapacitation)
정성적 가능성 (qualitative)	가능성 요건 없음	가능 (probable)	희박 (remote)	극히 희박 (extremely remote)	극히 불가능 (extremely impossible)
정량적 확률 (비행시간당)	확률 요건 없음	$10^{-5} < P \leq 10^{-3}$	$10^{-7} < P \leq 10^{-5}$	$10^{-9} < P \leq 10^{-7}$	$P < 10^{-9}$

연방항공청의 AC 25.1309-1B에서 제시하는 고장의 심각도 및 확률은 항공기를 구성하는 시스템 및 구성품 명칭이나 그 고장의 종류를 직접 지칭하지 않고 있어 시스템 안전성 분석 실무에 적용하기에는 현실적인 어려움이 있다. 이에 따라서 RTCA DO-254, DO-178C, SAE ARP4754B, ARP4761A에서 항공기 시스템 및 구성품에 대한 설계보증수준(DAL: Design

Assurance Levels)을 정의하고 그에 따라 고장을 분류하고 있다.

설계보증수준(DAL)은 항공기 시스템 및 구성품의 고장에 대하여 그 영향의 심각도(severity)와 발생 가능성(likelihood)에 따라서 일종의 등급으로 분류하는 방식을 말한다. 이 등급에 따라서 개발업무의 엄격성, 개발 및 품질의 독립성, 시스템 안전성 분석, 문서의 종류 등이 달라지게 된다. 하드웨어에 대한 설계보증수준은 RTCA DO-254에 제시된 기준에 따라 분류하며, 소프트웨어에 대한 설계보증수준은 RTCA DO-178C에 제시된 기준에 따라 분류한다. 이들은 모두 A부터 E까지의 5개 레벨로 분류하고, 각 레벨별로 개발 및 품질의 독립성이 요구되는 목표업무(objectives)를 규정하고 있다.

RTCA DO-254와 DO-178C에서는 각각 하드웨어와 소프트웨어에 대한 설계보증수준의 정의와 고장의 예시를 제시하고 있고, SAE ARP4754B와 ARP4761A에서는 설계보증수준의 할당과 이를 적용한 안전성 분석에 대하여 설명하고 있다. DO-178C의 소프트웨어 설계보증수준에서는 총 목표업무(objectives)와 독립성(independence)이 요구되는 목표업무 종류를 정량적으로 명확히 제시하고 있으나, DO-254에서는 하드웨어 설계보증수준에 따라 요구되는 문서의 종류를 Table A-1에 제시하고 있어 이를 근거로 목표업무의 종류와 독립성 업무를 유추할 수 있다.

[표 3-14] 항공기 시스템 하드웨어 및 소프트웨어 설계보증수준 분류

DAL	심각도 (Severity)	각 단계별 설계보증수준에 대한 정의 및 예시	DO-178 S/W		DO-254 H/W	
			총 목표	독립성	총 목표	독립성
A	Catastrophic	항공기 상실 및 탑승자 사망: 비행조종장치 고장	71	30	(65)	(22)
B	Hazardous	심각한 기능 상실, 안전마진 감소, 중상: 브레이크, FMS	69	19	(63)	(18)
C	Major	안전마진 감소, 조종부하 증대, 경상: 시현장치, ECS	62	5	(56)	(5)
D	Minor	경미한 안전마진 감소, 조종사/탑승자 불편: 캐빈온도, 조명	26	2	(26)	(2)
E	No Effect	안전 및 항공기 운용에 영향 없음: IFE, 일반 로고	0	0	(0)	(0)

설계보증수준 A에 해당하는 대표적인 파국적 고장으로 2018년에 발생한 B737 MAX의 기동특성증대시스템(MCAS) 소프트웨어 결함과 동일하게 설계된 백업 시스템이 동시에 고장나는 공통모드 리던던시 고장 현상 등을 들 수 있다. 설계보증수준 B에 해당하는 위험한 고장으로 지형인식 및 경고시스템(TAWS)의 소프트웨어 오류와 엔진 압력센서 고장을 인한 역추력장치 전개 오류 등을 들 수 있다. 설계보증수준 C에 해당하는 중요한 고장에는 연료 모니터링 시스템 소프트웨어 및 하드웨어 고장을 들 수 있고, 설계보증수준 D에 해당하는 경미한 고장에는 캐빈 조명 제어 소프트웨어 오류와 객실 온도 센서의 고장 등을 들 수 있다. 객실의 탑승자가 이용하는 IFE 시스템이나 Wi-Fi 라우터 등과 같이 안전에 영향을 주지 않는 고장은 설계보증수준 E로 분류할 수 있다.

3.6.2 안전성 분석 기법

항공기 시스템 및 구성품에 대한 예비 시스템 안전성 평가(PSSA)와 시스템 안전성 평가(SSA) 과정에서 수행되는 여러 가지 분석 중에 기능적 위험평가(FHA), 결함나무분석(FTA), 고장모드 및 영향분석(FMEA)에 대하여 다음과 같은 예시로 설명할 수 있다.

(1) 기능적 위험평가

항공기 시스템에 대한 기능적 위험평가(FHA: Functional Hazard Assessment)는 항공기 기능(function)에 대한 잠재적인 고장(failure) 상태를 식별하는 평가를 말한다. 즉, 특정한 고장이 항공기, 비행승무원, 탑승객에게 미치는 영향(effect)을 평가하고, 그 영향의 심각도(severity)를 분류하는 과정으로 진행한다. 그리고, 항공기 레벨, 시스템 레벨, 아이템 레벨로 나누어 단계별로 평가하고, 기능 정의, 고장 식별, 영향 분석, 심각도 할당, 설계보증수준 설정, 가정사항이나 조건 등을 명시하는 단계로 진행한다. 마지막으로 이들 분석 내용을 하나의 표로 정리하여 결과물로 제시한다. 기능적 위험평가는 비교적 간단하기 때문에 Excel 등을 이용해 수기로 진행하거나 ANSYS Medini Analyze, RAM Commander, DMD FHA Workflow 등의 상용 툴을 이용하기도 한다.

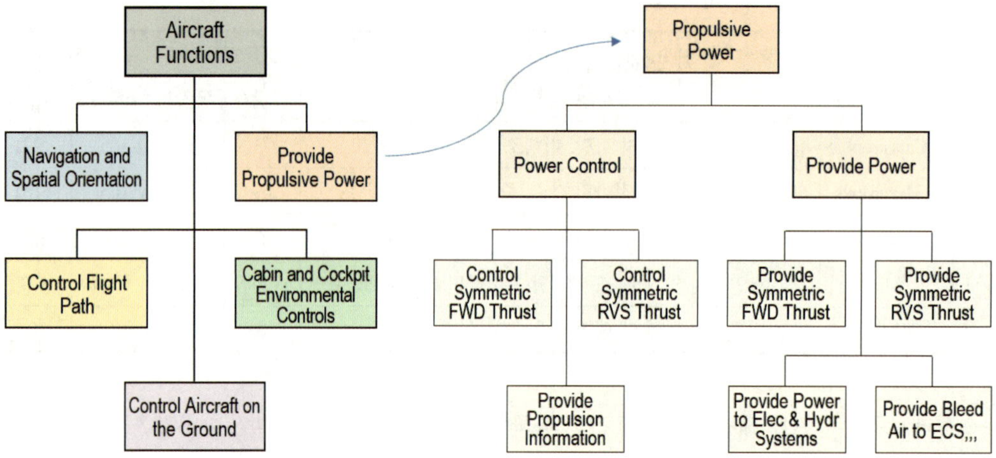

[그림 3-44] 기능적 위험평가를 위한 항공기 레벨 기능 분류 예시

다음의 기능적 위험평가(FHA)에 대한 예시는 쌍발 터보팬엔진을 장착한 수송급 비즈니스 제트 비행기를 대상으로 하고 있다. 먼저, 항공기의 각 시스템에 대한 기능을 분류하고, 각 기능에서 발생할 수 있는 고장 상태를 식별한다. 이어서, 그 고장이 발생하는 항공기 운용단계, 각 고장에 대한 영향 분류, 안전목표 확인방법, 후속 결함나무분석 게이트, 입증문서 등을 설정하는 방식으로 기능적 위험분석을 수행하고, 그 결과를 표로 정리하여 작성한다.

항공기 레벨에서 기능은 크게 항공기의 주 기능(primary functions)과 내부 시스템 사이에 변경된 기능(changed functions)으로 나누어 진행한다. 항공기의 주 기능은 다시 비행경로 조종, 항법 및 방향 조종, 엔진 추력 제어, 환경계통 제어, 항공기 지상 조종 등으로 구분할 수 있고, 내부 시스템 변경기능은 항공기 또는 지상의 다른 시스템과 인터페이스되는 기능으로써, 지형인식 및 경고 시스템(TAWS) 등이 이에 해당한다.

항공기 레벨의 비행경로 조종 기능은 세부적으로 요 조종, 롤 조종, 피치 조종, 양력 발생 기능으로 분류할 수 있고, 항법 및 방향 조종 기능은 세부적으로 조종실 시정, 고도, 헤딩, 자세, 위치, 비행속도 기능으로 분류할 수 있다. 엔진 추력 제어 기능은 세부적으로 출력 제어와 출력 제공으로 나누고, 출력 제어는 다시 전방 추력 제어, 후방 추력 제어, 추진계통 정보 제공으로 분류하고, 출력 제공은 다시 전방 추력 제공, 후방 추력 제공, 보기시스템 구동력 제공, 블리드 공기 제공으로 분류할 있다. 이하의 항공기 레벨 기능에 대해서도 같은 방식으로 세분화하여 기능을 전개할 수 있다.

[표 3-15] 항공기 레벨 기능적 위험평가 결과 종합표

Item	Failure Condition	Operating Phases	Effect of Failure on Aircraft, Crew, Pax	Severity	DAL	Verification Method	FTA Gate	Substantiation Documents
CONTROL FLIGHT PATH								
1.1	Loss of all pitch control	T1, T3, T4, F0, F1, F2	Crew would be unable to control aircraft; Hull damage, Loss of lives	CAT	A	Qualitative, Quantitative	AFHA-FC-00	SA-000(SFHA) SA-000 (PSSA) SA-000 (SSA)
1.2	Loss control of LH and RH elevator surface positions	F0, F1, F2, F3, T1, T3	Both surfaces will float to aerodynamic free position. Safety flight and landing ~	HAZ	B	AFM, Qualitative, Quantitative	AFHA-FC-00	SA-000(SFHA) SA-000 (PSSA) SA-000 (SSA)
1.3	Jam of LH or RH elevator surface position in a deflected position	T1, T3, T4	Crew will execute the disconnect procedure from AFM and fly aircraft using ~	CAT	A	AFM, Qualitative, Quantitative	AFHA-FC-00	SA-000(SFHA) SA-000 (PSSA) SA-000 (SSA)

AIRCRAFT OPERATING PHASES			HAZARD CLASSIFICATION
GROUND	TRANSITION	IN-FLIGHT	- CAT : Catastrophic
G0: Static	T0: Prior to V1	F0: Climb	- HAZ : Hazardous
G1: Taxi	T1: After V1	F1: Cruise	- HAJ : Major
	T2: Rejected Takeoff	F2: Descent	- MIN : Minor
	T3: Landing	F3: Approach	- NSE : No Safety Effect
	T4: Balked Landing/Missed Approach		

(2) 결함나무분석

항공기 시스템에 대한 결함나무분석(FTA: Fault Tree Analysis)은 특정한 이벤트를 초래하는 고장(failures)의 조합을 식별하기 위하여 하향식(top-down)으로 분석하는 연역적(deductive) 기법을 말한다. 즉, 고장을 유발하는 연쇄적인 원인 식별하고, 최상위 이벤트와 하위 고장의 발생 가

능성을 정량화하고, 리던던시 및 고장 허용 설계 필요성을 제시하는 과정이다. 기능적 위험평가(FHA) 또는 예비 시스템 안전성 평가(PSSA)에서 도출된 고장에 대하여 최상위 이벤트를 정의하고, 이를 유발할 수 있는 하위 이벤트를 논리 게이트로 연결하여 결함나무 구조로 전개한다. 각각의 이벤트에 대하여 정성적 및 정량적 분석으로 통하여 고장률(failure rate) 또는 발생 확률(probability)을 할당한다.

결함나무분석이 완료되면, 설계보증수준(DAL)에 따라 지정된 항목에 대하여 독립적인 안전성 담당 엔지니어가 논리성, 완전성, 고장률 적용의 적정성을 확인한다. 결함나무분석을 위하여 Isograph FaultTree+, ReliaSoft BlockSim, TopEvent FTA 등의 상용 툴을 사용할 수 있으며, 각 부품에 대한 고장률 데이터는 MIL-HDBK-217F, NPRD-2023, NSWC-11 등에 수록된 검증된 데이터를 사용할 수 있다. 해당 항공기에 고유하게 사용되는 부품이나 시스템에 대한 고장률은 신뢰성 시험을 통해서 사전에 고장률 데이터를 확보해야 하는 경우도 있으므로 이에 유의할 필요가 있다.

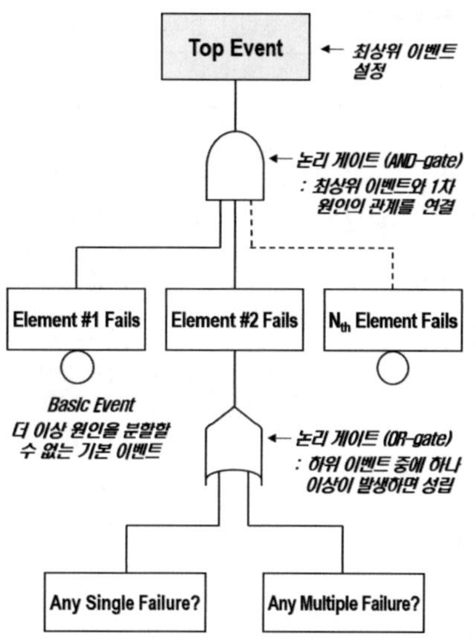

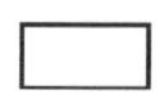	Description Box	FTA에 사용되는 논리기호 또는 이벤트의 출력에 대한 설명
	AND-Gate	논리 게이트: 모든 차하위 조건이 참일 때만 이벤트 발생
	Priority AND-Gate	논리 게이트: 특정 순서로 모든 차하위 조건 발생할 때 이벤트 발생
	OR-Gate	논리 게이트: 하나 이상의 차하위 조건이 참일 때만 이벤트 발생
	Inhibit	조건 이벤트 존재하는 경우, 단일입력 결함 발생하면 출력 결함 발생
	Transfer	시스템 구성 또는 이벤트와 관련된 정보의 전달을 표시
	Basic Event	시스템의 내부에 있는 것으로 더 이상의 전개가 필요 없는 이벤트
	House	시스템의 외부에 있는 이벤트로, 발생하거나 발생하지 않을 수 있음
	Undeveloped Event	최상위 이벤트에 영향을 주지 않거나, 더 이상 전개할 수 없는 이벤트
	Conditional Event	FTA에서 고장 모드가 발생하는데 필요한 조건을 표시

[그림 3-45] 항공기 시스템 결함나무 구성도 및 논리 기호

다음의 결함나문분석(FTA)에 대한 예시는 대형 터보팬엔진의 터빈 케이스 냉각시스템(TCCS: Turbine Case Cooling System)을 대상으로 하고 있다. 이 냉각시스템은 항공기가 순항 중

일 때, 엔진의 블리드 공기를 인출하여 터빈 케이스를 냉각시켜 터빈 블레이드 간극을 줄여서 효율을 증대시키는 것으로써, 디지털 엔진제어시스템(FADEC)과 밸브, 센서, 스프링, 코일, 릴레이 등에 의해서 작동된다.

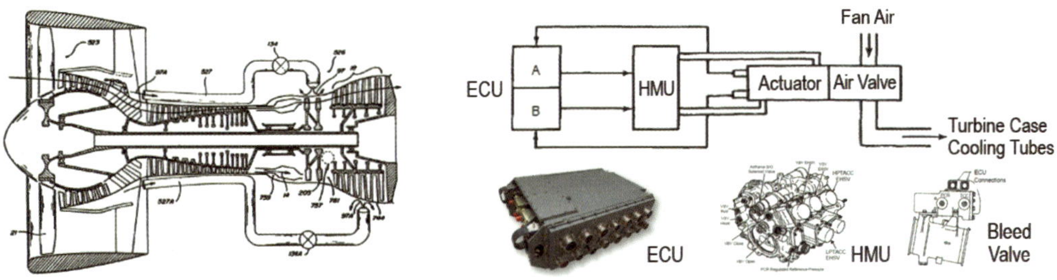

[그림 3-46] 대형 터보팬엔진 터빈 케이스 냉각시스템 구성도

터빈 케이스 냉각시스템(TCCS) 고장으로 인하여 터빈 블레이드 간극이 과도하게 커질 수 있고, 이로 인하여 엔진의 회전수가 증가하여 터빈 로터 파손을 유발할 수 있다. 저압터빈 및 고압터빈의 로터 파손은 엔진이 정지되고 다른 항공기 시스템에도 파손이나 고장을 유발할 수 있지만, 엔진을 2대 이상 장착한 비행기에서 파국적(catastrophic, 10^{-9}) 고장으로 분류되지 않는다.

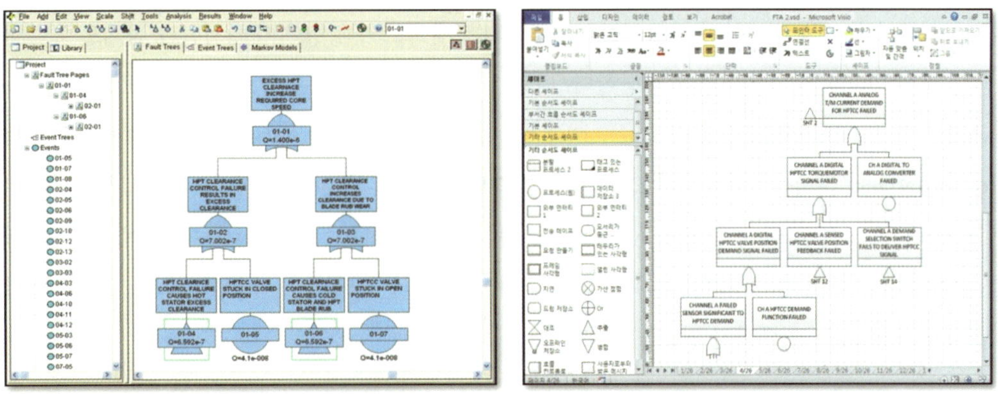

[Isograph FaultTree+ (Analysis)]　　[Microsoft Visio (Graphic)]

[그림 3-47] 터빈 케이스 냉각시스템에 대한 결함나무분석 수행

터빈 케이스 냉각시스템에 대한 결함나무분석은 최상위 이벤트를 "고압터빈 간극 증대로 인한 엔진 회전수 증가"로 설정하고, 구성품과 기능을 하향식으로 논리 기호를 사용하여 전개하면서 최상위 이벤트를 유발할 수 있는 요인을 도출하고, 고장 확률을 함께 설정한다. 부품에 대한 고장률은 MIL-HDBK-217, NPRD, NSWC 등의 검증된 데이터를 사용하고, 전용 시스템 및 기능에 대한 고장률은 설계 및 운용 경험 데이터, 그리고 신뢰성 시험 데이터를 사용하여야 한다.

이와 같은 결함나무분석을 통하여 터빈 케이스 냉각시스템에서 최상위 이벤트를 유발할 수 있는 하위 이벤트를 모두 도출하고, 그들의 논리적 관계를 설정할 수 있다. 심각도가 높은 이벤트에 대하여 고장 확률이 목표치보다 큰 경우에는 고신뢰성 부품으로 교체, 리던던시 추가, 대체 경로 설계 등의 방법으로 개선을 제안해야 한다. 해당 결함나무분석에서는 채널 스위칭 기능과 헬스 시그널을 추가하여 고압터빈 로터 과속 확률을 1.400E-6 수준의 희박(remote) 상태로 설계되도록 제안하였다.

(3) 고장모드 및 영향분석

항공기 시스템 고장모드 및 영향분석(FMEA: Failure Modes and Effects Analysis)은 잠재적인 고장모드(failure modes)를 식별하여 평가하고 그 고장이 해당 시스템 및 항공기에 미치는 영향을 상향식(bottom-up)으로 분석하는 귀납적(inductive) 기법을 말한다. 즉, 서브시스템 및 구성품이 고장에 이르는 과정(modes)을 식별하고, 해당 고장이 시스템 및 항공기에 미치는 영향을 평가하고, 고장의 심각도(severity), 발생 가능성(likelihood), 탐지성(detectability)에 따라 위험요소(risks)에 대한 우선순위를 정하고, 중대한 위험요소를 제거하거나 감소시킬 수 있는 시정조치를 제안하는 과정이다.

고장모드 및 영향분석(FMEA)에서는 결함나무분석(FTA)과 같이 고장에 대한 정량적인 발생 확률(probability)을 고려하지 않고, 해당 시스템의 고장모드와 영향에 대해서만 중점적으로 분석하는 정성적(qualitative) 기법에 해당한다. 다만, 고장모드 영향 및 치명도 분석(FMECA: Failure Modes, Effects, and Criticality Analysis)에서는 고장의 치명도(criticality)를 추가하여 정량적(quantitative) 분석을 수행하기도 한다. 치명도는 MIL-STD-1629에 따라서 정성적으로 Catastrophic, Hazardous, Major, Minor로 구분하며, 정량적으로는 치명도 수(CrN: Criticality Number)를 적용한다. 여기서, λ_P는 부품 고장률 [/fh], α는 고장모드비 [0.0 ~ 1.0], β는 조건확률 [0.0 ~ 1.0], t는 임무시간 [fh]을 나타낸다.

$$CrN = \lambda_p \times \alpha \times \beta \times t$$

민간 항공기 시스템 안전성 분석에서는 고장모드 영향 및 치명도 분석(FMECA)보다 고장모드 및 영향분석(FMEA)을 주로 수행하고 있다. 준비 및 계획 단계에서는 분석 대상 시스템 및 구성품을 정의하고, 도면 등의 관련 자료를 수집하고, 분석 레벨 및 범위를 결정한다. 이어서 각 시스템 및 구성품의 잠재적 고장을 식별하고, 각 고장의 원인과 영향을 결정하고, 그 영향의 심각도(CAT, HAZ, MAJ, MIN, NSE)를 할당한다. 마지막으로 각 고장모드에 대한 탐지성, 경고 여부, 보상 설계 여부 등을 평가하고, 각각의 고장에 대하여 기능, 고장모드, 원인, 영향, 심각도, 탐지성 등의 항목을 종합적인 표로 작성하여 분석을 마무리한다. 이와 같은 분석을 위하여 ReliaSoft XFMEA,

Isograph Workbench, Siemens Polarion FMEA 등의 상용 툴을 사용하기도 한다.

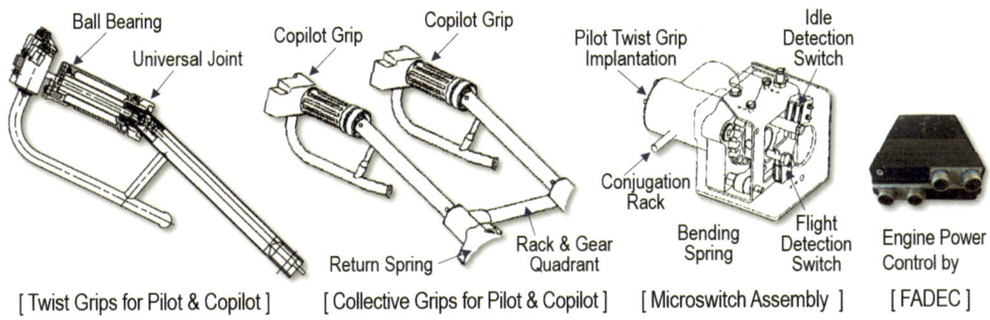

[그림 3-48] 소형 헬리콥터에 대한 엔진출력 조종장치 구성품

단발 터보샤프트엔진을 장착한 소형 헬리콥터의 엔진출력 조종장치를 대상으로 고장모드 영향 및 치명도 분석(FMECA) 사례를 다음과 같이 살펴볼 수 있다. 이 조종장치는 정조종사와 부조종사가 사용하는 트위스트 그립, 컬렉티브 그립, 마이크로스위치 조립체 등으로 구성되고, 그 신호는 엔진제어장치(FADEC)에 전달되어 출력을 조정한다.

[표 3-16] 헬리곱터 엔진 조종장치 고장모드 영향 및 치명도 분석표

No.	Component	Failure Mode	Failure Cause	Effect on System	Effect on Helicopter	Detection	Substatiation	Criticality	Failure Rate	Corrective Actions
1.1	Twist Grip (Pilot & Copilot)	Jammed in IDLE Position on GND	Seize, Wear	Twist grips cannot be set to FLIGHT position.	Engine cannot be set in FLIGHT mode.	F	TE, SE	MIN	ER	Engine start is performed in IDLE position.
1.2	Twist Grip (Pilot & Copilot)	Jammed in IDLE Position in Flight	Seize, Wear	Twist grips cannot be set to FLIGHT position.	Engine cannot be set in FLIGHT mode at end of autorotation.	F	TE, SE	MAJ	ER	Landing in autorotation.
2.1	Pilot Twist Grip Universal Joint	Broken in IDLE Position on Ground	Fatigue	Twist grips cannot be set to FLIGHT position.	Engine cannot be set in FLIGHT mode before takeoff.	F	TE, SE	MIN	ER	Impossibility to takeoff.
2.2	Pilot Twist Grip Universal Joint	Broken in IDLE Position on Flight	Fatigue	Twist grips cannot be set to FLIGHT position.	Engine cannot be set in FLIGHT mode at end of autorotation.	F	TE, SE	MAJ	ER	Landing in autorotation.
	- 이하생략 -									

DETECTION MODE
V : Visual
F : Functional

SUBSTANTIATION
TE : Fatigue / Endurance Test
DR : Design Review
SE : Service Experience
IN : Periodic Inspection

FAILURE RATE
PR : Probable, < 10e-3
IP : Improbable, < 10e-5
ER : Extremely Remote, < 10e-7
EI : Extremely Improbable, < 10e-9

3.6.3 전기전자시스템 안전성 분석 입증

항공기 전기전자시스템을 포함한 모든 시스템은 감항기준 §xx.1309에 따라서 시스템 안전성 분석(SSA)이 요구된다. 감항기준 §xx.1309 이외에 Subpart C, D, E, F의 특정한 요건에 대해서도 시스템 안전성 분석으로 입증해야 하는 경우가 있다. 이 경우에 기능적 위험평가(FHA), 결함나무분석(FTA), 고장모드 및 영향분석(FMEA), 공통원인분석(CCA), 공통모드분석(CMA), 구역별 안전성 분석(ZSA), 특정위험분석(PRA) 중에서 적정한 분석 기법으로 안전성 분석을 수행할 수 있다.

우리나라(KAS)를 포함하여 미국(FAR), 유럽(CS), 캐나다(AWM) 등의 세계 각국은 항공기 감항기준 xx.1309에서 시스템 안전성 분석 요건을 규정하고 있으며, 엔진의 경우에는 33.75, 프로펠러의 경우에는 35.15에서 시스템 안전성 분석을 요구하고 있다. 미국의 연방항공규정에 따르면, 최신 개정판(Amendment) 현황은 다음과 같다.

- FAR §23.2510 Equipment, Systems, and Installations Amdt 23-64 2016.12.30
- FAR §25.1309 Equipment, Systems, and Installations Amdt 25-152 2024.08.27
- FAR §27.1309 Equipment, Systems, and Installations Amdt 27-51 2023.02.10
- FAR §29.1309 Equipment, Systems, and Installations Amdt 29-59 2023.02.10
- FAR §33.75 Safety Analysis Amdt 33-24 2007.09.04
- FAR §35.15 Safety Analysis Amdt 35-9A 2013.07.26.

이 중에 보통급 회전익 항공기에 대한 감항기준 FAR §27.1309 요건을 살펴보면 다음과 같다. 항공기 장비품 및 시스템은 예상되는 모든 운용 조건에서 의도된 기능을 수행할 수 있도록 설계되고 장착되어야 한다. (a)항에 따라서 장비품 및 시스템의 각 아이템 설계와 장착은 모든 운용 조건에서 회전익 항공기의 비행능력이나 승무원의 임무능력에 영향을 미칠 수 있는 고장을 식별하고 위하여 그 자체적으로, 그리고 다른 시스템과 연관하여 분석되어야 한다. (b)항에 따라서 장비품 및 시스템의 각 아이템과 그 장착은 파국적(catastrophic) 고장 상태는 극히 불가능(extremely improbable)하고, 중요한major() 고장 상태는 불가능(improbable)하고, 파국적 고장과 중요한 고장 사이의 고장은 그의 결과(consequence)와 반비례하는 고장 확률을 갖도록 설계하고 장착되어야 한다.

또한, (c)항에 따라서 특정한 시스템이 불안전하게 작동할 때, 고장 이벤트를 승무원에서 경보(alert)하는 수단을 갖추어 승무원이 시정조치할 수 있도록 하고, 이들 시스템, 조종장치, 모니터링 및 승무원 경보 수단은 승무원이 오류를 범하여 또다른 위험상황을 유발하지 않도록 설계되어야 한다. (d)항에 따라서 안전성 요건에 대한 적합성은 분석, 지상시험, 비행시험, 또는 시뮬레이터 시험으로 입증해야 하고, 이를 위한 분석에는 오작동이나 잘못된 데이터 및 외부 입력 등을 포함한 고장모드, 다중 고장 및 잠재적 고장의 영향, 회전익 항공기 및 탑승자에게 미치는 영향, 승무원 경보 및 시정조치 등이 포함되어야 한다.

다음의 전기전자시스템에 대한 안전성 분석 예시는 출력 500 shp급 터보샤프트엔진을 1대 장착하고, 최대 4명의 승객이 탑승하는 최대이륙중량 3,600 lbs의 보통급 회전익 항공기를 대상으로 한다.[43] 해당 회전익 항공기는 경량의 소형기에 해당하지만, 비교적 최근에 개발되었기 때문에 최신 항전장비를 다량 갖추고, 고용량 리튬이온 배터리를 탑재하고 있어 이들 시스템에 대한 안전성 분석에 유의할 필요가 있다.

System Safety Assessment for Normal Rotorcraft Avionics and Electrical Systems

1. INTRODUCTION

The System Safety Assessment (SSA) for the Rotorcraft electrical system and avionics systems is intended to complete the failure conditions list and develop the corresponding safety requirements for the Rotorcraft electrical and avionics systems and to demonstrate how the system meets the qualitative and quantitative requirements...

Compliance to the safety requirements is shown using the following techniques:

- Fault Tree Analysis (FTA)
- Common Cause Analysis (CCA) including: Zonal Safety Analysis (ZSA), Particular Risk Analysis (PRA), Common Mode Analysis (CMA)...

1.1 Applicable Regulations

- AWM 527.1309(a), (c) Equipment, Systems, and Installations, effective 2014/07/08.
- FAR 27.1309 Equipment, Systems, and Installations, amendment 27-49, 05/05/2018.
- CS 27.1309 Equipment, Systems, and Installations, amendment 27/4, 01/12/2016...

1.2 Issue Papers

- Issue Paper L-01: Single Channel Electrical System
- Issue Paper L-02: Rechargeable Lithium Batteries and Battery Systems
- Issue Paper L-03: Lead-Free Solder and Finishes in Electrical and Electronic...

1.3 References

- AC 27-1B: Advisory Circular - Certification of Normal Category Rotorcraft
- TSO C2d: Technical Standard Order Airspeed Instruments
- NPRD-2011: Non-electronic Parts Reliability Data
- MIL-HDBK-217F: Reliability Prediction of Electronic Equipment
- ARP4754A: Certification Considerations for Highly Integrated or Complex...

2. SYSTEMS DESCRIPTION

The Rotorcraft is a single engine rotorcraft capable of carrying up to 4 passengers. The basic configuration will be certified for single pilot operation under VFR day/night conditions. When the appropriate kits are installed, it is also capable of VFR operation...

2.1 Electrical System

The Rotorcraft electrical DC power system contains one starter generator, one battery, one circuit breaker panel and one electrical power system unit...

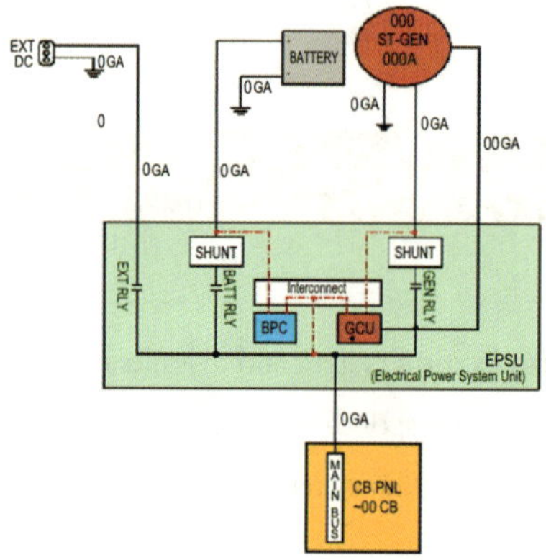

[Starter Generator, 165A]

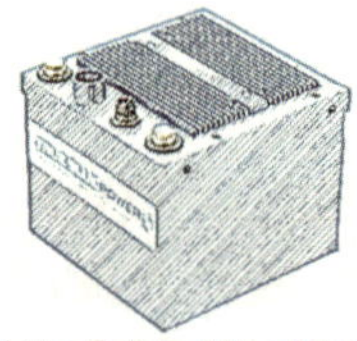

[Li-Ion Battery, 25V, 17Ah]

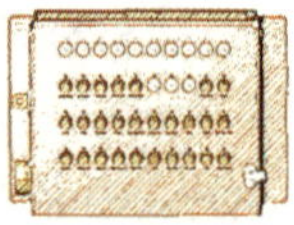

[Circuit Breaker Panel]

[Relay Panel]

2.2 Lighting System

The Lighting System includes the exterior and interior lighting systems.

The exterior lighting system components include position lights, anticollision lights, landing lights. The landing lights are white LED lamps, with different orientations: one pointing forward, the other two pointing to the LHS FWD and RHS FWD...

The interior lighting system consists of the cockpit instrument lighting and the edge lit panel lighting, the map light and the baggage bay light. The lighting system controls are located on the pedestal...

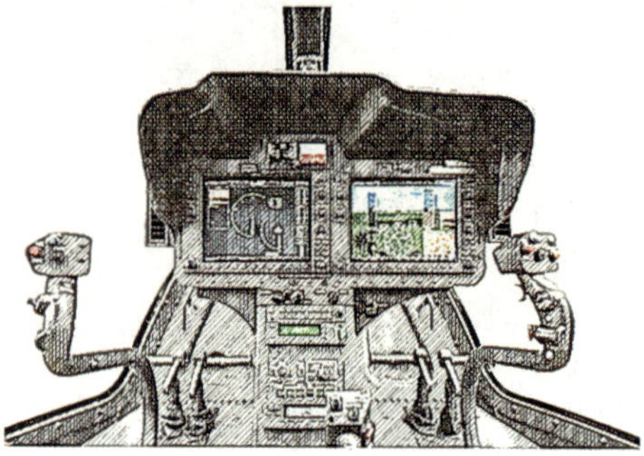

[Garmin GDU 1040H PFD]

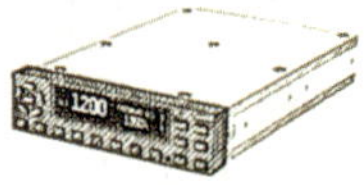

[Garmin ADS-B Transponder]

[Garmin GSU 75 ADAHRS]

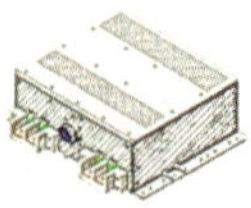

[EPSU]

2.3 Integrated Avionics System

The Integrated Avionics System (IAS) installation includes two flight displays, single VHF communication transceiver, single VHF navigation receiver, single WAAS GPS receiver, a mode S Transponder, and an intercommunication system. The IAS also includes a remote RPM annunciator, which is controlled by the display units CAS function, and an integrated master Caution/Warning alert function...

3. FAULT TREE ANALYSIS

The satisfactory compliance of the Rotorcraft safety objectives is partly demonstrated by the analyses included in this section. These analyses used the actual failure rates obtained from vendor analysis conducted on the actual production configured parts...

3.1 Loss of Rotor RPM and Airspeed Indications

(1) System Description

The Rotorcraft main display airspeed function is provided in the section. During day/night VFR operation the electronic standby instrument provides an independent functional path, from the rotorcraft displays and the ADAHRS for the avionics system...

(2) Hazard Description and Classification

- Loss of RPM and airspeed indication when required for autorotation (Night): Catastrophic.
- Loss of RPM and airspeed indication when required for autorotation (Day): Major.
- Loss of RPM indication and warning when required for autorotation (All): Major.

(3) Failure Condition Evaluation

The fault tree model for the hazard considers normal display configuration, i.e., normal PFD format and normal MFD format, as well as the MFD in reversionary mode and PFD failed. No credit is taken for the aural rotor RPM warning system...

3.2 Misleading Rotor RPM Indication and Warnings

(1) System Description

On the Rotorcraft, the signal is provided by the rotor RPM Hall effect sensor, which is powered from the GARMIN GEA 71H. The signal is measured and converted by the GARMIN GEA 71H Engine & Airframe Interface Unit...

(2) Hazard Description and Classification

- Misleading rotor RPM and warning when required for autorotation: Catastrophic.

(3) Failure Condition Evaluation

The fault tree analysis considers normal display configuration, i.e., normal PFD display format and normal MFD display format. No credit is taken for the aural rotor RPM warning system...

3.3 Loss of All Indications and All Electrical Power

(1) System Description

The electrical power is provided by the electrical generation system to the distribution system, which features a single main bus, from where all the items are fed via independent circuit breakers. The schematic of DC power distribution system is shown in...

(2) Hazard Description and Classification

- Loss of all a/c required indications (Night): Major (aircraft level).

- Total loss of rotorcraft electrical power (Day): Major (aircraft level).
- Total loss of rotorcraft electrical power (Night): Major (aircraft level).
- Loss of basic rotorcraft electrical power (Night): Major (system level).

(3) Failure Condition Evaluation

The fault tree analysis for the hazard considers the following main failure scenarios:

- The combined failure of the aircraft basic electrical system and the electronic standby instrument internal battery: ...

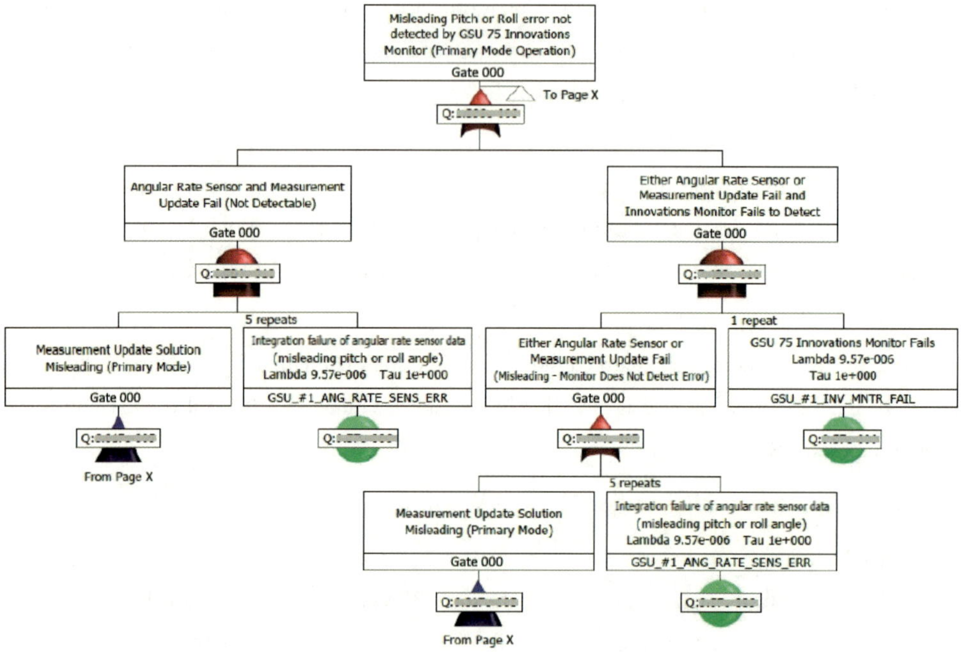

4. COMMON CAUSE ANALYSIS

Per guidance provided in SAE ARP4761, the common cause analysis is conducted for hazards assigned with a probability of Severe Major and Catastrophic. With few exceptions the present system design doesn't include functions, whose hazards criticalities would necessitate redundancies at the system level...

4.1 Zonal Safety Analysis

The aircraft zones, their environmental characterization and the demonstration of the avionics and electrical systems items qualifications suitability to the installation environment is documented in the appropriate Report and the items qualification test reports.

The following table shows LRUs of special interest based on the systems and functions affected for the identified Catastrophic and Major hazards are installed in...

4.2 Particular Risk Analysis

The GIA integrated avionics unit contains a very small non-rechargeable Manganese Dioxide Lithium battery in order to provide power to the Real-Time Clock and GPS Engine memory. Should the battery fail to provide adequate voltage to sufficiently back up the Real-Time Clock and GPS Engine memory, then GPS acquisition time may be lengthened.

Other failure modes of the battery may involve the venting of fumes. Special precautions are taken to ensure that battery gas is not vented due to overheating or...

4.3 Common Mode Analysis

The SSA includes the details of common mode analysis and/or tests as pertinent systems functions, whose hazards have a criticality of Severe-Major and above.

The details are provided by the rotorcraft OEM and/or supplier in response to the common cause requirements raised by the FHA analysis. Other information, already provided by the supplier for a previous certification, and considered relevant for this...

5. SAFETY VALIDATION SUMMARY

5.1 Reliability and DAL Summary

This section summarizes the reliability and design assurance level requirements based on the failure condition severity classification defined in the FHA. The results of the fault tree analysis show that all the reliability requirements have been met...

5.2 Dormant Failures: All Maintenance Tasks

The following table details all the dormant system failures identified while conducting the safety assessment. Dormant system failures are expressed with respect to the top event failure (hazard) they contribute to produce...

5.3 Dormant Failures: Flight Manual Checks

These may refer to the pilot check for air data indications integrity, before flight, using ATC and traffic advisories, the check for fuel quantity integrity, in which the pilot compare the fuel indication versus the fuel tank refueling data and the flight plan...

6. CONCLUSION

The Applicant conducted fault tree analysis, common cause analysis, including zonal safety analysis, particular risk analysis, common mode analysis for avionics and electrical system of the Rotorcraft, which showed compliance with (a) and (c) paragraphs of AWM 527.1309 and FAR §27.1309 Equipment, Systems, and Installations.

3.7 비행성능 입증

3.7.1 비행성능 설계 구성

항공기 비행성능(flight performance)을 구현하기 위한 설계는 크게 공기역학적 해석, 비행성능 해석, 비행특성 평가, 그리고 구성품 및 전기체에 대한 성능시험을 통해서 이루어진다. 이러한 과정은 세부적으로 설계 대상 항공기의 미션 및 요건 정의, 비행성능 개념설계, 공력성능 기본설계, 공기역학 상세설계, 비행성능 최적화, 시험 및 검증, 그리고 설계 적합성 인증 단계로 진행된다.

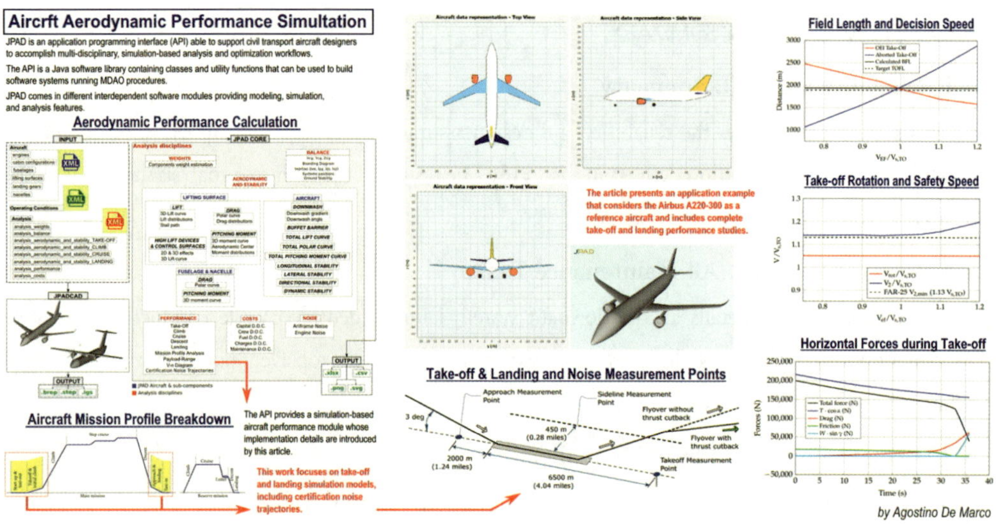

[그림 3-49] 항공기 공기역학 성능해석 프로세스

미션 및 요건 정의 단계에서는 고객 요구사항과 함께 페이로드, 승객수, 비행속도, 항속거리, 항속시간, 연료량, 상승률, 실속속도, 활주로 길이, 고도, 날씨환경 등을 포함한 미션 프로파일을 결정하고, 해당 감항기준의 적용 요건을 식별한다. 즉, 미션 프로파일과 함께 항공기 운용 시나리오, 페이로드 종류와 분포, 환경 및 제한사항을 정의하고, 항공기 성능, 기동 및 조종, 운항, 경제성, 인증에 관한 요건을 정의한다. 또한, 이들 정의를 성능해석 입력 데이터로 사용하기 위한 미션 프로파일 다이어그램, 중량 테이블, 성능 테이블, 고도-속도 선도, 하중계수 선도, 돌풍선도 등을 준비한다.

비행성능 개념설계 단계에서는 공허중량과 최대이륙중량을 예측하고, 첫 번째 사이징 과정을 통하여 날개하중(W/S)과 중량대 추력비(T/W)를 설정하여 실속속도, 이착륙 거리, 상승률, 한계 고도 등을 결정한다. 또한, 초기 양항 극좌표(drag polar)를 예측하고, 날개의 형상에 따른 케이스스터디를 수행한다.

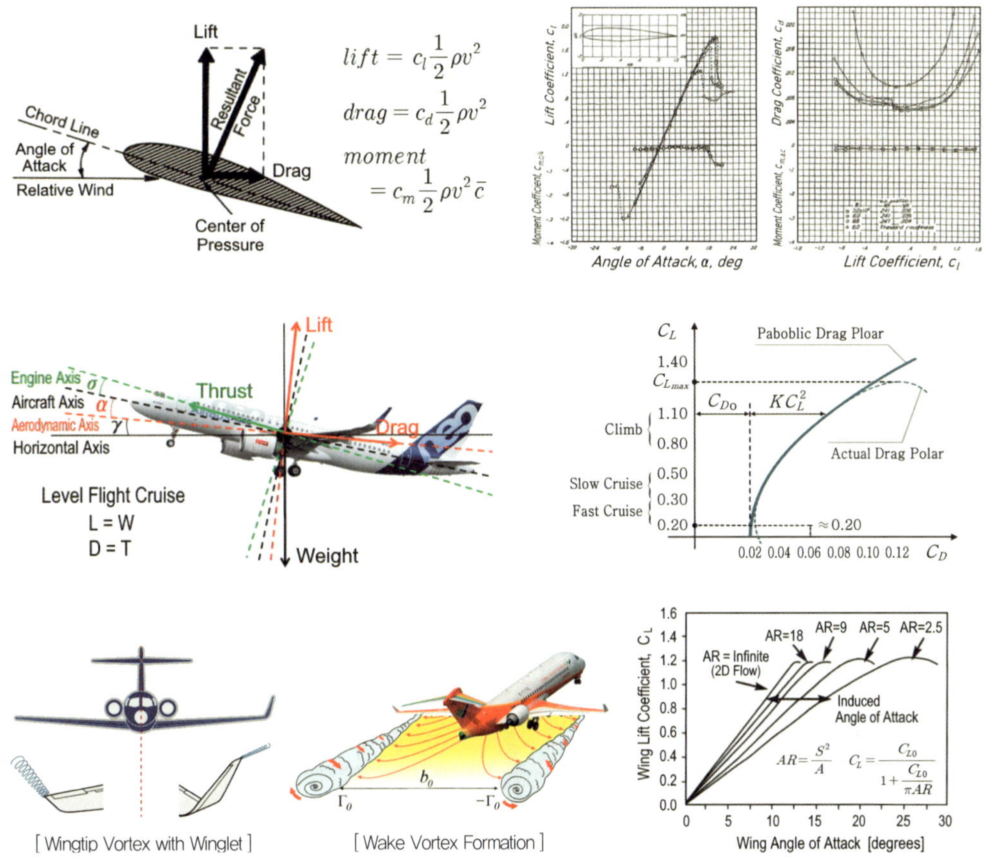

[그림 3-50] 항공기 양력 및 항력, 익단 와류

공력성능 기본설계 단계에서는 에어포일 및 날개 형상을 선택하고, 테일, 커나드, 엔진 배치 등에 따른 안정성 및 비행제어 특성을 분석하고, 이착륙 거리, 엔진 작동조건에 따른 상승률, 순항속도 및 항속시간 등을 포함한 성능해석을 수행한다. 항속거리 계산에는 Breguet Range Equation을 사용하고, 성능해석과 사이징에 초급 전산유체역학(CFD) 또는 부분실증 모델을 사용한다.

Breguet Range Equation을 이용하여 항속거리를 다음과 같이 계산할 수 있다. 중량 W인 비행기가 순항속도 V로 수평 정상 비행하는 경우를 가정하면, 추력과 항력($T = D$), 양력과 중량($L = W$)을 서로 같은 상태를 유지하고, 비행기의 총 중량 변화는 연료 중량의 변화($\dot{m}_f$)로 나타낼 수 있다. 그리고, 비행경로 중에 양항비(L/D)와 엔진의 비추력($I_{sp} = T/g\dot{m}_f$, sec)이 일정한 것으로 가정하여 계산한다. 여기서, W_i는 비행기 초기 중량, W_f는 최종 중량, $t_i = 0$는 출발시간, t_f는 총 비행시간을 나타낸다.

$$W = L = D\left(\frac{L}{D}\right) = T\left(\frac{L}{D}\right)$$

$$\frac{dW}{dt} = g\dot{m}_f = \frac{T}{I_{sp}} = -\frac{W}{(L/D)I_{sp}}$$

$$\frac{dW}{W} = -\frac{dt}{(L/D)I_{sp}}$$

$$\ln\left(\frac{W}{W_i}\right) = -\frac{t}{(L/D)I_{sp}}$$

$$\frac{L}{D}I_{sp}\ln\left(\frac{W_i}{W_f}\right) = t_f$$

$$Range = V t_f = V \times \left(\frac{L}{D}\right) \times I_{sp} \times \ln\left(\frac{W_i}{W_f}\right)$$

공기역학 상세설계 단계에서는 양력 및 항력을 계산하고 안정성을 판단하기 위하여 고급 전산유체역학(CFD) 및 풍동시험을 수행하고, 낫셀, 흡입구, 로터, 냉각유로 등과 같은 추진시스템을 공력해석 모델에 통합한다. 또한, 조종면 크기를 결정하고, 비행소음을 예측하고, 유도항력, 유해항력, 압축성을 고려하여 항력을 정확하게 계산한다.

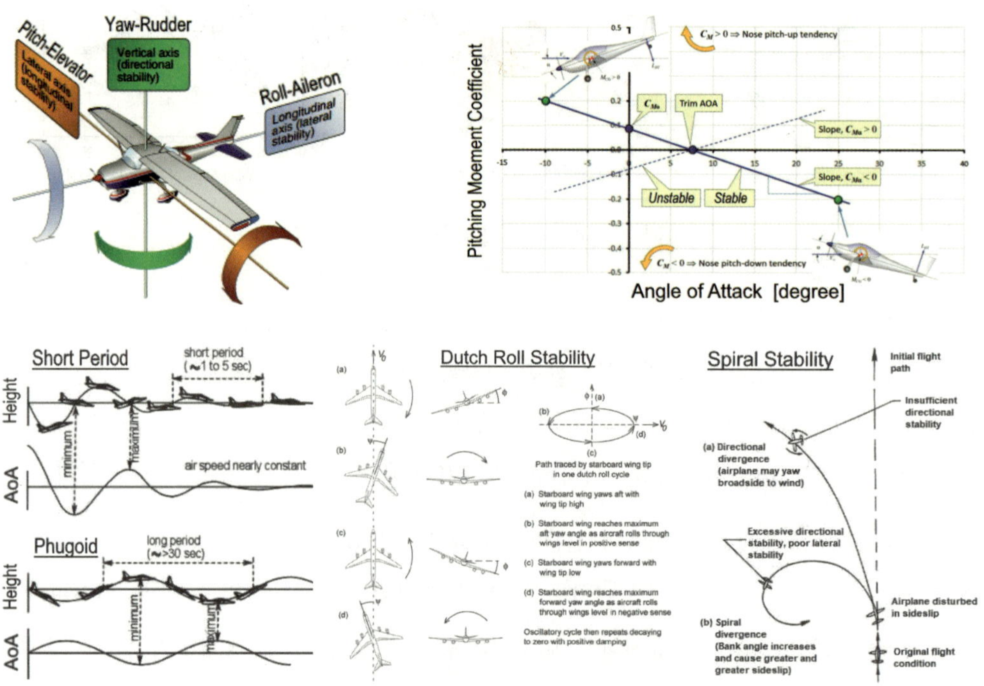

[그림 3-51] 항공기 정적 안정성 및 동적 안정성

항공기 안정성(stability)은 정적인 조건에서 세로(longitudinal), 가로(lateral), 방향(directional) 안

정성을 고려해야 하고, 동적인 조건에서 단주기(short-period), 장주기(phugoid), 가로-방향(Dutch roll), 스파이럴(spiral), 롤(roll) 모드 댐핑 특성을 고려하여야 한다. 항공기 조종성(controllability)은 각 조종면의 작동성, 조종력 및 감도, 기동성 변수 등에 면밀한 검토가 수행되어야 한다. 또한, 이들 안정성 및 조종성을 실제 구현하기 위해서는 항공기 비행조종시스템(FCS)에 통합하는 과정이 필요하다.

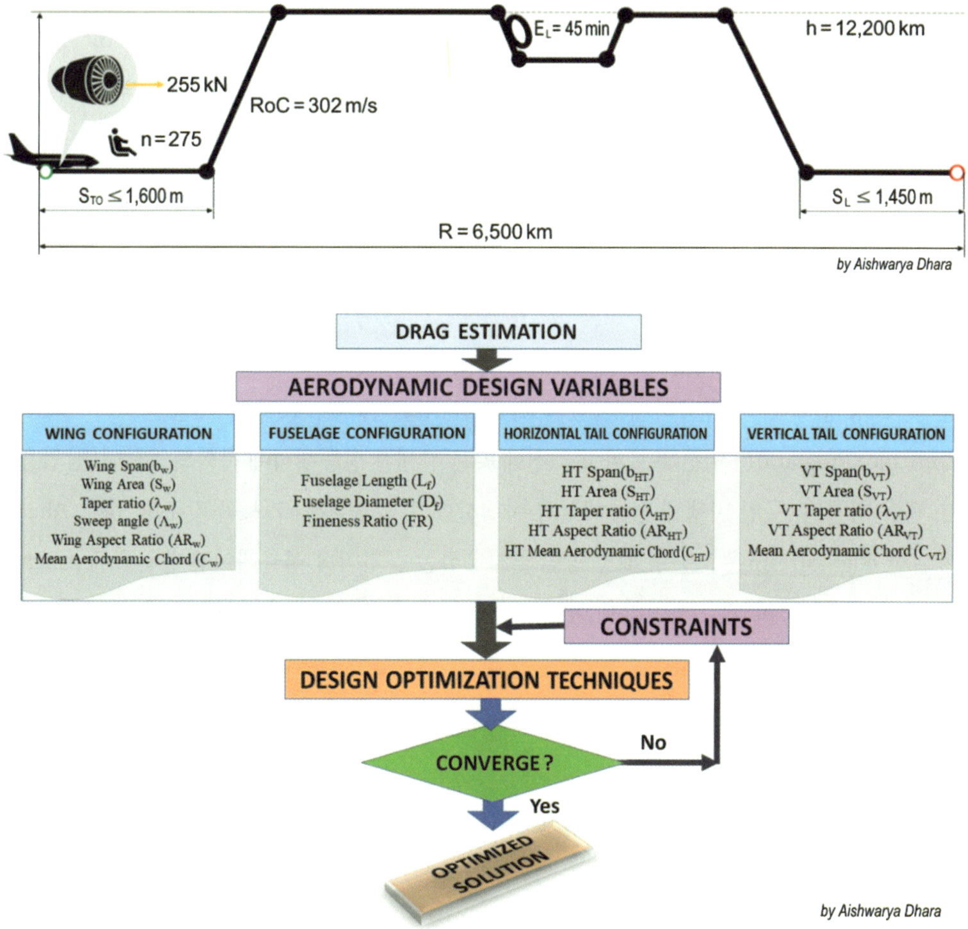

[그림 3-52] 미션 프로파일에 따른 공력성능 최적화 예시

비행성능 최적화 단계에서는 비행경로별 연료소비를 고려하여 완전한 미션 프로파일을 결정하고, 비행경로에 따른 중량 및 균형 상태를 점검하고, 감항기준에 따른 상승성능, 순항비행, 하강비행, 이착륙 성능을 확인한다. 이로써, 공력성능, 중량, 추진 조건 사이에 트레이드 오프를 통하여 최적 조건을 도출한다. 즉, 공력해석에 관하여 항력을 정확하게 계산하여 감소시킬 수 있는 방안을 도출하고, 양력 특성, 안정성 및 조종성, 고양력 저속 특성 등을 최적화 분석한다. 비항성능에

관하여 미션 비행경로에 따라 이착륙 성능, 상승 및 순항 성능, 기동 및 운용선도, 연료 및 에너지 소모 특성 등을 최적화 분석한다. 트레이드 오프 과정에서는 중량과 공력성능, 비행성능과 안전성, 저속과 순항 효율, 소음과 공력특성에 대한 상호 중점사항을 조정한다.

항공기 공력해석 및 성능해석에는 상용 소프트웨어 또는 자체개발 소프트웨어를 사용하고 있다. 개념설계 단계에서는 SUAVE (Stanford University Aerospace Vehicle Environment), FLOPS (Flight Optimization System, NASA), RDS (Aircraft Design Software, Roskam) 등이 사용되고, 공기역학적 해석에는 XFOIL/XFLR5, AVL (Athena Vortex Lattice), NASA OpenVSP, ANSYS Fluent, CFX, Siemens STAR-CCM+ 등이 주로 사용된다. 항공기 비행성능 및 동역학 해석에는 MATLAB/Simulink, Piano-X, FlightStream 등이 사용될 수 있다. 회전익 항공기 및 최근의 UAM 비행체에 대한 공력성능 해석 및 동적 해석에는 NASA NDARC, CAMRAD II, HeliX/FlightLab 등을 사용할 수 있다.

상용 프로그램 중에 AAA (Advanced Aircraft Analysis)는 Jan Roskam 교수가 설립한 DARcorporation에서 개발하였으며, 항공기 기본설계 단계에서 중량 사이징, 공기역학 해석, 안정성 및 조종성 분석에 유용하게 사용되고 있다. ALR Aerospace에서 개발한 APP (Aircraft Performance Program)는 미션 프로파일 조건에 따른 상세한 성능해석에 특화되었으며, 상업용 비행기, 군용 항공기, 무인 비행체 성능해석과 비행시험 및 인증 지원 기능을 갖추고 있다. Altair에서 개발한 FlightStream은 고등형 패널 방법을 사용하는 공기역학 시뮬레이션에 특화된 소프트웨어로써, 회전익 항공기와 수직 이착륙 비행체를 포함하여 아음속 비행기와 극초음속 비행기까지 적용할 수 있다.

항공기 시험 및 검증 단계에서는 스케일 모델 또는 전기체에 대한 풍동시험을 수행하고, 시제 항공기에 대한 이착륙 성능, 실속 및 스핀, 상승률 한계고도, 순항속도, 소음 및 배출가스 등에 대한 비행시험을 수행하고, 시험결과를 반영하여 전산유체역학(CFD) 해석모델을 보정하는 과정으로 진행한다.

항공기 구성품 또는 전기체에 대한 공기역학 시험은 풍동시험(wind tunnel test)을 통해서 이루어진다. 즉, 에어포일, 날개, 고양력장치, 조종면, 꼬리날개, 엔진 흡입구 및 동체 연결부, 착륙장치 및 페어링, 그리고 전기체 스케일 모델에 대하여 풍동시험을 수행한다. 또한, 날개 및 테일 구조의 공탄성 시험, 전기체 소음시험, 날개 및 엔진 흡입구 결빙시험 등을 함께 수행한다. 풍동의 경우에 NASA Ames 연구센터에서 가장 큰 풍동을 운영하고 있는데, 시험부 24 × 36 m 및 풍속 100 knots의 개방형 풍동으로 B737 전기체까지 시험할 수 있다. 우리나라의 경우에는 공군사관학교, 한국항공우주연구원, 전북대학교에서 중형 아음속 풍동을 운영하고 있으며, 국방과학연구소에서는 KS-T1500 천음속 풍동을 유도무기 전기체 모델 시험 등에 활용하고 있다.

NASA Ames : 24×36 m, 100 knots (185km/h, M 0.15), Open Type

NASA Ames : 12×24 m, 300 knots, (556km/h, M 0.45), Closed Type

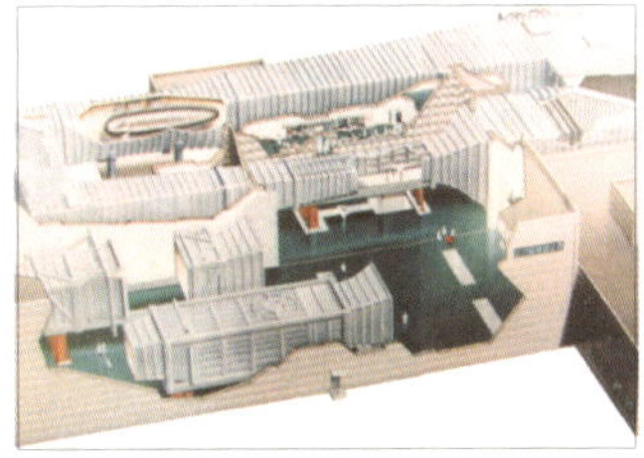

KARI Subsonic : 3 × 4 m, 165 knots (306km/h, M 0.25), Closed Type

[Flight Test Station, Airbus]

[Flight Test Engineers, A321]

[Flight Test Instrumentation, A350]

[Climb Flight Test, Global 7000]

[Stall Speed Flight Test, B787]

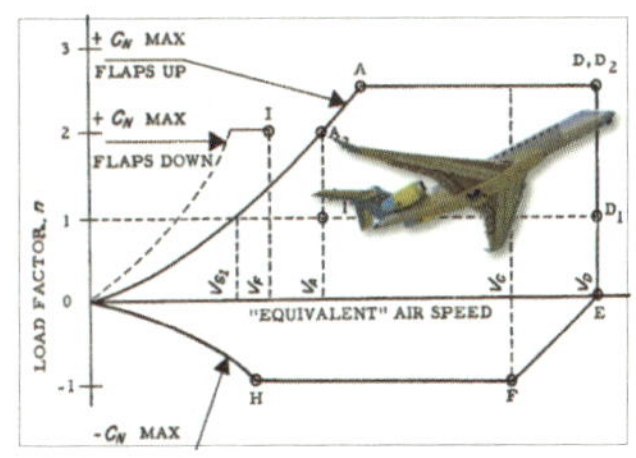

[Flight Envelope Test, Global 8000]

[그림 3-53] 항공기 공력시험 풍동 및 비행성능 시험의 종류

항공기 비행성능 평가를 위한 전기체 시험은 시험 전에 비행준비 검토회의(FRR)와 안전검토 위원회(SRB) 회의를 통하여 비행시험 준비상태와 비행 안전성에 대하여 확인하는 과정이 중요하다. 본 비행시험은 계측장비 및 지상 통제소를 점검하고, 저위험에서 고위험 순으로 진행한다. 즉, 택시 시험, 저속 이륙시험, 상승 및 착륙, 저속 기동시험 순으로 진행하고, 이어서 공력성능 시험, 안정성 및 조종성 시험, 플러터 및 공탄성 평가, 실속 및 스핀 시험, 소음시험을 수행한다.

항공기 공력시험에서는 받음각 및 비행속도에 따른 양항비를 측정하여 양항 극좌표(drag polar)를 확인하고, 조종간 입력에 따른 조종면의 작동특성을 평가하고, 이착륙 및 접근비행 중에 고양력장치를 검증하고, 비행속도를 점진적으로 증가시키면서 공탄성 및 플러터 여부를 확인한다.

항공기 비행성능 시험에서는 활주로 지면을 따라 이착륙 성능을 평가하고, 최소속도 및 받음각에 따른 실속 및 저속 비행선도를 평가하고, 비행자세와 속도에 따른 상승 및 순항 성능을 확인하고, 연료 만재 상태에서 항공거리 및 항속시간을 확인하고, 엔진의 최고출력 및 단계별 추력에서 추진시스템의 성능과 작동성을 평가한다.

안정성 및 조종성 시험에서는 정적 안정성 및 트림을 점검하고, 동적 안정성 모드별로 비행특성을 평가하고, 조종간 입력에 따른 반응성과 조종사 기량에 따른 조종특성을 평가하고, 고받음각에서 비행특성 및 실속후 조종성에 대하여 확인하고, 스핀 거동 및 회복 능력에 대하여 평가하는 과정으로 진행한다.

항공기 형식증명 과정에서 FAR Part 36 및 ICAO Annex 16 Volume I에 따른 소음시험을 수행하여야 한다. 소음시험은 규정된 이착륙 경로에서 이륙통과(fly-over), 측방향(sideline), 착륙접근(approach) 지점에서 소음을 측정하고, 소음경로 분석(source-path decomposition), 비행소음 맵핑(flight noise mapping) 등을 통하여 충족 여부를 확인한다.

항공기 소음의 발생원은 프로펠러 및 로터, 엔진 및 트랜스미션, 기체의 공기역학적 소음으로 분류할 수 있고, 항공기 자체의 소음과 공항의 이착륙 소음으로 나누어 볼 수 있다. ICAO Annex 16의 Noise Stage 5에서는 MTOW 850,000 lbs 이상 및 106,250 lbs 이하의 항공기에 대한 유효인지소음(EPN: Effective Perceived Noise)을 각각 101 EPNdB과 89 EPNdB 이하로 규정하고, FAR Part 36의 G36.301에서는 MTOW 19,000 lbs 이하의 단발 소형 비행기에 대한 음압소음(A-weighted noise)을 85 dB(A) 이하로 규정하고 있다.

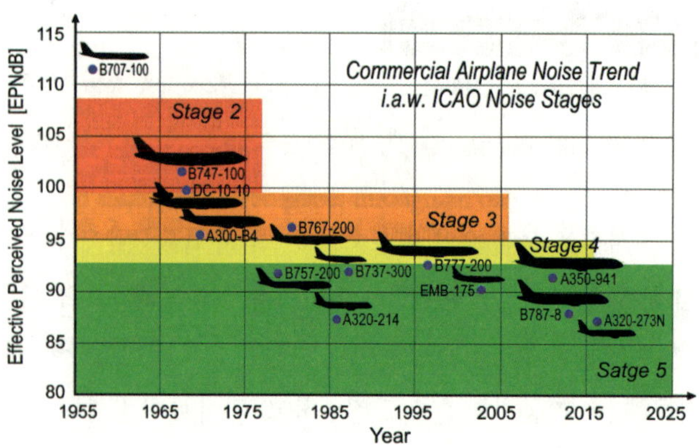

구분 (%)	소형 비행기	헬리콥터	대형 비행기
프로펠러	70	–	–
메인로터	–	65	–
테일로터	–	16	–
엔진장치	20	12	65
기체소음	8	5	30
기타소음	2	2	5

[항공기별 소음 발생원 비율]

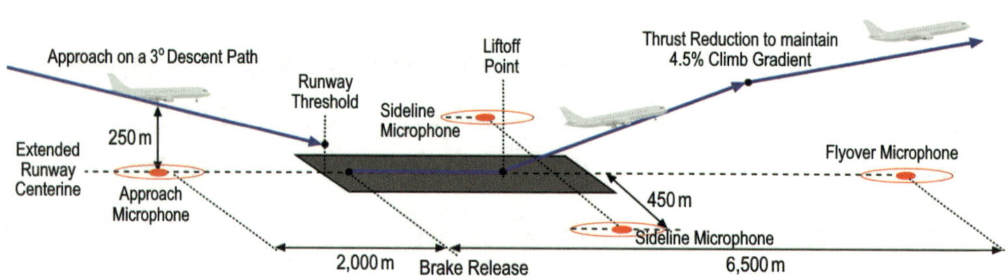

[그림 3-54] 항공기 소음레벨 경향, 소음 발생원, 소음시험 조건

항공기 이착륙 조건에서 마이크로폰과 소음 측정기로 측정하는 소음은 음압과 주파수의 변화

를 측정하는 것이고, 그 측정된 값($L_{A,test}$, dB)을 측정 시점의 대기조건($\triangle M$), 소음원의 거리($\triangle_1$), 프로펠러 속도($\triangle_2$), 엔진 출력($\triangle_3$) 등에 의한 영향으로 보정(adjustment)하여 기준조건 소음값($L_{A,ref}$, dB(A))으로 계산한다.

$$L_{A,ref} = L_{A,test} + \triangle M + \triangle_1 + \triangle_2 + \triangle_3 \quad [dB(A)]$$

공항의 항공기 소음을 나타내는 유효인지소음레벨(EPNL)은 음원의 1/3 옥타브 밴드를 측정하여 계산되는 값(PNL)이고, 소음의 톤에 따른 보정(C)과 노출되는 시간에 따른 보정(D)이 더해지기 때문에 간단하게 계산하기 어렵고, 항공기 형식증명에서 측정되는 음압소음(A-weighted noise)과는 다른 척도이다. 일반적으로 유효인지소음레벨(EPNL)은 음압소음(dB(A))보다 5 ~ 15 EPNdB 더 값으로 나타나게 된다.

$$EPNL = 40 + 10\log\left(\sum 10^{0.1(L_i - R_i)}\right) + C + D \quad [EPNdB]$$

항공기 개발 비행시험이 완료되면, 적합성 입증시험 및 인증시험을 착수할 수 있다. 보통급 비행기의 비행성능에 관한 최신 요건은 FAR Part 23의 Subpart B. Flight에서 규정하고 있는데, 이는 비행성능 7개 요건과 비행특성 7개 요건으로써 총 14개 요건으로 구성되어 있다. 2017년 이전의 기존 Part 23의 Subpart B. Flight 요건이 총 50개이었던 것을 보면 현재의 Part 23은 대폭 간소화된 것으로 볼 수 있다.

❑ **비행성능**

- §23.2100 중량 및 무게중심
- §23.2105 성능 데이터
- §23.2110 실속속도
- §23.2115 이륙성능
- §23.2120 상승 요건
- §23.2125 상승 정보
- §23.2130 착륙 요건

❑ **비행특성**

- §23.2135 조종성
- §23.2140 트림
- §23.2145 안정성
- §23.2150 실속특성, 실속경고, 스핀
- §23.2155 지상 및 수상 조종특성
- §23.2160 진동, 버피팅, 고속특성
- §23.2165 결빙조건 비행성능 및 비행특성

수송급 비행기 감항기준 FAR Part 25의 Subpart B. Flight는 §25.21 Proof of Compliance부터 §25.255 Out-of-trim Characteristics까지 총 41개 요건, 보통급 회전익 항공기 감항기준 FAR Part 27의 Subpart B. Flight는 §27.21 Proof of Compliance부터 §27.251 Vibration까지 총 27개 요건, 수송급 회전익 항공기 감항기준 FAR Part 29의 Subpart B. Flight는 §29.21 Proof of Compliance에서 §29.251 Vibration까지 총 41개 요건으로 구성되어 있다. 수송급 비행기 감항기준 FAR Part 25의 전체 요건은 404개이며, 이 중에 Subpart B의 비행성능에 관한 요건 41개는 전체의 10.1%에

해당한다.

항공기 비행성능 부문에 관한 설계 구성에 따라서 감항기준의 적용 요건이나 적합성 입증방법이 달라질 수 있다. 또한, 해당 요건에 관련된 훈령, 고시, Order, AC를 함께 검토하여 적합성 입증계획을 수립하고, 해석 보고서, 시험 계획서, 시험 보고서 등을 작성하여야 한다. Part 23급 비즈니스 제트기에 대한 비행성능 적합성 입증 예시와 소형 비행기의 소음시험에 대한 적합성 입증 예시를 다음과 같이 살펴볼 수 있다.

3.7.2 비즈니스 제트기 비행시험 입증

항공기 성능해석 및 상세설계를 통하여 구현된 비행성능 및 특성은 해당 감항기준에 따라서 해석, 시험, 경험자료, 또는 유사성으로 적합성을 입증하여야 한다. 기존에 형식증명을 받은 항공기의 설계를 바탕으로 개조하는 경우에는 기존의 감항기준 요건을 인증기준(CB)으로 설정할 수 있으며, 기존의 설계에 근거한 경험자료를 이용하여 유사성으로 입증할 수 있다. 그러나, 새로 설계된 항공기이거나 비행성능에 중대한 영향을 받는 부분이 개조된 경우에는 비행시험을 통하여 입증하여야 한다.

감항기준 Part 23을 적용받는 19인승 이하의 커뮤터 및 비즈니스 제트기가 1990년대에 최초로 형식증명을 받고, 최근에 해당 비행기를 개조하여 형식증명을 개정하는 경우에 최초의 형식증명 당시에 설정되었던 인증기준(CB)을 적용할 수 있다. 이와 같은 비행기에 적용되는 FAR Part 23 Amendment 23-40 (1990.08.10) 이전의 안정성 및 조종성 관련 요건을 살펴보면, 다음과 같이 정리할 수 있다. 다만, 안전성에 중대한 영향을 미치는 경우에는 최신의 요건을 적용할 수 있다.

- §23.141 General (flight characteristics) Amdt 23-37 1990.08.18
- §23.143 General (controllability and maneuverability) Amdt 23-17 1976.12.20
- §23.145 Longitudinal Control Amdt 23-37 1990.08.18
- §23.147 Directional and Lateral Control Amdt 23-0 1965.02.01
- §23.149 Minimum Control Speed Amdt 23-0 1965.02.01
- §23.155 Elevator Control Force in Maneuvers Amdt 23-14 1973.11.19
- §23.157 Rate of Roll Amdt 23-14 1973.11.19
- §23.171 General (stability) Amdt 23-0 1965.02.01
- §23.173 Static Longitudinal Stability Amdt 23-34 1987.01.15
- §23.175 Demonstration of Static Longitudinal Stability Amdt 23-0 1965.02.01
- §23.181 Dynamic Stability Amdt 23-21 1978.01.16.

기존의 FAR Part 23 비행성능 요건 중에 조종성 및 안정성에 관한 대표적인 요건을 살펴보면 다음과 같다. FAR §23.143의 조종성 일반요건은 이륙, 상승, 수평비행, 하강, 복행, 동력 및 무동력 착륙 조건에서 안전하게 조종 및 기동할 수 있어야 한다고 규정하고 있다. 또한, 다발엔진 비행기의 엔진 고장을 포함한 모든 운용 조건에서 제한하중배수를 초과하는 위험성 없이 다른 비행 상태로 원활하게 전환할 수 있고, 피치(pitch), 롤(roll), 요(yaw) 기동 시의 조종력 한계값을 충족하도록 요구하고 있다.

FAR §23.173의 정적 세로 안정성 요건에서는 조종간을 밀고 당기는 조작에 따라 비행기 속도의 증가 및 감소 특성과 조종력의 한계값을 확인하도록 규정하고 있다. 또한, 임의의 비행속도에서 조종력을 천천히 풀었을 때, 보통급 비행기는 트림 속도의 ±10%, 커뮤터 비행기는 ±7.5% 범위 이내로 회복되고, 조종사가 속도의 변화를 확실하게 인지하고 조종력에 비례하여 속도가 변화하는지를 확인하도록 요구하고 있다.

FAR §23.181의 동적 안정성 요건에서는 모든 비행속도의 조종간 해제(stick free) 및 고정(stick fixed) 상태에서 단주기(short period) 오실레이션이 빠르게 감쇄되고, 가로-방향 오실레이션(Dutch roll)은 7주기가 지난 후에 1/10의 진폭으로 감쇄되어야 한다고 규정하고 있다. 또한, 해당 비행기에 안정성 증대장치가 사용되는 경우에는 이를 동적 안정성 시험에는 적용할 수 없으며, 조종사의 직무부하가 증가되거나 비행기가 위험에 처하는 장주기 오실레이션(phugoid oscillation)이 없음을 입증하도록 요구하고 있다.

다음의 안전성 및 조종성에 대한 적합성 입증 예시는 추력 2,000 lbf급 터보팬엔진을 2대 장착하고, 최대 8명의 승객이 탑승하는 최대이륙중량 10,000 lbs의 비즈니스 제트기를 대상으로 하고 있다.[43] 해당 비행기는 1992년에 최초의 형식증명을 받았고, 2000년과 2010년에 전면 개조하여 파생형 모델로 형식증명을 개정하였다. 이에 따라서 비행기 형상이 부분적으로 변경되어 안정성 및 조종성 입증을 위한 비행시험을 다시 수행할 필요가 있었다. 비행기에 대한 안정성 및 조종성 비행시험에서는 시험 조건의 설정, 조종사의 평균적인 기량, 안정성 및 조종성 판단기준 등에 유의할 필요가 있다.

Stability ans Control Certification Flight Test for Business Airplane

1. INTRODUCTION

This rport presents data to show compliance of the Model 000 business jet airplane with applicable requirements of Title 14 CFR Part 23. All flight tests were conducted in accordance with the flight test plan approved by the FAA.

All certification flight testing were conducted at several airspace of airports: KICT, KROW, KLVX,

KGJT, KHUT, KALS, KLBB, KGLD. FAA test pilots and delegated applicant test pilots flew the airplane in all test conditions....

1.1 Certification Basis

This report shows compliance with the following portions of the certification basis: Title 14 CFR Part 23 Normal, Utility, Acrobatic, and Commuter Category Airplanes as amended by Amendment 23-1 through 23-38, and 23-40 effective on August 10, 1990.

- §23.21 Proof of compliance.
- §23.141 General. (Flight Characteristics)
- §23.143 General. (Controllability and Maneuverability)
- §23.145 Longitudinal control.
- §23.147 Directional and lateral control...
- §23.181 Dynamic stability.

Special Conditions as fllows:

- FAA 23-AEC-00 item 18, 19(a), (b), (c), (d), item 20, item 21, item 22, item 27(b).

Exemption as fllows:

- Exemption No. 0000 grated to use a relaxed "Dutch Roll" damping criteria above 00,000 feet in lieu of damping criteria of Title 14 CFR §23.1819(b).

1.2 References

- AC 23.8A: Flight Test Guide for Certification of Part 23 Airplane.
- FT000-0A/B000: Certification Flight Test Plane – Aerodynamic Tests.
- 000ABC-00: Model 000 Airplane Flight Manual...

1.3 Acronyms, Abbreviations, and Symbols

- FRT: Free Return
- SHSS: Steady Heading Straight Sideslip...

1.4 Flight Test Parameters

- ALCTL1: Aileron Control Position pilot, [DEG]
- ALFOR1: Aileron Control Force pilot, [LBS]...

2. LONGITUDINAL CONTROL

2.1 Purpose

The objective of these certification tests was to gather data to show compliance with the following requirements:

- Title 14 CFR §23.143 and §23.145

  Meeting the objectives required demonstrating satisfactory longitudinal control characteristics as defined by §23.145. The approved flight test plan documents the test conditions, aircraft configuration, and test procedures applicable to this object.

- AC 23-8A

The Airplane Model 000, S/N 000-0000, aircraft served as the test bed for all data in this section. Certification data collection occurred over four flights: FLT 000, 000, 000.

2.2 Test Conditions and Results

In accordance with the approved test plan, pilots conducted longitudinal control tests at the conditions listed Table 0-0.

Table 0-0: Longitudinal Control Tests Summary

Cond.	Weight(lb)	C.G	ALT(ft)	Flaps(°)	Gear	Thrust	V_{TRIM}(kts)	Procedure	Flight	Results
1	00,000	Aft	~00,000	0	UP	MCT	1.3VS1	VS1 Recovery	000	Satisfactory
2	00,000	Aft	~00,000	0	UP	Idle	1.3VS1	VS1 Recovery	000	Satisfactory
3	00,000	Aft	~00,000	35	DN	MCT	1.3VS0	VS1 Recovery	000	Satisfactory
4	00,000	Aft	~00,000	35	DN	Idle	1.3VS0	VS1 Recovery	000	Satisfactory
5	00,000	Fwd	~00,000	0~35	DN	Idle	1.4VS1	Flap Ext.	000	Satisfactory
..	...	...	...	...	...	...	...	...	...	...

Longitudinal control conditions 1 ~ 4 required demonstrating recovery from stall. The airplane was not a maximum takeoff weight during these conditions. However, per the delegated applicant pilot, the difference between MTOW and the test weights would have a negligible affect on the longitudinal control of the airplane. Pilot qualitative evaluations determined that the aircraft had satisfactory longitudinal controllability for conditions 1 ~ 4 required by §23.145; successfully accomplishing each maneuver with less than 50 lbs control force required by §23.143...

2.3 Compliance Summary

The Airplane demonstrated compliance with the Title 14 CFR §23.143 and §23.145 for aircraft longitudinal controllability.

3. DIRECTIONAL AND LATERAL CONTROL

3.1 Purpose

The objective of these certification tests was to gather data to show compliance with the following requirements: Title 14 CFR §23.21, §23.141, §23.143 and §23.147, and AC 23-8A Flight Test Guide for Certification of Part 23 Airplanes...

3.2 Test Conditions and Results

In accordance with the approved test plan, pilots conducted directional and lateral control tests at the conditions listed Table 0-0.

Table 0-0: Directional and Lateral Control Tests Summary

Cond.	Weight(lb)	ALT(ft)	Flaps(°)	Gear	Thrust	V_{TRIM}(kts)	Procedure	Flight	Results
1	00,000	~00,000	0	UP	MCT/Cut Off	1.3V_{S1}	Banking Turn with OEI	000	Satisfactory
2	00,000	~00,000	0	UP	MCT/Cut Off	1.3V_{S1}	Banking Turn with OEI	000	Satisfactory
3	00,000	~00,000	0	DN	MCT/Cut Off	1.3V_{S0}	Yawed Flight with OEI	000	Satisfactory
..	...	...	...	...	...	...	...	...	...

Lateral control conditions 1 ~ 2 required demonstrating 15°bank turns in both directionals without exerting more than 150 lbs of rudder pedal force and/or 50 lbs wheel force required by §23.143(c). Pilot qualitative evaluations determined that the the airplane had satisfactory controllability for conditions 1 ~ 2 required by §23.147(a)...

Directional control conditions 3 ~ 4 required demonstration of single engine lateral controllability through making sudden change of up to 15°in both directions, while maintaining wings level 5°and without exerting not more than 150 lbs of rudder pedal force required by 23.143(c). Pilot determined that the airplane had satisfactory lateral control characteristics on conditions 3 ~ 4 required by 23.147(b)...

3.3 Compliance Summary

The Airplane demonstrated compliance with the Title 14 CFR §23.21, §23.141, §23.143, and §23.147 for directional and lateral controllability.

4. MINIMUM CONTROL SPEEDS

4.1 Purpose

The objective of these certification tests was to gather data to show compliance with the following Title 14 CFR requirements and to show the airplane met the following special condition requirement: §23.143(c), §23.149(a), (b), (d), and SC 23-AEC-00 item 18...

4.2 Test Conditions and Results

In accordance with the approved test plan, pilots conducted minimum control airspeed-air (VMCA) and minimum control airspeed-ground (VMCG) tests at the conditions listed Table 0-0...

Table 0-0: Minimum Control Airspeed Test Conditions

Cond.	Weight (lb)	Flaps(°)	Gear	Thrust	Airspeed	Rwy Direction	Flight	Procedure
1	As light as practical	0	UP	TO/Cutoff	Min	N/A	000	Static V_{MCA}
2	As light as practical	15	UP	TO/Cutoff	Min	N/A	000	Static V_{MCA}
3	As light as practical	0	UP	TO/TO→Cutoff	Greater of V_{MCA} or 1.1VS	N/A	000	Dynamic V_{MCA}
..	...	...	...	...	...	...	...	...

Minimum control airspeed-air (V^{MCA}) conditions 1 ~ 2 required demonstrating static V^{MCA} by configuring the airplane per Table 0-0, applying maximum rudder defelction and slowly decreasing until the heading drift into the operating engine stooped and constant heading...

Table 0-0: Minimum Control Airspeed-air (VMCA) Tests Summary

Test Cond.	FLT	Flaps(°)	Test Type	Altitude (ft)	Flown V_{MC} (KCAS)	Actual Thrust (lb)	Thrust Difference (%)	Thrust corrected V_{MC} (KCAS)	Difference b/w Static & Dynamic (%)	Instrument corrected V_{MC} (KCAS)	Instrument & Thrust corrected V_{MC} (KCAS)
1	000	0	Static VMCA	0,000	00.0	0,000	+ 0.00	00.0	-	00.0	00.0
2	000	00	Static VMCA	0,000	00.0	0,000	+ 0.00	00.0	-	00.0	00.0
3	000	0	Dynamic VMCA	0,000	00.0	0,000	+ 0.00	00.0	0.0%	00.0	00.0
..	...	...	...	...	...	...	...	...	...	...	...

Figure 0-0 is a plot of the single engine thrust in pounds versus the ground calibrated airspeed in knots for the multiple runs performed on flights 00 and 00. Each point on the plot represents a particular run and is annotated by which engine was cut and the amount of lateral deviation that occurred from the point at which the engine was cut to the point at which the lateral deviation rate was arrested...

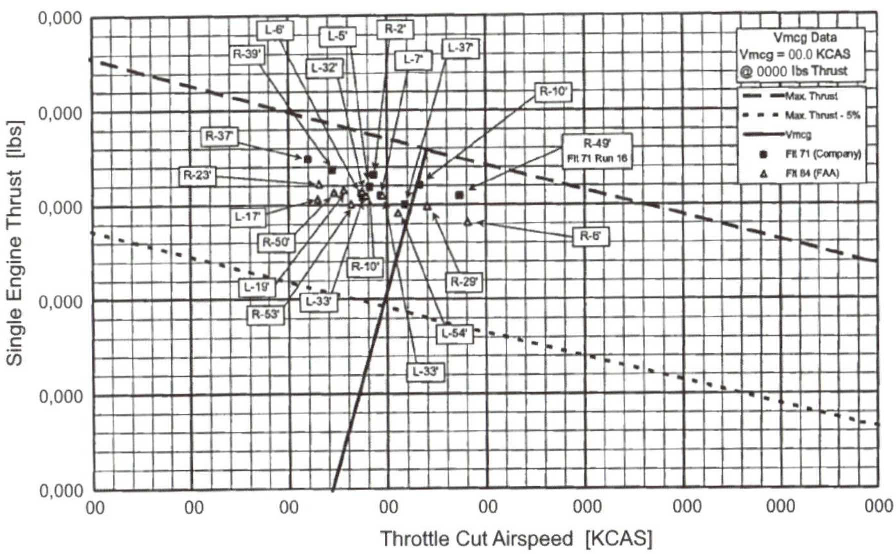

Figure 0-0: Minimum Control Speed-ground (V_{MCG}) Tests Result

4.3 Compliance Summary

The Airplane demonstrated compliance with the Title 14 CFR §23.143(c), §23.149(a), (b), and (c) for minimum control speeds, and special condition SC 230AEC-00 item 18.

....

5. STATIC LONGITUDINAL STABILITY

5.1 Purpose

The objective of these certification tests was to gather data to show compliance with the following requirements: Title 14 CFR §23.21, §23.171, §23.173(a) and §23.175(a), (b)(1), and SC 23-AEC-00 items 20, 21, and 27(b), and AC 23-8A Flight Test Guide for Certification of Part 23 Airplanes...

5.2 Test Conditions and Results

In accordance with the approved test plan, pilots conducted static longitudinal stability tests at the conditions listed Table 0-0.

Static longitudinal stability conditions required demonstration of positive stability for each configuration and speed range specified in the approved flight test. Condition test shown in were flown per the flight test plan for 23.21, 23.173(a), 23.175(a), (b)(1), and SC 23-ACE-00 itme 27(b). The airplane exhibited satisfactory positive static longitudinal stability characteristics for all conditions. All stick force versus speed curves were stable throughout, with the average gradient greater than 1 pound for each 6 knots for all conditions of SC 23-AEC-00 item 20(b)...

Table 0–0: Static Longitudinal Stability Tests Summary

Cond.	Weight(lb)	ALT(ft)	Flaps(°)	Gear	Thrust	Airspeed(kts)	Procedure	Flight	Results
1	00,000	0 ~ 00 K	0	UP	00.0% ~ 00.0%	000 ~ 000	SLS - Climb	00	Satisfactory
2	0,000	00 ~ 00 K	0	UP	000.0 ~ 000.0%	000 ~ 000	Hi-Speed Cruise	000	Satisfactory

Figure 0-0 and Figure 0-0 depict all the requirements met for the climb and the high cruise condition showing compliance with SC 23-ACE-00 item 20 and 21...

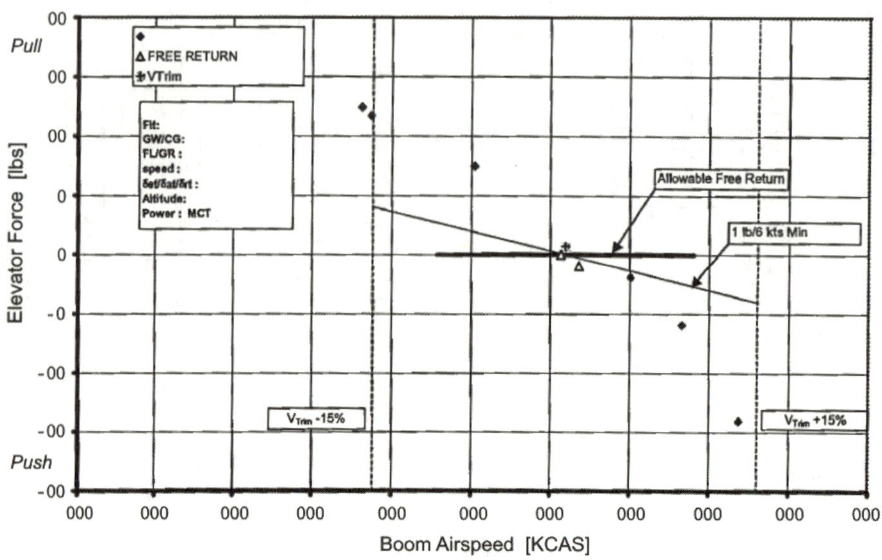

Figure 0–0: Static Longitudinal Stability – SLS Climb

5.3 Compliance Summary

The Airplane demonstrated compliance with the Title 14 CFR §23.21, §23.171, §23.173(a), and §23.175(a), (b)(1) for static longitudinal stability, and SC 23-AEC-00 item 30, 21, 27(b).

....

6. DYNAMIC STABILITY

6.1 Purpose

The objective of these certification tests was to gather data to show compliance with the following requirements: Title 14 CFR §23.21, §23.141, §23.171, §23.181, and Exemption 0000, and AC 23-8A Flight Test Guide for Certification of Part 23 Airplanes...

6.2 Test Conditions and Results

In accordance with the approved test plan, pilots conducted dynamic stability tests at the conditions listed Table 0-0.

Table 0-0: Dynamic Stability Tests Summary

Cond.	C.G (%)	ALT(ft)	Flaps(°)	Gear	V_{TRIM}(kts)	Primary Control	Procedure	Flight	Results
1	00.00	00,000	0	UP	000.0	Free	Lat-Dir Dyn Stab	000	Damped in 0.0 cycles
2	00.00	00,000	0	UP	000.0	Fixed	Lat-Dir Dyn Stab	000	Damped in 00.0 cycles
3	00.00	00,000	0	DN	000.0	Free	Lat-Dir Dyn Stab	000	Damped in 0.0 cycles
..	...	...	...	...	...	...	...	...	...

The dynamic lateral-directional stability tests were flown by the FAA pilot and delegated pilot of the Applicant at varying altitudes and airspeeds to show compliance with §23.21 and §23.171. All testing was completed with the yaw damper OFF. In addition, all conditions were repeated with the yaw damper ON, and it was verified that the damping, qualitatively, was well within the regulatory requirements with the yaw damper ON...

$$C_{1/N} = \frac{\sqrt{1-\zeta^2} \times \ln N}{2 \times \pi \times \zeta} \qquad \zeta = \frac{\ln N}{\sqrt{\pi^2 + \ln^2 N}}$$

$C_{1/N}$: Number of Damped Cycles
ζ : Damping Ratio
N : Average Amplitude Ratio bw half cycles

6.3 Compliance Summary

The Airplane demonstrated compliance with the Title 14 CFR §23.21, §23.141, §23.171, §23.181 for dynamic stability, and Exemption 0000.

....

7. CONCLUSION

The FAA test pilot and the delegated pilot conducted certification test of longitudinal control, directional and lateral control, minimum control speeds, trim characteristics, static longitudinal stability, dynamic stability, rate of roll, elevator control force for the Airplane.

These test conditions and test results show compliance with Title 14 CFR §23.21, §23.141, §23.143, §23.145, §23.147, §23.149, §23.155, §23.157, §23.171, §23.173, §23.175, §23.181, and SC 23-AEC-00, and Exemption No. 0000 regarding Dutch roll stability.

- Appendix A : Longitudinal Control Time Histories.

- Appendix B : Directional and Lateral Control Time Histories.
- Appendix C : Minimum Control Speeds Data and Time Histories.
- Appendix D : Trim Characteristics Time Histories.
- Appendix E : Static Longitudinal Stability Data Plots.
- Appendix F : Static Directional and Lateral Stability...

3.7.3 소형 비행기 소음시험 입증

항공기에 대한 최초의 형식증명 또는 소음 변경을 수반하는 개조에 따른 형식증명 개정 또는 부가형식증명에서 소음기준 Part 36 및 ICAO Annex 16 Volume I에 따른 소음시험이 요구된다. FAR Part 36은 소음에 관한 절차적 요건과 합부 기준을 규정하고 있고, ICAO Annex 16은 상세한 시험조건과 시험절차를 규정하고 있다.

- ICAO Annex 16, Volume I : Environmental Protection, Aircraft Noise, 11th Edition, 2017.07.11
- FAR Part 36 : Noise Standards: Aircraft Type and Airworthiness Certification, Amendment 36-32, 2025.07.24.

항공기 소음시험은 아음속 제트 비행기, 프로펠러 비행기, 헬리콥터가 각각 달리 규정된 조건에서 따라 시험을 수행하고, 합부 기준도 각각의 최대이륙중량에 따라서 달리 부과된다. 프로펠러 비행기의 경우에는 FAR Part 36 Appendix G36.301(c)에 따라서 최대이륙중량 1,257 lbs (570 kg) 이하의 비행기는 70dB(A) 이하, 최대이륙중량 19,000 lbs (8,618 kg) 이상의 비행기는 85 dB(A) 이하를 나타내야 한다. 소음을 측정하는 마이크로폰은 최대이륙중량 19,000 lbs (8,618 kg) 이상의 비행기는 이륙통과(fly-over), 측방향(sideline), 착륙접근(approach) 지점에 설치하고, 최대이륙중량 1,257 lbs (570 kg) 이하의 비행기는 이륙통과(fly-over) 지점 1곳에만 설치할 수 있다.

다음의 소음시험에 대한 적합성 입증 예시는 6기통 왕복엔진을 장착한 4인승 소형 비행기를 대상으로 하고 있다.[43] 이에 장착된 왕복엔진은 최대출력을 350마력에서 315마력으로 감소시키고 전자식 엔진제어시스템(FADEC)과 터보차저를 구비하고 있다. 이 비행기에 장착된 프로펠러는 직경이 78 inch이고 회전수가 2,700 rpm인 4엽 복합재 블레이드로 구성된 정속 프로펠러를 사용하고 있다. 항공기 소음시험은 시험조건의 설정, 소음의 측정, 측정값의 계산 등에 유의할 필요가 있다.

Noise Flight Test for Normal Category Airplane

1. INTRODUCTION

This flight test report presents the results of acoustical flight test. This report shows compliance with noise requirements of the KAS Part 36 and 14 CFR Part 36 (FAR Part 36) for the Airplane Model.

The test was conducted in accordance with the document number ABCD00000, Revision X dated day month year.

1.1 Purpose

This report is prepared to show compliance of the Airplane Model with the KAS Part 36 effective on day month year, and FAR Part 36 amended on day month year...

1.2 Applicable Document

- Korean Airworthiness Standards Part 36 (KAS Part 36), Airplanes Noise Standards, Subpart J & Appendix 6, revised day month year.
- Code of Federal Regulations Part 36 (FAR Part 36), Noise Standards: Aircraft Type and Airworthiness Certification, Subpart F, Amdt. 36-19, and Appendix G, Amdt. 36-28.

1.3 Reference Document

- ICAO Annex 16, Environmental Protection Volume 1, Airplane Noise, 5th Edition.
- ICAO Doc 9501, Environmental Technical Manual, 3rd Edition, 2004.
- FAA AC 36-4C, Noise Standards Aircraft Type and Airworthiness Certification...

2. TEST SCHEDULE AND TEST SITE

2.1 Test Schedule

The Airplane noise flight test was conducted day month year.

2.2 Test Site

The noise flight test was conducted at the Applicant's flight test facility in Name of Airport, and test range area (MOA 26/27) in Korea. The runway information of the Name of Airport is described in Appendix A.

3. TEST ARTICLE

The noise flight test was conducted using the Airplane Model, prototype #1, S/N AB000000-000. The type definition of test article is described in detail at the Airplane Prototype Aircraft Configuration Definition and the effect of deviation caused by test set up was explained as a Deviation Summary Report (DSR) for the Flight Test Airplane which was prepared as the extra document.

3.1 Powerplant

Test airplane was installed with Engine Model and Propeller Model. Engine and propeller specification information is described in Table 0-0...

3.2 Test Article Inspection

Test article inspections were conducted prior to the flight test and performed by Applicant quality engineer in accordance with the Airplane Noise Compliance Plan, Deviation Summary Report (DSR) for the Flight Test Airplane and Aircraft Configuration Description (ACD). The test article inspection records were reviewed and approved by the Certification Agency representatives.

4. TEST SETUP

4.1 Test Equipment

Test Equipment are shown below in Table 0-0. All about Acoustic equipment have 1 year duration for valid calibration period from the calibrated date. Microphone has same valid calibration date with Sound Level Meter because calibrated together as microphone installed. Equipment of certificate of calibration are described in Appendix B...

Table 0–0. Noise Test Equipment List

Equipment	Make / Model No.	Serial No.	Calibrated Date
Sound Level Meter	Larson Davis / 000	0000000	day month year
Microphone (Sensor)	PCB / 000A00	000000	day month year
Sound Level Calibrator	B&K / 0000	000000	day month year
...	...	...	...

Figure 0–0. Test Setup: Weather Equipment, Microphone

4.2 Acoustical Measurement Site Description

A noise measurement site was selected the right edge of the runway 06R (refer to Appendix A) just northeast of taxiway S2 at the Name of Airport. The microphone plate was located approximately 2.4 meters of the right edge of the runway...

5. NOISE TESTING

5.1 Test Procedures

Noise flight test for the Airplane Model was based on KAS Part 36 and FAR Part 36

and the noise test plan approved by the Certification Agenvy. The reference procedures had been performed as follows.

a. Pilot

i. The aircraft is to take off using Normal Procedures.

ii. This initial take-off is not a noise measurement Run...

b. Ground

i. Person who measures aircraft noise turns on the SLM (sound level meter) and records until testing aircraft flown over the Microphone enough passing.

ii. After recording sound level, the SLM is reset for another Run to continue this procedure then writing sound level on the data sheet...

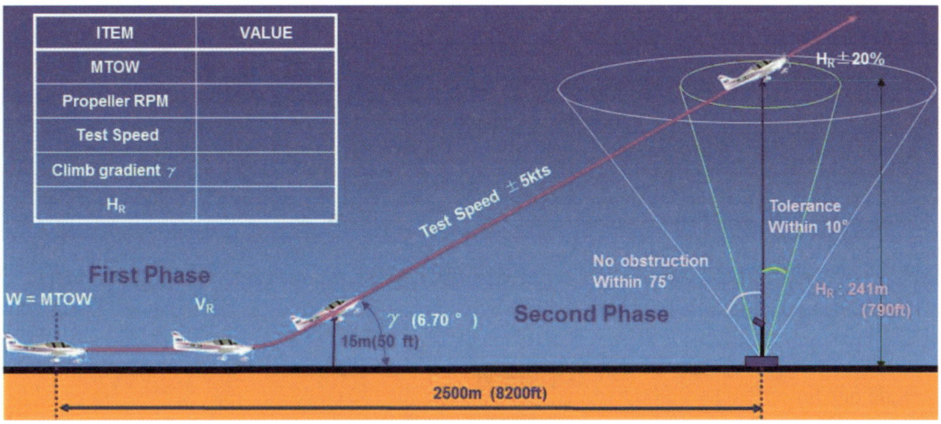

Figure 0-0. Noise Test Flight Path Condition

5.2 Required Measurement Data

All measuring parameters were recorded and the required parameters for the analysis of the noise flight test are as follows:

Table 0-0. Required Measurement Data

No.	Required Data	Measured Device	Measuring Position	Purpose of Data
1	Weight	FF and initial TO Weight	Airplane	know regulation standard
2	Manifold Air Pressure	ARINC 429	Airplane	correct reference sound level
3	Propeller RPM	ARINC 429	Airplane	correct reference sound level
...	...	...	...	...

5.3 Measured Noise Data Adjustment

Adjusting formula of KAS Part 36 and FAR Part 36 are the same. The noise level under reference conditions $(L^{Amax})^{REF}$ is obtained by the test day noise level $(L^{Amax})^{TEST}$ (test airplane noise level) and increments for each of the effects from the test day conditions.

$$(L_{A\max})_{REF} = (L_{A\max})_{TEST} + \triangle(M) + \triangle_1 + \triangle_2 + \triangle_3 \ \ldots$$

5.4 Statistical Result Data Processing

CHAPTER 3 항공기 적합성 입증

The corrected sound levels from all acceptable test runs are averaged arithmetically to obtain a mean corrected sound level ($L^{Amax(avg)}$).

$$L_{A\max(avg)} = \frac{1}{N} \times \sum_{i=1}^{N} L_{A\max(i)} \cdots$$

6. FLIGHT TEST RESULTS

This section presents the data recorded during the test and the subsequent corrections that were applied to compute the maximum A-weighted sound level in accordance with KAS Part 36 and FAR Part 36.

6.1 Test Parameters

- Aircraft Make/Model : Applicant / Aitplane Model, S/N AB000000-000.
- Maximum Takeoff Weight : 0,000 lbs.
- Test Take-off Weight : 0,000 lbs...

6.2 Reference Height Calculation

The reference height for the KC-100 was calculated below...

The reference altitude is calculated below:

- Test Speed = 000 KCAS
- Rate of Climb (R/C) = 0,000 ft/min...

6.3 Aircraft Height Determination

A Canon Digital SLR EOS 5D camera with a fixed 85 mm lens was used for all test runs. This camera was calibrated immediately after the acoustical test by taking a photograph from an object of known width from a known distance. From this photograph, the camera focal length was determined to be 00.00 inches...

6.4 Meteorological Conditions

Temperature, humidity, wind speed and direction were measured at the noise measurement test area by the equipment specified in Section 0.0 of this report. The values of these parameters for each flight are shown in the Table 0-0...

6.5 Data Corrections

The following pages contain tables that summarize the data recorded during the test and the associated data corrections that were performed in order to calculate the maximum A-Weighted sound level of KAS Part 36 and FAR Part 36.

Table 0-0 summarizes the data used to verify that the meteorological conditions and aircraft flight path such that it shows to meet the conditions...

Finally, Table 0-0 shows the corrected sound levels along with the individual corrections required. The photographs that were taken of the aircraft during each run are included...

Table 0-0. Required Measurement Data

Run No.	Observed Noise, dB(A)	Alpha, dB/100m	Δ_M dB(A)	Δ_1 dB(A)	Δ_2 dB(A)	Δ_3 dB(A)	LA_{max} dB(A)
1	00.0	0.0	0.000	-0.00	0.00	0.00	00.0
2	00.0	0.0	0.000	-0.00	0.00	0.00	00.0
3	00.0	0.0	0.000	-0.00	0.00	0.00	00.0
...	...	...	...	...	...	...	...
						Average =	00.0

7. CONCLUSION

The Airplane was tested in accordance with KAS Part 36 and FAR Part 36. The sound level, standard deviation and corresponding 90% confidence level for this airplane is listed below:

- Corrected Mean Sound Level: 00.00 dB(A)
- Standard Deviation: 0.00 dB(A)
- 90% Confidence Level: 0.00 dB(A)

The maximum allowable sound level for the Airplane at a maximum takeoff weight of 0,000 lbs is 85.0 dB(A). The maximum A-weighted sound level of this airplane is satisfied as below the limit of 85.0 dB(A).

- Appendix A. Airport Information
- Appendix B. Equipment Calibrations
- Appendix C. Data Cards
- Appendix D. Weight and Balance
- Appendix E. Parameters Calibration
- Appendix F. Photographs From Runs
- Appendix G. Engine Power Data
- Appendix H. Aircraft Conformity Records
- Appendix I. Noise Flight Test Runcard
- Appendix J. Noise Flight Test Aircraft Configuration Description

연습문제

문제 1 **항공기 형식증명은 설계에 대한 안전성을 확인하는 과정이다, 다음 중에 항공기 형식설계(type design)에 해당하지 않는 것은?**

① 도면 ② 규격서 ③ 감항기준 ④ 정비교범

문제 2 **미국과 유럽의 항공기 감항기준은 그 내용이 Subpart A, B, C, D, E, F, G 등과 같이 구성되어 있다. 다음 중에 비행성능(Flight) 요건을 규정하고 있는 Subpart는 어느 것인가?**

① Subpart A ② Subpart B ③ Subpart C ④ Subaprt E

문제 3 **항공기 감항기준(Part 23, 25, 27, 29)의 각 Subpart에서 동력장치(Powerplant) 요건을 규정하고 있는 Subpart는 어는 것인가?**

① Subpart C ② Subpart D ③ Subpart E ④ Subpart F

문제 4 **유럽연방항공청의 인증규격(CS) 중에서 항공기 엔진에 대한 감항성 요건을 규정하고 있는 것은 어는 것인가?**

① CS-23 ② CS-25 ③ CS-33 ④ CS-E

문제 5 **항공기 장치품, 시스템 및 그 장착에 대하여 시스템 안전성 분석(SSA: System Safety Analysis)을 수행해야 하는데, 이를 요구하는 감항기준 요건 번호는?**

① §23.2500 ② §25.1309 ③ §27.901 ④ §29.1529

문제 6 **항공기 형식증명을 위한 인증계획서 중에 신청자가 반드시 작성하여 감항당국에 제출해야 하는 계획서는 어는 것인가?**

① 인증계획서(CP) ② 인증과제계획서(CPP)
③ 과제특정인증계획서(PSCP) ④ 인증협력계획서(PSP)

문제7 **항공기 형식증명을 위한 인증계획서의 일부로 감항기준 요건, 적합성 입증방법(MoC), 해당 입증문서, 작성일자, 승인일자 등을 나열된 인증문서는?**

① 인증계획서(CP) ② 적합성 점검표
③ 시험계획서(TP) ④ 합치성 확인서

문제 8 다음 중에 일반적인 적합성 입증방법(MoC: Means of Compliance)으로 분류 또는 표기되는 것으로 적정하지 않은 것은?

① 해석(AN) ② 규격서(SAE) ③ 지상시험(GT) ④ 비행시험(FT)

문제 9 항공기 형식증명은 해당 항공기의 설계가 감항기준에 적합한가를 해석, 시험, 경험자료 등을 통하여 입증하는 과정이다. 이를 위한 인증계획서를 작성할 때 포함되어야 하는 주요 항목(목차)을 제시하시오.

문제 10 항공기, 엔진, 프로펠러, 장비품 및 부품에 대한 인증받을 때, 이에 적용되는 감항기준(AS, CS), 기술표준서(TSO), 운항기술기준 등을 7가지 이상 문서번호와 제목을 제시하시오.

문제 11 항공기 형식증명을 위한 인증계획서(CP)를 작성할 때, 인증기준(CB: Certification Basis)을 설정하는데, 이에 포함되어야 하는 주요 항목을 나열하고, 그중에서 가장 중요하게 다루어야 하는 사항을 무엇인가?

문제 12 항공기 형식증명 과정에서 감항당국이 발행되는 인증현안검토서(IP: Issue Paper) 또는 인증항목검토서(CRI: Certification Review Item)에 대하여 자신이 아는 바를 설명하시오.

문제 13 형식증명 대상 항공기를 시제작할 때, 그에 소요되는 구매품, 가공품, 조립품, 완성 항공기에 대하여 합치성 검사를 받아야 한다. 검사 대상품 선정, 검사 의뢰, 검사 수행, 검사결과 기록 과정에서 유의할 사항을 설명하시오.

문제 14 항공기 형식증명, 기술표준품승인, 부품제작자승인에서 작성되는 합치성 확인서(SoC: Statement of Conformity)와 감항승인서(AAT: Airworthiness Approval Tag)에 대하여 설명하시오.

문제 15 항공기 감항기준 §23.1529, §25.1529, §27.1529, §29.1529에서 감항성유지지침서 작성 및 승인을 요구하고 있다. 이에 따른 감항성유지지침서(ICA)와 항공기 정비교범(AMM)에 대하여 설명하시오.

문제 16 구조적 측면에서 항공기 구조물을 10가지 이상으로 분류하고, 주요 구조해석 기법에 대하여 자신이 아는 바를 설명하시오.

문제 17 항공기 구조물 제작에 복합재료의 사용이 날로 증가하고 있는데, 복합재료의 종류, 제작방법, 기계적 특성, 설계 및 제작상의 유의사항에 대하여 설명하시오.

문제 18 항공기 구조용 재료의 탄성한계(elastic limit), 제한하중(limit load), 극한하중(ultimate load)을 설명하고, 감항기준에서 요구하는 안전계수(factor of safety)은 얼마인지 제시하시오.

문제 19 항공기 감항기준 §25.333에 제시된 비행기동선도(flight maneuvering envelope) 또는 비행선도(flight envelope)를 대략적으로 도시하고, 각 지점의 명칭과 의미를 설명하시오.

문제 20 항공기 감항기준의 Subpart E. Powerplant를 기반으로 동력장치, 추진기관, 엔진의 차이에 대하여 자신이 아는 바를 설명하시오.

문제 21 항공기 감항기준 또는 엔진의 감항기준에서 터보제트(turbojet) 엔진을 지칭하는 요건이 있는데, 현실적으로 최근 항공기에는 사용되지 않는 엔진 형식이다. 그 이유를 연료효율과 소음 측면에서 설명하시오.

문제 22 항공기 연료탱크 종류(형식)를 3가지로 분류하고, 연료탱크의 연료증기 발화 및 폭발을 방지하는 수단에 대하여 자신이 아는 바를 설명하시오.

문제 23 항공기 및 엔진 감항기준 §xx.1461, §33.19, §33.94 등에서 고에너지 회전체에 대한 안전성 요건으로 규정하고 있는데, 파손되는 경우에 항공기 및 승객에 미칠 수 있는 위험성과 파손 방지 대책에 대하여 설명하시오.

문제 24 항공기 착륙장치(landing gear) 구성품을 5가지 이상으로 분류하고, 감항기준에서 요구하는 시험의 종류에 대하여 설명하시오.

문제 25 항공기 캐빈시스템 및 부품에 대하여 안전성 또는 보안 측면에서 중요하게 요구되는 사항을 3가지 이상 들고, 그 내용을 설명하시오.

문제 26 항공기 감항기준 §xx.1316에 따라서 전기전자시스템에 요구되는 낙뢰 방호(lightning protection) 요건과 적합성 입증방법에 대하여 설명하시오.

문제 27 항공기 감항기준 §xx.1317에 따라서 전기전자시스템에 요구되는 고강도전자기장 방호(HIRF protection) 요건과 적합성 입증에 대하여 설명하시오.

문제 28 항공기 감항기준 §xx.1457 및 §xx.1459에 따라 요구되는 조종실 음성기록장치(CVR) 및 비행자료 기록장치(FDR) 장착 요건에 대하여 설명하시오.

문제 29 항공기 감항기준에서는 요구되지 않지만, ICAO Annex 6, FAR Part 121, EU 2025/343 등의 운항기준에서 요구되는 공중충돌방지장치(TCAS, ACAS)에 대하여 자신이 아는 바를 설명하시오.

문제 30 항공기 시스템 안전성 분석(SSA: System Safety Analysis)과 일반산업 신뢰성 분석(reliability analysis)의 차이에 대하여 자신이 아는 바를 설명하시오.

문제 31 항공기 감항기준 §xx.1309에 따른 시스템 안전성 분석에서 고장의 심각도(severity)와 그 발생확률(probability)을 각각 4가지로 분류하고, 그 상관관계(비례/반비례)에 대하여 설명하시오.

문제 32 항공기 시스템 안전성 분석(SSA)에서 결함나무분석(FTA)과 고장모드 및 영향분석(FMEA)에 대하여 자신이 아는 바를 설명하시오.

문제 33 항공기 감항기준 Subpart B. Flight에 따른 항공기의 정적 안정성(static stability)을 3가지로 분류하고, 각각에 대하여 설명하시오.

문제 34 항공기 감항기준 Subpart B. Flight에 따른 항공기의 동적 안정성(dynamic stability)을 3가지 이상으로 분류하고, 각각에 대하여 설명하시오.

문제 35 프로펠러 비행기, 헬리콥터, 터빈엔진 비행기에서 각각 가장 크게 소음을 발생하는 요소가 무엇인지 제시하고, 소음시험에 적용되는 FAR Part와 ICAO Annex가 무엇인지 제시하시오.

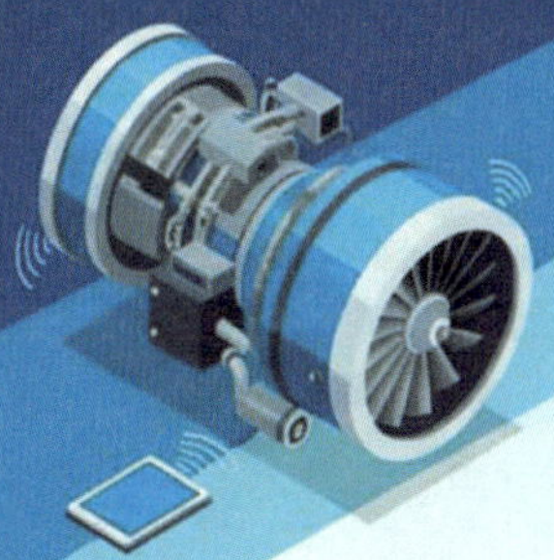

CHAPTER

04

항공엔진 인증기술

4.1 엔진 인증개요

4.1.1 항공엔진 분류

항공기 엔진은 주 추진기관으로 사용되는 왕복엔진과 터빈엔진, 그리고 보조동력장치(APU)로 분류할 수 있다. 최근에는 전기식 추진장치과 수소 연료전지 또는 수소 터빈엔진에 대한 연구가 활발히 진행되고 있다. 왕복엔진, 터빈엔진, 프로펠러는 형식증명 대상이고, 보조동력장치는 기술표준품승인을 받아야 항공기에 장착할 수 있다.

왕복엔진과 군용 터빈엔진은 미국의 군용 항공기 엔진 명명법(designation)에 따라서 모델 명칭을 부여하는 것이 일반적이지만, 민간 여객기에 사용되는 중대형 터보팬 엔진은 각 제작사의 고유한 방식으로 모델 명칭을 부여한다.

- TSIOF-550-K : 과급기(TS), 연료분사(I), 대향형(O), FADEC, 배기량(550), 모델유형(K)
- T700-GE-701C: 터보샤프트(T), 모델번호(700), 제작사(GE), 모델순번(701), 모델유형(C)
- PW1000G : 제작사(PW), 모델번호(1000), 팬감속기어(G)
- Trent 1000-A : 고유명칭(Trent), 모델번호(1000), 모델유형(A)
- LEAP-1A : 고유명칭(Leading Edge Aviation Propulsion), 모델번호(1), 적용항공기(A)

[Lycoming IO-360 Engine]
출력 200hp @27,000rpm, 압축비 8.7, 공랭식, 생산 59,295대 이상

[Continental IO-550 Engine]
출력 300hp @2,700rpm, 압축비 8.5, 공랭식, 생산 49,790대 이상

[TAE 125-02 Diesel Engine]
출력 132hp @3,200rpm, 압축비 18.0, 수냉식, 생산 3,645대 이상

[PWC PT6A Turboprop]
출력 550hp @37,500rpm, 압력비 6.3, SFC 0.67lb/hp/h, 생산 64,000대 이상

[RR M250-C47 Turboshaft]
출력 650shp @32,000rpm, 압력비 6.2, SFC 0.65lb/hp/h, 생산 31,000대 이상

[CFM LEAP Turbofan Engine]
추력 29,320lbf @20,171rpm, 압력비 40.0, BPR 11.0, SFC 0.51lb/lbf/h, 생산 2,561대 이상

[그림 4-1] 대표적인 항공기 왕복엔진 및 터빈엔진

왕복엔진은 크기와 형태에 따라서 직렬형, 수평 대향형, V-형, 성형 엔진 등으로 분류되고, 연

료의 종류에 따라서 가솔린 엔진과 디젤 엔진, 그리고 냉각방식에 따라서 공랭식 엔진과 수냉식 엔진으로 구분된다. 최근에 터빈엔진 기술의 발전과 전기식 추진장치의 출현으로 왕복엔진을 사용하는 항공기가 점차 줄어들고 있지만, 2인승에서 6인승까지의 소형 비행기에는 100마력에서 350마력까지의 4기통 ~ 6기통의 수평 대향형, 공랭식, 가솔린 엔진이 여전히 많이 사용되고 있다.

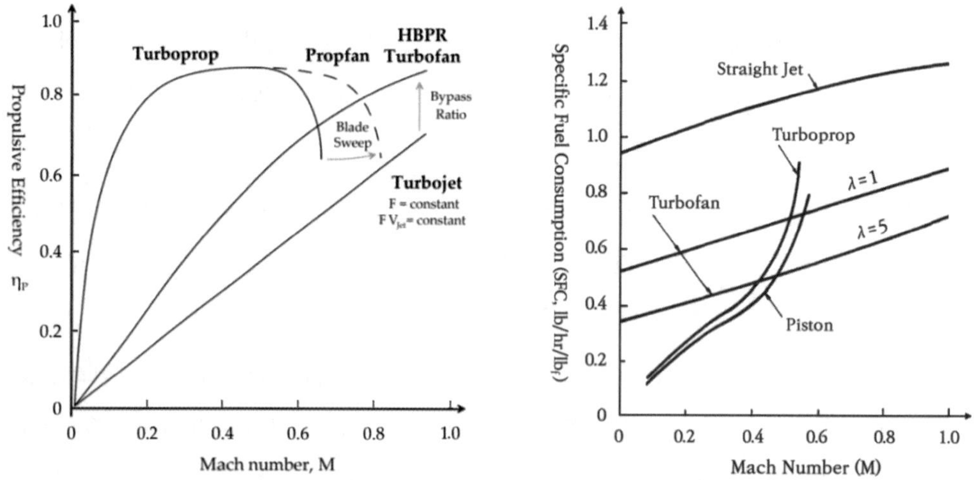

[그림 4-2] 비행속도에 따른 엔진의 추진효율 및 연료소비율

터빈엔진은 흡입공기 압축 및 동력 발생 방식에 따라서 터보프롭, 터보샤프트, 터보제트, 터보팬 엔진으로 분류되지만, 터보제트 엔진은 소음이 크고 연료 효율이 낮아 더 이상 사용되지 않고 있다.

터보프롭 엔진은 일반적으로 축류형 압축기, 원심형 압축기, 정류형 또는 역류형 애눌러 연소기, 가스발생기 터빈, 그리고 동력 터빈으로 구성되고, 4인승에서 19인승까지의 소형 비행기 및 커뮤터용 추진기관으로 420마력(hp)에서 1,500마력의 엔진이 주로 사용되고 있다. 100인승 이하의 중형 비행기 및 군용 수송기에 5,000마력급 터보프롭 엔진이 사용되고 있지만, 점차 터보팬 엔진으로 대체되는 추세이다. 다만, 군용 중등 훈련기 등에는 여전히 900마력급 터보프롭 엔진이 주로 사용되고 있다. 또한, 비행속도 Mach 0.5 이하의 50인승급 중단거리 비행기에 터보프롭 엔진을 사용하면 터보팬 엔진보다 추진효율이 높고 연료소비율이 낮은 장점이 있다.

터보샤프트 엔진은 터보프롭 엔진과 마찬가지로 축류형 압축기, 원심형 압축기, 정류형 또는 역류형 애눌러 연소기, 가스발생기 터빈, 그리고 동력 터빈으로 구성된다. 일반적으로 4인승에서 20인승 헬리콥터 추진기관으로 320마력(shp)에서 2,520마력의 엔진을 단발 또는 쌍발로 장착하고 있다.

Sikorsky CH-53K King Stallion 헬리콥터는 최대이륙중량이 34,000kg으로 34명까지 탑승하고 특수임무용으로 사용되는데, 출력 7,500마력의 GE38-1B 터보샤프트 엔진을 3대 장착하고 있다. Boeing CH-47F 탠덤(tandem) 로터 헬리콥터는 최대이륙중량이 22,680kg으로 58명까지 탑승할 수 있으며, 4,729마력의 Honeywell T55-GA-714A 엔진 2대를 장착하고 있다. 동축(coaxial) 로터 헬리콥터 Kamov Ka-32에는 출력 2,225마력의 TV-3-117 엔진 2대가 장착되고, 최근에 개발되고 있는 Sikorsky S-97 동축 로터 헬리콥터에는 출력 2,600마력의 YT706-GE-700 엔진 1대가 장착되고 있다. Mil Moscow Mi-26 헬리콥터는 최대이륙중량이 56,000kg으로 최대 90명까지 탑승하고, 세계에서 가장 큰 10,000마력의 Lotarev D-136 터보샤프트 엔진 2대를 장착하고 있다.

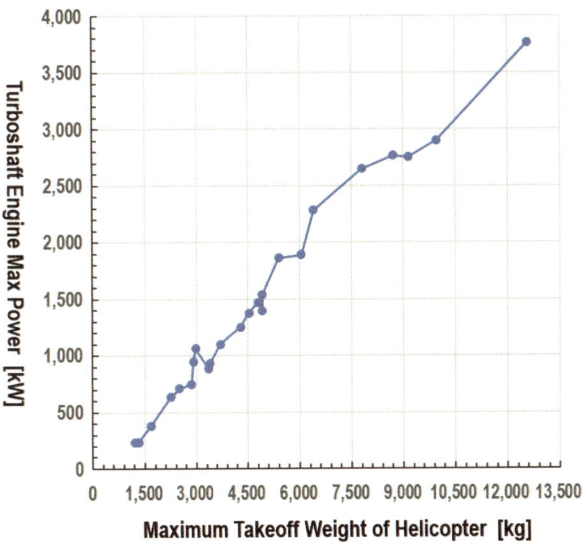

순번	헬기모델	MTOW(kg)	탑승자	엔진모델	출력(kW)	대수
1	MD500	1,225	4	T63-A-5A	236	1
2	Bell 206	1,315	5	250-C18	236	1
3	Bell 505	1,669	5	Arrius 2R	377	1
4	AS350	2,250	6	Arriel 2B	632	1
5	EC130	2,500	7	Arriel 2D	710	1
6	AW119	2,850	8	PT6B-37A	747	1
7	EC135	2,910	8	Arrius 2B2	944	2
8	Bell 427	2,971	9	PW207D	1,060	2
9	BK 117	3,350	11	LTS101-750	884	2
10	Bell 429	3,402	8	PW207D1	932	2
11	EC145	3,700	11	Arriel 1E2	1,100	2
12	AS365	4,300	14	Arriel 2C	1,250	2
13	S-76	4,536	15	Arriel 2S2	1,376	2
14	AW169	4,800	14	PW210A	1,470	2
15	LAH	4,920	15	Arriel 2L2	1,540	2
16	Bell 412	5,398	14	PT6-3D	1,860	2
17	H160	6,050	14	Arrano 1A	1,888	2
18	AW139	6,400	17	PT6C-67C	2,284	2
19	EC175	7,800	20	PT6-67E	2,648	2
20	KUH-1	8,709	15	T700-701K	2,766	2
21	AS332	9,150	26	Makila 1A2	2,752	2
22	S-92	12,565	21	CT7-8A	3,760	2

[그림 4-3] 헬리콥터 이륙중량에 따른 터보샤프트 엔진 출력

터보팬 엔진은 일반적으로 팬(fan), 저압 압축기, 고압 압축기, 애뉼러 연소기, 고압 터빈 및 저압 터빈으로 구성된다. 팬의 외경 쪽으로 흡입되는 공기 유량과 압축기로 흡입되는 공기 유량의 비율을 바이패스 비(BPR, λ)로 정의한다. 엔진의 압력비가 높으면 추력이 증대되고, 바이패스 비가 높으면 배기가스 분사 소음을 감소시키게 된다.

전투기용 터보팬 엔진은 전방 면적을 크게 할 수 없으므로 팬 직경이 상대적으로 작아져 BPR < 1 이하의 저 바이패스 비를 갖게 되고 연료소비율도 다른 터보팬 엔진보다 높은 값을 갖게 된다. 비즈니스 제트기용 터보팬 엔진은 BPR = 2 ~ 5 정도의 중간 바이패스 비로 설계되고 비교적 작은 소음과 연료소비율로 고속 비행하는데 적합한 특성을 나타낸다. 중장거리 여객기에 사용되는 대형 터보팬 엔진은 전방 면적을 충분히 크게 할 수 있으므로 BPR = 5 ~ 12 정도의 고 바이패스 비와 높은 압력비를 갖도록 설계하여 소음을 크게 줄이고 높은 추력을 발생하게 된다.

[표 4-1] 터보팬 엔진의 압력비(OPR), 바이패스비(BPR), 연료소비율(TSFC)

구분	순번	항공기	MTOW(lb)	엔진	추력(lbf)	OPR	BPR	TSFC	비고
전투기 (Low BPR)	1	T-50	23,638	F404-GE-102 (1대)	11,930	26.0	0.34	0.810	
	2	F-16C	42,300	F110-GE-129 (1대)	17,155	30.7	0.76	0.800	
	3	Typhoon	51,809	Eurojet EJ200	13,500	26.0	0.40	0.810	
	4	F/A-18D	51,900	F404-GE-402	11,000	26.0	0.34	0.810	
	5	KF-21	56,400	F414-GE-400K	13,000	30.0	0.25	0.840	
	6	F-35A	65,918	F135-PW-100 (1대)	28,000	28.0	0.57	0.700	
	7	F-15E	68,000	F100-PW-220	14,590	25.0	0.63	0.730	
	8	F-22A	83,500	F119-PW-100	26,000	26.0	0.30	0.700	
				평균	16,897	**27.2**	**0.45**	**0.775**	
비즈니스 제트기 (Medium BPR)	1	SF50	6,000	FJ33-5A (1대)	1,846	20.0	1.50	0.486	
	2	Elite (HA-420)	10,700	HF120	2,050	24.0	2.90	0.700	
	3	Phenom 100EV	10,703	PW617F1-E	1,730	24.0	2.70	0.550	
	4	Citation CJ3+	13,870	FJ44-3A	2,820	23.0	3.00	0.460	
	5	Citation XLS+	20,200	PW545C	4,119	12.5	4.12	0.440	
	6	Sovereign+	30,775	PW306B	6,907	15.0	4.50	0.685	
	7	Legacy 500	38,360	HTF7000 (AS907)	7,036	28.2	4.40	0.420	
	8	Falcon 2000LXS	42,801	PW308C	7,000	15.0	4.20	0.550	
	9	Challenger 650	48,200	CF34-3B	9,220	21.0	6.20	0.690	
	10	Legacy 650	53,572	AE3007A2	9,020	23.0	5.00	0.360	
	11	G650	99,600	RR BR725	16,900	33.0	4.10	0.500	
				평균	6,241	**21.7**	**3.87**	**0.531**	
중장거리 여객기 (High BPR)	1	ARJ21-700	89,300	CF34-10A	17,640	29.0	5.00	0.650	
	2	E190-E2	124,300	PW1900G	23,000	40.0	12.00	0.510	
	3	A220-100	139,000	PW1525G	24,400	40.0	12.00	0.510	
	4	C919-100	165,600	CFM LEAP-1C	28,468	40.0	11.00	0.510	
	5	A320neo	174,200	CFM LEAP-1A	27,120	40.0	11.00	0.510	
	6	B737-9 MAX	194,700	CFM LEAP-1B	29,317	40.0	9.00	0.530	
	7	B767-300	350,000	GE CF6-80C2	60,600	31.8	5.31	0.576	
	8	A330-900neo	553,000	RR Trent 7000-72	72,834	50.0	10.00	0.526	
	9	B787-9	561,500	GEnx-1B75	71,000	55.4	9.10	0.530	
	10	A350-1000	710,000	RR Trent XWB-97	97,000	50.0	9.60	0.478	
	11	B777-9 (B777X)	775,000	GE9X-105B1A	110,000	60.0	10.00	0.491	
				평균	51,113	43.3	9.46	0.529	

여객기용 대형 터보팬 엔진의 팬 직경이 커지면 팬 블레이드 끝단에서 실속이 발생하거나 구조적으로 취약해 질 수 있다. 이를 방지하기 위하여 Rolls-Royce는 3축 엔진으로 설계하여 팬 회전수를 낮추고, Pratt & Whitney는 저압 축에 감속기어를 사용해 팬의 회전수를 감속시키는 방식을 사용하기도 한다. 이에 반하여 General Electric은 가장 기본적인 2축 방식에서 최적화 공력설계 및 구조해석을 통하여 매우 높은 압력비와 고 바이패스비를 실현함으로써 고출력, 저소음, 고효율 목표를 달성하고 있다.

4.1.2 항공엔진 개발

항공기 엔진은 전통적으로 신뢰성 및 안전성을 바탕으로 고출력, 고효율, 정비성이 요구되고, 최근에는 환경보호와 운용비 절감을 위한 기술개발이 활발히 이루어지고 있다. 즉, 큰 출력에서도 연료소비가 적고, 소음과 배출가스를 줄이는 기술이 적용되고 있다. 그리고 미래 비행체를 위한 전기식 추진시스템 또는 하이브리드 추진시스템에 대한 연구개발이 활발히 진행되고 있다.

최근에 개발된 B737 MAX와 A320neo 여객기에 장착되는 LEAP 엔진과 PW1000G 엔진은 기존보다 더 많은 승객이 탑승하면서 연료소비를 약 23 % 절감하고, 그에 따라 배출가스도 감소되도록 설계되었다. 또한, 터빈엔진에서 방출되는 열을 회수하여 보조동력으로 활용하는 복합 브레이턴 사이클 엔진과 이중 연소기를 사용하여 연소효율을 향상시키고 배기가스 배출물을 감소시키는 다중연료 하이브리드 엔진을 개발하고 있다. 엔진제어시스템은 기존의 엔진 제어 및 고장진단 기능뿐만 아니라, 팬 및 압축기 실속 방지, 연소기 모니터링, 마그네틱 베어링, 엔진 소음 등을 실시간 능동적으로 제어하는 스마트 엔진으로 발전하고 있다.

[NASA HyTEC Project] [Rolls–Royce Electric Propulsion] [Boom Symphony Supersonic Engine]

[그림 4–4] 미래형 항공기 엔진 개발 프로그램 사례

미국 항공우주국(NASA)은 지속 가능한 엔진 코어(Sustainable Engine Core) 설계를 위한 하이브리드 열 효율 코어(HyTEC: Hybrid Thermally Efficient Core) 기술개발 프로젝트를 수행하고 있다. 이는 2030년까지 울트라 효율 차세대 항공기 추진기관에 필요한 핵심기술을 개발하는 것을 목표로 하고 있다. 1단계에서는 코어 엔진 구성품 기술을 선정하고, 2단계에서는 GE와 협력하여 소형 코어 엔진에 대한 설계, 제작, 시험을 통하여 울트라 효율 프롭팬 또는 터보팬 엔진 기술을 실증할 계획이다.

한편, 마하 2.0의 120승급 콩코드 초음속 여객기와 그에 장착된 Olympus 593 제트엔진이 고가의 운영 비용과 소음 문제로 2003년에 퇴역했지만, 미국의 NASA는 Lockheed Martin과 함께 F414-GE-100 터보팬 엔진을 장착한 X-59 Quesst 초음속 실험기를 개발하고, Boom Technology는 2029년 상용화를 목표를 마하 1.7의 80인승급 Boom Overture 초음속 여객기와 이에 장착되는

Symphony 터보팬 엔진을 새로 개발하고 있다. 이 엔진은 후기연소기를 사용하지 않는 35,000lbf 급의 중형 터보팬 엔진으로 축대칭 초음속 흡입구, 가변형 배기노즐, 수동형 고압터빈 냉각 방식으로 설계되고 있다.

군용 터보팬 엔진과 터보샤프트 엔진은 민간의 친환경 기술 도입과 함께 군용 엔진 고유의 신뢰성(reliability), 가용성(availability), 정비성(maintainability)을 향상시키고, 미래형 운용 미션에 적응성(adaptive)을 갖추는 기술이 개발되고 있다.

미국은 2030년까지 계획된 차세대 제공권 확보(NGAD: Next Generation Air Dominance) 사업의 일환으로 가변 사이클 엔진 전환 프로그램(AETP: Adaptive Cycle Engine Transition Program)을 진행하고 있다. 미 육군은 터빈엔진 개량 프로그램(ITEP: Improved Turbine Engine Program)을 통해서 기존의 T700 엔진의 정비성을 더욱 개선하고 고출력 및 고효율 목표를 달성할 수 있는 엔진으로 T901 엔진을 선정하였다.

유럽은 2040년까지 개발되는 미래형 전투 항공시스템(FCAS: Future Combat Air System) 사업의 일환으로 차세대 전투기 엔진(NGFE: New Generation Fighter Engine) 개발 프로그램을 진행하고 있고, 2035년까지 계획된 차세대 회전익 항공기 기술개발(ENGRT: EU Next Generation Rotorcraft Technologies) 프로젝트를 통하여 대형 헬리콥터용 고출력 및 고효율 터보샤프트 엔진을 개발하고 있다.

우리나라의 항공기 엔진은 ㈜대한항공의 민항기 엔진 정비와 1990년대 초반의 T700 엔진 조립생산를 제외하면, 한화에어로스페이스㈜에서 모두 생산되고 있다. 한화에어로스페이스㈜는 1977년에 삼성정밀공업㈜으로 창립되어 1987년에 삼성항공산업㈜, 2000년에 삼성테크윈㈜으로 사명이 변경되고, 2015년에는 한화테크윈㈜으로 전환되고, 2018년부터 한화에어로스페이스㈜ 사명을 사용하고 있다.

엔진 창정비는 민수 엔진과 군용 엔진으로 나누어 볼 수 있다. 민수 엔진 중정비는 대한항공의 부천 사업장과 영종도 사업장에서 수행되며, 군용 엔진 창정비는 한화에어로스페이스의 창원 사업장에서 수행되고 있다.

대한항공은 1972년 우리나라 항공당국과 미국 연방항공청의 엔진 중정비 인가를 받았고, 1976년 B707 항공기에 장착되는 P&W JT3D 엔진 중정비를 시작으로 1992년 PW4000-94, 2008년 CFM56-7B, 2016년 GE90-110B, 2023년 PW1100G 엔진 중정비, 그리고 GTCP331-250H, GTCP131-9B 등의 보조동력장치(APU) 중정비를 수행하고 있다. 2026년에 영종도 엔진정비공장이 완공되면 GEnx, GE9X, Trent XWB, LEAP 등의 신형 엔진에 대한 중정비 능력을 갖추게 될 것으로 예상된다.

한화에어로스페이스는 1979년 J79-GE-17 엔진 창정비를 시작으로 1980년 T53-L-13과 A250-C20B, 1984년 J69-T-25, 1985년 J85-GE-13과 F100-PW-100, 1986년 T56-A-15 엔진 창정비, 그리고 2000년대 들어서는 1990년대에 기술도입사업으로 공급된 F100-PW-229, T700-GE-701C, PT6A-62 등에 대한 창정비를 수행하고 있다.

엔진 부품 제작은 정비용 부품, 면허생산 부품, 해외수주 부품, 그리고 국제 공동생산 및 공동개발 부품으로 분류할 수 있다. 1982년 J85-GE-21B 부품을 시작으로 1985년 J79-GE-17A 부품, 1992년 F100-PW-229 부품, 1994년 T700-GE-701C 부품, 2004년 F110-GE-129 부품, 2005년 F404-GE-102 부품, 2006년 PT6A-62 부품, 2022년 Arriel 2L2 부품, 2024년 F414-GE-400 부품을 생산하여 해당 엔진의 기술도입 조립생산이나 정비용 부품으로 사용하고 있다. 민수용 엔진 부품의 경우에는 1985년 국제공동생산 방식으로 PW4000 부품 제작을 시작하였으며, 1998년 CF6-80 부품과 TFE731 부품, 2007년 GEnx 부품, 2015년 PW1000G 부품, 2016년 LEAP-1 부품과 Trent 900 부품, 그리고 2021년부터 GE9X 엔진 부품을 제작하여 전량 원제작사에 공급하고 있다.

우리나라의 군용 전투기, 훈련기, 헬리콥터 획득사업에 소요되는 엔진은 모두 기술도입 면허생산 방식으로 제작되었다. 1982년 F-5E/F에 장착되는 J85-GE-21B 엔진을 필두로 해서 1992년 F-16C/D에 장착되는 F100-PW-229 엔진, 1994년 UH-60 헬기에 장착되는 T700-GE-701C 엔진, 2000년 KT-1에 장착되는 PT6A-62 엔진, 2004년 F-15K에 장착되는 F110-STW-129 엔진, 2005년 T-50에 장착되는 F404-STW-102 엔진, 2012년 KUH-1에 장착되는 T700-GE-701K 엔진, 2022년 LAH에 장착되는 HAS-Arriel 2L2 엔진, 2024년 KF-21에 장착되는 F414-GE-400 엔진을 생산하고 있다.

우리나라의 항공엔진 실용화 연구개발은 1991년부터 1999년까지 수행된 추력 900 lbf급 소형 제트엔진 시제 개발사업을 그 효시로 볼 수 있다. 이를 바탕으로 2000년부터 2004년까지 함대함 순항미사일 해성에 탑재되는 1,000 lbf급 SS-760K 제트엔진을 개발하였고, 2013년부터 2027년까지 무인기용 5,500 lbf급 터보팬 엔진, 2019년부터 2028년까지 중고도 무인기용 1,400마력급 터보프롭 엔진을 실용화 개발하고 있다. 그리고, 유무인 복합체계를 구성하는 저피탐 정찰용 무인항공기에 탑재되는 10,000 lbf급 터보팬 엔진 개발사업이 2017년에 착수되어 2031년까지 수행되고, 실용 전투기에 장착되는 16,000 lbf급 터보팬 엔진 개발을 위한 개념설계가 2023년에 착수되었다. 이들 엔진에 대한 코어 기술은 민수용 터보팬 엔진 및 터보샤프트 엔진 개발에도 사용될 것으로 기대된다.

[그림 4-5] 우리나라의 항공기 엔진 발전과정 분류

4.1.3 엔진 형식증명

민간 항공기에 장착되는 엔진은 항공기나 프로펠러와 마찬가지로 형식증명(TC) 및 형식증명 승인(TC validation)을 받아야 한다.45) 그리고, 형식증명 소지자가 아닌 제3자는 엔진의 부품에 대하여 부품제작자승인(PMA)을 받아 정비용으로 판매할 수 있다. 엔진 및 부품의 인증에는 자국의 해당 감항기준(AS)을 적용하고, 해외 수출을 목적으로 하는 경우에는 미국 연방항공규정(FAR), 유럽항공안전청 인증규격(CS)을 비롯한 해당 국가의 감항기준을 적용하여 안전성을 입증해야 한다.

- FAR Part 33 : Airworthiness Standards: Aircraft Engines, Amdt 33-36, 2023.04.04
- EASA CS-E : Certification Specifications and AMC for Engines, Amdt 8, 2025.04.08
- KAS Part 33 : 항공기 엔진에 대한 기술기준, 국토부 고시 제2024-833호, 2024.12.18.

항공기 엔진에 대한 형식증명에서 FAR/KAS Part 33 감항기준에 따른 적합성 입증이외에 Part 34 배출기준과 Part 36 소음기준에 따른 입증도 필요하지만, 이는 규정상 엔진에 대한 기준이 아니고 터빈엔진을 장착한 항공기에 적용되는 기준이다. 엔진 형식증명 신청자는 인증절차 규정

45) 국제민간항공기구 ICAO Doc 9760 Airworthiness Manual의 1.4.1의 주기에 Some Contracting States also issue Type Certificates for engines and propellers라는 문안에 따라서 대부분의 국가에서 엔진과 프로펠러가 형식증명 대상이 아닌 것으로 오인할 수 있는데, 항공선진국에서는 모두 법령에 따른 형식증명을 수행하고 있다는 점에 유의할 필요가 있다.

§21.17에 따라서 신청일에 유효한 최신의 감항기준 개정판(Amendment)을 적용하여야 한다. 다만, 부가형식증명이나 부품제작자승인의 경우에는 원래의 엔진에 대한 인증기준(CB)으로 지정된 구판을 적용할 수도 있다.

우리나라의 엔진 감항기준 KAS Part 33은 미국 연방항공규정 FAR Part 33을 바탕으로 제정되었지만, 그 본문의 내용은 15년 이상 최신화 개정되지 않아서 다수의 항목이 누락된 상태이고, 부적절한 용어와 이해하기 어려운 문장 표현이 많아서 적용 시에 매우 유의할 필요가 있다.[46] 이에 따라서 인증실무에서 KAS Part 33을 적용할 때는 반드시 미국의 FAR Part 33 및 유럽 CS-E 최신판을 함께 고려하는 것을 권장한다.

[표 4-2] 항공기 엔진 감항기준(FAR/KAS Part 33) 목차 비교

FAR Part 33: Aircraft Engines (Amdt 33-36, 2023.04.04)			KAS Part 33: 항공기 엔진 (유효일, 2017.06.02)	
Subpart A - General			**Subpart A 일반**	
§33.1	Applicability.	33-14	33.1	적용범위
§33.3	General.	33-0	33.3	일반사항
§33.4	Instructions for Continued Airworthiness.	33-9	33.4	감항성유지 지침서
§33.5	Instruction manual for installing and operating the engine.	33-26	33.5	엔진 장착 및 운용교범
§33.7	Engine ratings and operating limitations.	33-30	33.7	엔진 정격 및 작동 제한사항
§33.8	Selection of engine power and thrust ratings.	33-3	33.8	엔진 출력 및 추력 정격 선정
Subpart B - Design and Construction; General			**Subpart B 설계 및 구조 ; 일반**	
§33.11	Applicability.	33-0	33.11	적용범위
§33.13	[Reserved.]	33-6	33.13	[예비]
§33.14	[Removed.]	33-22	33.14	시동/정지 주기응력 (저주기 피로)
§33.15	Materials.	33-10	33.15	재료
§33.17	Fire Protection	33-29	33.17	화재방지
§33.19	Durability.	33-28	33.19	내구성
§33.21	Engine cooling.	33-0	33.21	엔진 냉각
§33.23	Engine mounting attachments and structure.	33-10	33.23	엔진 마운팅 체결장치와 구조
§33.25	Accessory attachments.	33-10	33.25	보기류 체결장치
§33.27	Turbine, compressor, fan, and turbosupercharger rotor overspeed.	33-31	33.27	터빈, 압축기, 팬, 터보과급기 로터
§33.28	Engine control systems.	33-26	33.28	전기 및 전자식 엔진제어시스템
§33.29	Instrument connection.	33-26	33.29	계기 연결장치
Subpart C - Design and Construction; Reciprocating Aircraft Engines			**Subpart C 설계 및 구조 ; 왕복엔진**	
§33.31	Applicability.	33-0	33.31	적용범위
§33.33	Vibration.	33-0	33.33	진동
§33.34	Turbocharger rotors.	33-22		
§33.35	Fuel and induction system.	33-10	33.35	연료와 흡입시스템
§33.37	Ignition system.	33-0	33.37	점화시스템
§33.39	Lubrication system.	33-0	33.39	윤활시스템

46) 우리나라의 KAS Part 33은 다른 감항기준과 함께 제2024-833호로 동년 12월 18일에 고시되었지만, 기술기준 개정관리표에는 유효일자가 2017년 6월 2일로 표기되어 있고, 그 내용을 살펴보면 2007년의 FAR Amdt 33-22 개정 요건도 반영되지 않은 실정이다.

FAR Part 33: Aircraft Engines (Amdt 33-36, 2023.04.04)			KAS Part 33: 항공기 엔진 (유효일, 2017.06.02)	
Subpart D - Block Tests; Reciprocating Aircraft Engines			**Subpart D 블록시험 ; 왕복엔진**	
§33.41	Applicability.	33-0	33.41	적용범위
§33.42	General.	33-6	33.42	일반사항
§33.43	Vibration test.	33-10	33.43	진동시험
§33.45	Calibration tests.	33-6	33.45	교정시험
§33.47	Detonation test.	33-0	33.47	디토네이션시험
§33.49	Endurance test.	33-10	33.49	내구성시험
§33.51	Operation test.	33-3	33.51	작동시험
§33.53	Engine component tests.	33-26	33.53	엔진 구성품 시험
§33.55	Teardown inspection.	33-9	33.55	분해검사
§33.57	General conduct of block tests.	33-9	33.57	블록시험 일반수행
Subpart E - Design and Construction; Turbine Aircraft Engines			**Subpart E 설계 및 구조 ; 터빈엔진**	
§33.61	Applicability.	33-0	33.61	적용범위
§33.62	Stress analysis	33-6	33.62	응력해석
§33.63	Vibration.	33-17	33.63	진동
§33.64	Pressurized engine static parts.	33-27		
§33.65	Surge and stall characteristics.	33-6	33.65	써지 및 실속 특성
§33.66	Bleed air system.	33-10	33.66	블리드공기시스템
§33.67	Fuel system.	33-26	33.67	연료시스템
§33.68	Induction system icing.	33-34	33.68	흡입시스템 결빙
§33.69	Ignitions system.	33-6	33.69	점화시스템
§33.70	Engine life-limited parts.	33-22		
§33.71	Lubrication system.	33-27	33.71	윤활시스템
§33.72	Hydraulic actuating systems.	33-6	33.72	유압작동시스템
§33.73	Power or thrust response.	33-4	33.73	출력 또는 추력 응답
§33.74	Continued rotation.	33-24	33.74	정지후 연속회전
§33.75	Safety analysis.	33-24	33.75	안전성해석
§33.76	Bird ingestion.	33-36	33.76	조류 흡입
§33.77	Foreign object ingestion-ice.	33-34	33.77	외부 물체 흡입 - 얼음
§33.78	Rain and hail ingestion.	33-19	33.78	강우 및 우박 흡입
§33.79	Fuel burning thrust augmentor.	33-6	33.79	연료연소식 추력증강장치
Subpart F - Block Tests; Turbine Aircraft Engines			**Subpart F 블록시험 ; 터빈엔진**	
§33.81	Applicability.	33-6	33.81	적용범위
§33.82	General.	33-6	33.82	일반사항
§33.83	Vibration test	33-33	33.83	진동시험
§33.84	Engine overtorque Test.	33-30		
§33.85	Calibration tests.	33-18	33.85	교정시험
§33.87	Endurance test.	33-32	33.87	내구성시험
§33.88	Engine overtemperature test.	33-26	33.88	엔진과열시험
§33.89	Operation test.	33-10	33.89	작동시험
§33.90	Initial maintenance inspection test.	33-21	33.90	초기 정비검사
§33.91	Engine component tests.	33-27	33.91	엔진 구성품 시험
§33.92	Rotor locking tests.	33-17	33.92	로터 잠김 시험
§33.93	Teardown inspection.	33-25	33.93	분해검사
§33.94	Blade containment and rotor unbalance tests.	33-10	33.94	블레이드 내포 및 로터 불균형 시험
§33.95	Engine-propeller systems tests.	33-3	33.95	엔진-프로펠러 시스템 시험

FAR Part 33: Aircraft Engines (Amdt 33-36, 2023.04.04)		KAS Part 33: 항공기 엔진 (유효일, 2017.06.02)
§33.96 Engine tests in auxiliary power unit (APU) mode. §33.97 Thrust reversers. §33.99 General conduct of block tests.	33-11 33-35 33-9	33.96 보조동력장치 모드에서 엔진 시험 33.97 역추력장치 33.99 블록시험 일반사항
Subpart G - Special Requirements: Turbine Aircraft Engines §33.201 Design and test requirements for Early ETOPS eligibility.	 33-21	
Appendix A - Instructions for Continued Airworthiness. B - Certification Standard Atmospheric Concentrations of Rain and Hail. D - Mixed Phase and Ice Crystal Icing Envelope. (Deep Convective Clouds)	 33-25 33-19 33-34	**부록** A. 감항성유지 지침서 B. 대기 중의 강우 및 우박 농도에 대한 인증기준

미국과 유럽의 엔진에 대한 감항기준은 항공기 감항기준과 달리 항목과 내용에서 다소 많은 차이를 보이고 있다. 미국의 FAR Part 33은 §33.1부터 §33.201까지 총 69개 항목으로 구성되어 있고, 유럽의 CS-E는 E10부터 E1050까지 총 91개 항목으로 구성되어 있을 뿐만 아니라, 그 요건의 내용과 입증방법도 다소 차이를 보이고 있다. 다만, 기술적인 관점에서는 전반적으로 동등한 레벨이라고 볼 수 있으며, 미국 연방항공청과 유럽항공안전청의 정례 법제화 협력(rulemaking harmonization)을 통하여 감항기준의 구성과 내용도 동등한 형태로 개정되고 있다.

항공기 엔진 및 프로펠러 형식증명은 항공기에 대한 형식증명 절차와 동일하며, 감항기준, 훈령(Order) 및 고시(AC), 그리고 각 요건에 대한 적합성 입증방법(MoC or AMC)만 달리 적용할 뿐이다. 유럽항공안전청은 인증규격 CS-E의 각 항목 아래에 수락 가능한 적합성 입증방법(AMC)을 함께 수록하고 있으며, 미국 연방항공청은 별도의 지침서(Order)와 안내서(AC)를 발행하여 적합성 입증방법(MoC)을 안내하고 있다.

- AC 33-1B : Turbine Engine FOI and Blade Containment Certification Procedures
- AC 33-2C : General Type Certification Guidelines for Turbine Engines
- AC 33-3 : Turbine and Compressor Rotor Certification Substantiation Procedure
- AC 33-4 : Design Considerations concerning Use of Titanium in Turbine Engine
- AC 33-5 : Turbine Engine Rotor Blade Containment and Durability
- AC 33-7A : 30-Second and 2-Minute OEI Ratings for Rotorcraft Turbine Engines
- AC 33-11 : Oxidation, Corrosion, Fatigue, and Erosion Testing to support §33.15
- AC 33.4-1 : Instructions for Continued Airworthiness (ICA)
- AC 33.4-2 : ICA, In-Service Inspection of Safety Critical Turbine Engine Parts
- AC 33.4-3 : ICA, Aircraft Engine HIRF and Lightning Protection Features

- AC 33.7-1 : Rating and Operating Limitation for Turbine Engine (§33.7 and §33.8)
- AC 33.14-1 : Damage Tolerance for High Energy Turbine Engine Rotors
- AC 33.15-1 : Manufacturing of Premium Quality Titanium Alloy Engine Component
- AC 33.15-2 : Manufacturing for Premium Quality Nickel Alloy Engine Rotating Part
- AC 33.17-1A : Engine Fire Protection
- AC 33.19-1 : Guidance for Durability for Reciprocating Engine redesigned Parts
- AC 33.27-1A : Engine and Turbosupercharger Rotor Overspeed Requirements
- AC 33.28-1 : Compliance for Electrical and Electronic Engine Control Systems
- AC 33.28-2 : Reciprocating Engine Electrical and Electronic Engine Control System
- AC 33.28-3 : Guidance Material for Engine Control System
- AC 33.47-1 : Detonation Testing in Reciprocating Aircraft Engines
- AC 33.63-1 : Turbine Engine Vibration
- AC 33.64-1 : Guidance for Pressurized Engine Static Parts
- AC 33.65-1 : Surge and Stall Characteristics of Aircraft Turbine Engines
- AC 33.70-1 : Guidance Material for Aircraft Engine Life-Limited Part Requirement
- AC 33.70-2 : Damage Tolerance of Hole Features in High-Energy Turbine Rotors
- AC 33.74B : Turbine Engine Continued Rotation and Rotor Locking
- AC 33.75-1A : Guidance Material for §33.75, Safety Analysis
- AC 33.76-1B : Bird Ingestion Certification Standards
- AC 33.78-1 : Turbine Engine Power-Loss and Instability in Rain and Hail Condition
- AC 33.83A : Turbine Engine Vibration Test
- AC 33.87-1A : Overtorque, Calibration, Endurance Test, and Teardown Inspection
- AC 33.87-2 : Endurance Test Method for PMA of Turbine Engine and APU Parts
- AC 33.90-1A : Initial Maintenance Inspection (IMI) Test for Turbine Engines
- AC 33.91-1 : Engine System and Component Tests
- AC 33.92-1B : Turbine Engine Continued Rotation and Rotor Locking
- AC 33.201-1 : Extended Operations (ETOPS) Eligibility for Turbine Engines
- AC 35.4-1 : Propeller Instructions for Continued Airworthiness
- AC 35.16-1 : Propeller Critical Parts
- AC 35.23-1 : Guidance Material for 14 CFR §35.23, Propeller Control System
- AC 35.37-1B : Propeller Fatigue Limits and Evaluation

항공기 엔진 및 프로펠러 형식증명을 위한 인증계획 수립은 FAR/KAS 21.15 및 항공안전법 제20조(형식증명)에 따라서 항공기와 동일한 방식을 따른다. 다만, 적용 감항기준과 항목별 적합성 입증방법이 달라질 뿐이며, 해당 엔진 및 프로펠러의 설계특성을 고려하여 인증계획서(CP)와 적합성 점검표(CCL)를 작성하면 된다.

형식증명 신청자는 법적 요건을 충족할 수 있는 인증계획서(CP)를 작성하여 인증당국에 제출하고, 인증당국은 신청자의 인증계획서를 바탕으로 인증과제계획서(CPP)를 작성한다. 인증당국은 필요시에 과제특정인증계획서(PSCP) 및 인증협력계획서(PSP) 작성/서명을 신청자에게 요청할 수도 있다.

엔진에 관한 형식증명 인증계획서(CP)는 일반적으로 인증개요, 인증대상 엔진, 설계특징, 인증기준(CB), 적합성 입증계획, 시험계획, 검사계획, 시스템 안전성 평가, 설계관리 계획, 감항성유지 계획 등으로 구성한다. 이 중에 적합성 입증계획은 엔진의 설계특징, 인증기준(CB), 시험계획, 시스템 안전성 평가와 연계하여 광범위하고 깊이 있는 검토가 필요한 부분이다. 이를 위하여 각 기술분야별로 엔진의 설계, 감항기준 요건, 적합성 입증방법(AC)을 검토하여 적합성 점검표(CCL)로 작성한다.

[표 4-3] 항공기 엔진 형식증명 인증계획서 사례

Type Certification Plan for Engine Model	항공기 엔진 형식증명 인증계획서
1. Introduction	**1. 인증개요**
1.1 Scope	1.1 목적
1.2 Applicable Documents	1.2 적용문서
1.3 Certification Schedule	1.3 인증일정계획
1.4 Coordination and Communication	1.4 의사소통 및 협력
2. Design Description	**2. 설계특징**
2.1 Engine Design	2.1 엔진 설계특징
2.2 Engine System	2.2 엔진 시스템 구성
2.3 FADEC System	2.3 FADEC 시스템 특징
2.4 Changes to Previous Type Design	2.4 기존 형식설계에 대한 변경
3. Certification Basis	**3. 엔진 인증기준**
3.1 Certification Basis	3.1 형식증명 인증기준
3.2 Special Conditions	3.2 특별감항조건(SC)
3.3 Equivalent Level of Safety	3.3 동등수준안전성(ELOS)
3.4 Exemptions	3.4 면제(Exemption)
4. Compliance Plans	**4. 적합성 입증계획**
4.1 Compliance Process	4.1 적합성 입증과정
4.2 Document Submittals	4.2 적합성 입증문서 제출
4.3 Manuals; Maintenance, Installation, Operation	4.3 정비교범, 장착교범, 운용교범
4.4 Instructions for Continued Airworthiness	4.4 감항성 유지 지침서

Type Certification Plan for Engine Model	항공기 엔진 형식증명 인증계획서
4.5 Software Certification	4.5 소프트웨어 인증
4.6 Environmental Qualification	4.6 환경조건 검정
4.7 Compliance Reports	4.7 적합성 보고서
4.8 Compliance Checklist	4.8 적합성 점검표
5. Test Plan	**5. 시험계획**
5.1 Engine Testing	5.1 엔진시험 종류
5.2 Engine Test Articles, Facilities, Procedures	5.2 엔진시험 대상품목, 시험장비, 시험절차
5.3 Component Testing	5.3 구성품 시험 종류
5.4 Component Test Articles, Facilities, Procedures	5.4 구성품 시험대상품, 시험장비, 시험절차
5.5 Test Witnessing	5.5 엔진 및 구성품 시험입회
6. Conformity Plan	**6. 합치성 계획**
6.1 Quality System	6.1 품질시스템
6.2 Inspection System	6.2 검사시스템
6.3 Conformity Inspection Plan	6.3 합치성 검사계획
6.4 Unique Component Identification	6.4 엔진 및 구성품 식별표시
7. System Safety Assessment	**7. 시스템 안전성 평가**
7.1 Requirements and Scope	7.1 요건 및 범위
7.2 System Safety Assessment Plan	7.2 안전성 평가 수행계획
7.3 Functional Hazard Assessment	7.3 기능적 위험평가
7.4 System Safety Assessment Accomplishment	7.4 시스템 안전성 입증
8. Design Change Management	**8. 설계관리 계획**
8.1 Design Management System	8.1 설계관리체계
8.2 Design Change Approval Procedures	8.2 설계변경 승인절차
8.3 Application for Type Design Change	8.3 형식설계변경 신청
9. Delegations	**9. 위임기술자 참여계획**
9.1 DER Delegation	9.1 지정인증기술관 위임
9.2 DMIR Delegation	9.2 지정제조검사관 위임
Appendices	**부록**
Appendix A. Compliance Checklist	부록 1. 적합성 점검표(CCL)
Appendix B. Conformity Inspection List	부록 2. 합치성 검사대상 목록

항공기 엔진 형식증명을 위한 적합성 점검표(CCL)는 법적으로 요구되는 인증문서가 아니지만, 감항기준에 따른 적합성 입증계획을 나타내는 실무적인 문서로 산업계에서 오랫동안 사용되어 왔고, 감항당국도 일정한 서식을 갖춘 적합성 점검표(CCL)를 인증문서로 인정하고 있다. 적합성 점검표 작성 방법은 항공기, 엔진, 프로펠러 모두 동일한 방식으로 작성할 수 있고, AC 21-46A: Technical Standard Order Program에 제시된 서식과 방법을 참고하여 작성할 수 있다.

적합성 점검표의 감항기준 요건 부분에는 요건 번호와 제목을 필수적으로 나타내고, 개정번호(Amendment)를 함께 표기하는 것을 권장한다. 엔진 형식증명을 위한 적합성 점검표는 항공기와 달리 해당 요건의 번호와 제목, 그리고 그 하위의 (a), (b), (c), (1), (2), (3), (i), (ii), (iii) 번호만 나타내고, 그 내용은 기재하지 않은 것이 일반적이고, 적합성 입증방법(MoC)도 숫자보다 영문 약자로 주로 표기한다. 이에 따라서 엔진에 대한 적합성 점검표는 보통 수십 페이지로 작성되며, 일부 신청자의 경우에만 감항기준 요건의 내용이나 적합성 요약 내용을 포함하여 수백 페이지로 작성하고 있다.

[표 4-4] 항공기 터빈엔진 형식증명 적합성 점검표(CCL) 예시

SQ	FAR 33 Sections	FAR Part 33 Requirements	Amdt	MoC	Substantiation Documents (No. Rev. Title)	Person in Charge	Submittal Date	Approval Date	Remarks
	Subpart A · General								
1	§33.1 Applicability.	(a) This part prescribes airworthiness standards for the issue of type certificates and changes to those certificates, for aircraft engines. (b) Each person who applies under Part 21 for such a certificate or change must show compliance with the applicable requirements ~	33-14	DO DO	PCD99000 : Summary of Compliance Plan of Engine. PCD98451 : Summary of Compliance Report of Engine.	○ ○ ○ ○ ○ ○	yyyy.mm.dd yyyy.mm.dd	yyyy.mm.dd yyyy.mm.dd	CS-E10
2	§33.3 General.	Each applicant must show that the aircraft engine concerned meets the applicable requirements of this part.	33-0	DO DO	PCD98460 : Engine Parts List and Reconciliation. PCD98451 : Summary of Compliance Report of Engine.	○ ○ ○ ○ ○ ○	yyyy.mm.dd yyyy.mm.dd	yyyy.mm.dd yyyy.mm.dd	CS-E15 CS-E20
3	§33.4 Instructions for Continued Airworthiness.	The applicant must prepare Instructions for Continued Airworthiness in accordance with Appendix A to this part that are acceptable to the Administrator. The instructions may be incomplete at type certification if a program exists to ensure their completion prior to ~	33-9	DO DO DO	PN531694 : Engine Maintenance Manual (EMM). PN531653 : Engine Airworthiness Limitations (AWL). PN531xxx : Component Maintenance Manuals (CMM).	○ ○ ○ ○ ○ ○ ○ ○ ○	yyyy.mm.dd yyyy.mm.dd yyyy.mm.dd	yyyy.mm.dd yyyy.mm.dd yyyy.mm.dd	CS-E25
4	§33.5 Instruction manual for installing and operating the engine.	Each applicant must prepare and make available to the Administrator prior to issuance of the type certificate, and to the owner at ~ (a) Installation instructions. (1) The location of engine mounting attachments, the method of attaching engine ~	33-26	DO DO SA	PCD98510 : Engine Installation and Operating Manual PCD98640 : Allowable Mount and Maneuver Load Report. PCD98900 : Engine System Safety Analysis Report.	○ ○ ○ ○ ○ ○ ○ ○ ○	yyyy.mm.dd yyyy.mm.dd yyyy.mm.dd	yyyy.mm.dd yyyy.mm.dd yyyy.mm.dd	CS-E30
		- 이하생략 -							
	Subpart B · Design and Construction; General								
4	§33.11 Applicability.	This subpart prescribes the general design and construction requirements for reciprocating and turbine aircraft engines.	33-0	DO	PCD98451 : Summary of Compliance Report of Engine.	○ ○ ○	yyyy.mm.dd	yyyy.mm.dd	No CS-E
5	§33.15 Materials.	The suitability and durability of materials used in the engine must - (a) Be established on the basis of experience or tests; and (b) Conform to approved specifications (such as industry or military specifications) that ensure ~	33-26	ET CT CT	PCD99190 : Engine Endurance Test Report. PCD99200 : Gearbox/Towershaft Endurance Test Report. PCD98700 : HPT Disk Overspeed Test Report.	○ ○ ○ ○ ○ ○ ○ ○ ○	yyyy.mm.dd yyyy.mm.dd yyyy.mm.dd	yyyy.mm.dd yyyy.mm.dd yyyy.mm.dd	CS-E70
6	§33.17 Fire Protection.	(a) The design and construction of the engine and the materials used must minimize the probability of the occurrence and spread of fire during normal operation and failure conditions, and must minimize effect of such a fire. In addition, the design and construction of ~	33-29	SA DO CT	PCD98900 : Engine System Safety Analysis Report. PCD98551 : Engine Fire Protection Report. PCD99370 : Engine Lubrication Tank Fire Test Report.	○ ○ ○ ○ ○ ○ ○ ○ ○	yyyy.mm.dd yyyy.mm.dd yyyy.mm.dd	yyyy.mm.dd yyyy.mm.dd yyyy.mm.dd	CS-E130
	§33.19	(a) Engine design and construction must	33-28	SA	PCD98611 : Engine Component	○ ○ ○	yyyy.mm.dd	yyyy.mm.dd	CS-E100

SQ	FAR 33 Sections	FAR Part 33 Requirements	Amdt	MoC	Substantiation Documents (No. Rev. Title)	Person in Charge	Submittal Date	Approval Date	Remarks
	Durability.	minimize the development of an unsafe condition of the engine between overhaul periods. ~ (b) Each component of the propeller blade pitch control system which is a part of the engine type design must meet the requirements of ~		CT ET	LCF Integrity Analysis Report. PCD98700 : HPT Disk Overspeed Test Report. PCD99220 : Turbine Overtemp. Engine Test Report.	○ ○ ○ ○ ○ ○	yyyy.mm.dd yyyy.mm.dd	yyyy.mm.dd yyyy.mm.dd	
		- 이하생략 -							
	Subpart E - Design and Construction; Turbine Aircraft Engines								
47	§33.61 Applicability.	This subpart prescribes additional design and construction requirements for turbine aircraft engines.	33-0	DO	PCD98451 : Summary of Compliance Report of Engine.	○ ○ ○	yyyy.mm.dd	yyyy.mm.dd	No CS-E
48	§33.62 Stress analysis.	A stress analysis must be performed on each turbine engine showing the design safety margin of each turbine engine rotor, spacer, and rotor shaft.	33-6	DO, SA DO, SA	PCD98661 : Disk and Drum Overspeed Summary Report. PCD98834 : Life Limited Components Report.	○ ○ ○ ○ ○ ○	yyyy.mm.dd yyyy.mm.dd	yyyy.mm.dd yyyy.mm.dd	CS-E520
49	§33.63 Vibration.	Each engine must be designed and constructed to function throughout its declared flight envelope and operating range of rotational speeds and power/thrust, without inducing excessive stress in any engine part because of vibration and without imparting excessive ~	33-17	DO CT ET	PCD99260 : Component Compliance Summary Report. PCD99200 : Gearbox/Towershaft Endurance Test Report. PCD99060 : Fan Rotor Stress Engine Test Report.	○ ○ ○ ○ ○ ○ ○ ○ ○	yyyy.mm.dd yyyy.mm.dd yyyy.mm.dd	yyyy.mm.dd yyyy.mm.dd yyyy.mm.dd	CS-E150
	§33.64 Pressurized engine static parts.	(a) Strength. The applicant must establish by test, validated analysis, or a combination of both, that all static parts subject to significant gas or liquid pressure loads for a stabilized period of one minute will not: (1) Exhibit permanent distortion beyond ~	33-27	SA	PCD98760 : Pressurized Static Parts Compliance Report.	○ ○ ○	yyyy.mm.dd	yyyy.mm.dd	CS-E640
		- 이하생략 -							
	Subpart F - Block Tests; Turbine Aircraft Engines								
116	§33.81 Applicability.	This subpart prescribes the block tests and inspections for turbine engines.	33-6	DO	PCD98451 : Summary of Compliance Report of Engine.	○ ○ ○	yyyy.mm.dd	yyyy.mm.dd	No CS-E
117	§33.82 General.	Before each endurance test required by this subpart, the adjustment setting and functioning characteristic of each component having an adjustment setting and functioning characteristic that can be established independent of installation on the engine must be established ~	33-6	ET	PCD99190 : Engine Endurance Test Report.	○ ○ ○	yyyy.mm.dd	yyyy.mm.dd	CS-E600
391	§33.83 Vibration test.	(a) Each engine must undergo vibration surveys to establish that the vibration characteristics of those components that may be subject to ~ (b) The surveys shall cover the ranges of power or thrust, and both the physical and corrected rotational speeds for each rotor ~	33-33	ET ET ET	PCD99070 : LP Rotor Engine Test Report. PCD99100 : HP Rotor Engine Test Report. PCD99110 : LPT Rotor Shaft Stress Engine Test Report.	○ ○ ○ ○ ○ ○ ○ ○ ○	yyyy.mm.dd yyyy.mm.dd yyyy.mm.dd	yyyy.mm.dd yyyy.mm.dd yyyy.mm.dd	CS-E650
	§33.84 Engine overtorque Test.	(a) If approval of a maximum engine overtorque is sought for an engine incorporating a free power turbine, compliance with this section must be demonstrated by testing. (1) The test may be run as part of the endurance test requirement of §33.87. ~	33-30	N/A	No Document : §25.84 is applicable for the Free Power Turbine of turboshaft engine only. (This engine is a turbofan engine)	N/A	N/A	N/A	CS-E820
		- 이하생략 -							

MoC Code – CD : Compliance Document / SA : Similarity and/or Analysis / CT : Component Test / ET : Engine Test

적합성 점검표(CCL)의 각 요건별 입증 내용은 설계 분석 보고서, 해석 보고서, 안전성 평가 보고서, 시험계획서, 시험보고서 등으로 작성하여야 한다. 모든 시험에 대해서 시험 대상 품목(test article)을 제작, 검사, 시험하기에 앞서 시험계획서(TP: Test Plan)를 작성하여 인증당국의 승인을 받아야 한다. 시험계획서는 시험 개요, 관련 문서, 시험일정 및 장소, 시험 대상 품목, 시험 셋업 및 계측장치, 시험절차 및 기준, 시험 데이터 측정 및 기록, 시험 지원 장비, 시험 안전성 평가, 합치성 검사 및 입회 순으로 작성하는 것을 권장한다. 시험계획서의 부록으로 시험 대상 품목의 도면, 완화 보고서(DSR), 검교정 목록 및 유효기간, 합치성 점검표, 시험결과 기록서 양식 등을 첨부한다.

시험보고서(TR: Test Report)는 해당 시험계획서의 주요 내용을 그대로 인용하여 필요한 부분을 수정하고, 시험결과와 결론을 추가하는 방식으로 작성할 수 있다. 그리고, 합치성 검사 및 시험 중에 작성된 완화 보고서(DSR), 합치성 점검표, 시험 셋업 점검표, 시험 운영절차 등을 부록으로 첨부한다. 엔진 형식증명 신청자의 적합성 입증 보고서는 인증당국이 주관하는 형식검사(TIA) 및 인증시험(CT) 착수 전에 모두 제출되어야 하고, 인증당국은 이를 검토하여 해당 엔진의 형식검사 및 인증시험 항목을 선정하여 신청자에게 통지한다.

4.2 왕복엔진 인증

4.2.1 왕복엔진 설계 구성

우리나라에서는 터빈엔진을 장착한 군용 비행기, 헬리콥터, 민간 상업용 비행기의 비중이 높아 왕복엔진을 장착한 소형 비행기가 상대적으로 적지만, 세계적으로는 전체 항공기 중에 왕복엔진을 사용하는 6인승 이하의 소형 비행기가 50 % 이상을 차지할 정도로 그 비중이 매우 높다.

왕복엔진은 실린더 배치 형태에 따라서 직렬형, 수평 대향형, V-형, 성형 엔진 등으로 분류되고, 연료의 종류 및 작동 방식에 따라서 가솔린 엔진과 디젤 엔진, 그리고 냉각방식에 따라서 공랭식 엔진과 수냉식 엔진으로 구분된다. 2000년대 전후에 자동차 엔진을 개조한 항공기용 디젤 엔진이 다시 사용되기 시작했지만, 아직도 1960년대 전후에 개발된 공랭식 가솔린 엔진이 주류를 이룬다.

전세계의 4 ~ 6인승 소형 비행기 중에 80 ~ 90 %는 미국의 Lycoming과 Continental에서 제작한 왕복엔진을 장착하고 있다. Lycoming IO-720이나 Continental Tiara 8-380과 같은 8기통의 400마력급 왕복엔진이 있지만, Lycoming IO-540 및 Continental IO-550과 같은 6기통의 300마력급 왕복엔진이 실용되고 있는 최고 출력 엔진으로 볼 수 있다.

[Lycoming IO-320 Engine]
출력 150hp @2,700rpm, 압축비 7.0, 공랭식, 1953년, 100,000대 이상

[Continental IO-470 Engine]
출력 260hp @2,625rpm, 압축비 8.6, 공랭식, 1953년, 40,000대 이상

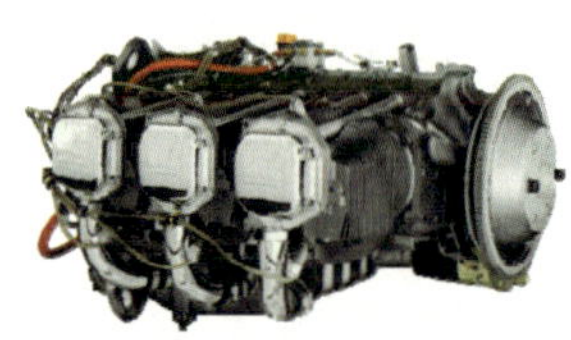

[Lycoming TIO-540 Engine]
출력 350hp @2,700rpm, 압축비 8.7, 공랭식, 1954년, 20,000대 이상

[Rotax 912S3 Engine]
출력 100hp @5,800rpm, 압축비 9.0, 수냉식, 1989년, 50,000대 이상

[Austro E4 (AE330) Diesel Engine]
출력 180hp @2,300rpm, 압축비 17.5, 수냉식, 2008년, 1,500대 이상

[SMA SR305-230 Diesel Engine]
출력 277hp @2,200rpm, 압축비 16.0, 공기/오일냉각, 1998년, 50대 이상

[그림 4-6] 대표적인 항공기 왕복엔진 (가솔린 및 디젤 엔진)

항공기용 가솔린 엔진의 열역학 사이클은 오토 사이클(Otto cycle)이며, 디젤 엔진은 디젤 사이클(Diesel cycle) 또는 사바테 사이클(Sabathe cycle)로 작동한다. 이는 흡입, 압축, 폭발, 팽창의 4행정(stroke)으로 구성된다. 가솔린 엔진은 폭발행정에서 점화 플러그에 의한 전기 스파크로 점화되

고, 디젤 엔진은 압축비가 16 ~ 18 수준으로 매우 높아 점화 플러그 없이 고온 혼합기가 착화될 수 있다.

[표 4-5] 항공기 왕복엔진 열역학 사이클 및 이론 공식

구분	오토 사이클	디젤 사이클
엔진 작동	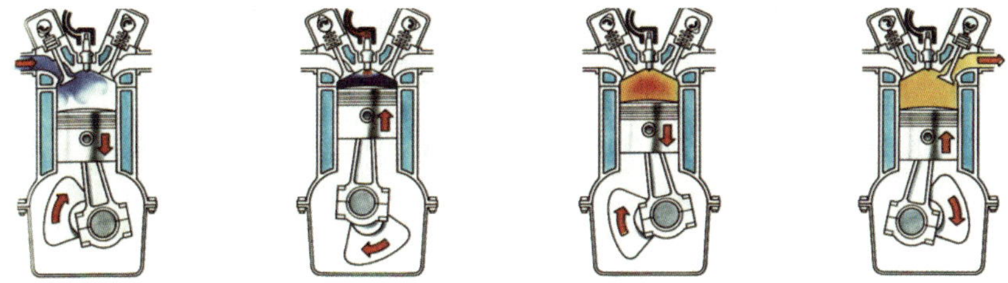 흡입행정 (0–1) 압축행정 (1–2) 폭발행정 (3–4) 배기행정 (4–1)	
사이클	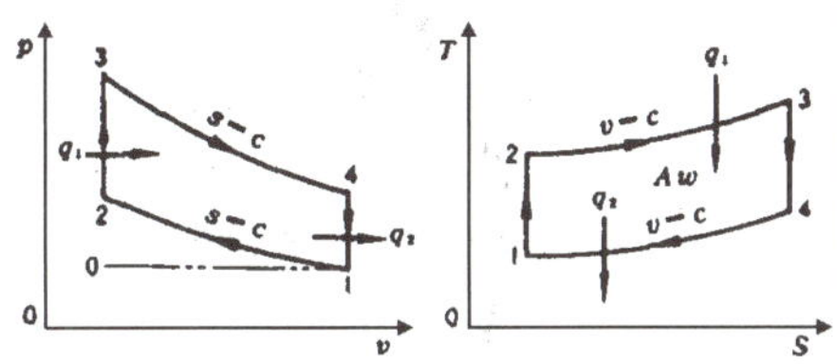 [오토 사이클 (Otto Cycle) : 정적 가열]	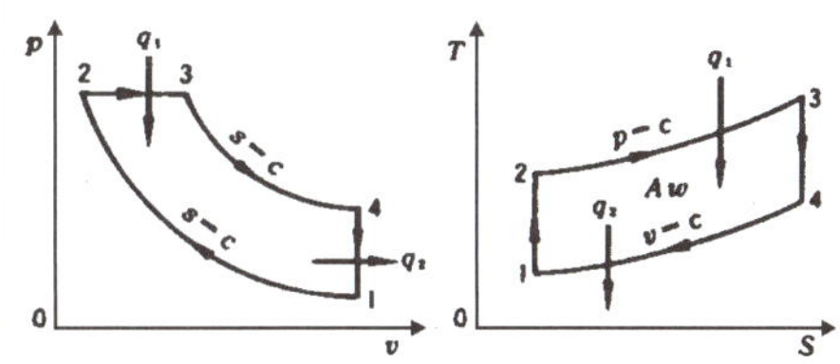 [디젤 사이클 (Diesel Cycle) : 정압 가열]
압축비 체절비	$v_2 = v_3,\ v_4 = v_1,\ \left(\frac{T_2}{T_1}\right) = \left(\frac{T_3}{T_4}\right)$ $\left(\frac{T_2}{T_1}\right) = \left(\frac{v_1}{v_2}\right)^{k-1} = \varepsilon^{k-1}$ 압축비	$\left(\frac{T_2}{T_1}\right) = \left(\frac{v_1}{v_2}\right)^{k-1} = \varepsilon^{k-1}$ $\left(\frac{T_3}{T_2}\right) = \left(\frac{v_3}{v_2}\right) = \sigma$ 체절비, $T_3 = T_2\sigma = T_1\varepsilon^{k-1}\sigma$
열량 (일)	$q_1 = c_v(T_3 - T_2),\ q_2 = c_v(T_1 - T_4)$ $(1kcal = 4.186kJ = 4.186kNm = 427kg_f m)$	$q_1 = c_p(T_3 - T_2),\ q_2 = c_v(T_1 - T_4)$ $(1kcal = 4.186kJ = 4.186kNm = 427kg_f m)$
열효율	$\eta_o = 1 - \frac{(T_4 - T_1)}{(T_3 - T_2)} = 1 - \left(\frac{1}{\varepsilon}\right)^{k-1}$	$\eta_d = 1 - \frac{c_v(T_4 - T_1)}{c_p(T_3 - T_2)} = 1 - \left(\frac{1}{k}\right)\left(\frac{1}{\varepsilon}\right)^{k-1}\frac{(\sigma^k - 1)}{(\sigma - 1)}$

열역학적으로 열량(q)은 kcal, 일(w)은 Joule로 나타내지만, SI 단위계에서는 양자 모두 Joule로 표시된다. 단위 일(w)에 작동유체의 유량($\dot{m}$)을 곱하면, 일률(동력: $Watt$)로 나타낼 수 있고, $1kW = 1kJ/s = 1kNm/s = 1.34hp = 1.36ps$ 관계를 이용해서 왕복엔진의 출력을 영마력($1hp = 76kg_f m/s$) 또는 불마력($1ps = 75kg_f m/s$)으로 표시할 수 있다.

왕복엔진의 출력은 열역학 계산식 이외에 지시마력(indicated horsepower)과 정미마력(brake horsepower)으로 나타낼 수 있다. 지시마력은 실린더의 유효압력(P)과 크랭크 축의 회전수(N)를 측정하여 계산하는 출력이고, 정미마력(bhp)은 지시마력(ihp)에서 마찰마력(fhp)을 뺀 값으로 써 동력계(dynamometer)에서 실제로 측정한 출력을 말한다.

- 지시마력, $ihp = \dfrac{PLANK}{60}[kW]$ (P: N/m^2, $L: m$, $A: m^2$, N: rpm, K: 실린더수)
- 정미마력, $bhp = \dfrac{2\pi TN}{60}[kW]$ (T: Nm, N: rpm)

왕복엔진에서 연료의 연소에 의한 총 열에너지 중에 약 40 %가 배기가스로 배출되고, 약 25 %가 냉각장치로 유출되고, 약 5%가 기계적 마찰로 손실되며, 엔진의 출력으로 가용한 에너지는 약 30 % 정도에 불과하다. 이와 같은 에너지 관계를 다음과 같이 기계효율, 열효율, 체적효율로 나타낼 수 있다.

- 기계효율, $\eta_m = \dfrac{bhp}{ihp}$
  - 정미마력, $bhp = ihp - fhp$
- 열효율, $\eta_{th} = \dfrac{0.746\ bhp}{\dot{m}_f \times LHV}$
  - 마력 환산, $1\,bhp = 0.746\,kW\ [kJ/s]$
  - 연료유량 $\dot{m}_f\,[kg/s]$, 발열량 $LHV\,[kJ/kg]$
- 체적효율, $\eta_v = \dfrac{\text{대기압 충진체적}(V_{air})}{\text{실린더 행정체적}(V_{cyl})}$
  - 비과급엔진 $\eta_v \leq 100\%$, 과급엔진 $\eta_v \geq 100\%$

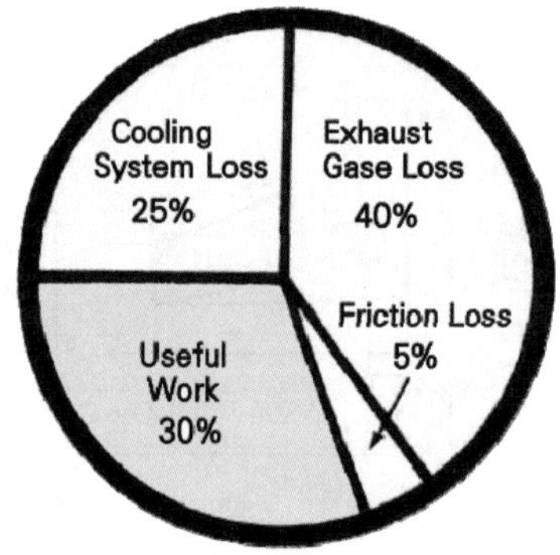

[그림 4-7] 왕복엔진 동력손실 및 효율

왕복엔진의 출력은 실린더의 유효압력에 따른 크랭크 축의 토크(T)와 조종실의 레버에 연결된 스로틀 밸브의 개폐 정도에 따라 변화하는 회전수(N)에 의해서 결정된다. 그리고 동일한 출력 세팅 값에 대해서 흡기압력(MAP: Manifold Air Pressure)에 비례하여 실제 출력이 변화하게 된다. 흡기압력 센서는 통상적으로 스로틀 바디와 실린더 사이에 설치되어 있으며, 자연흡기식 엔진에서는 표준 대기압(29.92inHg)보다 낮은 값을 지시하고 터보차져가 작동할 때는 대기압보다 높은 값을 지시하게 된다.

비행고도가 높아지면 엔진에 흡입되는 공기의 밀도와 압력이 낮아지고, 엔진의 출력도 저하되게 된다. 이와 같은 특성으로 왕복엔진의 흡기압력(MAP)은 출력(hp)을 나타내는 지표로 사용된다. 터보차져를 사용하는 왕복엔진은 흡입공기를 높은 압력으로 과급하여 고도가 상승할 때 저하되는 출력을 일정한 수준으로 유지할 수 있고, 최고 흡기압력 및 출력을 유지할 수 있는 고도 한계를 임계고도(critical altitude)라고 한다.

다음의 그림은 Continental O-470 자연흡기식 왕복엔진의 성능곡선이다. 해면고도에서 흡기압력(MAP)을 높게 할수록 회전수(RPM)에 따라 엔진의 출력이 증가하고, 비행고도가 높아지면

회전수(RPM)에 따라 흡기압력(MAP)과 엔진 출력이 작아지는 것을 볼 수 있다. 또한, 고도가 높아질수록 공기의 밀도가 낮아져 해면고도 2,600rpm에서 출력 240마력이 20,000ft에서는 112마력으로 낮아지게 된다.

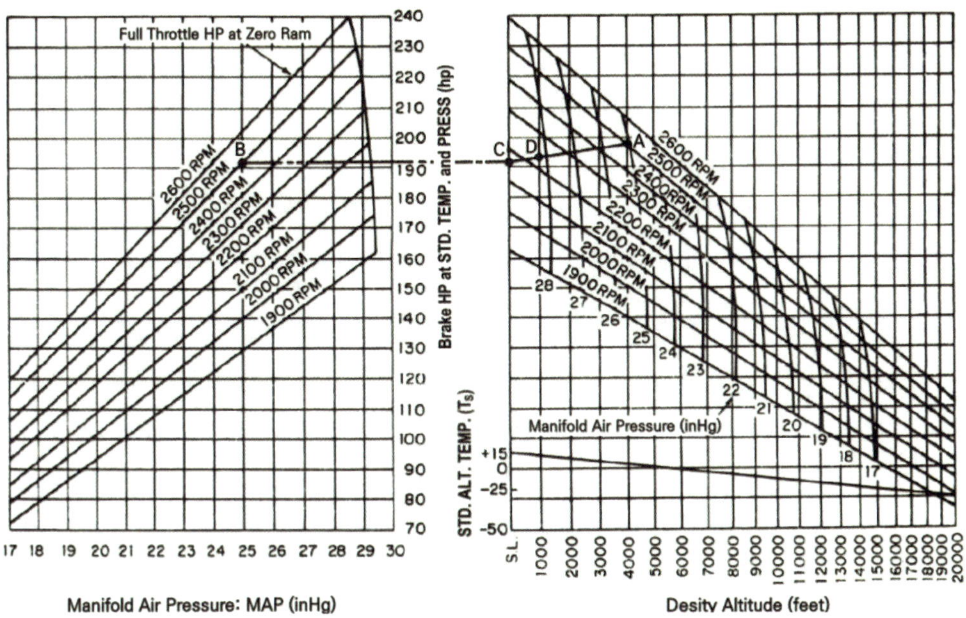

[그림 4-8] MAP 및 고도에 따른 왕복엔진 성능곡선

일정한 고도에서 왕복엔진의 작동은 스로틀 포지션, 프로펠러 부하, 연료-공기 혼합비에 따라서 변화하게 된다. 조종사가 스로틀 레버(검정)를 올리면 흡기압력이 증가하고 회전수에 따라 출력이 증가하게 된다. 스로틀 전개(full) 상태에서 프로펠러 회전수(청색)를 높게 세팅하면 흡기압력이 낮아지게 된다. 이때 스로틀을 더 높이면 흡기압력이 원래대로 높아지고 엔진 출력이 증가하게 된다. 연료-공기 혼합비는 수동레버(적색)를 사용해 조절할 수 있다. 상승이나 고속비행 중에는 최량 출력 혼합비(best power mixture, rich)로 세팅하고, 장거리 순항비행 중에는 최량 경제 혼합비(best economy mixture, lean)로 세팅할 수 있다. 전자제어장치를 사용하는 왕복엔진은 스로틀 레버와 프로펠러 레버가 하나로 합해진 단일출력레버(SLPC)를 사용하기도 한다.

[Cessna 172 Throttle Quadrant] [PA-28 Throttle Quadrant] [SR22 Single Lever Power Control]

[그림 4-9] 왕복엔진 출력제어레버 형태 (Throttle Quadrant)

왕복엔진의 실린더에서 피스톤이 크랭크 축에 의해서 최상단까지 올라간 위치를 상사점(TDC: Top Dead Center)이라고 하고, 최하단까지 내려온 위치를 하사점(BDC: Bottom Dead Center)이라고 한다. 그리고, 상사점과 하사점 거리가 행정(stroke)이고, 그 체적을 배기량(displacement)으로 정의한다.

실린더 헤드에 설치된 흡기밸브와 배기밸브는 해당 행정보다 일찍 열리고 늦게 닫히게 되는데, 동시에 열려 있을 때 이루는 각을 밸브 오버랩(overlap)이라고 한다. 밸브 오버랩을 두면 체적효율을 향상시키고, 배기가스를 완전히 배출시키고, 냉각 효과를 높일 수 있다. 일반적인 왕복엔진은 상사점에서 흡입행정이 시작되기 전 15°에서 흡기밸브가 열리고, 하사점을 지나 60°후에 닫힌다. 배기밸브는 하사점 전 15°에서 열리고 상사점을 지나 15°에서 닫힌다. 이와 같이 흡입밸브가 15°BTC에서 열리고 15°ATC에서 닫히면 밸브 오버랩은 30°가 된다.

왕복엔진의 실린더 점화 순서는 진동이 적게 발생하고, 크랭크 축이 원활히 회전할 수 있는 순서대로 정해지게 된다. 수평 대향형 4기통 엔진은 1-3-2-4 또는 1-4-2-3 순서로 점화시키고, 수평 대향형 6기통 엔진은 1-6-3-2-5-4 또는 1-4-5-2-3-6 순서로 점화된다. 일반적인 왕복엔진은 크랭크 축에 연결되어 구동되는 마그네토(magneto)에 의해서 각 실린더의 점화 플러그에 고전압을 순서대로 공급하고, 전자제어유닛(ECU)를 사용하는 최신의 일부 엔진은 마그네토를 사용하지 않고 ECU의 Spark Tower에서 각 실린더의 점화 플러그에 고전압을 순서대로 공급한다.

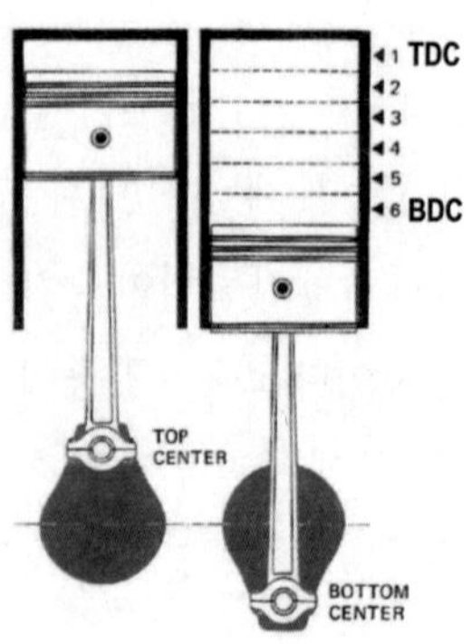

[상사점(TDC)과 하사점(BDC)]

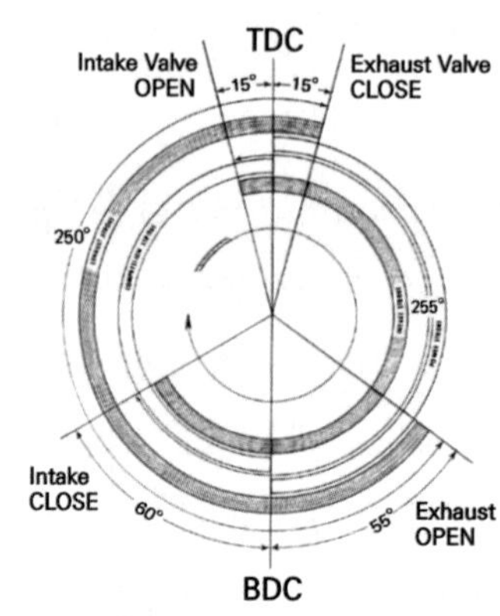

[Valve Timing Diagram]

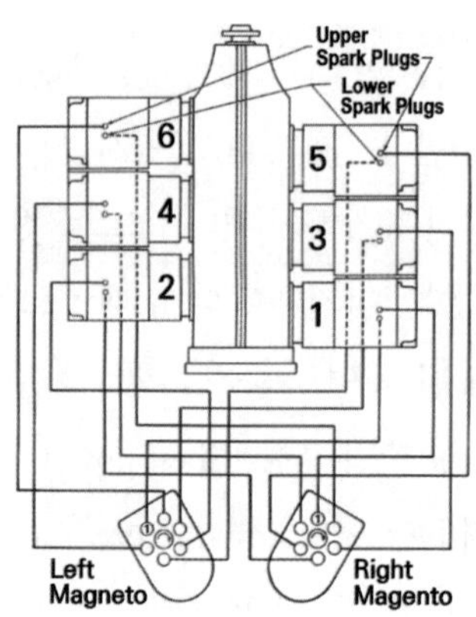

[Firing Order: 1-6-3-2-5-4]

[그림 4-10] 왕복엔진 밸브 타이밍 및 점화순서

최근의 일부 왕복엔진은 디지털 엔진제어시스템(FADEC: Full Authority Digital Engine Control)을 사용하고 있으며, 이는 엔진의 회전수 및 크랭크 축 포지션, 흡기압력, 흡기온도, 연료압력, 실린더 헤드온도, 배기가스온도 등을 측정하여 연료분사 및 점화 타이밍을 최적 조건으로 제어하고, 엔진의 작동상태 모니터링 및 고장진단 기능을 수행한다. 디지털 엔진제어시스템

(FADEC)을 구성하는 전자제어유닛(ECU), 직렬버스제어기(SBC), 데이터인터페이스(EDI), 작동상태표시기(HSA) 등은 일반적으로 엔진 장착실 방화벽 후방 또는 기체에 장착한다.

왕복엔진에 사용되는 터보차져(turbocharger)는 엔진의 배기가스에 의해서 구동되며, 기체의 흡입공기를 압축하여 엔진의 흡입구로 보내는 역할을 한다. 터보차져의 회전수 및 공기압력은 불용배기문(wastegate)의 개폐량에 따라 정해지며, 베어링 등의 구동부 윤활과 냉각은 엔진의 오일을 함께 사용한다. 터보차져를 사용함으로써 항공기 이륙, 상승, 가속 비행에 필요한 엔진 출력을 증대시키고, 고도 상승으로 인한 엔진의 출력 저하를 방지할 수 있지만, 엔진의 과열 및 디토네이션을 유발하거나, 내구성 및 피로수명이 저하될 수 있어 유의할 필요가 있다. 이에 따라서 기존의 왕복엔진에 터보차져를 부착하는 경우에 새로운 형식으로 분류하여 신규 형식증명을 받아야 한다.

[TSIOF–550 Engine]

[Turbocharger]

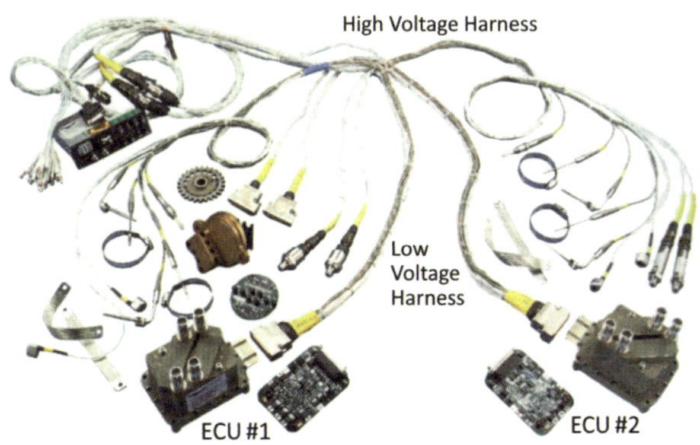

[Components of Full Authority Digital Engine Control]

[그림 4-11] 왕복엔진 터보차져 및 디지털 엔진제어시스템(FADEC)

항공기 왕복엔진의 형식증명에는 미국 FAR Part 33의 총 69개 항목 중에 왕복엔진과 터빈엔진에 공통으로 적용되는 Subpart A와 B의 16개 항목, 그리고 왕복엔진만 적용되는 Subpart C와 D의 16개 항목을 합하여 총 32개 항목에 대한 적합성을 입증하여야 한다. 유럽항공안전청의 CS-E의 경우에는 총 91개 항목 중에 Subpart A의 공통 요건 22개 항목과 왕복엔진에만 적용되는 Subpart B와 C의 22개 항목을 합하여 총 44개 항목에 대한 적합성을 입증하여야 한다.

4.2.2 왕복엔진 교정시험 입증

항공기 왕복엔진에 대한 형식증명을 위하여 FAR Part 33 및 CS-E에 따른 엔진 교정시험(calibration test)을 수행하여야 한다. 왕복엔진에 대한 교정시험에 적용되는 감항기준 요건 및 적합성 입증방법는 다음과 같다. 미국과 유럽의 감항기준은 정기적인 부합화(harmonization)을 통하여 동등한 수준으로 개정되고 있지만, 아직도 일부 요건에 차이를 보이고 있으므로 그 적용과 입증에 유의할 필요가 있다.

❑ 미국 Part 33 요건

- FAR §33.45 Calibration Tests Amdt 33-6 1974.10.01
- FAR §33.49 Endurance Test Amdt 33-10 1984.02.23
- FAR §33.51 Operation Test Amdt 33-3 1967.03.04
- AC 33.28-2 Reciprocating Engine Electronic Control Systems 2003.08.13.

❑ 유럽 CS-E 요건

- CS-E40 Ratings Amdt E/7 2021.11.22
- CS-E350 Calibration Tests Amdt E/1 2007.12.03
- CS-E440 Endurance Test Amdt E/1 2007.12.03
- AMC E350 Calibration Tests Amdt E/1 2007.12.03.

감항기준 FAR §33.45 및 CS-E350의 교정(calibration)은 우리가 일반적으로 얘기하는 계측기의 교정과는 직관적인 의미가 다른 것이다. 감항기준의 교정시험은 엔진의 출력 특성을 확인하기 위한 것이므로 일반적인 성능시험으로 인지하여도 무방하고, 운용(operation) 시험이나 내구성(endurance) 시험과 연계해 수행하기도 한다.

감항기준 FAR §33.45 요건에서 해당 엔진의 교정시험을 통하여 출력 특성과 내구성 시험 조건을 설정하도록 규정하고 있다. 즉, 해당 엔진의 예상 운용범위 전체에서 크랭크 회전수, 흡기압력, 연료/공기 혼합비, 운용고도 변화에 따른 출력을 나타내야 한다. 해면고도 출력 시험은 내구성 시험을 완료한 엔진으로 수행하거나, 내구성 시험의 마지막 단계에서 측정된 데이터를 적합성 입증에 사용할 수 있다.

다음의 왕복엔진 교정시험에 대한 적합성 입증 예시는 2개의 터보차저와 디지털 엔진제어시스템(FADEC)을 구비한 6기통 왕복엔진을 대상으로 하고 있다.[47)] 해당 엔진은 1983년에 형식증명을 받은 자연흡기식 300마력 엔진을 기반으로 개발된 파생형 모델이며, 1999년에 터보챠저와 FADEC을 사용하는 350마력 엔진으로 신규 형식증명을 받았고, 이를 기반으로 2010년에 315마력 엔진으로 형식설계를 변경하였다.

---

47) 여기에 제시된 적합성 입증 예시는 독자의 이해를 돕기 위하여 법적인 인증 요건, 일반적인 인증 보고서 사례, 그리고 저자의 경험을 바탕으로 편집된 내용으로써, 실제 보고서의 내용과 다를 수 있다.

Calibration Test and Operation Test for Reciprocating Engine

1. ABSTRACT

1.1 Objective

The object of this report is to present the results of testing compliant with 14 CFR Part 33 for the engine model ABCD-000-E. The following tests were performed:

- Calibration Tests (§33.45)
- Operations Test (§33.51)

1.2 Engine Model Description

The aircraft engine model ABCD-000-E is an air-cooled, turbo-supercharged, horizontally opposed, six-cylinder, fuel injected, spark ignition, four-stroke, direct drive engine. The engine incorporates a wet oil sump, top mounted tuned induction system with engine mounted throttle body, and bottom mounted exhaust system, including two turbochargers with a single wastegate regulated by a controller...

1.3 Compliance Summary

The test articles satisfactorily demonstrated compliance with the requirements. It is recommended that this report be accepted as evidence that the ABCD-000-E aircraft engine has demonstrated satisfactory compliance with the requirements.

2. CONFORMITY

2.1 Engine Test Article

The calibration test engine, S/N 000001, was previously conformed as a ABCD-000-D under the Authority project number XXXD-E. The ABCD-000-E unique components were conformed under the Authority project number XXXE-E. In addition, the previously conformed the ABCD-000-D engine was configured with production sonic venturi nozzles and turbochargers which are utilized on the ABCD-000-E. A top overhaul, including...

2.2 Conformity Inspection

Unique components for this project are listed below. These components are inspected by applicant's inspector to show conformity to the design data.

- E-000000-1, Electronic Control Unit #1.
- E-000000-2, Electronic Control Unit #2.
- E-000000-3, Electronic Control Unit #3.

2.3 Conformity Summary

The ABCD-000-E aircraft engine has complied with all of the applicable requirements of 14 CFR Part 33. Copies of FAA Form 8130-3, Airworthiness Approval Tags for the unique engine components can be found in Appendix B. All other components of the engine previously comply with regulations of 14 CFR

Part 33...

3. CALIBRATION TEST

3.1 Objective of Test

The object of this section is to present the results of calibration testing conducted in compliance with the test plans pertaining to ABCD-000-E aircraft engine. The data is presented for certification of the ABCD-000-E engine. The following tests were performed:

- Constant Speed Curves in Best Power, Best Economy and Hot Head
- Full Throttle Curves in Best Power, Best Economy and Hot Head
- Propeller Load Curves in Best Power, Best Economy and Hot Head

3.2 Description of Test

The calibration testing for the ABCD-000-E engine, S/N 000000, was conducted on month day, year at the appropriate test facility. The engine speed 2,500rpm, MAP 37.5inHg, corrected power 316bhp, fuel flow 231pph, all test data were logged in the data file.

This testing was conducted in accordance with the Authority approved calibration test plan which can be found in Appendix A.

3.3 Engine Test Data

The calibration engine test data can be found in Appendix D. Electronic copies of calibration data will be archived with the Authority project folder at applicant office.

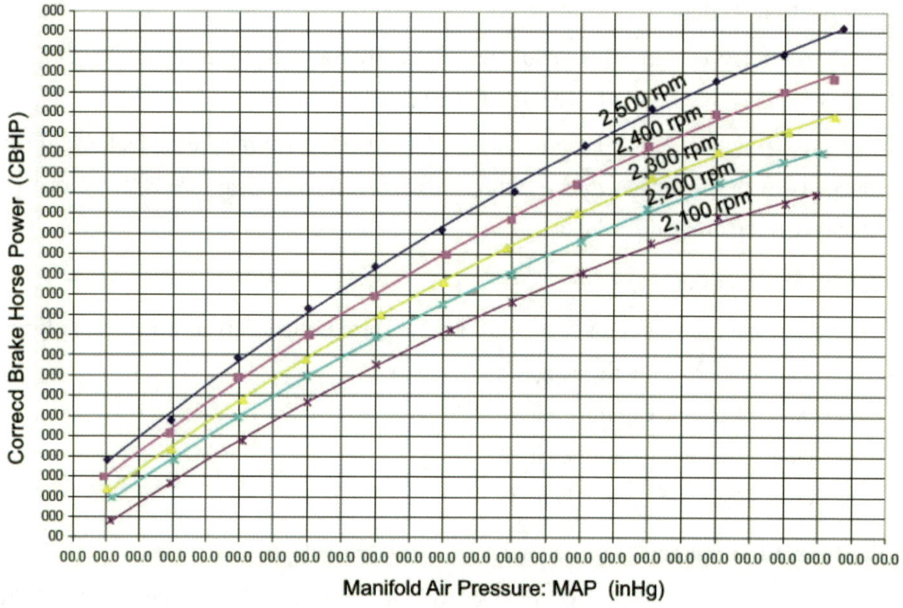

Figure x. Engine Power at S/L Constant Speed, Best Power Set

The engine test data are presented as performance charts: Figure x. Sea Level Constant Speed - Best

Power, Figure x. Sea Level Constant Speed – Best Economy, Figure x. Sea Level Constant Speed – Full Rich, Figure x. Fuel Flow vs. Horsepower, Figure x. Full Throttle & Propeller Load – Best Power, Figure x. Full Throttle & Propeller Load – Best Economy, Figure x. Full Throttle & Propeller Load – Full Rich...

3.4 Compliance of Testing

The ABCD-000-E aircraft engine has satisfactorily completed the calibration test in compliance with the Authority approved test plan. Data is provided in this section as evidence of compliance with 14 CFR §33.45.

4. OPERATION TEST

4.1 Objective of Test

The object of this section is to present the results of the operation testing conducted in compliance with the Authority approved operation test plan. The data is to substantiate the certification of the ABCD-000-E aircraft engine and show compliance with 14 CFR §33.51.

The engine used for the operation portion of certification testing was a representative ABCD-000-D engine, S/N 000001, installed in the specific airplane model, Registration No. ABCD-000-E engine unique components were installed and conformed under the Authority project number XXXE-E...

4.2 Description of Test

The operation test conditions and procedures are presented in the Authority approved test plan. Summaries of the operation testing steps, measured parameters, test conditions and configurations, and data file names are as follows...

(1) Engine Starting

Starting was conducted in the designated airplane, Registration Number, found to be acceptable and witnessed by the appropriate DER.

- Ambient Temperature: 4 starts conducted by 1 attempt.
- Hot Start 1 : 14 starts conducted by 1 attempt.
- Hot Start 2 : 10 starts conducted by 1 attempt.
- Hot Start 3 : 4 starts conducted by 1 attempt.

(2) Idle Stability

Idle stability was conducted in the designated airplane, Registration Number and witnessed by the appropriate DER. The engine maintained a tolerance of ±25rpm from the initial set point for both Pump On and Pump Off idle conditions...

(3) Accelerations & Decelerations

Accelerations & decelerations were conducted in the designated airplane, Registration Number and witnessed by the appropriate DER. Accelerations and decelerations were found to be acceptable. No hesitation, backfiring, after firing or excessive overspeed...

(4) Channel Check

Channel check was conducted in the designated airplane, Registration Number, found to be acceptable and witnessed by the appropriate DER.

(5) Fault Mode Testing

FADEC fault mode testing had been previously complied with through past certification programs. There have been no changes to the fault logic for this program. The engine in the airplane demonstrated acceptable operation with no faults indicated during each mode of operation. The test was witnessed by the appropriate DER.

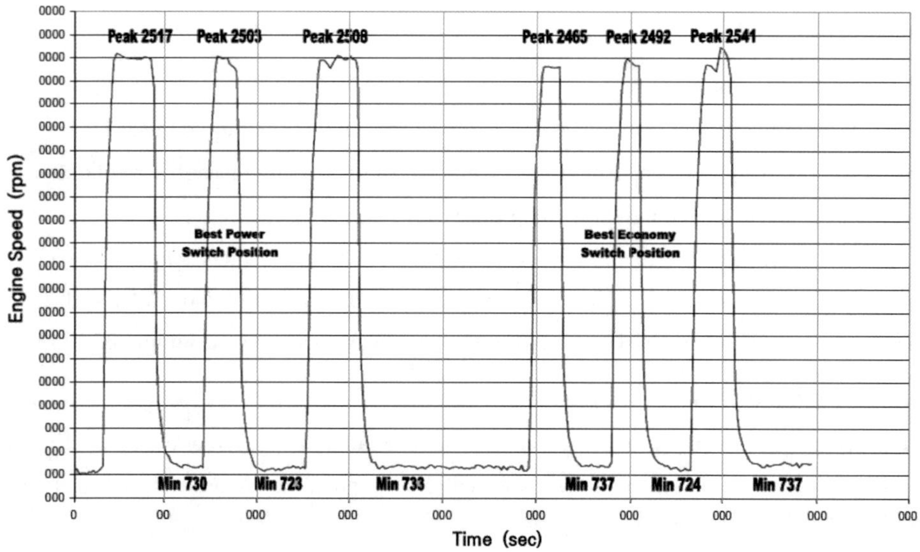

Figure x. Acceleration and Deceleration Characteristics

4.3 Compliance of Testing

The ABCD-000-E aircraft engine has satisfactorily completed the operations test in compliance with the Authority approved operations test plan, and has shown compliance with 14 CFR §33.51. Data is provided in this section as evidence of completion of the test.

It is recommended that this report and supporting data be accepted as evidence that the ABCD-000-E aircraft engine has complied with 14 CFR §33.51 and has satisfactorily fulfilled the requirements of the operation test conducted in compliance with the approved test plan.

5. CONCLUSION

The test articles satisfactorily demonstrated compliance with the requirements of 14 CFR §33.45 and §33.51 for certification approval.

It is recommended that this report be accepted as evidence that the ABCD-000-E aircraft engine has demonstrated satisfactory compliance with the requirements of the Authority project number XXXE-E and all applicable FARs.

4.2.3 왕복엔진 진동시험 입증

항공기 왕복엔진에 대한 진동시험(vibration test)은 FAR §33.43 및 CS-E340에 따라 요구되는 시험이다. 미국과 유럽의 감항기준은 정기적인 부합화(harmonization)을 통하여 동등한 수준으로 개정되고 있지만, 아직도 FAR §33.43에서는 최대이륙 회전수의 103 %까지 진동시험을 수행하도록 규정하고, CS-E340에서는 105 %까지 시험하도록 규정하고 있으므로 그 적용과 입증에 유의할 필요가 있다.

❑ 미국 Part 33 요건

- FAR §33.33 Vibration　Amdt 33-0　1965.02.01
- FAR §33.43 Vibration Test　Amdt 33-10　1984.02.23
- FAR §33.49 Endurance Test　Amdt 33-10　1984.02.23
- PS-ACE100-2002-004 Policy Statement; Diesel Engine Installation　2003.05.15
- DOT/FAA/AR-08/42 Heavy-Fueled Intermittent Ignition Engines　2009.09.00

❑ 유럽 CS-E 요건

- CS-E340 Vibration Tests　Amdt E/1　2007.12.03
- CS-E440 Endurance Test　Amdt E/1　2007.12.03
- AMC E340 Vibration Tests　Amdt E/1　2007.12.03.

감항기준 FAR §33.43 요건에서 해당 엔진의 진동시험을 통하여 크랭크 축 및 기타의 출력 축에 대한 토션과 밴딩으로 인한 진동 특성을 설정하도록 규정하고 있다. 진동시험에 사용되는 엔진은 §33.49의 내구성 시험에 사용되는 엔진과 동일한 형상이어야 하고, 부하 조건도 동일하여야 한다. 크랭크 축 및 기타의 출력 축에 대한 진동 응력은 내구성 시험에 설정된 응력 한계를 초과하지 않아야 한다. 또한, 엔진의 진동에 가장 불리한 실린더에 점화되지 않은 상태에서 진동시험을 반복 수행하여야 한다.

감항기준 FAR §33.33에서 진동(vibration)에 대한 설계 및 구성 요건을 규정하고 있으나, 이는 단순히 엔진의 진동으로 인하여 엔진 부품과 기체 구조물에 과도한 응력이 발생하지 않아야 한다는 요건으로써, FAR §33.43에 의한 진동시험을 수행하는 경우에는 선언적 요건에 불과하다고 볼 수 있다. 이에 따라서 유럽항공안정청은 CS-E340 진동시험 요건 이외에 FAR §33.33과 같은 요건을 별도 규정하지 않고 있다.

항공가솔린(avgas)을 사용하는 왕복엔진은 압축비가 8 내외의 전기점화 방식으로 작동하는 반면에 디젤유 또는 등유계 연료를 사용하는 디젤 왕복엔진은 압축비가 2배 이상 높고 압축착화 방식으로 작동하여 상대적으로 진동이 크게 발생한다. 이에 따라서 미국 연방항공청은 PS-ACE100-2002-004 정책문서와 DOT/FAA/AR-08/42 보고서를 발행하여 디젤 왕복엔진의 진동 요건을 엄격히 관리하고 있다.

다음의 왕복엔진 진동시험에 대한 적합성 입증 예시는 자동차용 엔진을 항공기용 엔진으로 개조 개발하여 형식증명을 받은 수냉식 4기통 직렬 디젤 왕복엔진을 대상으로 하고 있다.[47] 이 엔진의 배기량은 1,689 cm^3 (103 in^3)이고, 최대이륙출력은 135 hp이며, 1개의 터보차저와 디지털 엔진제어시스템(FADEC)을 구비하고 있다. 그리고 스로틀과 프로펠러 회전수(부하)는 단일출력 레버(SLPC)로 작동되는 방식으로 설계되었다.

Vibration Test Compliance for Reciprocating Engine

1. INTRODUCTION

1.1 Objective

This document describes results of the vibration test of the complete aircraft engine MODEL 123-01. The test was performed at the applicant's test facility in day month, year.

This report includes a vibration calculation report and the measurement report as well as the conformity inspection of the engine used for this test.

1.2 Test General

The torsional vibration behavior of a 4-cylinder in-line engine with common rail is being investigated. The engine is used as an aircraft engine and is equipped with a 3-blade variable pitch propeller, which is driven by a 00:00 gear reduction ratio. The test for the torsional vibration measurement was carried out on a test bench, the test for the vibration of the subframe and auxiliary units was carried out in the aircraft.

Figure x. Engine Vibration Test Setup

1.3 Measurement Setup

Measurements are carried out under the following conditions: Full load stationary 1,600 rpm, 1,800 rpm, 2,100 rpm, 2,300 rpm, 2,400 rpm, 2,600 rpm, 2,700 rpm, 2,900 rpm, 3,000 rpm, 3,100 rpm, 3,200 rpm, 3,400 rpm, 3,500 rpm, 3,600 rpm, 3,650 rpm, 3,700 rpm, 3,750 rpm, 3,850 rpm, 3,900 rpm, 3,950 rpm, 4,000 rpm, 4,050 rpm.

A series of measurements on a reduced scale was carried out with a cylinder switched off. Measurements were carried out for the measuring points front bearing, front bearing, and rear bearing as well as alternator and cooler at the following speeds: Full load stationary 1,500 rpm, 2,500 rpm, 3,000 rpm, 3,400 rpm, 3,600 rpm, 3,900 rpm, 4,100 rpm.

To check the measuring chain, a comparison was finally carried out on the front bearing with 2 sensors at the same measuring point.

The duration of each measurement is 10 seconds, so that sufficient values are available for an average in the spectral range. The measurements were only started after the operating state had settled.

2. TORSIONAL VIBRATION MEASUREMENT

2.1 Sensors

Flywheel with differential field plate for recording measured values. On the flywheel side, markings on a control disk for engine management were used as angularly equidistant markings. The gears are scanned contactlessly using magnetically sensitive field plate sensors. The mark for TDC detection is removed using the software.

Figure x. Sensor Installations for Vibration Test of Engine Model

2.2 Measurement System

The measurement of torsional vibrations is based on the time measurement of angularly equidistant markings on rotating components. This results in the incremental rotational speed. The high sampling rate of the speed measuring channels is of particular importance with regard to the exact time measurement. The measuring system used for torsional vibration analysis also realizes the time-synchronous data acquisition of several speed channels for the analysis of torsional vibrations. The integrated measuring cards process TTL input signals with a resolution of 100ps with a 40-bit counter length...

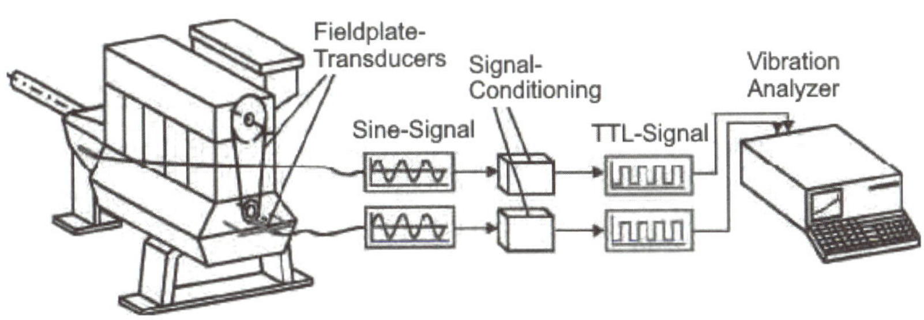

Figure x. Sensor Installations for Vibration Test of Engine Model

2.3 Measurement Results

(1) All Cylinders Fired, Full Load

First, measurements were carried out at stationary speeds and constant load for a measurement duration of 10 seconds. In order to obtain a spectral resolution of 1/10 order, the individual measurements were broken down into sections of 10 revolutions width, integrated into the vibration angle and arithmetically averaged over the measurement duration...

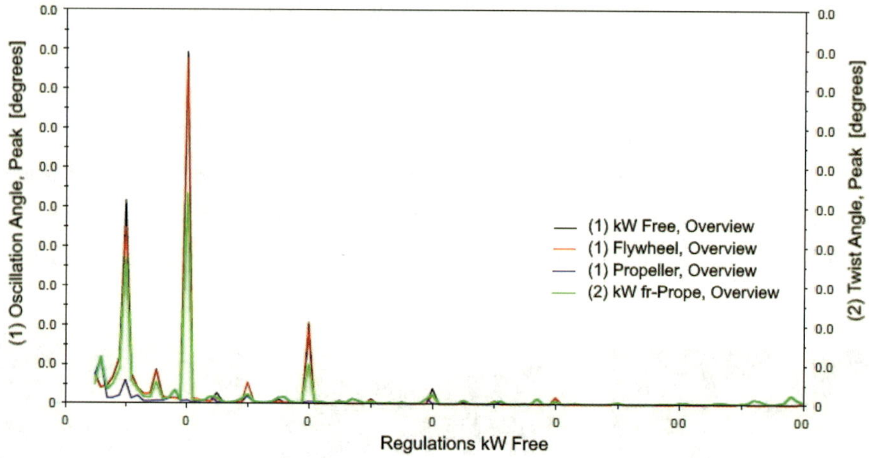

Figure x. Vibration Angle and Angle of Twist at 1,600 rpm

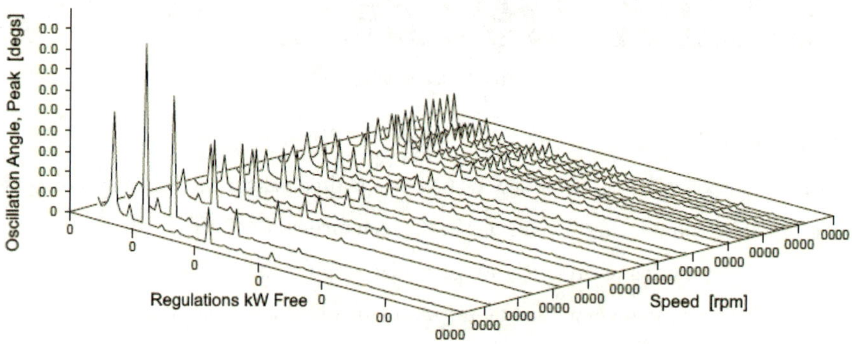

Figure x. Oscillation Angle Run-up kW Free End

(2) 1 Cylinder Failed, Full Load

In this series of measurements, cylinder 1 was no longer fired. The type of calculation and representation is analogous to the previous section. Some speeds could not be recorded because stable engine running was not possible. Speeds above 3,700 rpm could not be achieved. Due to the now irregular combustion, additional orders arise, especially 0.5 and 1. Here, larger amplitudes now occur, so that the amplitude axis was formatted to 2 degrees.

As an example, the order spectrum of the 3 torsional vibration channels and the angle of twist between the crankshaft and propeller shaft at 1,500 rpm...

3. ACCELERATION MEASUREMENT

3.1 Measurement Results for Engine Mounts

The next investigation concerns the engine mounts. 3-dimensional acceleration sensors were used in ICP technology. One measuring point was on the engine side, the other on the frame side. For evaluation, the stationary measurements are broken down into sections of 720 degrees of crankshaft, placed one after the other and arithmetically averaged. The following Figure x shows the result of such an evaluation. (중간생략) (그림 다수 생략)

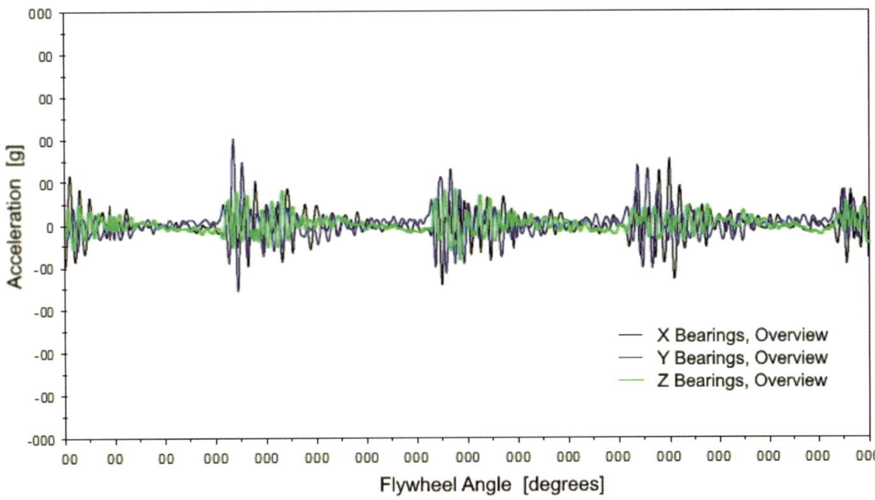

Figure x. Bearing Acceleration, Engine Side at 2,500 rpm

3.2 Measurement Results for Auxiliary Units

The following investigation concerns the auxiliary units. 3-dimensional acceleration sensors in ICP technology were used again.

For evaluation, the stationary measurements are broken down into sections of 720 degrees of crankshaft, placed one after the other and arithmetically averaged. The following Figure xx shows the result of such an evaluation at 2,500 rpm. The excitation by the 4 cylinders can again be clearly seen, which excites the vibration system at a high frequency and then decays in a damped manner...

4. CONCLUSION

The vibration test of the aircraft engine Model 123-01 conducted to show comply with CS-E340 Vibration Test requirement. It also complied with FAR §33.43 requirement.

This report including measurement and calculation data are presented to the EASA and the FAA for type certificates of the Model 123-01 engine.

4.3 터빈엔진 인증

4.3.1 터빈엔진 설계 구성

세계적으로 터빈엔진보다 왕복엔진의 숫자가 많지만, 시장규모는 상대적으로 고가인 터빈엔진이 왕복엔진보다 더 주목받고 있다. 특히, 우리나라에서는 터빈엔진을 사용하는 군용 비행기, 헬리콥터, 민간 상업용 비행기의 비중이 매우 높고, 제조산업과 정비산업도 터빈엔진을 대상으로 하고 있다.

터빈엔진은 크게 터보제트, 터보팬, 터보샤프트, 터보프롭 엔진으로 분류되지만, 최근에는 일부의 군용 전투기를 제외하면 터보제트 엔진을 사용하지 않고 있다. 왕복엔진의 이론적 공기/연료비(stoichiometric ratio)는 14.7이고, 터빈엔진은 14.5로 비슷한 수준이지만 고고도에서 최대 130:1까지 공기의 비중이 높아지고 공기가 압축기-연소기-터빈을 직선적으로 통과하므로 공기흡입엔진(air breathing engine)이라고도 한다.

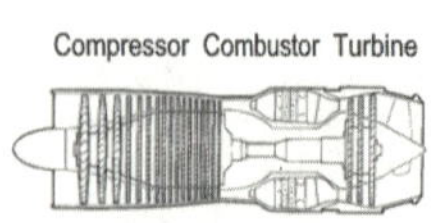

[터보제트 엔진]

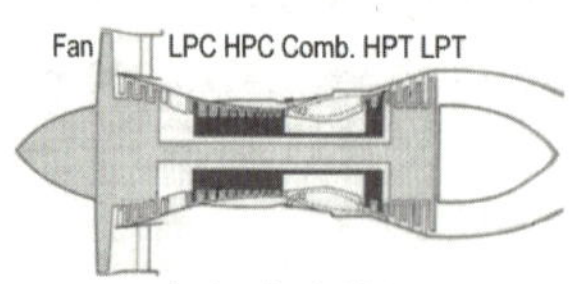

[터보팬 엔진]

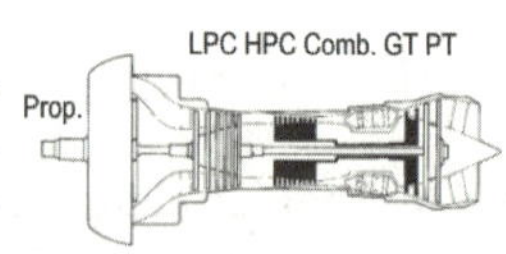

[터보프롭 엔진]

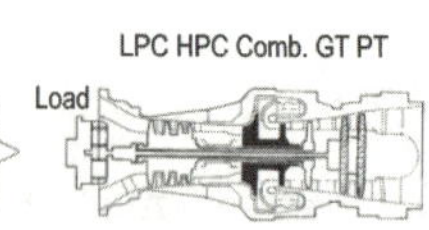

[터보샤프트 엔진]

[PW1100G Turbofan Engine]
추력 33,110 lbf @ 22,300 rpm, 압력비 50, BPR 12.5, 0.50 lb/lbf/h, 2016년, 5,000대+

[Honeywell TPE331-10 Turboprop]
출력 940 shp @ 41,730 rpm, 압력비 10.6, SFC 0.53 lb/hp/h, 1963년, 13,500대 이상

[GE CT7 (T700) Turboshaft]
출력 1,622 shp @ 44,700 rpm, 압력비 17, SFC 0.43 lb/hp/h, 1978년, 20,000대 이상

[SS-760K 터보제트 엔진]
추력 1,000 lbf, 압축기 4단, 터빈 1단, L 1.38 m, SFC 1.24 lb/lbf/h, 중량 80 kg

[무인항공기용 터보프롭 엔진]
출력 0,000 shp, LPC 0, HPC 0, GT 0, PT 0, L 0.0 m, SFC 0.00 lb/lbf/h, 중량 000 kg

[전투기용 터보팬 엔진 개발계획]
추력 00,000 lbf, Fan 0, HPC 0, HPT 0, LPT 0, OPR 00, BPR 0.00, 중량 0,000 kg

[그림 4-12] 항공기 터빈엔진 분류 및 대표적 엔진

터빈엔진 세계시장은 GE Aerospace가 55 %, Pratt & Whitney가 26 %, Rolls-Royce가 18 %를 점유하고 있다. 이 중에 상업용 비행기 터보팬 엔진은 CFM이 39 %, PW가 35 %, GE가 14 %, RR가 12 %를 차지한다. 광동체 상업용 비행기에 장착되는 대형 터보팬 엔진은 GE가 52 %, RR가 33 %, PW가 12 %를 차지하고 있다. 그 밖에 Safran (Tubomeca), P&W Canada, Honeywell, Williams, MTU 등이 중소형 터빈엔진을 제작하고 있다. 우리나라는 한화에어로스페이스㈜에서 민수 및 군용 터빈엔진에 대한 기술도입생산, 부품제조, 정비사업과 군용 터빈엔진에 대한 독자적인 연구개발을 수행하고 있다.

민간 상업용 비행기에 장착되는 중대형 터보팬 엔진은 CFM56 엔진이 32,645대, JT8D 엔진이 14,750대, CF6 엔진이 8,300대로 많이 생산되었고, 군용 전투기용 터보팬 엔진은 F100 엔진이 7,300대, F110 엔진이 5,889대, F404 엔진이 4,300대 순으로 많이 생산되었다. 터보프롭 엔진의 경우에는 PT6A 엔진이 64,000대, TPE331 엔진이 13,500대, PW100 엔진이 9,000대 순으로 많이 생산되고, 터보샤프트 엔진은 A250 엔진이 31,000대, T700 및 CT7 엔진이 21,000대, Arriel 엔진이 12,000대 순으로 많이 생산되었다.

[표 4-6] 대표적 가스터빈 엔진 성능지표 및 항공기 적용 현황

구분	엔진 모델명	출력 (lb_f, shp)	공기유량 (kg/s)	압력비 (OPR)	바이패스 (BPR)	SFC (lb/출/h)	최초인증 (년도)	생산 (대수)	적용 항공기
터보팬 (Low BPR)	F100-PW-220	14,590	103.0	25.0	0.63	0.730	(1973)	7,300	F-15, F-16, X-47B
	F110-GE-129	17,155	122.4	30.7	0.76	0.800	(1980)	5,889	F-16, F-14, F-15
	F404-GE-402	11,000	66.2	26.0	0.34	0.810	(1978)	4,300	F/A-18, T-50, T-7
	F414-GE-400	13,000	77.1	30.0	0.25	0.840	(1999)	1,600	KF-21, F/A-18
터보팬 (Medium BPR)	CF34-3B	9,220	53.0	21.0	6.20	0.690	1982	7,500	Challenger, CRJ, E-Jet, ARJ
	PW306B	6,907	45.0	15.0	4.50	0.685	1985	6,000	Citation, Falcon, G200
	FJ44-3A	2,820	35.0	23.0	3.00	0.460	1992	5,100	Citation, Premier, PC24
	PW545C	4,119	40.0	12.5	4.12	0.440	1996	4,000	Citation, Phenom, MQ20
터보팬 (High BPR)	CFM56-5B	32,000	485.0	34.0	5.70	0.545	1982	32,645	B737, A320, A340
	JT8D-219	21,000	144.7	19.4	1.74	0.800	1964	14,750	B727, B737, DC-9, MD-80
	CF6-80C2	61,960	790.0	30.0	5.20	0.600	1971	8,300	A300, B747, B767, MD-11
	CFM LEAP-1	29,317	450.0	40.0	9.00	0.530	2016	2,516	B737MAX, A320neo, C929
터보프롭 엔진	PT6A-21 (-6)	578	2.0	6.3	-	0.670	1960	64,000	King Air, PC-12, KT-1
	TPE331 (T76)	940	3.5	10.6	-	0.534	1960	13,500	Fairchild Metro, MU-2
	PWC PW127	2,750	8.5	17.9	-	0.459	1981	9,000	EMB 120, Q400, ATR 72
	RR AE2100	4,637	16.3	16.6	-	0.460	1993	2,500	Saab 2000, C-130J
	GE Catalyst	1,300	(5)	16.0	-	0.500	2025	5	Denali, TriFan, Eurodrone
터보샤프트 엔진	RR A250-C18	316	1.5	6.2	-	0.697	1967	31,000	Bell 206, MD500, Bo-105
	T700-GE-701	1,943	(8)	17.0	-	0.433	1978	21,000	UH-60, KUH-1, S-92
	Arriel 2C	838	2.9	8.0	-	0.618	1983	12,000	AS350, EC145, S-76
	PW206C	560	2.0	6.5	-	0.542	1993	5,400	EC135, Bell 429
	Arrano 1A	1,140	(5)	(14)	-	(0.42)	2019	110	Airbus H160

가스터빈 엔진은 왕복엔진과 비교할 때, 중량당 출력이 크고, 진동이 작은 특징을 가지고 있다. 또한, 마하 0.5 이상의 고아음속 비행에서 추진효율 높고, 저온 시동이 비교적 용이하고, 윤활유 소모가 적고, 연료 가격이 가솔린보다 저렴한 장점이 있다. 반면에 중소형 터빈엔진은 열효율이 왕복엔진보다 낮아 연료 소비량이 많고, 제트엔진의 경우에는 배기노즐 소음이 크게 발생하는 단점이 있다.

가스터빈 엔진은 열역학적으로 브레이톤 사이클(Brayton cycle)로 작동한다. 이는 압축기, 연소기, 터빈, 배기노즐에서 2개의 단열과정과 2개의 정압과정으로 이루어진다. 팬 및 압축기에서 압축된 고온의 공기가 연소기로 유입되고, 연료노즐에서 분사된 연료와 혼합되어 점화 플러그의 스파크로 점화되고, 고온의 연소가스가 터빈을 통과하면서 동력을 발생하고 배기노즐을 통해서 배출된다.

[표 4-7] 항공기 터빈엔진 열역학 사이클 및 이론 공식

구분	내용	
엔진 작동	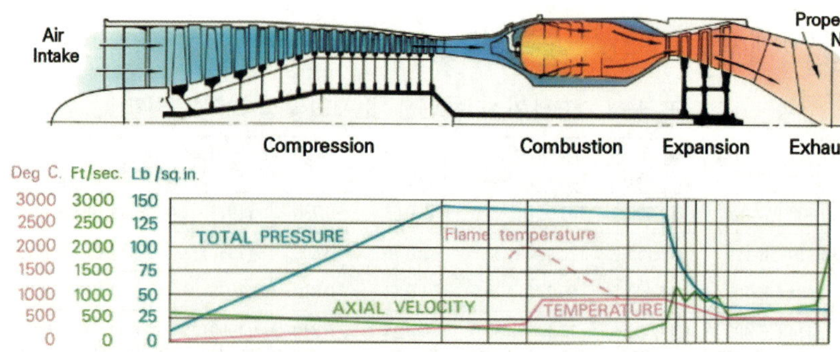 [Typical Single-Spool Axial Flow Turbojet Engine: Pressure, Temperature, Velocity]	
사이클	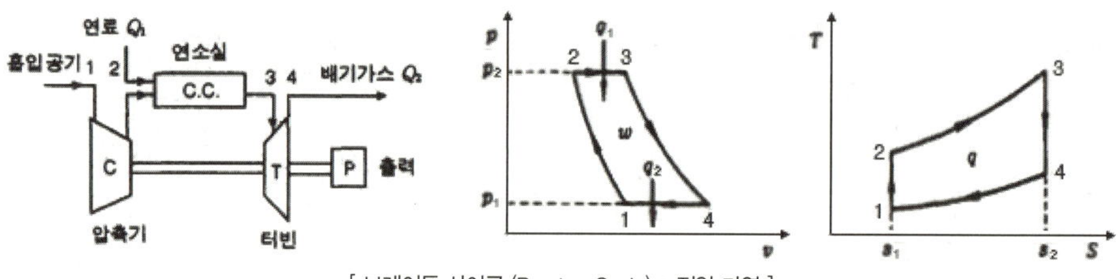 [브레이톤 사이클 (Brayton Cycle) : 정압 가열]	
압력비	• 압력비 $PR=\left(\frac{p_2}{p_1}\right)=\left(\frac{T_2}{T_1}\right)^{\frac{\gamma}{\gamma-1}}$	- 참고: $\gamma=\frac{c_p}{c_v}$ (이상기체는 γ, 실제가스는 k로 표기)
열량 (일)	• 공급열량 $q_1=c_v(T_3-T_2)$ • 가용열량 $q_{av}=q_1-q_2$,	• 방출열량 $q_2=c_v(T_1-T_4)$ • 가용출력 $P=\dot{W}=4.2\dot{m}_a q_{av}$ $[kW]$
열효율	• 이론 열효율 $\text{qm}\eta_B=\frac{q_1-q_2}{q_1}=1-\frac{(T_4-T_1)}{(T_3-T_2)}=1-\left\{\frac{1}{(p_2/p_1)}\right\}^{\frac{\gamma-1}{\gamma}}=1-\frac{T_1}{T_2}$	

가스터빈 엔진의 설계와 운용 실무에서는 엔진의 각부 위치를 나타내는데 이론 열역학에서 사용하는 상태번호(state index)와 다른 숫자의 위치번호(station number)를 사용한다. 즉, 엔진의 공기 흡입구 시작점을 1로 표기하고, 압축기 입구를 2, 연소기 입구를 3, 터빈 입구를 4, 터빈 출구를 5, 배기노즐 시작점을 7, 그리고 배기노즐 끝단을 9로 표시한다. 이에 따라서 터빈입구온도(TIT)는 T_4, 고압터빈과 저압터빈 사이의 온도는 $T_{4.5}$, 배기가스온도(EGT)는 T_5 또는 T_6로 표기할 수 있다.

이와 같은 위치번호를 사용하여 터보제트 엔진, 후기연소기 엔진, 분리축 터보샤프트 엔진, 배기 에너지 재생 엔진에 대한 브레이톤 사이클을 다음과 같이 나타낼 수 있으며, 엔진의 제작, 시험, 운용, 정비에서도 위치번호를 유념할 필요가 있다.

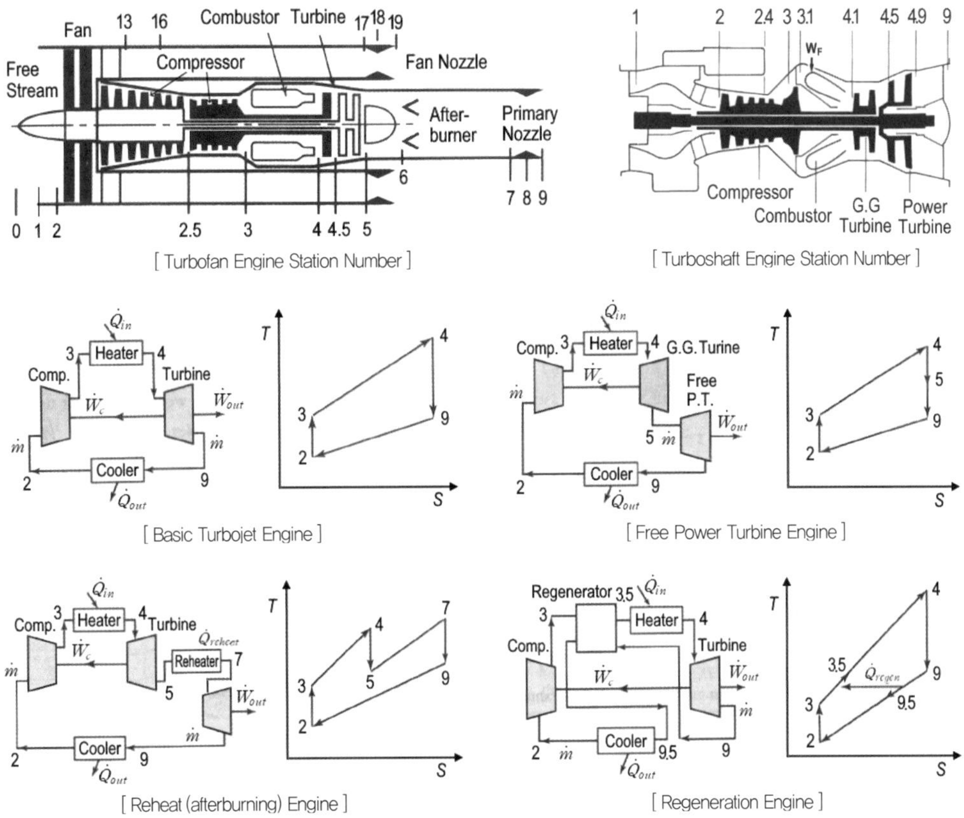

[그림 4-13] 가스터빈 엔진 위치번호 및 실용 브레이톤 사이클

가스터빈 엔진의 중요한 성능 변수 중의 하나로 압력비(PR: Pressure Ratio)를 들 수 있다. 왕복엔진에서는 압축행정의 압력변화를 압축비(compression ratio)로 지칭하지만, 터빈엔진에서는 압축기 입구와 출구의 압력변화를 압력비(pressure ratio)로 나타낸다. 또한, 축류형 팬이나 저압 압

축기, 고압 압축기, 원심형 압축기 등과 같이 여러 개의 압축기를 혼합하여 사용하는 경우에는 이 모두에 대한 전체 압력비를 총 압력비(OPR: Overall Pressure Ratio)라고 하고, 엔진 전체에서 압축기 입구의 압력과 배기노즐 입구의 압력 사이의 비율을 엔진압력비(EPR: Engine Pressure Ratio)라고 한다.

엔진압력비(EPR)는 주로 민간 상업용 비행기의 터보팬 엔진에서 비행 중에 측정할 수 없는 추력의 크기를 대신하는 척도로 사용된다. 즉, 엔진 입구로 흡입되는 공기는 압축기, 연소기, 터빈을 지난 후에 배기노즐에서는 추력을 발생할 수 있는 에너지만 갖게 된다. 이에 따라서 엔진의 압축기, 연소기, 터빈, 노즐의 압력비를 전압력(total pressure)으로 나타내고, 터빈 출구(P_{t5})에서 배기노즐 단면(P_{t8})까지는 압력손실이 없어 동일한 압력으로 가정하면 다음과 같이 엔진압력비(EPR)를 나타낼 수 있다.

- $ERP = \left(\dfrac{P_{t3}}{P_{t2}}\right) \times \left(\dfrac{P_{t4}}{P_{t3}}\right) \times \left(\dfrac{P_{t5}}{P_{t4}}\right) \times \left(\dfrac{P_{t8}}{P_{t5}}\right) = \left(\dfrac{P_{t8}}{P_{t2}}\right) \approx \left(\dfrac{P_{t5}}{P_{t2}}\right)$

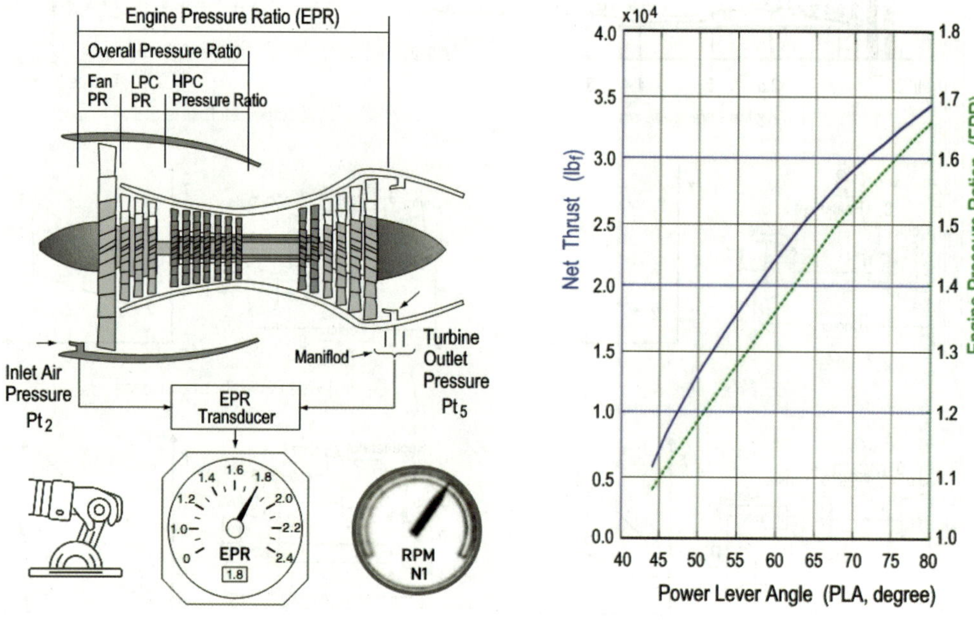

[그림 4-14] 터보팬 엔진의 엔진압력비(ERP)와 추력의 관계

터보팬 엔진의 바이패스비(BPR: Bypass Ratio)는 엔진 중심부로 흡입되는 공기 유량과 이를 제외한 팬 바깥쪽의 공기 유량 비율을 말한다. 팬은 압축기보다 직경이 커서 다량의 공기를 흡입하여 비교적 저속에서도 팬 노즐에서 큰 추력을 발생할 수 있다. 이에 따라서 배기소음을 줄일 수 있을 뿐만 아니라, 비연료소비율(TSFC)도 줄일 수 있는 장점이 있다. 최근의 상업용 비행기용 중대

형 터보팬 엔진은 BPR = 10 내외이고, 전투기용 터보팬 엔진은 BPR < 1 이하의 값을 갖는다.

터보제트 엔진 및 터보팬 엔진의 추력(thrust)은 흡입공기와 연료의 운동량 변화율($\dot{m}\,V$), 그리고 배기노즐에서 압력차에 의한 힘을 더하여 계산할 수 있다. 연료의 유량은 공기 유량에 비하여 매우 작기 때문에 추력 계산에서는 이를 고려하지 않는다. 엔진이 지상에 정지된 상태에서는 비행속도 $V_a = 0$이고, 아음속 비행에서는 배기노즐 제트압력(P_j)과 대기압이(P_a) 같게 되어 압력차에 의한 추력은 발생하지 않는다. 터보팬 엔진의 추력은 코어 노즐 추력(F_{core})과 팬 노즐 추력(F_{fan})을 각각 계산하여 합산하고, 터보프롭 엔진의 출력은 축마력(shp)과 프로펠러 추진효율(η_p)을 이용해 계산할 수 있다.

터보프롭 엔진 및 터보샤프트 엔진의 출력(power)은 브레이톤 사이클의 이론식으로 계산할 수 있다. 이론적으로 계산한 출력 대신에 동력계로 측정한 출력값과 프로펠러 추진효율 값을 사용하여 계산할 수도 있고, 배기노즐에서 발생하는 제트추력을 출력으로 환산하여 등가 축출력(eshp: equivalent shaft horse power)을 계산할 수 있다. 다만, 터보샤프트 엔진은 터빈에서 모두 팽창시켜 배기추력이 거의 발생하지 않고, 터보프롭 엔진의 경우에도 크게 기여하는 수준은 아니다. 마력으로 환산할 때는 $1shp \approx 2.5lb_f$를 적용하고, 단위 환산 시에는 $1shp = 75kg_f m/s = 550lb_f ft/s$를 참고한다.

- $BPR = \dfrac{fan\ air\ flow}{core\ air\ flow} = \dfrac{\dot{m}_{a,f}}{\dot{m}_{a,c}}$
- $F_n = \dot{m}_a(u_j - u_a) + \dot{m}_f(u_j - u_f) + A_j(p_j - p_a)$

  $F_n = \dot{m}_a V_j$ (지상 정지상태, 아음속 배기노즐)

  $F_{fan\ engine} = F_{core} + F_{fan}\quad [N]$

  $F_{prop\ engine} = (75 \cdot shp \cdot \eta_p)/\,V_a\ \ [kg_f]$
- $P_{th} = \dot{W}_{th} = 4.2\,\dot{m}_a\,(q_1 - q_2)\ \ [kW]$

  $eshp = shp_{mechanical} + shp_{jet}$

  $eshp_j = \dfrac{F_j V_a}{75\eta_p}$ (비행중), $\approx \dfrac{F_j}{2.5}$ (지상)
- $TSFC = W_f/F\ [lb/hr/lb_f],\ [kg/hr/N]$

  $SFC = W_f/shp\ [lb/hr/hp],\ [kg/hr/kW]$

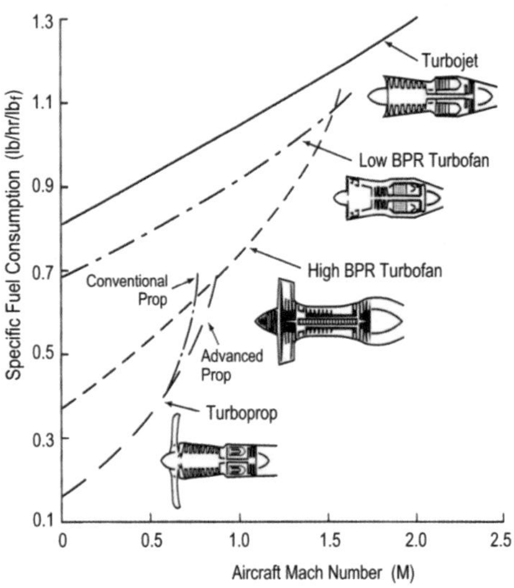

[그림 4-15] 터빈엔진 비연료소비율(SFC)

가스터빈 엔진의 열효율(η_{th}, thermal efficiency)은 엔진에 주입된 연료의 에너지(동력)와 엔진에서 발생한 가용한 기계적 에너지(동력)의 비율로 계산할 수 있다. 터보제트 및 터보팬 엔진과 터보샤프트 및 터보프롭 엔진의 열효율은 다음과 같이 각각 달리 계산할 수 있으며, 여기서 LHV

($kcal/kg$)는 연료의 저위 발열량을 말한다. 항공기의 추진효율(η_p, propulsive efficiency)은 공기가 엔진을 통과하면서 얻은 운동에너지(동력)와 해당 비행기의 비행동력 사이의 비율을 말한다.

- 터보팬 엔진 열효율, $\eta_{th} = \dfrac{(1/2)\dot{m}_a(V_j^2 - V_a^2)}{\dot{m}_f \cdot LHV \cdot 427} \times 100$
- 터보샤프트 엔진 열효율, $\eta_{th} = \dfrac{shp \cdot 75}{\dot{m}_f \cdot LHV \cdot 427} \times 100$
- 비행기 추진 효율 $\eta_p = \dfrac{F_n \cdot V_a}{(1/2)\dot{m}_a(V_j^2 - V_a^2)} = \dfrac{2\dot{m}_a(V_j - V_a)V_a}{\dot{m}_a(V_j - V_a)(V_j + V_a)} = \dfrac{2V_a}{(V_j + V_a)}$

가스터빈 엔진의 출력과 열효율은 압축기의 압력비(PR)와 터빈입구 온도(TIT)에 따라 크게 좌우된다. 연소가스 온도와 터빈입구 온도를 높이기 위하여 고열 부품을 니켈 합금, 단결정 합금, GTD-111, Allvac 718 등의 초내열 합금으로 제작하고, 표면에 열차단코팅(TBC) 공정을 적용하고, 터빈 노즐 및 블레이드 내부에 첨단 냉각 유로를 설계하고 있다. 현존하는 엔진 중에 GE9X 대형 터보팬 엔진의 TIT가 1,600℃, F-35 전투기에 장착되는 F135-PW-100 엔진의 TIT가 1,700℃에 이르는 것으로 알려져 있다.

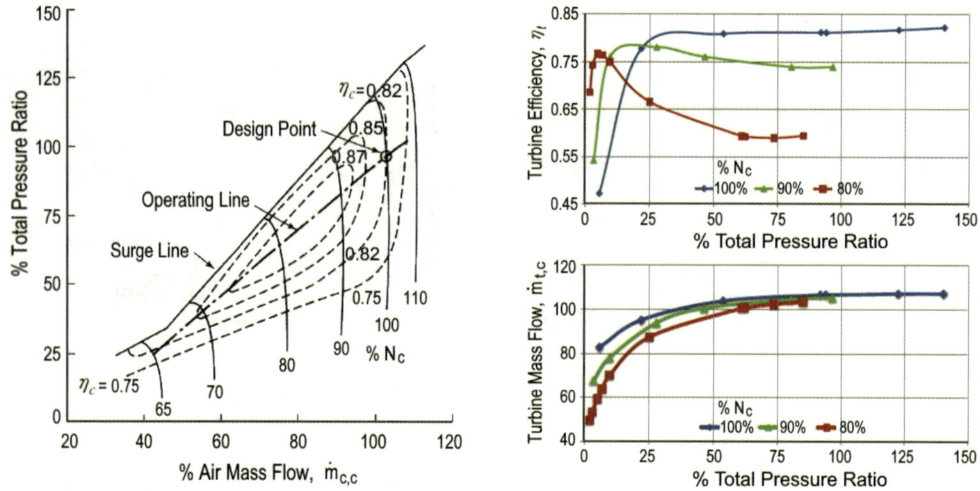

[그림 4-16] 가스터빈 엔진 압축기 성능도와 터빈 성능도

엔진의 압력비(PR)가 높을수록 출력과 효율이 증가하지만, 압축기 실속(stall)이나 서지(surge)가 발생할 수 있다. 엔진이 저속, 가속, 고부하, 고고도 조건에서 작동할 때 서지 마진(surge margin)이 줄어들고, 이때 엔진제어시스템이 가속률을 제한하거나 블리드 밸브를 열어 엔진의 작동점(operating point)을 낮출 수 있다. 팬 및 압축기에 대한 최적 공력설계, 팬 감속기어, 3축 설계 등

을 통하여 충분한 서지 마진을 확보하면서 압력비를 높이고 있다. 군용 터보팬 엔진은 PR = 30 정도가 최고 수준이고, GE9X 대형 터보팬 엔진은 PR = 60에 이르고 있다.

터빈엔진의 성능은 흡입공기의 온도, 압력, 밀도, 고도 등과 같은 대기조건에 따라서 크게 변화한다. 이와 같이 다양한 조건에서 측정 또는 계산된 성능변수를 표준대기 조건으로 환산하는 것을 보정(data correction)이라고 한다.

- 표준압력 $P_0 = 101.3\,kPa = 14.7\,psia$
- 표준온도 $T_0 = 15℃ = 59°F = 288.15K$
- 압력 보정계수 $\delta = \dfrac{P_{obs}}{P_0}$
- 온도 보정계수 $\theta = \dfrac{T_{obs}}{T_0}$
- 보정 회전수 $N_{cor} = \dfrac{N_{obs}}{\sqrt{\theta}}$
- 보정 추력 $F_{cor} = \dfrac{F_{obs}}{\delta}$
- 보정 공기유량 $\dot{m}_{a,cor} = \dfrac{\dot{m}_{a,obs}\sqrt{\theta}}{\delta}$
- 보정 연료유량 $\dot{m}_{f,cor} = \dfrac{\dot{m}_{f,obs}}{\delta\sqrt{\theta}}$

A320neo 항공기에 장착되는 PW1100G 터보팬 엔진은 최대이륙추력이 33,110lbf이고, 바이패스비가 12.5, 총 압력비가 50에 이르는 고출력 엔진이다. 이 엔진은 Fan 1단, LPC 3단, HPC 8단, 애뉼러 연소기, HPT 2단, LPT 2단으로 구성되었고, Fan은 감속비 3.06의 기어장치에 의해 구동되며, Talon-X 희박 연소기를 사용하는 특징이 있다.

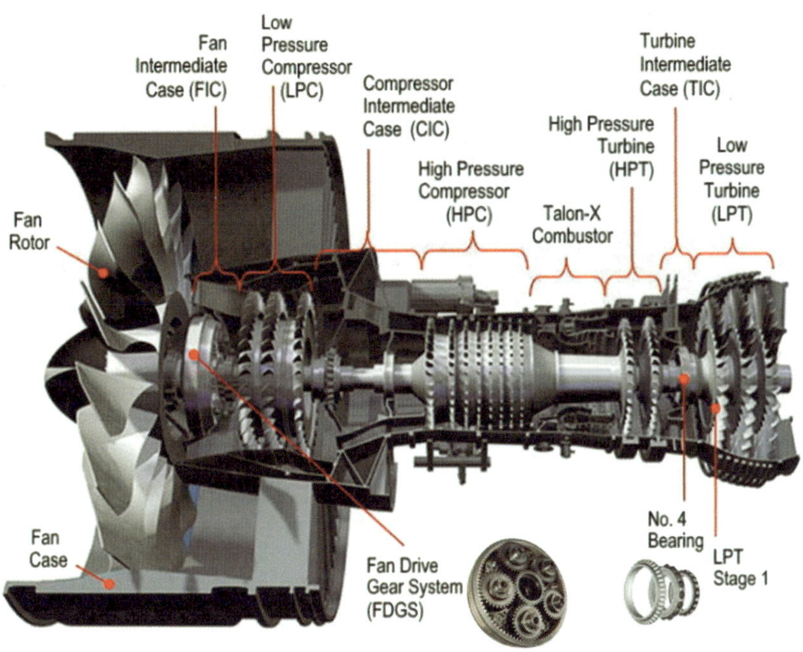

[그림 4-17] PW1100G 터보팬 엔진 내부 구성도

PW1100G 엔진은 팬 축을 포함하여 저압 스풀과 고압 스풀은 3종류의 베어링 6개로 지지되며, 팬 블레이드는 티타늄과 복합재로 제작되고, 고열 부품은 Inconel 718, 그리고 기타 부품에 고강도 경량 복합재를 다량 사용하고 있다. 한화에어로스페이스에서 일부 부품을 제작하고 있으며, 대한항공에서 정비시설을 갖추고 있고, 2014년에 미연방항공청 형식증명, 2017년에 우리나라 형식증명승인을 받아 운용되고 있다.

KF-21 전투기에 장착되는 F414-GE-400 터보팬 엔진은 최대 추력(MIL) 13,000 lbf, 후기연소기(A/B) 추력 22,000 lbf이고, 총 압력비는 30으로 비교적 높지만, 바이패스비는 0.25로 매우 낮게 설계되었다. 이 엔진은 Fan 3단, HPC 7단, 애뉼러 연소기, HPT 1단, LPT 1단으로 구성되었으며, LPT에 의해 구동되는 Fan을 3단으로 설계함으로써 LPC 역할을 겸하도록 하였다. F/A-18 전투기 및 T-50 훈련기에 장착되는 F404 엔진을 기반으로 다수의 성능향상프그램을 통해서 개발되었다. 압축기와 터빈을 새로 설계하고 냉각유로를 개선하여 터빈 온도를 83℃ 더 높이고, 추력을 20 % 증가시켰다. Trapped Vortex 방식의 연소기를 채택하여 배출가스 오염도를 낮추고, 저압터빈 회전 부품에 세라믹 기반 복합재료(CMC: Ceramic Matrix Composites)를 최초로 적용하였다. 미국의 GE 이외에 우리나라 한화에어로스페이스와 인도의 Hindustan에서 조립 생산되고 있다.

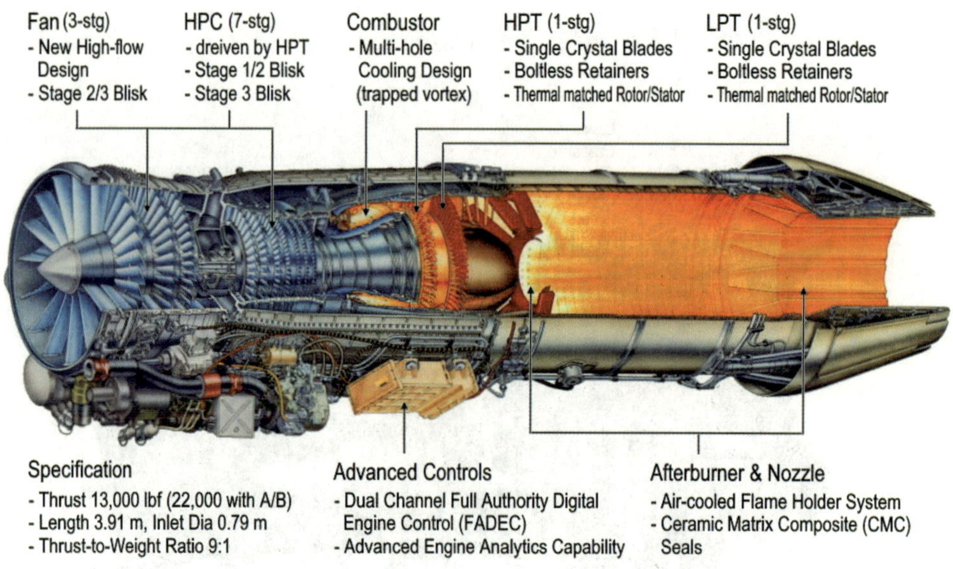

[그림 4-18] F414-GE-400 터보팬 엔진 내부 구성도

CT7 엔진은 1970년대에 개발된 T700 엔진을 기반으로 개조된 민간 헬리콥터용 터보샤프트 엔진으로 T700 엔진과 함께 21,000대 이상 생산되어 총 130백만 비행시간을 기록하고 있다. 출력 2,000마력급의 T700-GE-701D 엔진을 기반으로 2,100마력급 CT7-2E 모델이 개발되어 AW189 등의 헬기에 장착되고, 고압터빈에 새로운 내열 소재를 채택하여 연속 한 엔진 부작동

(OEI) 출력을 2,500마력, 최대 출력을 2,700마력까지 증대시킨 CT7-8A 모델이 개발되어 S-92, NH90, EH101 등의 헬리콥터에 장착되었다.

CT7-8A 엔진은 축류형 압축기 5단, 원심형 압축기 1단, 애뉼러 연소기, 고압터빈(GT) 2단, 동력터빈(PT) 2단으로 구성되고, 총 압력비가 18인 2,600마력급 엔진이다. 엔진 입구 프레임에는 입자분리기(IPS: Inlet Particle Separator)를 두고 있으며, 압축기 케이스는 Ti 6-4로 제작되고, 연소기에는 열차단코팅(TBC) 공정이 적용되고, 가스발생기 터빈(GT)에는 Rene 88DT 내열 소재가 사용되고 냉각 유로가 설계되어 있다. 동력터빈(PT)에는 냉각 유로를 두지 않고 있으며, 동력은 엔진 앞쪽으로 인출되는 구조로 설계되었다.

CT7 계열 엔진의 형식증명은 1977년에 CT7-1 엔진이 처음으로 미연방항공청의 인증을 받았고, CT7-8 엔진은 2004년, CT7-2 엔진은 2013년에 인증을 받았다. CT7-2/-6/-8 터보샤프트 엔진에 대한 형식증명 자료집(TCDS)에는 CT7-5/-7/-9 터보프롭 엔진이 함께 등재되어 있는데, 이는 매우 특이한 현상으로 볼 수 있다. 우리나라는 2007년에 CT7-8 엔진에 대한 형식증명승인서, 2018년에 CT7-2 엔진에 대한 승인서를 발급하였다. 한화에어로스페이스에서 UH-60 헬기에 장착되는 T700-GE-701C 엔진과 KUH-1 헬기에 장착되는 T700-701K 엔진에 대한 부품 제작, 엔진 조립, 정비를 수행하고 있다.

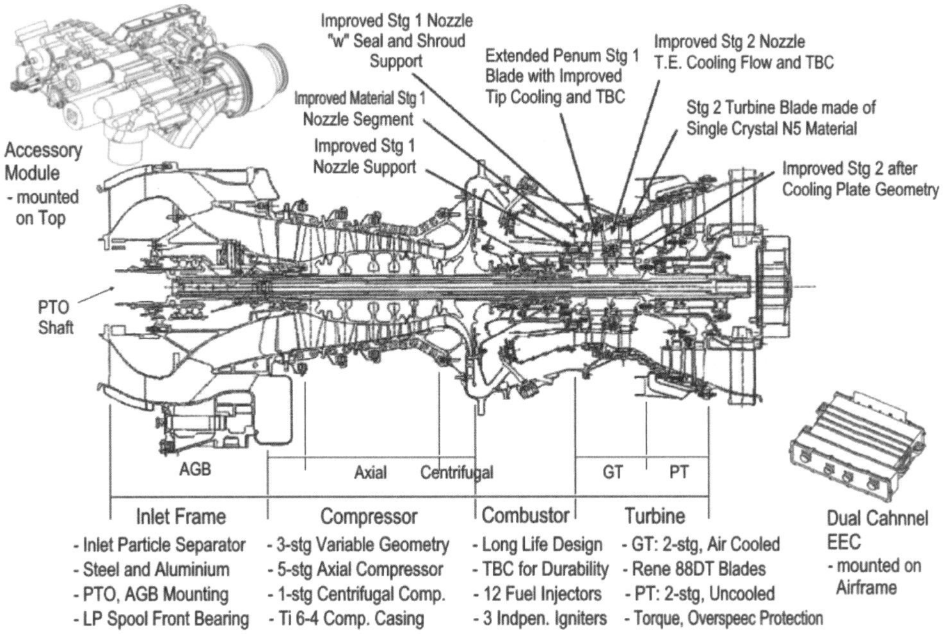

[그림 4-19] CT7-8 터보샤프트 엔진 내부 구성도

가스터빈 엔진은 공기 흡입구, 압축기, 연소기, 터빈, 배기노즐, 축, 베어링, 케이싱 등을 중심으

로 하는 기계적인 구조체(turbo machinery)와 함께 시동장치, 점화장치, 연료시스템, 윤활시스템, 제어시스템 등과 같은 보기장치(accessories)로 구성된다. 또한, 엔진의 작동과 기체에 필요한 동력을 공급하기 위하여 발전기, 유압펌프, 연료펌프, 오일펌프 등을 구동하고, 팬 및 압축기 블리드 공기를 인출하여 방빙, 제빙, 냉난방, 환기, 냉각에 이용할 수 있도록 한다.

과거의 가스터빈 엔진은 유압-기계식(hydro-mechanical) 엔진제어장치를 사용했으며, 이는 엔진 흡입구 및 압축기 출구 압력, 연료 압력, 엔진 회전수 등을 기계적으로 측정으로 스로틀 입력에 따른 연료량을 계량하여 엔진에 공급하는 방식이다. 이와 같은 방식에서 연료제어는 연료조절장치(FCU: Fuel Control Unit)를 사용하며, 전투기용 엔진에서는 주 연료조절장치(MFC: Main Fuel Control)와 후기 연소기 연료조절장치(ABC: Afterburner Fuel Control)를 별도로 사용한다.

유압-기계식 엔진제어장치 이후 1960대에 아날로그 전자식 엔진제어장치(analog electronic engine control)가 개발되어 콩코드 초음속 여객기에 장착된 Rolls-Royce Olympus 593 제트엔진에 최초로 적용되었다. 디지털 엔진제어장치(DEEC: Digital Electronic Engine Control)는 1970년대에 Pratt & Whitney TF30 터보팬 엔진에 처음으로 실용화 되었고, 1980년대에는 F100 군용 터보팬 엔진과 PW4000 대형 터보팬 엔진에 완전한 디지털 방식의 엔진제어시스템(FADEC: Full Authority Digital Engine Control)이 도입되었다.

1990년대와 2000년대에 개발된 엔진은 고장진단 및 모니터링 기능이 강화된 디지털 엔진제어시스템(FADEC)을 사용하고 있다. 이와 같은 복합 전자장치는 전자부품, 센서, 하네스, 엑츄에이터, 밸브 등이 함께 결합되고 소프트웨어에 의해 구동되기 때문에 안전성 입증에 대한 요건도 더욱 강화되고 있다. FADEC은 고장에 대비하여 독립적인 2개의 채널로 작동되고 유압-기계식 백업을 갖추고 있지만, 최근에는 안전성 강화를 위해 2개의 채널을 완전히 분리하여 2개의 FADEC 하드웨어로 구성하기도 한다. 또한, 반도체 기술의 발전에 따라 FADEC의 크기도 매우 슬림한 형태로 진보하고 있다.

디지털 엔진제어시스템(FADEC)의 구성은 제작사마다 일부 다를 수 있지만, 대체로 하나 또는 2개의 전자제어장치(EEC), 압력부속장치(PSS) 및 엔진식별 플러그(ID Plug), 소프트웨어로 구성되고, 엔진 또는 기체에 설치된 센서, 액추에이터, 밸브, 액추에이터, 하네스, 연료조절유닛(FMU), 시동기, 점화기, 발전기 등이 EEC에 연결되어 있다.

디지털 엔진제어시스템(FADEC)의 전자제어장치(EEC)는 압력부속장치의 Data Entry Plug의 Push-Pull Pins에 설정된 당해 엔진모델을 식별하여 그에 지정된 소프트웨어로 작동을 시작한다. 항공기 기체에서 전자제어장치(EEC)로 입력되는 변수는 조종실의 스로틀 포지션(TRA), 역추력장치(TRAS) 작동, EEC 전원, 점화기 전원, 제어기구 전원, 그리고 각종 데이터 통신 신호가 입력된다.

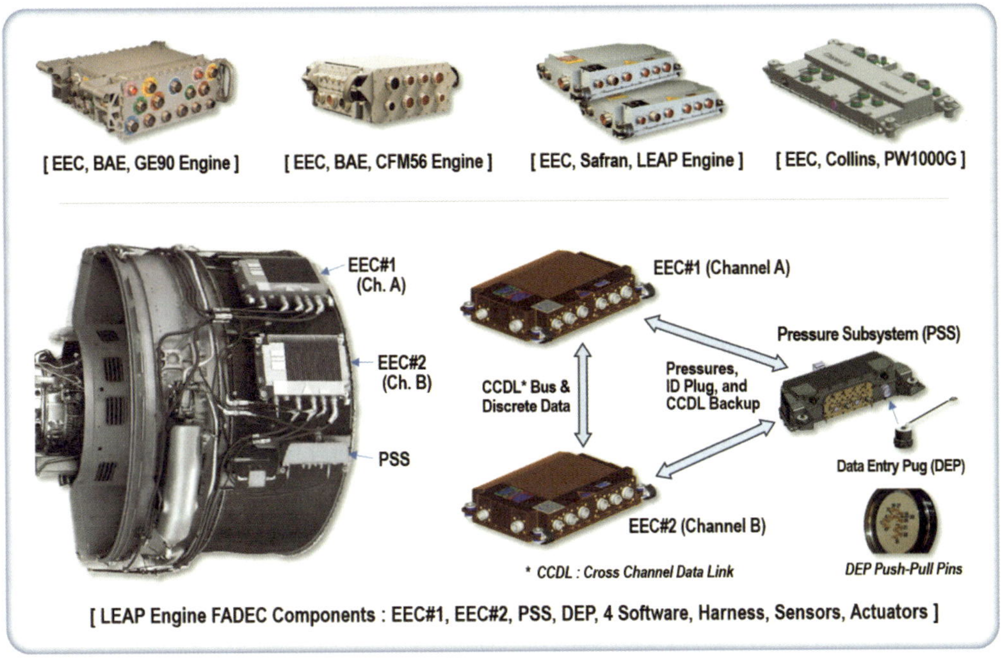

[그림 4-20] 대형 터보팬 엔진의 디지털 엔진제어시스템 사례

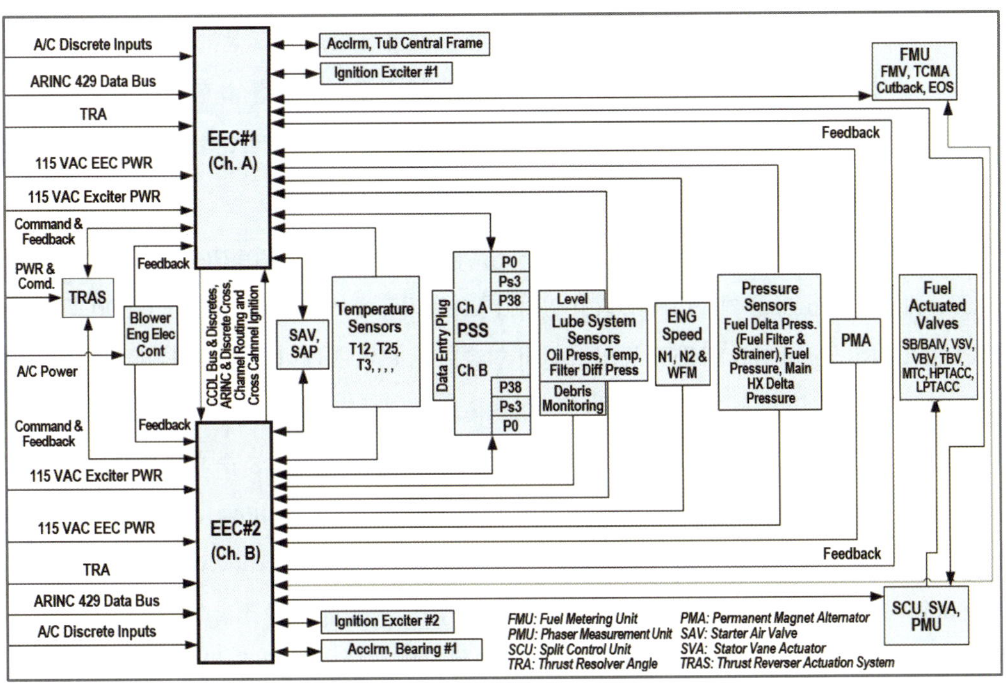

[그림 4-21] 대형 터보팬 엔진의 디지털 엔진제어시스템 구성도

엔진에 설치된 센서로부터 EEC에 입력되는 변수는 온도(T12, T25, T3, T5), 압력(P0, P3, P38), 오일 압력 및 온도, 오일 차압, 엔진 회전수(N1, N2), 연료유량, 연료압력, 연료 차압, 열교환

기 차압, 시동기 작동상태, 점화기 작동상태, 발전기 작동상태, 연료조절유닛 작동상태 등이 입력된다.

조종실의 스로틀 명령과 엔진의 센서 및 보기장치에서 입력된 변수에 따라 EEC 소프트웨어 제어로직에 따라 계산된 출력 변수 및 제어명령은 시동공기 밸브 작동, 점화기 작동, 연료조절유닛 작동, 발전기 작동, 블리드 밸브 작동, 가변베인 작동, 터빈간극 제어밸브 작동을 수행함으로써 엔진이 최적 상태로 제어될 수 있도록 한다.

하나의 전자제어장치(EEC) 내에 있는 독립된 채널 A와 채널 B 또는 2개의 EEC에 각각 있는 채널 A와 채널 B는 ARINC 데이터 버스를 통해서 상호교차 데이터 통신(CCDL: Cross Channel Data Link)을 수행함으로써 하나의 채널에 고장이 발생해도 현재의 데이터를 공유하여 정상적인 채널에서 제어를 계속 수행할 수 있도록 한다.

디지털 엔진제어시스템(FADEC)에 대한 기술이 더욱 발전하고, 엔진의 작동과 안전성에 미치는 영향이 증대됨에 따라 엔진의 형식증명에 적용되는 감항기준 FAR §33.28 Engine Control Systems 요건도 더욱 복잡하게 개정되고 있다. 기존에는 제어시스템 작동 특성, 전원 및 데이터 차단, 제어시스템 부품 고장, 전자기 및 낙뢰 환경시험, 소프트웨어 검증만을 요구하였으나, 2008년 Amendment 33-26 개정에서 작동 특성 및 전자기 환경, 전자기 환경, 과도상태 제어 특성, 고장 시의 작동 한계, 시스템 안전성 평가, 보호 및 대체 시스템, 소프트웨어 안전성, 항공기 제공 데이터, 항공기 공급 전원, 공기압력 측정계통, 한 엔진 부작동(OEI) 출력 전환, 엔진 정지기구 작동성, 프로그램 로직기구(PLD) 안전성 등에 대한 요건이 강화되었다.

항공기용 가스터빈 엔진 부품의 제조공법에 있어서 최근에 3D 프린팅 또는 적층 가공(AM: Additive Manufacturing) 기술이 적용되고 있다. 비교적 최근에 개발된 GE LEAP, GE90, GE9X, PW1000G, RR Trent 1000, XWB 등의 엔진의 연료노즐, 터빈 블레이드, 열교환기 부품, 브래킷 및 마운트와 같은 구조용 부품을 적층가공 방식으로 제작하고 있다. 또한, 1980년에 개발된 PW2000 터보팬 엔진의 정비에 소요되는 터빈 블레이드 등과 같은 고성능 부품 일부가 적층 가공으로 제작되고 있다. 미국 연방항공청은 2023년에 AC 33.15-3 Additive Manufacturing for Engine Parts를 발행하였고, 유럽항공안전청은 2024년에 CM-S-008 Certification Memorandum on Additive Manufacturing 4차 개정판을 통하여 적층 가공 부품에 대한 적합성 입증방법을 안내하고 있지만, 원칙적으로 새로운(New) 소재와 가공 방법에 대한 소재 입증, 공정 입증, 부품 해석 및 시험 이외에 특별하거나 추가적인 입증을 요구하지 않고 있다.

항공기 터빈엔진의 형식증명에는 미국 FAR Part 33의 총 69개 항목 중에 왕복엔진과 터빈엔진에 공통으로 적용되는 Subpart A와 B의 16개 항목, 그리고 터빈엔진만 적용되는 Subpart E:

Design and Construction, Subpart F: Block Tests, Subpart G: ETOPS의 37개 항목을 합하여 총 53개 항목에 대한 적합성을 입증하여야 한다. 유럽항공안전청의 CS-E의 경우에는 총 91개 항목 중에 Subpart A의 공통 요건 22개 항목과 터빈엔진에만 적용되는 Subpart D: Design and Construction, Subpart E: Type Substantiation, Subpart F: Environmental and Operational Design의 47개 항목을 합하여 총 66개 항목에 대한 적합성을 입증하여야 한다.

CS-E는 FAR Part 33보다 더 구체적으로 공통 요건을 세분화하고 Subpart F에서 연료배출 및 배기가스, 시한성 운항배치(TLD), 화산구름 노출 위험 등에 대한 요건을 추가로 규정하고 있기 때문이다. 한편, FAR Part 33의 Subpart D와 F의 제목에 표시된 블록시험(block test)은 여러 가지 시험을 하나의 그룹으로 모아 놓았거나, 내구성 시험 또는 환경시험 등과 같이 그 시험 속에 세부 조건이 여러 개로 나누어진 특정한 시험을 지칭하는 것이다. 이와 같이 특별한 의미가 없는 용어이므로 유럽항공안전청은 CS-E에서 블록시험(block test)이라는 단어를 사용하지 않고 있다.

4.3.2 터보팬 엔진 조류 흡입시험 입증

항공기 터보팬 엔진에 대한 형식증명의 일환으로 FAR Part 33 및 CS-E에 따른 조류 흡입(bird ingestion) 요건에 대한 적합성을 입증하여야 한다. 팬 및 압축기에 대한 형상과 작동이 기존의 엔진과 유사한 파생형 엔진에 대해서는 조류 충돌 하중에 대한 구조해석 등의 방법을 입증할 수 있지만, 신규로 설계된 엔진에 대해서는 시험을 통해서 입증해야 한다. 미국과 유럽의 조류흡입 안전성 요건 및 지침은 다음과 같으며, 세부사항이 서로 다를 수 있으므로 그 적용과 입증에 유의할 필요가 있다.

❑ 미국 Part 33 요건

• FAR §33.76 Bird Ingestion	Amdt 33-36	2023.04.04
• AC 33.76-1B Bird Ingestion Certification Standards	Rev. B	2023.04.03.

❑ 유럽 CS-E 요건

• CS-E800 Bird Strike and Ingestion	Amdt E/7	2023.12.15
• AMC E800 Bird Strike and Ingestion	Amdt E/7	2023.12.15.

감항기준 FAR §33.76 Bird Ingestion 요건은 2007년 Amendment 33-24 개정으로 (d)항으로 대형 조류 무리(large flocking bird) 요건이 추가되었고, 2023년 Amendment 33-36 개정으로 코어 조류 시험(core flocking bird test) 요건이 재차 추가되었다. 인증안내서 AC 33.76-1B는 2023년에 상승 조류 흡입시험(climb flocking bird test) 및 접근 조류 흡입시험(approach flocking bird test)에

대한 지침을 추가해 개정하였다.

대형 단일조류 흡입 요건과 소형, 중간, 대형 조류무리 흡입 요건은 FAR §33.76과 CS-E800 요건이 동일하지만, 상승 및 접근 비행 중에 엔진 코어로 흡입되는 조류무리에 대한 요건은 FAR §33.76 최신판에만 규정되었고, 아직 CS-E800 요건에는 반영되지 않은 상태이다. 아마도 가까운 시일 내에 반영될 것으로 판단된다.

미국의 FAR §33.76 요건은 크게 (a)부터 (e)까지 총 5개 항으로 구성되어 있다. (a) 일반요건(general)에서는 엔진을 고온대기 해면고도에서 100 % 이륙출력(추력) 이상으로 안정화시킨 후 조류 흡입시험을 수행하도록 규정하고, (b) 대형 단일조류(large single bird)에서는 엔진 흡입구 면적에 따라 지정된 중량의 대형 조류 1마리를 370 km/h 속도로 투입하고 엔진에 위험한 영향을 확인하도록 규정하고 있다. 다만, 33.94(a)에 따른 블레이드 봉쇄시험이 더 가혹한 경우에는 이 시험을 수행하지 않을 수 있다.

FAR §33.76의 (c) 소형 및 중형 조류 무리(small and medium flocking bird)에서는 엔진의 출력 상실 및 손상에 영향을 미치는 치명적 흡입 변수를 결정하여 엔진 흡입구 면적에 따라 지정된 중량 및 수량의 소형 및 중형 조류 무리를 투입했을 때 25 % 이상의 출력(추력) 손실이 발생하지 않음을 입증하고, (d) 대형 조류 무리(large flocking bird)에서는 지정된 중량 및 수량의 대형 조류 무리를 투입했을 때 이륙출력(추력)의 50 % 이상 감소되지 않는 것을 입증하고, (e) 코어 조류 시험(core flocking bird test)에서 상승 비행 조건에서 지정된 중형 조류 1마리를 483 km/h 속도로 엔진 코어에 투입하여 이륙출력(추력)의 50 % 이상 감소되지 않음을 입증하고, 접근 비행 조건에서는 387 km/h 속도로 투입하여 엔진이 정지되지 않음을 입증하도록 규정하고 있다.

다음의 조류 흡입시험에 대한 적합성 입증 예시는 팬 1단, LPC 3단, HPC 8단으로 구성된 이륙추력 30,000 lb_f급의 터보팬 엔진을 대상으로 하고 있다.[47] 이 엔진의 팬은 직경이 2.06 m이고 20개의 블레이드로 구성되고, 팬 블레이드는 알루미늄 합금과 티타늄 합금, 팬 케이스는 복합소재로 제작되었고, 최대 2,281 rpm으로 회전한다. 저압 압축기 블레이드는 티타늄 합금으로 제작되었고 최대 10,047 rpm으로 회전하고, 고압 압축기는 니켈계 초합금으로 제작되었고 최대 22,300 rpm으로 회전한다.

Medium Flocking Bird Engine Test for Turbofan Engine

1. ABSTRACT

1.1 Objective

The objective of this report of is to demonstrate compliance of the Engine Model with the medium mird ingestion requirements of 14 CFR, Part 33, Amendment 33-32; Sections §33.76(a)(1), §33.76(a)(2), §33.76(a)(3), §33.76(c)(1), §33.76(c)(2), §33.76(c)(6), §33.76(c)(7), §33.76(c)(10). §33.76(c)(7)(i) by the Equivalent Level of Safety Finding.

1.2 References

(1) Doc Number, Model Turbofan Engine Family Civil Certification Compliance Plan.

(3) FAA AC 33.76-1A, Bird Ingestion Certification Standards.

(4) TC3289EN-E-P-8, Equivalent Level of Safety Finding.

1.3 Compliance Summary

The medium flocking test was initially conducted on XXX-01 in XX Test Stand of the Applicant on month day, year. One 2.5 lb bird at the core and six 1.5 lb birds at the fan face were ingested nearly simultaneously at the fan speed and span location prescribed in the medium flocking bird test plan. Upon bird impact the engine experienced an unrecoverable stall. A post-test review of the engine found that the HPC experienced heavy blade tip rubs resulting in a titanium fire that lead to a case burn though...

Compliance with the medium bird ingestion requirements, as defined in the 14 CFR, Part 33, Amendments 33-32; Sections §33.76(a)(1), §33.76(a)(2), §33.76(a)(3), §33.76(c)(1), §33.76(c)(2), §33.76(c)(6), §33.76(c)(7) and §33.76(c)(10) was demonstrated by ingestion of a single 2.53 pound bird and the ingestion of six 1.54 pound birds that were targeted on the fan face bypass flow area. The 2.53 lb bird was targeted between the airfoil inner diameter (ID) flowpath (11 % span) targeted at the engine to achieve core ingestion...

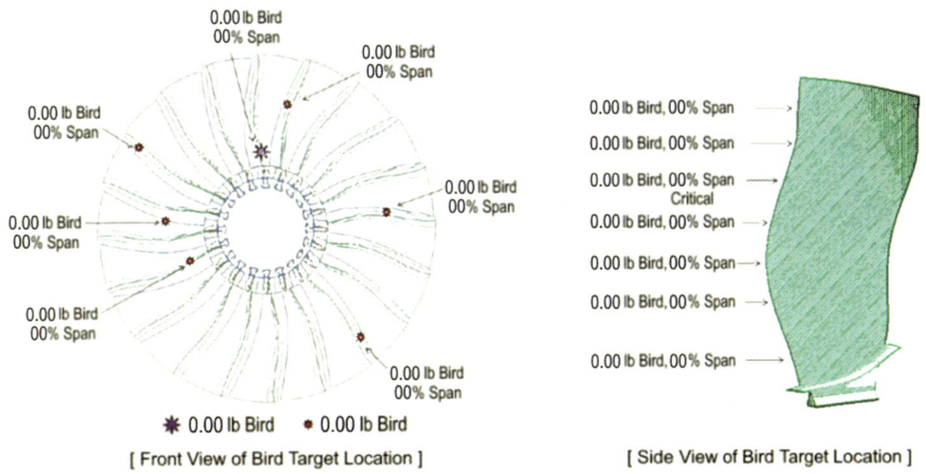

Figure x. Medium Blocking Birds Target Location

2. DEMONSTRATION OF COMPLIANCE

2.1 Brief of Testing

Demonstration of compliance for the Engine Model is accomplished by a combination of flocking bird test data and analysis validated by the previous model engine bird testing. The medium flocking bird was demonstrated in the engine build S/N.

The Engine Model medium bird test was performed according to the approved test plan, modified as noted in the DER Log. Official certification testing was conducted at the Applicant's experimental test stand in the City, State on month day, year and month day, year. The figure x presents a cross-section of the Engine fan and LPC...

2.2 Pre-Testing

The inlet throat area of the Engine Model is 4,883 inch^2 (3.15m^2). In support of the 14 CFR §33.76 requirements the one 2.53 lb (1.15kg) and six 1.54 lb (0.70kg) birds were used for the test. The test engine S/N was inspected for conformity by the Applicant's DER prior to the test. The air cannon used to propel the birds to the target area. A series of calibration shots were made to establish the cannon pressure required to achieve the target bird velocity. The cannons were targeted to impact the fan face locations.

2.3 On-Testing

The medium bird ingestion engine test was initiated in the designated test stand on month day, year. The engine was started and brought up to ground idle speed. The ambient temperature was 23 degrees F. After stabilization the engine was slowly accelerated from idle to take-off power. The engine was then stabilized, the high speed cameras activated, and the birds fired at the fan blades...

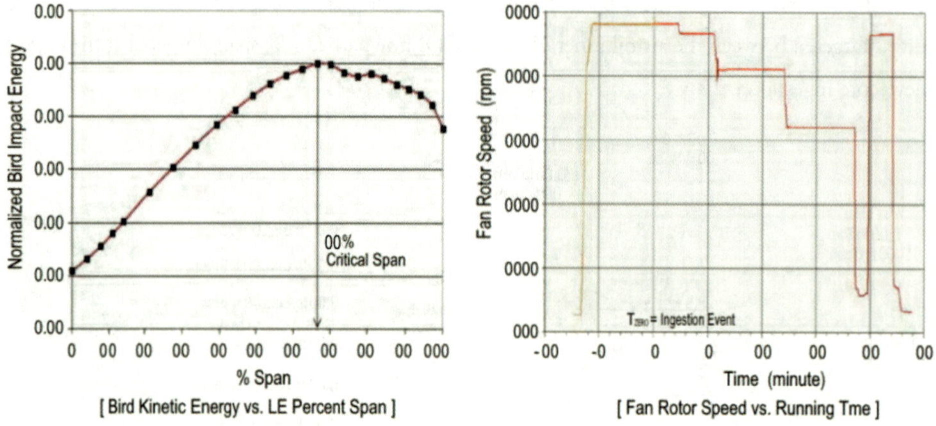

Figure x. Bird Kinetic Energy and Fan Rotor Speed

2.4 Post-Testing

Upon completion of the test on month day, year, a visual inspection was done on the primary hardware. The first observation was that fan blades 8, 11, 13 and 14 exhibited distresses near the leading edge tip regions. The fan blade rub strip appeared to have rub indications. In order to gain better access, the nose cap, spinner and fan blades were removed and laid out for inspection. The thrust reverser doors were also opened for access to the fan aft panels, aft portion of the structural guide vanes and the low and high compressor borescope ports. Detailed inspections were then performed...

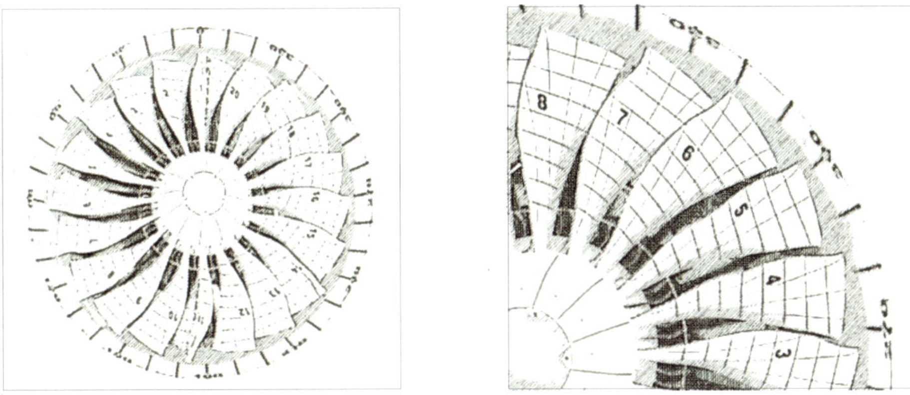

Figure x. Bird Kinetic Energy and Fan Rotor Speed

(1) Fan Spinner and Nose Cap

No visible damage was observed on the fan spinner and nose cap hardware. The hardware remains in serviceable condition.

(2) Fan Case and Thermally Conformable Liner (TCL)

The fan case and TCL were in relatively good condition and would require only minor repair prior to continued running. The fan blue goo rub strip had 360° rub at the leading edge (forward) and trailing edge (aft) portions. Additional there were three areas where the blue goo rub strip were rubbed throughout the entire mid-section near 60°, 150°, and 240°. There were scuff marks on the ice liners and rear lines...

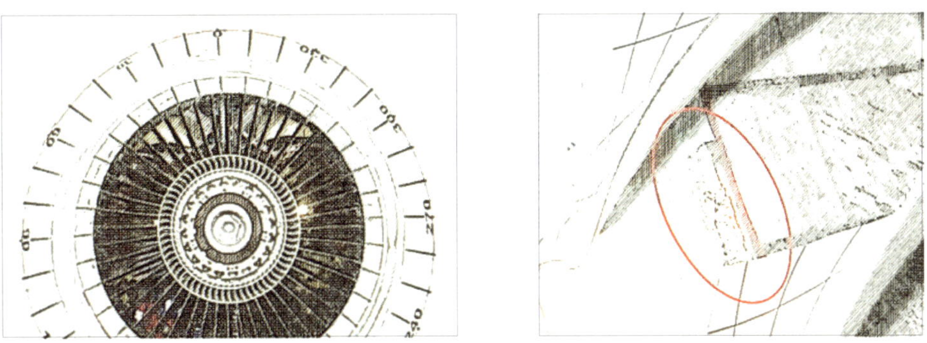

Figure x. Post Test Views of Inner Fan Case and Damaged Rub Strip

(3) Fan Blades

The fan blades had visible damage due to the impact with the birds. Fan Blade 11 exhibited the most damage. The OD of the leading edge sheath had disbonded from the aluminum body and a portion of the aluminum body OD LE had separated from the structure. A section of the top seam of the fan blade coverplate had started to disbond form the aluminum body. The tip of the airfoil exhibited significant distortion. The trailed edge tip of the blade exhibited significant wear and missing material. The wear pad revealed minor disbond. Fan blade 13 exhibited tip curl and partial disbond of the LE sheath at the tip.

Fan blade 13 also presented with a localized platform distress...

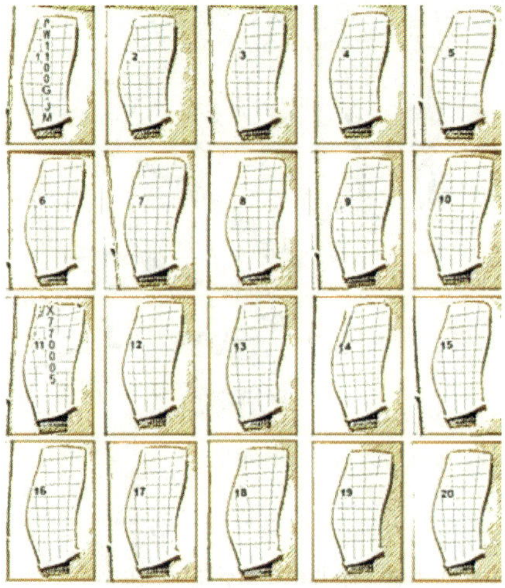

[Post Test Entire Fan Blade Set]

[Blade 00 Leading Edge Damage]

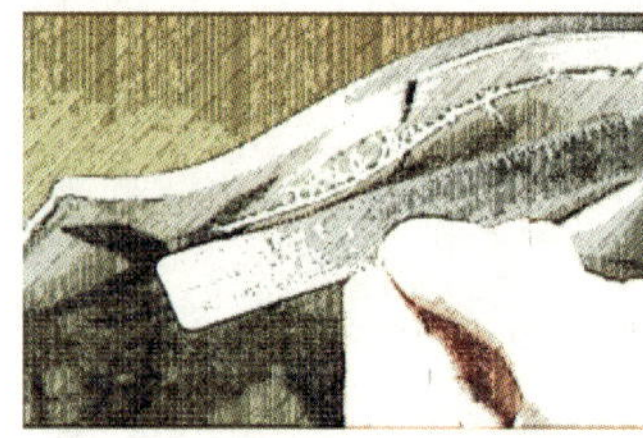

[Blade 00 Cover Plate Disbond]

Figure x. Post Test Fan Blade L.E. Damage and Cover Plate Disbond

3. TEST ANALYSIS

Prior to execution of the Engine Model flocking bird certification testing, analysis was completed to determine radial closures within the high pressure compressor (HPC) resulting from ingested bird to fan blade interaction. Analysis was completed for bird ingestion at relatively even intervals and for near simultaneous delivery. Model analyses were utilized to simulate test events. This analytical approach has been validated and calibrated to measured engine data based on previous bird ingestion testing on the Engine Model...

Each bird creates a separate, individual spectral vibratory response on the engine. Each of the six birds in the top plot has an initial impulse with a decay lasting approximately 0.05 seconds. The entire impulse and ringdown of bird #6 is shown to be both smaller in magnitude and fully encapsulated in the time gap between birds #5 and #7...

The Engine Model medium flocking bird run-on test was conducted at the Applicant's experimental sea level test stand. The demonstrated fan rotor speed at ingestion was 2,908 rpm for the 36°F ambient conditions. Assessment for minimum engine at SL/+27°F breakpoint condition was made analytically. Adjusting for minimum engine at SL/+27°F, the breakpoint condition results in a fan rotor speed of 3,012 rpm...

4. CONCLUSION

It is concluded that the Engine Model test has successfully demonstrated the ability to ingest seven birds at takeoff power and continue running for 20 minutes at the power settings outlined in the FAA approved test plan. There was no engine shut down, no unsafe engine condition or unacceptable deterioration of engine handling characteristics created and no sustained thrust loss of more than 25 % during the first two minutes of the 20 minute run-on demonstration. Furthermore, it has also been shown by an ELOS that it is acceptable to fire the lower span, 6th bird after the 1 second regulation interval because this bird has no effect on operability and the bird impulse load does not couple with the other six birds that were tested in the original volley and partial run-on.

It is recommended that the test results and analysis presented in this report be accepted as showing compliance of the Engine Model with the medium bird ingestions certification requirements as specified in 14 CFR, Part 33, Amendments 33-32; Sections §33.76 (a)(1), §33.76(a)(2), §33.76(a)(3), §33.76(c)(1), §33.76(c)(2), §33.76(c)(6), §33.76(c)(7) and §33.76(c)(10). Compliance to §33.76(c)(7)(i) is by an Equivalent Level of Safety Finding.

4.3.3 터보프롭 엔진 내구성 입증

항공기 터보프롭 엔진의 내구성은 FAR Part 33 및 CS-E의 관련 요건에 따라 적합성을 입증하여야 한다. 터빈엔진의 내구성은 신규 개발되는 엔진은 물론이고 기존 형식과 유한 파생형 엔진에 대해서도 최종적으로는 시험(test)으로 입증하는 것을 원칙으로 한다. 미국과 유럽의 터빈엔진 내구성에 관한 요건 및 지침은 다음과 같으며, 세부 요건이 일부 다를 수 있으므로 그 적용과 입증에 유의할 필요가 있다.

❑ 미국 Part 33 요건

- FAR §33.15 Materials　Amdt 33-10　1984.03.26
- FAR §33.87 Endurance Test　Amdt 33-32　2012.04.13
- FAR §33.93 Teardown Inspection　Amdt 33-25　2008.10.17
- AC 33.87-1A Overtorque Test, Calibration Test, Endurance Test, and Teardown Inspection for Turbine Engine Certification　Rev. A　2015.03.09

❑ 유럽 CS-E 요건

- CS-E70 Materials and Manufacturing Methods　Amdt E/1　2007.12.03
- CS-E740 Endurance Tests　Amdt E/5　2018.12.14
- AMC E740(c)(2) 30-Min Power, (c)(3) Endurance Test, (f)(1) Multi-spool Engines, (g)(1) Incremental Periods, (h)(2) Inspection Checks　Amdt E/5　2018.12.14

감항기준 FAR §33.87 Endurance Test 요건은 2008년 Amendment 33-25 개정에서 (a)(6)(iii)항으로 보기류 구동장치 등에 대한 요건을 완화, (c)(2)항의 최대출력 운전조건에 (i)항과 (ii)항을 추가해 구체화하였고, 2009년 Amendment 33-30에서는 (a)(8)항의 초과속도 및 초과온도 조건을 수정하였고, 2012년 Amendment 33-32 개정에서는 "power and thrust"의 and를 or로 수정하고 상호 불일치하는 조항번호를 재정리해 수정하였다. 이에 따라서 인증안내서 AC 33.87-1A에도 FAR Amendment 33-25와 33-30에 따라 수정된 요건을 반영해 2015년에 개정하였다.

미국의 FAR §33.87 요건은 크게 (a)부터 (g)까지 총 7개 항으로 구성되어 있다. (a) 일반요건(general)에서는 각 항에 규정된 내구성 시험 시퀀스에 따라 총 150시간의 시험을 수행하도록 규정하고, (b) 특정한 회전익 항공기 엔진 이외의 엔진(engine other than certain rotorcraft engine)에서는 이륙 및 공회전, 최대연속 및 이륙출력 또는 추력, 최대 연속출력 또는 추력, 증분 순항 출력 또는 추력, 가속 및 감속 운전에 대한 세부절차와 함께 100회의 시동을 수행하도록 규정하고 있다.

FAR §33.87의 (c) 30분 OEI 출력 회전익 항공기 엔진(rotorcraft engines for 30-minute OEI rating)에서는 이륙 및 공회전, 최대연속 및 이륙출력, 최대 연속출력, 30분 OEI 출력, 증분 순항출력, 가속 및 감속 운전에 대한 세부절차와 100회의 시동을 수행하도록 규정하고 있다. (d) 연속 OEI 정격 회전익 항공기 엔진(rotorcraft engines for continuous OEI rating)에서는 이륙 및 공회전, 최대 연속 및 이륙출력, 최대 연속 OEI 출력, 최대 연속출력, 증분 순항출력, 가속 및 감속 운전에 대한 세부절차와 100회의 시동을 수행하도록 규정하고 있다. (e) 2분 30초 OEI 출력 회전익 항공기 엔진(rotorcraft rngines for 2 1/2-minute OEI rating)에서는 이륙과 2분 30초 OEI 및 공회전 운전에 대한 세부절차와 공통적으로 적용되는 내구성 시험절차 인용조항을 규정하고 있다. (f) 30초 OEI 출력 및 2분 OEI 출력 회전익 항공기 엔진(rotorcraft rngines for 30-second OEI and 2-minute OEI ratings)에서는 이륙출력, 30초 OEI 출력 2분 OEI 출력, 30분 OEI 출력 또는 연속 OEI 출력 또는 최대 연속출력, 50 % 이륙출력, 30초 OEI 출력, 2분 OEI 출력, 공회전에 대한 세부절차를 규정하고 있다.

FAR §33.87의 (g) 초음속 항공기 엔진(supersonic aircraft engines)에서는 해면고도 대기조건 아음속 시험과 초음속 모사시험에 대한 세부절차, 그리고 100회의 시동을 수행하도록 규정하고 있다.

따라서 회전익 항공기 터보샤프트 엔진은 FAR §33.87의 (a), (c), (d), (e), (f)항을 적용해 내구성 시험을 수행하고, 터보프롭 엔진과 터보팬 엔진은 (a)와 (b)항을 반영해 내구성 시험을 수행하여야 한다.

FAR §33.87(c)항의 한 엔진 부작동(OEI: One Engine Inoperative) 출력은 쌍발 이상의 항공기에서 이륙을 포함한 비행 중에 하나의 엔진이 고장으로 정지된 경우에 정상적으로 작동하는 다른 엔진이 지정된 시간 동안 제공할 수 있는 최대 출력 또는 추력을 의미한다. 특히, 회전익 항공기의 이륙 중에 매우 중요한 출력이고, 이에 따라서 회전익 항공기를 Category A와 B로 구분하기도 한다.

FAR §33.87 및 §33.93의 Teardown Inspection은 엔진을 완전히 분해하여 손상여부를 확인하

는 검사를 말하며, CS-E에서는 미국과 달리 AMC E740(h)(2) Inspection Checks에서 Strip Inspection으로 표기하고 있다.

다음의 내구성 시험에 대한 적합성 입증 예시는 원심형 압축기 2단, 역류형 연소기, 축류형 터빈 3단의 단축(single-spool)으로 구성된 최대출력 940마력의 터보프롭 엔진을 대상으로 하고 있다.[47] 이 엔진의 총 압력비는 10.6, 비연료소비율은 0.534 lb/h/hp, 길이는 1.09 m, 직경은 0.53 m, 중량은 175 kg이고, 프로펠러 구동을 위한 기어박스가 엔진에 통합되어 있다.

150-hour Endurance Test for Turboprop Engine

1. INTRODUCTION

1.1 Objective

This report presents the results of the 150-hour endurance test for the Engine Model turboprop engine. The purpose of this test was to demonstrate the flight worthiness of the Engine Model with regard to performance, general operating characteristics, and durability under conditions of sustained operation as required in the applicable portions of the Federal Aviation Regulations, FAR Part 33.

All testing was conducted at the Applicant's engine test facility in City, State, under the surveillance of the Representatives. The FAA approval of this certification test is part of the overall object to complete FAA certification of the subject Model turboprop engine.

1.2 Summary

The Engine Model, S/N 1234 engine successfully completed the endurance test in compliance with FAR Part 33. All testing was conducted in accordance with FAA-approved Test Plan, document number, as revised by Test Instructions Memo, document number.

The Applicant showed compliance with the following requirements of FAR Part 33 as well as FAR §33.87 through the endurance test of the Engine Model.

A pre-endurance dynamometer calibration was obtained on month day, year, in the Applicant test facility, to establish that the engine meet rated performance and to provide a baseline for a post-test performance comparison.

The engine was then moved to propeller test cell where the pre-endurance propeller stand calibration was completed...

Table x. FAR Part 33 Requirements satisfied by Endurance Test

FAR Part 33, Para No.	Extent of Compliance
§33.7 Engine ratings and Operating Limitations.	Satisfactory operation at the engine ratings and limits was demonstrated.
§33.8 Selection of Engine Power and Thrust Ratings.	The engine power ratings were verified.

FAR Part 33, Para No.	Extent of Compliance
§33.15 Materials.	The suitability and durability of materials used in the engine were substantiated.
§33.21 Engine Cooling.	Complete compliance with the engine cooling requirement was showed in this endurance test.
§33.27(b) Turbine Rotors	Compliance with §33.27(b) by this test. §33.27(b) is covered in Report 00-0000-0.
§33.63 Vibration.	No excessive vibrations were encountered throughout the normal operating range.
§33.65 Surge Characteristics.	Surge-free operation demonstrated throughout the endurance test.
§33.69 Ignitions System.	Satisfactory operation of the ignition system was demonstrated during the test.
§33.73 Power or Thrust Response.	Complete compliance with the power response requirement was showed in this endurance test.
§33.83 Vibration Test.	Compliance with the vibration test requirement was showed in this endurance test.
§33.85 Calibration Tests.	Complete compliance with the calibration test requirement was showed as presented in Appendix 2.
§33.87(a), (b) Endurance Test.	Complete compliance with the endurance test requirement was showed in this test.
§33.89 Operation Test.	Complete compliance with the operation test requirement was showed in this endurance test.
§33.93 Teardown Inspection.	Complete compliance with the teardown inspection requirement was showed in this endurance test.
§33.95(a),(b),(c) Engine-propeller Systems.	Compliance with paragraph (a), (b), and (c) requirements were showed.

2. TEST ENGINE DESCRIPTION

The Model turboprop engine used for the 150-hour cycle endurance test was Unit S/N 1234, Build 8. A detailed description of this engine is provided in Report 00-000-03, Attachment 3, and the Engineering Build and Test Instructions are included in Attachment 1 and 2 respectively.

2.1 Critical Dimensions

Parts subject to growth, distortion, or wear were measured prior to install assembly and after disassembly at test completion. These measurement are presented in Appendix 4.

2.2 Engine Weights

The engine and required accessories were weighed prior to engine testing. These weights are listed below. The weight limit is 385 lb on TCDS.

- Engine Dry Weight : 381.8 lb
- Weight as tested, with accessories : 412.3 lb

2.3 Inspection Transfer Rotors (ITR)

The only item that did not meet blueprint requirements is in Appendix 4, The item was reviewed prior to assembly into the engine and the dimensional discripancies were determined to be acceptable.

3. TEST PROCEDURE

The test was conducted with the engine installed on a propeller test stand at the Applicant test facility in City, State.

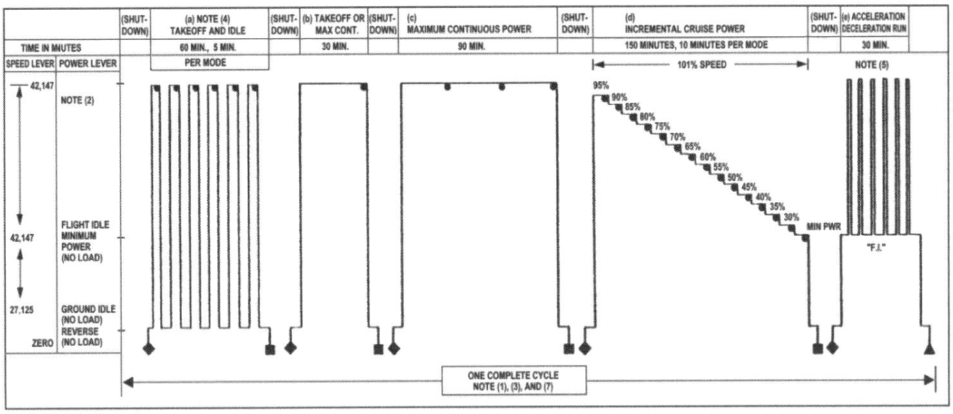

NOTES
(1) CONDUCT 25 ENDURANCE CYCLES.
(2) SET ENGINE CONDITIONS AS REQUIRED TO OBTAIN A TURBINE SPEED OF 101 %.
(3) AT LEAST 100 STARTS MUST BE MADE DURING THE TEST.
(4) POWER LEVER CHANGES SHALL BE ACCOMPLISHED IN 1 SECOND.
(5) TAKE AUTOMATICALLY RECORDED DATA ONLY AS REQUIRED BY THE DOCUMENT 00-0000-00.
(6) IF THERE A SIGNIFICANT PEAK VIBRATION ANYWHERE BETWEEN GROUND IDLE AND TAKEOFF DURING THE INCREMENTAL TESTING.
(7) THERE MUST BE AT LEAST 10 FALSE STARTS ACCOMPLISHED DURING THE ENDURANCE TEST.

Figure x. Turboprop Engine 150-hour Endurance Test Cycle

The test was performed in accordance with the Test Instructions Memo 00-0000-00, presented in Attachment 2, and the Test Procedure 00-0000-00, presented in Attachment 3.

The test setup and test procedure provided for extended operation of the engine to a static simulated-service-operation test cycle at prevailing laboratory ambient temperature and pressure conditions. The test duration was 150 hours, consisting of 25 six-hour mixed mission test cycles as defined in Figure x, of the Test Procedure 00-0000-00...

4. TESTING AND RESULTS

4.1 Installation and Test

The test engine Model, S/N 0000 was installed in the test cell 00 at the Applicant's test facility. The pre-test performance calibration was completed on month day, year, and the 150-hour endurance test initiated on month day, year, followed by a post-test performance calibration that was completed on month day, year.

A test log was maintained throughout the test, and included as Appendix 1. Appendix 3 of the 150-hour Endurance Test Workbook presents data taken during all testing in accordance with the requirements of the test procedure, and standard engine test practices.

4.2 Dynamometer Calibrations

Engine T^4-T^5-horsepower relationship during the 150-hour endurance test was established by the performance curve in Appendix 4.

Engine performance exceeded specification minimums before and after the 150-hour test. The engine performance decreased 4.2 percent during the test. This difference resulted equally from dirt deposits in the compressor section and second-stage turbine rub.

4.3 Engine-Propeller Stand Data

Sanborn trace plots were taken during all propeller stand testing and an appropriate example is presented in Appendix 6. The balance of the recordings is on file at the Applicant's office and can be seen upon request.

4.4 150-Hour Endurance Testing

The endurance testing consisting of 25 six-hour cycles conducted in accordance with the Document 00-0000-00. Dta sheets from this testing are included in Appendix 3 and are removed from the 150-hour Endurance Test Workbook, Document 00-0000-00...

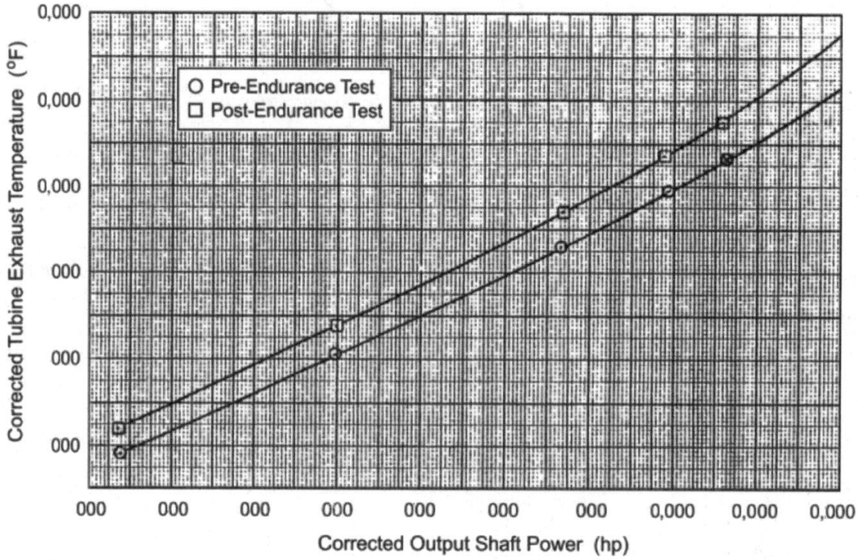

Figure x. Turboprop Engine 150-hour Endurance Test Cycle

4.5 Starts

Throughout the endurance testing, a total of 100 starts were made in fulfillment of the test-procedure start requirement. Also, ten false starts were made as required.

4.6 Shutdowns

In accordance with the requirement of the test procedure, 25 two-hour shutdown periods were accomplished.

4.7 Oil Consumption

After on hour of testing, the oil in the tank was releveled. No oil consumption was noted throughout the test.

4.8 Fuel and Oil Analysis

Fuel and oil samples were subjected to laboratory analyses during the test. The result of these analysis are included in Appendix 8.

4.9 Engine Teardown and Inspection

The engine teardown and inspection following the 150-hour endurance test revealed all engine hardware to be in reusable condition, except for two segment of the second-stage turbine shroud, P/N 0000000-0, which exhibited rub from the second-stage turbine rotor. The shroud has been redesigned and incorporated in the engine type design to prevent recurrence which resulted from displacement of one shroud segment. See Appendix 4.

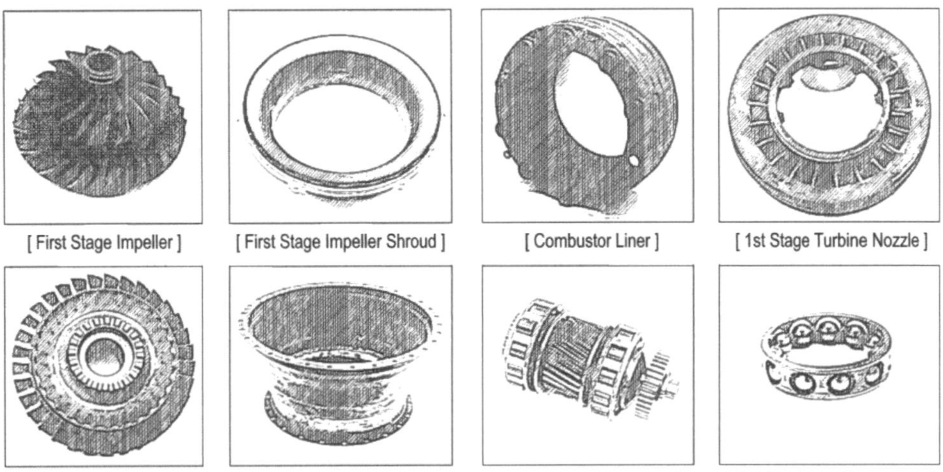

[First Stage Impeller] [First Stage Impeller Shroud] [Combustor Liner] [1st Stage Turbine Nozzle]

[1st Stage Turbine Rotor] [Turbine Vane Case] [High Speed Pinion Assy] [Ball Bearing at Compressor]

Figure x. Teardown Inspection after Completion of Endurance Test

(1) First-Stage Compressor : Impeller P/N 0000000-0, Visual inspection revealed rub indication in the inlet and knee region of blade tips...

(2) Second-Stage Compressor : Impeller P/N 00000000-0, Visual inspection revealed no tip-rub indication. Fluid penetrant inspection revealed no additional disparities...

4. CONCLUSION

The test results presented herein and substantiating data presented in the following appendices show that the Model turboprop engine has met the requirements of the FAA approved 150-hour Endurance Test Procedure, 00-0000-0.

It is requested that the FAA approve this report as evidence of compliance with the requirements of FAR §33.87(a) and (b).

Appendices

1. Qualification Test Logs and SOAP Analysis

2. Post-Test Component Performance Calibrations
3. Endurance Test Data of the Engine Model
4. Inspection Transfer Report and Critical Dimensions
5. Photographs regarding Endurance Test
6. Sanborn Tracing Plot Sample
7. Endurance Test Engine Performance Curves
8. Endurance Test Fuel Analysis Reports

Attachments

1. Engine Build Instructions
2. Endurance Test Instructions
3. Endurance Test Procedures

4.3.4 터보샤프트 엔진 고도시험 입증

항공기 엔진에 대한 감항기준에서 고도시험(altitude test)을 직접적으로 요구하지는 않고 있다. 다만, FAR §33.65, §33.66, §33.73, §33.89 등의 요건에서 전체 운용선도(throughout operationg envelope)나 비행중(in flight) 등의 표현으로 고도 운용 조건에서 엔진의 작동특성을 입증하도록 규정하고 있다. CS-E에서도 FAR과 마찬가지로 엔진의 고도시험을 직접 요구하지 않고 있지만, CS-E910 Relighting in Flight에서 고도 조건 입증이 요구되고, 관련 요건의 적합성 입증방법(AMC)에서는 고도시험을 직접 제시하고 있다.

❑ 미국 Part 33 요건

• FAR §33.65 Surge and Stall Characteristics	Amdt 33-6	1974.10.31
• FAR §33.66 Bleed Air System	Amdt 33-10	1984.03.26
• FAR §33.68 Induction System Icing	Amdt 33-34	2014.11.04
• FAR §33.73 Power or Thrust Response	Amdt 33-4	1971.04.23
• FAR §33.89 Operation Test	Amdt 33-10	1984.03.26.

❑ 유럽 CS-E 요건

• CS-E500 Functioning	Amdt E/1	2007.12.03
• CS-E780 Icing Conditions	Amdt E/7	2023.12.15
• CS-E745 Engine Acceleration	Amdt E/1	2007.12.03
• CS-E910 Relighting in Flight	Amdt E/5	2018.12.14

- AMC E500 Functioning (Turbine Engine for Aeroplane) Amdt E/1 2007.12.03
- AMC E745 Engine Acceleration Amdt E/1 2007.12.03
- AMC E780 Icing Conditions Amdt E/7 2023.12.15
- AMC E910 Relighting In Flight Amdt E/5 2018.12.14.

터빈엔진에 대한 고도시험을 요구하는 가장 중심이 되는 요건은 FAR §33.89 Operation Test로 볼 수 있다. §33.89(b)항에서 해당 엔진의 전체 운용선도에서 운용특성을 실증하고, 이는 감항당국이 필요하다고 판단하는 모든 시험을 포함해야 한다고 규정하고 있다. FAR §33.89(b)항은 기존에 최대 운용고도(maximum operating altitude)까지로 실증하도록 규정되었던 것을 1984년 Amendment 33-10에서 전체 운용선도((throughout its specified operating envelope))에서 실증하도록 개정된 것이다.

현재의 FAR §33.89 Operation Test는 (a)항과 (b)항으로 이루어져 있다. (a)항에서는 엔진의 시동, 공회전, 가속, 초과속도, 점화, 출력 응답 특성 등을 실증하고, 감항당국이 필요하다고 판단하는 시험을 포함하도록 규정하고 있다. (b)항에서는 해당 엔진의 전체 운용선도에서 안전한 운용특성을 가지고 있음을 실증하는데, 감항당국이 필요하다고 판단하는 모든 시험을 포함하도록 규정하고 있다.

FAR §33.65 Surge and Stall Characteristics에서는 해당 엔진의 운용선도 내에서 시동, 출력 증감, 흡입공기 왜곡 또는 흡입공기 온도에 따라서 연소정지, 구조적 파손, 초과온도, 출력 또는 추력 회복이 불가능한 고장을 초래할 수 있는 서지 또는 실속이 발생하지 않아야 한다고 규정하고 있다.

FAR §33.73 Power or Thrust Response에서는 최대 블리드 공기 및 동력을 인출하는 상태에서 출력레버를 1초 이내에 작동할 때 초과온도, 서지, 실속 또는 그 밖의 해로운 현상 없이 최소출력에서 이륙출력까지 증가시킬 수 있고, 최소 비행공회전에서 이륙출력까지 5초 이내에 증가시킬 수 있어야 한다고 규정하고 있다.

유럽의 CS-E에서는 FAR §33.89 Operation Test에 해당하는 요건을 두지 않고 있으나, CS-E910 Relighting in Flight에서 비행중 재시동 능력을 실증하도록 규정하고, CS-E500, CS-E780, CS-E745 등의 적합성 입증방법(AMC)에서 고도시험을 제시하고 있으므로 이에 따라서 형식증명 대상 엔진에 대한 고도시험을 수행하여야 한다.

다음의 터빈엔진 고도시험 대한 적합성 입증 예시는 축류형 압축기 5단, 원심형 압축기 1단, 애뉼러 연소기, 축류형 고압터빈 2단, 동력터빈 2단으로 구성된 최대출력 2,100마력의 터보샤프트 엔진을 대상으로 하고 있다.[47] 이 엔진의 출력은 감항기준에 따른 보편적인 "30초 및 2분 OEI"가 아닌 "Flat 30초 및 2분 OEI"로 설계되었다. 이에 따라서 미국 연방항공청은 2012년 형식증명 당시 특별감항조건 33-12-01-SC를 발행하여 FAR §33.7, §33.27, §33.28, §33.87, §33.88 등의 요건에 "Flat 30초 및 2분 OEI"를 반영하여 입증하도록 하였다.

Altitude Test Compliance for Turboshaft Engine

1. INTRODUCTION

1.1 Objective

The purpose of the altitude test program was to demonstrate compliance of the Engine Model to the requirements of applicable 14 CFR Part 33 requirements.

The objective of this report is to present these data and analysis as compliance with 14 CFR Part 33 Sections §33.65, §33.66, §33.67(a), §33.73, §33.85(a), §33.89, §33.91(a).

These sections address engine operation, surge and stall characteristics, bleed air, fuel system, ignition system, power response and starting as well as control operation at altitude.

1.2 Summary of Test Results

Testing demonstrated the capability for the Engine Model to perform stall free responsive transients, with and without maximum permissible inlet distortion, at various points in the engine envelope using typical rapid throttle movements. Transient times met requirements. Start testing performed demonstrated capability of the Engine Model to start successfully at the engine starting envelope extremes. The maximum starting T4.5 was within the allowable peak transient limit.

Controls and accessories type design components were demonstrated operation throughout the engine operating envelope without incident during the altitude test program in compliance with Section §33.91(a). Reconciliation for the Electronic Control Unit (ECU) was conducted with respect to software modifications for the test...

2. TEST ARTICLE

The Engine Model altitude test was performed on engine S/N 000000-00 in the Applicant's altitude test cell. Official certification testing began on month day, year and finished on month day, year.

2.1 Test Vehicle

The Engine Model build 000000-00 was used for both the development and official certification portions of the altitude test. This engine was assembled in the Applicant's facility in City, State, in accordance with drawing number 0000T00G00 using hardware listed on the engine build up list. The engine break-in and initial calibrations were done at the Applicant's facilities. The engine conformity inspection record is shown in Appendix B.

2.2 Hardware Reconciliation

A listing of hardware germane to the test is included in Appendix C. Reconciliation of type design germane hardware is provided in Appendix D. These appendices are also included in the test plan, 000-EMN-0000, Appendix C and Appendix D. The test plan can be found in Appendix A. The FAA has reviewed and approved the test plan.

2.3 ECU Software Reconciliation

The germane hardware list shows the ECU has 0000A00P00TA, but official testing began with the software version with command file 0000.000.00.test.cmd. This file had several adjustments which are included in trim file 0000A00P00TC and is the baseline software for the altitude test. The changes from TA to TC do not impact the test since no testing was conducted with version TA. The differences between TA and TC with the command file are changes to the control schedules that were determined during development...

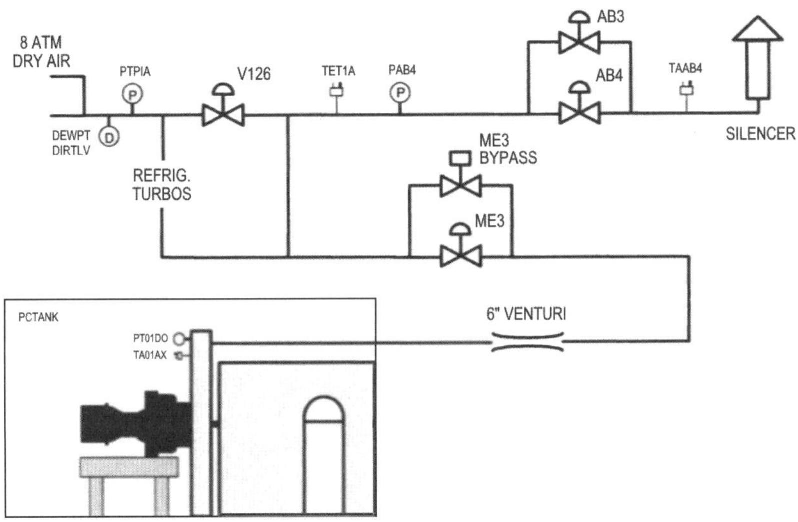

Figure x. Main Air System of Altitude Engine Test Facility

3. TEST SETUP

3.1 Test Facility

Initial break-in and checkout of engine S/N 000000-000 was conducted at the Applicant's test facility cell L00 in L-City for break-ins and post-test calibrations...

Altitude testing was conducted in environmental test facility E00, located at E-City, State, to demonstrate operation and starting capability at selected conditions within the operating limits envelope for the Engine Model. The altitude test facility at E-City provided capability to vary the operating conditions over the following ranges: ...

3.2 Test Conditions

Test points were chosen to show engine operation throughout the entire operating envelope. The full test plan included steady-state, transients, soak and non-soak starts and restarts, inlet distortion, and auto-ignition testing.

CHAPTER 4 항공엔진 인증기술

Steady-state testing was performed at several envelope conditions to demonstrate the engine operating characteristics over the operating range. Transients were performed at the extremes of the engine operation limits in terms of altitude, Mach number, and ambient temperature. The transients consisted of bursts (rapid acceleration) and chops (rapid deceleration) from test cell minimum load (FI) to takeoff power (T/O), and Ground Idle (G/I) to T/O power...

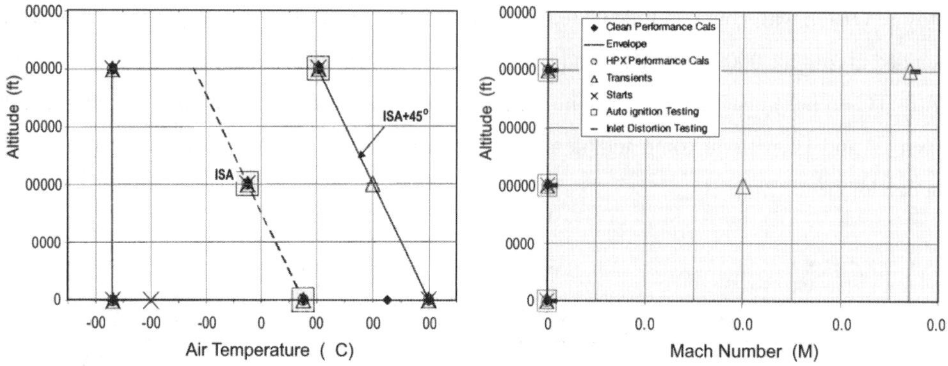

Figure x. Altitude Engine Test Points and Operating Envelopes

3.3 Instrumentation

All required instrumentation calibrations for this test were within the applicable cycle and did not lapse within the scheduled test period. The instrumentation and data acquisition systems were calibrated per the document Q-000 and associated process instructions.

Table 3 provides a summary of the primary steady state instrumentation and Table 4 provides a summary of primary transient instrumentation...

4. TESTING AND RESULTS

4.1 Test History of Events

A chronology of the test is presented below in Table x. This chronological test record documents all official certification testing performed on engine S/N 000000-00 in the Applicant's altitude test facility. Complete log sheets of the test including all development and certification testing are provided in Appendix H.

4.2 Analysis and Substantiation

The compliance with 14 CFR Part 33 Sections §33.65, §33.66, §33.67(a), §33.73, §33.85(a), §33.89 requirements for engine operation, surge and stall characteristics, ignition system, fuel system, and power response and starting is substantiated by a combination of test results.

The test data, including the plots shown in Appendices I, J, K, N and P, are used as substantiation that the Engine Model, engine S/N 000000-00, fulfilled the Part 33 Sections §33.65, §33.66, §33.67(a), §33.73, §33.85(a), §33.89 requirements by demonstration of engine capabilities throughout the operation envelope for starting and power change without detrimental surge or stall, ignition, and power response with rapid power lever movements.

4.3 Test Results

Test conditions were set per Table x, also included in the approved test plans, 000-EMN-0000. All testing was performed on engine S/N 000000-00.

4.3.1 Transient Performance

(1) Transients

Engine power transients were performed at all the conditions listed in Table x and shown graphically on the engine operation envelope in Figures x and x. In order to demonstrate stall free performance throughout the flight envelope, transients were performed...

(2) Transients with Inlet Distortion

Test results provide substantiation for compliance to §33.65. Results demonstrated the capability for the Engine Model to perform stall free responsive transients using typical rapid throttle movements, with the engine subjected to distortion levels...

(3) Auto Ignition

Auto ignition testing was successfully conducted at SL 59F, 10K 23F, and 20K 69F. At 95, 90 and 85 % Ng speed fuel flow was interrupted for 0.1 seconds and the FADEC automatically detected the flameout and commanded ignition on and the engine...

(4) Start Performance

Test results provide substantiation for compliance to §33.67(a), §33.89. Start testing performed on Engine 000000-00 demonstrated the capability of the Engine Model to start successfully at the engine starting envelope extreme conditions...

(5) Generator Load Transients

Generator Load transients were run at SL 59F and 10K 23F. These transients consisted of changing HPx while at a steady state condition to see engine response. No abnormal responses were seen. Table x summarizing the events and plots of the events...

4.3.2 Steady State Performance

Test results provide partial substantiation for compliance to §33.85(a). Steady state calibrations were performed at selected sea level and altitude conditions including engine envelope extremes for Mach number and temperature. A summary of the conditions tested, dates of test, and reading number is presented in Table x...

5. CONCLUSION

The engine data acquired from the Engine Model altitude test program and subsequent analyses demonstrate that the Engine meets the 14 CFR Part 33 Sections §33.65, §33.66, §33.67(a), §33.73, §33.85(a), §33.89, §33.91(a) requirements for safe operation throughout its operation envelope. Results demonstrate engine capabilities for starting and power change without detrimental surge or stall, starting within the defined start envelope, and power response with rapid power lever movements...

The Applicant recommends that the results presented herein, for testing performed per the FAA approved test plan 000-EMN-0000 dated month day, year, be accepted as substantiation that the Engine Model complies with the requirements of 14 CFR Part 33 Sections §33.65, §33.66, §33.67(a), §33.73, §33.85(a), §33.89, and §33.91(a) for engine operation, surge and stall, ignition, and power response characteristics. The test plan is included in Appendix A for reference.

- Appendix A : Test Plan, document number
- Appendix B : Engine Conformity Inspection Record
- Appendix C : Engine Germane Hardware
- Appendix D : Reconciliation of Type Design Germane Hardware
- Appendix E : Test Set up Conformity Document
- Appendix F : Fuel and Oil Sample Data
- Appendix G : Altitude Engine Test Facility
- Appendix H : Engine Test Log Sheets
- Appendix I : Transient Test Results
- Appendix J : Vg Kicker Results
- Appendix K : Inlet Distortion Results
- Appendix L : Inlet Distortion Setup and Calibration
- Appendix M : Auto-Ignition Results
- Appendix N : Starter Q Mapping and Start Test Results
- Appendix O : Generator Load Transients
- Appendix P : Steady State Calibration Results

4.4 프로펠러 인증

4.4.1 프로펠러 설계 구성

프로펠러는 왕복엔진 및 터보프롭 엔진의 출력 축에 연결되어 회전하면서 비행기에 추진력(추력)을 제공하는 역할을 한다. 비행속도 Mach 0.5 이하의 저속에서는 프로펠러를 사용하는 왕복엔진 및 터보프롭 엔진 장착 비행기가 터보팬 엔진 장착 비행기보다 추진효율이 높고 소음이 적게 발생하는 장점이 있다.

프로펠러는 크게 허브, 블레이드, 피치조정기구로 구성된다. 소형 비행기에는 2엽, 3엽, 4엽 프로펠러가 주로 사용되고, 고성능 소형 비행기 및 중형 비행기에는 5엽, 6엽, 8엽 프로펠러가 사용되기도 한다. 프로펠러 허브는 알루미늄 합금 또는 강철로 제작되고, 블레이드는 목재, 알루미늄, 복합재 등으로 제작된다.

세계적으로 약 30개 이상의 프로펠러 전문회사가 있지만, 그중에서 미국의 McCauley, Hartzell, Sensenich, Collins Aerospace (Hamilton), 영국의 Dowty, 독일의 MT Propeller에서 설계 제작하는 프로펠러를 가장 많이 사용하고 있다. 우리나라에서는 2025년 2월 등록 항공기 총 867대 중에 202대가 프로펠러를 장착한 비행기이다. 군용 항공기 중에도 KT-100, KT-1, C-130, CN-235, P-3C, F-406 등이 프로펠러를 사용하고 있다.

[MaCauley 1C235/LFA7570]
고정피치, 260hp @2,700rpm, D 1.8m

[Hartzell PHC-G3YF-1RF/F7691]
정속피치, 350hp @2,800rpm, D 1.9m

[MT Propeller MTV-14-B/617]
정속피치, 399hp @2,500rpm, D 2.1m

[Hartzell HC-E5N-5/NC10905]
정속피치, 1,100hp @1,591rpm, D 2.8m

[Hamilton 568F-5/R815505R4]
정속피치, 2,920hp @1,200rpm, D 3.9m

[Collins Aerospace NP2000-7]
정속피치, 5,000hp @1,200rpm, D 4.1m

[그림 4-22] 대표적인 항공기 프로펠러에 대한 사례

프로펠러는 왕복엔진의 크랭크 출력 축에 곧바로 연결되고, 터보프롭 엔진은 감속기어를 통해서 연결된다. 왕복엔진의 회전수는 일반적으로 2,500 ~ 2,800 rpm 범위이며, 이 회전수에서 프로펠러가 적정한 효율을 갖도록 설계할 수 있다. 터보프롭 엔진은 동력터빈 회전수가 20,000 ~ 30,000 rpm 정도이므로 약 15 : 1의 감속기어를 사용해 1,200 ~ 2,000 rpm으로 프로펠러를 구동하도록 설계한다.

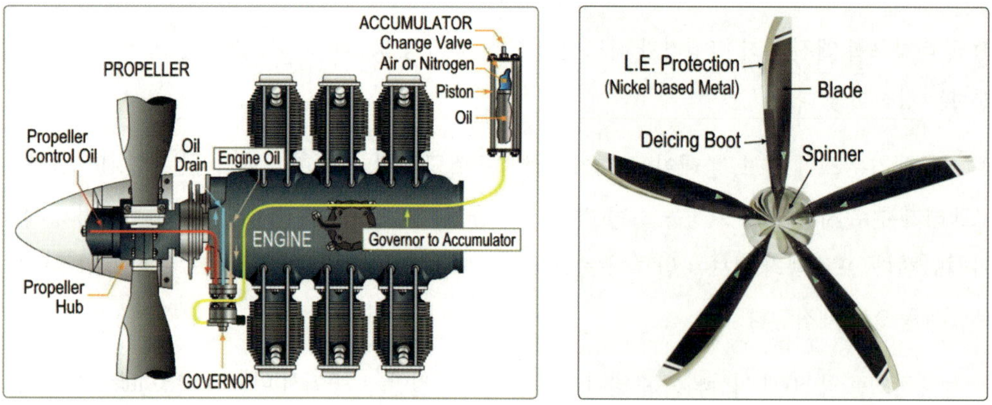

[그림 4-23] 프로펠러 장착 및 주요부 명칭

프로펠러는 블레이드 수에 따라서 2엽, 3엽, 4엽 프로펠러가 주로 사용되고, 쌍발 중형 비행기에는 5엽, 6엽, 8엽 프로펠러가 사용되기도 한다. 이들 블레이드는 프로펠러 중심부의 허브(hub)에 고정식 또는 가동식으로 설치되고, 프로펠러 허브와 블레이드 생크(shank) 부분에는 콘 모양의 스피너(spinner)를 부착해 공기 흐름을 원활하게 하고 허브 기구를 보호한다.

고성능 프로펠러는 블레이드 전연(LE: Leading Edge)에 제빙 부트(deicing boot)와 손상 보호대(LE protection)를 부착하기도 한다. 겨울철에 블레이드 표면에 얼음이 형성되면 추력이 크게 감소할 뿐만 아니라, 불균형 회전 진동으로 인하여 프로펠러가 손상되거나 비행기 위험에 처할 수도 있다. 이를 방지하기 위하여 제빙액 또는 고온의 압축공기를 제빙 부트에 공급하거나 전기가열식 제빙 부트를 이용하여 얼음을 제거한다. 블레이드 전연 보호대는 모래먼지 운용환경이나 이물질 충돌 등으로 전연이 손상되는 것을 방지하기 위하여 니켈 합금 판재로 제작해 전연 일부에 부착한 것을 말한다.

프로펠러 블레이드는 과거에 목재와 알루미늄 합금을 주로 사용했지만, 최근에는 복합재로 제작되고 있다. 길이 방향 구조재로 사용되는 블레이드 스파(spar)와 표피는 탄소섬유 또는 유리섬유 복합재 판재로 제작하고, 블레이드 내부 공간은 폴리우레탄 폼으로 채워서 블레이드 형상을 유지하도록 한다. 또한, 직접 낙뢰 피격에 대비하기 위하여 블레이드 표면 상하에 길이 방향으로 전도성이 우수한 알루미늄 또는 구리 망(braid)을 부착하여야 하여야 한다.

블레이드는 길이 방향으로 허브 중심에서 팁까지 6인치 간격으로 위치(station)를 표시한다. 블레이드 루트의 버트(butt)는 허브와 결합되는 부분으로써, 고강도 금속재를 사용해 제작한다. 블레이드 생크(shank)는 버트와 블레이드 에어포일 시작점을 이어주는 구조체로써, 블레이드 추력이 발생하지 않는 부분이다. 블레이드 루트 쪽은 에어포일 받음각이 크고(high pitch), 팁 쪽은 작은(low pitch) 형상으로 제작되는데, 이로써 팁 부분에서 실속이 발생하지 않고 블레이드 전체에서 고르게 추력이 발생하게 된다.

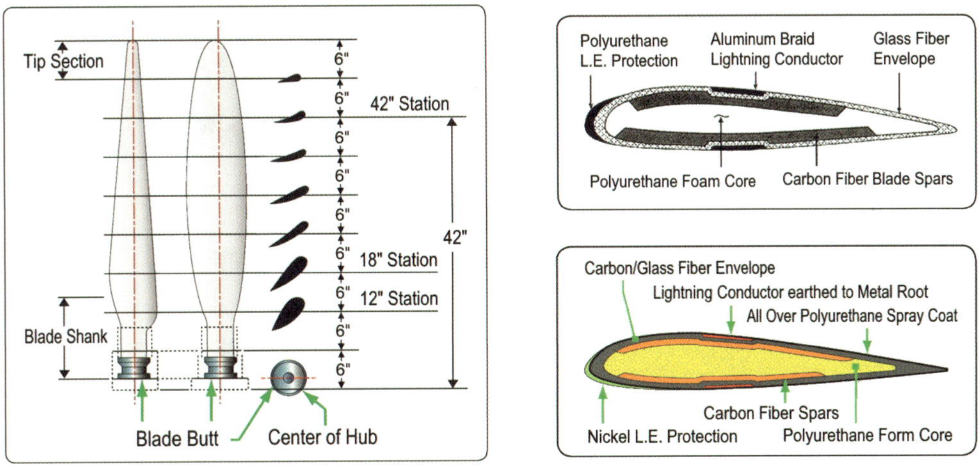

[그림 4-24] 프로펠러 블레이드 에어포일 및 단면 구조

항공기 프로펠러는 블레이드와 허브의 결합 방식이나 블레이드 피치 조정 방식에 따라서 다음과 같이 4가지로 분류할 수 있다. 이 중에 정속 프로펠러와 페더링 프로펠러의 블레이드 피치는 유압식(hydraulic)으로 조정되는 방식과 전기식(electric)으로 조정되는 방식이 있다.

- 고정피치 프로펠러(fixed pitch propeller) : 블레이드와 허브가 일체로 제작되어 피치를 조절할 수 없는 방식을 말한다. 초경량 또는 경량 비행기에 주로 사용한다.
- 조정피치 프로펠러(adjustable pitch propeller) : 지상에서 블레이드와 허브를 분해하여 피치를 바꾸는 방식을 말한다. 초경량, 경량, 소형 비행기 일부에 사용한다.
- 정속 프로펠러(constant speed propeller) : 프로펠러 부하에 따라 회전수가 변화해도 조속기(governor)로 피치를 조정하여 회전수를 일정하게 유지하는 방식을 말한다.
- 페더링 프로펠러(feathering propeller) : 엔진의 고장시 프로펠러 회전을 멈추거나 착륙시 역추력을 위해 블레이드를 90도 또는 180도 회전시키는 방식을 말한다.

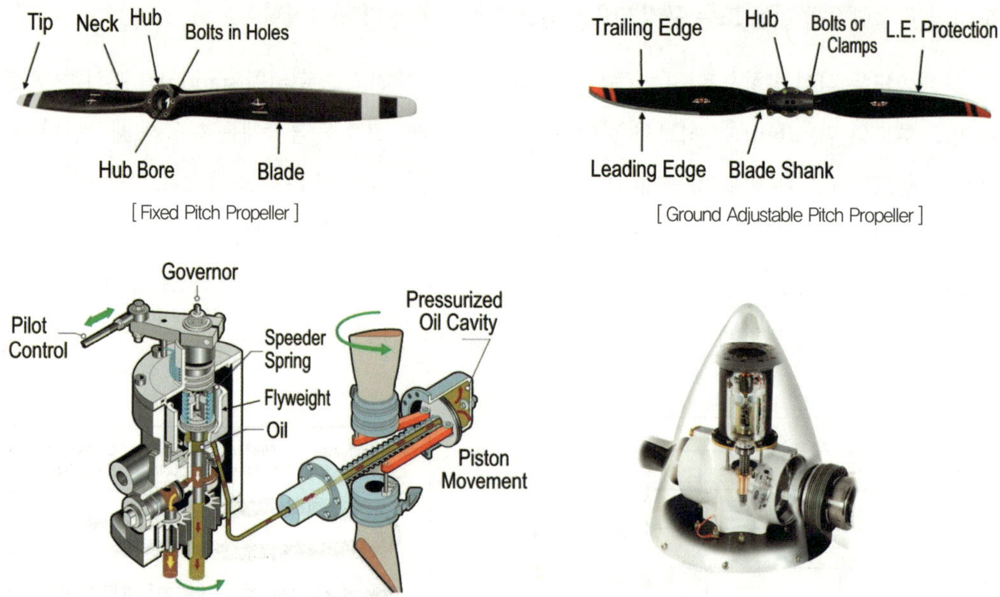

[Fixed Pitch Propeller] [Ground Adjustable Pitch Propeller]

[Constant Speed Propeller : Hydraulic Pitch Control] [Electric Governor Propeller]

[그림 4-25] 블레이드 피치 조정방식 방식에 따른 프로펠러 분류

정속 프로펠러는 엔진의 출력이나 외부 환경에 의해서 프로펠러 부하와 회전수가 변화하여도 조종사가 세팅한 프로펠러 회전수를 일정하게 유지할 수 있다. 이는 엔진의 보기기어박스에 장착된 유압식 조속기(governor)와 프로펠러 허브에 설치된 유압 실린더 및 스프링 메커니즘에 의해서 이루어진다. 프로펠러(엔진) 회전수가 외란에 의해서 세팅된 값보다 작아지면 조속기 내부의 플라이 웨이트가 오므려져 유압 오일을 프로펠러 허브로 보내 피스톤을 작동시켜서 블레이드 피치를 감소시키면 프로펠러 회전수가 세팅된 값으로 회복되어 정속을 유지하게 된다.

비행기에 장착된 프로펠러에서 블레이드 길이 방향으로 특정한 위치의 에어포일 코드(chord)와 회전면(rotation plane) 사이의 각도를 블레이드 각(blade angle, β)이라고 정의한다. 직접 구동형 엔진에서 블레이드 각이 1도 변하면 엔진의 회전수는 약 60 ~ 90 rpm 정도 영향을 받으며, 비행 중에는 비행속도에 의해서 블레이드에 유입되는 받음각이 변하게 되는데, 이를 유효 블레이드 각(effective blade angle, αeff)이라고 한다.

즉, 프로펠러 회전에 의한 회전면 풍속(V_{ROT})은 비행속도(V_{∞})에 의해서 블레이드에 유입되는 상대 풍속(V_R)을 형성하고, 회전면과 상대 블레이드 각(ϕ)을 이룬다. 이 상대 풍속과 에어포일 코드 사이의 각도가 유효 블레이드 각(α_{eff})을 이루고 추력을 발생하게 된다. 프로펠러가 2,000 rpm으로 회전하고, 비행기가 150 mph로 비행하고 있을 때, 프로펠러 허브로부터 36인치 위치에서 에어포일의 물리적인 블레이드 각이 22도라면 유효 블레이드 각(유효 받음각)은 다음과 같이 계산할 수 있다.

- 프로펠러 회전속도, $V_{ROT} = 2\pi r \dfrac{N}{60} = (2)(3.14)(36 \times 0.254)\left(\dfrac{2{,}000}{60}\right) = 191.4\,m/s$
- 비행기의 비행속도, $V_{\infty} = 150mph \times 1{,}609 \div 3{,}600 = 67.1m/s$
- 상대 블레이드 각, $\tan\phi = \dfrac{V_{\infty}}{V_{ROT}} = \dfrac{67.1}{191.4} = \dfrac{1}{2.9}$, $\phi = 19^{\circ}$
- 유효 블레이드 각, $\alpha_{eff} = \beta - \phi = 22^{\circ} - 19^{\circ} = 3^{\circ}$

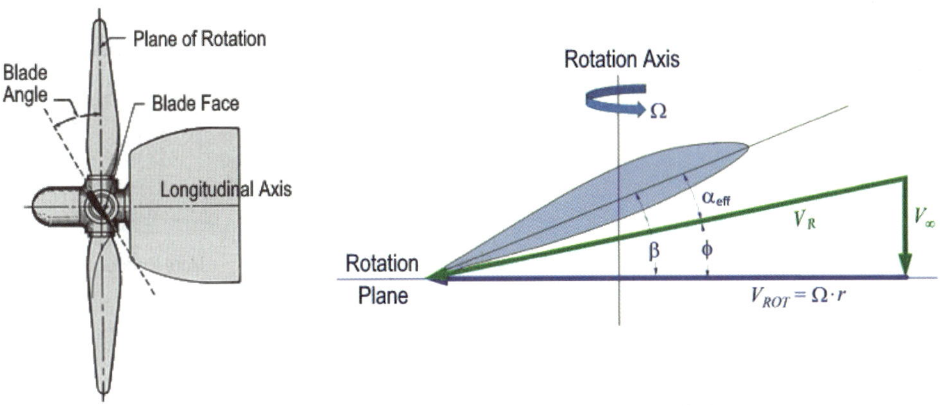

[그림 4-26] 비행 중인 프로펠러 블레이드의 유효 받음각

프로펠러가 회전하면 블레이드에는 원심력에 의해 인장응력(tensile stress), 추력(양력)에 의해 굽힘응력(bending stress), 원심력과 공력에 의해 비틀림 응력(torsional stress)이 작용한다. 프로펠러 블레이드에 작용하는 인장력과 추력(양력)은 프로펠러 회전수의 제곱에 비례하여 커지고, 비틀림 응력은 원심력에 의해서 블레이드 피치가 작아지는 방향과 공력에 의해서 피치가 커지는 방향의 비틀림이 함께 작용하게 된다.

- 원심력, $F_C = mr\omega^2 = mr\left(\dfrac{v_p}{r}\right)^2 = \dfrac{mv_p^2}{r}$, $v_p = r\omega$, $\omega = 2\pi N/60$
- 추력(양력), $F_T = c_l \dfrac{1}{2}\rho V^2 S$, $V = v_p = 2\pi r N/60 \; when \; V_{\infty} = 0$

프로펠러를 좌우 날개에 장착한 쌍발 비행기에서 어느 한쪽의 엔진에 고장이 발생해 프로펠러가 작동하지 않으면 비행기의 전체 추력이 감소할 뿐만 아니라, 조종성에도 영향을 미치게 된다. 조종사의 시점의 볼 때, 대부분의 헬리콥터 로터와 비행기 프로펠러는 시계방향으로 회전한다. 비행 중인 항공기의 전진 속도가 블레이드에 유입되면 로터나 프로펠러의 오른쪽은 유속이 빨라지고 왼쪽은 유속이 느려지게 되며, 이로 인하여 추력(양력)이 로터나 프로펠러 중심축의 오른쪽에 작용하게 된다. 이러한 상태에서 쌍발 비행기의 왼쪽 엔진에 고장이 발생하면, 오른쪽 엔진의 추력 작용점이 비행기 중심선에서 더 멀리 있어 반대의 경우보다 더 큰 요잉 모멘트가 발생하고, 비행기를 직진 방향으로 유지하기 위해서는 러더를 더 크게 조작하여야 한다. 이와 같은 추력의 비대칭 현상을 P-Factor라고 하고, 고장이 발생했을 때 비행에 더 악영향을 미치는 엔진을 치명엔진(critical engine)이라고 한다.

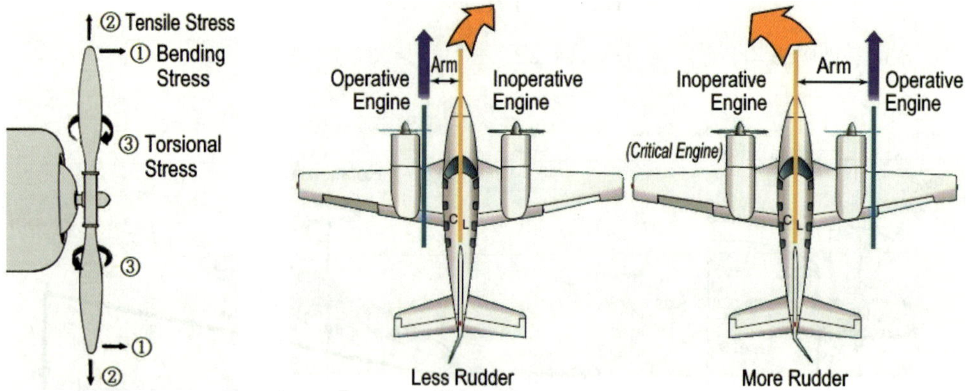

[그림 4-27] 프로펠러에 작용하는 힘과 쌍발 프로펠러 비대칭 효과

프로펠러 모델 표기법(model designation)은 제작회사마다 다를 수 있으나, 일반적으로 모델번호 중간의 " / " 표시를 전후로 앞쪽은 허브의 사양, 뒤쪽은 블레이드의 사양을 나타낸다. 다음의 표는 Hartzell의 3엽 정속 프로펠러에 대한 모델 표기를 나타낸다.

[표 4-8] 항공기 프로펠러 모델명칭 표기 사례

P HC - G 3 Y 1 F - 1 RF / L C 76 66 D - 3R (허브 / 블레이드)	
- P : Flange Angular Index, 0°&180° (B: 30°&210°) - HC : Hartzell Controllable - G : Basic Design. 1.0" Integral Shaft Extension - 3 : Number of Blades - Y : Hartzell Blade Shank Size - 1 : Hub Modification only for the Blade - F : Special Flange with the Bolts (R : SAE #2) - 1 : Non-Feathering (2 : Feathering, 4 : ~) - RF : Large Piston Area(R) and Pitch Change(F)	- L : Blade Configuration, Left-hand Pusher (F: Large Pitch Change, H: Right-hand Pusher, J: Left-hand Tractor, N: Carbon Composite) - C : Counterweighted Blades - 76 : Basic Diameter for a 2-blade Propeller - 66 : Basic Blade Model - D : Dimensional Modification (B: Deicing Boots, R: Rounded Tip, S: Square Tip) - 3R : 3" Rounded Tip for Cutoff Diameter

4.4.2 프로펠러 감항기준

왕복엔진과 터보프롭 엔진에 사용되는 프로펠러도 항공기나 엔진과 마찬가지로 별도의 형식증명(TC) 및 형식증명승인(TC validation)을 받아야 한다. 항공선진국이 아닌 일부의 국가에서 프로펠러에 대한 형식증명서를 별도 발급하지 않고, 해당 항공기의 형식증명 과정에서 안전성을 확인하는 경우가 있는데, 제도적인 측면뿐만 아니라 산업적 측면에서도 결코 바람직하다고 볼 수 없다.

미국 연방항공청, 유럽항공안전청, 우리나라 국토교통부에서 프로펠러의 형식증명에 적용하는 감항기준은 다음과 같다. 미국의 프로펠러 감항기준은 §35.1부터 §35.43까지 총 25개 요건, 유럽은 CS-P10부터 P560까지 총 30개 요건, 우리나라는 35.1부터 35.47까지 총 20개 요건으로 구성되어 있다.

- FAR Part 35 : Airworthiness Standards: Propellers, Amendment 35-10, 2016.12.30
- EASA CS-E : Certification Specifications and AMC for Propellers, Amdt 2, 2020.06.24
- KAS Part 35 : 프로펠러에 대한 기술기준, 국토부 고시 제2024-833호, 2024.12.18.

미국과 유럽은 감항기준 부합화(harmonization)을 정기적으로 진행하고 있지만, 항공기에 대한 감항기준을 중심으로 진행되어 프로펠러 감항기준은 각 요건의 대응성이 일치하지 않고 있다. 우리나라의 프로펠러 감항기준은 미국과 동등한 방식을 따르고 있으나, 대폭적인 최신화 개정이 절실히 필요하다.[48)]

미국 연방항공청은 2008년 FAR Amendment 35-8을 통하여 당시의 프로펠러 감항기준 24개 요건에 대하여 27개 항목을 개정, 삭제, 신설하는 대폭적인 개정을 추진하였다. 2013년의 Amendment 35-9에서는 §35.15(c)항과 (d)항을 개정하여 프로펠러 안전성 분석 요건을 구체화하고, §35.16 요건을 신설하여 프로펠러 치명성 부품에 대하여 기술, 제조, 운용관리 프로세스를 정립하고 견실성(integrity)을 보장하도록 하였다. 2016년의 Amendment 35-10에서는 §35.1(c)항과 §35.37(c)(1)항의 §23.907을 §23.2400(c)로 수정하는 간단한 내용을 개정하였는데, 이는 Part 23에 대한 전면 개정과 연계한 것이었다.

[표 4-9] 항공기 프로펠러 감항기준(FAR/KAS Part 35) 목차 비교

FAR Part 35: Propellers (Amdt 33-10, 2016.12.30)			KAS Part 35: 프로펠러 (유효일: 2018.04.09)	
Subpart A - General			**Subpart A 일반**	
§35.1	Applicability.	35-10	35.1	적용
§35.2	Propeller configuration.	35-8		
§35.3	Instructions for propeller installation and operation.	35-8	35.3	프로펠러의 장착 및 운용지침서
§35.4	Instructions for Continued Airworthiness.	35-5	35.4	감항성유지지침서
§35.5	Propeller ratings and operating limitations.	35-8	35.5	프로펠러 작동 제한사항
§35.7	Features and characteristics.	35-8		

48) 우리나라의 KAS Part 35는 다른 감항기준과 함께 제2024-833호로 동년 12월 18일에 고시되었지만, 기술기준 개정관리표에는 유효일자가 2018년 4월 9일로 표기되어 있고, 그 내용을 살펴보면 2008년의 FAR Amdt 35-8 개정 요건도 반영되지 않은 실정이다.

FAR Part 35: Propellers (Amdt 33–10, 2016.12.30)			KAS Part 35: 프로펠러 (유효일: 2018.04.09)
Subpart B - Design and Construction			**Subpart B 설계 및 구조**
§35.11	[Removed and Reserved.]	35-8	35.11 적용
§35.13	[Removed and Reserved.]	35-8	35.13 일반
§35.15	Safety analysis.	35-9	35.15 설계특성
§35.16	Propeller critical parts.	35-9	
§35.17	Materials and manufacturing methods.	35-8	35.17 재료
§35.19	Durability.	35-0	35.19 내구성
§35.21	Variable and reversible pitch propellers.	35-8	35.21 역추진 프로펠러
§35.22	Feathering propellers.	35-8	
§35.23	Propeller control system.	35-8	35.23 피치 조종 및 지시
§35.24	Strength.	35-8	
Subpart C - Tests and Inspections			**Subpart C 시험 및 검사**
§35.31	[Removed and Reserved.]	35-8	35.31 적용
§35.33	General.	35-8	35.33 일반
§35.34	Inspections, adjustments and repairs.	35-8	
§35.35	Centrifugal load tests.	35-8	35.35 블레이드 유지시험
§35.36	Bird impact.	35-8	
§35.37	Fatigue limits and evaluation.	35-10	35.37 피로 한계 및 평가
§35.38	Lightning strike.	35-8	
§35.39	Endurance test.	35-8	35.39 내구시험
§35.40	Functional test.	35-8	
§35.41	Overspeed and overtorque.	35-8	35.41 기능시험
§35.42	Components of the propeller control system.	35-8	35.42 블레이드 피치 조종계통의 구성품시험
§35.43	Propeller hydraulic components.	35-8	35.43 특수시험
§35.45	[Removed and Reserved.]	35-8	35.45 분해검사
§35.47	[Removed and Reserved.]	35-8	35.47 프로펠러 조정 및 부품교체
Appendix			**부록**
A - Instructions for Continued Airworthiness.		35-6	부록 A. 계속감항성지침서

유럽의 CS-P 프로펠러 인증규격은 과거의 JAR-P를 2003년에 CS-P로 전환하여 초판을 제정한 것이다. 2006년에 Amendment 1 개정을 진행하고, 2020년의 Amendment 2에서는 CS-P230 요건에 (g)항을 신설하여 프로펠러 제어시스템의 보안성(security)을 입증하고, CS-P40(c) 요건에 (13)항을 추가하여 프로펠러 제어시스템의 보안성 관련 내용을 감항성유지지침서에 명시하도록 개정하였다.

유럽항공안전청의 CS-P 인증규격은 미국 연방항공청 FAR Part 35와 거의 동등한 요건으로 구성되어 있지만, Part 35는 CS-P에 없는 §35.19 Durability 요건 1개를 더 규정하고, CS-P는 Part 35에 없는 Subpart D를 포함하여 다음의 6개 요건을 더 규정하고 있다. 다만, Subpart D의 4개 요건은 엔진 및 비행기에 장착된 상태로 인증을 받을 때 적용되는 것이므로 프로펠러 형식증명 시에는 적용하지 않을 수도 있다.

- CS-P 15 Terminology
- CS-P 440 Propeller Systems and Components
- CS-P 510 Applicability
- CS-P 530 Vibration and Aero-elastic Effects
- CS-P 550 Fatigue Evaluation
- CS-P 560 Flight Functional Tests

4.4.3 프로펠러 진동응력 적합성 입증

비행기 프로펠러에 대한 감항기준에서 진동시험(vibration test) 요건을 직접적으로 규정하지 않고 있다. 다만, FAR §35.4 ICA 요건과 §35.37 Fatigue 요건에서 프로펠러 진동 특성을 반영해야 하고, 프로펠러가 장착되는 비행기에 대한 형식증명에서 §23.2400(c)(4) Powerplant Vibration and Fatigue 요건 또는 §25.907 Propeller Vibration and Fatigue 요건에 따라서 프로펠러의 진동 안전성을 입증해야 하기 때문에 프로펠러 형식증명 신청자가 직접 진동시험을 수행하고 있다.

❑ 미국 Part 35 요건

- FAR §35.4 Instructions for Continued Airworthiness Amdt 35-5 1980.10.14
- FAR §35.37 Fatigue Limits and EvaluationAmdt 35-10 2016.12.30
- AC 20-66B Propeller Vibration and Fatigue Rev. B 2011.03.24.

❑ 유럽 CS-P 요건

- CS-P530 Vibration and Aero-elastic Effects Amdt P/1 2006.11.16
- AMC P530 Vibration and Aeroelastic Effects Amdt P/1 2006.11.16.

미국 FAR §35.37 요건의 (b)항에서 해당 프로펠러의 진동(vibration)과 주기 하중 패턴(cyclic load patterns)을 반영하여 프로펠러 피로 한계를 설정하도록 규정하고 있다. 소형 비행기에 대한 FAR §23.2400(c)항에서는 프로펠러를 포함하는 동력장치 장착에서 진동과 피로를 고려하도록 규정하고, 수송급 비행기에 대한 FAR §25.907 Propeller Vibration and Fatigue 요건에서는 해당 비행기 운용범위 전체에서 프로펠러의 최고 응력 및 공진 조건을 포함한 진동 응력 또는 하중의 크기를 결정하도록 규정하고 있다.

미국 연방항공청의 현재의 AC 20-66B Propeller Vibration and Fatigue에서는 프로펠러이 진동시험 조건, 진동시험 방법 및 절차, 최고 응력 및 공진 조건을 정하기 위한 예비 응력평가, 응력

관측시험, 공진하중 식별, 블레이드 공진모드 식별, 운용 제한사항, 감항성 유지를 위함 모니터링 등에 대하여 입증방법을 안내하고 있다.

유럽의 CS-P 프로펠러 인증규격에서는 FAR Part 35와 달리 CS-P530 Vibration and Aero-elastic Effects 요건에서 프로펠러에 대한 진동시험 직접 요구하고 있다. 물론, 이 요건은 프로펠러 형식증명 신청자가 해당 프로펠러를 엔진 및 비행기에 장착한 상태로 시험 및 평가하는 방식을 제안한 경우에만 적용되는 것으로써, 해당 비행기 및 프로펠러의 운용선도 전체에서 적정한 응력 마진을 가지고 진동 또는 공탄성에 의한 해로운 영향이 없음을 시험이나 해석을 통해서 입증하도록 규정하고 있다.

다음의 진동시험 대한 적합성 입증 예시는 알루미늄 합금 허브와 블레이드로 구성된 3엽 정속 프로펠러를 대상으로 하고 있다.[47] 이 프로펠러의 이륙출력은 2,700 rpm에서 310 hp이고, 직경은 78인치, 중량은 76 lb이다. 프로펠러 정속 제어에 유압식 조속기(governor)를 사용하며, 블레이드 페더링 및 역추력 기능은 갖추지 않고 있다.

Propeller Vibration Test and Evaluation for Engine Model

1. INTRODUCTION

The purpose of this test was to determine the vibratory stress levels of the Applicant's the Propeller Model ABC-D0EF-0G / H000 mounted on the Engine Model installed in the Airplane Model.

2. DESCRIPTION

The testing was conducted at the Airplane Manufacturer's facility at the City, State, during the period of month day, year.

The test aircraft was the Airplane Model, serial number 000, and registration number N000FT. This airplane incorporated modifications, including the installation of the Engine Model, to represent the configuration of the Airplane Model. This is a single engine tractor airplane with fixed tricycle landing gear.

The test engine was the Engine Model. This engine has a takeoff and maximum continuous rating of 310 hp at 2,700 rpm. This is a fuel injected engine with a compression ratio of 8.5 : 1 and is equipped with 4th, 5th, and 6th orders crankshaft counterweights.

The test propeller was the Propeller Model three blade, aluminum hub design with a diameter of 78 inches. The blades were constructed of 0000-T0 aluminum alloy with serial numbers 000000, 000000, and 000000. The hub unit serial number was 000000. Figure x shows strain gage locations on the propeller, and strain gage locations inside the hub unit.

The Model ABC-00 amplifiers, the Model AB-000C tape recorder, and IBM ThinkPad Model 000CD and docking station were installed in the aircraft for data acquisition. A slip ring and brush assembly was used to transmit the strain gage signals from the propeller to the equipment inside the aircraft.

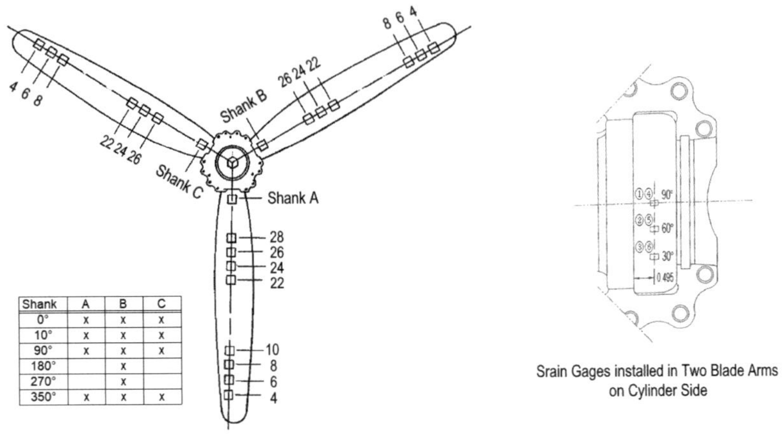

Shank	A	B	C
0°	x	x	x
10°	x	x	x
90°	x	x	x
180°		x	
270°		x	
350°	x	x	x

Figure x. Strain Gauge Location (Measured form Tip of Blade)

3. VIBRATION TESTS

The following conditions were tested:

(1) Propeller Load - With the aircraft static into the wind the RPM was advanced in increments from idle to maximum RPM using the throttle.

(2) With the aircraft static into the wind and the engine producing maximum power, the RPM was reduced in increments from maximum to 1,800 rpm.

(3) Takeoff and initial climb with 0 % and 50 % flap settings.

(4) With the aircraft stabilized in a climb and the engine producing maximum power, the RPM was reduced in increments from maximum to 2,100 rpm.

(5) With the aircraft stabilized in level flight the RPM was reduced in increments from maximum to 1,800 rpm. This test was conducted at 4,500 ft. MSL with power settings of maximum, 24 and 22 inches manifold pressure. The test was also conducted at 12,500 ft. MSL with maximum power and 16 inches manifold pressure.

(6) Gas Load - With the throttle closed the RPM is controlled by airspeed.

4. RESULTS AND DISCUSSION

The Airplane Model was tested with the Engine Model and the Propeller Model. The Engine Model, as installed in the Airplane Model, is rated at 310 hp at 2,700 rpm. The propeller testing was conducted with a maximum of approximately 2,800 rpm. The certified aircraft will be equipped with a mechanical cam arrangement to combine the throttle and propeller controls. For this test a separate propeller control was installed so that the complete propeller operating envelope could be tested.

During the testing the maximum stress locations on the propeller blades were found to be at 4 inches from the blade tip in the tip area, 26 inches from the tip in the mid-blade area, and at the 0° blade shank reference location. Figures x and x show the results of the static ground testing and Figures x through xx cover the flight test results. A summary of the maximum stress amplitudes shown in all of the figures and for all of the conditions tested is listed in Table x.

Figure x shows the results of static ground operation with the aircraft headed into the wind and the propeller operated throughout the RPM range from idle to maximum RPM with the RPM controlled by the throttle.

Figure x shows the results of static ground operation with the aircraft headed into the wind while maintaining maximum power and reducing the RPM in increments from maximum to approximately 1,800 rpm. All of the propeller stress amplitudes measured during the static ground testing were well within the applicable allowables.

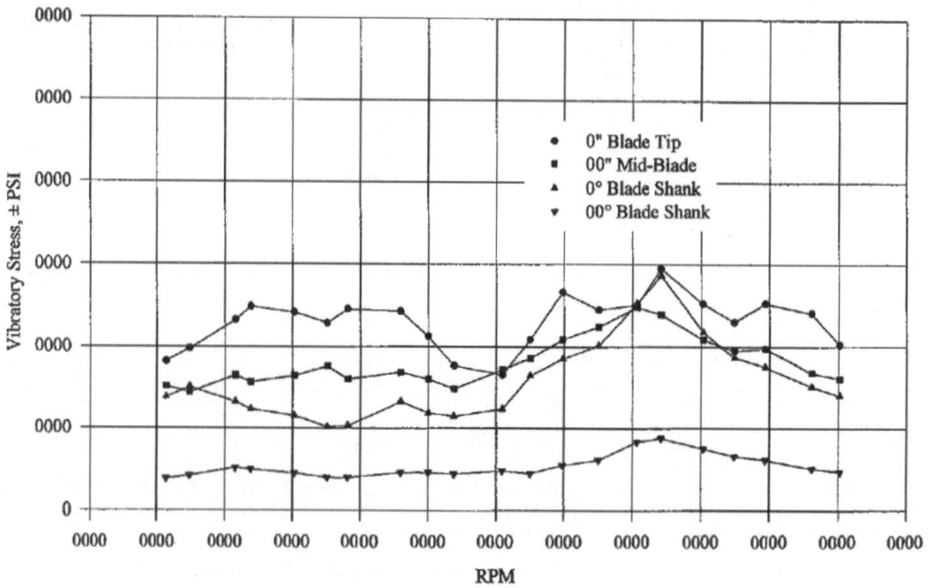

Figure x. Blade Stress vs RPM at Max Power in Ground Static

The results for a 0 % and 50 % flap normal takeoff and initial climb at approximately 2,750 rpm are listed in Table x and show acceptable stress amplitudes for all areas of the propeller.

The climb data shown in Figure x was recorded while maintaining maximum power and reducing RPM from maximum to approximately 2,100 rpm which is considered to be less than the minimum RPM for this condition. As shown in Figure x there are stress peaks at approximately 2,350 and 2,725 rpm. However, these peaks-remain well within acceptable allowables.

Level flight data shown in Figures 6 through 9 was recorded at 4,500 ft MSL. The data shown in Figures x and x was recorded while maintaining maximum power and incrementally reducing the RPM from maximum to the minimum governing RPM. The hub data in Figure x shows both the steady and vibratory stress amplitudes for the three strain gages installed in the hub unit...

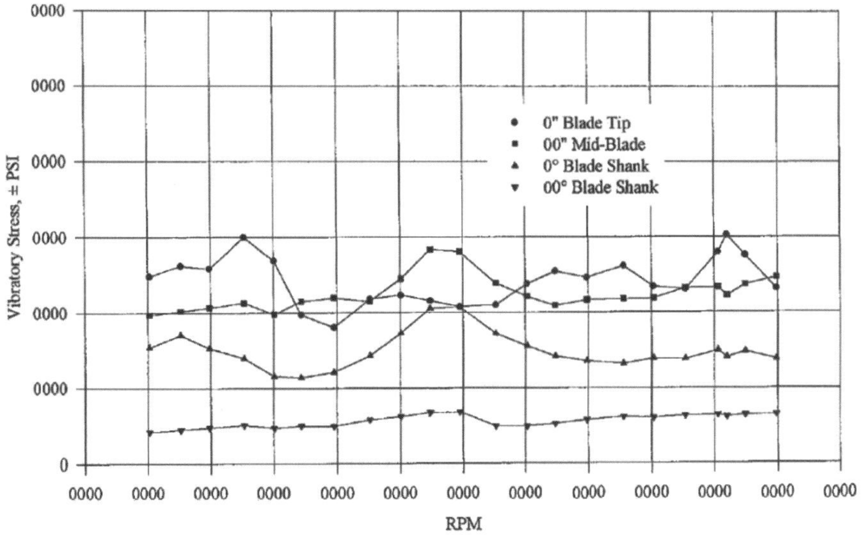

Figure x. Blade Stress vs RPM at Max Power in 4,500 ft Flight

Level flight testing was also conducted at 12,500 ft MSL as shown in Figures xx and xx. The data shown in these figures was recorded while maintaining maximum power and 16 inches manifold pressure and incrementally reducing the RPM from maximum to the minimum governing RPM. The data shows no adverse affect on propeller stress amplitudes due to altitude. The maximum manifold pressure at 12,500 ft was 18 inches.

The data shown in Figure 12 was recorded with the throttle closed and the RPM controlled by airspeed. The stress amplitudes were low with no evidence of unusual propeller excitation...

5. SUMMARY OF STRESS DATA

Table x contains a summary of the maximum and allowed stress amplitudes for the tip, mid-blade, and blade shank.

The tip, mid-blade, and blade shank allowables applicable to this installation are established by the Goodman Diagram for 2025-T6 aluminum alloy propeller blades contained in the Applicant's Engineering Report No. 000, attached to this report.

The tip area of the blade is referenced to the tip region line and the mid-blade area is referenced to the mid-blade, not shot peened, line on the Goodman Diagram. The stress levels measured at the blade shank reference location are referenced to the "Y" shank line on the Goodman Diagram. All of the stress amplitudes measured in the tip, mid-blade, and shank areas are well within the applicable allowables.

The hub allowable for this design is referenced to the amplitudes measured at the blade shank reference location. The hub allowable is contained in the Applicant's Engineering Report No. 000 dated Month Day, Year. The allowable has been established at ± 6,300 psi at a centrifugal force of 50,000 lbs at the blade shank reference location. All of the stress levels measured at the blade shank reference location are well within this allowable.

Figure x. Summary of Maximum and Allowed Stress Amplitude

Run#	Test Conditions	Figure	RPM	Blade Tip			Mid-Blade			Blade Shank			
				±PSI	Steady PSI	Allowed ±PSI	±PSI	Steady PSI	Allowed ±PSI	0°±PSI	90°±PSI	Steady PSI	Allowed ±PSI
000		Figure x	948	266	487	5572	1475	924	6139	169	226	811	4820
000	Static Propeller Load	Figure x	1701	1451	1579	5454	1326	3410	5840	624	385	2390	4360
000		Figure x	2604	1703	3440	5253	2074	7947	5295	2306	629	5189	3543
	Maximum Power Static												
	Takeoff, 0% Flap												
	Takeoff 50% Flap												
	Max Power Climb below 6,000ft					(중간 생략)							
	Max Power Level Flight, 4,500ft												
	MAP 24" Level Flight at 4,500ft												
	MAP 22" Level Flight at 4,500ft												
	Max Power Level Flight, 12,500ft												
	MAP 16" Level Flight at 12,500ft												
000		Figure xx	1302	266	1542	5458	756	4233	5741	194	135	2167	4425
000	Gas Load, Throttle Closed	Figure xx	1924	446	2318	5374	697	7070	5400	487	214	3623	4000
000		Figure xx	2701	861	2906	5311	1375	10969	4932	1473	504	6576	3135

6. CONCLUSION

The Propeller Model ABC-D0EF-0G / H000 is satisfactory vibration wise mounted on the Engine Model rated at 310 hp at 2,700 rpm and installed in the Airplane Model. There are no operating restrictions. The propeller diameter limits are 78 to 76 inches.

4.4.4 블레이드 결합기구 적합성 입증

왕복엔진 및 터보프롭 엔진에 장착된 프로펠러가 고속으로 회전하면 블레이드에 원심력과 추력이 작용하게 되며, 이로 인하여 블레이드가 허브에서 이탈(separation)되지 않도록 견고히 결합(retention)되어야 한다. 프로펠러 블레이드가 허브에서 이탈되거나 프로펠러 전체가 엔진에서 분리되는 현상은 일반적으로 위험한 고장(hazardous failure)으로 분류되지만, 비행기의 추락이나 상실되는 경우에는 파국적 고장(catastrophic failure)으로도 분류된다. 이를 방지하기 위하여 FAR §35.35 및 CS-P350 요건, 그리고 해당 안내서에 따른 적합성 입증이 요구된다.

❑ 미국 Part 35 요건

- FAR §35.35 Centrifugal Load Tests Amdt 35-8 2008.12.23
- AC 35-1A Certification of Propellers Rev. A 2018.10.11.

❑ 유럽 CS-P 요건

- CS-P350 Centrifugal Load Tests Amdt P/1 2006.11.16
- AMC P350 Centrifugal Load Tests Amdt P/1 2006.11.16.

미국 FAR §35.35 요건에서 고정피치 프로펠러를 제외한 가변피치 또는 정속 프로펠러에 대하여 위험한 영향(hazardous effect)을 초래하는 고장, 오작동 또는 영구변형이 발생하지 않음을 실증하도록 규정하고 있다. 즉, 리텐션 시스템에 균형추(counterweight)를 사용하는 프로펠러는 정격회전수 원심하중의 2배 하중으로 1시간 동안 시험하고, 복합재 변곡(transition) 블레이드 프로펠러에 대해서는 해당 구성품을 최대 원심하중의 2배 하중으로 1시간 동안 별도 시험하고, 스피너, 제빙기구, 블레이드 침식 차폐재 등에 대해서는 최대 원심하중의 159 % 하중으로 30분 동안 시험하여야 한다.

미국 연방항공청의 AC 35-1A는 FAR Part 35 전체 요건에 대한 입증방법을 안내하고 있으며, FAR §35.35 요건에 따른 원심하중 시험을 회전시험시설(whirl testing facility)에서 전체 프로펠러가 아닌 블레이드 일부 구간에 더미하중을 달고 시험할 수도 있다고 안내하고 있다. 프로펠러 구성품에 대해서는 최대 원심하중의 159 % 하중으로 30분 동안 시험하고 나머지 하중 조건을 해석으로 입증할 수 있으나, 해석 방법의 적정성을 감항당국으로부터 인정받을 수 있어야 한다.

유럽의 CS-P350 요건과 이에 대한 적합성 입증방법(AMC)에서는 미국의 FAR §35.35 요건 및 AC 35-1A의 해당 지침과 거의 동일한 내용으로 규정하고 있어 완전히 동등하다고 볼 수 있다.

미국과 유럽의 감항당국은 다수의 프로펠러 형식증명에서 프로펠러 허브와 블레이드 결합기구(retention) 설계에 대한 특별감항조건(SC)을 발행하였고, 운용 중인 프로펠러에 대해서도 감항성개선지시서(AD)를 발행하여 안전성을 확보하도록 조치하고 있다.

다음의 프로펠러 허브 파열시험에 대한 적합성 입증 예시는 알루미늄 합금 허브와 목재/복합재 블레이드로 구성된 3엽 정속 프로펠러를 대상으로 하고 있다.[47] 이 프로펠러의 최대출력은 2,700 rpm에서 420 hp이고, 직경은 최대 2.13 m, 중량은 최대 32 kg이고, 유압식 조속기(governor)를 사용하며, 블레이드 페더링과 역추력 기능은 갖추고 있다.

Rupture Test with Representative Propeller Hubs

1. SUBJECT

Three tests were carried out with representative blades and hubs for the shank diameters 64 mm, 78 mm, and 92 mm on month day, year.

In order to compare the test loads with the loads that occur, in real operation, strain gauges were applied on the hub surface at the blade bearing seat location, on the leading edge, end the trailing edge side. The position of these strain gauges was identical to those, during the vibration tests in flight.

2. TEST RESULT SUMMARY

Rupture occurred at the following maximum loads:

- Shank Diameter 64 mm: 300 kN
- Shank Diameter 78 mm: 474 kN
- Shank Diameter 92 mm: 550 kN

At these loads, the measured stress at the obove mentioned strain gauge locations was much higher than the maximum peak stress that had ever been measured at this strain gauge location during all vibration tests ever performed by the Applicant.

The achieved rupture loads for all shank diameters were more 3 times higher as the maximum calculated centrifugal loads.

3. TEST INSTRUMENTATION

3.1 Position of the Strain Gauges

Strain Gauge No.	Position and Type of Strain	Material	Type of Bridge
I.1	Hub leading edge on bearing seat normal stress	Aluminum	1/4-
I.2	Hub trailing edge on bearing seat normal stress	Aluminum	1/4-

Further information about strain gauge locations gauge types and factors are comprehended in Annex 0.0 and 0.0.

3.2 Transmission and Processing Equipment

The load of the Material Testing Machine was provided by an analog output. The stress data were measured and transmitted by a Model telemetry system, consisting of one transmitter Model 000/000 and one receiver Model 000/000.

For the recording of the data a cassette data recorder Model A-00 was used. The preprocessing after each test was performed on a Oscillograph Model B00-00C. The strain gauges were calibrated by Shunt Calibration. (Further information about the calibration procedure in Annex 0.0)...

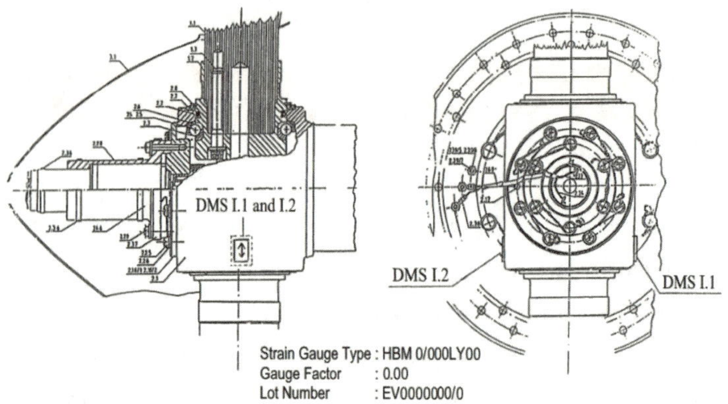

Figure x. Positions of Strain Gauges for Propeller Rupture Test

4. TEST PROGRAM

Refer to Report AB00000 of "State Material Testing Office for Mechanical Engineering".

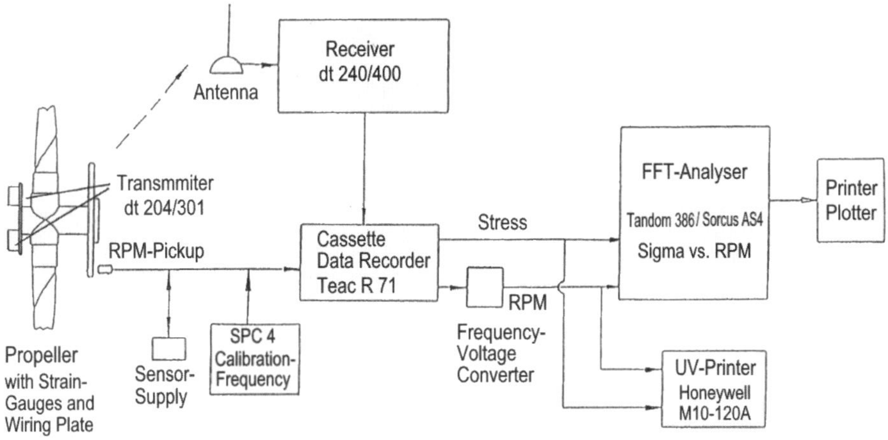

Figure x. Test Setup for Propeller Rupture Test

5. TEST RESULTS

Definitions are as follows.

- The dynamic stress, σ_a is defined as the half value of the value from Peak to Peak.
- The static stress, σ_m is the value from zeroline to middle line of the oscillation.
- The peak stress, σ_p is in this report defined as $\sigma_m + \sigma_a$.
- Pressure is defined as negative static stress or strain.
- The abbreviation for Stain Gauge is "DMS".

5.1 Material Data

- Hub Material: Aluminum 3.1354 T351
  - E-Mod. = 73,000 N/mm^2
  - G-Mod. = 26,805 N/mm^2
- Max. allowable Stress
  - $\sigma_{m\max}$ = 60 N/mm^2
  - $\sigma_{a\max}$ = 33 N/mm^2
  - $\tau_{a\max}$ = 20 N/mm^2
  - $\sigma_{p\max}$ = 93 N/mm^2

5.2 Material Stress in Relation to Test Load

(1) Blade Shank Diameter 64 mm

- Rupture Load 300 kN: Max. measured static stress at DMS I.1 and DMS I.2: $\sigma_{m\max}$= -230 N/mm^2 during rupture test. (Refer to Annex 0.0).

- Maximum calculated centrifugal load for Propeller Model ABC-0-( ): τ_{max} = 45.4 kN. (Refer to Annex 0.0)
- Maximum measured static stress during real flight test, strain gauge position similar to DMS I.2: $\sigma_{m\,max}$ = -18 N/mm^2. (Refer to Annex 0.0)

(2) Blade Shank Diameter 78 mm

- Rupture Load 474 kN: Max. measured static stress at DMS I.2: $\sigma_{m\,max}$ = -140 N/mm^2 during rupture test. (Refer to Annex 0.0).
- Maximum calculated centrifugal load for Propeller Model ABC-00-( ): τ_{max} = 76.9 kN. (Refer to Annex 0.0)
- Maximum measured static stress during real flight test, strain gauge position similar to DMS I.2: $\sigma_{m\,max}$ = -36 N/mm^2. (Refer to Annex 0.0)

(3) Blade Shank Diameter 92 mm

- Rupture Load 550 kN: Max. measured static stress at DMS I.1 and DMS I.2: $\sigma_{m\,max}$ = -130 N/mm^2 during rupture test. (Refer to Annex 0.0).
- Maximum calculated centrifugal load for Propeller Model ABC-0-( ): τ_{max} = 111.7 kN. (Refer to Annex 3.6), and ABC-0-( ): τ_{max} = 145.6 kN. (Refer to Annex 0.0)
- Maximum measured static stress during real flight test, strain gauge position similar to DMS I.2: $\sigma_{m\,max}$ = -35 N/mm^2. (Refer to Annex 0.0)

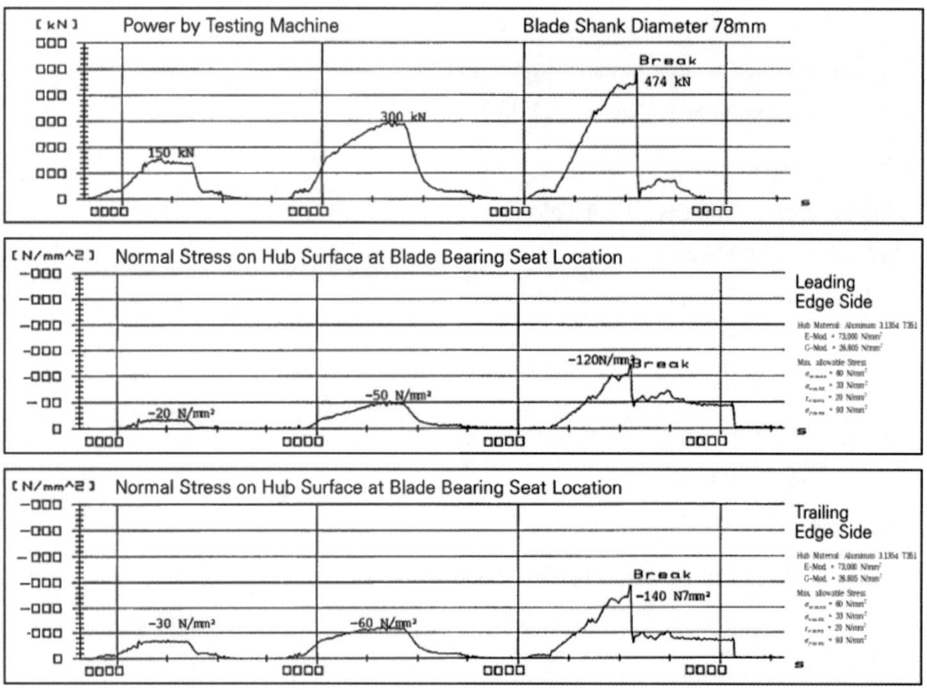

Figure x. Propeller Hub Stress of Blade Shank Diameter 78mm

6. CONCLUSION

The minimum achieved rupture load was more than 3.7 times higher as the maximum calculated centifical load.

The minimum measured stress at strain gauge position I.1 and I.2 during the rupture test was 3.4 times higher than the maximum static stress measured during flight test.

Therefore sufficient safety against rupture due to centrifugal loads is evident.

4.5 보조동력장치 인증

4.5.1 보조동력장치 설계 구성

보조동력장치(APU: Auxiliary Power Unit)는 항공기에 보조 또는 비상용 에너지를 공급하는 소형 가스터빈 엔진을 말한다. 즉, 지상 시설에서 보조 동력을 공급받지 못하거나 비행 중에 주 엔진의 동력이 상실되는 경우에 항공기 작동에 필요한 최소한의 전기, 공압, 유압을 공급하는 기능을 수행한다.

보조동력장치는 대형 상업용 비행기, 지역간 비행기, 비즈니스 제트기, 수송급 헬리콥터에 필수적으로 장착되고, 대부분의 소형 헬리콥터와 소형 비행기에는 보조동력장치를 탑재하지 않으며 법적인 필수 장비에도 해당되지 않는다.

가스터빈 방식의 보조동력장치는 일반적으로 원심형 압축기, 역류형 연소기, 축류형 터빈으로 구성되며, 대부분 단축(single shaft)으로 설계되어 있다. 기어박스 출력단에 설치된 발전기와 유압펌프에서 생성된 유압과 전기를 기체로 공급하고, 압축기의 블리드 공기를 인출해 주 엔진의 시동이나 객실에 비상용 공기를 제공한다.

일반적으로 10인승 이상의 수송급 헬리콥터에는 150마력급의 보조동력장치가 장착되고, 100인승 내외 중형 비행기에는 300마력급, 대형 상업용 비행기에는 1,000마력 내외이 보조동력장치가 장착된다. A380 비행기에 장착된 PW980 보조동력장치는 저압단과 고압단의 2축으로 구성되

[Hamilton Sundstrand T-62T-40]
S-70, UH-60, 150 eshp: 35kVA, 0.53kg/s

[Honeywell GTCP 36-150 APU]
S-92, UH-60, 150 eshp: 40kVA, 0.53kg/s

[Hanwha Aerospace KUH APU]
KUH-1, 134 eshp: 20 kVA, 0.45 kg/s

[Safran SPU300 APU]
Global 7500, 300 eshp: 60kVA, 0.9kg/s

[Honeywell HGT750 APU]
C919, 750 eshp: 90 kVA, 1.0 kg/s

[Pratt & Whitney PW980 APU]
A380, 1,800 eshp: 240 kVA, 2.0 kg/s

[그림 4-28] 대표적인 가스터빈 보조동력장치(APU)

었고, 240 kVA의 전기 출력과 약 2.0 kg/s의 블리드 공기를 포함하여 등가 축출력(eshp: equivalent shaft horsepower)이 1,800마력에 이른다.

[표 4-10] 대표적 보조동력장치 성능지표 및 항공기 적용 현황

제작사	모델명칭	구성방식	ESHP [kW]	전력 [kW]	흡입공기 [kg/s]	블리드 [kg/s]	회전수 [rpm]	길이 [cm]	직경 [cm]	중량 [kg]	장착 항공기
Hamilton	T-62T-2	C1-RA-R1	71	71	0.84	Non	58,225	74	38	34	CH-47
한화(삼성)	KUH APU	C1-RA-R1	100	20		0.45	58,105				KUH-1 Helicopter
Honeywell	RE100	C1-RA-R1	101	40	1.60	0.26	72,000	60	40	38	Bell 525, Citation, G150
Safran	SPU150	C1-RA-R1	112	40	1.95	0.70	55,000	74	40	59	Falcon 7X, E170, E190
Hamilton	T-62T-40	C1-RA-R1	127	42	1.37	0.46	61,565	74	45	40	UH-60, CH-47, AW101
Honeywell	36-150	C1-RA-R1	130	42	1.36	0.45	58,759	83	55	49	S-92, Falcon 2000
Honeywell	APS1000	C1-RA-R1	140	60	1.98	0.45	60,000	99	66	75	SAAB 2000, Fokker 60
Safran	Saphir 20	C1-RA-R1	224	40	2.50	0.60	55,000	82	42	79	AS332 Super Puma
Safran	SPU300	C1-RA-R1	224	60	2.60	0.90	55,000	114	60	100	Bombardier Global 7500
Honeywell	HGT400	C1-RA-R1	261	60	2.16	0.83	55,000	104	50	103	G600, CL850, CRJ900
P & W	APS2300	C1-RA-A2	299	44	2.68	0.99	52,000	116	53	130	Embraer E190-E2
P & W	APS3200	LC1C1-RA-A2	400	90	2.98	1.80	49,300	125	76	146	A320ceo, neo
Honeywell	131-9	LC1C1-RA-A2	448	90	3.52	1.27	49,000	128	76	154	B737NG, MAX, A220
Honeywell	HGT750	LC1C1-RA-A2	560	90	4.09	2.20	50,000	126	69	151	COMAC C919, MC-21
Honeywell	331-350	LC1C2-RA-A3	600	90	4.76	2.30	48,000	132	69	182	A330, single-shaft
P & W	APS5000	C1-RA-A2	821	450	5.30	Non	45,000	149	72	245	B767, B787
Honeywell	331-500	LC1C2-RA-A3	896	120	5.40	3.26	45,000	132	69	200	B777X
P & W	PW901	LC1:C1-RA-A1:A1	1,000	180	6.20	3.20	40,000	136	72	230	B747-400, B747-8
Honeywell	HGT1700	LC1C1-RA-A2	1,269	150	7.20	3.50	42,000	128	74	245	A350XWB
P & W	PW980	LC1:C1-RA-A1:A1	1,343	240	8.33	2.80	42,000	140	73	250	A380, two-shaft

- 구성방식(configuration) C : Centrifugal Compressor, LC : Load Compressor, RA : Reverse flow Annular Combustor, R : Radial turbine, A : Axial turbine
- 원심형 압축기 1단의 압력비는 통상 3.0 ~ 6.0 정도이며, Honeywell GTCP131-9의 압력비가 8.0으로 제시되어 있으나, 현존하는 기술로 달성하기 매우 어려운 수준임

가스터빈 방식의 보조동력장치는 일반적인 가스터빈 엔진과 동일한 방식으로 압축기, 연소기, 터빈으로 구성된다. 등가 축출력 300마력 이하의 중소형 보조동력장치는 대부분 1단 원심형 압축기, 역류형 애뉼러 연소기, 2단 축류형 터빈을 단축(single shaft)으로 구동하는 방식을 채택하고 있다. 150마력급 소형 보조동력장치는 원심형(centrifugal) 압축기와 반류형(radial) 터빈의 뒷면을

서로 맞대는 형상(back to back)으로 설계되기도 하고, 1,000마력 이상의 대형 보조동력장치는 단축으로 구동하면서 앞쪽에 블리드 공기 인출을 전담하는 부하 압축기(load compressor)를 추가하거나, 이를 별도의 축과 터빈으로 구동하는 복축(two shaft) 방식으로 설계되기도 한다.

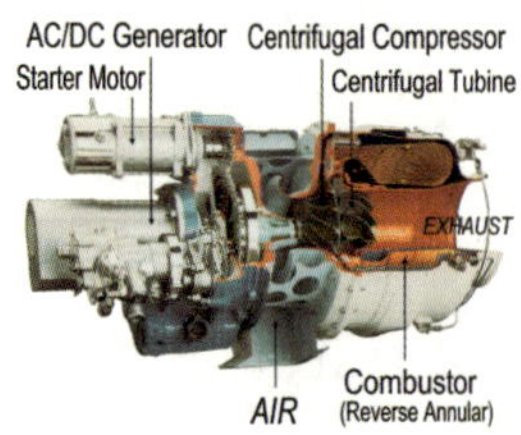

[Honeywell GTCP 36-150]
1-Shaft, CC1-CT1 (Back to Back)

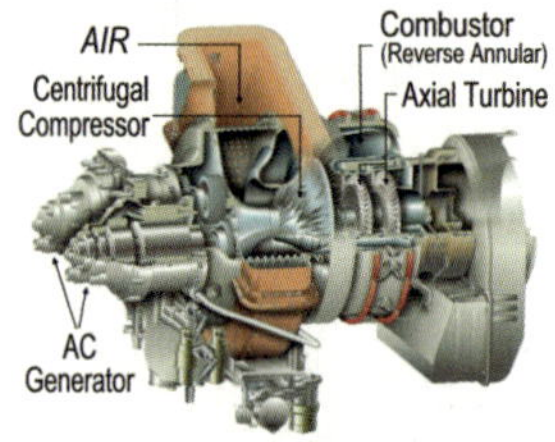

[Honeywell APS5000 APU]
1-Shaft, CC1-AT2 Arrangement

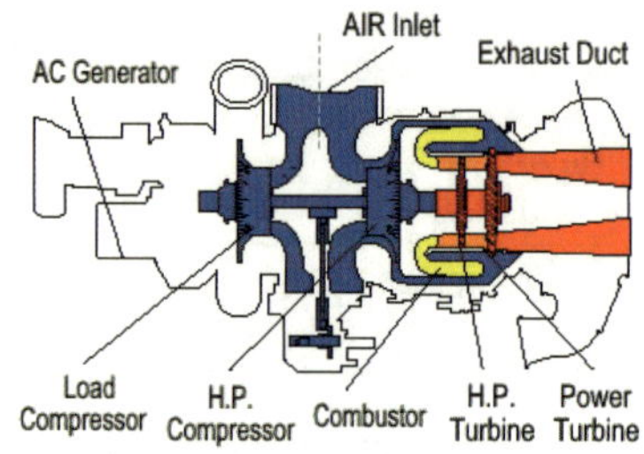

[Pratt & Whitney PW901 APU]
2-Shaft, LP: LCC1-LPT1, HP: CC1-HPT1

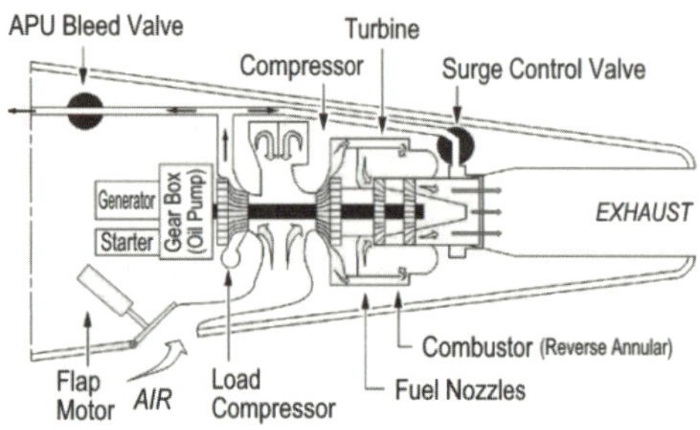

[Transport Airplane at Rear Fuselage End Section]

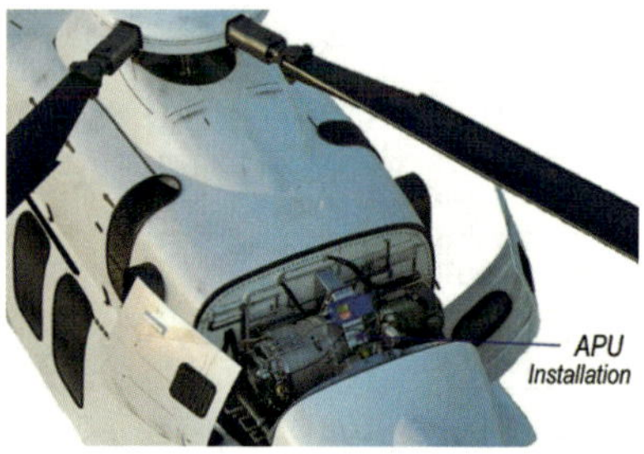

[Helicopter at Engine Compartment Rear Section]

[그림 4-29] 보조동력장치 구성 형식 및 항공기 장착 위치

최근에는 항공기의 전력 소요가 증가함에 따라 블리드 공압 출력과 유압 출력을 현저하게 줄이고 발전기를 2개 이상 장착하여 전기 출력을 높인 보조동력장치(APU)가 개발되고 있다. 또한, Honeywell, Safran, Rolls-Royce를 중심으로 카고 드론, 에어 택시, 커뮤터 비행기의 하이브리드 전기추진 동력장치로 사용될 수 있는 1,000kW급 터보제너레이터(turbogenerator)를 개발하고 있다.

가스터빈 방식의 보조동력장치 엔진의 구성 방식, 열역학 사이클, 재료 및 구조는 터보샤프트 엔진이나 터보프롭 엔진과 동일하다고 볼 수 있다. 즉, 압축기, 연소기, 터빈으로 구성된 브레이톤 사이클(Brayton cycle)로 작동한다. 압축기에서 압축된 공기가 연소기에 유입되면, 연료노즐과 점화 플러그에 의해서 정압 상태로 연소하고, 연소가스가 터빈에서 팽창하면서 동력을 얻어 압축기를 구동하고, 기어박스에 설치된 발전기 및 유압펌프를 작동시킨다.

보조동력장치의 터빈엔진 압축기 제작에는 티타늄 합금, 니켈계 합금, 알루미늄 합금, 강철 합금, 복합재료 등이 사용되고, 연소기에는 니켈계 합금, 코발트계 합금, 세라믹 매트릭스 복합재료(CMC) 등과 열차단 코팅(TBC)이 적용되고, 터빈에는 주로 니켈계 합금, 코발트계 합금, 단결정

초합금 등과 세라믹 열차단 코팅 등이 적용된다. 다만, 주 추진기관으로 사용되는 고성능 터빈엔진의 연소가스 온도가 최고 1,700 ℃ 수준인 반면에 비상 시에만 한시적으로 사용되는 보조동력장치 엔진은 연소가스 온도를 1,100 ℃ 수준에서 설계하고 고가의 특수 내열재료 사용을 최소화하고 있다.

보조동력장치의 터빈엔진은 40,000 ~ 60,000 rpm으로 회전하는 반면에 이에 장착될 발전기는 약 12,000 rpm, 유압펌프는 약 5,000 rpm에서 정상 작동한다. 이에 따라서 보조동력장치 기어박스는 5 : 1에서 10 : 1 정도의 감속비를 가져야 한다. 참고로 터보샤프트 엔진과 터보프롭 엔진의 보기기어박스(AGB: Accessory Gearbox) 감속비도 5 : 1에서 10 : 1 정도이며, 중대형 터보팬 엔진은 3 : 1에서 5 : 1의 감속비를 갖는다. 이에 첨언하여 헬리콥터의 로터 회전수는 약 400 rpm 정도이고, 터보샤프트 엔진의 동력터빈 회전수는 약 30,000 rpm 정도이므로 총 70 : 1 정도의 감속비가 요구되어 이를 엔진 기어박스와 기체 기어박스에서 각각 일정 비율로 감속시켜 메인 로터를 구동하게 된다.

항공기용 보조동력장치의 설계, 개발, 인증을 위하여 다음의 지침서 및 규격에 제시된 이론과 요건을 숙지할 필요가 있다. 군용과 민수용 보조동력장치에 서로 다른 문서가 적용되지만, 보조동력장치 개발자로서 관련되는 모든 이론과 요건을 숙지하고 그에 대응할 수 있도록 설계하는 것이 중요하다.

- AGARD-CP-352 : Auxiliary Power Systems, 1983.09.00
- MIL-P-85573 : General Specification for Auxiliary Power Unit, 1983,11.15
- MIL-S-85419 : Detailed Specification for Starter/Auxiliary Power Unit, 1981.10.01
- MIL-HDBK-516C : Airworthiness Certification Criteria, 2014.12.12
- SAE AIR4204 : Commercial Aircraft Auxiliary Power Unit Installations, 1991.01.29
- TSO-C77b : Gas Turbine Auxiliary Power Units, 2000.12.20
- CS-APU : CS and AMC for Auxiliary Power Units, 2020.07.01.

항공우주 연구개발 자문그룹(AGARD: Advisory Group for Aerospace Research and Development)은 1952년부터 1996년까지 북대서양조약기구(NATO)의 전문가 조직으로 활동하고 폐지되었지만, 보조동력장치 연구개발에 유용한 이론과 사례를 다수 제시하고 있다. 1990년대 후반에 진행된 미국 군사규격 개편(MIL SPEC Reform) 프로그램에 따라서 상당수의 군사규격에 폐지되었지만, 보조동력장치에 관한 MIL-P-85573과 MIL-S-85419는 아직도 유효하게 적용되고 있다. 군용 보조동력장치는 단독으로 인증 대상은 아니지만 하나의 구성품으로써 항공기 체계의 감항인증에 포함되고, 민수 보조동력장치는 미국의 기술표준서(TSO)나 유럽의 인증규격(CS)을 적용한 인증을 받아야 한다.

보조동력장치의 연구개발에는 국가규격 및 산업규격 뿐만 아니라, 고객의 요구사항도 반영하여야 한다. 보조동력장치의 발전 출력, 공압 축력, 유압 출력의 크기와 외관의 물리적 크기 및 중량 등은 고객 요구사항에 따라서 결정되는 것이다. 국가규격, 산업규격, 고객 요구사항, 사내 개발사양을 충족하기 위하여 보조동력장치 엔진의 성능해석, 구성품 열유체 해석, 구조해석, 상세설계, 구성품 시험을 수행하고, 완성품에 대한 시제작, 시험, 인증 과정을 통하여 최종 설계를 확정한다.

중국의 C919 비행기 개발 당시에 COMAC은 Honeywell에 10,000시간의 운용 신뢰성, 세계 최고 수준의 연료 효율, 배출가스 오염물 25 % 감소, 경량 구성품 사용, 항공기 시스템 및 LEAP-1C 엔진과 효과적인 통합 요건을 제시하였고, Honeywell은 B737 비행기에 장착되는 기존의 131-9B APU를 개조하여 HGT750 APU를 개발하였다.

우리나라에서 최초로 실용화 개발에 성공한 KUH-1 헬기용 보조동력장치는 등가 축출력 100kW급의 민군겸용 보조동력장치와 지상차량용 발연기 동력장치 연구개발을 통해서 확보된 선행기술을 바탕으로 개발되었다.[49] 보조동력장치 터빈엔진의 개발은 주 추진기관으로 사용되는 터빈엔진 개발과 동일한 과정으로 개발된다. 즉, 해당 규격과 고객의 요구사항을 반영한 설계목표를 설정하고, 엔진에 대한 성능해석과 구성품에 대한 열유체 해석을 통해서 성능목표 달성 가능성을 확인하고, 구조해석과 상세설계를 통해서 형상을 결정하고, 시제품을 제작하여 시험평가를 수행한다.

우리나라 보조동력장치 개발을 위한 사전연구에서 수행한 성능해석 과정을 다음과 같이 설명할 수 있다. 먼저, 고객 요구사항으로 주어진 축 출력 40 kW와 블리드 공기유량 0.25 kg/s을 달성할 수 있는 터빈엔진의 구성 방식을 설정한다. 이와 같은 소형 보조동력장치 터빈엔진은 원심형 압축기(C) 1단, 역류형 애뉼러 연소기(RA), 반류형 터빈(R) 1단으로 구성하면, 구조를 단순화하고 크기와 중량을 줄일 수 있다. 보조동력장치 터빈엔진의 성능해석을 위한 설계목표 변수는 다음과 같다.

- 축 출력 : 40.0 kW (중소형 항공기 비상동력 소요량)
- 블리드공기유량 : 0.25 kg/s (중소형 항공기 APU 블리드 유량)
- 압축기 압력비 : 3.70 (블리드 공기 압력 요구치)
- 압축기 효율 : 78.0 % (고 출력/중량비 APU 설계목표)
- 연소기 효율 : 99.0 % (가스터빈엔진 일반적 연소효율)

---

49) 저자는 우리나라 최초의 보조동력장치 개발을 위한 사업기획, 성능해석, 시험평가, 인증(Qualification)에 직접 참여하였다. 이에 대한 연구논문 4편과 학위논문 1편에 보조동력장치에 대한 성능해석과 인증기준에 관한 사항이 제시되어 있으며, 퍼블릭 도메인에서 자유롭게 인용할 수 있다.

- 터빈 효율 : 85.0 % (고 출력/중량비 APU 설계목표)
- 터빈입구온도 : 1,170 K (블레이드 IN792, 베인 IN783 고려)

그리고, 엔진 성능해석에서 전압력 손실은 흡입구 2.0 %, 연소기 5.0 %, 배기구 2.0 %의 통상적인 값을 적용하고, 로터 구동부의 기계적 손실 2.0 %와 연료펌프 및 오일펌프 등의 보기류 소요동력을 2.0 kW로 설정하였다. JP 연료의 저위발열량(LHV) 평균값 42,800 kJ/kg을 적용하였다.

보조동력장치 터빈엔진의 성능해석에서 추가로 고려할 사항은 블리드 공기의 인출 위치와 그로 인한 공압 출력의 변화이다. 대부분의 보조동력장치 터빈엔진은 원심형 압축기와 역류형 연소기를 사용함에 따라서 블리드 공기를 연소기 덕트 중간에서 인출하는 방식으로 설계한다. 이에 따라서 압축기에서 압축된 공기가 연소기 덕트에서 추가로 가열되고 공압 출력이 상승하는 효과가 나타난다.

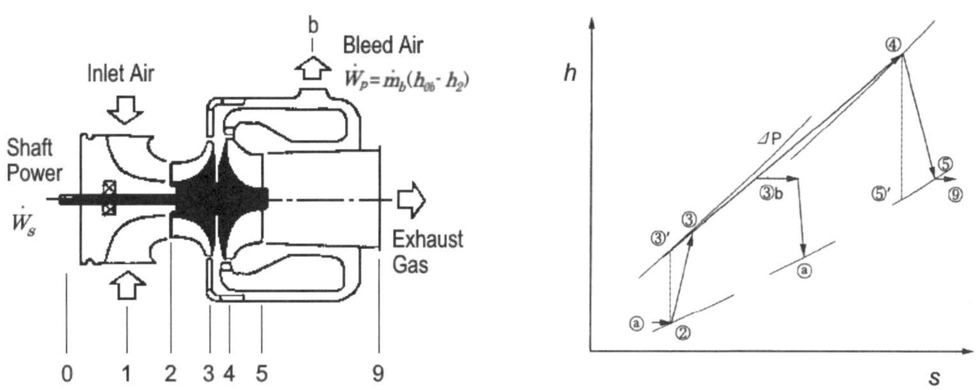

[그림 4-30] 보조동력장치 구성도 및 열역학 선도

보조동력장치 엔진에 대한 열역학 이론에 따라서 단위 유량당 압축기 일 Δh_c와 터빈 일 Δh_t는 다음과 같이 나타낼 수 있다.

- 압축기 일, $\Delta h_c = h_{o3} - h_{o2} = \dfrac{C_p T_{o2}}{\eta_c}\left[\left(\dfrac{P_{o3}}{P_{o2}}\right)^{\frac{\gamma-1}{\gamma}} - 1\right]$ $[kJ/kg]$
- 터빈 일, $\Delta h_t = h_{o4} - h_{o5} = C_p' T_{o4}\eta_t\left[1 - \left(\dfrac{P_{o5}}{P_{o4}}\right)^{\frac{\gamma'-1}{\gamma'}}\right]$ $[kJ/kg]$

여기서, 터빈의 압력비 π_t는 각 구성품의 압력비를 이용해 다음과 같이 나타낼 수 있다. 배기구 출구의 정압은 $P_9 = P_a$이고, 배기 덕트에서 P_{o5}/P_9은 전압력 손실 및 출구 단면에서 P_{o9}/P_9 관계식에 의해서 결정될 수 있다. 또한, 전압력 회복계수 r과 압축기 압력비 π_c를 다음과 같이 정의할 수 있다.

- 터빈 압력비, $\pi_t = \left(\frac{P_{o5}}{P_{o4}}\right) = \left(\frac{P_{o5}}{P_9}\right)\left(\frac{P_{o2}}{P_{o3}}\right)\left(\frac{P_{o3}}{P_{o4}}\right)\left(\frac{P_9}{P_{o2}}\right)$
- 흡입구 $\left(\frac{P_{o2}}{P_a}\right) = r_i$, 압축기 $\left(\frac{P_{o3}}{P_{o2}}\right) = \pi_c$, 연소기 $\left(\frac{P_{o4}}{P_{o3}}\right) = r_B$

터빈의 출력과 압축기 소요동력은 다음과 같이 유량($\dot{m}$)과 엔탈피(h)로 나타낼 수 있다. 터빈 출력에서 기계적 손실을 고려하고, 압축기와 보기장치 구동에 필요한 동력을 각각 제외하면 실제 가용한 축 출력(available shaft power)을 얻을 수 있다.

- 터빈 출력, $\dot{W}_t = \dot{m}_4 \Delta h_t$
- 압축기 동력, $\dot{W}_c = \dot{m}_2 \Delta h_c$
- 가용 축 출력, $\dot{W}_s = \dot{W}_t \eta_m - \dot{W}_c - \dot{W}_{acc}$ $[kW]$

보조동력장치 연소기에 주입된 연료소비량은 연소기 입구의 공기유량과 터빈 입구의 가스유량 관계식을 이용하여 다음과 같이 계산할 수 있다.

- 연소기 입구 공기유량, $\dot{m}_{35} = \dot{m}_3 - \dot{m}_b$
- 터빈 입구 가스유량, $\dot{m}_4 = (\dot{m}_2 - \dot{m}_b) + \dot{m}_f$
- 엔진의 연료소비량, $\dot{m}_f = \frac{\dot{m}_{35}(h_{o4} - h_{o3})}{\eta_B(LHV)}$ $[kg/s]$, $[kg/hr]$

보조동력장치 엔진의 압축기를 통해 압축된 블리드 공기는 연소기의 애뉼러 덕트에서 인출되며, 이를 공압 출력(pneumatic power)으로 계산할 수 있다. 공압 출력과 축 출력(shaft power)을 합한 총 출력을 등가출력(equivalent power)으로 정의하고, 엔진의 비연료소비량(SFC)과 열효율(η_{th})을 다음과 같이 계산할 수 있다.

- 공압 출력, $\dot{W}_P = \dot{m}_b(h_{ob} - h_{o2})$ $[kW]$
- 등가 출력, $\dot{W}_E = \dot{W}_S + \dot{W}_P$ $[kW]$
- 비연료소비율, $SFC = \frac{\dot{m}_f}{\dot{W}_E}$ $[kg/s/kW]$, $[lb/hr/hp]$
- 엔진 열효율, $\eta_{th} = \frac{\dot{W}_E}{\dot{m}_f(LHV)}$

보조동력장치 엔진에 대한 설계점 성능해석(on-design cycle analysis)을 위하여 먼저 시뮬레이션 프로그램의 입력 모듈과 계산 루틴에 따라서 구성품 모델링을 수행한다. 본 연구에서 사용한 프로그램의 구성품 모델은 다음의 그림에서 보는 바와 같이 흡입구, 압축기, 전환덕트, 연소기, 터빈, 배기덕트, 배기구 등의 7개 모듈로 구성되어 있다. 주요 구성품에 대한 설계 목표값을 각 모듈별로 배정하여 설계점 성능해석 입력 데이터 파일을 완성한다.

주 추진기관의 시동에 블리드 공기를 이용하기 위해서는 압축기 압력비는 3.70 수준이 되어야 하고, 현재의 기술수준으로 달성 가능한 효율을 78 % 수준으로 볼 수 있다. 터빈입구온도(TIT)는 엔진의 수명을 좌우하는 설계 인자로써, 비냉각 터빈의 응력수준과 재료의 물성치 및 수명 요구치를 고려해 1,170 K 수준으로 지정할 수 있다.

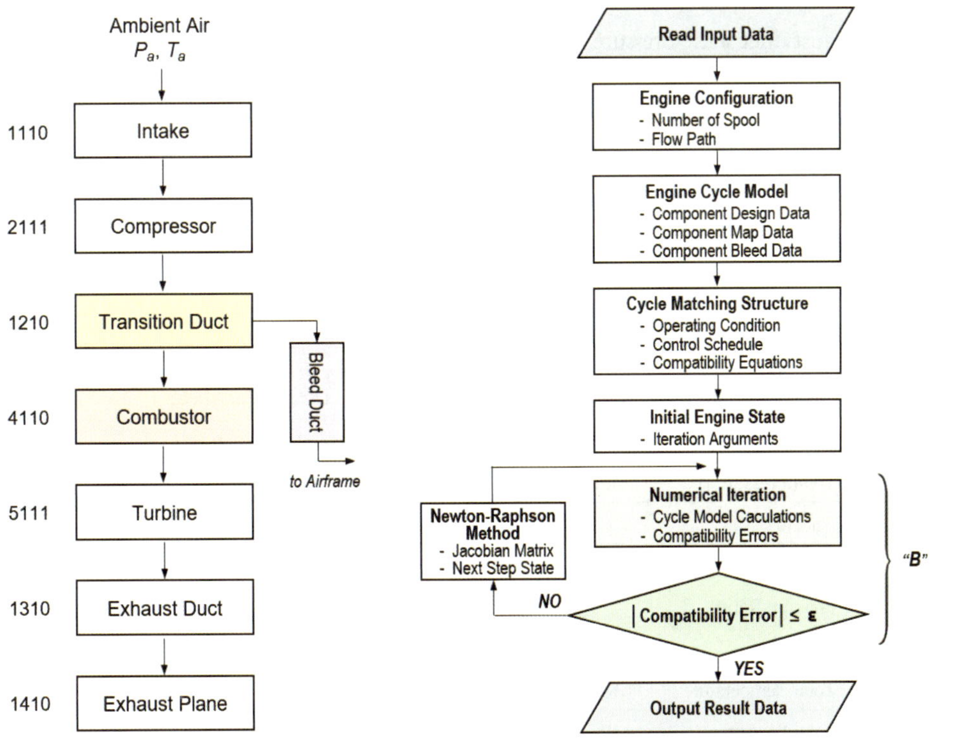

[그림 4-31] 보조동력장치 사이클 구성도 및 해석 프로그램

보조동력장치 엔진의 설계점 성능해석에서 총 등가출력($\dot{W}_E$)은 다음과 같이 흡입공기 유량($\dot{m}_a$), 압력비(π_c), 압축기 효율(η_c), 연소기 효율(η_B), 터빈입구온도(T_{o4}), 터빈 효율(η_t), 그리고 구성품 전압력 손실(r) 등에 따라서 결정된다. 이는 설계점에서는 대기온도, 대기압력, 압력비 등이 정해져 있으므로 흡입공기 유량 함수로 나타낼 수도 있다.

- 등가출력, $\dot{W}_E = f\,(\dot{m}_a, \pi_c, \eta_c, \eta_B, T_{o4}, \eta_t, r\,;\, T_a, P_a)$
- 공기유량, $\dot{m}_a = f\,(\dot{W}_S, \dot{m}_b, T_a\,;\, \eta_c, \eta_B, \eta_t, r)$

설계점 성능해석에서 흡입공기 유량과 터빈 압력비를 반복계산 독립변수(iteration argument)로 선정하고, 이에 따른 성능변수 등식(compatibility equation)으로 축 출력과 배기덕트 출구의 정압을 정의하고, 각각 40.0 kW와 101.4 kPa로 설정한다.

- Iteration Arguments (unknowns)
  ① inlet airflow, $\dot{m}_a$
  ② turbine iteration parameter, ξ_t
- Compatibility Equations
  ① shaft power, $(\dot{W}_t \times \eta_m - \dot{W}_c - \dot{W}_{acc}) = \dot{W}_S$
  ② exhaust duct static pressure, $P_9 = P_a$

이와 같은 설계점 성능해석을 통해서 지상 해면고도(sea level)에서 흡입공기 유량, 압축기 출구 압력 및 온도, 압축기 소요동력, 연소기 압력 및 유량, 연료 소비량, 블리드 공기 압력 및 유량, 터빈 팽창비 및 효율, 블리드 공압 출력, 총 등가출력 등과 같은 각 구성품의 설계목표와 엔진 성능을 정할 수 있다.

[표 4-11] 보조동력장치 엔진 설계점 성능해석 결과

Component	Design Parameter	Unit	Values	Component	Design Parameter	Unit	Values
Compressor	Total Temperature	K	288.15	Turbine	Total Temperature	K	1170.0
	Total Pressure	MPa	0.0993		Total Pressure	MPa	0.3490
	Air Flow Rate	kg/s	0.891		Gas Flow Rate	kg/s	0.654
	Compressor Power	kW	149.81		Turbine Power	kW	195.72
	Pressure Ratio		3.700		Expansion Ratio		3.344
	Efficiency	%	78.00		Efficiency	%	85.00
Combustor	Total Temperature	K	454.54	Exhaust Diffuser	Total Temperature	K	918.12
	Total Pressure	MPa	0.3674		Total Pressure	MPa	0.1044
	Air Flow Rate	kg/s	0.641		Gas Flow Rate	kg/s	0.654
	Fuel Flow Rate	kg/h	46.20	Engine Performance	Engine Speed	rpm	-
	Efficiency	%	99.0		Shaft Power	kW	40.00
Bleed Air	Total Temperature	K	480.54		Pneumatic Power	kW	48.54
	Total Pressure	MPa	0.3637		Equivalent Power	kW	88.54
	Air Flow Rate	kg/s	0.250		Thermal Efficiency	%	16.12

설계점 성능해석(on-design cycle analysis)에서는 보조동력장치 엔진 가장 많이 작동되는 일정한 대기조건 및 부하조건을 결정하고, 그 하나의 작동점에 대해서만 성능해석을 수행한다. 따라서, 이 경우에는 각각의 구성품 성능변수는 한 개의 값만 필요로 한다. 그러나, 보조동력장치 엔진

이 사용되는 실제의 운용환경 및 부하조건이 변화함에 따라 엔진의 작동점(operating points)도 달라지게 된다.

탈설계점 성능해석(off-design cycle analysis)에서는 운용조건의 변화에 따른 모든 작동점에서 엔진의 성능특성을 다루게 되며, 이와 같은 작동범위를 실현할 수 있도록 각각의 구성품 성능도(component characteristic map)가 필요하다. 개념설계 단계에서는 유사한 엔진의 성능도를 변환하여 사용할 수 있지만, 기본설계나 상세설계 단계에서는 압축기 및 터빈의 공력설계를 통해서 해당 성능도를 얻을 수 있고, 최종적으로는 구성품의 시제작 및 시험을 통해서 성능도 데이터를 얻을 수 있다.

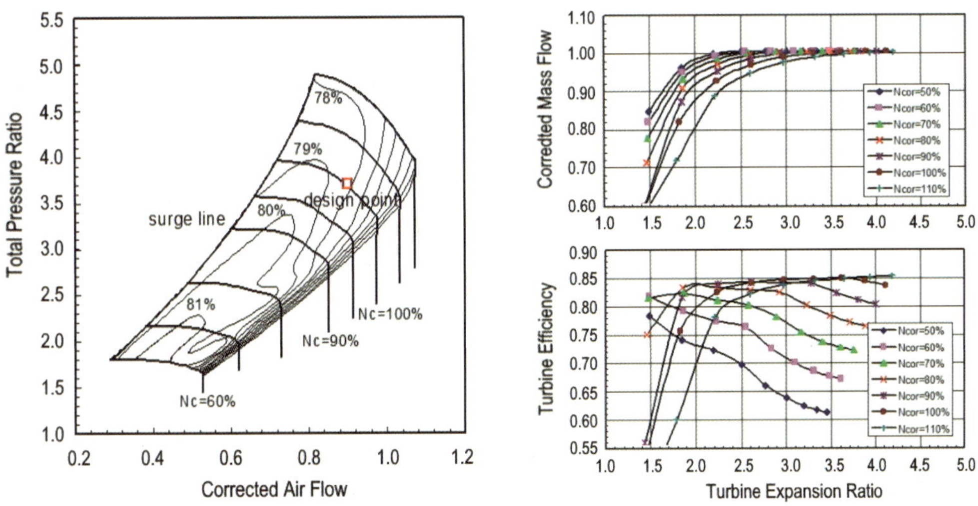

[그림 4-32] 보조동력장치 엔진 압축기 성능도와 터빈 성능도

보조동력장치 엔진 탈설계점 성능해석 모델에 압축기와 터빈의 성능도 데이터를 입력하고, 다음과 같이 4개의 반복계산 독립변수(iteration argument)와 4개의 성능변수 등식(compatibility equation)을 설정한다. 압축기와 터빈의 유량에 대해서는 반복계산된 유량과 각각의 성능도에 의한 유량이 서로 같은 조건이 되도록 한다.

- Iteration Arguments (unknowns)

  ① inlet airflow, $\dot{m}_a$

  ② turbine inlet temperature, T_{o4}

  ③ compressor iteration parameter, ξ_c

  ④ turbine iteration parameter, ξ_t

- Compatibility Equations

  ① shaft power, $(\dot{W}_t \times \eta_m - \dot{W}_c - \dot{W}_{acc}) = \dot{W}_S$

② compressor mass flow, $\dot{m}_{2,map} = \dot{m}_{2,calcuation}$

③ turbine mass flow, $\dot{m}_{4,map} = \dot{m}_{4,calcuation}$

④ exhaust duct static pressure, $P_9 = P_a$

이와 같은 조건에 탈설계점 성능해석을 수행한 결과로 해면고도 표준대기 조건에서 압축기 흡입공기 유량 0.887 kg/s, 압력비 3.67, 압축기 효율 78.1 %, 연료 유량 46.10 kg/h, 터빈 효율 84.9 %, 축 출력 40.0 kW, 블리드 공기 유량 0.248 kg/s, 공압 출력 47.8 kW, 총 등가출력 87.8 kW를 얻을 수 있다. 그리고, 연소기 덕트에서 가열에 의한 블리드 공기의 공압 출력 증가량은 6.5 kW로 확인되었다.

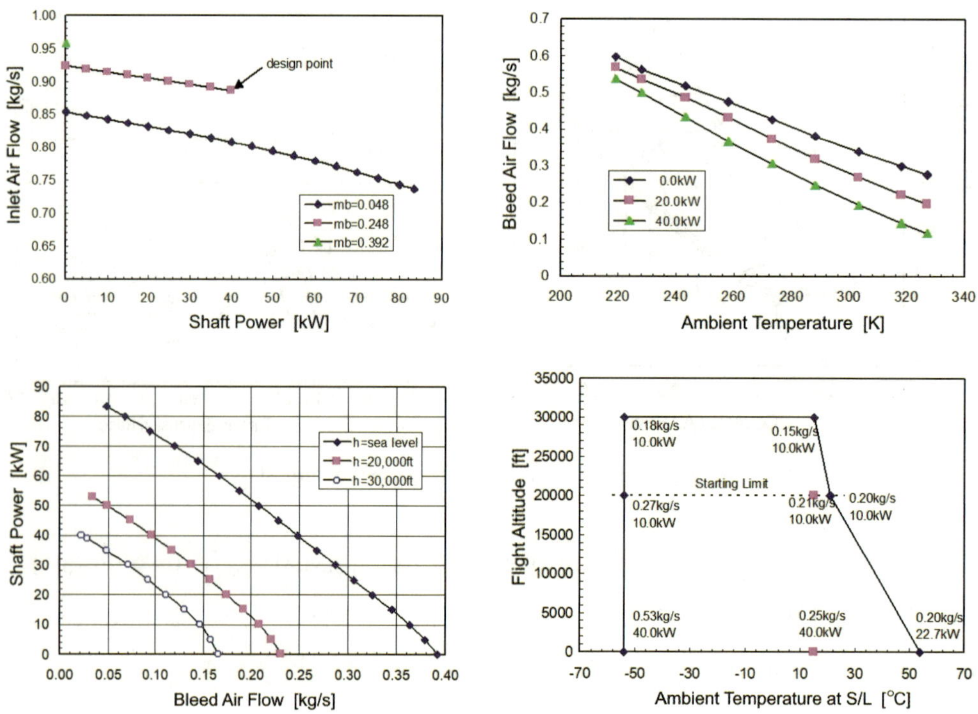

[그림 4-33] 보조동력장치 엔진 탈설계점 성능해석 결과

고도 30,000 ft에서는 축 출력이 10 kW, 블리드 공기유량은 0.146 kg/s로 감소하며, 이는 해면고도 출력과 비교하면 40.6 % 수준에 해당한다. 최대 축 출력 조건으로 운전할 때, 압축기 서지마진을 5 % 이상 유지하기 위해서는 블리드 공기 유량을 0.022 kg/s 이상으로 개방하여야 한다.

보조동력장치 엔진은 주 추진기관으로 사용되는 터빈엔진과 마찬가지로 연료조절장치(FCU: Fuel Control Unit)와 전자제어장치(ESU: Electronic Sequence Unit, ECU: Electronic Control Unit)에 의해서 작동된다. 연료조절장치는 보조동력장치의 기어박스에 의해서 구동되는 유압-기계식(hydro-mechanical) 또는 전자식(electronic) 기구로써, 항공기 연료탱크에서 공급받은 연료를 계량하여 보조동력장치 연료노즐에 공급한다.

보조동력장치 엔진의 전자제어장치(ESU or ECU)는 엔진 회전수, 오일 압력 및 온도, 배기가스온도 등을 측정하여 프로그램의 시퀀스 로직에 따라 연료 토크모터, 연료차단밸브, 점화 플러그 등을 작동시킨다. 전자제어장치에 입출력되는 신호는 센서 및 작동기 하네스(J1)와 항공기 기체 하네스(J2)를 통해서 전달된다. 주 추진기관의 디지털 엔진제어시스템(FADEC)과 비교하면 상대적으로 단순한 구조로 이루어져 있다.

항공기 조종실에서 보조동력장치 시동 스위치가 작동되면, 전자제어장치(ESU)의 시동 시퀀스에 따라서 보조동력장치가 시동된다. 시동이 완료된 후에는 보조동력장치와 전자제어장치 자체의 작동상태를 모니터하고 자체시험기구(BITE: Built-In Test Equipment)를 통하여 고장 여부를 판단하여 지정된 고장 코드(fault code)를 전면에 나타낸다.

BITE 1 2 3 4	DECODED BITE INFORMATION	
●●●●	RESET	START SEQUENCE
○●●●	START FUEL VALVE & EXCITER SIGNAL OUT (5%)	
○○●●	MAIN FUEL VALVE SIGNAL OUT (14%)	
○○○●	START FUEL VALVE & EXCITER SIGNAL OFF (70%)	
○○○○	90% RPM SWITCH ON	
●●●●	READY FOR SERVICE (90% + 1.5 SEC)	OPERATION
○●●●	PROCESSOR BOARD FAILURE	
●○●●	SENSOR/DATA BOARD FAILURE	
○○●●	OVER TEMPERATURE	
●●○●	OVER SPEED	
○●○●	UNDER SPEED	
●○○●	FAILURE TO START	
●○●○	SHOATED THERMOCOUPLE PROBE (WARNING)	
●●○○	OPEN THERMOCOUPLE	
●○○○	PROCESSOR SEQUENCE FAIL	
○○○○	NO TEMPERATURE DATA	
○●○○	NO SPEED DATA	

[ESU for T-62T-2 APU]

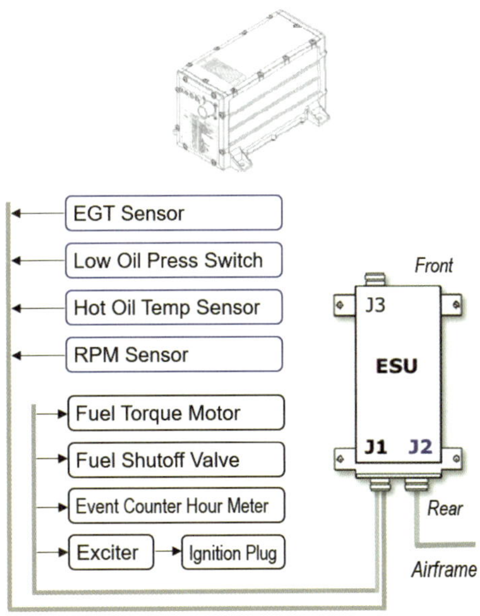

[ESU for KUH-1 APU]

[그림 4-34] 보조동력장치 엔진 전자제어장치(ESU)

4.5.2 보조동력장치 기술표준서

항공기 보조동력장치는 기술표준품(TSO article)으로 분류되어 있으며, 미국은 기술표준서 TSO-C77b을 적용하고, 유럽은 인증규격서 CS-APU을 적용하여 기술표준품승인(TSOA)을 받아야 한다. 다만, 유럽은 미국과 달리 형식증명(TC) 절차에 따라서 인증을 받아야 한다. 우리나라의 경우에는 2025년 6월 현재까지 보조동력장치에 대한 기술표준서가 제정되지 않은 실정이다.

- TSO-C77b : Gas Turbine Auxiliary Power Units, 2000.12.20
- CS-APU : CS and AMC for Auxiliary Power Units, Amendment 1, 2020.07.01.

미국 연방항공청의 TSO-C77b는 본문과 부록으로 구성되어 있다. 본문에서는 다른 품목의 기술표준서와 마찬가지로 일반 요건, 표식 요건, 자료 요건을 규정하고 있다. 부록으로 보조동력장치에 대한 최소성능표준(MPS), 모델 규격서, 장착 및 운용지침서, 감항성유지지침서 작성에 관한 요건을 규정하고 있다. 대부분의 기술표준품은 최소성능표준(MPS)을 산업규격(SAE, RTCA, ASTM 등)으로 지정하고 있으나, 보조동력장치의 경우에는 TSO-C77b의 부록 1에 연방항공청 표준으로 수록되어 있다.

유럽의 기술표준품은 170여종에 이르고, 이들에 대한 표준서는 CS-ETSO에 통합 수록되어 있지만, 보조동력장치에 대해서는 항공기나 엔진의 인증규격과 동일한 방식의 CS-APU로 제정되어 있다. CS-APU는 Subpart A부터 Subpart D까지 4개의 Subpart로 구성되어 있고, 별도의 부록은 두고 있지 않다. 미국과 다르게 인증규격으로 제정되었지만, 그 내용은 미국의 TSO-C77b와 동등한 수준으로 규정하고 있다.

미국 및 유럽은 TSO-C77b의 Appendix 1의 제7장과 CS-APU의 Subpart D에 따른 결빙 보호, 외부이물질 흡입, 자동 정지, 점화시스템 요건을 추가로 실증한 보조동력장치를 Category 1 APU, 공통 요건만 입증한 보조동력장치를 Category 2 APU로 분류하고, 이를 기술표준품 식별표지에도 기재하도록 규정하고 있다.

[표 4-12] 항공기 보조동력장치 기술표준서에 대한 목차 비교

TSO-C77b, Appendix 1: MPS for APU (2000.12.20)	CS-APU (Amendment 1, 2020.06.24)	
MPS for Gas Turbine APU	**Subpart A - General**	
1.0 Purpose	CS-APU 10	Applicability
2.0 Scope: 2.1 Category 1 APUs, 2.2 Category 2 APUs		(1) Category 1 APU, (2) Category 2 APU
3.0 Definitions	CS-APU 15	Terminology
(Appendix 3. Installation and Operating Instructions)	CS-APU 20	APU Configuration, Installation and Interfaces
(Appendix 4. Instructions for Continued Airworthiness)	CS-APU 30	Instructions for Continued Airworthiness
4.0 Detail Requirements: General		
4.1 APU Ratings and Operating Limitations	CS-APU 40	APU Ratings and Operating Limitations
(TS-C77b, 4. Marking)	CS-APU 50	Identification
4.2 Materials	CS-APU 60	Materials
4.4 Operating Characteristics	CS-APU 80	Operating Characteristics
4.5 APU Control System	CS-APU 90	APU Control System
4.6 Provisions for Instruments	CS-APU 100	Provisions for Instruments
4.7 Extreme Attitude Operation	CS-APU 110	Extreme Attitude Operation
4.8 Mount Loads	CS-APU 120	Mounts Loads

TSO-C77b, Appendix 1: MPS for APU (2000.12.20)	CS-APU (Amendment 1, 2020.06.24)
4.9 Flight Loads 4.10 Accessibility 4.3 Durability	CS-APU 130 Mounts Strength CS-APU 140 Accessibility CS-APU 150 Critical Parts
5.0 All APUs, Design and Construction 5.1 Safety Analysis 5.2 Fire Prevention 5.3 Air Intake 5.4 Lubrication System 5.5 Fuel System 5.6 Exhaust System 5.7 Cooling 5.8 Overspeed Safety Devices 5.9 Rotor Containment 5.10 Vibrations 5.11 Life Limitations 5.12 Bleed Air Contamination 5.13 Continued Rotation	**Subpart B – All APUs, Design and Construction** CS-APU 210 Safety Analysis CS-APU 220 Fire Prevention CS-APU 230 Air Intake CS-APU 240 Lubrication System CS-APU 250 Fuel System CS-APU 260 Exhaust System CS-APU 270 Cooling CS-APU 280 Over-speed Safety Devices CS-APU 290 Rotor Containment CS-APU 300 Vibration CS-APU 310 Life Limitations CS-APU 320 Bleed Air Contamination CS-APU 330 Continued Rotation
6.0 All APUs, Type Substantiation 6.1 General 6.2 Calibration Tests 6.3 Endurance Test 6.4 Teardown Inspection 6.5 Functional Test of Limiting Devices 6.6 Overspeed Test 6.7 Overtemperature Test 6.8 Containment 6.9 Electronic Control Components	**Subpart C – All APUs, Type Substantiation** CS-APU 410 Calibration Tests CS-APU 420 Endurance Test CS-APU 430 Tear down Inspection CS-APU 440 Functional Test of Limiting Devices CS-APU 450 Over-Speed Test CS-APU 460 Over-Temperature Test CS-APU 470 Containment CS-APU 480 Electronic Control System Components
7.0 Category 1 APUs, Additional Requirements 7.1 General 7.2 Ice Protection 7.3 Foreign Object Ingestion 7.4 Automatic Shutdown 7.5 Ignition System	**Subpart D – Category 1 APUs, Additional Specifications** CS-APU 510 Ice Protection CS-APU 520 Foreign Objects Ingestion CS-APU 530 Automatic Shutdown CS-APU 540 Ignition System

미국의 TSO-C77b 부록 1에서 감항성유지지침서나 식별표지 등과 같이 모든 품목에 적용되는 공통 요건을 제외하면, 총 35개의 요건을 규정하고 있다. 즉, 운용한계, 재료, 내구성, 작동특성, 제어시스템, 계기, 극한자세, 마운트, 비행하중, 접근성, 안전성 분석, 화재방지, 공기 흡입구, 윤활시스템, 연료시스템, 배기시스템, 냉각, 초과속도 안전기구, 로터 봉쇄, 진동, 수명한계, 블리드 공기오염, 연속회전, 교정시험, 내구성 시험, 완전분해검사, 기능시험, 초과속도 시험, 초과온도 시

험, 봉쇄입증, 전자제어장치, 결빙 보호, 외부이물질 흡입, 자동 정지, 점화시스템에 관한 요건이 제시되어 있다. 유럽의 CS-APU에서는 치명 부품(critical parts)에 관한 요건 1개를 추가해서 규정하고 있다.

미국의 TSO-C77b와 유럽의 CS-APU는 서로 다른 형식의 문서로 인증 요건을 규정하고 있으나, 그 항목과 내용을 살펴보면 동등한 요건으로 볼 수 있다. 유럽의 CS-APU 20, 30, 40, 50 등과 같이 미국의 TSO-C77b에 일대일로 대응되지 않는 항목이 있으나, 이는 TSO-C77b의 본문이나 다른 관련 문서에서 별도로 규정하고 있다고 볼 수 있다.

또한, 유럽의 CS-APU 150에서 치명 부품(critical parts) 요건을 규정하고 있는데, 미국은 TSO-C77b의 부록 4에 따른 감항성유지지침서, 부록 1의 5.1 안전성 분석, 5.11 수명한계 등의 요건이 그에 대응한다고 판단한 것으로 보인다.

그 외에도 TSO-C77b의 부록 1의 6.3 Endurance Test와 CS-APU 420 Endurance Test에서 150시간의 내구성 시험을 동일한 조건으로 규정하고 있으며, 초과속도 시험, 초과온도 시험, 봉쇄 입증, 결빙 보호, 외부이물질, 자동 정지, 점화시스템 등에 대한 요건도 동일한 내용으로 규정하고 있다.

미국 또는 유럽의 보조동력장치 기술표준품승인을 위한 적합성 입증계획 수립 시에는 TSO-C77b 또는 CS-APU의 해당 요건뿐만 아니라, 미국 연방항공청의 AC 20-128A, 33.87-2, 33.83-1, 33-8, 39-8, 그리고 유럽항공안전청의 AMC CS-APU 20, 90, 150, 210, 220, 460, 470 등을 함께 참고할 필요가 있다.

- AC 20-128A : Uncontained Turbine Engine and APU Rotor Failure, 1997.03.25
- AC 33.83- 1 : Vibratory Stress and HCF of Turbine Engine and APU Part, '09.09.08
- AC 33.87-2 : Endurance Test of Turbine Engine and APU Parts, 2009.06.25
- AC 33-8 : PMA of Turbine Engine and APU Parts, 2009.08.19
- AC 39-8 : Continued Airworthiness of Powerplant and APU Installation, '03.09.08
- AMC CS-APU 20 APU Configuration and Interface, Amdt APU/0, 2003.10.17
- AMC CS-APU 90 APU Control System, Amdt APU/1, 2020.06.24
- AMC CS-APU 150 APU Critical Parts, Amdt APU/0, 2003.10.17
- AMC CS-APU 210 Safety Analysis, Amdt APU/0, 2003.10.17
- AMC CS-APU 220 Fire Prevention, Amdt APU/0, 2003.10.17
- AMC CS-APU 460 Over-Temperature Test, Amdt APU/0, 2003.10.17
- AMC CS-APU 470 Containment, Amdt APU/0, 2003.10.17

4.5.3 보조동력장치 고도시험 입증

항공기 보조동력장치에 대한 기술표준품승인을 위한 적합성 입증은 TSO-C77b의 부록 1에 제시된 최소성능표준(MPS) 또는 유럽항공안전청 CS-APU의 해당 요건을 적용하고, 이에 관련된 인증 안내서(AC, AMC)를 참고하여야 한다.

미국의 TSO-C77b 및 유럽의 CS-APU에서 보조동력장치에 대한 고도시험(altitude test) 요건을 직접 규정하고 있지 않다. 그렇지만, 보조동력장치의 정격과 운용한계를 입증하고, 운용선도 전체에서 작동특성을 입증하도록 규정하고 있다. 또한, 수송급 비행기와 수송급 회전익 항공기 감항기준에서도 보조동력장치의 운용한계와 냉각능력을 입증하도록 규정하고 있다. 이에 따라서 다음의 요건을 고도시험 수행 근거로 볼 수 있다.

❑ 미국 TSO-C77b MPS

- 4.1 APU Ratings and Operating Limitations Revision b 2020.12.20
- 4.4 Operating Characteristics Revision b 2020.12.20.

❑ 유럽 CS-APU 요건

- CS-APU 40 APU Ratings and Operating Limitations Amdt APU/0 2003.10.17
- CS-APU 80 Operating Characteristics Amdt APU/0 2003.10.17.

미국 TSO-C77b의 4.1과 유럽 CS-APU 40에서는 보조동력장치의 정격과 운용한계(ratings and operating limitations)를 시험 또는 해석으로 입증하고, 해당 보조동력장치의 모델 규격서 및 장착 지침서에 기재하도록 요구하고 있다.

TSO-C77b의 4.4와 CS-APU 80에서는 보조동력장치가 실속, 서지, 또는 연소정지 등과 같은 해로운 영향 없이 시동 및 운용될 수 있는 전체 범위에서 작동특성을 입증하고, 엔진 회전수, 출력, 공기 유량, 배기가스온도, 압력비 등과 같은 성능변수에 영향을 미치는 흡입구 온도, 블리드 공기, 배기구 배압, 흡입구 압력 회복률, 램 압력비를 운용선도(operating envelope)에 포함하도록 규정하고 있다.

수송급 비행기와 회전익 항공기 감항기준 §25/29.901에서는 보조동력장치에 대한 안전성 분석과 해당 장착 요건에 대한 적합성을 입증하도록 규정하고, §25/29.1041에서는 비행운용 조건에서 보조동력장치에 대한 냉각능력을 입증하고, §25/29.1522에 따라서 보조동력장치에 대한 운용 한계를 설정하도록 규정하고 있다.

다음의 보조동력장치 고도시험에 대한 적합성 입증 예시는 우리나라에서 개발된 헬리콥터용 보조동력장치 엔진을 대상으로 하고 있다.[50] 이 가스터빈 엔진은 원심형 압축기 1단, 역류형 애뉼러 연소기, 반류형 터빈 1단으로 구성되었으며, 해면고도 표준대기 조건에서 등가출력 100 kW, 전기출력 20 kW, 블리드 공기유량 0.45 kg/s이고, 엔진 회전수 58,000 rpm에서 작동하도록 설계되었다. 해당 보조동력장치 엔진은 2009년에 개발 완료되어 KUH-1 수리온 헬리콥터에 장착되었고, 군의 획득절차에 따른 검정(qualification)을 수행하였다. 이에 대한 고도시험 검정보고서(QTR) 내용을 민간의 기술표준품 인증보고서(CTR) 관점에서 다음과 같이 살펴볼 수 있다.

보조동력장치 가스터빈 엔진에 대한 고도시험

1. 개요

1.1 목적

본 보고서(QTR: Qualification Test Report)는 KUH 보조동력장치 개발규격서에 의거하여 해당 가스터빈엔진의 고도성능시험에 관한 시험결과 및 제반사항을 정리 기록한다. (*인증 대상 보조동력장치의 모델 명칭, 인증 요건, 적합성을 입증하기 위한 것이다.*)

1.2 시험개요

KUH APU 가스터빈엔진 시험계획서(00PP0000) 및 시험절차서(ABCD0000)에 따라서 해당 엔진에 대한 고도성능시험과 고도시동시험이 실행되었다. 본 문서의 별첨에는 개발자 시험으로 수행한 10,000 ft와 14,000 ft 성능시험 결과를 참조로 제공한다. (*APU 모델 명칭, 인증당국에 승인된 시험계획서, 개발자가 신청자이어야 한다.*)

해당 보조동력장치 가스터빈엔진에 대한 고도시험은 한국항공우주연구원(KARI) 고도시험시설에서 수행되었으며, 고도성능시험은 0000년 00월 00일, 고도시동시험은 동년 00월 00일에 진행되었다.

고도성능시험과 시동시험은 제작업체인 ○○○ 주관으로 진행되고, 이에 대한 시험 관리 및 시험 입회는 개발주관기관(KARI)에 의하여 진행되었다. (*인증시험은 개발자/제작자가 인증을 신청하고, 시험을 주관 실시하고, 입증하여야 한다. 인증당국에서 입회하여야 한다.*)

1.3 적용문서

- 계약서(Contracts): 보조동력장치 개발규격서에 의거한 인증시험을 실시한다.
- 00AB0000 : 보조동력장치 개발규격서(Development Specification for Auxiliary Power Unit)
- ABCD0000 : APU 가스터빈엔진 인증시험절차서
- MIL-STD-810: Test Method for Environmental Engineering Consideration and Lab Test
- K00000 : 가스터빈엔진 조립체

(보조동력장치 기술표준품승인은 계약에 의한 것이 아니고 법률에 의한 것이다. 문서의 날짜 또는 개정번호를 기재한다. TSO-C127b, 훈령 및 고시, 규격서 및 기술자료 등을 추가한다.)

50) 우리나라 APU 개발 당시에 작성된 인증시험 보고서(QTR: Qualification Test Report)는 군 또는 민간의 법적인 인증절차에 따라 작성되는 인증시험 보고서(CTR: Certification Test Report)와 혼동되지 않도록 검정시험 보고서(QTR)로 표기하는 것이 적절하다.

2. 요구조건

2.1 개발 요구도

보조동력장치 가스터빈엔진은 그림 x.x의 운용범위에서 정상적으로 작동해야 하며, 표 x.x의 성능을 만족해야 한다.

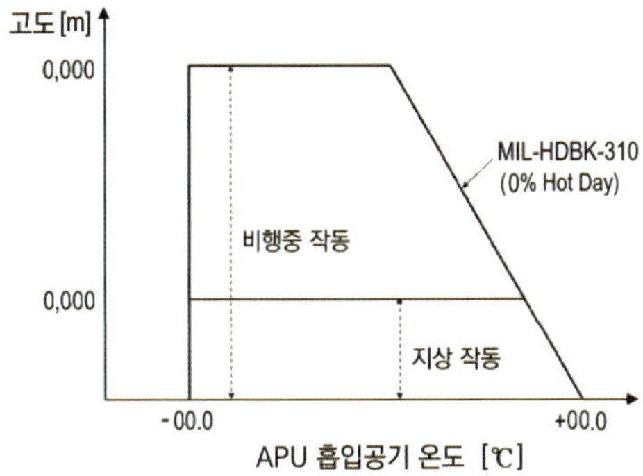

그림 x.x APU 엔진 시동 및 작동범위

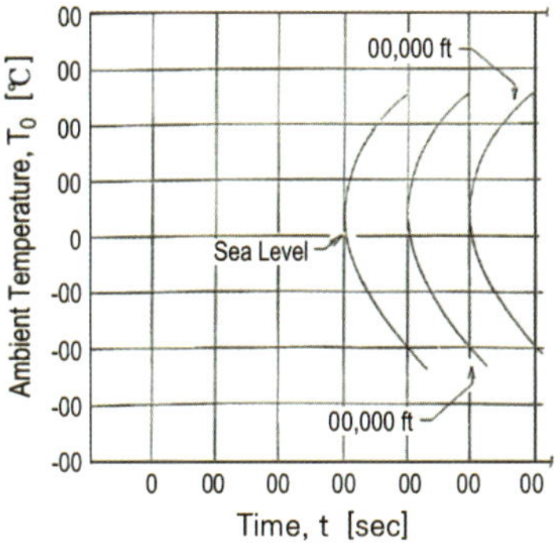

그림 x.x APU 엔진 시동시간

보조동력장치 가스터빈엔진은 그림 x.x의 운용범위에서 정상적으로 시동/재시동 되어야 하며, 또한 시동/재시동 시에 그림 x.x의 시동시간을 만족해야 한다.

표 x.x APU 엔진 성능 요구조건(발전기 장착)

구분	발전기 출력 (최소)	블리드공기유량 (최소)	블리드공기압력 (최소)	블리드공기온도 (최소)	연료소모율 (최대)
통합출력 조건	20 kVA	0.446 kg/s	0.313 MPa	170 ℃	74.1 kg/hr
블리드출력 조건	-	0.446 kg/s	0.313 MPa	170 ℃	63.2 kg/hr
전기출력 조건	20 kVA	-	-	-	46.8 kg/hr

표 x.x APU 엔진 시동시간 요구도

시험조건 (고도 / 온도)	시동시간 요구도
6,000 ft / -40.0 ℃	46 sec (그림 x 참조)
6,000 ft / +40.4 ℃	40 sec (그림 x 참조)
20,000 ft / -40.0 ℃	60 sec (그림 x 참조)
20,000 ft / +8.6 ℃	50 sec (그림 x 참조)

(수치적 목표나 Pass/Fail은 시험절차 등분에 기재한다. TSO 요건을 다음과 같이 기재할 수 있다.)

(2.2 TSO 인증요건)

항공기 보조동력장치 엔진에 대한 고도성능시험 및 시동시험을 통하여 TSO-C77b의 부록 1의 최소 성능표준(MPS)의 4.1과 4.4.1 및 4.4.3에 대한 적합성을 입증한다.

4.1 APU Ratings and Operating Limitations.

The APU ratings and operating limitations must be substantiated by test or analysis and included in the APU Model Specification.

4.4 Operating Characteristics.

4.4.1 The overall range for APU operating characteristics must be substantiated. This includes the envelopes within which the APU can be started and operated without detrimental effects (such as stall, surge, or flameout).

4.4.3 The effects of inlet temperature, bleed, exhaust back pressure, pressure recovery, and ram pressure upon performance parameters such as speed, power output, air flow, exhaust gas temperature, and pressure ratio must be provided for operating envelope.

3. 고도시험시설

3.1 시험 장비

항공기 보조동력장치 엔진에 대한 고도성능시험 및 시동시험은 한국항공우주연구원 대전 본원에 설치된 고도엔진시험시설(AETF: Altitude Engine Test Facility)에서 수행되었다. 이 시험시설은 추력 3,000 lbf의 엔진을 고도 40,000 ft, Mach 1.0까지 시험할 수 있으며, 1,000개의 측정 채널을 갖추고 있다. 측정 정밀도는 추력 0.35 %, 비연료소비율 0.41 % 수준이다.

그림 x.x 고도시험시설 배치도

그림 x.x 고도시험시설 시험챔버

3.2 시험 셋업

보조동력장치 가스터빈엔진의 성능시험을 위하여 고도엔진시험시설(AETF)의 시험챔버에 장착한 형상은 그림 x.x과 같다.

보조동력장치 가스터빈엔진의 시동시험을 위하여 고도엔진시험시설(AETF)의 시험챔버에 장착한 형상은 그림 x.x과 같다. Soaking을 위해 고도성능시험 설비의 ~ ~ ~

그림 x.x APU 엔진 성능시험 셋업

그림 x.x APU 엔진 시동시험 셋업

3.3 측정기 검교정

한국항공우주연구원은 APU 가스터빈엔진 고도시험 수행에 적합한 시험설비를 구축하고 있으며, 본 설비에 대한 국제공인시험기관으로 인정받아 운용 중이다. ~ ~ ~

APU 가스터빈엔진 고도시험을 위한 모든 계측장비의 검교정 정확도는 보조동력장치 개발규격서 (00AB0000) 4.2.2.1절의 조건을 만족하도록 검교정을 주기적으로 수행하여 주기 만료 도래 전에 검교정을 실시한다. (*시험장비 검교정은 기술표준품승인 신청자 및 시험기관의 품질시스템 또는 공인시험기관 절차에 따라서 수행되어야 한다.*)

4. 시험 대상 품목

(4.1 물리적 형상)

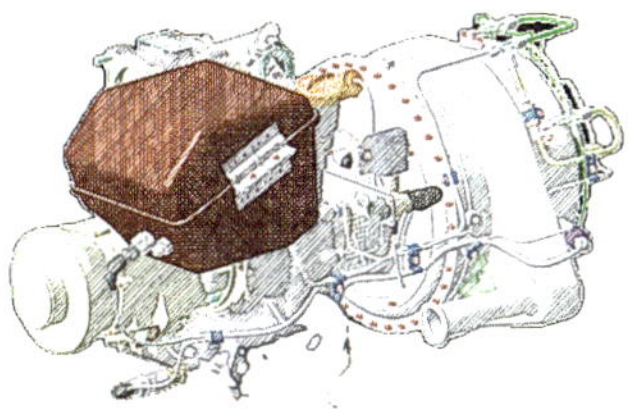

그림 x.x K00000 가스터빈엔진 조립체

(APU 가스터빈엔진의 도면번호(K00000)와 부품번호(0000FT0000)를 제시하고 있으나, 시험 대상 품목(test article)의 최종 설계 형상에 대한 설명을 추가하고, 일련번호(S/N)를 기재하여 물리적으로 특정하는 것이 필요하다.)

(4.2 합치성 검사)

(신청자의 품질시스템 및 국토부 훈령에 따른 합치성 검사를 수행하고, 그 내용을 기재한다.)

5. 고도성능시험

5.1 시험절차

보조동력장치 가스터빈엔진 조립체(0000FT0000)를 한국항공우주연구원의 고도시험설비에 장착한 후, 해당 고도(압력), 온도조건에서 정상적으로 성능을 출력하는지를 확인한다.

표 x.x APU 엔진 고도성능시험 항목

번 호	시험/분석 항목	개발규격서		요구도 및 규격	입증방법
		제3장	제4장		
1	성능 커브	3.2.1.3	4.3.3	제시된 성능 커브의 규격 만족	Test
2	시동 및 작동범위	3.2.1.4	4.3.3	0 ~ 20,000ft, -40 ~ 54℃ @ Seal Level	Test
3	고도	3.2.5.2	4.3.3	운용고도 0 ~ 20,000 ft	Test

표 x.x 고도성능시험 대기조건

번호	흡입공기온도	고도
1	-40.0 ℃	Sea Level
2	+40.4 ℃	Sea Level
3	-40.0 ℃	6,000 ft
4	+40.4 ℃	6,000 ft
6	-40.0 ℃	20,000 ft
7	+8.6 ℃	20,000 ft

(인증기관 승인 시험계획서에 제시된 시험절차, 시험조건, Pass/Fail Criteria를 상세히 기재한다.)

5.2 시험결과

x.x의 고도/온도 조건에 대해서 시험 결과 해당 보조동력장치 가스터빈엔진 조립체는 고도성능을 만족하였으며, 성적서는 첨부 0 ~ 첨부 0과 같다. *(본문에 인용 및 설명 추가 필요)*

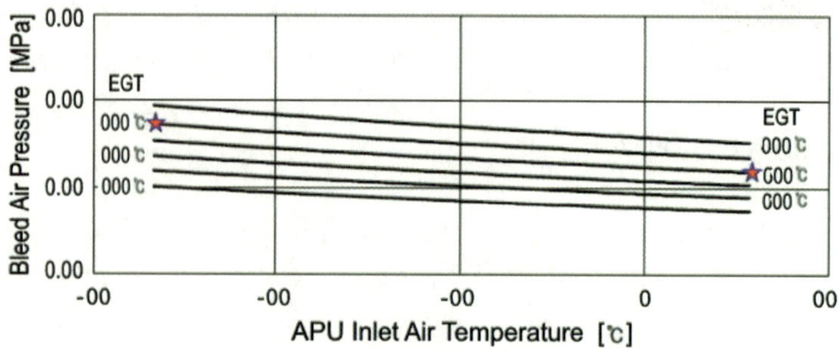

그림 x.x APU 엔진 고도성능시험 결과: 블리드 공기 압력 @ 20,000 ft

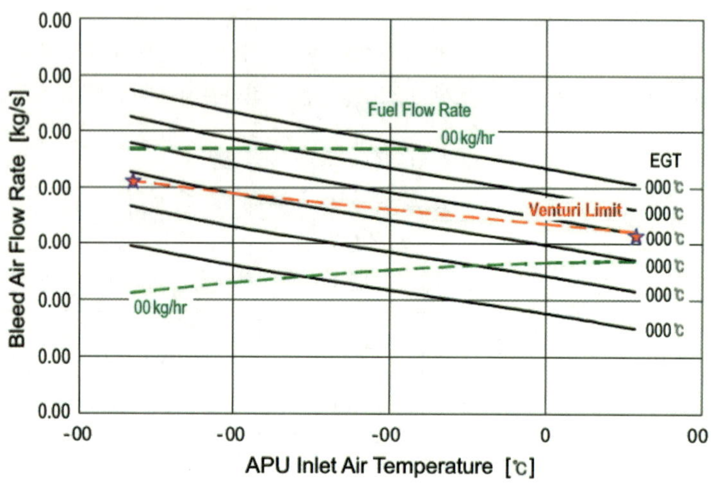

그림 x.x APU 엔진 고도성능시험 결과: 블리드 공기 유량 @ 20,000 ft

5.3 결과분석

보조동력장치 가스터빈엔진 조립체는 고도 성능 요구조건을 만족한다.

(보고서에서 소제목으로 평가와 결론이 작성되었지만, 그 내용이 1 ~ 2줄에 불과하므로 기술표준품

인증 시에는 실질적인 평가나 분석을 수행하고 그 내용을 기재할 필요가 있다.)

6. 고도시동시험

6.1 시험절차

보조동력장치 가스터빈엔진 조립체는 표 x.x의 시험조건에서 표 x.x의 시동시간을 만족해야 한다. *(위의 고도성능시험 시험절차 부분의 권고사항 참조한다.)*

6.2 시험결과

고도시동시험 결과, 보조동력장치 가스터빈엔진 조립체는 고도시동 조건을 만족하였으며, 성적서는 첨부 0 ~ 첨부 0와 같다. *(위의 고도성능시험 시험결과 부분의 권고사항 참조한다.)*

6.3 결과분석

보조동력장치 가스터빈엔진 조립체는 해당 요건을 만족하며, 20,000ft (6,096m)에서의 시동토크-속도 선도 요구도를 만족한다. *(위의 고도성능시험 결과분석 부분의 권고사항 참조한다.)*

7. 결론

(본 보고서는 개발규격서에 따른 시험항목에 대하여 시험결과만 제시하고 있다. TSO-C77b에 따른 기술표준품승인을 신청하는 경우에는 최소성능표준(MPS)의 4.1과 4.4 요건에 따른 고도시험 수행과 보고서 작성이 필요하다. 시동시험에는 시동횟수도 반영 필요하다.)

연습문제

문제 1 다음은 대표적인 항공기용 왕복엔진 모델을 나타낸 것이다. 이 중에서 배기량이 5,900 cc에 가장 가까운 엔진은 어느 것인가? (1 cm^3 = 1 cc)

① IO-240 ② IO-360 ③ IO-470 ④ TSIOF-550

문제 2 다음은 대표적인 항공기용 가스터빈엔진 모델을 나타낸 것이다. 이 중에서 터보팬 엔진(turbofan engine)이 아닌 것은 어느 것인가?

① T700-GE-701C ② Trent 1000
③ LEAP-1B ④ F135-PW-100

문제 3 다음의 항공용 가스터빈엔진 중에 우리나라에서 최초로 독자 개발하여 실용화한 엔진은 어떤 것인가?

① SS-750K ② J85-GE-21A
③ PW4000 ④ F414-GE-400K

문제 4 세계 각국은 자국의 감항기준을 제정하여 적용하고 있다. 다음 중에 유럽항공안전청의 항공기 엔진에 대한 기준은 어느 것인가?

① FAR Part 33 ② KAS Part 33 ③ CS Part 33 ④ CS-E

문제 5 항공기 엔진 구성품 중에 FAR §33.28 요건에 따라서 고장분석, 환경시험, 소프트웨어 인증이 요구되는 디지털 방식의 전자제어장치를 무엇이라 하는가?

① FCU ② FADEC ③ HMU ④ ABC

문제 6 항공기 엔진은 크게 왕복엔진과 터빈엔진으로 분류할 수 있는데, 그 구조와 작동방식에 따라 세부적으로 분류하시오.

문제 7 소형 비행기에 모델 명칭이 TSIOF-550-K인 왕복엔진이 장착되어 있다. 이 엔진의 모델 명칭에서 각 영문철자와 숫자가 의미하는 바를 설명하시오.

문제 8 비행속도 마하 0.5 이하의 저속 비행기에서 추진효율을 가장 좋게 하려면 어떤 터빈엔진을 장착해야 하고, 그 이유는 무엇인지 설명하시오.

문제 9 터보팬 엔진은 팬, 압축기, 연소기, 터빈으로 구성되고, 2축 또는 3축으로 구동된다. 바이패스비(BPR)의 정의를 쓰고, 그 특성을 설명하시오.

문제 10 Airbus 320neo, Boeing 737 MAX, COMAC C919 등에 장착되는 최신형 LEAP 엔진과 PW1000G 엔진의 특징적 요소에 대하여 설명하시오.

문제 11 최신형 또는 미래형 항공기 엔진 기술에 대하여 소재, 공력설계, 제어기술, 그리고 엔진의 작동방식(종류) 관점에서 설명하시오.

문제 12 우리나라의 항공기 엔진 정비산업과 제조산업의 발전 과정에 대하여 간략히 설명하고, 향후 발전 방안에 대한 자신의 견해를 쓰시오.

문제 13 항공기 엔진의 형식증명에 적용되는 미국, 유럽, 우리나라의 감항기준은 각각 무엇이며, 어떤 내용으로 구성되어 있는지 설명하시오.

문제 14 항공기 엔진에 대한 감항기준에서 규정하고 있는 안전성 요구조건에는 어떤 것이 있는지 7가지 이상 나열하고, 아는 바를 설명하시오.

문제 15 항공기 엔진에 대한 감항기준 FAR §33.28 또는 CS-E 50에 제시된 엔진제어시스템의 안전성 요건에 대하여 설명하시오.

문제 16 항공기 및 엔진의 형식증명 과제에서 작성되는 신청자와 인증당국의 인증계획서 4가지 종류에 대하여 설명하시오.

문제 17 항공기 왕복엔진이 작동되는 4가지 행정(stroke)과 가솔린 기반 열역학 사이클에 대하여 설명하시오.

문제 18 항공기 왕복엔진의 압축비(compression ratio)와 터빈엔진 압축기의 압력비(pressure ratio)에 대하여 설명하시오.

문제 19 항공기 왕복엔진의 과급기(turbocharger)와 임계고도(critical altitude)에 대하여 설명하시오.

문제 20 동일한 등급의 왕복엔진 중에 과급기(turbocharger)를 사용하는 엔진과 디지털 엔진제어시스템(FADEC)을 사용하는 엔진이 하나의 형식증명자료집(TCDS)에 등재될 수 있는지에 대하여 설명하시오.

문제 21 항공기 왕복엔진 중에 가솔린 방식의 엔진과 디젤 방식의 엔진에 대한 특징을 장점과 단점을 나열하는 방식으로 설명하시오.

문제 22 항공기 터빈엔진의 설계에서 추력이나 출력에 크게 영향을 미치는 성능변수를 3가지 이상 제시하고, 그 영향에 대하여 설명하시오.

문제 23 군용 전투기 터보팬 엔진과 민간 여객기 터보팬 엔진의 특징적 차이를 바이패스 비(BPR), 연료소비율(TSFC), 소음(noise), 추력증강장치 관점에서 논하시오.

문제 24 항공기 터빈엔진을 5가지 구성품으로 분류하고, 터빈엔진에 적용되는 열역학 사이클에 대하여 설명하시오.

문제 25 항공기 터빈엔진의 길이방향 위치번호(station number)는 0부터 9까지의 숫자로 표기된다. 각 위치번호가 어느 곳을 나타내는지 쓰시오.

문제 26 항공기 터보팬 엔진의 압축기 압력비(compressor pressure ratio)와 엔진 압력비(EPR: Engine Pressure Ratio)에 대하여 설명하시오.

문제 27 항공기 엔진의 성능변수를 나타내거나 시험을 수행할 때, 교정(calibration)과 보정(correction)이라는 말을 사용하는데, 그 의미를 설명하시오.

문제 28 항공기 프로펠러는 블레이드의 피치 조절 방식에 따라 4가지 종류로 분류된다. 이를 3가지 이상 나열하고, 어떻게 작동하는지 설명하시오.

문제 29 쌍발 항공기에서 엔진의 종류나 장착 방식에 따라서 고장이 발생하였을 때, 항공기 조종이나 구성품에 더 불리하게 작용하는 엔진을 무엇이라고 하는가?

문제 30 수송급 항공기에 탑재된 보조동력장치(APU)의 일반적인 장착 위치와 보조동력장치의 역할에 대하여 설명하시오.

문제 31 항공기 엔진이나 프로펠러 형식증명을 위한 적합성 보고서의 일반적인 구성 내용(목차)과 서론 및 결론에 반드시 포함될 내용은 무엇인가?

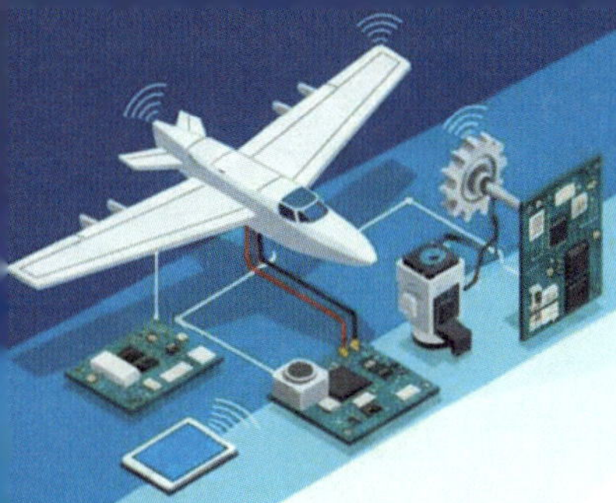

CHAPTER

05

항공부품 인증기술

5.1 부품 인증개요

5.1.1 기술표준품승인

항공기 인증의 관점에서 항공기, 엔진, 프로펠러는 형식증명(TC) 대상이며, 감항당국이 별도로 지정하여 고시한 기술표준품은 기술표준품승인(TSOA) 대상이 된다. 그리고, 완성된 항공기, 엔진, 프로펠러를 제외하고, 이들을 구성하는 나머지 요소는 어떤 것이든 모두 부품제작자승인(PMA) 대상이 될 수 있다.

2025년 현재 미국은 기술표준서(TSO) 156종, 유럽(ETSO)은 179종, 우리나라(KTSO)는 70종을 지정해 고시하고 있다. 이들 기술표준품은 해당 기술표준서를 적용해 기술표준품승인을 받아야 하고, 항공기에 장착하기 위해서 부가형식증명이나 별도의 장착승인을 추가로 받아야 한다. 기술표준서의 본문에는 감항당국이 설정한 법적 요건과 함께 해당 기술표준품이 만족해야 하는 최소성능표준(MPS)을 SAE, RTCA, ASTM, EUROCAE 등의 산업표준서로 지정하거나, 부록으로 감항당국의 최소성능표준을 제시하고 있다. 일부 품목에 대하여 KS 또는 ISO 규격이 제정된 사례가 있는데, 이들 규격을 적용하면 기술표준품승인을 위한 최소성능표준으로 인정받을 수 없다.

기술표준품승인을 위한 법적인 요건과 절차는 미국의 FAR Part 21 Subpart O, 유럽의 EU Part 21 Subpart O, 우리나라 항공안전법 제27조(기술표준품 형식승인) 및 KAS Part 21 Subpart O에서 규정하고 있다. 이에 대한 각국의 세부절차와 지침은 다음과 같다.

- FAA Order 8150.1C : Technical Standard Order Program, 2023.12.17
- FAA Order 8120.22A : Production Approval Procedures, 2023.10.27
- FAA Order 8120.23A : Management of Production Approval Holders, 2023.10.27
- FAA AC 21-46A : Technical Standard Order Program, 2017.02.23
- FAA AC 21-50 : Installation of TSOA Articles and LODA Appliances, 2011.02.28
- EASA CS-ETSO : Certification Specification for ETSO, Amendment 17, 2022.08.31
- EASA PR.CERT.00003-003 : European TSO Authorisation, 2015.01.12
- 국토부 훈령 제2024-1819호 : 항공기 기술표준품 형식승인 절차규정, 2024.11.18
- 국토부 훈령 제2024-1702호 : 제작증명 및 생산승인 지침, 2024.01.10
- 국토부 고시 제2025-252호 : 항공기 기술표준품 형식승인 기준, 2025.05.20
- 국토부 고시 제2018-318호 : 항공기등의 제작증명 및 생산승인 기준, 2018.05.28.

기술표준품승인(TSOA)은 크게 설계승인(DA)과 생산승인(PA) 단계로 구분하여 진행된다.

즉, 사전회의, 인증계획 수립, 인증신청, 합치성 검사 및 시험, 적합성 보고서 제출/검토를 통하여 설계 적합성을 승인하고, 감항당국 기준에 따른 품질시스템 평가를 통하여 생산승인 여부를 결정하고, 최종 인증회의를 통하여 기술표준품승인서를 발급하는 과정으로 진행된다.

기술표준품 생산승인을 위한 품질시스템 평가에서 미국은 FAA Order 8120.23A의 부록 D의 점검표(quality noncompliance codes)에 따라 기술표준품승인의 경우에는 총 161개 항목 중에 152개 항목을 평가한다. 우리나라는 국토부 제작증명 및 생산승인 지침의 [별표 1] 항공기 인증시스템 평가 점검표(ACSEP)에 따라서 기술표준품승인의 경우에는 총 132개 중에 123개 항목을 평가한다.

우리나라 기술표준품 형식승인을 신청할 때는 항공안전법 시행규칙 제55조(기술표준품형식승인 신청) 제1항에 따른 별지 제26호 서식으로 신청서를 작성하고, 제55조 제2항과 해당 신청서 서식 하단의 안내문에 제시된 다음의 서류를 첨부하여 국토교통부에 제출하여야 한다.

1. 적합성 입증 계획서 또는 확인서
2. 설계도면, 설계도면 목록 및 부품 목록
3. 제조규격서 및 제품사양서
4. 품질관리규정
5. 감항성 유지 및 관리체계 설명자료
6. 그 밖에 참고사항을 적은 서류

기술표준품승인 신청서류 중에 적합성 입증계획서는 보통의 인증계획서를 지칭하는 것이며, 해당 인증계획서(CP: Certification Plan)에는 목적, 적용범위, 적용문서, 신청자 이력, 신청 품목, 설계 개요, 적합성 입증계획, 품질시스템 및 합치성 검사, 설계변경 관리, 감항성 유지 계획 등이 포함되어야 한다. 적합성 입증 확인서는 적합성 확인서(SoC: Statement of Conformance)를 지칭하는 것인데[51], 적합성 입증 보고서가 작성되는 시점에 이와 함께 제출할 수 있다.

설계도면 목록에는 해당 품목의 모든 도면과 개정번호가 포함되어야 하지만, 설계도면은 해당 기술표준서 본문의 제5장 신청서류에 명시된 도면만 제출할 수 있다. 미국의 경우에는 해당 기술표준서에 규정된 도면만 제출하면 되지만, 우리나라의 경우에는 모든 도면을 제출하도록 하는 경향이 있으므로 인증기관과 사전에 협의가 필요하다.

제조규격서는 특수공정 규격서 등과 같이 특별한 공정관리가 필요한 제조규격서 또는 공정서

51) FAR §21.603(a)(1)에 합치성 확인서(SoC: Statement of Conformance)를 제출하도록 규정하고 있으나, 이는 FAA의 관행적 오류로 적합성 확인서(SoC: Statement of Compliance)로 수정할 필요가 있다. EASA는 이미 21.A.605(a), 21.A.608(a), 21.A.611(c)에서 Compliance로 표기하고 있다. 우리나라는 FAR Part 21을 인용하여 Conformance로 표기하고 있으나, EASA와 같이 Compliance로 수정할 필요가 있다.

를 지칭하는 것이며, 협력업체의 특수공정 규격서도 함께 제출되어야 한다. 다만, 인증기관에서 해당 품목에 적용되는 일반적인 산업규격서나 산업규격서로 제정된 특수공정 규격서도 제출 또는 목록화 하도록 요청하는 경우가 있으므로 사전에 인증기관 담당자와 협의할 필요가 있다. 제품 사양서는 기술표준품승인 신청하는 품목의 규격서(model specification)를 지칭하는 것이다.

품질관리규정은 국토부 훈령의 항공기 인증시스템 평가 점검표(ACSEP) 또는 FAA Order 8120.23A의 점검표(quality noncompliance codes)에 따른 품질시스템 요건이 반영된 매뉴얼과 절차서를 말하며, 일반적인 ISO9001 및 AS9100에 따른 품질시스템 매뉴얼과 제3자에 의한 상업적 인증은 기술표준품승인에서 인정되지 않는다.

감항성 유지 및 관리체계 자료는 해당 품목의 감항성유지지침서(ICA) 또는 구성품 정비매뉴얼(CMM) 작성하여 제출하고, 품질시스템에 감항성 유지 절차를 보완하거나 별도의 감항성 유지 관리절차를 수립하여 생산승인 평가를 받아야 한다.

또한, 해당 기술표준서 본문의 제5장 신청서류 부분에 명시된 품목별 서류를 추가로 제출하고, 해당 기술표준서 및 최소성능표준을 충족시킬 수 없는 항목에 대해서는 완화(deviation) 승인 요청서를 함께 제출할 수 있다. 설계승인 입증 보고서를 제출할 때는 적합성 확인서(SoC)를 함께 제출하고, 시제품에 대한 합치성 검사 의뢰 시에는 합치성 확인서(SoC)를 함께 제출하여야 한다.

미국의 기술표준서는 2025년 현재 총 156종이 지정되어 있으며, 총 7,143건의 기술표준품승인서(TSOA and LODA)가 발급되었다. 이는 미국 연방항공청 홈페이지의 Dynamic Regulatory System (https://drs.faa.gov/)에서 확인할 수 있다. 미국의 경우에 대부분의 기술표준품승인 과제에서 지정인증기술관(DER)이나 지정인가조직(ODA)이 승인 업무에 참여하고 있으며, 특별한 이슈가 있는 극히 일부의 과제나 인증문서에 대해서만 연방항공청이 직접 입회 및 승인 업무를 수행한다. 다만, 항공안전협정이 체결된 외국 정부를 통해서 제출되는 설계승인(LODA) 신청은 연방항공청이 직접 검토하여 발급한다.

유럽의 기술표준서는 2025년 현재 총 179종이 지정되어 있으며, 현재까지 약 4,200건의 유럽기술표준품승인서(ETSOA)가 발급되었다. 유럽항공안전청의 기술표준품승인 업무는 설계조직승인(DOA) 및 생산조직승인(POA) 업체가 발급할 수 있으며, 특별한 이슈가 있는 극히 일부의 과제나 인증문서에 대해서만 유럽항공안전청이 직접 입회 및 승인 업무를 수행한다. 미국과 마찬가지로 외국 정부를 통해서 제출되는 유럽기술표준품승인 신청은 유럽항공안전청이 직접 검토하여 발급한다.

우리나라의 산업체는 2007년 항공기 타이어에 대한 한미 시범인증을 시작으로 2025년까지 총 15건의 기술표준품승인을 받았다. 우리나라의 기술표준품승인을 받은 품목 중에 타이어를 포함한 4종이 미국의 설계승인서(LODA)를 받았으며, 나머지 품목은 해당 품목의 상업화 계획이나 상업적 측면의 완성도 부족 등의 사유로 미국에 기술표준품 설계승인을 신청하지 않은 것으로 추정된다.

우리나라의 기술표준품승인(KTSOA)을 근거로 미국에 설계승인(LODA)을 신청하기 위해서는 미국의 해당 기술표준서 본문 제5장에 제시된 설계승인 신청서류를 영문으로 작성하여 국토교통부를 통하여 연방항공청에 제출하여야 한다. 미국에 신청서류 제출한 후, 설계승인서가 발급되기까지 통상 약 4개월 정도 소요되지만, 일부의 신청 건에 대해서는 3년 이상 소요되는 경우도 있어 유의할 필요가 있다.

[TSO-C62d 항공기 타이어]
금호타이어㈜, B737-400 Main, Bias Type, 2007년 한미 시범인증

[TSO-C106 대기자료컴퓨터]
퍼스텍㈜, KUH ADC, FH-ADC-001, S/W Level A, 2008년 국내 인증

[TSO-C113 다기능시현장치]
LIG넥스원㈜, MFD 583-G70000, S/W Level B, 2013년 국내 인증

[TSO-C113a 통합시현장치]
㈜LG CNS, IFD IFCL12-1A, S/W Level B, 2015년 국내 인증

[TSO-C13f 구명복]
시울프마린㈜, Type I (팽창식), SW-AIR-03, 2019년 국내 인증

[TSO-C90d 화물용 컨테이너]
㈜써브, ULD Type 2, SUC-LD3/AKE, 2022년 국내 인증 및 FAA LODA

[TSO-C90d 화물용 팔레트]
플라인텍㈜, ULD Type 2, FT011, 조립식, 2022년 국내 인증 및 FAA LODA

[TSO-C90e 화물용 네트]
㈜써브/㈜코텍글로벌, ULD Type 2, 2023년 신청, 2025년 인증 예상

[TSO-C127c 승객용 좌석]
㈜KM&I, EY Triple, A-T-1-FF-c-d-e-g, 2021년 신청, 2025년 인증 예상

[그림 5-1] 우리나라 기술표준품승인 인증품목 사례

미국과 유럽의 기술표준품승인 제도는 일정한 요건을 갖춘 신청자가 자체적으로 인증(self certifying)하는 개념을 반영하여 정립된 제도이다. 이에 따라서 부품제작자승인의 감항기준과 달리 품목별로 기술표준서를 별도로 제정하였고, 위임기술자(DER, DMIR, DAR, ODA) 및 조직승인업체(DOA, POA)가 승인 업무에 적극적으로 참여하고, 인증당국은 과제 관리 및 감독 업무를 중점적으로 수행하고 있다.

또한, 기술표준품승인 품목을 항공기 장착 사용하기 위해서 부가형식증명이나 별도의 장착승인 과정이 더 필요하고, 이 과정에서 경급 설계변경이 수반될 수도 있기 때문에 기술표준품승인 과정에서는 최소의 요건만 충족하도록 하고 있다. 이에 반하여 우리나라의 기술표준품승인 제도는 미국이나 유럽의 인증 제도와 취지를 충분히 고려하지 않고, 기술표준품 인증 제도를 운영하고 있으며, 인증 실무에서는 이러한 특성이 더욱 고려되지 않고 있으므로 신청자는 이에 유의할 필요가 있다.

5.1.2 부품제작자승인

항공기, 엔진, 프로펠러, 기술표준품에 해당하지 않는 그 이외의 모든 구성 요소는 부품제작자승인 대상 부품으로 볼 수 있다. 과거에는 재료나 공정도 부품제작자승인 대상이 되었으나, 2009년 FAR Amendment 21-92 개정으로 재료나 공정을 제외시키고, 항공기 등과 기술표준품에 직접 사용되는 부품으로 한정하였다.

또한, 항공기, 엔진, 프로펠러 형식증명 소지자나 기술표준품승인 소지자의 주문에 따라 협력업체로서 해당 부품을 제작하여 공급하는 경우에는 부품제작자승인을 받을 필요가 없다. 부품제작자승인은 기존에 인증을 받고 운용 중인 항공기 등과 기술표준품의 정비에 필요한 교환 또는 대체 장착용 부품을 원래의 제작자 또는 제3자가 제작하여 항공기 등의 운용자 또는 정비사업자에게 공급하는데 적용되는 제도이다. 이에 따라서 해당 부품의 동일성(indenticality)과 적격성(eligibility)이 가장 중요하게 된다.

기술표준품승인에서는 별도로 지정된 해당 기술표준서 및 최소성능표준에 따라 적합성을 입증하지만, 부품제작자승인에서는 해당 부품이 장착될 항공기, 엔진, 또는 프로펠러 감항기준의 해당 요건에 만족하도록 적합성을 입증하여야 한다. 기술표준품은 항공기 등에 장착 사용하기 위하여 별도의 부가형식증명이나 장착승인이 필요하지만, 부품제작자승인은 인증을 받으면, 별도의 추가 인증 없이 곧바로 항공기 등에 장착해 사용할 수 있다. 그리고, 생산 부분을 제외한 설계승인 부분에 대하여 상업적 판매 등을 목적으로 부가형식증명을 동시에 신청하여 획득할 수 있다. 다만, 부품제작자승인은 해당 부품이 장착될 항공기 등의 형식 명칭이 지정되기 때문에 다른 형식의 항공기에 장착할 때는 다시 신규 부품제작자승인을 받아야 한다.

부품제작자승인을 위한 법적 요건 및 절차는 미국의 FAR Part 21 Subpart K, 유럽의 EU Part 21 Subpart K, 우리나라 항공안전법 제28조(부품등제작자증명) 및 KAS Part 21 Subpart K에서 규정하고 있다. 다만, 유럽의 경우에는 미국과 달리 부품제작자승인 제도를 갖추지 않고 설계조직승인(DOA) 및 생산조직승인(POA) 제도 하에서 부품을 승인하고 있으며, 미국의 부품제작자승인 부품에 대해서도 이를 그대로 수락하는 방식으로 운영하고 있다. 부품제작자승인에 대한 각국의 세부절차 및 지침은 다음과 같다.

- FAA Order 8110.42D : Parts Manufacturer Approval Procedures, 2023.10.27
- FAA Order 8110.119 : Streamlined Process for PMA, 2012.11.30
- FAA Order 8120.22A : Production Approval Procedures, 2023.10.27
- FAA Order 8120.23A : Management of Production Approval Holders, 2023.10.27
- AC 20-62E : Eligibility, Quality, and Identification of Replacement Parts, 2018.09.14
- EASA Design Organisation Approval Initial Investigation Information, 2022.03.04
- EASA Production Organisation Approval Procedures, 2004.12.20
- 국토부 훈령 제2022-1529호 : 부품등제작자증명 지침, 2022.06.07
- 국토부 훈령 제2024-1702호 : 제작증명 및 생산승인 지침, 2024.01.10
- 국토부 고시 제2022-316호 : 부품등제작자증명 기준, 2022.06.07
- 국토부 고시 제2018-318호 : 항공기등의 제작증명 및 생산승인 기준, 2018.05.28.

부품제작자승인(PMA)은 기술표준품승인과 마찬가지로 크게 설계승인(DA)과 생산승인(PA) 단계로 구분하여 진행된다. 즉, 사전회의, 인증계획 수립, 인증신청, 합치성 검사 및 시험, 적합성 보고서 제출 및 검토를 통하여 설계 적합성을 승인하고, 감항당국 기준에 따른 품질시스템 평가를 통하여 생산승인 여부를 결정하고, 최종 인증회의를 통하여 부품제작자승인서를 발급하는 과정으로 진행된다. 다만, 면허계약 없이 동일성 입증방법에서는 시제품에 대한 합치성 검사 및 시험이 생략될 수도 있다.

부품제작자 생산승인을 위한 품질시스템 평가에서 미국은 FAA Order 8120.23A의 부록 D의 점검표(quality noncompliance codes)에 따라 부품제작자승인의 경우에는 총 161개 항목 중에 153개 항목을 평가한다. 우리나라는 국토부 제작증명 및 생산승인 지침의 [별표 1] 항공기 인증시스템 평가 점검표(ACSEP)에 따라서 부품제작자승인의 경우에는 총 132개 중에 121개 항목을 평가한다.

부품제작자승인을 신청하기 전에 설계승인 적합성 입증방법을 먼저 결정하고, 이에 따라서 인증계획을 수립하여야 한다. FAR/KAS §21.303(a)의 (4)항과 (5)항, FAA Order 8110.42D, 국토교통부 훈령 부품등제작자증명 지침에 규정된 바에 따라 다음과 같은 4가지 적합성 입증방법 중에 하나의 방법을 선택할 수 있다.

- 면허계약에 의한 동일성 입증 (identicality with license agreement)
- 면허계약이 없는 동일성 입증 (identicality without license agreement)
- 시험 및 계산에 의한 적합성 입증 (tests and computations)
- 부가형식증명에 의한 적합성 입증 (existing STC or new STC)

면허계약에 의한 동일성 입증은 제3자의 형식증명, 부가형식증명, 부품제작자승인, 기술표준품승인을 통해서 기존에 입증된 설계자료를 면허계약으로 구매하여 새로운 신청자 명의로 부품제작자승인을 신청하는 방법을 말한다. 이 경우에는 항공기 감항기준에 대한 직접적인 적용이나 설계에 관한 적합성 입증 과정이 생략되고, 새로운 신청자의 품질시스템과 합치성에 관한 평가만 수행하고 부품제작자승인서를 발급한다.

면허계약이 없는 동일성 입증은 부품제작자승인 신청자가 해당 부품의 설계와 품질에 관한 모든 사항을 직접 입증해야 하지만, 해당 신청자가 항공기 형식증명 및 설계승인 소지자의 협력업체로서 장기간 해당 부품을 제작한 경우에는 설계와 품질에 관한 대부분의 자료를 가지고 있으므로 큰 어려움 없이 적합성을 입증할 수 있다.

시험 및 계산에 의한 적합성 입증은 해당 부품에 관한 부품제작자승인, 부가형식증명, 또는 형식증명 소지자의 기술적 도움 없이 자체적인 시험 및 계산을 통해서 설계에 관한 적합성을 입증하는 방법을 말한다. 이 경우에는 항공기 감항기준의 적용 조항을 식별하고, 그에 대한 구체적인 해석이나 시험 계획을 수립하여야 한다. 기존의 부품에 대한 역설계(reverse engineering)를 통해서 부품을 개발하는 경우에도 시험 및 계산에 의한 적합성 입증과 동일한 과정으로 입증이 필요하다.

부가형식증명에 의한 적합성 입증은 기존의 부가형식증명(existing STC)에 포함된 부품의 설계자료를 그대로 이용하거나, 해당 부품을 항공기에 장착할 때 중급(major) 설계변경이 필요해 새로운 부가형식증명(new STC)이 요구되는 경우로 나누어 볼 수 있다. 전자의 경우에는 해당 부품의 설계자료가 이미 입증된 것이므로 설계 적합성 입증 과정을 생략하고, 곧바로 품질시스템 평가 단계를 진행한다. 후자의 경우에는 새로운 부가형식증명과 부품제작자승인을 동시에 함께 진행할 수 있으며, 감항기준의 적용 조항도 동일하게 선정하여 1회만 입증할 수 있다.

즉, 면허계약을 통해서 적합성이 입증된 부품의 설계를 구입해 활용하거나, 기존의 부가형식명에 포함된 부품에 대하여 새로운 부품제작자승인 신청하는 경우에는 항공기 감항기준의 적용 조항 식별이나 추가의 설계 적합성 입증이 필요하지 않다. 그러나, 면허계약이 없는 동일성 입증, 시험 및 계산에 의한 적합성 입증, 역설계 부품에 대한 적합성 입증, 신규 부가형식증명이 요구되는 중급 설계변경이 필요한 경우에는 항공기 감항기준의 적용 조항을 신중하게 선정해야 한다.

우리나라 부품등제작자증명을 신청할 때는 항공안전법 시행규칙 제61조(부품등제작자증명 신청) 제1항에 따른 별지 제29호 서식으로 신청서를 작성하고, 제61조 제2항과 해당 신청서 서식 하단의 안내문에 제시된 다음의 서류를 첨부하여 국토교통부에 제출하여야 한다.

1. 장비품 및 부품 식별서

2. 적합성 입증 계획서 또는 확인서
3. 설계도면 목록 · 설계도면 및 부품목록
4. 제조규격서 및 제품사양서
5. 품질관리규정
6. 감항성 유지 및 관리체계 설명자료
7. 그 밖에 참고사항을 적은 서류

부품제작자승인 신청서류를 준비할 때는 국토교통부 고시 부품등제작자증명 기준의 [별지 1]에 제시된 부품등제작자증명 제출자료 요구조건을 참고하고, 인증기관 담당자와 사전에 충분히 협의할 필요가 있다.

항공안전법 시행규칙 제61조의 부품등 식별서는 국토교통부 훈령 [별지 1]의 부품등제작자증명서 부록을 지칭하는 것이며, 그 기재 방법을 이해하기 어려운 경우에는 FAA Order 8110.42D 부록 D의 PMA Supplement 예시를 참고할 수 있다.

- 부품명칭 (part name) : 부품제작자승인 대상 부품의 품명(article name)을 기재함
- 부품번호 (part number) : 대체하는 원래 부품의 품번(article number)을 기재함
- 대체될 원부품등의 부품번호 (approved replacement for part number) : 금번에 승인되는 신청자 부품의 품번(article number)을 기재함[52)]
- 설계승인방법 및 승인설계자료 (approval basis and design data) : §21.303의 적합성 승인 근거와 신청자 해당 부품의 최상위 설계도면 번호 및 개정번호를 기재함[ǂ]
- 장착항공기등의 제작자 (make eligibility) : 부품제작자승인 부품이 장착될 항공기 등에 대한 형식증명 소지자 명칭을 기재함
- 장착항공기등의 모델 (model eligibility) : 부품제작자승인 부품이 장착될 항공기 등의 모델 명칭을 모두 나열함.

부품등제작자증명서 부록(PMA Supplement)의 장착 항공기 모델 칸에 지나치게 많은 모델 명칭을 기재하면, 그 기종에 대한 적합성 입증 및 장착 검사를 모두 수행해야 할 수도 있으므로 유의해서 기재할 필요가 있다.

적합성 입증 계획서 또는 확인서는 서로 다른 문서를 대등한 문서와 같이 나타낸 것이다. 적합성 입증 계획서는 보통의 인증계획서(CP: Certification Plan)를 지칭하는 것이며, 이 문서에는 목적, 적용범위, 적용문서, 신청자 이력, 신청 품목, 설계 개요, 적합성 입증계획(인증기준, 설계승인

52) 국토부 훈령의 부품등제작자증명 부록에서 〈대체될 원부품등의 부품번호〉의 "원"은 오기로 수정 필요가 있다. [ǂ] 설계승인방법에는 §21.303의 (a)의 (4) 면허계약에 의한 동일성 입증과 (5) 시험 및 계산에 의한 적합성 입증 중에서 선택하여 기재한다. 다만, 기존 STC 부품에 대한 동일성 입증은 (4)항으로 기재하고, 신규 STC 부품이나 면허계약이 없는 동일성 입증은 (5)항으로 표기할 수 있다.

방법, 적합성 입증방법), 치명성 또는 수명제한부품, 품질시스템 및 합치성 검사, 설계변경 관리, 감항성 유지 계획 등이 포함되어야 한다.

적합성 확인서는 FAA Order 8110.42D 부록 G와 국토교통부 고시 부품등제작자증명 기준의 [별지 2] 서식으로 제시된 적합성 확인서(SoC: Statement of Compliance)를 지칭한다. 이는 기술표준품승인에 관한 Part 21 Subpart O, 훈령 및 고시와 달리 부품제작자승인 제도에서는 "Compliance"로 정확하게 표기하고 있다. 부품제작자승인을 신청할 때, 이를 제출하기 곤란한 경우에는 적합성 보고서를 제출할 때 함께 제출할 수 있다.

설계도면 목록에는 해당 품목의 모든 도면과 개정번호가 포함해 작성하고, 도면의 제출 범위는 인증기관 담당자와 사전에 협의해 결정하도록 한다. 미국 및 유럽 인증당국은 해당 부품의 식별 및 승인을 위한 최소한의 도면을 제출하도록 하지만, 우리나라의 경우에는 모든 도면을 제출하도록 하는 경향이 있으므로 사전 협의가 필요하다.

제조규격서는 특수공정 규격서 등과 같이 특별한 공정관리가 필요한 제조규격서 또는 공정서를 지칭하는 것이며, 협력업체의 특수공정 규격서도 함께 제출되어야 한다. 다만, 인증기관에서 해당 품목에 적용되는 일반적인 산업규격서나 산업규격서로 제정된 특수공정 규격서 또는 그 목록을 제출하도록 요청하는 경우가 있으므로 사전에 인증기관 담당자와 협의할 필요가 있다. 제품사양서는 부품제작자승인 신청하는 품목의 규격서(model specification)를 지칭하는 것이며, 해당 부품의 설계내용, 장착절차, 감항성 한계 등을 포함하여 산업계에서 통용되는 방식으로 작성한다.

품질관리규정은 국토부 훈령의 항공기 인증시스템 평가 점검표(ACSEP) 또는 FAA Order 8120.23A의 점검표(quality noncompliance codes)에 따른 품질시스템 요건이 반영된 매뉴얼과 절차서를 말하며, 일반적인 ISO9001 및 AS9100에 따른 품질시스템 매뉴얼과 제3자에 의한 상업적 인증은 부품제작자승인에서 인정되지 않는다.

감항성 유지 및 관리체계 자료는 해당 품목의 감항성유지지침서(ICA) 또는 부품 정비매뉴얼(CMM)을 작성하여 제출하고, 품질시스템에 감항성 유지 절차를 보완하거나 별도의 감항성 유지 관리절차를 수립하여 생산승인 평가를 받아야 한다.

부품제작자승인은 기술표준품승인과 유사하게 진행되지만, 한편으로는 항공기 등에 대한 형식증명과 제작증명 과정이 함께 진행되는 방식을 취하기도 한다. 설계승인 입증 보고서를 제출할 때 적합성 확인서(SoC)를 함께 제출하고, 시제품에 대한 합치성 검사 의뢰 시에는 합치성 확인서(SoC)를 함께 제출하는 것은 물론이고, 인증기준(CB)을 설정할 때는 감항기준의 적용 요건에 대한 Amendment를 명확히 하고, 필요시에는 특별감항조건(SC), 동등수준안전성(ELOS), 면제(Exemption) 사항을 제안하여야 한다.

미국의 부품제작자승인은 2025년 3월 현재 총 1,371,633건이 발급되었다. 이는 미국 연방항공청 홈페이지의 Dynamic Regulatory System (https://drs.faa.gov/)에서 확인할 수 있다. 미국의 경우에 대부분의 부품제작자승인 과제에서 지정인증기술관(DER)이나 지정인가조직(ODA)이 승인 업무에 참여하고 있으며, 특별한 이슈가 있는 극히 일부의 과제나 인증문서에 대해서만 연방항공청이 직접 입회 및 승인 업무를 수행한다. 항공안전협정이 체결된 외국 정부를 통해서 제출되는 부품제작자승인 신청에 대하여 연방항공청이 직접 검토하여 발급하지만, 기술표준품승인과 달리 부품제작자승인에 관한 항공안전협정은 매우 제한적인 국가와 체결된 상태이다. 부품제작자승인이 기술표준품승인보다 월등히 많은 것은 부품의 종류가 비교할 수 없을 정도로 많고, 현재 운용되는 항공기 등의 정비에 저렴한 가격으로 직접 사용할 수 있기 때문이다.

유럽의 경우에는 부품제작자승인 제도를 운영하지 않고, 통상적인 인증절차(European part approval)에 따라 부품을 승인한다. 대부분의 부품은 설계조직승인(DOA) 및 생산조직승인(POA) 업체를 통해서 부품 승인서가 발급되고, 특별한 이슈가 있는 극히 일부에 대해서만 유럽항공안전청이 직접 입회 및 승인한다. 유럽항공안전청은 부품 승인 목록을 별도로 공개하지 않고 있다. 그렇지만, 유럽의 항공부품 제조산업 규모를 고려하면 미국의 약 50 % 수준인 500,000건 이상으로 추정할 수 있다.

우리나라 산업체의 부품제작자승인은 2022년 승객용 컵 홀더를 시작으로 2025년까지 4건의 승인서가 발급되었다. 부품제작자승인은 한미 항공안전협정이 체결되지 않아 국내 인증서 발급되어도 미국에 인증을 신청할 수 없는 실정이다. 2021년부터 2025년까지 수행된 항공기 개조 인증기술개발사업을 통하여 현행 한미 항공안전협정을 수송급 비행기 부가형식증명 및 부품제작자승인까지 확대하고자 계획했으나, 2019년 예비타당성 검토와 2023년 국가 연구개발 재조정 과정을 거치면서 연구개발비가 대폭 축소되었고, 산학연관 협력에도 많은 애로를 겪게 되었다. 이러한 상황에서 일부 산업체가 정부의 지원 없이 자체적으로 부품을 개발하고 인증을 받은 것은 고무적인 성과로 볼 수 있다.

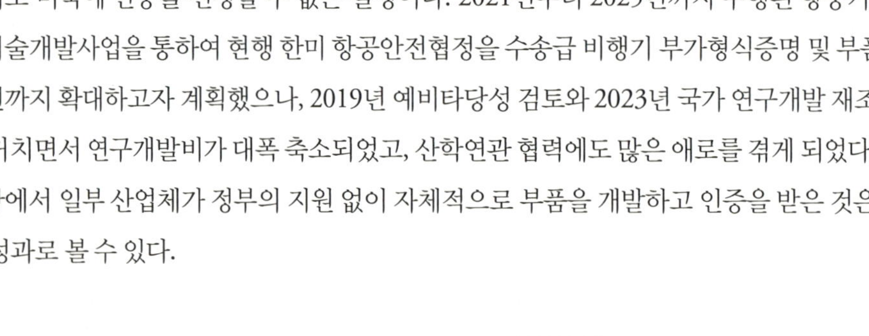

[Cup Holder]
㈜ANH 스트럭처, 2022년, AP848655, Eligible to B777, B787, B737, A330, A320

[Wear Disk]
㈜ANH 스트럭처, 2023년, AP860525, Eligible to B777, B787, B737, A330, A320

[Window Shade]
㈜GTA Aerospace, 2023년, GP411W1602, Eligible to B777-200, B777-300

[Recline Button]
㈜GTA Aerospace, 2025년, GPMC04685, Eligible B737, B787, B777, B747, A380, A330, A220

[그림 5-2] 우리나라 부품제작자승인 인증품목 사례

외국에서 우리나라에 수입되는 항공기 부품과 기술표준품에 대해서는 항공안전법에 "대한민국과 항공안전협정을 체결한 국가로부터 인증을 받은 기술표준품 또는 부품은 우리나라의 인증을 받은 것으로 본다"고 규정하고 있어 별도의 기술검증이나 수락업무를 수행하지 않고 있다.

5.1.3 PMA와 TSOA 차이점

부품제작자승인(PMA)과 기술표준품승인(TSOA)의 가장 큰 차이는 인증의 대상이 되는 품목이 다르다는 것이다. 기술표준품승인은 감항당국이 기술표준서(TSO)를 제정하여 기술표준품으로 지정한 품목을 대상으로 하고, 부품제작자승인은 그 이외의 부품을 대상으로 한다. 이에 따라서 기술표준품승인은 해당 기술표준서를 적용하고, 부품제작자승인에서는 그 부품이 장착될 항공기에 적용되는 감항기준을 충족하여야 한다.

그리고, 기술표준품승인은 항공기 장착을 위한 별도의 부가형식증명 등이 필요하지만, 부품제작자승인은 항공기 장착 적격성에 관한 인증이므로 부품제작자승인이 완료되면 곧바로 해당 항공기에 장착해 사용할 수 있다.

[표 5-1] 부품제작자승인 및 기술표준품승인의 특징적 요소

구 분	부품제작자승인 (PMA)	기술표준품승인 (TSOA)
대상 품목	항공기, 엔진, 프로펠러, 기술표준품을 이외의 모든 부품 (Replacement Parts) (예) 기체 부품, 엔진 부품, 컵 홀더, 창문 덮개, 교류발전기, Actuator 등	감항당국이 기술표준품으로 지정하여 고시한 품목 (미국 156종, 유럽 177종) (예) 타이어, 대기자료컴퓨터, 구명복, 팔레트, 직류발전기, APU, 좌석 등
적용 항공기	부품 장착 항공기 모델 지정 필요	장착 항공기 모델 지정 불필요
장착 적격성	설계승인에 장착승인(eligibility) 포함	별도의 장착승인(STC) 필요
승인 단계	설계승인 + 생산승인	설계승인 + 생산승인
설계승인기준	해당 항공기 등의 감항기준	기술표준서(TSO) 및 최소성능표준(MPS)
생산승인기준	감항당국 품질시스템 요건(ACSEP)	감항당국 품질시스템 요건(ACSEP)
신청 자격	제한 없음 (설계/생산 입증 능력)	제한 없음 (설계/생산 입증 능력)
양도성	양도 불가능	양도 불가능

- 기술표준품승인(TSOA) : 항공기에 장착 사용하기 위해 별도의 부가형식증명(STC)이 필요함
- 부품제작자승인(PMA) : PMA 획득후 곧바로 장착 사용 가능하지만, 중급(major) 설계변경이 필요한 경우에는 별도의 장착승인이나 부가형식증명(STC)이 필요할 수 있음
- PMA 설계 적합성 입증방법 : ① 면허계약에 의한 동일성 입증, ② 면허계약이 없는 동일성 입증, ③ 시험 및 계산에 의한 적합성 입증, ④ 부가형식증명에 의한 적합성 입증

부품제작자승인과 기술표준품승인의 공통점으로 신청 자격, 승인 단계, 품질시스템, 양도성을

들 수 있다. 즉, 원래의 제작자가 아닌 제3자가 신청할 수 있으며, 설계승인과 생산승인 단계로 구분되고, 생산승인을 위한 품질시스템은 일부의 항목을 제외하면 거의 동일한 요건이 적용된다. 또한, 해당 생산시설에 적용되는 품질시스템에 대한 승인을 포함하고 있으므로 기술표준품승인서나 부품제작자승인서를 양도할 수 없다.

5.1.4 PMA 및 TSOA 식별표시

항공기 부품과 기술표준품은 인증을 받고 양산하여 공급할 때, 법령에 따른 식별표시(identification marking)를 하여야 한다. 이는 인증을 받은 품목을 명확히 표시함으로써 인증을 받지 않은 품목이 항공기에 사용되지 않게 제한하기 위한 것이다.

부품제작자승인을 받은 품목은 FAR/KAS §21.316(d) 및 §45.15(a)에 규정된 요건에 따라서 명판(name plate)에 다음의 정보를 기재하여야 한다.

- 부품제작자승인 표시 (한국은 K-PMA로 표시하고, 미국은 FAA-PMA로 표시함)
- 부품제작자승인 소지자 명칭(name), 상표(trademark), 심벌(symbol), 또는 승인된 식별정보 및 부품번호

기술표준품승인을 받은 품목은 FAR/KAS §21.616(d) 및 §45.15(b)에 규정된 요건에 따라서 명판(name plate)에 다음의 정보를 기재하여야 한다.

- 기술표준품승인 표시 (한국 KTSO-Cxx, 미국 TSO-Cxx, 유럽 ETSO-Cxx로 표시함)
- 기술표준품승인 소지자 명칭(name), 상표(trademark), 심벌(symbol), 또는 승인된 식별정보 및 부품번호
- 기술표준품승인서 번호[53], 해당 기술표준서의 표식(marking) 요건에 따른 정보, 일련번호 또는 제조일자

또한, 치명성(critical) 부품이나 수명한계(life-limited) 부품 및 기술표준품에 대해서는 부품번호와 일련번호 또는 이와 동등한 식별번호를 기재하여야 한다.

부품 및 기술표준품에 대한 식별표시는 영구적이고 읽기 쉬운 방법(permanently and legibly)으로 표시해야 하며, 해당 품목이 너무 작거나 해당 품목에 직접 표시하기 곤란한 경우에는 지정된 정보를 라벨에 기재하여 포장 용기에 부착할 수도 있다.

---

53) 우리나라의 KAS 45.15(b)(2)항에서 기술표준품승인서 번호를 기재하도록 규정하고 있는데, 이는 FAR §45.15(b)(2)항에 대한 번역상의 오류로 판단된다. 실제 미국과 유럽의 기술표준품 표지에는 승인서 번호가 기재되지 않고, 해당 기술표준서 번호만 기재되고 있다. 즉, 부품과 기술표준품에는 승인서 번호가 기재되지 않고, 항공기, 엔진, 프로펠러에는 형식증명서 번호와 제작증명서 번호가 기재된다.

항공기 부품 및 기술표준품에 대한 식별표시는 양산되는 품목에 기재되는 것이지만, 부품제작자승인 또는 기술표준품승인 신청 단계에서 도면으로 작성하여 제출하여야 하며, 인증 시제품에도 해당 식별 표지를 부착하는 것이 권고된다.

또한, 식별표시 규정이나 기술표준서의 표식 요건이 개정되어 표시 항목이 달라지는 경우가 있고, 해당 품목의 산업계에서 보편적으로 표시하는 항목을 추가하거나 표시 방식도 고려할 필요가 있으므로 실제 예시를 참고하여 표시 항목과 방식을 정해야 한다.

5.2 항공기 타이어

5.2.1 타이어 설계 구성

항공기 타이어는 비행기의 하중을 지지하고 활주 안정성을 유지하는 역할을 한다. 이에 따라서 순간적인 극한 하중과 고속 회전력에 견딜 수 있도록 설계하여 한다. 또한, 여러 개의 타이어를 사용하면 하중을 효과적으로 분산시키는 효과를 가질 수 있다.

항공기 타이어는 구조적으로 크게 바이어스(bias) 타이어와 래디얼(radial) 타이어로 분류한다. 바이어스 타이어는 고무로 피복된 섬유질 플라이 층(layers of plies)을 타이어 원주의 트레드 방향과 경사지게 배치한 구조로 제작된 타이어를 말한다. 이는 내구성과 안락성이 좋고 가격이 저렴한 장점이 있으나, 래디얼 타이어보다 고속 특성이 좋지 않고 중량이 무거운 단점이 있어 주로 소형 비행기에 사용되고 있다. 래디얼 타이어는 고무로 피복된 섬유질 플라이 층(layers of plies)을 트레드 방향과 직각으로 배치하고 트레드 방향으로 벨트 플라이로 보강한 구조의 타이어를 말한다. 이는 가격이 비교적 고가이고 거친 활주로에서 손상에 취약하지만, 경량, 장수명, 열 발산, 고속 특성이 우수하여 대부분의 상업용 수송급 비행기에 주로 사용되고 있다.

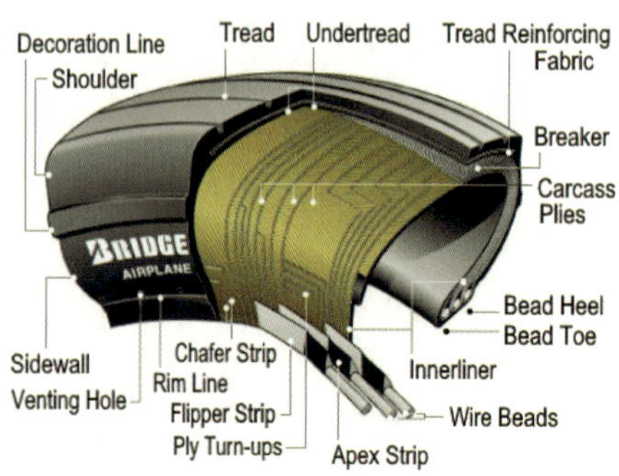

[바이어스 타이어 구조]

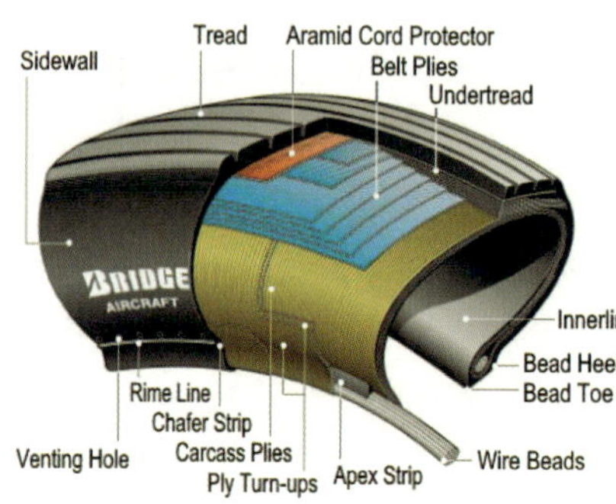

[래디얼 타이어 구조]

[그림 5-3] 바이어스 및 래디얼 타이어의 구조와 각부 명칭

항공기 타이어는 내부 압력에 따라서 저압 타이어와 고압 타이어로 분류할 수 있고, 각각 소형 비행기와 대형 수송급 비행기에 사용된다. 또한, 타이어 내부에 튜브 사용 여부에 따라서 튜브식 타이어와 튜브리스 타이어로 분류한다. 튜브리스 타이어는 질소나 공기의 누설을 방지하기 위한 내부 라이너를 밀착시켜 제작한다.

자동차 타이어는 구동력을 받아 주행하므로 접지력을 높이는 다양한 모양의 트레드 패턴이 사용된다. 이에 반하여 항공기 타이어는 구동력이 없는 휠에 의해 자유롭게 회전하고, 배수성이 중요하기 때문에 비교적 단순한 모양의 트레드 패턴을 사용한다. 항공기 타이어에 가장 보편적으로 사용되는 트레드 패턴은 원주 표면을 따라 단순한 일자형 홈을 만들어 놓은 갈비형 패턴(ribbed pattern)으로 다양한 활주로 표면에서 양호한 견인성(traction)을 갖는다. 그 밖에 교차형 패턴(cross pattern)은 부드러운 활주로 표면에 더 양호한 견인성을 갖고, 무지형 패턴(smooth tread)은 원주 표면에 홈이나 굴곡이 없는 타이어로 견인성과 접지력 좋지만 최근에는 거의 사용하지 않는 형태이다.

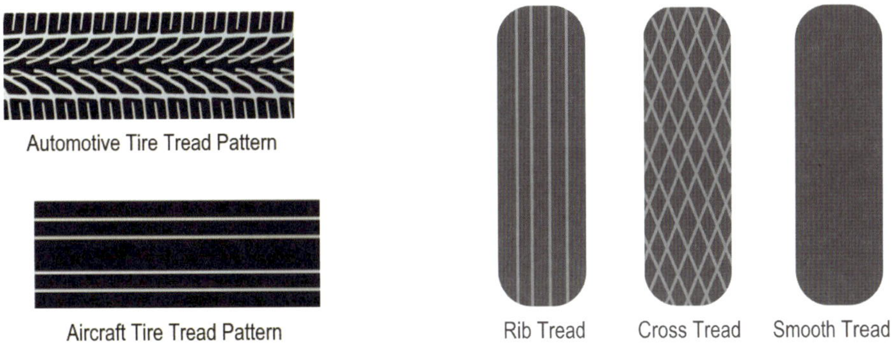

[그림 5-4] 항공기 타이어 트레드 패턴 분류

항공기 착륙 중에 활주로 표면과 타이어의 마찰에 의해서 매우 높은 열이 발생할 수 있다. 통상적인 항공기에서 타이어 운용한계를 250 ℃ 수준으로 설정하고 있으며, 177 ℃에서 녹는 가용성 플러그(fusible plug)를 휠에 설치하기도 한다. 그 밖에 타이어를 설계할 때, 내열성 재료를 선정하고 타이어 측면에 통기공(vent hole)을 두기도 한다. 타이어 개발 과정에서 열해석과 시험을 통해서 열 발산 특성을 확인하고, 이를 기반으로 압력에 의한 반복하중을 고려해 피로수명을 예측하여야 한다.

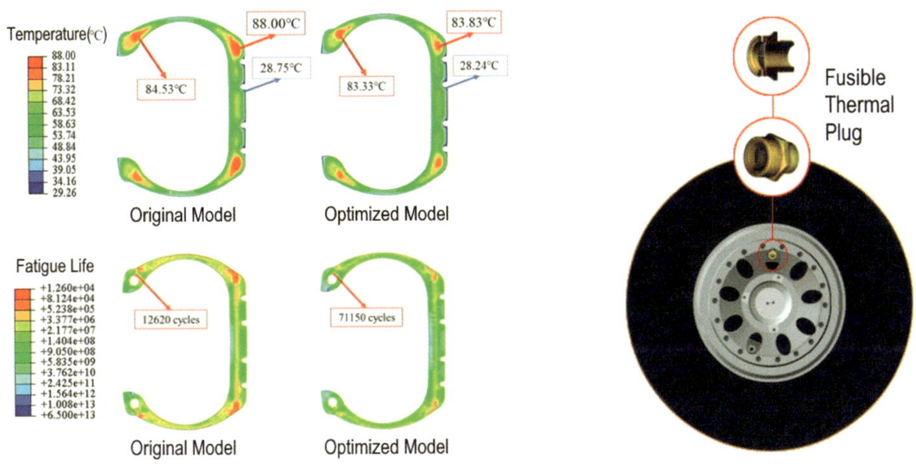

[그림 5-5] 항공기 타이어 열해석 및 가용성 플러그

항공기 타이어는 비행기의 착륙, 택싱, 이륙 중에 발생할 수 있는 모든 조건의 하중에 견딜 수 있어야 하고, 고속 착륙 중에 발생하는 열에 견디는 내열성이 있어야 하고, 외부의 손상과 충격에 견딜 수 있는 내구성과 강도를 갖추고, 젖은 활주로에서 배수성과 견인성(traction)을 갖는 트레드 패턴으로 설계하여야 한다.

항공기 타이어는 몸통 부분에 해당하고 하중의 지지하는 카커스(carcass), 휠의 림 부분에 안착되는 비드(bead), 그리고 플라이 층의 제일 외부에서 활주로와 접촉면을 이루는 트레드(tread) 부분으로 구성된다. 카커스는 고무가 피복된 나일론이나 폴리에스터 섬유와 강철 벨트로 제작된다. 비드 부분은 강철 후프를 중심으로 고무와 섬유를 혼합해서 제작한다. 트레드는 흑연가루가 혼합된 고무로 제작하여 내마멸성을 높인다.

이와 같이 항공기 타이어의 제작에는 천연고무 및 합성고무, 강철, 나일론, 폴리에스터, 케블라, 아라미드 섬유, 그리고 흑연가루 및 실리카 등과 같은 첨가제가 복합적으로 사용된다. 합성고무 중에 폴리이소프렌은 천연고무를 대신하는 주재료로 사용되고, 폴리부타디엔은 저온 특성과 내마멸성을 개선하는데 적합하고, 부틸 러버는 튜브리스 타이어의 내부 라이너 제작에 사용되고, 스틸렌-부타디엔 고무는 강철 비드를 피복하는데 사용된다. 그 밖에 첨가제로 황, 산토큐어, 산화아연, 스테아르산, 파라핀계 오일, 산화 방지제 등이 사용된다.

항공기 타이어 설계에서 선정된 재료가 준비되고 시제작 공정설계가 완료되면 시험에 사용할 시제품을 제작한다. 타이어의 핵심 구성품에 해당하는 코드(cord) 및 카커스(carcass), 트레드(tread), 비드(bead)를 공정별로 제작하고, 이를 결합하여 타이어 모양의 형상(green tire)으로 제작한다. 아직 타이어 형상을 갖추지 못한 그린 타이어를 가압 및 가열 몰드에 넣어 최종 형상으로 경화하는 가황(vulcanization) 공정을 진행한다.

최종 타이어 형상의 가황 몰드에 그린 타이어를 넣고, 황, 산토규어, 산화아연, 스테아르산 등의 첨가제를 혼합하여 압력 218 ~ 290 psi와 온도 95 ~ 175 ℃를 가하여 경화(curing) 되도록 한다. 이와 같은 가황 공정을 통해서 타이어의 최종 형상을 갖추고, 설계된 강도, 탄성, 내구성, 내열성을 충족하는 타이어가 완성된다.

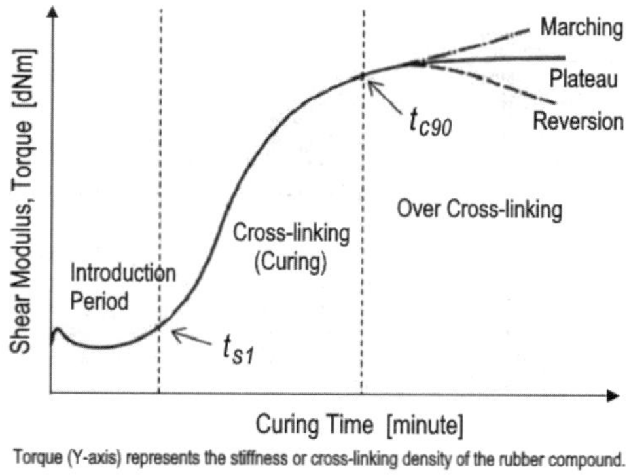

[그림 5-6] 고무 합성체 Rheometer Curve

가황 공정에 소요되는 시간은 타이어의 두께, 고무의 특성, 그리고 달성하고자 하는 타이어 성능에 따라 좌우되는데, 통상적으로 최소 30분에서 수 시간까지 소요될 수 있다. 표준 가황 시간은 T90 + 2분으로 표현하는데, T90은 Rheometer Curve에서 최대 토크의 90 %에 이르는 시간을 말한다. 가황 공정을 마친 후에도 최소 12시간 이상의 안정화 시간이 필요하다.

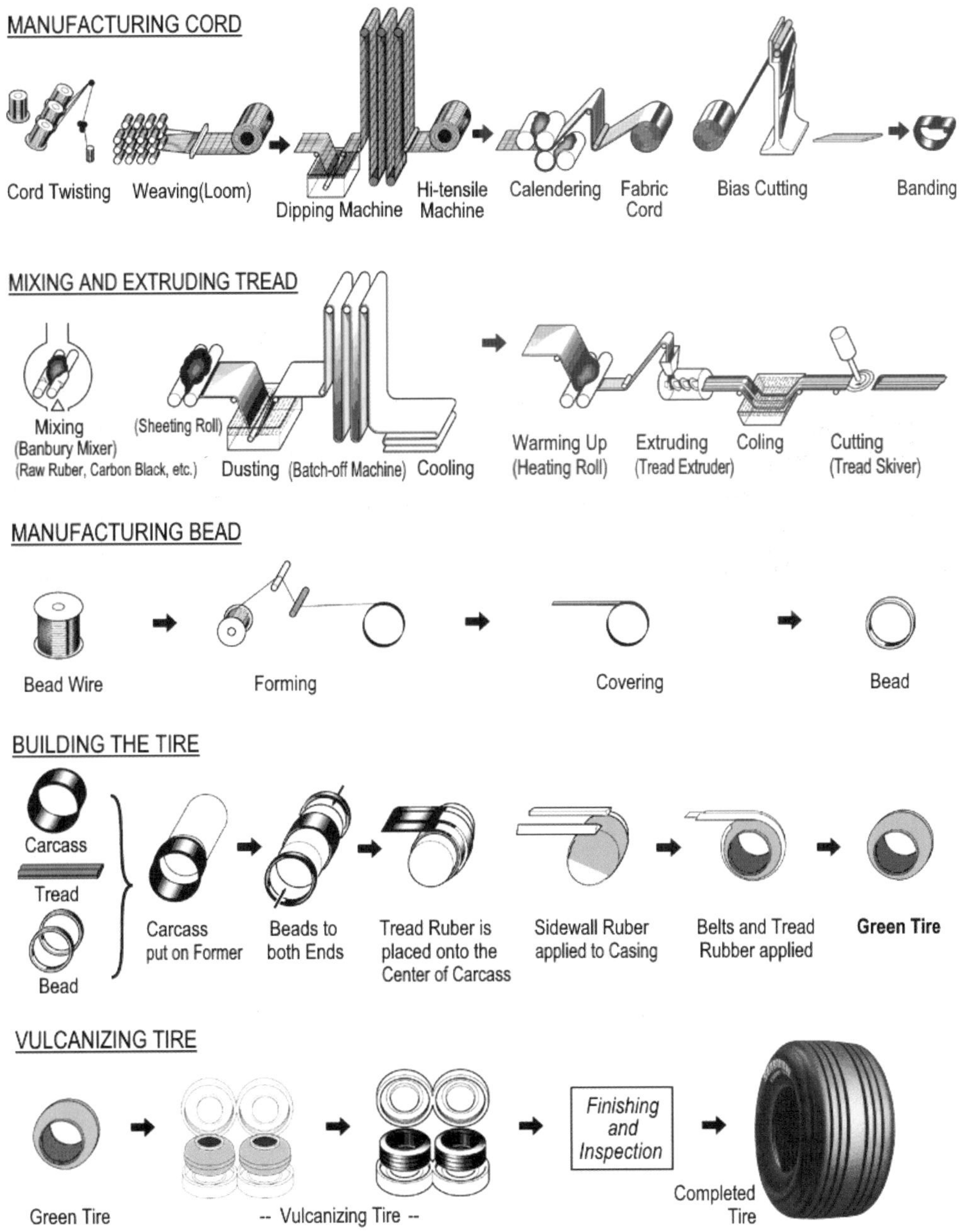

[그림 5-7] 항공기 타이어 제조공정(민수 래디얼 타입)

항공기 타이어에 대한 시험은 개발시험, 적합성 입증시험, 그리고 인증시험으로 구분하여 수행하여야 한다. 다만, 장기간의 시험이 요구되거나 고가의 시험비용이 지출되는 경우에는 인증기관과 협의하여 동시 시험(concurrent test)으로 수행할 수도 있다.

민수 항공기 타이어는 TSO-C62e의 부록 1에 규정된 조건에 따라 동력계(dynamometer) 시험실에서 검정시험(qualification test)을 수행하여야 한다. 이는 동력계 성능시험 사이클 58회, 과하중 시험 사이클 3회, 이륙 사이클 50회의 시험을 규정하고 있다. 소형 비행기에 주로 적용되는 속도 정격이 120 mph인 타이어에 대해서는 가변질량 플라이휠을 사용하는 별도의 시험절차를 적용할 수 있다. 그리고, 타이어의 성능과 신뢰성에 부정적인 영향을 미칠 수 있는 재료, 설계, 제조공정이 변경되는 경우에는 재검정시험(re-qualification test)을 수행하여야 한다.

[ADAMS M-8700 Dynamometer]
Load 175,000 lbs, Speed 250 mph, Diameter 120", Motor 650 hp

[WP AFB LG/Tire Dynamometer]
Load 150,000 lbs, Speed 350 mph, Dia 168", Yaw ±20°, Accel 16 ft/s²

[㈜데크카본 항공 다이나모 시험기]
Kinetic Energy 420 kJ, Main Drum Dia 120", Kinetic Moment 154 ft-lbs

[그림 5-8] 항공기 타이어 동력계 시험시설 예시

군용 항공기 타이어는 MIL-DTL-5041L의 4. Verification에 규정된 시험 또는 군의 획득사업에서 지정된 규격에 따라서 시험을 수행하여야 한다. 대표적인 시험으로 검정시험(qualification test), 밸런스 시험, 림 인터페이스 시험, 밸런스 패트 부착력 시험, 비드 안착력 시험, 동적 내구성 시험, 저온 시험, 압력유지시험, 파열압력시험, 전도성 재료 시험 등을 수행한다.

항공기 타이어의 개발과 인증이 완료되면 양산제품에 규정에 따른 식별 정보를 읽기 쉽고 영구적인 방법으로 타이어 측면에 표시하여야 한다. 민수용 타이어는 TSO-C62e의 본문의 4. Marking 요건에 따라야 하고, 군용 타이어는 MIL-DTL-5041L의 3.7 Identification and Marking에 따른 방식으로 표시하여야 한다. 또한, 산업규격이나 자체기준에 따른 정보를 추가로 표시할 수 있다.

즉, 민수 타이어는 TSO-C62e에 따라서 TSO 번호, 밸런스 마커, 브랜드 명칭 또는 상표, 제조일자, 부품번호, 일련번호, 생산공장 코드, 플라이 정격, 사이즈 및 하중 정격, 스키드 깊이, 속도 정격, 타이어 타입, 재생가능 여부를 표시하고, 군용 타이어는 MIL-DTL-5041L에 따라서 제조일자 및 일련번호, 제조자 명칭 또는 상표, 최대마모한계, 사이즈, 튜브사용 여부, 플라이 정격, 손상한계, 국가재고번호, 검정시험(QTR), 섬유 트레드 여부, 제조국가, 제조자 몰드번호, 부품번호, 통기공 표시를 표시한다. 다만, 민간 타이어에 동등한 군용 타이어에는 최대마모한계, 손상한계 치수, 국가재고번호, 검정시험 번호를 표시하지 않을 수 있다.

또한, 항공장비협회(AEA: Aircraft Equipment Association)의 타이어 식별 표준서(AEA Code)에 따라서 타이어 사이즈, 타입(radial/bias), 하중 정격, 속도 정격, 플라이 정격, 제조자 명칭 및 모델번호, 인증기준(TSO-C62e) 등을 표시한다. 다만, 이들 규정이나 지침이 거의 동일하거나 유사한 항목을 중복적으로 규정하고 있기 때문에 타이어 개발자는 이를 종합하여 규정과 업계의 동향에 부합하는 정보를 표시하여야 한다.

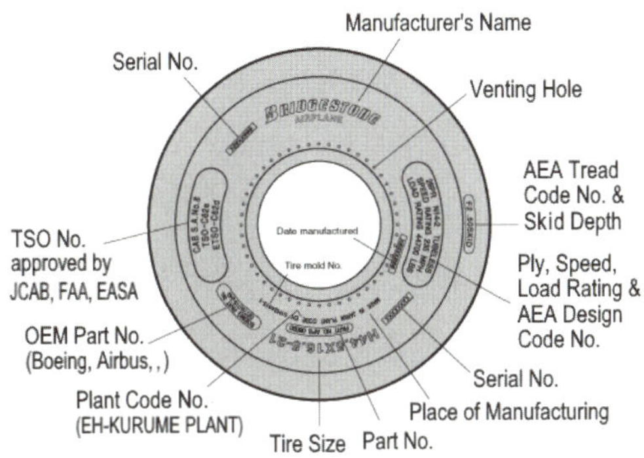

[민수 바이어스 타이어 마킹]

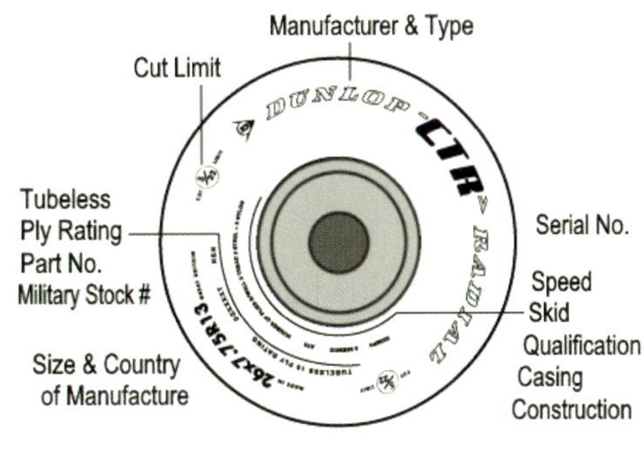

[군용 래디얼 타이어 마킹]

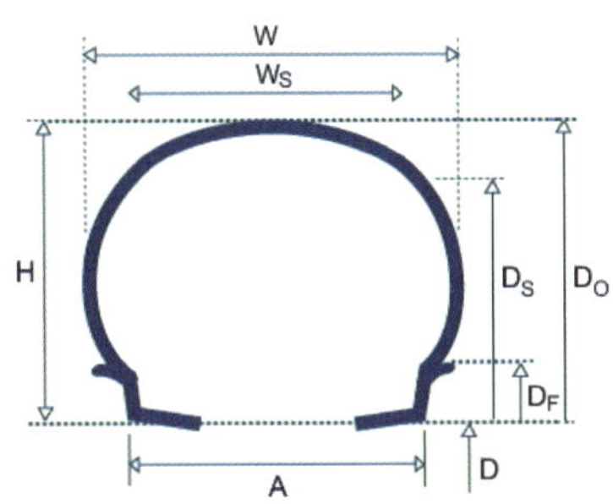

Size and Type : H38×13.0R18 12-Ply Radial
- H : High deflection (normally 35 % deflection)
- Size : diameter 38", width 13.0", wheel 18"
- Ply Rating: 12 layers of plies (6-ply, 10-ply, 20-ply)
- Type : Radial, R (Bias denoted as "-" instead of "R")
- Load Rating : e.g. 2,000 lbs, 20,000 lbs, 30,000 lbs
- Speed Rating : B (93 mph), C (112 mph), D (124 mph), E (150 mph), F (186 mph), G (204 mph), H (224 mph), J (249 mph)
- Skid Depth : e.g. 0.43SKID (0.43 inches)

[그림 5-9] 항공기 타이어에 대한 식별표시 예시

5.2.2 기술표준서 분석

항공기 타이어는 FAR Part 21, Subpart O의 기술표준품승인 요건과 TSO-C62e 기술표준서의 본문 요건, 그리고 TSO-C62e에서 지정된 최소성능표준(MPS)에 대한 적합성을 입증하여야 한다.

미국의 TSO-C62d는 1990년 9월 7일에 제정되었고, 2006년 9월 29일에 TSO-C62e로 개정되

면서[54] 제목이 타이어(tires)에서 항공기 타이어(aircraft tires)로 변경되었고, 1. 목적(purpose)을 추가해 설계승인승서(LODA), 최소성능표준(MPS), 식별표시(TSO Marking)를 강조하고 있다. 그 밖에 기술표준서 작성 지침과 서식이 바뀌면서 TSO-C62e의 본문 요건이 구체적으로 정선되었고, 부록 1에 제시된 최소성능표준(MPS)은 서식과 조항 번호뿐만 아니라, 동력계 시험 사이클이 속도 정격이 160 mph 이하인 타이어와 그 이상인 타이어에 적용되는 시험 사이클로 구분하여 개정되었다.

항공기 타이어에 대한 기술표준서 TSO-C62e의 부록 1에 제시된 최소성능표준(MPS)은 1. 목적, 2. 적용성, 3. 용어 정의, 4. 설계 및 구성, 5. 타이어 시험 요건, 6. 재검정 시험 요건으로 구성되어 있다.

[1] 용어 정의 (Definitions)

(1) 바이어스 타이어(bias tire) : 플라이 코드가 비드까지 연장되어 있고 트레드의 중앙선에서 직각 이하로 교대로 겹쳐진 공기압 타이어를 말한다. 원주방향의 벨트로 구성되는 바이어스 벨트형 타이어도 있다.

(2) 레디얼 타이어(radial tire) : 플라이 코드가 비드까지 연장되어 있고 트레드의 중앙선에서 직각으로 교대로 겹쳐진 공기압 타이어를 말한다. 카커스는 견고한 원주방향 벨트로 보강되어 있다.

(3) 하중 정격(load rating) : 특정한 팽창압력에서 허용 가능한 최대 정적 하중을 말한다. 항공기에 사용할 타이어를 선정하거나, 이 표준서의 성능 요건에 대한 시험을 수행할 때, 정격 팽창압력과 조합된 정격 하중을 적용한다.

(4) 정격 팽창압력(rated inflation pressure) : 평편한 면에서 타이어에 정격 하중을 가할 때, 규정된 정적 하중반경까지 타이어를 변형시키는 해당 무하중(unloaded) 팽창압력을 말한다.

(5) 정적 하중반경(SLR: Static Loaded Radius) : 타이어를 무하중 정격 팽창압력으로 팽창시킨 후 해당 정격 하중을 가하였을 때, 타이어 축의 중심선과 평편한 면 사이의 수직거리를 말한다.

(6) 플라이 정격(ply rating) : 특정한 타이어 사이즈에 대해 정격 팽창압력과 그에 상응하는 최대 정격 하중을 결정하는 타이어 강도의 지표(index)를 말한다.

(7) 속도 정격(speed rating) : 이 표준서에 따라 시험이 수행된 타이어의 최대 지상 속도를 말한다.

(8) 스키드 깊이(skid depth) : 트레드 표면에서 그루브의 가장 깊은 곳까지의 높이를 말하며, 타이어 제작 몰드에서 측정한다.

54) 우리나라의 경우에는 2005년에 제정된 KTSO-C62d와 2007년에 제정된 KTSO-62e를 2017년에 각각 개정하였는데, 개정번호(d, e)의 변경 없이 원문을 수정하고 개정 일자를 부여하는 것은 국제적 방식에 부합하지 않고, 혼선을 유발할 수 있으므로 유의할 필요가 있다.

[2] 설계 및 구성 (Design and Construction)

(1) 일반 표준(general standards) : 항공기 타이어는 제5장에 따른 시험실 시뮬레이을 통하여 적절성을 실증하여야 한다. 타이어 재료는 −40 ℉와 +160 ℉의 극한 온도에 각각 24시간 이상 노출된 후에도 물리적 특성이 저하되지 않음을 시험 또는 분석을 통해서 입증해야 하고, 300℉ 이상의 휠-비드 시트 온도에 1시간 이상 노출되어도 타이어 재료의 물리적 특성이 저하되지 않음을 시험 또는 분석을 통해서 입증하여야 한다.

(2) 속도 정격(speed rating) : 최대 이륙 지상속도에 해당하는 동력계 시험 속도는 다음의 표와 같다. 이륙속도가 245 mph 이상인 경우에 해당 타이어는 적용되는 최대 하중-속도-시간 요건에서 시험되어야 하고, 해당되는 속도 정격을 규정하여야 한다.

[표 5-2] 항공기 타이어 동력계 적용 시험 속도

Table 1 of TSO-C62e, App. 1

Maximum Takeoff Speed at Liftoff [mph] *Over*	Maximum Takeoff Speed at Liftoff [mph] *But not over*	Maximum Takeoff Speed of Aircraft [mph] *Max Tire Speed*	Min Dynamometer Speed [mph] *Min Tire Speed*
0	120	120	120
120	160	160	160
160	190	190	190
190	210	210	210
210	225	225	225
225	235	235	235
235	245	245	245

(3) 초과압력(overpressure) : 타이어는 정격 팽창압력의 최소 4배의 정수압(hydrostatic pressure)에서 3초 동안 파괴되지 않고 견딜 수 있어야 한다.

(4) 헬리콥터 타이어(helicopter tires) : 이 표준서에 따라 검정된 타이어는 헬리콥터에 사용할 수 있다. 이들 표준 타이어는 추가의 검정시험(qualification test) 없이 정격 팽창압력이 증가하는 것에 비례해서 최대 정적 하중을 1.5배 증가시킬 수 있다. 다만, 활주거리가 중대한 것으로 예상되는 경우에는 이 지침을 적용하지 않아야 한다. 적정한 사이즈 선정을 위해서 타이어 및 림 제작자와 협의한다. 헬리콥터에 사용되는 타이어의 최대 허용 팽창압력은 정격 팽창압력의 1.8배이어야 한다.

(5) 치수(dimensions) : 타이어는 규정된 공차 이내에서 사이즈를 유지해야 한다. 신규 타이어의 경우에 해당 규격을 정의하고, 이를 타이어 및 림 협회(TRA) 자료집에 등록하여야 한다. 다만, 기술표준품 신청 이전에는 TRA 자료집에 등록되지 않을 수도 있다. 바이어스 플라이 타이어

의 외경, 숄더부 지름, 단면 폭 및 숄더부 폭은 정격 팽창압력에서 12시간 안정화시킨 이후의 최대값 및 최소값으로 규정한다. 숄더부 지름과 폭 치수는 정격 팽창압력에서 12시간 안정화시킨 이후의 최대값으로 규정한다. 레디알 타이어의 치수는 다음에 규정된 정적 하중반경 요건에 따라 안정화된 후에 타이어의 외형을 측정한다. 헬리콥터용 타이어로 사용 시에 치수는 팽창압력의 증가에 따라 4 % 이상 커질 수 있다. 신규 바이어스 타이어를 정격 팽창압력에서 최소 12시간 팽창시킨 후에 실제 정적 하중반경을 측정하여 공칭 정적 하중반경(SLR)으로 규정한다. 레디알 타이어의 경우에는 주어진 조건에서 50회의 이륙시험을 수행한 후에 정격 팽창압력에서 실제 정적 하중반경을 측정하여 공칭 정적하중반경(SLR)으로 규정한다. 헬리콥터에 사용되는 신규 타이어의 최대 치수는 항공기 타이어의 최대 치수보다 4 % 이상 클 수 있다.

(6) 팽창 유지(inflation retention) : 정격 팽창압력 상태에서 최소 12시간의 최초 안정 후에 타이어는 24시간 후 초기압력의 5 % 이상 되는 압력손실 없이 팽창압력을 유지하여야 한다. 임의의 압력변화가 대기온도의 변화로 인한 것이 아님을 확인하기 위하여 시험 시작과 종료 시에 대기온도를 측정한다.

(7) 밸런스(balance) : 모든 타이어는 정적 불균형 시험을 수행해야 한다. 타이어 비드 위의 측면부에 경점(lightweight point)을 빨간 점으로 표시한다. 밸런스 표시는 타이어 트래드 수명기간에 보관기간을 합산한 기간 동안 유지되어야 한다. 보조 타이어(auxiliary tires)의 정적 불균형 모멘트는 $M = 0.025D^2$으로 계산된 값보다 크지 않아야 한다. 모든 메인 타이어와 46인치 이상의 외경을 가진 타이어의 정적 불균형 모멘트는 $M = 0.035D^2$으로 계산한 값보다 크지 않아야 한다.

[3] 타이어 시험 요건 (Tire Test Requirements)

(1) 검정시험(qualification test)에는 1개의 타이어 시료를 사용하여야 한다. 타이어는 과하중 이륙 사이클 시험이 마지막으로 수행되는 경우를 제외하고, 정상적인 트레드 표면 마모 이외의 열화 없이 동력계(dynamometer) 사이클 시험에 견디어야 한다.

① 동력계(dynamometer) 사이클 요건 : 타이어는 전체 성능을 모사하는 58회의 동력계 사이클과 과하중에서 케이싱 성능을 모사하는 3회의 과하중 동력계 사이클을 만족스럽게 견디어야 한다. 58회의 동력계 사이클은 다음의 50회의 이륙 사이클과 8회의 택시 사이클로 구성된다. 과하중 사이클은 1.2배 정격하중에서 2회의 택시 사이클과 1.5배 정격하중에서 시작되는 1회의 과하중 이륙 사이클로 구성된다. 동력계 사이클은 특정 순서에 따르지 않아도 된다. 그러나, 과하중 이륙 사이클이 마지막 순서로 수행되지 않는 경우에는 사이클 종료 후 타이어 트래드 표면의 정상적인 마모 이외의 열화의 징후가 없어야 한다.

② 이륙 사이클(takeoff cycles) : 50회의 이륙 사이클은 이륙중량과 이륙속도 및 항공기 무게중심 위치의 가장 치명적 조합으로 활주로 운용할 때의 타이어 성능을 실질적으로 모사하여야 한다. 가장 치명적 조합을 결정할 때, 고지대 공항에서 운용이나 높은 대기온도로 인하여 증가되는 속도를 고려하여야 한다. 해당 하중-속도-시간 데이터 또는 타이어의 시험 범위를 나타내는 파라미터를 규정하여야 한다. 속도 정격이 120 mph 또는 160 mph인 타이어에는 다음의 Fig. 1 시험 사이클을 적용하고, 속도 정격이 160 mph 이상인 타이어는 Fig. 2 시험 사이클을 적용한다. Fig. 3 시험 사이클은 모든 속도 정격의 래디얼 타이어에 적용되는 것으로써, 특정한 항공기에 규정된 가장 치명적인 이륙중량, 속도 및 거리에 근거한 것이다.

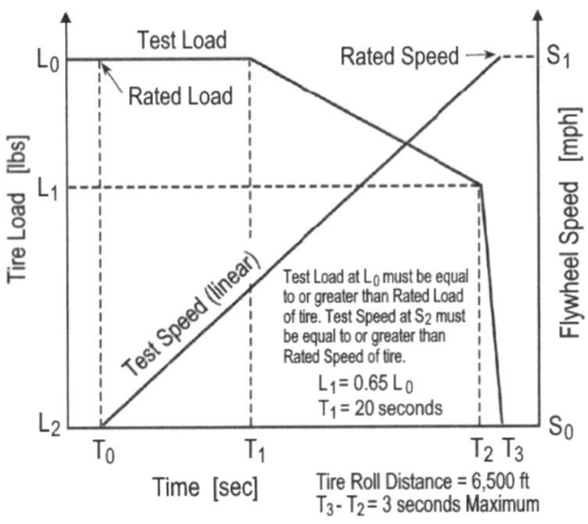

[Fig. 1: Test Cycle for 120 and 160 mph Tires]

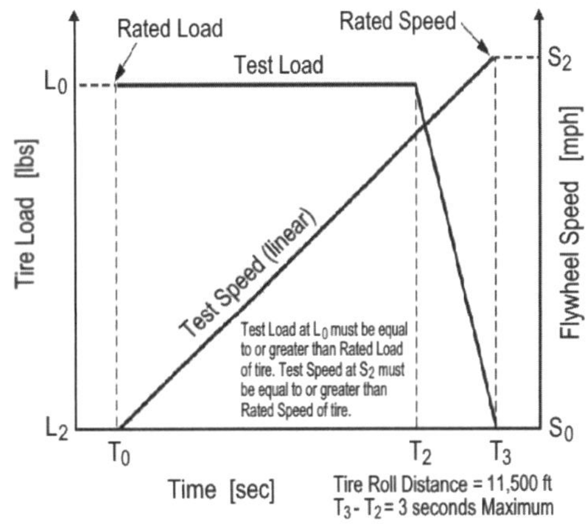

[Fig. 2: Test Cycle for above 160 mph Tires]

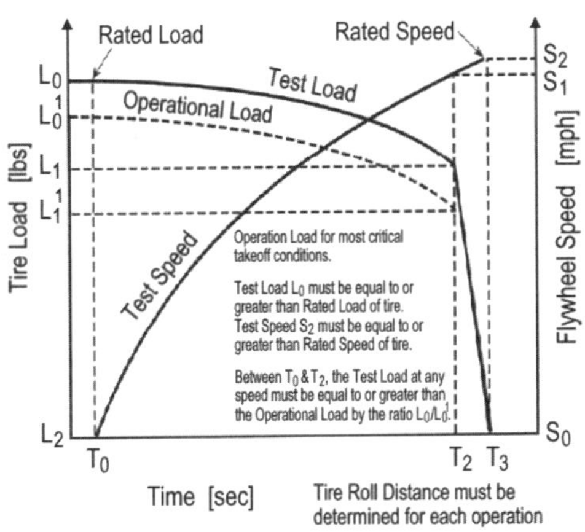

[Fig. 3: Typical Test Cycle for Radial Tires]

Symbol Definitions

- L0 Tire load at start of takeoff (≥ load rating).
- L01 Tire load (lbs) at start of takeoff for the operational load curve.
- L1 Tire load (lbs) at rotation.
- L11 Tire load (lbs).
- L2 Tire load at liftoff, 0 lbs.
- S0 Zero (0) mph.
- S1 Speed at rotation in mph.
- S2 Tire speed at liftoff in mph (≥ speed rating).
- T0 Time at start of takeoff, 0 s.
- T1 20 seconds.
- T2 Time to rotation in seconds.
- T3 Time to liftoff in seconds.

[그림 5-10] 항공기 타이어 동력계 시험 사이클

③ 시험하중(test load) : 시험시작 시점의 최소 허용하중은 해당 타이어의 정격 하중이다. 시험하중은 Fig. 1, Fig. 2, Fig. 3 중의 하나에 일치해야 한다. Fig. 1과 Fig. 2는 일반적인 모든 항공기 타이어에 적용되는 시험 사이클이다. Fig. 3이 적용되는 경우에는 가장 치명적인 이륙 조건을 근거로 하중을 선택해야 한다. 시험 사이클의 모든 속도에서 시험하중 대 작동하중의 비율은 시험 시작 때의 비율과 동일하거나 그 이상이어야 한다.

④ 시험 팽창압력(test inflation pressure) : 시험 팽창압력은 타이어 정격 하중과 팽창압력으로 평평한 표면에서 얻을 수 있는 반경과 동일한 하중 반경을 플라이 휠에서 얻을 수 있는 압력이어야 한다. 위의 두 반경은 동일한 대기온도에서 결정되어야 한다. 시험 동안의 온도 변화로 인해 발생하는 압력 변화를 보충하기 위해 시험 팽창압력을 조정하지 않아야 한다.

⑤ 시험 온도 및 사이클 주기(test temperature and cycle interval) : 타이어의 가장 뜨거운 지점에서 측정된 타이어 내부 가스 온도 또는 케이싱 온도는 과하중 이륙 사이클 시작 및 50회의 이륙 사이클 중 최소 45회 시작 시에 105 ℉ 이상이어야 하고, 10회 택시 사이클 중 최소 9회 시작 시에는 120 ℉ 이상, 나머지 사이클의 경우에 내부 가스나 케이싱 온도는 각 사이클의 시작 시점에 80 ℉ 이상이어야 한다.

⑥ 동력계 이륙 사이클 속도(dynamometer takeoff cycle speeds) : 최대 항공기 이륙속도에 해당하는 동력계 시험속도는 위의 표에 제시된 속도를 적용한다.

⑦ 택시 사이클(taxi cycles) : 타이어는 다음의 표에 제시된 조건에 따라서 동력계에서 10회의 택시 사이클 시험에 견디어야 한다.

[표 5-3] 항공기 타이어 시험 조건(Test Conditions)

Table 2 of TSO-C62e, App. 1

Number of Taxi Runs	Minimum Tire Load [lbs]	Minimum Speed [mph]	Minimum Rolling Distance [ft] of Tire Speed Rating 120/160 mph	Minimum Rolling Distance [ft] of Tire Speed Rating over 160 mph
8	Rated	40	25,000	35,000
2	1.2×Rated	40	25,000	35,000

⑧ 과하중 이륙 사이클(overload takeoff cycle) : 과하중 이륙 사이클은 시험하중을 1.5배 증가시키는 것을 제외하면 위에 기술된 이륙 사이클 시험과 동일하다. 이 시험 사이클이 마지막 순서로 수행된 경우에는 시험 사이클 종료 후 타이어의 트래드 상태가 양호할 필요는 없다. 과하중 이륙 사이클이 마지막 순서로 수행되지 않은 경우에 해당 타이어는 사이클 종료 후 트래드 표면의 정상적인 마모 이외의 열화의 징후가 없어야 한다.

⑨ 공기압 확산시험(diffusion test) : 61번째 시험 사이클을 완료한 후에 타이어는 24시간 동안

초기 시험압력의 10 %를 초과하지 않는 압력손실로 팽창압력을 유지할 수 있어야 한다. 모든 압력변화가 대기온도의 변화로 인한 것이 아님을 확인하기 위하여 시험 시작과 종료 시에 대기온도를 측정해야 한다.

⑩ 타이어/휠 미끄러짐(tire/wheel slippage) : 타이어는 최초 5회의 동력계 사이클 시험 동안 휠의 림에서 미끄러짐 현상이 발생하지 않아야 한다. 이후에 발생하는 모든 미끄러짐은 튜브 형식 타이어의 튜브 밸브 또는 튜브리스 타이어의 비드 가스 시일을 손상시키지 않아야 한다.

(2) 속도 정격 120 mph 타이어 대체 검정절차(alternate qualification procedures) : 속도 정격이 120 mph인 타이어의 경우에 다음의 가변 질량 플라이 휠 절차를 적용할 수 있다.

① 시험하중(test load) : 하중은 시험롤거리(test roll distance)에서 타이어 정격 하중 이상이어야 한다.

② 시험 팽창압력(test inflation pressure) : 시험 팽창압력은 타이어 정격 하중과 팽창압력으로 평편한 표면에서 얻을 수 있는 반경과 동일한 하중 반경을 플라이 휠에서 얻을 수 있는 압력이어야 한다. 위의 두 반경은 동일한 대기온도에서 결정되어야 한다. 시험 동안의 온도 변화로 인해 발생하는 압력 변화를 보충하기 위해 시험 팽창압력을 조정하지 않아야 한다.

③ 온도 및 사이클 주기(temperature and cycle interval) : 타이어의 가장 뜨거운 부위에서 측정한 타이어 내부 가스 온도 또는 케이싱 온도는 200회의 착륙 사이클 중에 최소 180회 시작 시에 105 °F 이상이어야 한다. 나머지 사이클의 경우에는 내부 가스나 케이싱 온도는 각 사이클의 시작 시에 80 °F 이상이어야 한다. 최소 시작온도에 도달하기 위해 동력계 플라이 휠에서 타이어를 회전시킬 수 있다.

④ 운동에너지(kinetic energy) : 타이어에 의해 흡수되는 플라이 휠의 운동에너지는 다음의 식에 따라 계산한다. 여기서, C = 0.0113, W = 타이어의 하중정격(lbs), V = 120 mph이다.

$$KE = CW(V^2) \text{ [ft-lbs]}$$

⑤ 동력계 사이클(dynamometer cycle) 요건 : 타이어는 가변 질량 동력계 플라이 휠에서 200회의 착륙 사이클에 견뎌야 한다. 플라이 휠 판의 정확한 개수를 이용하여 계산된 운동에너지 값을 얻을 수 없는 경우에는 더 많은 수의 평판을 선택하고, 동력계 속도를 조절함으로써 규정된 운동에너지를 얻어야 한다. 전체 동력계 착륙시험은 위에 제시된 속도 범위를 가지는 2개의 동등한 시험으로 구분한다.

- 저속착륙(low speed landings) : 첫 번째 100회 착륙 사이클에서 최대 착륙속도는 90 mph이고, 최소 미착륙 속도는 0 mph이다. 위 공식으로 계산된 운동에너지의 56 %가 타이어에 의해 흡수되도록 착륙속도를 조정해야 한다. 조정된 착륙속도가 80 mph 이하로 계산

된 경우에 착륙속도는 64 mph 플라이 휠 운동에너지에 위의 공식으로 계산한 운동에너지의 28 %를 더하여 결정하고, 미착륙 속도는 64 mph 플라이 휠의 운동에너지에서 위의 공식으로 계산한 운동에너지의 28 %를 빼서 결정한다.

- 고속착륙(high speed landings) : 두 번째 100회 착륙 사이클에서 최소 착륙속도는 120 mph이고, 공칭 미착륙 속도는 90 mph이다. 미착륙 속도는 계산된 운동에너지의 44 %가 타이어에 흡수되도록 조정해야 한다.

[4] 재검정 시험 (Requalification Tests)

(1) 개조된 타이어 재검정(re-qualify altered tires) : 타이어의 성능 및 신뢰성에 악영향을 미칠 수 있는 재료, 설계, 또는 제작 공정이 변경된 타이어는 위의 동력계 시험 요건에 따라 재검정을 받아야 한다. 다음의 두 가지 예시가 여기에 해당한다.

① 플라이 또는 비드 번들의 수, 플라이 코드 구성(재료, 데니어, 가닥 수) 및 형상(레디알 또는 바이어스)과 같은 타이어 케이싱 구조의 변경

② 트레드 보강 및 보호 플라이 수 또는 성분, 트레드 컴파운드 배열, 트레드 그루브의 갯수와 위치, 스키드 깊이의 증가와 같은 트레드 구조의 변경

(2) 정격하중에 기초한 재검정(re-qualification by similarity, based on load rating) : 재료 또는 트레드의 설계변경으로 특정한 하중 정격의 타이어를 이미 재검증한 경우, 재검증 받은 타이어와 사이즈, 정격속도 및 스키드 깊이는 동일하고, 하중 정격이 재검증 받은 타이어보다 낮은 타이어에 대한 동일한 변경사항은 다음의 경우에 유사성 입증방법을 통해 재검정을 받을 수 있다.

① 낮은 하중 정격을 갖는 타이어가 이 기술표준서의 요건에 따라 검정(qualified)을 받은 경우에 유사성의 의한 재검정이 가능하다.

② 낮은 하중 정격을 갖는 타이어의 하중 정격에 대한 검정시험 하중의 비율이 주어진 시험조건에서 높은 하중 정격을 갖는 타이어의 하중 정격에 대한 검정시험 하중의 비율을 초과하지 않는 경우에 유사성을 적용할 수 있다.

(3) 전면 변경 시의 재검정(re-qualification by similarity, blanket change) : 타이어의 전체 사이즈에 영향을 미치는 변경은 다음의 경우에 유사성 입증방법을 통해 재검정을 받을 수 있다.

① 최고 하중 정격, 속도 정격 및 각속도(angular velocity)를 포함하여 포함하여 5개의 대표적인 사이즈가 변경된 타이어는 최소성능표준에 따라 검증되어야 한다.

② 해당 타이어의 목록화된 사이즈에 대한 변경 내용을 설명하는 자료를 감항당국에 제출하여야 한다.

항공기 타이어에 대한 기술표준품승인 인증계획서(CP)는 일반적인 부품류에 대한 인증계획서에 공통적으로 반영되는 인증개요, 설계구성, 인증기준, 일정계획, 적합성 입증계획, 합치성 검사계획, 설계변경 관리계획, 감항성 유지계획 등과 같은 구성으로 작성하고, 적용 기술표준서(TSO-C62e), 완화(deviation), 비표준 기능(non-TSO function), 타이어 설계, 입증항목 및 입증보고서, 합치성 검사 대상 부품 등에 대하여 명확하고 구체적인 내용을 제시한다.

인증계획서의 일부 또는 첨부로 제출되는 적합성 점검표(CCL)는 AC 21-46A의 안내에 따라 Part 21의 Subpart O의 TSOA 요건, TSO-C62e 본문의 요건, 그리고 지정된 최소성능표준(MPS) 요건에 대한 적합성 입증방법(MoC)을 설정하고, 각각의 요건에 대한 입증 보고서와 제출 일정 등을 반영해 작성한다. 합치성 검사 대상은 부품목록을 기반으로 신청자 자체검사 대상과 인증기관의 합치성 검사 대상 부품 및 공정을 구분하고, 해당 검사서류 등을 목록으로 작성하여 제안한다.

기술표준품승인 신청서류로 규정된 제품 사양서(규격서)와 정비교범(CMM)은 항공산업계에서 일반적으로 통용되는 서식과 내용으로 작성하고, Part 21의 Subpart O의 TSOA 요건과 TSO-C62e의 해당 요건이 모두 반영되었는가를 확인하여야 한다. 신청 단계에서는 초안을 제출하고, 설계승인 이전에 최종본을 제출할 수 있다.

항공기 타이어에 대한 시험계획서, 시험보고서, 해석보고서 등은 제안된 개발 및 인증 일정에 따라서 작성해 제출하고 승인을 받아야 한다. 시험계획서에는 입증요건, 입증 대상품, 시험장비, 시험절차, 합부 판정기준을 명확히 제시하고, 시험 대상품(test article)의 합치성 검사를 위한 도면과 검사기준도 첨부해야 한다. 시험보고서에는 시험계획서 내용을 기반으로 시험 목적, 시험절차, 시험 대상품, 시험 수행, 인증기관 입회 및 검사, 시험 결과, 그리고 해당 요건에 대한 적합성 입증 여부를 명확히 기재한다.

5.2.3 타이어 적합성 입증

우리나라의 항공기 타이어 기술표준품승인은 2004년 한미 항공안전협정(BASA) 시범인증(shadow project) 업체로 금호타이어㈜가 지정되었고, 2005년 10월 17일에 기술표준품 형식승인을 신청함으로써 시작되었다. 이를 위하여 기술표준품승인에 관한 법령제도가 국제적 기준에 부합하도록 개편되었고, 한미 양국의 감당당국이 참여하는 시범인증을 통하여 2007년 7월 11일에 국내 기술표준품 형식승인서(KTSOA)가 발급되었다.

당시에 인증 전문기관 역할을 수행한 한국항공우주연구원 인증센터(KCA)는 항공안전협정 체결을 위한 제반사항을 준비하고, 법령제도 선진화, 산업체 기술지도, 설계승인 및 생산승인 기술검증, 그리고 미국 연방항공청의 시범인증 기술평가(TA)에 직접 참여하였다. 이로써, 2008년 2

월 19일에 한미 항공안전협정(BASA IPA)이 서명 발효되었고, 동년 3월 17일에 미국 연방항공청의 설계승인서(FAA TSO LODA)가 발급되었다.

항공기 타이어는 항공안전법 제27조(기술표준품 형식승인), 시행규칙 제55조(기술표준품 형식승인 신청) 내지 제58조(기술표준품 형식승인 발급), KAS/FAR Part 21의 Subpart O의 기술표준품승인 요건, 그리고 TSO-C62e 본문의 요건을 만족하고, TSO-C62e의 부록 1에 제시된 최소성능표준(MPS)에 따른 적합성을 입증하여야 한다.

금호타이어㈜에서 신청한 항공기 타이어 기술표준품승인 신청은 당시의 TSO-C62d가 적용되었으며, B737-400 수송급 비행기의 주륜 타이어를 대상으로 하였다. 이를 위한 기술표준품승인 인증문서 종류와 적합성 입증 예시는 다음과 같다.[55)]

- 고시 별지 1 : 기술표준품 형식승인 적합성 확인서 (SoC, yyyy.mm.dd)
- ABKTSO001 : 항공기 기술표준품 인증계획서 (Revision X, yyyy.mm.dd)
- ABKTSO002 : 항공기 타이어 정비 매뉴얼 (Revision X, yyyy.mm.dd)
- ABKTSO003 : 항공기 타이어 인증시험 계획서 (Revision X, yyyy.mm.dd)
- ABKTSO004 : 항공기 타이어 시험결과 보고서 (Revision X, yyyy.mm.dd)
- ABKTSO005 : 항공기 타이어 적합성 입증결과 요약표 (Revision X, yyyy.mm.dd)
- AB-0001-00 : 항공기 타이어 설계도면 (Revision X, yyyy.mm.dd)
- ABQA-0-004 : 품질관리 매뉴얼 (Revision X, yyyy.mm.dd)

Qualification Test for Aircraft Tire

1. INTRODUCTION

1.1 Objective

The object of this report is to show compliance with the Minimum Performance Standard (MPS) as prescribed in Appendix 1 of TSO-C62d along with KAS/FAR Part 21 Subpart O – TSO Approval, Amendment 21-000, for the test article of the aircraft tire, P/N 12345.

1.2 Applicable Documents

The following regulations and documents are applicable to show compliance with TSO-C62d, Appendix 1 Minimum Performance Standard for TSOA of the aircraft tire.

- Article 27 of Aviation Safety Act, Law Number 00000, month day, year.
- Article 55 through 58 of Enforcement Rule of ASA, Ordinance Number 000, yyyy.mm.dd

55) 여기에 제시된 적합성 입증 예시는 독자의 이해를 돕기 위하여 법적인 인증 요건, 일반적인 인증 보고서 사례, 그리고 저자의 경험을 바탕으로 편집된 내용으로써, 실제 보고서의 내용과 다를 수 있다.

- MOLIT Directive 0000 : Regulatory Procedures for TSO Authorization, month day, year.
- MOLIT Notice 0000 : Regulatory Guidance for TSO Authorization, month day, year.
- KAS/FAR Part 21 Subpart 21 - TSO Approvals, Amendment 21-000, month day, year.
- KTSO-C62d : Aircraft Tires, June 2, 2005.
- FAA TSO-C62d : Tires, September 7, 1990.
- FAA Order 8150.1B : Technical Standard Order Program, May 12, 2002.
- FAA AC 21-46 : Technical Standard Order Program, September 30, 2010.
- ABKTSO003 : Certification Test Plan for Aircraft Tire, Revision X, month day, year.
- AB-0001-00 : Drawing of Aircraft Tire, Revision X, month day, year.
- AB000xxx : Operation Manual of Water Pressure Tester, applicant's test facility.
- AB001xxx : Operation Manual of Balance Machine, applicant's test facility.
- BGT000-0000 : Dynamometer Test Methods for Aircraft Tyres, CISTQS Center, China.

1.3 Definitions and Abbreviations

Definitions:

- Radial Tire : a pneumatic tire whose ply cords extend to the beads and are laid substantially at 90°to the centerline of the tread, the carcass being stabilized by an essentially inextensible circumferential belt.
- Load Rating : maximum permissible static load at a specific inflation pressure. Use the rated load combined with the rated inflation pressure when selecting tires for application to an aircraft, and for testing to the performance requirements.
- Rated Inflation Pressure : specified unloaded inflation pressure which will result in the tire deflecting to the specified static loaded radius when loaded to its rated load against a flat surface...

Abbreviations:

- FAA : Federal Aviation Administration
- FAR : Federal Aviation Regulation (Title 14 CFR)
- KAS : Korean Airworthiness Standards
- KCA : Korea Civil Aviation Certification Agency
- KOCA: Korea Office of Civil Aviation (Airworthiness Authority, MOLIT)...

2. REQUIREMENTS AND TEST ARTICLE

2.1 Requirements

The qualification requirements for Technical Standard Order Authorization (TSOA) of the prototype tires, S/N 000000, are as follows prescribed in Appendix 1 of TSO-C62d.

4.0 Design and Construction.

4.1 Unbalance. The moment (M) of static unbalance in inch-ounces may not be greater than the value determined using the formula, moment (M) = $0.025D^2$, rounded off to the next lower whole number: ...

4.2 Balance marker. A balance marker, consisting of a red dot, must be affixed on the sidewall of the tire immediately above the bead to indicate the lightweight point of the tire. The dot must remain for any period of storage plus...

5.0 Ratings.

5.1 Load ratings. The load ratings of tires shall be established. The applicable dynamometer test in paragraph 6.0 must be performed at the selected rated load.

5.2 Rated inflation pressure. The rated inflation pressure shall be established at an identified ambient temperature on the basis of the rated load...

6.0 Dynamometer Test Requirements.

6.1 General. The following conditions apply to both low-speed and high-speed tires when these tires are subjected to the applicable dynamometer tests: ...

6.2 Low-speed tire. A tire operating at ground speeds of 120 mph or less must withstand 200 landing cycles on a dynamometer at the following test temperature and kinetic energy and using either test method A or test method B...

2.2 Test Article

The test articles, P/N AB000CD00, were manufactured per the drawing of Aircraft Tire, Revision X, month day, year. Total 3 test articles were presented for the certification test, and inspected by applicant's inspector to show conformity to the design data.

- S/N 00000002HC for measurement of tire dimension, measurement of static loaded radius, over-pressure test, leakage test, and unbalance test.
- S/N 00000003OC for tread compound inspection.
- S/N 00000004OC for qualification test, X-ray inspection.

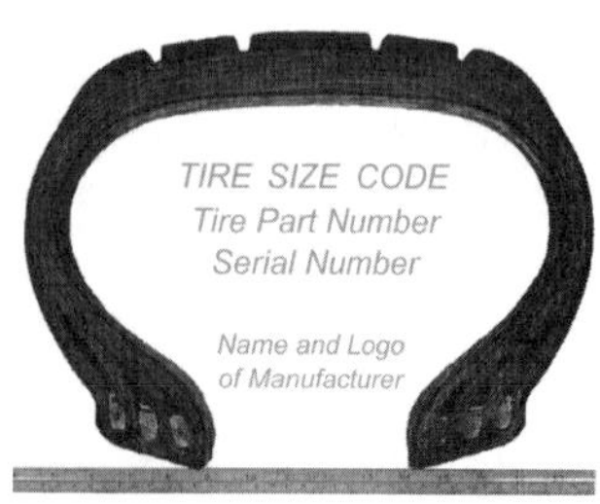

Figure x. Cross Section of Tire

- Ply Type : Bias Tire
- Ply Rating : 00 plies
- Speed Rating : 000 mph
- Loading Rating : 00,000 lbs
- Unloading Inflation Pressure : 000 psi
- Static Loaded Radius (SLR) : 00.0 inch
- Skid Depth : 0.00 inch
- Tire Weight : Max 000 lbs
- Inflated Diameter : 00.0~00.0 inch
- Rim Size : H40 × 14.5-19

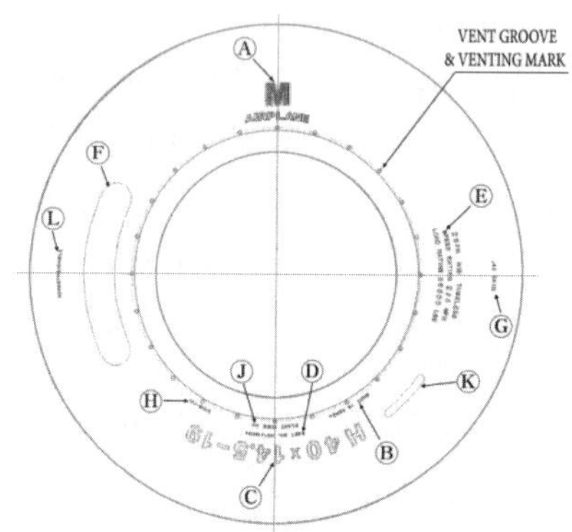

Figure x. Identification Marking of Tire

Ⓐ Manufacturer Name	Ⓑ Production Country
Ⓒ Tire Size	Ⓓ Part Number
Ⓔ Speed, Load, Ply Ratings & Design Code	
Ⓕ TSO No. and Rev.	Ⓖ Skid Depth
Ⓗ Mold Number	Ⓙ Plant Code Number
Ⓚ Serial No. and Date	Ⓛ Non-Retreadable

2.3 Conformity Inspection

Each test article was inspected by applicant's inspector in accordance with appropriate quality system procedure on month day through day, year.

And the Authority's inspector, his name, conducted conformity inspection for 3 test articles at applicant's site on month day, year. And he issued each Airworthiness Approval Tag (AAT) for 3 test articles, KOCA Form 22 of Enforcement Rule of Aviation Safety Act (equivalent to FAA Form 8130-3) on month day, year.

3. TIRE CHARACTERISTICS TEST

3.1 Test Equipment

The following 10 pieces of equipment were prepared for the tests and inspections to verify physical characteristics of the tire. Applicant's inspector inspected operability and calibration records of these equipment. The Authority's inspector and engineer determined suitability of each equipment on month day, year.

- Physical Properties Test in Humidity Chamber (EA0000), Thermal Chamber (EB0000), Hardness Tester (EC0000), Tensile Tester (ED0000), and GABO Tester (EE0000).
- Measurement of Static Loaded Radius in Aircraft Tire TUT Machine (EF0000).
- Overpressure Test in Water Pressure Tester (EG0000).
- Leakage Test using Air Pressure Gauge (EH0000).
- Unbalance Test in Balance Machine (EI0000).
- X-Ray Inspection in Yxlon X-Ray Equipment (EJ0000).

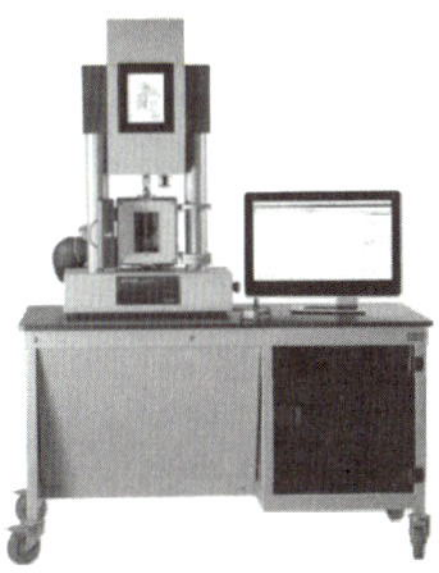

Figure x. GABO Tester (Tg)

Figure x. Balance Machine

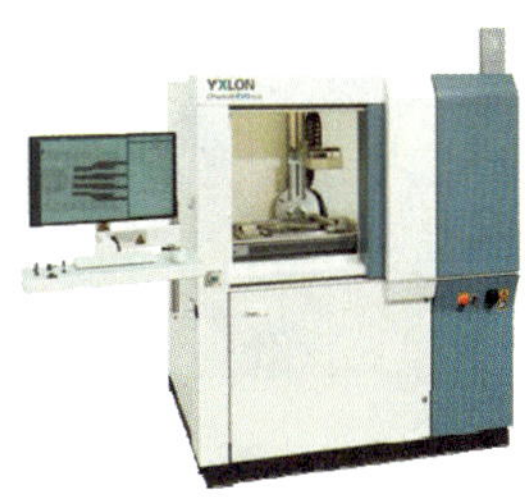

Figure x. Yxlon X-Ray

3.2 Test Procedures

Tire characteristics test procedures for TSOA of the aircraft tire, P/N AB000CD00, were prescribed in the ABKTSO003 Certification Test Plan for Aircraft Tire, Revision X, month day, year. The Certification Test Plan was approved by the Authority on month day, year.

- High Temperature Test Procedure for MPS 4.4.1
- Low Temperature Test Procedure for MPS 4.4.1
- Wheel Rim Heat Test Procedure for MPS 4.4.2
- Static Loaded Radius Measurement Procedure for MPS 5.3

- Overpressure Test Procedure for MPS 4.3
- Leakage Test Procedure for MPS 4.7
- Unbalance Test Procedure for MPS 4.1
- X-Ray Inspection Procedure for MPS 3.0 and 6.0

3.3 Test Setup

The applicant's test engineer and worker setup each test article and test equipment in accordance with appropriate test procedure approved by the Authority.

The Authority's inspector and engineer determined compliance of test setup and conditions with the approved test procedure and the TSO Minimum Performance Standard.

The pictures of each test setup are as follows. ... And Test Setup Check Sheets are presented in Appendix X of this test report...

3.4 Testing and Data

Tire characteristics tests were conducted in accordance with the approved test procedures on month day through day, year, at applicant's test facilities.

The Authority's engineers, their names, witnessed the tire characteristics tests. The FAA aviation safety engineers also observed the testings and Korean certification activities at the test site as part of Technical Assessment for the BASA between ROK and USA.

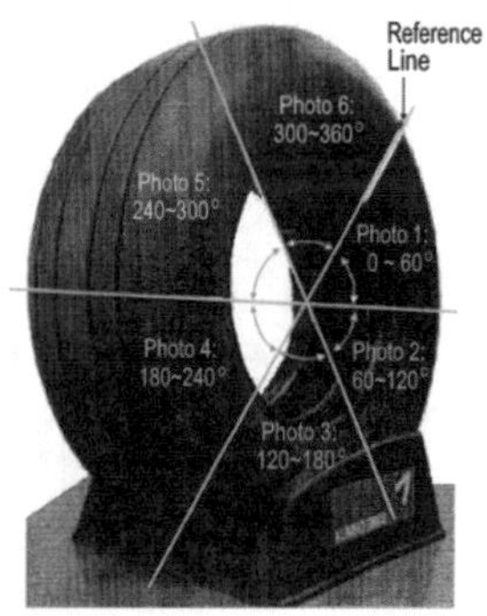

Figure x. X-Ray Exposing Axis

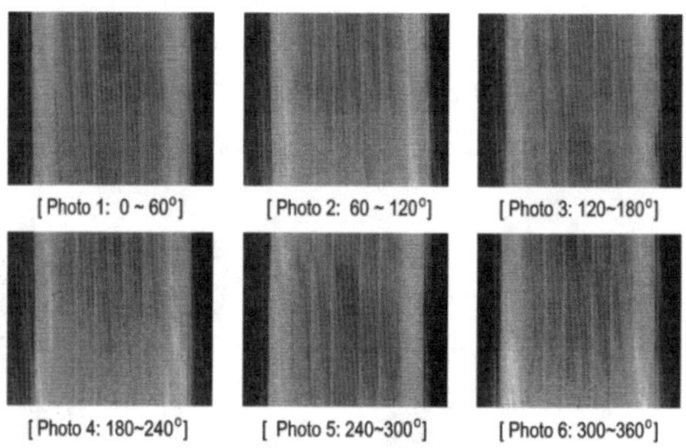

Figure x. X-Ray Photographs of Tire

Each tire characteristics test result is as follows. Entire copies of test result records are presented in Appendix X of this test report...

- High Temperature Test : 00 % degradation of tensile stress and elongation of tread, sidewall, carcass compounds after 160 ℉ (71 ℃) exposure for 24 hours in the chamber.
- Low Temperature Test : 00 % degradation of tensile stress and elongation of tread, sidewall, carcass compounds after -40 ℉ (-40 ℃) exposure for 24 hours in the chamber. No degradation of physical properties in grass transition temperatures of tread −45.6 ℃, sidewall -45.5 ℃, carcass -44.5 ℃ respectively.
- Wheel Rim Heat Test : 00 % degradation of tensile stress and elongation of wheel rim compound af-

ter 300 °F (149 ℃) exposure for 1 hour in the chamber.

- Static Loaded Radius : Average loaded radius 00.00 inches measured for the requirement of 16.41 ~ 17.00 inches. No inflection point up to 1.5 times loading of the load rating.
- Overpressure Test : Withstand more than 3 seconds without rupture under 4 times pressure of rated inflation pressure.
- Leakage Test : 0.0 % pressure loss after 24 hours in rated inflation pressure.
- Unbalance Test : 00.0 oz·in (0.0 kg·cm) measured for requirement of 40.0 oz·in (2.9 kg·cm).
- X-Ray Inspection : No defect or damage found after dynamometer test completed.

4. DYNAMOMETER QUALIFICATION TEST

4.1 Test Equipment

The qualification test was conducted at the HJDS-II Dynamometer of Chana Chemical Industry Special Tire Quality Supervision Center. It is a representative laboratory designated by China Laboratory Committee and Civil Aviation Administration of China.

Applicant's inspector inspected operability and calibration records of the dynamometer facility. The Authority's inspector and engineer determined suitability of dynamometer equipment on month day, year.

- Power of Motor : 3,600 kW
- Diameter of Drum : 3.0 m
- Width of Drum : 0.71 m
- Speed of Drum ; Max 500 km/h
- Acceleration : Max 9 m/s^2
- Loading Capacity : Max 350 kN
- Brake Torque : Max 70 kN·m
- Test Tire O.D. : 0.3 ~ 1.6 m

Figure x. Dynamometer Test Facility of CISTQS Center, China

4.2 Test Procedures

The qualification test procedures for TSOA of the aircraft tire, P/N AB000CD00, were prescribed in the ABKTSO003 Certification Test Plan for Aircraft Tire, Revision X, month day, year. The Certification Test Plan was approved by the Authority on month day, year. The test procedures were based on BGT000-0000 Dynamometer Test Methods for Aircraft Tyres written by CISTQS Center, China.

- Take-off Cycle Test Procedure
- Taxi Cycle Test Procedure
- Overload Taxi Cycle Test Procedure
- Overload Take-off Cycle Test Procedure

Slippage between tire and wheel should be checked after 5th take-off cycle run and tire diffusion pressure should be checked after 24 hours since the dynamometer test.

4.3 Test Setup

The applicant's test engineer and worker together with China CISTQS Center personnel setup the test article and dynamometer equipment in accordance with appropriate test procedure approved by the Authority.

The Authority's inspector and engineer determined compliance of test setup and conditions with the approved test procedure and the TSO Minimum Performance Standard.

The pictures of each test setup are as follows. ... And Test Setup Check Sheets are presented in Appendix X of this test report...

4.4 Testing and Data

Qualification test of the tire, P/N AB000CD00, S/N 000000040C was conducted in accordance with the approved test procedures on month day through day, year, at the dynamometer test facility of China CISTQS Center.

The Authority's engineer, his name, witnessed this qualification test as a TSO certification test. The FAA engineer also observed the testing and Korean certification activities at the test site as part of Technical Assessment for the BASA between ROK and USA.

Qualification test results are as follows. Entire copies of test result records are presented in Appendix X of this test report...

- Take-off Cycle Test : Successfully completion without defect or rupture during 50 cycles. The first cycle was started at 00 ℃ and the last cycle was started at 00 ℃.
- Taxi Cycle Test : Successfully completion without defect or rupture during 8 cycles at normal load. The first cycle run was started at 00 ℃.
- Overload Taxi Cycle Test : Successfully completion without defect or rupture during 2 cycles at 1.2 times load. The last cycle run was started at 00 ℃.
- Overload Take-off Cycle Test : Successfully completion without defect or rupture during 1 cycle at overload. The cycle was started at 00 ℃ for requirement of 105 °F (40.5 ℃).
- No slippage between tire and wheel was found after 5th take-off cycle run and tire pressure loss 0.0 % was found after 24 hours since completion of the test.

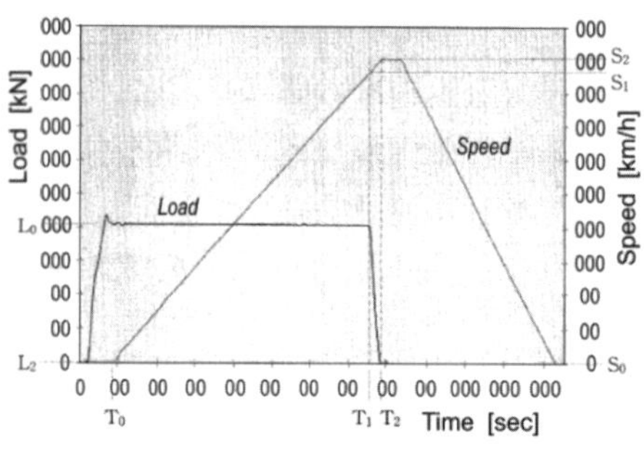

Figure x. Take-off Cycle Test

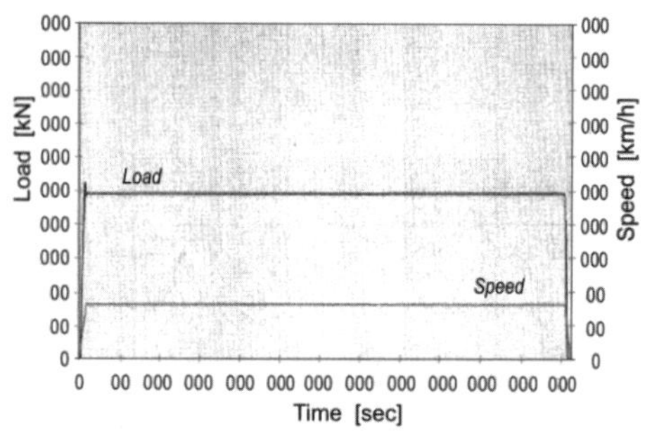

Figure x. Overload Taxi Cycle Test

5. CONCLUSION

The aircraft tire, P/N AB000CD00, was satisfactorily inspected and tested in accordance with the approved test plan to show compliance with the Minimum Performance Standard prescribed in TSO-C62d. All test procedures and results are complied with the requirements.

Applicant's inspection and testing were witnessed by the Korean Authority personnel and were observed by the FAA personnel as part of the BASA shadow certification program.

5.3 구명복 인증

5.3.1 구명복 설계 구성

항공기 승객용 구명복(life vest)은 크게 팽창식(type I)과 비팽창식(type II)으로 분류되고, 각 타입마다 성인용, 성인-어린이용, 어린이용, 유아용으로 구분된다.

비팽창식(non-inflatable) 구명복은 부력이 뛰어난 폼 소재로 제작되어 내구성이 좋고 유지보수가 용이하지만 팽창식보다 보관에 많은 공간이 필요하고 상대적으로 부력이 작아 민간 여객기에는 거의 사용되지 않고 있다. 팽창식(inflatable) 구명복은 사용 시에 압축용기의 이산화탄소(CO_2)를 이용해 팽창시키는 것으로써, 경량이고 보관이 용이해 대부분의 민간 여객기에서 채택하고 있는 방식이다.

구명복을 팽창시키는 방식에 따라서 수동 팽창식, 자동 팽창식, 하이브리드 팽창식으로 구분할 수 있다. 수동 팽창식은 착용자가 직접 팽창기구를 작동시켜 구명복을 팽창시키는 방식이고, 자동 팽창식은 물에 접촉하면 트리거가 작동되어 이산화탄소를 방출해 구명복을 팽창시키는 방식이다. 하이브리드 팽창식은 수동과 자동이 복합된 구명복으로 가장 안전한 방식으로 볼 수 있다.

항공기 승객용 구명복은 앞면과 뒷면이 구별되지만, 어느 방향으로 착용해도 본래의 기능을 수행할 수 있고, 듀얼 팽창식 구명복은 어느 하나의 기실에 이상이 생겨도 다른 기실을 정상적으로 팽창시켜 원래의 기능을 수행하는 장점이 있다.

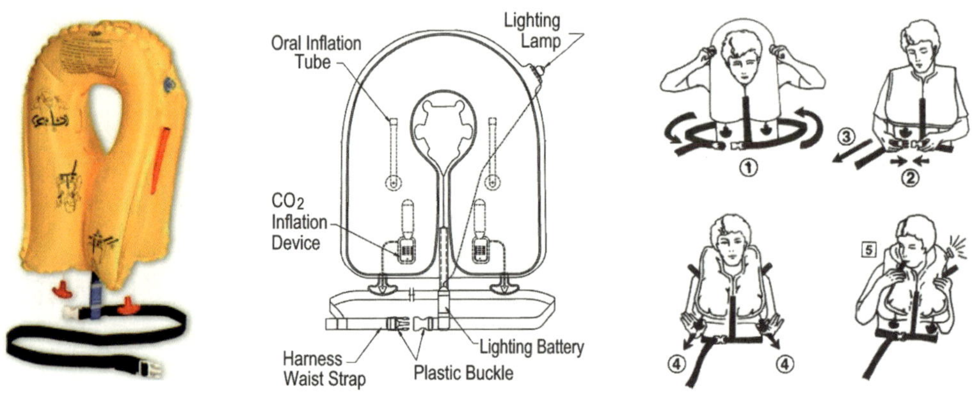

[그림 5-11] 항공기 승객용 구명복 각부 명칭 및 착용 방법

항공기용 구명복은 일반적으로 부력실(브래더), 이산화탄소 용기, 구강식 팽창튜브, 스트랩 및 버클, 휘슬, 생존자 위치표시 조명, 반사 테이프 등으로 구성된다. 구명복 표면에는 착용방법을 표

시하고, 필수정보를 기재한 태그를 부착한다. 승객용 구명복은 좌석 하부의 구명복 케이스 또는 주머니(pouch)에 보관되고, 매일 일상점검, 6개월마다 육안검사, 매년 팽창시스템 점검, 3년마다 작동시험을 수행한다. 대부분의 구명복 수명은 10년에서 15년으로 설정되어 있으며, 이 주기에 전체 구명복을 교체하여야 한다.

항공기 승객용 구명복을 제작하는데, 외피(outer shell)는 일반적으로 나일론이나 폴리에스터 패브릭 소재를 사용한다. 이들 소재는 FAR §25.853의 난연성(flammability) 요건을 만족해야 하며, 일부 특수한 구명복은 DuPont사의 NOMEX 내화성(fire resistant) 패브릭을 사용하기도 한다. 구명복 외피의 방수성과 내구성을 높이기 위하여 열가소성 폴리우레탄(TPU)이나 비닐로 코팅하기도 한다.

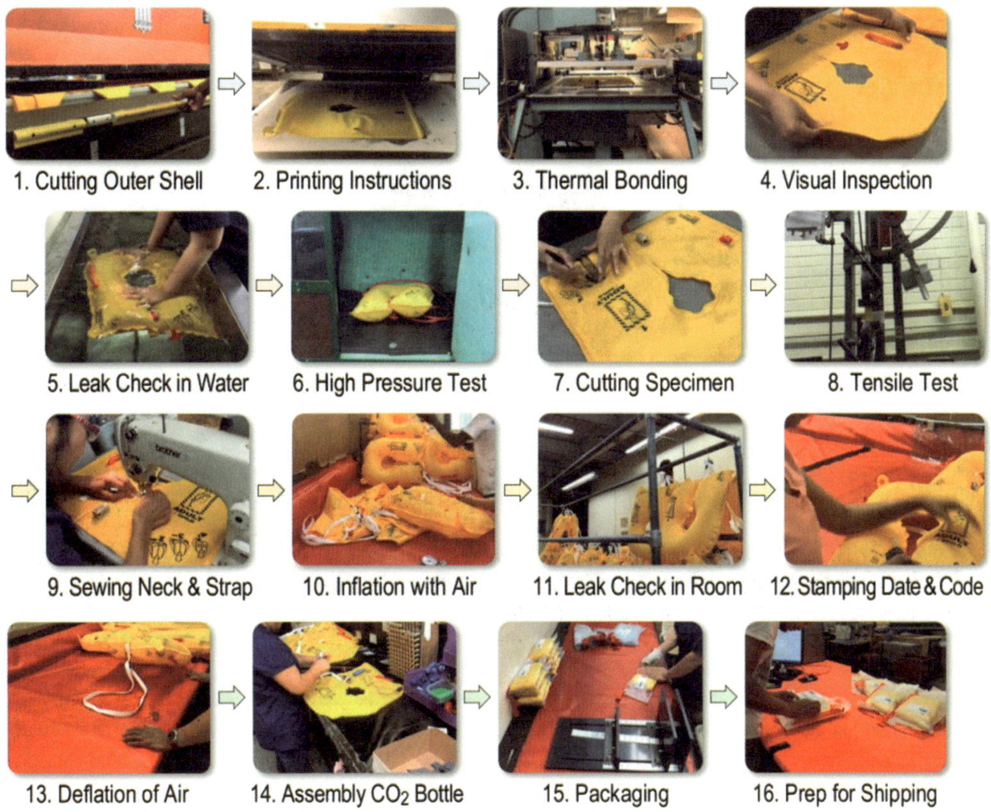

www.youtube.com, Switlik

[그림 5-12] 항공기 승객용 구명복 제작 과정

이산화탄소 용기(cartridge, bottle)는 내식 처리된 강철, 스테인리스, 또는 알루미늄 합금으로 제작되며, 이산화탄소를 약 850 psi (58 bar)로 충전한다. 구강식 팽창튜브는 열가소성 폴리우레탄(TPU), 열가소성 엘라스토머(TPE), 폴리염화비닐(PVC) 등으로 제작된다. 허리에 묶는 스트랩은 나일론 소재로 제작되고, 버클 및 클립은 플라스틱 소재로 제작된 것이다. 구조 신호용 휘슬

은 해상인명안전국제협약(SOLAS: International Convention for Safety of Life at Sea)에서 규정된 방식의 것을 사용한다. 생존자 위치표시 조명(survivor locator light)과 배터리는 TSO-C85b에 따라 인증된 것을 사용해야 한다.

항공기 승객용 구명복의 생산은 일반적으로 설계, 인증, 구매, 재단, 인쇄, 접합, 조립, 검사, 시험, 포장, 발송, 유지보수 단계로 이루어진다.

설계 단계에서는 TSO-C13g 기술표준서의 법적 요건과 SAE AS1354 항공우주표준서의 기술적 요건을 반영하여 부력은 150 N 이상[56], 팽창실 압력은 10 psig 이상, 패브릭 인장강도는 210 psig/in 이상으로 설계한다. 또한, 구명복의 내구성, 신뢰성, 경량화, 편리성, 상업성을 고려하여 각 구성품의 재료를 선정하고 제작 공정 및 방식을 결정한다. 그리고, 시제품을 제작하여 시험과 검사를 통해서 기술표준품승인 과정을 진행한다. 인증이 완료되면 설계가 확정되는 것이고, 양산을 시작할 수 있다.

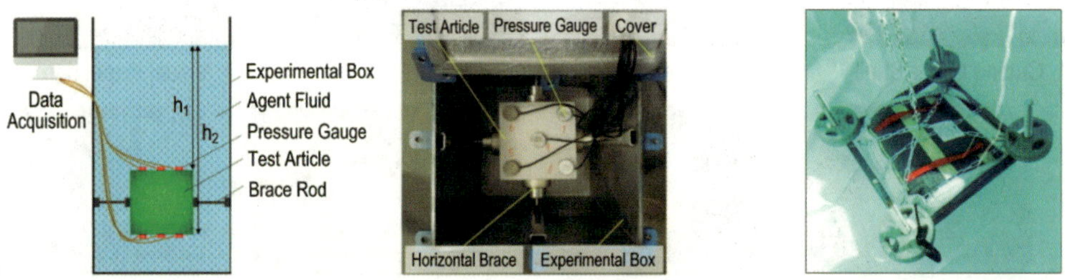

(a) Test Model Diagram (b) Physical Model of Equipment (c) Actual Buoyancy Measurement

[구명복 부력 측정을 위한 시험장치 원리 및 시험 장면]

(a) Arms in "Up" Position (b) Arms in "Down" Poisition (c) Life Vest was retained (Pass) (d) Life Vest not retained (Fail)

[구명복 착용 수중 점프 시험, FAA CAMI Facility]

[그림 5-13] 항공기 승객용 구명복에 대한 인증시험 예시

구명복의 양산에 사용되는 재료 및 구성품은 인증 당시에 설계에 반영된 사양을 구매하여야 한다. 외피용 패브릭을 설계된 형상에 맞추어 재단하고, 착용방법을 표면에 인쇄한다. 앞쪽과 뒤쪽

56) 구명복에 대한 부력(buoyant force)은 TSO-C13f의 Appendix 1의 Table 1, 그리고 TSO-C13g에서 지정된 SAE AS1354의 Table 1에서 최소 35 lbs (150 N)로 규정하고 있다. ICAO Annex 6, Annex 8, FAR Part 25, CS-25 등에서는 부력의 크기를 규정하지 않고 있다.

외피 겹쳐 놓고 테두리에 열을 가하여 접합하고 그 외의 부분은 재봉 바느질로 결합한다. 구명복 형상이 완성되면 이산화탄소 용기, 구강식 팽창튜브, 조명 및 배터리 등을 조립한다. 모든 검사 및 시험이 완료되면 포장하여 고객에게 발송하고, 고객의 유지보수를 주기적으로 지원한다.

항공기 승객용 구명복에 대한 인증시험은 TSO-C13g에서 최소성능표준(MPS)으로 규정한 SAE AS1354의 요건에 따라서 수행하여야 한다. 구명복 외피로 사용되는 패브릭을 포함한 비금속 재료에 대하여 진균 시험, 물리적 특성시험, 시효강도 시험, 접착력 시험, 봉합부 강도시험, 웨빙 인장시험, 나일론 실 인장시험, 난연 시험 등을 수행하고, 금속 부품에 대해서는 내부식성 시험을 수행하여야 한다. 팽창장치에 대해서는 작용력 시험, 당김줄 강도시험, 내압력 시험, 팽창밸브 시험을 수행하여야 한다. 완성된 구명복에 대해서는 착용 시험, 기밀압력 시험, 작동온도 시험, 초과압력 시험, 파열압력 시험, 침수 시험, 부력 시험, 염수분무 시험, 점프 시험 등을 수행하여야 한다.

항공기 구명복에 대한 식별표시는 FAR/KAS §21.616(d) 및 §45.15(b)에 규정된 요건에 따라서 해당 기술표준서 번호(TSO-C13g), 제작자 명칭(name), 상표(trademark), 또는 심벌(symbol), 부품번호(P/N), 일련번호(S/N) 또는 제조일자(date)를 나타내고, TSO-C13g 본문과 SAE AS1354의 Marking 요건에 따른 항목을 추가로 기재하여야 한다. 또한, 식별표시 도면으로 감항당국의 승인을 받는 경우에는 구명복 산업계에서 통상적으로 기재하는 항목을 추가해서 표시할 수도 있다.

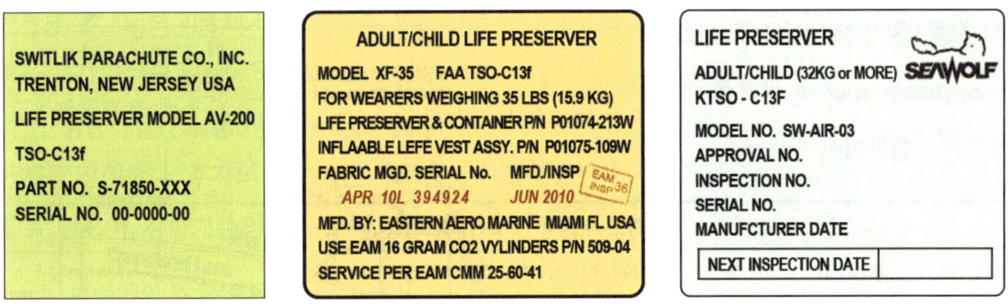

[그림 5-14] 항공기 승객용 구명복에 대한 식별표시 예시

5.3.2 기술표준서 분석

항공기 구명복은 FAR Part 21, Subpart O의 기술표준품승인 요건과 TSO-C13g 기술표준서의 본문 요건, 그리고 여기에서 최소성능표준(MPS)으로 지정된 SAE AS1354 항공우주표준서에 대한 적합성을 입증하여야 한다.

미국의 기존 TSO-C13f는 1992년 9월 24일에 제정되었고, 현재의 TSO-C13g는 2017년 2월 3일에 개정되면서 기존의 TSO-C13f를 적용한 신청은 2018년 8월 3일까지만 가능하게 되었고 1년 6개월의 유예기간을 두었다. 한편, 우리나라의 KTSO-C13f는 2010년 11월 12일에 제정되었고, 2019년 12월 30일에 KTSO-C13g로 개정하면서 기존의 KTSO-C13f를 적용한 신청은 2019년 12월 31일까만 가능한 것으로 규정함으로써 1일의 유예기간을 두었다. 이 당시 2015년 11월 26일에 우리나라 산업체가 KTSO-C13f를 적용한 기술표준품 형식승인을 국토교통부에 신청하여 2019년 7월 31일 승인서를 발급받았다.

우리나라의 기술표준품 형식승인(KTSOA)을 발급받은 해당 업체는 한미 항공안전협정(BASA)에 따라 국토교통부를 통해 미국 연방항공청에 기술표준품 설계승인(TSO LODA)을 신청하려고 했으나, 국토교통부로부터 TSO-C13f를 적용한 것은 미국의 기술표준품 설계승인을 신청할 수 없다는 통보를 받았다.[57)]

이와 같이 기술적인 측면에서 큰 차이가 없다고 할지라도 인증기준의 적용성에 관한 사항은 인증의 신청과 발급에 매우 큰 영향을 미치게 된다. TSO-C13f에서는 부록 1에 감항당국의 최소성능표준(MPS)을 직접 제시하고 있으며, TSO-C13g로 개정되면서 최소성능표준이 SAE AS1354로 지정되었다.

기술표준품 인증의 적용성 측면에서 매우 유의할 필요가 있지만, 독자의 이해를 돕기 위하여 TSO-C13f에 따른 감항당국 최소성능표준(MPS) 내용을 살펴보면 1. 목적, 2. 범위, 3. 재료, 4. 세부요건, 5. 시험 요건으로 구성되어 있다. 이 중에 시험(tests)에 관한 요건을 살펴보면 다음과 같다.

(1) 재료시험 (Material Tests)

이 표준의 제3장에 명시된 재료 특성은 다음의 시험방법 또는 이와 동등한 것으로 승인받은 방법으로 시험하여야 한다.

가속시효 (Accelerated Age)	Method 5850 of FED-STD-191A, and see (1)
인장강도 (Grab Test)	Method 5100 of FED-STD-191A, and see (7)
파열강도 (Trapezoid Test)	Method 5136 of FED-STD-191A, and see (5)
파열강도 (Tongue Test)	Method 5134 of FED-STD-191A, and see 3.1.4.1
플라이 접착 (Ply Adhesion)	Method 5960 of FED-STD-191A, and see (3)
코팅 접착 (Coat Adhesion)	Method 5970 of FED-STD-191A, and see (8)
투과성 (Permeability)	Method 5460 of FED-STD-191, and see (6)
봉합전단강도 (Seam Shear Strength)	FED-STD-191A, and see (2)
봉합탈피강도 (Seam Peel Strength)	Method 5960 of FED-STD-191A, and see (3)
가연성 (Flammability)	FAR/KAS Part 25, Appendix F, Part I (b)(5), and see (4) for horizontal burn rate

57) 미국의 TSO-C13f(구판)를 적용한 신청 가능 기한이 2018년까지라 하더라도, 2015년부터 2019년까지 한국에서 인증이 진행 중에 있었고, 이에 관한 한미 항공안전협정(BASA)의 취지를 고려해 볼 때, 2019년 한국에서 승인서가 발급된 건에 대해서도 미국에 LODA 신청이 가능했던 것으로 판단해 볼 수 있다.

(1) 코팅된 천과 봉합부 표본(samples)으로 가속시효 시험할 때는 70±2.7 ℃ (158±2 ℉)에서 168시간 이상 시험한다. 시험 후에 이 표준의 3.1항에 따라 물리적인 특성을 결정하기 전에 표본은 16시간 이상 그러나 96시간을 초과하지 않는 시간 동안 21±1 ℃ (70±2 ℉)까지 냉각되어야 한다.

(2) 해당 표본은 최대 폭 5 cm (2 in), 최대 길이 12.7 cm (5 in)인 2개의 띠로 구성한다. 띠는 최대 1.9 cm (3/4 in)를 겹쳐서 봉합 접착제를 사용하여 접착하거나 열을 이용하여 접착한다. 열을 가하여 접착하는 봉합부는 각 끝에서 6.35 mm (1/4 in) 떨어진 곳에 최소 3.2±0.8 mm (1/8±1/32 in) 폭으로 접착되어야 한다.

(3) 표본은 2.54 cm (1 in)이어야 하며, 분당 5.1 ~ 6.4 cm (2.0 ~ 2.5 in)의 비율로 잡아당겨야 한다.

(4) 재료는 항공기 감항기준 Part 25의 부록 F의 가연성(flammability) 요건을 만족해야 한다.

(5) 미연방 시험방법 표준서 FED-STD-191 (1968.12.31)을 적용한다.

(6) ASTM Method D1434-82, Procedure V (1982.07.30)는 승인된 대체 시험방법이다.

(7) 시험 표본을 잡기(holding) 위해 공압식 그립을 사용하는 것은 Method 5100에 제시된 기계적 그립의 대체방법으로 승인받을 수 있다.

(8) 해당 표본은 구명복의 제작에 사용하는 접착제와 제작방법을 사용하여 준비해야 한다. 분당 5.1 ~ 6.4 cm (2.0 ~ 2.5 in)의 비율로 잡아당긴다.

(9) 미연방 시험방법 표준서 FED-STD-191A (1978.07.20)을 적용한다.

[2] 누설 시험: 구명복 타입 I (Leakage Test, Type I Life Preserver)

구명복은 각 부양실(flotation chamber)을 2 psig (0.14 kg/cm^2) 이상으로 팽창하여 최소 12시간 동안 매달아 놓았을 때, 각 부양실의 압력이 1/2 psig (0.03 kg/cm^2) 이상 감소하지 않아야 한다.

[3] 초과압력 시험: 구명복 타입 I (Overpressure Test, Type I Life Preserver)

구명복의 각 부양실(flotation chamber)은 10 psig (0.7 kg/cm2) 이상의 팽창 압력에 5분 이상 견디어야 한다.

[4] 침수 시험 (Submersion Test)

온도 22.2±2.8 ℃ (72±5 ℉)의 순수한 물 속에 구명복의 모든 부분이 수면 아래로 61 cm (24 in) 이상 잠기도록 침수시켜야 한다. 구명복의 부력은 이 표준의 4.1.8항에 제시된 값 이상이 되어야 하고, 침수는 8시간 이상 지속되어야 한다.

[5] 염수분무 시험 (Salt Spray Test)

(1) 염수분무 시험절차(salt spray test procedure) : 모든 금속 부품은 100시간 이상 염수분무 시험

을 하여야 한다. 염수분무 시험 용액은 매 24시간 동안 분무 시험기의 용적 85.0 리터 (10 ft^3) 당 2.8 리터 (3/4 갤런)의 비율로 분무되어야 한다.

(2) 염수 분무 용액(salt spray solution) : 사용되는 염분은 건조 시켰을 때, 무게 기준으로 0.2 % 이하의 불순물이 함유된 염화나트륨 또는 이에 상응하는 성분이어야 한다. 무게 비율로 고체물질이 200 ppm 이하가 함유된 물 80±2 %에 염분 20±2 %를 용해시켜 염수분무 용액을 만들어야 한다.

[6] 팽창장치 시험: 구명복 타입 I (Inflator Test, Type I Life Preserver)

(1) 작용력(operating force) : 기계적 팽창장치를 작용하는데 필요한 힘은 당김줄을 통해 적용할 때, 6.8 kg (15 lbs)를 초과하지 않아야 한다.

(2) 당김줄 강도(pull cord strength) : 최소 27.2 kg (60 lbs)의 인장력을 최소 3초 동안 가했을 때, 당김줄이 파손되거나 기계적 팽창장치와 분리되지 않아야 한다. 당김줄을 작동했을 때 기계적 팽창장치와 분리되도록 설계된 경우에 당김줄은 파괴되지 않고 3초 동안 최소 13.6 kg (30 lbs)의 인장력을 견딜 수 있어야 한다.

(3) 내압력(proof pressure) : 기계적 팽창장치는 변형이나 누출 없이 1,500 psig (104.7 kg/cm^2) 이상의 수압을 견딜 수 있어야 한다. 기계적 팽창장치는 2 psig (0.1 kg/cm^2)의 공기압을 받았을 때 누설되지 않아야 하고, 40 psig (2.8 kg/cm^2) 공기압을 받았을 때 0.5 psig (0.025 kg/cm^2) 이상 감소되지 않아야 한다.

(4) 기계적 팽창밸브(mechanical inflation valve) : 기계적 팽창밸브는 40 psig (2.8 kg/cm^2) 입구 압력으로 분당 최소 4 리터의 공기가 흐를 수 있어야 한다. 안착 스프링 압력을 줄이기 위해서 12 inH_2O의 진공압을 가하고, 반대쪽에는 대기압을 가해도 밸브는 누출이 없어야 한다.

[7] 점프 시험 (Jump Test)

(1) 성인용, 성인-어린이용, 어린이용(adult, adult-child or child) : 유아용 구명복을 제외한, 타입 I과 타입 II 구명복은 착용자가 수면으로부터 1.5 m (5 ft) 이상의 높이에서 어떠한 자세로 물에 뛰어들어도 착용자에게 어떠한 부상을 일으키거나 벗겨지지 않아야 한다. 뛰어든 다음에 구명복의 손상이 없어야 한다.

(2) 유아 및 어린이용(infant-small child) : 유아 및 어린이용 구명복은 이를 착용한 유아 및 어린이 더미를 안은 성인이 최소 1.5 m (5 ft) 높이에서 물로 뛰어들었을 때, 팽창 상태를 유지하고, 손상이 없어야 하며, 착용 상태가 적절히 유지되어야 한다. 시험할 때 성인은 팽창된 구명복을 착용해야 한다.

[8] 방화 시험 (Fire Protection Test)

구명복 제작에 사용되는 재료와 구명복 저장 용기는 이 표준의 5.1항에 명시한 수평 연소율 시험(horizontal burn rate test) 요건에 따라 시험해야 한다.

[9] 착용 시험 (Donning Test)

(1) 시험 대상자(test subjects) : 최소 25명 이상의 시험 대상자가 있어야 한다. 시험 대상자는 20대, 30대, 40대, 50대, 60대 연령 그룹에서 각각 5명 이상을 선발하여야 한다. 각 그룹에서 특정 성별이 60 %를 초과하지 않아야 하고, 특정 연령그룹에서 선발된 인원수는 전체 인원의 30 %를 초과하지 않아야 한다. 유아 및 어린이용 구명복의 착용시험은 20 ~ 40세 연령 대에서 성별이 섞인 5명 이상의 사람을 대상으로 수행한다. 시험 대상 인원은 구명복 착용 시험 경험이 없는 사람이어야 한다.

(2) 유아 및 어린이 시험용 더미(infant-small child test dummy) : 착용 시험에 사용하는 더미는 길이 86.4 cm (34 in), 무게 12.3 kg (27.2 lbs)로써, 연령 24개월의 남여 어린이 50 %의 기본적인 신체 특성을 가져야 한다. 더미는 유기적인 관절이 있어야 하며, 물에서 시험하는 경우, 물을 흡수하지 않아야 한다. 더미의 신체 치수는 다음의 표에 제시된 바와 같다.

[표 5-4] 만 2세 어린이 신체 특성 및 인체 더미

Figure and Table of SAE AS1354

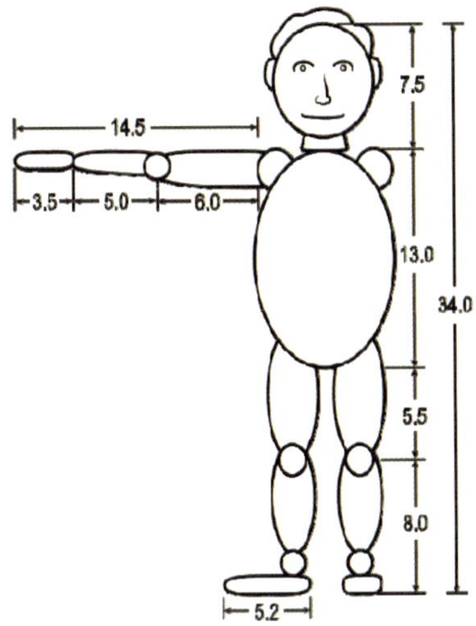

Body Segment	Length (in)	Weight(lbs)	Volume(%)
Top of Head – Top of Shoulder, Upper Arm Pivot	7.5*	3.50	12.9
Shoulder Pivot - Elbow Pivot	6.0	1.93 (2)	7.1
Elbow Pivot – Wrist Pivot	5.0	1.17 (2)	4.3
Wrist Pivot – Finger Tip	3.5	0.27 (2)	1.0
Shoulder Pivot - Crotch/Thingh Pivot	13.0*	12.27	45.1
Crotch/Thingh Pivot - Knee Pivot	5.5*	1.28 (2)	4.7
Knee Pivot - Bottom of Foot	8.0*	1.06 (2)	3.9
Total	*34.0	27.20	100.0
Shoulder Breadth 9.2 in, Chest Breadth 6.6 in, Chest Depth 4.6 in, Waist Breadth 5.9 in, Waist Depth seated 5.9 in, Hip Breadth 7.3 in, Foot 5.2 in : see more length of circumferences.			

(3) 시험 좌석 배열(test arrangement) : 전방 좌석과의 거리가 78.7 cm (31 in)를 초과하지 않는 실제 좌석 또는 모형 객실 좌석에 시험 대상자를 앉도록 한다. 각 시험 대상자는 안전벨트를 묶은 상태이어야 한다. 시험 대상자들은 한 사람씩 시험을 하거나, 옆으로 나란히 앉아 그룹별로 시험한다. 유아용 구명복 착용 시험은 성인용 착용 시험을 돕거나 방해하지 않는 인접한 좌석의 성인에 의해서 수행되어야 한다.

(4) 시험절차(test procedure) : 착용 시험은 구명복이 보관 용기에 있는 상태에서 시작되며, 시험 대상자는 구명복 보관 용기를 손으로 잡는다. 각 시험 대상자에게 별도의 시간이 배정된다. 구명복 보관 용기를 양손에 든 시점부터 시험이 시작되며, 구명복을 적절히 착용하고, 고정하고, 몸에 잘 맞도록 조절했을 때 종료한다. 시험이 진행되는 동안 시험 대상자는 안전벨트를 풀고, 좌석에서 일어나도 되지만, 그 좌석 바로 앞의 공간에서 이탈하지 않아야 한다.

항공기 구명복에 대한 기술표준서 TSO-C13g가 제정된 2017년 이후 현재는 TSO-C13f의 부록 1에 제시된 감항당국의 최소성능표준(MPS)이 아닌, SAE AS1354 항공우주표준을 적용해야 하는데, TSO-C13g의 부록 1과 부록 2의 지침에 따라서 SAE AS1354의 일부 내용을 다음과 같이 수정해서 적용해야 한다.

- 실제 인원 또는 더미 사용 시험에도 시간기록(time encoded) 비디오 촬영 요구됨
- 구명복 착용 시험을 수행할 때, 구명복이 포장된(*packaged*) 상태에서 시작함
- 기상 착용 구명복은 장갑 손(*chilled or gloved hands*) 착용 시험이 요구되지 않음
- TSO-C85b 요건을 만족하는 생존자 위치표시 조명(*survivor locator light*)을 사용함
- 초과압력(*overpressure*) 시험에 대한 압력, 온도, 시간, 조건을 구체적으로 규정함
- 구명복 착용 시험 참여자에게 시간기록 시험(*timed test*)임을 알려 줄 수 있음
- 난연 시험 대상이 되지 않는 소형 부품(*small parts*) 분류는 사전에 승인 필요함
- 묶임 줄(*tether attachment*) 사용 구명복에 대한 시험 참여자 및 조건을 규정함
- 부록 C의 시험 참여자나 더미(*human or dummy*) 조건을 구체적으로 명시함
- 부록 D를 추가하여 착용 시험 안내(*donning test briefings*) 지침을 규정함

항공기 구명복에 대한 기술표준품승인 인증계획서(CP)는 일반적인 부품류에 대한 인증계획서에 공통적으로 반영되는 인증개요, 설계구성, 인증기준, 일정계획, 적합성 입증계획, 합치성 검사계획, 설계변경 관리계획, 감항성 유지계획 등과 같은 구성으로 작성하고, 적용 기술표준서(TSO-C13g), 완화(deviation), 구명복 설계, 입증항목 및 입증보고서, 합치성 검사 대상 부품 등에 대하여 명확하고 구체적인 내용을 제시한다.

인증계획서의 일부 또는 첨부로 제출되는 적합성 점검표(CCL)는 AC 21-46A의 안내에 따라

Part 21의 Subpart O의 TSOA 요건, TSO-C13g 본문의 요건, 그리고 최소성능표준(MPS)으로 지정된 SAE AS1354 요건에 대한 적합성 입증방법(MoC)을 설정하고, 각각의 요건에 대한 입증 보고서와 제출 일정 등을 반영해 작성한다. 합치성 검사 대상은 부품목록을 기반으로 신청자 자체검사 대상과 인증기관의 합치성 검사 대상 부품 및 공정을 구분하고, 해당 검사서류 등을 목록으로 작성하여 제안한다.

기술표준품승인 신청서류로 규정된 제품 사양서(규격서)와 정비교범(CMM)은 항공산업계에서 일반적으로 통용되는 서식과 내용으로 작성하고, Part 21의 Subpart O의 TSOA 요건과 TSO-C13g의 해당 요건이 모두 반영되었는가를 확인하여야 한다. 신청 단계에서는 초안을 제출하고, 설계승인 이전에 최종본을 제출할 수 있다.

항공기 구명복에 대한 시험계획서, 시험보고서, 해석보고서 등은 제안된 개발 및 인증 일정에 따라서 작성해 제출하고 승인을 받아야 한다. 시험계획서에는 입증요건, 입증 대상품, 시험장비, 시험절차, 합부 판정기준을 명확히 제시하고, 시험 대상품(test article)의 합치성 검사를 위한 도면과 검사기준도 첨부해야 한다. 시험보고서에는 시험계획서 내용을 기반으로 시험 목적, 시험절차, 시험 대상품, 시험 수행, 인증기관 입회 및 검사, 시험 결과, 그리고 해당 요건에 대한 적합성 입증 여부를 명확히 기재한다.

5.3.3 구명복 적합성 입증

항공기 구명복은 항공안전법 제27조(기술표준품 형식승인), 시행규칙 제55조(기술표준품 형식승인 신청) 내지 제58조(기술표준품 형식승인 발급), KAS/FAR Part 21의 Subpart O의 기술표준품승인 요건, 그리고 TSO-C13g 본문의 요건을 만족하고, 최소성능표준(MPS)으로 지정된 SAE AS1354에 따른 적합성을 입증하여야 한다.

항공기 구명복에 대한 우리나라 최초의 기술표준품승인은 2015년 11월 26일 ㈜시울프마린에서 신청하여 2019년 7월 31일에 국토교토통부 승인서를 발급받았다. 항공기 구명복에 대한 기술표준품승인 인증문서 종류와 적합성 입증 예시는 다음과 같다.[55] 다만, 이는 현재의 TSO-C13g가 아닌 2015년 당시의 TSO-C13f를 적용한 사례이다.

- AB-C-2015-00-000 : 구명복 인증계획서
- AB-Q-2018-00-000 : 적합성 점검표(CCL)
- AB-D-2018-00-000 : 구명복 설계도면
- AB-D-2018-00-000 : 제조규격서 및 제품사양서
- AB-Q-2018-00-000 : 감항성유지 및 관리체계

- AB-Q-2018-00-000: 적합성 입증시험 계획서 및 절차서
- AB-Q-2018-00-000: 적합성 입증시험 결과보고서

항공기 구명복에 대한 적합성 입증시험

1. 개요

1.1 목적

이 문서는 항공안전법 제27조 및 KAS/FAR Subpart O에 따라 기술표준품승인을 신청한 항공기 승객용 구명복(P/N AB12345)에 대하여 TSO-C13f 부록 1의 최소성능표준에 따른 적합성을 입증하기 위한 것이다.

1.2 적용문서

항공기 승객용 구명복(P/N AB12345)에 대한 TSO-C13f 부록 1의 최소성능표준에 따른 적합성 입증에는 다음의 규정 및 문서가 적용된다.

- 법률 제18789호 (2022.01.18) : 항공안전법 제27조(기술표준품 형식승인)
- 국토교통부령 제1441호 ('25.01.17) : 항공안전법 시행규칙 제55조(신청) 내지 제58조(발급)
- 국토교통부 훈령 제1819호 (2024.11.18) : 항공기 기술표준품 형식승인 절차규정
- 국토교통부 고시 제2023-617호 (2023.10.27) : 항공기 기술표준품 형식승인 기준
- 국토교통부 고시 제2024-833호('24.12.18): KAS Part 21 - 항공기등, 장비품 및 부품 인증절차
- KTSO-C13f (2010.11.12) : 항공기 기술표준품 표준서, 구명복
- FAA TSO-C106a (2020.10.16) : Technical Standard Order, Air Data Computer
- FAA Order 8150.1D (2023.10.27) : Technical Standard Order Program
- FAA AC 21-46A (2017.02.23) : Technical Standard Order Program
- FED-STD-191A (1978.07.20) : Federal Standard for Textile Test Methods
- AB-C-2015-00-000 (0000.00.00) : 구명복 인증계획서
- AB-D-2018-00-000 (0000.00.00) : 구명복 설계도면
- AB-Q-2018-00-000 (0000.00.00) : 적합성 입증시험 계획서 및 절차서
- AB-Q-00-000 (0000.00.00) : 품질경영 매뉴얼
- FITI-EO-000 (0000.00.00) : 시험장비 운용 절차서

1.3 용어 정의 및 약어

용어(명칭)

본 문서에서는 KTSO-C13f에 제시된 용어를 사용하는 것을 원칙으로 하고, 산업계에서 통상적으로 사용하는 용어와 혼란을 방지하기 위하여 다음과 같이 비교표를 제시한다.

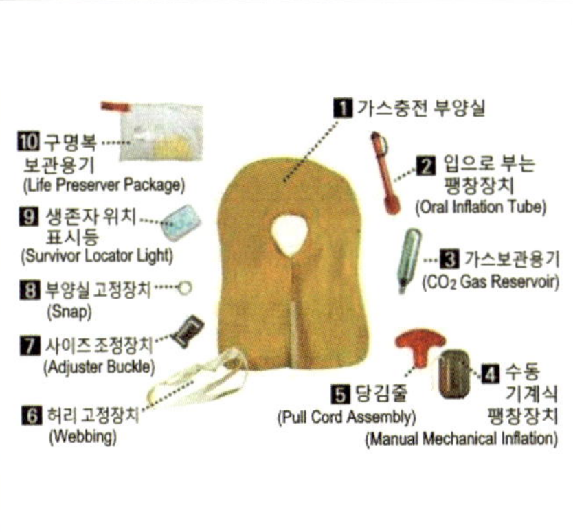

번호	기술표준서에 제시된 용어	산업계 통상적 용어
1	코팅된 천 (Coated Fabrics)	TPU 원단
2	입으로 부는 팽창장치 (Oral Inflation)	호기
3	가스 보관용기 (Gas Reservoir)	CO_2 가스 보관용기
4	수동기계식 팽창장치 (Manual Mechanical Inflation)	수동기계식 팽창장치
5	당김줄 (Pull Cord Assembly)	작동 끈
6	허지 고정장치 (Webbing)	웨빙 끈
7	사이즈 조절장치 (Adjuster Buckle)	버클
8	부양실 고정장치 (Snap)	스냅
9	생존자 위치 표시등 (Survivor Locator Light)	하수전지 라이트
10	구명복 보관용기 (Life Preserver Package)	폴리백

약어

- FAA : Federal Aviation Administration, 미국 연방항공청
- FAR : Federal Aviation Regulation, 미국 연방항공규정
- FITI : Friend of Industry Technology Information, FITI시험연구원 ~ ~ ~

2. 요구조건 및 시험항목

2.1 요구조건

항공기 구명복에 대한 적합성 입증 요구조건은 TSO-C13f, 부록 1의 최소성능표준에 규정된 각 항목을 적용한다. 이들 각 항목에 대하여 시험 및 검사을 통해서 입증하고, 식별표시 요건은 도면과 검사를 통해서 입증한다.

3. 재료 (Materials)
3.1 비금속 재료 (nonmetallic materials)
3.2 금속 부품 (metallic parts)
4. 세부 요구조건 (Detail Requirements)
4.1 설계 및 제작 (design and construction)
4.2 식별 표식 (marking)
5. 시험 (Tests)
5.1 재료 시험 (material tests)
5.2 누설 시험 (leakage resistance) ~ ~ ~

2.2 시험항목

항공기 구명복에 대한 시험 및 검사 항목을 TSO-C13f 부록 1 최소성능표준의 각 요건에 따라서 다음과 같이 분류하고, 해당 시험을 수행하였다.

구분	MPS 항목	적합성 입증방법	시험기관	시험 성적서
비금속 재료	3.1.1 결합 여부	재료시험 및 육안검사	국내 시험기관	Report M0000-000-0
	3.1.3 균류 성장	진균 시험 (제조사)	제조사 시험실	Fungus Test Report
	~~	~~~	~~~	~~~
금속재료	3.2 금속 부품	내부식성(염수) 시험	국내 시험기관	Report M0000-000-0
착용시험	4.1.4 팽창 기능	착용 시험	국내 시험기관	Report M0000-000-0
	4.1.9 팽창 자세	수중 착용시험	국내 시험기관	Report M0000-000-0
	~~	~~~	~~~	~~~
성능시험	4.1.6 기능적 온도범위	작동온도범위 시험	국내 시험기관	Report M0000-000-0
	4.1.7 초과압력 보호	초과압력 시험	국내 시험기관	Report M0000-000-0
	~~	~~~	~~~	~~~

3. 시험품목 및 검사

3.1 시험 대상 품목

기술표준품 형식승인을 위한 적합성 입증시험 대상(test article)이 되는 항공기 구명복(P/N AB12345)은 인증기관의 승인을 받은 도면을 적용해 완제품 30개를 제작하였으며, 각 시험 항목별 수량과 식별번호(serial number)는 다음과 같다.

구분	해당 품목	식별번호(S/N)	수량	재료 및 시험종류
재료	가스충전부양실(원단)	TPU-AB0301 ~ 03	3 YD	Nylon + Polyurethane coated
	사이즈 조정장치	AB0401 ~ 04	4 EA	T-POM
	구명복 보관용기(원단)	AB0305	1 YD	Polyurethane
	입으로 부는 팽창장치	AB0501 ~ 04	4 EA	Tube: Polyether Urethane, PVC, etc
	수동기계식 팽창장치	AB0601 ~ 04	4 EA	Polyether Urethane
	허리 고정장치	AB0701	30 m	PP, Teflex Treatment
	재봉사(실)	AB0801	1 Con	Nylon
완제품	부품번호 P/N AB12345	AC03001	1 EA	3.1.1 완제품 외관검사
		AC03001 ~ 005	5 EA	4.4.1 양면 착용성, 4.1.2 구명복 형식, etc
		AC03001 ~ 025	25 EA	4.1.11 착용시험
		AC03026	1 EA	4.1.4.3.2 당김줄, 4.1.8 부력, 5.4 침수시험
		~~	~~~	~~~

3.2 합치성 검사

항공기 구명복 시제품 제작에 사용되는 원자재, 구매부품, 가공품, 조립공정, 완제품에 대한 신청자 자체 검사를 수행하고, 인증기관 합치성 검사를 의뢰하였다. 구명복 완제품은 총 30개 제작하였으며, 0000년 0월부터 0000년 00월까지 각 단계별로 검사를 수행하였다.

인증기관의 합치성 검사는 사전에 협의 및 승인된 부품과 공정에 대하여 검사 의뢰하였으며, 신청자의 작업장에서 수행되었다. 인증기관 합치성 검사 합격품에 대하여 인증기관 절차에 따라서 감항승인서(AAT)는 발급되지 않고 각 시험에 투입되었다.

4. 구명복 재료시험

4.1 시험장비

항공기 구명복 제작에 사용되는 재료 및 부품에 대한 시험에는 FITI 시험연구원에서 운영하는 웨빙 인장강도 시험기, 재봉사 인장강도 시험기, 수평 연소율 시험기, 열충격 시험기, 염수분무 시험기, 유량측정 시험기, 다이나믹 로딩 시험기가 사용되었다.

이들 시험장비는 FITI 시험연구원의 검교정 절차에 따라서 관리되고, 시험 전에 인증기관으로부터 해당 시험에 사용하는 적절한 것으로 확인받았다.

- 웨빙 인장강도 시험기 (RFGA-010001), FTI 시험연구원
- 재봉사 인장강도 시험기 (BFAA-070011), FITI 시험연구원
- 수평 연소율 시험기 (BTCA-031462), FITI 시험연구원 ~ ~ ~

4.2 시험절차

항공기 구명복 재료 및 부품에 대한 시험절차는 인증기관의 승인을 받은 "적합성 입증시험 계획서 및 절차서"를 적용하였고, 해당 시험장비의 작동은 FITI 시험연구원의 시험장비 작동절차에 따라서 시험을 수행하였다.

- 웨빙 인장강도 시험절차(FED-STD-191A, Sec 4) : 가스충전 부양실, 구명복 보관용기 등
- 재봉사 인장강도 시험절차(FED-STD-191, Method 4100) : 나일론 재봉사 등
- 수평 연소율 시험절차(Part 25, Appendix F) : 부양실 원단, 보관용기 원단 등 ~ ~ ~

4.3 시험 셋업

신청자 엔지니어와 작업자가 인증기관의 승인을 받은 시험절차서에 따라서 각 시험장비에 대한 적절성을 확인하고 시험대상 재료 및 부품을 셋업하였다.

인증기관 검사원과 엔지니어가 각 시험 셋업이 최소성능표준에 따른 해당 시험에 적절한지 현장에서 확인하였다. ~ ~ ~

4.4 시험 수행 및 결과

(1) 웨빙 인장강도 시험

- 최소성능표준 3.1.7.1에 대한 입증으로 0000년 00월 00일에 FITI 시험연구원에서 인증기관 엔지니어 입회 하에 수행함
- 웨빙 인장강도 시험기에서 총 5회 시험을 수행하였으며, 평균 인장강도 0,000 kg으로 해당 요건에 대한 적합성을 입증함

(2) 수평 연소율 시험

- 최소성능표준 3.1.8에 대한 입증으로 0000년 00월 00일에 FITI 시험연구원에서 인증기관 엔지니어 입회 하에 수행함
- 각 시료별로 3회씩 시험을 수행하였으며, 가스충전 부양실 원단과 보관용기 원단은 연소율이 0으로 확인되었고, 웨빙은 평균 5.55 cm로 해당 요건에 적합함 ~ ~ ~

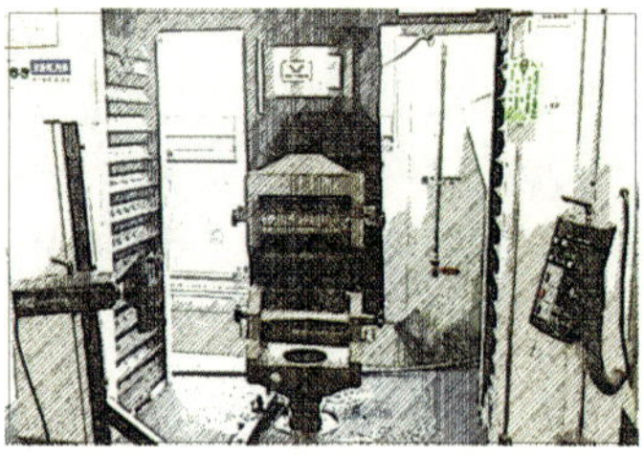
그림 x. 웨빙 인장강도 시험

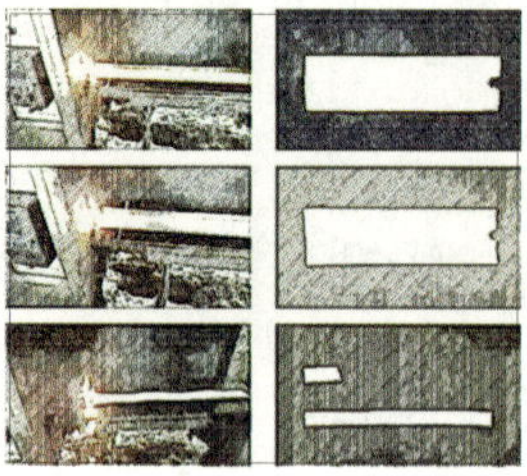
그림 x. 수평 연소율 시험

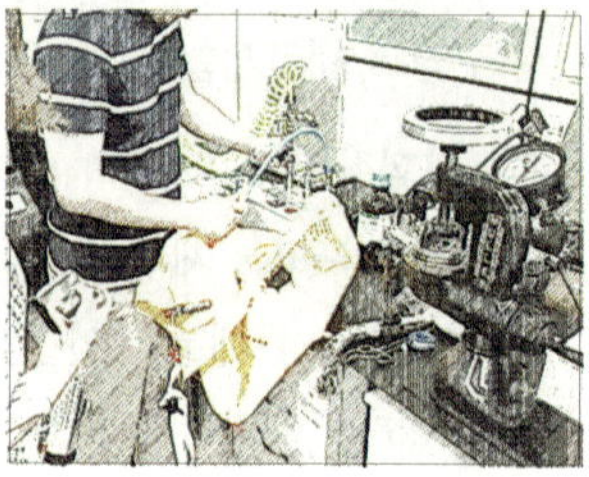
그림 x. 팽창밸브 압력시험

5. 구명복 완제품 시험

5.1 시험장비

완성된 구명복을 대상으로 한국항공직업전문학교 비행안전센터와 FITI 시험연구원의 시험시설 및 장비를 이용해 착용 시험, 점프 시험, 부양자세 시험, 부력 시험 등을 수행하였다.

이들 시험에 사용되는 시설 및 장비는 해당 기관의 검교정 절차에 따라서 관리되고, 시험 전에 인증기관으로부터 해당 시험에 사용하는 적절한 것으로 확인받았다.

- 항공기 캐빈 모형 (객실 착용시험용), FITI 및 한국항공직업전문학교
- 대형 수조 (수중 자세시험, 점프시험용), FITI 및 한국항공직업전문학교
- 구명복 부력 시험기 (A1686), FITI 시험연구원 ~ ~ ~

5.2 시험절차

구명복 완제품에 대한 시험절차는 인증기관의 승인을 받은 "적합성 입증시험 계획서 및 절차서"를 적용하였고, 해당 시험장비 작동 및 시설 운영은 각 해당 기관의의 시험장비 및 시설 운영절차에 따라서 시험을 수행하였다.

- 객실 구명복 착용시험 절차 및 시험 참여자 선발 기준 : 20대, 30대, 40대, 50대, 60대
- 항공기 구명복 착용 부양 자세 시험절차 : 5인 이상 남녀 참여자
- 항공기 구명복 부력 시험절차 : 성인-어린이 겸용 구명복 부력 35 lbs 이상 ~ ~ ~

5.3 시험 셋업

신청자 엔지니어와 작업자가 인증기관의 승인을 받은 시험절차서에 따라서 각 시험장비 및 시설에 대한 적절성을 확인하고 시험대상 구명복 및 참여자를 확인하였다.

인증기관 검사원과 엔지니어가 각 시험준비 상태가 최소성능표준에 따른 해당 시험에 적절한지 현장에서 확인하였다. ~ ~ ~

5.4 시험 수행 및 결과

(1) 구명복 착용 시험

- 최소성능표준 4.1.11에 대한 입증으로 0000년 00월 00일에 FITI 및 한국항공직업전문학교의 객실 모형에서 인증기관 엔지니어 입회 하에 수행함
- 총 25명이 시험에 참여했으며, 20대, 30대, 50대, 60대는 1차 시험에서 80 % 이상이 25초 이내에 착용을 완료했고, 40대 그룹은 2차 시험에서 25초 이내로 착용을 완료하였음

(2) 구명복 자세 시험

- 최소성능표준 4.1.9.1에 대한 입증으로 0000년 00월 00일에 FITI 및 한국항공직업전문학교의 대형 수조에서 인증기관 엔지니어 입회 하에 수행함
- 구명복 착용자 5인이 물속에서 자세를 바로 세우는 평균 복원시간은 2.6초이고, 착용자의 몸통 각도는 평균 약 55°를 이루어 해당 요건에 적합함 ~ ~ ~

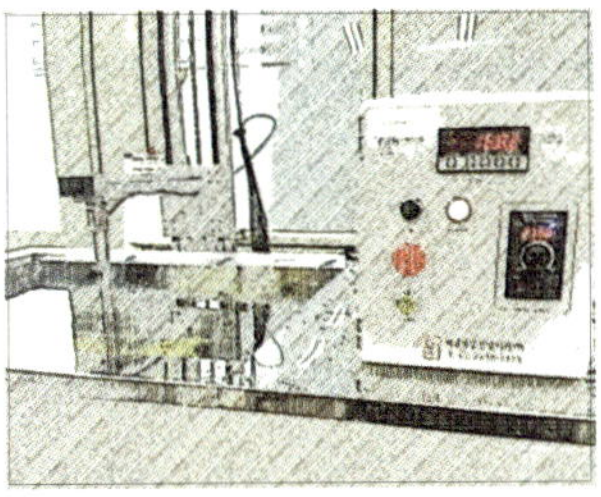

그림 x. 부력 측정 시험

그림 x. 객실 착용 시험

그림 x. 수중 자세 시험

6. 결론

신청자의 항공기 구명복(P/N AB12345)은 TSO-C13f 부록 1의 최소성능표준에 대한 적합성 입증을 위하여 해당 시험계획서에 따른 검사 및 시험을 수행하였다.

신청자의 검사와 시험은 인증기관 엔지니어 및 검사관 입회 하에 수행되었으며, 그 진행 과정과 결과는 TSO-C13f의 최소성능표준 요건에 적합함을 입증하였다.

5.4 항공기 좌석

5.4.1 좌석 설계 구성

항공기 좌석은 탑승자에게 안락성과 편의성을 제공할 뿐만 아니라, 사고가 발생하는 경우에 탑승자를 보호하는 최종적인 수단이기도 하다. 이에 따라서 기체 구조물 다음으로 가장 높은 구조적 안전성이 요구된다. 또한, 항공기 구성품 중에 가장 많은 수량, 부피, 중량을 차지하기 때문에 경량화 및 슬림화 설계가 요구된다. 즉, 좌석의 강도 요건을 충족하고, 이와 상반되는 경량화, 슬림화, 안락성, 편의성 등을 갖춰야 한다.

항공기 좌석은 항공기 관점에서 소형 비행기, 수송급 비행기, 회전익 항공기용으로 분류되고, 탑승자의 관점에서 조종사용, 승객용, 객실 승무원용 등으로 구분된다. 또한, 인증의 관점에서는 TSO-C127c 기술표준서에 상세한 분류를 규정하고 있다. 한편, 수송급 비행기의 이코노미, 비즈니스, 퍼스트 등과 같은 클래스 분류와 비즈니스 제트기 및 전용기에 사용되는 특별한 형태의 좌석이나 소파는 상업적인 분류일 뿐이며, 이들 좌석도 TSO-C127c의 분류에 따라서 인증을 받아야 한다.

[표 5-5] TSO-C127c에 따른 항공기 좌석 타입 분류

A - T - 1 - FF - a - d - f ① ② ③ ④ ⑤
① Seat Type A: Airplane, B: Rotorcraft, C: Small Airplane
② Aircraft Category T: Transport, N: Normal, U: Utility, A: Acrobatic, C: Commuter
③ Seat Subtype 1: Passenger, 2: Flight Attendant, 3: Observer, 4: Pilot/Copilot
④ Facing Designation FF: Fwd Face, RF: Rwd Face, SF: Side Face, OF: Oblique Face
⑤ Elective MPS a: Step Load, b: Electrical Feature, c: Secondary Abuse Load, d: Higher Load, e: Hand Hold, f: Lithium Battery, g: Flammability

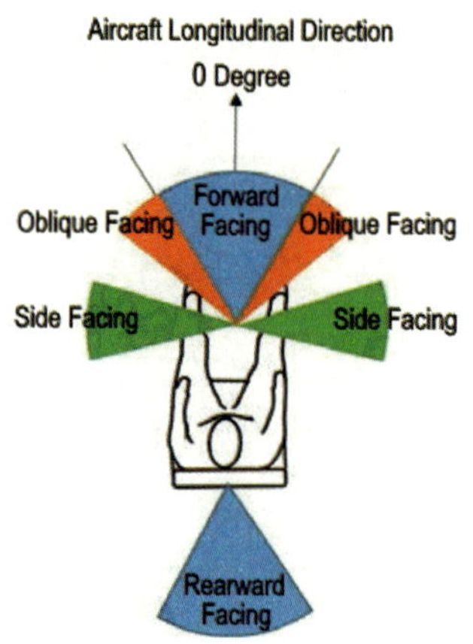

항공기 좌석은 1988년에 항공기 감항기준 개정을 통하여 FAR §25.562 Emergency Landing Dynamic Conditions 요건이 신설되고, 1992년에 TSO-C127 기술표준서가 제정되면서 기존의 9g 좌석을 대신하여 안전성이 강화된 16g 좌석을 개발하게 되었다. 기존에 운항 중인 수송급 항공기의 좌석이 16g 좌석으로 모두 교체되는데, 약 30년 이상 걸린 것으로 보인다.

항공기 좌석은 항공기 감항기준 및 기술표준품 표준서에 따라 항공기 비상착륙 동적 조건에서 탑승자를 모사한 시험용 인체 더미(ATD: Anthropomorphic Test Dummy)의 머리상해지수(HIC: Head Injury Criterion), 요추 하중(lumbar load), 대퇴부 하중(femur load) 등이 규정된 값 이하가 되도록 설계하여야 한다.

다음의 표에서 제시된 바와 같이 60°수직 상태에서 소형 비행기 좌석은 15g, 수송급 비행기 좌석은 14g, 소형 및 수송급 헬리콥터 좌석은 30g의 충격 가속도에 견디어야 하고, 수평 자세에서는 각각 21g, 16g, 18.4g의 충격 가속에 견딜 수 있어야 한다. 이때, 요추 하중은 1,500 lbs 이하, 대퇴부 하중은 2,250 lbs 이하를 나타내야 한다.

[표 5-6] 항공기 카테고리별 좌석에 대한 동적 시험 기준

Dynamic Test Conditions		(§23.562)ǂ	§25.562	§27.562	§29.562	Remarks
 [Test #1]	Velocity [ft/s]	(31)	35	30	30	
	Deceleration [g]	(15*)	14	30	30	*19g for 1st row
	Floor Deformation	-	-	10°	10°	Pitch
	Lumbar Load [lb]	(1,500)	1,500	1,500	1,500	
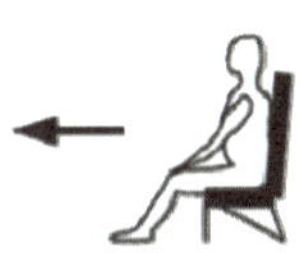 [Test #2]	Velocity [ft/s]	(42)	44	42	42	
	Deceleration [g]	(21**)	16	18.4	18.4	**26g for 1st row
	Floor Deformation	(10°)	10°	10°	10°	Pitch and Roll
	Femur Load [lb]	-	2,250	-	-	A-T type only
Head Injury Criteria [HIC]ǂǂ		(1,000)	1,000	1,000	1,000	

ǂ 2017년 FAR Part 23 전면 개정으로 현재는 세부 요건을 명시하지 않고 있지만, 인증실무에서는 기존의 수치를 그대로 인용할 것으로 판단됨

ǂǂ 머리상해지수, $HIC=\left\{(t_2-t_1)\left[\frac{1}{(t_2-t_1)}\int_{t_1}^{t_2}a(t)dt\right]^{2.5}\right\}_{Max}$

항공기 좌석은 TSO-C127c를 적용해 기술표준품으로 인증받을 수 있지만, 다른 기술표준품과 마찬가지로 단독 품목으로 인증을 받은 후에 부가형식증명을 통해서 항공기에 장착해야 하기 때문에 항공기 감항기준 요건도 좌석의 설계에 반영해야 한다. 또한, 항공기 제작사의 기술적 요건, 운항사의 상업적 요건도 설계에 반영할 필요가 있다.

수송급 비행기에 장착되는 승객용 좌석은 상대적으로 표준적인 사양이 적용되고 수량이 많아서 좌석 전문업체가 개발하여 기술표준품승인을 받아 공급하지만, 수량이 많지 않거나 특별한 요건이 적용되는 일부의 좌석에 대해서는 항공기 제작자가 직접 또는 협력업체를 통해서 개발하여 항공기 형식증명에 포함시켜 인증을 받는 경우도 있다. 특히, Cessna, Piper, Cirrus, Diamond 등과 같은 소형 비행기 제작자는 기술표준품승인 좌석이 아닌 직접 개발한 좌석을 항공기 부품으로

인증받아 장착하는 경우가 대부분이다.

세계적으로 수요가 가장 많은 수송급 비행기 좌석은 Safran, Recaro, Collins 등과 같은 3대 메이커가 각각 30 % 내외를 공급하고, Geven, Acro, Thompson, Stelia, Aviointeriors, HAECO, JAMCO 등의 업체가 각각 5 % 이하의 좌석을 공급하고 있다.

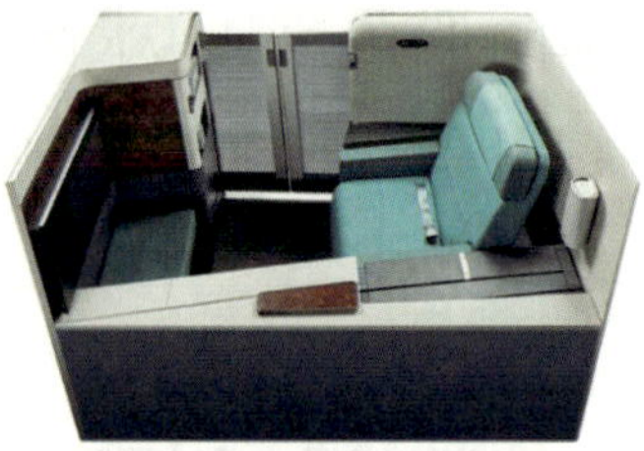

[B777 일등석(FC) 좌석]

[B777 비즈니스(BC) 좌석]

[B777 이코노미(EY) 좌석]

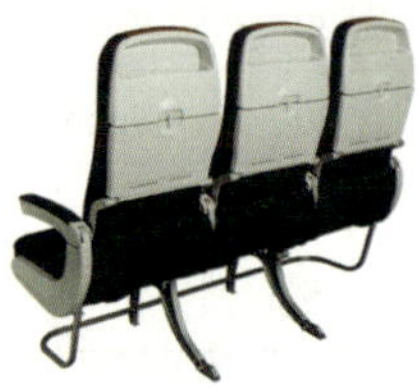

[B/E (Collins) Pinnacle Slim]
Weight 34 kg, Al + Mg + Composite,
TSO-C127b, 2016.03.15

[Recaro BL3710]
Weight 31 kg, Al and Composite,
ETSO-C127b, 2020.09.09

[Expliseat TiSeat E2]
Weight 19.5 kg, Ti and Composite,
ETSO-C127b, 2019.03.00

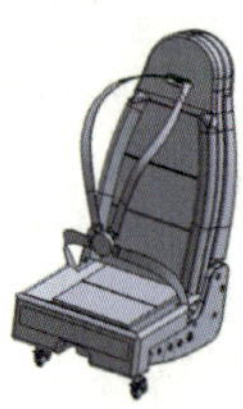

[IAI Golan Airplane Seat]
Weight 13 kg, Aluminum Alloy,
KOR422000, TSO-C127a, 2011.06.01

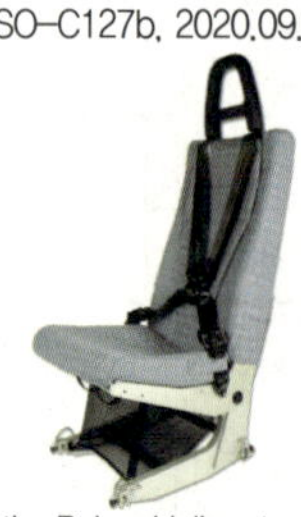

[Martin-Baker Helicopter Seat]
Weight 11 kg, Al Alloy, Energy Absorber,
MBCS15950, ETSO-C127a, 2009.12.14

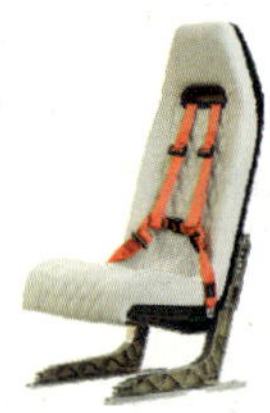

[Mobius UAM Seat]
Weight 9 kg, Al Alloy, Ti Alloy,
Composite Material, Energy Absorber

[그림 5-15] 항공기 카테고리별 좌석의 종류 예시

도심형 항공 모빌리티(UAM) 또는 전기추진 수직 이착륙(eVTOL) 항공기 좌석은 세계적으로 Mobius, Safran, Recaro, Expliseat, 현대트랜시스, ANH 스트럭처 등에서 개발하고 있으나, 이들 전문업체의 기술표준품 인증보다는 비행체를 개발하는 Joby, Archer, Lilium, Volocopter, Supernal 등이 주도하는 항공기 인증의 일부로 진행하고 있다. 이 과정에서 항공기 경량화를 위하여 좌석 중량을 1석당 6 kg을 목표로 하고, 감항기준 또는 특별감항조건을 만족하기 위한 에너지 흡수기구를 채택하고 있다.

수송급 비행기 좌석에는 알루미늄 합금을 기반으로 복합재, 마그네슘 합금, 티타늄 합금 등의 첨단 경량소재 사용이 점차 증가하고 있다. 복합재를 사용하는 좌석은 알루미늄 합금 좌석 대비 약 30 % 내외의 중량이 감소되고, 마그네슘 합금을 사용하면 약 30 %, 티타늄 합금을 사용하면 40 %의 중량을 감소시키는 것으로 알려져 있다. 이를 통하여 승객 150인승급의 중단거리 비행기에서 좌석의 총 중량을 415 kg 감소시키면, 비행당 830 ~ 1,245 kg의 연료를 절감하고, 10년간 2,490 kg의 이산화탄소(CO2) 배출을 감소시키는 것으로 국제민간항공기구(ICAO)에 보고되고 있다.

다만, 항공기 좌석에 사용되는 복합재 부품은 수리 및 재활용이 곤란할 뿐만 아니라, 복합재 물성치 및 제조공정에 대한 중점적인 관리가 요구된다. 이와 같은 조건 하에서 TSO-C127a가 제정된 1998년부터 복합재 부품이 좌석에 사용되기 시작하였다. 마그네슘은 발화성이 강하여 항공기 부품 제작에 오랫동안 사용되지 않았으나, 난연성 마그네슘 합금이 개발되고 2014년 TSO-C127b 제정과 2017년 화재시험 핸드북이 개정되면서 본격적으로 좌석 소재로 사용되기 시작하였다.

마그네슘 합금은 좌석의 Armrest Bracket, Seat Back Hinge, Seat Pan Rib 등의 제작에 사용되고, 티타늄 합금은 Seat Leg, Reclining Mechanism, Table Hinge, Mounting Bracket, Armrest Core 등의 제작에 사용되고 있다. 이들 초경량 소재를 사용하는 좌석은 대부분 TSO-C39를 적용한 9g 좌석으로 인증을 받았으며, Recaro CL3710, ZIM FlaxSeat, Thompson Vantage, Safran Z600 등과 같은 일부 좌석만 TSO-C127을 적용한 16g 좌석으로 인증을 받았다.

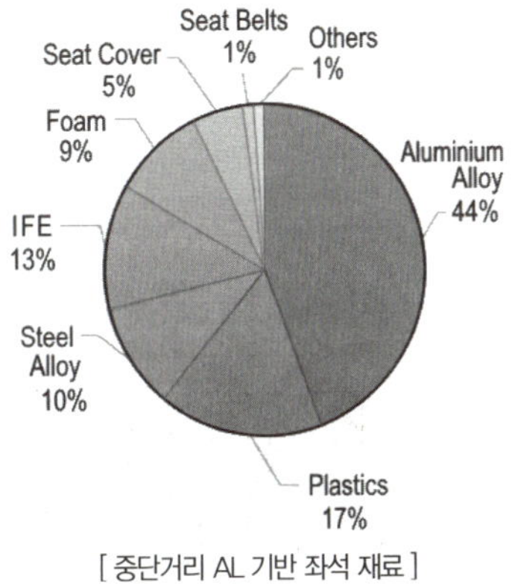

[중단거리 AL 기반 좌석 재료]

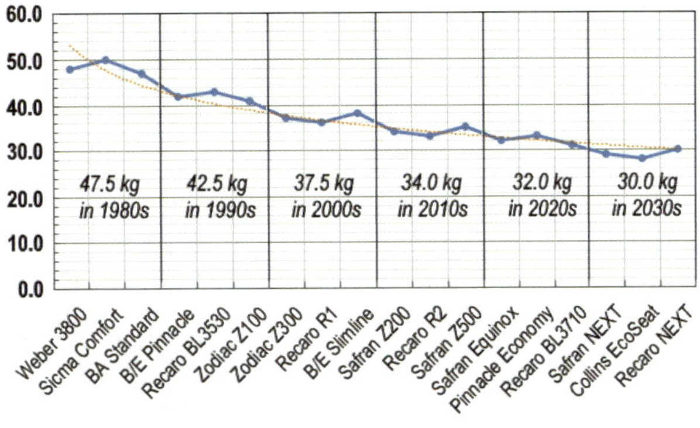

[단거리 트리플 좌석 시대별 중량 변화 트렌드]

[그림 5-16] 항공기 좌석 구성 재료 및 시대별 경량화 추이

항공기 좌석에 대한 안전성 요건이 계속하여 강화되고 있지만, 지난 50년 동안 좌석의 소재 기술과 설계 기술이 발전하면서 중량이 점차 감소되고 있다. 수송급 비행기 이코노미 트리플 좌석 중에 1980년대에 개발된 좌석은 평균 47 kg, 1990년대에는 평균 42 kg, 2000년대 평균 37 kg,

2010년대 평균 34 kg, 2020년대에는 평균 32kg의 좌석이 시장에 공급되고 있다. 기존의 알루미늄 합금에 1998년부터 복합재 부품이 사용되고, 2014년부터 마그네슘 부품이 사용되어 중량 감소에 크게 기여했으나, 최근에는 그 감소율이 둔화되고 있어 새로운 소재, 설계, 제작 방식을 도입할 필요가 있다.

항공기 좌석은 크게 프레임 구조물, 쿠션 및 커버, 그리고 편의장치 및 마감재로 구성된다. 이 중에 비상착륙 조건에서 하중에 견디어야 하는 핵심 부품을 주하중경로 구성품(PLPC: Primary Load Path Components)이라고 하며, 주하중경로 구성품이 동일한 좌석을 동일계열 좌석(family seat)으로 정의한다. 동일계열 좌석에 대해서는 AC 20-146A에 따라서 해석(AN: Analysis)에 의한 입증이 인정되므로 동적 시험을 수행하지 않을 수도 있다. 또한, 주하중경로 구성품 이외의 부품에 대한 설계변경은 경급 변경으로 인정되어 신규 기술표준품승인 신청이 필요하지 않을 수도 있다.

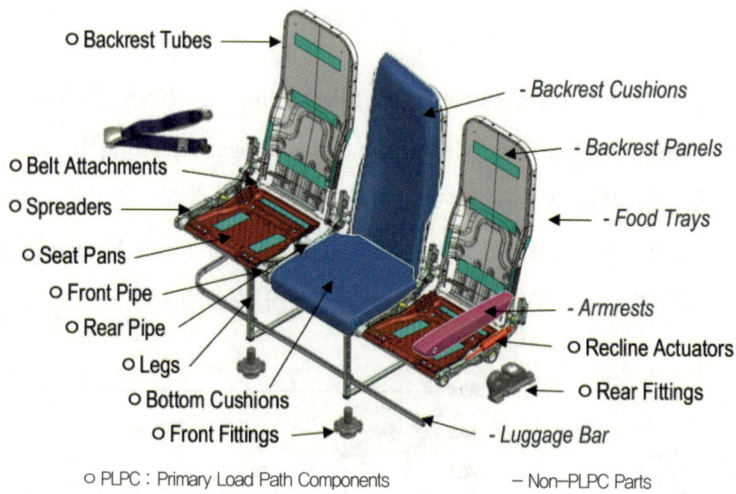

[그림 5-17] 항공기 승객용 트리플 좌석 주하중경로 구성품

[그림 5-18] 항공기 비상착륙 동적 조건에 대한 좌석 구조해석

항공기 좌석의 개발은 요건분석, 개념설계, 기본설계, 상세설계, 시제작, 검사, 개발시험, 인증

시험 단계로 진행한다. 요건분석 단계에서 법령 요건, 상용 요건, 자체 규격을 검토하여 설계 목표를 설정하고 설계에 반영한다. 기본설계와 상세설계 단계의 구조해석 모델에는 실제 사용되는 재료의 물성치를 사용하고, 법적 요건을 고려해 최소한의 안전율을 확보하고, 향후 시험 데이터를 활용해 해석 모델의 정확도를 보장한다.

항공기 좌석에 대한 시제작은 설계에서 지정된 원자재 및 구매품을 발주하고, 제조공정서에 따라서 기계 부품, 플라스틱 부품, 쿠션 및 커버를 제작한다. 이때, 열처리 및 표면처리 등과 같은 특수공정에 대하여 사전에 인증기관의 승인이 필요하고, 사전에 지정된 공정 및 부품에 대하여 인증기관에 합치성 검사를 의뢰한다. 협력업체에서 제작되는 부품에 대해서는 수입검사를 원칙으로 하지만, 필요한 경우에 해당 협력업체에서 원천검사를 수행할 수도 있다. 부품 제작이 완료되면, 조립 공정서에 따라서 좌석 시제품 조립을 진행하고, 인증기관의 최종 합치성 검사를 받은 후에 시험장소로 운송한다.

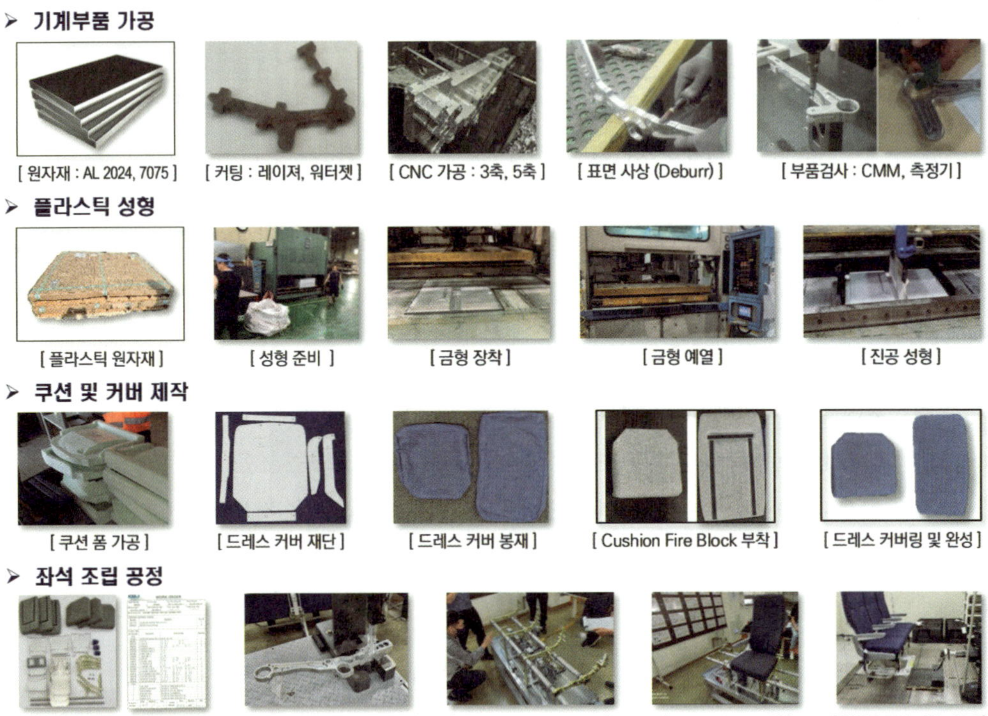

[그림 5-19] 항공기 승객용 트리플 좌석 시제작 공정

조립이 완성된 좌석 시제품에는 TSO-C127c의 4. Marking 규정과 FAR/KAS §45.15(b) 규정에 따른 기술표준품 표식을 부착하여야 한다. KAS §45.15(b)에 따라서 기술표준서 번호, 승인서 번호[58], 기술표준품 제작자 명칭, 상표, 심벌, 부품번호, 일련번호 또는 제조일자를 표시하고,

TSO-C127c 요건에 따라서 좌석의 타입(예: A-T-1-FF-RF-a-d-c), 벨트 부품번호, 쿠션 부품번호, 장착 지침 및 한계 문서번호, 쿠션에는 난연시험 요건을 만족한다는 표시(예: Meets provisions of FAR/KAS Part 25, Appendix F, Part II, effective date)를 하고, 쉽게 분리되어 교환할 수 있는 구성품에는 해당 부품번호와 적용 기술표준서 번호를 표시해야 한다. 또한, 산업계에서 일반적으로 통용되는 정보를 추가하거나, SAE AS8049D의 6. Marking에 따른 최대 정적 하중계수를 기재할 수도 있다.

Logo of Manufacturer

000 STREET NAME, DISTRICT, CITY, REPUBLIC OF KOREA

PASSENGER SEAT COMPLIES WITH KTSO-C127c

SEAT TYPE	P/N	S/N	DATE MFD
A-T-A-FF-c-d-e-g	00000000	xxxxxxx	mm/yyyy

SEAT BELT P/N — AMSAFE 0000-000-0000

SEAT CUSHION P/N — BACKREST: xxxxx, BOTTOM: xxxxx

SEE INDTRUCTION LIMITATION IN DRAWING 00000000

WEIGHT 00.0 kg

FWD 9.0g AFT 1.5g SD 4.0g UP 3.5g DW 6.5g

[항공기 좌석 식별표시(marking)]

<table>
<tr><td colspan="2">1. 국토교통부/대한민국
(Approving National Aviation Authority / Country): Republic of Korea / MOLIT</td><td colspan="2">2. **부품 등 감항승인서**
AIRWORTHINESS APPROVAL TAG</td><td colspan="2">3. 추적번호(Tracking No)</td></tr>
<tr><td colspan="4">4. 명칭 및 주소(Organization Name and Address)</td><td colspan="2">5. 작업지시, 계약 또는 송장번호
(Work Order, Contract or Invoice No)</td></tr>
<tr><td>6. 품목(Item)</td><td>7. 품명(Description)</td><td>8. 부품번호(Part No.)</td><td>9. 수량(Quantity)</td><td>10. 일련번호/배치번호</td><td>11. 상태/작업(Status)</td></tr>
<tr><td></td><td></td><td></td><td></td><td></td><td></td></tr>
<tr><td colspan="6">12. 비 고(Remarks)</td></tr>
<tr><td colspan="3">13a. 위의 품목은 아래의 사항에 적합하게 제작되었음
(Certifies the items identified above were manufactured in conformity to:)</td><td colspan="3">14a. □ 항공안전법 제32조에 따른 정비확인(Aviation Safety Act Article 32 Return to Service)
□ 제12호란에 명시한 다른 법규에 따른 정비확인(Other Regulation specified in Block 12)</td></tr>
<tr><td>13b. 승인자 서명(Authorized Signature)</td><td colspan="2">13c. 인가번호(Authorization No.)</td><td colspan="2">14b. 승인자 서명(Authorized Signature)</td><td>14c. 인가/인증번호(Certificate No.)</td></tr>
<tr><td>13d. 성명(Name)</td><td colspan="2">13e. 일자(Date)</td><td colspan="2">14d. 성명(Name)</td><td>14e. 일자(Date)</td></tr>
<tr><td colspan="6">User / Installer Responsibilities</td></tr>
<tr><td colspan="6">이 인증서는 부품·구성품 또는 조립품의 장착을 자동으로 승인하는 것은 아니므로 사용자·장착자는 감항당국의 법규에 따라 적합 여부를 판단한 후 사용해야 합니다.
It is important to understand that the existence of this document alone does not automatically constitute authority to install the part / component / assembly. Where the user/installer performs work in accordance with the national regulations of an airworthiness authority different that the airworthiness authority of the country specified in Block 1, it is essential that the user/installer ensures that his/her airworthiness authority accepts parts/components/assemblies from ~</td></tr>
</table>

[부품류에 대한 감항승인서(AAT) 서식]

[그림 5-20] 항공기 좌석 식별표시 및 감항승인서 예시

기술표준품승인을 위한 좌석 시제품에 대한 인증시험은 TSO-C127c에서 최소성능표준(MPS)으로 지정한 SAE AS8049D, SAE ARP5526F, SAE ARP6199B에 따라서 정적시험, 동적시험, 난연시험을 수행하여야 한다.

정적시험(static qualification test)은 크게 단일 정적하중(single static load), 부가하중(abuse load), 피로수명(fatigue life), 그리고 복합하중(combined load) 또는 높은 정적하중(higher static load) 조건에서 수행한다. 단일 정적하중 조건에서 높은 정적하중을 적용해 시험하면, 복합하중 조건에 대한 시험을 수행하지 않을 수 있다. 정적시험용 몸체 블록(body block)은 SAE AS4049D에 제시된 사양으로 제작해서 사용할 수 있다.

동적시험(dynamic qualification test)은 비상착륙 조건을 모사한 14g 수직, 16g 피치 및 롤, 16g 2열 Zone C 및 Zone A/B 조건에서 시험한다. 동적시험에는 미국의 49 CFR Part 572의 Subpart E에 규정된 Hybrid III 시험용 인체더미(ATD)를 사용하며, 동적조건 충격으로 인한 요추(lumbar) 하중은 6.67 kN 이하, 대퇴부(femur) 하중은 10 kN 이하, 머리상해지수(HIC)는 1,000 이하, 목상

58) KAS 45.15(b)(2)의 "승인서 번호"는 FAR §45.15(b)(2)의 TSO number and "letter of designation"를 번역하는 과정에서 발생한 오류로 판단된다. FAA 및 EASA 규정에 따른 식별표시 실례를 살펴보면, 기술표준품 승인서 번호를 기재하지 않는 것을 확인할 수 있다. 또한, 우리나라 인증기관은 인증시험 시제품에 대한 감항승인서(AAT)를 발급하지 않고 있는데, 국제기준에 부합하도록 개선이 필요하다.

해도(Nij)는 1.0 이하이고, 좌석의 변형 및 파손이 규정된 값 이하를 나타내야 한다. TSO-C127b부터 규정된 Hybrid III 인체더미는 기존의 Hybrid II보다 더욱 정교한 센서를 사용하고 있어 동적시험에서 기술적으로 어려움을 겪을 수도 있음에 유의할 필요가 있다.

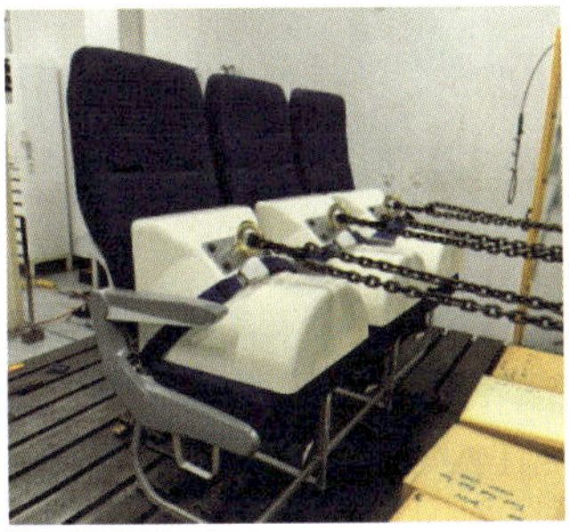

[정적시험 : Static Condition]

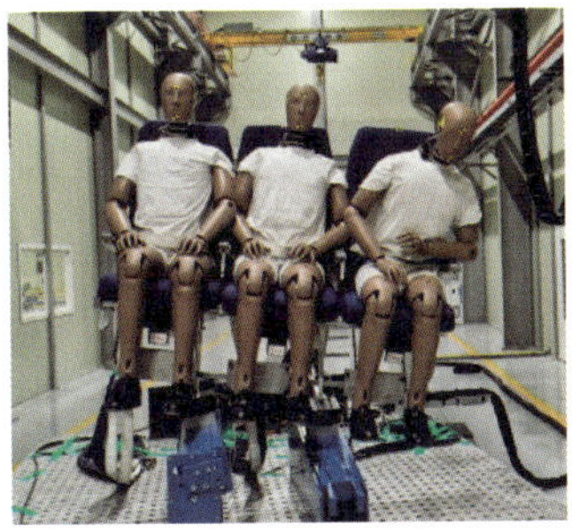

[동적시험 : Pitch & Roll]

[난연시험 : 쿠션 오일버너]

[그림 5-21] 항공기 좌석 기술표준품승인을 위한 인증시험

난연시험(flammability test)은 좌석의 쿠션과 일정한 크기 이상의 플라스틱 부품에 대하여 FAR/KAS Part 25의 부록 F에 따라 분젠버너 시험, 오일버너 시험, 열방출 시험, 연기밀도 시험을 수행하여야 한다. 감항기준 부록 F에 따라 시험대상을 선정하고, 각각 3개의 시편을 시험하여 2개 이상이 기준을 만족하여야 한다. 일반적인 난연시험장비는 국내 시험기관에서 활용할 수 있으나, 쿠션에 대한 오일버너는 인천에 소재한 기업에서만 운용하고, 시험 전에 화염의 온도와 열유량에 대한 교정을 수행해야 한다.

항공기 좌석은 법적인 안전성 요건과 함께 경량화 설계를 통한 연료 소비 및 운용 비용 절감을 실현하고, 승객의 안락성과 편의성을 보장할 수 있어야 한다. 이를 위하여 전통적인 알루미늄 합금 소재와 더불어 마그네슘 합금, 티타늄 합금, 탄소섬유 복합재, 바이오 복합재, 그래핀 등의 첨단 초경량 소재 사용이 증가하고, 일부 부품은 기계식 가공 방법에서 3D 프린팅 가공 방식으로 전환을 모색하고 있다. 이를 통하여 친환경 항공기 개발과 운용에 기여하고 있다.

5.4.2 기술표준서 분석

항공기 좌석은 1957년에 TSO-C39 좌석 기술표준서가 제정되면서 기술표준품승인을 받은 9g 좌석이 공급되기 시작하였다. 이후 1992년에 16g 좌석에 대한 TSO-C127 기술표준서가 제정되었고, 2020년에는 안전성을 더욱 강화한 TSO-C127c로 개정되었다.

항공기 관점에서 살펴보면, 1979년 아메리칸항공 191편 DC-10 항공기 추락사고를 계기로 승객 안전을 강화하기 위한 논의가 시작되었고, 1985년 델타항공 191편 L-1011 항공기 추락사고에서 좌석이 과도하게 파손되고 기체에서 이탈되어 더욱 많은 사상자가 발생하게 되었다.

이를 계기로 미국 연방항공청(FAA)은 1988년에 수송급 비행기 감항기준을 개정하여 §25.562 Emergency Landing Dynamic Conditions 요건을 신설함으로써, 신규 제작 항공기에 16g 동적시험, 머리상해지수(HIC) 1,000 이하, 대퇴부 하중 2,250 lbs 조건을 만족하는 좌석을 장착하도록 강제하였다. 다만, 기존에 운항 중인 비행기에 대해서는 9g 좌석을 16g 좌석으로 교체하도록 권고하였다. 1988년 당시에 좌석 교체 기한을 정하지 않았고, 그 후 37년 이상 경과한 현재에는 운항 중인 거의 모든 수송급 비행기에도 16g 좌석이 장착되게 되었다.

비상착륙 동적조건 16g 요건이 적용되는 항공기 좌석에 대한 기술표준서는 1992년에 TSO-C127이 처음으로 제정되고, 1998년에 TSO-C127a로 개정, 2014년에 TSO-C127b로 개정, 2020년에는 TSO-C127c로 개정되어 오늘에 이르고 있다. TSO-C127b에서 처음으로 Hybrid III 인체더미(ATD)가 제시되었고, TSO-C127c에서는 목상해도(Nij)가 추가로 요구됨에 따라 안전성이 더욱 강화되었다.

- TSO-C127 : Rotorcraft and Transport Airplane Seating Systems
- TSO-C127a : Rotorcraft, Transport Airplane, Normal, Utility Airplane Seating Systems
- TSO-C127b : Rotorcraft, Transport Airplane, and Small Airplane Seating Systems
- TSO-C127c : Rotorcraft, Transport Airplane, and Small Airplane Seating Systems

미국 연방항공청은 TSO-C127b와 TSO-C127c의 부록 1에서 동적시험에 Hybrid III 인체더미가 아닌 동등한 더미를 사용하는 경우에 신청자가 그 동등성을 입증하도록 규정하고 있다. 이에 대하여 유럽항공안전청은 NPA 2021-07을 통해서 신규 신청자가 불리한 규정이 될 수 있다는 의견을 제시하였으나, 연방항공청은 기존의 Hybrid II 인체더미가 50년 이상 경과된 구형 더미이고, 지난 32년 동안 자동차 업계에서도 사용하지 않고 있으므로 더 이상 항공기 좌석에 적용할 수 없다는 입장을 명확히 하고 있다.

미국 연방항공청은 산업기술 발전 추세에 따라 약 6년마다 기술표준서를 개정하고 있으며, 2023년부터 TSO-C127d 개정 초안을 준비하고 있다. 연방항공청이 주관하는 TSO Workshop에서 차기 개정판에 반영될 주요 내용을 다음과 같이 제시하고 있다.

- 최소성능표준(MPS) SAE AS8049, ARP5526, ARP6199 최신 개정판 반영
- 특정한 시험 조건에 대하여 Hybrid III 인체더미를 적용해 재시험 하도록 규정
- 머리상해지수(HIC) 시험에서 인체더미 머리의 수직축 회전 조건을 명확히 규정
- AC 25.562-1B Change 2에 따른 비결속 상반신 전방운동을 1열 좌석까지 허용
- FAR §25.853 등의 차기 개정 요건 반영하여 캐빈 인테리어 부품 난연성 강화

[표 5-7] 항공기 좌석 기술표준서 개정 이력에 따른 주요 변경사항

표준서 번호	주요 변경사항	동적시험 (§25.562)	난연시험(§25.853)	재료 (Fire HDBK)
TSO-C127 (1992.03.30)	· 초판: 16g 좌석 · 적용: TA, 회전익 항공기 · MPS : AS8049	· 수직 14g, 수평 16g · HIC 1,000, Lumbar 6 kN, Femur 10 kN	(a) 객실 부품 분젠버너: 부록 F, Part I	전통재료 사용 (Al, 강철)
TSO-C127a (1998.08.21)	· 적용: + 소형기 (C1, C2) · MPS : AS8049A · 마킹 요건 개정	· 수직 14g, 수평 16g · HIC 1,000, Lumbar 6 kN, Femur 10 kN	(c) 좌석 쿠션 오일버너: 부록 F, Part II	복합재료 허용
TSO-C127b (2014.06.06)	· 분류: 소형기 (N, U, A, C) · MPS : +ARP5526C, +선택 1 · Hybrid III ATD 추가	· 수직 14g, 수평 16g · HIC 1,000, Lumbar 6 kN, Femur 10 kN	(c) 좌석 쿠션 오일버너: 부록 F, Part II	Mg 합금 허용
TSO-C127c (2020.08.31)	· 분류: 소형기 (NL1, 2, 3, 4) · MPS : +ARP6199A, +선택 2 · 목상해도(Nij) 요건 추가	· 수직 14g, 수평 16g · HIC 1,000, L. 6 kN, F. 10 kN, Nij 1.0	(d) 열방출 및 연기밀도: 부록 F, Part IV & V	재료 난연성 강화

- 2017년 Part 23 전면 개정에 따라 기존의 N, U, A, C 분류가 Level 1, 2, 3, 4로 변경된 것을 빈영함
- 1988년 FAR §25.562이 신설된 이후 현재까지 개정되지 않아 동적시험 조건 및 합부 기준이 동일함
- TSO-C127c 부록 1에 규정된 목상해도(Nij)는 센서 측정값으로 계산함. $N_{ij} = (F_z / F_{zc}) + (M_y / M_{yc})$
- FAR Part 25 부록 F, Fire Test Handbook, SAE ARP6199B에 따라 난연성이 입증된 재료를 사용함

항공기 좌석에 적용되는 현재의 TSO-C127c 기술표준서는 본문과 부록 1 및 부록 2로 구성되어 있다.[59] 본문은 FAA Order 8150.1D의 부록 G에 제시된 기술표준서 서식에 따라서 1. 목적, 2. 적용성, 3. 요구조건, 4. 식별표시, 5. 신청자료 요건, 6. 제작자료 요건, 7. 제공자료 요건으로 구성되었고, 부록 1은 SAE AS8049 등을 적용할 때 원문을 수정하여 적용할 최소성능표준(modified MPS) 내용을 명시하고, 부록 2에서는 선택적 최소성능표준(elective MPS) 항목으로 스텝하중, 전기작동기구, 부가하중, 높은 하중시험, 손잡이, 리튬 배터리, 난연성에 대한 요건을 규정하고 있다.

[1] 적용성 (Applicability)

(1) 기존의 TSO-C127b는 현재의 TSO-C127c 발행일 이후 18개월까지 유효하고, 그 이후에는 TSO-C127b를 적용하여 신청할 수 없다.

(2) 기존에 기술표준품으로 승인을 받은 회전익 항공기, 수송급 비행기, 소형 비행기에 대한 좌석 시스템은 원래의 승인 규정에 따라서 계속 제작할 수 있다.

59) 우리나라의 KTSO-C127c는 우리나라의 제도적 환경에 따라 FAA TSO-C127c와 다르게 규정되거나, 번역상의 오류가 다수 있을 수 있기 때문에 실제 인증을 위해서 적용할 때는 반드시 FAA TSO-C127c를 함께 검토하고, 필요시 인증당국과 사전에 협의할 필요가 있다.

[2] 요구조건 (Requirements)

(1) 이 기술표준서 발행일 이후 신규로 제작되는 회전익 항공기, 수송급 비행기, 소형 비행기용 좌석 시스템은 SAE AS8049C, SAE AS8049/1B, SAE ARP5526D, SAE AS6316 중에 해당되는 문서를 이 기술표준서의 부록 1에 따라 수정한 요건, 그리고 이 기술표준서의 부록 2에 따른 특별선택 최소성능표준 요건을 만족하여야 한다.

(2) 기능성(functionality) : 이 기술표준서는 다음과 같이 분류되는 항공기 좌석 시스템에 사용되는 장치에 적용한다.

① 좌석 타입 및 적용 항공기 카테고리

- 타입 A : 수송급 비행기
- 타입 B : 수송급 또는 보통급 회전익 항공기
- 타입 C : 소형급 비행기

② 좌석 서브타입

- 서브타입 1 : 승객용 좌석
- 서브타입 2 : 비행승무원 좌석
- 서브타입 3 : 관측자용 좌석
- 서브타입 4 : 조종사 및 부조종사 좌석

③ 좌석 방향

- 전방형(forward facing) : 탑승자의 얼굴이 항공기 종축에 대하여 18° 이내로 전방을 향하도록 설치되는 좌석 시스템
- 후방형(rearward facing) : 탑승자의 얼굴이 항공기 종축에 대하여 18° 이내로 후방을 향하도록 설치되는 좌석 시스템
- 측방형(side facing) : 탑승자의 얼굴이 항공기 종축에 대하여 80°와 100° 사이의 측면을 향하도록 설치되는 좌석 시스템
- 경사형(oblique facing) : 탑승자의 얼굴이 항공기 종축에 대하여 18°를 초과하고 45° 이하인 방향을 향하도록 설치되는 좌석 시스템

(3) 고장조건 분류(failure condition classification) : 이 표준서에는 최소 고장조건 분류 기준을 규정하지 않는다. 해당 품목에 대한 고장조건 분류는 그 품목이 사용되고자 하는 특정한 항공기에 따라 정해질 수 있다. 기술표준품승인 신청자는 해당 장치의 설계에 대하여 기능의 상실과 기능장애 고장조건을 문서화하여야 한다.

(4) 기능적 검정(functional qualification) : 다음의 문서에 규정된 시험조건에서 요구되는 기능적 성능을 실증하여야 한다.

① SAE AS8049C : 전방형 및 후방형 좌석에 대해서 부록 1의 수정내용을 적용한다.

② SAE AS8049/1B : 측방형 좌석에 대해서 부록 1에 제시된 수정내용을 적용한다.

③ SAE AS6316 : 경사형 좌석에 대해서 부록 1에 제시된 수정내용을 적용한다.

④ SAE ARP5526D : 이 표준서의 부록 1에 제시된 수정내용을 적용한다.

⑤ 좌석에 대한 특별선택 요건을 규정한 이 표준서의 부록 2를 적용한다.

(5) 완화(deviations)[60] : 이 표준서의 최소성능표준에 제시된 사항에 대하여 대체 또는 동등한 방법으로 적합성을 입증하고자 하는 신청자는 FAR/KAS §21.618 규정에 따라서 완화 승인을 신청할 수 있다. 이때 신청자는 해당 품목의 안전성이 동등한 수준으로 유지됨을 입증하여야 한다.

[3] 식별표시 (Marking)

(1) FAR/KAS §45.15(b) 식별표시 기준에 규정된 모든 정보를 최소한 하나의 중요 구성품에 영구적이고 읽기 쉽게 표시하여야 한다. 이 표식에는 일련번호와 다음의 정보를 포함하여야 한다.

① 다음과 같이 특정한 좌석의 최소성능표준 정보를 표시한다. 각 식별자는 대쉬(-)로 구분해 표시한다.

- 좌석 타입의 경우, 비행기는 "Type A", 회전익 항공기는 "Type B", 소형 비행기는 "Type C"로 표시한다.
- 좌석 타입 다음에는 항공기 카테고리를 표시한다. 수송급은 "T", 보통급은 "N", 실용급은 "U", 곡기급은 "A", 커뮤터는 "C"로 표시한다. 소형 비행기의 인증레벨이 1인 경우에는 NL1, 인증레벨이 2인 경우에는 NL2와 같이 표시한다.
- 항공기 카테고리 다음에는 해당 좌석의 서브타입을 표시한다. 승객용은 "1", 비행승무원용은 "2", 관측자용은 "3", 정조종사 및 부조종사용은 "4"로 표시한다.
- 서브타입 다음에는 해당 좌석의 방향 지정을 표시한다. 전방형은 "FF", 후방형은 "RF", 측방형은 "SF", 경사형은 "OF"로 표시한다.
- 좌석의 방향 지정 다음에는 이 표준서의 부록 2에 규정된 특별선택 요건 항목번호를 표시한다. 수하물 바의 스텝하중은 "a", 전기적 작동 특성은 "b", 이차구조물의 부가하중은 "c", 높은 정적하중 시험은 "d", 승객보조용 손잡이는 "e", 리튬 내장 배터리는 "f", 비전통 비금속 대형 부품 난연성은 "g"로 표시한다.

② 좌석 시스템, 안전벨트 결속시스템, 좌석 쿠션의 부품번호를 표시한다.

③ 좌석 시스템에 대한 장착 지침 및 한계를 포함하는 문서를 표시한다.

---

60) 미국과 우리나라에서 최소성능표준으로 지정된 산업표준에 대한 개정번호 최신판 적용에 관한 사항도 완화(deviation) 승인 신청 대상으로 하고 있는데, 이는 지나친 행정적 손실을 유발한다고 볼 수 있으므로 개선이 필요하다. 또한, 우리나라의 훈령과 고시, 기술표준품 표준서에서 성능표준 불일치(deviation)으로 표기하는 것은 원래의 개념을 왜곡시킬 수도 있으므로 표기를 수정할 필요가 있다.

④ 타입 A와 타입 B 수송급 비행기 승객, 비행승무원, 관찰자용 좌석 시스템의 쿠션에 감항기준 FAR/KAS Part 25의 부록 F의 Part II 요건을 만족한다는 표시를 한다.

(2) 또한, 제작자 명칭, 서브조립체 부품번호, 해당 기술표준품 표준서 번호와 함께 다음 사항을 영구적이고 읽기 쉽게 표시하여야 한다.

① 수공구를 사용하지 않고 쉽게 분해 가능한 구성품에 표시한다.

② 제작자가 교환 가능한 것으로 정한 서브조립체에 표시한다.

[4] 신청자료 요건 (Application Data Requirements)

(1) 다음 사항을 포함한 매뉴얼을 제출하여야 한다.

① 해당 품목의 운용능력을 충분하게 서술한 운용 지침 및 한계

② 완화 사항에 대한 상세한 설명

③ 해당 좌석 시스템이 항공기에 장착된 상태에서도 이 표준서의 요건을 만족시킴을 보장하는데 충분한 장착 절차 및 한계

④ 항공기 좌석 시스템의 장착에 필요한 개략 도면, 배선 도면, 기타의 문서

⑤ 최소성능표준에 적합한 좌석 시스템에 대한 부품번호를 포함한 구성품 목록

⑥ 이 표준서의 부록 2에 규정된 특별선택 최소성능표준 목록

⑦ 좌석 시스템에 대한 교체 가능한 구성품의 부품번호 목록

(2) 이 표준서에 따라 승인된 설계를 계속하여 만족함을 보장하기 위한 주기적인 정비, 교정, 수리에 관한 지침서를 제출하여야 한다.

(3) 해당 품목에 대한 식별표시(marking)를 나타내는 도면을 제출하여야 한다.

(4) 비표준 기능(non-TSO functions)에 대한 기능성 또는 성능을 식별하고, 이와 관련된 정보를 포함하는 서류를 제출하여야 한다.

(5) 기능적 시험규격을 포함하여 품질시스템 설명서를 제출하여야 한다. 해외에서 설계승인(LODA)을 신청하는 경우에는 품질시스템 설명서가 요구되지 않는다.

(6) FAR/KAS §21.605에 따라 요구되는 신청자 조직에 대한 설명서를 제출하여야 한다.

(7) 해당 품목의 재료와 공정규격에 대한 목록을 제출하여야 한다.

(8) 해당 품목의 설계를 정의하는 모든 도면과 공정에 대하여 개정번호를 포함한 목록을 제출하여야 한다.

(9) 이 표준서에 따라 수행되는 시험의 결과를 나타내는 기술표준품 검정 보고서를 제출하여야 한다.

(10) 다음과 같이 기술표준품을 구성하는 좌석 쿠션의 상세도면을 제출하여야 한다.

① 폼, 화염방지층, 그리고 해당되는 경우, 접착제, 마감재 및 드레스 커버를 포함한 모든 쿠션의 형상도면

② 모든 쿠션에 대한 재료규격

(11) 주 하중 경로 구성품에 대한 상세도면과 재료 및 공정규격을 제출하여야 한다.

[5] 제작자료 요건 (Manufacturer Data Requirements)

감항당국에 직접 제출하는 자료 이외에 감항당국 및 인증기관 검토를 위하여 다음의 기술자료를 이용할 수 있도록 하여야 한다.

(1) 이 표준서에 대한 적합성을 보장하기 위한 각 생산품에 대한 기능적 검정규격을 이용할 수 있어야 한다.

(2) 품목에 대한 교정 절차서를 이용할 수 있어야 한다.

(3) 개략도면을 이용할 수 있어야 한다.

(4) 배선도를 이용할 수 있어야 한다.

(5) 재료 및 공정 규격서를 이용할 수 있어야 한다.

(6) 비표준 기능(non-TSO function)을 포함하고 있는 품목에 대해서 이와 관련된 자료를 이용할 수 있어야 한다.

[6] 제공자료 요건 (Furnished Data Requirements)

(1) 이 표준서에 따라 제작된 품목을 항공기 운용자 또는 수리사업장 등과 같은 사용자에게 판매할 때, 신청 시에 제출된 매뉴얼, 정비교범, 재료 및 공정 규격 목록, 도면 및 공정 목록에 대하여 사본을 제공하거나 온라인 접근이 가능해야 한다.

(2) 또한, 이 표준서에 따른 좌석 시스템의 정적 및 동적 검정시험 결과서를 제공하여야 한다. 이에 추가하여 항공기 좌석 시스템의 장착, 인증, 사용, 또는 이 표준서에 따른 적합성 유지를 위하여 필요한 그 밖의 자료를 제공하여야 한다.

(3) 비표준 기능(non-TSO function)을 포함하고 있는 품목에 대해서는 그에 관련된 자료 사본을 제공하여야 한다.

부록 1 (MPS for Seating Systems)

TSO-C127c의 부록 1에는 최소성능표준으로 지정된 SAE AS4089C, ARP5526D, AS8049/1B, AS6316의 원문에서 수정하여 적용하는 내용을 각각 표로 제시하고 있다. 그리고 각각의 최소성능표준 원문에서 권고(recommendation)로 표시된 부분은 항공기 좌석에 대한 요구조건(requirement)으로 간주하는 것으로 규정하고 있다.

이는 SAE 문서 원문의 특정한 항목을 수정해서 적용하거나(modified), 원문의 특정한 문안을 적용하지 않거나(disregarded), 원문에 없는 내용을 추가하거나(add), 원문의 특정한 문안을 대체하여(replace) 적용하는 요건 등으로 구분되므로 각각의 항목을 적용해 적합성을 입증할 때 매우 유의할 필요가 있다.

또한, TSO-C127c에서 최소성능표준으로 지정된 각각의 SAE 문서가 그보다 더 최신판이 발행된 경우에는 사전에 완화 승인 신청을 하거나 인증당국과 협의하여 최신판을 적용할 수 있다. 이 경우에도 부록 1에서 수정하도록 규정된 내용을 비교 검토하여 누락되거나 잘못 적용되지 않도록 유의해야 한다.

부록 2 (Elective MPS for Seating Systems)

선택적 최소성능표준은 항공기 좌석에 대한 기술표준품승인 신청자가 자발적으로 선택하여 입증하고자 하는 요건을 말한다. 신청자가 하나 이상의 특정한 항목을 선택하면, 이는 최소성능표준 항목이 되는 것이며, 이에 대한 완화(deviations)가 필요가 경우에도 해당 규정의 절차에 따라 승인을 받아야 한다.

또한, 기술표준품 식별표시(marking)에도 신청자가 선택한 요건의 번호를 표기해야 하며, 제반 신청서류 및 인증문서에 이에 관한 입증내용을 기재하여야 한다.

그리고, TSO-C127b와 TSO-C127c의 부록 2에 제시된 선택적 최소성능표준 항목이나 번호가 다르므로 식별표시 및 인증문서에 항목번호를 기재할 때 유의할 필요가 있다.

[표 5-8] 항공기 좌석 기술표준서 부록 2 선택적 최소성능표준

No.	TSO-C127b (2014.06.06)	TSO-C127c (2020.08.31)	Remarks
1	a. Step Load on Baggage Bars	a. Step Load on Baggage Bars	
2	b. Flight Attendant Step Load	-	
3	-	b. Electrically Actuated Features	
4	-	c. Secondary Structure Abuse Loads	
5	c. Testing to Higher Static Loads	d. Testing to Higher Static Loads	
6	d. Hand Holds	e. Hand Holds	
7	-	f. Lithium Containing Batteries	
8	e. Flammability: Large Exposed Non-metallic Parts	g. Flammability: Non-Traditional, Large, Non-metallic Parts	

항공기 좌석에 대한 기술표준품 인증계획서(CP)는 일반적인 부품류 인증계획서에 공통적으로 반영되는 인증개요, 설계구성, 인증기준, 일정계획, 적합성 입증계획, 합치성 검사계획, 설계변

경 관리계획, 감항성 유지계획 등과 같은 순서로 작성하고, 적용 기술표준서(TSO-C127c), 완화(deviation), 비표준 기능(non-TSO function), 좌석의 설계, 입증항목 및 보고서, 합치성 검사 대상 등에 대하여 명확하고 구체적인 내용을 제시한다.

인증계획서의 첨부로 제출되는 적합성 점검표(CCL)는 AC 21-46A의 안내에 따라 Part 21의 Subpart O의 요건, TSO-C127c 본문의 요건, 그리고 최소성능표준(MPS) 요건에 대한 각각의 적합성 입증방법(MoC)을 설정하고, 그에 대한 보고서와 제출 일정 등을 반영해 작성한다. 합치성 검사 대상은 부품목록을 기반으로 신청자 자체검사 대상과 인증기관 검사 대상을 구분하고, 해당 검사서류 등을 목록으로 작성하여 제안한다.

기술표준품승인 신청서류로 규정된 제품 사양서(규격서)와 정비교범(CMM)은 항공산업계에서 일반적으로 통용되는 서식과 내용으로 작성하고, Part 21의 Subpart O의 TSOA 요건과 TSO-C127c 본문 및 MPS의 해당 요건이 모두 반영되었는가를 확인하여야 한다. 신청 단계에서는 초안을 제출하고, 설계승인 이전에 최종본을 제출할 수 있다.

항공기 좌석에 대한 시험계획서, 시험보고서, 해석보고서 등은 제안된 개발 및 인증 일정에 따라서 작성해 제출하고 승인을 받아야 한다. 시험계획서에는 입증요건, 입증 대상품, 시험장비, 시험절차, 합부 판정기준을 명확히 제시하고, 시험 대상품(test article)의 합치성 검사를 위한 도면과 검사기준도 첨부해야 한다. 시험보고서에는 시험계획서 내용을 기반으로 시험 목적, 시험절차, 시험 대상품, 시험 수행, 인증기관 입회 및 검사, 시험 결과, 그리고 해당 요건에 대한 적합성 입증 여부를 명확히 기재한다.

5.4.3 항공기 좌석 적합성 입증

항공기 좌석은 항공안전법 제27조(기술표준품 형식승인), 시행규칙 제55조(기술표준품 형식승인 신청) 내지 제58조(기술표준품 형식승인 발급), KAS/FAR Part 21의 Subpart O의 기술표준품승인 요건, 그리고 TSO-C127c 본문의 요건, 최소성능표준(MPS)으로 지정된 SAE AS8049D, ARP5526F, ARP6199B에 따른 적합성을 입증하여야 한다.

항공기 좌석에 대한 우리나라 최초의 기술표준품승인은 2021년 10월에 ㈜케이엠앤아이에서 신청하여 2025년 8월에 국토교토통부 승인서를 발급받았다. 해당 신청자는 자동차 시트 전문기업으로 축적된 설계기술을 갖추고 있었으나, 항공기 좌석의 경량 소재, 그리고 동적시험을 위한 Hybrid III 인체더미 등에 대한 어려움으로 4년간 총 10회의 설계변경 필요했으며, 이로 인하여 2022년 6월부터 2024년 7월까지 2년간 인증기관의 기술검증 활동이 진행되지 않았다.

㈜케이엠앤아이의 항공기 좌석은 B737-800 항공기에 이코노미 승객용 표준형 좌석으로 장착

하는 것을 목표로 하였으며, TSO-C127c 기술표준서 요건뿐만 아니라, 항공기 제작사의 좌석에 대한 기술문서 요건도 충족하도록 설계되었다. 즉, 좌석의 배치 거리, 높이 및 폭, 중량 등과 같은 항공기 장착 요건을 반영하여 부가형식증명 과정에서 장착부에 대한 구조해석이나 좌석 배치에 따른 비상탈출 시연 등이 필요하지 않도록 하였다. 또한, 좌석에 전기전자장비가 설치되어 있지 않기 때문에 장착 검증을 위한 비행시험이 필요하지 않게 되었다.

항공기 좌석에 대한 기술표준품승인(KTSOA) 인증문서는 총 29종이 작성되었으며, 이 중에 주요 인증문서의 종류와 인증시험에 대한 예시는 다음과 같다.[55] 이와 별도로 항공기에 해당 좌석을 장착하기 위한 부가형식증명(STC) 인증문서는 총 11종을 준비하여 인증을 진행하고 있다.

- 별지 1 서식 : Statement of Conformance61)
- ABCCD0111F : TSO Certification Plan for Aircraft Seat
- ABCCD0133M: Parts and Drawings List of Aircraft Seat (도면 000매)
- ABCCD0135B : Component Maintenance Manual for Aircraft Seat
- ABCCD0137C : Design Substantiation Report for Aircraft Seat
- ABCCD0139E : Structural Analysis Report for Aircraft Seat
- ABCCD0141B : Static Load Test Plan for Aircraft Seat
- ABCCD0143A : Static Load Test Report for Aircraft Seat
- ABCCD0145E : Dynamic Load Test Plan for Aircraft Seat
- ABCCD0147D : Dynamic Load Test Report for Aircraft Seat
- ABCCD0149B : Flammability Test Plan for Aircraft Seat
- ABCCD0151A : Flammability Test Report for Aircraft Seat
- 별지 제12호 : Statement of Conformity (2024.10 ~ 2025.05, 총 120건*)

Dynamic Load Test for Aircraft Seat

1. INTRODUCTION

1.1 Purpose

This document is intended to show compliance with TSO-C127c for the aircraft seat model ABC0000 (P/N: 00000-00), which is a triple passenger seat that can be installed on transport category airplanes. And the purpose of this test is to meet the dynamic load requirements of SAE AS8049D as pre-

61) 우리나라 인증기관은 항공안전법 시행규칙 제55조와 FAR §21.603(a)(1)에 규정된 바와 달리 최종 적합성 확인서(SoC)를 신청자가 아닌 인증기관이 직접 작성해 감항당국에 제출하고, *합치성 확인서(SoC)를 부품별로 1장씩 작성하도록 안내하고 있으므로 이를 국제적 방식에 부합하도록 개선할 필요가 있다.

scribed in TSO-C127c.

1.2 Applicable Documents

The following regulations and documents are applicable to dynamic load certification test for TSOA of the aircraft seat.

- Article 27 Technical Standard Order Authorization, Aviation Safety Act, 01/19/2025
- MOLIT Directive 1819 : Procedures for Aircraft TSO Authorization, dated 11/18/2024
- MOLIT Notice 2023-617 : Standards for Aircraft TSO Authorization, dated 10/27/2023
- TSO-C127c : Rotorcraft, Transport Airplane, and Small Airplane Seating System, 08/31/20
- SAE AS8049D : Performance Standard for Seats in Aircraft, dated 11/02/2020
- KAS/FAR Part 25: Transport Category Airplanes, Amendment 25-153, dated 08/23/2024
- AC 25.562-1B : Dynamic Evaluation of Seat on Transport Airplane, dated 01/10/2006
- Drawing of Test Article : DWG No. 0000-00, STD TRIPLE SEAT ASSY, dated 00/00/0000
- ABCCD0000E : Dynamic Load Test Plan for Aircraft Seat, dated 00/00/0000

1.3 Abbreviations

- ATD : Anthropomorphic Test Dummy
- CMM : Coordinate Measuring Machine
- DAS : Data Acquisition System
- DV : Design Verification (Model)
- FAA : Federal Aviation Administration...

2. TEST REQUIREMENTS

2.1 TSO Requirements

TSO-C127c, 3. REQUIREMENTS. New models of rotorcraft, transport airplane, and small airplane seating systems must meet the requirements in the following: SAE AS8049C, Performance Standard for Seats in Civil Rotorcraft, Transport Aircraft, and General Aviation Aircraft, dated August 2015, as modified by appendix 1 of this TSO...

Note: KOCA of MOLIT approved deviations of applicable MPSs as SAE AS8049D, ARP5526F, ARP6199B instead of SAE AS8049C, ARP5526D, ARP6199A respectively.

2.2 SAE Requirements

SAE AS8049D, 5.3 Dynamic Qualification Tests, 5.3.1 Dynamic Impact Test Parameters. A minimum of two dynamic tests is required to assess the performance of an aircraft seat, restraints, and related interior system. The seat, cushions, and restraint are considered to act together as a system to provide protection to the occupant during a crash...

2.3 Airworthiness Standards

KAS/FAR §25.562 Emergency Landing Dynamic Conditions.

(a) The seat and restraint system in the airplane must be designed as prescribed in this section to protect each

occupant during an emergency landing condition when -

(1) Proper use is made of seats, safety belts, and shoulder harnesses provided for in the design; and...

3. TEST ARTICLE

3.1 Design and Manufacture

The aircraft seat model ABC0000 is designed as a triple passenger seat to be installed on single aisle narrow body transport airplane. The seat type is classified as A-T-1-FF-c-d-e-g which stands for airplane (A) – transport (T) - forward facing (FF) - secondary structure abuse loads (c) – higher static load (d) - hand holds (e) – flammability (g).

The seat model ABC0000 was assembled with a lot of parts. Among these parts, primary load path components are legs, spreaders, cross tubes (front/rear pipe), seat pans, seat back, bottom cushions, seat belts, track fittings...

According to FAA AC 25.562-1B Appendix 4, the position of the recliner device can be adjusted to perform the row to row HIC Zone A/B Test. The test article seat was modified with the special lock shaft for this test as presented the DSR in the Appendix...

The applicant manufactured 6 test articles of triple seat: 1 for 14g vertical test, 1 for 16g pitch and roll test, 2 for row to row HIC Zone A/B test, and 2 for HIC Zone C test.

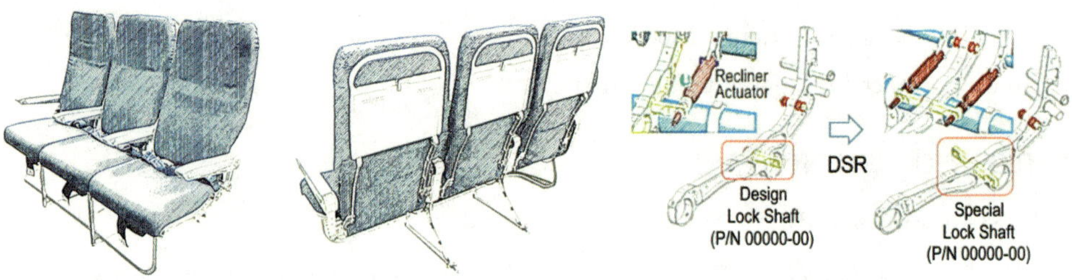

[Test Article : Front View] [Test Article : Rear View] [Special Lock Shaft for R to R Test]

Figure x. Test Article Seat for Dynamic Load Tests

3.2 Conformity Inspection

Each test article was inspected by applicant's inspector in accordance with appropriate quality system procedure on month day through day, year. All test articles conformed to the drawing of 00000-00, STD TRIPLE SEAT ASSY, and the approved DSR of special lock shaft.

And the KIAST inspector, his name, conducted conformity inspection for total 6 test articles at applicant's site on month day, month day, and month day, year.

4. TEST SETUP

4.1 Test Equipment

The accelerated sled system and 8 pieces of equipment were prepared for the dynamic load test of the aircraft seat model ABC0000 at test facility operator site: vertical test fixture, pitch & roll fixture, accelerometers, 12 feet sled carriage, aluminum base plates, data aquisition system, Coordinate Measuring Machine (CMM), seat floor track. The specification of the accelerated sled system are as follows...

[Sled Test Facility]

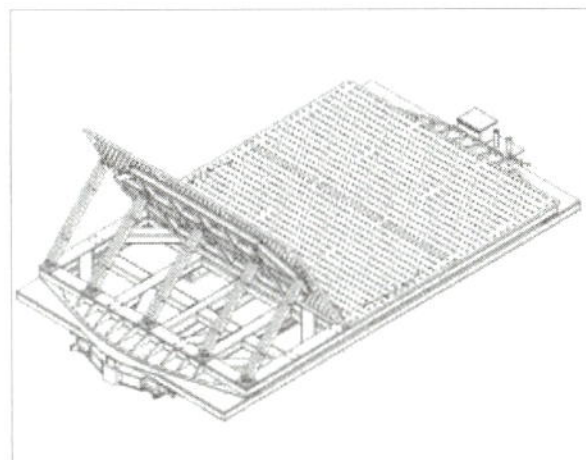

[60° Vertical Fixture]

[Pitch & Roll Fixture]

4.2 Anthropomorphic Test Dummy

Hybrid III ATDs (49 CFR Part 572, Subpart E) modified in accordance with SAE Technical Paper 1999-01-1609 were used in structural analysis and dynamic test of the aircraft seat model ABC0000. The features of this ATD are as follows...

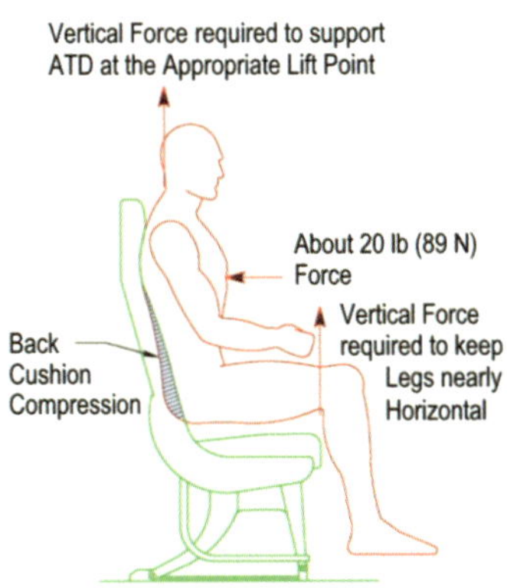

[ATD Positioning]

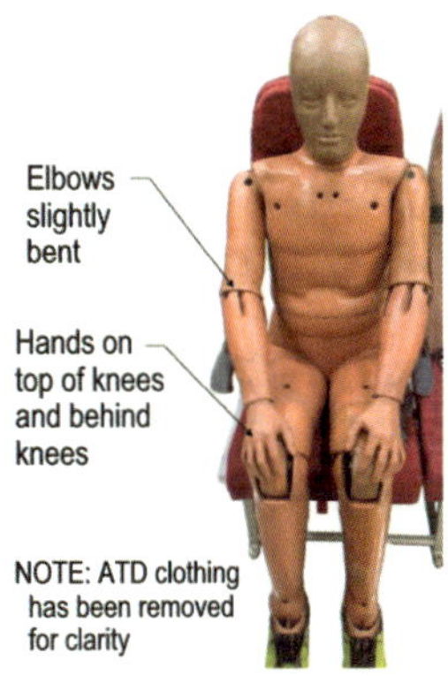

[Test 1 ATD Positioning]

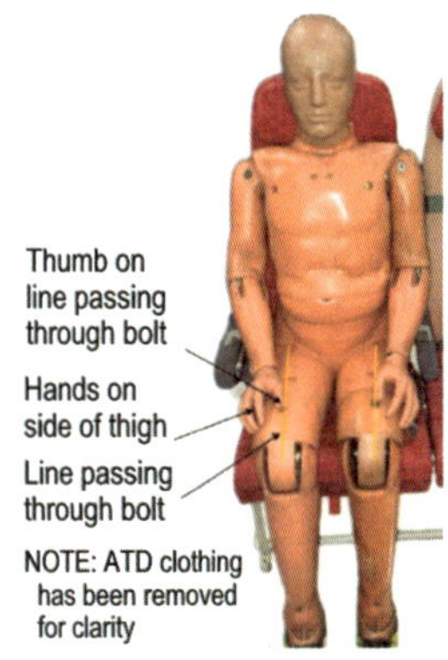

[Test 2 ATD Positioning]

4.3 Test Setup and Inspection

Applicant setup test equipment and devices for the dynamic load test in accordance with the approved test plan ABCCD0000E dated month day, year. Refer to Appendix 0. Test Setup Check Sheet. The certification agency inspector and engineer conformed these test setups including calibration records at test site on month day, year...

5. TEST PROCEDURE

Dynamic tests can be classified into Test 1 and Test 2. Test 1 is for 14g vertical load condition and Test 2 is for 16g longitudinal load condition. And Test 2 can be conducted under a pitch and roll, a row to row Zone A/B, and a Zone C conditions...

5.1 Vertical Load Test in 14g Condition

Test 1 was conducted for the purpose of seat structure itself and passenger safety checks for downward collisions. This 14g vertical load test procedures were as follows...

- Installed the metering pin for the 14g vertical load test.
- Performed the following tasks before tilting the test plate to 60 degrees...

5.2 Pitch and Roll Test in 16g Condition

The 16g pitch & roll test was a test for performing Test 2 conditions with deformation artificially assigned to the aircraft floor, simulating the case where the aircraft floor was severely deformed due to a collision. The FAA Hybrid III 50th ATD was seated...

- Installed the metering pin for the 16g pitch & roll test.
- Installed the pitch & roll fixture on the test plate...

5.3 Row to Row Test in 16g Conditions

The row to row HIC test was performed on each of the two yaw angles of the test plate. One was the Zone C test with a yaw angle of 0° and the other Zone A/B test with a yaw angle of +10° or -10°. HIC value shall not exceed 1000 calculated by the following formula.

$$HIC = \left\{ (t_2 - t_1) \left[\frac{1}{(t_2 - t_1)} \int_{t_1}^{t_2} a(t)dt \right]^{2.5} \right\}_{max}$$

The test was conducted twice. The first test proceeded in the direction of Yaw 0° so that the head of the ATD stroke center zone of back side of front row seats. This location was called Zone C. Second test, rotated the yaw angle 10° counterclockwise so...

6. TESTING AND RESULTS

6.1 Vertical Load Test in 14g Condition

The 14g vertical test was conducted in accordance with Paragraph 4.1 of the approved test plan on month day, year. The KIAST certification engineer witnessed entire this testing. Test results of 14g vertical vertical test were as follows.

- Peak acceleration was 00.0g as required minimum 14g.
- Lumbar load of ATD was 0,000 N of left seat as required less than 1,670 N...

6.2 Pitch and Roll Test in 16g Condition

The 16g pitch & roll test was conducted in accordance with Paragraph 4.2 of the approved test plan on month day, year. The KIAST certification engineer witnessed entire this testing. Test results of 16g pitch & roll test were as follows.

- Peak acceleration was 00.0g as required minimum 16g.
- Seat pan rotation was -0.0° of right seat as required −20° ~ 35°...

6.3 Row to Row Test in 16g Conditions

The 16g row to row tests, Zone A/B and Zone C were conducted in accordance with Paragraph 4.3 of the approved test plan on month day, year. The KIAST certification engineer witnessed entire these testings. Test results of Zone A/B were as follows.

- Peak acceleration was 00.0g as required minimum 16g.
- Femur load of ATD was 0,000 N in left seat as required less than 10,000 N.
- Head Injury Criterion (HIC) was 000.0 as required less than 1,000.
- Neck Injury Criterion (Nij) was 0.00 as required less than 1.0...

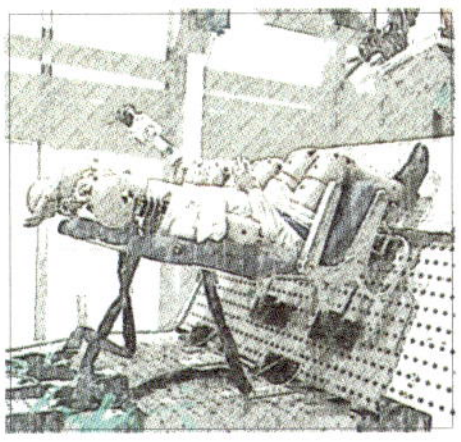

[14g Vertical Test]

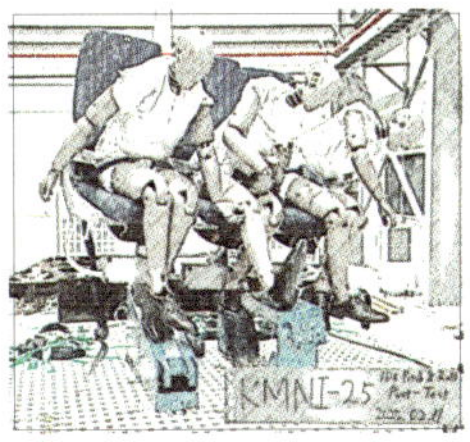

[16g Pitch & Roll Test]

[R to R Test: Zone A/B]

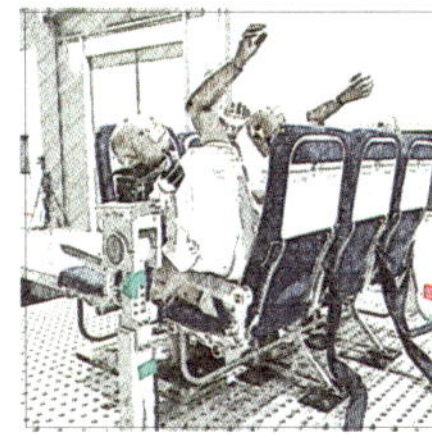

[R to R Test: Zone C]

6.4 Test Data Review

All of the dynamic load test data met the pass/fail criteria prescribed in Paragraph 5.4 of the approved test plan and Chapter 5 of SAE AS 8049D i.a.w. TSO-C127c...

- 14g vertical test : Lumbar load 0,000 N of left, Seat pan rotation 0.0° of left, etc.
- 16g pitch & roll : Seat pan rotation -0.0° of right, Backrest deformation 000 % of right,,
- 16g Zone A/B : Femur load 0,000 N of left, HIC 000 of left, Nij 0.00 of left, etc.
- 16g Zone C : Femur load 0,000 N of left, HIC 000 of right, Nij 0.00 of center, etc.

7. CONCLUSION

The dynamic load testings of the aircraft seat model ABC0000, P/N 0000000 LH seat, were conducted in accordance with the approved test plan ABCCD0000. The KIAST engineer witnessed these testings. Applicant showed compliance with TSO-C127c, its performance standard SAE AS8049D, and emergency landing dynamic conditions of KAS/FAR §25.562.

5.5 대기자료컴퓨터

5.5.1 ADC 설계 구성

대기자료컴퓨터(ADC: Air Data Computer)는 항공기가 비행 중인 대기의 전압력(Pt), 정압력(Ps), 전온도(TAT), 받음각(AoA)을 측정하여 비행고도(ALT), 교정대기속도(CAS), 수직속도(Vz), 마하수(M) 등을 계산하는 기능을 수행한다. 이렇게 계산된 비행대기 데이터는 비행관리컴퓨터(FMC: Flight Management Computer) 또는 비행제어컴퓨터(FCC: Flight Control Computer)를 통해서 조종실의 전자식 디스플레이(PFD, MFD, IFD)에 시현된다. 다만, 백업 역할을 하는 스탠바이 계기에는 대기자료컴퓨터를 거치지 않고 센서에서 전달되는 값을 직접 지시하게 된다.

대기자료컴퓨터는 정밀도 및 안전성에 따라서 Type 1과 Type 2로 분류된다. Type 1은 정압 고도 정밀도가 ±25 ft 이내이고, 2중 또는 3중 리던던시 설계로 구성되고, TSO-C106a 대기자료컴퓨터 뿐만 아니라 TSO-C88b 압력고도장치와 AC 91-85B 최소수직고도분리(RVSM) 요건을 만족하여 주비행계기(primary)로 사용되는 방식이다.

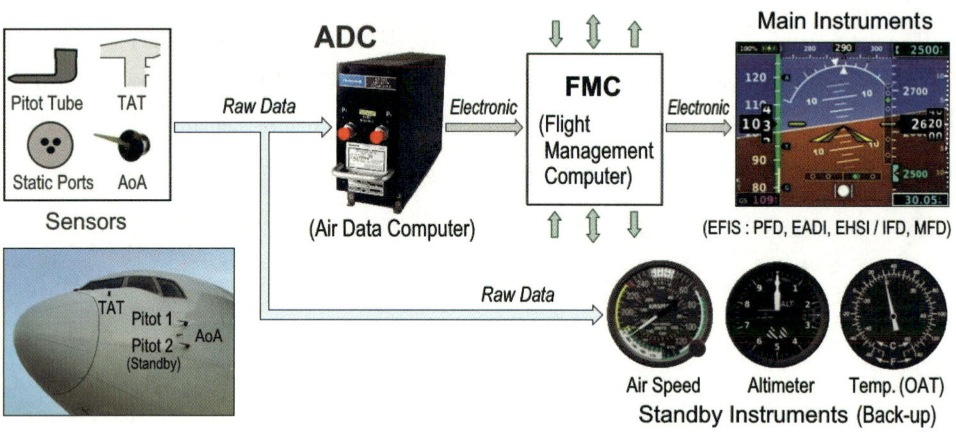

[그림 5-22] 대기자료컴퓨터 인터페이스 구성도

초창기의 대기자료컴퓨터는 전기-기계식 장치가 사용되었으며, 1960년 후반부터 디지털 방식의 대기자료컴퓨터가 사용되기 시작하였다. 1970년부터 1980년대까지의 1세대 디지털 대기자료컴퓨터는 디지털 신호 프로세서(DSP: Digital Signal Processor)를 사용하여 측정 정밀도를 향상시키고 항공전자 통합모듈 개념이 적용되었다.

그 이후 1990년부터 2000년대까지는 기계식 압력 센서 대신에 마이크로 전자기계 시스템

(MEMS)을 사용하고, 리던던시 설계를 통하여 신뢰성을 향상시키고, 반도체 소자를 사용하여 소형화 및 경량화된 대기자료컴퓨터가 개발되었다. 2010년부터 현재까지는 광섬유 레이저 기반 센서를 사용하고, 통합모듈 전자장치(IMA)와 인공지능 및 머신러닝 설계를 통하여 스마트 대기자료컴퓨터가 개발되었다. 또한, 무인 비행체 및 eVTOL 도심형 비행체에 사용되는 저전력 경량 대기자료컴퓨터가 개발되고 있다.

A320neo, A350, B737MAX, B787, B777X 등과 같이 비교적 최근에 개발된 수송급 비행기에는 대기자료컴퓨터(ADC) 대신에 대기자료모듈(ADM: Air Data Module)과 대기자료관성기준유닛(ADIRU: Air Data Inertial Reference Unit)을 연계하여 대기자료시스템(ADS: Air Data System)을 구성하고 있다. 이러한 구성 방식에서는 대기자료모듈은 전압력과 정압력을 측정하는 기능만 수행하고, 계산은 대기자료관성기준유닛에서 수행한다. 대기자료관성기준유닛(DAIRU)은 대기자료(AD) 계산과 관성위치시스템(GPS)을 이용하여 위치 및 자세 데이터(IR)를 계산하는 역할을 수행한다.

대기자료컴퓨터에 대한 전문업체로 Honeywell, Collins, Thales, Curtiss-Wright, Meggitt 등을 들 수 있다. Honeywell와 Collins는 상업용 비행기, 비즈니스 제트기, 군용 항공기용 대기자료컴퓨터를 가장 많이 생산하고, Thales는 상업용 비행기 및 리저널 제트기용 대기자료컴퓨터, Curtiss-Wright와 Meggitt는 군용 항공기 및 헬리콥터용 대기자료컴퓨터에 강점을 가지고 있다. 우리나라의 경우에는 퍼스텍㈜에서 2008년 최초로 대기자료컴퓨터를 개발하여 기술표준품승인을 받고 KUH-1 수리온 헬기에 장착하였다.

[Honeywell AZ-252 ADC]
Cessna 560; 115 VAC, 35 W, DO-178B Level A, DO-160D, TSO-C106

[Honeywell HG1153 ADM]
A320neo, B737MAX; 28 VDC, 4 W, DO-178B Level A, DO-160D, TSO-106

[Honeywell HG2030 ADIRU]
A320neo, B737MAX; 28 VDC, 115 VAC, 39 W, DO-178B, DO-160D, Multi TSOs

[퍼스텍 Air Data Computer]
KUH-1 Helicopter, 28 VDC, DO-178B Level A, DO-160E, DO-254, KTSO-C106

[그림 5-23] 항공기 대기자료컴퓨터에 대한 예시

대기자료컴퓨터는 크게 대기자료 측정부, 데이터 프로세싱 유닛, 데이터 출력부, 전원공급장치로 구성된다. 대기자료 측정부(measurement)는 피토 튜브(Pt)와 정압공(Ps)으로 유입되는 공기의 차압을 트랜스듀서 또는 반도체 압력 센서로 측정하여($\Delta P = Pt - Ps$) 대기속도와 압력고도로 전화되도록 하고, 전온도(Tt) 및 정온도(Ts) 센서에 측정된 신호를 입력받아 비행 마하수와 진대기속도 계산에 이용되도록 한다.

데이터 프로세싱 유닛(CPU)에서는 측정된 데이터를 지시대기속도(IAS), 진대기속도(TAS), 마하수(M), 압력고도(pressure altitude), 수직속도(RoC, RoD), 외기온도(OAT) 등으로 계산한다. 최신형 대기자료컴퓨터에서는 실시간 고속 계산을 위하여 디지털 프로세서(DSP) 또는 프로그램형 게이트 소자(FPGA: Field-Programmable Gate Array)를 사용하기도 한다. 데이터 출력부(output interface)는 ARINC 429, ARINC 664, MIL-STD-1553 등의 통신 프로토콜을 통해서 조종실 시현장치 및 주변 시스템에 데이터를 전송한다.

대기자료컴퓨터의 전원은 일부 115 VAC를 사용하는 모델을 제외하면 일반적으로 28 VDC 전원을 사용하고, 설계와 작동방식에 따라서 5 W에서 30 W 정도의 전력이 필요하며, 2중 또는 3중의 리던던시 전원을 갖도록 설계된다. 그리고, 항공기에서 치명(critical) 시스템으로 분류된 경우에는 무정전 전원장치(UPS) 또는 백업 배터리를 구비하기도 한다. 이와 별도로 대기자료컴퓨터의 자체 고장진단을 위한 내장형 시험장치(BITE)를 갖추고 있다. 그 밖에 해당 규격에 따른 항공기 운용 및 전자기 환경에 견딜 수 있도록 설계되고, 하드웨어와 소프트웨어 대한 안전성을 입증하여야 한다.

[ADC Model 301, Air Data Inc.]

[KUH-1 Helicopter, KAI Ltd.]

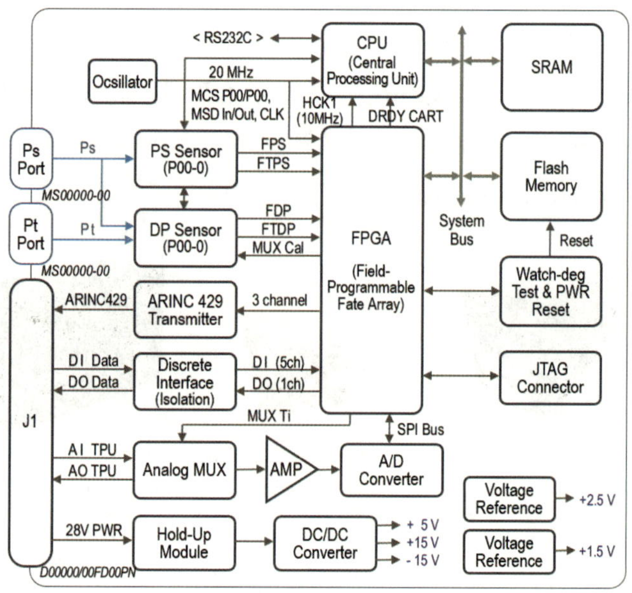

[그림 5-24] 헬리콥터용 대기자료컴퓨터 블록 다이어그램

대기자료컴퓨터 설계는 요구조건 분석, 시스템 구성, 구성품 선정 및 시험, 주요 하드웨어 개발, 펌웨어 및 운용 소프트웨어 개발, 환경시험, 시스템 통합시험, 비행시험, 인증 과정으로 진행된다. 설계 요구조건 분석 단계에서는 항공기 제작사의 인터페이스 요건과 시장성을 반영한 기술적 요건뿐만 아니라, 인증에 필요한 FAR §25.1301 및 §25.1309 등의 항공기 감항기준, TSO-C106a

기술표준서, SAE AS8002B 최소성능표준, RTCA DO-245 하드웨어, RTCA DO-178C 소프트웨어, SAE ARP4761A 안전성 분석, 그리고 RTCA DO-160G 환경시험 요건을 반영하여야 한다.

대기자료컴퓨터에 탑재되는 소프트웨어는 설계보증레벨 설정, 개발 및 인증계획 수립, 소프트웨어 개발, 소프트웨어 확인, 소프트웨어 인증 단계로 진행된다. 설계보증레벨(DAL: Design Assurance Level) 설정 단계에서는 RTCA DO-178C 소프트웨어 인증 및 SAE ARP4754A 안전성 배분에 정의된 바와 같이 해당 소프트웨어의 기능에 고장이 발생하는 경우에 항공기에 미치는 잠재적인 영향의 심각도(severity: catastrophic, hazardous, major, minor)에 설계보증레벨(DAL)을 각각 A, B, C, D/E로 설정한다. 대기자료컴퓨터의 소프트웨어는 비행속도, 고도, 자세 등의 치명적인 데이터를 처리하기 때문에 일반적으로 DAL B 수준이 요구되지만, 리던던시 및 백업 설계가 이루어지지 않은 경우에는 DAL A로 요구될 수 있으며, 충분한 안전성 설계가 이루진 경우에도 대기자료컴퓨터 개발자가 의도적으로 DAL A 수준으로 설정할 수도 있다. 소프트웨어 개발 및 인증계획(planning) 수립 단계에서는 다음과 같이 5가지 계획서를 작성한다.

- 소프트웨어 인증계획서 (PSAC: Plan for Software Aspects of Certification)
- 소프트웨어 개발계획서 (SDP: Software Development Plan)
- 소프트웨어 확인계획서 (SVP: Software Verification Plan)
- 소프트웨어 형상관리계획서 (SCMP: Software Configuration Management Plan)
- 소프트웨어 품질보증계획서 (SQAP: Software Quality Assurance Plan)

❖ Stage of Involvement (SOI)
- SOI #1: Planning Process
- SOI #2: Development Process
- SOI #3: Verification Process
- SOI #4: Final Review and Completion

DAL	Severity	Probability Part 25 (Part 23)	Objectives	Engineering Independence
A	Catastrophic	$\le 10^{-9}$ (10^{-6})	71	Required
B	Hazardous	$\le 10^{-7}$ (10^{-5})	69	Required
C	Major	$\le 10^{-5}$ (10^{-4})	62	No Required
D	Minor	$> 10^{-5}$ (10^{-3})	26	No Required
E	No Safety Effect	N/A	0	No DO-178 / DO-254

* Note: Quality Assurance must always be independence.

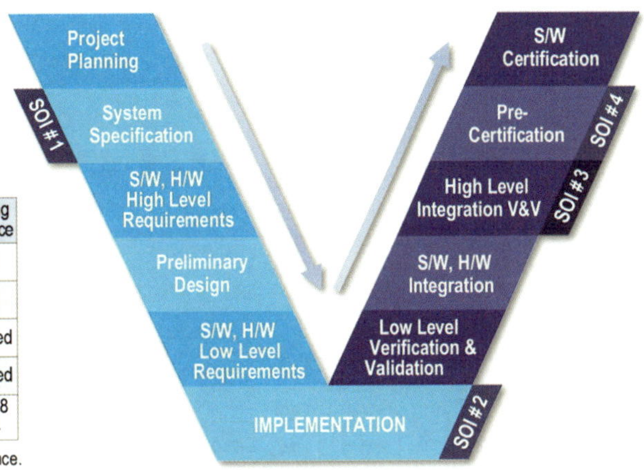

[그림 5-25] 대기자료컴퓨터 소프트웨어 인증 프로세스

소프트웨어 개발(development) 단계에서는 RTCA DO-178C에 제시된 과정에 따라 하이 레벨 및 로우 레벨 요건을 분류하고, 소프트웨어 아키텍처 및 세부 설계를 수행하고, 소프트웨어 코딩을 수행하고, 하드웨어 및 기타 소프트웨어 통합 과정으로 개발을 진행한다. 소프트웨어 확인

(verification) 단계에서는 요건, 설계, 코딩 내용을 검토 분석하고, 단위 시험을 통한 로우 레벨 확인과 통합시험을 통한 하이 레벨 확인을 진행하고, 요건별 시험을 통하여 추적성으로 확인하고, DAL A 및 DAL B 소프트웨어에 대해서는 코드 커버리지 분석을 수행한다.

소프트웨어에 대한 형상관리를 위하여 모든 소스 코드, 시험절차 및 결과, 문서, 툴에는 버전 번호를 부여하여 변경내용을 관리하여야 한다. 소프웨어 개발 인증에 사용되는 코드 제너레이터나 자동시험기구 등과 같은 툴은 RTCA DO-330에 따라서 검정(qualified) 되어야 한다. 소프트웨어 인증을 위하여 모든 개발 활동은 문서로 작성되어야 한다. 즉, 요건-코드-시험-결과에 대한 매트릭스 문서, 코드 검토서 및 문제해결 보고서, 소프트웨어 시험 보고서, 소프트웨어 적합성 점검표 등을 작성한다. 인증당국 참여단계(SOI: Stage of Involvement)는 SOI-1 계획 검토, SOI-2 개발과정 검토, SOI-3 확인과정 검토, SOI-4 최종 검토 및 종결의 4단계로 진행된다.

시스템 안전성 분석(SSA: System Safety Analysis, or Assessment)은 SAE ARP4761A에 따라서 수행하지만, 이와 연계된 SAE ARP4754A 안전성 배분, RTCA DO-245 하드웨어, RTCA DO-178C 소프트웨어 요건을 고려해 진행하여야 한다. 안전성 분석은 기능적 위험분석(FHA: Functional Hazard Assessment), 예비 안전성 분석(PSSA: Preliminary System Assessment), 결함나무분석(FTA: Fault Tree Analysis), 고장모드 및 영향분석(FMEA: Failure Modes and Effects Analysis), 공통원인분석(CCA: Common Cause Analysis), 그리고 최종 안전성 분석(FSSA: Final System Safety Assessment) 단계로 진행한다.

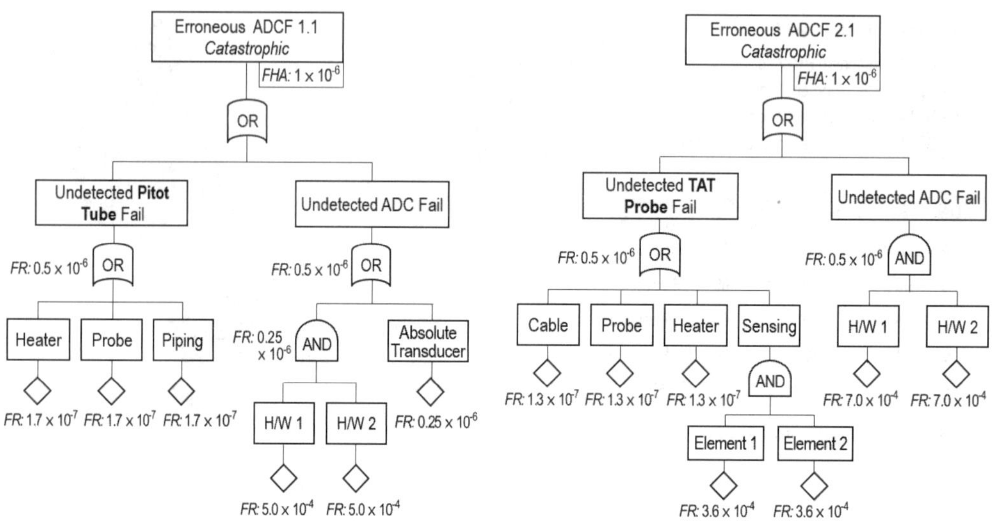

[그림 5-26] 대기자료컴퓨터 결함나무분석(FTA) 예시

기능적 위험분석(FHA) 단계에서 고장상태 및 영향을 파국(catastrophic), 위험(hazard), 중대

(major), 경미(minor)로 분류하고, 그에 따른 설계보증레벨(DAL)을 각각 A, B, C, D/E로 설정한다. 예비 시스템 안전성 분석(PSSA) 단계에서는 각 하드웨어 및 소프트웨어에 설계보증레벨(DAL)을 할당하고, 고장 경감을 위한 리던던시, 결함 탐지, 페일-세이프 모드 전략을 수립한다. 결함나무분석(FTA) 단계에서 탑 레벨 고장상태 확률 목표를 10^{-9} 이하로 놓고, 하향식으로 결함을 분석한다. 고장모드 및 영향분석(FMEA) 단계에서는 부품이나 공정의 고장모드로부터 상향식으로 고장이 미치는 영향을 분석한다. 공통원인분석(CCA) 단계에서는 구역별 안전성 분석(ZSA), 특정 위험요소 분석(PRA), 공통모드분석(CMA)을 수행한다. 최종 시스템 안전성 분석(FSSA) 단계에서 각 기능에 대한 설계보증레벨 적합성을 확인하고, 결함허용, 리던던시, 고장률 목표를 만족하는지 확인하고, 전량적인 고장률 데이터를 제시한다.

대기자료컴퓨터에 대한 시험은 TSO-C106a에서 최소성능표준(MPS)으로 지정된 SAE AS8002B에 따른 기능적 성능시험, RTCA DO-160G에 따른 환경시험, RTCA DO-178C에 따른 소프트웨어 확인시험을 수행하여야 한다. 기능적 성능시험(functional performance test)에서는 정압력 및 전압력, 전온도, 고도, 대기속도 및 마하수, 수직속도 등에 대한 정밀도, 그리고 결함 탐지 및 고장 모드에서 작동반응을 확인한다. 환경시험(environmental test)에서는 고온, 저온, 고도, 습도, 충격 및 진동, 모래 및 먼지, 염수분무, 결빙, 방수, 전자기 간섭(EMI) 및 전자기 적응성(EMC), 전력 적응성 등에 대한 시험이 필요하다. 소프트웨어에 대한 확인시험(software verification test)은 요건별 확인시험, 결함 주입 및 강건성 시험, 인터페이스 확인시험 등을 수행하여야 한다.

[ADC 센서 풍동시험] [전자기 환경시험] [소프트웨어 확인시험] [항공기 인터페이스 시험]

[그림 5-27] 대기자료컴퓨터에 대한 시험의 종류

민간 항공기 장착되는 대기자료컴퓨터는 앞서 설명한 바와 같이 TSO-C106a 기술표준서에 지정된 SAE AS8002B 최소성능표준, RTCA DO-245 하드웨어, SAE ARP4761A 안전성 분석, RTCA DO-178C 소프트웨어, RTCA DO-160G 환경시험 요건을 만족하고, 항공기에 장착될 때는 해당 항공기 감항기준의 Subpart B 비행성능과 Subpart F 항공장비의 해당되는 요건을 충족하도록 설계되어야 한다.

군용 항공기에 사용되는 대기자료컴퓨터의 경우에는 단독 품목에 대한 인증기준이 수립되어 있지 않으며, 항공기 및 관련 시스템에 대한 인증기준에 따라서 감항성을 입증하여야 한다. 군용 대기자료컴퓨터의 소프트웨어 인증에 민간의 RTCA DO-173C를 적용하는 경우가 일부 있지만, 환경시험 등의 경우에는 군사표준서를 적용하여야 한다. 민간과 군용 대기자료컴퓨터에 적용되는 설계 및 인증기준은 다음과 같다.

[표 5-9] 민간 및 군용 대기자료컴퓨터 설계 및 인증기준

구분	민간 대기자료컴퓨터	군용 대기자료컴퓨터	비 고
인증 표준서	TSO-C106a 기술표준서	-	
최소성능 표준서	SAE AS8002B	-	
하드웨어 표준서	RTCA DO-245	NAVAIRINST 4200.56 CSIs	Critical Safety Item
시스템 안전성 분석	SAE ARP4761A	MIL-STD-882E System Safety	
소프트웨어 표준서	RTCA DO-178C	IEEE/EIA 12207, STANAG 4452	MIL-STD-498 폐지
환경시험 표준서	RTCA DO-160G	MIL-STD-810H, MIL-STD-461G	
항공기 장착 기준	FAR Part 23, 25, 27, 29	MIL-HDBK-516C, JSSG-2009A	

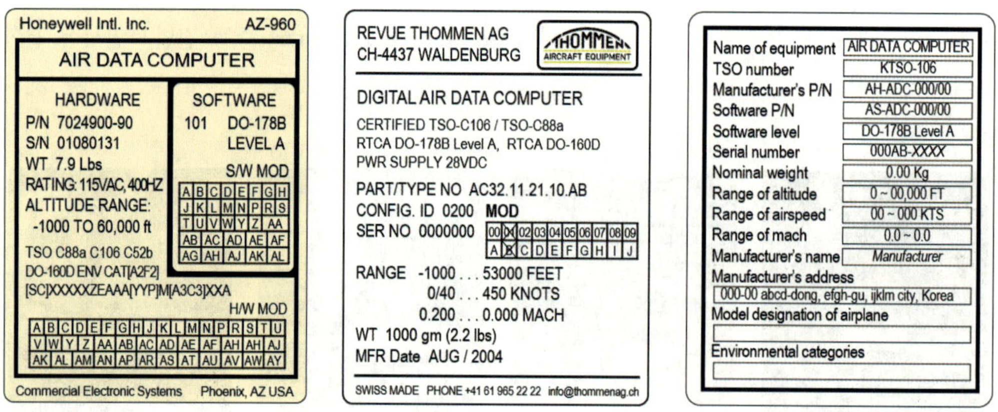

[그림 5-28] 대기자료컴퓨터에 대한 식별표시 예시

대기자료컴퓨터에 대한 식별표시는 FAR/KAS §21.616(d) 및 §45.15(b)에 규정된 요건에 따라서 해당 기술표준서 번호(TSO-C106a), 제작자 명칭(name), 상표(trademark), 또는 심벌(symbol), 부품번호(P/N), 일련번호(S/N) 또는 제조일자(date)를 나타내고, TSO-C106a 본문과 SAE AS8002B의 Marking 요건에 따라서 대기자료컴퓨터의 타입(type 1 or type 2)을 표시하고, 하드웨어와 소프트웨어의 부품번호는 서로 분리하여 표시하여야 한다. 또한, 식별표시 도면으로 감항당국의 승인을 받는 경우에는 대기자료컴퓨터 산업계에서 통상적으로 기재하는 항목을 추가해서 표시할 수도 있다.

5.5.2 기술표준서 분석

대기자료컴퓨터는 FAR Part 21, Subpart O의 기술표준품승인 요건과 TSO-C106a 기술표준서 본문의 요건과 SAE AS8002B 대기자료컴퓨터 최소성능표준(MPS)에 대한 적합성을 입증하여야 한다. 그리고, RTCA DO-254에 따른 설계보증, RTCA DO-178C에 따른 소프트웨어 확인, RTCA DO-160G에 따른 환경시험을 수행하여야 한다.

대기자료컴퓨터에 대한 기술표준서는 1988년에 제정된 TSO-C106을 개정 없이 32년 동안 적용하다가 2020년에 이르러 TSO-C106a로 개정되었다. 이에 반하여 대기자료컴퓨터는 지난 30년 동안 다양한 센서 기술이 도입되고, 인공지능 및 기계학습 스마트 고장진단, 통합모듈전자장치(IMA) 등으로 발전하면서 대기자료관성기준유닛(ADIRU), 자세헤딩기준시스템(AHRS), 최소수직고도분리(RVSM) 시스템과 연계 및 통합되고 있다.

[표 5-10] 대기자료컴퓨터 기술표준서 개정 주요 내용

구분	TSO-C106 (1988.01.11)	TSO-C106a (2020.10.16)	비 고
문서 구성 방식	a. Applicability, b. Marking, , ,	1. PURPOSE, 2. APPLICABILITY,	Order 8150.1D
ADC 타입 분류	-	Type 1 (primary), Type 2 (standby)	RVSM
최소성능 표준서	SAE AS8002 (1981.10.30)	SAE AS8002A (2020.04.28)	
하드웨어 표준서	-	RTCA DO-254 (2000.04.19)	
시스템 안전성	-	(SAE ARP4761A, 2023.12.20)	3.b. Failure
소프트웨어 표준	RTCA DO-178A (1985.03.00)	RTCA DO-178C (2011.12.13)	
환경시험 표준서	RTCA DO-160B (1984.07.00)	RTCA DO-160G (2014.12.16)	

우리나라의 경우에는 미국의 TSO-C106을 기반으로 2007년에 KTSO-C106을 처음으로 제정하였으며[62], 2025년 현재까지 KTSO-C106a로 개정되지 않은 상태이다. 미국 및 유럽의 경우에는 기술의 발전과 미래형 비행체를 대비하여 기술표준서 개정을 준비하고 있으므로 우리나라에서도 산업발전과 항공안전을 위한 신속한 개정이 필요하다.

미국의 TSO-C106a 대기자료컴퓨터 기술표준서는 부록 없이 본문으로만 구성되어 있다. 이는 FAA Order 8150.1D의 부록 G에 제시된 기술표준서 서식에 따라서 1. 목적, 2. 적용성, 3. 요구조건, 4. 식별표시, 5. 신청자료 요건, 6. 제작자료 요건, 7. 제공자료 요건으로 구성되었고, 대기자료컴퓨터에 적용되는 최소성능표준(MPS), 하드웨어 및 소프트웨어 표준서, 환경시험 표준서도 본문에서 규정하고 있다.

62) 우리나라의 KTSO-C106은 2007년에 제정되어 퍼스텍㈜의 KUH-1용 ADC 기술표준품승인에 적용되었고, 이후에 LAH/LCH용 ADC가 개발되었으나 기술표준품승인이 아닌 부가형식증명으로 진행되었다. 우리나라는 KTSO-C106a를 발행하지 않고, 2017년에 KTSO-C106의 원문 일부를 수정하고 개정 일자를 부여하였는데, 이는 국제적 방식에 부합하지 않고, 혼선을 유발할 수 있으므로 유의할 필요가 있다.

[1] 적용성 (Applicability)

(1) 기존의 TSO-C106은 2022년 4월 18일까지만 (신판 발행후 18개월) 유효하며, 그 이후에는 TSO-C106을 적용하여 기술표준품승인을 신청할 수 없다.

(2) 기존에 기술표준품으로 승인을 받은 대기자료컴퓨터 장치(air data computer equipment)는 원래의 승인 규정에 따라서 계속 제작할 수 있다.

[2] 요구조건 (Requirements)

(1) 이 기술표준서 발행일 이후 신규로 제작되는 대기자료컴퓨터 장치는 SAE AS8002B 대기자료컴퓨터 최소성능표준(MPS) 요건을 만족하여야 한다.

(2) 기능성(functionality) : 이 기술표준서는 항공기의 전원, 정압력(Ps), 전압력(Pt), 외기온도(OAT) 등의 아날로그 및 디지털 소스에 연결된 장치에 적용한다. 이 장치는 압력고도, 수직속도. 교정대기속도, 마하수, 최대허용대기속도, 초과속도 경고, 전온도(Tt)를 계산하고 그 데이터를 주비행계기(primary flight instrument)에 제공한다.

(3) 고장조건 분류(failure condition classification) : 이 표준서에는 최소 고장조건 분류 기준을 규정하지 않는다. 해당 장치에 대한 고장조건 분류는 그 장치가 사용되고자 하는 특정한 항공기에 따라 정해질 수 있다. 기술표준품승인 신청자는 해당 장치의 설계에 대하여 기능의 상실과 기능장애 고장조건을 문서화하여야 한다.

(4) 기능적 검정(functional qualification) : SAE AS8002B의 제4장과 제5장에 제시된 시험조건에서 요구되는 기능적 성능을 실증하여야 한다.

(5) 환경적 검정(environmental qualification) : SAE AS8002B의 제6장에 제시된 시험조건에 따라 해당 장치에 적용되는 표준 환경조건 및 시험절차로 요구되는 성능을 실증하여야 한다. 신청자는 RTCA DO-160G 환경조건 및 시험절차가 아닌 다른 환경조건 및 시험절차를 적용할 수 있지만, 해당 대기자료컴퓨터 장치에 적정한 표준이어야 한다. RTCA DO-160D 또는 그 이전의 버전을 적용하는 경우에 이는 적정한 것으로 인정되지 않으며, 완화(deviation) 절차에 따라서 처리되어야 한다.

(6) 소프트웨어 검정(software qualification) : 해당 품목에 소프트웨어가 포함된 경우에는 해당 장치의 고장조건 분류에 따른 소프트웨어 레벨에서 RTCA DO-178C 소프트웨어 고려사항을 따라서 개발되어야 한다. 신청자가 AC 20-115D의 EUROCAE ED-12( ) 및 RTCA DO-178( )를 적용한 소프트웨어 개발보증(development assurance) 지침을 따르는 경우에 RTCA DO-178B를 적용해 해당 소프트웨어를 개발할 수도 있다.

(7) 전자 하드웨어 검정(electronic hardware qualification) : 해당 품목이 콤플렉스 전자 하드웨어

(complex electronic hardware)를 포함하고 있는 경우에 해당 장치의 고장조건 분류에 따른 설계보증레벨(design assurance level)에서 RTCA DO-254의 전자 하드웨어 설계보증 지침에 따라서 구성품을 개발하여야 한다.

(8) 완화(deviations) : 이 표준서의 최소성능표준에 제시된 사항에 대하여 대체 또는 동등한 방법으로 적합성을 입증하고자 하는 신청자는 FAR/KAS §21.618 규정에 따라서 완화 승인을 신청할 수 있다. 이때 신청자는 해당 품목의 안전성이 동등한 수준으로 유지됨을 입증하여야 한다.

[3] 식별표시 (Marking)

(1) FAR/KAS §45.15(b) 식별표시 기준에 규정된 모든 정보를 최소한 하나의 중요 구성품에 영구적이고 읽기 쉽게 표시하여야 한다. 이 표식에는 대기자료컴퓨터의 타입(type 1 or type 2)을 포함하여야 한다.

(2) 해당 품목이 소프트웨어 및 전자 하드웨어를 포함하고 있는 경우에 부품번호 부여방식(numbering scheme)은 해당 소프트웨어 및 전자 하드웨어 형상을 식별할 수 있어야 한다. 부품번호 부여방식은 소프트웨어 및 전자 하드웨어에 대하여 분리되고 유일한 번호로 나타내야 한다.

(3) 해당 장치의 명판(nameplate)에 식별표시를 하지 않고 전자식 부품 식별표시(electronic marking) 방식을 사용할 수 있다. 다만, 전자식 식별표시 방식은 특수공구 또는 장치를 사용하지 않고도 쉽게 접근할 수 있어야 한다.

[4] 신청자료 요건 (Application Data Requirements)

대기자료컴퓨터에 대한 기술표준품승인 신청자는 FAR/KAS 21.603(a)(1)에 규정된 합치성 확인서(statement of conformance)[63]와 함께 다음의 자료를 감항당국에 제출하여야 한다. 미국 연방항공청에 설계승인(LODA)를 신청하는 경우에는 품질시스템 관련 자료를 제외하고 그 밖의 모든 서류를 제출한다.

(1) 다음 사항을 포함한 매뉴얼을 제출하여야 한다.

① 해당 품목의 운용능력을 충분하게 서술한 운용 지침 및 한계

② 완화 사항에 대한 상세한 설명

③ 해당 대기자료컴퓨터가 항공기에 장착된 상태에서도 이 표준서의 요건을 만족시킴을 보장하는데 충분한 장착 절차 및 한계

④ 소프트웨어에 대한 부품번호, 개정번호 및 설계보증레벨, 그리고 전자 하드웨어에 대한 부

63) FAR §21.603(a)(1)의 합치성 확인서(SoC: Statement of Conformance)는 FAA의 관행적 오류로 적합성 확인서(SoC: Statement of Compliance)를 의미한다. EASA는 이미 21.A.605(a), 21.A.608(a), 21.A.611(c)에서 Compliance로 표기하고 있다. 우리나라의 경우에도 적합성 확인서로 표기할 필요가 있다.

품번호, 개정번호 및 설계보증레벨, 그리고 기능 설명자료

⑤ 해당 품목의 각 구성품에 대한 환경적 검정에 적용된 시험조건을 RTCA DO-160G의 부록 A에 제시된 서식과 같은 방식의 요약서

⑥ 대기자료컴퓨터 장치의 장착에 필요한 개략 도면, 배선 도면, 기타의 문서

⑦ 대기자료컴퓨터를 구성하는 교체 가능한 구성품의 부품번호 목록

(2) 이 표준서에 따라 승인된 설계를 계속하여 만족함을 보장하기 위한 주기적인 정비, 교정, 수리에 관한 지침서를 제출하여야 한다.

(3) 해당 품목이 소프트웨어를 포함하고 있는 경우에 소프트웨어 인증계획서(PSAC: Plan for Software Aspects of Certification), 소프트웨어 형상 인덱스, 소프트웨어 수행 요약서를 제출하여야 한다.

(4) 해당 품목이 콤플렉스 전자 하드웨어를 포함하고 있는 경우에 하드웨어 인증계획서(PHAC: Plan for Hardware Aspects of Certification), 하드웨어 확인 계획서, 최상위 도면, 그리고 하드웨어 수행 요약서를 제출하여야 한다.

(5) 식별표시 요건에 따른 정보가 해당 품목에 어떻게 표시되는지를 나타내는 도면을 제출하여야 한다.

(6) 비표준 기능(non-TSO functions)에 대한 기능성 또는 성능을 식별하고, 이와 관련된 정보를 포함하는 서류를 제출하여야 한다.

(7) 기능적 시험규격을 포함하여 품질시스템 설명서를 제출하여야 한다. 해외에서 설계승인(LODA)을 신청하는 경우에는 품질시스템 설명서가 요구되지 않는다.

(8) FAR/KAS §21.605에 따라 요구되는 신청자 조직에 대한 설명서를 제출하여야 한다.

(9) 해당 품목의 재료와 공정규격에 대한 목록을 제출하여야 한다.

(10) 해당 품목의 설계를 정의하는 모든 도면과 공정에 대하여 개정번호를 포함한 목록을 제출하여야 한다.

(11) 이 표준서에 따라 수행되는 시험의 결과를 나타내는 기술표준품 검정 보고서를 제출하여야 한다.

[5] 제작자료 요건 (Manufacturer Data Requirements)

감항당국에 직접 제출하는 자료 이외에 감항당국 및 인증기관 검토를 위하여 다음의 기술자료를 이용할 수 있도록 하여야 한다.

(1) 이 표준서에 대한 적합성을 보장하기 위한 각 생산품에 대한 기능적 검정규격을 이용할 수 있어야 한다.

(2) 품목에 대한 교정 절차서를 이용할 수 있어야 한다.

(3) 개략도면을 이용할 수 있어야 한다.

(4) 배선도를 이용할 수 있어야 한다.

(5) 재료 및 공정 규격서를 이용할 수 있어야 한다.

(6) 이 기술표준서에 따라 수행된 환경적 검정시험 결과를 이용할 수 있어야 한다.

(7) 해당 품목이 소프트웨어를 포함하고 있는 경우에 RTCA DO-178C에서 정의된 해당 문서를 이용할 수 있어야 한다. 부록 A의 소프트웨어 레벨별 프로세스 목적 및 산출물에 관련된 모든 자료가 포함되어야 한다.

(8) 해당 품목이 콤플렉스 전자 하드웨어를 포함하고 있는 경우에 RTCA DO-254의 부록 A의 표 A-1에 정의된 설계보증레벨에 따른 하드웨어 라이프 사이클 데이터를 이용할 수 있어야 한다.

(9) 비표준 기능(non-TSO function)을 포함하고 있는 품목에 대해서 이와 관련된 자료를 이용할 수 있어야 한다.

[6] 제공자료 요건 (Furnished Data Requirements)

(1) 이 표준서에 따라 제작된 품목을 항공기 운용자 또는 수리사업장 등과 같은 사용자에게 판매할 때, 신청 시에 제출된 매뉴얼, 정비교범, 재료 및 공정 규격 목록, 도면 및 공정 목록에 대하여 사본을 제공하거나 온라인 접근이 가능해야 한다. 이에는 대기자료컴퓨터의 장착, 인증, 사용, 또는 이 표준서에 따른 적합성 유지를 위하여 필요한 그 밖의 자료를 포함한다.

(2) 비표준 기능(non-TSO function)을 포함하고 있는 품목에 대해서는 그에 관련된 자료 사본을 제공하여야 한다.

(3) 해당 품목이 소프트웨어를 포함하고 있는 경우에 항공기 형식증명, 부가형식증명, 또는 개정 형식증명 설계승인 소지자에게 미해결 보고서(OPR: Open Problem Report) 요약자료 사본을 제공하여야 한다.

대기자료컴퓨터에 대한 기본설계와 기술표준서 검토가 완료되면, 인증계획서를 작성하고 관련 서류를 준비하여 기술표준품승인을 신청한다. 인증계획서(CP)는 인증개요, 설계구성, 인증기준, 일정계획, 적합성 입증계획, 합치성 검사계획, 설계변경 관리계획, 감항성 유지계획 등과 같은 순서로 작성하고, 적용 기술표준서(TSO-C106a), 완화(deviation), 비표준 기능(non-TSO function), 대기자료컴퓨터의 설계, 입증항목 및 보고서, 합치성 검사 대상 부품 등에 대하여 명확하고 구체적인 내용을 제시한다.

특히, TSO-C106a 대기자료컴퓨터가 TSO-C88b 압력고도장치, TSO-C115d 다중센서입력 비행관리시스템, TSO-C151d 전자식 비행계기시스템 등의 일부 기능을 함께 수행하는 경우에는 이에 대한 부분 인증(partial TSO)을 함께 신청할 수 있다.

인증계획서의 첨부로 제출되는 적합성 점검표(CCL)는 AC 21-46A의 안내에 따라 Part 21의 Subpart O의 요건, TSO-C106a 본문의 요건, 그리고 최소성능표준(MPS) 요건에 대한 각각의 적합성 입증방법(MoC)을 설정하고, 그에 대한 보고서와 제출 일정 등을 반영해 작성한다. 합치성 검사 대상은 부품목록을 기반으로 신청자 자체검사 대상과 인증기관 검사 대상을 구분하고, 해당 검사서류 등을 목록으로 작성하여 제안한다.

기술표준품승인 신청서류로 규정된 제품 사양서(규격서)와 정비교범(CMM)은 항공산업계에서 일반적으로 통용되는 서식과 내용으로 작성하고, Part 21의 Subpart O의 TSOA 요건과 TSO-C127c 본문 및 MPS의 해당 요건이 모두 반영되었는가를 확인하여야 한다. 신청 단계에서는 초안을 제출하고, 설계승인 이전에 최종본을 제출할 수 있다.

항공기 좌석에 대한 시험계획서, 시험보고서, 해석보고서 등은 제안된 개발 및 인증 일정에 따라서 작성해 제출하고 승인을 받아야 한다. 시험계획서에는 입증요건, 입증 대상품, 시험장비, 시험절차, 합부 판정기준을 명확히 제시하고, 시험 대상품(test article)의 합치성 검사를 위한 도면과 검사기준도 첨부해야 한다. 시험보고서에는 시험계획서 내용을 기반으로 시험 목적, 시험절차, 시험 대상품, 시험 수행, 인증기관 입회 및 검사, 시험 결과, 그리고 해당 요건에 대한 적합성 입증 여부를 명확히 기재한다.

5.5.3 ADC 적합성 입증

대기자료컴퓨터는 항공안전법 제27조(기술표준품 형식승인), 시행규칙 제55조(기술표준품 형식승인 신청) 내지 제58조(기술표준품 형식승인 발급), KAS/FAR Part 21의 Subpart O의 기술표준품승인 요건, 그리고 TSO-C106a 기술표준서 본문의 요건을 만족하고, 최소성능표준(MPS)으로 지정된 SAE AS8002B 대기자료컴퓨터, RTCA DO-245 하드웨어 설계보증, RTCA DO-178C 소프트웨어 고려사항, SAE ARP4761A 안전성 평가, RTCA DO-160G 환경시험에 따른 적합성을 입증하여야 한다.

대기자료컴퓨터에 대한 우리나라 최초의 기술표준품승인은 2008년 3월 13일 퍼스텍㈜에서 신청하여 2012년 5월 25일에 국토교토통부 승인서를 발급받았다. 대기자료컴퓨터에 대한 인증 문서 종류와 적합성 입증 예시는 다음과 같다.[55] 다만, 이는 2008년 당시에는 TSO-C106이 적용되었으나, 2025년 현재의 TSO-C106a를 기준으로 설명한다.

- ABC-ADC-CP-000 : 대기자료컴퓨터 인증계획서

- ABC-ADC-CP-000 : 대기자료컴퓨터 적합성 점검목록 (CCL)
- ABC-ADC-AN-000 : 신뢰도 분석보고서 (FTA, FHA, FMEA)
- ABC-ADC-HW-000 : Plan for Hardware Aspects of Certification
- ABC-ADC-HW-000 : Hardware Verification Reports
- ABC-ADC-HW-000 : Hardware Accomplishment Summary
- ABC-ADC-SW-000 : Plan for Software Aspect of Certification
- ABC-ADC-SW-000 : Software Test Report
- ABC-ADC-SW-000 : Software Accomplishment Summary
- ABC-ADC-SW-000 : Software Tool Verification
- ABC-ADC-CP-000 : 대기자료컴퓨터 인증시험 보고서 (환경시험 포함)
- ABC-ADC-CP-000 : 대기자료컴퓨터 내화성 해석보고서

대기자료컴퓨터 설계 및 시험 적합성 입증

1. 개요

1.1 목적

이 문서는 항공안전법 제27조 및 KAS Part 21 Subpart O에 따라 기술표준품승인을 신청한 대기자료컴퓨터(P/N ADC12345)에 대하여 KTSO-C106a 및 이에 따른 최소성능표준, 하드웨어표준, 소스트웨어표준, 안전성표준, 환경시험표준에 대한 적합성을 입증하기 위한 것이다.

1.2 적용문서

대기자료컴퓨터(P/N ADC12345)에 대한 TSO-C106a 기술표준서 및 최소성능표준 등에 따른 적합성 입증에는 다음의 규정 및 문서가 적용된다.

- 법률 제18789호 (2022.01.18) : 항공안전법 제27조(기술표준품 형식승인)
- 국토교통부령 제1441호 ('25.01.17) : 항공안전법 시행규칙 제55조(신청) 내지 제58조(발급)
- 국토교통부 훈령 제1819호 (2024.11.18) : 항공기 기술표준품 형식승인 절차규정
- 국토교통부 고시 제2023-617호 (2023.10.27) : 항공기 기술표준품 형식승인 기준
- 국토교통부 고시 제2024-833호('24.12.18): KAS Part 21 - 항공기등, 장비품 및 부품 인증절차
- KTSO-C106 (2007.06.11) : 항공기 기술표준품 표준서, 대기자료컴퓨터
- FAA TSO-C106a (2020.10.16) : Technical Standard Order, Air Data Computer
- FAA Order 8150.1D (2023.10.27) : Technical Standard Order Program
- FAA AC 21-46A (2017.02.23) : Technical Standard Order Program
- FED-STD-191A (1978.07.20) : Federal Standard for Textile Test Methods
- ABC-ADC-CP-000 (0000.00.00) : 대기자료컴퓨터 인증계획서
- ABC-ADC-DW-000 (0000.00.00) : 대기자료컴퓨터 설계도면
- ABC-M-00 (0000.00.00) : 신청자 품질보증 매뉴얼

2. 적합성 입증 요건

2.1 최소성능표준 요건

TSO-C106a 제3장에 따라서 SAE AS8002B 대기자료컴퓨터 최소성능표준을 만족하여야 한다. 그리고, a 항의 기능성(functionality)을 갖추고, c 항의 기능적 검정(functional qualification) 요건을 실증하여야 한다.

"항공기의 전원, 정압력, 전압력, 외기온도 등의 아날로그 및 디지털 소스에 연결되는 대기자료컴퓨터는 압력고도, 수직속도, 교정대기속도, 마하수, 최대허용대기속도, 초과속도 경고, 전온도 중에 하나 이상의 계산된 출력 값을 주비행계기에 전달하여야 한다."

2.2 전자 하드웨어 요건

콤플렉스 전자 하드웨어를 포함하고 있는 대기자료컴퓨터는 TSO-C106a 제3장 f 항에 따른 전자 하드웨어 검정(electronic hardware qualification) 요건에 대하여 입증하여야 한다.

"RTCA DO-254 전자 하드웨어 설계보증 지침에 따라서 해당 고장조건 분류를 만족하는 설계보증 레벨까지 해당 구성품을 개발하여야 한다. 다만, 심플한 것으로 분류된 전자 하드웨어에 대해서는 RTCA DO-254의 1.6항을 적용한다."

2.3 소프트웨어 요건

소프트웨어를 포함하고 있는 대기자료컴퓨터는 TSO-C106a 제3장 e 항에 따른 소프트웨어 검정(software qualification) 요건에 대하여 입증하여야 한다.

"RTCA DO-178C 항공기 탑재 시스템 및 장치품에 대한 소프트웨어 고려사항에 따라서 해당 고장조건 분류를 만족하는 레벨까지 해당 소프트웨어를 개발하여야 한다. 다만, RTCA DO-178B를 적용할 수도 있으나, AC 20-115D의 EUROCAE EF-12( ) 및 TRCA DO-178( ) 지침을 따라야 한다."

2.4 안전성 분석 요건

TSO-C106a 제3장 b 항에 따라서 대기자료컴퓨터에 대한 고장조건을 분류(failure condition classification)하고, 안전성을 입증하여야 한다.

"이 기술표준서에서는 고장조건 분류에 적용되는 표준을 규정하지 않는다. 장치품에 대한 고장조건 분류는 특정한 항공기에 사용되는 목적에 따라 달라질 수 있다. 신청자는 해당 장치품 설계에 대한 기능 상실 및 기능장애 고장조건을 문서화하여야 한다."

2.5 환경시험 요건

대기자료컴퓨터는 TSO-C106a 제3장 d 항에 따른 환경적 검정(environmental qualification) 요건에 대하여 실증하여야 한다.

"SAE AS8002B의 제6장에 제시된 환경조건 및 시험절차를 작용하여 대기자료컴퓨터에 요구되는 성능을 실증하여야야 한다. 다만, RTCA DO-160G가 아닌 다른 환경조건 및 시험절차를 적용하는 경우, 그것이 해당 대기자료컴퓨터에 적정한 것인지 제시해야 한다."

3. 인증 대상 품목

3.1 설계구성

인증 대상 대기자료컴퓨터(P/N ADC12345)는 회전익 항공기에 장착할 목적으로 설계되었으며, 대기온도 -40 ~ 55 ℃, 고도 0 ~ 25,000 ft에서 자연대류 냉각방식으로 운용된다.

3.2 시제작

기술표준품승인을 위한 인증시험에 사용될 대기자료컴퓨터 시제품 2대를 해당 설계도면 ABC-ADC-DW-000 (Rev. 0, yyyy.mm.dd)에 따라서 yyyy년 mm월 dd일부터 mm월 dd일까지 신청자의 조립장에서 제작하였다.

- 인증시험 대상품 #1, S/N : 0000ADC-001
- 인증시험 대상품 #2, S/N : 0000ADC-002

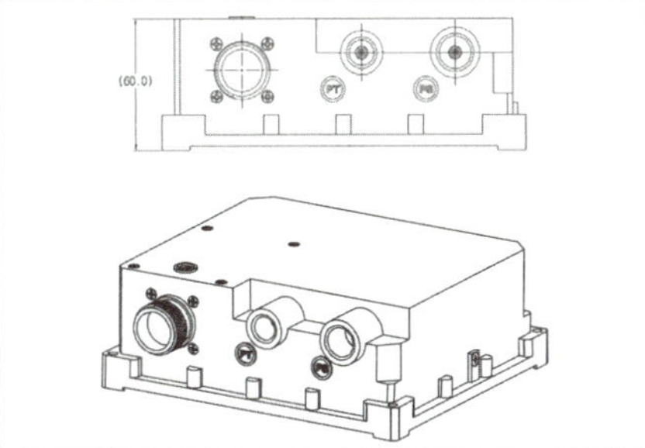

구분	제원	비고
치수	000×000×00 mm	
입력전원	28 VDC	
고도범위	0 ~ 00,000 ft	±25 ft to 0,000 ft
속도(CAS)	00 ~ 000 knots	±2.0kts at 000kts
전온도(TAT)	-00 ~ +00 ℃	±1.5 ℃
마하(Mach)	0 ~ 0.0	±0.012
수직속도(Vz)	-0,000 ~ 0,000 fpm	±45~±300 fpm

* 하드웨어 설계보증 : RTCA DO-254 Level A, 소프트웨어 레벨: RTCA DO-178C Level A

3.3 합치성 검사

대기자료컴퓨터 시제품 2대 제작에 사용되는 원자재, 구매부품, 가공품, 조립공정, 완제품에 대한 신청자 자체 검사를 yyyy년 mm월 dd일부터 mm월 dd일까지 수행하고, 인증기관 합치성 검사를 의뢰하였다.

인증기관의 합치성 검사는 사전에 협의 및 승인된 부품과 공정에 대하여 검사 의뢰하였으며, 신청자의 수입검사장 및 조립장에서 수행되었다. 인증기관 합치성 검사 합격품에 대하여 인증기관 절차에 따라 발급된 감항승인서(AAT)를 동봉하여 각 시험시설로 이송하였다.

4. 시험장비 및 셋업

4.1 시험장비

대기자료컴퓨터 인증시험에서 총 40종의 시험장비가 사용되었으며, 해당 장비의 적정성과 검교정 상태는 신청자 검사원이 먼저 확인하고, 이어서 인증기관의 검사관 및 엔니지어가 해당 현장에서 각각의 시험 전에 직접 확인하였다.

- 대기자료컴퓨터 성능시험장비 (ABCD-0000), 신청자 시험장
- 저온 및 고온 환경시험장비 (ABCE-0000), ㈜아이텔 국제공인시험기관
- 고도 환경시험장비 (ABCF-0000), 한국전자기술연구원
- 마그네틱 환경시험장비 (ABCG-0000), 한국표준과학연구원 ~ ~ ~

4.2 시험셋업

대기자료컴퓨터에 대한 기능적 성능시험 및 환경시험은 신청자 시험시설을 포함하여 총 6개 전문시험기관에서 수행되었으며, 사전에 인증기관의 승인을 받은 성능시험계획서와 환경시험시험계획서에 제시된 시험셋업 절차에 따라서 준비되었다.

대기자료컴퓨터에 대한 성능시험, 저온시험, 고온시험, 습도시험, 무선주파수 방사시험, 무선주파수 감도시험, 전원입력시험, 전압 스파크 시험, 진동시험, 충격시험, 고도시험, 온도변화시험, 마그네틱 시험 등에 대한 셋업 준비와 각 시험에 인증기관 엔지니어가 입회하였다.

5. 적합성 입증

5.1 최소성능표준 입증

SAE AS8002B 및 인증시험계획서에 따른 기능적 성능시험은 대기자료컴퓨터 시제품 2호기(S/N 0000ADC-002)를 대상으로 yyyy년 mm월 dd일에 신청자의 시험시설에서 수행되었다. 그 세부 시험항목은 모드 시험, 부가적 출력, 경보 신호, 적용 압력, 정확도, 보정, 임계값, 누압, 자세허용 오차, 절연저항, Hold up, Parity 등의 조건에서 수행하였다. ~ ~ ~

5.2 하드웨어 입증

대기자료컴퓨터는 항공기 비행안전에 중대한 영향을 미칠 수 있는 속도, 고도, 자세 등과 같은 정보를 제공하므로 심각도(severity)를 파국(catastrophic)으로 분류할 수 있다. 이로써 RTCA DO-245에 따른 하드웨어 설계보증레벨을 DAL A로 정의하였다.

콤플렉스 전자 하드웨어 개발 프로세스를 계획수립(planning), 개발(development), 확인 및 시험(verification and test), 개발 완료(completion) 단계로 구분하고, 총 00종의 개발 및 인증문서를 작성하여 제출하였다. ~ ~ ~

- ABC-ADC-HW-000 : Plan for Hardware Aspects of Certification
- ABC-ADC-HW-000 : Hardware Verification Reports
- ABC-ADC-HW-000 : Hardware Accomplishment Summary ~ ~ ~

5.3 소프트웨어 입증

대기자료컴퓨터에 탑재되어 전압력, 전압력, 전온도를 측정하고, 비행에 중대한 영향을 미치는 속도 및 고도 등을 계산하는 소프트웨어는 RTCA DO-178C에 따라서 Software Level A로 정의하고, 부품번호를 ABC-ADC-000으로 할당하여 개정 관리 절차를 수립하였다.

대기자료컴퓨터에 내장된 소프트웨어에 대한 개발 프로세스를 계획수립(planning), 개발(development), 검증 및 시험(verification and test), 개발 완료(completion) 단계로 구분하고, 총 00종의 개발 및 인증문서를 작성하여 제출하였다. (중간생략)

- ABC-ADC-SW-000 : Plan for Software Aspect of Certification
- ABC-ADC-SW-000 : Software Test Report
- ABC-ADC-SW-000 : Software Accomplishment Summary
- ABC-ADC-SW-000 : Software Tool Verification ~ ~ ~

5.4 시스템 안전성 분석

TSO-C106a의 제3장의 b 항에서 대기자료컴퓨터에 대한 고장조건 분류 표준을 지정하지 않고, 해당 대기자료컴퓨터가 장착될 항공기의 고장분류에 따라 기능상실 및 고장에 대한 안전성 분석을 수행하도록 규정하고 있다.

기술표준품승인 신청자는 산업계에서 널리 통용되는 SAE ARP4761A 안전성 분석 및 SAE

ARP4754B 시스템 개발 지침에 따라 신뢰도 분석, 결함나무분석, 기능적 위험분석, 고장모드 및 영향 분석을 수행하여 해당 대기자료컴퓨터가 장착될 회전익 항공기에서 할당된 대기자료컴퓨터 고장률 10^{-X}를 충족하도록 하였다. (중간생략)

- ABC-ADC-AN-000 : 신뢰도 분석보고서
- ABC-ADC-AN-000 : Fault Tree Analysis Report
- ABC-ADC-AN-000 : Functional Hazard Analysis Resport
- ABC-ADC-AN-000 : Failure Modes and Effects Analysis Report ~ ~ ~

5.5 환경시험 입증

RTCA DO-160G 및 환경시험계획서에 따른 환경시험은 대기자료컴퓨터 시제품 1호기(S/N 0000ADC-001)를 대상으로 yyyy년 mm월 dd일에 신청자의 시험시설과 5개 시험전문기관에서 각각 수행되었다. 그 세부 시험항목은 온도시험, 고도시험, 진동시험, 충격시험, 습도시험, 자기영향시험, 전원입력시험, 전압 스파이크, 무선주파수 감도 등의 조건에서 수행하였다.

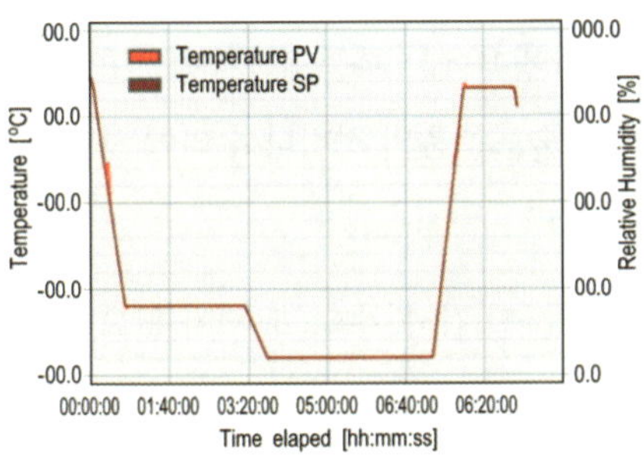

[대기자료컴퓨터 저온 환경시험]

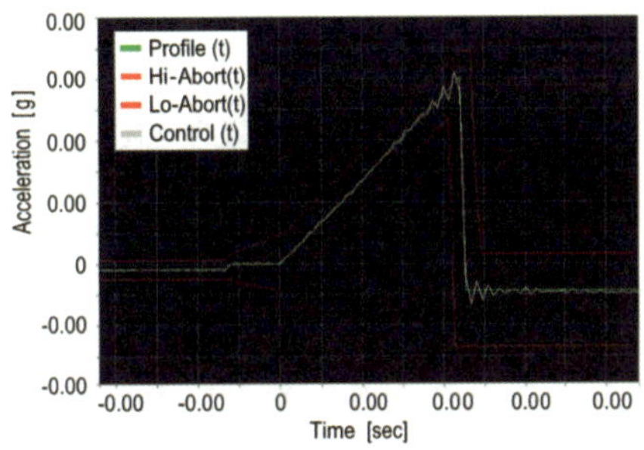

[대기자료컴퓨터 +X축 충격 가속도 시험]

[대기자료컴퓨터 자기영향 환경시험]

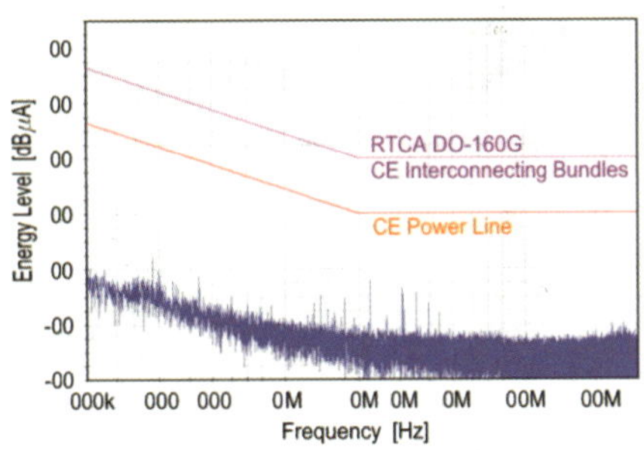

[대기자료컴퓨터 무선주파수 에너지 방사시험]

6. 결론

대기자료컴퓨터 기술표준품승인 신청자는 SAE AS8002B에 따른 기능적 성능 검정, RTCA DO-245에 따른 콤플렉스 하드웨어 검정, RTCA DO-178C에 따른 소프트웨어 검정, SAE ARP4761A에 따른 안전성 분석, RTCA DO-160G에 따른 환경적 검정을 수행하였다.

신청자의 검사와 시험은 인증기관 엔지니어 및 검사관 입회 하에 수행되었으며, 그 진행 과정과 결과는 TSO-C106a의 최소성능표준 요건에 적합함을 입증하였다.

5.6 캐빈 부품 인증

5.6.1 부품 설계 구성

인증의 측면에서 항공기, 엔진, 프로펠러, 기술표준품을 제외한 나머지 모든 부품, 구성품, 시스템은 어떠한 것이든 부품(parts)으로 분류되고, 부품제작자승인(PMA) 대상 품목이 된다. 운용 중인 항공기에서 대형의 주 구조물이나 고가의 전자장비는 매뉴얼에 따른 정비나 수리 방식을 취하게 되고, 수명한계 부품(LLP: Life-Limited Parts)이나 소모성 부품(consumable parts)은 신품으로 교체하는 방식을 택하게 된다.

그리고, 이들 부품은 항공기 형식증명 및 제작증명 소지자(TCH, PCH, OEM)의 협력업체로서 해당 부품을 공급하는 경우와 부품제조 업체가 정비, 수리, 개조 업체(MRO) 또는 운용자에게 독립적으로 공급하는 경우로 나누어 볼 수 있다. 후자의 경우에는 부품제작자승인(PMA)이 필요하며, 이는 항공기 부품뿐만 아니라, 엔진, 프로펠러, 기술표준품의 정비나 수리에 사용되는 부품도 부품제작자승인 대상이 된다.

수명한계 부품(LLP)은 일정한 시간이나 조건이 도래하면 검사, 수리, 교체가 필요한 부품으로 감항기준 §xx.571, §xx.602, §xx.901, §xx.1529, §33.4, §33.70, §35.4, §35.16, §43.10 등의 요건이

[그림 5-29] 부품제작자승인 대상 부품의 일반적인 분류

적용된다. 엔진 부품은 블레이드나 베인 등을 들 수 있는데, 수명제한 부품으로 지정된 부품이 다수를 차지한다. 그 밖에 기체의 기능성 부품, 소형 단순 부품, 소모성 부품, 그리고 캐빈 인테리어 부품으로 분류할 수 있다.

캐빈 인테리어 부품은 우리나라 최초로 부품제작자승인을 획득한 컵 홀더, 웨어 디스크, 창문 덮개, 좌석 리클라인 버튼 등을 포함하여 좌석 부품(쿠션, 커버, 밀 테이블, 암 레스트), 객실 패널 및 트림(측면, 천정, 격벽), 수하물실 부품(도어, 래치, 힌지), 조명 부품(독서등, PSU, LED, 지시등), 주방 부품(파티션, 트레이, 오븐, 히터, 래치, 힌지, 브래킷, 레일), 화장실 부품(도어 핸들, 수전 핸들, 드레인, 거울, 변기 커버), 엔터테인먼트 부품(모니터, 제어장치, 전원장치, 충전단자, 배선, 헤드셋) 등을 들 수 있다.

이들 캐빈 인테리어 부품은 항공기 전체 공허중량의 8 ~ 12 %, 부피로는 5 ~ 15 %를 차지할 정도로 비중이 높고, 항공기 정비 및 개조에 사용되는 교체용 부품으로 수요가 가장 많다고 볼 수 있다.[64)]

항공기 캐빈 인테리어 부품은 안전성 측면에서 난연성(Flammability), 연기밀도(Smoke density), 독성(Toxicity) 요건(FST)이 가장 중요하게 요구된다. 구조재로 사용되지 않는 대부분의 캐빈 부품에는 강도 요건이 엄격하게 요구되지 않을 수 있다. 상업적 측면에서는 중량, 내구성, 심미성, 품질 및 가격 등이 고려되어야 한다.

캐빈 부품의 제작에는 크게 플라스틱, 복합재료, 금속재료, 그리고 직물소재가 사용되고 있다. 캐빈 부품 전체의 35 ~ 50 %가 플라스틱 소재로 제작되는데, 이는 경량이고 성형성이 우수할 뿐만 아니라, 난연 · 연기 · 독성(FST) 요건에 적합한 특성을 가지고 있어 측면 패널, 천정 패널, 트림, 수하물실, 좌석 구성품, 트레이 등을 제작하는데 널리 사용된다. 페놀 수지나 에폭시 등과 같은 열경화성 플라스틱(thermoset plastics)은 주방의 고열 표면이나 구조재로 일부 사용되고, 대부분의 캐빈 부품은 다음과 같은 열가소성 플라스틱(thermoplastics)으로 제작된다.

- 폴리카보네이트(PC) : 윈도우, PSU 베젤, 기타 투명 부품 제작에 사용됨
- 아크릴로니트릴 부타디엔 스티렌(ABS) : 수하물실, 트림 판넬, 트레이, 암 레스트
- 폴리염화비닐(PVC) 및 열가소성 폴리우레탄(TPU) : 바닥 장판, 전선 절연재
- 폴리에테르 에테르 케톤(PEEK) : 고강도 힌지, 패스너, 클립, 좌석 부품, 내열 부품
- 폴리에테르 이미드(PEI, Ultem®) : 측면 패널(FST), PSU 하우징, 트레이, 좌석 부품
- 폴리페닐렌설파이드(PPS, Ryton®) : 내화성 덕트, 전기 구성품 등

64) 상업용 수송급 비행기의 캐빈 인테리어 부품 중에 중량, 부피, 가격, 안전도 측면에서 가장 큰 비중을 차지하는 것은 좌석이라고 할 수 있다. 좌석에 대한 설계구성 및 적합성 입증은 앞서 별도의 장절에서 설명하고 있으므로, 여기에서는 좌석을 제외한 캐빈 부품에 대하여 설명하고자 한다.

• 폴리페닐설폰(PPSU) : 내구성 및 난연성 우수, 밀 테이블, 래치, 마모성 부품

항공기 캐빈 인테리어 부품 중에 경량이면서 일정한 구조적 강도가 요구되는 부품에는 복합재료를 사용하고 있지만, 난연성과 제작 균질성에 유의하여야 한다. 전체 캐빈 부품 중에 25 ~ 40 % 정도가 복합소재로 제작되고 있다.

• 탄소섬유강화플라스틱(CFRP) : 좌석 프레임, 객실 측면 패널, 파티션, 화장실 패널
• 유리섬유강화플라스틱(GFRP) : 천정 패널, 오버헤드 수하물실, 경량 패널, 덕트
• 복합재 하니콤 코어(Nomex®) : 경량 고강도 오버헤드 수하물실, 주방 구조물

고강도 및 하중전달이 요구되는 캐빈 부품에는 알루미늄 합금, 스테인리스 강, 티타늄 합금 등과 같은 금속소재를 사용하고 있다. 티타늄 합금은 초경량, 내열성, 내식성이 뛰어나지만, 가공이 어렵고 가격이 비싸기 때문에 극히 제한적으로 사용된다. 전체 캐빈 부품 중에 금속소재 부품은 약 10 % 내외를 차지한다.

• 알루미늄 합금 : 좌석 프레임, 마운팅 브래킷 등에 사용됨
• 스테인리스 강 : 패스너, 힌지, 주방 용기, 화장실 용기 등
• 티타늄 합금 : 프리미엄 좌석 프레임, 내열 부품, 고강도 피팅 등

항공기 캐빈 인테리어 부품에 사용되는 직물, 성형재, 라이닝, 쿠션 등은 난연성, 심미성, 안락성이 요구된다. 전체 캐빈 부품 중에 약 10 % 내외가 직물, 가죽, 폴리우레탄 폼 등의 소재로 제작되고 있다.

• 난연성 직물(양모, 나일론, Nomex, Trevira) : 좌석 커버, 측면 라이너, 카펫
• 폴리우레탄 폼(FST 적합성) : 좌석 쿠션, 소음 차단재 등
• 합성 및 천연 가죽 : 프리미엄 좌석 커버 등

[표 5-11] 캐빈 인테리어 부품 재료 및 구성비율

구분	주요 캐빈 부품	중량 비율	부피 비율
열가소성 플라스틱	측면 패널, 천정 패널, 수하물실, 윈도우, 식판	35 ~ 40 %	40 ~ 50 %
복합재 및 열경화성	캐빈 측면 패널, 파티션, 주방 및 화장실 패널	25 ~ 35 %	30 ~ 40 %
금속소재(Al, SUS, Ti)	마운팅 브래킷, 패스너, 힌지, 주방/화장실 용기	10 ~ 20 %	5 ~ 15 %
직물, 폼, 성형재	좌석 커버, 쿠션, 측면 라이너, 카펫, 방음재	5 ~ 10 %	5 ~ 10 %

항공기 캐빈 인테리어 부품 제작에 복합재료 사용이 점차 확대되고, 일부의 부품이 적층 가공(AM, 3DP)으로 제작되기도 하지만, 최근까지 플라스틱 소재를 사용하는 전통적인 가공 방식이 가

장 많이 사용되고 있다. 대부분의 플라스틱 원소재는 판재(sheet), 알갱이(pellet), 수지침투가공재(prefreg) 형태로 공급되고, 일부의 원소재는 파우더, 필름, 튜브, 환봉 형태로 공급되기도 한다.

플라스틱 제품의 가공은 크게 포밍(forming)과 몰딩(moding)으로 분류되는데, 이들은 플라스틱 원소재의 상태, 성형 틀의 정밀도, 공정별 가공 방식에 따라 달라지게 된다. 포밍은 고체 상태의 플라스틱 원소재를 성형 틀에 올려놓고 열이나 압력을 가해서 제작하는 방식으로 두께가 얇고 사이즈가 큰 캐빈 패널, 라이닝, 윈도우 주변 패널, 좌석 등받이 등을 제작하는데 적합한 가공 방법이다. 몰딩은 용융된 상태의 플라스틱 원소재를 가압하여 정밀하게 제작된 몰드에 주입하는 방식으로 브래킷, 클립, 커넥터, 패스너, 좌석 부품 등과 같이 소형의 정밀 부품을 제작하는데 적합한 가공 방법이다.

[표 5-12] 캐빈 인테리어 플라스틱 부품 포밍과 몰딩의 특징

구분	플라스틱 포밍(forming)	플라스틱 몰딩(molding)
원소재 상태	가열된 판재 또는 필름 형상의 원소재	액체 또는 용융된 상태의 원소재 사용
공정의 특징	성형 틀에서 원소재를 가열 또는 가압	몰드 속으로 원소재를 주입, 가압, 이송
공정의 종류	가열 포밍: 진공 포밍, 압축 포밍	주입 몰딩, 압축 몰딩, 블로우 몰딩
툴링 복잡도	단순한 성형 틀 사용 (개방형 몰드)	복잡하고 정밀한 몰드 사용 (상하 몰드)
부품 정밀도	비교적 정밀도 낮음 (성형 틀에 의존)	부품 정밀도 높음 (정밀 공차 가능)
대표적 부품	대형 패널, 측면 패널, 좌석 등받이	소형 패스너, 클립, 커넥터, 트림 등
양산 물량	소량 또는 중간 정도의 물량에 적합	대량 양산 물량 제작에 적합

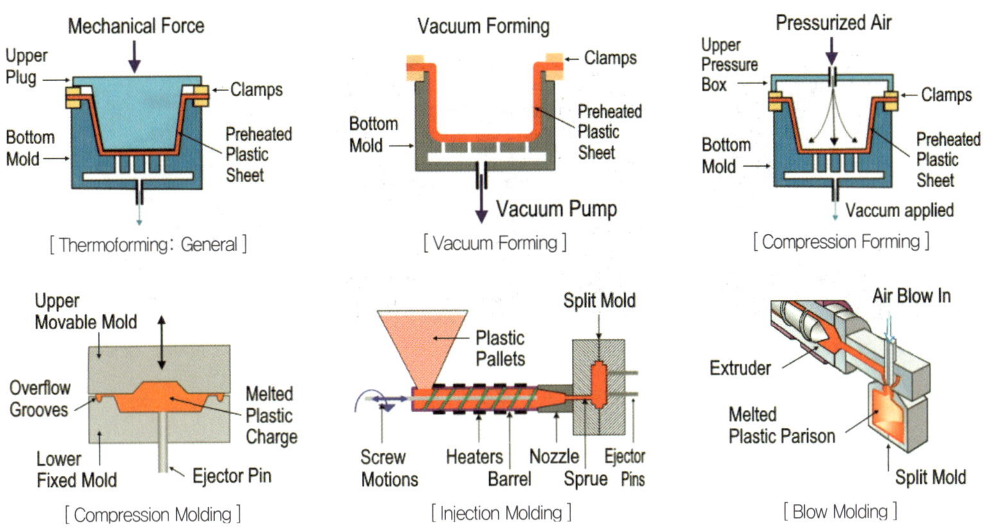

[그림 5-30] 캐빈 부품 플라스틱 포밍 및 몰딩 공정의 종류

플라스틱 포밍은 판재를 주로 사용하는 일반적인 가열 포밍(thermoforming)을 말하며, 진공 포밍(vacuum forming), 압축 포밍(compression forming)으로 구분된다. 진공 포밍은 가열된 플라스틱 판재와 몰드 사이에 진공을 형성시켜 판재가 몰드에 밀착되도록 하는 공정이고, 압축 공정은 가열된 판재 윗면에 압축공기를 가하여 판재가 몰드에 밀착되도록 하는 공정으로 진공 포밍보다 정밀하고 섬세한 부품을 제작할 수 있다.

플라스틱 몰딩은 세부적으로 주입 몰딩(injection molding), 압축 몰딩(compression molding), 블로우 몰딩(blow molding)으로 구분된다. 주입 몰딩은 용융된 플라스틱 수지를 고압으로 몰드에 주입하는 공정으로써, 고정밀도의 복잡한 형상 부품을 제작하는데 적용된다. 압축 몰딩은 적량의 용융된 플라스틱 소재를 가열된 개방형 몰드에 넣고 상부 몰드 덮어 압력을 가하는 공정으로써, 좌석 프레임이나 구조적 강도가 요구되는 패널 등의 부품을 제작하는데 적용된다. 블로우 몰딩은 용융된 플라스틱 소재를 몰드에 주입하고 몰드 중심부에 공기를 불어 가압함으로써, 덕트, 유체 용기, 경량 커버 등과 같은 속이 빈 부품을 제작하는데 적용되는 공정이다.

항공기 캐빈 부품 제작에 사용되는 플라스틱 소재는 대부분 고분자 중합체(polymer)의 일종으로써, 그 화학적 조성과 물리적 특성은 해당 제조업체에서 성적서 발행을 통해서 보증하고 있다. 이들 원소재를 사용해 제작되는 캐빈 부품에 대한 강도, 난연성, 내구성은 해당 부품을 설계하고 인증을 신청하는 당사자가 시험이나 해석을 통해서 입증하여야 한다. 부품의 난연성, 열방출 및 연기밀도 요건은 항공기 감항기준 §xx.853 및 부록 F에 따라서 시험을 통해서 입증하고, 구조 강도, 내구성, 독성가스 요건은 감항기준에 구체적 사항을 규정하지 않고 있으므로 해당 부품이 장착될 항공기 설계 문서나 관련 산업표준서를 적용해 시험할 수 있다.

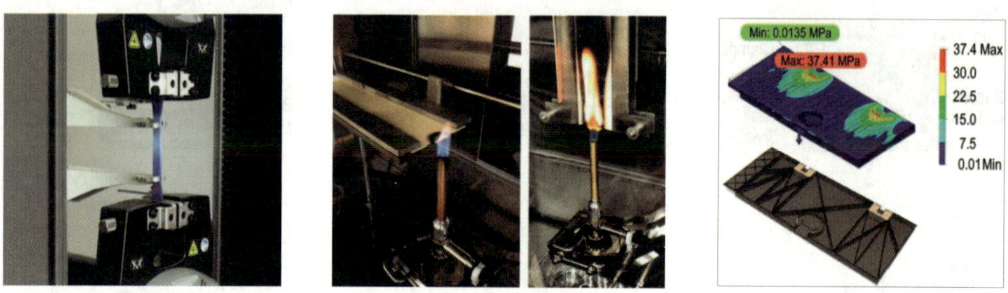

[Tensile Test for Specimen] [Flammability Test: Horizontal & Vertical] [Stress Analysis for Meal Table]

[그림 5-31] 항공기 캐빈 부품에 대한 시험 및 해석 종류

캐빈 부품을 포함하여 항공기 부품에 대한 부품제작자승인(PMA)을 신청한 제작자는 FAR/KAS §21.316(d) 및 §45.15(a)에 따라서 해당 부품에 영구적이고 읽기 쉬운 방법으로 식별표시를 하여야 있다. 기술표준품의 경우에는 해당 기술표준서 및 최소성능표준에서도 식별표시 항

목을 규정하고 있지만, 부품의 경우에는 FAR/KAS §45.15(a)에서만 식별표시에 기재될 정보를 규정하고 있다. 즉, 부품 제작자 명칭(name), 상표(trademark), 심벌(symbol), 또는 감항당국이 승인한 식별번호 및 부품번호를 나타내고, “FAA-PMA” 또는 “K-PMA”를 표시하여야 한다.

해당 부품의 정비교범 또는 감항성유지지침서에 교체 시간, 검사 주기, 또는 이와 관련된 절차가 규정된 치명성 부품(critical parts)의 경우에는 해당 부품의 일렬번호(S/N)를 기재하여야 한다. 해당 부품의 크기가 지나치게 작거나 해당 부품에 직접 표시하는 것이 적절하지 않은 경우에는 식별 표지를 해당 부품에 부착하거나 그 용기에 동봉할 수 있다. 또한, 식별표시 도면으로 감항당국의 승인을 받는 경우에는 해당 부품 산업계에서 통상적으로 기재하는 항목을 추가해서 표시할 수도 있다. 예를 들어, FAR/KAS §45.15(a)에서는 해당 부품의 품명을 규정하지 않고 있지만, 일부 부품제작자승인 업체는 특정한 품목에 이를 포함해 기재하고 있다.

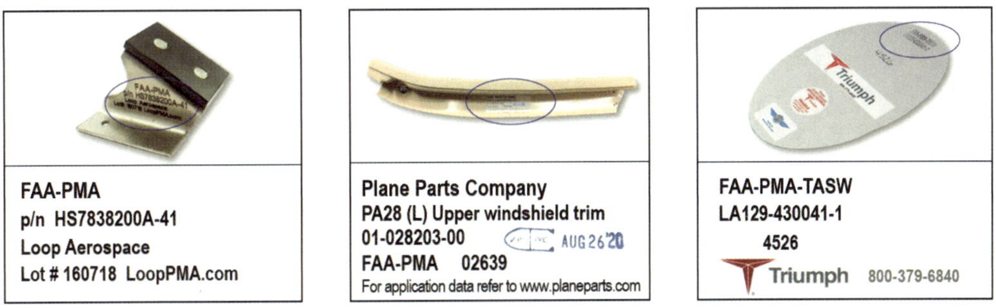

[그림 5-32] 부품제작자승인 부품에 대한 식별표시 예시

5.6.2 캐빈 부품 적용기준

캐빈 인테리어 부품을 포함한 모든 항공기 부품은 해당 부품이 장착될 항공기의 감항기준을 적용해 설계에 대한 적합성을 입증하여야 한다. 다만, FAR/KAS §21.303(a)의 (4)항과 (5)항, 그리고 FAA Order 8110.42D 및 국토교통부 훈령 부품등제작자증명 지침에 따른 설계승인 적합성 입증방법에 따라서 달라질 수 있다.

즉, 면허계약에 의한 동일성 입증(identicality with L/A)과 기존 부가형식증명(existing STC)에 의한 적합성 입증방법을 선택한 경우에는 설계승인 과정 없이 곧바로 생산승인 과정을 진행하므로 항공기 감항기준의 적용 조항 검토나 세부적인 인증계획 수립이 필요하지 않게 된다. 이에 반하여 면허계약이 없는 동일성 입증(identicality without L/A), 시험 및 계산(tests and computations)에 의한 적합성 입증, 중급(major) 설계변경에 따른 신규 부가형식증명(new STC)에 의한 적합성 입증에 해당하는 경우에는 항공기 감항기준에 대한 세부적인 검토가 필요하게 된다.

수송급 비행기 캐빈의 이코노미 좌석에 부착되는 컵 홀더, 웨어 디스크, 리클라인 버튼과 창문 덮개(window shade) 등이 우리나라에서 부품제작자승인을 획득했으며, 향후에도 계속하여 좌석의 쿠션, 드레스 커버, 암 레스트, 밀 테이블, 캐빈 벽면의 측면 패널, 천정 패널, 격벽, 커튼, 수하물실의 도어, 래치, 힌지, 조명 조립체 및 전등, 주방 및 화장실 부품, 엔터테인먼트 모니터 및 관련 부품, 캐빈 바닥의 카펫과 트랙 커버 등에 대한 국산화 개발과 부품제작자승인을 기대할 수 있다. 이에 따라서 캐빈 인테리어 부품에 가장 많이 사용되는 플라스틱 소재로 제작되는 밀 테이블(meal table or food tray)에 대한 감항기준 적용 요건을 살펴보고자 한다.

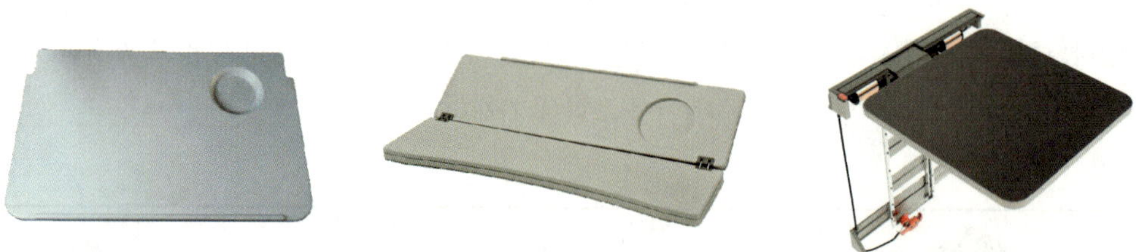

[Meal Table, flat type]　[Meal Table, folded type]　[Meal Table, in-arm type]

[그림 5-33] 항공기 이코노미 클래스 좌석의 밀 테이블 종류

항공기 좌석에 부착되는 밀 테이블은 일반 좌석용(standard type)과 팔걸이 매립형(in-arm type)으로 구분할 수 있으며, 각각 단일 평면(flat) 또는 접이식(folded) 형태로 제작되고 있다. 일반 좌석용 표준형 밀 테이블의 표피는 페놀 수지, 고압 라미네이트(HPL, Formica®), 폴리카보네이트, 아크릴, 또는 유리섬유 복합재로 제작하고, 코어는 하니콤 복합재(Nomex®), 아크릴로니트릴 부타디엔 스티렌(ABS), 또는 폴리프로필렌으로 충전해 구조적으로 보강한다. 그리고 테두리 프레임은 폴리염화비닐(PVC), 열가소성 탄성 중합체(TPE), 또는 알루미늄 합금으로 제작한다.

항공기 감항기준 FAR/KAS Part 25의 약 400개 요건 중에 밀 테이블에 적용되는 조항을 다음과 같은 과정을 통해서 선정할 수 있다. 부품제작자승인 대상 캐빈 부품의 치수와 형상은 형식증명을 받은 부품과 동일해야 하며, 난연·연기·독성(FST) 요건에 대한 입증이 가장 중요하다고 볼 수 있다. 다만, FAR/KAS Part 25에서는 소화기와 축전지에 대한 독성가스 요건만 규정하고 있으며, 캐빈 부품에 대한 독성 요건은 규정하지 않고 있다. 또한, 중량이나 강도에 대한 요건도 일반적인 수준으로 볼 수 있다.

부품제작자승인을 신청하는 밀 테이블의 형상과 구조는 기존의 항공기 형식증명 등에 포함된 좌석의 밀 테이블에 대한 역설계를 통해서 결정할 수 있다. 밀 테이블 원재료에 대한 제조사의 규격서 및 시험 성적서를 활용하고, 밀 테이블 완성품에 대한 구조하중 시험 및 피로수명 시험은 ASTM, SAE, ISO 등의 산업규격을 적용한다. 밀 테이블 부품 시편이나 완성품에 대한 난연시험에는 FAR/KAS Part 25 부록 F와 Aircraft Materials Fire Test Handbook 등을 적용한다.

밀 테이블은 순항비행 중일 때만 사용되므로 동적 조건이나 비상착륙 조건은 적용하지 않고, 장기간의 경험과 시험으로 입증된 원재료를 사용하고 캐빈 실내 환경에서 사용되므로 밀 테이블 완성품에 대한 환경시험을 수행하지 않을 수 있다. 다만, 밀 테이블 상판과 하판을 접착하는 공정에 대해서는 특수공정으로 분류하여 해당 규격서 또는 공정서를 인증기관에 제출하여 승인받는다.

[표 5-13] KAS/FAR Part 25의 밀 테이블 적용 요건 검토

번호	감항기준 요건 내용	검토 결과 및 입증계획	적용성
§25.303	Factor of Safety. 안전계수는 제한하중에 대하여 1.5를 적용함	형식증명 밀 테이블 제한하중 확인. 안전율 1.5로 설계. 시험으로 입증	O
§25.305	Strength and Deformation. 극한하중에서 3초 이상 견뎌야 함. 변형 포함	§25.303 연계하여 극한하중 정적시험을 통해서 입증	O
§25.307	Proof of Structure. 구조강도 및 변형요건은 임계하중 조건에서 입증	밀 테이블은 순항비행 중에서만 사용하므로 정적 단일조건에서 입증	N/A
§25.561	General. (Emergency Landing Conditions) 중상 유발, 중량물 이탈, 탈출 방해하지 않을 것	밀 테이블은 순항비행 중에서만 사용되고, 중량물에 해당하지 않음	N/A
§25.562	Emergency Landing Dynamic Conditions. 동적조건 좌석 시험 (HIC, lumbar, femur, neck)	형식증명 또는 TSO 좌석의 밀 테이블과 동일한 형상 및 강도로 설계	N/A
§25.603	Materials. 경험/시험 입증된 재료 (환경, 내구성, 산업규격)	밀 테이블 재료 성적서, 피로수명 시험 입증 (SAE ARP5526F, 3.28)	O
§25.605	Fabrication Methods. 특수공정은 승인받고, 신기술은 시험으로 실증	전통적인 제작방법을 사용하지만, 접착(gluing) 특수공정규격서 제출	O
§25.613	Material Strength Properties and ~ 충분한 시험과 통계로 입증된 재료(변동성 배제)	밀 테이블은 비행안전 구조물이 아니고, 경험/시험된 재료를 사용함	N/A
§25.785	Seats, Berths, Safety Belts, and Harnesses. 좌석, 침대, 안전벨트, 하니스 고정과 승객보호	밀 테이블 요건 없으며, 파손 시에도 승객 탈출을 방해하지 않음	X
§25.803	Emergency Evacuation. 최대 탑승객이 90초 이내에 탈출 실증 요구됨	TC/TSO와 동일 형상 및 강도로 설계함. 파손되어도 탈출 영향 없음	N/A
§25.853	Compartment Interiors. 객실 재료는 부록 F의 Part I, IV, V 난연시험	밀 테이블 부품 및 완성품 시편에 대하여 분젠버너 수직시험 수행	O
§25.1301	Function and Installation. 의도된 기능에 따라 장착하고, 관련정보를 표시	밀 테이블 장착 지침서를 작성하고, 관련 정보를 기재한 라벨 부착	O
§25.1529	Instructions for Continued Airworthiness. 부록 H에 따라 감항성유지지침서 작성 요구됨	밀 테이블 장착 지침서에 감항성유지지침이 포함되도록 작성	O
§25.1541	General. (Markings and Placards) 규정된 식별표시 및 플래카드 부착이 요구됨	§45.15(a)에 따른 PMA 표식과 안전벨트 및 구명복 플래카드 부착	O

항공기 부품에 대한 난연시험 대상은 FAR/KAS Part 25의 적용 요건, 그 부록 F의 난연시험절

차, FAA Fire Test Handbook, 권고회람서(AC) 및 산업표준서에 따라서 신청자가 선정하여 인증기관에 제안할 수 있다. 밀 테이블의 경우에는 상판(upper cover), 하판(lower cover), 충전재(inner foam) 원소재 시편에 대하여 FAR/KAS Part 25 부록 F의 Part I에 따른 수직 분젠버너시험을 수행하고, 조립체 시편에 대하여 Part IV에 따른 열방출시험과 Part V에 따른 연기밀도시험을 수행하는 것으로 제안할 수 있다.

원자재의 경우에는 해당 제조업체서 발행한 난연시험 성적서 등을 이용하고, 중간 가공품에 대한 시편 및 완성 부품에 대한 난연시험은 부품제작자승인 신청자가 주관하여 수행하여야 한다. 난연시험장비는 신청자가 보유한 자체시설이나 국내외 전문기관이 보유한 시험장비를 이용할 수 있다. FAA Aircraft Materials Fire Test Handbook의 부록 F에 제시된 난연시험기관 목록을 참고할 수도 있다.

[표 5-14] 항공기 부품에 대한 난연시험 대상 선정 기준

감항기준	Part 25 부록 F	Fire Test Handbook	시험 대상 부품 (시편)
§25.853(a) §25.855(d) §25.856(a) §25.1713(c)	Part I: 분젠버너시험	Chapter 1: 수직시험 Chapter 2: 45° 시험 Chapter 3: 수평시험 Chapter 4: 60° 시험	- 모든 캐빈 부품: 패널, 주방, 좌석 등 - 화물실 라이너, 폐기물 보관실 재료 - 캐빈 부품, 화물실 부품, 기타 재료 - 전선 및 케이블 절연 재료
§25.853(c)	Part II: 오일버너시험	Chapter 7: 오일버너	- 좌석 쿠션 시편 (bottom and back)
§25.855(c) §25.855(d)	Part III: 화염관통시험	Chapter 8: 오일버너 Chapter 1, 2, 3: 분젠	- 화물실 라이너 시편 - 화물실 및 수하물실 기타 재료
§25.853(d)	Part IV: 열 방출 시험	Chapter 5: OSU Test	- 캐빈 패널, 파티션, 주방, 캐비닛 등
§25.853(d)	Part V: 연기밀도시험	Chapter 6: NBS Test	- 캐빈 패널, 파티션, 주방, 캐비닛 등
§25.856(a)	Part VI: 화염전파시험	Chapter 23: 화염시험	- 열 및 소음 차단 재료
§25.856(b)	Part VII: 연소관통시험	Chapter 24: 연소시험	- 열 및 소음 차단 재료
(§25.853)	(TSO-C127c, App. 2)	Chapter 26: 소닉버너	- 마그네슘 합금 좌석 구조 재료

* 난연성이 입증된 전통적 재료, 소형 부품, 금속재료는 난연시험(flammability test)이 요구되지 않음 (FAR §25.853, AC 25.853-1A, Fire Test Handbook, SAE ARP5526F, ARP6199B 등 참고)

* 소형 부품(small parts)은 노출 표면적 58 cm^2 또는 체적 131 cm^3 이하의 Bracket, Clip, Rivet, Knob, Handle, Roller, Fastener, Pulley 등을 지칭함 (SAE ARP5526F의 3.24.2.1 참조)

* 독성(toxic) : FAR §25.853 본문 및 부록 F의 연기 요건에 함축적(implicit)으로만 나타나 있을 뿐이고, 명시적 요건으로 규정되어 있지 않음. 다만, Boeing BBS 7239 (ISO 5659-2) 또는 Airbus ABD 0031 (ASTM E662)에서 요구되는 CO, HCN, HF, HCl 등에 대한 제한치를 충족해야 함

또한, FAR/KAS §25.853에 따른 부록 F의 Part IV 열방출 시험과 Part V 연기밀도 시험 요건에서 시험대상 선정기준을 명확히 규정하고 있지 않아 SAE ARP6199B에 제시된 선정기준을 참고하여야 한다. 이 지침서에서는 좌석에 사용되는 부품의 형태(panel), 노출(exposed), 비금속

(non-metallic), 크기(large), 비전통적(non-traditional) 여부에 따라서 시험 대상 여부를 판단하도록 권고하고 있다.

즉, SAE ARP6199B에서 열방출 시험과 연기밀도 시험이 요구되지 않는 밀 테이블의 전통적인 크기(traditional size)를 1,161 cm^2 ±10 %로 규정하고 있고, 인증 대상 밀 테이블의 노출 표면적이 34.26 × 22.95 = 786.27 cm^2이라면, Part IV 및 Part V에 따른 시험 대상에 해당하지 않는다. 다만, FAR/KAS §25.853(a) 및 부록 F의 Part I에 따른 분젠버너 수직시험은 수행하여야 한다.

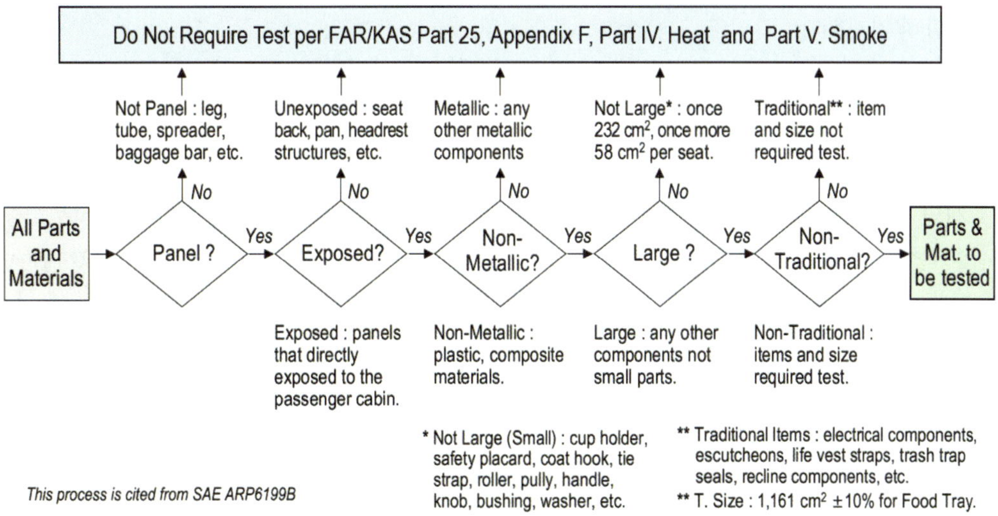

[그림 5-34] 열방출 시험 및 연기밀도 시험 대상 부품 선정 프로세스

항공기 좌석의 밀 테이블에 대한 부품제작자승인 인증계획서(CP)는 일반적인 부품류에 대한 인증계획서에 공통적으로 반영되는 인증개요, 설계구성, 인증기준, 일정계획, 적합성 입증계획, 합치성 검사계획, 설계변경 관리계획, 감항성 유지계획 등과 같은 구성으로 작성하고, 적용 항공기 감항기준, 밀 테이블 설계, 입증항목 및 입증보고서, 합치성 검사 대상 부품 등에 대하여 명확하고 구체적인 내용을 제시한다.

인증계획서의 일부 또는 첨부로 제출되는 적합성 점검표(CCL)는 Part 21의 Subpart K의 부품제작자승인 요건과 해당 감항기준의 밀 테이블 관련 요건에 대한 적합성 입증방법(MoC)을 설정하고, 각 요건에 대한 입증 보고서와 제출 일정 등을 반영해 작성한다. 합치성 검사 대상은 부품목록을 기반으로 신청자 자체 검사와 인증기관의 합치성 검사 대상 부품 및 공정을 구분하고, 해당 검사서류 등을 목록으로 작성하여 제안한다.

부품 식별서 또는 부품등제작자증명서 부록(PMA Supplement)에 장착 대상 항공기 모델(model eligibility)을 기재할 때, 지나치게 많은 모델 명칭을 기재하면 그 기종에 대한 적합성 입증 및 항공기 장착 검사를 모두 수행해야 할 수도 있으므로 해당 부품의 판매에 필요한 최소한의 모델 명칭만 기재할 필요가 있다.

밀 테이블에 대한 시험계획서, 시험보고서, 해석보고서는 제안된 개발 및 인증 일정에 따라서 작성해 제출하고 승인을 받아야 한다. 시험계획서에는 입증요건, 입증 대상품, 시험장비, 시험절차, 합부 판정기준을 명확히 제시하고, 시험 대상품(test article)의 합치성 검사를 위한 도면과 검사기준도 첨부해야 한다. 시험보고서에는 시험계획서 내용을 기반으로 시험 목적, 시험절차, 시험 대상품, 시험 수행, 인증기관 입회 및 검사, 시험 결과, 그리고 해당 요건에 대한 적합성 입증 여부를 명확히 기재한다.

5.6.3 캐빈 부품 적합성 입증

캐빈 인테리어 부품을 포함하여 제3자가 공급하는 교체용 부품은 항공안전법 제28조(부품등제작자증명), 시행규칙 제61조(부품등제작자증명 신청) 내지 제64조(부품등제작자증명서 발급), KAS/FAR Part 21의 Subpart K의 부품제작자승인 요건, 그리고 해당 항공기 감항기준의 적용 요건을 충족하여야 한다.

우리나라에서 부품제작자승인을 받은 컵 홀더, 웨어 디스크, 창문 덮개, 리클라인 버튼은 모두 캐빈 인테리어 부품에 해당하며, 동일한 방식의 적합성 입증 과정을 통하여 인증을 받았다. 이에 추가하여 향후에 수요가 기대되는 밀 테이블(meal table, food tray)에 대한 세부적인 적합성 입증 방안을 살펴보고자 한다.

항공안전법, 시행규칙, FAR/KAS Part 21의 일반적인 요건과 함께 항공기 감항기준에서 밀 테이블에 적용되는 것으로 판단되는 §25.303, §25.305, §25.603, §25.605, §25.853, §25.1301, §25.1529, §25.1541 등에 대한 설계승인 적합성 입증이 중요하다고 볼 수 있다. 또한, 생산승인 관점에서는 §25.605 Fabrication Methods에 따른 특수공정 관리, AC 21-31A에 따른 비금속 구성품 또는 AC 21-26A에 따른 복합재 구조물에 품질관리도 중요하게 다루어야 한다. 다만, 밀 테이블에는 AC 25-17A 캐빈 인테리어 내추락성(crashworthiness)과 AC 25.795-8 위험물 수색 인테리어 설계 지침은 고려하지 않는다.

다음의 밀 테이블에 대한 적합성 입증계획과 인증문서 사례는 2025년에 기술표준품승인을 받은 항공기 좌석에 구성품으로 조립되었던 밀 테이블을 기반으로 향후에 별도의 부품제작자승인을 신청하는 상황을 전제로 하였다.[65] 또한, 설계 적합성은 시험 및 계산(test and computation)으

---

65) 여기에 제시된 적합성 입증계획 예시는 독자의 이해를 돕기 위하여 법적인 인증 요건, 일반적인 입증 계획서 사례, 그리고 저자의 경험을 바탕으로 편집된 내용으로써, 해당 제작자가 준비하는 인증문서 내용과 다를 수 있다.

로 입증하는 과정을 고려하였다.

- ABC-PMA-C111 : 밀 테이블 인증계획서
- ABC-PMA-C113 : 밀 테이블 적합성 점검표(CCL)
- ABC-PMA-C115 : 부품 식별서(PMA Supplement)
- ABC-PMA-D111 : 밀 테이블 설계도면
- ABC-PMA-D115 : 밀 테이블 사양서
- ABC-PMA-D125 : 밀 테이블 특수공정규격서
- ABC-PMA-Q111 : 품질 매뉴얼 및 절차서
- ABC-PMA-C215 : 감항성유지지침서(AMM Supplement, CMM)
- ABC-PMA-C121 : 밀 테이블 설계 적합성 입증계획서
- ABC-PMA-D135 : 밀 테이블 구조시험 보고서
- ABC-PMA-D139 : 밀 테이블 난연시험 보고서

Design Substantiation Plan for Aircraft Seat Meal Table

1. INTRODUCTION

1.1 Purpose

This document presents the design substantiation plan applicable to the aircraft seat meal table (P/N: 00000-00), which is installed on the Specific Aircraft Models through Parts Manufacturer Approval (PMA).

1.2 Applicable Documents

The following regulations and documents are applicable to this design substantiation for PMA of the aircraft seat meal table.

- Article 28 Parts Manufacturer Approval, Aviation Safety Act, 2025.01.19
- Article 61 Application for PMA, Enforcement Regulation of ASA, 2025.01.17
- MOLIT Directive 1529 : Procedures for Parts Manufacturer Approval, 2022.06.07
- MOLIT Notice 2018-316 : Standards for Parts Manufacturer Approval, 2018.05.28
- KAS/FAR Part 25 : Transport Category Airplanes, Amendment 25-153, 2024.08.23
- AC 20-62E : Eligibility, Quality, and Identification of Replacement Parts, 2018.09.14
- AC 21-31A : Quality Control for Non-Metallic Interior Components, 2010.08.31
- AC 21.303-4 : Application for PMA via Test and Computation or Identicality, 2014.03.21
- Drawing of Test Article : DWG No. 00000-00, MEAL TABLE ASSY, Rev. A, 2025.00.00
- ABC-PMA-C111 : PMA Certification Plan for Aircraft Meal Table, 2025.00.00
- ABC-PMA-D133 : Structural Test Plan for Aircraft Meal Table, 2025.00.00

- ABC-PMA-D137 : Flammability Test Plan for Aircraft Meal Table, 2025.00.00

1.3 Abbreviations

- CMM : Component Maintenance Manual
- FAA : Federal Aviation Administration
- MOLIT : Ministry of Land, Infrastructure and Transport
- NBS : National Bureau of Standard (NIST: National Institute of Standards & Technology)
- OSU : Ohio State University (Heat Release Test Equipment)
- PMA : Parts Manufacturer Approval...

2. REGULATORY REQUIREMENTS

The aircraft meal table will be showed compliance with appropriate sections of KAS/FAR Part 25 Airworthiness Standards: Transport Category Airplanes, which are the following §25.303, §25.305, §25.603, §25.605, §25.853, §25.1301, §25.1529, and §25.1541 sections.

(1) §25.303 Factor of Safety

Unless otherwise specified, a factor of safety of 1.5 must be applied to the prescribed limit load which are considered external loads on the structure. When a loading condition is prescribed in terms of ultimate loads, a factor of safety need not be ~ ...

(2) §25.305 Strength and Deformation

(a) The structure must be able to support limit loads without detrimental permanent deformation. At any load up to limit loads, the deformation may not interfere with safe operation...

(3) §25.603 Materials

The suitability and durability of materials used for parts, the failure of which could adversely affect safety, must -

(a) Be established on the basis of experience or tests; ...

(4) §25.605 Fabrication Methods

(a) The methods of fabrication used must produce a consistently sound structure. If a fabrication process (such as gluing, spot welding, or heat treating) requires close control to reach this objective, the process must be performed under an...

(5) §25.853 Compartment Interiors

For each compartment occupied by the crew or passengers, the following apply:

(a) Materials (including finishes or decorative surfaces applied to the materials) must meet the applicable test criteria prescribed in part I of appendix F of this...

(6) §25.1301 Function and Installation

Each item of installed equipment must -

(a) Be of a kind and design appropriate to its intended function;

(b) Be labeled as to its identification, function, or operating limitations, or...

(7) §25.1529 Instructions for Continued Airworthiness.

The applicant must prepare Instructions for Continued Airworthiness in accordance with appendix H to this part that are acceptable to the Administrator. The instructions may be incomplete at type certification if a program exists to ensure their...

(8) §25.1541 General (Markings and Placards)

(a) The airplane must contain -

(1) The specified markings and placards; and

(2) Any additional information, instrument markings, and placards required...

3. DESIGN OF MEAL TABLE

3.1 Design and Construction

The aircraft meal table, P/N 00000-00, is designed to install on the passenger seat of transport airplanes type certified and/or the passenger seat TSO approved as a PMA part. It consists of an upper cover of polyvinyl chloride (PVC), a lower cover of polyvinyl chloride (PVC), a form material of polyurethane material, two side bars of aluminum alloy 7075-T651. The meal table size is 000.0×000.0 mm, thickness 00.0 mm, and weight 0.00 kg.

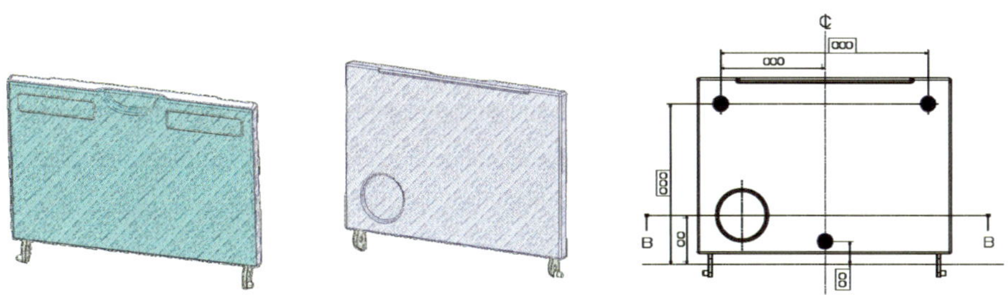

[Lower Surface 3D View] [Upper Surface 3D View] [Drawing of Upper Surface]

Figure x. Design Configuration of Aircraft Seat Meal Table

3.2 Eligibility of Meal Table

This meal table, P/N 00000-00, could be installed on the passenger seats of the following type certified aircraft as replacement parts.

- Airbus A318, A319, A320, A321 : EASA.A.64, Issue 58.
- Airbus A350-941, A350-1041 : EASA.A.151, Issue 31.
- Boeing 737-800, 737-900, 737-8, 737-9 : FAA A16WE, Revision 77.
- Boeing 787-8, 787-9, 787-10 : FAA T00021SE, Revision 39.

3.3 Analysis and Test Plan

Applicant will conduct structural analysis of the meal table to show compliance with KAS/FAR §25.303 which prescribes that a factor of safety of 1.5 must be applied to the limit load, and §25.305

which prescribes that the structure must be able to support limit loads without detrimental permanent deformation.

Applicant will also conduct structural test of the meal table to demonstrate strength and deformation in accordance with KAS/FAR §25.303 and §25.305, and vertical flammability test to show compliance with KAS/FAR §25.853(a), Appendix F, Part I requirements.

3.4 Conformity and Witness

Applicant will manufacture 6 prototypes of the meal tables: 2 prototypes for structural load test and fatigue life test, and 4 prototypes for installation compatibility on the eligible aircraft.

Applicant will inspect 6 prototypes in accordance with quality system procedures, and will request Korea Institute of Aviation Safety Technology (KIAST) to conduct conformity inspection for the test articles and to witness the structural tests and the flammability test.

4. SUBSTANTIATION PLAN

4.1 Factor of Safety

Applicant will show compliance with KAS/FAR §25.303 Factor of Safety by structural analysis and test, which prescribes that a factor of safety of 1.5 must be applied to the prescribed limit load which are considered external loads on the structure.

4.2 Strength and Deformation

Applicant will show compliance with KAS/FAR §25.305 Strength and Deformation in conjunction with §25.303 Factor of Safety and §25.603 Materials by structural analysis and test of materials, loads, and fatigue life, which prescribes that (a) The structure must be able to support limit loads without detrimental permanent deformation, and (b) The structure must be able to support ultimate loads without failure for at least 3 seconds.

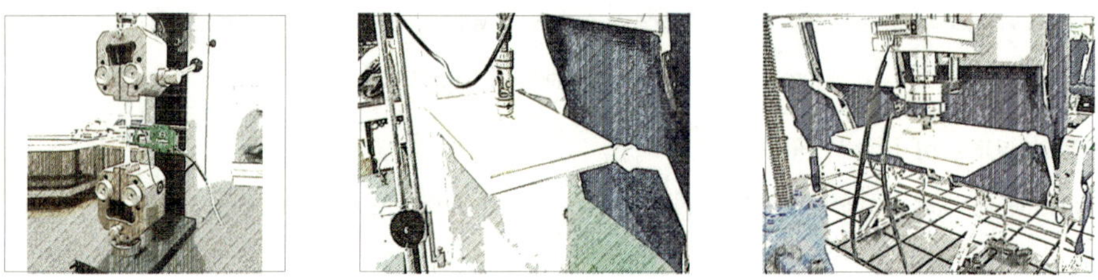

[Ultimate Tensile Test] [Abuse Load Test] [Fatigue Life Test]

Figure x. Structural Test of Meal Table Prototype

4.3 Materials of Meal Table

The meal table consists of an upper cover of polyvinyl chloride (PVC), a lower cover of polyvinyl chloride (PVC), a form material of polyurethane material (RST361), two side bars of aluminum alloy 7075-T651.

Applicant will present all material test reports of each supplier. And applicant will also show compliance with KAS/FAR §25.603 Materials in conjunction with §25.305 Strength and Deformation by structural tests.

4.4 Fabrication Methods

The upper cover and the lower cover of the meal table are manufactured in vacuum forming process. The upper and lower covers are assembled and cured with polyurethane forming material inside. Two side bars of machined aluminum alloy are also inserted before polyurethane forming process.

Applicant will prepare the special process specification if KIAST recommends that the polyurethane forming process is classified as gluing process prescribed in KAS/FAR §25.605 Fabrication Methods.

[Plastic Forming Die]

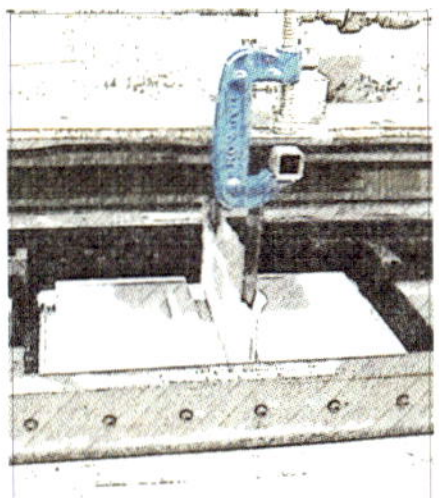

[Vacuum Forming]

[Poring Form Material]

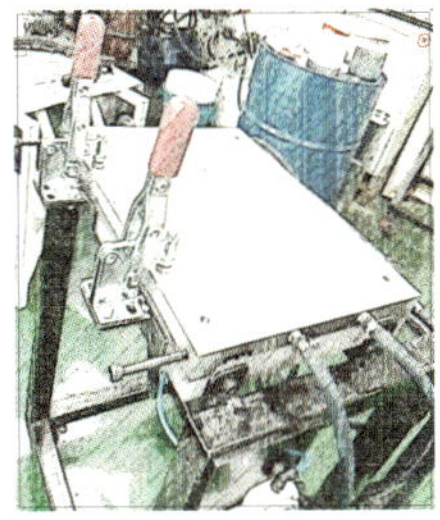

[Forming Adhesion]

Figure x. Manufacturing Process of Meal Table Prototype

4.5 Compartment Interiors (Flammability)

An upper cover, lower cover, forming material, and assembly of a meal table are required a Bunsen burner vertical test per KAS/FAR 25.853(a) and Part I of its Appendix F requirements. Heat release test and smoke density test are not required as prescribed in KAS/FAR 25.853(d), Part IV and Part V of its Appendix F, and SAE ARP6199B because the exposed surface area of the meal table, 000 cm^2, is less than 1,161 cm^2 of traditional size.

Applicant will prepare material flammability test reports of suppliers, and will conduct Bunsen burner vertical test for 3 specimens each of the upper cover, lower cover, and complete assembly of the meal table.

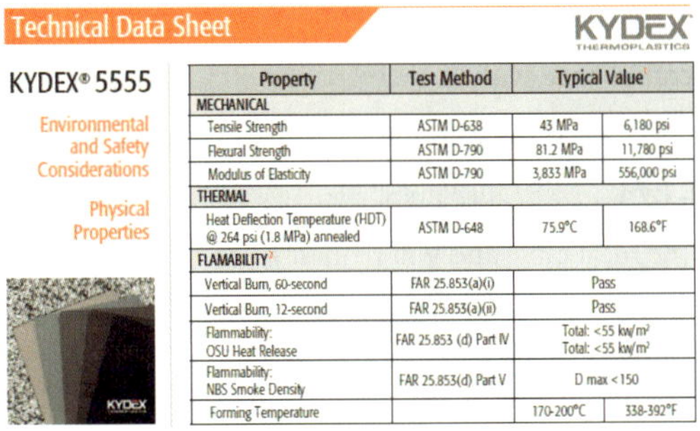

Technical Data Sheet

KYDEX THERMOPLASTICS

KYDEX® 5555

Environmental and Safety Considerations

Physical Properties

Property	Test Method	Typical Value	
MECHANICAL			
Tensile Strength	ASTM D-638	43 MPa	6,180 psi
Flexural Strength	ASTM D-790	81.2 MPa	11,780 psi
Modulus of Elasticity	ASTM D-790	3,833 MPa	556,000 psi
THERMAL			
Heat Deflection Temperature (HDT) @ 264 psi (1.8 MPa) annealed	ASTM D-648	75.9°C	168.6°F
FLAMABILITY			
Vertical Burn, 60-second	FAR 25.853(a)(i)	Pass	
Vertical Burn, 12-second	FAR 25.853(a)(ii)	Pass	
Flammability: OSU Heat Release	FAR 25.853 (d) Part IV	Total: <55 kw/m² Total: <55 kw/m²	
Flammability: NBS Smoke Density	FAR 25.853(d) Part V	D max < 150	
Forming Temperature		170-200°C	338-392°F

[Plastic Material Test Report by Supplier]

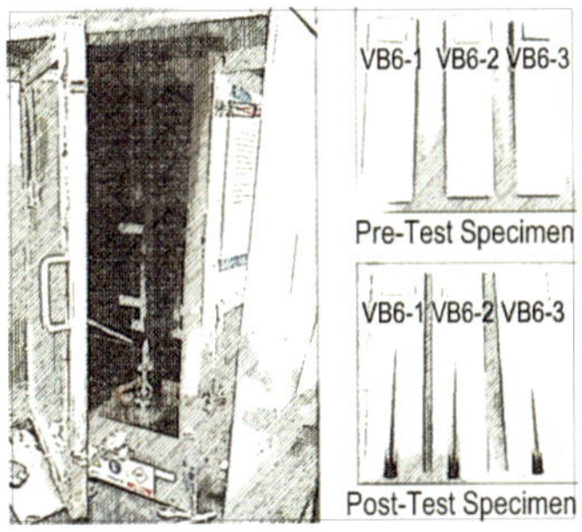

[Bunsen Burner Vertical Test]

Figure x. Flammability Test of Meal Table Specimens

4.6 Function and Installation

Applicant will show compliance with KAS/FAR §25.1301 Function and Installation which prescribes

CHAPTER 5 항공부품 인증기술

that Each item of installed equipment must, (a) Be of a kind and design appropriate to its intended function; (b) Be labeled as to its identification, function, or operating limitations, or any applicable combination of these factors; and (c) Be installed according to limitations specified for that equipment.

Applicant will prepare the meal table installation and maintenance instructions with placards and PMA marking on the meal seat.

4.7 Instructions for Continued Airworthiness

Applicant will show compliance with KAS/FAR §25.1529 Instructions for Continued Airworthiness which describes that The applicant must prepare Instructions for Continued Airworthiness in accordance with Appendix H...

Applicant will prepare the meal table installation and maintenance instructions including installation and airworthiness limitation sections.

4.8 General (Markings and Placards)

Applicant will show compliance with KAS/FAR §25.1541 General which prescribes that (a) The airplane must contain, (1) The specified markings and placards; and...

Applicant will prepare and submit the placards and PMA marking drawing for KIAST approval. Refer to the following figure, Placards and PMA Marking of Meal Table.

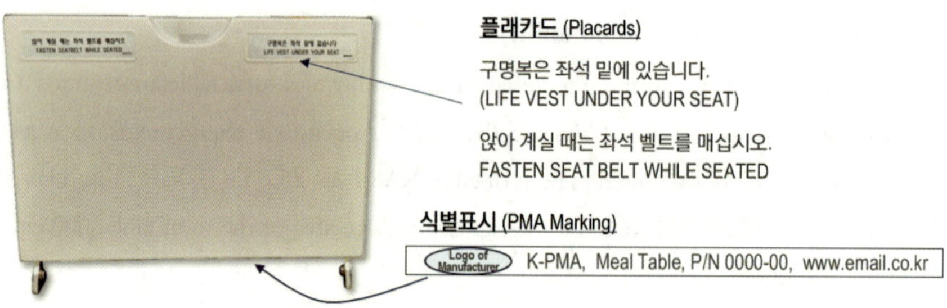

Figure x. Placards and PMA Marking of Meal Table

5. CONCLUSION

This design substantiation plan is to show compliance with KAS/FAR §25.303, §25.305, §25.603, §25.605, §25.853, §25.1301, §25.1529, §25.1541 for PMA of the aircraft meal table, P/N 00000-00, to be installed on the appropriate A320, A350, B737, B787 airplanes.

Applicant will manufacture 6 prototypes of the meal table and will request KIAST for conformity inspection and witness of the tests. And Applicant will submit structural analysis report, structural test report, and flammability test report for KIAST approval.

연습문제

문제 1　항공기 제작이나 정비에 사용되는 부품류는 다양한 방법으로 인증을 받을 수 있다. 다음 중에 항공기 부품류에 대한 인증 방법으로 적정하지 않은 것은?

① 형식증명　② 부가형식증명
③ 부품제작자승인　④ 감항증명

문제 2　다음 중에 항공안전법 및 KAS §21.616에 따른 우리나라 기술표준품승인 소지자의 책임에 해당하지 않는 것은?

① 설계에 합치하는 기술표준품 제작　② 승인된 품질시스템 유지
③ TSO 식별 표시 부착　④ 감항승인서(AAT) 발행

문제 3　다음 중에 항공안전법 시행규칙 제55조에 따른 기술표준품 형식승인 신청서류에 해당하지 않는 것은?

① 입증 계획서　② 장착 계획서　③ 설계 도면　④ 품질관리규정

문제 4　항공안전법에 따라 우리나라 기술표준품 형식승인을 받은 품목에 대하여 미국 연방항공청에서 받을 수 있는 인증서는?

① KTSOA　② FAA TSOA　③ TSO LODA　④ 신청할 수 없다.

문제 5　다음 중에 항공안전법 시행규칙 제61조에 따라 부품등제작자증명을 신청할 수 있는 품목은 어느 것인가?

① 항공기 타이어　② 대기자료컴퓨터
③ 항공기 좌석　④ 객실 창문 덮개

문제 6　항공기 기술표준품승인(TSOA)에 관한 법령 제도와 그 대상 품목에 대하여 간단히 설명하시오.

문제 7　항공기 부품제작자승인(PMA)에 관한 법령 제도와 그 대상 품목에 대하여 간단히 설명하시오.

문제 8 부품제작자승인(PMA)과 기술표준품승인(TSO)에 대한 특징적 요소를 신청 자격, 양도성, 승인단계, 승인기준, 장착 적격성 등으로 구분하여 설명하시오.

문제 9 부품제작자승인(PMA)을 신청할 때, 해당 부품의 설계에 관한 적합성 입증방법을 선정해야 하는데, 그 종류를 나열하고 간단히 설명하시오.

문제 10 기술표준품승인(TSOA)에 적용되는 최소성능표준(MPS)에 대하여 설명하고, 이에 해당하는 표준서를 3가지 이상 나열하시오.

문제 11 부품제작자승인과 기술표준품승인 과정에서 제출해야 하는 적합성 확인서(SoC: Statement of Compliance)와 합치성 확인서(SoC: Statement of Conformity, or Conformance)에 대하여 각각 설명하시오.

문제 12 부품제작자승인 또는 기술표준품승인 과정에서 생산승인을 위한 품질시스템 평가기준은 무엇이며, 이를 AS9100 항공우주 품질경영시스템 인증으로 대신할 수 있는지 설명하시오.

문제 13 우리나라 제조업체가 개발한 기술표준품에 대하여 미국 연방항공청에 인증을 신청하는 과정을 간단히 설명하시오.

문제 14 우리나라의 기술표준품 개발자가 미국 연방항공청에 인증을 신청했을 때, 생산승을 위한 품질시스템은 어떤 기준에 따라서 누가 평가하는가?

문제 15 부품제작자승인을 신청할 때 제출되는 부품 식별서 또는 승인서가 발급될 때 첨부되는 PMA Supplement에 기재되는 사항을 4가지 이상 쓰시오.

문제 16 부품제작자승인을 받은 부품에 식별 표시(PMA marking)를 할 때, 반드시 기재되어야 하는 정보(항목)를 3가지 이상 나열하시오.

문제 17 기술표준품승인을 받은 품목에 식별 표시(TSO marking)를 할 때, 반드시 기재되어야 하는 정보(항목)를 4가지 이상 나열하시오.

문제 18 항공기 부품 또는 기술표준품 인증계획서(CP)를 작성할 때, 전형적인 목차를 제시하고 그에 포함될 내용을 간단히 서술하시오.

문제 19 부품제작자승인 또는 기술표준품승인을 위한 시험계획서(TP)를 작성할 때, 전형적인 목차를 제시하고 그에 포함될 내용을 간단히 서술하시오.

문제 20 항공기 타이어는 플라이(ply) 방향성에 따라 바이어스(bias) 타이어와 래디얼(radial) 타이어로 분류하는데, 각각의 특징에 대하여 설명하시오.

문제 21 항공기가 비상 착수하는 경우에 사용되는 수동 팽창식 구명복(life preserver)을 팽창시키는 과정을 설명하고, 구조신호 발생기구 2가지를 나열하시오.

문제 22 TSO-C127c에 따른 항공기 좌석에 대한 16g 동적시험에서 시험용 인체더미(ATD)의 머리상해지수(HIC)에 대하여 설명하시오.

문제 23 기술표준품승인을 받은 승객용 좌석을 수송급 비행기에 장착하는 부가형식증명에서 고려해야 하는 감항기준 요건을 3개 이상 제시하고, 설명하시오.

문제 24 항공기 대기자료컴퓨터(ADC)에 입력되는 측정값과 출력되는 변수를 각각 3가지 이상 제시하시오.

문제 25 기계식 부품이나 장치와 달리 항공전자장비(avionics) 인증에 중요하게 부과되는 해석 및 시험 항목을 3가지 이상 제시하시오.

문제 26 수송급 비행기 캐빈 인테리어 부품이 항공기 전체에서 차지하는 비율이 어느 정도이며, 인테리어 부품에 부과되는 핵심 안전성 요건 3가지는 무엇인가?

문제 27 캐빈 인테리어 부품의 35 ~ 50 %는 플라스틱 소재로 제작되는데, 이들 가공방법을 포밍(forming)과 몰딩(molding)으로 분류하고, 각각의 특징을 설명하시오.

문제 28 항공기 부품이나 기술표준품 중에 가장 우선적으로 국산화 개발이 필요하다고 판단되는 품목을 제시하고, 그 이유를 산업적 측면과 인증의 관점에서 설명하시오.

CHAPTER

06 미래형 비행체 인증

6.1 미래 비행체 개요

6.1.1 미래 비행체 분류

미래형 항공 모빌리티(FAM: Future Air Mobility)는 혁신적이고(innovative), 지속 가능하고(sustainable), 효율적인(efficient) 방법으로 승객 및 화물을 중단거리 운송할 수 있는 차세대 항공 기술 또는 시스템으로 정의할 수 있다. 미래형 항공 모빌리티는 크게 도심형 항공 모빌리티(UAM: Urban Air Mobility), 지역간 항공 모빌리티(RAM: Regional Air Mobility), 그리고 무인 항공기 시스템(UAS: Unmanned Aircraft System)으로 분류할 수 있다.[66] 또한, 도심형 항공 모빌리티(UAM)와 지역간 항공 모빌리티(RAM)를 포함하여 전기 또는 하이브리드 추진 방식으로 수직 이착륙이 가능하고, 유인조종, 원격조종, 자율조종 방식으로 승객 또는 화물을 운송하는 시스템을 포괄적으로 첨단형 항공 모빌리티(AAM: Advanced Air Mobility)로 분류하기도 한다.

[표 6-1] 미래형 항공 모빌리티에 대한 유형 분류

분류기준	카테고리	세부 분류 및 예시	비고
미션	승객 운송	UAM, RAM: eVTOL Air Taxi, Regional Hybrid Aircraft	
	화물 운송	Urban Parcel Drone, Regional Cargo UAS: Zipline, Elroy Air, Natilus	
	정찰 보안	Public Safety, Law Enforcement, Border Patrol: Skydio, DJI Matrice	
	재난 대응	Medical, Fire, Damage Survey: Wingcopter, Fixed-wing UAS	
운용환경	도심형(UAM)	eVTOL Air Taxis, Medical Drones, Law Enforcement Drones	
	지역간(RAM)	Regional Cargo and Passenger eSTOL/eCTOL aircraft	
	분쟁지역	Military UAS, BVLOS ISR Operations	
자율비행레벨	원격조종	Operator Controls via Radio/BVLOS: MQ-9, Wingcopter, DJI Phantom	
	세미-자율성	Autonomous with Human-in-the-Loop Decisions: Skydio Drones	
	완전자율비행	Pre-planned Flight, Automated Takeoff/Landing: Amazon Prime Air	
비행체 형상타입	eVTOL	Multirotor, Lift+Cruise, Tilt-Rotor: Passenger Taxi, Medical Delivery	Hybrid
	F-W UAS	Conventional, Blended Wing, Tandem: Long-range Delivery, ISR	Fixed-Wing
	R-C UAS	Helicopter-type, Coaxial: Short-range Vertical Flight, Surveillance	Rotorcraft
비행거리	근거리	Urban Drone Delivery, Law Enforcement Patrol	0 ~ 50 km
	단거리	Intercity Delivery, Inspection, Infrastructure UAS	50~100 km
	중거리	Regional Mobility, Cargo Drones, Tactical ISR	100~500km

66) 미래형 항공기에 무인 항공기를 포함하는 것이 적정하지 않을 수 있지만, 기술적 발전이 가속화되고 인증제도 개선이 필요하다는 점에서 미래 항공기 범주에 포함하여 다루고자 한다.

비행체의 패이로드 중량에 따라서 2 kg 미만은 초경량(micro) 비행체, 2 ~ 25 kg은 소형(small) 비행체, 25 ~ 150 kg은 중간(medium) 비행체, 150 kg 이상은 대형(large) 비행체 또는 고고도 장기 체공(HALE: High-Altitude Long-Endurance) 비행체로 분류하기도 한다.

미래 비행체에 적용되는 인증기준을 살펴보면, 이륙중량 25 kg (55 lbs) 미만의 소형 무인 항공기에는 FAR Part 107을 적용하고, 그 이상의 무인 항공기에는 FAR 21.17(b)에 따라 지정되는 감항기준 또는 특별감항조건(SC)을 적용하고, 도심형 항공 모빌리티(UAM) 및 지역간 항공 모빌리티(RAM)에는 FAR Part 23 또는 Part 27 등을 기반으로 설정되는 특별감항조건(SC)과 FAR Part 135 등의 운용 요건을 적용하고, 군용 무인 항공기에는 MIL-HDBK-516C, STANAG 4671 등을 적용한다.

이와 같은 미래형 비행체의 일반적인 분류 방식에 따라서 최근에 개발 및 운용되고 있는 대표적인 비행체에 대하여 운영주체, 미션(용도), 자율비행능력, 비행체 형상타입, 비행거리, 자체중량, 패이로드 또는 탑승인원을 다음과 같이 분류할 수 있다.

[표 6-2] 미래형 항공 모빌리티 비행체 사례 분류

Platform	Operator	Mission	Autonomy	Vehicle Type	Max Range	Empty Weight	Payload or Occupant
Zipline P2	Humanitarian	Medical	Level 4, Full	Fixed-wing VTOL	38 km	18 kg	3.6 kg
Wingcopter 198	Civil, Hum.	Cargo	Level 4, BVLOS	Fixed-wing VTOL	94 km	30 kg	4.7 kg
Amazon Prime Air	Commercial	e-delivery	Autonomous	Multi-rotor VTOL	28 km	22 kg	2.3 kg
Thunder B-VTOL	Military	ISR, Cargo	Autonomous, RP	Fixed VTOL Hyb.	150 km	25 kg	7.0 kg
MQ-9 Reaper	Military	ISR, Strike	RP, Autonomous	FW UAV, Turboprop	1,900 km	2,200 kg	1,700 kg
MQ-28 Ghost Bat	Military	ISR, LWCS	AI-driven Auto.	FW UCAV, Turbofan	3,700 km	1,500 kg	500 kg
EHang EH216-S	Civil (UAM)	Passenger	Full Autonomous	eVTOL 16 rotors	35 km	380 kg	0 + 2 pax
Volocopter VoloCity	Civil (UAM)	Passenger	1 Piloted	eVTOL 18 rotors	35 km	700 kg	1 + 1 pax
Joby S4	Civil (UAM)	Passenger	1 Piloted	eVTOL 6 tilt-rotors	241 km	1,200 kg	1 + 4 pax
Archer Midnight	Civil (UAM)	Passenger	1 Piloted	eVTOL 6 fix & 6 tilt	160 km	(2,500 kg)	1 + 4 pax
Heart ES-30	Civil (RAM)	Passenger	1 Piloted	Hyb. e-motor & t-gen.	800 km	12,000 kg	30 pax
Universal Hydrogen	Civil (RAM)	Passenger	2 Piloted	H2 fuel-cell & e-motor	852 km	13,000 kg	50 pax
Airbus ZEROe	Civil (RAM)	Passenger	2 Piloted	H2 Turbofan Engine	3,700 km	40,000 kg	150 pax

- VTOL : Vertical TakeOff and Landing
- BVLOS : Beyond Visual Line of Sight
- ISR : Intelligence, Surveillance, and Reconnaissance
- ISTR : Intelligence, Surveillance, Target Acquisition, and Reconnaissance
- RP : Remote-Piloted
- UAV : Unmanned Aerial Vehicle
- UCAV: Unmanned Combat Aerial Vehicle
- LWCS: Loyal-Wingman Combat Support

미래형 항공 모빌리티 비행체는 운용 목적이나 용도에 따라서 민간 상업용 및 특수목적 무인기(drone), 군용 무인기 및 무인항공시스템(drone and UAS), 도심형 항공 모빌리티(UAM) 비행체,

지역간 항공 모빌리티(RAM) 비행체로 구분할 수 있다. 드론(drone)은 FAR Part 107 또는 우리나라 드론법에 따른 무인비행장치 등을 말한다. 무인항공시스템(UAS)은 무인 비행체(UA), 지상 통제소(GCS), 통제링크(C2)를 포함한 시스템을 지칭하며, 운용자의 개입 정도에 따라 자율비행능력을 Level 0부터 Level 5까지로 구분한다.

미래형 비행체의 추진시스템은 배터리 및 전기모터를 사용하는 방식과 기존의 왕복엔진이나 터빈엔진에 친환경 연료(SAF, H2 fuel-cell)를 사용하는 방식, 그리고 이들을 상호 보조동력으로 사용하는 하이브리드 방식으로 구분된다. 수직이착륙(VTOL)에 사용되는 로터는 고정식(fixed), 틸트식(tilted), 조합식(combined)이 사용되고 있다.

Zipline P2 : MTOW 25 kg, L 1.5 m, CS 120 km/h, R 38 km, E 1.0 hr, 2023년

Wingcopter 198 : MTOW 25 kg, L 1.7 m, CS 100 km/h, R 94 km, E 1.0 hr, 2021년

Amazon Prime Air : MTOW 38 kg, L 1.8m, CS 80 km/h, R 28 km, E 0.5 hr, 2022년

[민간 상업용 및 특수목적 무인기(Drone)]

IAI Thunder B-VTOL : MTOW 35 kg, L 2.5 m, CS 120 km/h, R 150 km, E 12 hr, Hybrid (eVTOL + Piston), 2023년

MQ-9 Reaper : MTOW 4,760 kg, L 11.0 m, CS 310 km/h, R 1,900 km, E 27 hr, Turboprop Engine, 2007년

MQ-28 Ghost Bat : MTOW 4,000 kg, L 11.7 m, CS 980 km/h, R 3,700 km, E 00 hr, Turbofan Engine, 2025년

[군용 무인 항공기(Drone and UAS)]

EHang EH216-S : MTOW 650 kg, L 5.7 m, CS 100 km/h, R 35 km, E 1 hr, eVTOL 16 rotors, 0+2명, 2023년

Volocopter VoloCity : MTOW 900 kg, L 9.2 m, CS 110 km/h, R 35 km, E 0.5 hr, eVTOL 18 rotors, 1+1명, (2025년)

Joby S4 : MTOW 2,175 kg, L 11.6 m, CS 322 km/h, R 241 km, E 1 hr, eVTOL 6 tilt-rotors, 1+4명, (2025년)

[도심형 항공 모빌리티 비행체(UAM)]

Heart ES-30 : MTOW 14,000 kg, L 31 m, CS 240 km/h, R 800 km, E 2 hr, Hybrid of e-motor & t-generator, 30인승, (2028년)

Universal Hydrogen ATR 72 : MTOW 23,000 kg, L 27 m, CS 500 km/h, R 852 km, E 3 hr, Hydrogen Fuel-cell Electric, 50인승, (2026년)

Airbus ZEROe Turbofan : MTOW 80,000 kg, L 37 m, CS 850 km/h, R 3,700 km, E 8 hr, Hydrogen Turbofan Combustion, 150인승, (2035년)

[지역간 항공 모빌리티 비행체(RAM)]

[그림 6-1] 미래형 비행체에 대한 유형별 사례 분류

무인 비행체는 미션(용도), 중량, 운용고도, 자율비행능력, 비행체 형상타입, 그리고 인증규정

에 따라 분류할 수 있다. 미션 및 용도에 따른 분류는 감시 및 정찰(ISR: Intelligence, Surveillance, and Reconnaissance)과 무인전투 등에 사용되는 같은 군용 무인 비행체, 택배 운송과 용역 비행 등에 사용되는 상업용 무인 비행체(드론), 수색 및 구조, 화재 진압, 관측 등에 사용되는 공공안전용 무인 비행체, 취미로 사용되는 레크리에이션 드론 등으로 분류된다. 무인 비행체 운용고도에 따라서 500 ft 이하의 저고도 운용, 25,000 ft까지의 중고도 운용, 25,000 ft 이상의 고고도 운용, 그리고 60,000 ft 이상의 근거리 우주 운용으로 분류된다. 다만, 군용 무인 비행체의 경우에는 고도 분류를 달리 적용하고 있다. 무인 비행체 형상타입에 따라서 고정익, 회전익, 틸트로터 방식으로 단거리 또는 수직 이착륙(VTOL) 능력을 구현하고, 추진 방식에 따라서 전기식, 엔진식, 그리고 이들을 함께 사용하는 하이브리드 방식으로 분류된다.

ICAO, FAA, EASA의 인증규정에서는 중량이나 운용 목적에 따라 무인 비행체를 분류하고 있다. ICAO는 Annex 8 Airworthiness of Aircraft, Annex 6 Operation of Aircraft, Doc 10019 Manual on RPAS에서 원격조종 항공기 시스템에 대한 권고사항을 규정하고 있고, Circular 328 UAS에서는 중량 750 kg을 초과하는 무인 항공기 시스템에 적용하는 것으로 한정하고 있다. FAA는 Part 107 Small UAS에서 중량 55 lbs (25 kg) 미만의 무인 비행체 시스템의 운용에 관한 요건을 규정하고 있으며, 중량 55 lbs (25 kg) 이상의 무인 비행체에 대해서는 Part 21 Certification Procedures를 적용하도록 규정하고 있다. 다만, 이들 규정은 비가시권 원격조종(remote piloted BVLOS) 비행체를 기반으로 하고 있다. EASA는 유럽연합 규정 EU 2019/945 및 EU 2019/947에서 무인 비행체 중량을 250 g 미만, 900 g 미만, 25 kg 미만, 25 kg 이상으로 분류하고, 특정운용위험평가(SORA)를 통해서 해당하는 운용 승인이나 특별 카테고리를 정하여 인증을 받도록 규정하고 있다.

무인 비행체의 자율비행능력에 대한 구분은 ALFUS/NIST, JARUS, IEEE 등의 산업표준에 따라서 Level 1 (assistive), Level 2 (partial autonomy), Level 3 (conditional autonomy), Level 4 (high autonomy), Level 5 (full autonomy)로 분류한다. 이는 감항당국의 인증규정에 따른 분류가 아니지만, 무인 비행체의 안전성 평가(SSA)나 특정운용위험평가(SORA) 시에 고려되고 있다.

6.1.2 미래 비행체 산업동향

지난 20년 동안 군용 무인 비행체는 정보, 감시 및 정찰(SAR: Intelligence, Surveillance, and Reconnaissance), 그리고 전투용 무기체계로 표준화되었고, 향후 10년 이내에 인공지능(AI)을 탑재하고 유인 전투기를 지원하는 시스템(loyal wingman)으로 발전할 것이다. 이와 같은 군용 무인 비행체의 선행 기술은 민간 무인 비행체 개발과 활용을 촉진시켜 새로운 항공시장을 형성하고 있다. 민간의 유인 항공 분야에서는 지상의 교통혼잡, 대기오염, 소음을 줄이기 위한 친환경 기술개발을 통하여 도심형 항공 모빌리티(UAM)와 지역간 항공 모빌리티(RAM) 비행체 개발이 활발하게 진행되고 있다.

Forecast International, Oliver Wyman, Fortune Business Insights 등과 같은 시장분석 전문기관에 의하면, 민간 무인 비행체 글로벌 시장은 2024년 60억달러 (8.2조원)에서 연평균 19.0%씩 성장하여 2035년에는 400억달러 (55.6조원)에 이르고, 군용 무인 비행체 시장은 2024년 307억달러 (42.7조원)에서 연평균 8.5%씩 성장하여 2035년에는 753억달러 (102.1조원)에 이르고, 도심형 항공 모빌리티 시장은 2024년 46억달러 (6.4조원)에서 연평균 10.1%씩 성장하여 2035년에는 333억달러 (46.3조원)에 이르고, 지역간 항공 모빌리티 시장은 2024년 8억달러 (1.1조원)에서 연평균 27.6%씩 성장하여 2035년에는 120억달러 (16.7조원)에 이를 것으로 전망하고 있다.

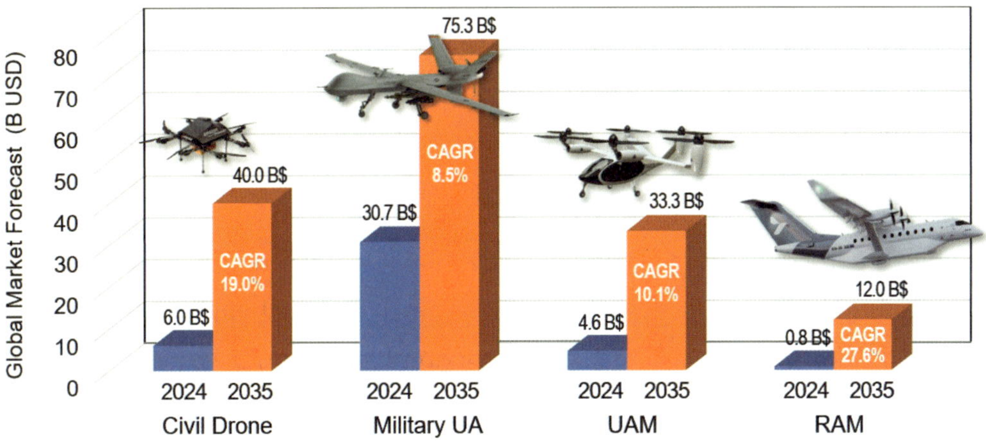

[그림 6-2] 미래형 비행체에 대한 글로벌 시장 전망

이들 미래 비행체에 대한 글로벌 선도기업으로 민간 무인 비행체는 중국의 DJI (70%), 프랑스의 Parrot (8%), 중국의 JOUAV (6%), 중국의 Autel Robotics (4%), 미국의 Skydio (4%), 군용 무인 비행체는 미국의 General Atomics (22%), 미국의 Northrop Grumman (18%), 튀르키에의 Baykar (15%), 중국의 China Aerospace (12%), 이스라엘의 Israel Aerospace (10%), 도심형 항공 모빌리티는 미국의 Joby Aviation (25%), 중국의 EHang (20%), 독일의 Volocopter (18%), 미국의 Archer Aviation (15%), 독일의 Lilium (12%), 지역간 항공 모빌리티는 스웨덴의 Heart Aerospace (ES-30), 이스라엘의 Eviation Aircraft (Alice), 이탈리아의 Tecnam (P-Volt), 미국의 Universal Hydrogen (ATR42/72, Dash-8 retrofit), 유럽의 Airbus (ZeroE) 등을 들 수 있다.

미국 육군은 2025년도 회계연도에 드론 및 전자전 연구개발에 5억달러 (0.7조원)를 배정했고, 미군 전체의 드론 구매 및 운용비는 210억달러 (29조원)에 이른다. 유럽연합은 국방예산 중에 드론 연구개발 협력에 27억유로 (4.3조원)를 배정하고, 2030년 드론 및 자율비행시스템 전체 예산으로 8,000억유로 (1,271조원)를 계획하고 있다.

미국과 유럽은 미래 항공 모빌리티 산업 육성과 인프라 구축을 위하여 특별법을 제정하거나 기존의 법령을 개정하여 반영하고 있다. 미국은 H.R. 6270 법률을 제정하여 eVTO을 포함한 AAM에 대한 파일롯 프로그램을 통해서 운용 제도와 버티포트 등의 인프라 구축을 지원하고, 유럽연합은 EU 2024/2803, EU 2021/664, EU 2019/945 법률을 제정하여 드론 및 eVTOL 비행체의 개발, 저고도 운용, 단일공역 운용 인프라 구축을 지원하고 있다. 우리나라의 경우에도 드론법과 도심항공교통법을 제정하여 미래 비행체에 대한 산업 육성과 운용 인프라 구축을 지원하고 있다.

- H.R. 6270 : Advanced Aviation Infrastructure Modernization Act, 2021.12.14
- EU 2024/2803 : Implementation of Single European Sky (recast), 2024.10.23
- EU 2021/664 : Regulatory Framework for U-Space, 2021.04.22
- EU 2019/945 : Unmanned Aircraft Systems, 2019.03.12
- 법률 제16420호: 드론 활용 촉진 및 기반조성에 관한 법률 (드론법), 2019.04.30.
- 법률 제19768호: 도심항공교통 활용 촉진 및 지원 법률 (도심항공교통법), 2023.10.24.

민간 무인 비행체, 도심형 항공 모빌리티, 지역간 항공 모빌리티에 대한 각국 정부의 연구개발비 규모는 여러 가지 측면에서 정확하게 확인하기 곤란하다. 다만, 미국 연방항공청(FAA)과 항공우주국(NASA)의 2025년 무인 비행체 비가시권 비행(BVLOS) 프로그램 예산으로 17백만달러 (229억원)가 배정되었고, 도심형 및 지역간 항공 모빌리티 연구개발 예산으로 약 100백만달러 (1,390억원)가 책정된 것을 확인할 수 있다. 우리나라의 경우에는 민간 미래 비행체 분야에 연간 수 억달러 (수 천억원) 규모의 정부 예산이 책정되는 것으로 알려져 있다.

DJI, Skydio, XAG, Parrot 등과 같은 글로벌 무인 비행체 개발업체는 수 억달러 (수 천억원)의 연구개발비 대부분을 민간투자로 충당하고 있으며, Joby, EHang, Volocopter, Archer, Heart, Eviation, Airbus 등과 같은 도심형 항공 모빌리티(UAM) 및 지역간 항공 모빌리티(RAM) 개발업체의 경우에도 수십 억달러 (수 조원)에 이르는 연구개발비 대부분을 민간 자본으로 투자하고 있다.

우리나라에서는 도심형 항공 모빌리티(UAM) 비행체 개발에 ㈜플라나, ㈜브이스페이스, 한국항공우주산업(KAI), 현대자동차㈜ 등이 자체 연구개발 또는 정부 연구개발사업으로 진행하고 있다. UAM 운용 인프라 구축을 위한 국토교통부의 K-UAM 실증사업에 2023년부터 2025년까지 1,000억원이 투입되며, 46개 기업이 12개 컨소시엄으로 참여하고 있다. K-UAM 드림팀에는 SKT, 한화시스템, 한국공항공사 등이 참여하고, K-UAM 원팀에는 현대자동차, 대한항공, 인천공항공사, KT 등이 참여하고, K-UAM 퓨처팀에는 LG유플러스, GS건설, 카카오, 파블로항공, 제주항공 등이 참여하고 있다. 다만, 이들 컨소시엄의 인프라 구축 실증에 국내에서 개발되는 UAM 비행체가 사용되지 못하고, 기존의 헬리콥터 대역기 또는 미국의 Joby S-4가 사용되고 있다.

한국항공우주산업(KAI)은 자체적으로 개발 중인 하이브리드 추진 및 틸트로터 방식의 수직이착륙 무인 항공기 NI 500VT 목업을 2022년에 공개하였으며, 2024년에는 브라질 Eve Air Mobility와 1조원대의 UAM 부품공급 계약을 체결했였고, 2028년까지 1,500억원을 투입하여 전기동력 수직이착륙 미래 비행체(AAV: Advanced Air Vehicle)를 개발하고, 2031년에 국내외 인증을 획득하여 시장에 진출하는 계획을 진행 중에 있다.

현대자동차㈜는 미국의 현지법인 수퍼널(Supernal)을 통해서 UAM S-A2를 개발하고 있다. 이는 전기추진 틸트로터 방식의 수직이착륙(eVTOL) 비행체로써, 탄소섬유 복합재 동체로 제작되며, 전장 10 m, 전폭 15 m, 순항속도 19 km/hr, 비행거리 60 km, 조종사 1명과 승객 4명이 탑승하는 것을 목표로 하고 있다. 2021년 수퍼널 출범과 함께 본격적인 개발이 착수되었고, 2023년 12월에 연방항공청에 인증 신청서를 제출하고, 2025년 3월에 첫 번째 시제기에 대한 비행시험을 수행하고, 2026년에 최종 인증서류를 제출하고, 2028년 LA 올림픽을 기점으로 상용 서비스 개시할 예정이다. 또한, 현대자동차의 서비스 네트워크에 개인항공기(PAV)와 목적기반모빌리티(PBV)를 통합하여 공항 셔틀과 도심 이동 서비스 제공을 계획하고 있다.

6.1.3 미래 비행체 인증동향

기존의 항공기는 각 국가별로 ICAO Annex 8 및 Doc 9760, FAR Part 21 및 해당 감항기준(AS), EU Part 21 및 해당 인증규격(CS), 항공안전법 및 해당 감항기준(KAS)에 따라서 형식증명, 제작증명, 감항증명을 받아야 하지만, 무인 항공기 시스템(UAS), 도심형 항공 모빌리티(UAM), 지역간 항공 모빌리티(RAM) 등과 같은 미래 항공 모빌리티(FAM) 비행체에 대해서는 새로운 분류에 따른 인증기준이 필요할 수도 있다.

무인 비행체에 대한 국제민간항공기구(ICAO)의 기준은 2011년에 처음 발행된 Circular 328을 근간으로 2015년에 Doc 10019가 제정되었고, 2022년에 Annex 8이 개정되고, 2024년에 Annex 6이 개정되면서 원격조종 항공기 시스템(RPAS)의 설계, 제작, 운용에 관한 국제표준 및 권고서(SARPs)를 갖추게 되었다. 이들 국제기준은 승객, 화물, 우편배달에 사용되는 중량 750 kg을 초과하는 무인 항공기 시스템에 적용된다.

- Circular 328 : Unmanned Aircraft Systems (UAS), 2011.03.00
- Annex 8 : Airworthiness of Aircraft, 13th Ed., 2022.07.00
- Annex 6 : Operation of Aircraft, Part IV RPAS, 1st Ed., 2024.03.00

- Doc 10019 : Manual on Remotely Piloted Aircraft Systems, 1st Ed., 2015.03.00

미국 연방항공청(FAA)은 중량 55 lbs (25 kg) 미만의 무인 비행체 시스템의 등록과 운용에 FAR Part 48 및 Part 107 Small UAS을 적용하고, 중량 55 lbs (25 kg) 이상의 무인 비행체에 대해서는 FAR Part 21 Certification Procedures 및 Part 47 Aircraft Registration을 적용하여 특별분류감항증명(special class airworthiness certification)을 통해서 인증 및 등록하도록 규정하고 있다. 특히, 비가시권(BVLOS) 원격조종으로 비행하는 중량 1,320 lbs (600 kg) 이하의 중형 무인 비행체에 대한 새로운 운항기준을 마련하고 있다.

- Part 21 : Certification Procedures, Amdt 21-109, 2025.07.24
- Part 47 : Aircraft Registration, Amdt 47-36, 2025.01.17
- Part 48 : Registration for Small Unmanned Aircraft, Amdt 48-3, 2021.01.15
- Part 107 : Small Unmanned Aircraft Systems, Amdt 107-11, 2025.09.03.

유럽항공안전청(EASA)의 무인 비행체 인증 및 운용은 유럽연합 규정 EU 2019/945와 EU 2019/947에서 규정하고 있다. 이에 따르면, 무인 비행체의 운용 카테고리(operational category)를 중량과 위험요소에 따라서 개방형(open: low-risk, ＜25 kg), 특정형(specific: medium-risk, 25 kg ≤150 kg, SORA), 인증형(certified: high-risk, ＞150 kg, Part 21)으로 분류하고, 중량이 25 kg 미만인 경우에도 최대이륙중량과 위험특성에 따라서 5단계로 분류하여 해당 무인 비행체에 식별 표시로 부착한다. 즉, 최대이륙중량이 250 g 미만은 C0, 900 g 미만은 C1, 25 kg 미만은 C3, 25 kg 이상은 C4로 표기한다.

- EU 748/2012, Part 21 : Airworthiness Certification, Amdt 16, 2023.10.20
- EU 2019/945 : Unmanned Aircraft Systems, 2019.03.12
- EU 2019/947 : Operation of Unmanned Aircraft, 2019.05.24.

우리나라의 드론법과 항공안전법에서는 무인 비행체를 무인비행장치와 무인항공기로 구분하고 있다. 항공안전법 제2조의 제3호에 따른 무인비행장치를 시행규칙 제5조의 제5호에서 자체중량 150 kg 이하의 무인비행기, 무인헬리콥터, 무인멀티콥터 또는 무인수직이착륙기, 그리고 자체중량 180 kg 이하이고 길이 20 m 이하인 무인비행선으로 정의하고 있다. 무인비행장치의 중량 및 길이 기준을 초과하는 무인 비행체는 시행규칙 제2조의 제1호와 제2호에 따라서 무인항공기로 분류될 수 있다. 무인비행장치는 항공안전법 제124조에 따라서 안전성인증을 받아야 하고, 야간 및 비가시권 비행에 대해서는 제129조 제5항에 따라서 특별비행을 위한 안전기준 적합성을 승인받아야 한다. 무인항공기에 대해서는 항공안전법 제20조, 제22조, 제23조에 따른 형식증명, 제작증명, 감항증명을 받아야 한다. 다만, 무인항공기에 대한 감항기준은 특별감항조건(SC) 설정 등을 통하여 기존의 감항기준과 다르게 적용할 수 있다.

- 법률 제20981호 : 항공안전법, 2025.05.27 (2016.03.29 / 1961.03.07)
- 고시 제2024-387호 : 초경량 비행장치 기술기준, 2024.07.17 (2009.06.12)
- 고시 제2023-343호 : 무인비행장치 특별비행 안전기준, 2023.06.30 (2017.11.10)
- 고시 제2024-833호 : 항공기 기술기준, 2024.12.18. (1993.08.24)

군용 무인 비행체에 대한 감항인증은 미국의 DoD Directive 5030.61 및 MIL-HDBK-516C, 북대서양조약기구(NATO)의 EMAR 21 및 STANAG 4671, 우리나라의 군용항공기 비행안전성 인증에 관한 법률 및 표준감항인증기준에 따라서 수행된다. 미국은 Joint Publication 3-30의 Figure III-14 최대이륙중량, 운용고도, 비행속도에 따라서 Group 1 (≤20 lbs), Group 2 (21 lbs≤ 55 lbs), Group 3 (<1,320 lbs), Group 4 (>1,320 lbs, <18,000 ft), Group 5 (>1,320 lbs, > 18,000 ft)로 분류하고, 북대서양조약기구(NATO)는 STANAG 4670의 Figure 2-1 중량, 운용고도, 작전반경에 따라서 Class I (<150 kg), Class II (150 kg≤600 kg), Class III (>600 kg)로 분류하고 있다.

- DoD Directive 5030.61 : Airworthiness Policy, Change 3, 2018.08.31 (2013.05.24)
- Joint Publication 3-30 : DoD Joint Air Operations, 2019.07.25 (2014.02.10)
- MIL-HDBK-516 : Airworthiness Certification Criteria, Rev. C, 2014.12.12 (2002.10.01)
- EMAR 21 : Certification of Military Aircraft and Parts, Ed. 2.0, 2021.03.31 ('12.04.18)
- STANAG 4671 : UAS Airworthiness Requirements, Ed. 3, 2019.04.02 (2007.03.22)
- STANAG 4670 : Training for UAS Operators and Pilots, Ed. 5, 2019.05.08 ('09.04.28)
- 법률 제20016호 : 군용항공기 비행안전성 인증에 관한 법률, 2024.01.16 (2009.04.01)
- 고시 제2024-6호 : 군용항공기 표준감항인증기준, 2024.09.11. (2009.09.23)

도심형 항공 모빌리티(UAM) 비행체는 대부분 2인승 또는 5인승 이상으로 개발되고 있으며, 이들 비행체의 최대이륙중량은 650 kg ~ 900 kg 또는 2,000 kg ~ 3,000 kg 수준이므로 FAR §23.2005에 따른 보통급(normal category: 19,000 lbs 이하) 비행체 및 인증 레벨 2 (certification level 2: 2 ~ 6 pax)에 해당한다. 또한, 우리나라의 항공안전법 제2조의 제1호 및 시행규칙 제2조 제1호에 따른 최대이륙중량 600 kg을 초과하는 비행기 또는 헬리콥터의 일종으로 볼 수 있다. 이에 따라서, 해당 비행체의 설계특성에 따라서 기존의 감항기준에서 해당되는 요건을 선정하고, 그 밖의 설계특성에 대해서는 특별감항조건(SC)을 설정하여 적용할 수 있다. 미국의 연방항공청은 UAM 인증 신청이 접수된 후에 해당 비행체의 설계특성을 고려하여 특별감항조건(SC)을 설정하지만, 유럽항공안전청의 경우에는 인증 신청과 무관하게 사전에 특별감항조건(SC)을 인증규격(CS)에 준하는 문서로 발행하였고, 해당 비행체의 고유한 설계특성에 대한 안전성은 인증 신청을 접수한 후에 추가로 인증항목검토서(CRI) 발행을 통하여 감항요건을 설정하고 있다.

- FAR Part 21 : Certification Procedures, Amdt 21-109, 2025.07.24
- FAA-2021-0638 : Special Class Airworthiness, Joby JAS4-1 Powered-Lift, 2024.04.08
- FAR Part 194 : Powered-Lift Pilot Certification & Operations, Amdt 194-1, '24.11.21
- EU Part 21 : Airworthiness and Environmental Certification, Amdt 16, 2023.10.20
- SC-VTOL : Special Condition for VTOL-Capable Aircraft, Issue 2, 2024.06.10
- SC E-19 : Special Condition for Electric/Hybrid Propulsion System, Issue 1, '21.04.07
- 법률 제20981호 : 항공안전법, 2025.05.27
- 고시 제2024-833호 : 항공기 기술기준, 2024.12.18.

국제민간항공기구(ICAO)는 Annex 6과 Annex 8을 개정하고 Doc 10019를 제정하여 원격조종 항공기 시스템(RPAS)에 대한 권고기준을 제시한 것은 매우 이례적인 것으로 볼 수 있다. 즉, 무인 항공기 시스템에 의한 국제 항공운송 기술개발 사례가 없는 현재 시점에 이에 대한 국제기준을 제정하는 것은 지나치게 선행적인 조치로 볼 수 있기 때문이다. 이와 같은 맥락으로 국제민간항공기구에서 도심형 항공 모빌리티(UAM) 비행체에 대한 권고기준을 제정하지 않는 것은 당연한 것으로 이해할 수 있다.

이에 반하여 미국 연방항공청(FAA)은 2018년에 단행된 항공안전조직 개편에서 무인항공기시스템국(AUS: Unmanned Aircraft Systems)을 신설하고, 항공인증국(AIR: Aircraft Certification Service) 예하의 인증조직을 전면적으로 개편하여 변화하는 항공산업 환경에 대응하고 있다. 유럽항공안전청(EASA)은 지난 10년간 부분적인 조직개편을 통하여 무인 항공기 및 미래 비행체에 대한 안전정책을 강화하고, EU 2019/945 유럽연합 무인 항공기 시스템(UAS) 법령 제정, 무인시스템 법제화 연합당국(JARUS: Joint Authorities for Rulemaking on Unmanned Systems) 협력, 수직이착륙 비행체 및 하이브리드 추진시스템 특별감항조건(SC) 발행 등을 통하여 항공산업 환경 변화에 선도적으로 대응하고 있다. 우리나라의 경우에도 2019년 국토교통부에 도심항공정책팀(과)을 신설하였으며, 2023년 도심항공교통법을 제정하고, 3년간의 K-UAM 실증사업을 통하여 운용인프라를 구축하고 있다. 이와 같은 산업 육성 및 인프라 구축과 함께 다년간의 연구과제를 통하여 UAM 인증제도를 정립하고자 심혈을 기울이고 있다.

미국의 FAR Part 47 및 Part 48에 따라 등록된 무인 비행체(드론)는 2024년 기준 790,918대이고, FAR Part 107 및 Part 89에 따라 운용 승인을 받은 무인 비행체(드론) 및 운용자는 400,000명에 이른다. 유럽의 EU 2019/945 및 EU 2019/947에 따라 등록 및 운용 승인을 받은 무인 비행체

(드론) 및 운용자는 1,600,000명에 이르고 있다. 우리나라의 경우에는 항공안전법 제122조 및 시행규칙 제301조에 따른 최대이륙중량 2 kg을 초과하는 초경량비행장치(무인비행장치 포함) 신고는 총 680,000건, 항공안전법 제124조 및 시행규칙 제305조에 따른 무인비행장치에 대한 안전성 인증은 연간 약 4,000건, 항공안전법 제127조 및 시행규칙 제308조에 따른 무인비행장치에 대한 일반비행 승인은 연간 약 20,000건, 특별비행 승인은 연간 5,000건 이상으로 추정되고 있다.

EHang의 EH216-S는 2023년 10월에 중국감항당국(CAAC)의 형식증명을 받았으며, 이는 최초의 승객이 탑승하는 무인조종 수직이착륙(eVTOL) 항공기에 대한 인증으로 기록되었다. 이어서 2023년 12월 표준감항증명, 2024년 4월 제작증명, 2025년 3월 운항증명을 받았다. Joby Aviation의 S4는 FAR §21.17(b)에 따른 특별 클래스(special class) 형식증명을 위한 인증기준(CB)을 2024년 3월에 확정하였으며, 2025년에 형식검사승인(TIA)을 완료하고, 2025년말 또는 2026년초에 상용 운항을 목표로 하고 있다. 연방항공청의 5단계 인증과정 중에 4단계가 완료되었으며, FAR Part 194에 따른 조종사 증명 및 운용 특별규정(SFAR)에 대한 최종 승인 단계를 진행하고 있다. Archer의 Midnight는 2024년 5월에 연방항공청(FAA) 감항기준을 확정하고 비행시험을 착수하였다. 2025년 6월에 FAR Part 135에 따른 상용 운항 승인을 진행하고 있다. 2026년 상용 운항을 목표로 FAR Part 194에 따른 조종사 증명 프로그램을 함께 진행하고 있다.

Heart Aerospace의 ES-30 하이브리드 추진 방식의 지역간 비행기는 2027년 비행시험을 수행하고, 2028년 유럽항공안전청(EASA)의 형식증명을 받은 후, 2029년 상용 운항을 목표로 개발하고 있다. Universal Hydrogen의 ATR 72-600 수소연료셀 전기추진 방식의 개조 비행기는 2023년에 연방항공청(FAA)의 인증현안검토서(IP)가 수락되었고, 이를 기반으로 부가형식증명을 위한 인증기준(CB)을 설정하고 비행시험을 수행하였다. 이 비행기는 2025년말 상용 운항을 목표로 최종 인증 단계를 진행하고 있다. Fooker 100 비행기와 Airbus ZEROe 비행기는 수소를 연료로 사용하는 터보팬엔진을 개발 중에 있으며, 각각 2035년 상용 운항을 목표로 항공기 설계 및 인증 계획을 수립하고 있다.

6.2 무인 항공기 인증

6.2.1 무인 항공기 인증규정

무인 항공기 시스템(UAS)은 무인 비행체(UAV) 또는 항공기(UA)를 포함하여 지상의 운용자(operator)와 지상 통제소(GCS)로 구성된다. 그리고 지상 통제소 또는 운용자가 비행체에 전달하는 명령 및 제어(C2)는 데이터 링크를 통해서 전달된다. 근거리 데이터 통신은 지상 운용자가 소지한 송수신장비를 이용하고, 비가시권 원거리 비행에서는 지상 중계소 및 위성통신을 이용하기도 한다. 가시권(VLOS) 내에서는 무인 비행체를 지상에 조종하는 운용자의 역할이 중요하고, 비가시권(BVLOS) 비행에서는 지상 통제소 및 이에 속한 운용요원의 역할이 중요하게 된다.

무인 항공기의 자율비행(autonomous flight)은 감지(sensing), 판단(decision), 제어(control) 단계로 이루어진다. 즉, INS/GNSS, IMU, LiDAR, ADS-B, TCAS, EO/IR 등을 이용하여 위치, 자세, 속도, 환경, 장애물을 감지하고, 입력된 데이터와 탐지 및 회피(DAA: Detection and Avoid) 알고리즘에 따라서 비행상황을 판단하고, 프로그램에 따라서 비행제어, 추진제어, 모드전환, 임무제어, 이착륙 제어를 수행한다.

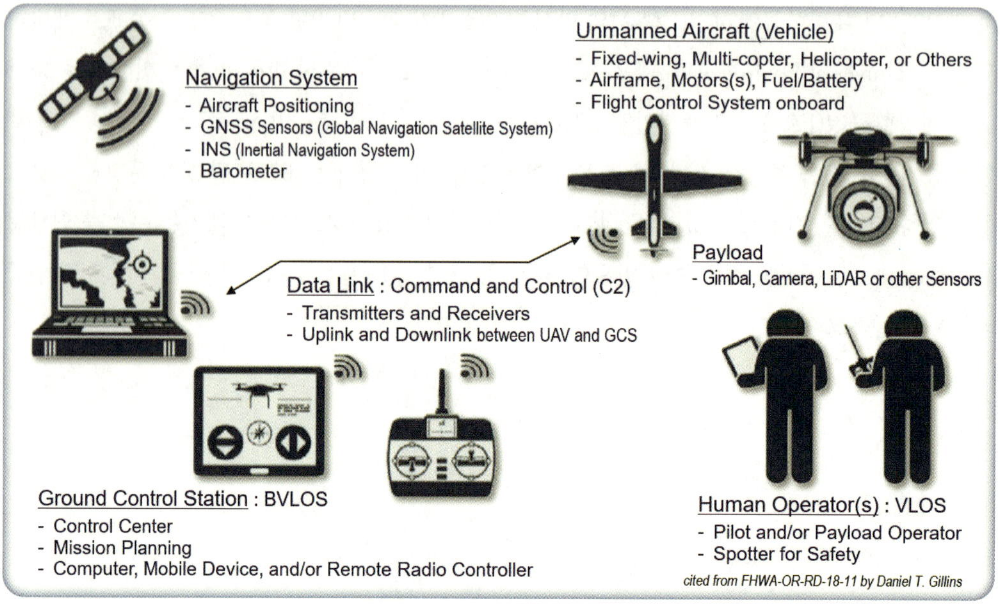

[그림 6-3] 무인 항공기 시스템 구성도

국제민간항공기구(ICAO)는 Circular 328 UAS에 규정된 바와 같이 승객, 화물, 우편 배송에 사용되는 중량 750 kg을 초과하는 무인 항공기 시스템(UAS)에 대하여 감항기준을 제정하도록 권고하고 있다. 미국 연방항공청(FAA)은 중량 55 lbs (25 kg) 미만의 무인 비행체 시스템에 대하여 FAR Part 107 Small UAS에 따른 운용 승인을 받고, 중량 55 lbs (25 kg) 이상의 무인 비행체에 대해서는 FAR §21.17(b)에 따라서 특별분류(special class) 감항기준을 설정하도록 규정하고 있다. 유럽항공안전청(EASA)은 유럽연합 EU 2019/945 및 EU 2019/947에서 무인 비행체 중량을 250 g 미만, 900 g 미만, 25 kg 미만, 25 kg 이상으로 분류하고, 최대이륙중량 8,618 kg (19,000 lbs) 이하 무인 항공기에 대하여 JARUS CS-UAS에 따른 형식증명을 받도록 규정하고 있다. 우리나라의 경우에는 항공안전법 제2조의 제3호 및 시행규칙 제5조의 제5호에서 무인비행장치를 자체중량 150 kg 이하로 정의하고 있고, 그 범위를 초과하는 무인 항공기는 형식증명 대상으로 분류된다.

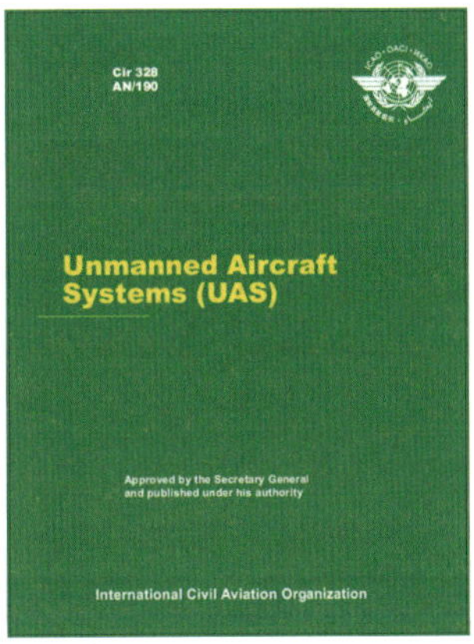

[ICAO Circular 328: UAS]

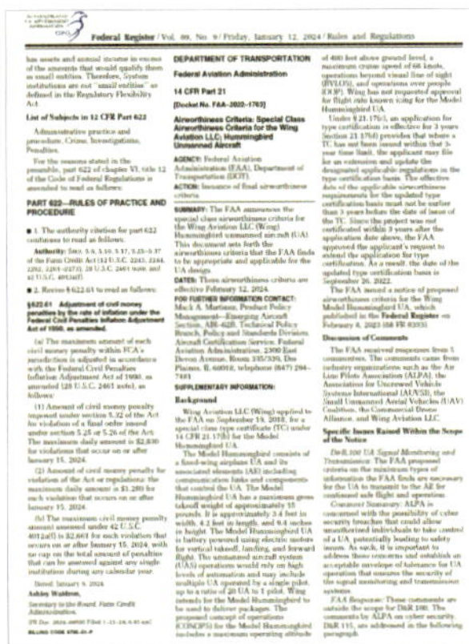

[FAA Special Condition for UA]

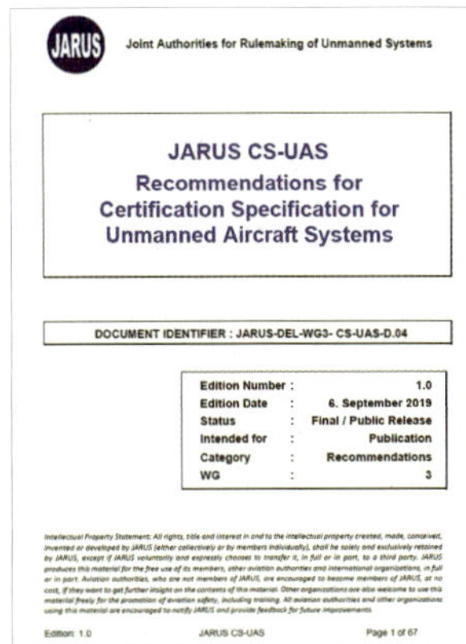

[JARUS CS-UAS Recommendations]

[그림 6-4] ICAO, FAA, JARUS 무인 항공기 규정 및 인증기준

국제민간항공기구(ICAO), 미국 연방항공청(FAA), 유럽항공안전청(EASA), 우리나라의 무인 항공기 시스템(UAS) 인증을 위한 법령, 규정, 절차, 감항기준은 다음과 같다. 국제민간항공기구는 중량 750 kg을 초과하는 무인 항공기 시스템(UAS) 및 원격조종 항공기 시스템(RPAS), 미국은 중량 55 lbs (25 kg)를 초과하는 무인 항공기 시스템(UAS), 유럽은 중량 600 kg 미만의 중위험 및 고위험 무인 항공기 시스템(UAS), 우리나라는 자체중량 150 kg을 초과하는 무인 항공기를 대상으로 한다. 미국 연방항공청은 무인 항공기 인증이 신청된 후에 그 설계특성을 고려한 특별감항조건(SC)을 설정하고, 유럽연방항공청은 사전에 공통적으로 적용할 수 있는 특별감항조건(SC)을 제정하여 적용하고 있다.

- ICAO Circular 328 : Unmanned Aircraft Systems (UAS), 2011.03.00
- ICAO Annex 8 : Airworthiness of Aircraft, Part VIII ~ X, 13th Ed., 2022.07.00
- ICAO Doc 10019 : Manual on Remotely Piloted Aircraft Systems, 1st Ed., 2015.03.00

- FAR Part 21 : Certification Procedures, Amdt 21-109, 2025.07.24
- FAR Part 23 : Normal Category Airplanes, Amdt 23-65, 2022.12.09 / SC required
- FAR Part 27 : Normal Category Rotorcraft, Amdt 27-51, 2023.02.10 / SC required
- FAA-2022-1763: Special Class Airworthiness Criteria for Hummingbird UA, ’24.02.14
- EU 2019/945 : Unmanned Aircraft Systems, 2019.03.12
- EU Part 21 : Airworthiness Certification, Amendment 16, 2023.10.20
- EASA SC Light-UAS : SC of Light Unmanned Aircraft Systems, Issue 1, 2020.07.20
- 법률 제20981호 : 항공안전법, 2025.05.27
- 고시 제2024-833호 : 항공기 기술기준, 2024.12.18 / 특별감항조건(SC)

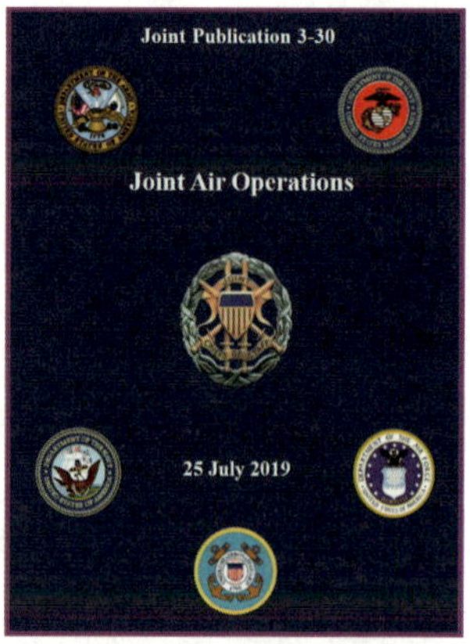

[DoD JP 3-30 Joint Air Operations]

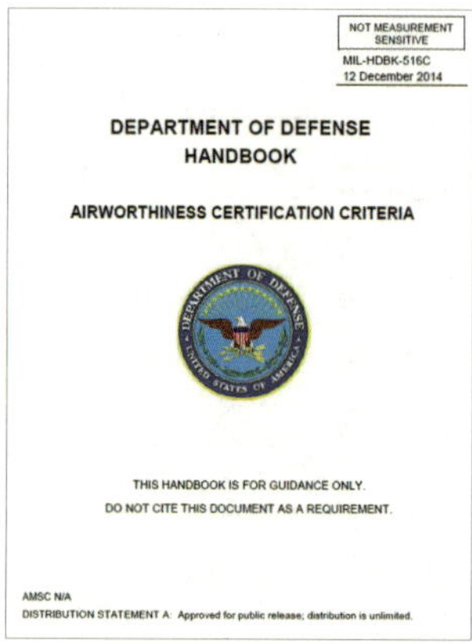

[MIL-HDBK-516C AW Certification]

[NATO STANAG 4671 UAS AW Req']

[그림 6-5] US DoD & NATO 무인 항공기 규정 및 인증기준

군용 무인 비행체의 경우에는 미국 국방성의 Joint Publication 3-30에 따라서 중량 20 lbs 이하를 Group 1, 중량 55 lbs 이하를 Group 2, 중량 1,320 lbs 이하를 Group 3, 중량 1,320 lbs 초과 및 고도 18,000 ft 미만을 Group 4, 중량 1,320 lbs 초과 및 고도 18,000 ft 초과를 Group 5로 분류하고, 북대서양조약기구(NATO)의 STANAG 4670에 따라서 중량 150 kg 미만을 Class I, 중량 600 kg 이하를 Class II, 중량 600 kg를 초과하는 비행체를 Class III 무인 항공기로 분류하고 있다. 우리나라의 경우에는 방위사업청의 군용항공기 표준감항인증기준에 따라서 최대이륙중량 150 kg 이하 및 충돌에너지 66 J 초과하는 경량 무인 비행기, 최대이륙중량 600 kg 이만의 소형 무인 항공기, 최대이륙중량 150 ~ 20,000 kg의 보통 무인 비행기로 구분된다. 이들 무인 항공기 시스템에 대한 감항인증에는 다음의 규정, 지침, 감항인증기준이 적용된다.

- DoD Joint Publication 3-30 : DoD Joint Air Operations, 2019.07.25

- MIL-HDBK-516 : Airworthiness Certification Criteria, Rev. C, 2014.12.12
- USAF AC-20-02 : Small UAS Airworthiness Requirements, 2020.07.31
- EDA EMAR 21 : Certification of Military Aircraft and Parts, Ed. 2.0, 2021.03.31
- NATO STANAG 4671 : UAS Airworthiness Requirements, Ed. 3, 2019.04.02
- NATO STANAG 4703 : Light UAS Airworthiness Requirements, Ed. B, 2016.11.00
- 법률 제20016호 : 군용항공기 비행안전성 인증에 관한 법률, 2024.01.16
- 고시 제2024-6호 : 군용항공기 표준감항인증기준, Part 2, Part 4, 2024.09.11.

MIL-HDBK-516C, STANAG 4671, USAF AC-20-02 등을 적용하여 감항인증을 받은 군용 무인 항공기는 Northrop Grumman MQ-4C Triton, Airbus Eurodrone, 대한항공 RQ-102K 사단급 무인기, KUS-FS 중고도 무인기(MUAV) 등을 들 수 있다. 민간 무인 항공기로는 Schiebel Camcopter S-100, Airbus Zephyr S, Sabrewing Rhaegal-B 등이 미국 연방항공청 및 유럽항공안전청의 특별감항조건(SC)을 적용한 특별분류 형식증명을 받았다.

Northrop MQ-4C : MTOW 14,628 kg, L 14.5 m, R 15,200 km, A 17.0 km, AE3007 Turbofan, NAVAIR (MIL-516), 2018년

Airbus Eurodrone : MTOW 11,000 kg, L 16.0 m, R (20,000) km, A 12.0 km, GE Turboprop, STANAG 4671, 2028년

KUS-FS : MTOW 5,700 kg, L 13.0 m, R 500 km, A 13.7 km, SS-760K Turboprop, DAPA Part 2 (STANAG 4671), (2023년)

Schiebel Camcopter S-100 : MTOW 200 kg, L 3.1 m, E 6 hr, Rotary Engine, EASA SC-S100c, 2024년

Airbus Zephyr S (HAPS) : MTOW 65 kg, L 4.0 m, E 64 days, A 21.3 km, Sola-Electric, EASA SC-HAPS, 2025년

Sabrewing Rhaegal-B : MTOW 2,450 kg, L 10.0 m, R 1,000 km, E 10 hr, GT Hybrid-Electric, FAR §21.17(b), Part 23, 2026년

[그림 6-6] 군용 무인 항공기 및 민간 무인 항공기 인증 사례

6.2.2 무인 항공기 인증기준

미국은 군용 무인 항공기에 대하여 MIL-HDBK-516C 또는 USAF AC-20-02 등을 기반으로 해당 무인 항공기 설계특성 및 임무를 고려한 감항인증기준을 작성하여 적용하고, 북대서양조약기구(NATO)는 최대이륙중량 150 kg 이하의 경량 무인 비행기에 대하여 STANAG 4703을 적용하고, 최대중량 150 ~ 20,000 kg의 보통 무인 비행기에 대해서는 STANAG 4671을 적용하고 있다. 우리나라의 군용 무인 항공기의 경우에도 미국 및 NATO의 기준을 채택하여 표준감항인증기

준 Part 2와 Part 4를 제정하였다.

미국 연방항공청(FAA)은 FAR Part 107을 적용하여 중량 55 lbs (25 kg) 미만의 무인 비행체에 대한 운용 승인에 적용하지만, 중량 55 lbs (25 kg)를 초과하는 무인 비행체에 대해서는 인증이 신청된 후에 FAR §21.17(b)에 따라서 특별분류 감항기준을 특별감항조건(SC)으로 설정하는 방식을 따른다. 유럽항공안전청(EASA)은 최대이륙중량 600 kg 미만의 무인 항공기 시스템에 대하여 공통적으로 적용할 수 있는 SC Light-UAS 특별감항조건(SC)을 사전에 제정하여 적용하고 있다.

미국과 유럽의 무인 항공기 특별감항조건(SC)은 Part 23 또는 Part 27 등의 공통적인 요건과 해당 무인 항공기의 설계특성 등을 반영하여 설정되지만, 무인시스템 법제화 연합당국(JARUS: Joint Authorities for Rulemaking on Unmanned Systems)에서 발행한 JARUS CS-UAS 요건을 인용하거나 참고하기도 한다. 무인시스템 법제화 연합당국(JARUS)은 세계 60개국 감항당국 협의체로 2007년에 결성되었으며, 무인 항공기 시스템에 대한 법제화, 감항기준 제정안, 특정운용위험평가(SORA) 방법론, 적합성 입증방법(AMC) 지침서 등을 개발하여 국가별 감항당국이 인증에 적용하도록 권고하고 있다.

JARUS CS-UAS는 최대이륙중량이 750 kg을 초과하고 8,618 kg (19,000 lb) 미만인 무인 비행기와 3,175 kg (7,000 lb) 미만인 수직이착륙 무인 항공기의 형식증명에 적용하도록 제안된 기준이다. 이는 Subpart A 일반규정부터 Subpart H 보조시스템까지 총 8개 Subpart에 72개 요건으로 구성되어 있다. 이에 대한 일부 요건을 살펴보면 다음과 같다.

Subpart A : 일반규정

UAS.2000 적용성

이 감항기준은 다음의 조건에 해당하는 무인 항공기 시스템(UAS)의 형식증명 발급과 그에 대한 변경을 위한 감항요건을 규정한다.

(a) 최대이륙중량(MTOW)이 다음을 초과하지 않는 무인 항공기(UA)에 적용한다.
  (1) 수직이착륙 능력이 없는 경우에는 8,618 kg (19,000 lbs)
  (2) 수직이착륙 능력이 있는 경우에는 3,175 kg (7,000 lbs)
(b) 사람을 운송하는 무인 항공기에는 적용되지 않는다.
(c) 개방류(open category) 운용으로 설계된 무인 항공기 시스템에는 적용되지 않는다.
(d) 비결정적 시스템(non-deterministic systems: e.g. AI, machine learning)이 적용된 무인 항공기는 제외한다.

UAS.2005 운용한계 승인

(a) 신청자는 정상 및 비상조건에서 안전한 비행이 실증되는 운용한계를 정의해야 한다.

(b) 운용한계를 정의할 때, 환경조건을 고려해야 한다.

(c) 운용한계 초과를 방지할 수 있는 수단을 구비해야 한다.

UAS.2010 감항설계표준서

(a) 신청자는 감항당국이 수락한 감항설계표준서(ADS: Airworthiness Design Standards)를 적용하여 이 감항기준에 따른 적합성을 입증하여야 한다.

(b) 신청자가 다른 감항설계표준서(ADS) 적용을 제안하는 경우, 감항당국이 인정하는 서식과 방법으로 해당 표준서를 제출하여야 한다.

Subpart B : 무인 항공기 시스템 운용

UAS.2100 중량 및 무게중심

(a) 신청자는 무인 항공기의 안전한 운용을 위한 중량과 무게중심에 관한 한계를 정해야 한다.

(b) 신청자는 UAS.2102에 따라 규정된 비행선도의 하중조건 범위 내에서 무인 항공기의 중량과 무게중심 조합이 가장 불리한 조건에서 이 Subpart의 각 요건에 대한 적합성을 입증하여야 한다.

(c) 무인 항공기의 중량과 무게중심을 결정한 시점의 해당 조건은 명확히 정의되고 쉽게 반복 구현될 수 있어야 한다.

UAS.2102 비행선도 승인

(a) 신청자는 정상, 비정상, 비상 조건에서 안전한 비행과 비상 회복능력이 실증될 수 있는 비행선도의 경계를 정해야 한다.

(b) 비행선도를 정할 때, UAS.2005에 따른 운용한계를 고려해야 한다.

(c) 비행선도 초과를 방지할 수 있는 수단을 구비해야 한다.

(d) 비행선도에는 감항당국이 동의하는 안전마진을 포함하여 실증되어야 한다.

UAS.2110 최소비행속도

(a) 신청자는 무인 항공기의 각 비행형상 및 단계별로 최소안전속도(minimum safe speed) 또는 최소의 안정된 비행속도(minimum steady flight speed)를 정해야 한다.

(b) 최소안전속도를 정할 때는 승인받을 비행선도 내의 각 비행형상에 대하여 가장 악조건 상태를 반영하여야 한다.

UAS.2115 이륙 및 최소성능

(a) 신청자는 무인 항공기의 이륙에 요구되는 최소성능을 정해야 한다.

(b) 해당 무인 항공기에서 이륙이 가장 어려운 비행단계가 아닌 경우, 신청자는 그 비행단계에 대한 최소성능을 추가로 정해야 한다.

UAS.2130 착륙 요건

신청자는 운용한계 내의 가장 불리한 중량과 고도 조합에서 대기온도에 따른 다음 사항을 정해야 한다.

(a) 해당 무인 항공기에 적용되는 접근비행경로를 가정하여 착륙하고 정지하는데 필요한 면적 정해야 한다.

(b) 이때의 접근비행경로 및 착륙속도, 항공기 형상, 그리고 착륙 절차는 다음 사항을 만족하여야 한다.

(1) 이 절의 (a)항에서 정해진 착륙 면적에 충분히 착륙할 수 있어야 하고, 손상이나 부상이 없어야 한다.

(2) 최소안전속도를 고려한 상태에서 복행(balked landing) 조건으로 안전하게 전환될 수 있어야 한다.

UAS.2135 조종성 및 안정성

(a) 무인 항공기는 실증된 비행선도 내의 다음의 조건에서 조종성과 기동성이 있어야 한다.

(1) 인증이 신청된 모든 하중 조건

(2) 지상 단계를 포함하여 모든 비행 단계

(3) 가역 비행조종장치(reversible flight control) 또는 추진시스템 고장 상태

(4) 무인 항공기 형상이 변경되는 동안

(5) 센서 계측 및 계산의 오류와 지연으로 인한 모든 영향이 고려된 상태

(6) 비행조종시스템의 성능이 저하된 모든 작동모드

(b) 무인 항공기는 지상 단계를 포함하여 모든 비행 단계에서 회복될 수 없는 발산 안정성(divergent stability) 특성을 나타내지 않아야 한다.

UAS.2160 진동 및 버핏

무인 항공기의 각 부분은 승인받을 비행선도(approved flight envelope) 내에서 과도한 진동과 버핏이 발생하지 않아야 한다.

UAS.2165 결빙조건 비행

(a) 결빙조건 비행을 위한 인증을 요청하는 신청자는 결빙방지시스템의 정상 작동 상태에서 해당 요건에 대한 적합성을 입증하여야 한다.

(b) 신청자는 승인될 결빙선도 밖의 결빙상태를 탐지할 수 있는 수단을 구비해야 하고, 그 결빙 영역을 회피하거나 안전하게 빠져나올 수 있는 무인 항공기의 능력을 실증하여야 한다.

(c) 결빙조건 비행을 위한 인증이 신청되지 않은 무인 항공기는 UAS.2165(b) 요건을 적용하거나, 운용한계를 작성하여 이륙과 착륙을 포함하여 결빙조건으로 비행하지 않도록 조치해야 한다.

Subpart C : 구조강도

UAS.2200 구조설계선도

신청자는 구조설계선도를 정하여 이 Subpart의 요건에 따라 적합성을 입증할 무인 항공기 설계 및 운용 변수의 범위와 한계를 제시하여야 한다. 신청자는 다음의 변수를 포함하여 무인 항공기의 구조하중, 강도, 내구성, 공력탄성에 영향을 미치는 모든 설계 및 운용 변수를 제시하여야 한다.

(a) 구조적 설계 비행속도

(b) 운용 중에 예상되는 비행하중 및 지상하중 상태

(c) 운용한계 내에서 중량 및 무게중심 선도 상의 중량 변동 및 배분

(d) 모든 설계조종입력에 반응하는 하중

(e) 동력(power-on) 및 무동력(power-off) 상태의 로터/팬/프로펠러 회전수 범위

(f) 엔진과 이에 연결된 회전 구성품의 회전수 비율

(g) 하중에 의한 변형이 외부 또는 내부 하중의 분포를 중대하게 변화시킬 수 있는 경우, 그 하중의 재분배

UAS.2215 비행하중조건

신청자는 다음 사항을 보장할 수 있는 비행하중조건을 정해야 한다.

(a) 기동 및 돌풍 선도의 경계선과 그 내부의 비행속도와 하중배수의 모든 조합에서 대칭 및 비대칭 하중에 대한 치명적 비행하중을 정해야 한다.

(b) 공기에 의한 공진을 포함하여 진동과 버핏으로 인하여 최대설계속도까지 구조적 손상을 유발하지 않아야 한다.

(c) 무인 항공기 시스템, 구성품, 엔진, 로터 또는 프로펠러의 고장으로 인하여 발생할 수 있는 비행하중을 정해야 한다.

UAS.2230 제한하중 및 극한하중

(a) 신청자는 다음의 하중을 정해야 한다. 다만, 이 Subpart의 해당 요건을 만족하는데 특별안전계수 또는 기타의 계수가 필요한 경우는 예외로 한다.

(1) 제한하중. 이는 구조설계하중과 같다.

(2) 극한하중. 이는 달리 규정되지 않으면 제한하중에 안전계수 1.5를 곱한 값과 같다.

(b) 유해한 영구변형이 인정되는 경우에는 일부의 강도 규격서에는 극한하중만이 규정될 수 있다.

UAS.2240 구조적 내구성

(a) 신청자는 예상 가능한 요인에 의한 강도 저하로 인한 구조적 파손을 방지하기 위한 검사절차 또는 기타의 절차를 작성하고 시행해야 한다. 강도 저하는 치명적 부상을 유발하거나 안전마진 감소로 인한 운용기간 단축을 초래할 수 있다. 이 요건에 따라 작성된 검사절차 또는 기타의 절차는 UAS.2625 요건에 따른 감항성유지지침서의 감항한계 부분에 포함되어야 한다.

(b) 현실성 없는 경우를 제외하고, 이 절의 (a)항에 따라 작성되는 절차에는 손상이 파국적(catastrophic) 구조 파손을 유발하기 전에 구조적 손상이나 부분적 파손을 탐지할 수 있어야 한다.

(c) 여압 격실을 갖춘 무인 항공기는 다음의 요건을 만족해야 한다.

(1) 무인 항공기는 발생 가능한 요인으로 여압 격실에서 압력이 갑자기 빠진 후에도 계속하여 안전한 비행과 착륙이 가능하거나 비상 회복될 수 있어야 한다.

(2) 가압 사이클을 따르는 격실을 갖춘 무인 항공기의 경우, 이 절의 (a)항에 따라 작성되는 절차를 적용하여 손상에 의한 급속 감압이 유발되거나 파국적(catastrophic) 이벤트를 유발하는 구조적 파손이 발생하기 전에 여압 격실 구조물에 대한 손상을 탐지할 수 있어야 한다.

(d) 무인 항공기는 미봉쇄(uncontained) 엔진 또는 회전장치 파손으로 발생하는 고에너지 파편에 의한 구조적 손상 위험을 최소화하도록 설계되어야 한다.

UAS.2245 공력탄성

(a) 무인 항공기는 다음의 조건에서 플러터(flutter), 조종역전(control reversal), 발산(divergence) 현상이 발생하지 않아야 한다.

(1) 구조설계선도 내부와 충분히 떨어진 외부의 모든 비행속도에서 발생하지 않아야 한다.

(2) 임의의 형상과 운용조건에서 발생하지 않아야 한다.

(3) 치명적 자유도(degrees of freedom)를 고려해야 한다.

(4) 치명적 고장 및 기능장애를 고려해야 한다.

(b) 신청자는 플러터에 영향을 미치는 모든 수치에 공차를 제시해야 한다.

UAS.2252 치명성 부품

(a) 치명성 부품(critical part) : 치명성 부품은 무인 항공기의 부품으로서, 고장 시에 계속적인 안전한 비행 및 착륙 또는 무인 항공기 비상 회복을 저해하게 된다. 그리고 요구되는 수준의 견실성(integrity)를 보장하기 위하여 설계와 생산 중에 치명특성을 식별하고 관리하여야 한다.

(b) 형식설계에 치명성 부품이 포함된 경우, 치명성 부품목록을 작성하여야 한다. 치명성 설계특

성을 정의하고, 그 특성에 영향을 미치는 공정을 식별하고, 설계변경과 공정변경 관리를 위한 절차를 수립하여 감항당국이 인정하는 품질보증 요건에 따른 적합성 입증에 적용하여야 한다.

Subpart D : 설계 및 구성

UAS.2300 무인 항공기 비행조종시스템

(a) UAS.2529에 따라 무인 항공기에 장착되는 기계식 비행조종시스템은 그 기능이 적절하게 구현되기 위하여 쉽게, 부드럽게, 확실하게 작동되도록 설계되어야 한다. 자동회전(autorotation) 기능을 갖춘 경우에는 이를 포함한다.

(b) 트림시스템이 장착된 경우, 의도되지 않거나, 부정확하거나, 갑작스런 트림 작동을 방지할 수 있도록 설계되어야 한다.

UAS.2305 이륙 및 착륙시스템

(a) 이륙 및 착륙 기구는 해당되는 경우 다음과 같이 설계되어야 한다.

(1) 지상 운용 중에 무인 항공기를 안정되게 지지하고 조종할 수 있어야 한다.

(2) 예상되는 시스템 고장과 운용환경을 고려하여야 한다. 이에는 예측되는 한계 초과와 비상 절차를 포함한다.

(b) 무인 항공기는 UAS.2130에 따른 착륙과 UAS.2220에서 요구된 정상 및 비정상 하중조건에 대한 운동에너지를 흡수하도록 설계되어야 한다. 비정상 하중조건은 무인 항공기의 필수 시스템에 손상을 유발하지 않아야 한다. 필수 시스템의 손상은 탐지되지 않으면 위험 또는 파국적 이벤트을 초래할 수 있다.

(c) 이륙중단(aborted take-off) 능력에 대한 실증이 요구되는 무인 항공기는 이때의 추가 운동에너지를 제시해야 한다.

(d) 착륙기구를 작동시키는 시스템을 구비한 무인 항공기는 다음 요건에 적합해야 한다.

(1) 착륙기구를 착륙 위치에 유지시키기 위한 확실한 수단이 있어야 한다.

(2) 착륙기구가 전개되지 않는 위험이 발생할 때 착륙기구를 착륙 위치로 놓이게 할 수 있는 대체 수단이 있어야 한다.

UAS.2325 화재방지

(a) 무인 항공기는 다음으로 인한 발화 위험을 최소화하도록 설계되어야 한다.

(1) 예측되는 열 또는 에너지 분산, 발화시키는데 충분한 열을 발생시킬 것으로 예상되는 시스템의 고장 또는 과열

(2) 가연성 유체, 가스, 또는 증기의 점화

(3) 화재 전파 또는 점화시키는 시스템 특성

(b) 무인 항공기는 다음의 방법으로 화재 전파 위험을 최소화하도록 설계되어야 한다.

(1) 화재 또는 연기를 탐지하여 운용자(crew)에게 알리고, 현실적인 경우 소화 수단을 구비해야 한다.

(2) 적절한 적용과 위치에 따라서 자체소화(self-extinguishing), 내화성(flame-resistant), 또는 불연성(fireproof) 재료를 사용해야 한다.

(3) UAS.2330의 요건을 만족하는 지정방화구역을 설정하고 설계해야 한다.

UAS.2335 낙뢰방호

(a) 낙뢰가 발생할 수 있는 구역에서 운용되는 것으로 인증이 신청된 무인 항공기 시스템은 낙뢰에 의한 파국적(catastrophic) 영향으로부터 보호되어야 한다.

(b) 낙뢰 발생 구역에서 운용되지 않는 것으로 인증이 신청된 경우, 이륙과 착륙을 포함하여 이들 구역으로 비행하는 것을 금지하도록 운용한계를 작성하여야 한다.

UAS.2350 봉쇄 요건

비상 절차에 따라 불시착(forced landing) 또는 지정된 지역에 통제된 추락(controlled crash)이 예견되는 경우에 다음 요건에 적합해야 한다.

(a) 불시착 또는 통제된 추락 지역을 벗어나는 파편, 화재 또는 폭발 위험을 최소화하는데 충분한 자체 봉쇄(containment) 특성을 갖도록 무인 항공기를 설계하여야 한다.

(b) 운용자(crew)를 위한 비행교범에는 불시착 또는 통제된 추락 지역의 특성을 포함하여야 한다.

UAS.2370 외부화물하중

(a) 무인 항공기의 외부화물 적재 수단과 외부화물 운송용 이송기구시스템은 인증이 요구된 외부화물의 최대중량과 치명적 형상에 관련된 하중을 적정한 마진으로 견딜 수 있어야 한다. 외부화물하중은 설정된 운용한계에 따라서 운용 중에 나타날 수 있는 수직기점 최대 각도를 형성하는 방향으로 작용되어야 한다.

(b) UAS.2240에 따른 내구성 평가는 화물해제(release) 및 이송기구시스템 전체와 부착기구를 대상으로 수행하여야 한다.

(c) 외부화물하중은 정상 및 비상 조건에서 무인 항공기 시스템 또는 사람에 위험하지 않은 상태로 승인된 외부화물선도 전체에서 운송할 수 있고, 요구된 경우 화물을 해제(release)할 수 있음을 입증하여야 한다.

(d) 무인 항공기는 필수적인 운용지침과 이 절에 따라 실증된 외부화물 최대하중을 명확히 나타내는 플래카드와 표식을 부착하여야 한다.

(e) 무인 항공기 시스템은 외부화물 운용 작업에 대한 한계와 절차를 비행교범에 수록하여야 한다.

Subpart E : 동력장치

UAS.2400 동력장치 장착

(a) 이 Subpart에는 무인 항공기 동력장치 장착은 추진에 필요하거나 추진 안전에 영향을 미치거나, 무인 항공기에 보조동력을 공급하는 각 구성품을 포함한다.

(b) 각 무인 항공기 엔진, 프로펠러 및 보조동력장치(APU)는 무인 항공기 시스템 형식증명의 일부로 인증되거나 별도의 독립적인 형식증명을 받아야 한다.

(c) 신청자는 다음 사항을 고려하여 동력장치 장착을 구성 및 배열하여야 한다.

  (1) 외부물질 위협을 포함하여 예상되는 모든 운용조건

  (2) 가동 부품(moving parts)과 무인 항공기의 다른 고정 부품 및 주변부 사이의 충분한 간격

  (3) 지상 요원에 대한 위험을 포함하여 운용 중에 예상되는 위험

  (4) 진동 및 피로

  (5) 구동시스템 내구성

(d) 유체, 증기, 또는 가스가 위험한 수준으로 축적되지 않도록 무인 항공기 격실(compartments)에서 격리시키고, 안전하게 보관 또는 방출되어야 한다.

(e) 구성품 한계 또는 장착 지침을 벗어나는 동력장치 구성품의 장착은 안전성이 입증되어야 한다.

(f) 이 Subpart의 목적에 따라, 에너지(energy)는 동력장치를 위한 모든 유형의 에너지원을 의미한다. 예를 들어, 연료 또는 모든 종류의 전류 등을 포함한다.

UAS.2405 동력 또는 추력 제어시스템

동력 또는 추력 제어시스템은 직접적인 출력 세팅, 비행조종시스템, 또는 원격운용자에 의한 출력 선정 명령으로 작동되는 시스템으로 다음의 요건에 적합해야 한다.

(a) 출력 또는 추력 제어시스템은 정상 운용 중에 불안전한 상태가 되지 않도록 설계되어야 한다.

(b) 출력 및 추력 제어시스템의 단일고장(single failure) 또는 예상되는 고장의 조합은 무인 항공기의 계속된 비행 및 착륙 또는 UAS.2570에 따른 비상 회복을 저해하지 않아야 한다.

(c) 자동 출력 및 추력 제어시스템의 고장이 극히 희박(extremely remote)하거나 불안전한 상태를 유발하지 않는 한, 해당 시스템은 다음에 적합해야 한다.

  (1) 비행조종시스템 또는 원격운용자(remote crew)가 자동 기능을 중단시키는 수단을 구비해야 한다.

  (2) 무인 항공기 시스템의 다른 시스템에 의해서 의도하지 않게 해제(deactivation)시키는 것을 방지해야 한다.

UAS.2410 동력장치 위험평가

신청자는 각 장착에 대하여 독립적으로, 그리고 다른 시스템과 관련해서 평가하고, 예상되는 시스템 구성품 또는 보기류 고장으로 인한 위험이 다음의 현상을 유발하지 않음을 입증하기 위하여 무인 항공기 시스템 장착을 평가해야 한다.

(a) 계속된 안전한 비행과 착륙을 저해한다. 계속된 안전한 비행과 착륙을 보장할 수 없는 경우, UAS.2570에 따른 비상 회복 절차를 착수해야 한다.

(b) 고장이 발생하지 않은 나머지 동력장치 시스템의 계속된 운용을 위한 원격운용자(remote crew)의 즉각적인 조치가 요구된다.

UAS.2415 동력장치 결빙방지

(a) 결빙조건 비행을 위한 인증이 신청된 무인 항공기 시스템은 다음의 요건에 적합해야 한다.

(1) 무인 항공기 설계는 동력장치 운용에 부정적인 영향을 미치는 얼음 또는 눈의 축적이나 비산(shedding)을 방지할 수 있어야 한다.

(2) 동력장치 장착 설계는 인증이 신청된 결빙조건에서 동력장치 운용에 부정적인 영향을 미치는 얼음 또는 눈의 축적을 방지할 수 있어야 한다.

(b) 결빙조건 비행을 위한 인증이 신청되지 않은 무인 항공기 시스템은 다음의 요건에 적합해야 한다.

(1) 무인 항공기 동력장치는 의도하지 않은 결빙조건을 탈출할 수 있도록 보호되어야 한다.

(2) 비행 중에 결빙조건으로 의도하지 않게 진입하는 것을 방지하도록 운용한계를 정의해야 한다.

UAS.2430 동력장치 에너지 저장 및 분배시스템

(a) 각 시스템은 다음의 요건에 적합해야 한다.

(1) 다중 에너지 저장 및 공급시스템 사이에 독립성을 갖도록 설계하여 하나의 시스템 내의 하나의 구성품 고장으로 인하여 다른 시스템의 에너지 저장 및 공급 기능이 상실(loss)되지 않도록 하여야 한다.

(2) 낙뢰에 노출될 것으로 예상되는 지역에서 무인 항공기 시스템에 대한 낙뢰 타격(lightning strikes)에 따른 직접 및 간접 영향으로 인한 파국적(catastrophic) 이벤트를 방지하도록 설계하여야 한다.

(3) 허용되고 예상되는 운용조건과 구성품 고장이 반영된 모든 조건에서 안전한 기능을 보장할 수 있는 적절한 마진과 함께 동력장치에 에너지를 공급하여야 한다.

(4) 해당 시스템이 정상적으로 작동될 때 예상되는 에너지 변동을 고려하여 무정전장치를 구비해야 한다.

(5) 해당 시스템에 저장된 에너지를 안전하게 제거하거나 격리시킬 수 있는 수단을 구비해야 한다.

(6) 예상되는 모든 운용조건에서 에너지를 유지할 수 있도록 설계하여야 한다.

(7) 각 동력장치에 공급되는 에너지에 대하여 위험한 수준의 오염이 방지되어야 한다.

(b) 각 저장시스템은 다음의 요건에 적합해야 한다.

(1) 예상되는 운용조건의 장착 상태에서 고장 없이 부하에 견딜 수 있어야 한다.

(2) 예상되는 운용조건에서 저장된 에너지의 중대한 상실(loss)을 방지하도록 설계되어야 한다.

(3) 비상 회복에 추가 에너지가 필요한 경우, 이를 공급할 수 있어야 한다.

(4) 에너지 배출(jettisoning) 기능을 갖춘 경우, 이를 안전하게 배출할 수 있어야 한다.

(c) 각 에너지 급유 또는 충전시스템은 다음과 같이 설계되어야 한다.

(1) 부적정한 급유 또는 충전을 방지하여야 한다.

(2) 예상되는 운용조건에서 저장된 에너지의 오염을 방지하여야 한다.

(3) 급유 또는 충전 중에 위험한 이벤트 발생을 방지하여야 한다.

(d) 무인 항공기의 지상 취급 중에 예상되는 오류로 인하여 저장된 에너지의 위험한 상실(loss)을 초래하지 않아야 한다.

UAS.2440 동력장치 화재방지

동력장치 장착과 그에 대한 지지시스템은 UAS.2575에 따른 비상 회복이 수행될 수 있도록 운용 중에 화재 또는 과열로 인한 파국적(catastrophic) 이벤트를 경감(mitigate) 하도록 설계되어야 한다.

Subpart F : 시스템 및 장치품

UAS.2500 시스템 요건

(a) UAS.2500, UAS.2505, UAS.2510은 무인 항공기 시스템의 시스템 및 장치품(equipment)에 적용되는 일반요건이고, 이 감항기준의 다른 특정한 요건을 대체하기 위해 사용되지 않아야 한다.

(b) 형식증명 감항요건, 공역 요건, 또는 운항규정에 따른 적합성이 요구되거나, 부적절한 기능으로 위험을 초래할 수 있는 장치품 및 시스템은 해당 무인 항공기 시스템이 인증되는 전체 운용 및 환경 한계에서 의도된 기능을 수행할 수 있도록 설계되고 장착되어야 한다.

UAS.2510 장치품 및 시스템 장착

(a) UAS.2500 요건에 따라 식별된 장치품 및 시스템은 독립적으로, 그리고 다른 시스템과 관련하여 다음과 같이 설계되고 장착되어야 한다.

(1) 각 파국적(catastrophic) 고장 조건은 극히 불가능(extremely improbable)해야 한다.

(2) 각 위험한(hazardous) 고장 조건은 극히 희박(extremely remote)해야 한다.

(3) 각 중요한(major) 고장 조건은 희박(remote)해야 한다.

(b) UAS.2500 요건에 따라 식별되지 않은 장치품 및 시스템은 해당 무인 항공기 시스템이 인증되는 전체 운용 및 환경 한계에서 무인 항공기 시스템에 악영향을 주지 않도록 설계 및 장착되어야 한다. 다만, 악영향이 지상 또는 비행 중인 사람에게 위험을 초래하지 않으면 예외로 한다.

UAS.2515 전기전자시스템 낙뢰방호

낙뢰에 노출될 것으로 예상되는 무인 항공기 시스템은 다음 요건에 적합해야 한다.

(a) 전기 또는 전자시스템은 무인 항공기의 계속된 안전한 비행과 착륙 또는 비상 회복을 저해하는 고장에 관하여 다음과 같이 설계되고 장착되어야 한다.

(1) 해당 무인 항공기 시스템이 낙뢰에 노출되는 동안과 노출된 후에 무인 항공기 시스템 레벨의 기능에 악영향을 주지 않아야 한다.

(2) 해당 무인 항공기 시스템이 낙뢰에 노출된 후 적절한 시간 내에 해당 시스템의 기능이 정상 운용 상태로 회복되어야 한다. 다만, 시스템을 회복되게 설계하는 것이 다른 운용 또는 기능 요건에 상충되는 경우에는 예외로 한다.

(b) 기능을 수행하는 전기 또는 전자시스템은 무인 항공기 시스템의 능력 또는 불리한 운용조건에 대응하는 운용자(crew)의 능력을 현저히 감소시키는 고장에 관하여 무인 항공기 시스템이 낙뢰에 노출된 후 적절한 시간 내에 해당 시스템의 기능이 정상 운용 상태로 회복될 수 있도록 설계되고 장착되어야 한다.

UAS.2520 고강도전자기장 방호

(a) 무인 항공기 시스템에서 기능을 수행하는 전기 또는 전자시스템은 무인 항공기의 계속된 안전한 비행과 착륙 또는 비상 회복을 저해하는 고장에 관하여 다음과 같이 설계되고 장착되어야 한다.

(1) 해당 무인 항공기 시스템이 고강도전자기장(HIRF) 환경에 노출되는 동안과 노출된 후에 무인 항공기 시스템 레벨의 기능에 악영향을 주지 않아야 한다.

(2) 고강도전자기장(HIRF) 환경에 노출된 후 적절한 시간 내에 해당 시스템 기능이 정상 운용 상태로 회복되어야 한다. 다만, 시스템을 회복되게 설계하는 것이 다른 운용 또는 기능 요건에 상충되는 경우에는 예외로 한다.

(b) 기능을 수행하는 전기 또는 전자시스템은 무인 항공기 시스템의 능력 또는 불리한 운용조건에 대응하는 운용자(crew)의 능력을 현저히 감소시키는 고장에 관하여 무인 항공기 시스템이 고강도전자기장(HIRF) 환경에 노출된 후 적절한 시간 내에 해당 시스템의 기능이 정상 운용 상

태로 회복될 수 있도록 설계되고 장착되어야 한다.

UAS.2522 사이버 보안

(a) 무인 항공기 시스템의 장치품, 시스템, 네트워크는 독립적으로, 그리고 다른 시스템과 관련하여 무인 항공기 시스템의 안전에 파국적(catastrophic) 영향을 초래할 수 있는 국제적 비인가 전자적 간섭(interations)으로부터 보호되어야 한다. 이에 대한 보호는 보안 위험을 식별하고, 평가하고, 필요시 경감되었음을 입증하는 것으로 보장되어야 한다.

(b) 신청자는 무인 항공기 시스템 장치품, 시스템, 네트워크의 보안이 유지된다는 것을 보장하는데 이용하는 감항성유지지침서 및 절차서를 작성하여야 한다.

UAS.2525 전력공급, 발전, 저장, 분배

각 시스템에 전력을 공급하기 위해 탑재되는 발전, 저장, 분배 장치는 다음과 같이 설계되고 장착되어야 한다.

(a) 모든 승인된 운용조건에서 연결된 부하의 운용에 요구되는 동력을 공급하여야 한다.

(b) 계속된 안전한 비행과 착륙 또는 비상 회복에 요구되는 필수 부하의 공급을 저해하는 단일고장(single failure) 또는 기능장애가 발생하지 않음을 보장해야 한다.

(c) 해당 기능을 완료하는데 한시적으로 필요한 비연속 필수 부하를 포함하여 주전원이 고장난 상태에서 계속된 안전한 비행과 착륙 또는 비상 회복에 요구되는 필수 부하를 공급하기에 충분한 용량을 갖춰야 한다.

UAS.2575 긴급 명령, 조종, 통신 절차

(a) 무인 항공기 시스템의 안전한 운용을 위한 명령, 조종, 통신 기능이 요구되지만, 무인 항공기의 명령, 조종, 통신 기능이 상실(loss)되거나 운용자(crew)에 의한 무인 항공기의 안전한 운용을 더 이상 보장할 수 없는 열악한 상태에 이르면 무인 항공기는 적정한 긴급 절차를 착수해야 한다.

(b) 각 운용 상황에 대한 긴급 절차는 운용자를 위한 비행교범에 규정되어야 한다.

(c) 무인 항공기 긴급 절차에 관한 정보를 주변의 항공시스템에 전달할 수 있는 수단을 구비해야 한다.

Subpart G : 운용자 인터페이스 및 기타정보

UAS.2600 원격조종스테이션 성능

(a) 원격조종스테이션(RPS: Remote Pilot Station)은 원격운용자(remote crew)의 무인 항공기 운용 목적에 따른 명령과 조종을 지원하기에 적정하여야 한다.

(b) 원격조종스테이션(RPS)과 이에 구비된 장치품은 운용 목적에 따른 원격조종스테이션의 예상되는 환경 조건에 검정(qualified) 되어야 한다.

UAS.2605 원격조종스테이션 인적요소

(a) 원격조종시스템(RPS)의 배치와 이에 대한 장치품은 원격 운용자(crew)가 과도한 집중, 기술, 경계, 또는 피로 없이 그들의 임무를 수행할 수 있어야 한다.

(b) 모든 비행, 항법, 감시, 동력장치 제어장치 및 시현장치는 자격을 갖춘 원격운용자가 해당 시스템과 장치품의 의도된 기능에 관련하여 정의된 과업을 수행하고 모니터할 수 있도록 설계되어야 한다. 이들 시스템 및 장치품의 설계는 추가적인 위험을 유발할 수 있는 원격운용자의 오류를 최소화할 수 있어야 한다.

(c) 원격조종스테이션에 물리적 보안 요건이 고려되어야 한다.

UAS.2620 무인 항공기 시스템 비행교범

신청자는 각 무인 항공기 시스템과 함께 인도되어야 하는 무인 항공기 시스템 비행교범에 다음의 정보를 포함하여 제공해야 한다.

(a) 운용한계 및 운용절차

(b) 성능 정보

(c) 적재 정보

(d) 이송, 재구성 및 보관 한계

(e) 계기 표식 및 플래카드 정보

(f) 무인 항공기 시스템의 안전한 운용에 필요한 기타의 정보

UAS.2625 감항성유지지침서

(a) 신청자는 무인 항공기 시스템의 운용 목적에 적정한 감항성유지지침서를 작성하여야 한다.

(b) 무인 항공기 시스템의 일부인 장비품 또는 시스템에 대한 감항성유지지침서를 별도로 제공하지 않는 경우, 이들 장비품 또는 시스템에 대한 감항성 유지를 위한 정보는 해당 무인 항공기 시스템의 감항성유지지침서에 포함되어야 한다.

(c) 감항성유지지침서에는 이 문서의 다른 부분과 분리되어 명확히 구별되는 감항성 한계 부분을 포함하여야 한다. 이 부분에는 형식증명에서 요구되는 필수 교체 주기, 구조검사 주기, 그리고 관련 구조검사 절차가 제시되어야 한다. 이 부분의 눈에 잘 띄는 곳에 또렷하게 "이 감항성 한계 부분은 감항당국에 승인되었으며, 이에 대한 변경도 승인받아야 한다. (The Airworthiness limitations Section is approved and variations must also be approved by the Authority)"라는 문구를 기재하여야 한다.

(d) 신청자는 무인 항공기의 조종력 상실(loss) 또는 안전 마진이 감소된 상태로 운용기간의 연장을 초래할 수 있는 강도 저하 요인으로 인한 구조적 파손을 방지하기 위한 절차를 작성하고 시행해야 한다. 감항성유지지침서에는 UAS.2255에 따라 작성된 절차를 포함하여야 한다.

Subpart H : 보조시스템

UAS.2710 무인 항공기 발진 및 회수시스템

무인 항공기에 영구적으로 장착되지 않는 발진 및 회수시스템(launch and recovery system)은 다음의 요건에 적합해야 한다.

(a) 발진시스템이 정상 운용에 사용되는 경우, 다음의 요건을 충족해야 한다.

(1) 무인 항공기는 승인된 환경 및 운용조건의 가장 불리한 조합에서 안전하고 조종력 있는 비행의 연속성을 보장하기 위하여 발진의 마지막 단계에서 충분한 에너지와 조종력을 가져야 한다.

(2) 발진 단계에서 무인 항공기의 가속력은 정상 운용 하중 범위 내에 있음을 입증하여야 한다.

(3) 발진안전구역(launch safety area)은 발진 단계에서 고장 또는 기능장애가 발생한 후에 무인 항공기가 존재할 수 있는 지리적 면적으로 정의되어야 한다. 이는 승인된 환경 및 운용조건의 조합 하에서 계산에 의해서 사전에 정해야 한다.

(4) 발진안전구역의 크기와 모양은 무인 항공기 시스템 비행교범에 제시되어야 한다.

(b) 회수시스템이 무인 항공기 운용에 사용되는 경우, 다음의 요건을 충족해야 한다.

(1) 회수시스템은 통제된 비행 종료를 보장하기 위하여 에너지를 안전하게 감소시켜야 한다.

(2) 회수 단계에서 무인 항공기 감속력은 정상 운용 하중 범위 내에 있음을 입증하여야 한다. 단, 무인 항공기가 다중 회수장치로 설계되지 않은 경우는 예외로 한다.

(3) 회수안전구역(recovery safety area)은 회수 단계에서 고장 또는 기능장애가 발생한 후에 무인 항공기가 존재할 수 있는 지리적 면적으로 정의되어야 한다. 이는 승인된 환경 및 운용조건의 조합 하에서 계산에 의해서 사전에 정해야 한다.

(4) 회수안전구역의 크기와 모양은 무인 항공기 시스템 비행교범에 제시되어야 한다.

6.3 도심형 항공기 인증

6.3.1 도심형 항공기 인증규정

도심형 항공 모빌리티(UAM) 비행체는 비교적 근거리를 비행하고 환경문제를 해소하기 위하여 배터리 전원을 이용하는 전기모터 구동 방식으로 설계되고 있다. 양력 및 추력은 다수의 프로펠러 또는 로터에서 발생하는데, 이를 배치하는 방식에 따라서 멀티로터형(multi-rotor), 틸트로터형(tilt-rotor), 복합구동형(lift+cruise)으로 분류된다.

[표 6-3] 도심형 항공기 로터 배치 및 구동 방식에 따른 분류

구분	멀티로터형 (multi-rotor)	틸트로터형 (tilt-rotor)	복합구동형 (lift+cruise)
형상			
예시	Volocopter VoloCity, EHang EH216	Joby S4-1, Vertical VX4, Archer Midnight, Overair Butterfly, Supernal S-A2	Eve-100, Beta ALIA-250, AutoFlight Prosperity
특징	다수의 로터를 가진 소형 드론을 확대한 형태로 이착륙에 용이하나 전진 비행에는 비효율적임 (회전익 단일 비행모드) - 주로 1 ~ 2인승 - W_E 550 kg, MTOW 760 kg - 100 km/h, 35 km, 30 min	다수의 프로펠러(로터)가 이착륙시 수직방향, 비행시에는 수평방향으로 전환되는 형태로 전진 비행에 효율적임 (회전익, 천이, 고정익 비행모드) - 주로 4 ~ 7인승 - W_E 2,000 kg, MTOW 2,550 kg - 255 km/h, 150 km, 40 min	이착륙에 쓰이는 로터와 비행에 쓰이는 고정익을 함께 가진 형태. 후방 푸셔타입 프로펠러를 사용하기도 함 (회전익, 천이, 고정익 비행모드) - 주로 2 ~ 6인승 - W_E 1,900 kg, MTOW 2,500 kg - 210 km/h, 280 km, 70 min

일부의 도심형 항공기는 비행 중에 날개의 양력을 일부 이용하기는 하지만, 대부분의 도심형 항공기는 다수의 수직 및 수평 방향 로터에서 발생하는 양력과 추력을 이용해 수직으로 이착륙하고 전진 비행하는 방식으로 설계되고 있다. 이와 같은 도심형 항공기 형식에 대하여 미국 연방항공청은 동력 부양식 항공기(powered-lift aircraft)로 칭하고, 유럽항공안전청은 수직 이착륙 항공기(VTOL capable aircraft)로 부르고 있다.

도심형 항공 모빌리티(UAM)는 비행체뿐만 아니라, 운항 인프라, 연계 서비스, 법적 제도 등이 복합적으로 구축되어야 하지만, 그중에 비행체에 대한 핵심기술로 경량 재료 및 구조설계, 고신뢰성 전기추진시스템, 고용량 전력시스템, 비행제어 및 항법기술 등을 들 수 있다. 특히, 비상시 동적 조건에서 승객의 안전성을 보장할 수 있는 초경량 고강도 좌석, 추진시스템에 대한 틸팅 메커니

즘, 그리고 현재의 리튬이온 배터리보다 에너지 밀도 및 안전성이 우수한 리튬황 배터리나 전고체 배터리 실용화를 기대하고 있다.

[UAM 캐빈 좌석: 동적 안전성]

[전기추진시스템: 틸팅 안전성]

[전기모터 및 고용량 배터리]

[그림 6-7] 도심형 항공기(UAM) 핵심기술에 대한 예시

국제민간항공기구(ICAO)는 원격조종 항공기 시스템(RPAS)에 대한 국제표준을 제정하였고 첨단형 항공 모빌리티(AAM) 워킹그룹도 구성되어 있지만, 가까운 시일 내에 도심형 항공 모빌리티(UAM) 비행체에 대한 국제표준이나 매뉴얼을 제정하지 않을 것으로 판단된다. 이는 도심형 항공 모빌리티는 국제운송을 목적으로 하지 않고 각 국가의 도심 또는 근거리에서 운용되기 때문이다. 미국 연방항공청(FAA)은 FAR Part 194를 특별연방항공규정(SFAR)으로 제정하여 동력 부양식(powered-lift) 비행체의 조종사 증명과 운용 요건을 규정하고 있으며, FAR §21.17(b)에 따라서 특별분류 형식증명을 위한 감항기준을 설정하여 인증에 적용하고 있다. 유럽항공안전청(EASA)은 유럽연합 EU 965/2012 Air Operations, EU 748/2012 Certification Regulation, EU 2025/111 Continuing Airworthiness에 따라서 운용 승인, 형식증명, 감항성 유지 요건을 규정하고, EASA SC-VTOL 및 SC E-19 EHPS 등과 같은 특별감항조건(SC)을 제정하여 고시하고 있다.

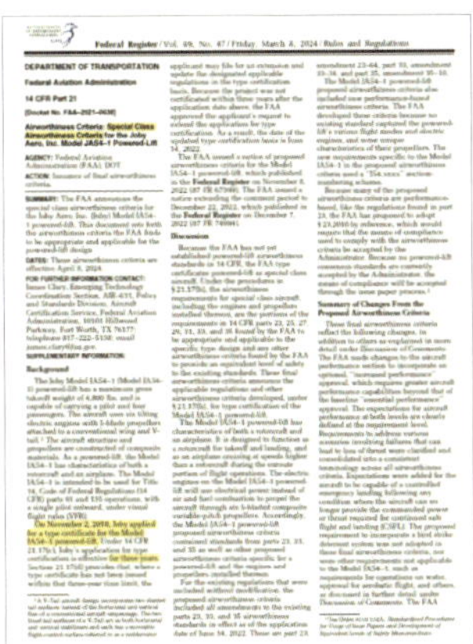
[FAA SC: Joby JAS4-1]

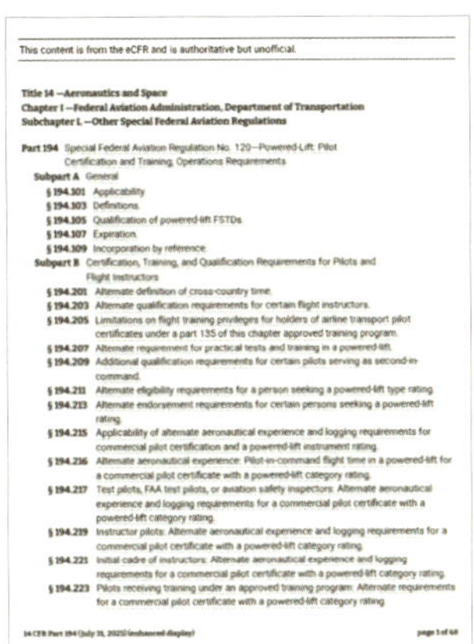
[FAR 194: Pilot and Operations]

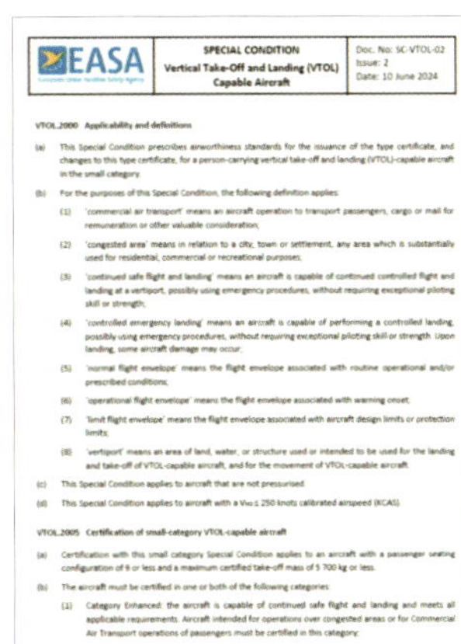
[EASA SC-VTOL: VTOL Aircraft]

[그림 6-8] FAA 및 EASA 도심형 항공기 특별규정 및 특별감항조건

미국 연방항공청은 UAM 비행체에 대한 특별분류 형식증명 신청을 접수한 후에 그 설계특징을 고려하여 해당 비행체에 대한 개별적인 특별감항조건(SC)을 발행하고, 유럽항공안전청은 EASA SC-VTOL과 같은 특별감항조건(SC)을 사전에 제정해 놓았지만, 형식증명 신청을 접수한 후에 해당 비행체에 대한 인증항목검토서(CRI) 작성과 특별감항조건(SC)을 다시 설정하는 과정을 반복하게 된다. 우리나라의 경우에는 미국과 같은 방식으로 항공안전법 및 기술기준(KAS §21.17(b))을 근간으로 형식증명이 신청된 후에 특별감항조건(SC)을 설정하는 방식을 취하고 있다. 이와 별도로 FAR Part 194를 기반으로 동력 부양식(powered-lift) 항공기 조종사 증명 및 운용기준 제정을 준비하고 있다. 또한, 유럽의 SC-VTOL과 미국의 특별감항조건(SC)을 기반으로 2023년 12월에 발행된 도심형항공기 인증기준 안내서를 참고할 수도 있다.

- FAR Part 21 : Certification Procedures, §21.17(b), Amdt 21-109, 2025.07.24
- FAR Part 23 : Normal Category Airplanes, Amdt 23-65, 2022.12.09 / SC required
- FAR Part 27 : Normal Category Rotorcraft, Amdt 27-51, 2023.02.10 / SC required
- FAA–2021–0638: Special Class Airworthiness for Joby JAS4-1 Powered-Lift, '24.04.08
- FAR Part 194 : Powered-Lift Pilot Certification & Operations, Amdt 194-1, '24.11.21
- FAA AC 21.17-4 : Type Certification of Powered-Lift Aircraft, Initial, 2025.07.18
- EU 748/2012, Part 21 : Airworthiness Certification, Amendment 16, 2023.10.20
- EU 965/2012 : Air Operations, current consolidated version, 2025.05.01
- EU 2025/111 : Continuing Airworthiness, amended for EHP Aircraft, 2025.01.23
- EASA SC-VTOL : Small-Category VTOL-Capable Aircraft, Issue 2, 2024.06.10
- EASA SC E-19 : SC for Electric/Hybrid Propulsion System, Issue 1, 2021.04.07
- 법률 제20981호 : 항공안전법, 2025.05.27
- 고시 제2024-833호 : 항공기 기술기준, 2024.12.18 / 특별감항조건(SC)
- 고시 제2026-000호 : 운항기술기준 개정 (동력부양 항공기 조종사 증명 및 운항기준)
- KOCA Guidance 13 : 도심형항공기 인증기준 안내서, 2023.12.00

도심형 항공 모빌리티 비행체와 같은 새로운 개념의 항공기는 그 기술의 진보성으로 인하여 감항기준을 사전에 정립하기 곤란하다. 이에 적용되는 기술이 발전하고 변화하는 동안에도 조기에 완성된 비행체는 운항을 시작하게 되므로 운항기준을 먼저 정립할 필요성이 대두된다. 이에 따라서 미국 연방항공청은 FAR Part 194 동력 부양식 항공기 운항규정을 먼저 제정하고, 비행체에 대한 형식증명에는 FAR §21.17(b)에 따른 특별분류 감항기준을 설정하여 한시적으로 적용하는 방식을 취하고 있다. 이보다 앞서 유럽 항공안전청은 EU 2021/664 U-Space, EPAS 2024 등을 통하여 도심형 항공기의 운용방식, 비행경로, 조종사 증명, 비행체 분류, 실행기반 감항표준 등을 포함하는 운용개념(ConOps: Concept of Operations)을 규정하였다. 또한, EASA SC-VTOL 등에서는 최대이륙중량 3,175 kg 미만이고 9인승 이내인 비행체로 한정하고, 인증 카테고리를 기본(category basic)과 향상(category enhanced)으로 분류하여 인증 요건을 달리 적용하고 있다.

[표 6-4] 도심형 항공 모빌리티 비행체 형식증명 진행현황

도심형 항공기	국가	제작자 모델명	탑승자	인증기준	신청	획득	비고
	중국	EHang EH216-S	2명	CAAC SC-VTOL Special Conditions	2021년	2023년	자율비행
	중국	AutoFlight Prosperity	5명	CAAC expert review for TC basis	2023년	(2026년)	
	중국	TCab Tech E20	5명	CAAC SC-VTOL Special Conditions	2023년	(2027년)	
	독일	Volocopter VoloCity	2명	EASA SC-VTOL, enhanced category	2019년	(2025년)	
	독일	Lilium Jet	7명	EASA SC-VTOL, (FAR 21.17(b), Part 23)	2019년	(2026년)	
	영국	Vertical VX4	5명	UK/EASA SC-VTOL, enhanced category	2021년	(2026년)	
	유럽	CityAirbus NextGen	4명	EASA SC-VTOL, enhanced category	2021년	(2026년)	pilot-optional
	브라질	Eve Air Eve-100	5명	ANAC Part 23 based SC (FAA/EASA valid.)	2022년	(2026년)	
	미국	Joby S4-1	5명	FAR 21.17(b), FAA-2021-0638 SC	2018년	(2025년)	JAS4-1
	미국	Archer Midnight	5명	FAR 21.17(b), FAA-2022-1548 SC	2022년	(2026년)	M001
	미국	Beta ALIA-250	6명	FAR 21.17(b) SC for Powered-Lift (eCTOL)	2022년	(2026년)	Part 23 based
	미국	Overair Butterfly	5명	FAR 21.17(b) SC for Powered-Lift	2022년	(2027년)	FAA G-1 Stage 3
	미국	Wisk Aero Gen 6	4명	FAA G-1 Cert. Basis (autonomy unmanned)	2023년	(2028년)	자율비행
	미국	Supernal S-A2	5명	FAR 21.17(b) SC, (EASA SC-VTOL)	2024년	(2028년)	현대자동차
	영국	Sora Aviation S-1	30명	(CS-25/29 + SC-VTOL = New Special Condition)	(2026년)	(2031년)	5,700 kg & 9 pax 초과

현재와 같은 도심형 항공기는 2011년 독일의 Volocopter가 전기구동 멀티콥터 방식의 VC1 시제 항공기에 대하여 최초로 비행시험을 수행하면서 본격화 되었다. 지난 15년 동안 세계적으로 수

백개 업체가 UAM 비행체를 개발하고 있지만, 가시적인 성과를 거두고 있는 주력 업체는 약 30개 정도로 추산되고 있다. 중국의 EHang EH216-S는 2021년 중국감항당국(CAAC)에 형식증명을 신청하여 2023년에 세계 최초로 UAM 형식증명이 발급되었고, 이어서 화물 운송용으로 개발된 AutoFlight CarryAll은 2024년에 2번째로 형식증명을 받았다. 2025년 하반기에 Joby S4-1, Archer Midnight, Volocopter VoloCity 등이 특별분류 형식증명 획득, 2026년에는 Lilium Jet, Eve-100, Wisk Gen 6, Beta ALIA-250 등이 형식증명을 받을 것으로 예상된다. 우리나라 현대자동차의 Supernal S-A2는 2024년 연방항공청에 형식증명을 신청하였고, 2028년 획득을 목표로 하고 있다.

영국 Sora Aviation의 S-1은 30인승급 틸트로터 전기식 수직이착륙(eVTOL) 항공기로 설계되고, 최대이륙중량도 14,000 kg 이상으로 예상되어 CS-25 또는 CS-29급으로 볼 수 있다. 따라서, 9인승 및 최대이륙중량 5,700 kg 이하에 적용되는 SC-VTOL을 적용하기 곤란하고, 새로운 특별감항조건(SC) 설정이 필요하다. 2031년 상업 운항 목표를 맞추기 위해서는 인증기준에 대한 협의와 인증 신청이 조속히 진행될 필요가 있다.

6.3.2 도심형 항공기 인증기준

미국 연방항공청은 동력 부양식 항공기(powered-lift aircraft)에 대하여 형식증명 신청이 접수되면, 해당 항공기 설계특징을 고려하여 FAR §21.17(b)에 따른 특별분류 형식증명을 위한 특별감항기조건(SC)을 설정하여 고시한다. 이에 반하여 유럽항공안청은 수직 이착륙 항공기(VTOL capable aircraft)에 공통적으로 적용할 수 있는 SC-VTOL과 SC E-19 EHPS을 사전에 제정하여 고시하고, 형식증명이 접수된 후에 인증항목검토서(CRI) 작성을 통하여 다시 최종 특별감항조건(SC)을 설정한다.

2018년부터 2025년 8월까지 미국 연방항공청에 특별분류 형식증명을 신청한 도심형 항공기는 Joby S4-1, Archer Midnight, Beta ALIA-250, Overair Butterfly, Wisk Generation 6, Supernal S-A2 등과 같이 6개 모델이며, 이 중에 Joby S4-1과 Archer Midnight만 특별감항조건(SC)이 고시된 상태이다. Joby의 형식명칭 JAS4-1이고, Archer의 형식명칭은 M001로 명명되었다. Beta ALIA-250 항공기는 2022년에 형식증명을 신청했지만, 2025년 8월까지 특별감항조건(SC)이 고시되지 않은 상태이다. 이에 장착되는 푸셔타입 전기식 엔진 H500A은 2022년 1월에 항공기와 별도로 형식증명을 신청하였으며, 2025년 1월에 특별감항조건(SC)이 고시되었다. 미국 연방항공청의 도심형 항공기 특별감항조건(SC)과 유럽항공안전청의 SC-VTOL 및 SC E-19 EHPS 최신판은 다음과 같다.

- FAA-2021-0638: Special Class Airworthiness for Joby JAS4-1 Powered-Lift, '24.04.08

- FAA-2022-1548: Special Class Airworthiness for Archer M001 Powered-Lift, '24.06.24
- FAA-2022-1641: Special Conditions for Beta H500A Electric Engines, 2025.01.16
- EASA SC-VTOL: Small-Category VTOL-Capable Aircraft, Issue 2, 2024.06.10
- MOC SC-VTOL : Proposed Means of Compliance with SC-VTOL, Issue 1, 2025.07.18
- EASA SC E-19 : SC for Electric/Hybrid Propulsion System, Issue 1, 2021.04.07.

유럽항공안전청의 SC-VTOL은 2019년에 초판에 제정되었고, 2024년에 Issue 2로 개정하였다. 초판에서 Issue 2로 개정되면서 VTOL.2000(b)(8) 버티포트 정의 수정 및 2000(d) 최대운용속도(V_{MO}, M_{MO}) 삭제하고 최대구조운용속도(V_{NO})로만 규정, VTOL.2005 최대이륙중량 3,175 kg을 5,700 kg로 증대, VTOL.2105 성능 데이터 및 VTOL.2150 실속특성 및 실속경고장치 문안 부합화 수정, VTOL.2310 수상부양 및 2315 탈출수단 및 비상출구 요건 수정, VTOL.2240 및 2440 및 2510 문안 수정, VTOL.2517 전선연결시스템(EWIS) 신설, VTOL.2555 비행기록장치 의무장착 등으로 수정되었다. EASA SC-VTOL은 Subpart A 일반규정부터 Subpart G 비행승무원 인터페이스까지 총 7개 Subpart에 65개 요건으로 구성되어 있다. 이에 대한 일부 요건을 살펴보면 다음과 같다.

Subpart A : 일반규정

VTOL.2000 적용성 및 정의

(a) 이 특별감항조건은 사람을 운송하는 수직이착륙(VTOL) 항공기에 대한 소형 카테고리 형식증명 발급과 그 형식증명의 변경을 위한 감항기준을 규정한다. 이 특별감항조건은 부양과 조종에 필요한 동력을 발생하는 양력/추력장치를 구비하고 수직이착륙 중에는 3개 이상의 양력/추력장치가 부양력을 제공하는 항공기에 적용한다.

(b) 이 특별감항조건의 목적에 따른 용어의 정의는 다음과 같다.

(1) 상업용 항공운송(commercial air transport)은 보수 또는 기타의 대가를 받고 승객, 화물 또는 우편물을 운송하기 위하여 항공기를 운용하는 것을 말한다.

(2) 밀집지역(congested area)은 도시, 마을 또는 정착지를 말하는 것이며, 실질적으로 주거, 상업 또는 레크리에이션 목적으로 사용되는 기타의 지역을 말한다.

(3) 지속적인 안전한 비행과 착륙(continued safe flight and landing)은 특별한 조종기술이나 조종력이 요구되지 않는 상태로 버티포트에서 비행과 착륙을 계속하여 통제할 수 있는 항공기의 능력을 말한다. 다만, 필요시 비상 절차를 적용할 수 있다.

(4) 통제된 비상착륙(controlled emergency landing)은 특별한 조종기술이나 조종력이 요구되지 않는 상태로 통제된 착륙을 수행할 수 있는 항공기의 능력을 말한다. 다만, 필요시 비상

절차를 적용할 수 있고, 항공기가 일부 손상될 수 있다.

(5) 정상 비행선도(normal flight envelope)는 일상적 운용 및 규정된 조건에 관한 비행선도를 말한다.

(6) 운용 비행선도(operational flight envelope)는 경고장치가 작동하는 영역에 관한 비행선도를 말한다.

(7) 제한 비행선도(limit flight envelope)는 항공기의 설계한계 또는 보호한계에 관한 비행선도를 말한다.

(8) 버티포트(vertiport)는 수직이착륙 항공기의 이륙과 착륙 그리고 거동(movement)에 사용되거나 이를 목적으로 하는 지면, 수면 또는 구조물을 말한다.

(c) 이 특별감항조건은 여압되지 않는 항공기에 적용한다.

(d) 이 특별감항조건은 최대구조운용속도(VNO) ≤ 250 knots 교정대기속도(KCAS)인 항공기에 적용한다.

VTOL.2005 소형 수직이착륙 항공기 인증

(a) 이 소형 카테고리 특별감항조건은 승객이 9인승 이하이고 최대이륙중량이 5,700kg 이하인 항공기의 인증에 적용한다.

(b) 해당 항공기는 다음 카테고리 중에 하나 또는 모두를 적용하여 인증되어야 한다.

(1) 향상 카테고리(category enhanced) : 계속된 안전한 비행과 착륙이 가능하고, 해당되는 모든 요건을 만족하여야 한다. 밀집지역 상공에서 운용되거나 승객이 탑승하는 상업용 항공운송에 사용되는 항공기는 이 카테고리로 인증되어야 한다.

(2) 기본 카테고리(category basic) : 항공기는 통제된 비상착륙(controlled emergency landing)이 가능하고, 해당되는 모든 요건을 만족하여야 한다.

VTOL.2010 수락 가능한 적합성 입증방법

(a) 신청자는 감항당국이 수락하는 적합성 입증방법을 사용하여 이 특별감항조건에 따른 적합성을 입증하여야 한다. 이에는 합의적 산업표준이 포함될 수 있다.

(b) 적합성 입증방법의 수락을 요청하는 신청자는 감항당국이 인정하는 서식과 방법으로 해당 적합성 입증방법을 제출하여야 한다.

Subpart B : 비행성능

VTOL.2100 중량 및 무게중심

(a) 신청자는 안전한 항공기 운용을 위한 중량 및 무게중심에 관한 한계를 정해야 한다.

(b) 신청자의 설계는 인정되는 공차를 적용하여 해당 항공기의 하중조건 범위 내에서 중량 및 무

게중심의 가장 불리한 조합에서 이 Subpart의 각 요건에 대한 적합성을 입증하여야 한다.

(c) 항공기의 공허중량 및 무게중심을 결정한 시점의 해당 조건은 명확히 정의되고 쉽게 반복 구현될 수 있어야 한다.

VTOL.2105 성능 데이터

(a) 달리 규정된 사항이 없으면, 항공기는 다음의 조건에서 이 Subpart의 성능 요건을 만족하여야 한다.

(1) 모든 항공기에 대하여 정체공기 및 표준 대기조건 이어야 한다.

(2) 다음의 카테고리 항공기는 운용 비행선도 내의 주변 대기조건 이어야 한다.

(i) [예비항목]

(ii) 향상 카테고리(category enhanced)

(b) 달리 규정된 사항이 없으면, 신청자는 다음의 조건에서 이 Subpart에서 요구되는 성능 데이터를 제시하여야 한다.

(1) 해면고도에서 인증을 신청한 최대 고도까지의 버티포트 고도 조건이어야 한다.

(2) 운용한계 내에서 표준기상 온도의 위와 아래 온도가 성능에 부정적인 영향을 미칠 수 있는 경우, 그 위와 아래의 온도 조건이어야 한다.

(c) 이륙과 착륙 지역을 정하는데 사용되는 절차는 운항 중에 예상되는 대기조건에서 평균기량의 비행승무원이 일관되게 수행할 수 있는 것이어야 한다.

(d) 이 절의 (b)에 따라 정해지는 성능 데이터는 대기조건, 냉각 소요, 장착, 다운와쉬 영향, 그리고 기타의 동력원 소요로 인한 손실을 고려하여야 한다.

VTOL.2110 비행선도

신청자는 운용 중의 각 비행형상에 대하여 정상, 운용 및 제한 비행선도를 정해야 한다. 비행선도를 결정한 때 각 비행형상에 대하여 가장 불리한 조건을 고려하여야 한다.

VTOL.2120 상승 요건

항공기의 설계는 지면효과 없이 다음의 조건에서 최소상승성능에 적합해야 한다.

(a) 정상 비행선도에서 적합해야 한다.

(b) 향상 카테고리(category enhanced) 항공기는 다음의 조건에서 적합해야 한다.

(1) 운용 비행선도 / (2) [예비항목]

(c) [예비요건]

VTOL.2130 착륙 요건

신청자는 운용한계 내의 가장 불리한 비행변수 조합에서 다음 사항을 정해야 한다.

(a) 해당 항공기에 적용되는 접근비행경로를 가정하여 착륙하고 정지하는데 필요한 면적을 정해야 한다.

(b) 접근비행경로 및 착륙속도, 항공기 형상, 그리고 착륙 절차를 정해야 한다. 이는 보통의 비행승무원 기량으로 교범에 정해진 착륙지점에 일관되게 착륙할 수 있어야 하고, 손상이나 부상이 없고, 복행 조건으로 안전하게 전환될 수 있어야 한다.

VTOL.2135 조종성

(a) 항공기는 운용 비행선도 내에서 특별한 조종기량, 경계, 또는 조종력이 요구되지 않고, 제한 비행선도 내에서 조동성과 기동성이 있어야 한다.
  (1) 인증이 신청된 모든 하중 조건
  (2) 지상 또는 비행 운용의 모든 비행 단계
  (3) [예비항목]
  (4) 항공기 형상이 변경되는 동안
  (5) 비행조종시스템 성능이 저하된 모든 작동모드
  (6) 신청자는 풍속 0 (zero)에서 해당 항공기에 적용되는 풍속 한계까지 조종성을 실증하여야 한다.

(b) [예비요건] / (c) [예비요건]

(d) 제한 비행선도를 초과하는 위험 없이 하나의 비행 조건에서 다른 조건으로 부드럽게 전환할 수 있어야 한다.

VTOL.2150 실속특성 및 실속경고장치

(a) 양력의 일부가 날개에서 발생하는 항공기는 의도하지 않은 실속을 방지하는데 충분한 마진을 가지고 있는 분명하고 구별되는 실속경고장치를 구비하고, 직선비행, 선회비행, 가속선회비행에서 통제할 수 있는 실속특성을 가져야 한다.

(b) [예비요건] / (c) [예비요건] / (d) [예비요건] (e) [예비요건]

VTOL.2165 결빙조건 비행

(a) 결빙조건 비행을 위한 인증을 요청하는 신청자는 해당 항공기가 인증이 신청된 그 결빙조건에서 안전하게 운용될 수 있음을 실증하여야 한다.

(b) 신청자는 해당 항공기 운용이 인증되지 않는 결빙상태를 탐지할 수 있는 수단을 구비해야 하고, 그 결빙 영역을 회피하거나 빠져나올 수 있는 항공기의 능력을 실증하여야 한다.

(c) 신청자는 해당 항공기 운용이 인증되지 않는 결빙조건으로 의도된 비행과 이륙 및 착륙을 금지

하기 위한 운용한계를 작성하여야 한다.

Subpart C : 구조강도

VTOL.2200 구조설계선도

신청자는 구조설계선도를 정하여 이 Subpart의 요건에 따라 적합성을 입증할 항공기 설계 및 운용 변수의 범위와 한계를 제시하여야 한다. 신청자는 다음의 변수를 포함하여 항공기의 구조하중, 강도, 내구성, 공력탄성에 영향을 미치는 모든 설계 및 운용 변수를 제시하여야 한다.

(a) 해당하는 기동 및 돌풍하중을 정할 때 고려되어야 하는 구조적 설계 비행속도는 다음과 같아야 한다.
  (1) 양력의 일부가 날개에서 발생하는 항공기인 경우, 난류에서 조종성이 상실되는 것을 방지하기 위하여 항공기의 실속속도보다 충분히 커야 한다.
  (2) 실질적인 운용한계 비행속도 설정을 위한 충분한 마진이 있어야 한다.
(b) 운용 중에 예상되는 비행하중 상태
(c) 운용한계 내에서 중량 및 무게중심 선도 상의 중량 변동 및 배분
(d) 모든 설계조종입력에 반응하는 하중
(e) 하중에 의한 변형이 외부 또는 내부 하중의 분포를 중대하게 변화시킬 수 있는 경우, 그 하중의 재분배

VTOL.2210 구조설계하중

신청자는 다음의 요건을 충족하여야 한다.

(a) 외부 또는 내부적으로 작용하는 압력, 그리고 비행 중, 지상 또는 수상 운용, 지상 및 수상 취급, 항공기의 주기 또는 계류 중에 발생할 수 있는 힘이나 모멘트로 인한 구조설계하중을 정해야 한다.
(b) 이 절의 (a)(1)항에 따른 하중은 구조설계선도의 경계와 그 내부에 있는 변수의 모든 치명적 조합에서 결정되어야 한다.
(c) 이 하중의 크기와 분포는 구조설계선도 내에서 설정된 물리적 원칙에 근거하여야 한다.

VTOL.2215 비행하중조건

(a) 치명 비행하중은 기동 및 돌풍 선도의 경계와 그 내부에 있는 비행변수와 하중계수의 모든 조합에서 대칭 및 비대칭 하중에 대하여 다음 조건에서 설정되어야 한다.
  (1) 운용한계 내의 각 고도에서 설정되어야 한다. 이때 압축성 효과가 중대한 영향을 미치는 경우, 이를 고려해야 한다.

(2) 최소설계중량에서 최대설계중량까지 각 중량에서 설정되어야 한다.

(3) 각 고도 및 중량에 대하여 운용한계 내의 실질적이고 보수적인 탑재하중 분포에서 설정되어야 한다.

(b) 다음의 조건에서 진동과 버핏으로 인한 구조적 손상이 유발하지 않아야 한다.

(1) 다이브 속도까지 발생하지 않아야 한다.

(2) 제한 비행선도 내에서 발생하지 않아야 한다.

(c) 항공기 시스템, 구성품, 또는 양력/추력장치의 예상되는 고장으로 인한 비행하중을 정해야 한다.

VTOL.2230 제한하중 및 극한하중

(a) 신청자는 다음의 하중을 정해야 한다. 다만, 이 Subpart의 해당 요건을 만족하는데 특별안전계수 또는 기타의 계수가 필요한 경우는 예외로 한다.

(1) 제한하중. 이는 구조설계하중과 같다.

(2) 극한하중. 이는 달리 규정되지 않으면 제한하중에 안전계수 1.5를 곱한 값과 같다.

(b) 유해한 영구변형이 인정될 때, 일부의 강도 규격서에는 극한하중만 규정되어 있다.

VTOL.2240 구조적 내구성

(a) 신청자는 예상 가능한 요인에 의한 강도 저하로 인한 구조적 파손을 방지하기 위한 검사절차 또는 기타의 절차를 작성하고 시행해야 한다. 강도 저하는 심각 또는 치명적 부상을 유발하거나 안전마진 감소로 인한 운용기간 단축을 초래할 수 있다. 이 요건에 따라 작성된 검사절차 또는 기타의 절차는 VTOL.2625 요건에 따른 감항성유지지침서(ICA)의 감항한계 부분(ALS)에 포함되어야 한다.

(b) 향상 카테고리(category enhanced) 항공기는 이 절의 (a)항에 따라 작성되는 절차에는 손상이 구조적 파손을 유발하기 전에 구조적 손상을 탐지할 수 있어야 한다.

(c) [예비요건]

(d) 항공기는 미봉쇄(uncontained) 양력/추력장치 또는 회전장치 파손으로 발생하는 고에너지 파편에 의한 구조적 손상 위험을 최소화하도록 설계되어야 한다.

(e) 향상 카테고리(category enhanced) 항공기에 대하여, 운용안전에 중요한 역할을 하는 부품을 운용 중에 모니터링하기 위한 절차를 수립하여야 한다.

VTOL.2245 공력탄성

(a) 항공기는 다음의 조건에서 플러터, 조종역전, 발산 현상이 발생하지 않아야 한다.

(1) 구조설계선도 내부와 충분히 떨어진 외부의 모든 비행속도에서 발생하지 않아야 한다.

(2) 임의의 형상과 운용조건에서 발생하지 않아야 한다.

(3) 치명적 자유도(degrees of freedom)를 고려해야 한다.

(4) 치명적 고장 및 기능장애를 고려해야 한다.

(b) 신청자는 플러터에 영향을 미치는 모든 수치에 공차를 제시해야 한다.

VTOL.2270 비상착륙 조건

(a) 비상착륙 시에 항공기가 손상되더라도 다음의 조건에서 탈출이 불가능할 정도의 부상으로부터 탑승자를 보호할 수 있어야 한다.

(1) 항공기 설계에 반영된 안전 장치품과 특성을 이용하여 보호될 수 있어야 한다.

(2) 비상착륙 시에 탑승자가 겪을 수 있는 극한 정적 관성하중 상태에서 보호될 수 있어야 한다.

(3) 비상착륙 시에 탑승자에게 부상을 입힐 수 있는 객실 내부 또는 객실에 인접한 곳에 설치된 양력/추력장치 또는 보조동력장치를 포함하는 중량물에 의한 극한 정적 관성하중 상태에서 보호될 수 있어야 한다.

(b) 이 절의 (a)항에 따른 비상착륙 조건은 다음과 같아야 한다.

(1) 비상착륙 시에 발생할 수 있는 동적 조건을 포함해야 한다.

(2) 항공기에서 벨트 착용 또는 물체 접촉으로 인한 인적 허용을 위해 설정된 인적부상 판단기준을 초과하여 탑승객이 겪는 하중을 발생하지 않아야 한다.

(c) 항공기는 예상되는 비행, 지상, 비상착륙 조건을 고려하여 모든 탑승자를 위한 보호대책을 구비해야 한다.

(d) 각 탑승자 보호시스템은 그의 의도된 기능을 수행해야 하고, 탑승자에게 2차 부상을 유발할 수 있는 위험을 발생시키지 않아야 한다. 탑승자 보호시스템은 탑승자의 탈출을 방해하거나 보호시스템이 사용되지 않을 때 항공기의 운용에 간섭을 일으키지 않아야 한다.

(e) 각 수하물실과 화물실은 다음의 요건을 충족하여야 한다.

(1) 이 특별감항조건에 따라 결정된 비행 및 지상 하중조건에 해당하는 최대하중배수에서 최대 적재 조건과 치명적 하중분포 조건을 고려해 설계하여야 한다.

(2) 격실의 내용물이 탑승자에게 충격을 주거나 이동에 의한 위험을 방지할 수 있는 수단을 구비해야 한다.

(3) 조종장치, 배선, 라인, 장치품, 또는 보조기구의 손상 또는 고장이 향상 카테고리(category enhanced)에 대한 계속된 안전한 비행과 착륙 또는 기본 카테고리(category basic)에 대한 통제된 비상착륙을 저해하지 않도록 보호하여야 한다.

(4) 화재로 인하여 향상 카테고리(category enhanced)에 대한 계속된 안전한 비행과 착륙 또는 기본 카테고리(category basic)에 대한 통제된 비상착륙을 저해하지 않도록 설계하여야 한다.

Subpart D : 설계 및 구성

VTOL.2300 비행조종시스템

(a) 비행조종시스템은 다음과 같이 설계되어야 한다.
  (1) 쉽게, 부드럽게, 확실하게 작동되어 그 기능이 적절하게 구현되어야 한다.
  (2) 예상되는 위험을 방지할 수 있어야 한다.
  (3) 비행승무원이 조종한계를 인식할 수 있어야 한다.
(b) 트림시스템이 장착된 경우, 다음과 같이 설계되어야 한다.
  (1) 의도하지 않거나, 부정확하거나, 갑작스런 트림 작동이 방지되어야 한다.
  (2) 안전한 작동을 위해 필요한 정보가 제공되어야 한다.

VTOL.2305 착륙장치시스템

(a) 착륙장치는 다음과 같이 설계되어야 한다.
  (1) 지상 운용 중에 항공기를 안정되게 지지하고 조종할 수 있어야 한다.
  (2) 예상되는 시스템 고장과 운용환경을 고려하여야 한다. 이에는 예측되는 한계 초과와 비상 절차를 포함한다.
(b) 항공기는 모든 승인된 조건에서 착륙과 이륙을 고려한 충분한 운동에너지를 흡수하여 항공기를 정지시키고, 주기된 위치에서 항공기를 홀딩하는 신뢰성 있는 수단을 구비해야 한다.
(c) 착륙장치를 작동시키는 시스템을 구비한 항공기는 다음의 여건에 적합해야 한다.
  (1) 착륙장치를 착륙 위치에 유지시키기 위한 확실한 수단이 있어야 한다.
  (2) 착륙장치가 전개되지 않는 위험이 발생할 때 착륙장치를 착륙 위치로 놓이게 할 수 있는 대체 수단이 있어야 한다.

VTOL.2315 탈출수단 및 비상출구

(a) 항공기는 다음과 같이 설계되어야 한다.
  (1) 비상착륙 후에 발생할 수 있는 조건에서 항공기로부터 빠르고 안전하게 대피하기에 용이해야 한다. 비상 부양시스템을 구비한 항공기의 경우에는 수상 착수 조건을 포함한다.
  (2) 항공기 내부와 외부에서 쉽게 접근하고 열 수 있는 개구, 출구, 또는 비상출구와 같은 탈출 수단을 구비해야 한다. 개구수단은 단순하고 분명한 것이어야 한다.
    (i) 비상 부양기구 또는 제한된 수상 운용에 관한 인증이 요구되는 경우, 안정된 부양 자세에서 해당 항공기 객실의 각 측면에 있는 승객이 접근할 수 있는 비상출구가 구비되어야 한다. 수중에 가라앉은 경우, 비상출구는 수중 비상출구로 식별되어야 하고, 시험, 실증, 또는 분석을 통해서 접근 가능하고 각 탑승자가 모두 탈출할 수 있도록 수중에서 작성할

수 있는지 입증하여야 한다.

(ii) 비상착수에 관한 인증이 요구되는 경우, 수중 비상 탈출구가 구비되어야 하고, 시험, 실증, 또는 분석을 통해서 모든 안정된 부양 자세에서 항공기로부터 신속히 대피할 수 있는지 보장하여야 한다.

(3) 비상출구가 상용될 때 쉽게 접근할 수 있어야 한다.

(b) [예비요건]

VTOL.2320 탑승자 물리적 환경

(a) 항공기는 다음과 같이 설계되어야 한다.

(1) 비행승무원과 승객 사이에 분명한 커뮤니케이션이 가능해야 한다.

(2) 승선과 하선을 포함하여 비행 및 이착륙 중에 시스템 및 장치품에 관계된 고에너지 위험으로 인한 심각한 부상으로부터 탑승자를 보호할 수 있어야 한다.

(3) 윈드쉴드, 윈도우, 캐노피 파손으로 인한 심각한 부상으로부터 탑승자를 보호할 수 있어야 한다.

(b) [예비요건]

(c) 항공기는 각 탑승자에게 정상 운용 및 고장 상태에서 위험한 농도의 가스, 증기, 연기가 없이 호흡 가능한 압력의 공기를 공급할 수 있어야 한다.

(d) [예비요건]

(e) 산소시스템이 항공기에 구비된 경우, 다음의 요건에 적합해야 한다.

(1) 저산소증(hypoxia) 영향을 방지하기 위하여 각 사용자에게 산소를 유효하게 제공하여야 한다.

(2) 산소시스템 그 자체, 그에 대한 작동방법, 그리고 다른 구성품에 대한 영향에서 위험이 없어야 한다.

VTOL.2325 화재방지

(a) 항공기는 다음 사항으로 인한 발화 위험을 최소화하도록 설계되어야 한다.

(1) 발화되는데 충분한 열을 발생할 것으로 예상되는 열, 에너지 발산, 또는 시스템 고장이나 과열

(2) 인화성 유체, 가스, 또는 증기의 점화

(3) 산소시스템 등과 같이 화재를 전파하거나 발화시키는 시스템 특성

(4) 생존 가능한 비상착륙(survivable emergency landing)

(b) 항공기는 다음 사항에 의한 화재 전파 위험을 최소화하도록 설계되어야 한다.

(1) 화재 또는 연기의 적절한 인식, 그리고 실질적인 소화 수단을 구비해야 한다.

(2) 적용, 위치, 그리고 인증 레벨에 적절한 자체소화, 내화성(flame-resistant), 또는 불연성

(fireproof) 재료를 적용해야 한다.

(3) VTOL.2330 요건을 만족하는 지정방화구역을 규정하고 지정해야 한다.

VTOL.2335 낙뢰방호

낙뢰에 노출되지 않는다는 것이 입증되지 않는 한, 항공기는 낙뢰에 의한 파국적(catastrophic) 영향에 보호되어야 한다.

Subpart E : 양력/추력시스템

VTOL.2400 양력/추력장치 장착

(a) 이 Subpart의 목적에 따라, 항공기 양력/추력장치 장착은 양력 및 추력에 필요하거나, 양력 및 추력 안전에 영향을 미치거나, 항공기에 보조동력을 공급하는 각 구성품을 포함한다.

(b) 각 항공기 엔진, 프로펠러 및 보조동력장치(APU)는 형식증명을 받거나 지정된 기준을 만족하여야 한다.

(c) 신청자는 다음 사항을 고려하여 양력/추력장치 장착을 구성 및 배열하여야 한다.

(1) 외부물질 위협을 포함하여 예상되는 모든 운용조건

(2) 가동 부품과 항공기의 다른 고정 부품 및 주변부 사이의 충분한 간격

(3) 지상 요원에 대한 위험을 포함하여 운용 중에 예상되는 위험

(4) 진동 및 피로

(d) 유체, 증기, 또는 가스가 위험한 수준으로 축적되지 않도록 항공기 격실 및 객실에서 격리시키고, 안전하게 보관 또는 방출되어야 한다.

(e) 구성품 한계 또는 장착 지침을 벗어나는 양력/추력시스템 구성품의 장착은 안전성이 입증되어야 한다.

(f) 이 Subpart의 목적에 따라, 에너지(energy)는 양력/추력장치를 위한 모든 유형의 에너지를 의미한다. 예를 들어, 연료 또는 모든 종류의 전류 등을 포함한다.

VTOL.2415 양력/추력시스템 결빙방지

(a) 항공기 및 양력/추력장치 장착 설계는 양력/추력시스템 운용에 부정적인 영향을 미칠 수 있는 얼음 또는 눈의 축적이나 비산을 방지할 수 있어야 한다.

(b) [예비요건]

VTOL.2425 양력/추력시스템 운용특성

(a) 양력/추력시스템은 항공기 및 양력/추력시스템의 운용한계 범위 내에서 정상 및 비상 운용 중에 위험한 특성이 없이 작동되어야 한다.

(b) 위험보다 안전이 중요시 되는 경우, 해당 설계는 수립된 비행선도 내에서 비행 중에 양력/추력 장치의 정지 및 재시동이 가능해야 한다.

VTOL.2430 양력/추력장치 에너지 저장 및 분배시스템

(a) 각 시스템은 다음의 요건에 적합해야 한다.

(1) 다중 에너지 저장 및 공급시스템 사이에 독립성을 갖도록 설계하여 하나의 시스템 내의 하나의 구성품 고장으로 인하여 다른 시스템의 에너지 저장 및 공급 기능이 상실(loss)되지 않도록 하여야 한다. 이때 고장에는 화재를 포함한다.

(2) 항공기에 대한 낙뢰 타격에 따른 직접 및 간접 영향으로 인한 파국적(catastrophic) 이벤트를 방지하도록 설계하여야 한다. 다만, 낙뢰에 노출되지 않음을 입증한 경우는 예외로 한다.

(3) 허용되고 예상되는 운용조건과 구성품 고장이 반영된 모든 조건 하에서 안전한 기능을 보장할 수 있는 적절한 마진과 함께 양력/추력시스템에 에너지를 공급하여야 한다.

(4) VTOL.2445 요건에 따라 수립된 관련 정보를 비행승무원에게 제공하고, 해당 시스템이 정상적으로 작동될 때 예상되는 에너지 변동을 고려하여 무정전장치를 구비해야 한다.

(5) 해당 시스템에 저장된 에너지를 안전하게 제거하거나 격리시킬 수 있는 수단을 구비해야 한다.

(6) 예상되는 모든 운용조건에서 에너지를 유지하고 생존 가능한 비상착륙 중에 탑승자와 지상인원에 위험을 최소화할 수 있도록 설계하여야 한다. 향상 카테고리 항공기의 경우, 착륙시스템의 과하중으로 인한 파손이 고려되어야 한다.

(7) 각 양력/추력장치에 공급되는 에너지에 대하여 위험한 수준의 오염이 방지되어야 한다.

(b) 각 저장시스템은 다음의 요건에 적합해야 한다.

(1) 예상되는 운용조건의 장착 상태에서 고장 없이 부하에 견딜 수 있어야 한다.

(2) 객실로부터 격리되어야 하고, 예상되는 위험으로부터 보호되어야 한다.

(3) 예상되는 운용조건에서 에너지의 이송과 환기로 인하여 저장된 에너지의 중대한 손실(loss)을 방지하도록 설계되어야 한다.

(4) 표준 비행에 근거한 충분한 예비 에너지를 공급할 수 있어야 한다.

(5) 에너지 배출(jettisoning) 기능을 갖춘 경우, 이를 안전하게 배출할 수 있어야 한다.

(c) 각 에너지 급유 또는 충전시스템은 다음과 같이 설계되어야 한다.

(1) 부적정한 급유 또는 충전을 방지하여야 한다.

(2) 예상되는 운용조건에서 저장된 에너지의 오염을 방지하여야 한다.

(3) 급유 또는 충전 중에 항공기 또는 인원에 위험한 이벤트 발생을 방지하여야 한다.

(d) 항공기의 지상 취급 중에 예상되는 오류로 인하여 저장된 에너지의 위험한 손실(loss)을 초래하지 않아야 한다.

VTOL.2435 양력/추력장치 지지시스템

(a) [예비요건] / (b) [예비요건] / (c) [예비요건] / (d) [예비요건] / (e) [예비요건]

(f) 양력/추력장치에 위험을 초래할 수 있는 예상되는 외부물질 흡입을 방지하여야 한다.

(g) 비행승무원은 양력/추력장치의 형상을 인식하고 있어야 한다.

(h) [예비요건]

Subpart F : 시스템 및 장치품

VTOL.2500 시스템 및 장치품 기능 일반요건

(a) VTOL.2500, VTOL.2505, VTOL.2510은 항공기에 장착된 시스템 및 장치품에 적용되는 일반요건이고, 이 특별감항조건(SC-VTOL)의 다른 특정한 요건을 대체하기 위해 사용되지 않아야 한다.

(b) 형식증명 감항요건, 공역 요건, 운항규정에 따른 적합성이 요구되거나, 부적절한 기능으로 위험을 초래할 수 있는 장치품 및 시스템은 해당 항공기가 인증되는 전체 운용 및 환경 한계에서 해당 기능을 수행할 수 있도록 설계되고 장착되어야 한다.

VTOL.2510 장치품 및 시스템 장착

(a) VTOL.2500 요건에 따라 식별된 장치품 및 시스템은 독립적으로, 그리고 다른 시스템과 관련하여 다음과 같이 설계되고 장착되어야 한다.

(1) 각 파국적(catastrophic) 고장 조건은 극히 불가능(extremely improbable)해야 하고, 단일고장(single failure)으로 인하여 발생하지 않아야 한다.

(2) 각 위험한(hazardous) 고장 조건은 극히 희박(extremely remote)해야 한다.

(3) 각 중요한(major) 고장 조건은 희박(remote)해야 한다.

(b) VTOL.2500 요건에 따라 식별되지 않은 장치품 및 시스템은 해당 항공기가 인증되는 전체 운용 및 환경 한계에서 위험을 유발하지 않아야 한다.

(c) 향상 카테고리(categroy enhanced) 항공기는 고장시 위험한(hazardous) 또는 파국적(catastrophic) 결과를 초래할 수 있는 장치품 및 시스템에 대하여 운용중 모니터링 수단을 구비해야 한다.

VTOL.2515 전기전자시스템 낙뢰방호

낙뢰에 노출될 것으로 예상되지 않는다는 것이 입증되지 않는 한, 다음 요건에 적합해야 한다.

(a) 기능을 수행하는 전기 또는 전자시스템은 향상 카테고리(category enhanced) 항공기의 계속된 안전한 비행과 착륙 또는 기본 카테고리(category basic) 항공기의 통제된 비상착륙을 저해하는 고장에 관하여 다음과 같이 설계되고 장착되어야 한다.

(1) 해당 항공기가 낙뢰에 노출되는 동안과 노출된 후에 항공기 레벨의 기능에 악영향을 주지 않아야 한다.

(2) 해당 항공기가 낙뢰에 노출된 후 적절한 시간 내에 해당 시스템의 기능이 정상 운용 상태로 회복되어야 한다. 다만, 시스템을 회복되게 설계하는 것이 다른 운용 또는 기능 요건에 상충되는 경우에는 예외로 한다.

(b) 기능을 수행하는 전기 또는 전자시스템은 항공기의 능력 또는 불리한 운용조건에 대응하는 비행승무원의 능력을 감소시키는 고장에 관하여 항공기가 낙뢰에 노출된 후 적절한 시간 내에 해당 시스템의 기능이 정상 운용 상태로 회복될 수 있도록 설계되고 장착되어야 한다.

VTOL.2517 전선연결시스템(EWIS)

(a) 전선연결시스템(EWIS: Electrical Wiring Interconnection System)은 2곳 이상의 종료지점 사이의 데이터와 신호를 포함하는 전기에너지를 전달할 목적으로 항공기에 설치되는 전선, 전선기구, 또는 이들의 조합체, 터미널 기구 등을 의미한다.

(b) 전선연결시스템(EWIS)은 해당 시스템에 통합된 부품으로 간주되어야 하고, 특별감항조건(SC-VTOL)의 모든 해당되는 요건에 대한 적합성이 입증되어야 한다.

VTOL.2520 고강도전자기장 방호

(a) 기능을 수행하는 전기 또는 전자시스템은 향상 카테고리(category enhanced) 항공기의 계속된 안전한 비행과 착륙 또는 기본 카테고리(category basic) 항공기의 통제된 비상착륙을 저해하는 고장에 관하여 다음과 같이 설계되고 장착되어야 한다.

(1) 해당 항공기가 고강도전자기장(HIRF) 환경에 노출되는 동안과 노출된 후에 항공기 레벨의 기능에 악영향을 주지 않아야 한다.

(2) 해당 항공기가 고강도전자기장(HIRF) 환경에 노출된 후 적절한 시간 내에 해당 시스템의 기능이 정상 운용 상태로 회복되어야 한다. 다만, 시스템을 회복되게 설계하는 것이 다른 운용 또는 기능 요건에 상충되는 경우에는 예외로 한다.

(b) 기능을 수행하는 전기 또는 전자시스템은 항공기의 능력 또는 불리한 운용조건에 대응하는 비행승무원의 능력을 감소시키는 고장에 관하여 항공기가 고강도전자기장(HIRF) 환경에 노출된 후 적절한 시간 내에 해당 시스템의 기능이 정상 운용 상태로 회복될 수 있도록 설계되고 장착되어야 한다.

VTOL.2525 시스템 발전, 에너지 저장 및 분배

각 시스템을 위한 발전, 에너지 저장 및 분배 장치는 다음과 같이 설계되고 장착되어야 한다.

(a) 모든 운용조건에서 연결된 부하의 운용에 요구되는 동력을 공급할 수 있어야 한다.

(b) [예비요건] / (c) [예비요건]

VTOL.2555 비행기록장치 장착

항공기는 다음의 요건에 적합한 승인된 비행기록장치를 하나 이상 구비하여야 한다.

(a) 최소 5시간 동안 정밀하게 기록하고, 사고조사를 위한 데이터 지원이 가능하도록 추락 조건에서 해당 데이터를 안전하게 보호할 수 있도록 장착하여야 한다.

(b) 가장 신뢰성 있는 전력원을 구비해야 하고, 항공기의 필수 또는 비상부하 그리고 비상운용을 가능한 위태롭게 하지 않는 상태에서 전원 공급이 유지되어야 한다.

(c) 외부 표면적 대부분을 밝은 오렌지 색상으로 칠하고, 사고 현장에서 위치를 육안으로 식별하기 용이한 크기 제작되어야 한다.

(d) 항공기가 자력으로 움직이기 전에 자동적으로 데이터를 기록하고, 양력/추력장치가 정지한 후에 기록장치가 자동적으로 정지되도록 장착되어야 한다.

(e) 원격으로 전송되고 기록되는 것으로 유럽항공안전청이 승인한 일부 데이터를 제외하고, 수락된 디지털 데이터, 오디오 또는 이미지 포맷으로 기록되어야 한다.

(1) 비행경로와 속도를 결정하는데 충분한 정보.

(2) 항공교통관제소(air traffic services)와 통신내용.

(3) 다중 승무원(multicrew) 지원 및 수직이착륙 항공기 응급의료서비스(VEMS)[67] 운용을 위해 설치된 비행승무원실의 오디오.

(4) 항공기의 안전한 작동을 위해 필요하고 승무원에게 제공되는 정보.

(f) 삭제기구 또는 기능을 갖도록 기록장치가 장착된 경우, 추락 충격으로 삭제기구 또는 기능이 작동될 가능성을 최소화하는 설계로 장착하여야 한다.

Subpart G : 비행승무원 인터페이스 및 기타정보

VTOL.2600 비행승무원실

(a) 비행승무원의 시야를 포함하여 비행승무원실 배치와 그에 관한 장치품은 해당 항공기의 비행선도 내에서 비행승무원이 과도한 집중, 기량, 주의, 또는 피로 없이 임무를 수행할 수 있어야

67) 수직이착륙 항공기 응급의료서비스(VEMS: Emergency Medical Services by VTOL aircraft)는 EU 2024/1111 Operation of VTOL Aircraft에 따라서 요구되는 것으로써, 응급의료용 항공기, 의료장비, 의료진, 운용 인프라 및 절차 등으로 구성된다. 기존의 헬리콥터 응급의료서비스(HEMS: Helicopter Emergency Medical Services)와 같은 개념으로 볼 수 있다.

한다.

(b) 신청자는 자격이 인정된 비행승무원이 시스템 및 장치품의 의도된 기능을 모니터하고 이에 관련된 직무 수행할 수 있도록 비행, 항법, 감시, 양력/추력시스템 조종장치 및 시현장치를 장착하여야 한다. 시스템 및 장치품은 추가적인 위험을 유발할 수 있는 비행승무원의 오류를 고려하여 설계되어야 한다.

(c) 향상 카테고리(category enhanced) 항공기에 대한 비행승무원 인터페이스 설계는 윈드쉴드 패널로 인한 시야 상실 후에도 계속된 안전한 비행과 착륙이 가능해야 한다.

VTOL.2605 장착 및 운용 정보

(a) 비행승무원 인터페이스에 관련된 각 장치품에는 식별, 기능, 운용한계, 또는 이들 요소의 조합을 나타내기 위한 라벨을 붙여야 한다.

(b) 경고(warnings), 주의(cautions), 정상지시(normal indications)를 포함하여 해당 항공기의 운용에 요구되는 시스템 운용변수를 담당하는 승무원에게 전달할 수 있는 분명한 수단을 구비해야 한다.

(c) 불안전한 시스템 운용상태에 관한 정보는 시정조치를 담당하는 승무원에게 적절한 시기에 제공되어야 한다. 이들 정보는 예상되는 승무원 오류를 회피할 수 있는 정도로 충분히 명확해야 한다.

(d) 안전 장치품에 관한 정보는 쉽게 식별되고, 그에 대한 작동방법은 명확하게 표시되어야 한다.

VTOL.2610 계기 및 조종장치 표식 및 플래카드

(a) 각 항공기는 운용에 필요한 플래카드 및 계기 표식을 눈에 잘 띄는 방법으로 나타내야 한다.

(b) 조종실의 주비행조종장치를 제외한 각 조종장치의 기능을 분명하게 지시하도록 설계되어야 한다.

(c) 신청자는 항공기 비행교범에 계기 표식 및 플래카드 정보를 수록하여야 한다.

VTOL.2615 비행, 항법, 양력/추력시스템 계기

(a) 항공기에 장착된 시스템은 비행, 항법, 양력/추력시스템에 관한 변수를 설정하거나 모니터하는 비행승무원에게 각 비행단계 동안에 필요한 정보를 제공하여야 한다. 이들 정보는 다음의 요건에 적합해야 한다.

  (1) 승무원이 해당 항공기를 운용하는데 필요한 변수와 그 경향을 모니터할 수 있는 방법으로 제시되어야 한다.

  (2) 이들 변수의 한계값을 포함하여야 한다. 다만, 모든 운용에서 한계값이 초과되지 않는 경우는 예외로 한다.

(b) 항공기의 안전한 운용 또는 운항규정에 따라 요구되는 비행 또는 양력/추력시스템 변수에 대한 시현장치와 통합된 지시시스템은 다음의 요건에 적합해야 한다.

(1) 정상모드 운용에서 비행승무원에게 필요한 비행 또는 양력/추력시스템 변수를 나타내는 주 시현장치를 방해하지 않아야 한다.

(2) [예비요건]

VTOL.2625 감항성유지지침서

(a) 신청자는 항공기의 인증 레벨과 성능 레벨에 적정한 감항성유지지침서(ICA)를 작성하여야 한다.

(b) 항공기에 장착된 장비품 또는 시스템에 대한 제작자가 이에 대한 감항성유지지침서를 별도로 제공하지 않는 경우, 해당 항공기의 감항성유지지침서에 이들 장비품 또는 시스템에 대한 감항성 유지를 위한 정보를 포함하여야 한다.

(c) 감항성유지지침서에는 이 문서의 다른 부분과 분리되어 명확히 구별되는 감항성 한계 부분(ALS)을 포함하여야 한다. 이 부분에는 형식증명에서 요구되는 필수 정비사항이 제시되어야 한다. 이 부분의 눈에 잘 띄는 곳에 또렷하게 "이 감항성 한계 부분은 감항당국에 승인되었으며, 이에 대한 변경도 승인받아야 한다. (The Airworthiness Limitations Section is approved and variations must also be approved by the Authority)"라는 문구를 기재하여야 한다.

(d) 신청자는 심각 또는 치명적 부상, 항공기 상실, 또는 안전 마진이 감소된 상태로 운용기간의 연장을 초래할 수 있는 강도 저하 요인으로 인한 구조적 파손을 방지하기 위한 절차를 작성하고 시행해야 한다. 감항성유지지침서에는 VTOL.2255에 따라 작성된 절차를 포함하여야 한다.

유럽항공안전청 인증규격(CS)에는 각 요건에 대한 인정 가능한 적합성 입증방법(AMC: Acceptable Means of Compliance)이 함께 수록되는 것이 일반적이다. 그러나, SC-VTOL의 경우에는 2019년 Issue 1에 적합성 입증방법(AMC) 일부가 부록으로 함께 수록되었는데, 2024년 Issue 2에서는 이를 분리하여 2025년에 MOC SC-VTOL : Proposed Means of Compliance with SC-VTOL 문서로 별도 발행하였다.

EASA SC-VTOL, Issue 1의 부록에 제시되었던 VTOL.2510 장치품 및 시스템 장착 요건에 대한 적합성 입증방법(AMC)에서 비행승무원이 탑승한 수직 이착륙 항공기 시스템의 고장 분류, 정량적 안전목표, 기능적 개발보증수준(FDAL: Functional Development Assurance Levels)의 관계를 다음과 같이 나타내고 있다.

- 향상 카테고리(category enhanced) 항공기에 대한 계속된 안전한 비행과 착륙을 저해할 수 있는 고장 상태는 파국적(catastrophic) 이벤트로 간주된다.

- 기본 카테고리(category basic) 항공기에 대한 통제된 비상착륙을 저해할 수 있는 고장 상태는 파국적(catastrophic) 이벤트로 간주된다.

[표 6-5] 수직 이착륙 항공기 고장상태에 대한 정략적 안전목표

구 분	최대 승객 좌석수 (Max Pax Seating)	고장상태 분류 (Failure Condition Classifications)			
		경미 (Minor)	중요 (Major)	위험 (Hazard.)	파국 (Catast.)
향상 카테고리 (Category Enhanced)	-	$\leq 10^{-3}$ FDAL D	$\leq 10^{-5}$ FDAL C	$\leq 10^{-7}$ FDAL B	$\leq 10^{-9}$ FDAL A
기본 카테고리 (Category Basic)	승객 7~9명	$\leq 10^{-3}$ FDAL D	$\leq 10^{-5}$ FDAL C	$\leq 10^{-7}$ FDAL B	$\leq 10^{-9}$ FDAL A
	승객 2~6명 주기A	$\leq 10^{-3}$ FDAL D	$\leq 10^{-5}$ FDAL C	$\leq 10^{-7}$ FDAL C	$\leq 10^{-8}$ FDAL B
	승객 0~1명 주기A	$\leq 10^{-3}$ FDAL D	$\leq 10^{-5}$ FDAL C	$\leq 10^{-6}$ FDAL C	$\leq 10^{-7}$ FDAL C

- 정량적 안전목표는 비행시간으로 나타냄
- 주기 A : 개발보증수준(DAL) 하향을 위하여 시스템 구조를 고려하는 것은 수락되지 않음

6.4 전기추진시스템 인증

6.4.1 전기추진시스템 인증규정

전기추진시스템(electric propulsion system) 또는 전기식 동력장치(electric powerplant)는 기존의 왕복엔진 및 터빈엔진을 기반으로 하는 화석연료 추진시스템을 대신하여 무인 비행체 및 도심형 항공 모빌리티(UAM) 비행체에 주로 사용되는 친환경 전기식 추진시스템을 말한다.

전기추진시스템은 동력원에 따라서 배터리 추진(BEP: Battery-Electric Propulsion), 전기-내연기관 복합 추진(HEP: Hybrid-Electric Propulsion), 수소연료전지 추진(HFCEP: Hydrogen Fuel Cell Electric Propulsion) 방식으로 구분하고, 추진 구조 및 양력 발생 원리에 따라서 멀티로터(multi-rotor), 틸트로터(tilt-rotor), 복합구동(lift+cruise) 방식으로 구분할 수 있다. 이 중에 다수의 로터를 사용하여 양력 또는 추력을 발생하는 경우에 분산전기추진(DEP: Distributed Electric Propulsion) 방식이라고 지칭하기도 한다. 모든 방식의 전기추진시스템은 공통적으로 배터리-모터-로터에 의해 구동되고 있다.

- BEP : Joby S4, Archer Midnight, Volocopter VoloCity, EHang 184/216
- HEP : Bell Nexus 6HX, Rolls-Royce Hybrid Concepts, Embraer Eve Hybrid Studies
- HFCEP : Alakai Skai, Diamond H2EDT, Hyundai Supernal Long-term Concept
- Multi-Rotor : Volocopter VoloCity, EHang EH216, SkyDrive SD-05
- Tilt-Rotor : Joby S4-1, Archer Midnight, Overair Butterfly, Supernal S-A2
- Lift-Cruise : Eve Air Eve-100, Beta ALIA-250, AutoFlight Prosperity

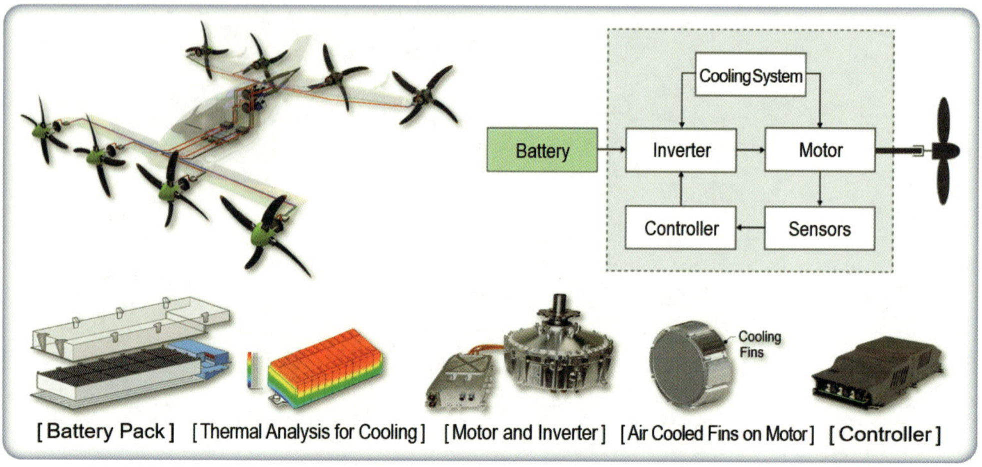

[그림 6-9] UAM 비행체 전기추진시스템 구성도

전기추진시스템은 에너지원으로 배터리 또는 연료전지를 사용하고, 전력관리 및 분배를 위하여 인버터, 컨버터, 전력분배유닛(PDU) 등을 사용하고, 전기모터(eMotor) 및 모터 제어기, 그리고 전기모터, 배터리, 연료전지, 인버터 냉각을 위한 열관리시스템(TMS) 등으로 구성된다. UAM 비행체에서 이륙 양력과 비행 추력을 발생하는 로터는 헬리콥터의 로터와 마찬가지로 항공기 시스템으로 분류한다. 미국 연방항공청의 경우에는 전기모터와 주변 구성품을 포함하여 전기식 엔진(electric engine)으로 칭하고 있다.

국제민간항공기구(ICAO)는 Annex 8 Airworthiness of Aircraft에서 비행기, 헬리콥터, 엔진, 프로펠러, 원격조종 비행기 및 헬리콥터, 원격조종 스테이션에 대한 감항성 기준에 대한 권고사항을 규정하고 있지만, 도심형 항공 모빌리티(UAM) 비행체나 이에 장착되는 엔진에 대한 기준은 규정하지 않고 있다. 이에 반하여 미국 연방항공청(FAA)과 유럽항공안전청(EASA)은 특별감항조건(SC)을 제정하여 도심형 항공기 모빌리티 비행체는 물론이고, 이에 장착되는 엔진에 대해서도 형식증명을 수행하고 있다.

미국 연방항공청은 FAR §23.2005(b)에 따른 Level 1 보통급 비행기를 제외한 모든 항공기에 대하여 FAR §23.2400(b) 또는 §xx.903(a)에 따라서 형식증명을 받은 엔진만 장착하도록 규정하고 있다. 그렇지만, 도심형 항공 모빌리티(UAM) 비행체의 경우에는 FAR §21.17(b)에 따른 특별감항조건(SC)에 따라 특별분류 형식증명을 받고, 이들 항공기 특별감항조건에서는 엔진에 대한 형식증명을 필수적으로 요구하지 않고 있다. 즉, 미국 연방항공청은 FAA-2021-0638 Special Class Airworthiness Criteria for Model JAS4-1 Powered-Lift의 JS4.2400(b)에서 "엔진 및 프로펠러는 Suboart H와 I에 제시된 요건에 따라서 항공기 형식증명에서 승인되어야 한다."라고 규정하고 있다. 유럽항공안전청의 경우에도 EASA SC-VTOL.2400(b)에서 "엔진, 프로펠러 및 보조동력장치는 형식증명을 받거나 지정된 기준을 만족하여야 한다."라고 규정하고 있다.

미국 연방항공청이 도심형 항공 모빌리티(UAM) 비행체 등에 장착되는 엔진에 대하여 항공기 형식증명에 포함하여 인증을 받도록 규정하고 있지만, 인증 실무에서는 MagniX magni350, Beta H500, Safran ENGINeUS 100 등과 같은 전기식 엔진에 대하여 특별감항조건(SC)에 의한 형식증명을 진행하고 있다. 이와 같은 규정과 실무를 살펴보면, 전기식 엔진에 대한 형식증명 여부는 제작자의 희망에 따라서 결정되고 있으며, 감항당국은 별도의 형식증명을 권장하고 있다고 볼 수 있다. 이를 위해서 유럽항공안전청은 전기식 및 복합추진시스템에 대한 SC E-19 EHPS을 제정하였고, 미국 연방항공청은 전기식 엔진에 대한 특별감항조건(SC)을 제정하여 형식증명을 진행하고 있다.

- EASA SC E-19 : SC for Electric/Hybrid Propulsion System, Issue 1, 2021.04.07.
- FAA-2020-0894 : SC for magniX magni350 & magni650 Electric Engine, 2021.10.27
- FAA-2022-1641 : SC for Beta Model H500A Electric Engines, 2025.01.16

• FAA-2023-0587 : SC for Safran Model US100A1 Electric Engines, 2025.01.27

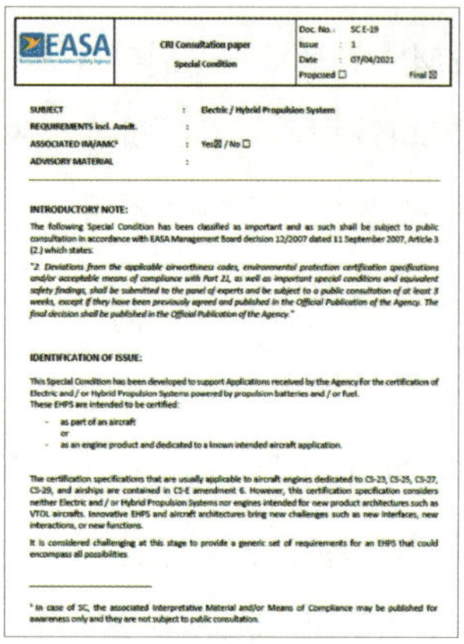

[EASA SC-E-19 SC for EHPS]

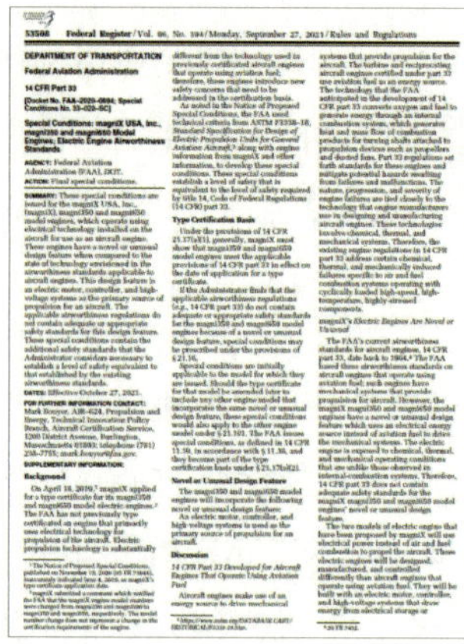

[FAA SC for magni350 Engine]

[FAA SC for ENGINeUS Engine]

[그림 6-10] UAM 비행체 전기추진시스템 특별감항조건

MagniX magni350 전기식 엔진은 함께 2019년 4월에 미국 연방항공청에 형식증명을 신청하였으며, FAR Part 33과 해당 엔진의 설계 특징을 고려하여 2021년에 특별감항조건(SC)이 제정되었다. magni350 전기식 엔진의 출력은 350 kW이고, 중량은 128 kg, 직경은 675 mm이며, DHC-2 Beaver 6인승 유틸리티 비행기, Cessna Grand Caravan 9인승 커뮤터, Eviation Alice 9인승 커뮤터 등에 장착될 목적으로 개발되고 있다.

Beta H500A 전기식 엔진은 2022년에 미국 연방항공청에 형식증명을 신청하였으며, FAR Part 33과 해당 엔진의 설계 특징을 고려하여 2025년 1월에 특별감항조건(SC)이 제정되었다. H500A 전기식 엔진의 출력은 427 kW이고, 중량은 75 kg, 직경은 684 mm이며, 자사의 Beta ALIA-250, CX300, VTOL/CTOL 등의 6인승급 도심형 항공 모빌리티(UAM) 비행체에 장착될 목적으로 개발되고 있다.

Safran ENGINeUS 100B1 전기식 엔진은 2023년 3월에 유럽항공안전청에 형식증명이 신청되었고, 유럽항공안전청은 SC E-19 EHPS을 적용하여 2025년 1월에 전기식 엔진에 대한 세계 최초의 형식증명서를 발급하였다. 이와 동급의 ENGINeUS 100A1 전기식 엔진에 대하여 2020년 11월에 미국 연방항공청에 형식증명이 신청되었으며, 연방항공청은 FAR Part 33과 해당 엔진의 설계 특징을 고려하여 2025년 1월에 특별감항조건(SC)을 제정하였고, 이를 적용한 형식증명을 진행 중에 있다. ENGINeUS 100A1 및 100B1 전기식 엔진의 출력은 125 kW이고, 중량은 52 kg, 직경은 394 mm이며, Diamond eDA40 등의 2인승 비행기에 1대, Aura Aero의 19인승 하이브리드 지역간 항공기(ERA: Electric Regional Aircraft)에 8대를 장착하는 것을 목표로 개발되었다.

이와 같이 형식증명이 진행 중인 전기식 엔진의 출력과 적용 항공기를 살펴보면, 다수의 로터를 사용하는 동력 부양식 도심형 항공 모빌리티(UAM)보다는 비교적 장시간 비행하는 소형 비행기 또는 지역간 항공 모빌리티(RAM)에 장착을 목적으로 하고 있음을 알 수 있다. 따라서, UAM 비행체에 사용되는 저출력 전기식 엔진은 해당 항공기 형식명에 포함하여 인증을 받고, RAM 등에 장착되는 고출력 전기식 엔진은 항공기와 별도로 엔진에 대한 형식증명을 받는 것이 일반적인 추세로 볼 수 있다.

MagniX magni350 : Power 350 kW, Cessna Caravan, Eviation Alice, TC Application 2019, SC FAA-2020-0894 (2021)

Beta H500A : Power 427 kW, Beta ALIA-250, CX300, TC Application 2022, SC FAA-2020-0894 (2025)

ENGINeUS 100B1 : Power 127 kW, Diamond eDA40, Aura ERA, Application 2023, EASA SC E-19, EASA TC (2025)

[그림 6-11] UAM 비행체용 전기식 엔진 형식증명 사례

6.4.2 전기추진시스템 인증기준

배터리와 모터를 기반으로 전기추진시스템에 대한 형식증명을 위하여 유럽항공안전청은 SC E-19 EHPS 전기식 및 복합추진시스템 특별감항조건(SC)을 적용하고, 미국 연방항공청은 FAR 21.17(b)에 따라서 해당 전기식 엔진의 설계 특징을 반영한 각각의 특별감항조건(SC)을 제정하여 적용하고 있다.

MagniX magni350, Beta H500A, ENGINeUS 100A1 전기식 엔진을 대상으로 미국 연방항공청이 제정한 FAA-2020-0894, FAA-2022-1641, FAA-2023-0587 특별감항조건(SC)을 살펴보면, (1) 적용성을 포함하여 총 32개 요건을 규정하고 있다. 이 중에 (3) 재료, (7) 엔진 마운팅 체결기구 및 구조물, (8) 보기장치 체결기구는 각각 FAR §33.15, §33.23, §33.25 요건을 그대로 적용하고, (2) 엔진 정격 및 운용한계, (4) 화재 방지, (6) 엔진 냉각, (11) 계기 연결기구, (17) 안전성 분석은 각각 FAR §33.7, §33.17, §33.21, §33.29, §33.75 요건을 일부 인용하고 해당 엔진에 필요한 요건을 추가하는 방식으로 제정되었다.

다만, 이들 특별감항조건(SC) 제정에 해당 엔진의 설계 특징을 고려하였다고 하지만, 각 요건의 제목과 내용이 거의 동일하여 고유한 특징을 확인하기 어려운 것이 현실이다. 또한, (1) 적용성에서 "달리 규정하지 않으면, FAR Part 33의 해당되는 요건을 적용하고, 승인된 합의표준(consensus standards)을 적용할 수 있다"고 규정하고 있다.

[표 6-6] 미국 연방항공청 전기식 엔진 특별감항조건 목차 비교

FAA-2020-0894 (MagniX magni350)	FAA-2022-1641 (Beta H500A)	FAA-2023-0587 (ENGINeUS 100A1)
1. 적용성	(1) 적용성	(1) 적용성
2. 엔진 정격 및 운용한계 (~§33.7)	(2) 엔진 정격 및 운용한계 (~§33.7)	(2) 엔진 정격 및 운용한계 (~§33.7)
3. 재료 (= §33.15)	(3) 재료 (= §33.15)	(3) 재료 (= §33.15)
4. 화재 방지 (~ §33.17)	(4) 화재 방지 (~ §33.17)	(4) 화재 방지 (~ §33.17)
5. 내구도	(5) 내구도	(5) 내구도
6. 엔진 냉각 (~ §33.21)	(6) 엔진 냉각 (~ §33.21)	(6) 엔진 냉각 (~ §33.21)
7. 엔진-마운팅 체결기구 및 구조물(=§33.23)	(7) 엔진 마운팅 체결기구 및 구조물(=§33.23)	(7) 엔진 마운팅 체결기구 및 구조물(=§33.23)
8. 보기장치 체결기구 (= §33.25)	(8) 보기장치 체결기구 (= §33.25)	(8) 보기장치 체결기구 (= §33.25)
9. 초과속도	(9) 초과속도	(9) 초과속도
10. 엔진 제어시스템	(10) 엔진 제어시스템	(10) 엔진 제어시스템
11. 계기 연결기구 (~ §33.29)	(11) 계기 연결기구 (~ §33.29)	(11) 계기 연결기구 (~ §33.29)
12. 응력 해석	(12) 응력 해석	(12) 응력 해석
13. 치명성 및 수명제한부품	(13) 치명성 및 수명제한부품	(13) 치명성 및 수명제한부품
14. 윤활시스템	(14) 윤활시스템	(14) 윤활시스템
15. 출력 반응	(15) 출력 반응	(15) 출력 반응
16. 계속적인 회전	(16) 계속적인 회전	(16) 계속적인 회전
17. 안전성 분석 (~ §33.75)	(17) 안전성 분석 (~ §33.75)	(17) 안전성 분석 (~ §33.75)
18. 외부물질 흡입	(18) 외부물질 흡입	(18) 외부물질 흡입
19. 액체시스템	(19) 액체 및 가스시스템	(19) 액체 및 가스시스템
20. 진동 실증	(20) 진동 실증	(20) 진동 실증
21. 초과토크	(21) 초과토크	(21) 초과토크
22. 교정 보증	(22) 교정 보증	(22) 교정 보증
23. 내구성 실증	(23) 내구성 실증	(23) 내구성 실증
24. 온도한계	(24) 온도한계	(24) 온도한계
25. 운용조건 실증	(25) 운용조건 실증	(25) 운용조건 실증
26. 내구도 실증	(26) 내구도 실증	(26) 내구도 실증
27. 시스템 및 구성품 시험	(27) 시스템 및 구성품 시험	(27) 시스템 및 구성품 시험
28. 로터 락킹 실증	(28) 로터 락킹 실증	(28) 로터 락킹 실증
29. 완전분해 검사	(29) 완전분해 검사	(29) 완전분해 검사
30. 봉쇄	(30) 봉쇄	(30) 봉쇄
31. 가변피치 프로펠러 작동	-	(31) [예비요건]
32. 시험수행 일반사항	(32) 시험수행 일반사항	(32) 시험수행 일반사항
-	(33) 엔진 전기시스템	(33) 엔진 전기시스템

유럽항공안전청의 SC E-19 EHPS 전기식 및 복합추진시스템 특별감항조건(SC)은 Subpart A 일반규정부터 Subpart D 입증시험까지 총 4개 Subpart에 40개 요건으로 구성되어 있다. 이 특별감항조건의 대상이 되는 전기식 및 복합추진시스템(EHPS: Electric/Hybrid Propulsion System)을 전기식 엔진, 터빈엔진, 피스톤 엔진, 발전기, 전력분배장치, 전선, 배터리, 팬, 냉각시스템, 제어기, 동력관리시스템으로 정의하고 있지만, 터빈엔진과 피스톤 엔진 또는 이들의 통합에 대한 요건을 거의 규정하지 않고, 전기식 엔진을 중심으로 요건을 설정하고 있다.

유럽항공안전청의 SC E-19 EHPS는 미국 연방항공청과 마찬가지로 CS-23의 Level 1 항공기에 장착되는 엔진에는 적용되지 않는다. 그리고, 비행에 필요한 양력/추력/동력을 제공하는데 사용되지 않는 추진시스템, 연료전지 또는 수소를 연료로 사용하는 엔진, 전통적인 방식의 프로펠러와 로터에도 적용되지 않는다. EASA SC E-19 EHPS 전기식 및 복합추진시스템 특별감항조건에 대한 주요 요건을 살펴보면 다음과 같다.

Subpart A : 일반규정

EHPS.10 적용범위

이 특별감항조건(SC)의 목적은 항공기 사용되는 것으로 식별된 전기복합추진시스템(EHPS: Electric and/or Hybrid Propulsion System)에 대한 인증 요건을 제시한다.

전기복합추진시스템이 일부의 수직 이착륙 항공기에서 양력을 발생하는데 사용되는 경우에도 항공기 부양, 제어, 기동성을 보장하기 위한 양력 제어 기능은 항공기 기능에 해당하고, 해당 항공기의 인증기준(CB)이 적용되어야 한다.

EHPS.11 적합성 입증방법

(a) 신청자는 유럽항공안전청에 수락될 수 있는 적합성 입증방법으로 이 특별감항조건에 대한 적합성을 입증하여야 한다. 이에는 합의표준(consensus standards)이 포함될 수 있다.
(b) 유럽연방항공청에 적합성 입증방법 수락을 요청하는 신청자는 인정 가능한 서식과 방법으로 해당 적합성 입증방법을 제출하여야 한다.

EHPS.15 용어 정의

⊙ 기복합추진시스템(EHPS: Electric/Hybrid Propulsion System): 전기식 엔진, 터빈엔진, 피스톤 엔진, 발전기, 발전, 분배, 전선, 추진시스템 배터리, 통합 팬, 냉각시스템, 제어기, 동력관리시스템을 포함한다. 다만, 이에 국한하지 않는다.
전기복합추진시스템은 비행을 위한 양력, 추력 또는 동력을 발생하는데 사용되고, 양력, 추력 또는 추력 또는 양력을 발생시키는 기구에 동력을 제공하는 전기복합추진시스템의 서브시스템을 포함하여야 한다.

⊙ 서브시스템(sub-system of EHPS): 전기복합추진시스템의 서브시스템에는 터빈엔진, 피스톤 엔진, 전기식 엔진, 발전기, 전력분배시스템, 전기복합추진시스템 제어시스템, 또는 추진시스템 배터리와 같은 예시가 포함될 수 있다.

⊙ 제어시스템(EHPS control system): 전기복합추진시스템의 작동을 제어, 제한, 모니터 또는 보호하는 시스템, 기구, 또는 서브시스템을 말한다.

⊙ 정격 최대연속출력 또는 추력(rated maximum continuous power and/or thrust): 시간제한 없이 사용되는 것으로 성능 데이터에서 식별되는 출력 또는 추력을 말한다.

⊙ 정격 이륙출력 또는 추력(rated take-off power and/or thrust): 이륙, 불연속 접근 및 복행(baulked landing)에 사용되는 것으로 성능 데이터에서 식별되는 출력 또는 추력을 말한다.

⊙ 비상 정격(emergency rating): 전기복합추진시스템의 서브시스템의 출력, 추력 또는 양력 상실(loss)을 초래하는 고장 이벤트 시에 사용되는 정격을 말한다. 이때, 나머지 서브시스템은 상실된 출력 또는 추력의 전부 또는 일부를 보상하도록 요구된다.

정격은 전기복합추진시스템의 모든 서브시스템이 프로펠러 또는 로터와 같이 추력 또는 양력을 발생하는 기구에 의해서 제공되는 추력, 양력 또는 출력으로 정의된다.

⊙ 정상적 과도출력 초과(normal transient EHPS exceedances): 항공기 안전성을 보장하기 위하여 전기복합추진시스템의 설계에서 정해진 정격 출력 또는 추력의 크기와 작동시간이 일시적으로 초과되는 현상을 말한다. 예를 들면, 출력을 증가시킬 때 발생하는 과도적 초과 토크로부터 항공기 안정성을 보장하는 것이 요구된다.

⊙ 비정상 과도출력 초과(inadvertent transient EHPS exceedance): 전기복합추진시스템 설계에서 정해진 것이 아닌 비정상 운용 또는 고장 상태에서 발생하는 초과 현상을 말한다.

⊙ 위험한 영향(hazardous EHPS effect): 전기복합추진시스템의 위험한 고장으로 인한 영향을 의미한다. 최소한 다음과 같은 영향을 위험한 영향으로 분류한다. 다만, 해당 항공기에 적용되지 않는 것으로 실증된 경우에는 예외로 한다.

(ⅰ) 프로펠러 또는 로터의 분리를 포함하여 고에너지 파편의 미봉쇄(non-containment)
(ⅱ) 승무원 또는 승객이 무능력하게 될 정도의 독성물질이 캐빈에 집중되는 현상
(ⅲ) 조종사의 작동과 반대 방향으로 작용하는 추력(significant thrust)
(ⅳ) 통제되지 않는 화재(uncontrolled fire)
(ⅴ) 의도하지 않는 전기복합추진시스템 분리를 초래하는 마운팅 시스템 파손
(ⅵ) 회전부품을 포함하는 전기복합추진시스템 서브시스템 정지 능력을 완전히 상실
(ⅶ) 항공기 위험을 초래할 수 있는 구성품 격리 능력을 완전히 상실
(ⅷ) 감전, 섬락, 아크 또는 과도한 전자기장에 의한 심각한 또는 치명적인 부상

⊙ 위험한 고장 상태(hazardous EHPS failure condition): 다음의 영향 중에 하나를 초래하는 잠재적 고장을 말한다.

(i) 위험한 항공기 영향(hazardous aircraft effect)

(ii) 파국적 항공기 영향(catastrophic aircraft effect)

(iii) 위험한 EHPS 영향(hazardous EHPS effect)

⊙ 파국적 항공기 영향(catastrophic aircraft effect): 파국적 고장 상태의 영향을 말한다.

⊙ 위험한 항공기 영향(hazardous aircraft effect): 위험한 고장 상태의 영향을 말한다.

⊙ 중요한 항공기 영향(major aircraft effect): 중요한 고장 상태의 영향을 말한다.

⊙ 중요한 항공기 고장 상태(major aircraft failure condition): 해당 항공기 안전성 평가에서 중요한 것으로 정의된 고장 상태를 말한다.

⊙ 치명적 부품(critical part): 위험한 EHPS 영향을 초래할 수 있는 주된 고장(primary failure) 방지를 위해 치명성 부품 강건성 요건을 만족하는 부품을 의미한다.

⊙ 주된 고장(primary failure): 다른 부품 또는 시스템의 사전 고장으로 발생하지 않는 부품의 고장을 의미한다.

⊙ 기술계획서(engineering plan): 치명성 부품의 수명 능력을 수립하고 유지하는데 요구되는 가정, 기술자료 및 조치사항을 수록한 문서를 의미한다.

⊙ 제작계획서(manufacturing plan): 치명성 부품에 대한 제조공정 제한사항을 수록한 문서를 의미한다. 이들 제한사항은 기술계획서에 정의된 바와 같이 설계 의도를 만족한다는 것을 보장하기 위하여 치명성 부품의 도면, 절차서, 규격 등과 같은 제조에 관한 정의에 포함되어야 한다.

⊙ 서비스관리계획서(service management plan): 치명성 부품이 기술계획서에 정의된 바와 같이 설계 의도를 달성한다는 것을 보장하기 위한 운용 정비 및 수리 공정을 수록한 문서를 의미한다.

⊙ 고에너지 파편(high energy debris): 항공기에 중대한 손상을 주거나 승무원 또는 승객에의 심각한 또는 치명적 부상을 유발하는데 충분한 에너지를 가진 구성품 또는 부품의 고장으로 이탈되는 파편을 의미한다.

⊙ 로터(rotor): 팬, 압축기 또는 터빈 조립체 또는 전기식 엔진 또는 발전기의 각 단(individual stage)을 의미한다.

⊙ 항공기 로터(aircraft rotor): 항공기 형식설계를 구성하는 부품으로써 양력을 발생하는 기구를 의미한다.

⊙ 연료(fuel): SC E-19에서 연료는 원유기반 연료, 원유 및 합성연료 또는 이와 동등한 바이오연료(SAF: Sustainable Aviation Fuel)를 말한다.

⊙ 추진시스템 배터리(propulsion battery): 전기복합추진시스템의 전기식 엔진에 전력을 공급하는 배터리 또는 이들의 세트를 의미한다. 또한, 이 배터리는 EHPS 서브시스템 또는 해당 항공

기의 다른 시스템에서 전원을 공급하는데 사용될 수도 있다.

EHPS.20 전기복합추진시스템 형상

(a) 제안된 전기복합추진시스템 형식설계를 정의하는 모든 부품과 장치품 목록이 수립되어야 한다. 이 목록에는 관련되는 도면에 대한 참고문서와 소프트웨어 빌드번호가 포함되어야 한다.

(b) 전기복합추진시스템이 항공기 형식증명의 일부로 인증될 때, 모든 부품과 장비품에 대한 목록을 제시해야 한다. 이에는 항공기 형식설계에서 전기복합추진시스템을 정의하는데 관련된 도면에 대한 참고문서와 소프트웨어 빌드번호가 포함되어야 한다.

EHPS.25 감항성유지지침서

(a) 유럽연합 규정 EU 748/2012의 21A.61(a)에 따라서 신청자는 감항성유지지침서(ICA)를 준비하여야 한다.

(b) 감항성유지지침서(ICA)는 전용 매뉴얼(dedicated manuals) 형태로 제공되어야 한다. 다만, 전기복합추진시스템이 항공기 형식증명의 일부로 인증되는 경우에는 항공기 관련 매뉴얼에 제시될 수도 있다.

(c) 감항성유지지침서는 해당 문서의 다른 부분과 분리되고 명확히 구별되는 감항성 한계 부분을 포함하여야 한다. 이 부분에는 형식증명이 요구된 제품에 대한 운용 정비 및 수리를 위한 필수 조치사항 또는 한계를 제시하여야 한다. 이 부분의 잘 보이는 위치에 명료한 문안으로 "이 감항성 한계 부분은 승인된 것이고 변경내용도 승인된 것이다. (The Airworthiness Limitations Section is approved and variations must also be approved.)"라고 나타내야 한다.

EHPS.30 장착 및 운용지침서

(a) 신청자는 해당 전기복합추진시스템에 대한 장착 및 운용지침서(instructions for installation and operation)를 준비하여 형식증명 발급 전까지 유럽항공안전청에 제출하여 승인받고, 납품 시점에 장착자에게 제공하여야 한다.

(b) 전기복합추진시스템이 항공기와 별도로 인증을 받을 때, 해당 지침서는 최소한 다음 사항을 포함하여야 한다.

(1) 전기복합추진시스템을 구성하는 각 서브시스템에 대한 장착 지침 및 요건

(2) 운용 지침, 한계, 정상 과도적 초과(normal transient EHPS exceedances)

(3) 해당 항공기에 적용되는 형식증명 인증기준(type-certification basis)

(4) 전기복합추진시스템에 장착되어 있거나 이로 구동되는 항공기 부품 및 장치품. 이는 인증되는 전기복합추진시스템 형상의 일부가 아닌 부품을 말한다.

(5) 전기복합추진시스템이 해당 부품이 아닌 구성품을 사용하는 경우, 해당 구성품에 대한 인

터페이스 조건, 신뢰성 규격, 그리고 해당 전기복합추진시스템 인증에 근거한 안전성 지침

(6) 장착자가 항공기 형식증명 인증기준(type-certification basis)에서 식별된 요건에 대한 적합성을 실증하는데 필요한 데이터

(7) 항공기에 장착할 때 해당 전기복합추진시스템에 부과되고, 이 특별감항조건 요건에 대한 적합성을 입증하는데 필요한 조건에 관한 가정사항

(8) 해당 전기복합추진시스템에 사용되는 것으로 승인된 유체 목록

(c) 전기복합추진시스템이 항공기 형식증명의 일부로 인증되는 경우, 해당 항공기 운용자와 관계된 장착 및 운용지침서는 관련 매뉴얼에 제시될 수 있다.

EHPS.40 정격 및 운용한계

(a) 이 절에 규정된 운용조건 및 정보에 근거한 정격 및 한계, 그리고 해당 전기복합추진시스템의 안전한 운용에 필요한 정보를 포함하여 정격 및 운용한계를 수립하여야 한다. 정격 및 운용한계는 유럽항공안전청의 승인을 받아야 한다.

(b) 전기복합추진시스템 한계는 해당 시스템과 서브시스템의 안전한 운용을 보장하기 위한 한계를 포함하여야 한다.

(c) 정격은 이륙출력 또는 추력, 최대연속출력 또는 추력에 대하여 설정하여야 한다. 또한, 비상 정격을 사용하고자 하는 경우에는 비상 정격에 대하여 설정하여야 한다.

(d) 최대연속출력 또는 추력을 제외하고, 정격 사용에 대한 최대허용시간을 설정하여야 한다.

(e) 신청자가 요청하는 경우, 이들 각 정격의 사용에 대한 최대허용시간에 관련하여 다른 정격을 설정할 수 있다.

(f) 비상 정격은 다른 정격과 분리하여 설정되어야 하고, 각 비상 정격에 관련된 특징적 요소를 정의하여야 한다.

(g) 각 선정된 정격은 해당 전기복합추진시스템 형식에서 영향을 받은 모든 서브시스템이 해당 정격을 결정한 조건, 그리고 모든 창정비 및 정비 도래시간에서 발생할 수 있는 가장 낮은 추력, 양력 또는 출력이어야 한다.

(h) 각각의 정상 과도적 초과에 대한 크기와 시간을 설정하여야 한다.

Subpart B : 설계 및 구성

EHPS.50 재료

(a) 전기복합추진시스템에 사용되는 재료의 적정성과 내구성은 해당 시스템의 설계 조건에서 설정되어야 한다. 재료의 관련 특성에 대한 설계 값은 재료 규격에 제시된 최소 특성에 적정하게 관련되어야 한다. 재료의 관련된 특성에 대한 설계 값은 해당 전기복합추진시스템의 수명시간

을 고려한 설계 데이터에서 가정한 특성을 만족하거나 초과하여야 한다.

(b) 제조 방법 및 공정은 가정된 운용 조건에서 설계 특성을 유지하는 건전한 구조 및 메커니즘, 그리고 전기시스템을 생산할 수 있어야 한다. 이는 부식이나 절연 손상 등과 같은 열화(deterioration) 효과를 포함하여야 한다.

EHPS.80 안전성 평가

(a) (1) 합리적으로 발생이 예상되는 모든 고장 상태를 평가하기 위하여 제어시스템을 포함한 전기복합추진시스템에 대한 분석을 수행하여야 한다. 이 분석은 다음 사항을 포함하여야 한다.

(i) 항공기 적용(intended aircraft application). 전기복합추진시스템 고장 상태와 그 영향에 대한 평가는 해당 항공기에서 수락 가능한 고장 상태 발생 확률을 설정해야 하는 항공기 제작자와 협력하여 항공기 레벨에서 수행되어야 한다. 전기복합추진시스템 고장 상태와 이에 관련된 고장률의 평가는 EHPS.30(b)(7)에 요구된 바와 같은 장착 지침서에 상세하게 제시되어야 한다. 이와 달리, 전기복합추진시스템이 항공기 형식증명의 일부로 인증되는 경우에는 이들 데이터를 설정하여 항공기에 대한 안전성 평가에 제시하여야 한다.

(ii) 항공기 레벨 기구 및 절차(aircraft-level devices and procedures). 항공기에 관련된 기구 및 절차에 대한 가정사항은 해당 분석에 서술되어야 하고, EHPS.30(b)(3)에 요구된 바와 같은 장착 지침서에 상세하게 제시되어야 한다.

(iii) 후속 이차 고장 및 잠복 고장(consequential secondary failures and dormant failures).

(iv) 위험한 EHPS 영향을 초래하는 다중 고장(multiple failures), EHPS.15에 정의된 위험한 항공기 영향 또는 파국적 항공기 영향.

(2) 중요한 항공기 영향, 위험한 EHPS 영향, 위험한 항공기 영향 또는 파국적 항공기 영향을 초래할 수 있는 고장 상태를 그 고장 발생 확률과 함께 요약하여야 한다. 이 요약서에 전기복합추진시스템의 치명성 부품에 대하여 명확히 식별해야 한다.

(3) 전기복합추진시스템의 설계 및 구성이 해당 항공기 형식증명 인증기준에 정의된 정성적 및 정량적 안전성 목표를 만족시킬 수 있음을 입증하여야 한다. 정성적 안전성 목표에는 개발 보증이 포함되어야 한다.

(b) 위험한 EHPS 영향을 초래할 수 있는 특정한 단일 엘리먼트의 주된 고장이 수치적으로 명확하게 평가될 수 없는 경우, EHPS.90에 규정된 강건성 요건을 만족시켜야 한다. 이들 사항은 (a)(2)에 요구된 안정성 분석에 서술되어야 한다.

(c) 안전성 분석에 대한 수락 여부가 다음 중에 하나 이상의 아이템에 의존되는 경우, 그 내용은 해당 분석에 제시되고 적정하게 입증되어야 한다.

(1) 제시된 주기에 수행될 정비 조치사항. 다음의 영향이 발생하는 것을 방지하기 위해 필요한 경우에 감항성유지지침서의 감항성 한계 부분에 해당 정비 주기를 나타내야 한다.

(ⅰ) 항공기 형식증명 인증기준(type-certification basis)에 정의된 극히 희박 확률을 초과하는 확률로 발생하는 위험한 EHPS 영향

(ⅱ) 항공기 제작자에 의해서 정의되고 EHPS.30에 규정된 장착 매뉴얼에 선언된 확률을 초과하는 확률로 발생하는 위험한 그리고 파국적 항공기 영향

(2) 제어시스템을 포함하여 전기복합추진시스템의 정비 오류가 위험한 EHPS 영향, 위험한 또는 파국적 항공기 영향을 초래하는 경우, 이에 필요한 절차가 관련 매뉴얼에 제시되어야 한다.

(3) 비행전 또는 다른 기간에 안전 기능 또는 다른 기구의 작동 상태 확인. 이들 확인을 위한 세부사항은 해당되는 매뉴얼에 제시되어야 한다.

(4) 달리 요구되는 않은 특정한 계측 기구(provision of specific instrumentation).

(5) 운용 지침서. 이들 지침은 다음 문서 중의 하나에 제시될 수 있다.

(ⅰ) 항공기 제작자와 협력하여 항공기 레벨에서 평가한 후에 제시되는 운용지침 매뉴얼

(ⅱ) 전기복합추진시스템이 항공기의 일부로 인증되는 경우에 항공기 운용 매뉴얼

EHPS.90 치명성 부품

위의 EHPS.80에 따라 식별된 전기복합추진시스템 치명성 부품(critical parts)에 대한 강건성(integrity)은 다음의 문서에 정립되어야 한다.

(a) 기술계획서(engineering plan). 하중의 조합, 재료 특성, 환경 영향, 운용 조건, 그리고 이들 변수에 따른 부품의 영향을 포함하여 수립되고 유지되는 실행절차는 각 치명성 부품이 위험한 EHPS 영향이 발생하기 전에 운용현장에서 회수될 수 있도록 검증된 분석, 시험 또는 운용경험에 의해서 확인되거나 예측 가능하여야 한다. 손상허용평가를 통하여 해당 부품에 대하여 승인된 수명기간 이내에 재료, 제조 및 운용에 기인한 비정상으로 인한 잠재적 고장을 평가하여야 한다. 승인된 수명은 EHPS.25에 규정된 감항성유지지침에 제시되어야 한다.

(b) 제작계획서(manufacturing plan). 이 문서에서 기술계획서에 제시된 요인과 함께 치명성 부품을 생산하는데 필요한 특정한 제조 제한사항을 식별하여야 한다.

(c) 서비스관리계획서(service management plan). 이 문서에서 기술계획서에 제시된 사항을 유지하는데 필요한 치명성 부품의 운용 정비 및 수리를 정의하여야 한다. 이 절차는 감항성유지지침서의 일부가 되어야 한다.

EHPS.100 화재방지

(a) 전기복합추진시스템의 설계 및 구성, 그리고 이에 사용되는 재료는 정상 운용과 고장 상태에서

화재의 발생과 전파 가능성을 최소화할 수 있고, 그와 같은 화재의 영향을 최소화하여야 한다.

(b) 또한, 전기복합추진시스템의 설계 및 구성은 구조적 고장이나 위험한 EHPS 고장을 유발할 수 있는 내부 화재릐 발생 확률을 최소화하여야 한다.

EHPS.200 정적 및 피로 하중

(a) 전기복합추진시스템의 부품에 의해서 발생된 하중은 EHPS.30에 규정된 바에 따라 전기복합추진시스템의 장착 및 운용지침서에 설정되어야 한다.

(b) 항공기 제작자가 제공하는 자료에 따른 항공기에 의한 하중은 EHPS.30에 규정된 바에 따라 전기복합추진시스템의 장착 및 운용지침서에 명시되어야 한다.

(c) 전기복합추진시스템의 각 서브시스템은 EHPS.200(a) 및 (b)에 따라 결정된 모든 하중 조건에서 적정하게 기능을 수행하도록 설계 및 구성되어야 한다.

EHPS.210 강도

(a) 기계적, 열적 및 전기적 응력 해석을 수행하여 전기복합추진시스템에 설정된 운용한계에서 설계 마진이 적정함을 입증하여야 한다. 적정한 설계 마진은 적합성 입증방법에 제시되어야 한다.

(b) 전기복합추진시스템의 최대응력은 시험, 검증된 해석, 또는 이들의 조합에 의해서 결정되고, EHPS.50에 정의된 재료의 최소 특성을 초과하지 않음을 입증하여야 한다.

EHPS.230 진동 관측

(a) 전기복합추진시스템은 정의된 초과 상태를 포함하여 로터 회전속도 그리고 출력 또는 추력의 정상 운용 범위에서 작동하도록 설계 및 구성되어야 한다. 이때, 진동에 의해서 전기복합추진시스템 부품에 과도한 응력이 인가되지 않아야 하고, 항공기 구조물에 과도한 진동력을 부과하지 않아야 한다.

(b) 신청자는 기계적으로 인가되는 진동, 공력적으로 인가되는 진동, 음향적으로 인가되는 진동 또는 전자기장에 따라 인가되는 진동을 받을 수 있는 구성품의 진동 특성이 해당 항공기 비행 선도와 전기복합추진시스템 장착 형상에 따른 운용 범위에서 수락 가능 수준임을 입증하기 위하여 해당 전기복합추진시스템에 대한 진동 관측을 수행하여야 한다.

(c) 전기복합추진시스템 고장 상태로 인한 가진력의 진동 특성에 관한 영향을 평가하여야 하고, 위험한 EHPS 영향을 초래하지 않음을 입증하여야 한다.

EHPS.240 초과속도 및 로터 강건성

(a) 로터 초과속도(overspeed)로 인하여 로터 파열, 로터 성장 또는 위험한 EHPS 영향을 유발할 수 있는 기타의 손상을 초래하지 않아야 한다. 이는 시험, 검증된 해석, 또는 이들의 조합으로 입증되어야 한다. 가정된 회전속도를 제시하고 입증하여야 한다. 부하 상실을 포함하여 고장 상

태를 설명하여야 한다.

(b) 로터는 인증되는 운용 조건과 EHPS.240(a)에 따라 가정된 회전속도를 초과하여 발생할 수 있는 파열, 성장 및 손상에 대하여 강도 마진이 적정한지 입증되어야 한다.

EHPS.250 회전부품 봉쇄

(a) 장치품, 전기식 엔진 또는 발전기의 회전 구성품 또는 부품의 파손으로 인하여 고에너지 파편(debris)이 유출되지 않아야 한다.

(b) 전기복합추진시스템이 압축기 또는 터빈을 포함하고 있는 경우, 단일 압축기 또는 터빈 블레이드 파손 후에 그 파편이 봉쇄(contained)되고, 위험한 EHPS 영향이 블레이드 파손 후 전기복합추진시스템이 정지되기 전에 발생할 수 있는 다른 손상을 초래하지 않아야 한다.

EHPS.260 계속되는 회전

비행 중에 전기복합추진시스템이 정지된 후에도 주 회전 시스템이 계속 회전하는 경우, 이와 같이 계속되는 회전은 EHPS.80에 따른 안전성 평가에 고려되어야 하고, 수락할 수 없는 영향을 초래하지 않아야 한다.

EHPS.270 강우 조건

전기복합추진시스템은 갑자기 강우에 노출될 때, 규정된 운용선도 범위에서 만족스럽게 작동될 수 있도록 설계 및 장착되어야 한다.

EHPS.280 결빙 및 강설 조건

전기복합추진시스템과 서브시스템은 지상에서 결빙된 안개를 포함하여 EHPS.30에 제시된 항공기 형식증명 인증기준에 따른 추진시스템 장착 결빙 방지 규격에 정의된 대기 결빙 그리고 강설 및 눈보라 조건에서 운용될 때 만족스럽게 기능을 수행하여야 한다.

EHPS.290 조류, 우박 타격 및 외부물질 충격

(a) 전기복합추진시스템은 비행 중에 발생할 수 있는 조류 또는 우박의 충격 또는 흡입, 또는 외부물질의 충격으로 인하여 EHPS.15에 정의된 바와 같은 위험한 EHPS 영향 또는 파국적 항공기 영향을 유발하지 않도록 설계 및 장착되어야 한다.

(b) 항공기 형식증명 인증기준에 정의된 경우, EHPS.290(a)에 정의된 충격이 다음과 같은 수락되지 않는 결과로 인하여 안전한 비행과 착륙을 방해하지 않아야 한다.

(1) 성능 상실(loss)

(2) 전기복합추진시스템 및 항공기 조종 특성 저하

(3) 전기복합추진시스템 운용한계 초과

(c) 위의 (a)와 (b)에 다중 충격 가능성을 고려하여야 한다. 다만, 비행 중에 이와 같은 다중 충격이

발생하지 않음을 입증한 경우에는 예외로 한다.

Subpart C : 시스템 및 장치품

EHPS.300 연료시스템

(a) 전기복합추진시스템이 왕복엔진 또는 터빈엔진을 포함하고 있는 경우, 연료시스템은 해당 전기복합추진시스템이 운용될 모든 비행고도와 대기조건에서 적정하고 안전하게 기능을 수행하도록 설계 및 구성되어야 한다.

(b) 전기복합추진시스템이 왕복엔진 또는 터빈엔진을 포함하고 있는 경우, 전체 연료시스템은 운용 중에 예상되는 최대 액체 및 고체 오염물질을 포함하는 연료로 만족스럽게 기능을 수행하는지 입증하여야 한다. 이때 오염물질에는 결빙을 포함하며, 엔진이 기능장애를 초래하지 않음을 보장하는데 충분한 시간 동안 작동한다.

(c) 연료시스템에 대한 가정된 장착 조건 또는 장착 요건은 EHPS.30에 정의된 바와 같이 장착지침서에서 명시되어야 한다.

(d) 모든 승인된 연료 및 첨가제는 EHPS.30에 정의된 바와 같이 장착 및 운용지침서에 제시되어야 한다.

EHPS.310 윤활시스템

(a) 전기복합추진시스템의 윤활시스템은 해당 전기복합추진시스템이 운용될 모든 비행고도 및 대기조건에서 적정하게 기능을 수행하도록 설계 및 구성되어야 한다. 이때 -g 조건을 포함하여야 한다.

(b) 윤활유에 존재할 수 있거나 유활시스템에 유입된 오염물질(contaminants)에 적응 능력을 고유하게 갖추지 못한 윤활시스템의 모든 부품은 전기통합추진시스템 및 그 장치품의 손상되지 않도록 적정하게 보호되고, 특정한 운용 주기 동안 오염물질을 허용하는 능력 구비하여야 한다.

(c) 윤활시스템에 대한 가정된 장착 조건 또는 장착 요건은 EHPS.30에 정의된 바와 같이 장착지침서에서 명시되어야 한다.

(d) 모든 승인된 윤활유 및 첨가제는 EHPS.30에 정의된 바와 같이 장착 및 운용지침서에 제시되어야 한다.

EHPS.320 냉각시스템

(a) 전기복합추진시스템의 냉각시스템에 대한 설계 및 구성은 해당 전기복합추진시스템이 운용될 모든 비행고도 및 대기조건에서 적정한 냉각으로 보장하여야 한다.

(b) 냉각시스템에 대한 가정된 장착 조건 또는 장착 요건은 EHPS.30에 정의된 바와 같이 장착지침서에서 명시되어야 한다.

(c) 모든 승인된 냉각액 및 첨가제는 EHPS.30에 정의된 바와 같이 장착 및 운용지침서에 제시되어야 한다.

EHPS.340 점화시스템

(a) 전기복합추진시스템의 서브시스템이 점화시스템 사용하는 경우, 해당 시스템의 적정성은 연속적 또는 비영구적 점화시스템 등과 같이 해당 시스템의 고유 기능으로 설정되어야 한다.

(b) 전기복합추진시스템의 점화시스템은 해당 전기복합추진시스템이 운용될 모든 비행고도 및 대기조건에서 전기복합추진시스템의 적정한 기능을 보장하도록 설계 및 구성되어야 한다. 이때 EHPS.460에 따라 실증되는 바와 같이 재시동 또는 재가동을 포함하여야 한다.

(c) 점화시스템에 대한 가정된 장착 조건 또는 장착 요건은 EHPS.30에 정의된 바와 같이 장착지침서에서 명시되어야 한다.

EHPS.350 제어시스템

(a) 전기복합추진시스템의 제어시스템은 다음과 같이 설계되어야 한다.

  (1) 전기복합추진시스템은 인정되지 않는 출력 변동을 포함하여 인정되지 않는 운용 특성이 나타나거나 운용한계를 초과하지 않아야 한다.

  (2) 전기복합추진시스템은 해당 항공기의 운용선도 전체에서 다음과 같은 방법으로 해당 기능을 수행하여야 한다.

    (i) 조종사가 적정한 감도로 조작한 후에 즉시 출력이 변화되어야 한다.

    (ii) 대기조건의 변화에 따라 관련된 제어변수의 값이 선정될 수 있어야 한다.

    (iii) EHPS.460에 따른 운용성 규격에 적합하여야 한다.

(b) 개발보증(development assurance). 프로그램 로직 디바이스(PLC)를 포함하여 소프트웨어 및 하드웨어는 보증 수준을 제시할 수 있는 구조적 및 방법론적 접근법으로 설계 및 개발되어야 한다. 이를 통하여 소프트웨어 또는 하드웨어를 사용하는 시스템의 고장 또는 기능장애에 관련된 위험의 심각도에 대응할 수 있다. 그리고 유럽항공안전청에 수락될 수 있는 확인 방법론으로 입증되어야 한다.

(c) 검증(validation). 전기복합추진시스템의 제어시스템은 해당 전기복합추진시스템이 운용될 모든 비행고도 및 대기조건에서 의도된 기능을 수행하여야 한다.

(d) 전기복합추진시스템의 정지와 격리는 다음 사항을 만족하여야 한다.

  (1) 회전 부품을 포함하는 전기복합추진시스템의 서브시스템을 신속히 정지시키는 수단을 구비해야 한다.

  (2) 항공기에 위험을 유발할 수 있는 구성품을 신속히 격리시키는 수단을 구비해야 한다.

(e) 제어시스템 고장(EHPS control system failures). 전기복합추진시스템의 제어장치는 다음 사항

을 만족하여야 한다.

(1) 해당 항공기의 안전성 목표를 만족해야 한다.

(2) 위험한 EHPS 영향 또는 파국적 항공기 영향을 유발하는 단일고장이 없어야 한다.

(3) 화재, 과열, 전기아크 또는 제어시스템 구성품에 손상을 유발하는 고장 등과 같은 해당 항공기에 국부적 이벤트를 초래하는 고장 또는 기능장애는 제어시스템 고장 또는 기능장애로 인하여 위험한 EHPS 영향 또는 파국적 항공기 영향을 초래하지 않도록 설계 및 구성되어야 한다.

(f) 보호시스템(protection systems). 제어시스템은 다음 사항을 만족하여야 한다.

(1) EHPS.80 요건에 대한 적합성 입증에 필요한 보호시스템을 시험 또는 검사하는 수단이 구비되어야 한다.

(2) EHPS.80 요건에 대한 적합성 입증에 필요한 보호시스템은 전체 보호시스템에 대한 시험 또는 검사 및 정비 주기 사이에 가용한 상태를 유지할 수 있음이 입증되어야 한다.

(g) 항공기 제공 데이터(aircraft-supplied data). 항공기 제공 데이터 또는 독립된 전기복합시스템 또는 그 시스템의 독립된 엔진 사이에 공유되는 항공기 제공 데이터의 상실, 차단 또는 변조를 초래하는 단일고장은 다음 사항을 만족하여야 한다.

(1) 위험한 EHPS 영향 또는 파국적 항공기 영향을 유발하지 않아야 한다.

(2) 탐지되고 수용되어야 한다. 수용 전략은 추력, 양력 또는 출력, 또는 전기복합추진시스템 운용 및 시동 특성에 인정되지 않는 변화를 초래하지 않아야 한다. 비행선도 전체에서 전기복합추진시스템의 추력, 양력 또는 출력, 운용성 및 시동 특성에 대한 고장의 영향을 평가하고, EHPS.30에 제시된 바와 같이 장착 및 운용지침의 일부로 문서화되어야 한다.

(h) 정보시스템 보안(information system security protection). 네트워크, 소프트웨어 및 데이터를 포함하여 전기복합추진시스템의 제어시스템은 그 시스템에 부정적인 영향을 미칠 수 있는 의도적인 비인가 작용으로부터 보호되어야 한다. 보안 위험요소와 취약성을 식별하고, 평가하고, 필요한 수준까지 경감시켜야 한다. 신청자는 제어장치에 대한 보안이 유지됨을 보장하는 절차와 감항성유지지침서를 준비해야 한다.

(i) 비상 정격 가용도(emergency rating availability). 비상 정격이 설정된 전기복합추진시스템은 운용한계 내에서 비상 정격 출력의 자동 이용과 자동 제어를 위한 수단 또는 규정을 구비하여야 한다.

EHPS.355 시한성 운항배치

(a) 전기복합추진시스템의 제어시스템에 결함(faults) 상태 운항배치 승인이 신청된 경우, 그 운항배치 및 정비 주기를 결정하기 위하여 해당 제어시스템에 대한 시한성 운항배치(TLD: Time

Limited Dispatch) 분석을 수행하여야 한다.

(b) 각 운항배치 형상에 대하여 시험 또는 분석으로 다음 사항을 입증하여야 한다.

(1) 전기복합추진시스템은 EHPS.460에 따른 운용성에 대한 모든 규격을 만족하는 상태이어야 한다.

(2) 전기복합추진시스템을 한계 내에서 제어하는 능력을 유지하여야 한다.

(3) 전기복합추진시스템의 제어시스템에 의해서 단독으로 제공되고 EHPS.80 및 EHPS.350에 따라 요구되는 안전성 분석에 따라서 확인되는 경우, 위험한 EHPS 영향 및 파국적 항공기 영향에 대한 보호(protection)가 유지되어야 한다.

(4) 전기복합추진시스템 결함을 식별하기 위해 필요한 신호를 제공하는 수단이 유지되어야 한다.

(5) 전기복합추진시스템의 제어시스템에 대한 추가의 단일고장은 위험한 엔진 영향 또는 파국적 항공기 영향을 초래하지 않아야 한다.

(6) 전기복합추진시스템은 외부의 위협에 대하여 해당 인증규격을 계속 만족하여야 한다.

(7) 제안된 운항배치 주기는 합리적으로 설명되어야 한다.

(c) 전체 형상에 대한 시간가중평균(time-weighted-average)과 허용되는 모든 결함 상태 운항배치 형상은 해당 항공기의 안전성 목표를 만족하여야 한다.

(d) 결함 해소 전에 허용되는 시간 주기는 해당되는 매뉴얼에 문서화되어야 한다.

(e) 비행승무원에게 나타낼 운항배치 불가 형상에 대한 규정이 준비되어야 한다.

EHPS.360 항공기 계기

(a) EHPS.80에 정의된 바와 같이, 전기복합추진시스템의 안전한 운용을 보장하는데 요구되어 항공기 계기에 시현되는 변수는 안전성 평가 과정의 일부로 설정되어야 한다.

(b) EHPS.360(a)에 따라 설정된 계기의 장착을 위한 사항이 준비되어야 한다.

(c) 항공기 계기에 대한 가정된 장착 조건 또는 장착 요건은 EHPS.30에 정의된 바와 같이 장착 및 운용지침서에 명시되어야 한다.

EHPS.370 발전, 분배 및 전선

(a) 전기복합추진시스템의 발전, 분배 및 전선은 해당 항공기의 형식증명 인증기준(type-certification basis)을 만족하도록 설계 및 구성되어야 한다.

(b) 서브시스템을 위한 전기복합추진시스템의 발전, 분배 및 전선은 모든 운용 조건 동안에 연결된 부하의 작동에 요구되는 전력을 공급할 수 있도록 설계 및 구성되어야 한다.

(c) 연결된 부하의 작동은 발전, 분배 및 전선에 유해한 영향이 없어야 한다.

(d) 부하의 분리는 발전, 분배 및 전선에 유해한 영향이 없어야 한다.

EHPS.380 추진시스템 배터리

(a) 전기복합추진시스템이 추진시스템 배터리(propulsion battery)를 포함하고 있는 경우, 해당 추진시스템 배터리와 그 관리시스템은 해당 항공기 형식증명 인증기준을 만족하도록 설계 및 구성되어야 한다.

(b) 전기복합추진시스템이 추진시스템 배터리를 포함하고 있는 경우, 해당 추진시스템 배터리는 해당 항공기가 정해진 미션을 수행하기 위하여 전기복합추진시스템의 전기식 엔진에 요구되는 전력을 공급할 수 있도록 설계 및 구성되어야 한다.

(c) 전기복합추진시스템이 전기식 엔진을 역회전 모드로 작동시키고 비행 또는 지상에서 에너지를 회복시키는 경우, 다음 사항을 만족하여야 한다.

(1) 추진시스템 배터리는 전기식 엔진으로부터 전력을 흡수하도록 설계 및 구성되어야 한다.

(2) 에너지는 소산되고 항공기에 위험을 유발하지 않아야 한다.

Subpart D : 입증시험

EHPS.410 시험 일반사항

(a) 시험 중에 전기복합추진시스템에 대한 정비는 EHPS.25에 의한 감항성유지지침서에 제시된 운용 및 정비 지침에 따라서 수행될 수 있다.

(b) 다음과 같은 경우에 유럽항공안전청이 필요하다고 판단되는 전기복합추진시스템 및 그 부품에 대한 추가 시험 및 정비를 시험 중에 수행할 수 있다.

(1) 시험 중에 정비 횟수가 초과된 경우

(2) 전기복합추진시스템 기능장애로 인한 중단 횟수가 초과된 경우

(3) 주요 수리가 요구되는 경우

(4) 부품 교체가 필요한 경우

(c) 신청자는 Subpart D에 따라 요구되는 모든 시험을 수행하는데 여러 대의 전기복합추진시스템 또는 서브시스템을 사용할 수 있다.

EHPS.420 내구성 실증

(a) 전기복합추진시스템은 운용 중에 적용되는 모든 운용한계 내에서 안전한 작동에 대한 내구성(endurance) 실증을 수행하여야 한다. 실증의 수준(severity)은 해당 전기복합추진시스템의 설계와 의도된 용도를 고려하고, 시험 사이클 및 출력 세팅에 충분한 시간 동안 수행하여하여야 한다.

(b) 전기복합추진시스템의 정상 과도 초과(normal transient EHPS exceedance)에 대한 승인이 신청된 경우, 최대 과도 조건에서 영향을 받는 변수에 대하여 정비 조치 없이 전기복합추진시스

템의 작동 능력을 입증하여야 한다.

(c) 전기복합추진시스템의 비정상 과도 초과(inadvertent transient EHPS exceedance)에 대한 승인이 신청된 경우, 최대 과도 조건에서 영향을 받는 변수에 대하여 그 초과를 유발하는 고장을 수정하는 조치 이외의 정비 조치 없이 전기복합추진시스템의 작동 능력을 입증하여야 한다.

EHPS.430 내구도 실증

전기복합추진시스템는 창정비 주기 또는 교체 주기 사이에 해당 시스템의 부품이 해당 시스템 및 서브시스템의 고장 가능성을 최소화하도록 설계 및 구성되었음 입증하기 위하여 내구도 실증(durability demonstration)을 수행하여야 한다. 이 입증(substantiation)은 전형적인 시동-정지 사이클과 계획정비 조치사항을 포함하여 해당 전기복합추진시스템의 운용 중에 예상되는 조건을 모사하여야 한다.

EHPS.440 교정 보증

전기복합추진시스템은 Subpart D에 규정된 내구성 실증 및 내구도 실증 전후 조건과 해당 시스템의 출력 특성 설정에 필요한 교정 시험(calibration tests)을 수행하여야 한다.

EHPS.450 완전분해 검사

(a) 내구성 시험 및 내구도 시험을 완료한 후, 각 전기복합추진시스템에 대한 완전분해 검사(strip inspection)를 수행하여야 한다. 전기복합추진시스템은 안전한 운용을 계속할 수 있는 상태이어야 한다. 별도로 기능을 수행하는 구성품 및 장치품은 기능의 변화 또는 세팅이 정상 운용에 만족한 상태인지 보장하기 위하여 완전분해 전에 기능적으로 점검하여야 한다.

(b) 전기복합추진시스템에 장착될 때는 독립적으로 설정될 수 있는 조절 가능한 세팅 또는 기능적 특성을 구비한 전기복합추진시스템 구성품은 실증 시작 시점에 설정되어 기록된 한계 내에서 각각의 세팅과 기능적 특성이 유지되어야 한다.

(c) 완전분해 검사(teardown inspection) 결과에 따라서 부품의 교체가 필요한 것으로 나타나면, 해당 전기복합추진시스템 또는 그의 부품에 대하여 유럽항공청이 필요하다고 판단하는 추가의 시험을 수행하여야 한다.

EHPS.460 운용조건 실증

(a) 운용조건 실증에는 제시된 비행선도 및 운용범위 전체에서 해당 전기복합추진시스템의 적정한 운용성을 실증하기 위한 시험, 검증된 해석, 또는 이들의 조합을 포함하여야 한다. 전기복합추진시스템에 선언된 운용 특성에는 장착 하중 및 영향을 고려하여야 한다.

(b) 시동 및 재시동/재가동(starting and restarting/relighting)은 다음을 만족하여야 한다.

(1) 신청자는 제시된 모든 지상 온도조건에서 해당 전기복합추진시스템이 신뢰성 있게 시동되

는 능력을 실증하여야 한다.

(2) 전기복합추진시스템의 설계는 항공기 운용에 달리 요구된 사항이 없으면 설정된 비행선도 내에서 해당 전기복합추진시스템 또는 이에 영향을 받는 서브시스템이 정지, 재시동 또는 재가동될 수 있어야 한다.

(c) 출력 반응(power Response)은 다음을 만족해야 한다. 전기복합추진시스템의 설계 및 구성은 해당 항공기의 안전한 운용에 적정한 출력 반응을 제공할 수 있어야 한다.

EHPS.470 로터 락킹 실증

로터를 고정(lock)시키는 수단에 의해서 계속 회전(continued rotation)하는 것을 방지하는 경우, 해당 전기복합추진시스템은 신뢰성 있는 로터 락킹 성능을 설정하기 위하여 반복적인 락킹과 해제 작동을 포함한 시험, 검증된 해석, 또는 이들의 조합에 의해서 실증하여야 한다.

EHPS 480 특정한 운용

(a) 전기복합추진시스템이 프로펠러 또는 항공기 로터와 함께 작동하도록 설계된 경우, 이 특별감항조건에 따라 요구되는 모든 해당되는 실증은 대표적인 프로펠러 또는 항공기 로터와 함께 수행되어야 한다.

(b) 인증이 신청된 그 밖의 특정한 운용은 내구성 시험 및 내구도 시험에 대해 특정한 시험 또는 보충 시험으로 입증되어야 한다.

(c) 작동시간이 2분 이하로 설정된 각 정격에 대하여 전기복합추진시스템의 서브시스템은 적정한 마진이 더해진 온도한계에서 작동될 수 있음을 입증하여야 한다. 다만, 필요한 경우에 추진시스템 배터리는 예외로 할 수 있다.

EHPS.490 시스템, 장치품 및 구성품 시험

내구성 시험, 검증된 해석, 또는 이들의 조합에 따라서 적정하게 입증될 수 없는 시스템 및 구성품은 해당 시스템 및 구성품이 그에 설정된 모든 환경 및 운용조건에서 의도된 기능을 수행할 수 있음을 실증하기 위한 추가 시험을 수행하여야 한다.

6.5 UAM 항공기 인증사례

6.5.1 UAM 항공기 인증현황

도심형 항공 모빌리티(UAM) 비행체는 주로 배터리 전원을 이용하는 전기모터 구동 방식으로 설계되고, 양력 및 추력의 발생하는 로터 또는 프로펠러의 배치 방식에 따라서 멀티로터형(multi-rotor), 틸트로터형(tilt-rotor), 복합구동형(lift+cruise) 등으로 분류된다. 멀티로터 방식으로 설계된 항공기로 Volocopter VoloCity, EHang EH216 등을 들 수 있고, 틸트로터 방식으로 설계된 항공기는 Joby S4-1, Vertical VX4, Archer Midnight, Overair Butterfly, Supernal S-A2, 그리고 복합구동 방식으로 설계된 항공기로 Eve-100, Beta ALIA-250, AutoFlight Prosperity 등을 들 수 있다.

이들 도심형 항공 모빌리티(UAM) 비행체에 대하여 미국 연방항공청은 동력 부양식 항공기(powered-lift aircraft)로 지칭하고, 유럽항공안전청은 수직 이착륙 항공기(VTOL capable aircraft)로 부르고 있다. 미국 연방항공청(FAA)은 FAR §21.17(b)에 따라서 특별분류 형식증명을 위한 특별감항조건(SC)을 각 항공기마다 제정하여 적용하고, 유럽항공안전청(EASA)은 사전에 제정하여 고시한 SC-VTOL 특별감항조건(SC)을 적용하여 형식증명을 진행하고 있다. 유럽항공안전청의 SC-VTOL에서는 최대이륙중량 3,175 kg 미만이고 9인승 이내인 수직 이착륙 항공기에 대하여 인증 카테고리를 기본(category basic)과 향상(category enhanced)으로 분류하고, 미국 연방항공청은 각각의 특별감항증조건(SC)에서 필수 성능급(essential performance)과 증대 성능급(increased performance)으로 분류하여 형식증명을 진행하고 있다.[68]

지난 15년 동안 세계 각국의 수백개 업체가 도심형 항공 모빌리티 비행체를 개발하고 있지만, 가시적인 성과를 거두고 있는 주력 업체는 약 30개 정도로 추산되고, 이 중에 형식증명을 받았거나 진행 중인 업체는 20여개 업체에 불과하다. 중국의 EHang EH216-S는 2021년 중국감항당국(CAAC)에 형식증명을 신청하여 2023년 세계 최초로 도심형 항공기 형식증명을 받았고, 이어서 화물 운송용으로 개발된 AutoFlight CarryAll은 2024년에 2번째로 형식증명을 받았다. 도심형 항공기에 장착되는 전기식 엔진의 경우에는 Safran의 ENGINeUS 100B1 모델이 EASA SC E-19 EHPS를 적용하여 2025년 1월에 세계 최초로 유럽항공안전청의 형식증명을 받았다.

미국 연방항공청과 유럽항공안전청의 특별분류 형식증명이 진행 중인 도심형 항공기 중에

68) 미국 연방항공청이 동력 부양 항공기 운항기준을 FAR Part 194 특별연방항공규정(SFAR)으로 제정한 바와 같이 감항기준의 경우에도 개별적인 특별감항조건(SC)이 아닌 공통적으로 적용할 수 있는 특별연방항공규정(SFAR)으로 제정하다면, 산업체가 인증을 준비하는데 더욱 용이할 것으로 판단된다.

2025년에는 Joby S4-1, Volocopter VoloCity 등이 형식증명을 받을 것으로 예상되고, 2026년에는 Archer Midnight, Lilium Jet, Vertical VX4, CityAirbus NextGen, Beta ALIA-250, Eve Air Eve-100, AutoFlight Prosperity, 그리고 2027년에는 TCab Tech E20, Horizon Cavorite X7, Jaunt Journey, 이어서 2028년에는 Supernal S-A2, Wisk Aero Gen 6 등이 형식증명 획득을 목표로 하고 있다.

Joby S4 : MTOW 2,175 kg, CS 322 km/h, R 241 km, E 1.0 hr, eVTOL 6 tilt–rotors, 1+4명, 신청 2018년, (2025년)

Velocopter VoloCity : MTOW 900 kg, CS 100 km/h, R 35 km, E 35 min, eVTOL 18 multi–rotors, 1+1명, 신청 2022년, (2025년)

Archer Midnight : MTOW 3,175 kg, CS 241 km/h, R 80 km, E 40 min, eVTOL 6 + 6 tilt–rotors, 1+4명, 신청 2022년, (2026년)

ZeroAvia ZA600 : MTOW 5,670 kg, CS 340 km/h, R 463 km, E 2 hr, Hydrogen Fuel–cell Electric, 10~20인승, 신청 2024년, (2026년)

Universal Hydrogen ATR 72 : MTOW 23,000 kg, CS 500 km/h, R 852 km, E 3 hr, Hydrogen Fuel–cell Electric, 50인승, 신청 2023년, (2026년)

Heart ES–30 : MTOW 14,000 kg, CS 240 km/h, R 800 km, E 2 hr, Hybrid of e-motor & t–generator, 30인승, 신청 2024년, (2028년)

[그림 6–12] 대표적인 UAM 및 RAM 항공기 형식증명 현황

지역간 항공 모빌리티(RAM) 비행체는 수소전지 전기추진 방식과 터빈엔진 하이브리드 방식으로 개발되고 있는데, 전자의 경우에 10 ~ 20인승 ZeroAvia ZA600 형식증명과 60 ~ 70인승 Universal Hydrogen ATR 72 부가형식증명이 각각 2026년 완료될 것으로 예상되고, 후자의 경우에 9 ~ 12인승 Ampaire Eco Caravan 부가형식증명이 2026년, 30인승급 Heart Aerospace ES-30 형식증명이 2028년에 완료를 목표로 하고 있다.

6.5.2 UAM 특별감항조건 사례

유럽항공안전청의 수직 이착륙(VTOL) 항공기에 대한 특별감항조건 SC-VTOL은 2019년 7월에 초판에 제정되었고, 2024년 6월에 Issue 2로 개정되었다. 이는 Subpart A 일반규정부터 Subpart G 비행승무원 인터페이스까지 총 7개 Subpart에 65개 요건으로 구성되어 있다. EASA SC-VTOL을 적용해 형식증명을 진행 중인 도심형 항공기로 Volocopter VoloCity, Lilium Jet, Vertical VX4, CityAirbus NextGen, Dufour Aero3, Joby S4, Archer Midnight, Eve Air Eve-100 등을 들 수 있다.

미국 연방항공청의 동력 부양식(powered-lift) 항공기 특별분류 형식증명은 2018년 11월에

Joby Model JAS4-1가 처음으로 신청되었으며, 이후에 Archer Midnight, Overair Butterfly, Beta ALIA-250, Wisk Gen 6, Textron Nexus, Lift HEXA, Aska A5, Supernal S-A2, Volocopter VoloCity, Vertical VX4, Lilium Jet, Eve Air Eve-100 등이 형식증명을 신청하였다. 이 중에 2025년 8월까지 인증현안검토서(IP) G-1 Certification Basis가 발행된 항공기는 소수에 불과하며, Joby JAS4-1와 Archer M001에 대해서만 특별감항조건(SC) 제정으로 인증기준이 확정된 것을 확인할 수 있다.

- FAA-2021-0638: Special Class Airworthiness for Joby JAS4-1 Powered-Lift, '24.04.08
- FAA-2022-1548: Special Class Airworthiness for Archer M001 Powered-Lift, '24.06.24

이 중에 미국 연방항공청에 가장 먼저 특별분류 형식증명을 신청한 Joby JAS4-1에 대하여 항공기 개발 및 인증 현황과 특별감항조건(SC) 내용을 살펴볼 필요가 있다. Joby JAS4-1은 최대이륙중량 2,175 kg, 길이 11.6 m, 순항속도 322 km/h, 항속거리 241 km, 항속시간 1시간, 틸트로터 6개를 사용하는 동력 부양식 항공기로 설계되었다. 조종사 1명과 승객 4명이 탑승할 수 있으며, 150 kWh의 리튬이온 배터리를 동력원으로 사용한다. 이 항공기는 2015년에 본격적으로 개발에 착수하여 2018년에 연방항공청에 형식증명을 신청하였고, 2024년에 특별감항조건이 확정되었고, 2025년 또는 2026 상반기에 최종 형식검사 및 인증비행시험을 통해서 형식증명이 발급될 예정이다.

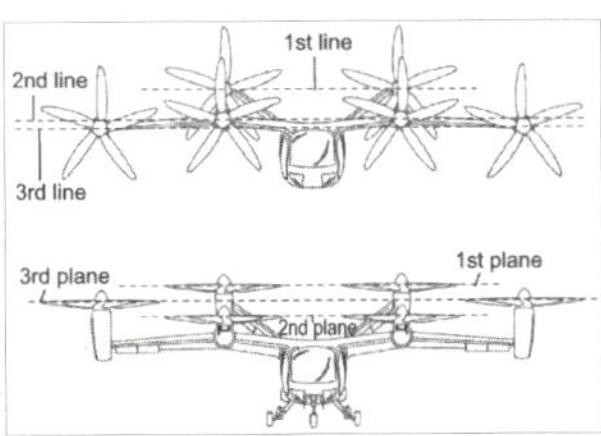

[Joby JAS4-1 Design]

[Composite Fuselage]

[Sub-Scale Functional Test]

[Tilt-Rotor Transition Test]

[Cockpit and System Test]

[Joby JAS4-1 Flight Test]

[그림 6-13] Joby JAS4-1 항공기 설계-제작-시험 과정

미국 연방항공청은 Joby JAS4-1 동력 부양식 항공기에 대한 최종 특별감항조건(SC)을 2024년 4월에 FAA-2021-0638로 제정하여 고시하였다. 이는 크게 전반부, 본문, 부록으로 구성되어 있는데, 전반부에는 공통적으로 적용되는 §23.1457 조종실 음성기록장치, §23.1459 비행자료 기록

장치, JS4.1529 감항성유지지침서와 같은 3개의 요건을 규정하고, 본문은 Subpart A 일반규정부터 Subpart I 프로펠러 감항규정까지 총 9개 Subpart에 126개 요건으로 구성되어 있다. 이 중에 52개 요건은 FAR Part 23 요건을 전부 또는 일부 채택한 것이고, 74개 요건은 JAS4-1 항공기 형식증명을 위하여 새로 설정된 것이다. 부록 A, A1, A2에는 각각 항공기, 전기식 엔진, 프로펠러에 대한 감항성유지지침서 작성에 관하여 13개 요건을 제시하고 있다. JAS4-1 항공기 형식증명을 위하여 새롭게 설정된 74개 요건을 살펴보면 다음과 같다.

- JS4.1529 감항성유지지침서 : 항공기 로터를 프로펠러로, 전기 추진장치를 전기식 엔진(electric engine)으로 지칭하고 있음
- JS4.2000 적용성 및 정의 : 동력 부양식 항공기를 필수 성능급(essential performance)과 증대 성능급(increased performance)으로 분류하고 있음. 양력 소스에 따라 추력형(thrust-borne), 날개형(wing-borne), 세미추력형(semi-thrust-borne)으로 분류함
- JS4.2325 화재 방지 : 자체소화성(self-extinguishing)과 내화성(flame resistant) 재료를 규정하고 있으나, 불연성(fire proof) 재료에 대해서는 규정하지 않고 있음
- JS4.2710 전지식 엔진 제어시스템 : (f)(1)의 maximum rate는 minimum rate의 오타로 판단됨 (JS4.2733(g)(1)에도 같은 방식으로 표기되어 수정 필요함)
- JS4.2723 내구성 실증 : 엔진에 대해서는 내구성 실증(시험), 부품에 대해서는 내구도 실증(시험)으로 표기하고 있음 (JS4.2723 Endurance, JS4.2726 Durability)

[FAA-2021-0638] Special Class Airworthiness Criteria for Model JAS4-1 Powered-Lift	
Subpart A : 일반규정 **JS4.2000 적용성 및 정의** (a) 이 감항성 설정기준(airworthiness criteria)은 Joby Aero, Inc.의 모델 JAS4-1 동력 부양식(powered-lift) 항공기에 대한 형식증명서 발급과 형식증명 변경을 위한 감항기준(airworthiness standards)을 규정한다. 이 항공기는 필수 성능급(essential performance) 또는 증대 성능급(increased performance) 중에 하나의 요건에 따라서 인증되어야 한다. 또한, 이 항공기는 각 승인에 해당되고 다른 운용한계를 적용하여 필수 성능급과 증대 성능급 모두로 인증될 수도 있다. (b) 이 감항성 설정기준의 목적에 따라서, 다음의 정의가 적용된다. (1) 동력 부양식 항공기 승인에 있어, 계속되는 안전한 비행과 착륙에 관해 다음과 같이 정의한다. (i) 필수 성능급(essential performance)은 특별	**Subpart H : 전기식 엔진 감항규정** **JS4.2702 전기식 엔진 정격 및 운용한계** 정격 및 운용한계는 다음 사항에 근거해 설정되어야 하고, 형식증명 자료집에 포함되어야 한다. (a) 축 출력, 토크, 회전속도, 그리고 온도는 따라서 다음 사항을 설정하여야 한다. (1) 정격 이륙출력 (2) 정격 최대연속출력 (3) 정격 최대한시출력 및 이에 대한 시간한계 (b) 듀티 사이클 및 정격을 설정하여야 한다. 듀티 사이클은 형식증명 자료집에 제시되어야 한다. (c) 냉각 유체 등급 또는 규격을 설정하여야 한다. (d) 출력 공급 요건을 설정하여야 한다. (e) 해당 엔진의 안전한 운용에 필요한 기타의 정격 또는 한계를 설정하여야 한다. **JS4.2704 전기식 엔진 화재방지**

한 조종 기술, 강도, 또는 집중 없이 비상 절차를 적용하여 계속되는 통제된 비행 및 착륙하는 능력을 갖춘 항공기를 의미한다.

(ii) 증대 성능급(increased performance)은 특별한 조종 기술, 직무강도, 또는 주의 없이 비상 절차를 적용하여 안전한 고도까지 상승하여 장애물 없는 비행경로에 도달하고, 계획된 목적지까지 수평비행을 유지하거나 대체 공항에 착륙하는 능력을 갖춘 항공기를 의미한다.

(2) 비행 단계(phases of flight)는 지상 운용, 이륙, 상승, 순항, 하강, 접근, 호버, 그리고 착륙을 의미한다.

(3) 양력 소스(source of lift)는 양력을 발생하는 3가지 소스 중에 하나를 의미한다. 즉, 추력형(thrust-borne), 날개형(wing-borne), 세미추력형(semi-thrust-borne)을 말한다. 추력형은 엔진으로 구동되는 양력 기구에 의해서 발생하는 양력으로 항공기 중량이 주로 지지되는 형태로 정의된다. 날개형은 고정된 에어포일 표면에서 공기역학으로 발생하는 양력에 의해서 항공기 중량이 주로 지지되는 형태로 정의한다. 세미추력형은 추력형과 날개형이 조합된 형태로 정의하는데, 양쪽에서 발생하는 양력으로 항공기 중량을 지지하게 된다.

(4) 통제된 비상 착륙(controlled emergency landing)은 조종사가 탑승자의 심각한 부상 없이 접지할 수 있는 방향과 지역으로 조종할 수 있는 능력을 가진 항공기 설계를 의미한다.

(5) 치명적 추력 변화(critical change of thrust)는 비행조종시스템 또는 추진시스템의 고장으로 인하여 항공기 성능 또는 조종성에 미치는 가장 불리한 영향을 의미한다. 이때 고장은 단일 또는 조합 중에 하나이고, 극히 불가능(extremely improbable)으로 확인되지 않은 경우에 해당한다.

(6) 국부적 이벤트(local events)는 엔진 또는 프로펠러 제어시스템 이외의 항공기 시스템 및 구성의 고장을 의미한다. 이때 엔진 및 프로펠러 제어시스템의 장착 환경에 영향을 줄 수도 있다.

(c) Part 23, Part 33, Part 35에 사용되는 용어 중에 이 감항성 설정기준에서 채택한 용어는 다음과 같은 의미로 사용된다.

- 비행기(airplane)는 항공기(aircraft)를 의미한다.
- 이 Part는 이 감항성 설정기준(airworthiness criteria)을 의미한다.
- 회전익 항공기(rotorcraft)는 항공기(aircraft)를 의미한다.

(a) 전기식 엔진의 설계 및 구성, 그리고 이에 사용되는 재료는 정상 운용 중에 그리고 고장 상태에서도 화재의 발생과 전파 가능성을 최소화하고, 그와 같은 화재의 영향을 최소화하여야 한다.

(b) 고전압 전선연결시스템은 JS4.2717(d)(2)에 정의된 바와 같은 위험한 엔진 영향을 초래할 수 있는 아크 결함에 대하여 보호될 수 있어야 한다. 보호되지 않은 전선연결장치는 아크 결함이 위험한 엔진 영향을 초래하지 않음을 입증하기 위한 분석을 수행하여야 한다.

JS4.2705 내구도

전자식 엔진의 설계 및 구성은 정비 주기, 창정비 주기, 또는 해당 감항성유지지침서에 제시된 필수 조치 주기에 해당 엔진이 불안전한 상태에 이르는 것을 최소화하여야 한다.

JS4.2706 전기식 엔진 냉각

이 설정기준의 JS4.2717에 제시된 안전성 분석을 만족시키기 위해서 엔진의 냉각이 요구되는 경우, 해당 엔진 장착 매뉴얼에 냉각시스템 모니터링 요소를 문서화하여야 한다.

JS4.2709 전기식 엔진 초과속도

(a) 로터의 초과속도로 인하여 로터의 파열, 성장, 또는 JS4.2717(d)(2)에 제시된 바와 같은 위험한 엔진 영향을 유발하는 손상을 초래하지 않아야 한다. 이에 대한 적합성은 시험, 검증된 분석, 또는 이들의 조합으로 입증되어야 한다. 해당되는 로터 속도를 설정하고 입증하여 한다.

(b) 로터는 승인되는 운용조건 그리고 로터 초과속도에 이르는 고장 상태 이상에서 파열되는 마진에 대한 충분한 강도를 가져야 한다. 파열에 대한 마진은 시험, 검증된 분석, 또는 이들의 조합으로 입증되어야 한다.

(c) 엔진은 로터의 구조적 강건성에 영향을 미칠 수 있는 로터 속도 운용한계를 초과하지 않아야 한다.

JS4.2710 전지식 엔진 제어시스템

(a) 적용성(applicability). 이 요건은 엔진 작동을 제어하고, 제한하고, 모니터하고, 보호하는 엔진 형식설계의 일부이고, 해당 엔진의 감항성 유지에 필요한 시스템 또는 기구에 적용한다.

(b) 엔진 제어장치(engine control). 엔진 제어시스템은 해당 엔진이 인정되지 않는 운용 특성 또는 그 운용한계를 초과하지 않음을 보장하여야 한다.

Subpart B : 비행성능

JS4.2105 성능 데이터

(a) 달리 규정되지 않은 경우, 항공기는 정체대기(still air) 및 표준대기 조건에서 이 Subpart의 성능 요건을 만족하여야 한다.

(b) 달리 규정되지 않은 경우, 항공기는 이 Subpart에서 요구되는 성능 데이터를 다음의 조건에서 제시하여야 한다.

(1) 해면고도에서 인증이 신청된 최대고도까지의 고도

(2) 운용한계 범위 이내의 표준기상 온도(standard day temperature) 상하의 온도. 다만, 이들 온도는 성능에 부정적인 영향을 미치는 경우에 한다.

(c) 이륙과 착륙 성능을 결정하는데 사용되는 절차는 운용 중에 예상되는 대기조건에서 평균 기량의 조종사가 일관되게 수행할 수 있어야 한다.

(d) 위의 (b)에 따라서 정해지는 성능 데이터는 대기조건, 냉각 소요, 장착 손실, 다운워시 고려사항, 그리고 기타의 동력원 소요를 고려하여야 한다.

(e) 지면효과 유무 조건에서 호버링 최고고도(ceiling)는 중량, 고도, 그리고 온도 중에 해당되는 범위에서 결정되어야 한다.

(f) 계속되는 안전한 비행 및 착륙은 치명적인 추력 변화를 수반한 후에 승인된 비행선도 내의 임의 포인트에서 가능하여야 한다.

(g) 항공기는 해당 항공기가 더 이상 계속된 안전한 비행과 착륙에 필요한 출력 또는 추력을 제공할 수 없는 상태에 이른 후에 활공 또는 자동회전, 또는 출력 또는 추력의 상실 위험을 경감시킬 수 있는 동등한 수단에 의해서 통제된 비상 착륙 능력이 있어야 한다.

JS4.2110 최소안전속도

신청자는 통제된 안전한 비행을 유지하기 위하여 해당 항공기의 양력 소스와 비행단계를 포함하는 정상 운용 중에 예상되는 각 비행 조건에 대한 최소안전속도를 결정하여야 한다.

JS4.2115 이륙 성능

(a) 신청자는 다음의 조건에서 이륙 성능을 결정하여야 한다.

(1) 인증이 신청된 각 이륙 비행 경로에 대한 모든 양력 소스

(2) 초소안전속도에 대한 안전 마진

(3) 최소조종속도(minimum control speeds)

이에는 하나의 제어 모드에서 다른 모드로 변경, 하나의 채널에서 다른 채널로 변경, 또는 주 시스템에서 백업시스템으로 변경을 초래하는 결함 또는 고장 상태를 포함한다.

(c) 설계 보증(design assurance). 프로그램 로직기구(PLC)를 포함하여 소프트웨어 및 복합 하드웨어는 다음의 요건을 만족하여야 한다.

(1) 해당 기구가 적용된 시스템의 고장 또는 기능장애에 관련된 위험에 상응하는 로직에 대한 보증 수준을 제공하는 구조적 및 체계적 접근법을 사용해 설계되고 개발되어야 한다.

(2) 연방항공청에 수락될 수 있는 확인 방법론에 의해서 입증되어야 한다.

(d) 검증(validation). 제어시스템에 관한 모든 기능은 시험, 검증된 분석, 또는 이들의 조합으로 입증되어야 한다. 이로써, 해당 엔진 제어시스템이 제안된 운용선도 전체에서 의도된 기능을 수행함을 입증하여야 한다.

(e) 환경적 한계(environmental limits). 내구성 실증, 검증된 분석, 또는 이들의 조합으로 적정하게 입증할 수 없는 환경적 한계는 JS4.2727에 따른 시스템 및 구성품 시험으로 실증되어야 한다.

(f) 엔진 제어시스템 고장(engine control system failures). 엔진 제어시스템은 다음의 요건을 만족하여야 한다.

(1) 해당 항공기 적용에 적정한 출력제어상실(LOPC) 비율은 최소이어야 한다. 예상되는 출력제어상실 비율은 엔진 장착 매뉴얼에 제시되어야 한다.

(2) 완성된 형상에 대하여 출력제어상실(LOPC)을 포함하여 전기적, 전기적으로 탐지되는, 그리고 전자적 고장에 대한 단일결함은 연방항공청 결정에 따라서 허용될 수 있다.

(3) 이 설정기준의 JS4.2717(d)(2)에 정의된 바와 같은 위험한 엔진 영향을 초래하는 단일고장이 없어야 한다.

(4) 항공기에 국부적 이벤트를 유발하는 고장 또는 기능장애가 엔진 제어시스템 고장 또는 기능장애로 인하여 JS4.2717(d)(2)에 정의된 바와 같은 위험한 엔진 영향을 초래하지 않음을 보장해야 한다.

(g) 시스템 안전성 평가(system safety assessment). 신청자는 시스템 안전성 평가를 수행하여야 한다. 이 평가는 예상되는 결함 또는 고장의 발생 빈도와 함께 정상 운용에 영향을 미치는 결함 또는 고장을 식별하여야 한다. 해당 항공기에 적용할 때 엔진 제어시스템 안전성 평가 유효성을 보장해야

(4) 상승 요건

(b) 필수 성능급(essential performance)으로 승인되는 항공기에 대하여 신청자는 치명적 추력 변화(critical change of thrust) 후에 이륙 비행경로 상의 임의 포인트에서 안전한 정지 또는 착륙이 가능한 이륙단념(rejected takeoff)과 같이 이륙 표면 위 50ft까지 이륙 성능을 결정하여야 한다.

(c) 증대 성능급(increased performance)으로 승인되는 항공기에 대하여 신청자는 다음의 조건에서 이륙 성능을 결정하여야 한다.

(1) 이륙 결심 포인트에 도달하기 전의 치명적 추력 변화 후에 안전한 정지 또는 착륙이 가능한 이륙단념을 수행할 수 있다. 결심 포인트는 속도, 고도, 또는 이들 양자로 정해질 수 있다.

(2) 이륙 결심 포인트를 지난 후 치명적 추력 변화 후 해당 항공기는 다음과 같이 비행할 수 있다.

(i) 계속하여 이륙하고 이륙 표면 위 50ft까지 상승한다.

(ii) 점진적으로 해당 형상과 JS4.2120에서 적합하게 입증된 비행속도에 도달한다.

JS4.2120 상승 요건

(a) 신청자는 비행교범에 제시된 절차에 따라서 운용한계 이내의 각 중량, 고도, 그리고 대기온도에서 최소 상승 성능을 실증하여야 한다.

(b) 필수 성능급(essential performance) 및 증대 성능급(increased performance)으로 승인되는 항공기에 대하여 신청자는 다음의 전체 엔진 작동(AEO) 상승 성능 요건을 결정하여야 한다.

(1) 해면고도 초기 이륙 형상에서 8.3%의 정상 상승 기울기(climb gradient)와 신청자가 선정한 상승속도 또는 최량 상승률 속도(Vy).

(2) 실패착륙(balked landing)의 경우, 착륙장치 전개 및 착륙형상 플랩 상태에서 과도한 조종사 부하 없이 3%의 상승률.

(c) 필수 성능급(essential performance)으로 승인되는 항공기의 경우, 치명적 추력 변화 후의 상승 성능을 다음과 같이 결정하여야 한다.

(1) 신청자가 선정한 속도와 형상에 따라 인증되는 이륙 비행경로를 따라 해당되는 양력 소스를 사용하여야 한다.

(2) 이륙에서 항로비행 형상으로 전환되는 조건에 대하여 상승 성능을 결정하여야 한다. 수평 비행이 유지될 수 없는 조건에서 중량, 고도, 그리고 한다.

(h) 보호 시스템(protection systems). 엔진 계기, 운용지침, 그리고 정비지침과 함께 엔진 제어기구 및 시스템의 설계와 기능은 운용 중에 위험을 초래할 수 있는 엔진 운용한계를 초과하지 않음을 보장할 수 있어야 한다.

(i) 항공기 제공 데이터(aircraft-supplied data). 항공기의 출력 명령 신호를 제외하고, 항공기에서 제공되는 데이터, 또는 단일 엔진의 엔진 시스템 또는 완전히 독립된 엔진 시스템 사이에 공유되는 항공기 제공 데이터의 상실, 차단, 또는 변질은 다음의 요건을 만족하여야 한다.

(1) 항공기 장착된 엔진에 대하여 JS4.2717(d)(2)에 정의된 바와 같은 위험한 엔진 영향을 초래하지 않아야 한다.

(2) 제어시스템에 의해서 탐지되고 수용될 수 있어야 한다.

(j) 엔진 제어시스템 전원(engine control system electrical power). 다음의 요건을 만족하여야 한다.

(1) 엔진 제어시스템은 제어시스템 전원 공급원의 상실, 기능장애, 또는 차단으로 인하여 JS4.2717(d)(2)에 정의된 바와 같은 엔진에 위험한 영향, 인정되지 않는 오류 데이터의 전달, 또는 제어 기능 없이 계속 엔진 작동을 초래하지 않도록 설계되어야 한다. 엔진 제어시스템은 항공기 공급 전원이 설정된 한계 내로 회복되면 정상 운용 상태로 재개되는 능력이 있어야 한다.

(2) 신청자는 과도 및 정상 전압 한계를 포함하여 항공기에서 엔진 제어시스템에 공급되는 전원의 특성, 그리고 해당 엔진의 안전한 운용에 필요한 기타의 특성을 식별하고 해당 엔진 장착 매뉴얼에 제시하여야 한다.

JS4.2711 전기식 엔진 계기 연결기구

(a) 이 설정기준의 JS4.2710(g)와 JS4.2733(h)에 따른 시스템 안전성 평가의 일부로, 신청자는 계기, 센서, 또는 커넥터의 잘못된 연결 가능성과 이로 인한 영향을 평가하여야 한다. 실질적일 경우, 신청자는 해당 시스템의 잘못된 형상을 방지하기 위한 설계 예방책을 강구하여야 한다.

(b) 신청자는 비행승무원이 엔진 냉각시스템의 작동 상태를 모니터할 수 있는 계기를 구비하여야 한다. 다만, 다음의 경우에는 예외로 할 수 있다.

(1) 현재의 다른 계기가 고장 또는 임박한 고장에 대한 적정한 경고를 제공하는 경우

대기온도에 따른 총 고도 손실을 결정하여야 한다.
(d) 증대 성능급(increased performance)으로 승인되는 항공의 경우, 치명적 추력 변화 후의 상승 성능을 다음과 같이 결정하여야 한다.

(1) 양력 소스가 추력형(thrust-borne) 및 세미추력형(semi-thrust-borne)인 비행에 대하여 다음과 같이 결정하여야 한다.

(i) 이륙 표면 위 200ft에서 지면효과 없이 정상 상승률(rate of climb)은 최소한 100ft/min 이상이어야 한다.

(ii) 이륙 표면 위 1,000ft에서 지면효과 없이 정상 상승률은 최소한 150ft/min 이상이어야 한다.

(iii) 인증이 신청된 항공기의 운용이 예상되는 각 중량, 고도, 그리고 온도에서 항로비행 정상 상승률 또는 하강률을 ft/min으로 결정하여야 한다.

(2) 양력 소스가 날개형(wing-borne)인 비행에서 상승 기울기는 다음과 같아야 한다.

(i) 해당 항공기 이륙 형상으로 이륙 표면에서 이륙 중에는 최소한 0.5% 이상이어야 한다.

(ii) 해당 항공기 2단계 형상으로 이륙 표면 위 400 ft에서 이륙 중 최소한 2.6% 이상이어야 한다.

(iii) 해당 항공기 순항 형상으로 이륙 또는 착륙 표면 위 1,500ft에서 항로 비행 중에는 최소한 2.7% 이상이어야 한다.

(iv) 해당 항공기 접근 형상으로 착륙 표면 위 400ft에서 불연속 접근 중에는 최소한 2.7% 이상이어야 한다.

(e) 신청자는 해당되는 양력 소스에 따라서 활공, 자동비행, 또는 JS4.2105(g)에 따라 설정된 동등한 수단에 대한 성능을 결정하여야 한다.

JS4.2125 상승 정보

(a) 신청자는 비행교범에 제시된 절차에 따라서 운용한계 이내의 각 중량, 고도, 그리고 대기온도에서 상승 성능을 결정하여야 한다.
(b) 신청자는 치명적 추력 변화 조건에서 상승 성능을 결정하여야 한다.

JS4.2130 착륙 요건

신청자는 운용한계 이내의 가장 불리한 중량 및 고도 조합에서 표준온도 조건에 대하여 다음 사항을 결정하여야 한다.
(a) 접근 및 착륙 속도 그리고 이에 대한 절차는 평균 기량의 조종사가 손상 및 부상 없이 정해진 착륙거리 내에서 만족스럽게 착륙할 수 있어야 하

(2) 냉각시스템 고장이 탐지되기 전에 JS4.2717(d)(2)에 정의된 바와 같은 위험한 엔진 영향을 초래하지 않은 경우

(3) 냉각시스템 고장 가능성이 극히 희박한 경우

JS4.2712 응력 해석

(a) 전자기력에 의한 응력 해석뿐만 아니라, 기계적 및 열적 응력 해석을 통하여 인정되지 않는 운용특성 그리고 JS4.2717(d)(2)에 정의된 바와 같은 위험한 엔진 영향을 방지하기 위한 충분한 설계 마진을 입증하여야 한다.
(b) 엔진에 작용하는 최대 응력은 시험, 검증된 분석, 또는 이들의 조합에 의해서 결정되고, 최소 재료 특성을 초과하지 않음이 입증되어야 한다.

JS4.2713 치명성 및 수명제한부품

(a) 신청자는 안전성 분석 또는 연방항공청에 수락될 수 있는 방법으로 회전 또는 가동(moving) 구성품, 베어링, 축, 정적 부품, 그리고 대체기구가 없는 마운팅 구성품이 그들의 운용수명 동안 치명성 또는 수명제한부품으로 식별되고, 설계되고, 제작되고, 관리되는지를 입증하여야 한다.

(1) 치명성 부품(critical parts)은 JS4.2717(d)(2)에 정의된 바와 같은 위험한 엔진 영향을 초래하는 중요 고장을 방지하기 위하여 해당 강건성 규격을 만족하는 부품을 의미한다.

(2) 수명제한부품(life-limited parts)은 저주기 피로(LCF)로 인하여 JS4.2717(d)(2)에 정의된 바와 같은 위험한 엔진 영향을 초래할 수 있는 고장을 유발하는 로터 그리고 주요 구조적 정적 부품을 포함한다. 다만, 이에 국한하지는 않는다.

(b) 각 치명성 부품 또는 수명제한부품의 강건성 정립을 위하여 신청자는 연방항공청에 FAR §33.70에 정의된 바와 같은 기술계획서, 제작계획서, 운용관리계획서를 제출하여 승인을 받아야 한다.

JS4.2714 윤활시스템

(a) 윤활시스템은 해당 엔진이 운용될 모든 비행자세 및 대기조건에서 계획정비 주기 동안에 적정하게 기능을 수행하도록 설계 및 구성되어야 한다.
(b) 윤활시스템은 해당 엔진의 베어링 및 구성품의 오염을 방지할 수 있도록 설계되어야 한다.
(c) 신청자는 시험, 검증된 분석, 또는 이들의 조합으로 이 절의 (a)와 (b) 요건에 따라 고유한 윤활 특성과 기능적 능력을 실증하여야 한다.

JS4.2715 출력 반응

고, 이 감항성 설정기준의 복행(balked landing) 조건에 따라 다음의 조건에서 안전한 전환(transition)이 가능하여야 한다.

(1) 인증이 신청된 각 접근 및 착륙 비행경로에 대한 모든 양력 소스

(2) 최소속도 및 최대속도 안전 마진

(3) 초소조종속도

(b) 필수 성능급(essential performance)으로 인증되는 항공기의 경우, 신청자는 착륙 표면 위 50ft에서부터 착륙 성능을 결정하여야 한다. 또한, 해당 항공기는 치명적 추력 변화 후에 접근 비행경로상의 임의 지점에서 안전한 착륙 능력이 있어야 한다.

(c) 증대 성능급(increased performance)으로 인증되는 항공기의 경우, 신청자는 착륙 표면 위 50ft에서부터 착륙 성능을 결정하여야 한다. 이는 착륙 결심 지점 전에 치명적 추력 변화가 발생하고, 해당 항공기는 다음과 같은 능력이 있어야 한다.

(1) 착륙 표면에 안전하게 착륙 및 정지할 수 있어야 한다.

(2) 복행 조건까지 전환(transition)과 JS4.2120에 따라 설정된 성능이어야 한다.

JS4.2135 조종성

(a) 항공기는 해당 비행선도 이내에서 특별한 조종기술, 주의, 또는 직무강도 없이 다음의 조건에서 조종성과 기동성이 있어야 한다.

(1) 인증이 신청된 모는 하중 조건

(2) 해당 양력 소스를 사용하는 모든 비행단계

(3) 비행조종시스템 또는 추진시스템 고장 상태

(4) 항공기 형상이 변화되는 동안

(5) 극비 불가능으로 확인되지 않은 비행조종시스템 작동모드의 감쇠(degraded) 상태

(6) 추력형(thrust-borne) 운용의 경우, 임의 방향의 0~17 knots 풍속에서 조종성이 있어야 한다.

(7) 항공기는 가장 경사가 급한 접근 절차로 착륙을 안전하게 완료할 수 있어야 한다.

(b) 신청자는 제한 조종력 마진과 같은 중요한 조종변수를 결정하고, 해당되는 경우에 그 변수를 운용한계에 제시하여야 한다.

(c) 승인되는 비행선도를 초과하지 않고, 항공기 형상 그리고 양력 소스 및 비행 단계의 변화와 같이 하나의 비행 조건에서 다른 조건으로 부드럽게 전환될 수 있어야 한다.

JS4.2140 트림

엔진 제어시스템을 포함하여 엔진의 설계와 구성은 다음과 같이 작동할 수 있어야 한다.

(a) 최소 출력 세팅에서 최고 정격 출력까지 유해한 엔진 영향 없이 증가될 수 있어야 한다.

(b) 비행 중의 최소 출력 그리고 지상 최소 출력에서 최고 출력까지 해당 항공기에 적정하게 결정된 시간 간격으로 증가될 수 있어야 한다.

(c) 최소 토크에서 최고 토크까지 해당 항공기 적용에 따른 유해한 엔진 영향 없이 증가될 수 있어야 한다.

JS4.2716 계속적인 회전

엔진의 주 회전시스템이 비행 중에 엔진이 정지된 후에 계속 회전하도록 설계된 경우, 이 계속적인 회전으로 인하여 JS4.2717(d)(2)에 정의된 바와 같은 위험한 엔진 영향을 초래하지 않아야 한다.

JS4.2717 전기식 엔진 안전성 분석

(a) 신청자는 이 절의 (d)에 제시된 고장 정의에 따라서 FAR §33.75(a)(1) 및 (2)에 대한 적합성을 입증하여야 한다.

(b) 특정한 단일 엘리먼트의 주된 고장은 수치적으로 명확하게 예측될 수 없다. 그와 같은 엘리먼트의 고장이 이 절의 (d)(2)에 정의된 바와 같은 위험한 엔진 영향을 초래하는 경우, 신청자는 §33.15, JS4.2709, JS4.2713, 또는 이들의 조합 중에 적용 가능한 강건성 요건에 대한 적합성을 입증하여야 한다. 그와 같은 엘리먼트의 고장과 이에 관련된 강건성 요건이 안성성 분석에 제시되어야 한다.

(c) 신청자는 이 절의 (d)(2)에 따른 고장 정의를 사용하여 §33.75(d), 그리고 JS4.1529 및 부록 A1의 감항성유지지침서를 사용하여 §33.75(e)(1), 그리고 이 절의 (d)(2)에 따른 고장 정의를 사용하여 §33.75(e)(4)에 대한 적합성을 입증하여야 한다.

(d) 연방항공청에 달리 승인되지 않으면, 이 감항성 설정기준에 대한 적합성을 입증할 때는 다음의 정의를 엔진 영향애 적용한다.

(1) 경미한 엔진 영향은 §33.28(b)(1)(i), (b)(1)(iii), 그리고 (b)(1)(iv)에 부합하는 방법으로 해당 엔진의 의도된 기능을 수행하는데 방해받지 않고, JS4.2715, JS4.2725, 그리고 JS4.2731 요건에 적합한 상태를 말한다.

(2) FAR §33.75(g)(2)에 따른 엔진 영향은 다음과 같은 위험한 엔진 영향에 해당한다.

(i) 승무원, 승객, 운용자, 정비사, 또는 기타 인원의 감전사(electrocution)

CHAPTER 6 미래형 비행체 인증

(a) 항공기는 해당하는 양력 소스를 사용하는 모든 정상 운용 조건에서 조종사 또는 비행조종시스템에 의한 조작력이나 주 주 비행조종장치 또는 해당 트림 조종장치 조작 없이 가로 및 방향 트림을 유지할 수 있어야 한다.
(b) 항공기는 다음의 조건에서 조종사 또는 비행조종시스템에 의한 추가의 조작력이나 주 비행조종장치 또는 해당 트림 조종장치 조작 없이 종방향 트림을 유지할 수 있어야 한다.

(1) 상승 조건

(2) 수평비행 조건

(3) 하강 조건

(4) 접근 조건

(c) 해당 항공기 정상 운용 중에 그리고 치명적 추력 변화를 포함하는 비정상 또는 비상 운용 중에 잔여 조종력으로 인하여 조종사가 피로하게 되거나 혼란을 초래하지 않아야 한다.

JS4.2145 안정성

(a) 항공기는 고장이 발생한 경우에도 정적 안전성 특성을 나타내야 한다.
(b) 항공기는 고장이 발생한 경우에도 단주기 동적 안정성 특성을 나타내야 한다.
(c) 양력 소스가 날개형(wing-borne) 또는 세미추력형(semi-thrust-borne)으로 운용되는 경우, 다음 조건을 만족해야 한다.

(1) 항공기는 불안정하여 조종사의 부하를 증가시키나 항공기 및 탑승자를 위태롭게 할 수 있는 발산하는 종방향 안정성 특성을 나타내지 않아야 한다.

(2) 항공기는 고장이 빌생한 경우에도 가로 및 방향 동적 안정성을 나타내야 한다.

(d) 양력 소스가 추력형(thrust-borne)으로 운용되는 경우, 항공기는 불안정하여 조종사의 부하를 증가시키나 항공기 및 탑승자를 위태롭게 할 수 있는 발산하는 안정성 특성을 나타내지 않아야 한다.

JS4.2150 최소안전속도 특성 및 경고

(a) 양력의 일부가 고정익에서 발생하는 경우, 항공기는 의도하지 않은 실속을 방지하기 위하여 충분한 마진을 제공하는 명확하고 뚜렷이 구별되는 실속 경고와 함께 직진 비행, 선회 비행, 그리고 가속 선회 비행에서 조종 가능한 실속 특성을 가져야 한다.
(b 다른 양력 소스로 운용되는 경우, 항공기는 의도하게 통제된 안전한 비행 이탈을 방지하기 위하

(ii) FAR §33.75(g)(2) 그리고 이 절의 (d)(2)(i)에 제시된 엔진 영향을 유발할 수 있는 냉각시스템의 막힘(blockage)

(3) 그 밖의 엔진 영향은 중요한 엔진 영향에 해당한다.

(e) 항공기 적용은 엔진 시스템 안전성 분석에 대한 유효성 보장을 위한 조치를 고려하여야 한다.

JS4.2718 외무물질 흡입

(a) 강우, 결빙, 그리고 우박의 흡입으로 인하여 해당 엔진의 운용범위 전체에서 정지, 출력 손실, 불규칙 작동, 또는 출력 변동(oscillations)과 같은 비정상 작동을 초래하지 않아야 한다.
(b) 조류, 흡입구 얼음, 외부 얼음조각 등과 같은 물질 흡입으로 인하여 JS4.2717(d)(2)에 정의된 바와 같은 위험한 엔진 영향 또는 인정되지 않는 출력 손실을 초래하지 않아야 한다.
(c) 잠재적인 흡인 후에 JS4.2717(d)(2)에 정의된 바와 같은 위험한 엔진 영향 또는 인정되지 않는 출력 손실을 방지하기 위하여 장착자가 공급하는 특징요소, 부착기구, 또는 시스템을 이용하는 것으로 엔진이 설계된 경우, 그 특징요소, 부착기구, 또는 시스템은 엔진 장착 매뉴얼에 기재되어야 한다.
(d) 이 절의 (b)에 제시된 흡입 물질 중에 평가되지 않은 물질은 엔진 장착 매뉴얼에 기재되어야 한다.

JS4.2719 액체 및 가스 시스템

(a) 엔진 구성품의 윤활 또는 냉각을 위해 사용되는 시스템은 해당 엔진이 운용될 것으로 예상되는 모든 비행 자세 및 대기조건에 적정하게 기능을 수행하도록 설계 및 구성되어야 한다.
(b) 엔진 구성품의 윤활 또는 냉각을 위해 사용되는 시스템이 해당 엔진에 포함되지 않은 경우, 그 시스템에 대한 인터페이스를 엔진 장착 매뉴얼에 정의하여야 한다.
(c) 신청자는 중대한 압력 하중이 작용하는 모든 정적 부품에 대하여 다음 사항이 발생하지 않음을 시험, 검증된 분석, 또는 이들의 조합으로 확인하여야 한다.

(1) 운용 한계를 초과하는 영구적인 변형, 또는 정상 작동압력과 마진을 갖는 최대 작동압력이 작용할 때 위험한 상태를 유발하는 누설이 나타나지 않아야 한다.

(2) 마진을 가진 최대 허용압력 이상이 작용할 때 파손 또는 파열이 나타나지 않아야 한다.

여 충분한 마진을 제공하는 명확하고 뚜렷이 구별되는 경고와 함께 직진 비행, 선회 비행, 가속 선회 비행에서 조종 가능한 특성을 가져야 한다.
(c) 모든 양력 소스에 대하여, 항공기는 급격한 추력 변화 후에 통제된 안전한 비행 상태를 의도 않게 벗어나는 경향이 없어야 한다.

JS4.2160 진동, 버피팅, 그리고 고속특성
(a) 항공기의 각 부분은 해당되는 속도 및 출력 조건에서 과도한 진동 및 버피팅이 없어야 한다. 설계강하속도(V_D/M_D)까지 운용할 때 진동과 버피팅은 항공기의 조종을 간섭하거나 비행승무원에게 과도한 피로를 유발하지 않아야 한다. 이 한계 내에서 실속경고 버핏은 허용된다.
(b) 최대승인속도를 초과하는 의도하지 않은 작동에 대하여, 항공기는 특별한 조종기술, 직무강도, 또는 주의가 요구되지 않은 상태로 해당 비행선도 이내로 안전하게 회복될 수 있어야 한다.

JS4.2165 대기결빙상태 비행성능 및 비행특성
(a) 신청자는 인증이 신청되지 않은 결빙 상태를 탐지하고, 해당 항공기가 그들 결빙 상태를 회피하거나 탈출하는 능력을 입증하여야 한다.
(b) 신청자는 해당 항공기가 운용되는 영역으로 인증이 신청되지 않은 결빙 상태로 의도적인 비행, 이륙 및 착륙을 방지하기 위하여 이에 대한 운용한계를 설정하여야 한다.

Subpart C : 구조강도

JS4.2200 구조설계선도
신청자는 구조설계선도를 결정하여야 한다. 이는 신청자가 이 Subpart의 요건에 대한 적합성을 입증하는 항공기 설계 및 운용변수의 범위와 한계를 나타내는 것이다. 신청자는 다음 사항을 포함하여 구조적 하중, 강도, 내구도, 그리고 공력 탄성에 영향을 미치는 모든 항공기 설계 및 운용변수에 대하여 설명하여야 한다.
(a) 구조설계속도, 착륙하강속도, 그리고 신청자가 이 Subpart의 요건에 대한 적합성을 입증해야 하는 기타의 대기속도 한계. 구조설계속도는 다음 사항을 만족하여야 한다.
(1) 난류에서 조종성 상실에 대한 안전대책으로 해당 항공기 최소안전속도보다 충분히 커야 한다.
(2) 실질적인 운용한계속도를 설정하기 위하여 충분한 마진을 확보해야 한다.
(b) 운용이력에 따른 값보다 작은 설계기동 하중계

(d) 이 절의 (c) 요건에 대한 작합성 입증에는 다음 사항을 고려하여야 한다.
(1) 해당 부품의 작동온도
(2) 압력 하중에 추가로 작용하는 기타의 중대한 정적 하중
(3) 해당 부품의 제작에 사용되는 재료 및 공정 모두를 대표하는 최소의 특성
(4) 최소의 재료 및 최소의 반경 등과 같은 형식설계에서 허용되는 불리한 물리적 형상 상태
(e) 승인된 냉각액 및 윤활제는 해당 엔진 장착 매뉴얼에 목록으로 기재되어야 한다.

JS4.2720 진동 실증
(a) 엔진은 진동에 의해 엔진 부품에 발생하는 과도한 응력 없이, 그리고 항공기 구조물에 전달되는 과도한 진동력 없이 사전에 정의된 초과(exceedances)를 포함하여 로터 회전수 및 엔진 출력의 전체 정상 운용범위에서 기능할 수 있도록 설계 및 구성되어야 한다.
(b) 엔진의 설계는 유도된 진동을 받는 구성의 진동 특성이 특정한 장착 형상에 대한 비행선도 및 엔진 운용범위 전체에서 수락될 수 있음을 확인하기 위한 진동 관측을 수행해야 한다. 관측을 통하여 평가해야 하는 유도된 진동의 근원은 엔진 진동 특성에 영향을 미칠 수 있는 기계적, 항공역학적, 음향학적, 내부 전자기, 장착으로 인한 영향, 그리고 환경적 영향을 들 수 있다. 이 관측은 시험, 검증된 분석, 또는 이들의 조합으로 입증되어야 한다.

JS4.2721 초과토크
엔진의 과도적 최대 초과토크에 대한 승인이 신청된 경우, 신청자는 해당 엔진이 정비 조치 없이 최대 초과토크 조건에서 작동한 후에 계속하여 작동할 수 있음을 시험, 검증된 분석, 또는 이들의 조합으로 실증하여야 한다. 이 Subpart에 대한 적합성 입증을 위하영 수행된 초과토크 시험 또는 초과토크 시험에 조합되어 수행된 시험의 결과에 관하여, 각 엔진 부품 또는 구성품의 개별 그룹은 JS4.2729 요건을 만족하여야 한다.

JS4.2722 교정 보증
각 엔진은 JS4.2723 및 JS4.2726에 규정된 내구성 및 내구도 실증 전후에 출력 특성 및 상태를 확인하기 위하여 교정시험(calibration tests)을 수행하여야 한다.

수가 구조설계선도 이내에 나타날 수 있다.
(c) 중량, 무게중심, 그리고 질량 관성 모멘트를 포함하는 관성 특성에 대하여 다음 사항을 고려하여야 한다.
(1) 항공기 공허중량부터 최대중량까지 각각의 치명적인 중량
(2) 탑승자 페이로드, 그리고 에너지 저장 시스템의 중량 및 그 배분
(d) 조종면, 고양력장치, 또는 기타의 가동 표면에 대한 운동 및 공차 범위를 포함하여 항공기 조종 시스템에 대하여 설명하여야 한다.
(e) 최대고도까지 각각의 치명적인 고도에 대하여 설명하여야 한다.
(f) 엔진구동 양력기구 회전속도 및 범위, 최대 후방 비행속도, 그리고 최대 측면 비행속도에 대하여 설명하여야 한다.
(g) 비행하중선도와 관련하여 추력형, 날개형, 그리고 세미추력형 형상에 대하여 설명하여야 한다.

JS4.2215 비행하중조건
(a) 신청자는 다음의 비행조건에 따른 구조설계하중을 결정하여야 한다.
(1) 측정된 돌풍 통계에 근거한 동풍의 크기 및 기울기를 가지는 대기 돌풍
(2) 대칭 및 비대칭 기동
(3) 하나의 동력장치 유닛 고장에 따른 비대칭 추력
(b) 구조설계선도의 임의의 형상 및 동력 세팅 상태에서 급강하 속도까지의 임의의 속도에서 구조적 손상을 유발할 정도의 진동 또는 버피팅이 없어야 한다.

JS4.2225 구성품 하중조건
신청자는 다음에 작용하는 구조설계하중을 결정하여야 한다.
(a) 다음과 같은 작동으로 인하여 엔진 마운트 및 그 지지 구조물에 작용하는 하중을 결정해야 한다.
(1) 비행 돌풍과 기동 하중이 조합된 동력장치 작동 하중
(2) 왕복엔진 동력장치가 아닌 경우의 동력장치 급정지 하중
(b) 다음과 사항으로 인하여 비행조종장치, 고양력장치, 이에 관련된 시스템, 그리고 그 지지 구조물에 작용하는 하중을 결정하여야 한다.
(1) 각 표면 및 질량 밸런스 부착물의 관성력
(2) 비행 돌풍 및 기동

JS4.2723 내구성 실증
(a) 신청자는 해당 엔진의 한계 능력을 실증하기 위하여 연방항공청에 수락될 수 있는 내구성 실증(endurance demonstration)을 수행하여야 한다.
(b) 내구성 실증은 엔진 출력 세팅의 증가와 감소, 에너지 재생, 그리고 정격 성능 레벨, 운용한계, 그리고 해당 엔진의 한계 능력 확인에 요구되는 기타의 조건 또는 출력 세팅에서 엔진이 경험하는 극한 물리적 조건의 충분한 시간 동안 출력 세팅 또는 에너지 재생 상태 유지를 포함하여야 한다.

JS4.2724 온도한계
엔진의 설계는 온도한계에 인정되는 마진을 추가한 온도에서 견디는 능력이 실증되어야 한다. 신청자는 그 마진을 정량화하고, 연방항공청의 인정을 받아야 한다. 온도한계에 대한 실증은 설정된 모든 듀티 사이클 및 정격, 그리고 온도한계에 영향을 줄 수 있는 운용 환경에 대하여 반복적으로 수행되어야 한다.

JS4.2725 운용조건 실증
엔진의 설계는 설정된 비행선도 및 운용범위 전체에서 출력 사이클링, 시동, 가속, 그리고 초과속도 등을 포함하여 안전한 작동 특성에 대하여 실증되어야 한다. 해당 엔진에 설정된 운용 특성에서 장착 하중과 효과가 고려되어야 한다.

JS4.2726 내구도 실증
엔진은 엔진의 각 부품이 창정비 주기 또는 창정비 주기가 정의되지 않은 경우에는 엔진 교체 주기 동안에 불안전한 상태를 최소화하도록 설계 및 구성되었음을 입증하기 위하여 내구도 실증을 수행하여야 한다. 이 시험은 전형적인 시동-정지 사이클을 포함하여 최초 정비 주기를 설정하기 위하여 운용 중에 예상되는 조건을 모사하여야 한다.

JS4.2727 시스템 및 구성 시험
신청자는 내구성 실증 또는 다른 실증에 따라서 적정하게 입증될 수 없는 시스템 및 구성품이 사전에 설정된 모든 환경 및 운용조건에서 의도된 기능을 수행할 것임을 입증하여야 한다.

JS4.2728 로터 락킹 실증
축 회전이 로터의 락킹에 의해서 방지되는 경우, 해당 엔진은 다음 사항에 대하여 실증되어야 한다.
(a) 로터 락킹 작동은 신뢰성이 있어야 한다.
(b) 로터 락킹 해제는 신뢰성이 있어야 한다.

(3) 조종사 또는 자동시스템 입력
(4) 재밍 및 마찰을 포함하여 시스템에 인가된 조건
(5) 하향 바람 택시 및 노면 돌풍을 포함하여 해당 표면 상의 택시, 이륙, 그리고 착륙
(c) [예비항목]
(d) 비행 및 지상 조건, 그리고 임의의 양력기구 회전속도에서 한계입력토크로 인하여 발생하는 하중을 고려한 엔진구동 양력기구 조립체에 작용하는 하중을 결정하여야 한다.

JS4.2240 구조 내구도
(a) 신청자는 강도 저하로 인한 구조적 파손을 방지하기 위한 검사 및 절차를 수립하여 시행하여야 한다. 이들 구조강도 저하는 심각하거나 치명적인 부상을 유발하거나 감소된 안전 마진으로 운용기간 연장에 이르게 할 수 있다.
(b) 이 절의 (a)에 대한 적합성 입증에 페일-세이프 설계기법이 사용된 경우, 손상이 구조적 파손을 유발하기 전에 해당 구조적 손상을 신뢰성 있게 탐지하는데 손상허용 설계기법이 사용될 수 있다.
(c) 항공기는 미봉쇄(uncontained) 엔진 또는 회전기계 파손에 따른 고에너지 파편에 의한 구조적 손상으로 인한 항공기 위험을 최소화하도록 설계되어야 한다.

JS4.2241 공력 안정성
항공기는 지상 및 비행 중의 모든 형상 및 조건에서 위험한 발진(oscillations) 및 항공기계적 불안정성이 없어야 한다.

JS4.2245 공력 탄성
(a) 항공기는 다음의 조건에서 플러터, 조종 역전(control reversal), 그리고 발산(divergence) 현상이 발생하지 않아야 한다.
(1) 구조설계선도 내부 및 외부의 모든 속도
(2) 운용 형상 및 조건
(3) 치명적 구조 모드
(4) 치명적 고장 또는 기능장애
(b) 신청자는 공탄성 안정성에 영향을 미치는 사항에 대하여 공차를 설정하여야 한다.
(c) 항공기의 각 구성품 및 회전하는 공력 표면은 각각의 해당되는 속도 및 출력 조건에서 공탄성 불안정성이 없어야 한다.

JS4.2250 설계 및 구성 원칙
(a) 신청자는 해당 항공기 운용 조건을 반영하여

(c) JS4.2717(d)(2)에 규정된 바와 같은 위한 엔진 영향이 발생하지 않아야 한다.

JS4.2729 완전분해 검사
(a) 완전분해 평가(teardown evaluation)는 다음의 요건을 만족하여야 한다.
(1) 내구성 실증 및 내구도 실증이 완료된 후, 해당 엔진은 완전히 분해되어야 한다. 각 엔진 구성품 및 윤활제는 JS4.1529 요건에 대한 적합성 입증을 위해 제출된 정봉[따라서 계속하여 작동할 수 있어야 한다.
(2) 조절되는 세팅 그리고 엔진에 장착되는 조건과 독립적으로 설정될 수 있는 기능 특성은 내구성 실증 및 내구도 실증 전에 설정되고 기록된 한계 이내의 설정 및 기능 특성을 유지하고 있어야 한다.
(b) 비완전분해 검사(non-teardown evaluation)는 다음의 요건을 만족하여야 한다.
비파괴 방법으로 모든 엔진 구성품을 완전히 분행할 수 없는 경우, 이들 구성품 및 윤활제에 대한 검사 또는 교체 주기는 내구성 실증 및 내구도 실증에 근거하여 설정되고, JS4.1529에 따른 감항성유지지침서에 기재되어야 한다.

JS4.2730 봉쇄
엔진은 회전 구성품으로 인한 위험에 대한 보호를 위하여 다음과 같이 설계 및 구성되어야 한다.
(a) 회전하는 구성품 주변의 케이스 설계는 파손 이벤트가 발생할 때 회전하는 구성품을 봉쇄(containment)할 수 있어야 한다. 다만, 신청자가 로터 파열에 대한 마진이 로터 파열 가능성을 배제할 수 있음을 입증하는 경우에는 예외로 한다.
(b) 파열에 대한 마진에 의해서 해당 케이스가 파손 이벤트에서 봉쇄 특성을 가지고 있음을 입증하는 경우, 해당 케이스는 파손된 회전 구성품을 봉쇄할 수 있어야 한다. 신청자는 에너지 레벨, 궤적, 그리고 메인 로터 파손에 의한 손상으로 방출되는 파편의 크기, 그리고 케이스 주변의 전방 및 후방 비산 경로를 시험, 검증된 해석, 또는 이들의 조합에 의해서 정의하고 해당 엔진의 장착 매뉴얼에 제시하여야 한다.

JS4.2731 가변피치 프로펠러 작동
신청자는 대표성이 있는 프로펠러에 대하여 페더링, 역토크, 역추력, 그리고 역추력 작동 중에 해당되는 사항을 포함하는 기능적 실증을 수행하

각 부품, 품목, 그리고 조립체를 설계하여야 한다.
(b) 설계 데이터는 부품, 품목, 또는 조립체 형상, 그에 대한 설계 특징, 그리고 이에 사용되는 재료 및 공정의 적정하게 정의하여야 한다.
(c) 신청자는 각 설계 세부사항에 대한 적정성과 운용 안전성에 중요한 부품을 결정하여야 한다. 신청자는 항공기에 파국적 영향을 유발하는 단일고장을 방지하여야 한다.
(d) 조종시스템은 재밍, 과도한 마찰, 그리고 항공기에 한계공력하중이 적용할 때 과도한 변형이 없어야 한다
(e) 도어, 캐노피, 그리고 출입구는 비행 중에 의도하지 않게 개방되지 않도록 보호되어야 한다. 다만, 비행 중에 개방되어도 위험을 초래하지 않음을 입증하는 경우에는 예외로 한다.

Subpart D : 설계 및 구성

JS4.2300 비행조종시스템

(a) 신청자는 비행조종시스템을 다음과 같이 설계하여야 한다.
(1) 해당 기능이 쉽게, 부드럽게, 확실하게 작동되어야 한다.
(2) 위험에 대하여 보호되어야 한다.
(3) 비행승무원이 주 비행조종장치 작동기구가 한계에 접근할 때, 이를 적정하게 인식해야 한다.
(b) 트림 시스템이 장착된 경우, 신청자는 트림 시스템 또는 트림 기능을 다음과 같이 설계하여야 한다.
(1) 의도하지 않았거나, 부정확하거나, 갑작스런 트림 조작을 방지할 수 있어야 한다.
(2) 안전한 작동에 요구되는 정보를 제공하여야 한다.
(c) 조종장치 상실 또는 치명적 한계를 초과하는 상태에서 항공기를 보호하는 특성을 설계하여야 한다. 이로써, 동시에 한계에 이르는 이벤트를 포함하여 비행조종 입력, 비정상 대기조건, 그리고 기타의 예상되는 조건에 대한 항공기 반응에 부정적인 비행 특성이 나타나지 않아야 한다.

JS4.2311 조류 충돌

항공기는 2.2lbs(1.0kg) 조류에 충돌된 후에도 안전한 비행과 착륙을 계속할 수 있어야 한다.

탑승자 시스템 설계

JS4.2315 탈출수단 및 비상출구

(a) 이륙 또는 착륙을 위한 캐빈 형상에 대하여 항여야 한다. 이들 실증은 내구성 실증, 내구도 실증, 그리고 운용조건 실증의 일부로 연방항공청에 인정되는 방법에 따라서 수행될 수 있다.

JS4.2732 시험수행 일반사항

(a) 엔진에 대한 정비는 JS4.1529 요건에 대한 적합성 입증을 위해 제출하는 운용 및 정비 지침에 따라서 시행 중에 수행될 수 있다.
(b) 신청자는 다음의 경우에 해당 엔진 및 그 부품에 대하여 연방항공청이 필요하다고 확인한 정비 및 추가시험을 수행하여야 한다.
(1) 보급 횟수를 초과한 경우
(2) 엔진 기능장애로 인하여 정지 횟수를 초과한 경우
(3) 중요한 수리가 필요한 경우
(4) 시험 중에 또는 완전분해 검사 부적합으로 인하여 부품의 교체가 필요한 것으로 확인된 경우
(c) 이 감항성 설정지침에 규정된 모든 실증 및 시험을 완료한 후, 해당 엔진 및 구성품은 다음의 요건을 만족하여야 한다.
(1) 사용 가능 한계 이내에 있어야 한다.
(2) 계속 사용에 안전해야 한다.
(3) 설정된 정격에서 작동할 수 있어야 한다.

JS4.2733 엔진 전기시스템

(a) 적용성. 전력을 공급하거나, 사용하거나, 조절하거나, 분배하는, 그리고 엔진 형식설계의 일부인 시스템 또는 기구는 해당 엔진의 감항성 유지, 그리고 전기식 엔진의 정격을 유지할 수 있어야 하다.
(b) 전기시스템. 전기시스템은 전력의 안전한 발전 및 전송, 전기부하 분배, 그리고 해당 엔진이 인정되지 않는 운용 특성을 나타내지 않고, 해당 운용한계를 초과하지 않음이 입증되어야 한다.
(c) 전력 분배. 다음의 요건을 만족하여야 한다.
(1) 엔진 전력 분배시스템은 전력시스템 전체에서 전기에너지를 안전하게 전송할 수 있도록 설계되어야 한다. 해당 시스템은 전력원의 상실, 기능장애, 또는 차단으로 인하여 JS4.2717(d)(2)에 정의된 바와 같은 위험한 엔진 영향을 초래하지 않도록 설계되어야 한다.
(2) 해당 시스템은 모든 지상 및 비행 운용 중에 정상 및 비정상 조건에 견딜 수 있도록 설계되고 유지되어야 한다.
(3) 해당 시스템은 JS4.2717(d)(2)에 정의된 바와 같은 위험한 엔진 영향을 초래하는 전기에너지 발전 또는 저장 결함, 또는 적용 항공기에 유해한

공기는 다음과 같이 설계되어야 한다.

(1) 비상 착륙 후에 발생할 수 있는 조건에서 항공기로부터 신속하고 안전하게 탈출할 수 있도록 배치하여야 한다.

(2) 개방구, 출입구, 또는 비상출구와 같은 탈출기구를 구비하여야 한다. 이들은 내부와 외부에서 쉽게 접근하고 개방할 수 있어야 한다. 개방수단은 단순하고 명확해야 하고, 항공기 내부와 외부에서 식별할 수 있도록 표시되어야 한다.

(3) 필요할 때 비상출구에 쉽게 접근할 수 있어야 한다.

(b) [예비항목]

JS4.2325 화재 방지

(a) 다음의 재료는 자체 소화성(self-extinguishing)이 있어야 한다.

(1) 전선 및 전기 케이블 절연체

(2) 비행 중에 접근할 수 없는 수하물실 및 화물실 재료

(b) 다음의 재료는 내화성(flame resistant)이 있어야 한다.

(1) 비행 중에 접근이 가능한 격실 재료

(2) 전기 케이블 절연에 관련되고 회로에 과부하 또는 결함 이벤트로 인하여 과열되는 시스템

(c) 동체에 단열 및 소음 재료가 사용되는 경우에 화염 전파 위험성이 없어야 한다.

(d) 수하물실 및 화물실에서 인접한 물질을 발화시킬 수 있는 열원은 발화 방지를 위하여 차폐 및 절연되어야 한다.

(e) 각 수하물실 및 화물실은 다음과 같이 설계되어야 한다.

(1) 조종사가 화재를 볼 수 있고 수동으로 방화를 위해 접근할 수 있어야 한다.

(2) 조종사에게 경고(warn)할 수 있는 연기 또는 화제탐지시스템을 구비하여야 한다.

(3) 내화성 재료로 제작하거나 감싸져야(lined) 한다.

(f) 캐빈에는 화재를 소화할 수 있는 수단이 구비되어야 한다. 소화 수단은 조종사가 착석한 상태에서도 쉽게 접근할 수 있어야 한다.

(g) 유체시스템 누출에 의해서 가연성 유채나 증기가 유출되는 구역은 다음과 같이 설계되어야 한다.

(1) 해당 구역이 정의되어야 한다.

(2) 발화되면 위험을 초래하는 유체 및 증기의 점화 가능성을 최소화하는 수단을 구비해야 한다.

영향을 경감하는데 필요한 기계적 또는 자동적인 수단을 구비하여야 한다.

(d) 보호 시스템. 엔진의 전기시스템은 전력원의 상실, 기능장애, 차단, 또는 설계한계를 초과하는 전력 조절로 인하여 JS4.2717(d)(2)에 정의된 바와 같은 위험한 엔진 영향, 또는 적용 항공기 유해한 영향을 초래하지 않도록 설계되어야 한다.

(e) 전력 특성. 신청자는 다음과 같은 전력의 특성을 식별하고, 해당 엔진의 장착 매뉴얼에 제시하여야 한다.

(1) 과도 및 정상 전압 한계를 포함하여 해당 엔진을 시동 및 작동시키기 위해 항공기에 엔진의 전기시스템에 공급되는 전력

(2) 에너지 재생()을 통하여 엔진에서 항공기로 공급되는 전력, 그리고 엔진의 안전한 작동에 필요한 기타의 특성

(f) 환경적 한계. 내구성 실증, 검증된 분석, 또는 이들의 조합으로 적정하게 입증될 수 없는 한경적 한계는 JS4.2727에 따른 시스템 및 구성품 시험으로 실증되어야 한다.

(g) 전기시스템 고장. 엔진의 전기시스템은 다음의 요건을 만족하여야 한다.

(1) 해당 항공기 적용에 적정한 출력제어상실(LOPC) 비율은 최소이어야 한다.

(2) 완성된 형상에 대하여 출력제어상실(LOPC)을 포함하여 전기적, 전기적으로 탐지되는, 그리고 전자적 고장에 대한 단일결함은 연방항공청 결정에 따라서 허용될 수 있다.

(3) 이 설정기준의 JS4.2717(d)(2)에 정의된 바와 같은 위험한 엔진 영향을 초래하는 단일고장이 없어야 한다.

(4) 해당 항공기에 국부적 이벤트를 유발하는 고장 또는 기능장애가 없어야 한다.

(h) 시스템 안전성 평가. 신청자는 안전성 평가를 수행하여야 한다. 이 평가는 정상 운용에 영향을 미치는 결함 또는 고장을 예상되는 발생 빈도와 함께 식별하여야 한다. 항공기 적용은 엔진 시스템 안전성 평가에 대한 유효성 보장을 위한 조치를 고려하여야 한다.

Subpart I : 프로펠러 감항규정

JS4.2805 프로펠러 정격 및 운용한계

프로펠러 정격 및 운용한계는 신청자에 의해서 설정되어야 하고, 연방항공청이 승인한다. 이에는 운용조건에 근거한 정격 및 한계와 이 Subpart에

JS4.2330 화재구역 및 인접부분 화재 방지

(a) 화재구역 내부 또는 인접한 부분에 있는 비행조종장치, 엔진 마운트, 그리고 기타의 비행 구조물은 화재 영향을 견딜 수 있어야 한다.

(b) 화재구역에 설치된 엔진은 화재 이벤트일 때에도 항공기 설치된 상태를 유지할 수 있어야 한다.

(c) 화재구역에 설치되어 비상 절차에 사용되는 터미널, 장치품, 그리고 전기 케이블은 화재 이벤트일 때에도 의도된 기능을 수행할 수 있어야 한다.

JS4.2335 낙뢰 및 정전기 방호

(a) 항공기는 낙뢰로 인한 파국적 영향(catastrophic effects)에 보호되어야 한다.

(b) 항공기는 정전기 축적으로 인한 위험한 영향(hazardous effects)에 보호되어야 한다.

Subpart E : 동력장치

JS4.2400 동력장치 장착

(a) 이 Subpart의 목적에 따라서 항공기 동력장치 장착은 추진에 필요한 각 구성품을 포함하여야 한다. 이들은 추진계통 안전에 영향을 미친다.

(b) 각 항공기 엔진 및 프로펠러는 Suboart H와 I에 제시된 바와 같은 감항요건에 따라서 항공기 형식증명에서 승인되어야 한다.

(c) 신청자는 동력장치 장착을 다음과 같이 구성하고 배치하여야 한다.

(1) 외부물질 위협을 포함하여 운용조건을 만족하여야 한다.

(2) 가동되는 부품은 다른 항공기 부품과 그 주변에 충분한 간격을 유지해야 한다.

(3) 지상 인원에 대한 위험을 포함하여 운용 중에 발생할 수 있는 위험에 대응할 수 있어야 한다.

(4) 진동 및 피로에 견딜 수 있어야 한다.

(d) 유체, 증기, 또는 가스의 위험한 축적은 항공기 및 탑승자 격실에서 격리되어야 하고 안전하게 보관 또는 배출되어야 한다.

(e) 동력장치 구성품은 해당 구성품 한계 및 장착 지침에 적합해야 하거나 위험이 유발되지 않음이 입증되어야 한다.

JS4.2405 출력 또는 추력 제어시스템

(a) 출력 또는 추력 제어시스템 또는 동력장치 제어시스템은 정상 운용 중에 불안전항 상태가 되지 않도록 설계되어야 한다.

(b) 단일고장 또는 출력 또는 추력 제어시스템 또 규정된 정보, 그리고 해당 프로펠러의 안전한 운용에 필요한 정보를 포함하여야 한다.

JS4.2815 안전성 분석

(a) 신청자는 다음 사항을 수행하여야 한다.

(1) 해당 프로펠러 시스템을 분석하여 운용 중에 합리적으로 예상되는 모든 고장에 대한 결과를 평가하여야 한다. 이 분석에는 다음 사항을 고려하여야 한다.

(i) 항공기에 장착된 상태의 프로펠러 시스템. 이들 분석은 대표성 있는 구성품, 가정된 인터페이스, 또는 가정된 장착 조건에 따라 달라질 수 있으므로, 이와 같은 가정사항을 분석 보고서에 설명하여야 한다.

(ii) 후속적으로 발생하는 이차 고장 및 잠복 고정

(iii) 이 절의 (d)에 인용되거나 이 절의 (g)(1)에 정의된 바에 따른 위험한 프러펠러 영향으로 초래되는 다중 고장

(2) 이 절의 (g)에 정의된 중요한 프로펠러 영향 또는 위험한 프로펠러 영향으로 초래될 수 있는 고장을 요약하고, 그들 영향의 발생 확률을 예측하여야 한다.

(3) 위험한 프로펠러 영향이 극히 희박(프로펠러 비행시간당 10^{-7})으로 정의된 확률을 초과하지 않을 것임을 입증하여야 한다. 개별적인 고장에 대한 예측된 확률은 신청자가 위험한 프로펠러 영향에 대한 전체 확률을 평가하는데 불충분한 정확도를 가질 수 있기 때문에 개별적인 고장에 따라 발생하는 위험한 프로펠러 영향의 확률은 프로펠러 비행시간당 10^{-8} 미만으로 예측될 수 있는 실증으로 입증될 수도 있다. 이와 같이 확률 수준을 낮게 다루는데 있어서, 절대적인 보증은 가능하지 않고, 기술적인 판단, 기존의 경험, 견실한 설계와 시험의 조합 개념에 의존하여야 한다.

(b) 고장의 영향 또는 고장의 조합에 중대한 결점이 존재하는 경우, 연방항공청은 분석에 적용된 가정사항에 대하여 시험을 통해서 확인하도록 요청할 수 있다.

(c) 블레이드 등과 같은 특정한 단일 엘리먼트에 대한 주된 고장은 수치적인 방법으로 정확하게 예측될 수 없다. 그와 같은 엘리먼트 고장이 위험한 프로펠러 영향을 초래하는 경우, 그들 엘리먼트는 프로펠러의 치명성 부품으로 식별되어야 한다. 프로펠러 치성명 부품에 대하여 신청자는 JS4.2816

는 동력장치 제어시스템의 고장 또는 기능장애의 조합은 해당 항공기의 계속된 비행과 착륙을 방해하지 않아야 한다.
(c) 출력 또는 추력 제어시스템 또는 동력장치 제어시스템에 대한 비행승무원의 의도하지 않은 작동이 방지되어야 하고, 방지될 수 없는 경우에는 해당 항공기의 계속된 비행과 착륙을 방해하지 않아야 한다.

JS4.2425 동력장치 운용특성
(a) 장착된 동력장치는 해당 항공기 및 엔진에 대한 운용한계의 범위 내에서 정상 및 비상 운용 중에 위험한 특성 없이 작동하여야 한다.
(b) 설정된 운용선도 내에서 비행 중에 동력장치의 정지 및 재시동이 가능하도록 설계되어야 한다.

JS4.2430 에너지 시스템
(a) 각 에너지 시스템은 다음과 같이 설계되어야 한다.
(1) 다중 에너지 저장 및 공급 시스템 사이에 독립성을 갖도록 설계하고 배치하여야 한다. 이로써, 하나의 시스템에서 하나의 구성품에 고장이 발생하여도 다른 시스템의 에너지 저장 및 공급 기능 상실을 초래하지 않아야 한다.
(2) 항공기 낙뢰 타격에 의한 직접 또는 간접 영향으로 인하여 파국적 이벤트가 발생하지 않도록 설계되어야 한다.
(3) 모든 운용조건에서 적정한 동력장치 기능을 보장하는데 필요한 에너지를 공급하여야 한다.
(4) 비행승무원에게 전체 가용 에너지를 이용하도록 결정하는데 필요한 수단을 제공하고, 에너지 변동 상태에 대하여 시스템이 정상적으로 작동하는데 필요한 무정전 공급장치를 제공하여야 한다.
(5) 항공기로부터 시스템에 저장된 에너지를 안전하게 제거나 격리하는 수단이 제공되어야 한다.
(6) 모든 운용조건에서 에너지를 유지하고, 비상착륙 또는 그 밖의 불시착이나 추락된 후에 탑승자 및 최초 대응자에 대한 위험을 최소화하도록 설계되어야 한다.
(b) 각 에너지 저장 시스템은 다음과 같이 설계되어야 한다.
(1) 고장 없는 운용조건에서 부하에 견딜 수 있어야 한다.
(2) 탑승자 격실에서 결리되어야 하고 위험으로부터 보호되어야 한다.
(c) 각 에너지 저장 재충전 시스템은 다음과 같이 에 따라 규정된 강건성 규격을 만족하여야 한다. 이들의 실제사항은 안전성 분석에 제시되어야 한다.
(d) 위험한 프로펠러 영향으로 진전되는 고장을 방지하기 위하여 안전 시스템에 의존하는 경우, 기본 프로펠러 고장에 조합하여 안전 시스템 고장 확률이 분석에 포함되어야 한다. 그와 같은 안전 시스템은 안전 기구, 계기, 조기 경고 기구, 정비 점검, 그리고 이와 유사한 기타의 장치품 또는 절차를 포함할 수 있다.
(e) 안전성 분석이 하나 이상의 다음과 같은 아이템에 의존하는 경우, 그들 아이템은 분석에서 식별되고 적정하게 입증되어야 한다.
(1) 설정된 주기에 따라 수행되는 정비 조치. 이에는 잠재적인 고장 아이템이 적정하게 기능을 수행하는 상태를 확인하는 방법을 포함한다. 위험한 프로펠러 영향을 방지하는 것이 필요할 때, 이들 정비 조치와 그 주기는 JS4.1529에 따라 요구되는 감항성유지지침서에 제시되어야 한다. 이에 따라서, 프로펠러 시스템에 대한 정비 오류가 위험한 프로펠러 영향을 초래하는 경우, 이제 적정한 정비 절차가 해당 프로펠러의 관련 매뉴얼에 포함되어야 한다.
(2) 비행전 또는 그 밖의 기간에 안전 또는 기타 기구에 대한 만족스러운 기능성 확인. 만족스러운 기능에 대한 세부사항은 해당되는 매뉴얼에 제시되어야 한다.
(3) 달리 요구되지 않는 특정한 계기의 구비. 이와 같은 계기 해당되는 문서에 제시되어야 한다.
(4) 피로 평가 수행
(f) 해당되는 경우, 안전성 분석은 장치품, 수동 및 자동 제어장치, 거버너 및 프로펠러 제어시스템, 동기위상기(synchrophasers), 동기장치(synchronizers), 그리고 프로펠러 역추력 시스템을 포함하여 평가하여야 한다.
(g) 연방항공청에서 달리 승인하거나 안전성 분석에서 달리 설명되지 않은 경우, 이 감항성 설정기준에 대한 적합성 입증에는 다음과 같은 고장 정의가 적용된다.
(1) 위험한 프로펠러 영향은 다음과 같다.
(i) 과도한 항력의 발생
(ii) 조종사가 명령한 방향과 반대 방향으로 발생하는 중대한 추력
(iii) 프로펠러 또는 프로펠러의 주요 부분이 이탈되는 형상

CHAPTER 6 미래형 비행체 인증

설계되어야 한다.

(1) 적정하지 않은 재충전을 방지할 수 있어야 한다.

(2) 재충전 중에 항공기 또는 인원이 위험에 노출되는 것을 방지하여야 한다.

JS4.2440 동력장치 화재방지

동력장치 시스템 화재 또는 운용 중의 과열 이벤트에서 항공기에 대한 위험을 격리시키고 경감시키는 수단이 있어야 한다.

Subpart F : 장치품

JS4.2515 전기전자시스템 낙뢰 방호

(a) 각 전기전자시스템은 해당 항공기의 계속된 안전한 비행과 착륙을 방해하는 고장에 관하여 다음과 같이 설계되고 장착되어야 한다.

(1) 항공기 레벨에서 기능은 항공기가 낙뢰에 노출되는 동안과 노출된 후에 부정적인 영향을 받지 않아야 한다.

(2) 해당 시스템은 항공기가 낙뢰에 노출된 이후 적정한 시간 내에 그 기능이 정상 운용 상태로 회복되어야 한다. 다만, 해당 시스템의 복원이 다른 운용요건 또는 기능요건에 상충되는 경우에는 예외로 한다.

(b) 계기비행규칙(IFR)에 따라 운용 승인되는 항공기의 경우, 기능을 수행하는 전기전자시스템은 부정적인 운용 조건에 대응하는 항공기 또는 비행승무원의 능력을 감소시키는 고장에 관하여 해당 항공기가 낙뢰에 노출된 이후 적정한 시간 이내에 그 기능이 정상 운용 상태로 회복되도록 설계 및 장착되어야 한다.

JS4.2520 고강도 전자기장 방호

(a) 각 전기전자시스템은 해당 항공기의 계속된 안전한 비행과 착륙을 방해하는 고장에 관하여 다음과 같이 설계되고 장착되어야 한다.

(1) 항공기 레벨에서 기능은 항공기가 고강도 전자기장(HIRF)에 노출되는 동안과 노출된 후에 부정적인 영향을 받지 않아야 한다.

(2) 해당 시스템은 항공기가 고강도 전자기장에 노출된 이후 적정한 시간 내에 그 기능이 정상 운용 상태로 회복되어야 한다. 다만, 해당 시스템의 복원이 다른 운용요건 또는 기능요건에 상충되는 경우에는 예외로 한다.

(b) 계기비행규칙(IFR)에 따라 운용 승인되는 항공기의 경우, 기능을 수행하는 전기전자시스템은 부

(iv) 과도한 불균형을 유발하는 고장

(2) 가변피치 프로펠러에 대한 중요한 프로펠러 영향은 다음과 같다.

(i) 페더링 프로펠러에 대한 프로펠러 페더링 불능

(ii) 명령에 따른 프로펠러 피치 변경 불능

(iii) 조작 명령 없이 중대한 피치 변경

(iv) 중대한 통제 불능 토크 또는 회전수 변동

JS4.2816 프로펠러 치명성 부품

이 설정기준의 JS4.2815에 따라 요구되는 안전성 분석에 의해서 식별된 프로펠러 치명성 부품의 강건성은 다음과 같이 설정되어야 한다.

(a) 운용수명 전체에서 프로펠러 치명성 부품의 강건성을 보장하는 기술 프로세스를 정의하여야 한다.

(b) 기술 프로세스에서 요구된 바에 따라서 프로펠러 치명성 부품을 만족스럽게 생산하기 위한 요건을 식별하는 제조 프로세스를 정의하여야 한다.

(c) 기술 프로세스에서 요구된 바에 따라서 프로펠러 치명성 부품에 대한 감항성 유지 요건을 식별하는 운용관리 프로세스를 정의하여야 한다.

JS4.2821 가변피치 및 역피치 프로펠러

(a) 프로펠러 블레이드가 비행중 저피치 위치 이하로 의도하지 않게 이동하는 결과를 초래하는 프로펠러 시스템에 대한 단일고장 또는 기능장애가 발생하지 않아야 한다. 신청자는 비행중 저피치 위치 이하로 의도하지 않은 이동에 대한 내용을 해당 매뉴얼에 제시하여야 한다. 구조적 엘리먼트의 고장이 JS4.2815에 따라서 극히 희박하게 발생하는 것으로 입증된 경우, 이들 고장에 대하여 고려하지 않을 수 있다.

(b) 비행중 저피치 위치 이하로 블레이드 피치를 선택하는 방법이 통합된 프로펠러에 대하여, 장착지침에 정의된 위치 이하에 있는 경우에 해당 프로펠러 블레이드 위치를 측정하고, 그 위치를 비행승무원에게 시현하는 기구가 구비되어야 한다. 프로펠러 블레이드 피치 위치를 측정하고 시현하는 방법은 그 고장으로 인하여 프로펠러 제어에 영향을 주지 않아야 한다.

JS4.2823 프로펠러 제어시스템

이 절의 요건은 프로펠러 기능을 제어하거나, 제한하거나, 모니터하는 시스템 또는 구성품에 적용된다.

(a) 프로펠러 제어시스템은 다음의 요건을 만족하

정적인 운용 조건에 대응하는 항공기 또는 비행승무원의 능력을 감소시키는 고장에 관하여 해당 항공기가 고강도 전자기장 환경에 노출된 이후 적정한 시간 이내에 그 기능이 정상 운용 상태로 회복되도록 설계 및 장착되어야 한다.

Subpart G : 비행승무원 인터페이스 및 기타정보

JS4.2600 비행승무원 인터페이스

(a) 조종실, 그 장치품, 그리고 조종사 시야를 포함한 배치는 각 조종사가 모든 양력 소스와 비행 단계에서 그들의 임무를 수행하고, 해당 항공기에 대하여 승인되는 비행선도 이내의 기동을 수행할 수 있어야 한다. 이때, 과도한 집중, 기량, 주의, 또는 피로가 발생하지 않아야 한다.

(b) 신청자는 자격증명을 받은 비행승무원이 시스템 및 장치품의 의도된 기능을 보니터하고 그에 정의된 직무를 수행할 수 있도록 이에 필요한 비행, 항법, 감시, 그리고 동력장치 조종장치 및 시현장치를 장착하여야 한다. 이때, 과도한 집중, 기량, 주의, 또는 피로가 발생하지 않아야 한다. 해당 시스템 및 장치품 설계는 추가 위험을 유발할 수 있는 비행승무원의 오류를 최소화해야 한다.

JS4.2615 비행, 항법, 동력장치 계기

(a) 장착된 시스템은 비행, 항법, 그리고 동력장치를 설정하고 모니터하는 비행승무원에게 각 양력 소스 및 비행 단계에서 필요한 정보를 제공하여야 한다. 이들 정보는 다음의 요건을 만족해야 한다.

(1) 비행승무원이 해당 변수를 모니터하고, 항공기 작동을 위해 필요한 트렌드를 결정할 수 있도록 제시되어야 한다.

(2) 해당 한계를 포함하여야 한다. 다만, 모든 의도된 운용에서 그 한계를 초과하지 않는 경우에는 예외로 한다.

(b) 해당 항공기 운용에 필요하거나 운항규칙에 따라 요구되는 비행 또는 동력장치 변수에 대한 디스플레이 장치를 통합하고 있는 시현시스템은 다음의 요건을 만족하여야 한다.

(1) 정상 운용 모드에서 비행승무원이 필요로 하는 비행 또는 동력장치 변수에 대한 주 디스플레이 장치를 저해하지 않아야 한다.

(2) 다른 시스템과 조합될 때, 단일고장 또는 고장의 가능한 조합이 발생한 후 비행승무원이 계속된 안전한 비행 및 착륙에 필수적 정보를 즉각적으로 이용할 수 있도록 설계되고 장착되어야 한다.

도록 설계, 구성, 검증되어야 한다.

(1) 정상 및 대체 작동모드에서 작동하고 작동모드 사이에서 전환되는 프로펠러 시스템은 설정된 운용조건 및 승인된 비행선도 전체에서 신청자가 정의한 기능을 수행하여야 한다.

(2) 프로펠러 제어시스템 기능은 온도, 전자기간섭(EMI), 고강도 전자기장(HIRF), 그리고 낙뢰를 포함하여 설정된 운용 환경에 의해서 부정적인 영향을 받지 않아야 한다. 해당 시스템이 만족스럽게 검증된 환경 한계는 해당 프로펠러 매뉴얼에 제시되어야 한다.

(3) 비행승무원 조치가 요구되는 경우, 작동모드가 변경되었음을 시현하는 방법이 제공되어야 한다. 이와 같은 이벤트에 대한 작동지침이 해당 매뉴얼에 제시되어야 한다.

(b) 프로펠러 제어시스템은 JS4.2815 요건에 대한 적합성과 함께 다음의 요건을 만족하도록 설계 및 구성되어야 한다.

(1) 단일고장으로 인하여 위험한 프로펠러 영향을 초래하지 않아야 한다.

(2) 적용 항공기의 국부적 이벤트로 인하여 위험한 프로펠러 영향을 초래하지 않아야 한다.

(3) 정상 프로펠러 피치 제어 상실로 인하여 의도된 운용 조건에서 위험한 프로펠러 영향을 초래하지 않아야 한다.

(4) 프로펠러 사이에 공유되는 데이터 또는 신호의 고장 또는 변조로 인하여 위험한 프로펠러 영향을 초래하지 않아야 한다.

(c) 소프트웨어가 탑재된 전자식 프로펠러 제어시스템은 수행된 기능의 치명도에 만족하고 연방항공청이 승인하는 방법으로 설계되고 실행되어야 한다. 그리고 소프트웨어 오류를 최소화하여야 한다.

(d) 프로펠러 제어시스템은 항공기에서 제공되는 데이터의 고장 또는 변조로 인하여 위험한 프로펠러 영향을 초래하지 않도록 설계되고 구성되어야 한다.

(e) 프로펠러 제어시스템은 항공기에서 공급되는 전력의 상실, 변조, 또는 비정상 특성으로 인하여 위험한 프로펠러 영향을 유발하지 않도록 설계되고 구성되어야 한다. 전력에 대한 품질 요건은 해당되는 매뉴얼에 제시되어야 한다.

JS4.2840 기능 시험

가변피치 프로펠러 시스템은 이 절의 요건에 따

JS4.2620 항공기 비행교범

신청자는 각 항공기가 인도될 때, 다음과 같은 비행교범을 함께 제공하여야 한다.

(a) 항공기 비행교범에는 다음의 정보가 포함되어야 한다.

(1) 항공기 운용한계

(2) 항공기 운용절차

(3) 성능 정보

(4) 적재 정보

(5) 설계, 운용, 조종특성에 따른 안전한 운용에 필요한 기타의 정보

(b) 이 절의 (a)(1)에서 (4)까지에 규정된 정보를 포함하는 비행교범의 각 부분은 연방항공청이 규정한 방법에 따라서 승인을 받아야 한다.

른 기능 시험을 수행하여야 한다. FAR §35.39 요건에 따른 내구성 시험에 사용된 것과 동일한 프로펠러 시스템이 이 기능 시험에 사용될 수 있고, 시험용 스탠드 또는 항공기에 장착된 대표성을 갖춘 엔진에 의해서 구동되어야 한다. 프로펠러는 고장 또는 기능장애 없이 이 시험을 완료하여야 한다. 이 시험은 사이클의 축적을 위하여 내구성 시험과 함께 조합으로 수행될 수 있다.

(a) 거버닝 및 역피치 프로펠러. 전방 피치 및 회전속도 범위에서 1,500 사이클 시험을 수행하여야 한다. 또한, 가장 낮은 정상 피치에서 최대 역피치까지 200 사이클 시험을 수행하여야 한다. 각 사이클 동안에 프로펠러는 최대 역피치에 대하여 신청자사 선택한 최대 출력 및 회전속도에서 30초 동안 운전되어야 한다.

(b) 페더링 프로펠러. 시험 중에 50 사이클 페더링 및 비 페더링 작동하여야 한다.

(c) 이 절의 시험을 대신하여 유사한 설계의 프로펠러에 대한 시험에 근거한 분석을 수행할 수 있다.

연습문제

문제 1 최근에 미래형 항공 모빌리티(FAM: Future Air Mobility)에 대한 연구개발이 활발히 진행되고 있는데, 다음 중 FAM에 해당하지 않는 것은?

① UAM ② RAM ③ AMM ④ AAM

문제 2 다음 중에 무인 항공기 시스템(UAS: Unmanned Aircraft System)의 3대 구성요소에 해당하지 않는 것은?

① 항공기 ② 지상 통제소 ③ 운용자 ④ 명령 및 제어(C2)

문제 3 다음 중에 세계에서 가장 먼저 자국의 형식증명을 받은 도심형 항공 모빌리티(UAM) 비행체는 어느 것인가?

① EHang EH216 ② VoloCity
③ Joby JAS4-1 ④ Archer Midnight

문제 4 기술이 계속하여 발전하는 UAM이나 RAM 등과 같은 미래형 항공기의 형식증명에 일반적으로 적용하는 감항기준은 어느 것인가?

① Part 23 ② Part 27 ③ Issue Paper ④ Special Condition

문제 5 유럽항공안전청이 제정한 SC E-19 Electric/Hybrid Propulsion System에서 전기식 추진시스템에 통합(hybrid)되는 동력원은 어떤 것을 말하는가?

① 왕복엔진 ② 터빈엔진 ③ Li-ion 배터리 ④ Fuel Cell

문제 6 미래형 항공 모빌리티(FAM: Future Air Mobility) 비행체를 운영주체, 미션(용도), 비행체 형상 및 원리에 따라서 분류하고, 특징적 요소를 설명하시오.

문제 7 도심형 항공 모빌리티(UAM) 비행체에서 양력 및 추력을 발생하는 로터, 프로펠러, 날개의 배치 방식에 따라 3가지로 분류하고, 각각의 특징을 설명하시오.

문제 8 미래형 항공 모빌리티 비행체에서 사용되는 전기식(electric) 추진시스템의 구성과 특징적 요소에 대하여 설명하시오.

문제 9 미래형 항공 모빌리티 비행체에서 사용되는 하이브리드(hybrid) 추진시스템의 구성과 특징적 요소에 대하여 설명하시오.

문제 10 미래형 항공 모빌리티 비행체에서 사용되는 수소연료전지(hydrogen fuel cell) 추진시스템의 구성과 특징적 요소에 대하여 설명하시오.

문제 11 민간 무인 항공기와 군용 무인 항공기에 적용되는 감항기준 또는 감항성 요건을 각각 하나 이상 제시하고, 그 적용성(적용범위)에 대하여 설명하시오.

문제 12 미국 연방항공청의 FAR Part 107: Small Unmanned Aircraft Systems에 대한 적용범위를 제시하고, 주요 요건에 대해서 아는 바를 설명하시오.

문제 13 미국 연방항공청의 FAR Part 194: SFAR 120, Powered-Lift, Pilot Certification and Training, Operations Requirements에 대한 적용범위를 제시하고, 주요 요건에 대해서 아는 바를 설명하시오.

문제 14 무인 항공기 및 미래형 항공기에 대한 형식증명에서 특히 중요하게 인식되는 인증현안검토서(IP: Issue Paper), G-1 Issue Paper, 특별감항조건(SC: Special Condition)이 각각 무엇이고 어떻게 사용되는 것인지 설명하시오.

문제 15 미래형 항공기에 장착되는 전기식 엔진은 FAA SC XX.2400(b) 또는 EASA SC-VTOL.2400(b)에 따라서 엔진 제작자가 형식증명 신청 여부를 결정할 수 있다. 엔진 형식증명을 별도로 받을 때와 항공기에 포함하여 인증을 받을 때의 장단점을 설명하고, 자신의 경우에는 어떻게 할 것인지 의견을 쓰시오.

문제 16 비가시권 무인 항공기를 포함하여 도심형 항공 모빌리티(UAM) 상용화에 있어서 소음 및 환경, 프라이버시, 지상 안전, 법적 인프라 등에 대한 사회적 합의(social consensus)가 필요하다. 이에 대한 자신의 의견을 제시하시오.

문제 17 기존의 회전익 항공기에 대한 파국적 고장 확률은 비행시간당 10^{-9} 이하를 만족하고, 비상착륙 조건에서 승객을 보호하는 좌석은 수직 가속도 30g에 견디어야 한다. 도심형 항공기의 안전성 목표를 어떻게 설정하는 것이 좋을지 자신의 의견을 제시하고, 그에 따른 설계 영향성을 설명하시오.

CHAPTER

07 군용 항공기 감항인증

7.1 군용기 인증제도

7.1.1 군용기 산업동향

Boeing, Airbus, Lockheed Martin, 그리고 다수의 시장분석 전문기관에 따르면, 글로벌 항공기 제조산업에서 민수와 군수의 비중은 종전에 8 : 2에서 최근의 군수산업 수요가 점차 증가하고 있으며, 향후에는 25 %까지 높아질 것으로 전망하고 있다.

글로벌 시장조사 전문기관들의 전망에 따르면, 군용 항공기 제조산업 시장규모는 2024년 1,121억달러 (160조원)에서 연평균 5.4 %씩 성장하여 2034년 1,879억달러 (268조원)에 이를 것으로 전망되고, 이들 군용 항공기에 탑재되는 엔진은 2034년 510억달러 (73조원), 전자장비는 2034년 388억달러 (55조원) 규모로 성장할 것으로 기대된다.

[표 7-1] 글로벌 민수/군수 항공기 제조산업 성장률 전망

구 분	2024년 USD	2034년 USD	성장률(CAGR)	비 고
항공 제조산업	488 B (695조원)	626 B (893조원)	3.5 %	합계 = 민수 + 군수
민수 항공산업	336 B (479조원)	438 B (624조원)	2.7 %	전체의 75%
군수 항공산업	112 B (160조원)	188 B (268조원)	5.4 %	전체의 25%
엔진 제조분야	112 B (160조원)	166 B (237조원)	4.0 %	민 115 B, 군 51 B
전자 제조분야	90 B (128조원)	133 B (189조원)	4.0 %	민 94 B, 군 39 B
기타 제조분야	246 B (350조원)	327 B (466조원)	3.0 %	민 229 B, 군 98 B

한국우주항공산업협회 산업정보DB에 따르면, 국내 항공기 제조산업 생산규모는 2024년 7조 6,743억원으로 군수는 4조 2,983천억원(56 %)이고 민수는 3조 3,760억원(44 %)을 차지하고 있다. 이를 내수와 수출로 분류하면, 내수는 4조 1,220천억원(54 %)이고 수출은 3조 5,523억원(46 %)을 차지한다. 품목별로는 민항기 부품 1조 8,823억원(24 %), T-50 사업 1조 1,069억원(14 %), 엔진 부품 1조 1,085억원(14 %) 규모로 생산하고, 이어서 KUH, KF-21, MRO, UAV, LAH, KT-1, F-15, AH-64 사업 순으로 생산규모를 나타낸다.

이와 같은 우리나라의 항공기 제조산업은 글로벌 시장편제 대비 군수산업 수요가 월등히 높고, 수출보다 내수의 비중이 더 높게 나타나고 있다. 향후, 국산 군용 항공기 수출이 더욱 증가될 것으로 예상되므로 내수보다 수출의 비중이 높이질 것으로 기대된다. 또한, 국산 군용 항공기 부품의 동반 수출이 촉진되고, 민수 기체 및 엔진 부품 수주가 고부가가치 품목으로 전환되면 수출의 비중의 더욱 높아질 것으로 예상된다.

[표 7-2] 우리나라 항공기 제조산업 연간 생산 규모

구분	2019년	2020년	2021년	2022년	2023년	2024년	비고
군수	3.05조원	3.12조원	3.11조원	3.56조원	4.61조원	4.29조원	
민수	2.75조원	1.67조원	1.63조원	2.78조원	2.94조원	3.38조원	
합계	5.80조원	4.79조원	4.74조원	6.34조원	7.55조원	7.67조원	

세계 각국은 경제적 발전과 함께 국방력 강화를 위하여 군용 항공기 개발과 운영에 전력을 다하고 있다. 2025년 현재 4세대와 5세대 전투기가 운용 중에 있으며, 2030년대 중반까지 6세대 전투기 개발을 진행 중에 있다. 향후의 6세대 전투기는 기존의 전투기보다 월등히 진보된 AI 네트워크 기반의 명령 · 조종 · 통신(C3: Command, Control and Communications), 원격조종 능력, 휴먼 시스템 통합, 스텔스 기체, 미래형 항전장비 및 무장, 가변 사이클 엔진을 탑재하고, 유무인 복합운용을 목표로 하고 있다.

- 1세대 (1940s ~ 1950s) : 아음속, 제트엔진, 레이더 미장착 (F-86, MiG-15)
- 2세대 (1950s ~ 1960s) : 초음속, 제트엔진, 항전, 레이더 (F-104, Mig-21, Mirage III)
- 3세대 (1960s ~ 1970s) : 다목적 전투기, 항전, 레이더, 미사일 (F-4, MiG-23, Saab 37)
- 4세대 (1970s ~ 1990s) : FBW, 항전, 레이더, 미사일 강화 (F-16, F/A-18, MiG-29 등)
- 4.5세대(1990s~2010s) : AESA 레이더, 최신항전, 데이터링크 (Typhoon, Rafale, Su-35)
- 5세대 (2000s ~ 2030s) : 스텔스, AESA 레이더, 내장형 무장 (F-22, F-35, J-20, Su-57)
- 6세대 (2030s ~ 2060s) : AI 유무인 복합운용, 스텔스, 극초음속 (NGAD, GCAP, FCAS)

세계 각국의 6세대 전투기 개발 프로그램으로 미국의 NGAD (Next Generation Air Dominance), 영국이 주도하고 이탈리아와 일본이 참여하는 GCAP (Global Combat Air Programme), 프랑스가 주도하고 독일과 스페인이 참여하는 FCAS (Future Combat Air System), 그리고 중국의 Chengdu J-36 및 Shenyang J-50과 러시아의 MiG-41 전투기를 들 수 있다. 영국의 BAE Systems가 수행하던 Tempest Program은 2022년에 GCAP으로 통합되었다. 2025년 현재 4.5세대 또는 5세대 전투기로 한국의 KF-21, 중국의 J-35, 인도의 Tejas Mk 2, 터키의 Kaan 등이 개발되고 있다.

세계 각국에서 운용되고 있는 전투기는 약 52,000대 정도로 추정되며, 우리나라의 경우에는 약 360대 이상의 전투기가 운용되고 있다. 1994년 F-16C/D 전투기, 2000년 KT-1 훈련기, 2005년 F-15K 전투기, 2005년 T-50 훈련기, 2013년 FA-50 경공격기, 2019년 F-35A 전투기가 도입되었고, 2026년부터 KF-21 전투기 양산 1호기가 배치될 예정이다.

[KAI KF-21 보라매]
개발 2015~2026, 초도비행 2022년
L 16.9 m, W 11.2 m, MTOW 25,600 kg, 2×F414-GE-400, M 1.8, CR 1,000 km

[Shenyang J-35 Fighter]
개발 2012~2028, 초도비행 2021년
L 17.3 m, W 11.5 m, MTOW 28,000 kg, 2 × WS-21, M 1.8, CR 1,250 km

[Sukhoi Su-75 Light Fighter]
개발 2020~2027, 초도비행 2025년
L 17.7 m, W 11.8 m, MTOW 26,000 kg, 1 × AL-51F-1, M 1.8, CR 1,700 km

[Boeing NGAD F-47 Fighter]
개발 2014~2030, 초도비행 2029년
(L 19.8 m, W 15.0 m, MTOW 27,000 kg), 2 × XA102/3 VCE, M 2.0, CR 2,780 km

[영-이-일 GCAP (Tempest) Fighter]
개발 2022~2034, 초도비행 2027년
(L 19.8 m, W 16.5 m, MTOW 30,000 kg), 2 × RR-IHI VCE, M 2.5, CR 3,000 km

[프-독-스 FCAS Fighter]
개발 2017~2038, 초도비행 2029년
(L 16.0 m, W 10.5 m, MTOW 27,500 kg), 2 × MTU-Safran NGFE, M 2.0, CR 1,050 km

[그림 7-1] 세계 각국의 전투기 개발 프로그램

전세계에서 운용되고 있는 군용 수송기는 약 4,200대 정도로 추정되며, 우리나라의 경우에는 약 50대 이상의 수송기, 정찰기, 다목적 비행기가 운용되고 있다. 1980년대 C-130 수송기, 1990년대 CN-235 수송기, 1990년대 P-3C 해상초계기, 2011년 E-737 조기경보기, 2018년 KC-330 공중급유 및 전략 수송기가 도입되었고, 2026년부터 Falcon 2000 정찰기 4대와 Embraer C-390 수송기 3대가 신규로 배치될 예정이다.

[Lockheed Martin C-130J]
개발 1994~1996, 초도비행 1996년 / L 29.8 m, W 40.4 m, MTOW 70,307 kg, 92명, 4×AE2100D3, M 0.5, R 3,300 km

[Airbus KC-330 MRTT Cygnus]
개발 2015~2017, 초도비행 2018년 / L 58.8 m, W 60.3 m, MTOW 233,000 kg, 300명, 4×Trent 772B, M 0.8, CR 1,800 km

[Embraer C-390 Millennium]
개발 2009~2018, 초도비행 2015년 / L 35.2 m, W 35.1 m, MTOW 86,999 kg, 80명, 2×IAE V2500, M 0.8, R 5,020 km

[KAI MC-X Multi-Role Cargo]
(개발 2026~2034, 초도비행 2032년) / L 40.3 m, W 41.1 m, MTOW 92,000 kg, 120명, 2×30,000 lbs, M 0.75, R 7,000 km

[그림 7-2] 대표적인 군용 수송기 및 개발 프로그램

현존하는 군용 수송기 중에 가장 많이 보급된 기종은 Lockheed C-130 수송기로 1950년대 중반부

터 지금까지 2,500대 이상 생산되었고, 세계 70개국에서 운용 중에 있다. 우리나라의 경우에는 한국항공우주산업㈜이 병력 120명이 탑승할 수 있는 MC-X 다목적 수송기 개발사업을 기획하고 있다.

세계 각국에서 운용되고 있는 군용 헬리콥터는 약 32,000대 정도로 추정되며, 우리나라의 경우에는 육·해·공군에서 약 800대 이상의 군용 헬리콥터가 운용되고 있다. 1976년 500MD 헬기, 1977년 AH-1 코브라, 1988년 CH-47 시누크, 1990년 UH-60 기동헬기, 1999년 Bo-105 정찰기, 2013년 KUH-1 수리온, 2016년 AH-64 아파치 헬기를 도입하고, 2024년 말부터 소형무장헬기(LAH)를 배치하고 있다. 공군은 UH-60, Bell 412, H215(AS332), S-92 등의 헬리콥터, 해군은 Lynx 99, AW159, UH-60, MH-60 등의 헬리콥터, 해병대는 KUH-1 수리온과 MUH-1 마린온을 운용하고 있다.

현존하는 군용 헬리콥터 중에 가장 많이 보급된 기종은 Sikorsky UH-60 블랙호크 헬기로 1974년부터 지금까지 5,000대 이상 생산되었고, 세계 35개국에서 운용 중에 있다. 우리나라의 경우에는 한국항공우주산업㈜이 2013년 KUH-1 헬기 개발과 2024년 LAH 헬기 개발을 완료하였고, 2025년 이후 미래형 회전익 항공기를 구상하고 있다.

[Sikorsky UH-60 Black Hawk]
개발 1972~1978, 초도비행 1974년
L 19.7 m, H 5.1 m, MTOW 9,979 kg, 11명, 2×T700-GE-701, Vm 159 kt, CR 590 km

[KAI KUH-1 Surion]
개발 2005~2012, 초도비행 2010년
L 19.0 m, H 5.0 m, MTOW 8,709 kg, 9명, 2 × T700-701K, Vm 146 kt, R 828 km

[KAI LAH-1 미르온]
개발 2015~2023, 초도비행 2019년
L 14.3 m, H 4.3 m, MTOW 4,920 kg, (9명), 2 × HAS-Arriel 2L2, Vm 131 kt, R 857 km

[Sikorsky S-97 Raider (AAS/FARA)]
개발 2010~(0000), 초도비행 2015(0000)
L 11.0 m, H 2.4 m, MTOW 4,990 kg, 6명, 1 × GE YT706, Vc 220 kt, R 570 km

[Bell V-280 Valor for FVL (FLRAA)]
개발 2013~(2030), 초도비행 2017(2026)
L 15.4 m, H 7.0 m, MTOW 14,000 kg, 14명, 2 × RR AE1107F, Vc 280 kt, CR 1,400 km

[Airbus Model for NATO NGRC]
개발 2022~(2035), 양산 (2040년)
(L 18 m, H 5 m, MTOW 12,000 kg, 24명, 2 × 2,500 shp, Vc 160 kt, R 1,400 km)

[그림 7-3] 대표적인 군용 헬리콥터 및 개발 프로그램

세계 각국의 미래형 회전익 항공기 개발 프로그램으로 미국의 FVL (Future Vertical Lift), 북대서양조약기구의 NGRC (Next Generation Rotorcraft Capability), 유럽연합의 ENGRT (European Next Generation Rotorcraft Technologies), 그리고 영국의 NMH (New Medium Helicopter) 프로그램을 들 수 있다. 기존의 미육군 AAS (Armed Aerial Scout)와 FARA (Future Attack Reconnaissance

Aircraft) 프로그램은 취소되었고, FLRAA (Future Long-Range Assault Aircraft) 프로그램은 육군이 주도하는 FVL 프로그램으로 통합되었다. NATO의 NGRC 프로그램은 AW-101 (26인승) 다목적 헬기를 미래형으로 교체하는 것을 목적으로 하고 있으며, Airbus 등은 H225M (24인승)이나 NH90 (20인승) 헬기 플랫폼을 이용하는 방안을 고려하고 있다.

군용 항공기에 장착되는 터빈엔진 중에 GE의 T700 터보샤프트 엔진은 1978년 이후 현재까지 20,000대 이상 생산되어 UH-60, AH-1, AH-64, KUH-1 등의 헬리콥터에 장착되고 있다. C-130과 CN-235 수송기에는 각각 T56-A-15와 CT7-GE-9 터보프롭 엔진이 장착되고, F-16, F-15 F-22, F-35, T-50, KF-21 전투기에는 각각 F110-GE-129 또는 F100-PW-229, F100-PW-220, F119-PW-229, F135-PW-100, F404-GE-102, F414-GE-400 터보팬 엔진이 장착되고 있다.

미국이 GE는 기존의 T700 엔진을 대체하는 T901 엔진을 개발하고 있는데, 출력을 2,000 shp에서 3,000 shp까지 50 % 증가시키고, 연료 효율을 25 % 증가시키는 것을 목표로 하고 있다. 이와 별도로 진행되는 미래형 수직이착륙기(FVL)에 장착될 미래형 실용터빈엔진(FATE: Future Affordable Turbine Engine) 개발 프로그램에서는 연료 효율이 35% 증가되고 정비 비용이 45 % 절감되는 출력 5,000 ~ 10,000 shp 엔진을 개발하는 것을 목표로 하고 있다. 유럽의 경우에는 유럽방위청 지원 하에 Rolls-Royce, Safran, MTU를 중심으로 유럽형 차세대 헬리콥터 엔진(ENGHE: European Next-Generation Helicopter Engine) 개발 프로그램을 진행하고 있다.

미국의 NGAD, 유럽의 GCAP 및 FCAS 등의 미래형 전투기 프로그램에 사용될 가변 사이클 엔진(VCE: Variable Cycle Engine)은 아음속, 천음속, 초음속 영역 모두에서 효율적으로 작동하는 미래형 터보팬 엔진 또는 이와 유사한 방식을 말한다. GE는 적응형 엔진 전환 프로그램(AETP: Adaptive Engine Transition Program)에 따라 NGAD 전투기에 장착될 XA102 엔진을 개발하고 있고, Pratt & Whitney도 동 프로그램에 XA103 엔진 개발을 제안하고 있다. Rolls-Royce는 영국의 차세대 전투기(Tempest) 개발 프로그램에 사용될 미래형 분사추진 엔진을 구상하고, MTU-Safran-ITP는 유럽 차세대 전투기(FCAS) 개발 프로그램에 사용될 분사추진 엔진 개발을 계획하고 있다.

우리나라의 경우에는 한화에어로스페이스㈜에서 중고도 무인기에 탑재될 1,400 마력급 터보프롭 엔진을 2028년까지 개발하고 있다. 또한, 무인 편대기에 장착될 5,500 lb급 터보팬 엔진을 2027년까지 개발하고, 저피탐 다목적 무인기에 장착될 10,000 lb급 터보팬 엔진을 2031년까지 개발하고 있다. 그리고, 유인 전투기 등에 탑재될 15,000 lb급 터보팬 엔진을 2030년대 중반까지 독자적으로 개발하는 사업을 추진하고 있다.

[T700-GE-701 Shaft Engine]
개발 1967~1977, 초도시험 1973년
L 1.20 m, D 0.64 m, W 198 kg, 1,622 shp, PR 17 : 1, P/W 3.7, SFC 0.433 lb/hp/h

[GE FATE for US Army FVL]
개발 2011~2025, 초도시험 2017년
Power 5,000~10,000 shp, Improve Cost 45 %, P/W 80 %, Life 20 %, SFC 35 %

[중고도 무인기 터보프롭 엔진]
개발 (2019)2025~2028, 시험 2027년
(L 1.80 m, D 0.51 m, W 290 kg, 1,400 hp, PR 16 : 1, P/W 2.1, SFC 0.500 lb/hp/h)

[전투기용 터보팬 엔진 개발]
개발 2026~2037, 초도시험 (2030년)
(L 3.80 m, D 0.78 m, W 980 kg, Thrust 15,000 lbf, PR 25 : 1, BPR 0.35, T/W 4.6, SFC 0.81 lb/lbf/h)

[Adaptive/Variable Cycle Engine : XA102-GE-100 for NGAD]
개발 2016~2031, 초도시험 2026년
(L 5.6 m, D 1.2 m, W 2,000 kg, Thrust 35,000~40,000 lbf, PR 40 : 1, BPR 0.3~1.5 variable, T/W 10.0, SFC 0.689 lb/lbf/h)

[그림 7-4] 세계 각국의 군용 항공기 엔진 개발 프로그램

군용 항공기의 정비 및 개조에 사용되는 교체용 부품(replacement parts)에 대한 글로벌 시장규모는 2024년 370억달러 (52조원) 수준이며, 이는 연평균 4.5 %씩 성장하여 2034년에는 600억달러 (84조원)에 이를 것으로 전망된다. 이들 교체용 부품은 전체 부품의 30 ~ 40 %를 차지하며, 원제작사(OEM)를 통해서 공급되는 경우와 제3자의 부품 제작사를 통해서 공급되는 경우로 나누어 볼 수 있다.

우리나라의 금호타이어㈜는 1975년 군용 항공기 타이어를 국내 최초로 개발했으며, F-5, F-16, T-50 등을 비롯한 8개 기종의 15개 규격의 타이어를 생산하였고, ㈜데크카본은 1998년 F-16 카본 브레이크 디스크를 개발을 시작으로 2007년 T-50 브레이크 디스크를 개발하고 2025년에는 KF-21 브레이크 디스크를 개발하고 있다. 그밖에 은유항공정밀, 송월테크놀로지, 하이즈항공, 현항공산업, 성일터빈, 대화항공, 수성기체, 연합정밀, 영풍전자, ㈜율곡, ㈜조일, 퍼스텍 등에서 군용 항공기 부품을 제작하고 있다.

7.1.2 감항인증 제도 도입

군용 항공기는 지난 50년 이상 미국에서 정립된 군수품 개발 및 획득체계에 따라서 조달되었다. 즉, 개발 단계에서 군작전요구성능(ROC: Required Operational Capability)을 충족하는지 평가하고, 양산 단계의 품질보증(QA: Quality Assurance)을 통해서 항공기 성능과 품질을 보장하도록 하였다. 1990년대 후반의 군사규격 개혁(MIL Spec Reform) 프로그램에 따라 MIL-Q-9858A를 포함한 대부분의 군사규격이 폐지 또는 민간 산업규격으로 대체되었고, 이로 인하여 군용 항공기 성능 평가 및 품질보증 활동이 다소 약화되는 경향을 보이게 되었다.

미국 국방성의 군용 항공기 획득 및 운용은 미국법령(USC: United States Code) Title 10 - Armed Forces에 근거하고 있다. 그리고 연방규정(CFR: Code of Federal Regulations) Title 32 - National Defense의 Subtitle A - Department of Defense의 각 Chapter에서 국방성과 육군, 해군, 공군의 법적인 업무를 규정하고 있다. 공군의 경우에는 Chapter VII의 Subchapter F - Aircraft 부분의 각 Part에서 항공기에 관한 사항을 규정한다.

그러나, 이들 미국법령과 연방규정에서는 군용 항공기에 대한 감항인증(airworthiness qualification or certification)을 명확히 규정하고 있지 않으며, 1990년대와 2000년대 초반의 국방성, 공군, 해군, 육군의 정책문서를 통해서 감항인증 기틀을 마련하였다.

- DoD Directive 5030.61 : DoD Airworthiness Policy, 2013.05.24 (2018, CHG 3)
- AFP Directive 62-6 : USAF Airworthiness Policy, 2000.10.01 (2019.01.16)
- NAVAIR Instruction 13034.1C : Airworthiness and Cybersecurity Safety, 2004 (2016)
- AR 70-62 Airworthiness Qualification of Aircraft Systems, 2000.07.07. (2016.05.11)

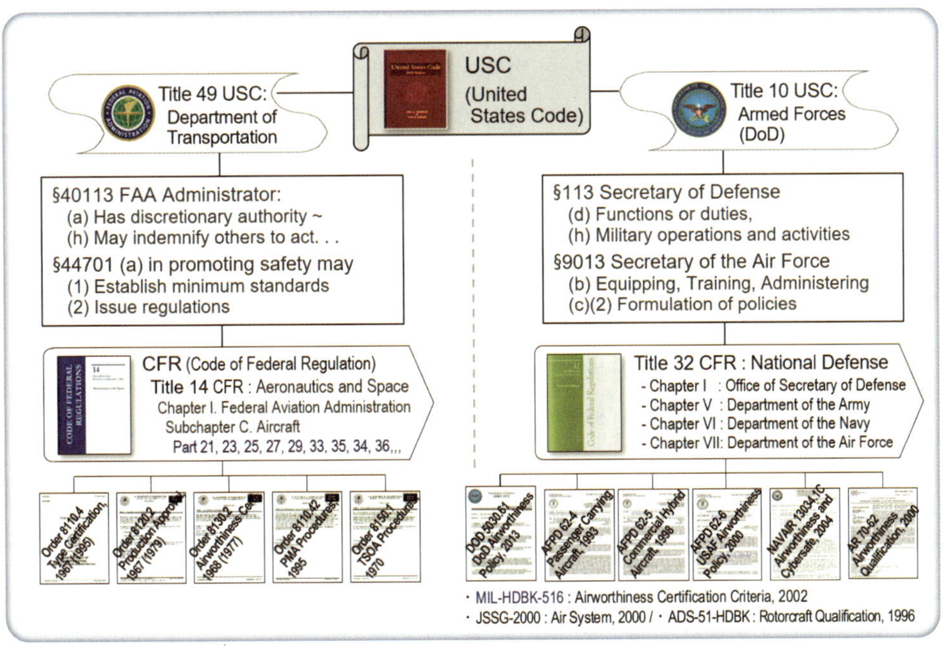

[그림 7-5] 미국의 군용 항공기 감항인증 법령체계

미국의 군용 항공기 감항인증은 국방성과 각 군의 정책문서에 따라서 2000년대 초반까지 기틀을 마련하고, 2002년에 MIL-HDBK-516 Airworthiness Certification Criteria를 제정하면서 본격적으로 시작되었다고 볼 수 있다.

미국 국방성은 감항인증에 관한 정책, 기준, 협력 업무를 수행하기 때문에 감항인증 전담부서를 두지 않고 있으며, 각 군이 군용 항공기 감항당국(MAA: Military Aviation or Airworthiness Authority) 역할을 수행하고 감항인증 부서를 운영하고 있다.

[표 7-3] 미국의 각 군별 감항당국 및 기술부서

구분	감항인증 규정	군 감항당국(MAA)	감항인증 부서
공군	AFPD 62-6 (2025)	Air Force Materiel Command (AFMC)	Air Force Airworthiness Office (AFAO, AFLCMC)
해군	NAVAIR 13034.1F	Naval Air Systems Command (NAVAIR)	Airworthiness and Cybersafe Office (AIR-4.0P)
육군	AR 70-62 (2016)	Army Materiel Command (AMC)	Aviation Engineering Directorate (AED, DEVCOM)

우리나라의 경우에는 2006년 방위사업청이 개청하고, 2009년에 군용항공기 비행안전성 인증에 관한 법률, 표준감항인증기준, 인증 업무규정이 각각 제정되면서 군용 항공기 감항인증 체계를 갖추게 되었다.

- 군용항공기 비행안전성 인증에 관한 법률 (제정 2009.04.01, 개정 2024.01.16)
- 군용항공기 비행안전성 인증에 관한 법률 시행령 (제정 2009.07.30, 개정 2022.08.09)
- 군용항공기 비행안전성 인증에 관한 법률 시행규칙 (제정 '09.08.05, 개정 '19.10.24)
- 군용항공기 비행안전성 인증에 관한 업무규정 (방사청, 제정 '09.07.30, 개정 '20.08.11)
- 연구목적 군용항공기 비행안전성 인증에 관한 업무규정 (국과연, 제정 2020.03.01)
- 군용항공기 비행안전성 인증 업무규정 (기품원, 제정 2020.10.15, 개정 2024.10.31)
- 군용항공기 표준감항인증기준 (방사청, 제정 2009.09.23, 개정 2024.09.11)
- 군용항공기 감항인증 실무 가이드북 (방사청, 배포 2015.08.12.)
- 군용항공기 국산화 품목 감항인증 가이드북 (기품원, 배포 2017.09.00)

우리나라의 감항인증 업무는 방위사업청 방위산업진흥국 인증기획과에서 담당하며, 감항인증심의위원회, 사업관리기관, 주관기관 및 전문기관을 두고 있다. 군용 항공기 사업관리기관은 방위사업청 소속기관, 육군, 해군, 공군, 정부출연기관, 또는 관련업체 등이 맡을 수 있으며, 방위사업청에 감항인증을 신청하여야 한다. 감항인증 전문기관은 국방과학연구소, 국방기술품질원, 육군, 해군, 공군이 지정되어 있으며, 이들 전문기관 중에서 해당 항공기 특성 등을 고려하여 하나의 주관기관을 지정한다.

우리나라의 군용 항공기 감항인증(airworthiness certification)은 항공기만을 대상으로 하며, 개발단계에서는 형식인증(type certification), 양산단계에서는 생산확인(production validation & audit, or production inspection), 그리고 호기별로 감항인증서(military certificate of airworthiness)를 받아야 한다.[69)]

우리나라 군용 항공기 중에 터키에 수출되는 KT-1T 기본훈련기가 2009년 12월 22일 최초의 형식인증을 받았으며, 감항인증서는 2010년 3월 29일에 발급되었다. 이후 2012년 KUH-1 기동

[표 7-4] 우리나라 군용 항공기 형식인증서 발급 현황

구분	항공기 형상	항공기 명칭	제작사	인증서 번호	발급일자	비고
1		KT-1T 기본훈련기	한국항공우주산업㈜	MTC-2009-001	2009.12.22	터키 수출형
2		KUH-1 기동헬기	한국항공우주산업㈜	MTC-2012-001	2012.06.18	수리온 헬기
3		FA-50 경전투기	한국항공우주산업㈜	MTC-2012-002	2012.10.31	
4		T-50i 고등훈련기	한국항공우주산업㈜	MTC-2013-001	2013.07.02	인니 수출형
5		KUH-1P 경찰헬기	한국항공우주산업㈜	MTC-2013-002	2013.12.17	
6		KUS-9 사단 무인기	대한항공㈜	MTC-2014-001	2014.10.29	RQ-102
7		MUH-1 상륙헬기	한국항공우주산업㈜	MTC-2015-001	2015.12.11	마린온 헬기
8		KT-1P 기본훈련기	한국항공우주산업㈜	MTC-2015-002	2015.12.11	페루 수출형
9	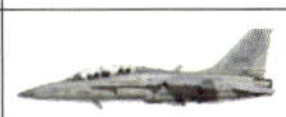	FA-50PH 경공격기	한국항공우주산업㈜	MTC-2016-001	2016.09.02	필리핀 수출
10		KUH-1M 의무헬기	한국항공우주산업㈜	MTC-2016-002	2016.12.26	군 의무헬기
11		T-50TH 고등훈련기	한국항공우주산업㈜	MTC-2017-001	2017.12.27	태국 수출형
12		KUH-1CG 해경헬기	한국항공우주산업㈜	MTC-DAPA-2019-001	2019.12.23	
14		LAH 소형무장헬기	한국항공우주산업㈜	MTC-DAPA-2022-001	2022.12.01	
13		TA-50 전술입문기	한국항공우주산업㈜	MTC-DAPA-2023-001	2023.04.03	TA-50 Block 2
15		FA-50GF 경전투기	한국항공우주산업㈜	MTC-DAPA-2023-002	2023.07.06	폴란드 수출형
16		KF-21 전투기	한국항공우주산업㈜	진행중	(진행중)	

헬기, 2012년 FA-50 경전투기, 2013년 T-50i 고등훈련기, 2014년 KUS-9 사단급 무인기, 2015년 MUH-1 상륙헬기, 2016년 FA-50PH 경전투기 등이 형식인증을 받았고, 2025년 현재 KF-21 보

69) 민간 인증(certification)에서는 항공기, 엔진, 프로펠러에 대하여 형식증명(TC), 제작증명(PC), 감항증명(AC)을 수행하고, 항공기 부품류에 대해서는 부품등제작자증명(PMA)과 기술표준품 형식승인(TSOA)을 받아야 한다.

라매 전투기에 대한 형식인증을 진행하고 있다.

군용 항공기 감항인증은 민간 인증과 달리 엔진, 프로펠러, 부품, 기술표준품에 대한 인증제도를 운영하지 않고 항공기만을 대상으로 한다는 점에서 차이가 있다. 또한, 군용 항공기 감항인증은 군 작전 운용 및 임무 수행을 고려한 비행 안전을 보장하고, 인증기준의 경우에도 군 요구도, 임무, 작전 등에 따라 변경되는 기종별 감항인증기준(TACC)을 작성하여 적용한다. 이는 군용 항공기에 대한 연구개발, 생산, 배치 및 운용을 군의 예산을 투입하여 수행하기 때문에 감항인증의 경우에도 사업관리기관(군)이 방위사업청(군)에 신청한다는 논리로 운영되고 있다.[70)]

이와 같은 상황에서도 방위사업청을 중심으로 각 군, 주관기관, 전문기관, 그리고 산업체가 협력하여 지난 15년간의 비교적 짧은 기간에 군용 항공기 감항인증 제도를 정착시키고, 국산 항공기에 대한 비행 안전성 확보와 수출에 크게 기여하고 있다.

7.1.3 감항인증 국제협력

세계적으로 군용 항공기에 대한 감항인증 제도가 정착됨에 따라 항공기 수출입에 감항인증이 절대적인 역할로 주목받게 되었다. 즉, 군용 항공기 수입 국가에서 제작 국가 정부가 발급하는 감항인증서를 통해서 해당 항공기의 비행 안전성을 보장하도록 요구하고 방식으로 전환되고 있다.

[한-미 상호인정, 2016.09.26]

[한-스페인 협약, 2019.00.00]

[한-프랑스 상호인정, 2022.09.20]

[한-호주 협약, 2022.00.00]

[한-폴란드 협약, 2024.01.02]

[한-NATO 협약, 2024.07.09]

[그림 7-6] 군용 항공기 감항인증 상호인정 협약 체결 현황

70) 군용 항공기 감항인증에서 항공기만을 대상으로 함으로써, 엔진과 부품 제작사의 능동적인 활동이 위축되고, 산업적 발전에도 부정적인 영향을 줄 수 있다. 또한, 항공기 개발업체가 아닌 사업관리기관이 방위사업청에 감항인증을 신청함으로써, 항공기 제작사의 적합성 입증 책임이 불명확해질 수 있다.

이와 같은 군용 항공기 수입과 수출에 있어 상대 국가의 감항인증을 자국의 인증과 같이 상호 인정하는 협약을 통하여 감항인증 기간을 단축시키고 비용을 크게 절감할 수 있게 된다. 우리나라 방위사업청은 2016년 미국과 감항인증 상호인정 협약을 처음 체결하였으며, 그 이후 2019년 스페인, 2022년에는 프랑스와 호주, 그리고 2024년에는 폴란드, 콜롬비아, 북대서양조약기구(NATO)와 상호인정 협약을 체결하였고, 2025년 하반기에는 말레이시아와 상호인정 협약 체결을 진행 중에 있다.

특히, 2024년 7월 9일에 체결한 한국-NATO 군용 항공기 감항인증 상호인정 협약은 향후 NATO 회원국과 개별 협약 시에 상대국가의 감항인증 능력 평가와 현장실사를 생략할 수 있도록 합의함으로써 감항인증 국제협력 기반을 확고히 하였다.

이러한 군용 항공기 감항인증에 대한 상호인정은 2000년대에 들어서 유럽연합(EU) 예하에 유럽방위청(EDA: European Defense Agency) 신설과 군 감항인증당국 포럼(MAWA: Military Airworthiness Authorities Forum)을 통해서 유럽 국가에 공통적으로 적용할 수 있는 감항인증 절차와 기준을 정립한 것이 계기가 되었다. 이때 산출된 유럽 군 감항당국 문서-인정(EMAD-R: European Military Airworthiness Document-Recognition) 문서가 현재의 국가간 감항인증 상호인정 체결을 위한 근거로 적용되고 있다.

우리나라의 군용 항공기 상호인정은 군용항공기 비행안전성 인증에 관한 법률 제5조(표준감항인증기준 등의 적용 제외)의 제2호 및 방위사업청 훈령 제62조의2(외국 군 감항당국 인정절차)에 따른 것이며, 세부적인 절차와 양식은 국제적으로 통용되는 유럽방위청의 EMAD-R을 따른다. 양국 감항인증 당국에 대한 평가는 EMAD-R에 명시된 군 감항당국 인정 질의서(MARQ: Military Airworthiness Authorities Recognition Question-set)를 활용하여 수행되는데, MARQ는 감항인증 당국, 항공기 검사, 생산확인, 항공기 인증의 4개 분야에 160여개의 질의사항으로 구성되어 있다. 각 분야별 평가를 위해 감항인증 당국과 감항인증 전문기관 인원으로 상호인정 평가팀을 구성한다.

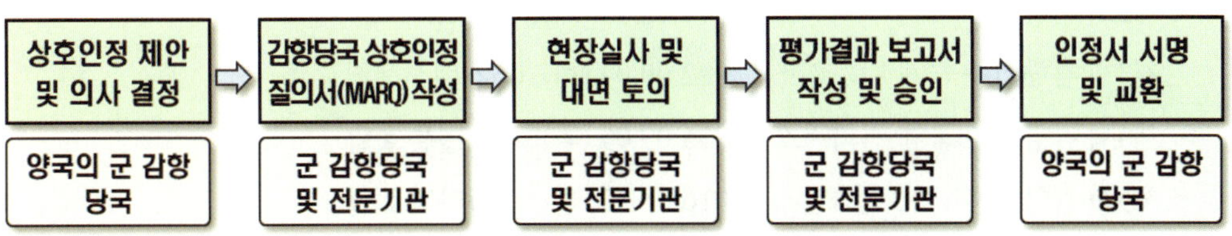

[그림 7-7] 군용 항공기 감항인증 상호인정 협약 체결 과정

세계 각국은 항공기 감항인증 제도 발전 및 인증기술 개발을 위한 심포지엄이나 컨퍼런스를 통

해서 국제협력을 도모하고 있다. 대표적으로 우리나라 방위사업청에서 주관하는 군용항공기 감항인증 국제 컨퍼런스(IMACC: International Military Airworthiness Certification Conference), 미국의 항공기 감항인증 및 지속성 컨퍼런스(AA&S: Aircraft Airworthiness and Sustainment), 유럽의 군 감항인증 컨퍼런스(EDA Military Airworthiness Conference), 중국의 항공기 감항성 국제 심포지엄((ISAA: International Symposium on Aircraft Airworthiness) 등을 들 수 있다.

[제1회 컨퍼런스, 2010.09.08]　[제2회 컨퍼런스, 2011.10.11]　[제3회 컨퍼런스, 2012.09.04]

[제4회 컨퍼런스, 2014.09.05]　[제6회 컨퍼런스, 2018.09.17]　[제7회 컨퍼런스, 2022.09.20]

[그림 7-8] 군용 항공기 감항인증 국제 컨퍼런스 개최 현황

우리나라의 군용항공기 감항인증 국제 컨퍼런스는 2006년 방위사업청이 개청하고 2009년 군용기 인증법이 제정된 이듬해인 2010년에 제1회 국제 컨퍼런스 개최하였다. 이어 2022년까지 총 7회의 컨퍼런스가 개최되었고, 2025년에는 제8회 컨퍼런스가 예정되어 있다. 국내의 정부기관, 육해공군, 연구기관, 산업체뿐만 아니라, 호주 국방항공안전국(DASA), 프랑스 국가항공안전국(DSAE), 북대서양조약기구(NATO), 미국 연방항공청(FAA), 유럽항공안전청(EASA), 그리고 각국의 군 감항당국 및 산업체에서 참여하고 있다.

- 제1회 감항인증 국제 컨퍼런스 : 2010.09.08 (수), 서울힐튼호텔
- 제2회 감항인증 국제 컨퍼런스 : 2011,10.11 (화), 서울 코엑스
- 제3회 감항인증 국제 컨퍼런스 : 2012.09.04 (화), 63컨벤션센터
- 제4회 감항인증 국제 컨퍼런스 : 2014.09.05 (금), 서울힐튼호텔
- 제5회 감항인증 국제 컨퍼런스 : 2016.05.30 (월), 더플라자호텔
- 제6회 감항인증 국제 컨퍼런스 : 2018.09.17 (월), 임페리얼호텔
- 제7회 감항인증 국제 컨퍼런스 : 2022.09.20 (화), 더플라자호텔
- 제8회 감항인증 국제 컨퍼런스 : 2025.10.21 (화), 소피텔앰버서더호텔

미국의 항공기 감항성 및 지속성 컨퍼런스(AA&S: Aircraft Airworthiness and Sustainment)는 군 감항당국 역할을 수행하는 공군, 육군, 해군을 비롯하여 연방항공청과 유럽항공안전청, 그리고 Boeing, Lockheed Martin, P&W, GE, Simens 등의 항공업체가 참여하여 현재와 미래의 감항인증 전략과 방법을 토론하고, 연구 결과를 교류하는 국제적 규모의 감항인증 컨퍼런스이다. 2013년을 제외하고 2008년부터 매년 개최되고 있으며, 2024년에는 텍사스 주의 샌 안토니오 매리어트 호텔, 그리고 2025년에는 오하이오 주의 데이톤 컨벤션 센터에서 국방산업 감항성 자문그룹, 적층 가공기술, 감항인증 인력개발을 주제로 개최되었으며, 우리나라의 경우에는 공중급유 시스템에 대한 감항인증, 감항인증 상호인정 체결 현황 및 군 감항인증 교육 제도에 대하여 발표하였다.

유럽의 군 감항인증 컨퍼런스(EDA Military Airworthiness Conference)는 유럽방위기구(EDA: European Defense Agency) 주관으로 매년 또는 격년으로 개최되는 컨퍼런스이며, 유럽방위기구 회원국과 초청국 전문가들이 참석하여 유럽의 군용 항공기 감항인증 요건(EMAR)에 대한 의견을 교환하고, 최신 감항인증 정보교류 및 국제협력을 목적으로 하는 학술대회이다. 2023년에는 독일의 Bonn에서 개최되었으며, 상호협력 원동력으로 작용하는 군 감항인증 요건, 상호협력 기회를 위한 관점의 확장, 군 감항인증 요건 적용 사례, 진보와 발전을 위한 도전을 주제로 총 12개의 발표가 세션별로 진행되었고, 2025년 10월에는 네덜란드 Hague에서 개최될 예정이다.

중국의 항공기 감항성 국제 심포지엄(ISAA: International Symposium on Aircraft Airworthiness)은 2009년부터 2013년까지 베이항대학교(BUAA, Beihang University)가 주관했던 심포지엄으로 중국의 민항기 및 군용기 인증기술 발전에 크게 공헌하였다. 제1회와 제2회 심포지엄은 각각 2009년과 2011년에 베이징에서 개최되었고, 제3회 심포지엄은 2013년에 프랑스 툴루즈에서 개최되었으며, 3회에 걸쳐 총 200여편의 논문이 발표되었다. 지금은 중국 감항당국이 주관하는 항공기 감항안전 심포지엄(AWSS: Aircraft Airworthiness Safety Symposium) 등으로 전환되었다.

7.2 군 감항인증 절차

우리나라의 군용 항공기 감항인증은 2006년에 방위사업청이 개청하고, 2009년에 군용항공기 비행안전성 인증에 관한 법률(약칭 군용기 인증법)이 제정되면서 시작되었다. 그리고 이를 시행하기 위한 훈령으로 군용항공기 비행안전성 인증에 관한 업무규정을 제정하였고, 군용항공기 표준감항인증기준을 고시함으로써, 법적인 감항인증 체계를 갖추게 되었다. 군용 항공기에 대한 감항인증은 민간 항공기 인증과 유사하게 형식인증, 생산확인, 감항인증 단계로 진행되지만, 다음과 같은 사항에 차이가 있다.71)

- 인증대상 : 항공기 (엔진, 프로펠러, 부품류는 단독적인 인증 대상이 아님)
- 인증조직 : 감항당국(1), 사업관리기관(1), 주관기관(3), 전문기관(5)
- 신 청 자 : 사업관리기관 (개발업체의 법적인 책임과 역할이 명시되지 않음)
- 감항기준 : 표준감항인증기준을 바탕으로 기종별 감항인증기준을 작성함

이와 같은 군용 항공기 감항인증 제도는 민간 항공기 인증제도와 다수의 차이가 있으나, 이는 군용 항공기에 대한 고유의 목적과 군수품 개발 및 획득 사업의 특징적 요소를 반영한 것으로 판단된다. 이러한 제도 상의 차이가 있음에도 인증계획 수립, 설계 적합성 입증, 생산 합치성 확인, 감항성 검사를 통한 안전성 확보 과정은 민간 항공기 인증과 큰 차이가 없다고 볼 수 있다.

군용항공기 비행안전성 인증에 관한 법률 제2조(정의) 제1호에 따르면, "군용항공기"란 국군이 사용하거나 군사용으로 수출하기 위한 비행기, 회전익항공기, 비행선, 활공기, 무인항공기 (최대이륙중량 25 kg 초과 무인비행기, 자체중량 12 kg 초과 무인비행선), 동력 패러슈트 및 동력 패러글라이더, 유인기구로 정의하고 있다. 또한, 법률 제2조의2(경찰용 · 세관용 항공기의 감항인증)와 시행령 제2조(경찰용 · 세관용 항공기)에 따라서 경찰청, 해양경찰청 또는 관세청이 사용하는 항공기도 감항인증의 대상이 될 수 있다. 군용 항공기 획득사업으로 살펴보면, 법률 제2조(정의) 제4호에 따라서 다음의 군용 항공기 사업을 감항인증 대상으로 볼 수 있다.

- 군용 항공기를 연구 · 개발하는 사업
- 군용 항공기를 구매하는 사업

---

71) 군용 항공기 감항인증 대상을 엔진 및 부품으로 확대하여 해당 품목의 안전성 증대와 산업 발전을 도모할 필요가 있으며, 감항인증 신청자의 책임과 역할을 강화하기 위하여 사업관리기관이 아닌 해당 개발업체가 직접 감항인증을 신청하도록 개선할 필요가 있다. 또한, 수출 항공기의 경우에는 개발업체가 사업관리기관으로서 감항인증을 신청할 수 있다고 하지만, 이 역시 내수/수출을 달리하여 신청자가 바뀌는 방식은 바람직하다고 보기 어렵다.
사업관리기관은 엄밀하게 인증조직으로 분류되지 않지만, 군용 항공기 감항인증 제도의 고유한 특성을 고려하여 편의상 인증조직으로 분류한 것이므로 이에 대한 독자의 이해가 필요하다.

- 군용 항공기를 개조·개량하는 사업
- 부품, 구성품, 무기, 장비 등을 제작, 개조, 개량하여 군용 항공기에 장착하는 사업

다만, 위와 같은 군용 항공기 사업의 경우에도 시행령 제2조의2(감항성 심사를 생략할 수 있는 사업)에 규정된 바와 같이 연구만을 목적으로 하는 사업, 군용 항공기를 구매하는 사업, 그리고 개조·개량 사업 및 부품 등을 항공기에 장착하는 사업 중에 외국업체를 통해서 추진되는 사업은 법률 제4조(감항인증의 절차 등) 제5항의 단서에 따라서 감항성 심사의 전부 또는 일부가 생략될 수 있다.

군용 항공기에 대한 감항인증기준은 군용기 인증법 제3조(표준감항인증기준)와 제4조(감항인증의 절차 등)에 따라 제정되는데, 방위사업청은 표준감항인증기준을 제정하여 고시하고, 사업관리기관은 기종별 감항인증기준을 작성하여 방위사업청에 제출하여야 한다. 방위사업청의 표준감항인증기준은 Part 1 기본 항공기 및 무인기 시스템 (모든 항공기에 적용), Part 2 보통 무인비행기 시스템 (MTOW 150 kg ~ 20,000 kg), Part 4 소형 무인항공기 시스템 (MTOW 600 kg 미만)으로 구성되어 있다. Part 3 경량 무인비행기 시스템 (MTOW 150 kg 이하, 충돌에너지 66 J 초과)은 2024.09.11부로 폐지되었다.

군용 항공기 감항인증은 법률 제4조(감항인증의 절차)에 따라서 수행된다. 사업관리기관은 시행규칙 제3조(감항인증의 신청)에 따라서 다음 사항이 포함된 감항인증 신청서를 작성하여 방위사업청에 제출한다.

1. 해당 군용항공기 사업의 개요
2. 표준감항인증기준의 적용 여부
3. 해당 군용항공기 사업의 개략적인 감항인증 계획
4. 그밖에 방위사업청장이 감항인증을 위하여 필요하다고 판단하는 사항

연구·시험·수출·홍보 등을 위하여 한시적으로 운용하는 군용 항공기에 대하여 감항인증을 받고자 하는 경우에도 법률 제4조의2(연구 등 목적의 감항인증)에 따라서 감항인증을 신청할 수 있다. 이 경우에 사업관리기관은 시행규칙 제5조의2(연구 등 목적의 감항인증 신청 등)에 따라서 다음 사항이 포함된 감항인증 신청서를 작성하여 방위사업청에 제출한다.

1. 군용항공기 운용 목적 및 기간
2. 군용항공기 운용의 개요
3. 그밖에 방위사업청장이 감항인증을 위하여 필요하다고 판단하는 사항

해당 항공기에 대한 감항인증을 신청한 후, 사업관리기관은 법률 제4조 제2항의 방위사업청

지침에 따라서 기종별 감항인증기준을 포함한 기종별 감항인증 계획안을 수립하여 방위사업청에 제출한다.

방위사업청은 사업관리기관이 수립한 기종별 감항인증 계획안을 감항인증심의위원회 심의를 거쳐 확정하고, 그 결과를 해당 사업관리기관, 해당되는 각 군, 그리고 감항인증 관련기관에 통보한다. 이어서 형식인증과 생산확인 단계별로 해당 항공기가 기종별 감항인증기준에 적합한지에 대하여 감항성 심사를 진행한다.

[표 7-5] 군용 항공기 인증위원회, 실무위원회, 자문위원 구성

구분	감항인증심의위원회	감항인증실무위원회	감항인증 자문위원
인원	13명 이내 (임기 2년) - 위원장 : 방위사업청 차장 - 부위원장 : 위원장이 지정 - 간사 : 인증기획과장	15명 이내 (사업별 위촉) - 위원장 : 방위산업진흥국장 - 간사 : 인증기획과장 - 서기 : 실무담당자	5명 이내 - 임기 1년 (연임 가능)
자격 (경력, 보직)	1) 국방부 전력정책관 2) 방위산업국장 · 항공사업부장 3) 육군 시평단장, 해군 시평단장, 공군 전발단장 4) 국토교통부 항공안전정책관 5) 국과연 항공기술연구원장, 기품원 품질경영본부장 6) 감항인증 학식/경험 풍부한 자 중에 위원장이 추천한 자	1) 인증기획과장이 추천한 자 2) 사업부서장이 추천한 자 3) 각 군이 추천한 영관급 장교 4) 국토부 장관이 추천한 자 5) 주관기관장이 추천한 자 6) 각 전문기관이 추천한 자 7) 감항인증 학식/경험 풍부한 자 * 기술분야별로 10년 이상의 경력을 가진 자	1. 산학연 기관의 항공관련분야 전문지식을 구비한 자 2. 정부기관의 항공기 감항인증 관련 전문지식을 구비한 자 3. 국제항공법 관련 전문지식을 구비한 자
심의· 조정 안건 (직무)	1) 감항인증 정책 수립 및 변경 2) 표준감항인증기준 작성·변경 3) 기종별 감항인증기준 확정 4) 감항성 심사 결과의 확인 5) 감항인증 관련기관 업무조정 6) 표준감항인증기준 적용 제외 7) 법 시행 전에 착수한 사업 중에 감항인증 추진여부 등 8) 미충족/보완 감항인증 재결정 9) 기타 심의·조정 필요한 사항	1) 표준감항인증기준 작성·변경 2) 기종별 감항인증기준 확정 3) 감항성 심사 결과의 확인 4) 미충족/보완 감항인증 재결정 5) 감항인증기준 변경 영향 확인 6) 연구·시험·수출·홍보 감항인증 7) 최초안전비행(SOF) 평가결과 8) 초도비행 제한에 관한 사항 9) 각 군의 감항인증 업무지원 10) 기타 심의·조정 필요한 사항	- 방위산업진흥국장이 의뢰하는 감항인증 정책적 판단이 필요한 사항 등 업무 전반에 대한 정책적 자문과 함께 인증위원회 심의사항에 대하여 자문 - 인증위원회에 출석하여 발언 또는 서면으로 의견서를 제출 - 특정 사안에 한시적으로 위촉된 경우에는 해당 자문이 종료된 때에 자동으로 해촉

방위사업청은 감항인증 정책과 감항인증 심사에 관한 사항을 심의 · 조정하기 위하여 법률 제7조(감항인증심의위원회의 설치 등)와 훈령 제41조(감항인증심의위원회)에 따라서 감항인증심의위원회를 두고, 훈령 제42조(감항인증기술실무위원회)에 따라서 감항인증심의위원회를 지원하기 위하여 실무위원회를 둘 수 있다. 감항인증심의위원회는 총 13명 이내로 구성하고, 위원장은 방위사업청 차장이 맡고, 위원은 관계 중앙행정기관의 공무원, 각 군 및 감항인증에 대한 학식과 경험이 풍부한 자 중에서 임명하거나 위촉한다. 감항인증심의위원회에서 심의 · 조정하는 사항은

다음과 같다.

1. 감항인증과 관련된 주요 정책의 수립 및 변경에 관한 사항
2. 표준감항인증기준의 작성 및 변경 고시에 관한 사항
3. 기종별 감항인증 계획의 확정에 관한 사항
4. 감항성 심사 결과의 확인에 관한 사항
5. 감항인증과 관련된 기관 간의 업무조정에 관한 사항
6. 그밖에 감항인증과 관련하여 심의 · 조정이 필요하다고 인정하는 사항

방위사업청은 감항인증 업무에 대한 자문을 위하여 법률 제8조(감항인증 자문위원)와 훈령 제43조(자문위원)에 따라서 방위사업청 소속으로 5명 이내의 자문위원을 둘 수 있다. 이들 자문위원은 정책 및 기술 분야에 따라 총 5명 이내로 위촉하고, 임기는 1년으로 하며 연임이 가능하다.

군용 항공기 사업관리기관은 법률 제2조와 훈령 제3조에서 정의하고 있으며, 개별 군용 항공기 사업의 모든 과정을 관리하는 방위사업청 소속기관, 육군 · 해군 · 공군, 정부출연기관, 관련 업체, 또는 이들로부터 권한을 위임 · 위탁받은 자로서, 감항인증을 받을 책임이 있는 기관을 말한다. 이에 따라서 법률 제4조(감항인증의 절차 등)에 의거 방위사업청에 감항인증을 신청하고, 기종별 감항인증 계획을 수립하여 제출해야 한다.

방위사업청은 감항인증 업무의 객관성 · 효율성 · 전문성을 보장하기 위하여 법률 제11조(감항인증 주관기관의 지정 등)와 시행령 제11조(주관기관에 대한 단계별 지원계획의 수립)에 따라서 전문기관 중에서 군용 항공기 사업별로 1개 기관을 감항인증 주관기관으로 지정할 수 있다. 주관기관은 감항인증에 필요한 시험비행 조종사와 시험비행 기술사를 확보하여야 하고, 방위사업청의 조정 · 통제를 받아 다음 업무를 수행한다.

1. 감항인증 업무 주관
2. 감항인증 정책수립 및 집행 업무 지원
3. 감항인증 관련 자료 조사 및 분석
4. 감항인증에 관련된 연구개발 및 지원
5. 그밖에 감항인증 업무에 필요하다고 인정하는 사항

방위사업청은 감항인증 업무의 전문성과 신뢰성을 확보하기 위하여 법률 제10조(군용항공기 감항인증 전문기관의 지정 등)와 시행령 제8조(전문기관 지정기준 등)에 따라서 각 군, 정부출연기관, 또는 전문 인력과 조직을 갖춘 기관 중에서 감항인증 전문기관으로 지정할 수 있다. 전문기관 종사자는 시행령에 규정된 자격과 능력을 구비하고 있어야 하고, 형식인증과 생산확인 단계별로 다음의 업무를 수행한다.

1. 감항인증 전문인력과 능력의 확보 및 유지관리
2. 주관기관의 감항인증에 필요한 업무 지원·협조
3. 그밖에 감항인증 업무에 필요하다고 인정하는 사항

❖ **감항인증심의위원회 (법률 제7조)**
- ✓ **방위사업청 차장을 위원장으로 총 13명 이내의 위원으로 구성됨**
- ✓ **정책 수립 및 변경, 표준감항인증기준 고시, 기종별 감항인증계획 확정, 감항성 심사결과 확인 등**

❖ **군 감항인증 조직 (법률 제10조)**
- ✓ **감항당국**(인증기획과), **신청자**(사업관리기관), **주관기관**(공군, 육군, 해군), **전문기관**(공군, 육군, 해군, 국과연, 기품원)

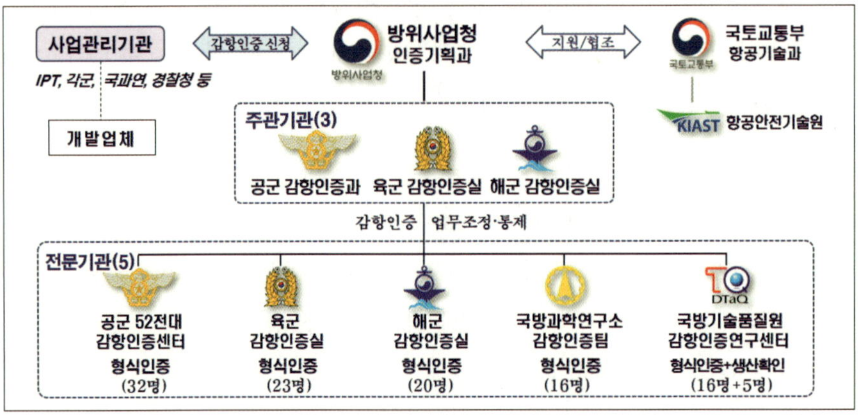

[그림 7-9] 우리나라 군용 항공기 감항인증 조직 체계

군용 항공기 감항인증 전문기관 인력은 법률 제10조(군용항공기 감항인증 전문기관의 지정 등) 제3항과 시행령 제9조(전문인력의 자격과 교육)에 따라서 기술업무 책임자는 감항인증 분야 10년 이상, 담당자는 감항인증 분야 5년 이상의 경력과 각각 감항인증 교육을 이수하여야 한다.

방위사업청은 감항성 심사를 완료한 후 감항인증심의위원회 심의를 거쳐 단계별 감항인증 여부를 결정하고, 그 결과를 사업관리기관, 해당되는 각 군, 그리고 감항인증 관련기관에 통보한다. 즉, 법률 제4조(감항인증의 절차 등) 및 시행규칙 제5조(감항인증서의 발급)에 따라서 해당 군용 항공기가 기종별 감항인증기준에 적합하다고 결정한 경우에는 다음의 구분에 따른 감항인증서를 사업관리기관에 발급하여야 한다.

1. 형식인증을 마친 경우 : 형식인증서 발급
2. 감항인증의 절차를 모두 마친 경우 : 감항인증서 발급

군용 항공기 기종별 감항인증서가 발급된 후, 해당 항공기를 운용하는 각 군은 법률 제5조의2(감항성 유지 및 기술지원)에 따라서 해당 항공기가 기종별 감항인증기준에 적합하도록 감항성을

유지하여야 한다. 이때 방위사업청장은 해당 항공기를 운용하는 기관에게 감항성 유지에 필요한 기술지원을 할 수 있다. 사업관리기관은 방위사업청 훈령 제27조(감항인증 업무관리) 제3항 제6호에 따라서 계약자로부터 감항성 유지절차를 확보하여 방위사업청에 제출하여야 한다.

[표 7-6] 군용 항공기 감항인증 기관별 업무분장 및 역할

방위사업청 (인증기획과)	사업관리기관 (사업별 1)	주관기관 (3: 공군, 육군, 해군)	전문기관 (5: 각군, 국과연, 기품원)
- 감항인증 법률 제·개정 - 표준감항인증기준 고시 - 정책수립 및 제도발전 - 주관기관 지원계획 시행 - 감항인증업무 조정·통제 - 전문기관 지정 및 취소 - 사업관리기관 업무 지원 - 감항인증심의위원회, 감항인증실무위원회 운영 - 기종별 감항인증계획 및 감항인증기준 승인 - 주요안전품목(CSI) 승인 - 결과승인 및 인증서 발급 - 감항인증 전문인력 관리 - 감항인증 예산반영·지원	- 군용항공기 감항인증 관련 소요예산 반영 - 군용항공기 사업에 대한 감항인증 신청 - 주관기관 및 전문기관 감항인증 업무지원·협조 - 기종별 감항인증계획안 (감항인증기준 포함) 작성 및 제출 - 기종별 감항인증계획에 따른 업무관리 - 군용항공기 단계별 감항인증 관련회의 주관 - 기종별 주요안전품목 (CSI) 작성	- 감항성 심사 세부계획 작성, 감항성 심사 주관 - 전문기관의 분야별 업무 주관 - 전문기관 공통업무 중 사업별 감항성 심사 주관 - 군용항공기 사업별 감항인증팀 구성 및 운영 - 감항인증 업무 중복, 누락, 이견 시 방위산업진흥국장에게 조정 건의 - 생산확인 계획안 검토 및 생산확인 결과 작성 * 공군: 전문기관의 기타 공통업무 주관	국과연 - 군용기 설계 적합성 확인 - 지상·비행시험 지원 기품원 - 군용항공기 생산확인 - 군용기 설계 적합성 확인 육군·해군 - 시험비행 수행 및 지원 - 군용기 설계 적합성 확인 공군 - 시험비행 수행 및 지원 - 군용기 설계 적합성 확인 - 자료, 기준, CSI 등 관리 공통업무 - 감항성 심사, 기타업무

방위사업청은 군용 항공기의 비행 안전성을 지속적으로 확보하기 위하여 법률 제9조(감항인증 기술자료의 지원 · 유지)에 따라서 감항인증 관련 기술자료를 관리 · 유지한다. 이를 통하여 각 군, 사업관리기관 또는 군용 항공기 구매자가 요청할 경우에 해당 기술자료를 지원할 수 있다. 각 군 및 감항인증 관련기관은 감항인증을 받은 군용 항공기 또는 그 부품 · 구성품, 장비 등을 개조 · 개량, 형상 및 구조 변경하는 경우에 방위사업청에 그 내용과 관련 기술자료를 통보하여야 한다.[72)]

방위사업청은 법률 제15조(권한의 위탁 및 재위탁) 및 시행령 제15조(권한의 위탁 등)에 따라서 법률 제4조(감항인증의 절차 등)의 군용 항공기 감항인증에 관한 권한의 일부를 다음과 같이 각 군 또는 전문기관에 위탁할 수 있다.[73)]

- 사업관리기관이 각 군인 경우 : 각 군 참모총장

72) 군용 항공기 감항인증 기술자료를 방위사업청이 관리하는 경우에 현실적으로 관리가 곤란하거나 설계변경 및 감항성 유지에 신속하게 대응하기 어려울 수 있다. 민간 감항당국과 같이 해당 기종의 단종 또는 폐업하는 경우를 제외하고, 해당 제작자가 관리하는 방식으로 개선할 필요가 있다.

73) 군용기 인증법 시행령 제15조(권한의 위탁 등)에 따라 사업관리기관(각군 또는 전문기관)에 감항인증을 위한 일부의 권한을 위탁하는 경우에 이는 신청자(사업관리기관)에게 위탁하는 경우가 될 수 있으므로 제도 개선이 필요한 것으로 판단된다.

• 사업관리기관이 전문기관인 경우 : 해당 전문기관 (부품 장착 항공기에 한함)

군용기 인증법 제14조(항공안전법에 따른 형식증명 등과의 관계)에 따라서 항공안전법 제20조에 따라 형식증명을 받았거나 제21조에 따라 형식증명승인을 받은 항공기를 군용 항공기로 사용하는 경우에 군용기 인증법 제4조 제5항 제1호에 따른 형식인증을 받은 것으로 본다. 또한, 항공안전법 제108조에 따라 안전성 인증을 받은 경량 항공기 또는 제124조에 따라 안전성 인증을 받은 초경량 비행장치를 군용 항공기로 사용하는 경우에 군용기 인증법 제4조 제7항에 따른 감항인증을 받은 것으로 본다.

항공안전법 제20조의 제2항 제2호 나목에서 군용기 인증법 제4조에 따라 형식인증을 받은 군용 항공기에 대한 제한형식증명(RTC: Restricted Type Certification)을 규정하고 있다. 이 경우에 시행규칙 제20조(형식증명 등을 위한 검사범위)에 따라서 민간 운용을 위해 개조된 부분에 대하여 해당 감항기준에 따른 적합성 입증이 요구된다. 군용 항공기 감항인증에서도 군의 운용 목적에 따라 개조되는 민간 형식증명 항공기에 대하여 부분적 또는 제한적인 형식인증 제도를 고려할 필요가 있다.

[표 7-7] 군용 항공기 개발사업 단계별 감항인증 업무

구분		선행연구	탐색개발	체계개발	양산단계	운용유지
사업관리	단계	-	운용성확인	개발/운용 시험평가	전력화 평가	최종운용성확인
	업무	①	②③	④ ⑤ ⑥ ⑦⑧⑨	⑩	
감항인증	업무	❶	❷❸	❹ ❺ ❻	❼❽	❾
	단계	-	-	형식인증	생산확인/감항인증	감항성 유지

[사업관리 업무]
① 사업추진 기본전략(안), 기본계획 작성
② 제안요청서배포, 제안서 접수 및 평가
③ 체계개발 협상 대상업체 선정
④ 체계요구조건검토(SRR), 체계기능검토(SFR), 기본설계검토(PDR)
⑤ 상세설계검토(CDR)
⑥ 초도비행준비검토(FFRR)
⑦ 기능적/물리적 형상확인(FCA/PCA)
⑧ 전투용 적합 · 부적합 판정
⑨ 국방규격 제정
⑩ 양산관리

[감항인증 업무]
❶ 사업추진 기본전략(안), 사업계획서 작성시 감항인증 방안 수립
❷ 제안서의 감항인증계획 평가
❸ 감항인증 신청 (계약 이전)
❹ 기종별 감항인증계획 확정
❺ 최초안전비행(SOF) 평가
❻ 형식인증서 발급
❼ 생산확인 평가
❽ 감항인증서 발급
❾ 감항성 유지

군용 항공기 개발사업을 선행연구, 탐색개발, 체계개발, 양산, 운용유지와 같이 5단계로 구분할 때, 각 단계별 감항인증 업무는 방위사업청 훈령 제9조(감항인증 단계) 및 [별표 3]에 제시된 바와 같다. 선행연구와 탐색개발 단계에서는 감항인증 수행방안, 감항인증계획 평가, 감항인증 신청만 이루어지고, 체계개발 착수 이후에 기종별 감항인증기준이 확정됨에 따라 체계개발 착수 전에

는 정확한 감항인증 항목이나 업무 범위, 그리고 이에 소요되는 비용을 산출하기 곤란할 수 있다.

군용 항공기 개발사업 5단계에 따른 감항인증 업무를 다음과 같이 7단계로 구분해 살펴볼 수 있다. 즉, [1] 감항인증 신청, [2] 감항인증 계획, [3] 초도비행 평가, [4] 형식인증 심사, [5] 생산확인 심사, [6] 감항인증 심사, [7] 감항성 유지 단계로 구분할 수 있다. 이 과정에서 기종별 감항인증기준 초안은 PDR 이후 30일 이내에 제출하고, 기종별 감항인증기준 최종안을 포함한 기종별 감항인증계획(안)은 CDR 종료 60일 이내에 제출하여야 한다. 기종별 감항인증계획은 제출 후 30일 이내에 감항인증심의위원회 의결을 통해서 확정된다.

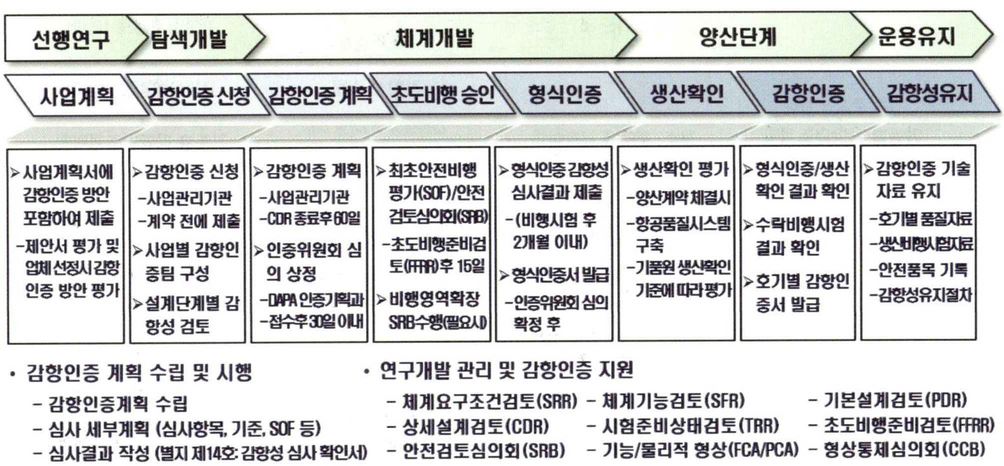

[그림 7-10] 군용 항공기 감항인증 단계별 주요 업무

군용기 인증법 및 시행규칙에 따른 단계별 감항인증 절차는 훈령 "군용항공기 비행안전성 인증에 관한 업무규정"의 [별표 4]에 다음 그림과 같이 제시되어 있다. 이를 살펴보면, 군용 항공기 연구개발기관(업체)이 아닌 사업관리기관이 형식인증, 생산확인, 감항인증을 신청하는 것으로 규정하고 있는데, 이는 향후에 해당 항공기 연구개발기관(업체) 또는 운용자가 신청하는 방식으로 개선될 필요가 있다. 또한, 절차도에 방위사업청, 사업관리기관, 주관기관 및 전문기관의 역할만 규정하고 있는데, 연구개발기관(업체)의 역할도 함께 나타낼 필요가 있다.

형식인증을 위한 감항성 심사 절차에서 항공기에 대한 시험비행 내용만 나타내고 있는데, 이에 추가하여 항공기 구조시험, 구성품 시험, 해석 등에 관한 입증 활동과 시험비행 전에 수행되어야 하는 항공기에 대한 형식검사(TIA: Type Inspection Authorization) 등과 같은 과정도 함께 나타낼 필요가 있다.

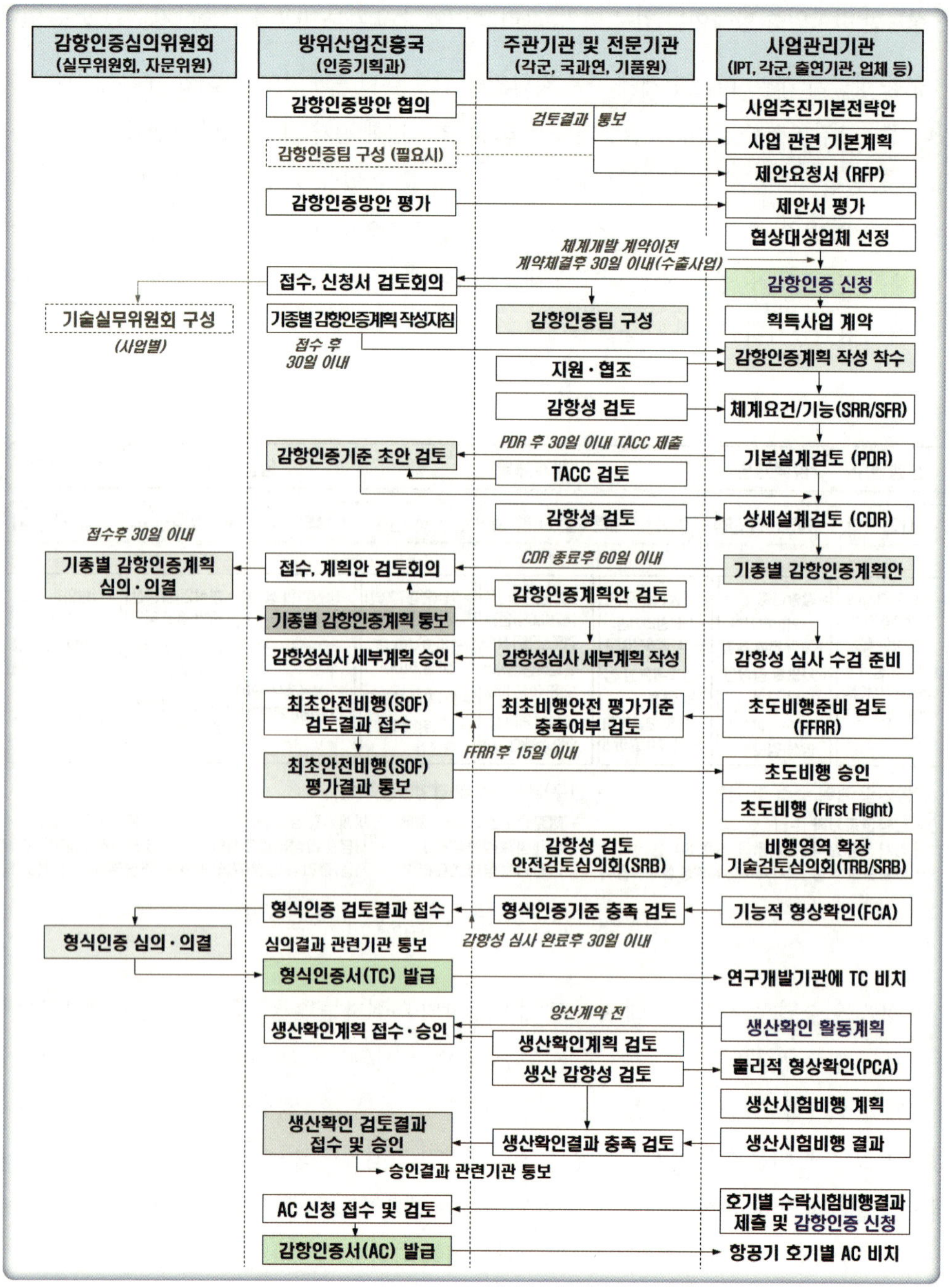

[그림 7-11] 군용 항공기에 대한 단계별 감항인증 절차

감항인증 절차도에서 획득사업 계약 전에 감항인증(형식인증)을 신청하고, 양산 계약 전에 생산확인 활동계획을 제출/승인하는 방식은 각각 계약 후에 하는 것으로 개선할 필요가 있다. 또한, 지정된 서식에 의한 생산확인 신청서를 제출하지 않고 생산확인 활동계획을 제출하는 방식과 생산확인서 발급 대신에 서면으로 통지하는 방식도 각각 개선이 필요할 것으로 판단된다.

7.2.1 형식인증 세부절차

군용 항공기에 대한 형식인증(MTC: Military Type Certification)은 군용항공기 비행안전성 인증에 관한 법률에 따른 감항성 심사를 통하여 표준감항인증기준(Standard ACC: Airworthiness Certification Criteria) 요건을 반영한 기종별 감항인증기준(TACC: Tailored Airworthiness Certification Criteria)에 충족 여부를 판단하는 과정을 말한다.

군용항공기 인증법 제4조(감항인증의 절차 등) 및 시행규칙 제3조(감항인증의 신청)에 따라서 해당 군용 항공기 사업관리기관(IPT, 각군, 출연기관 등)이 방위사업청(인증기획과)에 형식인증을 신청하고, 기종별 감항인증기준을 포함한 감항인증계획을 작성하여 제출하여야 한다. 기종별 감항인증기준(TACC)의 모든 항목에 충족해야 하지만, 일부 항목을 충족하지 못하나 비행안전에 미치는 영향이 경미한 경우에도 일정한 조건 하에서 형식인증서가 발급될 수 있다. 무인비행기 또는 무인회전익항공기는 최대이륙중량이 25 kg을 초과하고, 무인비행선은 자체중량 12 kg을 초과하는 것을 대상으로 한다.

따라서 군용 항공기 형식인증은 기종별 감항인증기준을 작성하고, 이에 대한 적합성 입증계획을 수립하는 것으로 시작된다고 볼 수 있다. 방위사업청 훈령 제18조(감항인증계획 작성)에 따라서 방위산업진흥국장은 감항인증(형식인증) 신청을 받은 후 30일 이내에 다음 사항을 포함하는 기종별 감항인증계획 작성 지침을 해당 사업관리기관에 통보하여야 한다. 사업관리기관 및 방위사업청 요청에 따라 주관기관 및 전문기관이 기종별 감항인증계획 수립에 지원 참여할 수 있다.

1. 감항인증 단계별 절차
2. 기종별 감항인증기준 및 적합성 검증방법(MOC)
3. 안전비행(SOF) 계획
4. 기종별 주요안전품목(CSI) 식별 및 관리절차

사업관리기관은 훈령의 별지 제13호의 서식에 따라 기종별 감항인증기준 초안을 작성하여 기본설계검토회의(PDR) 종료 후 30일 이내에 방위사업청에 제출하고, 훈령의 별표 13을 고려해 기종별 감항인증계획안을 작성하여 상세설계검토회의(CDR) 종료 후 60일 이내에 방위사업청에 승인을 요청하여야 한다. 방위사업청은 기종별 감항인증계획안 접수 후 30일 이내에 관련부서와 사전 검토를 수행한 후 감항인증심의위원회 심의를 거쳐 확정하여야 한다.

감항인증(형식인증) 주관기관은 방위사업청 훈령 제20조(감항성 심사 및 감항성 여부의 결정)에 따라서 기종별 감항인증계획 확정 후 30일 이내에 다음 사항을 포함하는 감항성 심사 세부계획을 작성하여 방위사업청의 승인을 받아야 한다.

1. 사업 개요

2. 감항성 심사 개요

3. 심사 중점, 방침 및 방법

4. 감항성 심사 항목 및 기준

5. 안전비행(SOF) 계획

6. 기타 필요한 사항

기종별 감항인증기준 작성양식

1. 기종별 감항인증기준 총괄 현황

	기술분야	대상(개)	적용(개)	주 요 입 증 자 료
1	(예)시스템엔지니어링	17	3	형상관리계획, 체계안전프로그램계획 등
2				
3				
4				
5				
계				

2. 기종별 감항인증기준 표 (PDR시 제출 양식)

구분 / 순번	인증기준 Certification Criteria	적용 여부 Applicable (Y/N/P)	비적용시 또는 부분 적용시 사유 Rationale for Non-Applicable or Partially Applicable Criteria	표준 Standard	적합성 검증방법 (MOC) Method of Compliance (MOC)	검토의견 Reviewer Comment
	A	B	C	D	F	G
1	해당기준 나열 Criterion Statement	Y/N/P	적용하지 않은 경우 또는 부분 적용하는 경우 사유 설명 If not or partially applicable, the explanation why	적용 사유에 대한 표준 Tailored Standard for application Rationale provided	검증 방식 코드 Verification methods code	
2						
…						

방사청 훈령 별지 제13호 서식

감항인증계획안 / 감항성 심사결과안 주요내용

구 분	감항인증계획안	감항성 심사결과안
형식인증 단계 감항성 심사를 수행하는 사업	· 사업일반 · 감항인증개요 - 감항인증 대상/범위 - 감항인증 종류/방법 · 단계별 감항인증계획 - 설계/시험 단계 - 감항성심사 단계 - 인증서발급 단계 - 생산확인 단계 - 감항인증 일정 · 기종별 감항인증기준(안) 및 MOC · 안전비행 계획 · 주요안전품목 식별 및 관리계획 · 감항인증수수료(면제여부 포함)	· 사업일반 · 심사일반 - 심사기간 - 감항인증팀 구성 - 심사대상 · 분야별 감항성 심사결과 · 미충족사항 조치계획 검토결과 - 미충족 항목/사유 - 비행안전 영향성 검토 - 조치계획 검토결과(감항인증팀) · 검증자료목록, 주요안전품목 목록 (별지 제16호 서식 참조)
형식인증 단계 감항성 심사를 생략하는 사업	· 사업일반 · 감항인증개요 - 감항인증 대상 - 감항인증 종류/방법 - 감항인증 인증서 또는 준하는 서류 · 단계별 감항인증계획 - 인증서발급 단계 - 감항인증 일정<이하생략>	-

방사청 훈령 별표 13 서식

[그림 7-12] 기종별 감항인증기준 작성 및 감항인증계획 검토 서식

주관기관은 전문기관과 함께 심사팀을 구성하여 형식인증을 위한 감항성을 심사하고, 그 결과를 별지 제14호 감항성 심사 확인서로 작성하여 방위사업청에 제출하여야 한다. 방위사업청은 주관기관이 제출한 감항성 심사 결과에 대하여 필요시 실무위원회를 통해 검토하고, 감항인증심의위원회 심의를 통하여 충족 여부를 결정한다. 다만, 면제 사항에 대해서는 영구 면제 또는 일정한 조건이 부과된 임시 면제로 결정할 수 있다.

방위사업청 훈령 제21조(형식인증)에 따른 형식인증을 위한 비행시험에 대한 일반적인 안전비행(SOF: Safety of Flight) 평가는 다음과 같은 절차로 수행된다.

1. 사업관리기관은 안전비행 검토회의를 통하여 기종별 감항인증계획에서 확정된 최초 안전

비행 평가기준에 대한 충족여부를 검토하여 방위사업청에 제출한다.

2. 사업관리기관은 초도비행 전까지 미충족 사항에 대한 보완 및 조치결과를 주관기관에 통보하고, 주관기관은 이를 검토한 후 그 결과를 방위사업청에 제출한다.
3. 방위사업청은 초도비행 전까지 주관기관의 검토결과를 종합하여 최초 안전비행 평가결과와 초도비행 제한사항을 사업관리기관에 통보하여야 한다.
4. 사업관리기관은 최초 안전비행(SOF) 평가결과와 초도비행준비검토회의(FFRR) 결과를 종합하여 초도비행을 승인한다.
5. 사업관리기관은 초도비행 제한사항을 해제하거나 완화할 경우, 주관기관에 해당사항에 대한 검토를 요청할 수 있다.
6. 사업관리기관은 초도비행 이후에 안전검토심의회(SRB: Safety Review Board)를 통해 비행영역을 확장할 수 있으며, 주관기관은 감항성 지속을 검토하여야 한다.
7. 주관기관은 감항성을 심각하게 저해하는 사안이 예상되거나 발생할 경우, 지체 없이 사업관리기관에 시험비행 중단을 요청하고 방위사업청에 통보하여야 한다.

감항성 심사 확인서

관리번호	000-000 / 4.1.1	분 야	시스템엔지니어링	
심사 상세기준				
NO.	MOC	문서번호	문 서 명	해당 장절
1				
2				
3				
확 인 결 과				
기준 충족 판단				
Open Issue /미충족 현황	없 음			
종 합 의 견				
"충족" 또는 "미충족"				
2015. . .				
구 분	소 속	직 책 / 계 급 / 성 명	확 인	
사업관리 및 연구개발기관	방위사업청	OO담당 / 소령 / OOO		
	국과연	OO담당 / 부장 / OOO		
감항인증팀	공 군	OO담당 / 5급 / OOO		
	육 군	OO담당 / 소령 / OOO		
	국방과학연구소	OO담당 / 책연 / OOO		
	국방기술품질원	OO담당 / 책연 / OOO		

감항인증팀장 소속 공군직책 감항인증실장직급 0급성명 김 한 국 (서명)

방사청 훈령 별지 제14호 서식

인증서 발급 신청서

접수번호	접수일자		처리기간 30일
신청자	신청기관 명칭		사업자등록번호
	소재지 주소		전화번호
	대표자성명		생년월일
감항인증구분		제작자	
형식 및 모델		설계자	
신청목적			

「군용항공기 비행안전성 인증에 관한 법률」 제4조제5항 및 동조 제7항, 동법 시행규칙 제5조에 따라 감항인증 (형식인증서, 감항인증서, 특별감항인증서) 발급을 신청합니다.

I request the (Type Certificate, Airworthiness Certificate) in accordance with the Military Airworthiness Certification Act

년 월 일

신청인 (서명 또는 인)

방위사업청장 귀하

첨부서류		수수료 없 음

처리절차

신청서 작성 →	접 수 →	검 토 →	결정 →	통 보
신청인	방위사업청 (감항인증 부서)	방위사업청 (감항인증 부서)	방위사업청 (감항인증 부서)	방위사업청 (감항인증 부서)

210㎜×297㎜[백상지 120g/㎡]

방사청 훈령 별지 제7호 서식

[그림 7-13] 형식인증 감항성 심사 확인서 및 인증서 발급 신청 서식

주관기관은 형식인증 검토회의 또는 기능적 형상확인(FCA)을 통해 기종별 감항인증기준 충족여부를 검토하고 별표 13에 따른 형식인증 검토결과를 작성하여 방위사업청에 제출한다. 방위

사업청은 형식인증 검토결과를 감항인증심의위원회 심의를 거쳐 확정하고, 그 결과를 사업관리기관, 주관기관 및 전문기관에 통보한다. 사업관리기관은 형식인증서 발급을 위하여 별지 제7호 서식의 인증서 발급 신청서를 방위사업청에 제출한다.

방위사업청은 감항인증심의위원회의 충족 결정에 대하여 별지 제3호의 서식에 따른 형식인증서를 사업관리기관에 발급한다. 이때 해당 기종별 감항인증기준와 별지 제15호 서식에 따른 형식인증자료집(TCDS: Type Certificate Data Sheet)을 포함하여야 한다. 사업관리기관은 방위사업청에서 발급된 형식인증서를 체계설계를 수행한 연구개발기관(업체)에 비치하여 유지하도록 한다.

MILITARY AIRWORTHINESS CERTIFICATION AUTHORITY
형 식 인 증 서
Military Type Certificate
(번호 No.)

1. 군용항공기 분류(Military Aircraft Category)	2. 설계/개발자(Designer/Developer)
3. 군용항공기 형식(Military Aircraft Type)	4. 군용항공기 일련번호/등록번호 [Military Aircraft Serial Number(s)/Tail Number(s)]
5. 발급기준 및 조건(Terms And Conditions)	
6. 형식인증서 발급연월일(Issue Date)	

년 월 일

방위사업청장 직인
Minister of Defense Acquisition Program Administration

210mm×297mm[백상지 120g/㎡] 또는[백상지 80g/㎡]

방사청 훈령 별지 제3호 서식

형식인증자료집
(Type Certificate Data Sheet)
대 한 민 국
(The Republic of Korea)
방 위 사 업 청
(Defense Acquisition Program Administration)

형식인증번호(TC No.) :
개정번호(Revision) :
형식인증서 보유자(TC Holder) :
모델(Model) :
발행일자(Issue Date) :

형 식 인 증 자 료 집 번 호 (TYPE CERTIFICATE DATA SHEET NO.) : "형식인증번호 기입"

본 형식인증자료집은 형식인증서 __________의 부분이며, 형식인증서가 발행된 __________가 『군용항공기 비행안전성 인증에 관한 법률』의 감항인증 요구조건을 충족하기 위한 조건과 제한사항을 규정한다.

This data sheet, which is a part of Type Certificate No. __________, prescribes conditions and limitations under which the ________ for which Type Certificate was issued meets the Airworthiness Requirements of Korea Military Airworthiness Requirement Act.

형식인증서 보유자 (Type Certificate Holder)

형식인증서 보유자 기록 (Type Certificate Holder Record)

Page No.	1	2	3	4	5	6	7	8	9	10	11	12	13	14	15
Rev. No.	1	1	1	2	1	1	1	2	1	1	1	1	1	1	1

방사청 훈령 별지 제15호 서식

[그림 7-14] 군용 항공기 형식인증서 및 형식인증자료집 서식

방위사업청 훈령에 제시된 군용 항공기 형식인증 절차 이외에 추가적인 안내와 지침은 다음의 가이드북과 규정을 참고할 수 있다. 다만, 이들 규정에서도 방위사업청, 사업관리기관, 주관기관 및 전문기관의 역할만 명시하고 있는데, 해당 연구개발기관(업체)의 형식인증 회의 참석, 기종별 감항인증기준에 따른 적합성 입증 문서 제출, 감항성 유지 등에 관한 역할과 책임을 살펴볼 필요가 있다.

- 군용항공기 감항인증 실무 가이드북, 방위사업청, 2014.10.22
- 군용항공기 국산화 품목 감항인증 가이드북, 국방기술품질원, 2017.09.00
- 연구목적 군용항공기 비행안전성 인증에 관한 업무규정, 국방과학연구소, 2020.03.01
- 군용항공기 비행안전성 인증 업무규정, 국방기술품질원, 2024.10.31

7.2.2 생산확인 세부절차

민간 항공기와 달리 군용 항공기는 전통적으로 군작전요구성능(ROC) 충족과 품질보증(QA) 활동을 통해서 조달되었다. 즉, 1959년에 발행된 MIL-Q-9858 Quality Program Requirements를 근간으로 지난 37년간 품질보증 활동을 통하여 납품되었으나, 미국의 군사규격 개혁(MIL Spec Reform) 프로그램에 따라 1996년에 MIL-Q-9858A가 폐지되었고, 우리나라는 2002년에 민간의 ISO9001 및 AS9100 품질시스템 요건에 국방품질 고유요건을 추가하여 KDS 0050-9000 국방품질경영체제 요구사항을 제정하였다.

1990년대 후반의 미국 군사규격 개혁 프로그램은 군용 항공기에 대한 품질보증 활동이 약화되는 결과를 초래하게 되었고, 이를 만회하고 군용 항공기 안전성을 확보하기 위하여 2002년에 MIL-HDBK-516 Airworthiness Certification Criteria를 제정함으로써 군용 항공기 감항인증 체제를 갖추게 되었다. 우리나라의 경우에는 2009년에 제정된 군용항공기 비행안전성 인증에 관한 법률, 방위사업청 훈령, 국방기술품질원 업무규정에 따라서 군용 항공기에 대한 생산확인 평가를 수행하고 있다.

군용항공기 비행안전성 인증에 관한 법률 제4조(감항인증의 절차 등) 제5항, 시행령 제8조(전문기관 지정기준 등) 제2항, 시행규칙 제7조(전문기관 세부 지정기준) 제2호에서는 생산확인에 관한 구체적인 절차를 규정하지 않고 있다. 방위사업청 훈령 제22조(생산확인)와 국방기술품질원 업무규정 제19조(생산확인 평가계획 수립 및 평가팀 구성) 및 제20조(생산확인 평가 수행)에서 생산확인 절차를 다루고 있다.

방위사업청 훈령 제22조(생산확인)에 따라서 사업관리기관은 최초 양산계약을 체결하거나 생산이 3년 이상 중단된 경우, 양산계약 전에 다음의 내용을 포함하는 생산확인계획안을 작성하여 방위사업청에 제출하여야 한다. 이때 품질보증체계 및 주요안전품목 관리체계에 대한 생산확인 기준은 국방기술품질원(생산확인 전문기관)이 내부절차에 따라 수립된 생산확인기준을 사업특성에 맞게 적용한다.

1. 제작자 품질보증체계 검증 계획
2. 확정된 주요안전품목(CSI), 제작원 목록 및 관리계획
3. 생산시험비행 계획

방위사업청은 생산확인계획안을 주관기관의 검토를 거쳐 승인하고, 해당 사업관리기관, 주관기관 및 전문기관에 통보한다. 국방기술품질원은 승인된 생산확인계획에 따라 생산확인 평가를 수행하고, 그 결과를 주관기관에 제출하고, 주관기관은 생산시험비행 종료 후 다음 사항을 포함한 생산확인 결과를 방위사업청에 제출하여야 한다.

1. 제작자 품질보증체계 평가 결과
2. 주요안전품목 및 제작원 관리 체계 평가 결과
3. 생산시험비행 결과
4. 미충족 사항 조치계획
5. 검증자료 목록
6. 결론 및 건의

방위사업청은 주관기관의 생산확인 결과를 승인하고, 그 결과를 사업관리기관, 주관기관 및 전문기관에 통보한다. 사업관리기관은 생산확인 결과 승인 이후 감항인증서 발급을 위하여 호기별 수락시험비행 결과와 함께 별지 제7호 서식에 따라 인증서 발급 신청서를 방위사업청에 제출하여야 한다.[74)]

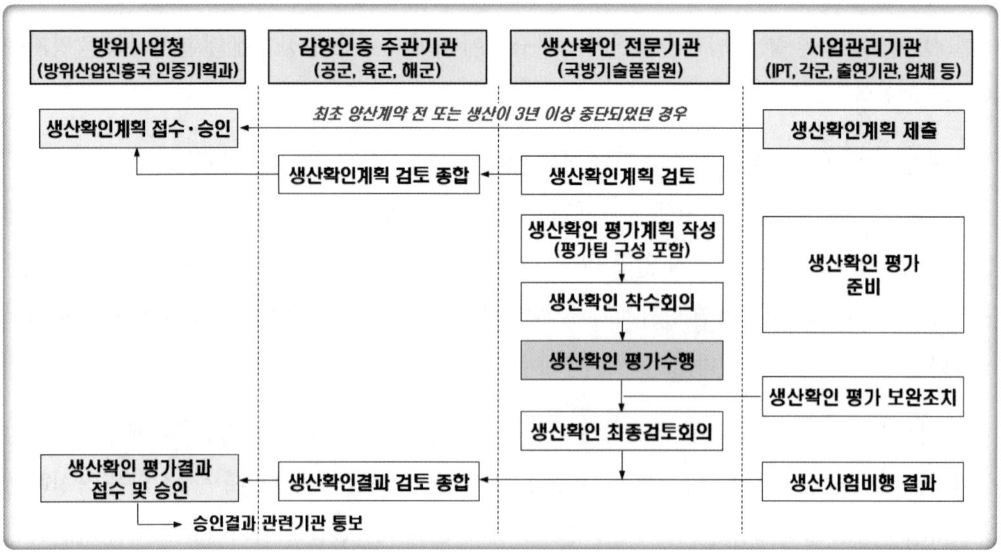

[그림 7-15] 군용 항공기 생산확인 평가 수행 절차

방위사업청에서 승인한 생산확인 계획이 국방기술품질원에 통보되면, 기품원의 업무규정 제19조(생산확인 평가계획 수립 및 평가팀 구성)에 따라서 해당 사업담당부서는 생산확인 평가팀 구성안을 포함한 생산확인 평가계획을 작성하여 제작업체에 통보한다. 생산확인 평가팀은 세부 분야별로 각 1명 이상으로 구성하며, 평가팀장은 지정된 조건을 충족하는 사업담당부서장 또는 책임연구원 이상의 직원 중에서 선정한다.

74) 형식인증과 생산확인이 곧바로 이어지지 않고 장기간 지난 후에 재개되는 경우에는 사업관리기관이 새로 지정될 수도 있다. 또한, 방위사업청 훈령 별지 제7호 서식은 형식인증서, 감항인증서, 특별감항인증서 발급을 신청하는 서식이므로 생산확인 업무에 적용하기 곤란한 것으로 판단된다.

국방기술품질원 업무규정 제20조(생산확인 평가)에 따라서 평가팀장은 생산확인 평가계획과 별표 1의 생산확인 평가기준에 따라 제작업체의 품질보증체계, 주요안전품목 및 제작원 관리 체계에 대한 평가를 실시한다. 다만, 법률 제2조 제4호의 "군용 항공기 사업"에 한하여 평가 대상 업체가 국방품질경영체제 인증을 획득한 경우, 별표 1의 평가항목의 비고란에 "Q" 표시된 항목에 대해서는 평가를 생략할 수 있다.

기품원 업무규정 별표 1의 생산확인 평가기준에서 국방품질경영체제 인증을 획득한 업체에 대하여 평가항목 일부를 생략하는 것은 중복성을 배제하였다. 2025년 5월 현재 311개 기업 사업장이 국방품질경영체제 인증을 받았고, 이들 기업은 생산확인 평가에서 일부 항목에 대한 평가를 면제받을 수 있다.

생산확인 평가기준

1. 조직 및 설계관리 분야

A. 조직관리 분야		
번호	평가기준	비고
A1	정부 또는 인증기관이 발행한 품질보증체계 관련 인증서가 제품이 제작되는 공장에서 보관되고 있으며 감항당국에서 요구시 제출 가능한가?	Q
A2	정부 또는 감항당국의 요구조건에 대한 적합성을 보증해 주기 위해 각 기능을 담당하는 제작공장 및 개별 조직의 책임과 권한 범위를 규정하고 있는 전반적인 정책 및 절차적인 문서가 있는가?	
A3	제작자는 품질보증체계를 기술하는 품질매뉴얼을 작성, 유지하고 있으며, 감항당국이 요청 시 제출하였는가?	Q
A4	품질관리자료 및 이에 대한 변경사항을 정부 또는 감항당국이 요구 시 제출하는가?	
A5	품질관리를 위한 태그, 서식, 그리고 기타의 문서가 적절하게 기록되고 관리되는가?	
A6	제작자는 품질기록 관리를 위한 절차를 수립하고 있는가?	Q
A7	제작자는 주요한 생산시설의 중단, 이전 또는 변경 등 생산확인 승인에 변경을 주는 요소에 대해 감항당국에 적절하게 통지하는 절차가 수립되어 있는가?	
A8	제작자는 고객에게 인도된 항공기에서 감항성에 영향을 주는 고장, 기능불량, 그리고 결함이 발생된 경우에 감항당국에 보고하는 절차가 수립되어 있는가?	
	- 이하 생략 -	

기품원 규정 별표 1 평가기준(1)

B. 설계관리 분야		
번호	평가기준	비고
B1	기술자료/문서를 관리하기 위한 절차가 있으며, 보관, 유지 및 보호에 대한 내용을 포함하고 있는가?	
B2	승인받은 규격자료와 후속적인 변경사항들을 관리하기 위한 절차는 있는가?	Q
B3	주요한 설계 및 기술자료 변경 시 제작자의 생산, 품질, 그리고 운용/지원 부서가 설계 및 기술자료 변경 검토에 참여하는 절차가 있으며 이행하는가?	Q
B4	제품의 기술변경에 대한 승인, 문서화, 그리고 관리를 위한 절차가 적절하게 수립되어 있는가?	Q
	- 이하 생략 -	

2. 소프트웨어 품질보증 분야

C. 소프트웨어 품질보증 분야		
번호	평가기준	비고
C1	항공기 탑재 소프트웨어의 형상관리를 위한 소프트웨어 형상관리계획서(SCMP, Software Configuration Management Plan) 또는 절차서가 있는가?	
C2	형상관리가 이루어지는 모든 소프트웨어 문서를 목록화하고 하드웨어와 소프트웨어 부품번호를 정의하는 형상색인문서(CID, Configuration Index Document)가 유지되고 있는가?	
	- 이하 생략 -	

기품원 규정 별표 1 평가기준(2)

[그림 7-16] 군용 항공기 생산확인 평가기준 평가표 예시

기품원의 생산확인 평가기준은 FAA의 Order 8100.7E Aircraft Certification Systems Evaluation Program을 기반으로 군용 항공기 특성 요건을 추가 반영해 제정한 것이다.[75] FAA Order 8100.7의 평가기준은 6개 분야 132개 항목이고, 기품원의 생산확인 평가기준은 다음과 같이 7개 분야 138개 항목으로 구성되어 있다. 국방품질경영체제 인증을 받은 기업은 138개 항목 중에 28개 항목("Q")

75) FAA는 2013년에 Order 8100.7E ACSEP을 폐지하고, Order 8120.22 PA와 Order 8120.23 CM으로 전환하였다. 기술원은 2023년에 기존의 평가기준에 FAA Order 8120.23A와 AC 21-43A 내용을 반영하여 KDS STD-0261 군용항공기 생산확인 평가기준을 제정하였고, 업무규정에 반영하는 것을 추진하고 있다.

에 대한 평가를 면제받을 수 있다.

- A. 조직관리 분야 : 17개 항목, Q 8개 (민간 17개 항목)
- B. 설계관리 분야 : 9개 항목, Q 4개 (민간 10개 항목)
- C. 소프트웨어 분야 : 15개 항목, Q 2개 (민간 15개 항목)
- D. 제작공정 분야 : 30개 항목, Q 10개 (민간 37개 항목)
- E. 제작관리 분야 : 34개 항목, Q 0개 (민간 34개 항목)
- F. 공급업체 관리 : 23개 항목, Q 4개 (민간 19개 항목)
- S. 주요안전품목(CSI) : 10개 항목, Q 0개 (군용기 고유 항목)

기품원의 생산확인 평가팀장은 생산확인 평가 후 최종검토회의를 통하여 평가항목별 충족 여부와 별지 제1호 서식에 따른 부적합 사항 및 관찰 사항을 확정 후, 부적합사항에 대해서 제작업체에 보완을 요구한다. 사업담당부서는 제작업체의 보완 결과를 확인한 후, 별표 2에 따른 생산확인 평가 결과서를 작성하여 주관기관에 통보한다.

생산확인 부적합 보고서

통보번호	ⓐ	평가일자	ⓑ
대상사업	ⓒ	평가업체	ⓓ
심사분야	ⓔ	관련항목	ⓕ
부적합 사 항	○ 평가기준(항목 및 요구사항) ⓖ ○ 생산업체 관련절차의 요구사항 ⓗ ○ 부적합 사항 ⓘ		

작성요령】
ⓐ 통보서 번호 : 아래와 같이 부여
YYYY-NNNN-nnnn YY : 심사년도 NNN : 사업명 nnnn : 발행 일련번호
ⓑ 평가일자 : 생산확인 평가 수행일자
ⓒ 대상사업 : 생산확인 대상사업 명
ⓓ 평가업체 : 생산확인 평가 대상 업체명
ⓔ 심사분야 : 별표 1의 분야
ⓕ 관련항목 : 별표1의 항목 중 부적합사항 발생 항목번호
ⓖ 평가기준 : 부적합 사항 발생 기준항목번호 및 요구사항을 기술
ⓗ 생산업체 관련절차의 요구사항 : 부적합사항에 해당하는 평가대상업체의 요구사항(품질보증체계 등 관련 매뉴얼, 프로세스, 절차서, 규정, 지침 등)을 기술
ⓘ 부적합 사항 : 객관적인 증거에 입각하여 부적합사항을 간결하고 명확하게 평가대상 업체가 근본원인을 찾아 시정조치를 취할 수 있도록 사례를 기술

기품원 규정 별지 제1호 서식

생산확인 평가결과 보고서

주요 내용
· 사업개요 - 사업 일반 - 추진경과(또는 관련근거) - 항공기 형상 (또는 개조 형상) · 생산확인 평가 개요 - 평가 일반 - 평가 기준 및 평가팀 * 단, 사업특성(예 : 생산확인 수행 사업의 후속사업)을 고려하여 생산확인 영향성 평가 수행 가능 · 생산확인 평가 결과 - 품질보증체계 - 주요안전품목(CSI) 식별/관리 계획 및 목록 - 부적합 조치 결과 * 관찰사항의 경우 필요시 기입 · 검증자료목록 ※ 사업특성을 고려하여 조정 가능

기품원 규정 별표 2 보고서 서식

[그림 7-17] 생산확인 부적합 보고서 및 평가결과 보고서 서식

군용 항공기에 대한 생산확인은 서식에 의한 신청서 제출과 확인서 발급 절차를 규정하지 않고 있다는 점에서 형식인증 및 감항인증과 차이가 있다. 즉, 사업관리기관이 생산확인계획을 방위사

업청에 제출하는 것으로 시작되고, 전문기관이 생산확인 평가를 수행한 후, 방위사업청이 문서로 승인 결과를 관련기관에 통보하는 것으로 종결된다.[76)]

7.2.3 감항인증 세부절차

군용항공기 비행안전성 인증에 관한 법률과 방위사업청 훈령에서 감항인증(airworthiness certification)을 형식인증(military type certification), 생산확인(production validation & audit), 감항인증(military certification of airworthiness)으로 구분으로 있지만, 전체 인증을 나타내는 감항인증과 호기별로 발급되는 감항인증에 대하여 동일한 한글 명칭을 사용하고 있을 뿐만 아니라, 이에 대하여 명확한 절차를 규정하지 않고 있다.

법률 제2조(정의) 제3호에서 "감항인증(堪航認證)이란 군용항공기가 감항성을 가지고, 그 성능과 기능을 발휘할 수 있음에 대한 정부의 인증을 말한다"라고 정의하고 있으며, 호기별로 발급되는 감항인증(certification of airworthiness)에 대해서는 정의하고 있지 않다. 제4조(감항인증의 절차 등) 제7항에서도 "기종별 감항인증서를 발급하여야 한다"로 규정함으로써, 호기별 감항인증서 발급을 지칭하는 것인지 명확하지 않다. 또한, 법률 제4조 제5항(단계별 감항성 심사)과 훈령 제9조(감항인증 단계)에서 형식인증과 생산확인 단계로만 구분함으로써, 호기별 감항인증 단계를 규정하지 않고 있다.

일반적으로 단계별 감항성 심사를 수행하는 사업과 그렇지 않은 사업으로 분류되고 있다. 즉, 새로운 항공기의 체계개발 사업에서는 단계별 감항성 심사에 따른 형식인증과 생산확인을 모두 수행하게 되고, 각 생산 호기별 감항인증서가 발급된다. 이에 반하여, 항공기 또는 장비/부품의 개조/개량 사업에서는 단계별 감항성 심사를 수행하지 않고, 특별감항인증서와 각 호기별 감항인증서를 발급받게 된다.

시행규칙 제5조(감항인증서의 발급) 제1항에서 형식인증을 마친 경우에 형식인증서를 발급하고, 감항인증 절차를 모두 마친 경우에는 감항인증서를 발급하도록 규정함으로써, 호기별 감항인증서가 발급된다는 것을 알 수 있다. 그리고, 방위사업청 훈령 제10조(감항관련 인증서의 종류)와 제23조(감항인증서 발급)에서 호기별 감항인증서 발급에 대한 절차를 규정하고 있다.

방위사업청 훈령 제10조(감항관련 인증서 종류) 제1호는 형식인증서(military type certificate)를 규정하고 있고, 제2호는 감항인증서(military certificate of airworthiness), 제3호는 특별감항인증서(special military certificate of airworthiness)를 규정하고 있다. 감항인증서는 군용 항공기를

76) 군용항공기 생산확인의 경우에도 형식인증이나 감항인증과 같은 방식으로 서식에 의해서 신청서를 제출하고 확인서를 발급하는 것으로 제도를 개선할 필요가 있다.

연구·개발 또는 구매하는 경우, 개조·개량하는 경우, 부품·구성품 및 무기·장비 등을 장착하는 경우, 연구·시험·수출·홍보 등을 위하여 한시적으로 운용하는 경우에 감항성 심사를 통하여 호기별로 발급된다. 특별감항인증서는 군용 항공기를 구매하는 경우, 개조·개량하는 경우, 부품·구성품 및 무기·장비 등을 장착하는 경우에 감항인증서 또는 이에 준하는 증명자료를 검토 후 호기별로 발급된다. 즉, 외국에서 수입되는 부품 등을 장착할 때는 국내에서 감항성 심사를 수행하지 않고, 수출국에서 제공되는 증빙자료를 검토한 후에 호기별로 특별감항인증서를 발급한다.

방위사업청 훈령 제22조(생산확인)에 따라서 사업관리기관은 군용 항공기에 대한 생산확인 결과 승인 이후에 호기별 수락시험비행 결과와 함께 별지 제7호 서식의 인증서 발급 신청서를 방위사업청에 제출한다. 방위사업청은 제23조(감항인증서 발급)에 따라서 해당 항공기의 형식인증, 생산확인, 호기별 수락시험비행 결과를 확인한 후에 별지 제4호 서식의 감항인증서를 호기별로 발급한다. 항공기 운용자는 호기별 감항인증서를 해당 항공기 이력부에 철입하여 항공기 수명주기 동안 유지한다.

MILITARY AIRWORTHINESS CERTIFICATION AUTHORITY 감 항 인 증 서 Military Certificate of Airworthiness (번호 No.)	
1. 군용항공기 분류(Military Aircraft Category)	2. 제작자(Manufacturer)
3. 군용항공기 형식(Military Aircraft Type)	4. 군용항공기 일련번호/등록번호 [Military Aircraft Serial Number(s)/Tail Number(s)]
5. 발급기준 및 조건(Terms And Conditions)	
6. 감항인증서 발급연월일(Issue Date) 년 월 일 방위사업청장 직인 Minister of Defense Acquisition Program Administration	

210mm×297mm[백상지 120g/㎡] 또는[백상지 80g/㎡]

방사청 훈령 별지 제4호 서식

MILITARY AIRWORTHINESS CERTIFICATION AUTHORITY 특 별 감 항 인 증 서 Special Military Certificate of Airworthiness (번호 No.)	
1. 군용항공기 분류(Military Aircraft Category)	2. 제작자(Manufacturer)
3. 군용항공기 형식(Military Aircraft Type)	4. 군용항공기 일련번호/등록번호 [Military Aircraft Serial Number(s)/Tail Number(s)]
5. 발급기준 및 조건(Terms And Conditions)	
6. 특별감항인증서 발급연월일(Issue Date) 년 월 일 방위사업청장 직인 Minister of Defense Acquisition Program Administration	

210mm×297mm[백상지 120g/㎡] 또는[백상지 80g/㎡]

방사청 훈령 별지 제5호 서식

[그림 7-18] 군용 항공기 감항인증서 및 특별감항인증서 서식

군용 항공기에 대한 형식인증과 생산확인이 곧바로 이어지지 않고 장기간 지난 후에 재개되는 경우에는 사업관리기관이 새로 지정될 수도 있다. 그리고, 감항인증서 발급을 위하여 형식인증, 생산확인, 호기별 수락시험비행 결과를 확인하는 것뿐만 아니라, 최초 생산확인 이후의 생산시설 및 품질시스템 변경 여부, 항공기 설계변경 여부, 기존에 운용 중인 항공기에 대한 결함 및 조치 여

부 등에 대해서도 확인할 필요가 있다.

군용 항공기를 방위력개선사업으로 연구개발, 구매, 개조·개량, 부품·구성품·무기·장비를 장착하는 경우에 방위사업청(IPT)에서 사업관리기관을 맡고, 해당 부서에서 감항인증 신청 등 업무를 수행하게 된다. 각 군에서 전력운용비로 집행되는 사업인 경우에는 군용기인증법 제15조(권한의 위탁 등), 동법 시행령 제15조에 따라 각 군에서 감항인증을 수행할 수 있다. 또한, 수출용 항공기에 대해서는 일반적으로 체계개발업체가 사업관리기관을 맡게 되며, 방사청 업무규정 별지 제11호의 수출항공기 감항인증 절차에 따라서 감항인증 업무를 수행할 수 있다.

군용항공기 형식인증서 발급 이후, 주요안전품목 목록 및 관리계획에 대한 개정 소요가 발생하는 경우에 감항인증 전문기관 검토를 거쳐 방사청에서 승인되어야 한다. 생산확인 이후, 제작자 또는 생산공장의 변경, 주요안전품목의 치명특성에 영향을 미치는 주요한 생산시설 및 생산공정의 변경, 기타 감항성에 영향을 주는 품질보증체계에 변경이 발생하는 경우에는 감항인증 전문기관 검토를 거쳐 방사청에서 승인되어야 한다.

7.2.4 감항성 유지 절차

항공기에 대한 감항성 유지(continued airworthiness, or continuing airworthiness)는 운용 중인 항공기가 인증 당시의 안전성을 그대로 유지할 수 있도록 하는 절차와 지침을 말한다. 일반적으로 항공기 정비교범, 표준수리절차, 그리고 이를 포함한 감항성 유지 절차서 또는 지침서를 갖춰야 한다.

군용항공기 비행안전성 인증에 관한 법률과 방위사업청 훈령에서 감항성 유지를 위한 절차를 명확히 규정하고 있지 않다. 법률 제2조(정의)의 제2호에서 "감항성(堪航性)이란 군용항공기가 운용범위 내에서 비행안전에 적합하다는 것을 말한다"고 정의하고 있을 뿐, 감항성 유지 활동에 대한 구체적인 사항을 규정하지 않고 있다.

다만, 법률 제5조의2(감항성 유지 및 기술 지원)에서 각 군을 포함한 군용 항공기를 운용기관은 해당 군용 항공기가 기종별 감항인증기준에 적합하도록 감항성을 유지해야 하고, 방위사업청은 군용 항공기 운용기관의 감항성 유지에 필요한 기술지원을 할 수 있다고 규정하고 있다. 그리고, 방사청 훈령 제2절 감항성 심사를 생략하는 사업의 감항인증 절차의 제27조(감항인증 업무관리)에서 사업관리기관은 계약자로부터 감항성 유지절차를 확보하여 방위사업청에 제출하도록 규정하고 있다.

방위사업청 훈령 제12조(감항인증기준의 변경)에 따른 [별표 7] 감항 영향성 판단 절차 및 기준 예시도의 "차"항에서 유지감항인증을 위해 사전에 설정된 제한치에 영향을 주는 개조를 감항 영향성 예시로 규정하고 있으며, 국방기술품질원 업무규정 [별표 1] 생산확인 평가기준의 "B8"항에서 기술변경이 유지감항성지침에 영향을 미치는 경우에 관련 절차를 수립하도록 규정하고 있다.

군용항공기 비행안전성 인증에 관한 법률에서 "감항성 유지"로 명명하고 있는데, 이를 지속감항(continued airworthiness) 또는 유지감항(continuing airworthiness)으로 명시하고 그 정의와 활동을 달리하는 경우가 있다. 이와 같은 혼동을 방지하기 위하여 감항성 유지에 관한 포괄적인 이해가 필요한 것으로 판단된다. 미국의 연방항공청은 모든 규정과 지침에서 Continued Airworthiness로 표기하고, 유럽항공안전청은 Continuing Airworthiness로 표기하고 있다. 미국과 유럽의 군 감항당국도 민간 감항당국과 마찬가지로 각자가 선호하는 단어로 표기하는 것일 뿐, 그 의미는 동일하게 사용되고 있다.

미국과 유럽의 감항당국에서도 Continucd와 Continuing을 바꾸어 사용하거나 혼용하는 경우가 있는데, 이는 극히 일부에 지나지 않으며 해당 문서를 작성하는 담당자의 일시적인 혼동에 의한 것으로 판단된다. 또한, Continued Airworthiness는 설계자 및 제작자가 특정 형식의 모든 항공기에 대하여 감항성을 유지하는 것이고, Continuing Airworthiness는 운용자 또는 소유자가 개별 항공기에 대하여 감항성 유지하는 활동으로 정의하는 경우가 있는데, 이 또한 지협적인 개념에 불과한 것으로 볼 수 있다.

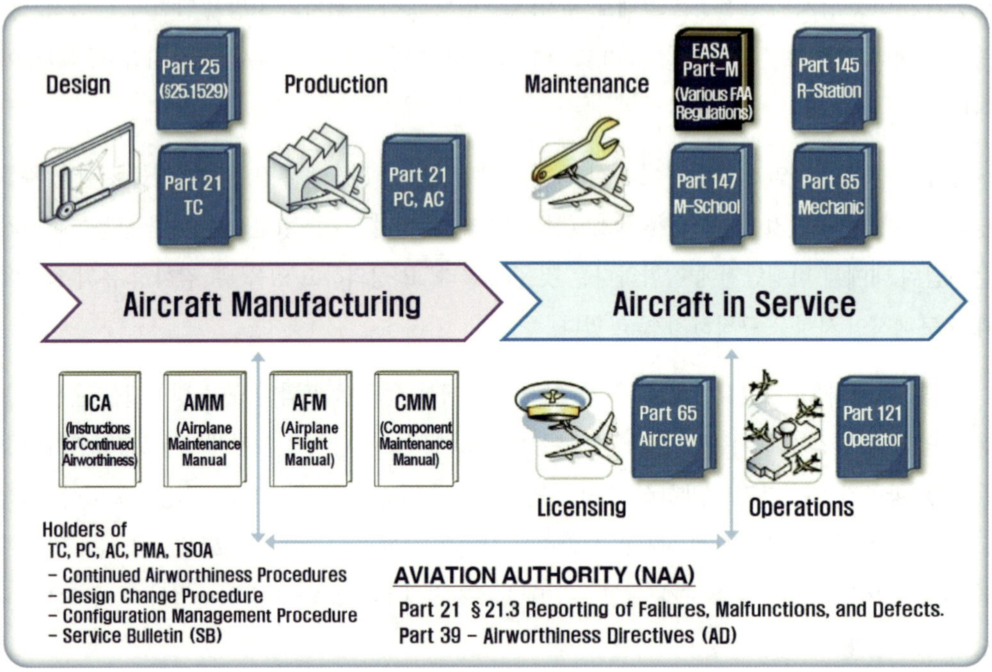

[그림 7-19] 민간 항공기 감항성 유지 프로세스(참고)

항공기 감항성 유지는 제작자와 운용자, 그리고 감당당국을 포함하는 모두에게 각자의 책임과 역할이 주어지는 유기적인 활동이다. 항공기 감항성은 설계 및 제작에 관한 인증이 완료되는 시점에 완성된다. 항공기 운용 중에는 감항성 유지 활동을 통하여 인증 당시의 안전성을 유지하여야 한다. 운용 중에 발생하는 감항성 이슈는 법적 절차에 따라서 운용자가 감항당국과 제작자에게 통지해야 하고, 제작자는 감항성 이슈를 해결할 수 있는 검사, 정비, 교체, 수리 지침을 발행하거나 설계변경을 통하여 감항성을 회복시킬 수 있는 대책을 강구하여야 한다.

군용 항공기에 대한 감항성 유지 지침(ICA)으로 정비교범(MM), 비행교범(FM), 시한성 기술지시(TCTO) 또는 감항성개선지시(AD), 기술회보(SB), 기타 감항성 유지 문서 체계를 갖추고, 이를 체계적으로 관리 및 시행할 수 있는 감항성 유지 절차서를 갖추는 것이 필요하다. 또한, 군용 항공기를 운용하는 각 군뿐만 아니라, 이를 지원하는 주관기관, 전문기관, 그리고 제작업체의 역할과 책임을 명확히 정의할 필요가 있다.

7.3 표준감항인증기준

군용 항공기 감항인증에는 법률 제3조(표준감항인증기준 고시)에 따라 방위사업청이 고시하는 표준감항인증기준(Standard ACC: Airworthiness Certification Criteria)과 법률 제4조(감항인증의 절차 등) 제3항에 따라 사업관리기관이 작성해 방위사업청에 제출하는 기종별 감항인증기준(TACC: Tailored Airworthiness Certification Criteria)을 적용하여야 한다.

표준감항인증기준은 방위사업청이 고시하는 국가 기준에 해당하며, 기종별 감항인증기준은 사업관리기관이 기종별 감항인증계획의 일부로 작성하여 방위사업청 및 감항인증심의위원회 심의·승인을 받는 형식인증 신청자 문서의 일종으로 볼 수 있다.

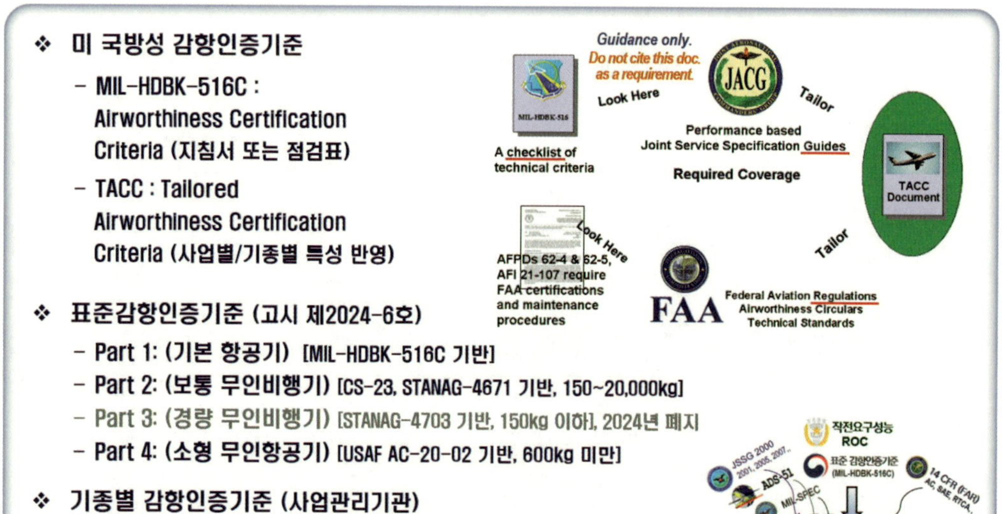

[그림 7-20] 미국 및 우리나라 군용 항공기 감항인증기준 체계

7.3.1 표준감항인증기준 구성

우리나라의 표준감항인증기준 Part 1은 미국의 MIL-HDBK-516C (2014년)를 바탕으로 제정되었고, Part 2는 유럽의 CS-23 (Amdt 4, 2015년)을 기본으로 STANG 4671 (Ed. 1, 2007년) 등의 무인비행기 특성을 추가로 반영하여 제정되었다. Part 3은 STANAG 4703 (Ed. B, 2016.11.24)를 바탕으로 제정되었으나 2024년 폐지되었고, Part 4는 미공군의 AC-20-02 (2020

년)를 기반으로 이에 Checklist 형태를 요구도로 전환하여 입증하는 방식으로 제정되었다.77) 이들 표준감항기준 개정본은 방사청 고시 제2024-06호로 발행되었다.

우리나라 군용 항공기에 대한 표준감항인증기준은 Part 1 기본 항공기 및 무인기 시스템 (모든 항공기에 적용), Part 2 보통 무인비행기 시스템 (MTOW 150 kg ~ 20,000 kg), Part 3 경량 무인비행기 시스템 (MTOW 150 kg 이하, 충돌에너지 66 J 초과), Part 4 소형 무인항공기 시스템 (MTOW 600 kg 미만)으로 구성되어 있다. 다만, Part 3의 경우에는 Part 4 제정 당시에 폐지된 상태이다.

[표 7-8] 우리나라 군용 항공기 표준감항인증기준 구성

Part 구분	적용 범위	해외 인용기준	비고
Part 1 (기본 항공기 및 무인기 시스템)	유인, 무인, 고정익, 또는 회전익 항공기	· MIL-HDBK-516C : Airworthiness Certification Criteria (2014.12.12)	
Part 2 (보통 무인비행기 시스템)	MTOW 150 ~ 20,000 kg	· EASA CS-23 : CS and AMC for Normal, Utility, Aerobatic, and Commuter Category Aeroplanes (Amdt 4) · STANAG 4671 : UAS Airworthiness Requirements (Edition 3)	
Part 3 (경량 무인비행기 시스템)	MTOW 150 kg 이하, 충돌에너지 66 J 초과	· STANAG 4703 : Light UAS Airworthiness Requirements (Edition B)	2024년 폐지
Part 4 (소형 무인항공기 시스템)	MTOW 600 kg 미만	· USAF AC-20-02 : Small UAS Airworthiness Requirements (2020.07.31)	

* 우리나라의 군용 항공기 표준감항인증기준의 Part 1부터 Part 4까지 각각은 제목이 부여되지 않았는데, 해외의 인용기준 제목과 적용 범위를 살펴보면 ( ) 속에 표시된 바와 같이 제목을 붙일 수 있다.

다만, 법률 제5조(표준감항인증기준 적용 제외) 및 시행령 제3조(표준감항인증기준 또는 감항인증 절차 적용 제외 사업)에 따라 다음의 경우에는 표준감항인증기준 또는 절차의 전부 또는 일부가 적용되지 않고, 별도의 기준 및 절차에 따른다.

1. 수입국에서 감항인증을 요청하지 아니하거나 다른 기준 적용을 요청하는 경우
2. 해외의 제작한 국가에서 감항인증 또는 이에 준하는 증명을 받은 경우
3. 해외에서 감항인증 받은 부품 등을 국군의 같은 계열 항공기에 장착하는 경우

3의2. 2009년 이전의 항공기를 개조·개량하거나 부품 등을 장착하는 그 이외의 부분

4. 그밖에 표준감항인증기준이나 절차를 적용하는 것이 부적당한 군용항공기 사업
   - 법 제2조 제4호 가목의 사업으로서 연구만을 목적으로 추진하는 사업

77) 표준감항인증기준 Part 2, (Part 3), Part 4는 각각 중량으로 구분되지만, 모두 무인 항공기에 적용되는 것이므로 이를 통합하여 재정립할 필요가 있다. 또한, Part 4 제정에 인용된 미공군의 AC-20-02는 감항성 평가 예시(template)에 불과하므로 이를 인용하는 것은 적정하지 않은 것으로 판단된다.

- 사업 특성상 국제적으로 통용되는 기준을 적용하는 것이 더 효율적인 사업
- 전시·사변 또는 이에 준하는 사태의 발생으로 긴급한 전력화가 필요한 사업

우리나라의 표준감항인증기준 Part 1은 미국의 MIL-HDBK-516C를 기반으로 제정되었다. 다만, 미국의 MIL-HDBK-516C는 적용범위(Scope)와 적용성(Applicability)에서 모든 유인 및 무인, 고정익 및 회전익 항공기 시스템에 적용됨을 명확히 규정하고 있으나, 우리나라 표준감항인증기준 Part 1의 적용범위(Scope)에서는 이 대한 언급이 없고, 적용성(Applicability) 부분에만 무인 항공기 시스템에도 적용될 수 있음을 간접적으로 나타내고 있다. 또한, 미국의 MIL-HDBK-516C에서는 이 핸드북은 안내서(guidance only)일 뿐이고 요구조건(requirement)으로 인용될 수 없다고 규정하고 있으나, 우리나라 표준감항인증기준에서는 법률에 따른 표준감항인증기준이고 사업관리기관, 주관기관, 전문기관, 계약자가 사용하는 일반적인 기술기준으로 명시하고 있다.

[표 7-9] MIL-HDBK-516C 및 표준감항인증기준 적용범위 비교

구분	MIL-HDBK-516C	표준감항인증기준 Part 1
적용범위 (Scope)	This document establishes the airworthiness certification criteria, standards and methods of compliance to be used in determination of airworthiness of all manned and unmanned, fixed and rotary wing air systems. It is a foundational document to be used by the service airworthiness authority to define an air system's airworthiness certification basis. This handbook is for guidance only and cannot be cited as a requirement.	이 문서는 군용기 인증법 제3조에 따라 방위사업청장이 고시한 표준감항인증기준이다. 이 문서는 사업관리기관의 장, 감항인증 주관기관의 장, 감항인증 전문기관의 장 및 계약자들이 해당 항공시스템의 기종별 감항인증기준을 작성하는데 사용되는 일반적인 기술기준이다. 이 문서는 미 국방성의 MIL-HDBK-516C를 바탕으로 작성되어 있다.
적용성 (Applicability)	Each air system configuration, including but not limited to manned, unmanned, fixed or rotary-wing demands unique safety-of-flight (SOF) airworthiness certification requirements. Therefore, unique criteria are included for these types of systems to ensure that minimum levels of design for safe operation and maintenance are established.	유인, 무인, 고정익 또는 회전익 항공기를 포함한 각 항공시스템 형상은 고유한 안전비행(SOF, Safety-Of-Flight) 감항인증 요구조건을 가져야 한다. 따라서, 항공기시스템별로 안전한 운용 및 유지를 위한 최소한의 설계 수준이 설정되도록 고유의 기준들이 포함되어 있다. 무인항공기(UAVs)에서는 (이하생략)

군용 항공기 표준감항인증기준 Part 1은 다음과 같이 20개의 장으로 구성되어 있으며, 제4장부터 제20장까지에 제시된 기술분야별 각 항목은 기준(criterion), 표준(standard), 적합성 검증방법(method of compliance), 그리고 참고문서(references) 순으로 나열되어 있다. 기준(criterion)에서는 확인(verify)해야 하는 항목이나 내용을 간단히 서술하였고, 표준(standard)에서는 해당 기준 명시된 내용을 좀 더 구체적으로 설명하고 있으며, 적합성 검증방법(method of compliance)에서는 입증이 필요한 항목에 대한 입증방법을 해석, 시험, 검사, 실증 등으로 지정하고 있다. 그리고 참고

문서(references)에서는 인용 가능한 JSSG, MIL. DoDI, DoDM, AFPD, AFI, AR, ADS, NAVAIRINST, STANAG, FAR, TSO, AC, SAE, RTCA, ASME, ASTM, ISO/IEC, IEEE 등을 제시하고 있다.

1. 개요 (Scope)
2. 적용 문서 (Applicable Documents)
3. 용어정의 및 약어 (Definitions & Abbreviations)
4. 시스템 엔지니어링 (Systems Engineering)
5. 구조 (Structures)
6. 비행기술 (Flight Technology)
7. 추진체 및 추진체 장착 (Propulsion and Propulsion Installations)
8. 세부계통 (Air Vehicle Subsystems)
9. 승무원 시스템 (Crew Systems)
10. 진단 계통 (Diagnostics Systems)
11. 항공전자 (Avionics)
12. 전기계통 (Electrical System)
13. 전자기 환경영향 (Electromagnetic Environmental Effects (E^3))
14. 시스템 안전 (System Safety)
15. 컴퓨터 시스템과 소프트웨어 (Computer Systems and Software)
16. 정비 (Maintenance)
17. 무장 및 장착물 통합 (Armaments and Stores Integration)
18. 승객 안전 (Passenger Safety)
19. 재료 (Materials)
20. 항공 수송능력, 공중투하, 임무/시험장비 및 화물/탑재하중 안전 (Air Transportability, Airdrop, Mission/Test Equipment and Cargo/Payload Safety)

7.3.2 기술분야별 인증문서

MIL-HDBK-516C 및 표준감항인증기준 Part 1의 제4장부터 제20장에서는 각 항목별 기준(criteria)과 함께 기술분야별 인증문서 종류에 대한 예시(examples of typical certification source data)를 제시하고 있다.

이들 인증문서 종류는 "예시"로 제시된 것이지만, 감항인증 실무에서는 해당되는 경우에 사업관리기관, 주관기관, 전문기관 등에 필수적으로 제출해야 하는 인증문서가 될 수도 있어 유의할 필요가 있다.

4. 시스템 엔지니어링 (Systems Engineering)

1. 신뢰성, 품질 및 제작 프로그램 계획서
2. 계약자 정책 및 절차서
3. 내구성 및 손상허용 관리계획서
4. 작업지침서(work instructions)
5. 공정규격서(process specifications)
6. 생산 및 조립 진행 보고서
7. 품질 기록부(quality records)
8. 결함 및 고장 데이터(defect/failure data)
9. 고장모드, 영향 및 치명도 분석(FMECA) 문서
10. 기술자료 묶음(tech data package)
11. 모든 주요인진품목/구성품의 부품번호/일련번호를 포함하는 제작현황 목록
12. 규격완화/면제 및 반영되지 않은 설계변경 목록
13. 승인된 1급 기술변경 제안서(Class I ECP) 목록
14. DD Form 250, 자재검사 및 수령 보고서
15. 형상관리 계획 및 공정 설명문서
16. 단종 제작원 대비 계획서
17. 노후화 부품 대비 계획서
18. 시험 보고서(test reports)
19. 시험 계획서(test plans)
20. FAA 감항성개선지시서(AD) 및 권고 회람서(AC)
21. 제작사 발행 기술회보(SB)
22. 민간 항공당국 인증 계획서(CP)
23. 민간 항공당국 인증기준(certification basis)
24. 민간 항공당국 인증 보고서(CR)
25. 시스템 안전성 분석 보고서(SSA report)
26. 위조방지 계획서(counterfeit prevention plan)

5. 구조강도 (Structures)

1. 설계기준(design criteria)
2. 하중 해석 보고서
3. 내부 하중 및 응력 해석 보고서
4. 재료, 공정, 부식방지, 비파괴 평가 및 수리 데이터
5. 수행된 모든 설계개발 시험 결과 문서
6. 입증시험 결과 문서
7. 플러터, 구조 안정성 및 서보공탄성 해석
8. 하중 풍동시험 데이터
9. 플러터 풍동시험 데이터
10. 지상진동시험 결과 문서
11. 손상허용 및 내구성 해석 보고서
12. 구성품/전기체 정적 및 피로시험 결과 문서
13. 실무장 발사시험 결과 및 탄도 해석 보고서
14. 조류 충돌시험 및 해석 결과 문서
15. 어레스트 와이어 충격시험 및 해석 결과 문서
16. 사용자 및 정비사 교범 또는 동등한 문서
17. 비행운용 제한사항
18. 강도 요약 및 운용 제한사항
19. 손상허용 및 내구성 시험 결과 문서
20. 전기체 내구성 시험 결과 문서
21. 기능 시험 결과 문서
22. 비행하중 시험 결과 문서
23. 계측장비 및 보정시험 결과 문서
24. 조종면, 탭 및 완충장치 시험 결과 문서
25. 열탄성 시험 결과 문서
26. 제한 하중 강성 시험 결과 문서
27. 비행 플러터 시험 결과 문서
28. 질량 특성 통제 및 관리 계획서(인터페이스)
29. 중량 및 평형 보고서(인터페이스)
30. 관성 보고서(inertia report)
31. 설계 비교연구 및 해석 보고서
32. 연료시스템 시험 결과 문서
33. 실중량 측정 결과 문서
34. 중량 및 평형 실무지침서 또는 동등한 문서
35. 위험도 분석 보고서
36. 환경기준 및 시험 결과 문서
37. 진동 및 음향 시험 결과 문서
38. 항공기 이력 추적 프로그램 문서
39. 착륙장치 및 기체 낙하시험 계획 및 결과 문서
40. 기계적 안정성 시험 계획 및 결과 문서
41. 회전 시험 계획 및 결과 문서
42. 지상계류 시험 계획 및 결과 문서

6. 비행기술 (Flight Technology)

1. 설계기준(design criteria)
2. 설계 연구 및 분석 보고서
3. 설계, 장착 및 운용 특성 문서
4. 시뮬레이션 시험, 모델링 및 결과 문서
5. 설계 승인 및 기능/시스템 적합성 시험 보고서
6. 구성품 및 기능적 성능 및 인증 시험 보고서
7. 전자기환경영향 보고서
8. 추진계통 장착 적합성 시험 보고서
9. 시험결과에 대한 수락기준 문서
10. 고장유형, 영향 및 치명도 분석/시험 보고서
11. 위험요소 분석 및 분류 보고서
12. 안전성 인증 프로그램 문서
13. 전산화된, 이론적 또는 준경험적 예측방법 문서

14. 항공역학적 설계 및 구성품 배치 형상 문서
15. 풍동시험결과 및 보정 방법 문서
16. 시스템 역학의 수학적 설명 문서
17. 지상 공진 및 루프 안정성 시험 보고서
18. 서보공탄성 설계기준 및 분석 보고서
19. 성능 해석 보고서
20. 비행교범(flight manual)
21. 자연환경 민감도 분석 보고서
22. 비행경로유도 분석 및 시뮬레이션 보고서 (함정조건, 센서 고장영향 포함)
23. 인터페이스 및 통합 통제 문서
24. 기능, 세부기능 및 구성품 규격서
25. 흡입구/엔진 실증용 흡입구 스크린 선정 기준 및 패턴 문서
26. 비행시험 계획서(flight test plan)
27. 상세 비행 프로파일 문서(detailed flight profiles)
28. 항공기/엔진 운용 제한사항
29. 제어법칙 문서(control laws)
30. 비행시험 보고서(flight test reports)
31. 공력데이터 불확실성 민감도 연구 보고서
32. 힘과 모멘트 산출 시스템 문서
33. 중량, 무게중심 및 관성에 대한 질량 특성 문서

8. 세부계통 (Air Vehicle Subsystems)

1. 설계기준(design criteria)
2. 기능적 운용시험 결과 문서
3. 성능시험 결과 문서
4. 고장유형, 영향 및 치명도 분석 보고서
5. 위험요소 분석 보고서(hazard analysis)
6. 구성품 및 시스템 안전비행 인증/품질검증 문서
7. 설계연구 및 분석 보고서
8. 장착 및 운용 특성 문서
9. 비행교범 및 제한사항 문서
10. 전자기환경영향 분석 및 시험결과 문서
11. 단종 제작원 조치 계획서
12. 부품 노후화 대비 계획서

9. 승무원 시스템 (Crew Systems)

1. 탈출 시스템 요구도 및 확인 문서
2. 승무원 공간 배치/기하학적 검토 문서
3. 인적 요인 분석 보고서(human factors)
4. 고장유형, 영향 및 치명도 분석 보고서
5. 생명유지 시스템 요구도 및 확인 문서
6. 추락 생존성 요구도 및 확인 문서
7. 조명 시스템 설계, 분석, 시험 보고서
8. 투명체 통합 문서

43. 구조적 설명 보고서
44. 전복 안정성 해석 보고서
45. 외부 장착물 인터페이스 및 투하 데이터
46. 지상, 항공운송 리깅 절차, 하중 및 검사 문서
47. 고장유형, 영향 및 치명도 분석(FMECA) 보고서
48. 지상 및 로터 블레이드 간극 치수 데이터
49. 윤활제 손실 시험 보고서
50. 열 발생/방지 해석 보고서

7. 추진체 및 추진체 장착 (Propulsion and Installations)

1. 설계기준(design criteria)
2. 설계 연구 및 해석 보고서
3. 설계, 장착 및 운용 특성 문서
4. 엔진 지상 및 모의 고도시험 보고서
5. 엔진 설계 기능/시스템 적합성 시험 보고서
6. 엔진 구성품, 기능적 품질검증, 인증시험 보고서
7. 전자기환경영향 보고서
8. 장착된 추진체 호환성 시험 보고서
9. 시험결과 수락기준 문서
10. 고장유형, 영향 및 치명도 분석/시험 보고서
11. 위험요소 분석 및 분류 보고서
12. 안전성 인증 프로그램 문서
13. 엔진 내구성 및 가속 임무시험 보고서
14. 엔진 및 구성품 구조 및 항공기계 시험 보고서
15. 비행시험 계획 및 결과 문서
16. 추진계통 건전성 프로그램 분석 및 시험 보고서
17. 엔진 수명관리 계획서
18. 속도 및 온도초과 시험 보고서
19. 엔진성능 및 구성품 성능분석 보고서
20. 비행교범(flight manual)
21. 자연환경 민감도 분석 보고서
22. 흡입구 공기흐름 왜곡, 엔진 평가, 감사 보고서
23. 인터페이스/통합 통제 문서
24. 기능, 하부기능 및 구성품 규격서
25. 엔진 실증용 스크린 선정 기준 및 패턴 문서
26. 엔진 제어시스템 리그 시험 보고서
27. 엔진 건전성 감시시스템 설계 및 시험 보고서
28. 항공기/엔진 운용 제한 문서
29. 엔진 소프트웨어 개발 계획서 및 제품 규격서
30. 엔진 S/W 시험 계획서, 시험절차, 시험 보고서
31. 엔진 소프트웨어 형상통제/관리계획 및 절차서
32. 추진체 및 동력비행 인가 계획서
33. 단종 제작원 관리 계획서
34. 단종부품 조치 계획서

10. 진단계통 (Diagnostics Systems)

9. 하중 해석 보고서
10. 서보공탄성 해석 보고서
11. 시험 계획서(test plans)
12. 시험 보고서(test reports)
13. 입증시험 결과 문서
14. 모의시험, 모델링 및 결과 문서

11. 항공전자 (Avionics)

1. 설계기준(design criteria)
2. 설계 연구 및 해석 보고서
3. 설계, 장착 및 운용 특성 문서
4. 설계 승인 및 시스템 적합성 시험 보고서
5. 시뮬레이션 시험 및 모델링 결과 문서
6. 구성품 및 시스템 품질검증 및 인증시험 보고서
7. 전사기 환경 영향 보고서
8. 위험요소 분석 및 인증 보고서
9. 고장유형 및 효과 분석 보고서
10. 비행필수 항공전자 H/W 및 S/W 문서
11. 항공전자 PDR 및 CDR 미해결 항목 문서
12. 항공전자 통합시험 및 결과 문서
13. 항공전자/전자장치 건전성 프로그램 문서
14. 비행시험 시뮬레이션 계획서
15. 시스템/세부계통 자체진단 설계 및 능력 문서
16. 수락시험계획, 절차 및 결과 문서
17. 품질검증 시험 계획, 절차 및 결과 문서
18. 기능적 형상확인 및 물리적 형상확인 데이터
19. 시험 보고서(test reports)
20. 환경 분석 및 시험결과 보고서
21. 단종 제작원 조치 계획서
22. 노후화 부품 조치 계획서
23. 고장유형, 영향 및 치명도 분석 보고서

1. 고장유형 영향 및 치명도 분석 보고서
2. 수락시험 절차서
3. 비행전 시험 결과 문서
4. 자체고장진단시험용 소프트웨어 문서
5. 비행시험 계획서(flight test plan)
6. 시험성 분석 보고서(testability analysis reports)
7. 자체고장진단시험 실증 보고서
8. 시험평가 기본 계획서(TEMP)
9. 결함보고 및 수정조치체계 데이터
10. 시험 보고서(test reports)
11. 시스템 안전분석 보고서(SSA report)
12. 비행 및 정비교범(FM and MM)
13. 고장유형 및 영향성 분석 보고서

12. 전기계통 (Electrical System)

1. 설계기준(design criteria)
2. 전기부하 해석 포함한 설계연구 및 해석 보고서
3. 고장유형, 영향 및 치명성 분석 보고서
4. 위험요소 분석 보고서
5. 기능적 운용시험 결과 문서
6. 성능시험 결과 문서
7. 장착 및 운용 특성 문서
8. 구성품 및 시스템 품질검증 문서
9. 비행교범, 비행시험 절차 및 제한사항 문서
10. 배선도(배선 종류, 두께 및 전송 전류/전압 등)
11. 보조 그림과 함께 3차원 배선도
12. 설계 적용 및 장착에 대한 육안 평가 문서
13. 구성품 및 시스템 품질검증 문서
14. 장착된 장비 목록
15. 단종 제작원 조치 계획서
16. 단종 부품 조치 계획서

13. 전자기 환경영향 (E^3)

1. E^3 설계기준, 해석 및 비교선정연구 보고서
2. E^3 모델링 및 시뮬레이션 결과 문서
3. E^3 고장유형, 영향 및 치명도 분석 보고서
4. 전자기 위험요소 분석 보고서
5. 장비/세부계통 E^3 품질검증 보고서
6. 장착 및 운용 상세 내역서
7. 시스템 E^3 품질검증 시험 보고서
8. 비행 및 운용 매뉴얼, 비행시험절차와 제한사항
9. 안전비행 인증 보고서
10. 승인된 무선 주파수 할당 문서

14. 시스템 안전 (System Safety)

1. 시스템 안전 프로그램 계획서(SSPP)
2. 예비위험요소 분석 보고서(PHA)
3. 세부계통 위험요소 분석 보고서(SSHA)
4. 시스템 위험요소 분석 보고서(SHA)
5. 운용 및 지원 위험요소 분석 보고서(O&SHA)
6. 시험 위험요소 분석 보고서(THA)
7. 직업적 위험요소 평가 보고서(Occupational HHA)
8. 특수목적 분석 보고서(회로 기밀성, S/W 위험요소)
9. 안전 결함사항 수정용 개조 문서
10. 구성품/시스템 시험결과(면제/완화, 조건부 사용)
11. 시스템 안전 그룹 회의록(미해결 항목)
12. 시스템 안전 검토회의록 (미해결 항목)
13. 안전 관련 기술변경 제안서

15. 컴퓨터 시스템과 소프트웨어 (Computer Systems & S/W)

1. 안전 필수기능 스레드 해석 보고서

2. 시스템/세부계통 및 안전 요구도 문서
3. 시스템 처리 아키텍처(SPA) 통합 계획서
4. SPA 아키텍처 도면 및 다이어그램
5. SPA 설계 명세서
6. SPA 인터페이스 통제 문서(ICD)
7. 하드웨어 요구도 명세서
8. 소프트웨어 요구도 명세서
9. 하드웨어 및 소프트웨어 ICD 및 버스 ICD
10. 하드웨어 개발 프로세스 문서
11. S/W 개발 계획서 및 무결성 기본계획서(SDIMP)
12. 형상관리 계획 및 데이터
13. 품질검증 계획 및 감사 보고서
14. FMEA 및 FMECA 보고서
15. 고장유형 영향시험 계획, 절차 및 결과 보고서
16. 기술분석 및 연구 보고서(통상모드, 취약성 등)
17. 하드웨어 다이어그램 및 도면
18. 소프트웨어 설계 문서
19. 설계 검토 회의록
20. 안전 인터록 설계 스레드 분석 보고서
21. 소프트웨어 절차 상세 지침서(S/W 코딩표준 등)
22. 소프트웨어 통합 계획서
23. H/W 및 S/W 시험 계획, 절차 및 보고서
24. S/W 및 시스템 수준 재검증 시험 정책서
25. 컴퓨터 자원활용 분석 및 매트릭스(처리부하 등)
26. 각 소프트웨어 형상항목별 버전 명세서
27. 소프트웨어/비행운용 프로그램 빌드 계획서
28. 소프트웨어 장입 프로세스 및 절차서
29. 검증 도구 및 모델에 대한 확인증거 문서
30. 문제보고 데이터베이스 보고서
31. 기술교범(기술도서, 비행교범, 운영자교범 등)
32. 지상 및 비행시험 계획 및 결과 보고서
33. 비행허가 절차 문서

17. 무장 및 장착물 통합 (Armaments and Stores Integration)

1. 사용자 요구도, 설계요구도, 검증 결과 문서
2. 설계연구 및 분석 보고서
3. 설계, 장착 및 운용특성 문서
4. 구성품, 기능적 안전비행, 성능, 인증시험 보고서
5. 전자기 환경영향 보고서
6. 화염 흡입, 추진계통 기총가스 침투 시험 보고서
7. 고장유형, 영향 및 치명성 분석/시험 보고서
8. 위험요소 분석 및 분류(폭발성 대기 분석/시험)
9. 안전성 인증 프로그램 문서
10. 계산, 이론 또는 반-실험적 예측기법 문서
11. 공력설계 및 구성품 위치 형상 문서
12. 풍동실험 결과 및 교정 방법 문서

14. 위험요소 식별, 평가 및 수정 이력 시스템 파일
15. 안전성 평가 보고서(SAR)
16. 시험계획 및 시험 결과 보고서
17. 시험용 임시 기술 지시서
18. FMEA 및 FMECA 보고서
19. 위험요소 위험도 지표 문서
20. MIL-STD-882, 시스템 안전성 문서
21. 시험검토위원회 보고서(TRB reports)
22. 안전검토위원회 보고서(SRB reports)
23. 비행준비검토 보고서(FRR reports)
24. 안전 요구도 추적성 매트릭스(H/W, S/W 포함)
25. 소프트웨어 시스템 안전성 프로그램 계획서
26. 기능적 위험요소 분석 또는 평가 보고서
27. 복합체계 위험요소 분석 보고서
28. 안전 필수 기능 및 안전필수 품목 목록
29. 시스템 엔지니어링 계획서(SEP)
30. 위험도 수용 입증 문서

16. 정비 (Maintenance)

1. 정비교범 및 점검 목록표(T.O. 보충판)
2. 검사 요구도 문서(T.O. 보충판)
3. 수명제한/시한성 교체 계획서 및 목록
4. 시스템 안전 위험요소 분석 보고서(SSHA)
5. 고장유형, 영향 및 치명도 분석 보고서(FMECA)
6. 정비기록부(고장보고 및 수정조치시스템 포함)
7. 기술도서 T.O. 00-5-1
8. 시험 보고서(test reports)
9. 시험 계획서(test plans)
10. 미해군항공사령부 지시서(COMNAVAIFORINST)
11. 미해군 운용 지시서(OPNAVINST 4790.2J)

18. 승객 안전 (Passenger Safety)

1. 적용 연방항공규정 입증 문서
2. 감항성개선지시서(AD) 및 회람서(AC) 입증 문서
3. 합동군사규격지침서(JSSG) 입증 문서
4. 객실/승무원실 공간 배치/구성도
5. 추락생존성 요구도 및 입증 문서
6. 탈출계통 요구도 및 입증 문서
7. 생명유지계통 요구도 및 입증 문서
8. 기술자료묶음(TDP)

19. 재료 (Materials)

1. 설계기준(design criteria)
2. 재료 특성 데이터 및 분석 보고서
3. 환경효과 데이터 및 분석 보고서
4. 갈바닉 부식 적합성 데이터 및 분석 보고서

13. 시스템 역학의 수학적 설명 문서
14. 하중 분석, 풍동 및 비행시험 결과 문서
15. 플러터, 공탄성 분석, 풍동 및 비행시험 보고서
16. 성능 분석 보고서
17. 환경 분석 및 시험 보고서(기총발사 진동 등)
18. 인터페이스 통제 문서
19. 장착물 분리모델, 풍동 및 비행시험 보고서
20. 비행교범(flight manual)
21. 비행시험 계획 및 결과 보고서
22. MIL-HDBK-1763, 항공기/장착물 적합성 보고서
23. MIL-HDBK-244, 항공기/장착물 적합성 지침서
24. MIL-STD-1760, 항공기/장착물 연결시스템 문서
25. MIL-STD-8591, 항공기/장착물 인터페이스 문서
26. SEEK EAGLE 엔지니어링 데이터
27. ANSI Z136.1, 레이저 안전사용 미국 표준서
28. 핵 인증영향 기술서(NCIS)
29. 항공기 감시 및 통제 및 시험감독 문서
30. 핵 안전분석 보고서(NSAR)
31. 기계적 적합성(compatibility) 데이터
32. 전기적 적합성(compatibility) 데이터
33. 인증 요건 계획서(CRP)
34. 비행운용 프로그램 소스 코드 문서
35. 시스템통합 실험데이터/결과 보고서
36. 냉각 분석 및 지상/비행시험 결과 보고서
37. MIL-STD-1530, 기체구조 건전성 프로그램(ASIP)
38. ASC/EN 장착물 통합 연습문서(practice)
39. 고려해야 될 인적요인 문서
40. 고려해야 할 승무원 탈출경로 문서
41. 항공기 하중 및 평형 보고서
42. 환경 분석 및 시험결과 보고서
43. 장착물 도면(질량특성 포함)
44. 안전성 평가 보고서
45. 감항인증 계획서(AQP, 육군만 해당)
46. 감항인증 규격서(AQS, 육군만 해당)

5. 결함 영향 데이터 및 분석 보고서
6. 위험요소 재료 데이터
7. 재료 비교선정 연구 결과 보고서
8. 실험 설계 결과 보고서
9. 통계적 공정관리 데이터
10. 비파괴검사 기준 문서
11. 비파괴검사 계획서 및 기록서
12. 비파괴검사 탐지확률 데이터
13. 생산 전 검증시험 데이터
14. 초도품 파괴 시험 데이터
15. 마모 및 침식 데이터
16. 재료 규격서(material specifications)
17. 공정 규격서(process specifications)
18. 마감재 규격서(finish specifications)
19. 금속소재 특성 개발 및 표준서(MMPDS-08)
20. SAE CMH-17-2, 복합재료 편람: Vol 2(재료 특성)
21. 재료 안전 자료집(material safety data sheets)
22. 계약자 정책 및 절차서
23. 품질 기록서(quality records)
24. 결함/고장 데이터
25. 파괴 통제 계획서
26. 파괴에 치명적인 부품 목록

20. 항공수송능력, 공중투하, 임무/시험장비, 화물/하중 안전

1. 설계기준(design criteria)
2. 설계연구 및 분석 보고서
3. 설계, 장착 및 운용특성 문서
4. 설계 승인 및 시스템 적합성 시험 보고서
5. 구성품, 시스템 품질검증 및 인증 시험 보고서
6. 전자기 환경영향 보고서
7. 위험분석 및 인증 보고서
8. 고장유형 및 영향성 분석 보고서
9. 항공전자 통합시험 및 결과 보고서
10. 시스템/세부계통 자체시험 설계 및 능력 문서
11. 품질검증 시험 계획, 절차 및 결과 보고서
12. 지상시험 결과 보고서
13. 기능적 및 물리적 형상 확인 데이터
14. 비행교범(flight manual)
15. 소프트웨어 개발 계획서
16. 소프트웨어 개발 및 제품 규격서
17. 소프트웨어 시험계획, 시험절차 및 시험 보고서
18. 소프트웨어 형상통제/관리 계획 및 절차서
19. 비행시험 결과 보고서
20. 환경 분석 및 시험 보고서

각 기술분야별 인증문서 목록을 살펴보면, 다수의 인증문서가 중복적으로 제시된 것으로 볼 수도 있다. 그렇지만, 이는 해당 기술분야와 그 문서의 형태를 살펴보고 분류하여야 한다. 예를 들어, 비행교범, 운용자 교범, 도면, 규격서, 단종 제작원 대비 계획서 등은 기술분야와 관계없이 통합하여 하나의 문서로 작성할 필요가 있고, 설계기준 문서, 안전성 분석 보고서, 소프트웨어 검증 보고서, 환경시험 보고서, 지상시험 보고서, 비행시험 보고서 등은 기술분야별로 작성하는 방식을 택할 수도 있다.

또한, 민군 겸용으로 개발되거나 민간용으로 전환이 예상되는 군용 수송기 및 헬리콥터 등에 대해서는 민간 감항당국에서도 인정될 수 있는 적합성 입증방법 및 보고서 작성 방식을 고려할 필요가 있다.

7.3.3 표준감항인증기준 분석

MIL-HDBK-156C 및 표준감항인증기준 Part 1의 제4장부터 제20장까지 각 장에 제시된 모든 기준(criterion)에 대한 총합은 950개 항목에 이른다. 이를 각 장별로 살펴보면, 제8장 세부계통(Air Vehicle Subsystem)이 295개로 가장 많고, 그 다음으로 제6장 비행기술(Flight Technology)이 206개, 제7장 추진체 및 장착(Propulsion and Installations)이 99개 항목을 규정하고 있다.

[표 7-10] 표준감항인증기준 기술분야별 항목수 현황

각 장의 제목	항목수	각 장의 제목	항목수
4. 시스템 엔지니어링 (Systems Engineering)	21	13. 전자기 환경영향 (E^3)	12
5. 구조 (Structures)	29	14. 시스템 안전 (System Safety)	38
6. 비행기술 (Flight Technology)	206	15. 컴퓨터 시스템과 소프트웨어 (Computer Systems~)	42
7. 추진체 및 장착 (Propulsion and Installations)	99	16. 정비 (Maintenance)	12
8. 세부계통 (Air Vehicle Subsystems)	295	17. 무장 및 장착물 통합 (Armaments and Stores~)	22
9. 승무원 시스템 (Crew Systems)	56	18. 승객 안전 (Passenger Safety)	19
10. 진단 계통 (Diagnostics Systems)	7	19. 재료 (Materials)	18
11. 항공전자 (Avionics)	30	20. 수송능력, 공중투하, 임무/시험장비 및 화물/하중 안전	18
12. 전기계통 (Electrical System)	26	기술분야별 항목수 총합	950

군용 항공기에 대한 기종별 감항인증계획 작성은 해당 항공기의 특성을 고려한 표준감항인증기준 검토하는 것으로부터 시작된다. 이를 바탕으로 기종별 감항인증기준(TACC)을 작성하고, 방사청 훈령의 [별지 제13호]의 3. 기종별 감항인증기준 표와 [별지 제14호] 감항성 심사 확인서 작성까지 이어질 수 있다. 이는 민간의 적합성 점검표(CCL) 작성 과정과 유사하다고 볼 수 있다.

표준감항인증기준을 각 항목별로 검토하고, 적합성 검증방법(MoC: Method of Compliance)을 할당하고, 입증방안을 수립하기 위하여 다음과 같은 감항인증기준 항목별 검토표(CCR: Certification Criteria Review)를 활용할 수 있다. 표준감항인증기준의 총 950개 항목 중에 다음과 같이 5개 항목에 대한 감항인증기준 검토표(CCR)를 실무에 참고할 수 있도록 제시한다. 이는 터보팬 엔진을 장착한 전투기를 전제로 검토한 것이다.

- 5.1.1 비행 및 지상 설계하중 (Design Flight and Ground Loads)
- 7.1.2 엔진 정지 (Engine Out)
- 8.1.1 리던던트 유압시스템 운용 (Redundant Hydraulic System Operation)
- 11.1.1.1 대기자료시스템 (Air Data System)
- 14.3.1 종합 소프트웨어 안전성 (Comprehensive Approach to Software Safety)

미국의 MIL-HDBK-516C 및 우리나라 표준감항인증기준 Part 1에 참고문서(references)로 제시된 FAR Part 23은 2017년에 전면 개정되었기 때문에 인용된 각 조항이 더 이상 유효하지 않다는 것을 고려해야 한다. 이 외에도 인용된 조항이 적정하지 않거나 불충분하게 인용된 부분도 다수 있으므로 유의할 필요가 있다.

감항인증기준 항목별 검토표(CCR) [예시 1/5]		
MIL-HDBK-516C	5.1.1 Design Flight and Ground Loads.	CCR-05-001

Criterion (Army, Navy and Air Force): Verify that the loads used in the design of the aircraft include the maximum, minimum and most critical combination of loads that can result from authorized ground and flight loading conditions for the air vehicle. (이하생략)

Standard (Army, Navy and Air Force): Flight loading conditions are based on aircraft response to pilot induced or autonomous maneuvers, loss of control maneuvers, pressurization and turbulence. These conditions consider both required, and expected to be encountered, critical combinations of configurations, gross weights, centers of gravity, thrust, power, altitudes, speeds, critical combinations of control system (surfaces and rotor system) deflections, control input variation and environmental factors and are used in the design of the aircraft. (이하생략)

Method of Compliance (Air Force): Verification methods include analysis and inspection of documentation. Multiple variables and factors account for development of maximum and minimum load factors. The following compliance paragraphs are applicable to all standards.

a. Load factor selection considers the following items:
   (1) Mission and flying techniques employed to execute the required mission.
   (2) Weapon types and possible delivery methods. (이하생략)

Method of Compliance (Army and Navy): Verification methods include analyses and inspection of documentation, wind tunnel tests, simulation, and flight testing. (이하생략)

References

(Navy and Air Force fixed wing) JSSG-2006: A.3.1.1/A.4.1.1 Deterministic design criteria; A.3.1.2/A.4.1.2 Probability of detrimental deformation and structural failure; A.3.2.9/A.4.2.9 Flight load factors; A.3.2.11/A.4.2.11 Limit loads; A.3.2.12/A.4.2.12 Ultimate loads; A.3.2.17/A.4.2.17 Power or thrust; A.3.3.12/A.4.3.12 Cables and pushrods; A.3.4.1/A.4.4.1 Flight loading conditions; A.3.4.1.1–15

(Army rotary wing) ADS-10-SP, ADS-24, ADS-27-SP, ADS-29, ADS-51-HDBK, ADS-64-SP, AR-70-62

(Navy rotary wing) As identified in AVPS Addendum for the air vehicle and/or AR-56, AR-89, MIL-D-23222

FAR Part 23 Normal Airplanes, Part 25 Transport Airplanes, Part 27 Normal Rotorcraft, Part 29 Transport R.

STANAG 4671: USAR 321 General (Flight Loads)

(비고: 공군 전투기에 대하여 JSSG-2006의 해당 항목만 적용함 (STANAG 4671은 무인기에 적용))

검토결과/입증방안

- 항공기 운용조건을 고려한 지상 및 비행 상태에서 발생하는 최대 하중, 최소 하중, 가장 치명적 하중 조합을 포함하여 구조해석을 수행하고 설계 하중을 입증함
- 비행하중은 조종사의 조작, 자율적 기종, 조종력 상실, 여압 및 난류에 의해 항공기에 나타나는 반응에 근거하고, 비행형상, 총중량, 무게중심, 추력, 고도, 비행속도 등을 고려해 입증함
- 항공기 미션 조건, 무장 조건, 중량 및 추력, 비행속도, 외부장착물, 대칭 및 비대칭 기동 등의 조건에서 최대 및 최소 하중배수(load factors)를 정하고, 하중해석(AN)과 설계문서 검토(DR)를 통해서 입증함

입증방법(MoC)

- 설계검토(DR) : 항공기의 모든 기동 및 운용조건과 그에 따른 설계 하중을 나타내는 관련 문서를 제시함
- 하중해석(AN) : 항공기의 모든 기동 및 운용조건에서 하중해석을 수행하고, 각 조건에서 최대 및 최소 하중배수를 제시함

입증보고서

- ABCCD0501 : Aircraft Maneuver and Operation Conditions Document
- ABCCD0503 : Aircraft Ground and Flight Load Analysis Report

특기사항

- 5.1.1 Design flight and ground loads에서 육군, 해군, 공군의 기준을 달리 규정하고 있으므로, 공군으로 지정된 사항에 대해서만 고려함

담당자	○ ○ ○	해당 팀장	○ ○ ○	인증책임자	○ ○ ○

<table>
<tr><th colspan="6">감항인증기준 항목별 검토표 (CCR) [예시 2/5]</th></tr>
<tr><td>MIL-HDBK-516C</td><td colspan="4">7.1.2 Engine Out.</td><td>CCR-07-002</td></tr>
<tr><td colspan="5">Criterion: Verify that an engine out condition on multi-engine aircraft allows safe recovery of the aircraft.
Standard: Special control modes to address engine out conditions are characterized to allow safe recovery of the air vehicle (see also 6.3.4).
Method of Compliance: Verification methods include a combination of engine test, analysis and review of documentation. Testing is done at representative ground and altitude conditions to characterize and verify special control mode performance. Analysis is performed with a model based on measured test data for characterization of performance at conditions that have not been tested.

6.3.4 Failures affecting performance.
Criterion : Verify that air vehicle performance provided to the pilot/operator is characterized for propulsion system and other performance-relevant failures, providing for safe operation.
Standard : a. The flight manual characterizes the effect of propulsion system failure(s) (e.g., engine, transmission, driveshaft, propeller, thrust reversers, rotor) on air vehicle performance, flight envelope, and flight limits. The flight manual provides all necessary information for safe operation.
Method of Compliance : e. All performance charts, procedures, and instructions required for safe operation and/or recovery (e.g., autorotation) as a result of propulsion system and/or other performance-relevant failure(s) are defined, clearly written, and traceable back to the supporting analysis and data basis.</td><td></td></tr>
<tr><td>References</td><td colspan="4"></td><td></td></tr>
<tr><td colspan="5">- JSSG-2007 : A.3.2/A.4.2 Performance and operability; A.3.11/A.4.11 Engine system and controls and externals; A.3.12/A.4.12 Engine qualification.
- FAR 33.5 Instruction manual for installing and operating the engine, 33.7 Engine ratings and operating limitations, 33.8 Selection of engine power and thrust ratings, 33.35 Fuel and induction system, 33.37 Ignition system, 33.67 Fuel system, 33.69 Ignitions system, 33.87 Endurance test, 33.89 Operation test.
- FAA AC 33-2C General Type Certification Guidelines for Turbine Engines.</td><td>인용추가
- FAR 요건 5개 (왕복엔진 점화시스템, 터빈엔진 연료, 점화, 내구성 시험, 작동시험)</td></tr>
<tr><td>검토결과/입증방안</td><td colspan="4"></td><td></td></tr>
<tr><td colspan="5">- 다발 항공기에서 하나의 엔진에 고장(an engine out)이 발생한 경우에도 항공기를 안전하게 회복시킬 수 있는 공중 재시동 능력을 입증함
- 하나의 엔진 고장(an engine out) 시에 이 상태 정보를 항공기에 전달하고, 항공기를 안전하게 획복시킬 수 있는 특별제어모드(special control modes)를 항공기(엔진)에 갖추고 작동능력을 입증함
- 대표적인 지상 및 고도 조건에서 시험(FT)을 통하여 특별제어모드의 특성과 성능을 확인하고, 시험이 수행되지 않은 영역에 대한 성능은 시험 데이터를 기반으로 구성된 모델을 이용한 해석(AN)으로 입증함</td><td></td></tr>
<tr><td>입증방법(MoC)</td><td colspan="4"></td><td></td></tr>
<tr><td colspan="5">- 설계검토(DR) : 엔진의 (재)시동시스템 설계특성(구성, 작동원리, 신뢰성)에 대한 설명을 보고서에 제시함
- 검정시험(QT) : 엔진에 대한 내구성 시험 및 운용시험 중의 재시동 시험을 통해서 입증함
- 성능해석(AN) : 엔진이 시험되지 않은 조건은 성능해석 모델을 통해서 시동 성능과 동적 성능을 입증함
- 비행시험(FT) : 체계개발 항공기 또는 별도 Test Bed 항공기에 장착하여 공중 재시동 능력(시험)을 입증함</td><td></td></tr>
<tr><td>입증보고서</td><td colspan="4"></td><td></td></tr>
<tr><td colspan="5">- ABCCD0721 : Engine Endurance Test Report
- ABCCD0733 : Engine Altitude Test Report
- ABCCD0735 : Aircraft/Engine Flight Test Report</td><td></td></tr>
<tr><td>특기사항</td><td colspan="4"></td><td></td></tr>
<tr><td colspan="5">- 7.1.2 Engine out에서는 엔진의 공중 재시동 능력과 재시동 성능에 관한 사항만 입증함 (엔진의 고장 안전성과 회복절차 등은 7.1.1 Safety-critical propulsion system에서 입증함)</td><td></td></tr>
<tr><td>담당자</td><td>ㅇ ㅇ ㅇ</td><td>해당 팀장</td><td>ㅇ ㅇ ㅇ</td><td>인증책임자</td><td>ㅇ ㅇ ㅇ</td></tr>
</table>

<table>
<tr><th colspan="3">감항인증기준 항목별 검토표(CCR) [예시 3/5]</th></tr>
<tr><td>MIL-HDBK-516C</td><td>8.1.1 Redundant Hydraulic System Operation.</td><td>CCR-08-001</td></tr>
<tr><td colspan="2">Criterion: If there is more than one hydraulic system or pneumatic system, verify that safe operation can be continued if any one hydraulic or pneumatic system fails.
Standard: A single failure in a hydraulic and pneumatic power system component or a total hydraulic and pneumatic system failure does not result in loss of aircraft or unacceptable flying qualities. The platform is capable of safe flight and safe landing after a single failure. The hydraulic and pneumatic systems are configured such that any one system failure due to combat or other damage, which causes loss of fluid or pressure, does not result in complete loss of flight control. Systems are separated as far as possible (i.e., on opposite sides of the fuselage or the wing spar) to obtain maximum advantage of the dual system.
When two or more using functions are pressurized by a common pressure source, the non-essential function is isolated from the essential function (e.g., landing gear is isolated in flight from flight controls to limit exposure of the hydraulic and pneumatic system to damage). (이하생략)
Method of Compliance: Verification methods include analysis, test, demonstration, simulation, inspection and review of documentation. System characteristics are verified by analysis (e.g., modeling and simulation) and testing (e.g., iron bird, ground and flight). Inspection of drawings, subsystem tests to include ground test and demonstration, hardware-in-the-loop testing, and flight tests verify safe operation in the event of failure.</td><td>전체 유압 및 공압시스템이 고장난(total failure) 경우에도 비행이 가능해야 한다는 것은 오류 기재이거나 지나치게 과도한 것임</td></tr>
<tr><td>References</td><td></td><td></td></tr>
<tr><td colspan="2">JSSG-2009 : B.3.4.2/B.4.4.2 Hydraulic Power Subsystem; B.3.4.2.1.10/B.4.4.2.1.10 Emergency Operation; B.3.4.2.1.16/B.4.4.2.1.16 ~~Emergency Operation~~ Survivability-Vulnerability; M.3.4.13/M.4.4.13 Pneumatic Subsystems
MIL-STD-5522 : Test Requirements and Methods for Aircraft Hydraulic and Emergency Pneumatic Systems
ADS-50-PRF : Rotorcraft Propulsion Performance and Qualification Requirements and Guidelines
SAE AS5440 : Requirements for Aircraft Hydraulic Systems Design and Installation
FAR 25.1435(b)(4) : §25.1435 Hydraulic systems. (b) Each hydraulic system must: (4) Meet the applicable requirements of §25.863 Flammable fluid fire protection, §25.1183 Flammable fluid-carrying components, §25.1185 Flammable fluids, and §25.1189 Shutoff means if a flammable hydraulic fluid is used; and</td><td>JSSG-2009의 B.3.4.2.1.16/B.4.4.2.1.16 제목은 Survivability-Vulnerability임 (오타)</td></tr>
<tr><td>검토결과/입증방안</td><td></td><td></td></tr>
<tr><td colspan="2">- 임의의 유압 및 공압시스템에 고장이 발생하는 경우에도 다른 시스템이 안전하게 계속 작동할 수 있도록 설계되었음을 입증함
- 항공기 유압 및 공압시스템 구성품에 단일 고장(single failure)이 발생한 경우에도 항공기 손실이나 과도하게 조종성(flying qualities)이 상실되지 않도록 설계되었음을 입증함
- 유압 및 공압시스템의 특성과 고장 시의 안전한 작동 여부를 분석(AN), 실증(DM), 시뮬레이션(SM), 시험(LT, GT, FT), 설계검토(DR)를 통해서 입증함</td><td></td></tr>
<tr><td>입증방법(MoC)</td><td></td><td></td></tr>
<tr><td colspan="2">- 설계검토(DR) : 항공기 유압 및 공압시스템 구성품에 대한 사양 및 신뢰성 등에 관한 보고서에 제시함
- 안전분석(AN) : 항공기 유압 및 공압시스템에 대한 안전성 분석(SSA: FTA, FMEA, HA)을 통해서 입증함
- 부품시험(LT) : 유압 및 공압시스템에 대한 Lab Test 및 Iron Bird Test를 통해서 작동성과 안전성 입증함
- 비행시험(FT) : 항공기 지상시험 및 비행시험을 통하여 유공압시스템 고장 시 항공기 비행능력을 입증함</td><td></td></tr>
<tr><td>입증보고서</td><td></td><td></td></tr>
<tr><td colspan="2">- ABCCD0803 : Design Review and System Safety Analysis Report for Hydraulic and Pneumatic Systems
- ABCCD0805 : Laboratory Test Report for Hydraulic and Pneumatic Systems
- ABCCD0807 : Aircraft Ground and Flight Test Report for Hydraulic and Pneumatic Systems</td><td></td></tr>
<tr><td>특기사항</td><td></td><td></td></tr>
<tr><td colspan="2">- 8.1.1 Redundant hydraulic system operation의 Standard에 전체 시스템이 고장난(total failure) 경우에도 비행이 가능해야 한다는 규정은 오류로 기재되었거나 지나치게 과도한 것으로 판단되어 고려하지 않음</td><td></td></tr>
</table>

담당자	○ ○ ○	해당 팀장	○ ○ ○	인증책임자	○ ○ ○	

<table>
<tr><th colspan="4">감항인증기준 항목별 검토표(CCR) [예시 4/5]</th></tr>
<tr><td>MIL-HDBK-516C</td><td colspan="2">11.1.1.1 Air Data System.</td><td>CCR-11-001</td></tr>
<tr><td colspan="3">Criterion: Verify for the air data subsystem (including provision for displaying primary flight parameters) that the number and type of sensors, data processors, data busses, controls and displays, and communication devices are adequate for safety of flight considerations.
Standard: The air data system provides vehicle and/or operator(s) with all needed air data information with sufficient accuracy and reliability to satisfy safety of flight requirements. The specific requirements are defined in program detailed design information. No single <u>or dual air data system component failure</u> results in the propagation (or absence) of information resulting in an adverse safety of flight condition (이하생략)
Method of Compliance: Performance of Air Data safety of flight components is verified through analysis and laboratory test. Air Data System safety of flight redundancy and performance are validated through system level analysis, simulation and test. Safety Hazard Analysis verifies that all air data system related failures have acceptable risk levels. Safe operation of the air vehicle following air data system failures is verified using FMECA. Laboratory based failure mode tests verify acceptable performance for single <u>and dual failure</u> operation. (이하생략)</td><td>이중시스템이 고장난(dual failure) 경우에 별도의 아날로그 계기를 사용하는 것으로 설계하면, ADS 본체와 무관한 내용임</td></tr>
<tr><td>References</td><td colspan="2"></td><td></td></tr>
<tr><td colspan="3">JSSG-2005 : 3.2.1.8.1 (JSSG-2005 Avionic Subsystem is classified as a Controlled Distribution Document)
MIL-STD-882 System Safety / MIL-STD-1787 Aircraft Display Symbology: 4.1.1 (controlled document) / MIL-HDBK-87213 Electronically/Optically Generated Airborne Displays: 3.1 Controls and displays segment.
RTCA DO-200 Standards for Processing Aeronautical Data / RTCA DO-236 Required Navigation Performance for Area Navigation, guidance on CNS/ATM related air data system requirements:
SAE ARP4761 Safety Assessment Process on Civil Airborne Systems and Equipment / SAE ARP5580 Recommended FMEA Practices for Non-Automobile Applications
FAR 23.1301/25.1301 Function & installation, 23.1309/25.1309 Equipment, system & installation, 23.1323/25.1323 Airspeed indicating, 23.1325/25.1325 Static pressure system, 23.1326/25.1326 Pitot heat indication system
FAA AC 27-1 Certification of Normal Category Rotorcraft / AC 29-2 Certification of Transport Category Rotorcraft / AC 91-85 Aircraft and Operators for Flight in RVSM Airspace</td><td>JSSG-2005 Avionic Subsystem은 통제문서로 분류됨

FAR Part 23은 2017년 전면개정되어 §23.1301 등은 유효하지 않음</td></tr>
<tr><td>검토결과/입증방안</td><td colspan="2"></td><td></td></tr>
<tr><td colspan="3">- 주비행변수 시현을 포함하여 대기자료시스템의 센서, 프로세서, 데이터 버스, 제어 및 시현, 통신장치 수량과 타입이 비행 안전성에 적정함을 입증함
- 대기자료시스템은 비행변수 안전성을 충족할 수 있는 정밀도와 신뢰성으로 비행체 및 운용자에게 대기자료 정보를 제공할 수 있고, 단일 고장으로 인하여 안전한 비행에 악영향을 초래하지 않음을 입증함
- 대기자료시스템의 성능과 안전성을 시스템 레벨의 위험상황 분석(SHA) 및 고장모드 영향 치명도 분석(FMECA) 등과 같은 안전성 분석(SA), 실험실 시험(LT), 비행시험(FT)을 통하여 입증함</td><td></td></tr>
<tr><td>입증방법(MoC)</td><td colspan="2"></td><td></td></tr>
<tr><td colspan="3">- 안전분석(SA) : 대기자료시스템에 대한 위험상황 분석(SHA) 및 고장모드 분석(FMECA)으로 안전성 입증함
- 부품시험(LT) : 대기자료시스템 단일고장(single failure)에 대한 실험실 시험을 통하여 성능 수준을 입증함
- 비행시험(FT) : 항공기 지상시험으로 ADS 성능과 리던던시를 확인하고, 비행시험으로 성능 수준을 입증함</td><td></td></tr>
<tr><td>입증보고서</td><td colspan="2"></td><td></td></tr>
<tr><td colspan="3">- ABCCD1105 : System Safety Analysis Report for Air Data System
- ABCCD1107 : Laboratory Test Report for Air Data System
- ABCCD1109 : Aircraft Groud and Flight Test Report for Air Data System</td><td></td></tr>
<tr><td>특기사항</td><td colspan="2"></td><td></td></tr>
<tr><td colspan="3">- 11.1.1.1 Air data system의 Standard에 이중 대기자료시스템이 모두 고장난(dual failure) 경우에도 안전한 비행이 가능해야 한다는 기준에 따라 별도의 아날로그 계기를 사용하도록 설계 필요함 (일반적 설계 개념)</td><td></td></tr>
</table>

<table>
<tr><td>담당자</td><td>○ ○ ○</td><td>해당 팀장</td><td>○ ○ ○</td><td>인증책임자</td><td>○ ○ ○</td></tr>
</table>

감항인증기준 항목별 검토표 (CCR) [예시 5/5]		
MIL-HDBK-516C	14.3.1 Comprehensive Approach to Software Safety.	CCR-14-028

Criterion: Verify that a comprehensive software safety program is integrated into the overall system safety program.

Standard: A comprehensive software safety program is integrated into the system safety program by ensuring the following:

a. Adequate planning for software safety tasks;
b. Adequate planning for analysis, traceability and testing is documented in safety management plans and test plans;
c. Active participation of software safety in engineering processes/events (i.e., peer review, change boards, deviation processing etc.);
d. Inclusion of software safety in the software development process and products;
e. System safety allocates safety requirements to software safety in a timely manner;
f. System/software hazard analyses substantiate that no single point failure caused by software results in loss of aircraft or system;
g. Software causes of and mitigations for the system hazards are identified and integrated into the system safety process (i.e., hazard reports, hazard tracking system etc.); (이하생략)

Method of Compliance: Verification method includes inspection of documentation. Verify by inspection of program safety, software safety, and software documentation that the comprehensive software safety program has been integrated into the system safety program in a manner which meets the standard.

References

MIL-STD-882 : System Safety

JSSSEW JSSSEH : Joint Software Systems Safety Engineering Handbook of Joint Software Systems Safety Engineering Workgroup / AMCOMR 385-17 : AMCOM Software System Safety Policy

RTCA DO-178 Software Considerations in Certification / RTCA DO-254 Design Assurance Guidance for Electronic Hardware / RTCA DO-278 Software Integrity Assurance Considerations for CNS/ATM Systems

SAE ARP4754 Guidelines for Development of Civil Aircraft and Systems / SAE ARP4761 Guidelines and Methods for Conducting Safety Assessment Process on Civil Airborne Systems and Equipment

NATO AOP-52 : Guidance on Software Safety Design and Assessment of Munition-Related Computing Systems

FAR Section xx.1309 Equipment, system and installation of Part 23, 25, 27, 29, and related Advisory Circulars

검토결과/입증방안

- 항공기 시스템에 대한 종합 소프트웨어 안전성 프로그램을 수립하고, 이를 항공기 전체 시스템 안전성 프로그램에 통합하여 운영하도록 인증시스템을 구축함
- 종합 소프트웨어 안전성 프로그램에 과업계획, 분석/추적성/시험, 기술부서 참여, 개발과정에 반영, 안전성 요건에 반영, 위험상황 분석, 위험상황 경감, 시험계획 및 절차 등을 반영함
- 안전성 프로그램, 소트트웨어 안전성, 소프트웨어 문서 등에 대한 검토(DR)를 통하여 항공기 시스템 안전성 프로그램에 종합 소프트웨어 안전성 프로그램이 통합되었음을 입증함

입증방법(MoC)

- 설계검토(DR) : 항공기 시스템에 대한 종합 소프트웨어 프로그램 문서와 그 설명 내용을 보고서에 제시함
- 안전해석(AN) : 시스템 안전성 분석에 소프트웨어 안전성을 포함해 수행하고, 그 내용을 해당 보고서에 제시함

입증보고서

- ABCCD1403 : Aircraft System Comprehensive Software Safety Program Document
- ABCCD1405 : Aircraft System Safety Analysis Test Report

특기사항

담당자	○ ○ ○	해당 팀장	○ ○ ○	인증책임자	○ ○ ○	

7.4 군용기 엔진 인증

7.4.1 엔진 산업동향

세계적인 항공기 제작사는 Airbus, Boeing, Lockheed Martin, Embraer, Bombardier, Cessna, Gulfstream, Sikorsky, Bell, Leonardo, Sukhoi, AVIC 등이 있고, 이에 장착되는 엔진을 설계·제작하는 회사로 GE, P&W, Rolls-Royce, Safran, Honeywell, Williams, CFM, MTU, IHI, Klimov, AECC 등을 들 수 있다. 방산 제품에 특화된 Lockheed Martin을 제외하면, 거의 모든 회사가 민수와 군수 제품을 모두 제작하고 있으며, 엔진은 이에 특화된 전문기업에서 개발하고 있다.

글로벌 시장분석 전문기관에 의하면 군용 항공기 세계시장은 2024년 918억달러 (125조원) 규모이고, 연평균 4.7 %씩 성장하여 2034년에는 1,447억달러 (156조원)에 이를 것으로 전망하고 있다. 이에 장착되는 엔진의 경우에는 2024년 329억달러 (45조원) 규모이고, 연평균 5.8 %씩 성장하여 2034년에는 563억달러 (77조원) 규모로 전망하고 있다. 엔진 시장은 항공기 시장의 35 %에서 40 % 정도를 차지하는데, 이는 교체용 엔진과 정비용 부품을 포함한 것이다. 군용 항공기에서 전자장비, 레이더, 스텔스, 무장의 비중이 점차 높아지고 있어 엔진의 비중이 상대적으로 낮아지고 있지만, 엔진은 여전히 항공기에서 가장 큰 비중을 차지하고 전략적인 가치를 지니고 있다.

대표적인 민간 항공기와 군용 항공기에서 엔진이 차지하는 비율을 다음과 같이 가격으로 비교해 볼 수 있다. 이에 따르면, 민간 항공기에서는 엔진이 평균 23.1 %, 군용 항공기에서는 평균 21.3 %를 차지하고 있다. 여기서, Cessna 172, T-6A, F-16C 항공기에는 엔진이 1대 장착되고, 그 외의 항공기에는 2대 장착된 가격으로 산출된 것이다.

[표 7-11] 대표적인 항공기 및 엔진 가격분포 현황

민간 항공기	USD(10^3)	장착 엔진	USD(10^3)	가격비율	군용 항공기	USD(10^3)	장착 엔진	USD(10^3)	가격비율
Cessna 172	450	IO-360-L	70	15.6 %	Beech T-6A	5,500	PT6A-68	950	17.3 %
Citation 500	7,500	FJ44-3A	2,400	32.0 %	GD F-16C	60,000	F110-GE-129	13,000	21.7 %
A320neo	112,000	PW1100G	28,000	25.0 %	MD F-15C	85,000	F100-PW-220	21,000	24.7 %
B737 MAX	120,000	LEAP-1B	29,000	24.2 %	Embr. C-390	87,000	IAE V2500	20,000	23.0 %
Airbus H145	8,500	Arriel 1E	1,500	17.6 %	Sikor. UH-60	20,000	T700-GE-701	4,000	20.0 %
엔진/항공기 가격 비율 평균				23.1 %	엔진/항공기 가격 비율 평균				21.3 %

한국우주항공산업협회의 통계자료에 따르면, 우리나라의 2024년 항공우주 제조산업 생산 규모는 7.67조원으로 집계되고 있다. 이 중에 "기타"로 분류된 대부분이 우주 제품이고, "기체" 분야

의 50 %는 완제기에 소요되는 부품 등이 중복된 것으로 볼 수 있다. 이를 제외하면 우리나라의 2024년 총 생산 규모는 6.29조원으로 계상할 수 있고, "엔진" 분야는 전체의 23.4 %를 차지한다고 볼 수 있다.

[표 7-12] 우리나라 항공기 제조산업 품목별 생산 규모

단위: 억원

구분	2019년	2020년	2021년	2022년	2023년	2024년	비율	비고
완제기	20,262	21,541	19,315	19,152	29,209	28,245	36.8 %	
기체	23,913	14,956	12,353	18,637	20,846	22,750	29.6 %	
엔진	8,529	6,555	9,338	14,807	15,886	14,689	19.1 %	23.4 %
전자	2,492	3,149	4,896	6,330	5,451	6,752	8.8 %	
보기	1,830	1,057	995	825	1,389	1,392	1.8 %	
소재	40	46	23	366	381	440	0.6 %	
기타	931	556	455	3,293	2,347	2,476	3.2 %	
합계	57,996	47,859	47,375	63,410	75,509	76,743	100 %	

글로벌 시장분석 전문기관에 의하면, 2025년 항공기 제조산업 종사자는 1,500,000명 정도이고, 이와 별도로 엔진 제조산업 종사자는 300,000명 수준으로 보고되고 있다. 이는 항공기 제조산업 종사자의 20.0 %에 해당한다. 이들 엔진 제조산업 종사자는 GE에 53,000명, P&W에 40,000명, Rolls-Royce에 35,000명, Safran에 15,000명, Honeywell에 10,000명, 그리고 중국의 AECC에는 무려 72,000명 이상이 종사하고 있다.

우리나라의 경우에는 한국항공우주산업과 대한항공의 제조 부문 인력이 약 6,500명 정도이고, 한화에어로스페이스의 총 7,745명 중에 항공엔진 부분에 약 1,800명 정도가 종사하는 것으로 알려져 있다. 이는 항공기 제조 부문 대비 27.7 %에 해당하는 인력이 엔진의 개발·제작·정비에 종사하고 있다는 것을 의미한다. 이와 같이 전체 항공기 제조산업에서 엔진 제조산업이 차지하는 비중을 주목할 필요가 있다.

항공기 엔진 제조산업은 기술집약적 고부가가치 산업으로 분류되고 있다. 재료공학, 열유체공학, 기계공학, 제어공학, 전자공학을 바탕으로 설계, 가공, 조립, 시험, 운용 기술이 융합된 최첨단 대표 산업에 해당한다. 이와 같은 기술집약적 특성에 따라서 중대형 터빈엔진 1대당 가격이 2천만달러 (270억원)에서 5천만달러 (680억원)에 이르고, 항공기 가격의 20 ~ 30 % 정도의 높은 비중을 차지하기도 한다. 엔진의 설계·제작기술을 바탕으로 MRO까지 연계하는 경우에 수명주기 동안 2 ~ 3배의 수익을 창출할 수 있다.

또한, 항공기 엔진은 산업적 파급력과 기술적 파급력이 매우 크다는 특징을 가지고 있다. 산업

적으로 엔진은 항공우주산업의 핵심적 요소인 동시에 소재, 기계, 가공, 전자 산업의 동반 성장을 통하여 국가 산업 경쟁력을 강화하고 국방산업 발전에 중추적 역할을 맡게 된다. 기술적인 측면에서는 초내열 합금, 냉각 기술, 정밀가공 기술, 센서 및 제어 기술, 인증 기술 등에 대한 파급 효과를 기대할 수 있다.

항공기 엔진 산업 육성이 필요한 가장 중요한 이유는 국가 안보와 산업 경쟁력 강화를 위한 전략적 가치로 볼 수 있다. 항공우주국방 산업에서 선진국들은 기술이전을 제한하고, 인증의 장벽을 더욱 높이고 있다. 이는 "하늘을 지배하는 기술이 지상의 산업을 바꾼다."라는 말에서 더욱 잘 나타나고 있다. 이와 같은 현상은 엔진 부문에서 더욱 심하게 나타나고 있으며, 우리의 엔진 산업 육성을 통하여 극복해야 하는 과제이기도 하다. 국가 안보 환경과 국제 경제 환경이 급변하는 경우에도 독자적인 엔진 개발과 항공기 생산을 통해서 우리의 영공을 방위하고, 수출산업으로 육성할 필요가 있다.

7.4.2 엔진 감항인증 절차

현행 군용항공기 비행안전성 인증에 관한 법률에서는 엔진에 대한 감항인증을 별도로 요구하지 않고 있다. 이는 민간 항공기 엔진에 대한 형식증명 제도와 비교할 때, 가장 큰 차이를 보이는 부분 중에 하나이며, 엔진 산업의 발전을 약화시킬 뿐만 아니라 항공기 감항인증 업무에서 엔진에 관한 부담을 가중시킬 수 있다.

현행 법률 제2조(정의) 제4호 및 훈령 제5조(감항인증 대상사업)에서 군용 항공기 사업을 다음과 같이 정의함으로써, 엔진 자체에 대한 단독적이고 선행적인 감항인증이 배제되는 시발점이 되고 있다.

가. 군용항공기를 연구 · 개발하는 사업
나. 군용항공기를 구매하는 사업
다. 군용항공기를 개조 · 개량하는 사업
라. 부품·구성품, 무기·장비 등을 제작·개조, 개량하여 군용항공기에 장착하는 사업

또한, 방위사업청 훈령 제10조(감항관련 인증서 종류)에서 군용 항공기만을 대상으로 형식인증서와 감항인증서를 발급하는 것으로 규정함으로써, 엔진에 대한 단독적인 감항인증이 원천적으로 불가능한 상태가 되었다.

1. 형식인증서 : 군용항공기 설계가 기종별 감항인증기준에 충족하는 경우 발급한다.
2. 감항인증서

가. 형식인증된 설계에 따라 제작·검사를 받은 군용항공기 호기별로 발급한다.

나. 군용항공기를 개조·개량하는 경우에 감항성 심사 후 호기별로 발급한다.

다. 군용항공기 부품 등을 제작·개조·개량 장착하는 경우 감항성 심사후 발급한다.

라. 연구 등에 한시적으로 운용하는 경우 감항성 검토 후 조건을 명시해 발급한다.

3. 특별감항인증서

가. 군용항공기를 구매하는 경우에 감항인증서 등을 검토 후 호기별로 발급한다.

나. 군용항공기를 개조·개량하는 경우 감항인증서 등을 검토 후 호기별로 발급한다.

다. 부품 등을 제작·개조·개량 장착하는 경우 감항인증서 등을 검토 후 발급한다.

방위사업청 훈령 제32조(군용항공기 개조·개량 감항인증)와 제33조(군용항공기 부품·구성품 및 무기·장비 등을 장착하는 감항인증)에서도 엔진에 대해서는 구체적인 사항을 제시하지 않고 있다. 즉, 신규 또는 개조된 부품 등의 경우에는 항공기에 장착하여 인증을 받을 수 있지만, 엔진의 경우에는 엔진 자체의 형식인증 뿐만 아니라 항공기 장착을 통한 형식인증도 직접 명문화되지 않은 상태이다.

군용기 인증법을 개정하여 엔진 개발업체가 형식인증을 신청하는 것이 가장 바람직하겠지만, 현행 법률 제도 하에서는 항공기 개발업체와 협력하여 항공기 사업관리기관을 통해서 항공기 형식인증의 일부로 진행하는 방식을 따라야 한다. 즉, 군용기 인증법, 방위사업청 훈령, 전문기관 업

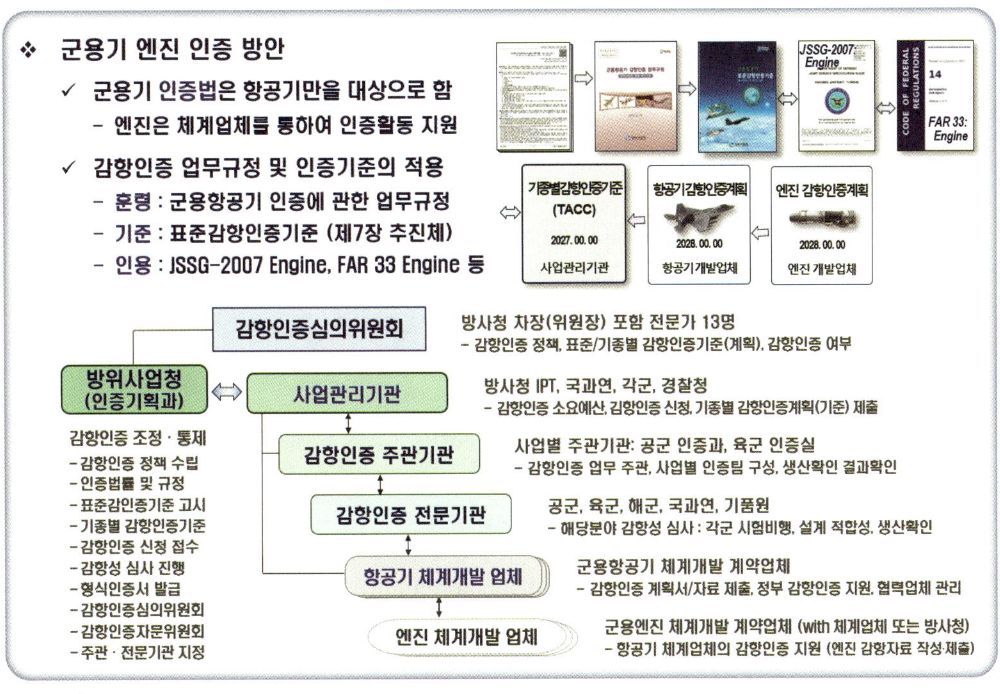

[그림 7-21] 군용 항공기 엔진에 대한 감항인증 수행 방안

무규정 등에 엔진 개발업체의 역할과 책임이 규정되어 있지 않지만, 사업관리기관, 주관기관, 전문기관, 그리고 체계개발업체의 항공기 형식인증 계획에 따라서 엔진에 대한 형식인증 업무를 수행하고 지원하여야 한다.

이에 따라서 군용기 인증법 제4조(감항인증의 절차 등)와 방위사업청 훈령 제4장 제1절의 단계별 감항성 심사 절차에 따른 항공기 기종별 감항인증계획 및 감항인증기준 작성 시에 엔진에 대한 감항인증계획 및 기준을 구체적이고 명확하게 명시할 필요가 있다. 엔진에 대한 감항인증기준은 항공기 표준감항인증기준 Part 1의 제7장 추진체 및 추진체 장착(Propulsion and Propulsion Installations)과 각 항목별 참고문서에 제시된 JSSG-2007, MIL-STD, FAR, SAE 등의 인용기준을 구체화할 필요가 있다.

즉, 항공기 형식인증 신청 단계에서 방위사업청 훈령 제15조(감항인증 신청) 및 제18조(감항인증계획 작성)에 따른 항공기 감항인증계획 수립 시에 엔진에 대한 구체적인 내용을 사업관리기관에 제출함으로써, 항공기 기종별 감항인증계획에 엔진에 대한 형식인증 절차 및 기준이 반영될 수 있도록 지원한다.

- 감항인증 단계별 절차
- 기종별 감항인증기준(TACC) 및 적합성 검증방법(MOC)
- 안전비행(SOF) 계획
- 기종별 주요안전품목(CSI) 식별 및 관리 절차

항공기 탐색개발 및 체계개발 단계에서 사업관리기관이 주관기관 및 전문기관과 함께 훈령 제19조(감항인증 업무관리)에 따른 다음과 같은 업무를 진행할 때, 엔진에 대한 감항인증 업무를 지원하도록 한다.

- 체계요구조건검토 (SRR: System Requirement Review)
- 체계기능검토 (SFR: System Functional Review)
- 기본설계검토 (PDR: Preliminary Design Review)
- 상세설계검토 (CDR: Critical Design Review)
- 시험준비상태검토 (TRR: Test Readiness Review)
- 초도비행준비검토 (FFRR: First Flight Readiness Review)
- 안전검토심의회 (SRB: Safety Review Board)
- 기능적형상확인 (FCA: Functional Configuration Audit)
- 물리적형상확인 (PCA: Physical Configuration Audit)
- 형상통제심의회 (CCB: Configuration Control Board)

주관기관이 훈령 제20조(감항성 심사 및 감항성 여부 결정)에 따라 항공기 기종별 감항인증계획에 따른 감항성 심사 세부계획을 작성할 때, 엔진에 대한 구체적인 적합성 입증계획을 제시하고 기술적 지원을 수행한다.

- 감항성 심사 개요
- 심사 중점, 방침 및 방법
- 감항성 심사 항목 및 기준
- 안전비행(SOF) 계획
- 미충족 항목 및 사유, 위험도 분석, 완화 방안, 완화방안 적용후 위험도 분석
- 필요시, 기종별 감항인증기준 면제 항목 또는 면제 기간 및 조건 등

항공기 형식인증 단계에서 사업관리기관이 훈령 제21조(형식인증)에 따라 초도비행준비검토(FFRR) 회의를 진행할 때, 엔진에 대한 지상시험 및 적합성 입증 내용을 제시하고, 주관기관의 기능적 형상확인(FCA), 기종별 감항인증기준 충족여부 검토, 감항성 심사 최종검토회의, 그리고 방위사업청의 형식인증서 발급에 필요한 사항을 지원한다.

- 최초 안전비행(SOF) 평가 결과
- 미충족 사항 및 조치계획 검토 결과
- 초도비행 제한사항
- 초도비행 제한사항을 해제하거나 완화할 경우의 조치사항
- 초도비행 이후의 안전검토심의회(SRB)를 통한 비행영역 확장

이와 같은 항공기 감항인증 절차에 따라서 엔진에 적용되는 표준감항인증기준 및 인용기준의 항목별 검토 분석, 기종별 감항인증계획 및 기준 수립, 설계 적합성 입증계획 및 점검표(CCL) 작성, 그리고 적합성 입증 문서를 제출할 수 있다.

- 표준감항인증기준 검토/분석 : 제7장의 65개 항목과 인용기준을 검토하여 기종별 감항인증기준(TACC)을 제안하고, 엔진에 대한 감항인증 요건을 명확히 정의함
- 기종별 감항인증계획 수립 : 탐색개발 및 체계개발 단계별로 엔진에 대한 감항인증 방안, 기종별 감항인증계획 및 감항인증기준을 구체적이고 명확하게 제시함
- 적합성 점검표(CCL) 작성 : 기종별 감항인증기준 항목별 적합성 입증방법(MoC)을 분류하고, 엔진에 대한 분석, 실증, 시험, 항공기 지상 및 비행시험 계획을 수립함
- 적합성 입증 문서 제출 : 엔진에 대한 검사, 분석, 실증, 시험, 지상시험, 비행시험 결과를 도면, 규격서, 보고서, 매뉴얼 및 절차서 등으로 작성하여 제출함

[표 7-13] 군용 항공기 엔진 적합성 점검표 작성 예시

SQ	군용항공기 표준감항인증기준 (MIL-HDBK-516C)	참고문서 (References)	적용성 (Y/N)	SOF여부 (Y/N)	MoC	Substantiation Documents	Person in Charge	Submittal Date	Remarks
01	**7.1 Propulsion risk management.** **7.1.1 Safety-critical propulsion system.** ***Criterion***: Verify that safety-critical propulsion system risks are identified, probabilities are validated, and ~ ***Standard***: Failure of any propulsion system or component does not result in exceeding the Loss of Aircraft ~ ***Method of Compliance***: Verification methods include analysis, inspection and review of documentation. ~	**JSSG-2007: Aircraft Turbine Engine** A.3.1 Design and construction. A.3.2 Performance and operability. A.3.2.1 Performance characteristics. ~ **FAR 33: Aircraft Engines** §33.75 Safety Analysis. (a)(1) The applicant must analyze the engine, including the control system, to assess the likely consequences of all failures ~	Yes	No	DR, SA, IN	ABCCD0717: System Safety Analysis Report ABCCD0721: Failure Mode and Effects Criticality Analysis Report ABCCD0711: CSI Identification and Management Plan			
02	**7.1.2 Engine out.** ***Criterion***: Verify that an engine out condition on multi-engine aircraft allows safe recovery of the aircraft. ***Standard***: Special control modes to address engine out conditions are characterized to allow safe recovery ~ ***Method of Compliance***: Verification methods include a combination of engine test, analysis and review of ~	**JSSG-2007: Aircraft Turbine Engine** A.3.11 Engine system and controls and externals. For the purposes of qualifying the engine system and ~ A.3.12 Engine qualification. For the purposes of qualifying ~ **FAR 33: Aircraft Engines** §33.87 Endurance Test. (b)(6) Starts. One hundred ~	Yes	No	DR, AN, QT, FT	ABCCD0721: Engine Endurance Test Report ABCCD0733: Engine Altitude Test Report ABCCD0735: Aircraft /Engine Flight Test R eport			
03	**7.1.3 Technical data.** ***Criterion***: Verify that technical data includes all operational and maintenance procedures and ~ ***Standard***: All propulsion systems maintenance and inspection procedures and limits are documented in ~ ***Method of Compliance***: Verification methods include inspection and review of documentation. Inspection ~	**JSSG-2007: Aircraft Turbine Engine** A.3.1.1.1 Interface and installation. Engine and air vehicle interfaces shall be as shown in___. ~ **FAR 33: Aircraft Engines** §33.4 Instructions for Continued Airworthiness. §33.5 Instruction Manual for installing and operating the Engine.	Yes	No	DR, IN	ABCCD0781: Design Configuration Mana gement Procedure ABCCD0783: Engine Installation Manual ABCCD0785: Engine Operation Manual			
	- 이하생략 -	- 이하생략 -				- 이하생략 -			

7.4.3 엔진 감항인증기준

MIL-HDBK-516C 및 표준감항인증기준 Part 1은 항공기에만 적용되는 기준이며, 현행 법률 및 고시에서는 엔진에 적용되는 감항인증기준을 규정하지 않고 있다. 표준감항인증기준 Part 1의 제7장 추진체 및 추진체 장착(Propulsion and Propulsion Installations)에서 엔진에 관한 일부의 항목을 제시하고 있지만, 이는 제작 국가의 검정시험(QT)이나 정부승인, 그리고 운용성이 검증된 엔진을 장착하기 위한 최소한의 기준일 뿐이며, 처음으로 개발되어 항공기에 장착되는 엔진의 감항인증기준으로 볼 수 없다.

또한, MIL-HDBK-516C 및 표준감항인증기준 Part 1의 각 항목에 참고문서(references)로 제시된 JSSG-2007, MIL-STD, FAR, SAE, RTCA, ASTM 등을 인용하여 기종별 감항인증기준을 작성하도

록 하고 있지만, 이와 같은 방식은 규격이나 기준 제정 시에 일반적으로 적용되는 "서로 다른 규격을 믹스하지 말라(Do not mix different specifications)"는 원칙을 위반하는 접근법이 될 수도 있다.

항공기에 적용되는 MIL-HDBK-516C 및 표준감항인증기준 Part 1은 총 950개 항목 중에 제7장 추진체 및 추진체 장착은 99개 항목으로 구성되어 있고, JSSG-2007A Aircraft Turbine Engines는 299개 항목으로 구성되어 있다.[78] 참고로, 민간 수송급 비행기 감항기준 FAR Part 25는 총 405개 항목 중에 Subpart E Powerplant는 90개 항목으로 구성되어 있고, FAR Part 33 Aircraft Engines는 69개 항목으로 구성되어 있다.

[표 7-14] 항공기 동력장치 및 엔진에 대한 감항기준 현황

항공기 기준	전체 항목	추진 항목	추진 비율	엔진 기준	엔진 항목	추진+엔진	전체 비율
MIL-HDBK-516C	950개	99개	10.4 %	JSSG-2007A	299개	398개	41.9 %
FAR Part 25	405개	90개	22.2 %	FAR Part 33	69개	159개	39.3 %

항공기 체계개발업체는 MIL-HDBK-516C 및 표준감항인증기준 Part 1의 제7장 추진체 및 추진체 장착 항목을 기반으로 기종별 감항인증계획 및 기준을 작성하여 사업관리기관을 지원하고, 엔진 개발업체는 JSSG-2007A를 기반으로 엔진에 대한 감항인증계획 및 기준을 작성하여 지원할 필요가 있다. 또한, 기종별 감항인증기준 작성 시에는 참고문서(references)에 제시된 모든 기준, 규격, 표준, 참고자료를 "기준"에 반영할 필요는 없다. 반드시 필요하고 "기준"에 해당하는 항목만 반영하는 것을 권고한다.

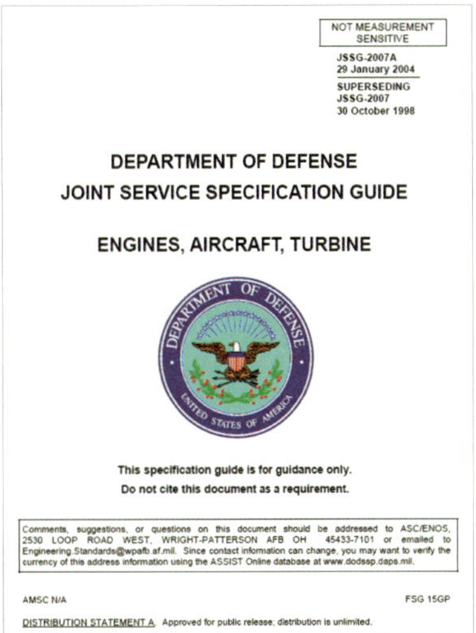
NOT MEASUREMENT SENSITIVE

JSSG-2007A
29 January 2004
SUPERSEDING
JSSG-2007
30 October 1998

DEPARTMENT OF DEFENSE
JOINT SERVICE SPECIFICATION GUIDE

ENGINES, AIRCRAFT, TURBINE

This specification guide is for guidance only.
Do not cite this document as a requirement.

Comments, suggestions, or questions on this document should be addressed to ASC/ENOS, 2530 LOOP ROAD WEST, WRIGHT-PATTERSON AFB OH 45433-7101 or emailed to Engineering.Standards@wpafb.af.mil. Since contact information can change, you may want to verify the currency of this address information using the ASSIST Online database at www.dodssp.daps.mil.

AMSC N/A FSG 15GP

DISTRIBUTION STATEMENT A. Approved for public release; distribution is unlimited.

1. Scope
2. Applicable Documents
3. Requirements : 245개
4. Verification : 299개
5. Packaging
6. Notes

Appendix A. Handbook of Aircraft Turbine Engines
- A.1 Scope
- A.2 Applicable Documents
- A.3 Requirements
- A.4 Verification : 245개 + 299개 (A.3.1, A.4.1, , ,)
- A.5 Packaging
- A.6 Notes

Appendix B. Production Acceptance Test Handbook

78) 최신의 JSSG-2007D (2020.06.18)는 Controlled Distribution Document로 분류되어 있으므로 이를 확보하여 적용하기 위한 정부간 협조가 필요하다. 또한, 표지에 "This specification guide is for guidance only. Do not cite this document as a requirement"와 같이 명시하고 있으므로 "기준"으로 채택하기 위한 별도의 적용성 연구가 필요하다.

JSSG-2007A Aircraft Turbine Engines는 다음과 같이 본문과 부록 2개로 구성되어 있다. 본문의 3. Requirements에는 245개 항목, 4. Verification에는 299개 항목을 규정하고 있고, 동일한 제목의 부록 A.3 Requirements와 A.4 Verification에는 각 항목에 Rationale, Guidance, Lessons Learned를 두고 있지만, 본문의 245개 요건과 299개 입증항목에 대한 것이어서 다소 혼동이 되고 중복적인 구성으로 편성되어 있다.

[표 7-15] JSSG-2007A 항공기 터빈엔진 입증항목 구성

순번	4. Verification 목차 (입증항목)	비고 (세부항목)
1	4.1 Design and construction	
2 ~ 27	4.1.1 Item and interface definition	4.1.1.1 Interface ~ 4.1.1.15 Control
28 ~ 30	4.1.2 Physical characteristics	4.1.2.1 Dry weight, 4.1.2.2 Mass moment
31	4.1.3 Materials, processes, and parts	
32	4.1.4 Fasteners	
33 ~ 35	4.1.5 Nameplate and product marking	4.1.5.1 Engine data, 4.1.5.2 Critical Parts
36	4.1.6 Transportability	
37	4.1.7 Interchangeability	
38 ~ 45	4.1.8 Safety	4.1.8.1 Flammable ~ 4.1.8.7 Jet wake
46 ~ 50	4.1.9 Design control	4.1.9.1 Parts list ~ 4.1.9.4 Standardization
51	4.2 Performance and operability	
52 ~ 56	4.2.1 Performance characteristics	4.2.1.1 Steady-state ~ 4.2.1.4 Performance
57 ~ 81	4.2.2 Operating characteristics and limits	4.2.2.1 Operating ~ 4.2.2.13.1 Controls
82	4.3 Environmental conditions	
83 ~ 87	4.3.1 Atmospheric conditions	4.3.1.1 Humidity ~ 4.3.1.3 Corrosive
88 ~ 95	4.3.2 Ingestion capability (hazard resistance)	4.3.2.1 Bird ~ 4.3.2.7 Steam
96 ~100	4.3.3 Electromagnetic environmental effects (E^3)	4.3.3.1 EMI ~ 4.3.3.4 Lightning
101	4.4 Integrity	
102~130	4.4.1 Structural integrity	4.4.1.1 Design service ~ 4.4.1.9 External
131	4.4.2 Mechanical equipment and subsystems integrity	
132	4.4.3 Avionics and electronic integrity	
133	4.4.4 Software integrity	
134	4.5 Reliability and maintainability (R&M)	
135~136	4.5.1 Reliability	4.5.1.1 Reliability quantitative require’
137~146	4.5.2 Maintainability	4.5.2.1 Maintainability ~ 4.5.2.4 Battle
147	4.5.3 Human performance and human engineering	
148	4.6 Combat survivability	

순번	4. Verification 목차 (입증항목)	비고 (세부항목)
149~157	4.6.1 Susceptibility	4.6.1.1 Noise ~ 4.6.1.8 Radar absorbent
158~166	4.6.2 Vulnerability	4.6.2.1 Ballistic ~ 4.6.2.4.2 Fuel ingestion
167	4.7 Subsystems	
168	4.7.1 Anti-icing and de-icing system	
169~173	4.7.2 Control system	4.7.2.1 Control ~ 4.7.2.3 Overspeed
174~189	4.7.3 Fuel system	4.7.3.1 Fuels ~ 4.7.3.2.9 Fuel flow limit
190~197	4.7.4 Electrical system	4.7.4.1 Electrical power ~ 4.7.4.6 Potting
198~201	4.7.5 Ignition system(s)	4.7.5.1 Ignition ~ 4.7.5.1.2 Water fouling
202~205	4.7.6 Engine health monitoring system	4.7.6.1 EHMS ~ 4.7.6.2.1 Built-in-test
206~207	4.7.7 Optical systems	4.7.7.1 Fiber optic cable and connector
208~219	4.7.8 Lubrication system	4.7.8.1 Lubrication oil ~ 4.7.8.2.4 Oil
220~223	4.7.9 Hydraulic system	4.7.9.1 Hydraulic ~ 4.7.9.3 Hydraulic fluid
224~228	4.7.10 Exhaust nozzle system	4.7.10.1 Exhaust ~ 4.7.10.2.2 Vectoring
229~230	4.7.11 Augmentation system	4.7.11.1 Water injection system fluid
231	4.7.12 Wash system	
232	4.7.13 Brake system	
233~234	4.7.14 Negative torque limiter	4.7.14.1 Multiple power section engines
235~236	4.7.15 Power absorber (engine supplied)	4.7.15.1 Propeller feathering and~
237	4.7.16 Gearbox	
238	4.8 Software resources	
239~240	4.8.1 Software performance and design	4.8.1.1 Computer reprogramming
241	4.8.2 Spare resources	
242	4.9 Production facilities, capabilities, and processes	
243	4.10 Production cost requirement (PCR)	
244	4.11 Engine system, controls and externals verification	
245~250	4.11.1 Engine systems tests	4.11.1.1 Endurance ~ 4.11.1.3 Engine
251~260	4.11.2 Controls and externals component tests	4.11.2.1 Controls ~ 4.11.2.1.6 Controls
261	4.12 Engine qualification	
262	4.12.1 Qualification milestones	
263	4.12.2 Verification responsibility	
264~286	4.12.3 Manner of testing	4.12.3.1 Test ~ 4.12.3.5.4 Engine
287~299	4.12.4 Data and reporting	4.12.4.1 Types of ~ 4.12.4.3.1 Barometer

방위사업청 훈령 제3조(정의) 제4호에서 "안전비행(SOF: Safety of Flight)"은 인명에 대한 상

해 및 장비, 물자 또는 환경 등의 손상에 대하여, 승인된 제한범위 내에서 비행을 안전하게 시작하고 유지 및 종결하기 위한 특정 항공기 체계 형상의 특성으로 정의하고 있다. 이에 따라서 기종별 감항인증계획 및 적합성 확인표 작성 시에 안전비행(SOF) 계획 및 항목을 반영해야 하고, 감항성 심사 및 초도비행준비검토(FFRR) 회의에서 이를 평가하여야 한다.

MIL-HDBK-516C 및 표준감항인증기준 Part 1의 제7장과 JSSG-2007A의 각 항목을 살펴보면, 다음과 같이 각각 3개 항목과 5개 항목에서 안전비행(SOF)에 관해 언급하고 있음을 확인할 수 있다. 각 항목에서 상호 인용하고 있는 항목을 살펴보면, 각각 5개 항목과 8개 항목인 것으로 확인할 수 있다. 이를 종합하면, MIL-HDBK-516C 제7장의 11개 항목, JSSG-2007A의 10개 항목이 엔진과 관련된 안전비행(SOF) 항목으로 볼 수 있다.

<u>표준감항인증기준(MIL-HDBK-516C)</u>

7.2.4.1.15 Engine bleed air system.	Ref to JSSG-2007: A.3.1.1.7
7.2.4.2.10 Electromagnetic environment.	Ref to A.3.3.3.1, A.3.3.3.2, A.3.3.3.3, A.3.3.3.4
7.2.5.1.4 Uncontained rotating parts.	Ref to Non of JSSG-2007

<u>JSSG-2007A Aircraft Turbine Engine</u>

A.3.1.1.4 Mounts.	Ref from MIL-516C 7.2.3.1, 7.2.5.1.2
A.3.3.2.3 Ice ingestion.	Ref from MIL-516C 7.2.1.2, 7.2.5.1.9, 7.2.5.3
A.3.7.1 Anti-icing and de-icing system.	Ref from MIL-516C 7.2.4.1.8
A.3.7.4.2 Alternate electrical power.	Ref from MIL-516C 7.2.4.2.12
A.3.8.1 Software performance, design.	Ref from MIL-516C 7.2.4.3

JSSG-2007A Aircraft Turbine Engines를 기반으로 기종별 감항인증계획 및 감항인증기준을 작성하는 경우, 엔진의 형식인증을 위한 적합성 입증방법(MoC)과 입증문서는 JSSG-2007A의 Table XLVIIIb. Flight Clearance Plan Matrix에 제시된 사항을 참조하여 결정할 수 있다. 다만, 이 부분에 일부 오타가 확인되었고, 요구조건 전체를 나타낸 것이 아니므로 실무에 적용할 때는 포괄적으로 비교 검토하여 해당 엔진에 적합한 자료로 완성하여야 한다.

[표 7-16] JSSG-2007A 항목별 적합성 입증방법 및 입증문서

Requirement	Subject	Inspection	Analysis	Component Test	Engine Test	Similarity Justification	Remarks
3.1.1.7.1	Customer bleed air contamination				X		SOF
3.1.3	Materials, processes, and parts	X				X	
3.1.4	Fasteners/joint connections	X				X	
3.1.6	Safety	X				X	
3.1.6.1	Flammable fluid systems		X	X		X	

Requirement	Subject	Inspection	Analysis	Component Test	Engine Test	Similarity Justification	Remarks
3.1.6.2	Explosion-proof			X		X	
3.1.6.3	Air and gas leakage	X			X		
3.1.6.4	Ground safety	X					
3.2	Performance (information only)						
3.2.1	Operating envelope		X		X		
3.2.1.1	Thrust/horsepower extraction		X		X		
3.2.1.2	HPC bleed and PTO power extraction		X		X		
3.2.1.3	Thrust transients		X		X		
3.2.1.4	Stability		X		X		
3.2.1.5	Steady-state and transient airflow		X		X		
3.2.1.6	Inlet airflow distortion		X		X		
3.3.2.1	Bird ingestion		X			X	
3.3.2.2	Foreign object damage		X			X	
3.3.2.5	Electromagnetic interference (EMI)		X	X		X	
3.4.1.1	Structural requirements	X	X				
3.4.1.1.1	Durability		X	X	X	X	
3.4.1.1.1.1	Low-cycle fatigue (LCF) life		X	X	X	X	
3.4.1.1.1.2	Creep		X		X	X	
3.4.1.1.2	Damage tolerance (information only)						
3.4.1.1.2.1	Residual strength		X				
3.4.1.1.2.2	Initial flaw size	X					
3.4.1.1.2.3	Inspection Interval	X					
3.4.1.1.2.4	Flaw growth		X				
3.4.1.1.3	Shock		X				
3.4.1.2	Structural rqmts (CDA components)	X					
3.4.1.2.1	Durability		X		X	X	
3.4.1.2.1.1	Low-cycle fatigue (LCF) life		X		X	X	
3.4.1.2.1.2	Creep		X		X	X	
3.4.1.2.2	Damage tolerance (information only)						
3.4.1.2.2.1	Residual strength (bore only)		X				
3.4.1.2.2.2	Initial flaw size	X					
3.4.1.2.2.3	Flaw growth (bore only)		X				
3.4.1.3.1	Internal environment		X		X	X	
3.4.1.3.2	Material and process characterization			X		X	
3.4.1.4	Parts classification		X			X	
3.4.1.5	High-cycle fatigue life		X	X	X	X	
3.4.1.6	Strength		X	X	X	X	
3.4.1.6.1	Load factors	X					

Requirement	Subject	Inspection	Analysis	Component Test	Engine Test	Similarity Justification	Remarks
3.4.1.6.2	Blade and disk deflection		X		X	X	
3.4.1.6.3	Radial containment		X			X	
3.4.1.6.4	Bladeout		X			X	
3.4.1.6.5	Overspeed/overtemperature		X		X	X	
3.4.1.6.6	Disk burst speed		X			X	
3.4.1.6.7	Gyroscopic moments		X			X	
3.4.1.6.8	Pressure Balance		X		X		
3.4.1.8	Vibration and dynamic response		X	X	X	X	
3.4.1.8.1	Critical speeds		X		X	X	
3.4.1.9	Catastrophic failure					X	
3.7.2	Control system		X	X	X	X	
3.7.3.1.1	Primary fuel (JP-8/JP-5)		X		X		
3.7.7.1.2	Oil flow interruption/depletion				X		
3.7.9.2	Air starts				X		
3.7.10.2.1	Vectoring nozzle range and rate		X		X		
3.8.5	Software development and qualification			X	X		

1. **Analysis**. That analytical effort accomplished to show that contractual requirements have been met. This effort may include solution of equations, performance of simulations, evaluation and interpretation of charts, and reduced data, and comparisons of analytical predictions versus test data. The normal reduction of data generated during ground and flight tests is not included.
2. **Component**. An integral element. Synonymous with part.
3. **Demonstration**. Demonstration is an engineering effort performed to show that the contractual requirements have been met. Compliance or noncompliance is determined by observation only. Fit and function checks may be accomplished as demonstration.
4. **Engine**. A machine that produces thrust for the air vehicle that includes parts from the inlet to the exhaust mounted on the exterior and the interior of the cases. Parts include duct, gears, controls accessories and externals, disks, augmentor, spacers, seals, shrouds, shafts, housings, etc.
5. **Inspection**. Inspection is an engineering effort performed to show that the contractual requirements have been met. The visual review and evaluation of the physical items, documentation, drawings, etc., for conformance with the requirements of the procurement and acquisition.
6. **Similarity**. The component design and operational environment is similar to that of the referenced engine such that additional verification beyond that being conducted for the referenced engine program is not required for the demonstrator program phase.
7. **Test**. A test is an empirical effort performed to show that contractual requirements have been met. Documented procedures, instrumentation, and known environmental conditions are normally applicable or noncompliance is determined by observation, where practical, and evaluation of collected data. Most ground and flight empirical efforts associated with this procurement and acquisition qualify as tests.

미 공군은 군용 항공기 추진시스템에 대한 형식인증 절차를 정립하기 위하여 2017년에 감항회보 AWB-330 Propulsion System Type Certification을 발행하였다. 다만, 이것은 AWB-100A Airworthiness Process Overview and Terminology와 연계하여 군용 항공기 감항인증 절차의 일부로 발행된 것이지 엔진 자체의 형식인증 절차를 규정하기 위한 것이 아니라는 점에 유의할 필요가 있다.

미 공군 추진시스템 형식인증 절차는 해당되는 감항회보와 감항인증위원회에서 의결한 감항성 관련 내용을 따르도록 규정하고 있으며, 기술지원을 위한 별도의 위임기술당국(DTA: Delegated Technical Authority)을 구성하여 기술감항당국(TAA: Technical Airworthiness Authority)에 보고할 사항을 사전에 판단하고 보고가 필요하지 않은 사항에 대해서는 자체 승인할 수 있는 권한을 위임하였다. 신규로 개발되는 추진시스템에 대한 형식인증 프로세스는 다음의 그림과 같다.

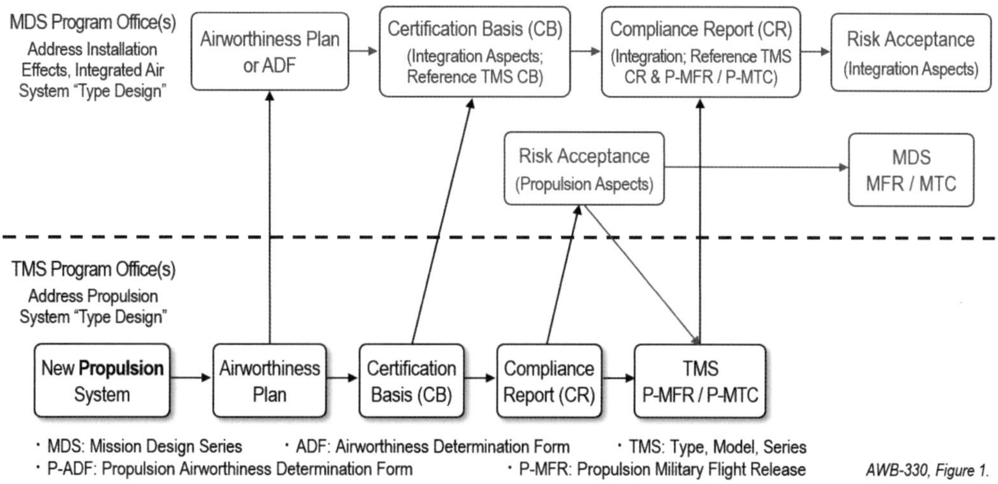

[그림 7-22] 미 공군의 신규 추진시스템 형식인증 프로세스

위임기술당국(DTA)의 기술부서장(DOE: Director of Engineering)은 기술감항당국(TAA)에 보고할 대상을 결정할 수 있고, 보고가 불필요한 사항에 대한 승인 권한을 가지고 있다. 최고 엔지니어(CE: Chief Engineer)는 추진시스템의 감항성과 항공기 체계에 장착 시의 감항 영향성 평가 결과에 대한 승인 권한을 가지고 있다. 또한, 추진시스템 변경사항에 대하여 기술감항당국(TAA)에 보고 여부를 기술부서장(DOE)에게 제안할 수 있다.

신규로 개발하는 추진시스템의 감항인증계획서 수립 시에는 사전에 해당 항공기 개발 엔지니어와 협의하여 항공기 호환성을 문서화하여야 한다. 기존에 개발된 추진시스템을 개조/개량하는 경우에 추진시스템 개발 엔지니어는 그 변경사항이 항공기 감항성에 미치는 영향을 확인할 수 있는 추진시스템 감항성 결정서(P-ADF: Propulsion Airworthiness Determination Form)를 작성해야 하여 기술감항당국(TAA)에 보고하여야 한다.

추진시스템 인증기준(P-CB: Propulsion Certification Basis)은 MIL-HDBK-516C의 제4장, 제7장, 제14장, 제15장, 제16장의 해당 항목으로 설정할 수 있으며, 해당 추진시스템 특성을 고려해 조정(tailoring)할 수 있다. 기존에 개발된 추진시스템을 개조/개량 또는 기존의 형식인증 범위가 크게 바뀌어 운용환경 또는 임무에 변경이 발생한 경우에는 그 영향성을 평가할 수 있는 항목을 선별하여 인증기준으로 정립할 수 있다. 추진시스템에 대한 인증기준은 상세설계검토(CDR) 시점에 최종 확정되며, 추진시스템이 장착될 해당 항공기의 감항인증기준에 반영되어야 한다.

추진시스템 인증기준에 대한 충족 여부는 적합성 보고서(P-CR: Propulsion Compliance Report)를 통해서 확인한다. 또한, 추진시스템 개발자는 MIL-STD-3024 Propulsion System Integrity Program에서 식별된 항목에 대하여 도출된 결과를 활용할 수 있다. 기존의 추진시스템을 개조/개량하는 경우에는 기존의 형식인증 범위를 크게 바꾸는 개조범위 및 환경 또는 임무의 변경에 해당하는 부분에 대한 입증을 진행하며, 그 외의 사항에 대한 평가를 별도로 진행하지는 않고 산출물 및 결과 보고서에 반영하지 않는다.

추진시스템의 위험도는 미 공군의 AWB-150B Airworthiness Risk Assessment and Acceptance에 따라서 수락되어야 한다. 이를 위하여 MIL-STD-882E에 정의된 방법론을 활용하여 위험 식별 및 심각도 평가를 수행한다. 또한, 항공기 체계개발 초기에 추진시스템 위험도가 수락될 수 있으며, 항공기 체계개발 엔지니어는 추진시스템 위험도 평가 결과에 대한 수락 여부를 추진시스템 개발 엔지니어에게 제공하여야 한다. 추진시스템 위험도 평가에서 보고 대상이 되는 심각도 및 빈도는 다음의 중요도 매트릭스(reportability matrix)에 따른다.

[표 7-17] 추진시스템 위험 심각도 및 빈도에 따른 중요도 매트릭스

Hazard Categorization		Severity			
		(1) Catastrophic	(2) Critical	(3) Marginal	(4) Negligible
Frequency	(A) Frequent ≥ 0.5/100k EFH	1	3	7	13
	(B) Probable 0.1~0.49/100k EFH	2	5	9	16
	(C) Occasional 0.05~0.09/100k EFH	4	6	11	18
	(D) Remote 0.01~0.049/100k EFH	8	10	14	19
	(E) Improbable < 0.01/100k EFH	12	15	17	20

AWHI: Airworthiness Hazard Index / EFH: Engine Flying Hours / ERLOA: Engine Related Loss of Aircraft / NRIFSD: Non-Recoverable In-Flight Shut-Down

• Reportable = AWHI 1~9 in the Table / • Non-Reportable = AWHI 10~20 in the Table

- Catastrophic (1): ERLOA, Uncontained Fire, NRIFSD on single- or twin-engine air vehicle, monetary loss ≥ $10M
- Critical (2): Uncontained Failure, NRIFSD of 1 engine on 3-or-more-engine air vehicle, $1M ≤ monetary loss < $10M
- Marginal (3): $100K ≤ monetary loss < $1M
- Negligible (4): monetary loss < $100K

추진시스템 설계승인(P-DA: Propulsion Design Approval)은 인증기준에 대한 입증 절차가 모두 수행되었을 때 부여되는 승인을 말한다. 다만, 추진시스템 자체에 대하여 별도의 승인서가 발급되지 않고, 해당 군용 항공기에 대한 비행허가서(MFR: Military Flight Release), 형식인증서(MTC: Military Type Certification) 등의 형태로 발급된다. 비행허가서(MFR)는 비행시험 이전에 발행하며, 형식인증서(MTC)는 실제 운용 이전에 발급된다. 또한, 추진시스템 인증 시에 비행안전을 위한 운용한계 및 제한사항을 식별해야 하며, 추진시스템 개발 엔지니어는 항공기 체계개발 엔지니어에게 추진시스템 인증 결과를 제공하여야 한다.

항공기 감항승인(air system airworthiness approval) 단계에서 항공기 개발 엔지니어는 신규 추진시스템 장착 및 개량으로 인한 항공기 영향성을 감항인증 프로세스에 따라서 평가해야 한다. 항공기 인증기준(CB)에는 추진시스템 장착 및 통합 고려사항을 포함하고, 적합성 보고서(CR)에는 도출결과(artifacts), 적합성 확인사항(compliance findings), 통합 위험요소(risks)가 포함되어야 한다. 추진시스템 통합 위험요소(risks)는 항공기 감항승인서 발급 이전에 평가, 문서화, 수락되어야 한다. 항공기 감항승인서에는 추진시스템 설계승인에서 제시된 운용한계 및 제한사항이 포함되어야 한다.

7.5 군용기 부품 인증

7.5.1 부품 산업동향

군용 항공기 부품은 기체부품을 포함하여 기계장치, 전자장비, 조종계통, 무장계통, 캐빈부품, 계기류, 호스류, 전선류, 패스너 등으로 구분할 수 있다. 글로벌 기체부품 제작사로 미국 Spirit와 Barnes, 영국 GKN, 독일 Aerotec, 일본 Kawasaki 등이 있으며, 기계장치는 미국 Parker, Moog, Honeywell, Collins, Eaton, 프랑스 Safran, 독일 Lieber 등이 전문적으로 제작하고, 전자장치는 미국 Honeywell, Garmin, Collins, L3 Harris, 프랑스 Thales, 이스라엘 Elbit 등을 들 수 있고, 캐빈부품은 프랑스 Safran, 미국 Collins, Honeywell, Panasonic, 독일 Recaro, 일본 Jamco 등이 주로 공급하고, 패스너는 미국 Howmet, PCC, SPS, Stanley, 프랑스 LISI, 스위스 Bossard 등을 전문회사로 볼 수 있다.

글로벌 시장분석 전문기관에 의하면 항공기 부품 세계시장은 2024년 4,620억달러 (628조원) 규모에서 연평균 3.7 %씩 성장하여 2034년에는 6,640억달러 (903조원)에 이를 것으로 전망하고 있다. 이는 엔진과 엔진 부품을 제외하고, 기체부품, 기계장치, 전자장비, 캐빈부품, 패스너 등을 포함한 전체 부품 시장 규모를 말한다. 그리고 항공기 신규 제작과 정비용으로 사용되는 모든 부품을 포함하고 있다. 이 중에 민간 항공기 부품은 2024년 3,673억달러 (500조원)에서 연평균 3.4 %씩 성장하여 2034년에는 5,160억달러 (701조원)에 이르고, 군용 항공기 부품은 2024년 944억달러 (128조원)에서 연평균 4.7 %씩 성장하여 2034년에는 1,480억달러 (201조원)에 이를 것으로 전망된다. 기존의 군용 항공기 정비에 소요되는 부품을 포함하여 최근에 각국의 국방력 증대, 항공기 개량사업, 차세대 전투기 개발 등이 활발하게 진행됨에 따라 부품의 소요도 크게 증가하고 있다.

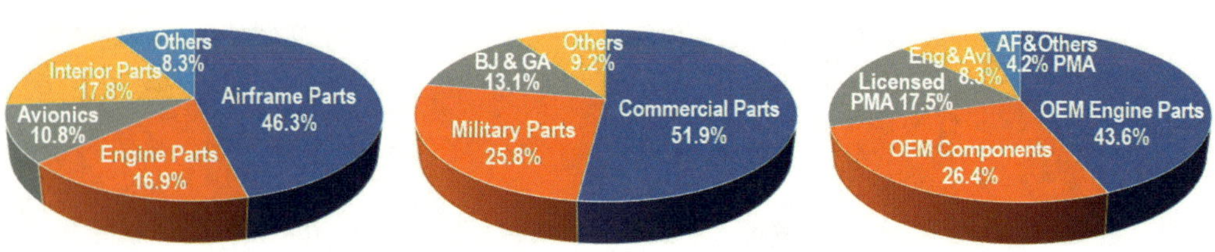

[전체 부품 유형별 분포]　[민간 및 군용 부품 분포]　[OEM 및 PMA 부품]

[그림 7-23] 항공기 부품 유형별 시장수요 분포도

항공기 부품 시장에서 기체부품은 46.3 %, 엔진부품은 16.9 %, 전자부품은 10.8 %, 캐빈부품은 17.8 %, 기타부품은 8.3 %를 차지한다. 이 중에서 엔진부품과 전자부품을 고부가가치 부품으로 분류할 수 있다. 그리고, 상용 비행기 부품, 비즈니스 제트기(BJ) 및 일반 항공기(GA) 부품, 기타부품

을 합하면 74.2 %이고, 군용 항공기 부품은 25.8 %를 차지한다. 군용 항공기 부품이 민간 항공기 부품보다 비중이 낮지만, 민간 부품보다 수익성이 더 좋고 최근에 수요가 증가하고 있다는 점을 주시할 필요가 있다. 민간 항공기 부품의 경우에는 전체 부품의 70 %가 원제작사(OEM) 공급망을 통해서 판매되는 부품이고, 나머지 30 %는 제3자의 부품제작자승인(PMA) 부품으로 공급되고 있다.

한국우주항공산업협회의 통계자료에 따르면, 우리나라의 2024년 항공우주 제조산업 생산 규모는 7.67조원인데, 이 중에 기체부품은 2.28조원 (29.6 %)이고, 엔진부품은 1.47조원 (19.1 %), 전자부품은 0.68조원 (8.8 %)이고, 보기장치는 0.14조원 (1.8 %)을 차지하고 있다. 가장 비중이 높은 기체부품에는 우리나라에서 개발된 군용 항공기에 사용되는 부품도 있지만, 대부분은 해외 원제작사에서 수주한 민수 부품으로 볼 수 있다. 향후, 고부가가치 엔진부품, 전자부품, 보기장치 등을 확대하여 수익성을 개선할 필요가 있다.

글로벌 시장분석 전문기관에 의하면, 2025년 항공기 부품류 제조산업 종사자는 2,000,000명 이상으로 추산하고 있다. 이는 완성 항공기 및 엔진 제조산업 종사자를 제외하고, 항공기 부품, 구성품, 장치품, 시스템 등과 같은 부품류 제조산업 종사자만 집계한 것이다. 이들 부품류 제조산업 종사자는 RTX/Raytheon에 90,000명, Eaton에 50,000명, Honeywell에 40,000명, Mitsubishi에 40,000명, Safran에 30,000명, Spirit에 12,000명, GKN Aerospace에 10,000명, Woodward에 7,000명, Triumph에 5,000명 이상이 종사하고 있다.

우리나라의 경우에는 2025년 기준으로 146개 회원사가 한국우주항공산업협회에 등록되어 있다. 이 중에 완성 항공기 및 엔진 제조업체, 그리고 운항사 및 정비업체 등을 제외하면, 항공우주 부품류 제조업체는 약 128개사로 볼 수 있다. 일부 대기업의 제조사업부를 제외하면, 이들 부품류 제조업체는 직원 50명에서 100명 내외의 중소기업이 주류를 이룬다. 이와 같은 방식으로 우리나라의 항공기 부품류 제조산업 종사자는 5,000명에서 10,000명 정도로 추산할 수 있다.

우리나라의 항공기 부품류 제조산업은 지난 20 ~ 30년 동안 해외 원제작사에서 수주한 단순 기계가공이나 기술도입 조립사업을 중심으로 성장해 왔다. 최근 들어 국내 개발 항공기 부품의 가공이나 해외 수주 엔진부품 및 전자부품 등으로 확대되고 있으나, 수익성 면에서는 크게 개선되지 않고 있는 것이 현실이다.

[그림 7-24] 전통적인 기계가공 부품 제조산업

이와 같은 전통적인 기계가공 중심의 부품산업을 고부가가치 수익성 부품산업으로 확대할 필요가 있다. 최근의 항공기 및 부품 개발은 친환경, 고성능, 그리고 미래형 기술을 추구하고 있다. 이를 충족하기 위하여 경량 소재 및 가공, 엔진부품 개발, 항공전자 부품 기술개발에 관심을 기울여야 한다.

즉, 경량소재 및 가공 부문에서는 복합재료, 티타늄 합금, 마그네슘 합금 사용이 계속 증가하고 있으며, 그래핀 계열 재료에 대한 연구도 활발하기 진행되고 있다. 또한, 적층기술(AM, or 3D)을 이용한 항공기 부품 제작이 점차 늘어나고 있다. 엔진 부문에서는 Inconel, Rene, Waspalloy, Udimet, 세라믹 복합재(CMC) 등과 같은 초내열 합금 소재 개발과 이들 소재를 활용한 터빈 블레이드, 베인, 디스크, 케이스, 샤프트 등의 고열 부품 제작이 필요하다. 또한, 고효율 압축기, 연소기, 터빈 부품의 설계와 배기 소음 및 피탐성을 감소시킬 수 있는 배기시스템 부품 개발이 필요하다. 항공전자 부문에는 세계 최고 수준의 전자기술을 활용한 전자장비 및 부품 개발, 이에 필요한 소프트웨어 개발 및 안전성 인증, 그리고 인공지능(AI) 및 유무인복합운용(MUM-Teaming) 등과 같은 미래전투 항공시스템(FCAS) 구현을 위한 부품 개발이 필요하다.

[그림 7-25] 고부가가치 부품 개발 및 제조산업

항공기 부품은 해당 항공기를 개발하고 양산하는데 선행적으로 소요될 뿐만 아니라, 기존에 운용 중인 항공기의 정비나 개조를 위해서도 계속 공급되어야 한다. 이에 따라서 전체 부품 시장은 완성 항공기 시장보다 약 2배 정도의 규모를 갖게 된다. 그리고, 항공기의 성능과 안전성은 그에 장착된 부품에서 시작된다고 볼 때, 항공기 부품산업이 얼마나 중요한가를 가늠해 볼 수 있다.

7.5.2 부품에 대한 인증절차

민간 항공기 부품은 부품제작자승인(PMA)을 통해서 해당 부품을 인증하고, 그 부품이 장착되는 항공기에 대한 안전성도 함께 보장하고, 해당 부품을 독립적으로 판매할 수 있다. 이와 달리, 현행 군용항공기 비행안전성 인증에 관한 법률에서는 부품에 대한 인증을 별도로 규정하지 않고 있다. 다만, 군용 항공기를 개조·개량하거나 기존의 부품 등을 개조·개량하여 항공기에 장착하는 경우에 해당 항공기에 대한 감항인증을 통하여 새로운 부품을 사용하는 방식을 취하고 있다.[79]

법률 제2조(정의) 제4호에서 감항인증 대상이 되는 군용 항공기 사업을 다음과 같이 정의하고 있다. 다만, 다목과 라목은 현실적으로 차이를 구별할 수 없다. 즉, 다목의 군용 항공기를 개조·개량하기 위해서는 라목에 따라 새롭게 제작·개조·개량된 부품 등을 해당 항공기에 장착하게 되므로 다목과 라목은 현실적으로 같은 사업으로 보아야 한다. 법률과 훈령의 다른 조항에서도 이 2가지 사업의 차이를 명확하게 설명하고 있지 않다. 이에 따라서, 사전에 방위사업청, 사업관리기관, 주관기관, 전문기관 등과 협의하여 해당 항공기 사업을 정의하고, 인증 방식을 결정하는 것이 필요하다.

가. 군용항공기를 연구·개발하는 사업
나. 군용항공기를 구매하는 사업
다. 군용항공기를 개조·개량하는 사업
라. 군용항공기의 부품·구성품 및 무기·장비 등을 제작·개조 또는 개량하여 군용항공기에 장착하는 사업

법률 제4조(감항인증의 절차 등) 제5항의 단서와 훈령 제9조(감항인증 단계) 제2항에 따라 단계별 감항성 심사를 생략할 수 있는 사업은 다음의 각 호와 같다. 이에 따르면, 국내업체가 새로운 부품을 장착하여 항공기를 개조·개량하는 경우에는 해당 항공기에 대한 단계별 감항성 심사를 수행하고, 항공기 형식인증과 생산확인을 받아야 한다.

1. 법 제2조 제4호 가목의 사업으로서 연구만을 목적으로 추진하는 사업
2. 다음 각 목의 어느 하나에 해당하는 사업 등 단계별 감항성 심사를 위하여 필요한 감항인증과 관련된 기술 자료의 획득이 제한되는 사업
   가. 법 제2조 제4호 나목(항공기 구매)에 따른 사업
   나. 법 제2조 제4호 다목(항공기 개조·개량) 및 라목(부품 개조·개량)에 따른 사업으로서 외국업체를 통하여 추진되는 사업

79) 우리나라의 P-3C 해상초계기와 Falcon 2000 백두정찰기 개조사업에서는 해당 항공기에 대한 형식인증이나 부품에 대한 인증을 사전에 진행하지 않고, 곧바로 감항인증 또는 특별감항인증을 진행하였다. 저자의 관점에서 볼 때, 군용 항공기 감항인증 제도에도 민간의 부품 인증이나 부가형식증명 등과 같은 설계 안전성을 검증하는 과정을 도입할 필요가 있다.

방위사업청 훈령 제5장 사업 종류별 감항인증 절차 적용의 제32조(군용항공기를 개조·개량하는 사업의 감항인증)에서 법률 제2조 제4호 다목의 군용 항공기 개조·개량 사업에 대한 감항인증 절차를 다음과 같이 규정하고 있다. 이에 따르면, 국내업체가 새로운 부품류를 사용해 항공기를 개조·개량하는 경우에 감항성 심사를 하더라도 기종별 형식인증서를 발급하지 않고, 호기별 감항인증서만 발급하는 것으로 규정하고 있다.

1. 인증서 또는 이에 준하는 증명자료가 있는 경우 : 제4장 제2절 감항성 심사를 생략하는 사업의 감항인증 절차를 적용하고, 대상 항공기 호기별로 별지 제6-2호의 특별감항인증서(개조·개량)를 발급한다.
2. 인증서 또는 이에 준하는 증명자료가 없는 경우 : 제4장 제1절 감항성 심사를 수행하는 사업의 감항인증 절차를 준용하고, 대상 항공기 호기별로 별지 제6-1호의 감항인증서(개조·개량)를 발급한다.

훈령 제5장의 제33조(군용항공기의 부품·구성품 및 무기·장비 등을 장착하는 사업의 감항인증)에서 법률 제2조 제4호 라목의 개조·개량된 부품 등을 군용 항공기에 장착하는 사업에 대한 감항인증 절차를 다음과 같이 규정하고 있다. 이에 따르면, 국내업체가 새롭게 제작·개조·개량된 부품류를 항공기에 장착하는 경우에 감항성 심사를 통하여 기종별 형식인증서 또는 호기별 감항인증서를 발급하도록 규정하고 있다.

1. 인증서 또는 이에 준하는 증명자료가 있는 경우 : 제4장 제2절 감항성 심사를 생략하는 사업의 절차를 적용하고, 대상 항공기 기종별 또는 호기별로 별지 제6-4호의 특별감항인증서(부품·구성품 및 무기·장비 운용)를 발급한다.
2. 인증서 또는 이에 준하는 증명자료가 없는 경우 : 제4장 제1절 감항성 심사를 수행하는 사업의 절차를 준용하고, 대상 항공기 기종별 또는 호기별로 별지 제6-3호의 감항인증서(부품·구성품 및 무기·장비 운용)를 발급한다.

법률 제2조 제4호와 제4조 제5항, 훈령 제32조와 제33조를 종합적으로 살펴보면, 새로운 부품 등을 항공기에 장착하거나 이 부품을 사용해 항공기를 개조·개량하는 경우에는 해당 항공기 호기별 감항인증이 필요하고, 이를 위해서는 선행적으로 기종별 형식인증과 생산확인이 필요한 것으로 판단할 수 있다. 그리고, 이러한 경우에 형식인증과 감항인증은 해당 사업관리기관이 신청하고, 각 인증서의 설계/개발자 또는 개발자 칸에는 해당 부품 업체가 아닌 항공기 업체 명칭이 기재된다.

이러한 관점에서 볼 때, 새로운 부품 등을 장착하여 개조·개량하는 군용 항공기에 대한 감항인증 제도를 갖추고 있지만, 해당 부품에 대한 인증 제도는 갖추어지지 않은 것으로 볼 수 있다. 현행 법률을 개정하여 부품 개발업체 또는 항공기 개조·개량 업체가 인증을 신청하는 것이 가장 바람직하겠지만, 현행 법률 제도 하에서는 항공기 개발업체와 협력하여 항공기 사업관리기관을 통해서 개조·개량 항공기 형식인증의 일부로 진행하는 방식을 따라야 한다. 즉, 군용기 인증법, 방위사업청 훈령, 전문기관 업무규정 등에 부품 개발업체의 역할과 책임이 규정되어 있지 않지만, 사업관리기관, 주관기관, 전문기관, 그리고 항공기 개조·개량 개발업체의 항공기 형식인증 계획에 따라서 부품에 대한 인증 업무를 수행하고 지원하여야 한다.

그렇지만, 항공기 부품 개발업체가 군용기 인증법 제4조(감항인증의 절차 등)와 훈령 제4장 제1절에 따른 단계별 감항성 심사 절차 등을 모두 이해하고, 사업관리기관, 주관기관, 전문기관, 항공기 개조·개량 개발업체 등의 감항인증 활동을 지원하는데는 현실적인 어려움이 예상된다. 항공기 개조·개량 개발업체는 해당 부품에 대한 개발 사양, 인증 요건, 관련 기술자료를 명확히 제시하고, 부품 개발업체가 항공기 장착, 지상시험, 비행시험 등에 참여할 수 있도록 업무적 편의를 제공하여야 한다.

항공기 부품 개발업체는 방위사업청 훈령 제15조(감항인증 신청) 및 제18조(감항인증계획 작성)에 따른 개조·개량 항공기 감항인증계획 수립 시에 해당 부품에 대한 구체적인 내용을 사업관리기관에 제출함으로써, 항공기 기종별 감항인증계획에 부품에 대한 인증 절차 및 기준이 반영될 수 있도록 지원한다. 항공기 탐색개발 및 체계개발 단계에서 사업관리기관이 주관기관 및 전문기관과 함께 훈령 제19조(감항인증 업무관리)에 따라 개발 단계별 회의(SRR, SFR, PDR, CDR, TRR, FFRR, SRB, FCA, PCA, CCB 등)를 진행할 때, 해당 부품에 대한 인증 업무를 지원하도록 한다.

주관기관이 훈령 제20조(감항성 심사 및 감항성 여부 결정)에 따라 개조·개량 항공기 기종별 감항인증계획에 따른 감항성 심사 세부계획을 작성할 때, 해당 부품에 대한 구체적인 적합성 입증계획을 제시하고 기술적 지원을 수행한다. 항공기 형식인증 단계에서 사업관리기관이 훈령 제21조(형식인증)에 따라 초도비행준비검토(FFRR) 회의를 진행할 때, 해당 부품에 대한 지상시험 및 적합성 입증 내용을 제시하고, 주관기관의 기능적 형상확인(FCA), 기종별 감항인증기준 충족여부 검토, 감항성 심사 최종검토회의, 그리고 방위사업청의 형식인증서 발급에 필요한 사항을 지원한다.

이와 같은 개조·개량 항공기에 대한 감항인증 절차에 따라서 해당 부품에 적용되는 표준감항인증기준 및 인용기준을 항목별로 검토 분석하고, 기종별 감항인증계획 및 기준에 부품 내용을 반영하고, 부품에 대한 설계 적합성 입증계획 및 점검표(CCL)를 작성하고, 각각의 적합성 입증 문서를 제출하여야 한다.

- 표준감항인증기준 검토/분석 : 해당 부품에 적용되는 각 항목과 인용기준을 검토하여 기종별 감항인증기준(TACC)에 반영할 부품에 대한 기준을 명확히 정의함
- 기종별 감항인증계획 수립 : 개발 단계별로 해당 부품에 대한 인증 방안, 기종별 감항인증계획 및 기준의 해당 부품에 관한 내용을 구체적이고 명확하게 제시함
- 적합성 점검표(CCL) 작성 : 해당 부품에 대한 항목별 적합성 입증방법(MoC)을 분류하고, 부품에 대한 분석, 실증, 시험, 항공기 지상 및 비행시험 계획을 수립함
- 적합성 입증 문서 제출 : 해당 부품에 대한 검사, 분석, 실증, 시험, 지상시험, 비행시험 결과를 도면, 규격서, 보고서, 매뉴얼 및 절차서 등으로 작성하여 제출함

항공기 부품에 대한 기종별 인증기준은 MIL-HDBK-516C 및 표준감항인증기준 Part 1에서 해당되는 각 항목과 인용기준을 검토하고, 이 부품이 장착될 항공기의 설계 및 인증 요건을 반영하여 제시할 수 있다. 예를 들어, 착륙장치 및 그 부품에 대한 인증기준은 MIL-HDBK-516C 및 표준감항인증기준 Part 1의 8.5 착륙장치 및 감속시스템의 각 항목을 검토하여 다음과 같이 적합성 점검표를 작성하는 방식으로 시작할 수 있다.

[표 7-18] 군용 항공기 착륙장치 부품 적합성 점검표 예시

SQ	군용항공기 표준감항인증기준 (MIL-HDBK-516C)	참고문서 (References)	적용성 (Y/N)	SOF여부 (Y/N)	MoC	Substantiation Documents	Person in Charge	Submittal Date	Remarks
01	**8.5 Landing gear & deceleration system.** **8.5.1 Ground flotation.** ***Criterion***: Werify safe ground flotation capability of the landing gear systems. ***Standard***: Landing gear systems apply loads to the airfield surface which ~ ***Method of Compliance***: Verification method includes analysis. ~	**JSSG-2009: Air Vehicle Subsystem** A.3.4.1.2.1/A.4.4.1.2.1 Ground Flotation **AFGS-87139: Landing Gear System** 3.2.1.1.b Ground Flotation.	Yes	No	DR, AN	DEFCD0803: Landing Gear System Ground Flotation Design Review Report			
02	**8.5.2 Arrangement, dynamics, clearance.** **8.5.2.1 Ground clearances.** ***Criterion***: Werify that the landing gear arrangement and servicing criteria ~ ***Standard***: The design provides sufficient clearance between landing ~ ***Method of Compliance***: Verification methods include analysis and demonstration. ~	**JSSG-2009: Air Vehicle Subsystem** A.3.4.1.1.1 Gear arrangement; A.3.4.1.1.3 Extended Clearances; A.3.4.1.1.6 Clearance with flat ~ **AFGS-87139: Landing Gear System** 3.2.1.2 Arrangement; 3.2.1.3.a Clearances. **FAR 25: Transport Airplanes** §25.1515 Landing gear speeds.	Yes	No	DR, DM	DEFCD0807: Landing Gear Ground Clearance Design Review and Demonstration Report			N/A FAR 다수 제시됨
03	**8.5.2.2 Aircraft stability and control on the ground.** ***Criterion***: Verify that, for all ground operations, the air vehicle maintains operational control and stability ~ ***Standard***: The air vehicle maintains an acceptable level of dynamic stability ~ ***Method of Compliance***: Verification methods include analyses, tests and ~	**JSSG-2009: Air Vehicle Subsystem** A.3.4.1.1.2 Pitch Stability; A.3.4.1.1.7 Gear Stability **AFGS-87139: Landing Gear System** 3.2.1.2 Arrangement, 3.2.5.1 General **FAR 25: Transport Airplanes** §25.233 Directional stability and control.	Yes	No	DR, DM, GT	DEFCD0809: Landing Gear Ground Test Report			
	- 이하생략 -	- 이하생략 -				- 이하생략 -			

7.5.3 부품에 대한 인증기준

MIL-HDBK-516C 및 표준감항인증기준 Part 1은 항공기에만 적용되는 기준이며, 현행 법률 및 고시에서는 부품에 적용되는 인증기준을 규정하지 않고 있다. 표준감항인증기준 Part 1의 제8장 세부계통(Air Vehicle Subsystems)과 JSSG-2009A의 3.4 Subsystem Characteristics에서 일부 부품에 대한 사항을 제시하고 있으나, 이는 항공기에 장착 및 인터페이스 관점의 기준일 뿐이며, 특정한 부품에 대한 인증기준으로 볼 수 없다.

그럼에도 불구하고, 항공기 표준감항인증기준에서 부품에 관련된 항목을 먼저 살펴보고, 특정한 부품의 인증기준으로 적용 가능한 일반적인 최소성능표준(MPS) 또는 합의표준(consensus standard)을 살펴볼 필요가 있다. 특히, 1990년대 후반 미국의 군사규격 개혁(MIL Spec Reform) 프로그램에 따라 부품에 대한 군사규격이 대부분 폐지 또는 전환되면서 개별적인 부품에 적용되는 기준이 모호한 상태가 되었다.

MIL-HDBK-156C 및 표준감항인증기준 Part 1의 제4장부터 제20장 중에서 부품에 관련되는 기준(criterion)은 제8장 세부계통(Air Vehicle Subsystems), 제11장 항공전자(Avionics), 제12장 전기계통(Electrical System), 제19장 재료(Materials)에 제시된 것으로 볼 수 있다. 제5장 구조(Structures), 제13장 전자기 환경영향(E^3), 제14장 시스템 안전(System Safety) 등에 제시된 항목은 모든 부품에 공통적으로 적용되는 일반적인 항목이거나 특정한 부품에 한정된 항목일 수 있으므로 개별적인 검토가 필요하다.

예를 들어, MIL-HDBK-156C 및 표준감항인증기준 Part 1의 8.5 착륙장치 및 감속시스템(Landing Gear and Deceleration Systems)에는 8.5.1 지면 침하 저항력(Ground Flotation)부터 8.5.13.5 환경적 노출(Environmental Exposure)까지 총 75개 항목을 규정하고 있다. 이들 대부분의 항목은 착륙장치 자체에 대한 기준보다는 착륙장치를 항공기에 장착한 상태에서 확인해야 하는 내용으로 구성되어 있다. 그중에서 8.5.2.1 지상 여유 간격(Ground Clearances)을 살펴보면 다음과 같다.

[표 7-19] 표준감항인증기준의 착륙장치 적용 항목

MIL-HDBK-516C	표준감항인증기준 Part 1
8.5.2.1 Ground clearances.	**8.5.2.1 지상 여유 간격 (Ground clearances)**
Criterion : Verify that landing gear arrangement and servicing criteria prevents ground contact (including servicing equipment, arresting cables, runway lights, etc.) at all weapons loading configurations, engine runs, and for flat gear or flat tire, or flat gear and flat tire situations.	**기준(Criterion)** 착륙장치 배열 및 서비싱 기준이 모든 무장장착 형상과 엔진 작동상태 및 착륙장치나 타이어 파열 또는 착륙장치와 타이어 동시 파열 상황에서도 지면 접촉(서비싱 장비, 비상제동 케이블, 활주로등 등을 포함하여)을 막을 수 있음을 검증한다.
Standard : The design provides sufficient clearance between landing gear parts, all of the air vehicle structure, other systems and the ground. Minimum clearances are maintained at all times and for all operational conditions.	**표준(Standard)** 설계가 착륙장치 부품, 모든 항공기 구조물, 타 시스템과 지면 사이에 충분한 여유간격을 제공한다. 모든 운용 조건에 대해 항상 최소 여유간격이 유지된다.
Method of Compliance : Verification methods include analysis and demonstration. Clearance analysis verifies ground clearance for all possible operations. Taxi and turning demonstrations validate the clearance analysis.	**적합성 검증방법(Method of Compliance)** 검증방법은 분석 및 시범을 포함한다. 여유간격 해석으로 가능한 모든 운영에 대한 지상 여유간격을 검증한다. 지상 활주 및 선회 시범으로 여유간격 해석값을 확인한다.
References : JSSG-2009: A.3.4.1.1.1, A.4.4.1.1.1 Gear arrangement; A.3.4.1.1.3, A.4.4.1.1.3 Extended Clearances; A.3.4.1.1.6, A.4.4.1.1.6 Clearance with flat tire and flat strut. AFGS-87139 3.2.1.2 Arrangement; 3.2.1.3.a Clearances. 14 CFR 13.1-13.2.4, 23.1501, 23.1529, 25.1501, 25.1503-25.1533, 25.1529, 25.1541, 25.1543, 25.1557, 25.1563	**참고문서(References)** - JSSG-2009: A.3.4.1.1.1, A.4.4.1.1.1 Gear arrangement; A.3.4.1.1.3, A.4.4.1.1.3 Extended Clearances; A.3.4.1.1.6, A.4.4.1.1.6 Clearance with flat tire and flat strut. - AFGS-87139 3.2.1.2 Arrangement; 3.2.1.3.a Clearances. - 14 CFR 13.1-13.2.4, 23.1501, 23.1529, 25.1501, 25.1503-25.1533, 25.1529, 25.1541, 25.1543, 25.1557, 25.1563

위에서 보는 바와 같이 착륙장치 여유 간격(ground clearances)는 착륙장치가 항공기에 장착된 상태에서 확인되는 사항이고 착륙장치 단독으로 입증할 수 없는 항목이므로 착륙장치에 대한 직접적인 기준이 될 수 없다. 참고문서에 제시된 JSSG-2009 Air Vehicle Subsystems는 오픈 도메인에서 Revision A를 이용할 수 있고, 미공군의 AFGS-87139B Landing Gear Systems는 Controlled Distribution Document로 분류되어 산업체가 활용하기에 곤란한 상태이다.

또한, 착륙장치 여유 간격(ground clearances)에 대한 참고문서 제시된 FAR Part 13 Investigative and Enforcement Procedures는 일반적인 법령 집행에 관한 규정이고, FAR §23.1501과 §23.1529은 2017년에 전면 개정되어 더 이상 유효하지 않으며, FAR §25.1515 Landing Gear Speeds를 제외한 나머지 모든 조항은 착륙장치와 무관한 요건이므로 참고문서에서 삭제되어야 한다.

미국 국방성의 JSSG-2009A Air Vehicle Subsystems는 MIL-HDBK-516C 및 표준감항인증기준 Part 1의 항공기 부품 관련 항목에서 가장 많이 인용하고 있는 지침서로써, 크게 Part 1, Part 2, Appendix와 같이 3개 부분으로 구성되어 있다. 다만, 동일한 제목의 항목을 3개 부분에 나누어 나타내고, 각각 Requirement와 Verification의 2개 부분으로 나누어지므로 동일한 제목이 최대 6번까지 나열되어 있다. 이와 같이 매우 유사한 내용을 반복적으로 나타내는 구성으로 총 1,144쪽의 방대한 분량의 지침서가 되었다. 항공기 서브시스템 각 품목에 대한 지침은 Appendix A ~ M에서 규정하고 있는데, 11개 품목에 대하여 총 639개 항목으로 나타내고 있다. 이들 항목은 주로 항공기 장착 및 인터페이스에 관한 내용이며, 해당 품목 자체에 대한 기준으로 적용하기는 곤란하다.

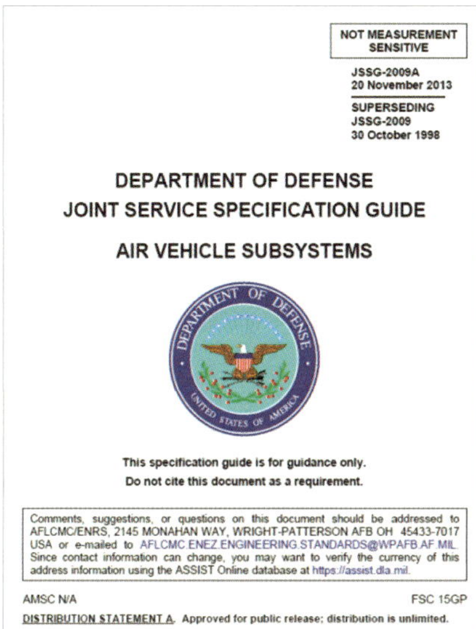
NOT MEASUREMENT SENSITIVE

JSSG-2009A
20 November 2013

SUPERSEDING
JSSG-2009
30 October 1998

DEPARTMENT OF DEFENSE
JOINT SERVICE SPECIFICATION GUIDE

AIR VEHICLE SUBSYSTEMS

This specification guide is for guidance only.
Do not cite this document as a requirement.

Comments, suggestions, or questions on this document should be addressed to AFLCMC/ENRS, 2145 MONAHAN WAY, WRIGHT-PATTERSON AFB OH 45433-7017 USA or e-mailed to AFLCMC.ENEZ.ENGINEERING.STANDARDS@WPAFB.AF.MIL. Since contact information can change, you may want to verify the currency of this address information using the ASSIST Online database at https://assist.dla.mil.

AMSC N/A FSC 15GP

DISTRIBUTION STATEMENT A. Approved for public release; distribution is unlimited.

Part 1. Joint Service Specification Guide
1. Scope
2. Applicable Documents
3. Requirements : Refer to Appendix A ~ M
4. Verification : Refer to Appendix A ~ M
5. Packaging
6. Notes

Part 2. Handbook for Air Vehicle Subsystems
1. Scope
2. Applicable Documents
3. Requirements : Rationale, Guidance, Lessons
4. Verification : Rationale, Guidance, Lessons

Appendix A ~ M. Subsystem Requirement/Verification Rationale, Guidance, Lessons learned

Appendix A	: Landing Subsystem	(Req 120개, Ver 120개)
Appendix B	: Hydraulic Power Subsystem	(Req 40개, Ver 40개)
Appendix C	: Auxiliary Power Subsystem	(Req 45개, Ver 45개)
Appendix D	: Environmental Control Subsystem	(Req 78개, Ver 78개)
Appendix E	: Fuel Subsystem	(Req 81개, Ver 81개)
Appendix F	: Aerial Refueling Subsystem	(Req 66개, Ver 66개)
Appendix G	: Fire and Explosion Hazard Protection Subsystems	(Req 32개, Ver 32개)
Appendix H	: Electrical Power Subsystem	(Req 18개, Ver 18개)
Appendix I	: Mechanical Subsystems	(Req 60개, Ver 60개)
Appendix J	: Cargo, Aerial Delivery, Special Operations Subsystems	(Req 27개, Ver 27개)
Appendix K	: VTOL - STOL Power Drive Subsystems	(Req 27개, Ver 27개)
Appendix L	: Propeller Subsystem	(Req 23개, Ver 23개)
Appendix M	: Pneumatic Subsystem	(Req 22개, Ver 22개)

MIL-HDBK-516C 및 표준감항인증기준 Part 1 제8장 세부계통(Air Vehicle Subsystems), 그리고 JSSG-2009A Air Vehicle Subsystems 등은 항공기에 대한 지침이며, 해당 시스템(부품) 자체에 대한 기준으로 적용할 수 없다. 또한, 1990년대 후반의 군사규격 개혁(MIL Spec Reform) 프로그램에 따라 대부분의 군사규격이 폐지 또는 민간 기준으로 전환되면서 개별적인 부품에 대한 기준을 재정립해야 하는 상황을 맞게 되었다.

우리나라의 경우에 1999년부터 2004년까지 수행된 민군규격통일화사업의 기계요소류 연구를 통하여 국방규격 929종을 폐지하고, 민군통일규격 436종 제정 및 KS 규격 62종 제개정을 제안하였다. 또한, 2004년부터 2009년까지 수행된 민군규격통일화사업의 민군공용 항공기 감항기술기준 제정 연구를 통하여 항공기 및 엔진에 대한 감항기준 5건과 장비품에 대한 최소성능기준 40종을 제안한 바 있다. 이들 장비품에 대한 최소성능기준은 민군규격통일화사업의 목표에 따라서 민/군 항공기에 공통적으로 적용될 수 있는 품목을 대상으로 작성된 것이며, 현재까지도 유효한 것으로 판단된다. 다만, 실제 사용에 있어서는 군 당국과 사업별 협의를 통해서 적용성을 결정하여야 한다.

[표 7-20] 민군겸용 항공기 장비품 최소성능기준 제안 현황

순번	민군겸용 최소성능기준	민간 기준	군 규격
1	1-01. 비행자료 컴퓨터 (ADC)	TSO-C106, SAE AS8002A	MIL-C-85247 (inactive)
2	1-02. 항공기 보조동력장치 (APU)	TSO-C77b	MIL-P-85573
3	2-01. 전기식 유압펌프	SAE AS5994	MIL-P-5994D (폐지)
4	2-02. 가변식 유압펌프	SAE AS19692A	MIL-P-19692E (폐지)
5	2-03. 정용량형 유압모터	SAE AS7997	MIL-M-7997C (inactive)
6	2-04. 피스톤형 축압기	SAE ARP4379	MIL-DTL-5498D
7	2-05. 항공기 연료 유량계	SAE AS407C	MIL-I-7566C (inactive)
8	2-06. 항공기 연료탱크	TSO-C80	MIL-DTL-27422C
9	2-07. 연료 압력 트랜스미터	SAE AS6302	MIL-T-6302B (폐지)
10	2-08. 난방 및 환기장치	SAE ARP292C	MIL-H-18325B (폐지)
11	2-09. 항공기 타이어	TSO-C62d, SAE AS4883	MIL-PRF-5041J
12	3-01. 직류발전기 및 시동-발전기	TSO-C56a, SAE AS8020	MIL-DTL-6162C
13	3-02. 항공기 전온도 측정 프로브	SAE AS793	MIL-P-27723E (inactive)
14	3-03. 조명일체형 압력 지시기	SAE AS23479	MIL-I-23479B (폐지)
15	3-04. 항공기 전류제한식 퓨즈	SAE AS5372	MIL-F-5372D (폐지)
16	3-05. 휠형 브레이크 시스템	SAE AS8584	MIL-B-8584C (폐지)
17	3-06. 항공기용 연소식 히터	TSO-C20, SAE AS8040A	MIL-H-5484C (inactive)
18	3-07. 테플론 공압호스 어셈블리	SAE AS38390	MIL-H-38390C (폐지)
19	3-08. 항공기용 합성고무 호스	SAE AS6399	MIL-H-6399B (폐지)
20	3-09. 연료, 오일 및 유압 압력계기	TSO-C47a, SAE AS 408C	MIL-I-7088B, MIL-I-6301B
21	3-10. 항공기용 안테나 전선	SAE AS6370	MIL-W-6370C (폐지)
22	3-11. 항공기 계기등 (Lights)	SAE AS50571	MIL-L-5057F (폐지)
23	4-01. 선회 및 경사 계기	TSO-C3d, SAE AS8004	MIL-I-7627F (중지)

순번	민군겸용 최소성능기준	민간 기준	군 규격
24	4-02. 항공기 자기 나침반	TSO-C7d, SAE AS398B	MIL-C-5604 (폐지)
25	4-03. 항공기 화재탐지장치	TSO-C79	MIL-F-23447 (중지)
26	4-04. 타코미터 계기	SAE AS432B	MIL-I-25623B (중지)
27	4-05. 객실용 안전밸브	SAE AS5379	MIL-V-5379A (폐지/대체)
28	4-06. 비행데이터기록장치 (FDR)	TSO-C124b, EUROCAE ED-112	MIL-STD-2124A (폐지/대체)
29	4-07. 항공기 수직 속도계	TSO-C8e, SAE AS8016A	MIL-I-18804B
30	4-08. 항공기 리튬 배터리	TSO-C142a, RTCA DO-227	MIL-B-29595
31	4-09. 항공기 결빙 탐지기	SAE AS8181A	MIL-D-8181B (폐지/대체)
32	4-10. 가열식 방빙장치	SAE AS18607A	MIL-T-18607A (폐지/대체)
33	4-11. 항공기 튜브 피팅	SAE AS85720	MIL-F-85720 (폐지/대체)
34	4-12. 다기능 시현기 (MFD)	TSO-C113, SAE AS8034	MIL-D-87213 (폐지/대체)
35	5-01. 항공기 자세 계기	TSO-C4c, SAE AS396B	MIL-I-21203A (중지)
36	5-02. 항공기 온도 계기	TSO-C43c, SAE AS8005A	MIL-I-7070, -7071 (중지)
37	5-03. 최대허용 대기속도 지시기	TSO-C46a, SAE AS437A	MIL-PRF-27197D
38	5-04. 항공기 기압 고도계	TSO-C10b, SAE AS392C	MIL-A-27198B (중지)
39	5-05. 피토 및 피토정압 튜브	TSO-C16a, SAE AS8006	MIL-T-5420B
40	5-06. 연료 및 오일량 계기	TSO-C55a, SAE AS405C	MIL-G-7818, -38338 (중지)

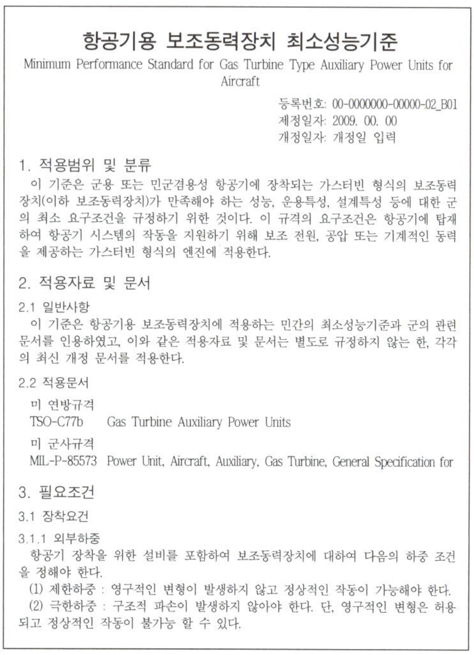

항공기용 보조동력장치 최소성능기준

Minimum Performance Standard for Gas Turbine Type Auxiliary Power Units for Aircraft

등록번호: 00-0000000-00000-02_B01
제정일자: 2009. 00. 00
개정일자: 개정일 입력

1. 적용범위 및 분류

이 기준은 군용 또는 민군겸용성 항공기에 장착되는 가스터빈 형식의 보조동력장치(이하 보조동력장치)가 만족해야 하는 성능, 운용특성, 설계특성 등에 대한 군의 최소 요구조건을 규정하기 위한 것이다. 이 규격의 요구조건은 항공기에 탑재하여 항공기 시스템의 작동을 지원하기 위해 보조 전원, 공압 또는 기계적인 동력을 제공하는 가스터빈 형식의 엔진에 적용한다.

2. 적용자료 및 문서

2.1 일반사항

이 기준은 항공기용 보조동력장치에 적용하는 민간의 최소성능기준과 군의 관련 문서를 인용하였고, 이와 같은 적용자료 및 문서는 별도로 규정하지 않는 한, 각각의 최신 개정 문서를 적용한다.

2.2 적용문서

미 연방규격
TSO-C77b Gas Turbine Auxiliary Power Units

미 군사규격
MIL-P-85573 Power Unit, Aircraft, Auxiliary, Gas Turbine, General Specification for

3. 필요조건

3.1 장착요건

3.1.1 외부하중

항공기 장착을 위한 설비를 포함하여 보조동력장치에 대하여 다음의 하중 조건을 정해야 한다.

(1) 제한하중 : 영구적인 변형이 발생하지 않고 정상적인 작동이 가능해야 한다.
(2) 극한하중 : 구조적 파손이 발생하지 않아야 한다. 단, 영구적인 변형은 허용되고 정상적인 작동이 불가능 할 수 있다.

[그림 7-26] 민군겸용 장비품 최소성능기준에 대한 예시

처음으로 개발되는 항공기에 사용되는 부품은 법률 제4조(감항인증의 절차 등)에 따라는 항공기 형식인증, 생산확인, 감항인증에 포함되어 인증을 받게 된다. 기존의 항공기를 개조·개량하는 데 사용되는 부품 또는 개조·개량된 부품을 항공기에 장착하는 경우에는 법률 제2조(정의) 제4호 다목 또는 라목, 그리고 훈령 제32조와 제33조에 따라서 해당 항공기에 포함되어 인증을 받을 수 있다. 이는 해당 부품 자체에 대한 인증은 고려하지 않고 항공기에 대해서만 감항인증을 수행하는 제도이다.

항공기 부품은 신조 항공기 개발과 양산뿐만 아니라, 기존 항공기의 개조·개량 및 정비에 사용되는 부품을 함께 고려하여야 한다. 또한, 항공기 시장보다 약 2배에 이르는 전체 부품 시장의 규모, 그리고 항공기 성능과 안전성은 그에 장착되는 부품에서 시작된다는 점을 주지할 필요가 있다.

항공기 개조·개량과 정비에 사용되는 부품도 선행적으로 인증을 받을 수 있도록 군용 항공기 감항인증 제도를 개선하고, 부품에 대한 인증기준을 제정하여 부품산업의 발전과 안전성 향상을 도모할 필요가 있다.

7.5.4 부품 국산화 개발사업

군용항공기 비행안전성 인증에 관한 법률은 원칙적으로 새로 개발되는 군용 항공기에 대한 감항인증에만 적용된다. 감항인증 대상 항공기에 사용되는 부품은 해당 항공기의 일부로 함께 인증을 받을 수 있지만, 부품에 대한 단독 인증은 현실적으로 허용되지 않는다. 다만, 기존에 운용 중인 항공기 및 엔진에 필요한 정비용 부품은 방위사업청의 부품 국산화 개발사업이나 각 군의 부품 국산화 사업을 통해서 개발할 수 있다.

방위사업법 제3조(정의) 및 제11조(방위력개선사업 기본원칙), 방위산업 발전 및 지원에 관한 법률 제9조(부품관리 정책 수립 및 부품 국산화개발 촉진), 제10조(국방중소·벤처기업 성장 및 기술혁신 지원), 제18조(방위산업 발전의 지원), 중소기업 기술혁신 촉진법 제13조(중소기업 기술혁신 지원계획의 수립) 등에 따라서 방위사업청은 훈령 "무기체계 부품국산화개발 관리규정"을 제정하였고, 국방기술진흥연구소는 "부품국산화 업무규정"과 "부품국산화 지원사업 운영지침"을 두고 있다.

국방기술진흥연구소가 기획, 관리 및 평가를 하는 부품 국산화 개발사업은 핵심부품국산화, 수출연계국산화, 전략부품국산화, 구매조건부 부품국산화, 산업부 협력 부품국산화, 일반부품국산화 등으로 구분된다. 이들 국산화 대상 부품은 소요군이나 방산업체에서 개발소요를 제기할 수 있으며, 각 사업별로 국방기술진흥연구소, 방위사업청, 소요군, 중소벤처기업부, 산업통상자원부 등의 심의를 통하여 개발 타당성을 검토하고 지원 여부를 결정한다.

국산화 부품 및 개발업체가 결정되면, 해당 업체는 국산화 개발계획서를 작성하여 제출하고, 국방기술진흥연구소는 국산화 개발관리계획서, 감항영향성 검토 계획서 및 시험평가 계획서를 작성하여 시행한다. 부품 개발업체는 국산화 개발계획서 및 주관기관과 협의된 일정에 따라서 해당 부품을 개발하고 개발시험을 수행한다. 그리고, 개발주관기관 및 소요군의 운용시험평가, 군사용 적합 심의, 규격화 및 목록화를 지원하여야 한다. 국방기술진흥연구소는 해당 부품의 군사용 적합 판정 및 규격화가 완료되면, 국산화 인증 합격 여부 심사하고 개발업체에 연구개발확인서를 발급한다.

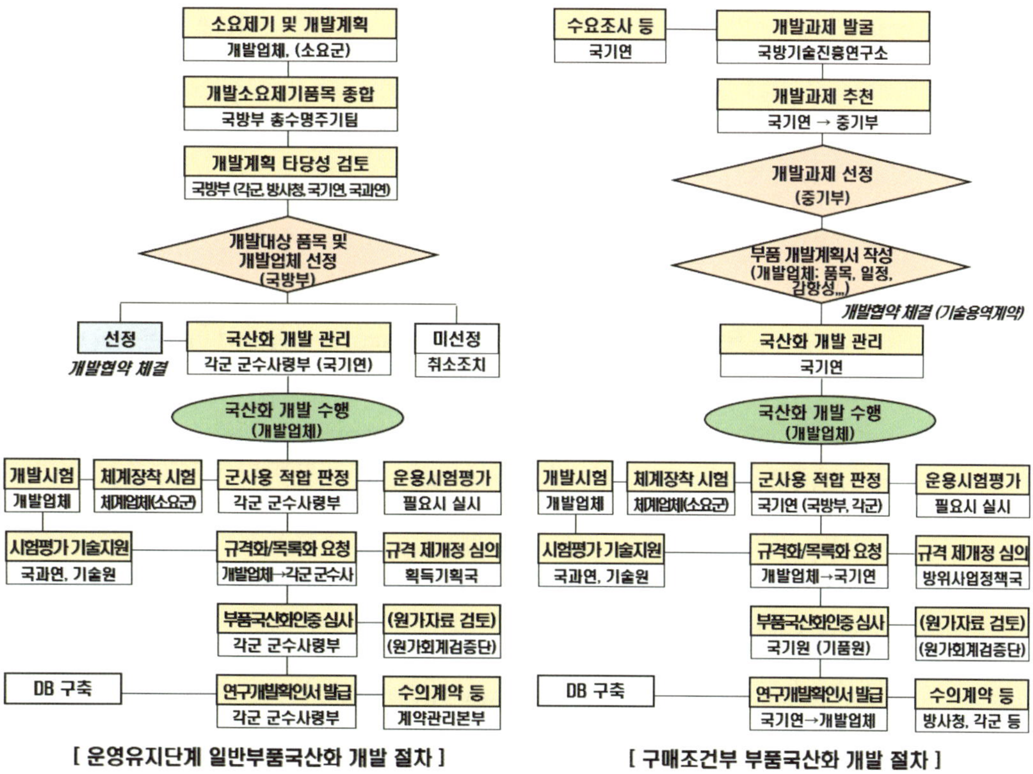

[그림 7-27] 군용 항공기 부품 국산화 개발 절차도

국산화 부품 개발업체는 국방기술품질원의 "기술변경 및 국산화품목 감항영향성 검토 매뉴얼"에 따라서 해당 부품에 대한 감항영향성 검토계획서를 작성해 제출하여야 한다. 또한, 해당 부품을 군용 항공기에 장착하여 비행시험이 필요한 경우에 비행안전 검토회의에 필요한 사항을 지원하여야 한다. 이와 같이 부품 국산화 개발사업에서 감항영향성을 검토하고 필요한 경우에 비행시험을 수행하지만, 이는 군용항공기 비행안전성 인증에 관한 법률에 따른 감항인증으로 인식되지 않는 별도의 절차로 판단된다.

연습문제

문제 1 다음 중에 군용항공기 비행안전성 인증에 관한 법률에 따른 인증의 종류에 해당하지 않는 것은?

① 형식인증 ② 생산확인 ③ 감항인증 ④ 제작증명

문제 2 군용항공기 비행안전성 인증에 관한 법률에 따라 우리나라에서 최초로 형식인증을 받은 항공기는 어떤 기종인가?

① KT-1 ② KUH-1 ③ T-50 ④ KF-21

문제 3 다음 중에 어느 기관이 군용항공기 비행안전성 인증에 관한 법률에 따라서 형식인증을 신청할 수 있는가?

① 사업관리기관 ② 주관기관 ③ 전문기관 ④ 개발기관(업체)

문제 4 우리나라의 군용항공기에 대한 표준감항인증기준 Part 1은 다음 중에 어느 문서를 바탕으로 작성된 것인가?

① JSSG-2001 ② MIL-HDBK-516
③ STANAG 4671 ④ EMAR 21

문제 5 군용기 인증법 제10조, 시행령 제8조, 시행규칙 제7조에 따라 지정된 전문기관 중에 생산확인 업무를 수행할 수 있는 기관은?

① 육·해·공군 ② 국방과학연구소
③ 국방기술품질원 ④ 방위사업청

문제 6 글로벌 민간 항공기 제조산업과 군용 항공기 제조산업은 8:2 또는 7:3의 비중으로 민간 항공기 제조산업이 높은 비중을 차지하고 있다. 그럼에도 불구하고, 군용 항공기 제조산업을 육성해야 하는 이유를 2가지 이상 설명하시오.

문제 7 미국과 유럽은 2030년대 중반에 실전 배치를 목표로 NGAD, GCAP, FCAS 등의 6세대 전투기 개발 프로그램을 진행하고 있다. 이들 6세대 전투기의 특징적 요소를 3가지 이상 설명하시오.

문제 8 군용 항공기, 엔진, 부품에 적용된 기술이 민간 항공기 등의 개발에 활용되는(spin-off) 사례를 3가지 이상 제시하고, 그 내용을 간단하게 설명하시오.

문제 9 1990년대 후반에서 2000년대 초반에 진행된 미국의 군사규격 개혁(MIL Spec Reform) 프로그램과 연계하여 군용 항공기에 대한 감항인증 제도 도입 배경을 간단히 설명하시오.

문제 10 우리나라에서 2009년에 제정된 군용기 인증법, 방위사업청 훈령, 인증기준에 대한 정확한 명칭을 쓰고, 각각의 내용을 간단히 설명하시오.

문제 11 우리나라 방위사업청은 2016년 미국을 시작으로 2024년 말까지 스페인, 프랑스, 호주, 폴란드, 콜롬비아, NATO 등과 군용항공기 감항인증 상호인정을 체결하였다. 이와 같은 감항인증 상호인정 체결의 효과를 설명하시오.

문제 12 군용항공기 비행안전성 인증에 관한 법률 제2조(정의) 제4호 및 제4조(감항인증의 절차 등)에 따라 감항인증을 받아야 하는 "사업" 4가지를 나열하고, 각각에 대하여 간단히 설명하시오.

문제 13 군용항공기 비행안전성 인증에 관한 법률에 따라서 항공기, 엔진, 부품은 각각 어떠한 감항인증을 받아야 하는지 간단히 설명하시오.

문제 14 군용 항공기 개발사업을 선행연구, 탐색개발, 체계개발, 양산단계, 운용유지 등과 같이 5단계로 나눌 수 있다. 이와 같은 개발사업에서 감항인증 업무를 7단계로 구분할 때, 각 단계를 순서대로 나열하시오.

문제 15 군용항공기 비행안전성 인증에 관한 법률 제3조에 규정된 표준감항인증기준과 제4조 제2항에 규정된 기종별 감항인증기준이 무엇인지 각각을 간단히 설명하시오.

문제 16 방위사업청 훈령 제3조 제4호에 정의된 안전비행(SOF)은 기종별 감항인증계획서와 감항성 심사계획서 작성에도 포함되어야 하는 항목이다. 안전비행(SOF) 항목에 대하여 간단히 설명하시오.

문제 17 방위사업청 훈령 제3조 제11호에 정의된 주요안전품목(CSI)은 기종별 감항인증계획서, 감항성 심사계획서, 생산확인 계획서에도 반영되어야 한다. 주요안전품목(CSI)이 무엇인지 간단히 설명하시오.

문제 18 군용기 인증법 제4조 및 방위사업청 훈령 제22조에 따른 군용 항공기 생산확인 평가기준으로 ISO9001, AS9100, KDS 0050-9000, 기품원 인증 업무규정 중에 어느 문서를 적용해야 하는지 설명하시오.

문제 19 방위사업청 훈령 제22조 및 제23조에 따라서 호기별 감항인증서 발급을 신청할 때 제출되는 서류의 종류를 3가지 이상 나열하고, 간단히 설명하시오.

문제 20 군용항공기 비행안전성 인증에 관한 법률 제5조의2(감항성 유지 및 기술 지원)에 따른 감항성 유지를 Continued Airworthiness 또는 Continuing Airworthiness로 표기하기도 하는데, 이들의 차이에 대해서 설명하시오.

문제 21 군용항공기 비행안전성 인증에 관한 법률 제3조에 따라 방위사업청에서 고시한 표준감항인증기준이 어떻게 구성되었는지 간단히 설명하시오.

문제 22 방위사업청 훈령 [별표 1]에 제시된 적합성 검증방법(MOC: Method of Compliance)을 포함하여 일반적으로 통용되는 적합성 입증방법을 5가지 이상 나열하고, 간단히 설명하시오.

문제 23 현행 군용항공기 비행안전성 인증에 관한 법률에서는 항공기 엔진에 대한 감항인증을 규정하지 않고 있다. 그럼에도 불구하고 엔진에 대한 감항인증이 필요한 경우에 어떻게 진행할 수 있을지 그 방안을 제시하시오.

문제 24 현행 군용항공기 비행안전성 인증에 관한 법률에서는 항공기 부품에 대한 직접적인 감항인증을 규정하지 않고 있다. 그럼에도 불구하고 부품류에 대한 인증이 필요한 경우에 어떻게 진행할 수 있을지 그 방안을 제시하시오.

문제 25 MIL-HDBK-516의 14.3 Software Safety Program에서 소프트웨어 안전성 평가 참고문서로 군의 MIL-STD-882와 민간의 RTCA DO-178을 모두 제시하고 있다. 기종별 감항인증기준에 어느 문서를 인용하는 것이 좋을지 의견을 쓰시오.

참고문헌

1. 법령용어 한영사전, 법제처, 제2판, 2009.12.00
2. 한영 법률용어사전, 한국법제연구원, 초판, 2022.12.30
3. 알기 쉬운 법령 정비기준, 법제처, 제10판, 2021.12.00
4. 세계의 항공우주산업, 한국항공우주산업진흥협회, 2024.12.23
5. 항공통계(세계편, 국내편), 한국항공협회, 2024.11.30
6. 항공기술정보시스템, http://atis.casa.go.kr, 국토교통부, 2025.07.31
7. Commercial Market Outlook 2025-2044, www.boeing.com, 2024.06.14
8. Global Market Forecast 2025-2044, www.airbus.com, 2025.06.12
9. FAA Administrator's Fact Book, www.faa.gov, 2023.02.08
10. ARC Charter : FAA Aircraft Certification Process Review and Reform Aviation Rulemaking Committee, www.faa.gov, 2012.04.20
11. S. HRG. 118-499 : Implementation and Oversight of the Aircraft Certification, Safety, and Accountability Act, www.congress.gov, 2023.03.08
12. ChatGPT, https://chatgpt.com
13. Perplexity, https://www.perplexity.ai
14. DeepSeek, https://chat.deepseek.com
15. Paint.NET, https://www.getpaint.net
16. Pencilizing, https://pencilizing.com/pencil

21. 항공안전법, 법률 제20981호, 2025.05.27 (시행 2025.08.28)
22. 항공안전법 시행령, 대통령령 제35529호, 2025.05.20 (시행 2025.05.20)
23. 항공안전법 시행규칙, 국토교통부령 제1518호, 2025.08.08 (시행 2025.08.28)
24. KAS Part 21 : 항공기등, 장비품 및 부품 인증절차, 고시 제2024-833호, 2024.12.18
25. KAS Part 23 : 감항분류 보통(N) 비행기 기술기준, 고시 제2024-833호, 2024.12.18
26. KAS Part 25 : 감항분류 수송(T) 비행기 기술기준, 고시 제2024-833호, 2024.12.18
27. KAS Part 26 : 수송 비행기 감항성유지와 안전성 기준, 고시 제2024-833호, 2024.12.18
28. KAS Part 27 : 감항분류 보통 회전익항공기 기술기준, 고시 제2024-833호, 2024.12.18
29. KAS Part 29 : 감항분류 수송 회전익항공기 기술기준, 고시 제2024-833호, 2024.12.18

30. KAS Part 33 : 항공기 엔진에 대한 기술기준, 고시 제2024-833호, 2024.12.18
31. KAS Part 34 : 항공기 엔진의 연료・배기가스 배출기준, 고시 제2024-833호, 2024.12.18
32. KAS Part 35 : 프로펠러에 대한 기술기준, 고시 제2024-833호, 2024.12.18
33. KAS Part 36 : 항공기 소음기준, 고시 제2024-833호, 2024.12.18
34. KAS Part 45 : 식별 표시 기술기준, 고시 제2024-833호, 2024.12.18
35. 항공기 형식증명 지침, 국토교통부 훈령 제1701호, 2024.01.10
36. 항공기 제한형식증명 지침, 국토교통부 훈령 제1761호, 2024.05.24
37. 항공기 등의 부가형식증명 지침, 국토교통부 훈령 제1025호, 2018.05.28
38. 제작증명 및 생산승인 지침, 국토교통부 훈령 제1702호, 2024.01.10.
39. 항공기등의 제작증명 및 생산승인 기준, 국토교통부 고시 제2018-318호, 2018.05.28
40. 특별감항증명 발급지침, 국토교통부 훈령 제1028호, 2018.05.28
41. 운항증명소지자의 항공기 감항성 심사지침, 항공안전본부 훈령 제230호, 2008.04.25
42. 항공기 등의 감항승인 요령, 국토교통부 훈령 제1080호, 2018.09.03
43. 부품등 감항승인서 작성 및 사용 절차규정, 국토교통부 고시 제2018-544호, 2018.09.03
44. 부품등제작자증명 지침, 국토교통부 훈령 제1529호, 2022.06.07
45. 부품등제작자증명 기준, 국토교통부 고시 제2022-316호, 2022.06.07
46. 항공기 기술표준품 형식승인 절차규정, 국토교통부 훈령 제1819호, 2024.11.18
47. 항공기 기술표준품 형식승인 기준, 국토교통부 고시 제2025-252호, 2025.05.20
48. 항공기술과 지침서 및 안내서, ACS 항공인증시스템(atis.koca.go.kr/acs/), 2025.07.31
49. 항공안전기술원 검사업무규정, 국가법령정보센터(www.law.go.kr), 2025.07.31

61. ICAO Annex 6 : Operation of Aircraft (Part I. Transport Aeroplanes, Part II. GA Aeroplanes, Part III. Heliopcters, Part IV. RPAS), 12th Edition, 2024.07.00
62. ICAO Annex 8 : Airworthiness of Aircraft, 13th Edition, 2022.07.00
63. ICAO Annex 16 : Environmental Protection (Vol I. Aircraft Noise, Vol II. Engine Emissions, Vol III. CO2 Emissions, Vol IV. CORSIA), 15th Edition, 2023.07.00
64. ICAO Annex 19 : Safety Management, 2nd Edition, 2016.07.00
65. ICAO Doc 9760 : Airworthiness Manual, 4th Edition, 2020.00.00
66. ICAO Doc 9859 : Safety Management Manual, 4th Edition, 2018.00.00
67. ICAO Doc 10019: Remotely Piloted Aircraft Systems (RPAS), 1st Edition, 2015.00.00

71. EU Part 21 : Airworthiness and Environmental Certification of Aircraft and related Products,

Parts and Appliances, Issue 2, Amendment 16, 2023.10.21
72. AMC-20 : General Acceptable Means of Compliance of Products, Parts and Appliances, Amendment 23, 2022.01.21
73. CS-23 : Certification Specifications for Normal-Category Aeroplanes, Amendment 6, Issue 4, 2023.03.07
74. CS-25 : Certification Specifications for Large Aeroplanes, Amendment 28, 2023.12.09
75. CS-26 : Certification Specifications for Additional Airworthiness Specifications for Operations, Issue 5, 2024.12.02
76. CS-27 : Certification Specifications for Small Rotorcraft, Amendment 10, 2023.02.07
77. CS-29 : Certification Specifications for Large Rotorcraft, Amendment 12, 2024.12.09
78. CS-34 : Certification Specifications for Aircraft Engine Emissions and Fuel Venting, Amendment 4, 2021.07.14
79. CS-36 : Certification Specifications for Aircraft Noise, Amendment 6, 2021.07.14
80. CS-APU : Certification Specifications for APUs, Amendment 1, 2020.07.01
81. CS-E : Certification Specifications and AMC for Engines, Amendment 8, 2025.04.08
82. CS-ETSO : Certification Specifications for European TSO, Amendment 17, 2022.08.31
83. CS-P : Certification Specifications and AMC for Propellers, Amendment 2, 2020.07.01
84. CS-LSA : Certification Specifications for Light Sport Aeroplanes, Amdt 1, 2013.07.30
85. CS-VLR : Certification Specifications for Very Light Rotorcraft, Amdt 3, 2018.12.17
86. CS-CO2 : Certification Specifications for Aeroplane CO2 Emissions, Issue 2, 2021.07.14
87. SC-VTOL : SC for Small-Category VTOL-Capable Aircraft, Issue 2, 2024.06.10
88. SC E-19 : SC for Electric/Hybrid Propulsion System (EHPS), Issue 1, 2021.04.07
89. MOC-EHPS.80 : MoC with Special Condition EHPS, Issue 1 proposed, 2025.03.12
90. EASA Design Organisation Approval : Initial Investigation Information Paper, 2022.04.03
91. EASA UG.POA.00067 : User Guide for Production Organisations, Issue 6, 2023.02.14
92. EASA PR.CERT.00001 : Airworthiness of Type Design, Issue 2, 2014.09.01
93. EASA PR.STC.00001 : Supplemental Type Certification, Issue 2, 2010.07.09
94. EASA PR.CERT.00003 : European TSO Authorisation, Issue 3, 2015.01.12

101. FAR Part 21 : Certification Procedures for Products and Articles, Amendment 21-109, 2025.07.24
102. FAR Part 23 : Airworthiness Standards: Normal Category Airplanes, Amendment 23-65, 2022.

12.09
103. FAR Part 25 : Airworthiness Standards: Transport Category Airplanes, Amendment 25-153, 2024.08.27
104. FAR Part 26 : Continued Airworthiness and Safety Improvements for Transport Category Ai rplanes, Amendment 26-7, 2018.03.05
105. FAR Part 27 : Airworthiness Standards: Normal Category Rotorcraft, Amendment 27-51, 2023.02.10
106. FAR Part 29 : Airworthiness Standards: Transport Category Rotorcraft, Amendment 29-59, 2023.02.10
107. FAR Part 33 : Airworthiness Standards: Aircraft Engines, Amendment 33-36, 2023.04.04
108. FAR Part 34 : Fuel Venting and Exhaust Emission, Amendment 34-7, 2024.04.24
109. FAR Part 35 : Airworthiness Standards: Propellers, Amendment 35-10, 2016.12.30
110. FAR Part 36 : Noise Standards, Amendment 36-31, 2017.10.04
111. FAR Part 38 : Airplane Fuel Efficiency Certification, Amendment 38-0, 2024.02.16
112. FAR Part 43 : Maintenance, Prevention Maintenance, Rebuilding, and Alteration, Amendm ent 43-62, 2024.11.21
113. FAR Part 45 : Identification and Registration Marking, Amendment 45-31, 2018.03.05
114. FAR Part 107 : Small Unmanned Aircraft Systems, Amendment 107-11, 2025.09.03
115. FAR Part 194 : SFAR 120 - Powered-Lift: Pilot Certification and Training; Operations Req uirements, Amendment 194-1, 2024.11.21
116. Tile 49 Part 572 : Anthropomorphic Test Devices, Amendment 90FR264, 2025.01.03
117. FAA Technical Standard Orders (TSO), https://drs.faa.gov/browse/TSO/, 2025.07.31

121. Order 4040.26C : Flight Test Risk Management, 2021.10.05
122. Order 8000.95C : Designee Management Policy, 2023.09.21
123. Order 8000.369C : Safety Management System, 2020.06.24
124. Order 8100.5E : Aircraft Certification Service - Organizational Structure and Functions, 2023.04.09
125. Order 8040.6A : Unmanned Aircraft Systems (UAS) Safety Risk Management (SRM) Policy, 2023.09.01
126. Order 8100.7C : Aircraft Certification Systems Evaluation Program, Change 3, 2009.01.30, canceled

127. Order 8100.18A : Aircraft Certification Service Organizational Realignment and Refinement References, 2023.09.29
128. Order 8100.8D : Designee Management Handbook, 2011.10.28
129. Order 8100.11D : Requirements for Finding Undue Burden and No Undue Burden under 14 CFR Part 21. 2016.08.01
130. Order 8100.15B : Organization Designation Authorization Procedures, 2018.06.15
131. Order 8100.17B : Field Approval Delegation Handbook, 2018.06.19
132. Order 8110.4C : Type Certification, Change 7, 2023.10.20
133. Order 8110.37F : Designated Engineering Representative (DER) Handbook, 2017.08.31
134. Order 8110.41A : Flight Test Pilot Training, Responsibilities, and Procedures, 2005.07.11
135. Order 8110.42D : Parts Manufacturer Approval Procedures, Change 2, 2023.10.27
136. Order 8110.48A : Certification Basis for Changed Products, 2017.07.21
137. Order 8110.49A : Software Approval Guidelines, 2018.03.29
138. Order 8110.52B : Type Validation and Post-Type Validation Procedures, 2017.09.29
139. Order 8110.54A : Instructions for Continued Airworthiness Responsibilities, Requirements and Contents, 2010.10.23
140. Order 8110.56B : Restricted Category Type Certification, 2017.07.19
141. Order 8110.101A : Type Certification Procedures for Military Commercial Derivative Aircraft, 2015.02.25
142. Order 8110.102(IR) : Implementing Risk Based Resource Targeting (RBRT), 2007.09.14
143. Order 8110.103B : Alternative Methods of Compliance, 2016.09.14
144. Order 8110.105B : Airborne Electronic Hardware Approval Guidelines, 2024.02.20
145. Order 8110.112A : Standardized Procedures of Issue Papers and Development of Equivalent Levels of Safety Memorandums, 2014.10.03
146. Order 8110.113 : Approval of Flammability Test Data in Support of Major Repairs or Major Alterations, 2010.11.22
147. Order 8110.115 : Certification Project Initiation and Certification Project Notification, Ch ange 1, 2014.09.05
148. Order 8110.118 : Commercial Parts, 2012.09.20
149. Order 8110.119 : Streamlined Process for Parts Manufacturer Approval, 2012.11.30
150. Order 8110.121 : Type Certificate Data Sheet (TCDS) Notes, 2015.10.15
151. Order 8120.22A : Production Approval Procedures, Change 1, 2023.10.27

152. Order 8120.23A : Certificate Management of Production Approval Holders, 2023.10.27
153. Order 8120.24 : Implementation Plan Approval, Verification, and Evaluation of Safety Man agement Systems for Design and Production Approval Holders, 2024.04.26
154. Order 8130.2K : Airworthiness Certification of Aircraft, 2024.08.28
155. Order 8150.1D : Technical Standard Order Program, 2017.03.17
156. Order 8130.21H : Procedures for Completion and Use of the Authorized Release Certificate, FAA Form 8130-3, Airworthiness Approval Tag, 2013.08.01
157. Order 8130.29A : Issuance of a Special Airworthiness Certificate for Show Compliance and/ or Development Flight Testing, 2007.06.29
158. Order 8130.34D : Airworthiness Certification of Unmanned Aircraft Systems and Optionally Piloted Aircraft, 2017.09.08
159. Order 8130.36 : Special Light Sport Aircraft Audit Program, 2013.06.04
160. Order 8150.1D : Technical Standard Order Program, Change 1, 2023.10.27
161. Order 8150.4 : Certification of Cargo Containers with Self-Contained Temperature Control Systems (Active ULDS), 2007.08.29
162. AC 20-24C : Approval of Propulsion Fuels and Lubricating Oils, 2011.07.29
163. AC 20-62E : Eligibility, Quality, and Identification of Aeronautical Replacement Parts, Cha nge 1, 2018.09.14
164. AC 20-66B : Propeller Vibration and Fatigue, 2011.03.24
165. AC 20-105B : Reciprocating Engine Power-Loss Accident Prevention and Trend Monitoring, 1998.06.15
166. AC 20-128A : Design Consideration for Minimizing Hazards caused by uncontained Turbine Engine and Auxiliary Power Unit Rotor Failure, 1997.03.25
167. AC 20-135 : Powerplant Installation Fire Protection Test Methods, 1990.02.06
168. AC 20-142 : Eligibility and Evaluation of U.S. Military Surplus Flight Safety Aircraft Parts, Engines, and Propellers, Change 1, 2010.04.10
169. AC 20-147 : Turbojet, Turboprop, and Turbofan Engine Induction System Icing and Ice In gestion, 2004.02.02
170. AC 20-157 : How to Prepare Reliability Assessment Plans for Aircraft Systems and Equipment, 2007.01.19
171. AC 21-2L : Complying the Requirements of Importing Countries or Jurisditions when Expo rting U.S. Products, Articles, or Parts, 2010.01.29

172. AC 21-12C : Application for U.S. Airworthiness Certificate, FAA Form 8130-6, 2012.09.07
173. AC 21-16G : RTCA Document DO-160 Versions D, E, F, and G, Environmental Conditions and Test Procedures for Airborne Equipment, 2011.06.22
174. AC 21-19B : Installation of used Aircraft Engines in New Production Aircraft, 2010.01.29
175. AC 21-23B : Airworthiness Certification of Civil Aircraft, Engine, Propellers, and Related Products Imported to the United States, 2004.11.17
176. AC 21-25B : Approval of Modified Seating System Initially Approved under a Technical Stan dard Order, 2016.01.11
177. AC 21-26A : Quality Control for the Manufacture of Composite Structures, 2010.07.23
178. AC 21-31A : Quality Control for the Manufacture of Non-Metallic Compartment Interior Components, 2010.08.31
179. AC 21-34 : Shoulder Harness-Safety Belt Installations, 1993.06.04
180. AC 21-37 : Primary Category Aircraft, 1994.06.14
181. AC 21-40A : Guide for Obtaining a Supplemental Type Certificate, 2007.09.27
182. AC 21-43A Production under 14 CFR Part 21, Subparts F, G, K, and O, 2015.10.01
183. AC 21-44A : Issuance of Export Airworthiness Approvals under 14 CFR Part 21 Subpart L, 2015.10.01
184. AC 21-45 : Commercial Parts, 2010.09.29
185. AC 21-46A : Technical Standard Order Program, 2017.02.23
186. AC 21-48 : Electronic Modeling Systems as Primary Type Design Data, 2010.10.29
187. AC 21-49 : Approval of Seats with Integrated Electronic Components, 2011.02.09
188. AC 21-50 : Installation of TSOA Articles and LODA Appliances, 2011.02.28
189. AC 21-51 : Applicant's Showing of Compliance and Certifying Statement of Compliance, 2011.09.28
190. AC 21-52 : Obtaining Foreign Design Approval Acceptance of U.S. Products and Articles, 2013.03.27
191. AC 21-54 : Experimental Airworthiness Certification of Certain Former Military Aircraft, 2015.02.15
192. AC 21-55 : FAA Findings of Undue Burden or No Undue Burden for PAHs requesting to use a Manufacturing Facility located Outside of the United States, 2016.08.01
193. AC 21.17-1A : Type Certification-Airships, Change 1, 1992.09.25
194. AC 21.17-2A : Type Certification-Fixed Wing Gliders (Sailplanes), including Powered Glid

ers, 1993.02.10

195. AC 21.17-3 : Type Certification of Very Light Airplanes under FAR §21.17(b), 1992.12.21
196. AC 21.25-1 : Issuance of Type Certificate: Restricted Category Agricultural Airplanes, 1997.12.01
197. AC 21.101-1B : Certification Basis of Changed Aeronautical Products, 2016.03.11
198. AC 21.303-4 : Application for Parts Manufacturer Approval via Tests and Computations or Identicality, 2014.03.21
199. AC 23-2A : Flammability Tests, Change 1, 2013.02.15
200. AC 23-8C : Flight Test Guide for Certification of Part 23 Airplanes, 2011.11.16
201. AC 23-10 : Auxiliary Fuel Systems for Reciprocating and Turbine Powered Part 23 Airplanes, 1991.08.05
202. AC 23-11B : Part 23 Type Certification of an Airplane originally certificated to EASA CS-VLA or JAR-VLA, 2009.10.07
203. AC 23-13A : Fatigue, Fail-Safe, and Damage Tolerance Evaluation of Metallic Structure for Normal, Utility, Acrobatic, and Commuter Category Airplanes, 2005.09.29
204. AC 23-14 : Type Certification Basis for Conversion from Reciprocating Engine to Turbine-Powered Part 23 Airplanes, 1993.09.30
205. AC 23-15A : Small Airplane Certification Compliance Program, Change 1, 2003.12.30
206. AC 23-16A : Powerplant Guide for Certification of Part 23 Airplanes, 2004.02.23
207. AC 23-17C : Systems and Equipment for Certification of Part 23 Airplanes, 2011.11.17
208. AC 23-18 : Installation of TAWS Approved for Part 23 Airplanes, 2000.06.14
209. AC 23-19A : Airframe Guide for Certification of Part 23 Airplanes, 2007.04.30
210. AC 23-22 : Guidance for Approved Model List (AML) Supplemental Type Certificated (STC) Approval of Part 23 Airplane Avionics Installations, 2005.01.27
211. AC 23-23 : Standardization for Integrated Cockpits in Part 23 Airplanes, 2004.09.30
212. AC 23-24 : Airworthiness Compliance Checklists for Part 23 STC Projects, 2005.08.24
213. AC 23-27 : Parts and Materials Substitution for Vintage Aircraft, 2009.05.18
214. AC 23.607-1 : Self-Locking Nuts on Bolts Subject to Rotation, 1984.08.24
215. AC 23.629-1B : Means of Compliance with Title 14 CFR, §23.629, Flutter, 2004.09.28
215. AC 23.1309-1E : System Safety Analysis and Assessment for Part 23 Airplanes, 2011.11.17
216. AC 23.1311-1C : Installation of Electronic Display in Part 23 Airplanes, 2011.11.17
217. AC 23.1521-1B : Type Certification of Automobile Gasoline in Part 23 Airplanes with Reci

procating Engines, 1995.03.02

218. AC 23.1521-2 : Type Certification of Oxygenates and Oxygenated Gasoline Fuels in Part 23 Airplanes with Reciprocating Engines, Change 1, 1996.04.24
219. AC 23.1523 : Minimum Flight Crew, 2005.01.12
220. AC 25-7D : Flight Test for Certification of Transport Category Airplanes, 2018.05.04
221. AC 25-9A : Smoke Detection, Penetration, and Evacuation Tests and Related Flight Manual Emergency Procedures, 1994.01.06
222. AC 25-11B : Electronic Flight Displays, 2014.10.07
223. AC 25-16 : Electrical Fault and Fire Prevention and Protection, 1991.04.05
224. AC 25-17A : Transport Airplane Cabin Interiors Crashworthiness Handbook, 2016.05.24
225. AC 25-19A : Certification Maintenance Requirements, 2011.10.03
226. AC 25-20 : Pressurization, Ventilation and Oxygen Systems Assessment for Subsonic Flight including High Altitude Operation, 1996.09.10
227. AC 25-22 : Certification of Transport Airplane Mechanical Systems, 2000.03.14
228. AC 25-23 : Airworthiness Criteria for Installation Approval of a TAWS, 2000.05.22
229. AC 25-24 : Sustained Engine Imbalance, 2000.08.02
230. AC 25-25A : Performance and Handling Characteristics in Icing Conditions, 2014.10.27
231. AC 25-27A : Development of Transport Category Airplane EWIS Instructions for Continued Airworthiness using and enhanced Zonal Analysis Procedure, 2010.05.04
232. AC 25-28 : Compliance of Transport Category Airplanes with Certification Requirements for Flight in Icing Conditions, 2014.10.27
233. AC 25-29 : Development of Nondestructive Inspection Program/Organization, 2013.09.20
234. AC 25-30 : Fuel Tank Strength in Emergency Landing Conditions, 2014.10.07
235. AC 25-32 : Landing Performance for Time-of-Arrival Landing Assessments, 2015.12.22
236. AC 25.307-1 : Proof of Structure, 2014.10.07
237. AC 25.335-1A : Design Dive Speed, 2000.09.29
238. AC 25.341-1 : Dynamic Gust Loads, 2014.12.12
239. AC 25.362-1 : Engine Failure Loads, 2014.12.12
240. AC 25.415-1 : Ground Gust Conditions, 2014.12.12
241. AC 25.491-1 : Taxi, Takeoff and Landing Roll Design Loads, 2000.10.30
242. AC 25.562-1B : Dynamic Evaluation of Seat Restraint Systems and Occupant Protection on Transport Airplanes, Change 1, 2015.09.30

243. AC 25.571-1D : Damage Tolerance and Fatigue Evaluation of Structure, 2011.01.13
244. AC 25.613-1 : Material Strength Properties and Material Design Values, 2003.08.06
245. AC 25.621-1 : Casting Factors, 2014.10.06
246. AC 25.629-1C : Aeroelastic Stability Substantiation of Transport Category Airplanes, 2024.08.30
247. AC 25.703-1 : Takeoff Configuration Warning Systems, 1993.03.17
248. AC 25.723-1 : Shock Absorption Tests, 2001.05.25
249. AC 25.729-1 : Transport Airplane Landing Gear Retracting Mechanism, 2011.12.28
250. AC 25.735-1 : Brakes and Braking Systems Certification Tests and Analysis, 2002.04.10
251. AC 25.773-1 : Pilot Compartment View Design Considerations, 1993.01.08
252. AC 25.775-1 : Windows and Windshields, 2003.01.17
253. AC 25.783-1A : Fuselage Doors and Hatches, 2005.04.25
254. AC 25.795-1A : Flight Deck Intrusion Resistance, 2008.10.24
255. AC 25.795-2A : Flight Deck Penetration Resistance, 2008.10.24
256. AC 25.795-3 : Flight Deck Protection (Smoke and Fumes), 2008.10.24
257. AC 25.795-4 : Passenger Cabin Smoke Protection, 2008.10.24
258. AC 25.795-5 : Cargo Compartment Fire Suppression, 2008.10.24
259. AC 25.795-6 : Least Risk Bomb Location, 2008.10.24
260. AC 25.795-7 : Survivability of Systems, 2008.10.24
261. AC 25.795-8 : Interior Design to facilitate Searches, 2008.10.24
262. AC 25.795-9 : Chemical Oxygen Generator Security Standards, 2014.03.11
263. AC 25.803-1A : Emergency Evacuation Demonstrations, 2012.03.12
264. AC 25.807-1 : Uniform Distribution of Exits, 1990.08.13
265. AC 25.812-2 : Floor Proximity Emergency Escape Path Marking Systems Incorporating Pho toluminescent Elements, 1997.07.24
266. AC 25.851-1 : Built-in Fire Extinguishing Suppression Systems in Class C and Class F Cargo Compartments, 2016.02.03
267. AC 25.856-1 : Thermal Acoustic Insulation Flame Propagation Test Method Details, 2005.06.24
268. AC 25.856-2A : Installation of Thermal Acoustic Insulation for Burnthrough Protection, 20 08.07.29
269. AC 25.857-1 : Class B and F Cargo Compartments, 2016.02.03

270. AC 25.869-1A : Fire Protection Systems, 2007.10.22
271. AC 25.899-1 : Electrical Bonding and Protection against Static Electricity, 2007.10.22
272. AC 25.905-1 : Minimizing Hazards from Propeller Blade and Hub Failures, 2000.09.27
273. AC 25.939-1 : Evaluating Turbine Engine Operating Characteristics, 1986.03.19
274. AC 25.954-1 : Transport Airplane Fuel System Lightning Protection, 2018.09.24
275. AC 25.963-1 : Fuel Tank Access Covers, 1992.07.29
276. AC 25.975-1 : Fuel Vent Fire Protection, 2016.06.24
277. AC 25.981-1D : Fuel Tank Ignition Source Prevention Guidelines, 2018.09.24
278. AC 25.981-2A : Fuel Tank Flammability Reduction Means, 2008.09.19
279. AC 25.994-1 : Design to protect Fuel Systems during a Wheels-Up Landing, 1986.07.24
280. AC 25.1302-1 : Installed Systems and Equipment for Use by the Flightcrew, 2013.05.03
281. AC 25.1309-1A : System Design and Analysis, 1988.06.21
282. AC 25.1322-1 : Flightcrew Alerting, 2020.12.13
283. AC 25.1329-1C : Approval of Flight Guidance Systems, Change 1, 2016.05.24
284. AC 25.1353-1A : Electrical Equipment and Installations, 2007.10.22
285. AC 25.1357-1A : Circuit Protective Devices, 2007.10.22
286. AC 25.1360-1 : Protection Against Injury, 2007.10.22
287. AC 25.1362-1 : Electrical Supplies for Emergency Conditions, 2007.10.22
288. AC 25.1365-1 : Electrical Appliances, Motors, and Transformers, 2007.11.27
289. AC 25.1435-1 : Hydraulic System Certification Tests and Analysis, 2001.05.21
290. AC 25.1523-1 : Minimum Flightcrew, 1993.02.02
291. AC 25.1529-1A : Instructions for Continued airworthiness of Structural Repairs on Transport Airplanes, 2007.11.20
292. AC 25.1581-1 : Airplane Flight Manual, Change 1, 2012.10.16
293. AC 25.1701-1 : Certification of Electrical Wiring Interconnection Systems on Transport Ca tegory Airplanes, 2007.12.04
294. AC 27-1B : Certification of Normal Category Rotorcraft, Change 9, 2023.06.23
295. AC 29-2C : Certification of Transport Category Rotorcraft, Change 9, 2023.06.23
296. AC 33-2C : General Type Certification Guidelines for Turbine Engines, 2013.06.25
297. AC 33-5 : Turbine Engine Rotor Blade Containment and Durability, 1990.06.18
298. AC 33-6 : Weld Repair of Aluminum Crankcases and Cylinders of Piston Engines, 1994.12. 20

299. AC 33-7A : 30-Second and 2-Minute OEI Ratings for Rotorcraft Turbine Engines, 2009.06.11

300. AC 33-8 : Guidance for Parts Manufacturer Approval of Turbine Engine and Auxiliary Power Unit Parts under Test and Computation, 2009.08.19

301. AC 33-9 : Developing Data for Major Repairs of Turbine Engine Parts, 2010.04.30

302. AC 33-11 : Oxidation, Hot Corrosion, Thermal Fatigue, and Erosion Characteristics Testing to support Compliance for Turbine Engines, 2014.09.23

303. AC 33.4-1 : Instructions for Continued Airworthiness, 1999.08.27

304. AC 33.4-2 : Instructions for Continued Airworthiness, In-Service Inspection of Safety Critical Turbine Engine Parts at Piece-Part Opportunity, 2001.03.08

305. AC 33.4-3 : Instructions for Continued Airworthiness, Aircraft Engine High Intensity Radiated Fields (HIRF) and Lightning Protection Features, 2005.09.16

306. AC 33.7-1 : Ratings and Operating Limitations for Turbine Engines, 2010.06.28

307. AC 33.14-1 : Damage Tolerance for High Energy Turbine Engine Rotors, 2001.01.08

308. AC 33.15-1 : Manufacturing Process of Premium Quality Titanium Alloy Rotating Engine Components, 1998.09.22

309. AC 33.15-2 : Manufacturing Processes for Premium Quality Nickel Alloy for Engine Rotating Parts, 2011.02.04

310. AC 33.17-1A : Engine Fire Protection, 2009.08.03

311. AC 33.19-1 : Durability for Reciprocating Engine Redesigned Parts, 2004.09.27

312. AC 33.27-1A : Engine and Turbosupercharger Rotor Overspeed, 2011.07.18

313. AC 33.28-1 : Compliance Criteria for Aircraft Engine Electrical and Electronic Engine Control Systems, 2001.06.29

314. AC 33.28-2 : Guidance Material for Reciprocating Engine Electrical and Electronic Engine Control Systems, 2003.08.13

315. AC 33.28-3 : Guidance Material for Engine Control Systems, 2014.05.23

316. AC 33.47-1 : Detonation Testing in Reciprocating Aircraft Engines, 1988.06.27

317. AC 33.63-1 : Turbine Engine Vibration, 2007.07.25

318. AC 33.64-1 : Guidance for Pressurized Engine Static Parts, 2010.09.13

319. AC 33.65-1 : Surge and Stall Characteristics of Aircraft Turbine Engines, 1985.12.06

320. AC 33.70-1 : Aircraft Engine Life-Limited Parts Requirements, 2009.07.31

321. AC 33.70-2 : Damage Tolerance of Hole Features in High-Energy Turbine Engine Rotors,

2009.08.28
322. AC 33.74 : Turbine Engine Continued Rotation and Rotor Locking, 2016.06.23
323. AC 33.75-1A : Guidance Material for Safety Analysis, 2007.0926
324. AC 33.76-1B : Bird Ingestion Certification Standards, 2023.04.03
325. AC 33.78-1 : Turbine Engine Power-Loss and Instability in Extreme Conditions of Rain and Hail, 2000.02.08
326. AC 33.83-1 : Comparative Method to show Equivalent Vibratory Stresses and HCF for PMA of Turbine Engine and APU Parts, 2009.09.08
327. AC 33.83A : Turbine Engine Vibration Test, 2006.09.29
328. AC 33.83-1 : Comparative Method to show Equivalent Vibratory Stresses and HCF Capabil ity of for PMA of Turbine Engine and Auxiliary Power Unit Parts, 2009.09.08
329. AC 33.87-1A : Engine Overtorque Test, Calibration Test, Endurance Test, and Teardown Inspection for Turbine Engine Certification, 2015.03.09
330. AC 33.87-2 : Comparative Endurance Test Method to show Durability for PMA of Turbine Engine and Auxiliary Power Unit Parts, 2009.06.25
331. AC 33.90-1A : Initial Maintenance Inspection, Test for Turbine Engines, 2016.04.13
332. AC 33.91-1 : Engine System and Component Tests, 2010.12.09
333. AC 33.201-1 : Extended Operations (ETOPS) Eligibility for Turbine Engines, 2010.01.12
334. AC 34-1B : Fuel Venting and Exhaust Emission Requirements for Turbine Engine Powered Airplanes, 2003.06.27
335. AC 35-1A : Certification of Propellers, 2018.10.11
336. AC 35.4-1 : Propeller Instructions for Continued Airworthiness, 2003.11.03
337. AC 35.16-1 : Propeller Critical Parts, 2013.01.17
338. AC 35.23-1 : Guidance Material for Propeller Control System, 2011.10.21
339. AC 35.37-1B : Propeller Fatigue Limits and Evaluation, 2011.03.24
340. AC 36-1H : Noise Levels for U.S. Certificated and Foreign Aircraft, 2012.05.25
341. AC 36-2C : Measured or Estimated (Uncertificated) Airplane Noise Levels, 1986.02.12
342. AC 36-3H : Estimated Airplane Noise Levels in A-Weighted Decibels, 2012.05.25
343. AC 36-4D : Noise Standards Aircraft Type and Airworthiness Certification, 2017.10.12
344. AC 39-8 : Continued Airworthiness Assessments of Powerplant and APU Installations of Transport Airplanes, 2003.09.08
345. AC 43-207 : Correlation Operation and Modification of Engine Test Cells, 2002.12.26

346. AC 45-2E : Identification and Registration Marking, 2015.10.01
347. AC 45-3A : Installation, Removal or Change of Identification Data and Identification Plates on Aircraft Engines, 2010.08.03
348. AC 91-33A : Use of Alternate Grades of Aviation Gasoline for Grade 80/87, and Use of Auto motive Gasoline, 1984.07.18
349. AC 120-42B : Extended Operations (ETOPS and Polar Operations), 2008.06.13

351. The FAA and Industry Guide to Product Certification, 3rd Ed., AIA/GAMA, 2017.05.00
352. FAA-H-8083-1B : Weight and Balance Handbook, 2016.09.06
353. FAA-H-8083-6 : Advanced Avionics Handbook, 2013.05.02 updated
354. FAA-H-8083-25C : Pilot's Handbook of Aeronautical Knowledge, 2023.03.00
355. FAA-H-8083-30B : Aviation Maintenance Technician Handbook - General, 2023.03.00
356. FAA-H-8083-31B : Aviation Maintenance Technician Handbook - Airframe, 2023.03.00
357. FAA-H-8083-32B : Aviation Maintenance Technician Handbook - Powerplant, 2023.03.00
358. DOT/FAA/AR-00/12 : Aircraft Materials Fire Test Handbook, Latest Update, 2025.04.30
359. DOT/FAA/AR-08/42 : Heavy-Fueled Intermittent Ignition Engines, 2009.09.00
360. PS-ACE100-2002-004 : Policy Statement on Diesel Engine Installation, 2003.05.15
361. ANE-2006-33.7-3A : Certification Policy for Turbine Engine Lubricating Oils qualified to SAE AS5780, 2007.04.20

371. Aircraft Design: A Conceptual Approach, Daniel P. Raymer, 7th Edition, 1,110 pages, AIAA, 2024.07.25
372. General Aviation Aircraft Design: Applied Methods and Procedures, Snorri Gudmundsson, 2nd Edition, 1,142 pages, Butterworth-Heinemann, 2022.02.08
373. The Aerodynamic Design of Aircraft, Dietrich Kuchemann, 1st Edition, 564 pages, AIAA, 2012.09.21
374. Aircraft Materials and Analysis, Tariq Siddiqui, 1st Edition, 288 pages, McGraw Hill, 2014. 09.08
375. Composite Materials for Aircraft Structures, Tyron Hoppe, 1st Edition, Willford Press, 2023. 09.19
376. Aircraft Structures, David J. Peery, 1st Edition, 576 pages, Dover Publications, 2011.11.16
377. Crash Dynamics of General Aviation Aircraft, Society of Automotive Engineers, 1st Edition,

104 pages, SAE, 1985.01.01

378. Aircraft Crash Survival Design Guide: Volume 1 - Design Criteria and Checklists, U.S. Army Aviation Systems Command, 1st Edition, 210 pages, 2025.04.24 (1989.12.00)

379. Aircraft Engine Design, Jack D. Mattingly, William H. Heiser, Keith M. Boyer, Brenda A. Haven, David T. Pratt, 3rd Edition, 834 pages, AIAA, 2018.12.17

380. Aircraft Engine Controls, L. Jaw and J. Mattingly, 1st Edition, 384 pages, AIAA, 2009.08.15

381. Aircraft Flight Dynamics and Control, Wayne Durham, Peter Belobaba, 1st Edition, 306 pages, Wiley, 2013.10.07

382. Aircraft Systems: Instruments, Communications, Navigation, and Control, Chris Binns, 1st Edition, 958 pages, 2018.10.12

383. Aircraft Systems: Mechanical, Electrical, and Avionics Subsystems Integration, Ian Moir, All an Seabridge, Roy Langton, 3rd Edition, 560 pages, 2008.05.05

384. Aircraft Fuel Systems, Roy Langton, Chuck Clark, Martin Hewitt, Lonnie Richards, 1st Edit ion, 368 pages, John Wiley & Sons, 2009.05.15

385. Airborne Electronic Hardware Design Assurance: Practitioner's Guide to RTCA/DO-254, Randall Fulton and Roy Vandermolen, 1st Edition, 249 paged, CRC Press, 2014.12.15

386. Aircraft System Safety: Assessment for Initial Airworthiness Certification : Duane Kritzinger, 1st Edition, 422 pages, Woodhead Publishing, 2016.10.03

387. An Introduction to System Safety Engineering, Nancy G. Leveson, 1st Edition, 696 pages, The MIT Press, 2023.11.14

388. Operational Aircraft Performance and Flight Test Practices, Mario Asselin, 1st Edition, 500 pages, 2021.04.30

389. Test Techniques for Flight Control Systems of Large Transport Aircraft, Yakui Gao, Gang An, Chaoyou Zhi, 1st Edition, 720 pages, 2021.02.16

390. Development of Aircraft Certification Requirements, Richard L. Newman, 1st Edition, 428 pages, BookBaby, 2022.12.16

391. Airworthiness: An Introduction to Aircraft Certification : Filippo De Florio, 3rd Edition, 552 pages, Butterworth-Heinemann, 2016.08.08

392. Civil Airworthiness Certification: Former Military High-Performance Aircraft, FAA AIR-230, 1st Edition, 2,505 pages, 2013.09.19

393. Engineering a Safer World: Systems Thinking Applied to Safety, Nancy G. Leveson, 1st Edi tion, 560 pages, The MIT Press, 2016.12.16

394. Aircraft Powerplant Certification, Thomas W. Wild and John M. Davis, 10th Edition, 672 pages, McGraw Hill, 2022.11.29
395. Avionics Certification: A Complete Guide to DO-178 and DO-254, Vance Hilderman and Tony Baghi, 2nd Edition, 244 pages, 2018.03.13
396. Designing Unmanned Aircraft Systems: A Comprehensive Approach, Jay Gundlach, 2nd Ed ition, 848 pages, AIAA, 2014.09.01
397. Drone Technology: Future Trends and Practical Applications, Sachi Mohanty, J. V. Ravindra, Surya Narayana, 1st Edition, 464 pages, Wiley-Scrivener, 2023.06.14
398. Civil Regulation of Autonomous Unmanned Aircraft Systems in Europe, Jacques Hartmann, Benjamyn Scott, 1st Edition, 346 pages, Edward Elgar Publishing, 2024.11.10
399. Unmanned Aircraft Systems, Sachin Kumar Gupta, Manoj Kumar, Anand Nayyar, Shubha m Mahajan, 1st Edition, 688 pages, Wiley-Scrivener, 2024.12.10

401. NASA/CR-20210015404: A Guide for Aircraft Certification by Analysis, Timothy Mauery, Juan Alonso, Andrew Cary, Vincent Lee, Robert Malecki, 88 page, 2021.05.01
402. AIAA 2005-2162: Validation and Certification of Aircraft Structures, Michael Mohaghegh, 46th AIAA/ASME/ASCE/AHS/ASC 2005 Conference, 2012.06.21
403. AIAA 2024-2532: Development Strategies for Uncertainty Quantification to Enable Aircraft Certification by Analysis, John Schaefer, AIAA SCITECH Forum, 2024.01.08
404. New Challenges in Certification for Aircraft Software, John Rushby, Proceedings of 9th ACM International Conference on Embedded Software, pp. 211~218, 2011.10.09
405. Lightning Indirect Effects Certification of Transport Aircraft by Numerical Simulation, Ma urizio Apra, IEEE Transactions, Volume 50, Issue 3, pp. 513~523, 2008.08.31
406. A New Tool for Design and Certification of Aircraft Turbine Rotors, GR Leverant, Journal of Engineering for Gas Turbines and Power, Volume 126, 2004.01.00
407. The Certification Steps for the Additively Manufactured Aviation-Grade Parts, Tamer Saraç yakupoğlu, European Journal of R&D, pp. 33~42, 2022.12.22
408. Qualification and Certification of Metal Additive Manufactured Hardware for Aerospace Ap plications, Richard Russell, AM for the Aerospace Industry, pp. 33~66. 2019
409. The Boeing 737 MAX: Lessons for Engineering Ethics, J. Herkert, J. Borenstein, K. Miller, Science and Engineering Ethics, Volume 26, pp. 2957~2974, 2020.07.10
410. Commercial Aircraft Certification for ETOPS Operations, F. Martins, L. Nerosky, F. Ferna

ndez, SAE Brasil Congress and Exhibit, pp. 1-10, 2007.11.28

411. Primary Ice Detection Certification Under the New FAA and EASA Regulations, Darren Glenn Jackson, SAE International Conference, pp. 1-25, 2015.06.15

412. Finite Element Comparison of Human and Hybrid III Responses in Airworthiness Certificat ion of Aircraft, Xiaopeng Shi, SAE UAM Symposium, pp. 1-14, 2024.11.15

413. Blade Containment Evaluation of Civil Aircraft Engines, Yang Bin, Chinese Journal of Aero nautics, Volume 26, Issue 1, pp. 9-16. 2013.02.00

414. Flight Tests, Performances, and Flight Certification of a Twin-Engine Light Aircraft, Fabrizio Nicolosi, Journal of Aircraft, Volume 48, Number 1, 2012.05.22

415. A 20-year Vision for Flight and Engine Certification by Analysis, Timothy Mauery, Juan J. Alonso, Vincent Lee, AIAA SCITECH Forum, NASA's Revolutionary, 2021.12.29

416. General Aviation Aircraft Avionics: Integration & System Tests, C. M. Ananda, IEEE Aeros pace and Electronic Systems Magazine, Volume 24, Issue 5, pp. 19-25, 2009.06.26

417. Evaluating the Influential Factors for Life Preserver Donning Tests, Ruiliang Yang, Zijiang Wu, Xiaoming Qian, Journal of PLOS ONE, pp. 1-14, 2021.01.08

418. Structural Analysis of Composite Passenger Seat for Aircraft Emergency Landing, Georgios Tzanakis, Journal of Applied Mechanics, pp. 1-19, 2022.12.28

419. Testing for Certification of Urban Air Mobility Vehicles, David Mitchell, David Klyde, Martin Shubert, David Sizoo and Ross Schaller, AIAA SCITECH Forum, 2021.12.29

420. Certification Aspects of Runtime Assurance for Urban Air Mobility, Christoph Torens, Pranav Nagarajan, Sebastian Schirmer, AIAA SCITECH Forum, 2021.01.04

421. Eyes in the Sky Bridge Inspections with Unmanned Aerila Vehicles, Daniel T. Gillins, Christ opher Parrish, Final Report SPR 787, 2018.02.00

422. Overview of Electric Propulsion Motor Research for eVTOL, Xiaopeng Zhao, Weiping Yang, The 2nd International Conference on Green Aviation (ICGA 2024), 2025.05.07

423. A Simulation-Based Performance Analysis Tool for Aircraft Design Workflows, Agostino De Marco, Vittorio Trifari, Fabrizio Nicolosi, Aerospace MDPI, 2020.07.00

424. Design Optimization to minimize Wake of Wide-Body Transport Aircraft, Aishwarya Dhara, A. Majumder, N.E. Kumar, Journal of Engineering Research, 2024.06.00

431. 항공기용 보조동력장치(APU)의 개발 및 인증, 이강이, 이종희, 한국유체기계학회지, 제5권 제4호, pp. 61-66, 2002.12.31

432. 항공기 인증을 위한 안전성 평가 기술동향, 유승우, 이강이, 진영권, 항공우주산업기술동향지, 제2권 제2호, pp. 129~136, 2004.12.00

433. 항공기 엔진제어시스템 인증기술 개발, 이강이, 이상준, 김귀순, 한국항공우주학회지, 제33권 제1호, pp. 104~109, 2005.01.31

433. 항공기용 타이어의 기술표준품 형식승인에 대한 연구, 박근영, 이강이, 진영권, 항공우주기술지, 제4권 제3호, pp. 236~243, 2005.11.00

434. 소형 항공기용 복합재료 인증시험, 이호성, 민경주, 한국항공우주학회지, 제35권 제5호, pp. 446~451, 2007.05.31

435. 항공기 엔진 안전성 평가기술, 이강이, 유승우, 김귀순, 한국추진공학회지, 제11권 제6호, pp. 26~34, 2007.12.30

436. 항공기 동력장치 화재방지 인증기술, 이강이, 항공기술과 정보지, 통권 제56호, pp. 30~36, 2010.04.30

437. 중국 항공기인증제도 및 항공안전협정 체결 동향, 박근영, 김일영, 이종희, 항공우주산업기술동향지, 제10권 제2호, pp. 122~130, 2012.00.00

438. 민간 항공기 인증을 위한 표준부품 적용에 대한 고찰, 박근영, 김일영, 이종희, 항공우주시스템공학회지, 제6권 제2호, pp. 18~22, 2012.06.30

439. 항공기 왕복엔진 냉각설계 및 인증시험, 이강이, 박종혁, 항공우주시스템공학회지, 제6권 제2호, pp. 35~41, 2012.06.30

440. 항공기 터보팬 엔진의 터빈케이스 냉각시스템에 대한 안전성 분석, 이강이 (지도교수 김귀순), 부산대학교 공학박사 학위논문, pp. 1~243, 2012.08.24

441. 항공기 고강도전자장(HIRF) 보호 설계와 인증 프로세스에 대한 연구, 정진평, 유승우, 이백준, 항공우주시스템공학회지, 제7권 제2호, pp. 47~54, 2013.06.30

442. 인증규정을 고려한 KLA-100 항공기 고양력장치 최적화 설계, 박진환, M. Tyan, N. V. Nguyen, 김상호, 이재우, 한국항공우주학회지, 제41권 제8호, pp. 649~656, 2013.08.01

443. 항공기용 다목적 디스플레이의 기술표준품 인증, 천영호, 이승필, 박준현, 한국항행학회논문지, 제17권 제6호, pp. 765~776, 2013.12.00

444. 항공기 부품제작자증명 인증절차에 관한 고찰, 이강이, 이백준, 정하걸, 유창경, 한국항공우주학회지, 제42권 제12호, pp. 1073~1079, 2014.12.01

445. 미국과 유럽의 항공기 기술표준품 인증절차에 관한 고찰, 이강이, 박근영, 정하걸, 유창경, 항공우주시스템공학회지, 제9권 제1호, pp. 19~27, 2015.03.31

446. 항공기 엔진 감항기준에 대한 비교분석, 이강이, 김기태, 정하걸, 노태성, 항공우주시스템공학회지, 제9권 제2호, pp. 63~71, 2015.06.30

447. 항공기 형식증명 및 적합성 입증에 관한 고찰, 이강이, 이종희, 정하걸, 유창경, 항공우주시스템공학회지, 제9권 제3호, pp. 47~58, 2015.09.30
448. 항공기 설계변경의 범위 및 영향성에 따른 안전성 인증방법에 관한 고찰, 이강이, 고준수, 한국항공우주학회지, 제45권 제7호, pp. 566~573, 2017.07.01
449. 복합재 항공기 연료시스템의 낙뢰보호 설계 및 인증 연구, 이영제, 조원일, 전정환, 고진환, 한국항공운항학회지, 제25권 제4호, pp. 130~140, 2017.12.31
450. 소형 비행기 동력장치에 관한 신규 인증요건 분석, 이은석, 이승근, 이강이, 한국추진공학회지, 제22권 제3호, pp. 128~133, 2018.06.01
451. 기술집약형 항공엔진 정비산업과 부품인증제도에 관한 고찰, 이강이, 박주환, 한국추진공학회지, 제22호 제4호, pp. 117~124, 2018.08.01
452. 우리나라 항공기 시스템 개조 인증 절차 개선 연구, 유병선, 임인규, 한국항행학회논문지, 제25권 제3호, pp. 185~193, 2021.06.30
453. 항공기 인증으로 보는 항공산업 동향 및 발전방안, 이강이, 한국항공우주학회 항공우주매거진, 제15권 제4호, 2021.11.00
454. 항공기 인증의 일부 위임제도 도입방안에 대한 연구, 박상혁, 강경철, 강민규, 진선미, 이윤서, 김성진, 항공우주시스템공학회지, 제 17권 제1호, pp. 1~9, 2023.02.28
455. 항공기 좌석 시장전망 및 인증환경 분석, 최종혁, 이강이, 항공우주시스템공학회, 추계학술대회, pp. 483~484, 2023.10.00
456. 항공기 및 부품 생산승인을 위한 품질시스템 평가기준 개선 연구, 이강이, 한재훈, 이정삼, 항공우주시스템공학회지, 제17권 제6호, pp.118~126, 2023.12.31
457. 항공기 좌석 쿠션 난연시험을 위한 오일버너 화염 교정에 관한 연구, 이강이, 이희창, 최종혁, 항공우주시스템공학회지, 제19권 제4호, pp. 001~009, 2025.08.31
458. 항공기용 16g 좌석의 수직 충격 에너지 흡수기구에 관한 연구, 이강이, 김태헌, 김원봉, 항공우주시스템공학회지, 제19권 제6호, pp. 001~009, 2025.12.31

461. 항공기 인증체계 수립을 위한 국외 동향과 국내 연구에 대한 고찰, 양준모, 염효원, 김민성, 한국산학기술학회지, 제22권 제7호, pp. 259~265, 2021.07.00
462. 무인항공기 사고조사를 통한 감항인증 발전방안 연구, 김성훈, 임강희, 한국산학기술학회지, 제25권 제3호, pp. 142~147, 2024.03.00
463. 전기추진 수직이착륙 항공기 인증제도에 대한 고찰, 임대진, 이관중, 항공우주시스템공학회지, 제15권 제3호, pp. 20~29, 2021.06.30
464. 미래항공모빌리티 안전성 인증에 관한 고찰: eVTOL의 감항인증을 중심으로, 윤용현, 이성

욱, 한국모빌리티학회지, 제5권 제1호, pp. 51~71, 2025.03.00

465. eVTOL 항공기 감항인증 제도 적용방안 연구, 임강희, 김성훈, 신승주, 강경환, 한국산학기술학회지, 제24권 제12호, pp. 452~457, 2023.12.00

466. UAM 항공기 낙뢰 및 HIRF 환경 케이블 보호 및 인증기술에 관한 연구, 김동현, 조재현, 김윤곤, 명노신, 항공우주시스템공학회지, 제16권 제3호, pp. 23~34, 2022.06.30

467. 도심항공교통(UAM) 조기 상용화를 위한 인증체계 수립방안 연구, 박하나, 서지민, 한국외국어대학교 EU연구저널, 제72권, pp. 243~270, 2024.00.00

468. UAM용 수소연료전지 추진기관의 냉각시스템 연구 동향 및 인증기준, 류채현, 김기문, 김승곤, 곽재수, 한국유체기계학회지, 제27권 제5호, pp. 28~37, 2024.00.00

469. UAM 적용에 필요한 효율, 신뢰성, 안전성, 소음, 배기가스, 성능 및 인증 요구도 분석, 윤주열, 황호연, 한국항행학회논문지, 제24권 제5호, pp. 329~342, 2020.10.30

481. 군용항공기 비행안전성 인증에 관한 법률, 법률 제20016호, 2024.01.16

482. 군용항공기 비행안전성 인증에 관한 법률 시행령, 대통령령 제32868호, 2022.08.09

483. 군용항공기 비행안전성 인증에 관한 법률 시행규칙, 국방부령 제999호, 2019.10.24

485. 군용항공기 비행안전성 인증에 관한 업무규정, 방위사업청 훈령 제619호, 2020.08.11

486. 군용항공기 표준감항인증기준, 방위사업청 고시 제2024-6호, 2024.09.11

487. 군용항공기 감항인증 실무가이드북, 방위사업청, 2015.00.00

488. 군용항공기 비행안전성 인증 업무규정, 국방기술품질원, 2024.10.31

489. MIL-HDBK-516C: Airworthiness Certification Criteria, U.S. DoD, 2014.12.12

490. JSSG-2000B: Air System, U.S. Department of Defense, 2004.09.21

491. JSSG-2001B: Air Vehicle, U.S. Department of Defense, 2004.04.30

492. JSSG-2006: Aircraft Structures, U.S. Department of Defense, 1998.10.30

493. JSSG-2009A: Air Vehicle Subsystems, U.S. Department of Defense, 2013.11.20

494. ADS-51-HDBK: Rotorcraft and Aircraft Qualification Handbook, U.S. Army, 1996.10.21

495. AFPD 62-4: Standards of Airworthiness For Passenger Carrying Commercial Derivative Transport Aircraft, U.S. Air Force, 1998.12.01

496. AFPD 62-5: Standards of Airworthiness for Commercial Derivative Hybrid Aircraft, U.S. Air Force, 2001.08.08

497. AFPD 62-6: USAF Aircraft Airworthiness Certification, U.S. Air Force, 2025.04.11

498. AWB-100A: Airworthiness Process Overview and Terminology, Department of the Air Force, 2021.06.03

499. AR 70-62: Airworthiness Qualification of Aircraft Systems, Department of the Army, 2007.05.21

501. Research on Airworthiness Management System about Military Aircraft Development, GUO Jilian, BAI Kangming, The 2nd ISAA, Volume 17, pp. 375~381, 2011.00.00
502. Military Airworthiness Management Frameworks: A Critical Review, Leon Purton, Kyriakos Kourousis, The 3rd ISAA, Volume 80, pp. 545~564, 2013.00.00
503. Airworthiness Certification of Fighter Aircraft, K. Nagaraj, 1st Edition, 367 pages, Defence Research and Development Organisation of India, 2015.01.01
504. Military Airworthiness and Certification Procedures: Global Scenario, Kanchan Biswas, Proceedings of the International Conference, pp. 315~331, 2018.02.10
505. Civil and Military Airworthiness: Recent Developments and Challenges, Kyriakos I. Kourousis, 272 pages, Mdpi AG, 2020.05.27
506. Harmonising and Standardising Military Airworthiness in Europe, M. Pittini, The Aeronautical Journal of Ca,bridge, Volume 128, Issue 1323, pp. 911~927, 2023.09.26
507. Incorporating Military Certification Practices in the Aerospace Industry for enhanced Safety and Compliance, Daniel Rondon Pleffken, Volume 22, Number 7, 2024.07.19
508. Initial and Continued Airworthiness: Commonalities and Differences between Civil and Military Aviation, R. L. Mus, The Journal of MDPI, Volume 12, Issue 1, 2024.12.31

511. 민간 및 군용 항공기 감항기준에 관한 고찰, 이강이, 항공진흥지, 통권 제43호, pp. 130~154, 2006.12.31
512. 국내 군용항공기 감항인증 체계 구축에 관한 연구, 이재화, 백승호, 김창영, 윤성현, 항공우주시스템공학회지, 제1권 제3호, pp. 21~25, 2007.00.00
513. 민간 항공기 인증기술을 이용한 군용항공기 감항인증 효율화 기술동향, 최석, 김성찬, 항공우주산업기술동향지, 제6권 제3호, pp. 154~160, 2008.00.00
514. 군용항공기 감항인증제도 발전방안 연구: 국제협력을 중심으로, 정수호, 박영진, 국방정책연구지, 제28권 제1호, pp. 129~159, 2012.00.00
515. 품질경영시스템 규격 및 감항인증 적용에 관한 연구 : 김창영, 안영갑, 한국품질경영학회지, 제41권 제3호, 423~432, 2013.09.30
516. 군용항공기 비행제어 소프트웨어 품질인증 절차에 관한 연구, 허진구, 한국품질경영학회지, 제41권 제3호, pp. 433~441, 2013.09.30

517. DO-178 기반의 군용항공기 탑재 안전필수 소프트웨어 감항인증 방안 고찰, 허진구, 김민성, 김만태, 문용호, 항공우주시스템공학회지, 제13권 제1호, pp. 62~68, 2019.02.28
518. 전기추진 군용항공기 감항인증을 위한 기준 개발에 관한 연구, 박상수, 김세윤, 양준모, 한국산락기술학회지, 제22권 제10호, pp. 169~628, 2021.10.00
519. 군용 회전익항공기 조류충돌 인증기준 및 입증방안에 관한 연구, 박상수, 정아영, 김동욱, 국방품질연구논집, 제4권 제3호, pp. 18~24, 2022.04.00
520. 군용항공기 비행성 분야의 효율적인 감항인증 입증방법에 대한 고찰, 강명수, 김종섭, 고기옥, 임상수, 김병수, 항공우주시스템공학회지, 제16권 제4호, pp. 95~108, 2022.08.31
521. 군용항공기 전기 추진계통의 감항인증기준에 대한 고찰, 김용하, 박제희, 유승준, 김명준, 이종수, 국방품질연구논집, 제5권 제2호, pp. 80~89, 2023.05.02
522. 군용항공기 구조 감항인증에 관한 연구, 김용옥, 김진성, 한국지식정보기술학회지, 제19권 제3호, pp. 557~570, 2024.06.00
523. 군용항공기 엔진 인증을 위한 감항인증 제도 개선방안 연구, 박상수, 허진구, 김문국, 양준모, 한국항공우주학회지, 제51권 제7호, pp. 497~505, 2023.07.00

APPENDIX

부록

1 인증문서 서식 목록

FAA Certification Forms

Form 337	Major Repair and Alteration
Form 1320-19	Directive Feedback Information
Form 7711-1	Certificate of Waiver or Authorization (COA)
Form 8000-4	Air Agency Certificate
Form 8000-5	Certificate of Designation
Form 8050-1	Aircraft Registration Application
Form 8100-1	Conformity Inspection Record
Form 8100-2	Standard Airworthiness Certificate (Order 8130.2J)
Form 8100-3	Quality System Audit Report
Form 8100-6	Noncompliance Record
Form 8100-7	Quality System Audit Feedback Report
Form 8100-9	Statement of Compliance with Airworthiness Standards
Form 8100-11	Statement of Completion for TC, STC, or Major Changes
Form 8110-1	Type Inspection Authorization
Form 8110-2	Supplemental Type Certificate
Form 8110-3	Determination of Compliance with Airworthiness Standards (SoC)
Form 8110-9	Type Certificate
Form 8110-12	Application for TC, PC, or STC
Form 8110-14	Statement of Qualifications (DAR-ODAR-DMIR-DER)
Form 8110-26	Supplemental Type Inspection Report
Form 8110-29	DER/FAA Interaction Tracking Form
Form 8110-30	DER Performance Evaluation Form
Form 8110-31	Type Inspection Report
Form 8120-3	Production Limitation Record
Form 8120-4	Production Certificate
Form 8120-10	Requests for Conformity (RFC)
Form 8120-14	Production Approval / Certificate Management Activity Report
Form 8130-1	Application for Export Certificate of Airworthiness
Form 8130-3	Authorized Release Certificate (AAT)
Form 8130-4	Export Certificate of Airworthiness (Order 8130.2J)
Form 8130-6	Application for U.S. Airworthiness Certificate
Form 8130-7	Special Airworthiness Certificate (Order 8130.2J)
Form 8130-9	Statement of Conformity

Form 8130-15 Light-Sport Aircraft Statement of Compliance

Form 8130-31 Statement of Conformity - Military Aircraft

EASA Certification Forms

FO.CERT.00030 Application for Type Certificate / Restricted Type Certificate

FO.CERT.00031 Application for Approval of Major Change / Major Repair Design

FO.CERT.00032 Application for Approval of Minor Change / Minor Repair Design

FO.CERT.00033 Application for Approval of Supplemental Type Certificate

FO.CERT.00034 Application for European Technical Standard Order (ETSOA)

FO.CERT.00036 Application for Approval of Stand-Alone Revision of Flight Manual (FM)

FO.CERT.00037 Application for Approval of Flight Conditions for a Permit to Fly

FO.CERT.00038 Application for Transfer of Certificate

FO.CERT.00134 Application EASA Validation FAA Supplemental Type Certificate classified as Basic & limited to One Serial Number

FO.CERT.00156 Requests for Registration, Declaration of Design Compliance for Aircraft

FO.CERT.00157 Request for Registration, Declaration of a Major Change or Repair

FO.CSERV.00040 Application for Approval of MRB or MTB Process based Reports, Supplements and Revisions Thereto

FO.CSERV.00041 Contract for Certification Support for Validation EASA Certificates & Other Third Country Approval Activities

FO.CSERV.00194 Application for Operations Evaluation Board (OEB) Evaluation

FO.CSERV.00198 Application form for Unmanned Aircraft System Design Verification

FO.CAP.00042 Application for Approval of Alternative Method of Compliance (AMOC) with Airworthiness Directive (AD)

FO.DOA.00080 Application for Design Organisation Approval (DOA)

FO.DOA.00081 Application for Alternative Procedure to Design Organisation Approval (DOA)

FO.DOA.00082 Application for Significant Changes to Design Organisation Approval (DOA)

FO.DOA.00869 Request for Registration, Declaration of Design Capability

FO.POA.00172 Request for Inclusion into the List of CAAC PC holders

EASA Form 1 Authorised release Certificate

EASA Form 2 Application for Part-CAMO Approval (FO.CAMO.00013)

EASA Form 4 Details of Management Personnel

EASA Form 9 FAA Recommendation

EASA Form 12 Application for Part-147 Approval (FO.CAO.00012)

EASA Form 15 Airworthiness Review Certificate

EASA Form 16 EASA US Part-145 Approvals

EASA Form 17 EASA Canada Part-145 Approvals, Revision 3

EASA Form 18 EASA Brazil Part-145 Approvals

EASA Form 20	Permit to Fly
EASA Form 24	Restricted Certificate of Airworthiness
EASA Form 25	Certificate of Airworthiness
EASA Form 29	Application for Export Certificate of Airworthiness for Newly Manufactured Aircraft
EASA Form 45	Noise Certificate
EASA Form 50	Application for Part 21 Production Organisation Approval (FO.POA.00161)
EASA Form 51	Application for Significant Changes or Variation of Scope and Terms of Part 21 POA
EASA Form 52	Aircraft Statement of Conformity
EASA Form 53	Certificate of Release to Service
EASA Form 55	Production Organisation Approval Certificate
EASA Form 65	Letter of Agreement for Production without Production Organisation Approval

우리나라 인증서식 목록

❑ 항공안전법 시행규칙 별지

[서식 1] 형식증명 신청서
[서식 2] 형식설계 변경신청서
[서식 3] 형식증명서
[서식 4] 형식증명서 재발급 신청서
[서식 5] 부가형식증명 신청서
[서식 6] 부가형식증명서
[서식 7] 형식증명승인 신청서
[서식 8] 형식증명승인서
[서식 9] 부가형식증명승인 신청서
[서식 10] 부가형식증명승인서
[서식 11] 제작증명 신청서
[서식 12] 제작증명서
[서식 13] 항공기 표준감항증명 신청서
[서식 14] 항공기 특별감항증명 신청서
[서식 15] 표준감항증명서
[서식 16] 특별감항증명서
[서식 17] (표준감항증명서, 특별감항증명서) 재발급 신청서
[서식 18] 운용한계 지정서
[서식 19] 항공기 감항승인 신청서
[서식 20] 부품 등 감항승인 신청서
[서식 21] 항공기 감항승인서
[서식 22] 부품 등 감항승인서
[서식 23] 소음기준적합증명 신청서
[서식 24] 소음기준적합증명서
[서식 25] 시험비행 등의 허가신청서
[서식 26] 기술표준품형식승인 신청서
[서식 27] 기술표준품형식승인서
[서식 28] 항공기기술기준 제·개정 신청서, 기술표준품형식승인기준 제·개정 신청서
[서식 29] 부품등제작자증명 신청서
[서식 30] 부품등제작자증명서
[서식 31] 항공기등 또는 부품등의 수리·개조승인 신청서
[서식 32] 항공기등 또는 부품등의 수리·개조 결과서
[서식 34] 항공기 고장·결함·기능장애 보고서 (Service Difficulty Report)
[서식 38] 항공종사자 자격증명서
[서식 62] 항공안전관리시스템 승인신청서

[서식 63] 항공안전관리시스템 승인서
[서식 65] 항공안전 의무보고서 (Aviation Safety Mandatory Report)
[서식 66] 항공안전 자율보고서 (Aviation Safety Voluntary Report)
[서식 75] 무인항공기 비행허가 신청서
[서식 98] 정비조직인증 신청서
[서식 99] 정비조직인증서
[서식 110] 경량항공기 시험비행등 허가 신청서
[서식 116] 초경량비행장치 신고서
[서식 123] 무인자유기구 비행허가 신청서
[서식 123의2] 무인비행장치 특별비행승인 신청서
[서식 123의3] 무인비행장치 특별비행승인서

❏ 국토부 훈령: 형식증명 지침

[제12호 서식] 합치성 확인서 (Statement of Conformity)
[제13호 서식] 과제통보양식 (Project Notification Form)
[제14호 서식] 주요사안검토서 (Issue Paper)
[제15호 서식] 합치성검사요청서 (Request for Conformity)
[제16호 서식] 적합성 확인서 (Statement of Compliance with Airworthiness Requirements)
[제17호 서식] 합치성검사기록서 (Conformity Inspection Record)
[제18호 서식] 감항성인증서 (Airworthiness Approval Tag)
[제19호 서식] 형식검사승인서 (Type Inspection Authorization)
[제20호 서식] 합치성검사종결보고서 (Conformity Completion Report)
[제21호 서식] 형식검사보고서 (Type Inspection Report, 비행기)
[제22호 서식] 형식검사보고서 (Type Inspection Report, 회전익항공기)

❏ 국토부 훈령: 제한형식증명 지침

[제3호 서식] 합치성 확인서 (Statement of Conformity)
[제4호 서식] 과제통보양식 (Project Notification Form)
[제5호 서식] 주요사안검토서 (Issue Paper)
[제6호 서식] 합치성검사요청서 (Request for Conformity)
[제7호 서식] 적합성 확인서 (Statement of Compliance with Airworthiness Requirements)
[제8호 서식] 합치성검사기록서 (Conformity Inspection Record)
[제9호 서식] 형식검사승인서 (Type Inspection Authorization)
[제10호 서식] 합치성검사종결보고 서식 (Conformity Completion Report)
[제11호 서식] 형식검사보고서 (Type Inspection Report, 비행기)
[제12호 서식] 형식검사보고서 (Type Inspection Report, 회전익항공기)

❑ 국토부 훈령: 부품등제작자증명 지침

[별지 1]　　부품등제작자증명서 부록

❑ 국토부 고시: 부품등제작자증명 기준

[별지 1]　　부품등제작자증명 제출자료 요구조건

[별지 2]　　부품등제작자증명 적합성 확인서

❑ 국토부 훈령: 항공기 기술표준품 절차규정

별지 1　　항공기 기술표준품 표준서 제정 서식 (TSO Form)

별지 2　　항공기 기술표준품 형식승인 적합성 기록서 (Statement of conformance)

❑ 국토부 훈령: 항공기 등의 감항승인 요령

별지 제1호 항공기 감항승인(수출) 점검표

별지 제2호 합치성 검사기록서

❑ 국토부 고시: 부품등 감항승인서 작성 및 사용 절차규정

[별지 1]　　부품등 감항승인서 기재요령

❑국토부 훈령: 제작증명 및 생산승인 지침

[별지 제1호]　　생산승인 및 인증관리 평가 계획서

[별지 제2호]　　합치성검사 기록서

[별지 제3호]　　생산승인 및 인증관리 평가 보고서

[별지 제4호]　　부적합 보고서

2 항공기 인증 용어

Above Ground Level (AGL) : 지상고도, 지면고도

지상의 지형물 높이로부터 실제로 비행하는 고도를 말함. Radar Altimeter나 TAWS 등으로 측정됨

Above Sea Level (ASL) : 해발고도, 해면고도

표준해면 조건으로 보정된 고도를 말함. 일반적인 Altimeter로 측정되며, 비행차트는 MSL로 표기됨

Acceptance Test : 수락시험

인증시험 또는 검정시험을 마치고, 양산단계에서 고객승인 또는 출고 시에 수행되는 시험을 말함

Acceptable Means of Compliance (AMC) : 수락 가능한 적합성 입증방법

인증규격(CS) 요건 적합성 입증방법을 해석(A), 시험(T), 검사(I) 등으로 분류. 미국은 MoC로 지칭함

Accident : 사고

사람이 생명을 잃거나 심각한 부상을 입거나, 항공기에 중대한 파손/고장이 발생하는 현상을 말함

Acrobatic Category Aircraft : 곡예급 항공기

최대이륙중량(MTOW) 12,500 lbs 및 19인승 이하로 스핀 비행이나 급기동이 가능한 곡예용 항공기

Advanced Air Mobility (AAM) : 미래항공모빌리티, 최신형 항공운송시스템

유무인조종, 전기동력, 수직이착륙 기술을 이용하는 지점간 운송체계(UAM, RAM, UAS)를 총칭함

Advisory : 권고

항공기 경고시스템에서 Advisory(권고), Caution(주의), Alert(경보), Warning(경고) 단계로 분류됨

Advisory Circular (AC) : 권고회람서, 안내서, 고시

미국 연방항공청이 발행하는 인증 및 운항에 관한 공개 안내서를 말함. 우리나라의 고시와 유사함

Aircraft Certification Office (ACO) : 항공인증사무소, 항공기 인증사무소

항공기 및 부품류 설계승인(TC, PMA, TSOA)을 담당하는 FAA 지역사무소. 2023년에 CB로 개편됨

Aircraft Certification Service (AIR) : 항공인증국, 항공기 인증국

항공기, 엔진, 프로펠러, 부품류에 대한 인증 정책을 총괄하는 FAA 항공안전실(AVS) 예하의 조직

Aircraft Certification Systems Evaluation Program (ACSEP) : 항공기 인증시스템 평가 프로그램

생산승인 품질시스템 평가절차 및 평가표. FAA는 2013년에 폐지하고 위험기반 평가체계로 전환됨

Aircraft Certification Audit Information System (ACAIS) : 항공기 인증 감사 정보시스템

생산승인 소지자에 대한 감사 및 감독을 위해 2013년 새로 도입된 FAA의 인증관리 전산시스템

Aircraft Engines : 항공기 엔진

비행에 필요한 동력을 제공하는 장치. 동력장치와 구별 필요. 항공안전법에서는 "발동기"로 표기됨

Aircraft Evaluation Division (AED, 舊 AEG) : 항공기 평가부

FAA 비행표준국(AFX) 예하에서 운항안전을 담당하는 부서(인원). 인증 과제에 한시적으로 참여함

Aircraft Seat : 항공기 좌석

조종사용, 승무원용, 승객용, 일반석, 비즈니스석, 일등석으로 구분되며, TSO-C127에 따라 인증됨

Aircraft Operating Instructions (AOI) : 항공기 운용 지침서

소형 비행기 또는 라이트-스포츠 항공기에 요구되는 문서로서 조종사 운용 핸드북(POH)이라도 함

Air Operator Certificate (AOC) : 운항증명서

ICAO Annex 6, 항공안전법 제90조, 항공기 운항기준에 따라 항공운송사업자가 획득하는 증명서

Airworthiness (the measure of an aircraft's suitability of safe flight) : 감항성(堪航性)

항공기가 안전하게 비행할 수 있는 능력 또는 특성. 감항기준에 따라 안전성을 입증하고 유지함

Airworthiness Approval (Export Certificate of Airworthiness) : 항공기 감항승인서

감항증명을 근거로 수출되는 항공기에 대하여 발급하는 승인서. FAA Form 8130-4, 제21호 서식

Airworthiness Approval Tag (AAT), Authorized Release Certificate: 부품 감항승인서, 감항승인 태그

검사 합격한 개별 엔진, 프로펠러, 부품류에 발행. FAA Form 8130-3, EASA Form 1, 제22호 서식

Airworthiness Certificate (Certificate of Airworthiness) : 감항증명서

설계, 제작, 현상태 안전성이 입증된 항공기에 발급되는 증명서. FAA Form 8100-2, 제15호 서식

Airworthiness Certification : 감항증명

항공기에 대한 감항증명을 신청, 입증, 검사, 발급, 유지하는 일련의 활동이나 절차적 과정을 의미

Airworthiness Certification Criteria : 감항인증기준

군용 항공기 감항인증 요건을 규정한 편람. MIL-HDBK-516을 근거로 표준감항인증기준을 제정함

Airworthiness Directive (AD) : 감항성개선지시서

항공기 등의 감항성 유지를 위한 정비, 검사, 부품교체, 설계개선을 강제하는 감항당국 문서를 말함

Airworthiness Limitation : 감항한계

감항성 유지에 필요한 검사주기, 교체주기, 운용한계 등을 말함. TCDS, 정비교범, ICA 등에 기재됨

Airworthiness Standards : 감항기준

형식증명 및 감항증명에 적용되는 기준을 말함. 미국 FAR, 유럽 CS, 항공안전법 제19조(기술기준)

Alert : 경보

항공기 경고시스템에서 Advisory(권고), Caution(주의), Alert(경보), Warning(경고) 단계로 분류됨

Alteration : 개조

부가형식증명이나 수리개조승인을 통하여 변경(개조)하는 작업을 말함. Modification과 구별 필요함

Alternate Airport : 대체공항

항공기 착륙이 계획된 공항에 착륙할 수 없을 때 이용할 수 있는 항로 주변의 다른 공항을 지칭함

Alternate Means of Compliance : 교차 적합성 입증방법

유럽의 CS에 제시된 수락 가능한 적합성 입증방법(AMC) 이외의 방법을 제안해 적합성을 입증함

Alternative Means of Compliance (AMOC) : 대체 적합성 입증방법

미국의 AD 수행이나 수리·개조·정비에서 지정된 방법 이외의 방법으로 조치해 적합성을 입증함

Alternative Method of Compliance (AMOC) : 대체 적합성 입증방식

유럽의 AD 수행이나 수리·개조·정비에서 지정된 방법 이외의 방법으로 조치해 적합성을 입증함

Altitude Engine : 고도 엔진

해면고도에서 고고도까지 일정한 정격출력을 낼 수 있는 왕복엔진을 말함. 보통 터보차져를 사용함

Amendment : 개정

미국 연방항공규정 개정 또는 증명서 개정을 말함. 고유한 개정번호가 부여됨. 유럽은 Issue로 관리

Annex : 부속서, 부록

일반적으로 부록을 의미하지만, 항공에서는 ICAO 협약의 부속서(SARPs; Annex 1~19)를 지칭함

Anthropomorphic Test Dummy (ATD) : 인체시험모형, 시험용 인체 더미

항공기 좌석 시험에 사용되는 인체 더미를 말하며, 사양은 49 CFR Part 572 Subpart E에 규정됨

Appliance : 장비품

항공기 비행에 사용되는 통신, 계기, 기계, 부품, 보기 등을 말함. Equipment나 Article과 구별 필요

Applicant : 신청자

형식증명, 제작증명, 감항증명, 부품제작자승인, 기술표준품승인을 신청하는 설계자(제작자)를 말함

Approved Drawing : 승인도면

TC, STC, PMA, TSOA 등을 통해서 감항당국에 승인받은 도면을 말함. Engineering Drawing 참조

Approved Production Inspection System (APIS) : 승인된 생산검사시스템

부품제작자승인(PMA)을 위한 생산승인에 제한적으로 승인된 검사시스템을 말함. 2009년에 폐지됨

Article : [법률] 조, [기술] 품목, 부품류

항공기의 재료, 부품, 구성품, 장치 등을 지칭할 수 있지만, 주로 TSO나 PMA 품목(부품류)을 말함

Authorized Release Certificate (ARC), Airworthiness Approval Tag, : 부품 감항승인서, 감항승인 태그

검사 합격한 개별 엔진, 프로펠러, 부품류에 발행. FAA Form 8130-3, EASA Form 1, 제22호 서식

Authority : 권한, 당국

일반적으로 권한이나 허가를 의미하지만, CAA/NAA와 같이 항공당국이나 감항당국을 주로 지칭함

Authorization : 인가 (허가, 승인)

법제처에서 Authorization(인가), Permission(허가)로 표기함. 항공안전법에서는 "~승인"으로 표기함

Auxiliary Power Unit (APU) : 보조동력장치

항공기에서 비상시 동력을 공급하는 보조엔진을 말함. FAA는 TSOA로, EASA는 TC 절차로 인증함

Aviation Rulemaking Advisory Committee (ARAC) : 항공법제화 자문위원회

FAA가 1991년에 자문기구로 설치하여 현재까지 운영됨. FAA, 업체, 학계의 소수 전문가로 구성됨

Aviation Safety (AVS) : 항공안전실

FAA 본부조직으로 예하에 비행표준국(AFX), 항공인증국(AIR), 무인시스템국(AUS) 등을 두고 있음

Aviation Safety Inspector (ASI) : 항공안전검사관

FAA 항공인증국 및 비행표준국 소속의 검사관을 말함. 제조(M), 감항(A), 운항(O) 분야로 구분됨

Balked Landing : 실패착륙

결심고도(DA)나 결심높이(DH) 아래, 또는 실패접근 결심지점(MAP)을 지나서 중단된 착륙을 말함

Bilateral Airworthiness Agreement (BAA) : 상호감항협정

FAA가 해외 인증 및 수출입을 위해 체결한 협정이지만, 1996년 이후에는 BASA로 전환되고 있음

Bilateral Aviation Safety Agreement (BASA) : 상호항공안전협정, 항공안전협정

FAA가 해외 인증 및 수출입을 위해 체결하는 국가간 협정으로 우리나라는 2008년 최초로 체결됨

Body : 기관, 기구, 조직

집합적 단체나 조직을 지칭함. Accreditation Body(인정기구), Public Entity(공공기관) 등을 말함

Borescope : 보어스코프, 내시경

항공기나 엔진의 협소한 내부공간에 장착된 부품을 분해하지 않고 상태 검사하는 영상장비를 말함

Brake Horsepower (BHP) : 제동마력

엔진의 열이나 기계손실을 제외하고 출력 축에서 동력계로 측정되는 이용 가능한 마력을 지칭함

Break-in Test : 길들이기 시험

새로 제작된 기계장치의 초기 고장을 탐지하고 정상 여부를 확인하기 위해 수행되는 시험을 말함

Burn-in Test : 번인 테스트

새로 제작된 전자장치의 초기 고장을 탐지하고 정상 여부를 확인하기 위해 수행되는 시험을 말함

Calibrated Airspeed (CAS) : 교정대기속도

피토-정압관의 특성 및 장착 위치 등으로 인한 오류를 수정한 속도. IAS-CAS-EAS-TAS-GS 참고

Calibration : 교정(較正), 검교정

측정기 내부요인 오차를 없애고 참값이 되도록 교정함. 검정(檢定), 보정(correction)과 구별 필요함

Calibration Test : 교정시험

엔진이나 기계장치의 특정한 시험(내구성 시험 등) 전/후에 성능 변동을 확인하기 위한 시험을 말함

Category A : 카테고리 A

FAR Part 29의 OEI에서도 안전한 비행을 계속할 수 있는 다발 수송급 회전익 항공기 분류를 말함

Category B : 카테고리 B

FAR Part 29의 카테고리 A 조건을 충족하지 못하는 단발 또는 다발 수송급 회전익 항공기를 말함

Category Part List (CPL) : 카테고리 부품 목록
위험기반 자원배분에서 고장 시에 안전한 비행과 착륙을 저해하는 부품을 카테고리 1로 분류함

Caution : 주의
항공기 경고시스템에서 Advisory(권고), Caution(주의), Alert(경보), Warning(경고) 단계로 분류됨

Certificate Management Branches (CMB) : 인증관리브랜치 (기존 MIO 개편)
제작증명, CMS 감독, 생산감독, DMIR 감독을 담당하는 FAA 조직 (2023년, 3개 브랜치와 18개 섹션)

Certificate Management Office (CMO) : 인증관리사무소
주요 항공사에 대한 인증, 감독, 검사, 교육을 담당하는 FAA 사무소 (2023년, 19개 주에 26개 사무소)

Certificate Management Sections (CMS) : 인증관리섹션 (기존 MIDO 개편)
생산승인, 감항증명, CMB 지원, DMIR 감독을 담당하는 FAA 조직 (2023년, CMB 예하에 18개 섹션)

Certificate of Compliance (CoC) : 제품보증서
일반산업에서 사용되는 보증서를 말함. 항공에서는 적합성 기록서, 합치성 기록서, AAT 등이 요구됨

Certificating Authority (CA) : 인증당국
국가 간의 인증에서 설계국가 감항당국을 말함. 이와 반대로 수입국가를 VA(검증당국)로 지칭함

Certification Basis (CB) : 인증기준
형식증명 기준으로 설정된 적용 감항기준의 Amendment 번호와 SC, ELOS, Exemption 등을 말함

Certification Branches (CB) : 항공인증브랜치 (기존 ACO 개편)
설계승인, 안전감독, 운용결함, DER 감독을 담당하는 FAA 조직 (2023년, 5개 브랜치와 25개 섹션)

Certification Plan (CP) : 인증계획서
인증 신청자가 작성하여 감항당국에 제출하는 세부 계획서(적합성, 합치성, 일정, 보고서 등)를 말함

Certification Project Notification (CPN) : 인증과제통지서
당국의 과제부서에서 관련부서에 과제 착수를 알리는 문서. 우리는 국토부에서 기술원에 통지함

Certification Project Plan (CPP) : 인증과제계획서
인증기관 실무부서에서 작성해 상위부서에 제출하는 인증당국 내부의 과제관리 계획서를 말함

Certification Review Item (CRI) : 인증항목검토서
인증요건이나 입증방법 등에 대한 현안을 기록하는 EASA 인증문서. FAA는 Issue Paper를 사용함

Certification Specification (CS) : 인증규격, 감항기준
유럽 EASA의 형식증명에 적용되는 감항기준을 말함. FAA의 Airworthiness Standards에 해당함

Certification Test : 인증시험
인증당국에 승인된 시험계획서를 적용하고 당국의 입회 하에 인증 과정의 일부로 수행되는 시험

Civil Aviation Authority (CAA) : 민간항공당국
항공기 인증, 운항, 관제 등을 총괄하는 정부당국으로 미국 FAA, 유럽 EASA, 한국 국토부를 말함

Class I Product : 클래스 I 제품

형식증명서 및 수출감항증명서 발급 대상인 항공기, 엔진, 프로펠러를 클래스 I 제품으로 분류함

Class II Product : 클래스 II 품목

클래스 I 제품의 중요 구성품(날개, 동체, 랜딩기어, 트랜스미션, 조종면 등)과 TSO의 부품을 지칭함

Class III Product : 클래스 III 품목

클래스 I 또는 II 품목이 아닌 기타 부품이나 구성품, 그리고 표준품(AN, NAS, SAE 등)을 지칭함

Code of Federal Regulations (CFR) : 미국 연방규정

미국 법규(USC) 하위의 연방규정(CFR)을 말함. Title 14 CFR의 Chapter I이 항공우주규정(FAR)

Commercial Parts List (CPL) : 상업용 부품목록

항공기 및 부품류 인증 과정에 감항당국이 승인한 표준부품 목록. 해당 정비교범 및 ICA에 수록됨

Compliance (with the regulations) : 적합성

법령, 규정, 감항기준 등의 요건을 이행/입증하여 만족시키는 상태. Conformity(합치성)와 구별 필요

Compliance Checklist (CCL) : 적합성 점검표

항공기 감항기준(AS)이나 기술표준서(TSO)의 각 요건, 입증방법, 입증문서 등을 정리해 나열한 목록

Compliance Test (Engineering Certification Test) : 적합성 시험, 적합성 입증시험

시험계획서를 당국에 승인받지 않았지만, 인증규정에 따른 적합성 입증 목적으로 수행되는 시험

Component Maintenance Manual (CMM) : 구성품 정비교범

항공기, 엔진 정비교범(AMM, RMM, EMM)과 같은 방식으로 작성된 각 구성품 제작자의 정비교범

Configuration Management (CM) : 형상관리

MIL-HDBK-61B에 따른 형상식별(CI), 형상확인(CA), 형상통제(CC), 형상유지(CSA) 절차 및 활동

Configuration Deviation List (CDL) : 형상완화목록

비행 중에 항공기에서 이탈(고장)되어도 되는 외부 부품을 식별한 목록. 운항제한/허용의 근거가 됨

Conformity (to the design) : 합치성

제품 검사를 통하여 해당 설계 및 규격에 대한 일치성을 확인함. Compliance(적합성)와 구별 필요

Conformity Inspection : 합치성 검사

항공기 및 부품류에 대한 신청자(업체) 검사 합격 후에 감항당국(인증기관)이 수행하는 확인 검사

Conformity Inspection Record (CIR) : 합치성 검사 기록서

인증기관이 합치성 검사 후에 작성하는 검사결과서. FAA Form 8100-1, 국토부 훈령 제2호 서식

Consensus Standard : 합의표준, 산업표준

산업단체에서 제정하여 감항당국에 인정받은 표준서를 말함. Part 23에 ASTM F3016 등을 적용함

Containment Test : 봉쇄시험

터빈엔진, APU 등의 고속회전체 파손 시 파편이 케이스를 뚫고 밖으로 방출되는지 확인하는 시험

Continued Airworthiness (CA) : 감항성 유지 (지속감항 ×)

정비교범 작성, 설계변경, 정비, 검사, 수리 등을 통한 감항성 유지 활동을 말함. 미국 FAA 용어임

Continued Operational Safety (COS) : 운용안전성유지

항공기 등의 감항성유지(CA)를 포함하여 운항안전에 관계된 더 광범위하고 포괄적인 활동을 말함

Continuing Airworthiness (CA) : 감항성 유지 (유지감항 ×)

정비교범 작성, 설계변경, 정비, 검사, 수리 등을 통한 감항성 유지 활동을 말함. EASA/ICAO 용어임

Correction : 보정(補正)

외부의 환경적 요인에 의한 오차를 없애기 위해 표준조건으로 환산. Calibration(교정)과 구별 필요

Corrective Action : 시정조치, 개선조치

설계평가, 품질평가, 운용평가 등에서 도출된 결함을 해소하기 위해 취해지는 조치 및 활동을 말함

Crewmember (Aircrew, Flight Crew) : 승무원

조종실 승무원(조종사, 기관사, 항법사)과 객실 승무원, 그리고 화물기의 로드마스터 등으로 구분됨

Critical (Criticality) : 임계의, 치명성

항공기 및 부품류 사용 중에 상태가 급격히 변하는 조건(임계) 또는 가장 불리한 조건(치명)을 말함

Critical Altitude : 임계고도

터보차져를 장착한 왕복엔진 항공기에서 지상의 정격출력을 계속 발생할 수 있는 최대고도를 말함

Critical Engine : 임계엔진

고장 시에 안전한 비행에 가장 불리한 엔진을 말하며, 쌍발 프로펠러 비행기의 왼쪽 엔진이 해당됨

Critical Part : 치명성 부품, 치명부품

수명관리 또는 특별 정비조치가 필요한 부품 및 구성품을 말함. 정비교범 감항한계 부분에 기재됨

Decision Altitude (DA) : 결심고도

계기접근 중에 실패접근(missed approach) 여부를 결정해야 하는 평균해면부터 고도(MSL)를 말함

Decision Height (DH) : 결심높이

계기접근 중에 실패접근(missed approach) 여부를 결정해야 하는 활주로 지면으로부터 높이를 말함

Declaration of Compliance : 적합성 선언서

유럽의 인증 신청자가 EASA에 제출하는 문서. FAA Form 8110-3 SoC (적합성 기록서)에 해당함

Declaration of Design and Performance (DDP) ; 설계 및 성능 명세서

EASA 21.605 및 608에 따라 제출하는 유럽 기술표준품 인증문서의 일종임. 인증계획서와 유사함

Delegation : 위임

FAR Part 183, 항공안전법 제31조, 제135조에 따라서 인증업무 일부를 개인 또는 단체에 위임함

Delegation Option Authorization (DOA) : 위임선택인가

FAA 인증업무 일부를 단체에 위임. 2011년 FAR Part 21 Subpart J 폐지에 따라 ODA로 전환됨

Demonstration : 실증, 실연

특별한 상황/환경을 고려한 시험, 검사, 확인 활동. Show(입증), Substantiation(입증)과 구별 필요

Density Altitude (DA) : 밀도고도

고도계(altimeter)로 측정한 기압고도를 대기온도에 따라서 밀도변화를 고려해 수정한 고도를 말함

Descriptive Data : 서술자료, 서술 데이터

도면, 규격서, 부품목록 등과 달리, 기술/인증 내용을 보고서 또는 서술문서 형식으로 정리한 자료

Design : 설계

제품의 형상, 기능, 성능, 제작, 검사, 시험을 도면, 규격서, 절차서, 보고서, 교범 등으로 나타낸 것

Design and Construction : 설계 및 구성, 설계 및 제작

감항기준 Subpart의 제목으로써, Construction은 설계나 제작 또는 구조나 구성의 "방식"을 의미함

Design Approval : 설계승인(서)

항공기, 엔진, 프로펠러에 대한 TC 및 STC, 그리고 PMA와 TSOA 인증에서 설계승인 부분을 말함

Design Approval Holder (DAH) : 설계승인 소지자

형식증명, 부가형식증명, PMA, TSOA 인증을 신청하여 해당 인증서를 획득한 사람(기업체)을 말함

Design Change : 설계변경

기존 인증에서 승인된 설계의 변경을 말함. 변경범위와 영향성에 따른 분류(Major/Minor, New/DC)

Design Organisation Approval (DOA) : 설계조직승인

EASA Part 21 Subpart J에 따른 설계조직승인 제도를 말함. FAA ODA(지정인가조직) 제도 참조

Design Practice : 설계실무(서), 설계지침(서)

법령이나 산업규격에 의하지 않고 실무적으로 사용되는 설계업무에 관한 지침서 또는 기법을 말함

Designated Airworthiness Representative (DAR) : 지정감항검사관

FAR Part 183에 따라 임명되어 정비(T) 및 제조(F) 검사, 시험, 감항승인서(AAT) 발행 업무 수행

Designated Alteration Station (DAS) : 지정개조사업장

FAR Part 21 Subpart M에 따른 조직승인 제도이나, 2011년 폐지후 ODA(지정인가조직)로 전환됨

Designated Engineering Representative (DER) : 지정인증기술관

FAR Part 183에 따라 임명되어 설계승인 업무 수행. 특정항목에 대한 적합성 확인서(SoC) 서명함

Designated Fire Zone : 지정방화구역

FAR §25.1181에 따라 지정된 엔진 출력부, 보기부, 장착실, 가연성 유체를 포함하는 부분을 말함

Designated Manufacturing Inspection Representative (DMIR) : 지정제조검사관

FAR Part 183에 따라 임명되어 신규 항공기 감항증명, 엔진, 프로펠러, 부품류의 합치성 검사 수행

Designation : 지정

FAR Part 183, 항공안전법 제31조 및 제135조에 따라서 감항당국의 일부 업무를 지정하여 위임함

Designee : 피지정자, 지정기술자, 위임기술자, 위임검사관
FAR Part 183 및 항공안전법 제31조 등에 따른 미국 DER, DMIR, DAR, 한국 위촉검사관을 말함

Deviation : 완화
TSOA를 위한 시제작 및 입증에 앞서 인증기준의 요건을 다르게 적용할 때, 완화 신청/승인 필요함

Directorate : 지부, 지역본부
소형기(SAD), 수송기(TAD), 회전익(RCD), 엔진프롭(EPD) 지역인증본부. 2023년 AIR 조직 개편됨

Disposition : 판정, 처분
자재심의위원회(MRB)에서 불일치품의 처리방법(Repair, Rework, UAI, Scrap)에 대한 결정을 말함

Distance Measuring Equipment (DME) : 거리측정장치
UHF 주파수로 공항에 접근하는 항공기와 지상 기지국 사이의 거리를 측정하는 시스템을 말함

Early ETOPS : 조기 장거리 운항
장거리 운항(ETOPS) 경험이 없는 비행기-엔진 조합에 대하여 설계자료 입증을 통한 승인을 말함

Electric Propulsion System (EPS) : 전기추진시스템
배터리, 전기모터, 프로펠러 기반 추진시스템으로써, 드론, 소형기, UAM, RAM 등에 사용되고 있음

electric Vertical Take-Off and Landing (eVTOL) : 전기식 수직이착륙
전기로 작동하는 추진시스템 또는 추진 방향을 틸트시켜 수직 이착륙 및 호버링 하는 방식을 말함

Electrical Wiring Interconnection Systems (EWIS) : 전선연경시스템
항공기 배선(wiring), 커넥터, 단자 등을 말함. 노후배선으로 인한 화재방지를 위해 Part 26 제정됨

Electromagnetic Compatibility (EMC) : 전자기 적응, 전자파 적합, 양립성
전기/전자장비가 전자기파 환경에서 오동작이나 성능 약화 없이 일정 기능을 수행하는 능력을 말함

Electromagnetic Interference (EMI) : 전자기 간섭, 전자파 간섭, 장애
전기/전자장비가 전자기파에 의한 외란을 받아 오작동, 기능 및 성능 저하를 유발하는 현상을 말함

Electronic Control Unit (ECU) : 전자제어유닛, 전자제어장치
기존의 유압-기계식 제어장치(HMU)와 구별되는 전자식 엔진제어장치를 총칭하는 일반적 용어임

Electronic Engine Control (EEC) : 전자식 엔진제어장치
디지털 엔진제어시스템(FADEC)을 구성하는 하나의 전자제어장치를 말함. EEC와 ECU는 같은 것임

Eligibility : 신청자격, 적격성
특정한 인증이나 면허에 대한 신청 자격, 또는 PMA 부품이 장착될 특정한 항공기 모델명을 지정함

Empty Weight (Dry Weight) : 공허중량, 건조중량
항공기에서 연료, 오일, 유상하중, 옵션, 고객지급품 등이 탑재되지 않은 항공기 자체 중량을 말함

Engine Certification Office (ECO) : 엔진인증사무소
항공기 엔진에 대한 설계승인을 담당하는 FAA 지역사무소(Boston 1곳). 2023년 CB로 통합 개편됨

Engineering Change (EC) : 기술변경

도면 및 규격서 등의 기술자료에 대한 변경. 민간 인증에서는 Design Change(설계변경)로 표기함

Engineering Drawing : 설계도면, 개발도면

시제품 개발에 사용되는 도면을 말함. 인증 완료 후 승인도면으로 등재됨. Approved Drawing 참조

Engineering Test (Development Test) : 개발시험

인증당국이 참여하지 않고 자체적인 연구개발 또는 시제개발을 목적으로 수행하는 시험을 말함

Engine Pressure Ratio (EPR) : 엔진 압력비

터보팬 엔진에서 압축기 입구(Ps 2)와 터빈 출구(Pt 9)의 압력비. 엔진 추력의 척도. 압축비와 구별됨

Environmental Test : 환경시험

민간 항공기는 RTCA DO-160G를, 군용 항공기는 MIL-STD-810H를 적용하여 환경시험을 수행함

Equipment : 장치품

대체로 기계장치를 포괄적으로 지칭하고, Appliance(장비품)나 Article(품목, 부품류)과 구별 필요함

Equivalent Airspeed (EAS) : 등가대기속도

교정대기속도(CAS)에 압축성 효과를 반영해 수정된 비행속도. IAS-CAS-EAS-TAS-GS 속도 참고

Equivalent Level of Safety (ELOS) : 동등수준안전성

감항기준 요건을 완전하게 충족하지 못하지만, 그에 동등한 수준(방법)을 인증기준(CB)으로 설정함

Equivalent Safety Finding (ESF) : 동등안전확인

현재 감항기준 요건을 대신하여 그에 동등한 수준(방법)을 안전성 요건을 규정한 EASA의 인증문서

European Union Aviation Safety Agency (EASA) : 유럽항공안전청

과거의 연합항공당국(JAA)이 2002년에 EASA로 전환되었음. FAA와 달리 인증비를 유료로 청구함

European Technical Standard Order (ETSO) : 유럽 기술표준서, 기술표준품 표준서

유럽항공안전청(EASA)이 고시한 기술표준품에 대한 인증기준(표준서). 2024년 약 177종이 지정됨

Exception : 면제, 예외, 특례

EASA의 인증기준 분류중 하나로써, 특정한 요건에 대한 입증 면제. FAA는 Exemption으로 표기함

Executive Agreement (EA) : 행정협정

미국의 항공안전협정(BASA = EA + IPA)을 구성하는 상위 협정으로 당사국 외교부가 대표로 서명함

Exemption : 면제, 예외, 특례

FAA의 인증기준 분류중 하나로써, 특정한 요건에 대한 입증 면제. EASA는 Exception으로 표기함

Export Airworthiness Approval : 수출감항승인서

수출되는 엔진, 프로펠러, PMA, TSOA에 발행됨. FAA Form 8130-3, EASA Form 1, 제22호 서식

Export Certificate of Airworthiness (Export CoA) : 수출감항증명서

감항증명이 완료된 후 수출되는 개별 항공기에 발급됨. FAA Form 8130-4, 시행규칙 제21호 서식

Extended Diversion Time Operations (EDTO) : 대체시간 연장운항

장거리 쌍발 여객기에 대한 원거리 대체공항 착륙 능력을 승인하는 제도. FAA는 ETOPS로 표기함

Extended Operations (ETOPS) : 장거리 운항승인

장거리 쌍발 여객기에 대한 원거리 대체공항 착륙 능력을 승인하는 제도. ICAO는 EDTO로 표기함

FAA Order : 지시서, 지침서, 훈령

미국 연방항공청의 업무지침 및 인증절차 등을 규정한 문서로써, 우리나라의 훈령과 일부 유사함

Fabrication Inspection System (FIS) : 제조검사시스템

과거의 FAR §21.303에 따라 PMA에 요구된 시스템이나, 2011년 폐지되고 품질시스템으로 전환됨

Factor of Safety (FS) : 안전계수

구조물의 극한하중(파괴하중)과 제한하중(설계하중)의 비율을 말함. 극한하중 ≥ 제한하중 × FS(1.5)

Failure : 고장, 파손

일반적으로 구조물 등에 대한 "파손"을 의미하지만, FAR §21.3 등에서는 "고장"의 의미로 사용됨

Failure Mode and Effect Analysis (FMEA) : 고장모드영향분석

상향식 고장분석 또는 안전성 분석 기법으로 잠재적인 고장을 정성적으로 나타냄. FTA와 대응됨

Falsification : 변조, 위조

FAR §21.2 등에 규정된 인증 신청서류, 규격서, 보고서, 기록자료 등에 대한 위조나 변조를 말함

Fatigue Test : 피로시험

기계장치나 구조물에 설계하중 이하의 하중이 장시간 작용하는 피로 특성을 확인하는 시험을 말함

Fault Tree Analysis (FTA) : 고장나무분석

하향식 고장분석 또는 안전성 분석 기법으로 확률론에 입각해 결함의 원인을 식별함. FMEA 참조

Federal Aviation Administration (FAA) : 미국 연방항공청

미국 교통부(DoT) 예하의 정부기관이지만, 민간 항공당국(CAA)으로서 독립적으로 규제권을 행사함

Federal Aviation Regulations (FAR) : 미국 연방항공규정

미국 연방규정 Title 14 CFR 중에 Chapter I 규정을 지칭함. Part 21, 25, 29, 33 등이 이에 포함됨

Fire Resistant : 내화성

대상물품이 2,000℉(1,093℃) 화염에서 5분간 견딜 수 있는 능력을 말함. 시험에 의한 입증 요구됨

Fireproof : 불연성

대상물품이 2,000℉(1,093℃) 화염에서 15분간 견딜 수 있는 능력을 말함. 시험에 의한 입증 요구됨

Fire Protection System : 화재방지시스템

항공기 엔진실, 화물실, 화장실, 전자실의 화재를 탐지하고 소화시키는 장치. 할론 대체물질 필요함

Fire Zone : 화재위험구역

지정방화구역을 포함하여 점화원과 가연성 유체의 존재 여부와 위험도에 따라 분류된 구역을 말함

First Article Inspection (FAI) : 초도품 검사, 최초 생산품 검사

신규생산 또는 시설변경 후 처음 생산하는 품목에 대한 검사. AS/ISO 서식에 따른 FAIR를 작성함

First Article Test : 초도품 시험

초도품 시험절차서에 의거한 시험을 말함. AS/ISO에 따른 자체 시험 또는 국방 품목에만 적용됨

Flame Resistant : 내염성

점화원이 제거된 후에도 화염전파 한계를 초과하여 연소하지 않는 내성을 말함. "난연제"를 참조

Flame Retardant : 난연제

플라스틱, 직물, 표면 마감재 등과 같은 재료/부품에 첨가하여 난연성을 높이는 화학 물질을 지칭함

Flammability : 난연성, 가연성

점화성, 열방출, 화재전파, 연기발생의 정도를 말함. Fire와 혼용됨. Part 25 부록 F에 따라 평가함

Flash Resistant : 내연성

점화되었을 때 격렬히 연소하지 않는 성질을 말함. FAA AC 23-2A 및 Fire Test Handbook 참조

Fleet : 기단

항공사가 운용하는 동일 형식의 항공기 전체. 기단 자료를 기반으로 ETOPS 및 연료탱크를 승인함

Flight Standards District Office (FSDO) : 비행표준지역사무소

항공기 운항, 정비, 자격 등의 업무를 담당하는 FAA 지역사무소(약 80곳). 2023년 개편되지 않음

Flight Standards Service (AFX, FS) : 비행표준국

항공기 비행표준(운항, 정비, 자격 등)을 총괄하는 FAA 본부 항공안전실(AVS) 예하의 본부 조직임

Flightcrew Member : 비행승무원

항공기 조종사, 기관사, 항법사를 지칭함. 자격증명 요구됨. 객실승무원(flight attendant)과 구별됨

Flying Qualities : 조종성, 비행능력

항공기가 조종(piloted)에 반응하는 안정성(stability) 또는 조종성(controllability). "품질"과는 무관함

Free Power Turbine : 분리축 동력터빈

압축기 구동 터빈(GGT)과 분리된 축에 설치된 동력터빈(PT)으로 다양한 부하에 대응하는데 유리함

Full Authority Digital Engine Control (FADEC) : (전권, 자동, 완전, 통합) 디지털 엔진제어시스템

전자식 엔진제어장치(EEC, ECU), 센서, 작동기 등으로 구성되는 디지털 방식의 제어시스템을 말함

Furnished Data : 사용자 제공자료

기술표준품을 납품할 때 함께 제공되는 장착교범, 정비교범, 도면, 보고서 등. TSO 표준서에 명시됨

Gas Turbine Engine : 가스터빈엔진

압축기(C), 연소기(C), 터빈(T)으로 구성되는 터보제트, 터보팬, 터보프롭, 터보샤프트 엔진을 말함

General Aviation (GA) : 범용항공(기), 일반항공(기)

군용기, 정기 및 부정기 운송을 제외한 그 밖의 모든 항공기 운용을 말함. 주로 4인승 내외 비행기

Glide Slope (GS) : 활공경사, 활공각
계기착륙 시에 로컬라이저 신호와 함께 형성되는 활강 진로(glide path) 또는 이때의 경사면을 말함

Go-Around : 복행(復行)
착륙을 계속하지 못하게 되었을 때, 이를 포기한 후 기수를 올리고 추력을 상승시키는 것을 말함

Ground Speed (GS) : 대지속도
GPS로 측정되는 지면이나 해면을 기준으로 하는 속도를 말함. IAS-CAS-EAS-TAS-GS 속도 참고

Handling Qualities : 조작성, 조종성
조종사의 편의와 부하에 관계없이 항공기의 단기적 반응성(short-term response). "품질"과 무관함

Hazard : 위험, 위험상황
잠재적으로 항공기 사고나 사건을 유발할 수 있는 조건(상태) 또는 이벤트를 말함. Risk를 참조함

Head Injury Criterion (HIC) : 머리상해지수, 머리상해기준
머리에 가해지는 충격량을 상수로 나타낸 값으로써, 감항기준 §xx.562에 따라 1,000 이하가 요구됨

Helicopter : 헬리콥터
하나 이상의 로터에서 발생하는 양력과 추력을 이용하는 회전익 항공기(rotorcraft)의 한 가지 형태

Heliport : 헬리포트
야지, 도심지, 빌딩옥상 등에 조성된 헬리콥터 이착륙장을 말함. 최근에는 UAM Vertiport로 표현됨

High Cycle Fatigue (HCF) : 고주기 피로
비교적 작은 반복하중이 고주기로 작용하는 재료의 피로. 주로 저온부품에 탄성변형이나 파손 유발

High Intensity Radiated Fields (HIRF) : 고강도 전자기장
항공기 전기/전자장비에 영향을 미치는 고강도 전자기파. RTCA DO-160G에 따라 시험으로 입증함

Human Factors : 인적 요소
특정한 환경에서 기계장치를 이용해 정해진 과업을 수행하는 사람의 행동 양식이나 형태를 지칭함

Human Performance : 인적 능력, 수행, 성과
주어진 과업이나 시스템에 대한 인간의 반응 또는 위험에 대처하는 능력. Human Factors로 형성됨

Hybrid Propulsion System (HPS) : 하이브리드 추진시스템
전기추진 항공기의 중장거리 비행을 위하여 기존의 내연기관을 보조동력으로 사용하는 추진시스템

ICAO Contracting States : 국제민간항공협약 체약국가
국제민간항공기구의 193개 회원국가를 말하며, 회원국은 SARPs를 준수하고, USOAP 평가를 받음

Icing Protection System (Anti-icing System) : 결빙방지시스템 (방빙시스템)
항공기 날개 또는 엔진 입구 결빙을 제거하거나 방지하는 장치. 부트, 전기열, 블리드공기를 이용함

Identicality (be identical with) : 동일성, 일치성
부품제작자승인에서 해당 부품은 형식증명(TC)을 받은 원래의 항공기 부품과 동일성 입증이 요구됨

Identification : 식별, 식별표시

일반 절차상의 식별, 수명관리 및 안전품목에 대한 식별, 인증품목에 대한 식별표시(marking)가 있음

Illustrated Parts Catalog (IPC) : 도해부품목록

통상적인 부품목록(품명, 부품번호, 개정번호 등)에 각 부품의 형상과 조립도를 함께 나타낸 문서임

Implementation Procedures for Airworthiness (IPA) : 감항실행절차(서)

미국의 항공안전협정(BASA = EA + IPA)을 구성하는 하위의 인증절차로 당사국 감항당국이 서명함

Incident : 사건, 준사고

1주 이내의 경미한 치료 또는 안전한 운항에 일부 영향을 미치는 기타의 상황(occurrence)을 말함

Indicated Airspeed (IAS) : 지시대기속도

피토-정압관에 연결된 계기로부터 직접 측정되는 속도를 말함. IAS-CAS-EAS-TAS-GS 속도 참고

In-Flight Entertainment (IFE) : 기내 엔터테인먼트

항공기 좌석 뒷면, 오버헤드, 캐빈 격벽 등에 설치되는 모니터와 콘텐츠 서버 시스템으로 구성됨

In-Flight Shut Down (IFSD) : 비행중 엔진정지

비행 중에 엔진 고장 등으로 정지되는 현상을 말하며, 장거리 운항(ETOPS) 승인에 중요하게 고려됨

Influencing Part : 영향성 부품

엔진 수명제한 부품의 환경 및 운용조건에 영향을 주는 부품을 말함. FAR §33.70, AC 33.70-1 참조

Installation Manual (IM) : 장착교범, 장착 매뉴얼

엔진, 프로펠러, 구성품을 항공기에 장착/운용하는 방법과 절차를 수록한 문서. 각 인증에서 요구됨

Instructions for Continued Airworthiness (ICA) : 감항성유지지침서

항공기 등의 감항성 한계, 검사주기, 교체주기, 정비절차 등이 기재된 문서. 모든 인증에서 요구됨

Instrument Flight Rules (IFR) : 계기비행규칙

항공기 조종실 계기로 비행하는 절차규정. 계기비행 자격과 VOR, ILS, GPS, DME, ADF 등이 요구됨

Instrument Landing System (ILS) : 계기착륙시스템

야간이나 악기상에서 항공기 착륙을 위한 근거리 정밀무선 항법시스템. LOC, GS, MB 등으로 구성됨

International Civil Aviation Organization (ICAO) : 국제민간항공기구

국제연합(UN) 전문기구로 1947년에 발족함. 안전표준(SARPs), 안전평가, 보안측정, 국제협력 수행

Issue Paper (IP) : 인증현안검토서, 주요사안검토서

인증기준, 감항요건, 입증방법 등에 대한 신청자와 당국의 제안, 이견, 결론을 기록하는 인증문서

Joint Aviation Authority (JAA) : 유럽연합항공당국

JAA는 1970년에 설립되었으나, 2002년에 유럽항공안전청(EASA)으로 전환됨. 교육(TO)은 유지됨

Jurisdiction : 관할권, 사법권, 관할지역

법률적 규제권 또는 그 권한에 영향을 받는 지역을 말함. 국제인증에서 당사국 정부를 통해 협력함

Korea Civil Aircraft Certification Agency (KCA) : 인증전문기관 (한국항공우주연구원 인증센터)

국토교통부 지정 항공기 인증 전문기관으로서 2014년까지 업무 수행하였고, 그후 KIAST로 이관됨

Korea Institute of Aviation Safety Technology (KIAST) : 항공안전기술원

국토교통부에서 지정한 항공기 인증 전문기관으로서, 2015년 5월부터 공식적인 인증업무를 수행함

Korea Office of Civil Aviation (KOCA) : 한국 민간항공당국

미국 FAA 및 유럽 EASA에 대응하는 우리나라의 항공당국으로서, 국토교통부 항공정책실을 지칭함

Korean Technical Standard Order (KTSO) : 한국 기술표준서, 기술표준품 표준서

한국의 기술표준품에 대한 인증기준(표준서)을 지칭하며, 2023년 10월 현재 총 69종이 지정/고시됨

Large Aeroplane : 대형 비행기

ICAO와 EASA 용어로 MTOW 12,500 lbs를 초과하는 비행기를 말함. FAA는 Transport로 표기함

Letter of Design Approval (LODA) : (기술표준품) 설계승인서

항공안전협정(BASA) 국가로부터 미국에 수입되는 기술표준품에 대한 FAA의 TSO 승인서를 말함

Life Limited Parts (LLP) : 수명제한부품

FAR §25.571, §33.70, §43.10, §45.16에 따라 수명제한부품을 선정, 입증, 검사주기 설정이 필요함

Lift-off Speed (VLOF) : 이륙부양속도

항공기가 양력을 받아 활주면에서 뜨는 속도. 항공기 중량, 활주로 고도 등에 따라 다르게 계산됨

Lightning Protection : 낙뢰 방호

항공기 및 엔진 감항기준에 따라 구조물, 연료장치, 전자장비에 대한 직·간접 낙뢰 방호 설계 필요

Light Sport Aeroplane (LSA) : 라이트 스포츠 비행기

최대이륙중량이 600kg 이하인 비행기를 말함. 유럽은 CS-LSA, 미국과 한국은 Part 23을 적용함

Limit Load : 제한하중

항공기 구조물이 영구변형을 일으키지 않는 최대하중. 안전계수 1.5를 적용된 탄성한계 이내의 하중

Limited Category Aircraft : 한정급 항공기

FAR §21.189에 따른 특별감항증명 대상이며, 주로 군용을 민용으로 개조. Order 8130.2 목록 참조

Line Replacement Unit (LRU) : 라인교체품목

항공기 운용 현장에서 간단하게 교체 장탈착할 수 있는 장치, 장비, 보기를 말함. 상업적인 용어임

Load Factor (n) : 하중배수, 하중계수

항공기 양력과 중량의 비로 정의되고, V-n 선도로 나타냄. 수송급 비행기는 n = -1 ~ +2.5g 요구됨

Localizer (LOC) : 방위각 지시기, 로컬라이저

항공기 계기착륙 시에 사용하는 Directional Transmitter 중의 하나로 횡방향 위치정보를 지시함

Low Cycle Fatigue (LCF) : 저주기 피로

비교적 큰 반복하중이 저주기로 작용하는 재료에 발생함. 주로 고온부품에 소성변형이나 파손 유발

Mach Number (M) : 마하수

항공기 진대기속도의 음속에 대한 비. 고도가 높아지면 음속($a = \sqrt{\gamma RT}$)이 작아져 마하수가 증가함

Maintenance Manual (MM) : 정비교범, 정비 매뉴얼

비행기는 AMM, 회전익기는 RMM, 엔진은 EMM, 구성품은 CMM으로 표기하며, 각 인증에서 요구됨

Maintenance Record Entry : 정비완료 선언문, 감항증명 선언문

정비 로그북 또는 감항증명서 등에 기재되는 종결 선언문(수행내용, 근거, 일자, 성명, 서명)을 말함

Maintenance Release Document : 정비완료문서, 운항투입문서

구성품에 대한 정비/검사 완료 후 발행하는 FAA Form 337 Tag나 Form 8130-3 AAT 등을 말함

Maintenance, Repair, and Overhaul (MRO) : 항공정비

항공기, 엔진, 부품류의 정비, 수리, 창정비 산업에 대한 총칭. 인증에서 승인된 정비교범을 이용함

Maintenance Review Board (MRB) : 정비심의위원회

10인승 이상의 수송급 항공기 형식증명과 해당 항공기 운용 중에 구성 요구됨. AC 121-22를 참조

Major Alteration : 대개조

항공기 날개, 동체, 엔진마운트 등의 감항성에 영향을 미치는 개조(작업). FAR Part 43 부록 A 참조

Major Change : 중급 변경

항공기의 중량, 균형, 강도, 신뢰성, 운용특성, 감항성 등에 현저한 영향을 미치는 설계변경을 말함

Major Repair : 대수리

항공기 박스빔, 스파, 동체부재 등의 강도에 영향을 미치는 수리(작업). FAR Part 43 부록 A 참조

Make and Model : 제작사와 모델

Make는 항공기 등의 제작사(TC holder)를 의미하고, Model은 모델번호(형식명칭) 표기를 의미함

Malfunction : 오작동, 기능장애

구성품 등이 설계된 기능에 따라 작동하지 않는 상태. FAR §21.3에 따라 감항당국에 보고 필요함

Manifold Air Pressure (MAP) : 흡기압력, 흡기관 압력

왕복엔진 흡기관 스로틀 후단과 실린더 입구 사이에서 측정되는 압력. 엔진출력을 나타내는 척도임

Manufacturer : 제작자, 제조자

항공기, 엔진, 프로펠러, 부품류 등을 제작하는 기업을 말하며, 인증 신청자 또는 소지자를 지칭함

Manufacturing Inspection District Office (MIDO) : 제조검사지역사무소

항공기 생산승인, 감항증명, 위임검사를 담당하는 FAA 지역사무소(약 21곳). 2023년 CMS로 개편됨

Manufacturing Inspection Office (MIO) : 제조검사관리사무소

MIDO 업무감독, 생산시설, 위임검사를 담당하는 FAA 권역사무소(약 4곳). 2023년 CMB로 개편됨

Manufacturing Inspection Satellite Office (MISO) : 제조검사분소

해당 지역 MIDO 검사업무를 보조 또는 지원하는 FAA 지역사무소(약 3곳). 2023년 CMS로 개편됨

Margin of Safety (MS) : 안전여유, 안전마진
항공기 재료 또는 구조물의 안전한 정도를 안전계수로 나타냄. 안전여유(MS) = 안전계수(FS) - 1

Marker Beacons (MB) : 마커비컨, 무선이치표지
계기착륙에서 조종사에게 거리와 고도 정보를 표시하는 기기(비컨). Outer, Middle, Inner로 표시됨

Marking : 식별표시, 표식
FAR Part 21 및 Part 45에 따라 항공기 등과 부품류에 인증근거, 품명, 품번, 제작자 등을 표기함

Master Minimum Equipment List (MMEL) : 마스터 최소장비목록
부작동 상태로 비행이 가능한 아이템을 식별한 목록. 운항제한 근거가 되며, 감항당국 승인 필요함

Material Review Board (MRB) : 자재심의위원회
불합치품에 대한 검토, 평가, 처분 결정을 위하여 분야별 담당자 및 책임자로 구성된 조직을 말함

Maximum Take-Off Weight (MTOW) : 최대이륙중량
항공기 승객, 화물, 연료 등이 모두 탑재된 상태의 성능과 구조한계를 고려한 이륙 가능 최대중량

Mean Sea Level (MSL) : 평균해면고도
장기간의 조수와 계절 변동에 따른 관측치로 평균해면고도를 설정함. 이 고도를 순항비행에 적용함

Means of Compliance (MoC) : 적합성 입증방법
감항기준 요건 적합성 입증방법을 해석(A), 시험(T), 검사(I) 등으로 분류함. 유럽은 AMC로 표기함

Methods of Compliance : 적합성 입증방식
감항기준 요건 적합성 입증방식을 합의표준(consensus)으로 지정함. 유럽 CS에서는 AMC와 혼용함

Military Certification Office (MCO) : 군용기인증사무소
민간파생군용기(MCDA) 인증을 담당하는 FAA 인증사무소. 2023년 MCO Branch로 명칭이 변경됨

Military Specification : 미국 군사규격서
DLA ASSIST에서 검색/출력 가능하지만, 2000년 전후 개혁으로 STD, PRF, HDBK 위주로 운영됨

Military Standards (MS) : 미국 군사표준서
미국의 국방 표준서로써 주로 볼트, 와셔, 스크류 등과 같은 표준형 패스너류에 대한 표준을 정함

Minimum Performance Standard (MPS) : 최소성능표준
기술표준품에 적용되는 일종의 규격으로써, TSO 본문, SAE AS, RTCA DO 등의 표준서가 인용됨

Minimum Takeoff Speed (V1) : 이륙결심속도
항공기 이륙을 더 이상 중단할 수 없는 속도. V1 이상에서 특별한 이유가 없는 한 계속하여 이륙함

Minor Change : 경급 변경
항공기 중량, 균형, 강도, 신뢰성, 운용특성, 감항성 등에 현저한 영향을 주지 않는 설계변경을 말함

Missed Approach : 실패접근
계기접근비행 중에 실패접근 결심지점(MAP)에서 고도 등의 문제로 접근비행을 포기하는 것을 말함

Mission, Design Number, and Series (MDS) : 군용 항공기 명명법, 군용기 명칭

군용 항공기 모델 명칭을 말함. P-3A에서 P는 Patrol 미션, 3은 설계번호, A는 시리즈를 의미함

Model : 모델

항공기, 엔진, 프로펠러 등의 형식설계에 따라 규정된 특정한 모델 명칭. 대부분 형식명칭과 동일함

Model Specification : 모델 규격서

항공기, 엔진, 프로펠러 등의 모델(형식)에 대한 제작사 규격서를 말함. 인증에서는 요구되지 않음

Modification : 개조, 수정

항공기나 엔진에 대한 중급 설계변경을 말함. 보통 STC로 진행되며, 작업은 MRO(Alteration)로 실행

National Aerospace Standards (NAS) : 미국 항공우주표준서

미국의 항공우주산업 단체(AIA)에서 발행하는 산업 표준서로써, 상용 표준품에 주로 적용되고 있음

National Aviation Authority (NAA) : 항공당국

민간 항공업무를 담당하는 각국의 정부당국. 미국은 FAA, 유럽은 EASA, 한국은 국토교통부를 말함

National Transportation Safety Board (NTSB) : 미국 교통안전위원회

미국 연방법에 따라 대통령 직속으로 설립된 항공, 철도, 차량 등에 대한 사고조사 전담기관을 말함

Never-Exceed Speed (VNE) : 초과금지속도

항공기에 구조적 손상을 유발할 수 있는 비행속도. 지시대기속도(IAS) 계기에 레드라인으로 표시됨

Noncompliance : 부적합

항공기, 엔진, 부품류 등의 설계가 법령, 규정, 감항기준 등의 요건에 충족하지 못하는 상태를 말함

Nonconformance : 불합치, 불일치

생산시설에서 제작된 항공기나 부품류가 해당 설계, 규격, 검사기준에 일치하지 않는 상태를 말함

Nondestructive Inspection, Testing (NDI, NDT) : 비파괴검사(시험)

원재료 또는 부품의 원형을 유지하면서 결함여부를 확인하는 검사로 PT, RT, UT, MT, ET가 있음

Non-TSO Function : 비표준 기능

기술표준서 및 최소성능표준에 명시되지 않은 기능을 말함. 그에 대한 식별, 설명, 입증이 필요함

Normal Category Aircraft : 보통급 항공기

감항분류가 보통인 항공기를 말함. 비행기는 19인승/19,000lbs 이하, 헬기는 9인승/7,000lbs 이하

Notice of Proposed Rulemaking (NPRM) : 입법예고

연방규정의 제정이나 개정을 위한 법제화 과정으로 사전에 공개하여 대중의 의견을 수렴해 반영함

Novel or Unusual (Unique) Design Feature : 새롭거나 특이한 설계 특징

장기간 운용을 통해 안전성이 입증되지 않은 방식의 설계를 말함. SC이나 ELOS 대상이 될 수 있음

Occurrence : 상황

항공기 등의 사고(accident)와 사건(incident)을 합한 통칭으로써 부상 및 손상 정도에 따라 분류됨

One Engine Inoperative (OEI) : 한 엔진 부작동

다발 항공기에서 하나의 엔진이 고장으로 정지되는 현상을 말함. 다른 엔진이 OEI 출력을 발생함

Operating Empty Weight (OEW) : 운용공허중량

제작공장이나 정비공장에서 조립된 항공기에 표준품, 고객품목, 최소의 연료 및 오일이 탑재된 중량

Organizational Designated Airworthiness Representative (ODAR) : 조직지정감항검사관

조직에 소속된 제작/정비/수리 위임검사관. 2005년 Part 21의 근거가 폐지되고 Part 183으로 전환됨

Organization Designation Authorization (ODA) : 지정인가조직

FAR Part 183에 의거 TC, STC, PC, AC, PMA, TSOA, 개조 등의 인증업무 일부를 자체로 수행함

Overhaul : 창정비, 오버홀

항공기 인증 기술자료를 적용해 분해, 세척, 검사, 수리, 조립, 시험으로 감항성을 회복하는 작업

Overspeed Test : 초과속도시험, 과속시험

FAR §33.27 Rotor Overspeed에 따라 허용 회전속도보다 120% 높은 속도에서 터빈엔진을 시험함

Overtemperature Test : 초과온도시험, 과온시험

FAR §33.88 Overtemperature에 따라서 엔진의 정격 온도보다 75°F 높은 온도에서 5분간 시험함

Overtorque Test : 초과토크시험

FAR §33.84 Overtorque Test에 따라서 해당 엔진에 승인된 최대토크 조건에서 15분 동안 시험함

Partnership for Safety Plan (PSP) : 항공안전협력계획서, 인증협력계획서

TC나 STC 과제에 대한 기본계획과 협력사항이 수록된 계획서로써, 신청자와 감항당국이 서명함

Parts Manufacturer Approval (PMA) : 부품제작자승인(서), 부품등제작자증명(서)

항공기 형식증명 부품과 동일한 안전성을 제3자가 입증해 인증을 받음. 설계/생산 승인으로 구분됨

Part Specific Certification Plan (PartSCP) : 부품특정인증계획서

치명성 부품 등에 대한 부품제작자승인 인증계획서로써, 신청자와 연방항공청이 작성하여 서명함

Performance-Based Regulation (or Standard) : 실행형 규정 (표준)

목표(objective)만을 나타낸 일종의 정성적 규정임. Amdt 23-64 감항기준. Prescriptive Reg. 참조

Powerplant : 동력장치

항공기에 장착되는 엔진, 프로펠러, 보조동력장치, 구동장치, 주변부품을 포함하는 시스템을 지칭함

Prescriptive Regulation (or Standard) : 규범적, 지시형 규정 (표준)

항목, 방법, 절차, 수치 등을 구체적으로 나타낸 규정임. 기존의 Part 23. Performance-Based 참조

Pressure Altitude : 압력고도

기압 고도계(barometric altimeter)를 이용하여 해면고도 표준기압을 기준으로 측정한 고도를 말함

Preliminary Flight Rating Test (PFRT) : 기본비행정격시험

검정시험(QT) 또는 인증시험(CT)에 앞서 항공기 개발비행시험 구성품에 필요한 사전 시험을 말함

Primary Category Aircraft : 초급 항공기

글라이더와 유인기구를 포함하여 탑승자 4인 이하, 중량 2,700lbs 이하, 비여압 소형 항공기를 말함

Primary Load Path Component : 주하중경로 구성품

항공기 좌석에서 16g 하중전달경로 상의 부품으로써, Leg, Spreader 등 20여종. AC 25.562-1 참고

Product : 제품, 항공기등

FAR Part 1 정의에 따라 항공기, 엔진, 프로펠러를 지칭함. 항공안전법에서 "항공기등"으로 표기함

Production Approval (PA) : 생산승인

항공기, 엔진, 프로펠러에 대한 제작증명(PC), 그리고 PMA와 TSOA의 생산승인 부분에 대한 총칭

Production Approval Holder (PAH) : 생산승인 소지자

항공기 등의 제작증명(PC), 부품제작자승인(PMA), 기술표준품승인(TSOA)을 받은 제작자를 지칭함

Production Certificate (PC) : 제작증명서

형식증명을 받은 항공기, 엔진, 프로펠러의 생산능력(QC, CA)을 갖춘 업체에 발급되는 증명서를 말함

Production Certification : 제작증명

항공기 등의 제작증명 신청, 입증, 발급, 유지하는데 필요한 일련의 활동이나 절차적 과정을 의미함

Production Certification Board (PCB) : 제작증명위원회

항공기 등에 대한 제작증명 과제의 진행, 현안, 일정 등을 심의/의결하는 감항당국 주관 회의를 말함

Production Limitation Record (PLR) : 생산한정서, 생산승인지정서

제작증명서의 일부로 해당 생산시설에 승인된 제품이 나열됨. FAA Form 8120-3, 훈령 제5호 서식

Production Organisation Approval (POA) : 생산조직승인

EASA Part 21 Subpart G에 의거한 생산조직승인 제도를 말함. FAA ODA, PC, DMIR 제도 참조

Production Test : 양산시험

제작증명 또는 생산승인을 받아 생산하는 양산품에 대한 시험을 말함. 검사완료후 AAT가 발급됨

Project Specific Certification Plan (PSCP) : 과제특정인증계획서, 과제세부인증계획서

신청자의 CP, 인증당국 CPP, 기타정보가 수록된 계획서로써, 신청자, 감항당국, 인증기관이 서명함

Prototype : 시제품, 시제기, 개발원형

항공기, 엔진, 프로펠러, 부품류의 개발/인증을 위해 제작되는 시제품. 개발용과 인증용으로 구분됨

Qualification Test (QT) : 검정시험(檢定試驗)

개발규격에 적합여부 판단을 위한 시험. 인증시험으로 제안/채택될 수 있으나 QT/CT 구별 필요함

Qualified Products List (QPL) : 검정품목목록

해당 규격에 따른 품질검사 및 시험을 통해 미국방성 군수국(DLA)에 등재된 제품, 부품, 재료를 말함

Quality Assurance (QA) : 품질보증

품질관리를 포함한 종합적 보증활동 또는 시스템을 말함. MIL-Q-9858 폐지에 따라 QM으로 전환됨

Quality Control (QC) : 품질관리
ISO 9001 Quality Management System 기반의 품질활동 또는 시스템을 말함. 주로 상용품에 적용됨

Quality Management (QM) : 품질경영
ISO 9001 Quality Management System에 따른 종합적 품질활동 또는 시스템으로 가장 많이 적용됨

Quality System : 품질시스템
품질보증, 품질경영, 품질관리를 총칭하는 품질시스템을 말함. FAR §21.137, §21.307, §21.607 참조

Quality Manual : 품질매뉴얼
품질시스템을 나타내는 프로세스, 절차서, 지침서로 구성됨. FAR §21.138, §21.308, §21.608 참조

Radio Technical Commission for Aeronautics (RTCA) : 미국 항공무선기술협회
항공전자장비에 대한 제품 표준서, 환경시험 표준서, 소프트웨어 표준서 등을 발행하는 비영리단체

Rated, Rating : 정격, 한정(자격)
엔진, 기계장치, 전기장치를 안전하게 사용하는 최대출력, 또는 조종사나 정비사의 한정자격을 말함

Rated OEI Power(Thrust) : 한 엔진 부작동 정격출력(추력)
한쪽 엔진이 고장일 때 정상인 다른 엔진이 한정된 시간 동안 발생할 수 있는 최대 출력 또는 추력

Rated Maximum Continuous Power(Thrust) : 정격 최대연속출력/추력
엔진이 시간제한 없이 연속적으로 발생할 수 있는 최대 출력 또는 추력. 보통 OEI 상태에서 사용됨

Rated Takeoff Power(Thrust) : 정격 이륙출력/추력
항공기 이륙을 위한 엔진의 최대 출력 또는 추력을 말하며, 이륙출력의 사용시간은 5분으로 제한됨

Rebuild, Rebuilt : 재생(품목)
창정비 시간이 도래한 엔진, 프로펠러, 구성품에 신품기준(limit)을 적용하는 정비작업 또는 그 품목

Reciprocating Engine : 왕복엔진
피스톤, 실린더, 크랭크 축 등으로 구성되는 공랭식 내연기관으로써, 저속 소형기에서 효율이 높음

Redline Speed : 레드라인 속도
항공기 비행속도 또는 엔진 회전수 계기에 적색으로 표시된 최대 허용 속도나 그 범위를 지칭함

Regional Air Mobility (RAM) : 지역항공모빌리티
도시간 이동을 위한 전기추진 비행체를 개발, 운용, 정비를 포괄하는 미래형 항공운송시스템을 말함

Reimbursable Memorandum of Agreement (MOA) : 비용부담협약서
미국 또는 유럽과 항공안전협정이나 업무약정을 위한 시범인증 비용 부담에 대한 국가간 합의문서

Rejected Landing : 착륙취소
계기 착륙 중에 접근실패 결심지점(MAP)을 지나서 복행하는 절차를 말함. 실무적 용어로 사용됨

Rejected Takeoff (Aborted Takeoff) : 이륙단념
이륙 활주를 시작하였지만 이륙속도(V1) 도달 전에 안전상의 문제로 이륙을 중단하는 것을 말함

Repair Part : 수리용 부품

고장이나 파손 부분을 규격에 정해진 절차와 한계를 적용하여 수리하는데 사용되는 부품을 말함

Repair Station : 수리사업장

FAR Part 145에 따라 기체, 동력장치, 프로펠러 등에 대한 수리작업을 인가받은 사업장을 지칭함

Replacement Part : 교체용 부품

고장/파손된 부품을 교체하는데 원제작사(OEM) 또는 PMA 부품을 사용하는데, 통상 후자를 지칭함

Restraint System : 결속시스템

항공기 탑승자를 좌석이나 침대에 고정하는데 사용되는 기구를 말하며, 통상의 안전벨트를 지칭함

Restricted Category Aircraft : 제한급 항공기

FAR §21.25에 규정된 바와 같은 특별목적(농업, 산림, 순찰, 광고 등)으로 운용되는 항공기를 말함

Restricted Category Type Certificate (RTC) : 제한형식증명

특별목적(농업, 산림, 순찰, 광고 등) 항공기에 대해 운용범위를 제한해 발급하는 형식증명의 일종

Return to Service (Release to Service) : 사용승인(서), 운항복귀

정비완료 또는 부품승인으로 항공기에 장착해 운항에 투입. FAA Form 337 또는 8130-3을 사용함

Reverse Engineering : 역설계(개발)

원설계를 분석, 시제작, 시험하여 새로 설계함. PMA에서 역설계에 의한 동일성 입증방법이 인정됨

Risk : 위험, 위험도, 위험요소

위험상황(hazard) 발생 확률(10^{-6})과 심각도(cat.)의 조합으로 위험도(unacc.)를 나타냄. Hazard 참조

Risk Assessment : 위험도 평가, 위험요소 평가

항공기 또는 그 운용에서 예상되는 위험을 심각도와 확률에 따라 분류하고 위험도를 낮추는 과정

Risk-Based Resource Targeting (RBRT) : 위험기반 자원배분

FAA Order 8120.23에 따른 생산승인 소지자에 대한 위험요소, 자원배분, 우선순위 정하는 과정

Rotation Speed (VR) : 로테이션 속도

이륙결심속도(V1) 이상에서 기수를 상승시키는 속도. VR 이상에서 이륙을 포기하면 활주로 이탈됨

Rotorcraft (Rotary Wing Aircraft) : 회전익 항공기

하나 이상의 로터에서 발생하는 양력과 추력으로 비행하는 공기보다 무거운 항공기에 대한 총칭임

Safety : 안전성

항공기 감항성과 인증에 앞서는 최우선의 가치로 인식됨 (Safety ≧ Airworthiness ≧ Certification)

Sampling Inspection : 샘플링 검사, 표본검사

일정량의 시료에 대한 검사로 로트 전체를 합부 판정. KS, MIL, SAE 규격에 의함. 표준품에 한정함

Sea Level Engine : 해면고도 엔진

해면고도에서만 정격출력을 발생하는 왕복엔진을 말함. 터보차저 사용 않음. Altitude Engine 참조

Seat Family (Family of Seats) : 동일계열 좌석
주하중경로에 기존인증과 동등한 부품을 사용한 좌석으로써, 시험 대신에 해석으로 입증될 수 있음

Section : (조직의) 섹션, (규정의) 조항(§)
2023년 항공인증국(AIR) 개편에 따른 분야별 실무부서로 CB과 CMB 예하에 33개 섹션을 두고 있음

Service Bulletin (SB) : 기술회보
항공기, 엔진, 프로펠러, 부품류 제작자가 감항성 유지(검사, 정비, 개조)를 위해서 발행하는 문서임

Service Difficulty Report (SDR) : 항공기고장보고서
항공기, 엔진, 프로펠러, 부품류에 대한 고장, 기능장애, 결함을 규정시간 내에 감항당국에 보고함

Shadow Certification Project : 시범인증과제
국가간 항공안전협정(BASA) 체결 과정에서 기술평가 대상의 일부로 제시되는 실제 인증과제를 말함

Show : 입증
신청자가 적합성 및 합치성을 감항당국에 입증함. Demonstrate(실증)나 Substantiate(입증)와 구별

Significant Change : 중대한 변경
FAR §21.101에 따라 새로운 감항기준 요건을 적용할 정도로 의미 있고 중요한 설계변경을 말함

Similarity : 유사성, 상사성
현재의 설계가 기존설계나 운용경험과 유사한 경우에 선택하는 적합성 입증방법(MoC) 중에 하나임

Small Aeroplane : 소형 비행기
ICAO와 EASA 용어로 MTOW 12,500 lbs 이하인 비행기를 말함. FAA는 Normal(보통)로 표기함

Society of Automotive Engineers (SAE) : 미국 자동차공학회
항공우주분야의 표준서(AS) 및 지침서(ARP)를 발행하는 학술단체. 이는 TSO MPS로 인용되고 있음

Source Control Drawing (SCD) : 외주관리도면
협력업체나 구매업체에 발주하는 부품에 대한 도면으로써, 품질관리 및 수입검사 기준으로 적용됨

Source Inspection : 현지검사
외주 부품에 대한 품질특성을 고려해 해당 협력업체 또는 구매업체 현장에서 수행하는 검사를 말함

Special Airworthiness Certificate : 특별감항증명서
초급, 제한급, 한정급, 라이트-스포츠, 실험용 항공기에 대한 감항증명서와 특별비행허가서를 지칭함

Special Class Aircraft : 특별분류 항공기
FAR §21.17(b)의 특별분류 항공기 및 §21.175(b)에 따른 특별감항증명 대상이 되는 항공기를 말함

Special Condition (SC) : 특별감항조건, 특수기술기준
항공기 등의 설계가 새롭거나 특이하여 감항요건 적용성을 변경하거나 추가로 설정하는 인증문서임

Special Federal Aviation Regulation (SFAR) : 특별연방항공규정
감항성에 관한 긴급성이나 적용성 등으로 인하여 감항기준과 별도로 제정함 (SFAR 88 연료탱크 등)

Special Flight Permit : 특별비행허가(서)

감항기준에 충족하지 않지만, 최소한의 안전한 비행이 가능한 경우(정비, 인도, 시험, 전시)에 발급함

Specification : 규격(서)

제품의 설계, 제작, 검사, 시험에 관한 세부사항을 규정한 기술적인 문서. Standard(표준서)와 구별

Speed for Best Angle of Climb (VX) : 최량 상승각 속도

비행기의 이용추력과 요구추력(항력)의 차이가 최대(여유추력)인 상태일 때 상승하는 속도를 말함

Speed for Best Rate of Climb (VY) : 최량 상승률 속도

비행기의 상승성능이 최고(HPavail-HPreq)인 상태에서 더 높이 빠르게 비행할 수 있는 속도를 말함

Stall Speed (VS) : 실속속도

비행기가 양력을 발생하여 조종 가능한(controllable) 상태로 비행을 할 수 있는 최소 속도를 말함

Stall Warning Speed (VSW) : 실속경고속도

실속속도(VS)보다 5 knots 또는 5% 중에 큰 속도를 말하며, 이때 조종간을 진동시켜 조종사에게 알림

Standard Atmosphere : 표준대기

평균 해수면 기압 101.325kPa, 기온 15℃를 기준으로 하는 국제표준대기(ISA)를 항공기에 적용함

Standard : 표준(서), 기준(서)

감항기준, 군사표준 등과 같은 국가기준과 ISO, SAE, RTCA와 같은 산업표준으로 분류될 수 있음

Standards and Recommended Practices (SARPs) : 국제표준 권고지침서

국제민간항공협약 제37조에 의거 협약의 부속서(Annex 1~19)로 발행되고, 국가별 이행률을 평가함

State of Design : 설계국가

항공기 등을 설계한 기업체가 속한 국가로서, ICAO Annex에 따른 형식증명과 감항성에 책임이 있음

State of Manufacture : 제작국가

항공기 등을 제작한 기업체이 속한 국가로서, ICAO Annex에 따른 제작증명과 감항성에 책임이 있음

State of Operator : 운용국가

항공기를 운용하는 항공사가 속한 국가로서, ICAO Annex에 따른 운항증명과 감항성에 책임이 있음

State of Registry : 등록국가

항공기가 등록된 국가로서, ICAO Annex에 따른 등록, 감항증명, 소음증명, 정비, 감항성 책임 있음

Statement of Compliance (Soc) : 적합성 확인서, 기록서

설계승인 신청자가 적합성을 입증했음을 나타내는 문서임. FAA Form 8110-3, 훈령 제16호 서식

Statement of Conformity (SoC) : 합치성 확인서, 기록서

신청자 검사후 감항당국에 합치성 검사를 의뢰할 때 제출. FAA Form 8130-9, 훈령 제12호 서식

Structural Integrity : 구조 강건성, 견실성

항공기 구조물이 주어진 하중에서 변형, 피로, 파손되지 않고 견디는 능력. 해석과 시험으로 입증함

Substantiation : 입증

해석(analysis), 실증(demonstration), 또는 시험(test)의 방법으로 입증(show)하는 것을 총괄 지칭함

Substitute : 대체

동등/유사 품목으로 바꿈. 구판 대신에 신판을 적용함. 교체(replacement)보다 포괄적 의미로 사용됨

Supercharger : 수퍼차져, 과급기

왕복엔진 크랭크축으로 구동시켜 엔진에 압축공기를 공급하는 과급기의 일종이지만, 도태된 방식임

Supersede : 대체, 교체

현재의 증명서를 정지시키고 다른 증명서(내용)로 변경함. 그 외에 Surrender(반납), Revoke(취소)

Supplemental Type Certificate (STC) : 부가형식증명서

형식증명을 받은 항공기, 엔진, 프로펠러의 중급(major) 설계변경에 대한 인증. 보통 제3자가 신청함

Supplier : 협력업체, 공급업체

원자재 또는 부품을 공급하는 업체를 지칭함. 인증 신청자는 협력업체 품질을 관리할 책임이 있음

Surge : 서지

가스터빈엔진 압축기 블레이드 전체에 실속이 발생하여 압축 기능을 완전히 상실하는 현상을 말함

Surplus Aircraft : 잉여 항공기

군에서 잉여물자로 분류된 항공기를 말함. 민간으로 전환되는 경우에 제한형식증명 신청이 가능함

Surrender : 반납

면허증, 증명서, 승인서 등을 감항당국(발급처)에 반환함. Supersede(대체)나 Revoke(취소)와 구별

Surveillance : 감독, 현장평가, 실사

주로 항공사에 대한 안전감독 업무를 말함. 인증을 신청하는 제조업체에 대해서도 확대되고 있음

Suspend : 정지, 중지

면허증, 증명서, 승인서 등의 효력 중지 또는 일시적 중지함. Surrender(반납)나 Revoke(취소) 참고

System Safety Analysis(Assessment) : 시스템 안전성 분석(평가)

FAR §xx.1309, §33.75, SAE ARP4761 등에 따라서 항공기에 장착되는 구성품에 대한 안전성 분석

Takeoff Safety Speed (V2) : 이륙안전속도

OEI 상태에서도 안전하게 비행 상승할 수 있는 속도를 말함. 활주로 끝단의 35ft 높이에서 결정됨

Teardown Inspection : 완전분해검사

엔진의 내구성 시험을 마친 후 또는 구성품에 대한 고장탐구를 위해 완전히 분해하는 검사를 말함

Technical Standard Order (TSO) : 미국 기술표준서, 기술표준품 표준서

미국 기술표준품 인증기준(표준서)을 말함. 총 156종 지정됨. 유럽은 ETSO, 한국은 KTSO로 표기함

Technical Standard Order Approval (TSO Approval) : 기술표준품승인(서)

기술표준품 인증(TSO Authorization, TSO Design Approval, TSO LODA)에 대한 통칭으로 사용됨

Technical Standard Order Article (TSO Article) : 기술표준품

감항당국의 기술표준서(TSO) 고시에 따라서 기술표준품승인(TSOA) 대상으로 지정된 품목을 말함

Technical Standard Order Authorization (TSOA) : 기술표준품승인(서), 기술표준품 형식승인

기술표준서 및 최소성능표준에 따라 인증됨. 설계/생산 승인으로 구분되며, 장착을 위해 STC 필요함

Test and Computation : 시험 및 계산

부품제작자승인의 4가지 동일성 입증방법 중에 하나로써, 직접적인 시험이나 해석을 통해서 입증함

Thrust Reverser : 역추력장치

엔진의 추력을 역방향으로 바꾸어 착륙거리를 단축시키는 장치를 말함. 이륙추력의 40~50% 수준임

Time Between Overhaul (TBO) : 창정비 주기

항공기 또는 엔진의 창정비가 요구되는 운용시간을 말함. 최근에는 On-Condition 정비개념이 적용됨

Traffic Alert and Collision Avoidance System (TCAS) : 공중충돌방지시스템

비행 중에 주변 항공기를 탐지해 조종사에 경고 또는 회피기동하는 시스템. ICAO는 ACAS로 표기함

Transferability : 양도성

TC와 STC는 단독으로, 감항증명은 항공기와 함께, PC/PMA/TSOA는 생산시설과 함께 양도 가능함

Transport Category Airplane : 수송급 비행기

승객 10인승 이상 또는 MTOW 12,500lbs 이상인 비행기로써, FAR Part 25에 따른 형식증명 대상임

Transport Category Rotorcraft : 수송급 회전익 항공기

최대이륙중량(MTOW) 20,000lbs 및 10인승 이상은 TA로, MTOW 7,000~20,000lbs는 TB로 분류됨

True Airspeed (TAS) : 진대기속도

등가대기속도에 고도별 밀도 영향을 반영해 보정한 속도를 말함. IAS-CAS-EAS-TAS-GS 속도 참고

Turbocharger : 터보차저, 과급기

왕복엔진에 압축공기를 공급하여 고고도 출력을 높이기 위해 사용되며, 엔진의 배기가스로 작동됨

Type : 형식

형식증명 대상이 되는 항공기, 엔진, 프로펠러의 형상 또는 설계를 말함. 보통 모델명칭으로 표기됨

Type Certificate : 형식증명서

항공기, 엔진, 프로펠러의 설계가 해당 감항기준에 따른 적합성이 입증되었을 때 발급되는 증명서

Type Certification : 형식증명

항공기 등의 형식증명 신청, 입증, 발급, 유지하는데 필요한 일련의 활동이나 절차적 과정을 의미함

Type Certification Board (TCB) : 형식증명위원회

항공기 등에 대한 형식증명 과제의 진행, 현안, 일정 등을 심의/의결하는 감항당국 주관 회의를 말함

Type Design : 형식설계

항공기, 엔진, 프로펠러의 형식을 정의하는 설계(도면 등). 부품류의 설계는 형식으로 지칭하지 않음

Type Inspection Authorization (TIA) : 형식검사인가(서), 형식검사승인(서)
감항당국이 인증수행팀(전문기관)에 항공기의 형식검사 및 비행시험 착수를 인가하는 문서를 말함

Type Inspection Report (TIR) : 형식검사보고서
항공기 등에 대한 형식검사 결과를 기재한 보고서를 말함. 형식증명 발급 후 90일 이내에 작성함

Ultimate Load : 극한하중
재료 또는 구조물이 파괴되는 최대하중을 말함. 극한하중 ≥ 제한하중 × FS(1.5). FAR §25.303 참조

Universal Safety Oversight Audit Programme (USOAP) : 국제안전감독감사 프로그램
ICAO에서 시행하는 국가별 국제표준 이행상태 평가제도. 연속 모니터링 접근(CMA) 제도로 전환됨

Unmanned Aircraft System (UAS) : 무인항공기시스템
조종사가 탑승하지 않는 일정 중량 이하 비행체에 원격조종실, 통신망 등을 합친 통합시스템을 말함

Urban Air Mobility (UAM) : 도심항공모빌리티
도심형 수직이착륙 전기추진 비행체의 개발, 운용, 인프라, 정비를 포괄하는 미래형 항공운송시스템

Utility Category Aircraft : 실용급 항공기
탑승인원 9인승 및 MTOW 12,500lbs 이하의 항공기로써, 제한된 여객 및 화물운송, 곡예비행 가능함

Validating Authority (VA) : 검증당국
국가 간의 인증에서 수입국가 감항당국을 말함. 이와 반대로 설계국가를 CA(인증당국)로 지칭함

Very Light Aeroplane (VLA) : 경량 항공기
유럽의 CS-VLA 감항기준에 따른 2인승, MTOW 750kg, 실속속도 45kts 이하의 비행기를 지칭함

Visual Flight Rules (VFR) : 시계비행규칙
외부의 지형지물을 시각적으로 인식해 비행하는 규칙(방법). FAR §91.155에 규정된 기상조건을 따름

Waiver : 면제
제품을 생산한 후에 확인된 경미한 불합치에 대하여 군수품 품질보증 절차에 따라 사용 가능 판정함

Warning : 경고
항공기 경고시스템에서 Advisory(권고), Caution(주의), Alert(경보), Warning(경고) 단계로 분류됨

Windmilling Test : 윈드밀링 시험
비행속도에 의한 램에어로 엔진을 회전시켜 재시동시키는 시험. FAR §25.903에 따른 비행시험 수행

Withdraw : 철회, 회수, 취소
감항당국이 발급한 면허증, 증명서, 승인서를 절차상 오류나 의무 불이행으로 철회하는 것을 말함

Zero Fuel Weight (ZFW) : 무연료중량
항공기 운용공허중량에 승객, 수하물, 화물이 탑재되고, 운항용 연료가 탑재되기 전의 중량을 말함

Zone : 구역
감항기준에 따른 지정방화구역, 안전평가구역, 낙뢰타격구역 등으로 지칭됨. Area(영역)와 구별 필요

3 항공기 및 부품 인증절차 규정

FAR Part 21 : Certification Procedures for Products and Articles (Amdt 21-109, 2025.07.24)

[주기] 우리나라의 KAS Part 21은 FAR 규정이 모두 반영되지 않았고 다수의 정제되지 않은 표현이 상존하고 있어 독자의 이해를 돕기 위하여 FAR 원문에 충실하게 번역된 규정을 수록합니다.

FAR Part 21 (Amdt 21-109, 2025.07.24)			FAR Part 21 인증절차 번역	
Subpart A - General			**Subpart A. 일반규정**	
§21.1	Applicability and definitions.	21-105	§21.1	적용범위 및 정의
§21.2	Falsification of applications, reports, or records.	21-92	§21.2	신청서, 보고서, 또는 기록서의 변조
§21.3	Reporting of failures, malfunctions, and defects.	21-101	§21.3	고장, 기능장애, 결함의 보고
§21.4	ETOPS reporting requirements.	21-101	§21.4	장거리 운항 보고 요건
§21.5	Airplane or Rotorcraft Flight Manual.	21-107	§21.5	비행기 또는 회전익 항공기 비행교범
§21.6	Manufacture of new aircraft, aircraft engines, and propellers.	21-88	§21.6	신규 항공기, 엔진, 프로펠러의 제작
§21.7	Continued airworthiness and safety improvements for transport category airplanes.	21-90	§21.7	수송급 비행기에 대한 감항성 유지 및 안전성 개선
§21.8	Approval of articles.	21-92	§21.8	부품류에 대한 승인
§21.9	Replacement and modification articles.	21-100	§21.9	대체 및 개조용 부품류
Subpart B - Type Certificates			**Subpart B. 형식증명**	
§21.11	Applicability.	21-00	§21.11	적용범위
§21.13	Eligibility.	21-25	§21.13	신청자격
§21.15	Application for type certificate.	21-101	§21.15	형식증명 신청
§21.16	Special conditions.	21-92	§21.16	특별감항조건
§21.17	Designation of applicable regulations.	21-107	§21.17	적용규정의 지정
§21.19	Changes requiring a new type certificate.	21-92	§21.19	신규 형식증명이 요구되는 변경
§21.20	Compliance with applicable requirements.	21-92	§21.20	적용요건에 대한 적합성
§21.21	Issue of type certificate: normal, utility, acrobatic, commuter, and transport category aircraft; manned free balloons; special classes of aircraft; aircraft engines; propellers.	21-107	§21.21	보통, 실용, 곡예, 커뮤터, 수송급 항공기, 유인자유기구, 특별분류 항공기, 엔진, 프로펠러에 대한 형식증명서 발급
§21.24	Issuance of type certificate: primary category aircraft.	21-100	§21.24	초급 항공기에 대한 형식증명서 발급
§21.25	Issue of type certificate: restricted category aircraft.	21-109	§21.25	제한급 항공기에 대한 형식증명서 발급
§21.27	Issue of type certificate: surplus aircraft of the Armed Forces.	21-92	§21.27	군잉여 항공기에 대한 형식증명서 발급
§21.29	Issue of type certificate: import products.	21-107	§21.29	수입 제품에 대한 형식증명서 발급
§21.31	Type design.	21-107	§21.31	형식설계
§21.33	Inspection and tests.	21-92	§21.33	검사 및 시험
§21.35	Flight tests.	21-100	§21.35	비행시험
§21.37	Flight test pilot.	21-59	§21.37	비행시험 조종사

FAR Part 21 (Amdt 21–109, 2025.07.24)			FAR Part 21 인증절차 번역	
§21.39	Flight test instrument calibration and correction report.	21-92	§21.39	비행시험 계기 교정 및 보정 보고서
§21.41	Type certificate.	21-92	§21.41	형식증명서
§21.43	Location of manufacturing facilities.	21-92	§21.43	제조시설 위치
§21.45	Privileges.	21-92	§21.45	형식증명 소지자 특권
§21.47	Transferability.	21-101	§21.47	양도성
§21.49	Availability.	21-92	§21.49	증명서 제시
§21.50	Instructions for continued airworthiness and manufacturer's maintenance manuals having airworthiness limitations sections.	21-100	§21.50	감항한계를 수록한 감항성유지지침서 및 정비교범
§21.51	Duration.	21-92	§21.51	유효기간
§21.53	Statement of conformity.	21-92	§21.53	합치성 확인서
§21.55	Responsibility of type certificate holders who license the type certificate.	21-108	§21.55	형식증명서를 면허하는 형식증명 소지자 책임
	Subpart C - Provisional Type Certificates			**Subpart C. 임시형식증명**
§21.71	Applicability.	21-00	§21.71	적용범위
§21.73	Eligibility.	21-92	§21.73	신청자격
§21.75	Application.	21-101	§21.75	신청서 제출
§21.77	Duration.	21-7	§21.77	유효기간
§21.79	Transferability.	21-00	§21.79	양도성
§21.81	Requirements for issue and amendment of Class I provisional type certificates.	21-92	§21.81	클래스 I 임시형식증명서 발급 및 개정 요건
§21.83	Requirements for issue and amendment of Class II provisional type certificates.	21-92	§21.83	클래스 II 임시형식증명서 발급 및 개정 요건
§21.85	Provisional amendments to type certificates.	21-92	§21.85	형식증명서 임시개정
	Subpart D - Changes to Type Certificates			**Subpart D. 형식증명 변경**
§21.91	Applicability.	21-00	§21.91	적용범위
§21.93	Classification of changes in type design.	21-107	§21.93	형식설계 변경 분류
§21.95	Approval of minor changes in type design.	21-92	§21.95	경급 형식설계 변경 승인
§21.97	Approval of major changes in type design.	21-96	§21.97	중급 형식설계 변경 승인
§21.99	Required design changes.	21-92	§21.99	필수 설계변경
§21.101	Designation of applicable regulations.	21-107	§21.101	적용규정의 지정
	Subpart E - Supplemental Type Certificates			**Subpart E. 부가형식증명**
§21.111	Applicability.	21-00	§21.111	적용범위
§21.113	Requirement for supplemental type certificate.	21-101	§21.113	부가형식증명 요건
§21.115	Applicable requirements.	21-107	§21.115	부가형식증명 적용요건
§21.117	Issue of supplemental type certificates.	21-92	§21.117	부가형식증명서 발급
§21.119	Privileges.	21-92	§21.119	부가형식증명 소지자 특권
§21.120	Responsibility of supplemental type certificate holders to provide written permission for alterations.	21-88	§21.120	개조허가문서 제공에 관한 부가형식증명 소지자 책임
	Subpart F - Production Under Type Certificate			**Subpart F. 형식증명에 의한 생산**
§21.121	Applicability.	21-92	§21.121	적용범위

FAR Part 21 (Amdt 21-109, 2025.07.24)			FAR Part 21 인증절차 번역	
§21.122	Location of or change to manufacturing facilities.	21-92	§21.122	제조시설 위치 또는 변경
§21.123	Production under type certificate.	21-92	§21.123	형식증명에 의한 생산
§21.127	Tests: aircraft.	21-92	§21.127	항공기 시험
§21.128	Tests: aircraft engines.	21-92	§21.128	엔진 시험
§21.129	Tests: propellers.	21-92	§21.129	프로펠러 시험
§21.130	Statement of conformity.	21-92	§21.130	합치성 확인서
	Subpart G - Production Certificates			**Subpart G. 제작증명**
§21.131	Applicability.	21-92	§21.131	적용범위
§21.132	Eligibility.	21-92	§21.132	신청자격
§21.133	Application.	21-92	§21.133	신청서 제출
§21.135	Organization.	21-108	§21.135	신청자 조직
§21.137	Quality system.	21-98	§21.137	품질시스템
§21.138	Quality manual.	21-92	§21.138	품질매뉴얼
§21.139	Location of or change to manufacturing facilities.	21-92	§21.139	제조시설 위치 또는 변경
§21.140	Inspections and tests.	21-92	§21.140	검사 및 시험
§21.141	Issuance.	21-92	§21.141	제작증명서 발급
§21.142	Production limitation record.	21-98	§21.142	생산승인 지정서
§21.143	Duration.	21-92	§21.143	유효기간
§21.144	Transferability.	21-92	§21.144	양도성
§21.145	Privileges.	21-92	§21.145	제작증명 소지자 특권
§21.146	Responsibility of holder.	21-92	§21.146	제작증명 소지자 책임
§21.147	Amendment of production certificates.	21-108	§21.147	제작증명서 개정
§21.150	Changes in quality system.	21-92	§21.150	품질시스템 변경
	Subpart H - Airworthiness Certificates			**Subpart H. 감항증명**
§21.171	Applicability.	21-00	§21.171	적용범위
§21.173	Eligibility.	21-92	§21.173	신청자격
§21.175	Airworthiness certificates: classification.	21-109	§21.175	감항증명서 분류
§21.177	Amendment or modification.	21-92	§21.177	감항증명서 개정 또는 수정
§21.179	Transferability.	21-00	§21.179	양도성
§21.181	Duration.	21-109	§21.181	유효기간
§21.182	Aircraft identification.	21-109	§21.182	항공기 식별
§21.183	Issue of standard airworthiness certificates for normal, utility, acrobatic, commuter, and transport category aircraft; manned free balloons; and special classes of aircraft.	21-109	§21.183	보통, 실용, 곡예, 커뮤터, 수송급 항공기, 유인자유기구, 특별분류 항공기에 대한 감항증명서 발급
§21.184	Issue of special airworthiness certificates for primary category aircraft.	21-92	§21.184	초급 항공기에 대한 특별감항증명서 발급
§21.185	Issue of airworthiness certificates for restricted category aircraft.	21-109	§21.185	제한급 항공기에 대한 감항증명서 발급
§21.187	Issue of multiple airworthiness certifications for restricted category aircraft.	21-109	§21.187	제한급 항공기에 대한 다중분류 감항증명서 발급
§21.189	Issue of airworthiness certificate for limited category aircraft.	21-92	§21.189	한정급 항공기에 대한 감항증명서 발급
§21.190	Issue of a special airworthiness certificate for a light-sport category aircraft.	21-109	§21.190	라이트-스포츠급 항공기에 대한 특별감항증명서 발급

FAR Part 21 (Amdt 21-109, 2025.07.24)			FAR Part 21 인증절차 번역	
§21.191	Experimental certificates.	21-109	§21.191	실험용 증명서
§21.193	Experimental certificates: general.	21-109	§21.193	실험용 증명서 일반요건
§21.195	Experimental certificates: Aircraft to be used for market surveys, sales demonstrations, and customer crew training.	21-109	§21.195	시장조사, 판매전시 및 고객 승무원 교육을 위한 실험용 증명서
§21.197	Special flight permits.	21-92	§21.197	특별비행허가
§21.199	Issue of special flight permits.	21-92	§21.199	특별비행허가서 발급
Subpart I - Provisional Airworthiness Certificates			**Subpart I.** 임시감항증명	
§21.211	Applicability.	21-00	§21.211	적용범위
§21.213	Eligibility.	21-79	§21.213	신청자격
§21.215	Application.	21-101	§21.215	신청서 제출
§21.217	Duration.	21-00	§21.217	유효기간
§21.219	Transferability.	21-00	§21.219	양도성
§21.221	Class I provisional airworthiness certificates.	21-92	§21.221	클래스 I 임시감항증명서
§21.223	Class II provisional airworthiness certificates.	21-92	§21.223	클래스 II 임시감항증명서
§21.225	Provisional airworthiness certificates corresponding with provisional amendments to type certificates.	21-92	§21.225	형식증명서의 임시개정에 따른 임시감항증명서
Subpart J - [Reserved: Delegation Option Authorization Procedures]			**Subpart J. [예비]:** 위임선택인가 절차]	
§21.231 through §21.293 removed by Amdt 21-93 (2011)			§21.231 ~ §21.293 삭제됨 (FAR Amdt 21-93, 2011)	
Subpart K - Parts Manufacturer Approvals			**Subpart K.** 부품제작자 승인	
§21.301	Applicability.	21-92	§21.301	적용범위
§21.303	Application.	21-92	§21.303	신청서 제출
§21.305	Organization.	21-98	§21.305	신청자 조직
§21.307	Quality system.	21-92	§21.307	품질시스템
§21.308	Quality manual.	21-92	§21.308	품질매뉴얼
§21.309	Location of or change to manufacturing facilities.	21-92	§21.309	제조시설 위치 또는 변경
§21.310	Inspections and tests.	21-92	§21.310	검사 및 시험
§21.311	Issuance.	21-92	§21.311	부품제작자승인서 발급
§21.313	Duration.	21-92	§21.313	유효기간
§21.314	Transferability.	21-92	§21.314	양도성
§21.316	Responsibility of holder.	21-92	§21.316	승인서 소지자 책임
§21.319	Design changes.	21-92	§21.319	설계변경
§21.320	Changes in quality system.	21-92	§21.320	품질시스템 변경
Subpart L - Export Airworthiness Approvals			**Subpart L.** 수출 감항승인	
§21.321	Applicability.	21-92	§21.321	적용범위
§21.325	Export airworthiness approvals.	21-92	§21.325	수출감항승인서
§21.327	Application.	21-109	§21.327	신청서 제출
§21.329	Issuance of export certificates of airworthiness.		§21.329	수출감항증명서 발급
§21.331	Issuance of export airworthiness approvals for		§21.331	항공기 엔진, 프로펠러, 부품류에 대한

FAR Part 21 (Amdt 21-109, 2025.07.24)			FAR Part 21 인증절차 번역	
	aircraft engines, propellers, and articles.	21-109		수출감항승인서 발급
§21.335	Responsibilities of exporters.	21-92	§21.335	수출사업자 책임
Subpart M - [Reserved: Designated Alteration Station Authorization Procedures]			**Subpart M. [예비]:** 지정개조사업장 인가절차]	
§21.431 through §21.493 removed by Amdt 21-93 (2011)			§21.231 ~ §21.293 삭제됨 (FAR Amdt 21-93, 2011)	
Subpart N - Acceptance of Aircraft Engines, Propellers, and Articles for Import			**Subpart N. 수입 항공기 엔진, 프로펠러, 부품류의 수락**	
§21.500	Acceptance of aircraft engines and propellers.	21-92	§21.500	엔진 및 프로펠러의 수락
§21.502	Acceptance of articles.	21-92	§21.502	부품류의 수락
Subpart O - Technical Standard Order Approvals			**Subpart O. 기술표준품 승인**	
§21.601	Applicability and definitions.	21-92	§21.601	적용범위 및 정의
§21.603	Application.	21-101	§21.603	신청서 제출
§21.605	Organization.	21-98	§21.605	신청자 조직
§21.607	Quality system.	21-92	§21.607	품질시스템
§21.608	Quality manual.	21-92	§21.608	품질매뉴얼
§21.609	Location of or change to manufacturing facilities.	21-92	§21.609	제조시설 위치 또는 변경
§21.610	Inspections and tests.	21-92	§21.610	검사 및 시험
§21.611	Issuance.	21-92	§21.611	기술표준품승인서 발급
§21.613	Duration.	21-92	§21.613	유효기간
§21.614	Transferability.	21-92	§21.614	양도성
§21.616	Responsibility of holder.	21-92	§21.616	승인서 소지자 책임
§21.618	Approval for deviation.	21-101	§21.618	완화 승인
§21.619	Design changes.	21-106	§21.619	설계변경
§21.620	Changes in quality system.	21-92	§21.620	품질시스템 변경
§21.621	Issue of letters of TSO design approval: Import articles.	21-92	§21.621	수입품목에 대한 기술표준품 설계승인서 발급
Subpart P - Special Federal Aviation Regulations			**Subpart P. 특별연방항공규정(SFAR)**	
§21.700	SFAR No. 111 - Lavatory Oxygen Systems.	21-94	§21.700	SFAR 111: 화장실 산소시스템

FAR Part 21 (Amdt 21-109, 2025.07.24)	FAR Part 21 인증절차 번역
Subpart A - General	Subpart A. 일반규정
§21.1 Applicability and definitions.	**§21.1 적용범위 및 정의**
(a) This part prescribes -	(a) 이 인증절차는 다음 사항을 규정한다.
(1) Procedural requirements for issuing and changing -	(1) 다음의 증명서 또는 승인서 발급과 그 변경에 관한 절차적 요건을 규정한다.
(i) Design approvals;	(i) 설계승인서
(ii) Production approvals;	(ii) 생산승인서
(iii) Airworthiness certificates; and	(iii) 감항증명서
(iv) Airworthiness approvals;	(iv) 감항승인서
(2) Rules governing applicants for, and holders of, any approval or certificate specified in paragraph (a)(1) of this section; and	(2) 위의 (a)(1)항에 규정된 증명서 또는 승인서에 대한 신청자 및 소지자를 관리하는 규칙을 규정한다.
(3) Procedural requirements for the approval of articles.	(3) 부품류의 승인을 위한 절차적 요건을 규정한다.
(b) For the purposes of this part -	(b) 이 인증절차의 용어는 다음과 같이 정의한다.
(1) *Airworthiness approval* means a document, issued by the FAA for an aircraft, aircraft engine, propeller, or article, which certifies that the aircraft, aircraft engine, propeller, or article conforms to its approved design and is in a condition for safe operation, unless otherwise specified;	(1) *감항승인서(Airworthiness Approval)*는 연방항공청이 항공기, 엔진, 프로펠러 또는 부품류에 대하여 발급하는 문서로서, 해당 항공기, 엔진, 프로펠러 또는 부품류가 그 승인된 설계에 합치하고 안전한 운용상태에 있음을 증명하는 문서를 말한다. 다만, 별도로 규정된 경우에는 예외로 한다.
(2) *Article* means a material, part, component, process, or appliance;	(2) *부품류(Article)*는 재료, 부품, 구성품, 공정 또는 장비품을 말한다.
(3) *Commercial part* means an article that is listed on an FAA-approved Commercial Parts List included in a design approval holder's Instructions for Continued Airworthiness required by §21.50;	(3) *상업용 부품(Commercial Part)*은 연방항공청이 승인한 상업용 부품목록(CPL) 또는 이 절차의 §21.50 요건에 따라 요구되는 설계승인 소지자의 감항성유지 지침서(ICA)에 등재된 부품류를 말한다.
(4) *Design approval* means a type certificate (including amended and supplemental type certificates) or the approved design under a PMA, TSO authorization, letter of TSO design approval, or other approved design;	(4) *설계승인서(Design Approval)*는 개정형식증명 및 부가형식증명을 포함한 형식증명, 또는 부품제작자승인(PMA), 기술표준품승인(TSOA), 기술표준품 설계승인(LODA)에 따라서 승인된 설계 부분, 또는 기타의 방법으로 설계를 승인하는 문서를 말한다.
(5) *Interface component* means an article that serves as a functional interface between an aircraft and an aircraft engine, an aircraft engine and a propeller, or an aircraft and a propeller. An interface component is designated by the holder of the type certificate or the supplemental type certificate who controls the approved design data for that article;	(5) *인터페이스 구성품(Interface Component)*은 항공기와 엔진, 엔진과 프로펠러, 또는 항공기와 프로펠러 사이에서 기능적 인터페이스 역할을 하는 부품류를 말한다. 이와 같은 인터페이스 구성품은 해당 품목에 대해 승인된 설계자료를 관리하는 형식증명 소지자 또는 부가형식증명 소지자에 의해서 지정된다.
(6) *Product* means an aircraft, aircraft engine, or propeller;	(6) *제품(Product)*은 항공기, 엔진, 또는 프로펠러를 말한다. *[주기] 항공안전법에서는 "항공기등"으로 표기함.*
(7) *Production approval* means a document issued by the FAA to a person that allows the production of a product or article in accordance with its approved design and approved quality system, and can take the form of a production certificate, a PMA, or a TSO authorization;	(7) *생산승인서(Production Approval)*는 해당되는 승인된 설계와 승인된 품질시스템에 따라 제품(product) 또는 부품류(article)를 생산할 수 있는 자에게 연방항공청(FAA)이 발급하는 제작증명서, 부품제작자승인서, 또는 기술표준품승인서 형태의 문서를 말한다.
(8) *State of Design* means the country or jurisdiction having regulatory authority over the organization responsible for the design and continued airworthiness of a civil aeronautical product or article;	(8) *설계국가(State of Design)*는 민간 항공제품 또는 부품류의 설계 및 감항성 유지를 책임지는 조직에 대한 규제권한을 가지고 있는 국가 또는 관할당국을 말한다.
(9) *State of Manufacture* means the country or jurisdiction having regulatory authority over the organization responsible for the production and airworthiness of a civil aeronautical	(9) *제작국가(State of Manufacture)*는 민간 항공제품

product or article. (10) *Supplier* means a person at any tier in the supply chain who provides a product, article, or service that is used or consumed in the design or manufacture of, or installed on, a product or article.	또는 부품류의 생산 및 감항성을 책임지는 조직에 대한 규제권한을 가지고 있는 국가 또는 관할당국을 말한다. (10) *공급자(Supplier)*는 제품 또는 부품류의 설계, 제작 또는 장착에 사용되는 제품, 부품류, 또는 용역을 제공하는 공급체인의 각 단계에 있는 자를 말한다.
§21.2 Falsification of applications, reports, or records.	**§21.2 신청서, 보고서, 또는 기록서의 변조**
(a) A person may not make or cause to be made - (1) Any fraudulent, intentionally false, or misleading statement on any application for a certificate or approval under this part; (2) Any fraudulent, intentionally false, or misleading statement in any record or report that is kept, made, or used to show compliance with any requirement of this part; (3) Any reproduction for a fraudulent purpose of any certificate or approval issued under this part. (4) Any alteration of any certificate or approval issued under this part. (b) The commission by any person of an act prohibited under paragraph (a) of this section is a basis for - (1) Denying issuance of any certificate or approval under this part; and (2) Suspending or revoking any certificate or approval issued under this part and held by that person.	(a) 누구든지 다음의 행위를 하거나 이를 유발하지 않아야 한다. (1) 이 규정에 의거한 증명 또는 승인 신청서에 사기, 의도적인 거짓 또는 혼동을 유발하는 내용을 기재. (2) 이 규정의 요건에 대한 적합성을 입증하기 위하여 보관, 작성, 사용되는 기록 또는 보고서에 사기, 의도적 거짓 또는 혼동을 유발하는 내용을 기재. (3) 이 규정에 의거해 발급된 증명서 또는 승인서를 부정한 목적으로 복제. (4) 이 규정에 의거해 발급된 증명서 또는 승인서의 변조. (b) 위의 (a)항에서 규정하는 금지된 행위를 하는 자는 다음의 처분을 받을 수 있다. (1) 이 규정에 의거한 증명서 또는 승인서 발급을 거절. (2) 이 규정에 따라 발급되어 해당자가 보유하고 있는 증명서 또는 승인서의 효력을 정지 또는 취소.
§21.3 Reporting of failures, malfunctions, and defects.	**§21.3 고장, 기능장애, 결함의 보고**
(a) The holder of a type certificate (including amended or supplemental type certificates), a PMA, or a TSO authorization, or the licensee of a type certificate must report any failure, malfunction, or defect in any product or article manufactured by it that it determines has resulted in any of the occurrences listed in paragraph (c) of this section.	(a) 개정형식증명서, 부가형식증명서를 포함한 형식증명서, 부품제작자승인서(PMA) 또는 기술표준품승인서(TSOA) 소지자 또는 형식증명에 대한 면허계약자는 해당 제품 또는 부품류에 아래의 (c)항에 제시된 상황을 초래하는 고장, 기능장애 또는 결함이 발생하는 경우, 이를 보고하여야 한다.
(b) The holder of a type certificate (including amended or supplemental type certificates), a PMA, or a TSO authorization, or the licensee of a type certificate must report any defect in any product or article manufactured by it that has left its quality system and that it determines could result in any of the occurrences listed in paragraph (c) of this section.	(b) 개정형식증명서 및 부가형식증명서를 포함한 형식증명서, 부품제작자승인서 또는 기술표준품승인서 소지자 또는 형식증명에 대한 면허계약자는 해당 품질시스템에 의거하여 제작되는 해당 제품 또는 부품류에 아래의 (c)항에 제시된 상황을 초래하는 결함이 발생하는 경우, 이를 보고하여야 한다.
(c) The following occurrences must be reported as provided in paragraphs (a) and (b) of this section: (1) Fires caused by a system or equipment failure, malfunction, or defect. (2) An engine exhaust system failure, malfunction, or defect which causes damage to the engine, adjacent aircraft structure, equipment, or components. (3) The accumulation or circulation of toxic or noxious gases in the crew compartment or passenger cabin. (4) A malfunction, failure, or defect of a propeller control system.	(c) 이 절의 (a)항과 (b)항에 규정된 바와 따라 보고해야 하는 상황은 다음과 같다. (1) 시스템 또는 장치품의 고장, 기능장애 또는 결함에 의한 화재. (2) 엔진, 인접한 기체 구조물, 장치품 또는 구성품에 손상을 유발하는 엔진의 배기시스템 고장, 기능장애 또는 결함. (3) 승무원실 또는 객실에 독성가스나 유해가스의 축적 또는 순환. (4) 프로펠러 제어시스템의 기능장애, 고장 또는 결함.

(5) A propeller or rotorcraft hub or blade structural failure.	(5) 프로펠러 또는 회전익 항공기 허브 또는 블레이드의 구조적 고장.
(6) Flammable fluid leakage in areas where an ignition source normally exists.	(6) 일반적으로 점화원이 존재하는 영역에 가연성 유체의 누출.
(7) A brake system failure caused by structural or material failure during operation.	(7) 운용 중에 구조적 또는 재료의 문제로 인한 브레이크 시스템의 고장.
(8) A significant aircraft primary structural defect or failure caused by any autogenous condition (fatigue, understrength, corrosion, etc.).	(8) 자체적인 문제(피로, 강도부족, 부식 등)로 인한 기체 주 구조물의 중대한 결함 또는 고장.
(9) Any abnormal vibration or buffeting caused by a structural or system malfunction, defect, or failure.	(9) 구조적 또는 시스템 기능장애, 결함 또는 고장으로 인한 비정상적인 진동 및 버피팅.
(10) An engine failure.	(10) 엔진의 고장.
(11) Any structural or flight control system malfunction, defect, or failure which causes an interference with normal control of the aircraft for which derogates the flying qualities.	(11) 항공기의 정상적인 제어를 방해하여 조종성을 저하시키는 구조적 또는 비행제어시스템의 기능장애, 결함 또는 고장.
(12) A complete loss of more than one electrical power generating system or hydraulic power system during a given operation of the aircraft.	(12) 항공기 운용 중에 하나 이상의 발전시스템 또는 유압시스템의 완전한 손실.
(13) A failure or malfunction of more than one attitude, airspeed, or altitude instrument during a given operation of the aircraft.	(13) 항공기 운용 중에 하나 이상의 자세계기, 속도계기 또는 고도계기의 고장 또는 기능장애.
(d) The requirements of paragraph (a) of this section do not apply to -	(d) 다음 사항에는 이 절의 (a)항에 규정된 요건을 적용하지 않는다.
(1) Failures, malfunctions, or defects that the holder of a type certificate (including amended or supplemental type certificates), PMA, TSO authorization, or the licensee of a type certificate determines -	(1) 개정형식증명서 또는 부가형식증명서를 포함한 형식증명서, 부품제작자승인서, 기술표준품승인서 소지자 또는 형식증명 면허계약자가 다음과 같이 판단하는 고장, 기능장애 또는 결함.
(i) Were caused by improper maintenance or use;	(i) 부적절한 정비 또는 부적절한 사용으로 인하여 발생된 사항.
(ii) Were reported to the FAA by another person under this chapter; or	(ii) 연방항공규정(FAR)의 해당 규정에 따라서 다른 사람에 의해 연방항공청(FAA)에 보고된 사항.
(iii) Were reported under the accident reporting provisions of 49 CFR part 830 of the regulations of the National Transportation Safety Board.	(iii) 미국교통안전위원회(NTSB)의 49 CFR Part 830 규정에 따라 해당 사고가 보고된 사항.
(2) Failures, malfunctions, or defects in products or articles -	(2) 다음과 같이 제작되거나 수출되는 제품이나 부품류에 대한 고장, 기능장애, 또는 결함.
(i) Manufactured by a foreign manufacturer under a U.S. type certificate issued under §21.29 or under an approval issued under §21.621; or	(i) 이 규정의 §21.29에 의해 발급된 미국의 형식증명서 또는 §21.621에 의해 발급된 승인서에 따라서 외국의 제작자가 생산한 제품 또는 부품류.
(ii) Exported to the United States under §21.502.	(ii) 이 규정의 §21.502 요건에 따라서 미국에 수출되는 제품 또는 부품류.
(e) Each report required by this section -	(e) 이 절에 따른 보고는 다음과 같아야 한다.
(1) Must be made to the FAA within 24 hours after it has determined that the failure, malfunction, or defect required to be reported has occurred. However, a report that is due on a Saturday or a Sunday may be delivered on the following Monday and one that is due on a holiday may be delivered on the next workday;	(1) 보고 사항에 해당하는 고장, 기능장애 또는 결함의 발생이 인지된 시점부터 24시간 이내에 연방항공청에 보고해야 한다. 다만, 보고시한이 토요일 또는 일요일인 때에는 차주 월요일에 제출하고, 휴일인 경우에는 그 다음 근무일까지 제출할 수 있다.
(2) Must be transmitted in a manner and form acceptable to the FAA and by the most expeditious method available; and	(2) 연방항공청이 인정하는 방식과 서식에 따라 가장 신속한 방법으로 제출하여야 한다.
(3) Must include as much of the following information as	(3) 보고서에는 해당되는 다음의 정보를 충분히 포

is available and applicable:	함되어야 한다.
(i) The applicable product and article identification information required by part 45 of this chapter;	(i) 연방항공규정 Part 45에 따라 요구되는 해당 제품 및 부품류에 대한 식별정보.
(ii) Identification of the system involved; and	(ii) 해당 시스템에 대한 식별정보.
(iii) Nature of the failure, malfunction, or defect.	(iii) 고장, 기능장애 또는 결함의 특징적 요소.
(f) If an accident investigation or service difficulty report shows that a product or article manufactured under this part is unsafe because of a manufacturing or design data defect, the holder of the production approval for that product or article must, upon request of the FAA, report to the FAA the results of its investigation and any action taken or proposed by the holder of that production approval to correct that defect. If action is required to correct the defect in an existing product or article, the holder of that production approval must send the data necessary for issuing an appropriate airworthiness directive to the FAA.	(f) 사고조사보고서 또는 항공기고장보고서(SDR)에 이 규정에 따라 제작된 제품 또는 부품류에 대한 불안전한 상태가 해당 제작 또는 설계 데이터의 문제로 인한 것으로 명시되어 있는 경우에 해당 제품 또는 부품류에 대한 생산승인 소지자는 연방항공청의 요청에 따라서 해당 결함을 시정하기 위하여 취해진 자체적인 조사 및 시정조치의 결과 또는 제안 내용을 연방항공청에 보고하여야 한다. 현재 운용 중인 제품 또는 부품류에 관련된 결함을 시정하기 위한 조치가 필요한 경우에 해당 생산승인 소지자는 감항성개선지시서(AD) 발행에 필요한 데이터를 연방항공청(FAA)에 제출하여야 한다.
§21.4 ETOPS reporting requirements.	**§21.4 장거리 운항승인 보고 요건**
(a) Early ETOPS: reporting, tracking, and resolving problems. The holder of a type certificate for an airplane-engine combination approved using the Early ETOPS method specified in part 25, Appendix K, of this chapter must use a system for reporting, tracking, and resolving each problem resulting in one of the occurrences specified in paragraph (a)(6) of this section.	(a) 조기 장거리 운항(Early ETOPS)에 대한 문제점 보고, 추적 및 해결 : 연방항공규정 Part 25의 부록 K에서 규정하는 조기 장거리 운항 방법을 적용하는 것으로 승인된 비행기-엔진 조합에 대한 형식증명 소지자는 다음의 (a)(6)항에서 규정하는 상황을 유발하는 각 문제를 보고, 추적 및 해결하는데 필요한 시스템을 운영하여야 한다.
(1) The system must identify how the type certificate holder will promptly identify problems, report them to the responsible Aircraft Certification Service office, and propose a solution to the FAA to resolve each problem. A proposed solution must consist of -	(1) 해당 시스템은 형식증명 소지자가 신속히 문제를 식별하고, 그 문제를 연방항공청 항공인증국(AIR)의 해당 사무소에 보고하고, 해당 문제를 해결하기 위한 해법을 연방항공청에 제안할 수 있는 시스템이어야 한다. 해법으로 제안되는 조치는 다음과 같은 것이어야 한다.
(i) A change in the airplane or engine type design;	(i) 비행기 또는 엔진의 형식설계 변경.
(ii) A change in a manufacturing process;	(ii) 제조공정의 변경.
(iii) A change in an operating or maintenance procedure; or	(iii) 운용 또는 정비 절차의 변경.
(iv) Any other solution acceptable to the FAA.	(iv) 연방항공청이 인정하는 기타의 해법.
(2) For an airplane with more than two engines, the system must be in place for the first 250,000 world fleet engine-hours for the approved airplane-engine combination.	(2) 2대 이상의 엔진을 장착한 비행기의 경우에 승인받은 비행기-엔진 조합에 대하여 전체 기단의 초기 엔진운용 250,000시간 동안 해당 시스템을 유지하여야 한다.
(3) For two-engine airplanes, the system must be in place for the first 250,000 world fleet engine-hours for the approved airplane-engine combination and after that until -	(3) 2대의 엔진을 장착한 비행기의 경우에 승인받은 비행기-엔진 조합에 대하여 전체 기단의 초기 엔진운용 250,000시간 동안, 그리고 그 이후 다음의 조건을 만족할 때까지 해당 시스템을 유지하여야 한다.
(i) The world fleet 12-month rolling average IFSD rate is at or below the rate required by paragraph (b)(2) of this section; and	(i) 전체 기단의 12개월 연속평균 비행중 엔진정지(IFSD)율이 이 절의 (b)(2)항에서 규정하는 값 이하가 되는 때.
(ii) The FAA determines that the rate is stable.	(ii) 비행중 엔진정지율이 안정화되었다고 연방항공청이 결정하는 때.
(4) For an airplane-engine combination that is a derivative of an airplane-engine combination previously approved for	(4) 기존에 장거리 운항(ETOPS) 승인을 받은 비행기-엔진 조합에 대한 파생형 비행기-엔진 조합의 경우

ETOPS, the system need only address those problems specified in the following table, provided the type certificate holder obtains prior authorization from the FAA:

If the change does not require a new airplane type certificate and . . .	Then the Problem Tracking and Resolution System must address . . .
(i) Requires a new engine type certificate	All problems applicable to the new engine installation, and for the remainder of the airplane, problems in changed systems only.
(ii) Does not require new engine type certificate	Problems in changed systems only.

(5) The type certificate holder must identify the sources and content of data that it will use for its system. The data must be adequate to evaluate the specific cause of any in-service problem reportable under this section or §21.3(c) that could affect the safety of ETOPS.

(6) In implementing this system, the type certificate holder must report the following occurrences:

(i) IFSDs, except planned IFSDs performed for flight training.

(ii) For two-engine airplanes, IFSD rates.

(iii) Inability to control an engine or obtain desired thrust or power.

(iv) Precautionary thrust or power reductions.

(v) Degraded ability to start an engine in flight.

(vi) Inadvertent fuel loss or unavailability, or uncorrectable fuel imbalance in flight.

(vii) Turn backs or diversions for failures, malfunctions, or defects associated with an ETOPS group 1 significant system.

(viii) Loss of any power source for an ETOPS group 1 significant system, including any power source designed to provide backup power for that system.

(ix) Any event that would jeopardize the safe flight and landing of the airplane on an ETOPS flight.

(x) Any unscheduled engine removal for a condition that could result in one of the reportable occurrences listed in this paragraph.

(b) Reliability of two-engine airplanes -

(1) Reporting of two-engine airplane in-service reliability. The holder of a type certificate for an airplane approved for ETOPS and the holder of a type certificate for an engine installed on an airplane approved for ETOPS must report monthly to their respective Aircraft Certification Service office on the reliability of the world fleet of those airplanes and engines. The report provided by both the airplane and engine type certificate holders must address each airplane-engine combination approved for ETOPS. The FAA

에 해당 시스템은 다음의 표에 제시된 문제와 연방항공청의 인가를 받기 전에 형식증명 소지자에게 제공된 사항만을 다루는 것이 필요하다.

변경으로 인하여 신규 비행기 형식증명이 요구되지 않고 다음과 같을 때,	문제 추적 및 해결 시스템은 다음 사항을 제시하여야 한다.
(i) 신규 엔진 형식증명이 요구되는 경우,	신규 엔진 장착에 적용되는 모든 문제, 그리고 비행기의 나머지 사항에 대해서는 변경된 시스템에만 관련된 문제.
(ii) 신규 엔진 형식증명이 요구되지 않는 경우,	변경된 시스템에만 관련된 문제.

(5) 형식증명 소지자는 해당 시스템에 사용될 데이터 제공자와 그 내용을 식별하여야 한다. 해당 데이터는 장거리 운항(ETOPS) 안전성에 영향을 미칠 수 있는 것으로 이 절의 요건 또는 §21.3(c)항에 따라서 보고되는 운용중 문제에 대한 해당 원인을 평가하기에 적정한 것이어야 한다.

(6) 이 시스템을 실행함에 있어서, 형식증명 소지자는 다음 상황을 보고하여야 한다.

(i) 비행중 엔진정지(IFSD). 단, 비행훈련을 목적으로 계획된 비행중 엔진정지는 제외한다.

(ii) 쌍발 엔진 비행기에 대한 비행중 엔진정지율.

(iii) 엔진 제어가 불가능하거나 목적하는 추력 또는 출력 발생이 불가능한 현상.

(iv) 예방이 필요한 추력 또는 출력의 감소.

(v) 비행중 엔진 시동 능력의 저하.

(vi) 의도하지 않은 연료 유실 또는 이용불가, 또는 비행중 시정할 수 없는 연료 불균형.

(vii) 장거리 운항(ETOPS) 그룹 1 중대한 시스템에 관련된 고장, 기능장애 또는 결함에 대한 복귀 또는 전환.

(viii) 장거리 운항(ETOPS) 그룹 1 중대한 시스템에 사용되는 동력원의 손실. 해당 시스템에 백업 동력을 공급하도록 설계된 동력원을 포함한다.

(ix) 장거리 운항(ETOPS) 비행 중에 안전한 비행과 착륙을 위태롭게 하는 모든 이벤트.

(x) 이 구절에 나열된 보고 상황을 유발할 수 있는 상태를 해소하기 위한 비계획 엔진 장탈.

(b) 쌍발 엔진 비행기의 신뢰성에 관하여 다음과 같이 보고하여야 한다.

(1) 쌍발 엔진 비행기의 운용 신뢰성 보고 : 장거리 운항(ETOPS) 승인을 받은 비행기에 대한 형식증명 소지자와 그 비행기에 장착된 엔진의 형식증명 소지자는 매월 전체 기단의 해당 비행기 및 엔진의 신뢰성에 관한 보고서를 연방항공청 항공인증국(AIR)의 해당 사무소에 제출하여야 한다. 해당 비행기와 엔진에 대한 형식증명 소지자가 각각 제출하는 보고서에는 장거리 운항(ETOPS) 승인을 받은 각 비행기-엔진 조합에 관한 사항이 제시되어야 한다. 연방항공청이

may approve quarterly reporting if the airplane-engine combination demonstrates an IFSD rate at or below those specified in paragraph (b)(2) of this section for a period acceptable to the FAA. This reporting may be combined with the reporting required by §21.3. The responsible type certificate holder must investigate any cause of an IFSD resulting from an occurrence attributable to the design of its product and report the results of that investigation to its responsible Aircraft Certification Service office. Reporting must include:

(i) Engine IFSDs, except planned IFSDs performed for flight training.

(ii) The world fleet 12-month rolling average IFSD rates for all causes, except planned IFSDs performed for flight training.

(iii) ETOPS fleet utilization, including a list of operators, their ETOPS diversion time authority, flight hours, and cycles.

(2) World fleet IFSD rate for two-engine airplanes. The holder of a type certificate for an airplane approved for ETOPS and the holder of a type certificate for an engine installed on an airplane approved for ETOPS must issue service information to the operators of those airplanes and engines, as appropriate, to maintain the world fleet 12-month rolling average IFSD rate at or below the following levels:

(i) A rate of 0.05 per 1,000 world-fleet engine-hours for an airplane-engine combination approved for up to and including 120-minute ETOPS. When all ETOPS operators have complied with the corrective actions required in the configuration, maintenance and procedures (CMP) document as a condition for ETOPS approval, the rate to be maintained is at or below 0.02 per 1,000 world-fleet engine-hours.

(ii) A rate of 0.02 per 1,000 world-fleet engine-hours for an airplane-engine combination approved for up to and including 180-minute ETOPS, including airplane-engine combinations approved for 207-minute ETOPS in the North Pacific operating area under appendix P, section I, paragraph (h), of part 121 of this chapter.

(iii) A rate of 0.01 per 1,000 world-fleet engine-hours for an airplane-engine combination approved for ETOPS beyond 180 minutes, excluding airplane-engine combinations approved for 207-minute ETOPS in the North Pacific operating area under appendix P, section I, paragraph (h), of part 121 of this chapter.

§21.5 Airplane or Rotorcraft Flight Manual.

(a) With each airplane or rotorcraft not type certificated with an Airplane or Rotorcraft Flight Manual and having no flight time before March 1, 1979, the holder of a type

인정하는 기간 동안 해당 비행기-엔진 조합의 비행중 엔진정지율(IFSD)이 이 절의 (b)(2)항에 제시된 값 이하인 경우에 연방항공청은 매분기 단위로 보고내용을 승인할 수 있다. 이와 같은 보고는 §21.3 요건에 따라 요구되는 보고내용에 통합될 수 있다. 해당 형식증명 소지자는 해당 제품의 설계로 인하여 발생한 비행중 엔진정지 현상의 원인을 조사해야 하고, 그 조사결과를 연방항공청 항공인증국(AIR)의 해당 사무소에 보고하여야 한다. 해당 보고 내용에는 다음 사항을 포함하여야 한다.

(i) 비행중 엔진정지(IFSD). 단, 비행훈련을 목적으로 계획된 비행중 엔진정지는 제외한다.

(ii) 모든 원인에 대한 전체 기단의 12개월 연속평균 비행중 엔진정지(IFSD)율. 단, 비행훈련을 목적으로 계획된 비행중 엔진정지는 제외한다.

(iii) 장거리 운항(ETOPS) 기단의 운항실적. 항공기 운항사 목록, ETOPS 전환 승인시간, 비행시간, 그리고 사이클을 포함한다.

(2) 쌍발 엔진 비행기에 대한 전체 기단의 비행중 엔진정지율 : 장거리 운항(ETOPS) 승인을 받은 비행기에 대한 형식증명 소지자와 해당 비행기에 장착되는 엔진의 형식증명 소지자는 해당 비행기 및 엔진에 대한 전체 기단의 12개월 연속평균 비행중 엔진정지율을 다음에 제시된 수준 이하로 유지하는데 필요한 운용정보를 해당 운항사에 제공하여야 한다.

(i) 120분 이하 장거리 운항(ETOPS) 승인을 받은 비행기-엔진 조합의 경우에 전체 기단의 엔진운용 1,000시간당 0.05의 비율. 단, 모든 장거리 운항(ETOPS) 비행기 운항사가 ETOPS 승인 조건으로 제시된 형상, 정비 및 절차(CMP) 문서에서 요구되는 시정조치를 받은 때에는 전체 기단의 엔진운용 1,000시간당 0.02 이하의 비율을 유지하여야 한다.

(ii) 180분 이하 장거리 운항(ETOPS) 승인을 받은 비행기-엔진 조합과 연방항공규정 Part 121의 부록 P, Section I, (h)항의 규정에 의거하여 북태평양 항로에서 207분 장거리 운항(ETOPS) 승인을 받은 비행기-엔진 조합의 경우에는 전체 기단의 엔진운용 1,000시간당 0.02의 비율.

(iii) 180분 초과 장거리 운항(ETOPS) 승인을 받은 비행기-엔진 조합의 경우에 전체 기단의 엔진운용 1,000시간당 0.01의 비율. 단, 연방항공규정 Part 121의 부록 P, Section I, (h)항의 규정에 의한 북태평양 항로에서 207분 장거리 운항(ETOPS) 승인을 받은 비행기-엔진 조합은 제외한다.

§21.5 비행기 또는 회전익 항공기 비행교범

(a) 비행기 또는 회전익 항공기가 형식증명을 받을 당시에 해당 비행교범이 제시되지 않았고, 1979년 3월 1일 이전에 비행한 실적이 없는 경우에 해당 형식증

certificate (including amended or supplemental type certificates) or the licensee of a type certificate must make available to the owner at the time of delivery of the aircraft a current approved Airplane or Rotorcraft Flight Manual.
(b) The Airplane or Rotorcraft Flight Manual required by paragraph (a) of this section must contain the following information:

(1) The operating limitations and information required to be furnished in an Airplane or Rotorcraft Flight Manual or in manual material, markings, and placards, by the applicable regulations under which the airplane or rotorcraft was type certificated.

(2) The maximum ambient atmospheric temperature for which engine cooling was demonstrated must be stated in the performance information section of the Flight Manual, if the applicable regulations under which the aircraft was type certificated do not require ambient temperature on engine cooling operating limitations in the Flight Manual.

(3) Documentation of compliance with part 38 of this chapter, in an FAA-approved section of any approved airplane flight manual. Such material must include the fuel efficiency metric value as calculated under §38.11 of this chapter, and the specific paragraph of §38.17 of this chapter with which compliance has been shown for that airplane.

명(개정형식증명 및 부가형식증명 포함) 소지자 또는 해당 형식증명에 대한 면허계약자는 항공기 인도 당시의 소유자에게 현재의 승인된 비행기 또는 회전익 항공기 비행교범을 이용할 수 있도록 하여야 한다.
(b) 위의 (a)항에 따라 요구되는 비행기 또는 회전익 항공기 비행교범은 다음의 정보를 수록하여야 한다.

(1) 해당 비행기 또는 회전익 항공기가 형식증명을 받을 당시에 적용된 감항규정에 의거해 비행기 또는 회전익 항공기 비행교범 또는 교범 자료, 식별표시, 플래카드에 제시될 사항으로 규정된 운용한계 및 정보를 명시하여야 한다.

(2) 해당 항공기가 형식증명을 받을 당시에 적용된 감항규정에서 비행교범의 엔진냉각 운용한계 부분에 외기온도를 규정하도록 요구하지 않은 경우에는 해당 비행교범의 성능정보 부분에 엔진의 냉각을 위하여 실증된 최대 대기온도를 명시하여야 한다.

(3) 비행기 비행교범의 연방항공청 승인 부분(FAA-approved section)에 연방항공규정 Part 38에 대한 적합성 문서를 제시하여야 한다. 이들 자료는 §38.11에 따라 계산된 연료효율 값(metric value), 그리고 해당 비행기에 적합성이 입증된 §38.17의 해당 구절(paragraph)을 포함하여야 한다.

§21.6 Manufacture of new aircraft, aircraft engines, and propellers.

(a) Except as specified in paragraphs (b) and (c) of this section, no person may manufacture a new aircraft, aircraft engine, or propeller based on a type certificate unless the person -

(1) Is the holder of the type certificate or has a licensing agreement from the holder of the type certificate to manufacture the product; and

(2) Meets the requirements of subpart F or G of this part.

(b) A person may manufacture one new aircraft based on a type certificate without meeting the requirements of paragraph (a) of this section if that person can provide evidence acceptable to the FAA that the manufacture of the aircraft by that person began before August 5, 2004.

(c) The requirements of this section do not apply to

(1) New aircraft imported under the provisions of §21.183(c), §21.184(b), or §21.185(c); and

(2) New aircraft engines or propellers imported under the provisions of §21.500.

§21.6 신규 항공기, 엔진, 프로펠러의 제작

(a) 다음의 요건을 갖추지 않은 자는 형식증명에 근거하여 해당 신규 항공기, 엔진 또는 프로펠러를 제작할 수 없다. 단, 다음의 (b)항과 (c)항에 규정한 경우는 예외로 한다.

(1) 해당 형식증명 소지자 또는 해당 형식증명 소지자와 해당 제품의 제작에 관한 면허계약을 체결한 자.

(2) 이 규정의 Subpart F 또는 Subpart G에서 규정하는 요건을 충족하는 자.

(b) 2004년 8월 5일 이전에 해당 항공기의 제작을 시작하였음을 입증하는 서류를 연방항공청에 제출할 수 있는 자는 위의 (a)항에서 규정하는 요건을 충족하지 않아도 형식증명에 근거한 신규 항공기를 제작할 수 있다.

(c) 다음의 제품에는 이 절의 요건을 적용하지 않는다.

(1) §21.183(c), §21.184(b) 또는 §21.185(c)항에 따라서 수입되는 신규 항공기.

(2) §21.500 요건에 따라서 수입되는 신규 항공기 엔진 또는 프로펠러.

§21.7 Continued airworthiness and safety improvements for transport category airplanes.

(a) On or after December 10, 2007, the holder of a design approval and an applicant for a design approval must

§21.7 수송급 비행기에 대한 감항성 유지 및 안전성 개선

(a) 2007년 12월 10일 이후에 설계승인 신청자 또는 설계승인 소지자는 연방항공규정 Part 26에 제시된

comply with the applicable continued airworthiness and safety improvement requirements of part 26 of this subchapter.

(b) For new transport category airplanes manufactured under the authority of the FAA, the holder or licensee of a type certificate must meet the applicable continued airworthiness and safety improvement requirements specified in part 26 of this subchapter for new production airplanes. Those requirements only apply if the FAA has jurisdiction over the organization responsible for final assembly of the airplane.

감항성 유지 및 안전성 개선을 위한 해당 요건에 대한 적합성을 입증하여야 한다.

(b) 연방항공청의 관리 하에서 수송급 비행기를 제작하는 형식증명 소지자 또는 이에 대한 면허계약자는 해당 신규 비행기 생산에 대하여 연방항공규정 Part 26에 제시된 감항성 유지 및 안전성 개선의 해당 요건을 만족하여야 한다. 다만, 이와 같은 요건은 해당 비행기의 최종 조립을 담당하는 조직이 연방항공청의 관할에 있는 경우에만 적용된다.

§21.8 Approval of articles.

If an article is required to be approved under this chapter, it may be approved -

(a) Under a PMA;
(b) Under a TSO;
(c) In conjunction with type certification procedures for a product; or
(d) In any other manner approved by the FAA.

§21.8 부품류에 대한 승인

연방항공규정에 따라 승인을 받고자 하는 부품류(article)는 다음과 같은 방법으로 승인받을 수 있다.

(a) 부품제작자승인(PMA).
(b) 기술표준품승인(TSOA).
(c) 제품에 대한 형식증명 절차와 연계한 승인.
(d) 연방항공청이 승인하는 기타의 방법.

§21.9 Replacement and modification articles.

(a) If a person knows, or should know, that a replacement or modification article is reasonably likely to be installed on a type-certificated product, the person may not produce that article unless it is -

(1) Produced under a type certificate;
(2) Produced under an FAA production approval;
(3) A standard part (such as a nut or bolt) manufactured in compliance with a government or established industry specification;
(4) A commercial part as defined in §21.1 of this part;
(5) Produced by an owner or operator for maintaining or altering that owner or operator's product;
(6) Fabricated by an appropriately rated certificate holder with a quality system, and consumed in the repair or alteration of a product or article in accordance with part 43 of this chapter; or
(7) Produced in any other manner approved by the FAA.

(b) Except as provided in paragraphs (a)(1) through (a)(2) of this section, a person who produces a replacement or modification article for sale may not represent that part as suitable for installation on a type-certificated product.

(c) Except as provided in paragraphs (a)(1) through (a)(2) of this section, a person may not sell or represent an article as suitable for installation on an aircraft type-certificated under §21.25(a)(2) or §21.27 unless that article -

(1) Was declared surplus by the U.S. Armed Forces, and
(2) Was intended for use on that aircraft model by the U.S. Armed Forces.

§21.9 대체 및 개조용 부품류

(a) 대체 또는 개조용 부품류가 형식증명을 받은 제품에 장착될 수 있다는 사실을 알고 있거나 알아야 하는 자는 다음의 요건을 갖추지 않은 품목을 생산할 수 없다.

(1) 형식증명에 의거하여 생산되는 품목.
(2) 연방항공청의 생산승인에 의거하여 생산되는 품목.
(3) 정부 또는 산업체 규격에 적합하도록 제작되는 표준 부품(볼트, 너트 등).
(4) 이 규정의 §21.1 요건에 정의된 바와 같은 상용 부품.
(5) 소유자 또는 운항사가 자신의 제품을 정비하거나 개조하기 위하여 생산하는 품목.
(6) 품질시스템을 구비한 해당 한정증명 소지자가 제작하고, 연방항공규정 Part 43에 따른 제품이나 부품류의 수리 또는 개조에 소요되는 품목.
(7) 연방항공청이 승인한 그 밖의 방법에 따라서 생산되는 품목.

(b) 위의 (a)(1)항과 (a)(2)항에 제시된 사항을 제외하고, 판매를 목적으로 대체용 또는 개조용 부품류를 생산하는 자는 해당 부품을 형식증명 받은 제품에 장착하기에 적정한 것으로 제시할 수 없다.

(c) 이 절의 (a)(1)항과 (a)(2)항에 제시된 사항을 제외하고, 누구든지 다음에서 규정하는 품목이 아니면 §21.25(a)(2)항 또는 §21.27 요건에 따른 형식증명을 받은 항공기에 장착하기에 적정한 품목으로 판매하거나 제시할 수 없다.

(1) 미군이 잉여물자로 선언한 품목.
(2) 미군이 해당 항공기 모델에 장착하여 사용하고자 하는 품목.

Subpart B - Type Certificates	Subpart B. 형식증명
§21.11 Applicability.	**§21.11 적용범위**
This subpart prescribes - (a) Procedural requirements for the issue of type certificates for aircraft, aircraft engines, and propellers; and (b) Rules governing the holders of those certificates.	이 Subpart는 다음 사항을 규정한다. (a) 항공기, 엔진 및 프로펠러의 형식증명서(TC) 발급에 관한 절차적 요건. (b) 그 증명서 소지자를 관리하는 규칙.
§21.13 Eligibility.	**§21.13 신청자격**
Any interested person may apply for a type certificate.	형식증명에 관심 있는 자는 누구든지 이를 신청할 수 있다.
§21.15 Application for type certificate.	**§21.15 형식증명 신청**
(a) An application for a type certificate is made on a form and in a manner prescribed by the FAA. (b) An application for an aircraft type certificate must be accompanied by a three-view drawing of that aircraft and available preliminary basic data. (c) An application for an aircraft engine type certificate must be accompanied by a description of the engine design features, the engine operating characteristics, and the proposed engine operating limitations.	(a) 형식증명 신청서는 연방항공청이 지정한 서식과 방법에 따라서 작성되어야 한다. (b) 항공기에 대한 형식증명 신청서에는 해당 항공기의 3면도와 가용한 기본 데이터를 첨부하여야 한다. (c) 항공기 엔진에 대한 형식증명 신청서에는 엔진의 설계특징에 관한 설명자료, 운용특성, 그리고 운용한계에 관한 제안내용을 첨부하여야 한다.
§21.16 Special conditions.	**§21.16 특별감항조건**
If the FAA finds that the airworthiness regulations of this subchapter do not contain adequate or appropriate safety standards for an aircraft, aircraft engine, or propeller because of a novel or unusual design feature of the aircraft, aircraft engine or propeller, he prescribes special conditions and amendments thereto for the product. The special conditions are issued in accordance with Part 11 of this chapter and contain such safety standards for the aircraft, aircraft engine or propeller as the FAA finds necessary to establish a level of safety equivalent to that established in the regulations.	해당 항공기, 엔진 또는 프로펠러의 설계특징이 새롭거나 특이하기 때문에 현행 감항규정이 해당되는 안전성 기준을 포함하고 있지 않거나 그대로 적용하기에 적정하지 않은 것으로 연방항공청이 확인한 경우에는 해당 제품에 대한 특별감항조건(SC)을 설정하고, 추후에 감항규정을 개정한다. 특별감항조건은 연방항공규정 Part 11에 따라서 발행되고, 해당 항공기, 엔진 또는 프로펠러의 안전성을 해당 규정에 따른 안전성과 동등한 수준으로 유지하는데 필요한 것으로 연방항공청이 판단한 안전성 기준을 포함한다.
§21.17 Designation of applicable regulations.	**§21.17 적용규정의 지정**
(a) Except as provided in §25.2, §27.2, §29.2 of this subchapter, and in parts 26, 34, 36, and 38 of this subchapter, an applicant for a type certificate must show that the aircraft, aircraft engine, or propeller concerned meets - (1) The applicable requirements of this subchapter that are effective on the date of application for that certificate unless - (i) Otherwise specified by the FAA; or (ii) Compliance with later effective amendments is elected or required under this section; and (2) Any special conditions prescribed by the FAA. (b) For special classes of aircraft, including the engines and propellers installed thereon (e.g., gliders, airships, and other nonconventional aircraft), for which airworthiness standards	(a) 형식증명 신청자는 해당 항공기, 엔진, 또는 프로펠러가 다음의 요건을 만족한다는 것을 입증하여야 한다. 다만, 연방항공규정의 §25.2, §27.2, §29.2와 Part 26, Part 34, Part 36, Part 38에 제시된 사항은 예외로 한다. (1) 해당 형식증명 신청일에 유효한 연방항공규정의 해당 요건. 다만, 다음의 경우에는 예외로 한다. (i) 연방항공청이 별도로 규정한 경우. (ii) 신청자의 선택 또는 이 절의 요건에 따라 최신 개정판 규정에 대한 적합성이 요구되는 경우. (2) 연방항공청이 규정한 특별감항조건(SC). (b) 글라이더, 비행선 및 기타 일반적이지 않은 항공기와 같은 특별분류 항공기와 이에 장착되는 엔진 및 프로펠러에 대한 감항기준이 연방항공규정으로 제정

have not been issued under this subchapter, the applicable requirements will be the portions of those other airworthiness requirements contained in Parts 23, 25, 27, 29, 31, 33, and 35 found by the FAA to be appropriate for the aircraft and applicable to a specific type design, or such airworthiness criteria as the FAA may find provide an equivalent level of safety to those parts.	되지 않은 경우에는 Part 23, 25, 27, 29, 31, 33, 35에 포함되어 있는 요건 중에서 연방항공청이 해당 항공기에 해당되고 특별한 형식설계에 적용할 수 있는 것으로 확인한 감항요건 부분, 또는 해당 감항기준과 동등한 수준의 안전성 요건을 규정하고 있는 것으로 연방항공청이 확인한 그 밖의 감항성 기준을 해당 적용요건으로 한다.
(c) An application for type certification of a transport category aircraft is effective for 5 years and an application for any other type certificate is effective for 3 years, unless an applicant shows at the time of application that his product requires a longer period of time for design, development, and testing, and the FAA approves a longer period.	(c) 수송급 항공기에 대한 형식증명 신청은 5년 동안 유효하고, 기타의 다른 형식증명 신청은 3년 동안 유효하다. 다만, 신청자가 형식증명을 신청할 당시에 해당 제품의 설계, 개발 및 시험이 장기간 수행되어야 한다는 것을 밝히고 연방항공청이 이를 승인한 경우에는 예외로 한다.
(d) In a case where a type certificate has not been issued, or it is clear that a type certificate will not be issued, within the time limit established under paragraph (c) of this section, the applicant may -	(d) 위의 (c)항에 규정된 시한 이내에 형식증명서가 발급되지 않았거나, 발급되지 않을 것이 명확한 경우에 해당 신청자는 다음과 같이 진행할 수 있다.
(1) File a new application for a type certificate and comply with all the provisions of paragraph (a) of this section applicable to an original application; or	(1) 형식증명에 대한 신규 신청서를 제출하고, 이 절의 (a)항의 규정 중에서 원래의 형식증명 신청에 적용되는 모든 요건에 대한 적합성을 입증한다.
(2) File for an extension of the original application and comply with the applicable airworthiness requirements of this subchapter that were effective on a date, to be selected by the applicant, not earlier than the date which precedes the date of issue of the type certificate by the time limit established under paragraph (c) of this section for the original application.	(2) 원래의 신청서에 대한 시한 연장을 요청하고, 원래의 신청서에 대하여 이 절의 (c)항에 의거 설정된 시한에 따른 형식증명 발급일 이전의 날짜보다 빠르지 않은 날 중에서 신청자가 선택한 일자에 유효한 연방항공규정의 해당 감항요건에 대한 적합성을 입증한다.
(e) If an applicant elects to comply with an amendment to this subchapter that is effective after the filing of the application for a type certificate, he must also comply with any other amendment that the FAA finds is directly related.	(e) 신청자가 형식증명 신청서를 제출한 이후에 유효한 연방항공규정의 개정판에 대한 적합성 입증을 선택하는 경우, 해당 신청자는 연방항공청이 직접적으로 관련 있다고 판단한 그 밖의 개정판에 대해서도 적합성을 입증하여야 한다.
(f) For primary category aircraft, the requirements are:	(f) 초급 항공기에 대한 요건은 다음과 같다.
(1) The applicable airworthiness requirements contained in parts 23, 27, 31, 33, and 35 of this subchapter, or such other airworthiness criteria as the FAA may find appropriate and applicable to the specific design and intended use and provide a level of safety acceptable to the FAA.	(1) 연방항공규정의 Part 23, 27, 31, 33, 35에 포함되어 있는 해당 감항요건, 또는 특정한 설계와 사용 목적에 적용될 수 있고 동등한 수준의 안전성을 규정하고 있는 것으로 연방항공청이 확인한 기타의 감항성 기준.
(2) The noise standards of part 36 applicable to primary category aircraft.	(2) 초급 항공기에 적용되는 Part 36의 소음에 관한 기준.
§21.19 Changes requiring a new type certificate.	**§21.19 신규 형식증명이 요구되는 변경**
Each person who proposes to change a product must apply for a new type certificate if the FAA finds that the proposed change in design, power, thrust, or weight is so extensive that a substantially complete investigation of compliance with the applicable regulations is required.	제품의 설계, 출력, 추력 또는 중량에 관한 변경이 매우 광범위하여 적용규정에 대한 적합성을 실질적으로 완전한 조사가 필요하다고 연방항공청이 판단한 경우에 이를 제안한 자는 신규로 형식증명을 신청하여야 한다.
§21.20 Compliance with applicable requirements.	**§21.20 적용요건에 대한 적합성**
The applicant for a type certificate, including an amended	개정형식증명 또는 부가형식증명을 포함한 형식증

or supplemental type certificate, must -
(a) Show compliance with all applicable requirements and must provide the FAA the means by which such compliance has been shown; and
(b) Provide a statement certifying that the applicant has complied with the applicable requirements.

명 신청자는 다음과 같이 적합성을 입증해야 한다,
(a) 모든 적용요건에 대한 적합성을 입증하고, 그 적합성 입증에 사용된 방법을 연방항공청에 제출하여야 한다.
(b) 신청자가 적용요건에 대한 적합성을 입증하였다는 것을 나타내는 기록서를 제출하여야 한다.

§21.21 Issue of type certificate: normal, utility, acrobatic, commuter, and transport category aircraft; manned free balloons; special classes of aircraft; aircraft engines; propellers.

An applicant is entitled to a type certificate for an aircraft in the normal, utility, acrobatic, commuter, or transport category, or for a manned free balloon, special class of aircraft, or an aircraft engine or propeller, if -
(a) The product qualifies under §21.27; or
(b) The applicant submits the type design, test reports, and computations necessary to show that the product to be certificated meets the applicable airworthiness, aircraft noise, fuel venting, exhaust emission, and fuel efficiency requirements of this subchapter and any special conditions prescribed by the FAA, and the FAA finds -
(1) Upon examination of the type design, and after completing all tests and inspections, that the type design and the product meet the applicable noise, fuel venting, emissions, and fuel efficiency requirements of this subchapter, and further finds that they meet the applicable airworthiness requirements of this subchapter or that any airworthiness provisions not complied with are compensated for by factors that provide an equivalent level of safety; and
(2) For an aircraft, that no feature or characteristic makes it unsafe for the category in which certification is requested.

§21.21 보통, 실용, 곡예, 커뮤터, 수송급 항공기, 유인자유기구, 특별분류 항공기, 엔진, 프로펠러에 대한 형식증명서 발급

신청자는 다음의 경우에 보통, 실용, 곡예, 커뮤터 또는 수송급 항공기, 유인자유기구, 특별분류 항공기, 엔진 또는 프로펠러에 대한 형식증명을 받을 수 있다.
(a) 이 규정의 §21.27 요건에 따라 해당 제품을 검정하여야 한다.
(b) 신청자는 형식증명을 받고자 하는 제품이 연방항공규정의 해당되는 감항요건, 항공기 소음, 연료 배출, 배기가스 배출, 그리고 연료효율 요건과 연방항공청이 규정한 특별감항조건(SC)을 만족한다는 것을 입증하는데 필요한 형식설계, 시험보고서 및 계산결과를 제출하고, 연방항공청은 다음 사항을 확인하여야 한다.
(1) 형식설계에 대하여 검토하고, 모든 시험 및 검사를 완료한 후에 해당 형식설계와 제품이 연방항공규정의 적용되는 소음, 연료 배출, 배기가스 배출, 그리고 연료효율 요건을 만족하고, 또한 연방항공규정의 적용 감항요건을 만족하거나 규정되지 않은 감항성 조항은 일정한 요소에 의해서 동등한 수준의 안전성으로 보상되어야 한다.
(2) 인증 대상 항공기 카테고리에서 불안전한 상태를 유발하는 특징 또는 특성이 없어야 한다.

§21.24 Issuance of type certificate: primary category aircraft.

(a) The applicant is entitled to a type certificate for an aircraft in the primary category if -
(1) The aircraft -
(i) Is unpowered; is an airplane powered by a single, naturally aspirated engine with a 61-knot or less Vso stall speed as determined under part 23 of this chapter; or is a rotorcraft with a 6-pound per square foot main rotor disc loading limitation, under sea level standard day conditions;
(ii) Weighs not more than 2,700 pounds; or, for seaplanes, not more than 3,375 pounds;
(iii) Has a maximum seating capacity of not more than four persons, including the pilot; and
(iv) Has an unpressurized cabin.
(2) The applicant has submitted -
(i) Except as provided by paragraph (c) of this section,

§21.24 초급 항공기에 대한 형식증명서 발급

(a) 다음의 경우에 해당되는 신청자는 초급 항공기에 대한 형식증명을 받을 수 있다.
(1) 해당 항공기는 다음과 같은 것이어야 한다.
(i) 무동력 항공기, 실속속도가 61 knots 또는 연방항공규정 Part 23에 따라서 결정되는 V_{S0}보다 작으며 자연흡기식 단일 엔진을 장착한 비행기, 또는 해면고도 표준대기 조건에서 메인 회전익 디스크 하중 한계가 6 lbs/ft^{2}인 회전익 항공기.
(ii) 중량이 2,700 lbs (1,225 kg) 이하이거나, 수상기의 경우에는 3,375 lbs (1,531 kg) 이하인 항공기.
(iii) 조종사를 포함하여 최대 탑승인원이 4명 이하인 항공기.
(iv) 객실이 여압되지 않는 항공기.
(2) 해당 신청자는 다음의 서류를 제출하여야 한다.
(i) 이 절의 (c)항에 제시된 사항을 제외하고, 신

a statement, in a form and manner acceptable to the FAA, certifying that: the applicant has completed the engineering analysis necessary to demonstrate compliance with the applicable airworthiness requirements; the applicant has conducted appropriate flight, structural, propulsion, and systems tests necessary to show that the aircraft, its components, and its equipment are reliable and function properly; the type design complies with the airworthiness standards and noise requirements established for the aircraft under §21.17(f); and no feature or characteristic makes it unsafe for its intended use;

(ii) The flight manual required by §21.5(b), including any information required to be furnished by the applicable airworthiness standards;

(iii) Instructions for continued airworthiness in accordance with §21.50(b); and

(iv) A report that: summarizes how compliance with each provision of the type certification basis was determined; lists the specific documents in which the type certification data information is provided; lists all necessary drawings and documents used to define the type design; and lists all the engineering reports on tests and computations that the applicant must retain and make available under §21.49 to substantiate compliance with the applicable airworthiness standards.

(3) The FAA finds that -

(i) The aircraft complies with those applicable airworthiness requirements approved under §21.17(f) of this part; and

(ii) The aircraft has no feature or characteristic that makes it unsafe for its intended use.

(b) An applicant may include a special inspection and preventive maintenance program as part of the aircraft's type design or supplemental type design.

(c) For aircraft manufactured outside of the United States in a country with which the United States has a bilateral airworthiness agreement for the acceptance of these aircraft, and from which the aircraft is to be imported into the United States -

(1) The statement required by paragraph (a)(2)(i) of this section must be made by the civil airworthiness authority of the exporting country; and

(2) The required manuals, placards, listings, instrument markings, and documents required by paragraphs (a) and (b) of this section must be submitted in English.

§21.25 Issue of type certificate: Restricted category aircraft.

(a) An applicant is entitled to a type certificate for an aircraft in the restricted category for special purpose operations if the applicant shows compliance with the applicable noise requirements of part 36 of this chapter, and

청자는 연방항공청이 인정하는 서식과 방법으로 다음 사항을 나타내는 기록서를 제출한다. 신청자는 적용 감항요건에 대한 적합성을 실증하는데 필요한 기술분석을 완료하였음. 신청자는 해당 항공기, 관련 구성품 및 장치품이 신뢰성 있고 적정하게 작동한다는 것을 입증하는데 필요한 비행, 구조, 추진 및 시스템에 대한 시험을 수행하였음. 해당 형식설계는 §21.17(f)항에 의거하여 해당 항공기에 설정된 감항기준 및 소음 요건에 적합함. 해당 항공기의 사용목적에 불안전한 상태를 유발하는 특징이나 특성이 없음.

(ii) 적용 감항기준에 규정된 바에 따라 제공되어야 하는 기타의 정보를 포함하여 §21.5(b)항에서 요구되는 비행교범.

(iii) §21.50(b)항의 규정에 따른 감항성유지지침서.

(iv) 형식증명기준의 각 요건에 대한 적합성 결정 내용을 요약한 보고서. 형식증명 데이터 정보가 제시된 특정한 문서 목록. 형식설계를 정의하는데 필요한 모든 도면 및 문서 목록. 신청자가 적용 감항기준에 대한 적합성을 입증하기 위하여 §21.49 요건에 따라 유지되고 이용할 수 있는 시험 및 계산에 관한 모든 기술보고서 목록.

(3) 연방항공청은 다음 사항을 확인한다.

(i) 해당 항공기가 이 규정의 §21.17(f)항에 따라 승인된 적용 감항요건에 적합한지를 확인한다.

(ii) 해당 항공기는 그 사용목적에 불안전한 상태를 유발하는 특징이나 특성이 없는지를 확인한다.

(b) 신청자는 항공기의 형식설계 또는 부가형식설계의 일부로 특별검사(special inspection)와 예방정비 프로그램을 포함시킬 수 있다.

(c) 미국과 해당 항공기의 수락에 관한 상호감항협정(BAA)을 체결한 국가에서 제작된 항공기를 미국에 수입하고자 하는 경우에는 다음의 문서를 제출하여야 한다.

(1) 이 절의 (a)(2)(i)항에서 규정하는 기록서를 수출국의 감항당국을 통하여 제출하여야 한다.

(2) 요구되는 교범, 플래카드, 목록, 계기 식별표시, 그리고 이 절의 (a)항과 (b)항에서 규정하는 문서를 영문으로 제출하여야 한다.

§21.25 제한급 항공기에 대한 형식증명서 발급

(a) 신청자가 연방항공규정 Part 36의 적용 소음요건에 대한 적합성을 입증하고, 해당 항공기의 사용목적을 위해 규정된 한계에 따라 운용될 때 불안전한 상태를 유발하는 특징이나 특성이 없다는 것을 입증하

if the applicant shows that no feature or characteristic of the aircraft makes it unsafe when it is operated under the limitations prescribed for its intended use, and that aircraft -

(1) Meets the airworthiness requirements of an aircraft category, other than primary category or light-sport category, except those requirements that the FAA finds inappropriate for the special purpose operation for which the aircraft is to be used; or

(2) Is of a type that -

(i) Has been manufactured in accordance with the requirements of, and accepted for use by, the U.S. Armed Forces;

(ii) Has a service history with the U.S. Armed Forces acceptable to the FAA; and

(iii) Has been found capable by the FAA of performing, or has been modified to perform, the special purpose operation for which the aircraft is to be used.

(b) Restricted category aircraft can be approved for:

(1) Agricultural use, for one or more of the following special purpose operations, including -

(i) Spraying, dusting, and seeding;

(ii) Livestock and predatory animal control;

(iii) Insect control;

(iv) Dust control; or

(v) Fruit drying and frost control.

(2) Forest and wildlife conservation, for one or more of the following special purpose operations, including -

(i) Aerial dispensing of firefighting materials;

(ii) Fish spotting;

(iii) Wild animal survey; or

(iv) Oil spill response.

(3) Aerial surveying, for one or more of the following special purpose operations, including -

(i) Aerial imaging and mapping;

(ii) Oil, gas, and mineral exploration;

(iii) Atmospheric survey and research;

(iv) Geophysical and electromagnetic survey;

(v) Oceanic survey; or

(vi) Airborne measurement of navigation signals.

(4) Patrolling, for one or more of the following special purpose operations, including—

(i) Pipelines;

(ii) Powerlines;

(iii) Data transmission lines and towers;

(iv) Railroads;

(v) Canals; or

(vi) Harbors.

(5) Weather control, including the special purpose operation of cloud seeding.

(6) Aerial advertising, for one or more of the following special purpose operations, including -

는 경우에 다음의 요건을 만족하는 항공기의 특별목적 운용을 위한 제한급 항공기로 형식증명을 받을 수 있다.

(1) 초급 또는 라이트-스포츠급이 아닌 해당 항공기 카테고리에 대한 감항요건을 만족하는 항공기. 단, 그 감항요건이 해당 항공기를 사용하고자 하는 특별목적 운용에 적용되지 않는 것으로 연방항공청이 확인한 경우는 예외로 한다.

(2) 다음의 항공기.

(i) 미국의 군용 항공기 요건에 따라 제작되어 이에 사용되는 것으로 수락된 항공기.

(ii) 미군에서 운용이력이 있고 연방항공청이 인정할 수 있는 항공기.

(iii) 해당 항공기가 사용될 특별목적 운용을 위해 개조되고, 연방항공청이 인증할 수 있는 것으로 확인된 항공기.

(b) 제한급 항공기는 다음의 용도로 승인될 수 있다.

(1) 다음 중에 하나 이상의 특별목적 운용에 사용되는 농업용 항공기.

(i) 분무, 살포, 파종

(ii) 가축 및 육식 동물의 관리

(iii) 곤충 관리

(iv) 먼지 관리

(v) 과일 건조 및 서리 관리

(2) 다음 중에 하나 이상의 특별목적 운용에 사용되는 산림과 야생동물 보존용 항공기.

(i) 소화재의 공중 살포

(ii) 어군 탐지

(iii) 야생동물 관측

(iv) 오일 누출 대응

(3) 다음 중에 하나 이상의 특별목적 운용에 사용되는 항공 관측용 항공기.

(i) 항공사진 촬영 및 지도제작

(ii) 오일, 가스, 광물 탐사

(iii) 대기 관측 및 연구

(iv) 지구물리학 및 전자기 관측

(v) 대양 관측

(vi) 항법 신호의 측정

(4) 다음 중에 하나 이상의 특별목적 운용에 사용되는 순찰용 항공기.

(i) 송유관

(ii) 전력선

(iii) 데이터 전송선로 및 타워

(iv) 철도

(v) 운하

(vi) 항구

(5) 구름 살포(cloud seeding)를 포함하는 특별목적 운용에 사용되는 기상 관리용 항공기.

(6) 다음 중에 하나 이상의 특별목적 운용에 사용되는 공중 광고용 항공기.

(i) Skywriting;
(ii) Banner towing;
(iii) Displaying airborne signs; or
(iv) Public address systems.
(7) Other special purpose operations, including -
(i) Rotorcraft external-load operations conducted under part 133 of this chapter;
(ii) Carriage of cargo incidental to the owner's or operator's business;
(iii) Target towing;
(iv) Search and rescue operations;
(v) Glider towing;
(vi) Alaskan fuel hauling;
(vii) Alaskan fixed-wing external load operations;
(viii) Space vehicle launch; or
(ix) Any other special purpose operation specified by the FAA.

(i) 공중문자쓰기
(ii) 배너 견인
(iii) 공중 신호 전개
(iv) 대중연설시스템
(7) 다음 사항을 포함하는 기타의 특벽목적 운용.
(i) 연방항공규정 Part 133에 따라 수행되는 회전익 항공기의 외부화물 운용
(ii) 소유자 또는 운용자의 사업에 부합하는 화물의 운송
(iii) 목표뮬 견인
(iv) 수색 및 구조 운용
(v) 글라이더 견인
(vi) 알래스카 연료 운반
(vii) 알래스카 고정익 외부하중 운용
(viii) 우주비행체 발사
(ix) 연방항공청이 지정하는 기타의 특별목적 운용

§21.27 Issue of type certificate: surplus aircraft of the Armed Forces.

§21.27 군잉여 항공기에 대한 형식증명서 발급

(a) Except as provided in paragraph (b) of this section an applicant is entitled to a type certificate for an aircraft in the normal, utility, acrobatic, commuter, or transport category that was designed and constructed in the United States, accepted for operational use, and declared surplus by, an Armed Force of the United States, and that is shown to comply with the applicable certification requirements in paragraph (f) of this section.

(a) 미국에서 설계 및 제작되고, 운용될 목적으로 수락되고, 미군에 의해서 잉여물자로 선언된 항공기에 대하여 이 절의 (f)항에서 규정하는 적용 감항요건에 대한 적합성을 입증하는 신청자는 보통, 실용, 곡예, 커뮤터, 또는 수송급 항공기에 대한 형식증명을 받을 수 있다. 단, 다음의 (b)항에 제시된 사항은 예외로 한다.

(b) An applicant is entitled to a type certificate for a surplus aircraft of the Armed Forces of the United States that is a counterpart of a previously type certificated civil aircraft, if he shows compliance with the regulations governing the original civil aircraft type certificate.

(b) 기존에 형식증명을 받은 민간 항공기에 대응하는 미군의 잉여항공기에 대하여 원래의 민간 항공기 형식증명에 적용된 규정에 대한 적합성을 입증하는 신청자는 해당 항공기에 대한 형식증명을 받을 수 있다.

(c) Aircraft engines, propellers, and their related accessories installed in surplus Armed Forces aircraft, for which a type certificate is sought under this section, will be approved for use on those aircraft if the applicant shows that on the basis of the previous military qualifications, acceptance, and service record, the product provides substantially the same level of airworthiness as would be provided if the engines or propellers were type certificated under Part 33 or 35 of this subchapter.

(c) 이 절에 따라서 형식증명을 받고자 하는 군잉여 항공기에 장착된 항공기 엔진, 프로펠러 및 관련 보기류는 해당 항공기에 사용되는 것으로 승인을 받을 수 있다. 이 경우에 신청자는 기존의 군 검정, 수락, 운용기록을 바탕으로 엔진 또는 프로펠러가 연방항공규정 Part 33 또는 Part 35에 의거하여 형식증명을 받은 경우와 실질적으로 동등한 수준의 감항성을 갖는다는 것을 입증하여야 한다.

(d) The FAA may relieve an applicant from strict compliance with a specific provision of the applicable requirements in paragraph (f) of this section, if the FAA finds that the method of compliance proposed by the applicant provides substantially the same level of airworthiness and that strict compliance with those regulations would impose a severe burden on the applicant. The FAA may use experience that was satisfactory to an Armed Force of the United States in making such a

(d) 신청자가 제안한 적합성 입증방법이 실질적으로 동일한 감항성 수준을 나타내고 해당 규정에 대한 엄격한 적합성이 신청자에게 과도한 부담을 주게 된다는 것을 연방항공청이 확인한 경우에 연방항공청은 이 절의 (f)항에 규정된 조항에 대한 엄격한 적합성을 경감할 수 있다. 연방항공청은 그와 같이 결정함에 있어서 미군의 요건에 만족하였던 운용경험 자료를 이용할 수 있다.

determination.

(e) The FAA may require an applicant to comply with special conditions and later requirements than those in paragraphs (c) and (f) of this section, if the FAA finds that compliance with the listed regulations would not ensure an adequate level of airworthiness for the aircraft.

(f) Except as provided in paragraphs (b) through (e) of this section, an applicant for a type certificate under this section must comply with the appropriate regulations listed in the following table:

Type of aircraft	Date accepted for operational use by the Armed Forces of the United States	Regulations that apply [1]
Small reciprocating-engine powered airplanes	Before May 16, 1956 After May 15, 1956	CAR Part 3, as effective May 15, 1956. CAR Part 3, or 14 CFR Part 23.
Small turbine engine-powered airplanes	Before Oct. 2, 1959 After Oct. 1, 1959	CAR Part 3, as effective Oct. 1, 1959. CAR Part 3 or 14 CFR Part 23.
Commuter category airplanes	After (Feb. 17, 1987)	FAR Part 23 as of (Feb. 17, 1987).
Large reciprocating-engine powered airplanes	Before Aug. 26, 1955 After Aug. 25, 1955	CAR Part 4b, as effective Aug. 25, 1955. CAR Part 4b or 14 CFR Part 25.
Large turbine engine-powered airplanes	Before Oct. 2, 1959 After Oct. 1, 1959	CAR Part 4b, as effective Oct. 1, 1959. CAR Part 4b or 14 CFR Part 25.
Rotorcraft with maximum certificated takeoff weight of:		
6,000 pounds or less	Before Oct. 2, 1959 After Oct. 1, 1959	CAR Part 6, as effective Oct. 1, 1959. CAR Part 6, or 14 CFR Part 27.
Over 6,000 pounds	Before Oct. 2, 1959 After Oct. 1, 1959	CAR Part 7, as effective Oct. 1, 1959. CAR Part 7, or 14 CFR Part 29.

[1] Where no specific date is listed, the applicable regulations are those in effect on the date that the first aircraft of the particular model was accepted for operational use by the Armed Forces.

§21.29 Issue of type certificate: import products.

(a) The FAA may issue a type certificate for a product that is manufactured in a foreign country or jurisdiction with which the United States has an agreement for the acceptance of these products for export and import and that is to be imported into the United States if -

(1) The applicable State of Design certifies that the product has been examined, tested, and found to meet -

(i) The applicable aircraft noise, fuel venting, exhaust emissions, and fuel efficiency requirements of this subchapter as designated in §21.17, or the applicable aircraft noise, fuel

(e) 해당 항공기에 적용하는 것으로 제시된 감항규정에 대한 적합성이 적정한 수준의 감항성을 보장하지 못하는 것으로 확인되면, 연방항공청은 신청자에게 특별감항조건(SC)과 이 절의 (c)항 및 (f)항에서 규정하는 것보다 더 최근의 요건에 대한 적합성을 입증하도록 요구할 수 있다.

(f) 이 절의 (b)항부터 (e)항에 규정된 사항을 제외하고, 이 절에 의거한 형식증명 신청자는 다음의 표에 제시된 해당 규정에 대한 적합성을 입증하여야 한다.

항공기 형식	미군에서 운용목적으로 수락된 날짜	적용 규정 [1]
소형 왕복엔진 장착 비행기	1956년 5월 16일 이전	1956년 5월 15일에 유효한 CAR Part 3.
	1956년 5월 15일 이후	CAR Part 3 또는 FAR Part 23.
소형 터빈엔진 장착 비행기	1959년 10월 2일 이전	1959년 10월 1일에 유효한 CAR Part 3.
	1959년 10월 1일 이후	CAR Part 3 또는 FAR Part 23.
커뮤터 카테고리 비행기	1987년 2월 17일 이후	1987년 2월 17일에 유효한 FAR Part 23.
대형 왕복엔진 장착 비행기	1955년 8월 26일 이전	1955년 8월 25일에 유효한 CAR Part 4b.
	1955년 8월 25일 이후	CAR Part 4b 또는 FAR Part 25.
대형 터빈엔진 장착 비행기	1959년 10월 2일 이전	1959년 10월 1일에 유효한 CAR Part 4b.
	1959년 10월 1일 이후	CAR Part 4b 또는 FAR Part 25.
회전익 항공기		
최대이륙중량 6,000 lbs 이하 회전익 항공기	1959년 10월 2일 이전	1959년 10월 1일에 유효한 CAR Part 6.
	1959년 10월 1일 이후	CAR Part 6 또는 FAR Part 27.
최대이륙중량 6,000 lbs 초과 회전익 항공기	1959년 10월 2일 이전	1959년 10월 1일에 유효한 CAR Part 7.
	1959년 10월 1일 이후	CAR Part 7 또는 FAR Part 29.

[1] 특정한 일자가 명시되지 않은 경우에는 해당 모델의 초도 항공기가 군에 의해서 운용목적으로 수락된 날짜에 유효한 감항규정을 적용한다.

§21.29 수입 제품에 대한 형식증명서 발급

(a) 연방항공청은 미국과 수출 및 수입 제품(product)의 수락에 관한 협정을 체결한 외국 또는 관할지역에서 제작되어 미국에 수입될 제품에 대하여 다음의 요건을 만족하는 경우에 형식증명서를 발급할 수 있다.

(1) 해당 제품에 대한 검사 및 시험을 실시하고, 다음의 요건을 만족한다고 해당 설계국가가 증명하는 경우.

(i) 이 규정의 §21.17 요건에서 지정된 연방항공규정의 항공기 소음, 연료 배출, 배기가스 배출, 그리고 연료효율에 관한 적용요건, 또는 설계국가의 항공

venting, exhaust emissions, and fuel efficiency requirements of the State of Design, and any other requirements the FAA may prescribe to provide noise, fuel venting, exhaust emission, and fuel efficiency levels no greater than those provided by the applicable aircraft noise, fuel venting, exhaust emissions, and fuel efficiency requirements of this subchapter as designated in §21.17; and (ii) The applicable airworthiness requirements of this subchapter as designated in §21.17, or the applicable airworthiness requirements of the State of Design and any other requirements the FAA may prescribe to provide a level of safety equivalent to that provided by the applicable airworthiness requirements of this subchapter as designated in §21.17; (2) The applicant has provided technical data to show the product meets the requirements of paragraph (a)(1) of this section; and (3) The manuals, placards, listings, and instrument markings required by the applicable airworthiness (and noise, where applicable) requirements are presented in the English language. (b) A product type certificated under this section is determined to be compliant with the fuel venting and exhaust emission standards of part 34 of this subchapter, the noise standards of part 36 of this subchapter, and the fuel efficiency requirements of part 38 of this subchapter. Compliance with parts 34, 36, and 38 of this subchapter is certified under paragraph (a)(1)(i) of this section, and the applicable airworthiness standards of this subchapter, or an equivalent level of safety, with which compliance is certified under paragraph (a)(1)(ii) of this section.	기 소음, 연료 배출, 배기가스 배출, 그리고 연료효율에 관한 적용요건, 그리고 §21.17 요건에서 지정된 연방항공규정의 항공기 소음, 연료 배출, 배기가스 배출, 그리고 연료효율에 관한 적용요건에서 규정하는 수준 이하의 소음, 연료 배출, 배기가스 배출, 그리고 연료효율을 위하여 연방항공청이 규정하는 기타의 요건. (ii) 이 규정의 §21.17 요건에서 지정된 연방항공규정의 적용 감항요건, 또는 설계국가의 적용 감항요건, 그리고 §21.17 요건에서 지정된 연방항공규정의 적용 감항요건에서 제시되는 것과 동등한 수준의 안전성을 보장하기 위하여 연방항공청이 규정하는 기타의 요건. (2) 신청자가 해당 제품이 이 절의 (a)(1)항에서 규정하는 요건을 만족한다는 것을 입증하기 위한 기술자료를 제출하는 경우. (3) 적용 감항요건 및 소음요건(해당되는 경우)에 의거 요구되는 교범, 플래카드, 목록 및 계기 식별표시를 영문으로 제출하는 경우. (b) 이 절에 의거하여 형식증명을 받은 제품은 연방항공규정의 Part 34 연료 배출 및 배기가스 배출 기준, Part 36 소음 기준, 그리고 Part 38의 연료효율 요건에 적합한 것으로 판단된다. 연방항공규정 Part 34, Part 36, Part 38에 대한 적합성은 이 절의 (a)(1)(i)항에 따라서 인증되고, 연방항공규정의 적용 감항기준 또는 동등한 수준의 안전성에 대한 적합성은 이 절의 (a)(1)(ii)항에 따라서 인증된다.
§21.31 Type design. The type design consists of - (a) The drawings and specifications, and a listing of those drawings and specifications, necessary to define the configuration and the design features of the product shown to comply with the requirements of that part of this subchapter applicable to the product; (b) Information on dimensions, materials, and processes necessary to define the structural strength of the product; (c) The Airworthiness Limitations section of the Instructions for Continued Airworthiness as required by parts 23, 25, 26, 27, 29, 31, 33 and 35 of this subchapter, or as otherwise required by the FAA; and as specified in the applicable airworthiness criteria for special classes of aircraft defined in §21.17(b); and (d) For primary category aircraft, if desired, a special inspection and preventive maintenance program designed to be accomplished by an appropriately rated and trained pilot-owner.	**§21.31 형식설계** 형식설계는 다음과 같이 구성한다. (a) 해당 제품의 형상을 정의하는데 필요한 도면 및 규격서, 그리고 도면 및 규격서에 대한 목록, 그리고 연방항공규정 중에서 해당 제품에 적용되는 요건에 대한 적합성이 입증된 설계특징. (b) 해당 제품의 구조적 강도를 정의하는데 필요한 치수, 재료 및 공정에 대한 정보. (c) 연방항공규정 Part 23, 25, 26, 27, 29, 31, 33, 35의 해당 요건에 의거한 감항성유지지침서 또는 연방항공청이 달리 규정한 문서, 그리고 §21.17(b)항에 정의된 특별분류 항공기의 적용 감항성 인증기준에서 규정된 감항한계에 관한 자료. (d) 초급 항공기에 대해서 요구되는 경우에 해당되는 한정자격이 있는 훈련된 조종사 소유자에 의해 수행되도록 계획된 특별검사 및 예방정비 프로그램.

(e) Any other data necessary to allow, by comparison, the determination of the airworthiness, noise characteristics, fuel efficiency, fuel venting, and exhaust emissions (where applicable) of later products of the same type.

(e) 동일한 형식의 후속 제품에 대한 감항성, 소음 특성, 연료효율, 연료 배출, 배기가스 배출(해당되는 경우)에 관한 사항을 비교하여 결정하는데 필요한 기타의 데이터.

§21.33 Inspection and tests.

§21.33 검사 및 시험

(a) Each applicant must allow the FAA to make any inspection and any flight and ground test necessary to determine compliance with the applicable requirements of this subchapter. However, unless otherwise authorized by the FAA -

(1) No aircraft, aircraft engine, propeller, or part thereof may be presented to the FAA for test unless compliance with paragraphs (b)(2) through (b)(4) of this section has been shown for that aircraft, aircraft engine, propeller, or part thereof; and

(2) No change may be made to an aircraft, aircraft engine, propeller, or part thereof between the time that compliance with paragraphs (b)(2) through (b)(4) of this section is shown for that aircraft, aircraft engine, propeller, or part thereof and the time that it is presented to the FAA for test.

(a) 형식증명 신청자는 연방항공청이 연방항공규정의 적용요건에 대한 적합성을 결정하는데 필요한 모든 검사와 비행시험 및 지상시험을 할 수 있도록 하여야 한다. 이를 위하여 연방항공청의 인가를 달리 받지 않은 경우에는 다음과 같이 하여야 한다.

(1) 해당 항공기, 엔진, 프로펠러 또는 이와 관련된 부품에 대하여 이 절의 (b)(2)항부터 (b)(4)항에 대한 적합성이 입증되지 않으면, 연방항공청의 시험을 위해서 이를 제시할 수 없다.

(2) 항공기, 엔진, 프로펠러 또는 이와 관련된 부품에 대하여 이 절의 (b)(2)항부터 (b)(4)항에 대한 적합성을 입증한 후, 이를 연방항공청의 시험을 위해 제시하기 전에 해당 항공기, 엔진, 프로펠러 또는 이와 관련된 부품에는 어떠한 변경도 없어야 한다.

(b) Each applicant must make all inspections and tests necessary to determine -

(1) Compliance with the applicable airworthiness, aircraft noise, fuel venting, and exhaust emission requirements;

(2) That materials and products conform to the specifications in the type design;

(3) That parts of the products conform to the drawings in the type design; and

(4) That the manufacturing processes, construction and assembly conform to those specified in the type design.

(b) 형식증명 신청자는 다음 사항을 결정하기 위해 필요한 모든 검사와 시험을 하여야 한다.

(1) 적용 감항요건, 항공기 소음요건, 연료 및 배기가스 배출 요건에 대한 적합성.

(2) 재료 및 제품의 형식설계 규격서에 대한 합치성.

(3) 제품을 구성하는 부품의 형식설계 도면에 대한 합치성.

(4) 제조공정, 제작과정 및 조립체의 형식설계 내용에 대한 합치성.

§21.35 Flight tests.

§21.35 비행시험

(a) Each applicant for an aircraft type certificate (other than under §21.24 through §21.29) must make the tests listed in paragraph (b) of this section. Before making the tests the applicant must show -

(1) Compliance with the applicable structural requirements of this subchapter;

(2) Completion of necessary ground inspections and tests;

(3) That the aircraft conforms with the type design; and

(4) That the FAA received a flight test report from the applicant (signed, in the case of aircraft to be certificated under Part 25 [New] of this chapter, by the applicant's test pilot) containing the results of his tests.

(a) 항공기 형식증명(§21.24부터 §21.29까지의 요건에 의한 것은 제외)을 신청한 자는 이 절의 (b)항에 제시된 시험을 하여야 한다. 시험을 실시하기 전에 신청자는 다음 사항을 입증하여야 한다.

(1) 연방항공규정의 적용 구조적 요건에 대한 적합성.

(2) 필요한 지상 검사 및 시험을 완료.

(3) 해당 항공기의 형식설계에 대한 합치성을 입증.

(4) 신청자의 시험 결과를 포함한 비행시험 보고서(연방항공규정 Part 25에 의한 증명을 받는 경우에는 신청자의 시험비행 조종사가 서명)를 연방항공청에 제출.

(b) Upon showing compliance with paragraph (a) of this section, the applicant must make all flight tests that the FAA finds necessary -

(1) To determine compliance with the applicable requirements of this subchapter; and

(b) 위의 (a)항에 대한 적합성을 입증함에 있어서, 신청자는 연방항공청이 다음 사항을 결정하는데 필요한 모든 비행시험을 하여야 한다.

(1) 연방항공규정의 적용요건에 대한 적합성을 결정.

(2) For aircraft to be certificated under this subchapter, except gliders and low-speed, certification level 1 or 2 airplanes, as defined in part 23 of this chapter, to determine whether there is reasonable assurance that the aircraft, its components, and its equipment are reliable and function properly.	(2) 연방항공규정에 따라서 형식증명을 받고자 하는 항공기에 대하여, 해당 항공기와 이에 장착된 구성품 및 장치품의 신뢰성과 기능을 합리적으로 보증하는지를 결정. 다만, 글라이더와 연방항공규정 Part 23에 정의된 인증레벨 1 또는 인증레벨 2에 해당하는 저속 비행기는 예외로 한다.
(c) Each applicant must, if practicable, make the tests prescribed in paragraph (b)(2) of this section upon the aircraft that was used to show compliance with -	(c) 형식증명 신청자는 가능한 경우에 다음 사항에 대한 적합성을 입증하는데 사용되었던 항공기에 대하여 이 절의 (b)(2)항에 규정된 시험을 하여야 한다.
(1) Paragraph (b)(1) of this section; and	(1) 이 절의 (b)(1)항에 대한 적합성 입증.
(2) For rotorcraft, the rotor drive endurance tests prescribed in §27.923 or §29.923 of this chapter, as applicable.	(2) 회전익 항공기의 경우에는 연방항공규정 §27.923 또는 §29.923 요건 중에 해당되는 요건에 제시된 로터구동 시스템에 대한 내구성 시험.
(d) Each applicant must show for each flight test (except in a glider or a manned free balloon) that adequate provision is made for the flight test crew for emergency egress and the use of parachutes.	(d) 형식증명 신청자는 각 비행시험(글라이더 또는 유인자유기구는 제외) 동안에 비행시험 승무원이 비상탈출 또는 낙하산을 이용할 수 있는 적정한 장치가 설치되었음을 입증하여야 한다.
(e) Except in gliders and manned free balloons, an applicant must discontinue flight tests under this section until he shows that corrective action has been taken, whenever -	(e) 형식증명 신청자는 다음에서 규정하는 사항에 대한 시정조치가 완료될 때까지 이 절에 의거한 비행시험을 중단하여야 한다. 단, 글라이더와 유인자유기구는 예외로 한다.
(1) The applicant's test pilot is unable or unwilling to make any of the required flight tests; or	(1) 신청자의 시험비행 조종사가 요구된 비행시험을 할 수 없거나 또는 의지가 없는 경우.
(2) Items of noncompliance with requirements are found that may make additional test data meaningless or that would make further testing unduly hazardous.	(2) 요구조건에 부적합한 항목이 발견되어 추가적인 시험 데이터가 의미 없게 되거나 비행시험이 극도로 위험하게 되는 경우.
(f) The flight tests prescribed in paragraph (b)(2) of this section must include -	(f) 이 절의 (b)(2)항에 규정된 비행시험에는 다음 사항을 포함하여야 한다.
(1) For aircraft incorporating turbine engines of a type not previously used in a type certificated aircraft, at least 300 hours of operation with a full complement of engines that conform to a type certificate; and	(1) 형식증명을 받은 항공기에 사용된 실적이 없는 터빈엔진을 장착한 항공기의 경우에는 형식증명에 합치하는 엔진을 모두 장착한 상태로 최소 300시간 동안 운용.
(2) For all other aircraft, at least 150 hours of operation.	(2) 기타의 다른 항공기의 경우에는 최소 150시간 동안 운용.
§21.37 Flight test pilot.	**§21.37 비행시험 조종사**
Each applicant for a normal, utility, acrobatic, commuter, or transport category aircraft type certificate must provide a person holding an appropriate pilot certificate to make the flight tests required by this part.	보통, 실용, 곡예, 커뮤터 또는 수송급 항공기에 대한 형식증명 신청자는 이 규정에서 요구되는 비행시험을 수행하는데 필요한 해당 조종사 자격증명을 갖춘 자를 참여시켜야 한다.
§21.39 Flight test instrument calibration and correction report.	**§21.39 비행시험 계기 교정 및 보정 보고서**
(a) Each applicant for a normal, utility, acrobatic, commuter, or transport category aircraft type certificate must submit a report to the FAA showing the computations and tests required in connection with the calibration of instruments used for test purposes and in the correction of test results to standard atmospheric conditions.	(a) 보통, 실용, 곡예, 커뮤터, 또는 수송급 항공기에 대한 형식증명 신청자는 시험목적으로 사용되는 계기의 교정 보고서와 표준대기조건에 대한 시험결과의 보정에 관련되는 계산 및 시험을 입증하는 보고서를 연방항공청에 제출하여야 한다.
(b) Each applicant must allow the FAA to conduct any flight tests that he finds necessary to check the accuracy of	(b) 신청자는 연방항공청이 위의 (a)항에 의거하여 제출된 보고서에 제시된 계기의 정밀도를 점검하는데

the report submitted under paragraph (a) of this section.	필요하다고 확인된 모든 비행시험을 수행할 수 있도록 하여야 한다.
§21.41 Type certificate.	**§21.41 형식증명서**
Each type certificate is considered to include the type design, the operating limitations, the certificate data sheet, the applicable regulations of this subchapter with which the FAA records compliance, and any other conditions or limitations prescribed for the product in this subchapter.	형식증명서에는 형식설계, 운용한계, 형식증명자료집, 그리고 연방항공청이 적합성을 기재한 연방항공규정의 적용규정, 그리고 연방항공규정에서 해당 제품에 대하여 규정한 기타의 조건이나 제한사항이 포함된 것으로 본다.
§21.43 Location of manufacturing facilities.	**§21.43 제조시설 위치**
Except as provided in §21.29, the FAA does not issue a type certificate if the manufacturing facilities for the product are located outside of the United States, unless the FAA finds that the location of the manufacturer's facilities places no undue burden on the FAA in administering applicable airworthiness requirements.	미국 이외에 위치한 제조시설에 대하여 그 위치가 해당 감항요건을 적용하고 증명을 관리하는데 연방항공청에게 과도한 부담이 된다고 판단되는 경우에는 연방항공청은 해당 신청자에게 형식증명서를 발급하지 않을 수 있다. 단, §21.29 요건에서 규정된 사항에 대해서는 예외로 한다.
§21.45 Privileges.	**§21.45 형식증명 소지자 특권**
The holder or licensee of a type certificate for a product may - (a) In the case of aircraft, upon compliance with §21.173 through §21.189, obtain airworthiness certificates; (b) In the case of aircraft engines or propellers, obtain approval for installation on certificated aircraft; (c) In the case of any product, upon compliance with subpart G of this part, obtain a production certificate for the type certificated product; (d) Obtain approval of replacement parts for that product.	제품에 대한 형식증명 소지자 또는 면허계약자는 다음의 권리를 가질 수 있다. (a) 항공기의 경우에는 §21.173부터 §21.189 요건에 대한 적합성을 입증하면, 감항증명을 받을 수 있다. (b) 항공기 엔진 또는 프로펠러의 경우에는 형식증명을 받은 항공기에 장착승인을 받을 수 있다. (c) 모든 제품에 대해서 이 규정의 Subpart G에 대한 적합성을 입증하면, 형식증명을 받은 제품에 대한 제작증명을 받을 수 있다. (d) 해당 제품의 대체용 부품에 대한 승인을 받을 수 있다.
§21.47 Transferability.	**§21.47 양도성**
(a) A holder of a type certificate may transfer it or make it available to other persons by licensing agreements. (b) For a type certificate transfer in which the State of Design will remain the same, each transferor must, before such a transfer, notify the FAA in writing. This notification must include the applicable type certificate number, the name and address of the transferee, and the anticipated date of the transfer. (c) For a type certificate transfer in which the State of Design is changing, a type certificate may only be transferred to or from a person subject to the authority of another State of Design if the United States has an agreement with that State of Design for the acceptance of the affected product for export and import. Each transferor must notify the FAA before such a transfer in a form and manner acceptable to the FAA. This notification must include the applicable type certificate number; the name, address, and country of residence of the transferee; and the anticipated date of the transfer.	(a) 형식증명 소지자는 해당 형식증명을 양도하거나 면허계약에 의거 다른 사람이 이를 이용하게 할 수 있다. (b) 설계국가 내에서 형식증명을 양도하는 경우에 이를 양도하기 전에 양도자는 연방항공청에 문서로 통지하여야 한다. 이 통지문서에는 해당 형식증명 번호, 양수자의 이름과 주소, 그리고 양도 예정일을 포함하여야 한다. (c) 설계국가를 변경하여 형식증명을 양도하는 경우에 상대 설계국가 감항당국의 관리를 받는 사람으로부터 또는 그 사람에게만 형식증명을 양도할 수 있다. 이 경우에 미국이 수출 및 수입 제품의 수락에 관한 협정을 체결한 설계국가이어야 한다. 형식증명 양도자는 양도하기 전에 연방항공청장이 인정하는 서식과 방법으로 연방항공청에 이를 통지하여야 한다. 이 통지문서에는 해당 형식증명 번호, 양수자의 이름과 거주하는 국가 및 주소, 그리고 양도 예정일을 포함하여야 한다.

(d) Before executing or terminating a licensing agreement that makes a type certificate available to another person, the type certificate holder must notify the FAA in writing. This notification must include the type certificate number addressed by the licensing agreement, the name and address of the licensee, the extent of authority granted the licensee, and the anticipated date of the agreement.

(d) 다른 사람이 형식증명을 이용할 수 있도록 규정한 면허계약을 이행 또는 종결하기 전에 해당 형식증명 소지자는 연방항공청에 문서로 통지하여야 한다. 이 통지문서에는 면허계약 대상 형식증명 번호, 면허계약자의 이름과 주소, 해당 면허계약에 의거 양도된 허가범위, 그리고 면허계약 예정일을 포함하여야 한다.

§21.49 Availability.

The holder of a type certificate must make the certificate available for examination upon the request of the FAA or the National Transportation Safety Board.

§21.49 증명서 제시

형식증명 소지자는 연방항공청 또는 미국교통안전위원회의 요청이 있을 때, 해당 형식증명서를 조사목적으로 이용할 수 있도록 하여야 한다.

§21.50 Instructions for continued airworthiness and manufacturer's maintenance manuals having airworthiness limitations sections.

(a) The holder of a type certificate for a rotorcraft for which a Rotorcraft Maintenance Manual containing an "Airworthiness Limitations" section has been issued under §27.1529 (a)(2) or §29.1529 (a)(2) of this chapter, and who obtains approval of changes to any replacement time, inspection interval, or related procedure in that section of the manual, must make those changes available upon request to any operator of the same type of rotorcraft.

(b) The holder of a design approval, including either a type certificate or supplemental type certificate for an aircraft, aircraft engine, or propeller for which application was made after January 28, 1981, must furnish at least one set of complete Instructions for Continued Airworthiness to the owner of each type aircraft, aircraft engine, or propeller upon its delivery, or upon issuance of the first standard airworthiness certificate for the affected aircraft, whichever occurs later. The Instructions for Continued Airworthiness must be prepared in accordance with §23.1529, §25.1529, §25.1729, §27.1529, §29.1529, §31.82, §33.4, §35.4, or part 26 of this subchapter, or as specified in the applicable airworthiness criteria for special classes of aircraft defined in §21.17(b), as applicable. If the holder of a design approval chooses to designate parts as commercial, it must include in the Instructions for Continued Airworthiness a list of commercial parts submitted in accordance with the provisions of paragraph (c) of this section. Thereafter, the holder of a design approval must make those instructions available to any other person required by this chapter to comply with any of the terms of those instructions. In addition, changes to the Instructions for Continued Airworthiness shall be made available to any person required by this chapter to comply with any of those instructions.

(c) To designate commercial parts, the holder of a design approval, in a manner acceptable to the FAA, must submit:

§21.50 감항한계를 수록한 감항성유지지침서 및 정비교범

(a) 연방항공규정의 §27.1529(a)(2)항 또는 §29.1529(a)(2)항에 의거하여 "감항한계" 부분을 포함하고 있는 회전익 항공기 정비교범이 발행된 회전익 항공기에 대한 형식증명 소지자, 그리고 해당 교범에서 교체시간, 검사주기 또는 이에 관련된 절차의 변경에 관한 승인을 받은 자는 동일한 형식의 회전익 항공기 운용자가 요청하는 경우에는 해당 변경승인 내용을 이용할 수 있게 하여야 한다.

(b) 1981년 1월 28일 이후에 신청된 항공기, 엔진 또는 프로펠러에 대한 형식증명이나 부가형식증명을 포함하는 설계승인 소지자는 각 형식의 항공기, 엔진 또는 프로펠러의 인도, 또는 해당 항공기에 대한 최초의 표준감항증명서의 발급 중에 늦은 시기에 해당 소유자에게 적용되는 감항성유지지침서(ICA)를 최소한 1세트 이상 제공하여야 한다. 해당 감항성유지지침서는 연방항공규정의 §23.1529, §25.1529, §27.1529, §29.1529, §31.82, §33.4, §35.4 요건, 또는 Part 26에 따라서 작성되거나, §21.17(b)항에 정의된 특별분류 항공기에 대한 적용 감항성 기준에 규정된 바에 따라서 작성되어야 한다. 설계승인 소지자가 상업용 부품을 지정한 경우에는 이 절의 (c)항에 따라 제출된 상업용 부품목록(CPL)을 감항성유지지침서에 포함시켜야 한다. 이에 따라서 설계승인 소지자는 다른 사람이 연방항공규정에 의거 해당 지침서의 임의의 조건에 대한 적합성을 입증하는데 이를 이용할 수 있도록 하여야 한다. 또한 감항성유지지침서에 대한 변경사항도 연방항공규정에 의거 해당 지침서에 대한 적합성을 입증하려는 사람이 이용할 수 있도록 하여야 한다.

(c) 상업용 부품을 지정받기 위하여 설계승인 소지자는 연방항공청이 인정하는 방법으로 다음의 문서를 제출하여야 한다.

(1) A Commercial Parts List; (2) Data for each part on the List showing that: (i) The failure of the commercial part, as installed in the product, would not degrade the level of safety of the product; and (ii) The part is produced only under the commercial part manufacturer's specification and marked only with the commercial part manufacturer's markings; and (3) Any other data necessary for the FAA to approve the List.	(1) 상업용 부품목록(CPL). (2) 해당 목록의 각 부품에 대하여 다음 사항을 입증하는 데이터. (i) 해당 상업용 부품의 고장으로 인하여 이를 장착하고자 하는 제품의 안전수준을 감소시키지 않음. (ii) 해당 부품은 그 제조자 규격에 따라서만 생산되고, 그 제조자 식별표시와 함께 부품정보가 표시됨. (3) 연방항공청이 해당 목록을 승인하는데 필요한 그 밖의 데이터.
§21.51 Duration. A type certificate is effective until surrendered, suspended, revoked, or a termination date is otherwise established by the FAA.	**§21.51 유효기간** 형식증명서는 반납, 정지, 취소되거나 연방항공청이 달리 설정한 만료 일자가 도래하기 전까지 유효하다.
§21.53 Statement of conformity. (a) Each applicant must provide, in a form and manner acceptable to the FAA, a statement that each aircraft engine or propeller presented for type certification conforms to its type design. (b) Each applicant must submit a statement of conformity to the FAA for each aircraft or part thereof presented to the FAA for tests. This statement of conformity must include a statement that the applicant has complied with §21.33(a) (unless otherwise authorized under that paragraph).	**§21.53 합치성 확인서** (a) 신청자는 형식증명을 받기 위해 제시되는 항공기 엔진 또는 프로펠러의 형식설계에 대한 합치성을 나타내는 기록서를 연방항공청이 인정하는 서식과 방법으로 제출하여야 한다. (b) 신청자는 시험을 위하여 연방항공청에 제시되는 각 항공기 또는 부품에 대한 합치성 확인서(statement of conformity)를 제출하여야 한다. 이 합치성 확인서에는 신청자가 §21.33(a)항에 대한 적합성을 입증하였다는 내용을 포함하여야 한다. 다만, 해당 요건에 따라 달리 인가된 경우에는 예외로 한다. *[주기] Statement of Conformity는 §21.53에 따라 제출하고, Statement of Compliance는 §21.20에 따라 제출함. 다만, §21.53(b) 후단에서도 적합성이 언급되어 혼동이 유발됨)*
§21.55 Responsibility of type certificate holders who license the type certificate. A type certificate holder who allows a person to use the type certificate to manufacture a new aircraft, aircraft engine, or propeller must meet the applicable requirements of part 5 of this chapter and provide that person with a written licensing agreement acceptable to the FAA.	**§21.55 형식증명서를 면허하는 형식증명 소지자 책임** 형식증명 소지자 아닌 다른 사람이 해당 형식증명에 의거하여 신규 항공기, 엔진 또는 프로펠러를 제작하도록 허용하고자 하는 형식증명 소지자는 연방항공규정 Part 5의 해당 요건을 만족해야 하고, 연방항공청이 인정할 수 있는 면허계약 문서를 그 사람에게 제공하여야 한다.
Subpart C - Provisional Type Certificates **§21.71 Applicability.** This subpart prescribes - (a) Procedural requirements for the issue of provisional type certificates, amendments to provisional type certificates, and provisional amendments to type certificates; and (b) Rules governing the holders of those certificates. **§21.73 Eligibility.** (a) Any manufacturer of aircraft manufactured within the	**Subpart C. 임시형식증명** **§21.71 적용범위** 이 Subpart는 다음 사항을 규정한다. (a) 임시형식증명서(provisional type certificate), 임시형식증명서의 개정본, 그리고 형식증명서의 임시개정본 발급에 관한 절차적 요건. (b) 그 증명서 소지자를 관리하는 규칙. **§21.73 신청자격** (a) 미국 시민으로서 미국 내에서 항공기를 제조하는

United States who is a United States citizen may apply for Class I or Class II provisional type certificates, for amendments to provisional type certificates held by him, and for provisional amendments to type certificates held by him. (b) Any manufacturer of aircraft in a State of Manufacture subject to the provisions of an agreement with the United States for the acceptance of those aircraft for export and import may apply for a Class II provisional type certificate, for amendments to provisional type certificates held by him, and for provisional amendments to type certificates held by him. (c) An aircraft engine manufacturer who is a United States citizen and who has altered a type certificated aircraft by installing different type certificated aircraft engines manufactured by him within the United States may apply for a Class I provisional type certificate for the aircraft, and for amendments to Class I provisional type certificates held by him, if the basic aircraft, before alteration, was type certificated in the normal, utility, acrobatic, commuter, or transport category.	제작자는 클래스 I 또는 클래스 II 임시형식증명서, 자신이 소지한 임시형식증명서에 대한 개정, 그리고 자신이 소지한 형식증명서에 대한 임시개정을 신청할 수 있다. (b) 수출 및 수입되는 항공기의 수락을 위하여 미국과 체결한 협정을 따르는 제작국가(State of Manufacture)의 항공기 제작자는 클래스 I 또는 클래스 II 임시형식증명서, 자신이 소지한 임시형식증명서에 대한 개정, 그리고 자신이 소지한 형식증명서에 대한 임시개정을 신청할 수 있다. (c) 미국 시민으로서 미국 내에서 자신이 제작하여 인증을 받은 다른 형식의 항공기 엔진을 형식증명을 받은 항공기에 장착하여 개조한 엔진 제작자는 해당 항공기에 대한 클래스 I 임시형식증명서, 그리고 자신이 소지한 클래스 I 임시형식증명서 개정을 신청할 수 있다. 다만, 개조하기 전의 기본 항공기는 보통, 실용, 곡예, 커뮤터, 또는 수송급으로 형식증명을 받은 것이어야 한다.
§21.75 Application. Each applicant for a provisional type certificate, for an amendment thereto, or for a provisional amendment to a type certificate must apply to the FAA and provide the information required by this subpart.	**§21.75 신청서 제출** 임시형식증명서, 임시형식증명서에 대한 개정, 형식증명서에 대한 임시개정 신청자는 연방항공청에 신청서를 제출하고, 이 Subpart에서 규정하는 정보를 제공하여야 한다.
§21.77 Duration. (a) Unless sooner surrendered, superseded, revoked, or otherwise terminated, provisional type certificates and amendments thereto are effective for the periods specified in this section. (b) A Class I provisional type certificate is effective for 24 months after the date of issue. (c) A Class II provisional type certificate is effective for twelve months after the date of issue. (d) An amendment to a Class I or Class II provisional type certificate is effective for the duration of the amended certificate. (e) A provisional amendment to a type certificate is effective for six months after its approval or until the amendment of the type certificate is approved, whichever is first.	**§21.77 유효기간** (a) 임시형식증명서와 임시형식증명서에 대한 개정본은 사전에 반납, 대체, 취소되거나 달리 만료되는 경우를 제외하고 이 절에서 규정하는 기간 동안 유효하다. (b) 클래스 I 임시형식증명서는 발급일로부터 24개월 동안 유효하다. (c) 클래스 II 임시형식증명서는 발급일로부터 12개월 동안 유효하다. (d) 클래스 I 또는 클래스 II 임시형식증명서의 개정본은 개정된 증명서에 기재된 기간까지 유효하다. (e) 형식증명서에 대한 임시개정은 승인 후 6개월 또는 형식증명서의 개정이 승인되는 시점 중에 먼저 도래하는 기간까지 유효하다.
§21.79 Transferability. Provisional type certificates are not transferable.	**§21.79 양도성** 임시형식증명서는 양도할 수 없다.
§21.81 Requirements for issue and amendment of Class I provisional type certificates. (a) An applicant is entitled to the issue or amendment of a Class I provisional type certificate if he shows compliance with this section and the FAA finds that there is no	**§21.81 클래스 I 임시형식증명서 발급 및 개정 요건** (a) 신청자가 이 절의 요건에 대한 적합성을 입증하고, 연방항공청이 이 절의 (e)항과 연방항공규정 §91.317에서 규정하는 한계에 따라서 운용되는 해당 항공

feature, characteristic, or condition that would make the aircraft unsafe when operated in accordance with the limitations established in paragraph (e) of this section and in §91.317 of this chapter.	기에 불안전한 상태를 유발하는 특징, 특성 또는 조건이 없음을 확인한 경우에 클래스 I 임시형식증명서 또는 이에 대한 개정본을 발급받을 수 있다.
(b) The applicant must apply for the issue of a type or supplemental type certificate for the aircraft.	(b) 신청자는 해당 항공기에 대한 형식증명서 또는 부가형식증명서 발급을 신청하여야 한다.
(c) The applicant must certify that -	(c) 신청자는 다음 사항을 증명하여야 한다.
(1) The aircraft has been designed and constructed in accordance with the airworthiness requirements applicable to the issue of the type or supplemental type certificate applied for;	(1) 형식증명서 또는 부가형식증명서 발급을 신청한 해당 항공기는 적용 감항요건에 따라서 설계되고 구성되어야 한다.
(2) The aircraft substantially meets the applicable flight characteristic requirements for the type or supplemental type certificate applied for; and	(2) 형식증명 또는 부가형식증명을 신청한 해당 항공기는 실질적으로 적용 비행특성 요건을 만족하여야 한다.
(3) The aircraft can be operated safely under the appropriate operating limitations specified in paragraph (a) of this section.	(3) 이 절의 (a)항에 규정된 해당 운용한계 내에서 해당 항공기가 안전하게 운용될 수 있어야 한다.
(d) The applicant must submit a report showing that the aircraft had been flown in all maneuvers necessary to show compliance with the flight requirements for the issue of the type or supplemental type certificate applied for, and to establish that the aircraft can be operated safely in accordance with the limitations contained in this subchapter.	(d) 신청자는 형식증명서 또는 부가형식증명서의 발급에 적용된 비행요건에 대한 적합성을 입증하고, 해당 항공기가 연방항공규정에서 규정하는 한계 내에서 안전하게 운용될 수 있는 영역을 설정하는데 필요한 모든 기동상태에서 비행을 완료하였음을 입증하는 보고서를 제출하여야 한다.
(e) The applicant must establish all limitations required for the issue of the type or supplemental type certificate applied for, including limitations on weights, speeds, flight maneuvers, loading, and operation of controls and equipment unless, for each limitation not so established, appropriate operating restrictions are established for the aircraft.	(e) 신청자는 형식증명서 또는 부가형식증명서의 발급을 위해 요구되는 모든 한계를 설정하여야 한다. 해당 항공기에 적정한 운용 제한이 설정되지 않은 경우에는 그 항공기의 중량, 속도, 비행기동, 하중, 그리고 제어장치 및 장치품의 작동에 관한 한계를 포함하여 설정하여야 한다.
(f) The applicant must establish an inspection and maintenance program for the continued airworthiness of the aircraft.	(f) 신청자는 해당 항공기의 감항성 유지를 위한 검사와 정비 프로그램을 수립하여야 한다.
(g) The applicant must show that a prototype aircraft has been flown for at least 50 hours under an experimental certificate issued under §21.191 through §21.195, or under the auspices of an Armed Force of the United States. However, in the case of an amendment to a provisional type certificate, the FAA may reduce the number of required flight hours.	(g) 신청자는 시제 항공기가 §21.191부터 §21.195까지 요건에 따라 발급된 실험용 증명서 또는 미군의 지원에 의거하여 최소 50시간 동안 비행하였음을 입증하여야 한다. 그러나 임시형식증명서에 대한 개정의 경우에는 연방항공청이 그 요구된 비행시간을 줄일 수 있다.
§21.83 Requirements for issue and amendment of Class II provisional type certificates.	**§21.83 클래스 II 임시형식증명서 발급 및 개정 요건**
(a) An applicant who manufactures aircraft within the United States is entitled to the issue or amendment of a Class II provisional type certificate if he shows compliance with this section and the FAA finds that there is no feature, characteristic, or condition that would make the aircraft unsafe when operated in accordance with the limitations in paragraph (h) of this section, and §91.317 and §121.207 of this chapter.	(a) 미국 내에서 항공기를 제작하는 신청자가 이 절에 대한 적합성을 입증하고, 연방항공청이 이 절의 (h)항에서 규정하는 한계 내에서 운용되는 해당 항공기에 불안전한 상태를 유발하는 특징, 특성 또는 조건이 없음을 확인한 경우에 클래스 II 임시형식증명서 또는 이에 대한 개정본을 발급받을 수 있다.

(b) An applicant who manufactures aircraft in a country with which the United States has an agreement for the acceptance of those aircraft for export and import is entitled to the issue or amendment of a Class II provisional type certificate if the country in which the aircraft was manufactured certifies that the applicant has shown compliance with this section, that the aircraft meets the requirements of paragraph (f) of this section and that there is no feature, characteristic, or condition that would make the aircraft unsafe when operated in accordance with the limitations in paragraph (h) of this section and §91.317 and §121.207 of this chapter.	(b) 미국과 수출 및 수입 항공기의 수락에 관한 협정을 체결한 국가에서 항공기를 제작하는 신청자는 클래스 II 임시형식증명서를 발급받거나 개정할 수 있다. 이 경우에 해당 항공기를 제작하는 국가는 신청자가 이 절에 대한 적합성을 입증하였고, 해당 항공기는 이 절의 (f)항에서 규정하는 요건을 만족하고 이 절의 (h)항과 연방항공규정 §91.317 및 §121.207에서 규정하는 한계 내에서 운용되는 해당 항공기에 불안전한 상태를 유발하는 특징, 특성 또는 조건이 없음을 증명하여야 한다.
(c) The applicant must apply for a type certificate, in the transport category, for the aircraft.	(c) 신청자는 해당 항공기에 대하여 수송급으로 형식증명을 신청하여야 한다.
(d) The applicant must hold a U.S. type certificate for at least one other aircraft in the same transport category as the subject aircraft.	(d) 신청자는 대상 항공기와 동일한 수송급 항공기 하나 이상의 형식에 대하여 미국의 형식증명서를 소지하여야 한다.
(e) The FAA's official flight test program or the flight test program conducted by the authorities of the country in which the aircraft was manufactured, with respect to the issue of a type certificate for that aircraft, must be in progress.	(e) 해당 항공기에 대한 형식증명서 발급을 위하여, 연방항공청의 공식 비행시험 프로그램 또는 해당 항공기를 제작하는 국가의 감항당국에 의한 비행시험 프로그램을 진행하여야 한다.
(f) The applicant or, in the case of a foreign manufactured aircraft, the country in which the aircraft was manufactured, must certify that -	(f) 외국에서 제작되는 항공기의 경우에 신청자 또는 해당 국가는 다음 사항을 증명하여야 한다.
(1) The aircraft has been designed and constructed in accordance with the airworthiness requirements applicable to the issue of the type certificate applied for;	(1) 형식증명서 발급을 신청한 해당 항공기는 적용 감항요건에 따라 설계되고 구성되어야 한다.
(2) The aircraft substantially complies with the applicable flight characteristic requirements for the type certificate applied for; and	(2) 형식증명을 신청한 해당 항공기는 실질적으로 적용 비행특성 요건에 적합하여야 한다.
(3) The aircraft can be operated safely under the appropriate operating limitations in this subchapter.	(3) 연방항공규정의 해당 운용한계 내에서 해당 항공기는 안전하게 운용될 수 있어야 한다.
(g) The applicant must submit a report showing that the aircraft has been flown in all maneuvers necessary to show compliance with the flight requirements for the issue of the type certificate and to establish that the aircraft can be operated safely in accordance with the limitations in this subchapter.	(g) 신청자는 형식증명서의 발급에 적용된 비행요건에 대한 적합성을 입증하고, 해당 항공기가 연방항공규정에서 규정하는 한계 내에서 안전하게 운용될 수 있는 영역을 설정하는데 필요한 모든 기동상태에서 비행을 완료하였음을 입증하는 보고서를 제출하여야 한다.
(h) The applicant must prepare a provisional aircraft flight manual containing all limitations required for the issue of the type certificate applied for, including limitations on weights, speeds, flight maneuvers, loading, and operation of controls and equipment unless, for each limitation not so established, appropriate operating restrictions are established for the aircraft.	(h) 신청자는 형식증명서의 발급을 위해 요구되는 모든 한계를 포함하는 임시 항공기 비행교범을 준비하여야 한다. 해당 항공기에 적정한 운용 제한(restrictions)이 설정되지 않은 경우에는 그 항공기의 중량, 속도, 비행기동, 하중, 그리고 제어장치 및 장치품의 작동에 관한 한계를 포함하여야 한다.
(i) The applicant must establish an inspection and maintenance program for the continued airworthiness of the aircraft.	(i) 신청자는 해당 항공기의 감항성 유지를 위한 검사와 정비 프로그램을 수립하여야 한다.
(j) The applicant must show that a prototype aircraft has been flown for at least 100 hours. In the case of an	(j) 신청자는 시제 항공기가 최소 100시간 동안 비행

amendment to a provisional type certificate, the FAA may reduce the number of required flight hours.	하였음을 입증하여야 한다. 임시형식증명서에 대한 개정의 경우에는 연방항공청이 그 요구된 비행시간을 줄일 수 있다.
§21.85 Provisional amendments to type certificates.	**§21.85 형식증명서 임시개정**
(a) An applicant who manufactures aircraft within the United States is entitled to a provisional amendment to a type certificate if he shows compliance with this section and the FAA finds that there is no feature, characteristic, or condition that would make the aircraft unsafe when operated under the appropriate limitations contained in this subchapter.	(a) 미국 내에서 항공기를 제작하는 신청자가 이 절에 대한 적합성을 입증하고, 연방항공청이 연방항공규정에서 규정하는 한계 내에서 운용되는 해당 항공기에 불안전한 상태를 유발하는 특징, 특성 또는 조건이 없음을 확인한 경우에 형식증명서 임시개정본을 발급받을 수 있다.
(b) An applicant who manufactures aircraft in a foreign country with which the United States has an agreement for the acceptance of those aircraft for export and import is entitled to a provisional amendment to a type certificate if the country in which the aircraft was manufactured certifies that the applicant has shown compliance with this section, that the aircraft meets the requirements of paragraph (e) of this section and that there is no feature, characteristic, or condition that would make the aircraft unsafe when operated under the appropriate limitations contained in this subchapter.	(b) 미국과 수출 및 수입 항공기의 수락에 관한 협정을 체결한 외국에서 항공기를 제작하는 신청자는 형식증명서 임시개정본을 발급받을 수 있다. 이 경우에 해당 항공기를 제작하는 국가는 신청자가 이 절에 대한 적합성을 입증하였고, 해당 항공기가 이 절의 (e)항에서 규정하는 요건을 만족하고 연방항공규정에서 규정하는 한계 내에서 운용되는 해당 항공기에 불안전한 상태를 유발하는 특징, 특성 또는 조건이 없음을 증명하여야 한다.
(c) The applicant must apply for an amendment to the type certificate.	(c) 신청자는 형식증명서에 대한 개정을 신청하여야 한다.
(d) The FAA's official flight test program or the flight test program conducted by the authorities of the country in which the aircraft was manufactured, with respect to the amendment of the type certificate, must be in progress.	(d) 해당 항공기에 대한 형식증명서 개정을 위하여, 연방항공청의 공식 비행시험 프로그램 또는 해당 항공기를 제작하는 국가의 감항당국에 의한 비행시험 프로그램을 진행하여야 한다.
(e) The applicant or, in the case of foreign manufactured aircraft, the country in which the aircraft was manufactured, must certify that -	(e) 외국에서 제작되는 항공기의 경우에 신청자 또는 해당 국가는 다음 사항을 증명하여야 한다.
(1) The modification involved in the amendment to the type certificate has been designed and constructed in accordance with the airworthiness requirements applicable to the issue of the type certificate for the aircraft;	(1) 형식증명서 개정본에 포함된 개조는 해당 항공기에 대한 형식증명서 발급에 적용된 감항요건에 따라 설계되고 구성되어야 한다.
(2) The aircraft substantially complies with the applicable flight characteristic requirements for the type certificate; and	(2) 해당 항공기는 형식증명을 위한 적용 비행특성 요건에 실질적으로 적합하여야 한다.
(3) The aircraft can be operated safely under the appropriate operating limitations in this subchapter.	(3) 해당 항공기는 연방항공규정에서 규정하는 운용한계 내에서 안전하게 운용될 수 있어야 한다.
(f) The applicant must submit a report showing that the aircraft incorporating the modifications involved has been flown in all maneuvers necessary to show compliance with the flight requirements applicable to those modifications and to establish that the aircraft can be operated safely in accordance with the limitations specified in §91.317 and §121.207 of this chapter.	(f) 신청자는 개조를 포함하고 있는 해당 항공기가 그 개조에 적용된 비행요건에 대한 적합성을 입증하고, 해당 항공기가 연방항공규정 §91.317 및 §121.207에서 규정하는 한계 내에서 안전하게 운용될 수 있는 영역을 설정하는데 필요한 모든 기동상태에서 비행을 완료하였음을 입증하는 보고서를 제출하여야 한다.
(g) The applicant must establish and publish, in a provisional aircraft flight manual or other document and on appropriate placards, all limitations required for the issue of the type certificate applied for, including weight, speed,	(g) 신청자는 형식증명서의 발급을 위해 요구되는 모든 한계를 임시 항공기 비행교범 또는 기타의 문서 및 해당 플래카드에 설정 및 명시하여야 한다. 해당 항공기에 적정한 운용 제한이 설정되지 않은 경우에는 그 항공기의 중량, 속도, 비행기동, 하중, 그리고

flight maneuvers, loading, and operation of controls and equipment, unless, for each limitation not so established, appropriate operating restrictions are established for the aircraft.	제어장치 및 장치품의 작동에 관한 한계를 포함하여야 한다.
(h) The applicant must establish an inspection and maintenance program for the continued airworthiness of the aircraft.	(h) 신청자는 해당 항공기의 감항성 유지를 위한 검사와 정비 프로그램을 수립하여야 한다.
(i) The applicant must operate a prototype aircraft modified in accordance with the corresponding amendment to the type certificate for the number of hours found necessary by the FAA.	(i) 신청자는 형식증명서 개정본을 반영하여 개조된 시제 항공기를 연방항공청이 필요하다고 확인한 시간 동안 비행하여야 한다.
Subpart D - Changes to Type Certificates	**Subpart D. 형식증명 변경**
§21.91 Applicability.	**§21.91 적용범위**
This subpart prescribes procedural requirements for the approval of changes to type certificates.	이 Subpart는 형식증명 변경의 승인에 관한 절차적 요건을 규정한다.
§21.93 Classification of changes in type design.	**§21.93 형식설계 변경 분류**
(a) In addition to changes in type design specified in paragraph (b) of this section, changes in type design are classified as minor and major. A "minor change" is one that has no appreciable effect on the weight, balance, structural strength, reliability, operational characteristics, or other characteristics affecting the airworthiness of the product. All other changes are "major changes" (except as provided in paragraph (b) of this section).	(a) 이 절의 (b)항에 규정된 형식설계 변경을 포함하여, 형식설계 변경은 경급(minor)과 중급(major)으로 분류한다. 여기서 "경급 변경"은 중량, 균형, 구조강도, 신뢰성, 운용특성 또는 제품의 감항성에 관련되는 기타의 특성에 현저한 영향(appreciable effect)을 주지 않는 변경을 말한다. 그 밖의 모든 변경사항은 "중급 변경"으로 분류한다. 다만, 이 절의 (b)항에 규정한 사항은 예외로 한다.
(b) For the purpose of complying with Part 36 of this chapter, and except as provided in paragraphs (b)(2), (b)(3), and (b)(4) of this section, any voluntary change in the type design of an aircraft that may increase the noise levels of that aircraft is an "acoustical change" (in addition to being a minor or major change as classified in paragraph (a) of this section) for the following aircraft:	(b) 연방항공규정 Part 36에 따라 적합성을 입증하고자 하는 경우에 해당 항공기의 소음 수준을 증가시킬 수도 있는 자발적 형식설계 변경은 "소음 변경"에 해당하며, 다음의 항공기를 대상으로 한다. 또한, 이 절의 (a)항에 따른 경급 또는 중급 변경으로 분류한다. 다만, 이 절의 (b)(2), (b)(3), (b)(4)항에 규정된 사항은 예외로 한다.
(1) Transport category large airplanes.	(1) 수송급 대형 비행기.
(2) Jet (Turbojet powered) airplanes (regardless of category). For airplanes to which this paragraph applies, "acoustical changes" do not include changes in type design that are limited to one of the following -	(2) 제트추진 비행기(모든 카테고리 비행기). 본 항이 적용되는 비행기에 대한 "소음 변경"은 다음 중의 하나에 한정되는 형식설계 변경을 포함하지 않는다.
(i) Gear down flight with one or more retractable landing gear down during the entire flight, or	(i) 전체 비행 동안에 접이식 랜딩기어를 1개 이상 내리는 비행.
(ii) Spare engine and nacelle carriage external to the skin of the airplane (and return of the pylon or other external mount), or	(ii) 예비엔진과 비행기 스킨 외부의 낫셀 캐리지(그리고 파일론의 회귀장치나 기타의 외부 마운트).
(iii) Time-limited engine and/or nacelle changes, where the change in type design specifies that the airplane may not be operated for a period of more than 90 days unless compliance with the applicable acoustical change provisions of Part 36 of this chapter is shown for that change in type design.	(iii) 엔진 및 낫셀에 대한 시한성 변경. 여기서 형식설계 변경은 연방항공규정 Part 36의 적용 소음 변경 규정에 적합하지 않으면, 해당 비행기는 90일 이상 운용되지 않는 것으로 한다.
(3) Propeller driven commuter category and small	(3) 프로펠러로 추진되는 커뮤터 카테고리와 초급,

airplanes in the primary, normal, utility, acrobatic, transport, and restricted categories, except for airplanes that are:

(i) Designated for "agricultural aircraft operations" (as defined in §137.3 of this chapter, effective January 1, 1966) to which §36.1583 of this chapter does not apply, or

(ii) Designated for dispensing fire fighting materials to which §36.1583 of this chapter does not apply, or

(iii) U.S. registered, and that had flight time prior to January 1, 1955 or

(iv) Land configured aircraft reconfigured with floats or skis. This reconfiguration does not permit further exception from the requirements of this section upon any acoustical change not enumerated in §21.93(b).

(4) Helicopters except:

(i) Those helicopters that are designated exclusively:

(A) For "agricultural aircraft operations", as defined in §137.3 of this chapter, as effective on January 1, 1966;

(B) For dispensing fire fighting materials; or

(C) For carrying external loads, as defined in §133.1(b) of this chapter, as effective on December 20, 1976.

(ii) Those helicopters modified by installation or removal of external equipment. For purposes of this paragraph, "external equipment" means any instrument, mechanism, part, apparatus, appurtenance, or accessory that is attached to, or extends from, the helicopter exterior but is not used nor is intended to be used in operating or controlling a helicopter in flight and is not part of an airframe or engine. An "acoustical change" does not include:

(A) Addition or removal of external equipment;

(B) Changes in the airframe made to accommodate the addition or removal of external equipment, to provide for an external load attaching means, to facilitate the use of external equipment or external loads, or to facilitate the safe operation of the helicopter with external equipment mounted to, or external loads carried by, the helicopter;

(C) Reconfiguration of the helicopter by the addition or removal of floats and skis;

(D) Flight with one or more doors and/or windows removed or in an open position; or

(E) Any changes in the operational limitations placed on the helicopter as a consequence of the addition or removal of external equipment, floats, and skis, or flight operations with doors and/or windows removed or in an open position.

(5) Tiltrotors.

(c) For purposes of complying with part 34 of this chapter, any voluntary change in the type design of the airplane or engine which may increase fuel venting or exhaust emissions is an "emissions change".

(d) For the purpose of maintaining compliance with part 38

보통, 실용, 곡예, 수송급 비행기, 그리고 제한급 소형 비행기. 단, 다음의 비행기는 예외로 한다.

(i) 연방항공규정 §36.1583 요건이 적용되지 않는 것으로 지정된 "농업용 항공기 운용"(연방항공규정 §137.3에 정의된 사항, 유효일 1966년 1월 1일).

(ii) 연방항규정 §36.1583 요건이 적용되지 않는 것으로 지정된 소화물질의 살포작업.

(iii) 1955년 1월 1월 이전에 비행한 실적이 있는 미국에 등록된 비행기.

(iv) 플로트 또는 스키를 설치한 육상 비행기. 이와 같은 형상변경은 §21.93(b)항에 제시되지 않은 소음 변경에 관하여 이 절의 요건으로부터 더 이상의 예외를 허용하지 않는다.

(4) 다음의 헬리콥터는 예외로 한다.

(i) 다음과 같은 목적으로 지정된 전용 헬리콥터.

(A) 1966년 1월 1일, 연방항공규정 §137.3에서 정의한 "농업용 항공기 운용".

(B) 소화물질 살포작업.

(C) 1976년 12월 20일, 연방항공규정 §133.1(b)항에서 정의한 외부 적재물 운반작업.

(ii) 외부 장치를 추가로 설치 또는 제거하여 개조된 헬리콥터. 여기서 "외부 장치"라 함은 기체 외부에 부착되어 있거나 연장시켜 설치된 계기, 기계장치, 부품, 기기, 부속품, 또는 보기를 말한다. 이와 같은 헬리콥터 외부 장치는 비행 중에 헬리콥터를 작동 또는 조종하는데 사용되지 않으며 기체 또는 엔진의 일부에 해당하지는 않는다. "소음 변경"은 다음 사항을 포함하지 않는다.

(A) 외부 장치의 추가 설치 또는 제거.

(B) 외부에 적재물을 싣기 위한 장치를 추가 설치하거나, 외부 장치나 외부 적재물의 사용을 편리하게 하거나, 외부에 장치를 설치한 헬리콥터의 안전한 운용이 가능하게 하기 위하여 수행된 기체의 변경 또는 헬리콥터에 의해 운반되는 외부 적재물.

(C) 플로트 또는 스키를 추가 설치 또는 제거함에 따른 헬리콥터 형상 변경.

(D) 1개 이상의 출입문 및 창문을 제거하거나 열린 상태로 비행.

(E) 외부 장치, 플로트 및 스키를 추가 설치 또는 제거, 또는 출입문 및 창문을 제거하거나 열린 상태로 비행 운용함에 따른 헬리콥터의 운용한계 변경.

(5) 틸트로터 항공기.

(c) 연방항공규정 Part 34에 대한 적합성 관점에서 연료 또는 배기가스 배출을 증가시킬 수도 있는 비행기 또는 엔진의 형식설계에 대한 자발적 변경은 "배출 변경"에 해당한다.

(d) 연방항공규정 Part 38에 대한 적합성 유지 관점에

of this chapter, any voluntary change in the type design of an airplane that may increase the fuel efficiency metric value or the MTOM of that airplane is a "fuel efficiency change", in addition to being a minor or major change as classified in paragraph (a) of this section.	서 해당 비행기의 연료효율 계산값 또는 최대이륙중량을 증가시킬 수도 있는 자발적 형식설계 변경은 "연료효율 변경"에 해당한다. 이는 본 절의 (a)항에 따라 경급 또는 중급 변경으로 분류된다.
§21.95 Approval of minor changes in type design.	**§21.95 경급 형식설계 변경 승인**
Minor changes in a type design may be approved under a method acceptable to the FAA before submitting to the FAA any substantiating or descriptive data.	형식설계에 대한 경급 변경(minor change)은 입증 또는 서술자료를 연방항공청에 제출하기 전에도 연방항공청이 인정하는 방법에 따라서 승인될 수 있다.
§21.97 Approval of major changes in type design.	**§21.97 중급 형식설계 변경 승인**
(a) An applicant for approval of a major change in type design must -	(a) 형식설계에 대한 중급 변경(major change) 승인 신청자는 다음의 요건을 만족하여야 한다.
(1) Provide substantiating data and necessary descriptive data for inclusion in the type design;	(1) 형식설계에 포함되어 있는 입증 데이터와 필요한 서술 데이터를 제출하여야 한다.
(2) Show that the change and areas affected by the change comply with the applicable requirements of this subchapter, and provide the FAA the means by which such compliance has been shown; and	(2) 변경된 제품이 연방항공규정의 적용요건에 대한 적합성을 입증하고, 해당 적합성 입증방법을 연방항공청에 제출하여야 한다.
(3) Provide a statement certifying that the applicant has complied with the applicable requirements.	(3) 신청자가 적용요건에 대한 적합성을 입증하였다는 것을 나타내는 기록서(certifying statement)를 제출하여야 한다.
(b) Approval of a major change in the type design of an aircraft engine is limited to the specific engine configuration upon which the change is made unless the applicant identifies in the necessary descriptive data for inclusion in the type design the other configurations of the same engine type for which approval is requested and shows that the change is compatible with the other configurations.	(b) 항공기 엔진의 중급 형식설계 변경 승인은 신청자가 해당 형식설계에 포함되어 있는 서술 데이터에서 승인을 신청한 동일한 엔진 형식의 다른 형상을 식별하여 나타내고 해당 변경이 식별된 다른 형상과 동등하다는 것을 입증하지 않으면 특정한 엔진 형상으로 제한된다.
§21.99 Required design changes.	**§21.99 필수 설계변경**
(a) When an Airworthiness Directive is issued under Part 39 the holder of the type certificate for the product concerned must -	(a) 연방항공규정 Part 39에 의거한 감항성개선지시서(AD)가 발행되었을 때, 이에 관련된 제품에 대한 형식증명 소지자는 다음과 같이 조치하여야 한다.
(1) If the FAA finds that design changes are necessary to correct the unsafe condition of the product, and upon his request, submit appropriate design changes for approval; and	(1) 해당 제품의 불안전한 상태를 시정하기 위하여 설계변경이 필요하다고 연방항공청이 판단한 경우에는 해당 소지자는 해당 설계변경 내용을 제출하여 승인을 받아야 한다.
(2) Upon approval of the design changes, make available the descriptive data covering the changes to all operators of products previously certificated under the type certificate.	(2) 설계변경이 승인되면, 그 변경내용을 수록한 서술 데이터를 작성하여 기존에 형식증명을 받은 제품을 사용하는 모든 운용자가 이를 이용할 수 있도록 하여야 한다.
(b) In a case where there are no current unsafe conditions, but the FAA or the holder of the type certificate finds through service experience that changes in type design will contribute to the safety of the product, the holder of the type certificate may submit appropriate design changes for approval. Upon approval of the changes, the manufacturer must make information on the design changes available to all operators of the same type of product.	(b) 현재는 불안전한 상태가 아니지만, 연방항공청 또는 형식증명 소지자가 운용경험을 통해서 형식설계 변경이 제품의 안전에 기여할 것이라고 판단하는 경우에 형식증명 소지자는 해당 형식설계 변경 내용을 제출하여 승인을 받을 수 있다. 설계변경이 승인되면 해당 제작자는 설계변경 내용을 작성하여 동일한 형식의 제품을 사용하는 모든 운용자에게 이용할 수 있도록 하여야 한다.

§21.101 Designation of applicable regulations.	§21.101 적용규정 지정
(a) An applicant for a change to a type certificate must show that the change and areas affected by the change comply with the airworthiness requirements applicable to the category of the product in effect on the date of the application for the change and with parts 34, 36, and 38 of this chapter. Exceptions are detailed in paragraphs (b) and (c) of this section.	(a) 형식증명 변경 신청자는 변경된 제품이 그 신청일에 유효한 해당 제품의 카테고리에 적용되는 감항요건과 연방항공규정 Part 34, Part 36, 그리고 Part 38에 대한 적합성을 입증하여야 한다. 단, 이 절의 (b)항과 (c)항에 규정된 세부사항은 예외로 한다.
(b) Except as provided in paragraph (g) of this section, if paragraphs (b)(1), (2), or (3) of this section apply, an applicant may show that the change and areas affected by the change comply with an earlier amendment of a regulation required by paragraph (a) of this section, and of any other regulation the FAA finds is directly related. However, the earlier amended regulation may not precede either the corresponding regulation included by reference in the type certificate, or any regulation in §25.2, §27.2, or §29.2 of this chapter that is related to the change. The applicant may show compliance with an earlier amendment of a regulation for any of the following:	(b) 이 절의 (b)(1), (b)(2) 또는 (b)(3)항이 적용되는 경우에 신청자는 변경된 제품이 이 절의 (a)항에서 요구된 규정의 이전 개정내용과 연방항공청이 직접적으로 관련된다고 확인한 다른 규정에 대한 적합성을 입증하여야 한다. 그러나 이전에 개정된 규정은 형식증명에서 인용되어 포함된 해당 규정 또는 해당 변경에 관련된 연방항공규정 §25.2, §27.2 또는 §29.2의 규정보다 우선하지 않을 수 있다. 신청자는 다음의 변경에 대하여 이전에 개정된 규정에 따라 적합성을 입증할 수 있다.
(1) A change that the FAA finds not to be significant. In determining whether a specific change is significant, the FAA considers the change in context with all previous relevant design changes and all related revisions to the applicable regulations incorporated in the type certificate for the product. Changes that meet one of the following criteria are automatically considered significant:	(1) 연방항공청이 중대하지 않은 것으로 확인한 변경 : 특정한 변경이 중대한 것인지를 결정함에 있어서 연방항공청은 이전의 모든 관련 설계변경과 해당 제품의 형식증명에 적용된 규정의 모든 관련 개정내용을 일관성 있게 고려한다. 다음의 판단기준 중 하나에 해당하는 변경은 자동적으로 중대한 변경으로 본다.
(i) The general configuration or the principles of construction are not retained.	(i) 일반적인 형상 또는 구성방식이 유지되지 않는 변경.
(ii) The assumptions used for certification of the product to be changed do not remain valid.	(ii) 변경될 제품의 인증에 적용된 가정사항이 유효성을 갖지 않는 변경.
(2) Each area, system, component, equipment, or appliance that the FAA finds is not affected by the change.	(2) 연방항공청이 해당 변경으로 인하여 영향을 받지 않는 것으로 확인한 각각의 영역, 시스템, 구성품, 장치품 또는 장비품.
(3) Each area, system, component, equipment, or appliance that is affected by the change, for which the FAA finds that compliance with a regulation described in paragraph (a) of this section would not contribute materially to the level of safety of the product or would be impractical.	(3) 해당 변경에 의해서 영향을 받는 각각의 영역, 시스템, 구성품, 장치품 또는 장비품. 이 경우에 본 조의 (a)항에 제시된 규정에 대한 적합성은 그 변경된 제품의 안전수준(level of safety)에 실질적으로 기여하지 않거나 실용적이지 않음을 연방항공청이 확인한 변경을 말한다.
(c) An applicant for a change to an aircraft (other than a rotorcraft) of 6,000 pounds or less maximum weight, to a non-turbine rotorcraft of 3,000 pounds or less maximum weight, to a level 1 low-speed airplane, or to a level 2 low-speed airplane may show that the change and areas affected by the change comply with the regulations included in the type certificate. However, if the FAA finds that the change is significant in an area, the FAA may designate compliance with an amendment to the regulation incorporated by reference in the type certificate that applies	(c) 최대 중량 6,000 lbs (2,722 kg) 이하의 항공기(회전익 항공기 제외), 터빈엔진을 사용하지 않는 최대 중량 3,000 lbs (1,361 kg) 이하의 회전익 항공기, 레벨 1 저속 비행기, 또는 레벨 2 저속 비행기에 대한 변경 신청자는 그 변경과 그에 따라 영향을 받는 부분이 해당 형식증명에 포함된 규정에 따른 적합하다는 것을 입증하여야 한다. 그러나, 연방항공청이 해당 변경이 제품의 어느 영역에 중대한 것으로 확인한 경우에 연방항공청은 그 변경을 신청한 형식증명에 인용 제시된 규정의 개정내용과 연방항공청이 직접적으로 관

to the change and any regulation that the FAA finds is directly related, unless the FAA also finds that compliance with that amendment or regulation would not contribute materially to the level of safety of the product or would be impractical. (d) If the FAA finds that the regulations in effect on the date of the application for the change do not provide adequate standards with respect to the proposed change because of a novel or unusual design feature, the applicant must also comply with special conditions, and amendments to those special conditions, prescribed under the provisions of §21.16, to provide a level of safety equal to that established by the regulations in effect on the date of the application for the change. (e) An application for a change to a type certificate for a transport category aircraft is effective for 5 years, and an application for a change to any other type certificate is effective for 3 years. If the change has not been approved, or if it is clear that it will not be approved under the time limit established under this paragraph, the applicant may do either of the following: (1) File a new application for a change to the type certificate and comply with all the provisions of paragraph (a) of this section applicable to an original application for a change. (2) File for an extension of the original application and comply with the provisions of paragraph (a) of this section. The applicant must then select a new application date. The new application date may not precede the date the change is approved by more than the time period established under this paragraph (e). (f) For aircraft certificated under §21.17(b), §21.24, §21.25, and §21.27 the airworthiness requirements applicable to the category of the product in effect on the date of the application for the change include each airworthiness requirement that the FAA finds to be appropriate for the type certification of the aircraft in accordance with those sections. (g) Notwithstanding paragraph (b) of this section, for transport category airplanes, the applicant must show compliance with each applicable provision of part 26 of this chapter, unless the applicant has elected or was required to comply with a corresponding amendment to part 25 of this chapter that was issued on or after the date of the applicable part 26 provision.	련된다고 확인한 규정에 대한 적합성을 지정할 수 있다. 다만, 연방항공청이 해당 개정내용 또는 규정에 대한 적합성이 그 변경된 제품의 안전수준에 실질적으로 기여하거나 실용적이라고 확인한 경우에 한한다. (d) 제안된 변경내용이 새롭거나 특이한 설계 특징을 가지고 있기 때문에 변경 신청일에 유효한 규정이 제안된 변경에 대한 적정한 감항기준이 될 수 없다고 연방항공청이 확인한 경우에 해당 신청자는 변경 신청일에 유효한 규정에 의해 설정된 수준과 동등한 수준의 안전성을 제시하기 위하여 본 인증절차의 §21.16에 규정된 바와 따라 특별감항조건(SC) 및 이의 개정내용에 대한 적합성을 입증하여야 한다. (e) 수송급 항공기에 대한 형식증명 변경 신청은 5년 동안 유효하고, 기타의 형식증명 변경 신청은 3년 동안 유효하다. 해당 변경이 승인되지 않았거나 본 항에서 규정한 기한까지 승인되지 않을 것이 명백한 경우에 신청자는 다음 중에 하나를 따를 수 있다. (1) 형식증명 변경 신청서를 신규로 제출하고, 원래의 변경신청에 적용한 이 절의 (a)항에 대한 적합성을 입증하여야 한다. (2) 원래의 신청서에 대한 연장 신청서를 제출하고, 이 절의 (a)항에 대한 적합성을 입증하여야 한다. 신청자는 신규 신청일자를 정해야 한다. 신규 신청일자는 이 절의 (e)항에 규정된 기간을 초과하여 변경이 승인될 날짜보다 빠르지 않아야 한다. (f) 이 규정의 §21.17(b), §21.24, §21.25, §21.27 요건에 의거하여 증명되는 항공기의 경우에 변경 신청일자에 유효한 해당 제품의 카테고리에 적용하는 감항요건은 연방항공청이 해당 조항에 따라서 항공기 형식증명을 수행하는데 적정하다고 확인한 각각의 감항요건을 포함하여야 한다. (g) 이 절의 (b)항에도 불구하고, 신청자는 수송급 비행기에 대하여 연방항공규정 Part 26에 대한 적합성을 입증하여야 한다. 단, 신청자가 Part 26의 발행일 또는 그 이후에 개정된 Part 25의 대응 조항을 적용하여 적합성을 입증하는 것으로 선정하거나 이렇게 요구되는 경우에는 예외로 한다.
Subpart E - Supplemental Type Certificates **§21.111 Applicability.** This subpart prescribes procedural requirements for the issue of supplemental type certificates.	**Subpart E. 부가형식증명** **§21.111 적용범위** 이 Subpart는 부가형식증명서(STC) 발급에 관한 절차적 요건을 규정한다.

§21.113 Requirement for supplemental type certificate.	§21.113 부가형식증명 요건
(a) If a person holds the TC for a product and alters that product by introducing a major change in type design that does not require an application for a new TC under §21.19, that person must apply to the FAA either for an STC, or to amend the original type certificate under subpart D of this part. (b) If a person does not hold the TC for a product and alters that product by introducing a major change in type design that does not require an application for a new TC under §21.19, that person must apply to the FAA for an STC. (c) The application for an STC must be made in the form and manner prescribed by the FAA.	제품에 대한 형식증명 소지자가 이 규정의 §21.19 요건에 의거한 신규 형식증명 신청이 필요하지 않은 형식설계 중급 변경에 따라서 해당 제품을 개조하는 경우에 연방항공청에 부가형식증명을 신청하거나, 이 규정의 Subpart D에 따라 원래의 형식증명서에 대한 개정을 신청하여야 한다. (b) 제품에 대한 형식증명을 소지하지 않은 자가 이 규정의 §21.19 요건에 의거한 신규 형식증명 신청이 필요하지 않은 형식설계 중급 변경에 따라서 해당 제품을 개조하는 경우에 연방항공청에 부가형식증명을 신청하여야 한다. (c) 부가형식증명 신청서는 연방항공청이 지정한 서식과 방법에 따라서 작성 및 제출하여야 한다.
§21.115 Applicable requirements.	**§21.115 부가형식증명 적용요건**
(a) Each applicant for a supplemental type certificate must show that the altered product meets applicable requirements specified in §21.101 and - (1) In the case of an acoustical change described in §21.93(b), show compliance with the applicable noise requirements of part 36 of this chapter; (2) In the case of an emissions change described in §21.93(c), show compliance with the applicable fuel venting and exhaust emissions requirements of part 34 of this chapter; and (3) In the case of a fuel efficiency change described in §21.93(d), show compliance with the applicable fuel efficiency requirements of part 38 of this chapter. (b) Each applicant for a supplemental type certificate must meet §21.33 and §21.53 with respect to each change in the type design.	(a) 부가형식증명 신청자는 개조된 제품이 §21.101에 규정된 적용요건과 다음 사항을 만족함을 입증하여야 한다. (1) §21.93(b)항에 따른 소음 변경의 경우에 연방항공규정 Part 36의 해당 소음 요건에 대한 적합성을 입증하여야 한다. (2) §21.93(c)항에 따른 배출 변경의 경우에 연방항공규정 Part 34의 해당 연료 배출 및 배기가스 배출 요건에 대한 적합성을 입증하여야 한다. (3) §21.93(d)항에 따른 연료효율 변경의 경우에 연방항공규정 Part 38의 해당 연료효율 요건에 대한 적합성을 입증하여야 한다. (b) 부가형식증명 신청자는 해당 형식설계 변경에 대해서 §21.33과 §21.53에서 규정하는 요건을 만족하여야 한다.
§21.117 Issue of supplemental type certificates.	**§21.117 부가형식증명서 발급**
(a) An applicant is entitled to a supplemental type certificate if the FAA finds that the applicant meets the requirements of §21.113 and §21.115. (b) A supplemental type certificate consists of - (1) The approval by the FAA of a change in the type design of the product; and (2) The type certificate previously issued for the product.	(a) 신청자가 §21.113과 §21.115 요건을 만족시킨다는 것을 연방항공청이 확인하면, 해당 신청자는 부가형식증명을 받을 수 있다. (b) 부가형식증명서는 다음과 같이 구성된다. (1) 해당 제품의 형식설계 변경에 대한 연방항공청의 승인서. (2) 해당 제품에 대하여 이전에 발급된 형식증명서.
§21.119 Privileges.	**§21.119 부가형식증명 소지자 특권**
The holder of a supplemental type certificate may - (a) In the case of aircraft, obtain airworthiness certificates; (b) In the case of other products, obtain approval for installation on certificated aircraft; and (c) Obtain a production certificate in accordance with the requirements of subpart G of this part for the change in the type design approved by the supplemental type	부가형식증명 소지자는 다음의 권리를 가질 수 있다. (a) 항공기의 경우에는 감항증명을 받을 수 있다. (b) 기타의 제품인 경우에는 형식증명을 받은 항공기에 장착 승인을 받을 수 있다. (c) 해당 부가형식증명에 의해서 승인된 형식설계 변경에 대하여 이 규정의 Subpart G에 규정된 요건에 따라서 제작증명을 받을 수 있다.

certificate.	
§21.120 Responsibility of supplemental type certificate holders to provide written permission for alterations. A supplemental type certificate holder who allows a person to use the supplemental type certificate to alter an aircraft, aircraft engine, or propeller must provide that person with written permission acceptable to the FAA.	**§21.120 개조허가문서 제공에 관한 부가형식증명 소지자 책임** 다른 사람에게 해당 부가형식증명을 이용하여 항공기, 엔진 또는 프로펠러를 개조하게 하고자 하는 부가형식증명 소지자는 연방항공청이 인정하는 허가문서를 그 사람에게 제공하여야 한다.
Subpart F - Production Under Type Certificate **§21.121 Applicability.** This subpart prescribes rules for production under a type certificate. **§21.122 Location of or change to manufacturing facilities.** (a) A type certificate holder may utilize manufacturing facilities located outside of the United States if the FAA finds no undue burden in administering the applicable requirements of Title 49 U.S.C. and this subchapter. (b) The type certificate holder must obtain FAA approval before making any changes to the location of any of its manufacturing facilities. (c) The type certificate holder must immediately notify the FAA, in writing, of any change to the manufacturing facilities that may affect the inspection, conformity, or airworthiness of its product or article. **§21.123 Production under type certificate.** Each manufacturer of a product being manufactured under a type certificate must - (a) Maintain at the place of manufacture all information and data specified in §21.31 and §21.41; (b) Make each product and article thereof available for inspection by the FAA; (c) Maintain records of the completion of all inspections and tests required by §21.127, §21.128, and §21.129 for at least 5 years for the products and articles thereof manufactured under the approval and at least 10 years for critical components identified under §45.15(c) of this chapter; (d) Allow the FAA to make any inspection or test, including any inspection or test at a supplier facility, necessary to determine compliance with this subchapter; (e) Mark the product in accordance with part 45 of this chapter, including any critical parts; (f) Identify any portion of that product (e.g., sub-assemblies, component parts, or replacement articles) that leave the manufacturer's facility as FAA approved with the	Subpart F. 형식증명 의한 생산 **§21.121 적용범위** 이 Subpart는 형식증명에 의거한 생산에 필요한 규칙을 규정한다. **§21.122 제조시설 위치 또는 변경** (a) 연방항공청이 미국 연방법 Title 49(교통관계법)와 연방항공규정의 해당 요건을 적용하고 증명을 관리하는데 과도한 부담이 되지 않는다고 판단하는 경우에 형식증명 소지자는 해외에 위치한 제조시설을 활용할 수 있다. (b) 형식증명 소지자는 해당 제조시설의 위치를 변경하기 전에 연방항공청의 승인을 받아야 한다. (c) 형식증명 소지자는 해당 제품이나 부품류의 검사, 합치성 또는 감항성에 영향을 미칠 수 있는 제조시설의 변경에 대하여 그 즉시 문서로 연방항공청에 통지하여야 한다. **§21.123 형식증명에 의한 생산** 형식증명에 의거하여 제작되는 제품 또는 부품류에 대한 제작자는 다음의 요건을 만족하여야 한다. (a) 이 규정의 §21.31과 §21.41에 제시된 모든 정보 및 데이터를 해당 제조시설에 보관 유지하여야 한다. (b) 연방항공청의 검사를 위해 각 제품 또는 부품류를 제시하여야 한다. (c) 이 규정의 §21.127, §21.128, §21.129에 따라 요구되는 모든 검사 및 시험 결과에 대한 기록은 승인에 의거하여 제작되는 제품 및 부품류의 경우에는 최소한 5년, 그리고 연방항공규정 §45.15(c)항에 의거하여 식별되는 치명성 구성품의 경우에는 최소한 10년 동안 유지하여야 한다. (d) 공급자의 시설에서 수행하는 검사 및 시험을 포함하여 연방항공규정에 대한 적합성을 결정하는데 필요한 검사 또는 시험에 연방항공청이 참여할 수 있도록 하여야 한다. (e) 치명성 부품을 포함하여 연방항공규정 Part 45에 따라서 해당 제품에 식별표시를 하여야 한다. (f) 제조시설에서 출하되는 해당 제품의 일부분(예를 들면, 서브 어셈블리, 구성 부품 또는 대체용 부품)에 대하여 연방항공청의 승인에 따른 제조자 부품번호,

manufacturer's part number and name, trademark, symbol, or other FAA-approved manufacturer's identification; and

(g) Except as otherwise authorized by the FAA, obtain a production certificate for that product in accordance with subpart G of this part within 6 months after the date of issuance of the type certificate.

이름, 상표, 심볼 또는 그 밖의 표식으로 식별하여야 한다.

(g) 연방항공청이 달리 허가한 경우를 제외하고, 해당 형식증명서가 발급된 날로부터 6개월 이내에 이 규정의 Subpart G에 따라서 해당 제품에 대한 제작증명을 받아야 한다.

§21.127 Tests: aircraft.

(a) Each person manufacturing aircraft under a type certificate must establish an approved production flight test procedure and flight check-off form, and in accordance with that form, flight test each aircraft produced.

(b) Each production flight test procedure must include the following:

(1) An operational check of the trim, controllability, or other flight characteristics to establish that the production aircraft has the same range and degree of control as the prototype aircraft.

(2) An operational check of each part or system operated by the crew while in flight to establish that, during flight, instrument readings are within normal range.

(3) A determination that all instruments are properly marked, and that all placards and required flight manuals are installed after flight test.

(4) A check of the operational characteristics of the aircraft on the ground.

(5) A check on any other items peculiar to the aircraft being tested that can best be done during the ground or flight operation of the aircraft.

§21.127 항공기 시험

(a) 형식증명에 의거하여 항공기를 제작하는 자는 생산비행시험 절차서와 비행점검표를 준비하여 승인받고, 생산된 각 항공기를 이 비행점검표에 따라서 시험하여야 한다.

(b) 생산비행시험 절차서에는 다음 사항을 포함하여야 한다.

(1) 생산된 항공기가 시제 항공기와 동일한 조종범위와 능력을 설정하기 위한 트림, 조종성 또는 기타의 비행특성에 대한 작동점검.

(2) 비행 중에 계기가 지시하는 값을 규정된 범위로 설정하기 위하여 비행 중에 승무원이 작동하는 각 부품 또는 시스템에 대한 작동점검.

(3) 비행시험 후에 모든 계기가 적정하게 표시되고, 모든 플래카드와 요구되는 비행교범이 구비되었는가에 대한 결정.

(4) 지상에서 항공기의 작동 특성에 대한 점검.

(5) 항공기의 지상 또는 비행운용 동안에 가장 잘 확인될 수 있는 해당 항공기의 특징적인 항목에 대한 점검.

§21.128 Tests: aircraft engines.

(a) Each person manufacturing aircraft engines under a type certificate must subject each engine (except rocket engines for which the manufacturer must establish a sampling technique) to an acceptable test run that includes the following:

(1) Break-in runs that include a determination of fuel and oil consumption and a determination of power characteristics at rated maximum continuous power or thrust and, if applicable, at rated takeoff power or thrust.

(2) At least five hours of operation at rated maximum continuous power or thrust. For engines having a rated takeoff power or thrust higher than rated maximum continuous power or thrust, the five-hour run must include 30 minutes at rated takeoff power or thrust.

(b) The test runs required by paragraph (a) of this section may be made with the engine appropriately mounted and using current types of power and thrust measuring equipment.

§21.128 엔진 시험

(a) 형식증명에 의거하여 항공기 엔진을 제작하는 자는 각 엔진에 대하여 다음 사항을 포함하는 수락시험을 하여야 한다. 단, 제작자가 샘플링 기법을 설정하여야 시험하는 로켓 엔진은 제외한다.

(1) 연료 및 오일 소모량의 결정과 정격 최대연속출력 또는 추력에서 그리고 정격 이륙출력 또는 추력에서 출력특성의 결정을 포함하는 길들이기 시험(break-in run).

(2) 정격 최대연속출력 또는 추력에서 최소한 5시간 동안 작동. 정격 최대연속출력 또는 추력 이상의 정격 이륙출력 또는 추력을 갖는 엔진에 대해서는 5시간 운전 중에 정격 이륙출력 또는 추력에서 30분 동안 운전하는 시험을 포함하여야 한다.

(b) 위의 (a)항에 따른 시험은 해당 엔진을 적정한 방법으로 설치하고 일반적인 방식의 출력 및 추력 측정 장치를 사용하여 수행될 수 있다.

§21.129 Tests: propellers.

Each person manufacturing propellers under a type

§21.129 프로펠러 시험

형식증명에 의거하여 프로펠러를 제작하는 자는 가

certificate must give each variable pitch propeller an acceptable functional test to determine if it operates properly throughout the normal range of operation.	변피치 프로펠러에 대하여 규정된 운용범위에서 적정하게 작동하는지를 결정하기 위하여 기능시험을 하여야 한다.
§21.130 Statement of conformity. Each holder or licensee of a type certificate who manufactures a product under this subpart must provide, in a form and manner acceptable to the FAA, a statement that the product for which the type certificate has been issued conforms to its type certificate and is in a condition for safe operation.	**§21.130 합치성 확인서** 이 Subpart에 의거하여 제품 또는 부품류를 제작하는 형식증명 소지자 또는 면허계약자는 각 제품 또는 부품류가 해당 형식증명에 합치하고, 안전한 운용 상태에 있음을 나타내는 기록서를 연방항공청이 인정하는 서식과 방법으로 제출하여야 한다.
Subpart G - Production Certificates	**Subpart G. 제작증명**
§21.131 Applicability. This subpart prescribes - (a) Procedural requirements for issuing production certificates; and (b) Rules governing holders of those certificates.	**§21.131 적용범위** 이 Subpart는 다음 사항을 규정한다. (a) 제작증명서(PC) 발급에 관한 절차적 요건. (b) 그 증명서 소지자를 관리하는 규칙.
§21.132 Eligibility. Any person may apply for a production certificate if that person holds, for the product concerned - (a) A current type certificate, (b) A supplemental type certificate, or (c) Rights to the benefits of that type certificate or supplemental type certificate under a licensing agreement.	**§21.132 신청자격** 다음에 해당하는 증명이나 권리를 가지고 있는 자는 해당 제품에 대한 제작증명을 신청할 수 있다. (a) 현재 유효한 형식증명서. (b) 부가형식증명서. (c) 면허계약에 의한 해당 형식증명 또는 부가형식증명에 대한 권리.
§21.133 Application. Each applicant must apply for a production certificate in a form and manner prescribed by the FAA.	**§21.133 신청서 제출** 신청자는 연방항공청이 지정한 서식과 방법에 따라서 제작증명 신청서를 제출하여야 한다.
§21.135 Organization. (a) Each applicant for or holder of a production certificate must provide the FAA with a document - (1) Describing how its organization will ensure compliance with the provisions of this subpart; (2) Describing assigned responsibilities, delegated authorities, and the functional relationship of those responsible for quality to management and other organizational components; and (3) Identifying an accountable manager. (b) The accountable manager specified in paragraph (a) of this section must be responsible within the applicant's or production approval holder's organization for, and have authority over, all production operations conducted under this part. The accountable manager must confirm that the procedures described in the quality manual required by § 21.138 are in place and that the production approval holder satisfies the requirements of the applicable regulations of subchapter C, Aircraft. The accountable manager must serve	**§신청자 조직** (a) 제작증명 신청자 또는 소지자는 연방항공청에 다음의 서류를 제출하여야 한다. (1) 신청자 조직이 이 Subpart의 해당 요건에 따른 적합성을 어떻게 보장할 것인가를 서술한 문서 (2) 경영부서와 그 밖의 부서에 할당된 책임, 위임된 권한, 그리고 그들 부서의 품질 책임에 대한 기능적 관계를 서술한 문서 (3) 총괄 관리자를 식별하는 문서 (b) 위의 (a)항에 명시된 총괄 관리자는 이 규정에 따른 모든 생산활동을 수행하기 위하여 신청자 또는 생산승인 소지자 조직에 대한 책임성이 있고, 이를 위한 권한을 가져야 한다. 총괄 관리자는 §21.138에 따라 요구되는 품질매뉴얼에 제시된 해당 절차가 준비되어 있고, 생산승인 소지자가 연방항공규정 Subchapter C, Aircraft의 해당 요건을 만족시키고 있음을 보장하여야 한다. 총괄 관리자는 연방항공청에 대한 연락 창구 역할을 수행해야 한다.

as the primary contact with the FAA.
(c) Each applicant for or holder of a production certificate, except those based only on a supplemental type certificate or on the rights to the benefits of a supplemental type certificate under a licensing agreement, must meet the applicable requirements of part 5 of this chapter.

(c) 제작증명 신청자 또는 소지자는 연방항공규정 Part 5의 해당 요건을 만족하여야 한다. 단, 부가형식증명 또는 면허계약에 따른 부가형식증명 실행권리에 근거한 제작증명 신청자 또는 소지자는 예외로 한다.

§21.137 Quality system.

Each applicant for or holder of a production certificate must establish and describe in writing a quality system that ensures that each product and article conforms to its approved design and is in a condition for safe operation. This quality system must include:
(a) *Design data control.* Procedures for controlling design data and subsequent changes to ensure that only current, correct, and approved data is used.
(b) *Document control.* Procedures for controlling quality system documents and data and subsequent changes to ensure that only current, correct, and approved documents and data are used.
(c) *Supplier control.* Procedures that -

(1) Ensure that each supplier-provided product, article, or service conforms to the production approval holder's requirements; and
(2) Establish a supplier-reporting process for products, articles, or services that have been released from or provided by the supplier and subsequently found not to conform to the production approval holder's requirements.
(d) *Manufacturing process control.* Procedures for controlling manufacturing processes to ensure that each product and article conforms to its approved design.
(e) *Inspecting and testing.* Procedures for inspections and tests used to ensure that each product and article conforms to its approved design. These procedures must include the following, as applicable:
(1) A flight test of each aircraft produced unless that aircraft will be exported as an unassembled aircraft.
(2) A functional test of each aircraft engine and each propeller produced.
(f) *Inspection, measuring, and test equipment control.* Procedures to ensure calibration and control of all inspection, measuring, and test equipment used in determining conformity of each product and article to its approved design. Each calibration standard must be traceable to a standard acceptable to the FAA.
(g) *Inspection and test status.* Procedures for documenting the inspection and test status of products and articles supplied or manufactured to the approved design.

(h) *Nonconforming product and article control.*

§21.137 품질시스템

신청자는 각 제품 및 부품이 해당 승인된 설계에 합치하고 안전한 운용 상태에 있음을 보장하는 품질시스템을 수립하고 이를 문서로 작성하여야 한다. 해당 품질시스템은 다음 사항을 포함하여야 한다.
(a) *설계자료 관리(Design Data Control)* : 최신의, 정확한, 그리고 승인된 데이터만 사용됨을 보장하기 위하여 설계 데이터 및 후속 변경내용을 관리하는 절차를 포함한다.
(b) *문서 관리(Document Control)* : 최신의, 정확한, 그리고 승인된 문서와 데이터만 사용됨을 보장하기 위하여 품질시스템 문서 및 데이터와 후속 변경내용을 관리하는 절차를 포함한다.
(c) *공급업체 관리(Supplier Control)*. 다음 사항에 대한 절차를 포함한다.
(1) 각 공급업체에서 납품되는 제품(product), 부품류(article), 또는 용역(service)이 생산승인 소지자의 요구조건에 합치한다는 것을 보장하는 절차.
(2) 공급업체에서 제공된 제품(product) 또는 부품류(article)가 생산승인 소지자의 요구조건에 합치하지 않는다는 것이 확인되었을 때 공급업체가 이를 보고하는 과정에 대한 절차.
(d) *제조공정 관리(Manufacturing Process Control)* : 각 제품 및 부품이 해당 승인된 설계에 합치함을 보장하기 위하여 제조공정을 관리하는 절차를 포함한다.
(e) *검사 및 시험(Inspecting and Testing)* : 각 제품 및 부품류가 승인된 설계에 합치함을 보장하기 위하여 수행되는 검사 및 시험에 대한 절차를 포함한다. 이 절차에는 다음에 해당되는 사항을 포함하여야 한다.
(1) 분해된 상태로 수출하는 항공기가 아닌 경우에 생산된 각 항공기에 대한 비행시험 절차.
(2) 생산된 각 항공기 엔진 및 각 프로펠러의 기능시험에 대한 절차.
(f) *검사, 측정, 시험장치 관리(Inspection, Measuring, and Test Equipment Control)* : 교정 결과를 보장하고 각 제품 및 부품류가 해당 승인된 설계에 합치하는지를 결정하는데 사용된 모든 검사, 측정, 그리고 시험장치를 관리하는 절차를 포함한다. 각 교정 표준은 연방항공청이 인정하는 표준을 따르는 것이어야 한다.
(g) *검사 및 시험 상태(Inspection and Test Status)* : 해당 승인된 설계에 따라 공급되거나 제작된 제품 및 부품류의 검사 및 시험 상태를 결정하는 절차를 포함한다.
(h) *불합치 제품 및 부품류 관리(Nonconforming Produc*

	t and Article Control) : 다음 절차를 포함한다.
(1) Procedures to ensure that only products or articles that conform to their approved design are installed on a type-certificated product. These procedures must provide for the identification, documentation, evaluation, segregation, and disposition of nonconforming products and articles. Only authorized individuals may make disposition determinations.	(1) 해당 승인된 설계에 합치하는 제품 또는 부품류만 형식증명을 받은 제품에 장착됨을 보장하는 절차. 이 절차는 불합치 제품 및 부품의 식별, 문서기록, 평가, 격리, 그리고 처분판정에 대한 절차를 포함하여야 한다. 규정된 절차에 따라 인가된 요원만 처분 결정을 할 수 있다.
(2) Procedures to ensure that discarded articles are rendered unusable.	(2) 폐기된 부품류(discarded articles)는 사용할 수 없는 것으로 반납됨을 보장하는 절차.
(i) *Corrective and preventive actions.* Procedures for implementing corrective and preventive actions to eliminate the causes of an actual or potential nonconformity to the approved design or noncompliance with the approved quality system.	(i) *시정 및 예방조치(Corrective and Preventive Actions)* : 해당 승인된 설계에 대한 현재 또는 잠재적인 불합치 또는 해당 승인된 품질시스템에 대한 부적합의 원인을 제거하기 위하여 시정 및 예방조치를 실시하는 절차를 포함한다.
(j) *Handling and storage.* Procedures to prevent damage and deterioration of each product and article during handling, storage, preservation, and packaging.	(j) *취급 및 저장(Handling and Storage)* : 각 제품 및 부품류를 취급, 보관, 저장, 포장, 납품하는 동안에 손상 및 성능저하를 방지하기 위한 절차를 포함한다.
(k) *Control of quality records.* Procedures for identifying, storing, protecting, retrieving, and retaining quality records. A production approval holder must retain these records for at least 5 years for the products and articles manufactured under the approval and at least 10 years for critical components identified under §45.15(c) of this chapter.	(k) *품질기록 관리(Control of Quality Records)* : 품질기록을 식별, 보관, 보호, 검색, 그리고 유지를 위한 절차를 포함한다. 생산승인 소지자는 품질기록을 해당 승인에 의거하여 제작된 제품 및 부품류의 경우에는 최소 5년 동안, 연방항공규정의 §45.15(c)항에 의거하여 식별되는 치명성 구성품의 경우에는 최소 10년 동안 보관하여야 한다.
(l) *Internal audits.* Procedures for planning, conducting, and documenting internal audits to ensure compliance with the approved quality system. The procedures must include reporting results of internal audits to the manager responsible for implementing corrective and preventive actions.	(l) *내부 감사(Internal Audits)* : 해당 승인된 품질시스템에 대한 적합성을 보장하기 위하여 내부 감사를 계획하고, 수행하고, 그리고 문서화하는 절차를 포함한다. 이 절차에는 시정 및 예방조치 이행에 대한 책임이 있는 관리자에게 내부 감사 결과를 보고하는 절차를 포함하여야 한다.
(m) *In-service feedback.* Procedures for receiving and processing feedback on in-service failures, malfunctions, and defects. These procedures must include a process for assisting the design approval holder to -	(m) *운용중 결함통보 처리(In-service Feedback)* : 운용중에 발생하는 고장, 기능장애 및 결함에 대한 통지를 접수 및 처리하는 절차를 포함한다. 이 절차에는 다음과 같은 지원 절차를 포함하여야 한다.
(1) Address any in-service problem involving design changes; and	(1) 설계변경을 포함하는 운용중 문제에 대한 설명.
(2) Determine if any changes to the Instructions for Continued Airworthiness are necessary.	(2) 감항성유지지침서에 대한 변경이 필요한지를 결정.
(n) *Quality escapes.* Procedures for identifying, analyzing, and initiating appropriate corrective action for products or articles that have been released from the quality system and that do not conform to the applicable design data or quality system requirements.	(n) *품질시스템 이탈품 처리(Quality Escapes)* : 품질시스템을 거쳐서 제공된 이후에 해당 설계 데이터 또는 품질시스템 요건에 합치하지 않음이 확인된 제품 또는 부품류를 식별 및 분석하고, 적정한 시정조치를 제기하는 절차를 포함한다.
(o) *Issuing authorized release documents.* Procedures for issuing authorized release documents for aircraft engines, propellers, and articles if the production approval holder intends to issue those documents. These procedures must provide for the selection, appointment, training, management, and removal of individuals authorized by the production approval holder to issue authorized release documents. Authorized release documents may be issued for new aircraft engines,	(o) *감항승인문서 발행(Issuing Authorized Release Documents)* : 생산승인 소지자가 감항승인문서를 발행하고자 하는 경우, 해당 항공기 엔진, 프로펠러, 그리고 부품류(article)에 대한 감항승인문서 발행 절차를 포함한다. 이들 절차에는 감항승인문서를 발행하기 위하여 생산승인 소지자가 인가하는 인원의 선정, 지정, 교육훈련, 관리, 그리고 해임에 관한 사항을 포함하여야 한다. 감항승인문서는 생산승인 소지자가 제작한 신

propellers, and articles manufactured by the production approval holder; and for used aircraft engines, propellers, and articles when rebuilt, or altered, in accordance with §43.3(j) of this chapter. When a production approval holder issues an authorized release document for the purpose of export, the production approval holder must comply with the procedures applicable to the export of new and used aircraft engines, propellers, and articles specified in §21.331 and the responsibilities of exporters specified in §21.335.

품 엔진, 프로펠러, 그리고 부품류에 대해서 발행될 수 있고, 연방항공규정의 §43.3(j)항에 따라서 재생 또는 개조되는 중고 엔진, 프로펠러, 그리고 부품류에 대해서 발행될 수 있다. 생산승인 소지자가 수출을 목적으로 감항승인문서를 발행할 때, 해당 생산승인 소지자는 §21.331에 규정된 신품 엔진, 프로펠러, 그리고 부품류의 수출과 §21.335에 규정된 수출업체의 책임에 관한 절차에 부합하도록 해야 한다.

§21.138 Quality manual.

Each applicant for or holder of a production certificate must provide a manual describing its quality system to the FAA for approval. The manual must be in the English language and retrievable in a form acceptable to the FAA.

§21.138 품질매뉴얼

제작증명 신청자는 연방항공청의 승인을 위하여 해당 품질시스템을 서술한 매뉴얼을 제출하여야 한다. 해당 매뉴얼은 영어로 작성되고 연방항공청이 인정하는 서식으로 개정될 수 있어야 한다.

§21.139 Location of or change to manufacturing facilities.

(a) An applicant may obtain a production certificate for manufacturing facilities located outside of the United States if the FAA finds no undue burden in administering the applicable requirements of Title 49 U.S.C. and this subchapter.
(b) The production certificate holder must obtain FAA approval before making any changes to the location of any of its manufacturing facilities.
(c) The production certificate holder must immediately notify the FAA, in writing, of any change to the manufacturing facilities that may affect the inspection, conformity, or airworthiness of its product or article.

§21.139 제조시설 위치 및 변경

(a) 연방항공청이 미국 연방법 Title 49(교통관계법)와 연방항공규정의 요건을 적용하고 증명을 관리하는데 과도한 부담이 되지 않는다고 판단하는 경우에 신청자는 미국 밖에 위치한 제조시설에서 제작증명을 받을 수 있다.
(b) 제작증명 소지자는 해당 제조시설의 위치를 변경하기 전에 연방항공청의 승인을 받아야 한다.

(c) 제작증명 소지자는 해당 제품이나 부품류의 검사, 합치성 또는 감항성에 영향을 미칠 수 있는 제조시설의 변경에 대하여 그 즉시 문서로 연방항공청에 통지하여야 한다.

§21.140 Inspections and tests.

Each applicant for or holder of a production certificate must allow the FAA to inspect its quality system, facilities, technical data, and any manufactured products or articles and witness any tests, including any inspections or tests at a supplier facility, necessary to determine compliance with this subchapter.

§21.140 검사 및 시험

제작증명 신청자 또는 소지자는 연방항공청이 해당 품질시스템, 시설, 기술 데이터, 제작된 제품 또는 부품류를 검사하고, 임의의 시험에 입회할 수 있도록 하여야 한다. 또한, 연방항공규정에 대한 적합성을 결정하는데 필요한 경우에 공급자의 시설에서 검사 또는 시험을 실시할 수 있다.

§21.141 Issuance.

The FAA issues a production certificate after finding that the applicant complies with the requirements of this subpart.

§21.141 제작증명서 발급

연방항공청은 해당 신청자가 이 Subpart의 요건에 적합하다는 것을 확인한 후에 제작증명서를 발급한다.

§21.142 Production limitation record.

The FAA issues a production limitation record as part of a production certificate. The record lists the type certificate number and the model of every product that the production certificate holder is authorized to manufacture, and identifies every interface component that the production certificate holder is authorized to manufacture and install under this part.

§21.142 생산승인 지정서

연방항공청은 제작증명서의 일부로 생산승인 지정서(PLR)를 발급한다. 이 지정서에는 형식증명서 번호와 제작증명 소지자가 제작할 수 있도록 인가받은 모든 제품의 모델명을 기재하고, 본 인증절차 규정에 따라서 생산승인 소지자가 제작하고 장착할 수 있도록 인가된 모든 인터페이스 구성품을 식별하여 나타낸다.

§Duration.

A production certificate is effective until surrendered, suspended, revoked, or the FAA otherwise establishes a termination date.

§21.143 유효기간

제작증명서는 반납, 정지, 취소되거나 연방항공청이 만료 일자를 달리 규정하지 않으면 계속하여 유효하다.

§21.144 Transferability.

The holder of a production certificate may not transfer the production certificate.

§21.144 양도성

제작증명 소지자는 해당 제작증명서를 양도할 수 없다.

§21.145 Privileges.

(a) The holder of a production certificate may -

(1) Obtain an aircraft airworthiness certificate without further showing, except that the FAA may inspect the aircraft for conformity with the type design; or

(2) In the case of other products, obtain approval from the FAA for installation on type-certificated aircraft.

(b) Notwithstanding the provisions of §147.3 of this chapter, the holder of a production certificate for a primary category aircraft, or for a normal, utility, or acrobatic category aircraft of a type design that is eligible for a special airworthiness certificate in the primary category under §21.184(c), may -

(1) Conduct training for persons in the performance of a special inspection and preventive maintenance program approved as a part of the aircraft's type design under §21.24(b), provided a person holding a mechanic certificate with appropriate airframe and powerplant ratings issued under part 65 of this chapter gives the training; and

(2) Issue a certificate of competency to persons successfully completing the approved training program, provided the certificate specifies the aircraft make and model to which the certificate applies.

§21.145 제작증명 소지자 특권

(a) 제작증명 소지자는 다음의 권리를 가질 수 있다.

(1) 연방항공청이 형식설계에 대한 합치성을 확인하기 위하여 항공기를 검사하는 경우를 제외하고, 추가적인 입증 없이 항공기에 대한 감항증명을 받을 수 있다.

(2) 다른 제품의 경우에는 형식증명을 받은 항공기에 장착을 위한 연방항공청의 승인을 받을 수 있다.

(b) 연방항공규정의 §147.3 요건에도 불구하고, 초급항공기 또는 본 인증절차의 §21.184(c)항에 의거하여 초급으로 특별감항증명을 받을 수 있는 형식설계의 보통, 실용 또는 곡예급 항공기에 대한 제작증명 소지자는 다음의 권리를 가질 수 있다.

(1) 이 규정의 §21.24(b)항에 의거하여 항공기 형식설계의 일부로써 승인된 특별검사 및 예방정비 프로그램을 수행하는 사람에 대한 교육을 실시할 수 있다. 연방항공규정 Part 65에 의거하여 발급된 해당 기체 및 동력장치 한정 정비사 자격증명을 소지한 사람이 해당 교육을 실시한다.

(2) 승인받은 교육 프로그램을 성공적으로 수료한 사람에게 자격증명을 발급할 수 있다. 해당 자격증명이 적용되는 항공기 종류와 모델을 증명서에 기록한다.

§21.146 Responsibility of holder.

The holder of a production certificate must -

(a) Amend the document required by §21.135 as necessary to reflect changes in the organization and provide these amendments to the FAA.

(b) Maintain the quality system in compliance with the data and procedures approved for the production certificate;

(c) Ensure that each completed product or article for which a production certificate has been issued, including primary category aircraft assembled under a production certificate by another person from a kit provided by the holder of the production certificate, presented for airworthiness certification or approval conforms to its approved design and is in a condition for safe operation;

(d) Mark the product or article for which a certificate or approval has been issued. Marking must be in accordance

§21.146 제작증명 소지자 책임

제작증명 소지자는 다음 사항을 이행하여야 한다.

(a) 조직의 변경내용을 반영하는데 필요한 §21.135에서 요구하는 문서를 개정하고, 이를 연방항공청에 제출하여야 한다.

(b) 해당 제작증명을 위해 승인된 데이터 및 절차에 적합한 품질시스템을 유지하여야 한다.

(c) 제작증명 소지자가 제공한 키트로 다른 사람의 제작증명 하에서 조립된 초급 항공기를 포함하여 감항증명 또는 감항승인을 받기 위하여 제시되는 각 부품류 및 완성 제품이 승인된 설계에 합치하고 안전한 운용 상태에 있음을 보장하여야 한다.

(d) 제작증명서 또는 생산승인서가 발급된 해당 제품 또는 부품류에 식별표시를 하여야 한다. 해당 식별표

with part 45 of this chapter, including any critical parts;	시는 연방항공규정 Part 45에 따라야 하고, 치명성 부품(critical parts)을 포함하여야 한다.
(e) Identify any portion of the product or article (e.g., sub-assemblies, component parts, or replacement articles) that leave the manufacturer's facility as FAA approved with the manufacturer's part number and name, trademark, symbol, or other FAA approved manufacturer's identification;	(e) 제조시설에서 출하되는 해당 제품의 일부분(예를 들면, 서브 어셈블리, 구성 부품 또는 대체용 품목)에 대하여 연방항공청의 승인에 따른 제조자 부품번호, 이름, 상표, 심볼 또는 그 밖의 표식으로 식별하여야 한다.
(f) Have access to type design data necessary to determine conformity and airworthiness for each product and article produced under the production certificate;	(f) 제작증명에 의거하여 생산된 각 제품 및 부품류의 합치성과 감항성 결정에 필요한 형식설계 데이터를 이용할 수 있어야 한다.
(g) Retain its production certificate and make it available to the FAA upon request; and	(g) 해당 제작증명 관련 문서를 유지하고, 연방항공청이 요청하는 경우에 이를 이용할 수 있도록 제시하여야 한다.
(h) Make available to the FAA information regarding all delegation of authority to suppliers.	(h) 공급업체에 위임된 모든 권한에 대한 정보를 연방항공청이 이용할 수 있도록 하여야 한다.
§21.147 Amendment of production certificates.	**§21.147 제작증명서 개정**
(a) A holder of a production certificate must apply for an amendment to a production certificate in a form and manner prescribed by the FAA.	(a) 제작증명 소지자는 연방항공청이 지정한 서식과 방법에 따라서 제작증명서 개정을 신청하여야 한다.
(b) An applicant for an amendment to a production certificate to add a type certificate or model, or both, must comply with §21.135(c), §21.137, §21.138, and §21.150.	(b) 형식증명서 번호 또는 모델번호, 또는 양자 모두를 추가하는 제작증명서 개정 신청자는 이 규정의 §21.135(c), §21.137, §21.138, §21.150 요건에 적합하여야 한다.
(c) An applicant may apply to amend its production limitation record to allow the manufacture and installation of an interface component, provided -	(c) 다음의 요건을 만족하는 경우, 인터페이스 구성품을 제작하고 장착하기 위한 생산승인한정서(PLR) 개정을 신청할 수 있다.
(1) The applicant owns or has a license to use the design and installation data for the interface component and makes that data available to the FAA upon request;	(1) 신청자는 인터페이스 구성품에 대한 설계 및 장착 데이터를 보유하거나 이에 대한 사용권이 있어야 하고, 연방항공청의 요청에 따라 열람 가능하도록 해야 한다.
(2) The applicant manufactures the interface component;	(2) 신청자가 해당 인터페이스 구성품을 제작해야 한다.
(3) The applicant's product conforms to its approved type design and the interface component conforms to its approved type design;	(3) 신청자의 제품은 그들의 승인된 형식설계에 합치해야 하고, 인터페이스 구성품은 그들의 승인된 형식설계에 합치해야 한다.
(4) The assembled product with the installed interface component is in a condition for safe operation; and	(4) 인터페이스 구성품이 장착 및 조립된 제품은 안전한 운용 상태에 있어야 한다.
(5) The applicant complies with any other conditions and limitations the FAA considers necessary.	(5) 신청자는 연방항공청이 필요하다고 판단하는 기타의 조건 및 제한사항에 적합하도록 해야 한다.
§Changes in quality system.	**§21.150 품질시스템 변경**
After the issuance of a production certificate -	제작증명서가 발급된 후에 변경되는 사항은 다음과 같이 조치하여야 한다.
(a) Each change to the quality system is subject to review by the FAA; and	(a) 품질시스템에 대한 각 변경사항은 연방항공청의 검토를 받아야 한다.
(b) The holder of a production certificate must immediately notify the FAA, in writing, of any change that may affect the inspection, conformity, or airworthiness of its product or article.	(b) 제작증명 소지자는 해당 제품 또는 부품류의 검사, 합치성 또는 감항성에 영향을 미치는 모든 변경사항에 대하여 그 즉시 문서로 연방항공청에 통지하여야 한다.

Subpart H - Airworthiness Certificates	Subpart H. 감항증명
§21.171 Applicability. This subpart prescribes procedural requirements for the issue of airworthiness certificates.	**§21.171 적용범위** 이 Subpart는 감항증명서(AC) 발급에 관한 절차적 요건을 규정한다.
§21.173 Eligibility. Any registered owner of a U.S.-registered aircraft (or the agent of the owner) may apply for an airworthiness certificate for that aircraft. An application for an airworthiness certificate must be made in a form and manner acceptable to the FAA, and may be submitted to any FAA office.	**§21.173 신청자격** 미국에 등록된 항공기 소유자 또는 소유자의 대리인은 해당 항공기에 대한 감항증명을 신청할 수 있다. 감항증명 신청서는 연방항공청이 인정하는 서식과 방법에 따라서 작성하고, 연방항공청 사무소에 제출할 수 있다.
§21.175 Airworthiness certificates: classification. (a) Standard airworthiness certificates are airworthiness certificates issued for aircraft type certificated: (1) In the normal, utility, acrobatic, commuter, or transport category; (2) As manned free balloons; or (3) As special classes of aircraft. (b) Special airworthiness certificates are airworthiness certificates issued for: (1) Aircraft type-certificated in the primary, restricted, provisional, or limited category; (2) Aircraft certificated in the light-sport category; (3) Aircraft operating for an experimental purpose; or (4) Aircraft operating under a special flight permit.	**§21.175 감항증명서 분류** (a) 표준감항증명서는 다음과 같이 형식증명서가 발급된 항공기에 대한 감항증명를 말한다. (1) 보통, 실용, 곡예, 커뮤터, 또는 수송급 항공기. (2) 유인자유기구. (3) 특별분류 항공기. (b) 특별감항증명서는 다음과 같이 승인된 항공기에 대한 감항증명서를 말한다. (1) 초급, 제한, 임시, 한정급으로 형식증명된 항공기. (2) 라이트-스포츠급으로 증명된 항공기. (3) 실험목적으로 운용되는 항공기. (4) 특별비행허가로 운용되는 항공기.
§21.177 Amendment or modification. An airworthiness certificate may be amended or modified only upon application to the FAA.	**§21.177 감항증명서 개정 또는 수정** 연방항공청에 신청서를 제출하여 감항증명서를 개정 또는 수정할 수 있다.
§21.179 Transferability. An airworthiness certificate is transferred with the aircraft.	**§21.179 양도성** 감항증명서는 항공기와 함께 양도될 수 있다.
§21.181 Duration. (a) Unless sooner surrendered, suspended, revoked, or a termination date is otherwise established by the FAA, airworthiness certificates are effective as long as the aircraft is registered in the United States and as follows: (1) Standard airworthiness certificates and special airworthiness certificates issued for aircraft certificated in the primary, restricted, or limited category are effective as long as the maintenance, preventive maintenance, and alterations are performed in accordance with parts 43 and 91 of this chapter. (2) A special flight permit is effective for the period of time specified in the permit. (3) A special airworthiness certificate in the light-sport category is effective as long as all of the following	**§21.181 유효기간** (a) 감항증명서는 반납, 정지, 취소되거나 연방항공청이 만료 일자를 달리 규정하지 않으면, 미국에 등록된 항공기에 대하여 다음과 같이 유효하다. (1) 표준감항증명서와 초급, 제한 또는 한정급으로 증명된 항공기에 대한 특별감항증명서는 연방항공규정 Part 43과 Part 91에 따라서 정비, 예방정비, 그리고 개조가 수행되는 동안에 유효하다. (2) 특별비행허가서는 해당 허가서에 명시된 기간 동안 유효하다. (3) 라이트-스포츠 카테고리 특별감항증명서는 다음의 조건을 만족하는 경우에 유효하다.

conditions are met.

(i) Except as specified in paragraph (a)(3)(iv) of this section, the aircraft meets the eligibility criteria for the issuance of an airworthiness certificate in the light-sport category specified in §21.190(b).

(ii) The aircraft conforms to its original or properly altered configuration.

(iii) The aircraft has no unsafe condition and is not likely to develop an unsafe condition.

(iv) For aircraft originally certificated prior to July 24, 2026, the aircraft meets all of the following conditions:

(A) A maximum takeoff weight of not more than 1,320 pounds (600 kilograms) for aircraft not intended for operation on water or 1,430 pounds (650 kilograms) for an aircraft intended for operation on water.

(B) A maximum airspeed in level flight with maximum continuous power (V_H) of not more than 120 knots CAS under standard atmospheric conditions at sea level.

(C) A maximum never-exceed speed (V_{NE}) of not more than 120 knots CAS for a glider.

(D) A maximum stalling speed or minimum steady flight speed without the use of lift-enhancing devices (V_{S1}) of not more than 45 knots CAS at the aircraft's maximum certificated takeoff weight and most critical center of gravity.

(E) A maximum seating capacity of no more than two persons, including the pilot.

(F) A single, reciprocating engine, if powered.

(G) A fixed or ground-adjustable propeller if a powered aircraft other than a powered glider.

(H) A fixed or feathering propeller system if a powered glider.

(I) A nonpressurized cabin, if equipped with a cabin.

(J) Fixed landing gear, except for an aircraft intended for operation on water or a glider.

(K) Fixed or retractable landing gear, or a hull, for an aircraft intended for operation on water.

(L) Fixed or retractable landing gear for a glider.

(4) The duration of an experimental airworthiness certificate issued for research and development, showing compliance with regulations, crew training, or market survey is effective for 3 years from the date of issue or renewal unless the FAA prescribes a shorter period.

(5) The duration of an experimental airworthiness certificate issued for exhibition, air-racing, operating amateur-built aircraft, operating primary kit-built aircraft, operating light-sport aircraft, operating light-sport category kit-built aircraft, and operating former light-sport category aircraft, and operating former military aircraft is unlimited,

(i) 이 절의 (a)(3)(iv)에 규정된 사항을 제외하고, 해당 항공기는 §21.190(b)에 규정된 라이트-스포츠 카테고리 감항증명서 발급을 위한 자격 기준을 만족하여야 한다.

(ii) 해당 항공기는 원래의 형상 또는 적정한 수준으로 개조된 형상에 합치하여야 한다.

(iii) 해당 항공기는 현재 불안전한 상태가 아니고 향후 불안전한 상태로 진전될 여지가 없어야 한다.

(iv) 2026년 7월 24일 이전에 최초의 증명을 받은 항공기는 다음의 조건을 모두 만족하여야 한다.

(A) 수상이 아닌 곳에서 운용되는 항공기는 최대이륙중량 1,320 lbs (600 kg) 이하 또는 수상에서 운용되는 항공기는 1,430 lbs (650 kg) 이하이어야 한다.

(B) 최대연속출력 수평비행(V_H) 최대속도는 해면고도 표준대기 조건에서 교정대기속도(CAS) 120 knots 이하 이어야 한다.

(C) 글라이더의 최대 초과금지속도(V_{NE})는 교정대기속도(CAS) 120 knots 이하 이어야 한다.

(D) 양력증대기구를 사용하지 않는 상태에서 최대 실속속도(V_{S1}) 또는 최소 정상비행속도는 인증을 받은 최대이륙중량 및 가장 치명적인 무게중심에서 교정대기속도(CAS) 45 knots 이하 이어야 한다.

(E) 조종사를 포함하여 최대 탑승 인원이 2명 이하 이어야 한다.

(F) 동력 항공기인 경우, 단발 왕복엔진이어야 한다.

(G) 동력 글라이더를 제외한 동력 항공기인 경우에 고정식 또는 지상 조정식 프로펠러이어야 한다.

(H) 동력 글라이더인 경우, 고정식 또는 페더링 방식 프로펠러이어야 한다.

(I) 캐빈을 구비한 경우, 비여압식이어야 한다.

(J) 수상 운용 항공기 또는 글라이더를 제외하고, 고정식 착륙장치이어야 한다.

(K) 수상 운용 항공기인 경우에 고정식 또는 인입식 착륙장치 또는 선체(hull) 방식이어야 한다.

(L) 글라이더인 경우에 고정식 또는 인입식 착륙장치이어야 한다.

(4) 연구개발, 규정에 따른 적합성 입증, 승무원 교육훈련, 또는 시장조사를 목적으로 발급된 실험용 감항증명서의 유효기간은 연방항공청이 달리 짧은 기간을 설정하지 않으면 발급 또는 재발급일로부터 3년간 유효하다.

(5) 전시, 레이싱, 아마추어-제작 항공기 운용, 초급 키트-제작 항공기 운용, 라이트-스포츠 항공기 운용, 라이트-스포츠 키트-제작 항공기 운용, 그리고 기존에 라리트-스포츠 카테고리이었던 항공기 운용, 그리고 기존에 군용이었던 항공기에 발급되는 실험용 감항증

unless the FAA establishes a specific period for good cause.	명서의 유효기간은 제한이 없다. 다만, 연방항공청이 기간을 달리 규정하는 경우에는 예외로 한다.
(b) The owner, operator, or bailee of the aircraft must, upon request, make it available for inspection by the FAA.	(b) 해당 항공기의 소유자, 운영자 또는 수탁자는 연방항공청의 요청이 있는 경우에 항공기를 검사를 할 수 있도록 하여야 한다.
(c) Upon suspension, revocation, or termination by order of the FAA of an airworthiness certificate, the owner, operator, or bailee of an aircraft must, upon request, surrender the certificate to the FAA.	(c) 연방항공청의 지시에 의하여 감항증명서가 중지, 취소되거나 만료되었을 때, 항공기의 소유자, 운영자 또는 수탁자는 연방항공청이 요청하는 경우에 해당 증명서를 반납하여야 한다.
§21.182 Aircraft identification.	**§21.182 항공기 식별**
(a) Except as provided in paragraph (b) of this section, each applicant for an airworthiness certificate under this subpart must show that his aircraft is identified as prescribed in §45.11 of this chapter.	(a) 다음의 (b)항에 제시된 사항을 제외하고, 이 Subpart에 의거한 감항증명 신청자는 해당 항공기가 연방항공규정 §45.11 요건에 규정된 바와 같이 식별되었음을 입증하여야 한다.
(b) Paragraph (a) of this section does not apply to applicants for the following:	(b) 다음 사항에 대해서는 위의 (a)항을 신청자에게 적용하지 않는다.
(1) A special flight permit.	(1) 특별비행허가서.
(2) An experimental airworthiness certificate issued for the purposes of research and development, showing compliance with regulations, crew training, exhibition, air racing, market surveys, or operating former military aircraft.	(2) 연구개발, 규정에 따른 적합성 입증, 승무원 교육훈련, 시장조사, 또는 기존에 군용으로 사용되었던 항공기 운용을 목적으로 발급된 실험용 감항증명서.
(3) A change from one airworthiness classification to another, for an aircraft already identified as prescribed in §45.11.	(3) 연방항공규정 §45.11에 규정된 바와 같이 식별된 항공기에 대해서 하나의 감항분류에서 다른 감항분류로 변경.
§21.183 Issue of standard airworthiness certificates for normal, utility, acrobatic, commuter, and transport category aircraft; manned free balloons; and special classes of aircraft.	**§21.183 보통, 실용, 곡예, 커뮤터, 수송급 항공기, 유인자유기구, 특별분류 항공기에 대한 감항증명서 발급**
(a) New aircraft manufactured under a production certificate. An applicant for a standard airworthiness certificate for a new aircraft manufactured under a production certificate is entitled to a standard airworthiness certificate without further showing, except that the FAA may inspect the aircraft to determine conformity to the type design and condition for safe operation.	(a) 제작증명에 의거하여 제작된 신규 항공기 : 제작증명에 의거하여 제작된 신규 항공기에 대한 표준감항증명 신청자는 연방항공청이 형식설계에 대한 합치성과 안전한 운용 상태 여부를 결정하기 위하여 항공기를 검사하는 경우를 제외하고 추가적인 입증 없이 표준감항증명을 받을 수 있다.
(b) New aircraft manufactured under type certificate. An applicant for a standard airworthiness certificate for a new aircraft manufactured under a type certificate is entitled to a standard airworthiness certificate upon presentation, by the holder or licensee of the type certificate, of the statement of conformity prescribed in §21.130 if the FAA finds after inspection that the aircraft conforms to the type design and is in condition for safe operation.	(b) 형식증명에 의거하여 제작된 신규 항공기 : 형식증명에 의거하여 제작된 신규 항공기에 대한 표준감항증명 신청자는 형식증명 소지자 또는 면허계약자가 이 규정의 §21.130에 따라 요구되는 합치성 확인서를 제출하고, 연방항공청이 검사한 후에 해당 항공기가 형식설계에 합치하고 안전한 운용 상태에 있다고 확인하면 표준감항증명을 받을 수 있다.
(c) Import aircraft. An applicant for a standard airworthiness certificate for an import aircraft is entitled to that certificate if -	(c) 수입 항공기. 수입되는 항공기에 대한 표준감항증명 신청자는 다음 사항을 만족하는 경우에 해당 증명을 받을 수 있다.
(1) The aircraft is type certificated in accordance with §21.21 or §21.29 and produced under the authority of another State of Manufacture;	(1) 이 규정의 §21.29 요건에 따라서 형식증명을 받고 다른 제작국가의 감항당국 확인 하에서 생산되는 경우.

(2) The State of Manufacture certifies, in accordance with the export provisions of an agreement with the United States for import of that aircraft, that the aircraft conforms to the type design and is in condition for safe operation; and	(2) 항공기의 수입과 수출을 위하여 미국과 체결한 협정에 따라서 제작국가가 해당 항공기가 형식설계에 합치하고 안전한 운용 상태에 있음을 증명하는 경우.
(3) The FAA finds that the aircraft conforms to the type design and is in condition for safe operation.	(3) 해당 항공기가 형식설계에 합치하고 안전한 운용 상태에 있음을 연방항공청이 확인한 경우.
(d) Used aircraft and surplus aircraft of the U.S. Armed Forces. An applicant for a standard airworthiness certificate for a used aircraft or surplus aircraft of the U.S. Armed Forces is entitled to a standard airworthiness certificate if -	(d) 중고 항공기와 미군의 잉여 항공기 : 중고 항공기 또는 미군의 잉여 항공기에 대한 표준감항증명 신청자는 다음의 경우에 해당 증명을 받을 수 있다.
(1) The applicant presents evidence to the FAA that the aircraft conforms to a type design approved under a type certificate or a supplemental type certificate and to applicable Airworthiness Directives;	(1) 해당 항공기가 형식증명 또는 부가형식증명에 따라서 승인된 형식설계, 그리고 적용 감항성개선지시서에 합치한다는 입증자료를 신청자가 연방항공청장에게 제출하는 경우.
(2) The aircraft (except an experimentally certificated aircraft that previously had been issued a different airworthiness certificate under this section) has been inspected in accordance with the performance rules for 100-hour inspections set forth in §43.15 of this chapter, or an equivalent performance standard acceptable to the FAA, and found airworthy by -	(2) 항공기(이 절에 의거하여 기존에 다른 감항증명서 발급된 실험용 항공기는 제외)가 연방항공규정의 §43.15 요건에 제시된 100시간 검사에 대한 실행규정 또는 연방항공청이 인정하는 동등한 실행표준에 따라서 검사를 받았고, 다음의 인원에 의해 감항성이 확인된 경우.
(i) The manufacturer;	(i) 제작자.
(ii) The holder of a repair station certificate as provided in Part 145 of this chapter;	(ii) 연방항공규정 Part 145에 규정된 바에 따른 수리사업증명 소지자.
(iii) The holder of a mechanic certificate as authorized in Part 65 of this chapter;	(iii) 연방항공규정 Part 65에 따라 승인된 정비사 자격증명 소지자.
(iv) The holder of a certificate issued under part 121 of this chapter, and having a maintenance and inspection organization appropriate to the aircraft type; or	(iv) 연방항공규정 Part 121에 따라서 발급된 증명을 소지하고 해당 항공기 형식에 해당하는 정비 및 검사 조직을 가지고 있는 소지자.
(v) A foreign maintenance organization appropriately certificated by an exporting authority with whose country the United States has a bilateral agreement that includes acceptance of this aircraft category by the United States for import. An acceptable inspection must have been completed while the aircraft was operated on the registry of the exporting authority and within 60 days of submitting the application for a United States airworthiness certificate;	(v) 미국에 해당 항공기 카테고리 수입을 위한 수락절차를 포함하는 상호협정을 체결한 국가의 감항당국이 적정하게 증명한 정비조직. 수출 국가에 등록된 항공기가 운용되는 동안에 인정되는 검사가 완료되고, 60일 이내에 미국 감항증명 신청서를 제출하여야 한다.
(3) The FAA finds after inspection, that the aircraft conforms to the type design, and is in condition for safe operation.	(3) 연방항공청이 검사한 후에 해당 항공기가 해당 형식설계에 합치하고 안전한 운용 상태에 있음을 확인한 경우.
(e) Noise requirements. Notwithstanding all other provisions of this section, the following must be complied with for the original issuance of a standard airworthiness certificate:	(e) 소음요건 : 이 절의 다른 모든 규정에도 불구하고, 최초의 표준감항증명서 발급 시에는 다음 사항에 적합하여야 한다.
(1) For transport category large airplanes and jet (turbojet powered) airplanes that have not had any flight time before the dates specified in §36.1(d), no standard airworthiness certificate is originally issued under this section unless the FAA finds that the type design complies with the noise requirements in §36.1(d) in addition to the applicable airworthiness requirements in this section. For import	(1) 연방항공규정의 §36.1(d)항에 명시된 날짜 이전에 비행을 하지 않은 수송급 대형 비행기와 제트(터보제트 동력에 의한) 비행기에 대해서 해당 형식설계가 §36.1(d)항의 소음 요건과 이 절의 적용 감항요건에 적합하다는 것을 연방항공청이 확인하지 못하면, 본 조에 따른 최초의 표준감항증명서가 발급되지 않는다. 수입되는 비행기의 경우에 §36.1(d)항 (또는 비

airplanes, compliance with this paragraph is shown if the country in which the airplane was manufactured certifies, and the FAA finds, that §36.1(d) (or the applicable airplane noise requirements of the country in which the airplane was manufactured and any other requirements the FAA may prescribe to provide noise levels no greater than those provided by compliance with §36.1(d)) and paragraph (c) of this section are complied with.	행기가 제작되는 국가의 적용 비행기 소음 요건과 §36.1(d)항에 대한 적합성에 의해서 제시된 수준 이하의 소음 수준을 제시하기 위하여 연방항공청이 규정한 기타의 요건)과 본 조의 (c)항에 대한 적합성을 해당 비행기를 제작하는 국가가 증명하고, 연방항공청이 이를 확인하는 것으로 본 항에 대한 적합성을 입증한다.
(2) For normal, utility, acrobatic, commuter, or transport category propeller driven small airplanes (except for those airplanes that are designed for "agricultural aircraft operations" (as defined in §137.3 of this chapter, as effective on January 1, 1966) or for dispensing fire fighting materials to which §36.1583 of this chapter does not apply) that have not had any flight time before the applicable date specified in part 36 of this chapter, no standard airworthiness certificate is originally issued under this section unless the applicant shows that the type design complies with the applicable noise requirements of part 36 of this chapter in addition to the applicable airworthiness requirements in this section. For import airplanes, compliance with this paragraph is shown if the country in which the airplane was manufactured certifies, and the FAA finds, that the applicable requirements of part of this chapter (or the applicable airplane noise requirements of the country in which the airplane was manufactured and any other requirements the FAA may prescribe to provide noise levels no greater than those provided by compliance with the applicable requirements of part 36 of this chapter) and paragraph (c) of this section are complied with.	(2) 연방항공청 Part 36에 명시된 적용 날짜 이전에 비행 실적이 없는 보통, 실용, 곡기, 커뮤터 또는 수송급 프로펠러 추진 소형 비행기(1966년 1월 1일에 유효한 연방항공규정 §137.3 요건에서 정의된 "농업용 항공기 운용" 또는 §36.1583 요건이 적용되지 않는 화재진압 물질을 살포하는 용도로 설계된 항공기는 제외)에 대해서 해당 형식설계가 연방항공규정 Part 36의 적용 소음 요건과 이 절의 적용 감항요건에 적합하다는 것을 신청자가 입증하지 못하면, 이 절에 따른 최초의 표준감항증명서가 발급되지 않는다. 수입되는 비행기의 경우에 연방항공규정 Part 36의 적용요건(또는 비행기가 제작되는 국가의 적용 비행기 소음 요건과 연방항공규정 Part 36의 적용요건에 대한 적합성에 의해서 제시된 수준 이하의 소음 수준을 제시하기 위하여 연방항공청이 규정한 기타의 요건)과 이 절의 (c)항에 대한 적합성을 해당 비행기를 제작하는 국가가 증명하고, 연방항공청이 이를 확인하는 것으로 본 항에 대한 적합성을 입증한다.
(f) Passenger emergency exit requirements. Notwithstanding all other provisions of this section, each applicant for issuance of a standard airworthiness certificate for a transport category airplane manufactured after October 16, 1987, must show that the airplane meets the requirements of §25.807(c)(7) in effect on July 24, 1989. For the purposes of this paragraph, the date of manufacture of an airplane is the date the inspection acceptance records reflect that the airplane is complete and meets the FAA-approved type design data.	(f) 승객 비상탈출 요건 : 이 절의 다른 모든 규정에도 불구하고, 1987년 10월 16일 이후에 제작된 수송급 항공기에 대한 표준감항증명서 발급을 신청한 자는 1989년 7월 24일에 발효된 §25.807(c)(7)항의 요건을 만족한다는 것을 입증하여야 한다. 이 항에서 항공기의 제조일자는 해당 비행기에 대한 검사를 완료하고 연방항공청이 승인한 형식설계 데이터에 만족된다는 내용이 검사합격 기록서에 반영된 날을 말한다.
(g) Fuel venting and exhaust emission requirements. Notwithstanding all other provisions of this section, and irrespective of the date of application, no airworthiness certificate is issued, on and after the dates specified in part 34 for the airplanes specified therein, unless the airplane complies with the applicable requirements of that part.	(g) 연료 및 배기가스 배출 요건 : 이 절의 다른 모든 조항에도 불구하고, 또한 신청일자에 관계없이, 해당 비행기가 연방항공규정 Part 34의 적용요건에 적합하지 않으면 Part 34에 명시된 날짜 이후에는 감항증명서를 발급하지 않는다.
(h) New aircraft manufactured under the provisions of §21.6(b). An applicant for a standard airworthiness certificate for a new aircraft manufactured under the provisions of §21.6(b) is entitled to a standard airworthiness certificate if -	(h) 이 규정의 §21.6(b)항에 따라 제작된 신규 항공기 : §21.6(b)항의 규정에 따라 제작된 신규 항공기에 대한 표준감항증명 신청자는 다음의 경우에 표준감항증명을 받을 수 있다.

(1) The applicant presents evidence to the FAA that the aircraft conforms to a type design approved under a type certificate or supplemental type certificate and to applicable Airworthiness Directives;	(1) 해당 항공기가 형식증명 또는 부가형식증명에 따라서 승인된 형식설계와 적용 감항성개선지시서에 합치한다는 입증자료를 신청자가 연방항공청에 제출하는 경우.
(2) The aircraft has been inspected in accordance with the performance rules for a 100-hour inspections set forth in §43.15 of this chapter and found airworthy by a person specified in paragraph (d)(2) of this section; and	(2) 항공기가 연방항공규정의 §43.15 요건에 제시된 100시간 검사에 대한 규정에 따라서 검사를 받았고 이 절의 (d)(2)항에 규정된 인원에 의해 감항성이 확인된 경우.
(3) The FAA finds after inspection, that the aircraft conforms to the type design, and is in condition for safe operation.	(3) 연방항공청이 검사한 후에 해당 항공기가 해당 형식설계에 합치하고 안전한 운용 상태에 있음을 확인한 경우.
(i) [Reserved]	(i) [예비조항]
(j) *Fuel efficiency requirements.* No original standard airworthiness certificate may be issued under this section unless the applicant has demonstrated that the type design complies with the applicable fuel efficiency requirements of part 38 of this chapter.	(j) 연료효율 요건 : 해당 형식설계가 연방항공규정 Part 38의 연료효율 요건에 적합하다는 것을 신청자가 실증하지 않으면, 이 절에 의한 표준감항증명서를 발급하지 않는다.
§21.184 Issue of special airworthiness certificates for primary category aircraft.	**§21.184 초급 항공기에 대한 특별감항증명서 발급**
(a) New primary category aircraft manufactured under a production certificate. An applicant for an original, special airworthiness certificate-primary category for a new aircraft that meets the criteria of §21.24(a)(1), manufactured under a production certificate, including aircraft assembled by another person from a kit provided by the holder of the production certificate and under the supervision and quality control of that holder, is entitled to a special airworthiness certificate without further showing, except that the FAA may inspect the aircraft to determine conformity to the type design and condition for safe operation.	(a) 제작증명에 의거하여 신규로 제작된 초급 항공기 : 해당 제작증명 소지자로부터 키트를 제공받고 소지자의 감독 및 품질관리에 따라서 다른 사람이 조립한 항공기를 포함하여 제작증명에 의거하여 제작되어 §21.24(a)(1)항의 평가기준을 만족하는 신규 항공기에 대한 최초의 초급 특별감항증명 신청자는 연방항공청이 형식설계에 대한 합치성과 안전한 운용 상태를 결정하기 위하여 해당 항공기를 검사하는 것을 제외하고 추가적인 입증 없이 특별감항증명을 받을 수 있다.
(b) Imported aircraft. An applicant for a special airworthiness certificate-primary category for an imported aircraft type certificated under §21.29 is entitled to a special airworthiness certificate if the civil airworthiness authority of the country in which the aircraft was manufactured certifies, and the FAA finds after inspection, that the aircraft conforms to an approved type design that meets the criteria of §21.24(a)(1) and is in a condition for safe operation.	(b) 수입된 항공기 : 이 규정의 §21.29 요건에 따라서 형식증명을 받은 수입된 항공기에 대한 초급 특별감항증명 신청자는 해당 항공기가 §21.24(a)(1)항의 평가기준을 만족하는 승인된 형식설계에 합치하고 안전한 운용 상태에 있음을 해당 항공기 제작국가의 감항당국이 증명하고, 연방항공청이 검사를 통하여 이를 확인한 경우에 특별감항증명을 받을 수 있다.
(c) Aircraft having a current standard airworthiness certificate. An applicant for a special airworthiness certificate-primary category, for an aircraft having a current standard airworthiness certificate that meets the criteria of §21.24(a)(1), may obtain the primary category certificate in exchange for its standard airworthiness certificate through the supplemental type certification process. For the purposes of this paragraph, a current standard airworthiness certificate means that the aircraft conforms to its approved normal, utility, or acrobatic type design, complies with all applicable airworthiness directives, has been inspected and found airworthy within the last 12 calendar months in accordance	(c) 최신의 표준감항증명을 유지하는 항공기 : §21.24(a)(1)항의 평가기준을 만족하고 최신의 표준감항증명을 유지하고 있는 항공기에 대한 초급 특별감항증명 신청자는 부가형식증명 과정을 통하여 해당 표준감항증명의 변경으로 초급 감항증명을 받을 수 있다. 이 항에서 최신의 표준감항증명이라 함은 해당 항공기가 승인된 보통, 실용 또는 곡예급 형식설계에 합치하고, 해당하는 모든 감항성개선지시서에 적합하고, 연방항공규정의 §91.409(a)(1)항에 따라서 지난 12개월 동안 감항성이 확인되었으며, 연방항공청에 의해서 안전한 운용 상태에 있음이 확인된 것을 의미한다.

with §91.409(a)(1) of this chapter, and is found to be in a condition for safe operation by the FAA.

(d) Other aircraft. An applicant for a special airworthiness certificate-primary category for an aircraft that meets the criteria of §21.24(a)(1), and is not covered by paragraph (a), (b), or (c) of this section, is entitled to a special airworthiness certificate if -

(d) 기타의 항공기 : 이 절의 (a), (b) 및 (c)항에 해당되지 않고, §21.24(a)(1)항의 평가기준을 만족하는 항공기에 대한 초급 특별감항증명 신청자는 다음의 경우에 해당 증명을 받을 수 있다.

(1) The applicant presents evidence to the FAA that the aircraft conforms to an approved primary, normal, utility, or acrobatic type design, including compliance with all applicable airworthiness directives;

(1) 신청자가 적용되는 모든 감항성개선지시서에 대한 적합성을 포함하여 해당 항공기가 승인된 초급, 보통, 실용 또는 곡예 형식설계에 합치한다는 입증자료를 연방항공청에 제출하는 경우.

(2) The aircraft has been inspected and found airworthy within the past 12 calendar months in accordance with §91.409(a)(1) of this chapter and;

(2) 해당 항공기가 연방항공규정의 §91.409(a)(1)항에 따라서 지난 12개월 동안 검사되고 감항성이 확인된 경우.

(3) The aircraft is found by the FAA to conform to an approved type design and to be in a condition for safe operation.

(3) 해당 항공기가 승인된 형식설계에 합치하고 안전한 운용 상태에 있음을 연방항공청이 확인한 경우.

(e) Multiple-category airworthiness certificates in the primary category and any other category will not be issued; a primary category aircraft may hold only one airworthiness certificate.

(e) 초급과 기타의 다른 카테고리를 규정하는 다중 카테고리 감항증명서는 발급되지 않는다. 즉, 초급 항공기는 오직 하나의 감항증명서만을 받을 수 있다.

§21.185 Issue of airworthiness certificates for restricted category aircraft.

§21.185 제한급 항공기에 대한 감항증명서 발급

(a) Aircraft manufactured under a production certificate or type certificate. An applicant for a restricted category airworthiness certificate for an aircraft type certificated in the restricted category, that was not previously type certificated in any other category, must comply with § 21.183(a) or (b), as applicable. A used aircraft must conform to its type certificate and be in a condition for safe operation.

(a) 제작증명 또는 형식증명에 의거하여 제작된 항공기 : 기존에 다른 카테고리로 형식증명을 받지 않고, 제한급으로 형식증명을 받은 항공기에 대한 제한급 감항증명서 발급 신청자는 §21.183(a) 또는 (b) 중에 해당되는 요건에 적합하여야 한다. 중고 항공기는 그에 대한 형식증명에 합치해야 하고, 안전한 운용 상태에 있어야 한다.

(b) Other aircraft. An applicant for an airworthiness certificate in the restricted category is entitled to an airworthiness certificate if -

(b) 기타의 항공기 : 제한급 감항증명 신청자는 다음의 요건을 만족하는 경우에 감항증명을 받을 수 있다.

(1) The aircraft is type certificated for a special purpose operation in the restricted category;

(1) 해당 항공기는 제한급 특별목적 운용을 위한 형식증명을 받은 것이어야 한다.

(2) The aircraft was -

(2) 해당 항공기는 다음과 같아야 한다.

(i) Manufactured in accordance with the requirements of, and accepted for use by, the U.S. Armed Forces and has a service history with the U.S. Armed Forces acceptable to the FAA; or

(i) 미군의 요건에 따라 제작되고 미군에 의해 수락되고, 연방항공청이 인정할 수 있는 미국 운용이력이 있어야 한다.

(ii) Previously type certificated in another category; and

(ii) 기존에 다른 카테고리로 형식증명을 받은 것이어야 한다.

(3) The aircraft has been inspected by the FAA and found by him to be in a good state of preservation and repair and in a condition for safe operation.

(3) 해당 항공기는 연방항공청이 검사하고, 보관 상태가 양호하고, 안전한 운용 상태에 있음이 확인된 것이어야 한다.

(c) Import aircraft. An applicant for the original issue of a special airworthiness certificate for a restricted category import aircraft is entitled to that certificate if -

(c) 수입 항공기 : 제한급으로 수입되는 항공기에 대한 최초의 특별감항증명서를 발급받은 신청자는 다음의 경우에 해당 감항증명을 받을 수 있다.

(1) The aircraft is type-certificated in accordance with §21.25 or §21.29 and produced under the authority of

(1) 해당 항공기가 §21.25 또는 §21.29 요건에 따라서 형식증명을 받고 다른 제작국가의 감항당국 확

another State of Manufacture;

(2) The State of Manufacture certifies, in accordance with the export provisions of an agreement with the United States for import of that aircraft that the aircraft conforms to the type design and is in condition for safe operation; and

(3) The FAA finds that the aircraft conforms to the type design and is in condition for safe operation.

(d) Noise requirements. For propeller-driven small airplanes (except airplanes designed for "agricultural aircraft operations", as defined in §137.3 of this chapter, as effective on January 1, 1966, or for dispensing fire fighting materials) that have not had any flight time before the applicable date specified in Part 36 of this chapter, and notwithstanding the other provisions of this section, no original restricted category airworthiness certificate is issued under this section unless the FAA finds that the type design complies with the applicable noise requirements of Part 36 of this chapter in addition to the applicable airworthiness requirements of this section. For import airplanes, compliance with this paragraph is shown if the country in which the airplane was manufactured certifies, and the FAA finds, that the applicable requirements of Part 36 of this chapter (or the applicable airplane noise requirements of the country in which the airplane was manufactured and any other requirements the FAA may prescribe to provide noise levels no greater than those provided by compliance with the applicable requirements of Part 36 of this chapter) and paragraph (c) of this section are complied with.

인 하에서 생산되는 경우.

(2) 항공기의 수입과 수출을 위하여 미국과 체결한 협정에 따라서 제작국가가 해당 항공기가 형식설계에 합치하고 안전한 운용 상태에 있음을 증명하는 경우.

(3) 해당 항공기가 형식설계에 합치하고 안전한 운용 상태에 있음을 연방항공청이 확인한 경우.

(d) 소음요건 : 연방항공규정 Part 36에 명시된 적용일자 이전에 비행 실적이 없는 프로펠러 추진 소형 비행기(1966년 1월 1일 발효된 연방항공규정의 §137.3에 정의된 "농업용 항공기 운용" 또는 화재진압물질 살포용으로 지정된 비행기는 제외)는 이 절의 다른 규정에도 불구하고 해당 형식설계가 연방항공규정 Part 36과 이 절의 적용 감항요건에 적합하다고 연방항공청이 확인한 경우가 아니면 이 절에 의거한 최초의 한정급 감항증명서가 발급되지 않는다. 수입되는 비행기의 경우에 연방항공규정 Part 36의 적용요건(또는 비행기가 제작되는 국가의 적용 비행기 소음 요건과 연방항공규정 Part 36의 적용요건에 대한 적합성에 의해서 제시된 수준 이하의 소음 수준을 제시하기 위하여 연방항공청이 규정한 기타의 요건)과 이 절의 (c)항에 대한 적합성을 해당 비행기를 제작하는 국가가 증명하고, 연방항공청이 이를 확인하는 것으로 이 항에 대한 적합성을 입증한다.

§21.187 Issue of multiple airworthiness certifications for restricted category aircraft.

(a) An applicant for an airworthiness certificate in the restricted category, and in one or more other categories except primary category, is entitled to the certificate, if -

(1) The applicant shows compliance with the requirements for each category, when the aircraft is in the configuration for that category;

(2) The applicant shows that the aircraft can be converted from one category to another by removing or adding equipment by simple mechanical means;

(3) The aircraft complies with the applicable requirements of part 34 of this subchapter; and

(4) The airplane complies with the applicable requirements of part 38 of this subchapter.

(b) The operator of an aircraft certificated under this section must have the aircraft inspected by the FAA, or by a certificated mechanic with an appropriate airframe rating, to determine airworthiness each time the aircraft is converted from the restricted category to another category for the carriage of passengers for compensation or hire, unless the

§21.187 제한급 항공기에 대한 다중분류 감항증명서 발급

(a) 제한급, 그리고 초급을 제외한 하나 이상의 다른 카테고리에 대한 감항증명 신청자는 다음 사항을 입증하면 해당 감항증명을 받을 수 있다.

(1) 신청자는 항공기가 해당 카테고리에 대한 형상을 갖추고 있고, 각 카테고리 요건에 대한 적합성을 입증하여야 한다.

(2) 신청자는 단순한 기계적 방법으로 항공기에 장치를 장탈 또는 장착함으로써 하나의 카테고리에서 다른 카테고리로 전환될 수 있음을 입증하여야 한다.

(3) 해당 항공기는 연방항공규정 Part 34의 적용 요건에 적합하여야 한다.

(4) 해당 비행기는 연방항공규정 Part 38의 적용 요건에 적합하여야 한다.

(b) 이 절에 의거하여 감항증명을 받은 항공기의 운용자는 연방항공청이 안전을 위한 특별한 검사가 불필요하다고 확인하지 않으면, 제한급에서 유료보상 또는 고용에 의한 승객 운송용 다른 카테고리로 항공기를 전환할 때마다 감항성을 결정하기 위하여 연방항공청 또는 해당 기체 한정 자격증명을 소지한 정비

FAA finds this unnecessary for safety in a particular case. (c) The aircraft complies with the applicable requirements of part 34.	사에 의한 항공기 검사를 받아야 한다. (c) 해당 항공기는 연방항공규정 Part 34의 요건에 적합하여야 한다.
§21.189 Issue of airworthiness certificate for limited category aircraft.	**§21.189 한정급 항공기에 대한 감항증명서 발급**
(a) An applicant for an airworthiness certificate for an aircraft in the limited category is entitled to the certificate when -	(a) 한정급 항공기에 대한 감항증명 신청자는 다음의 경우에 해당 증명을 받을 수 있다.
(1) He shows that the aircraft has been previously issued a limited category type certificate and that the aircraft conforms to that type certificate; and	(1) 신청자는 해당 항공기가 기존에 한정급 형식증명이 발급되었고 해당 형식증명에 합치한다는 것을 입증하여야 한다.
(2) The FAA finds, after inspection (including a flight check by the applicant), that the aircraft is in a good state of preservation and repair and is in a condition for safe operation.	(2) 연방항공청은 검사(신청자에 의한 비행점검을 포함)한 후에 해당 항공기의 보존 및 수리 상태가 양호하고 안전한 운용 상태에 있음을 확인한다.
(b) The FAA prescribes limitations and conditions necessary for safe operation.	(b) 연방항공청은 안전한 운용에 필요한 한계와 조건을 규정한다.
§21.190 Issue of a special airworthiness certificate for a light-sport category aircraft.	**§21.190 라이트-스포츠급 항공기에 대한 특별감항증명서 발급**
(a) Purpose. The FAA issues a special airworthiness certificate in the light-sport category to operate an aircraft, other than an unmanned aircraft, that meets the requirements of this section.	(a) 목적 : 연방항공청은 무인 항공기를 제외한 라이트-스포츠급 항공기 운용에 필요한 특별감항증명서를 발급한다. 이 절의 요건을 만족하여야 한다.
(b) Eligibility. To be eligible for a special airworthiness certificate in the light-sport category, an aircraft must meet the applicable requirements of §22.100 of this chapter.	(b) 신청자격 : 연방항공규정 §22.1000 요건을 만족하는 경우에 라이트-스포츠 카테고리 특별감항증명을 받을 수 있다.
(c) Application for special airworthiness certificate in the light-sport category. Except as provided in paragraph (e) of this section, an applicant for a special airworthiness certificate under this section must provide the FAA with:	(c) 라이트-스포츠 카테고리 특별감항증명 신청 : 이 절의 (e)에 제시된 사항을 제외하고, 이 절에 따른 특별감항증명 신청자는 다음 문서를 연방항공청에 제출하여야 한다.
(1) The manufacturer's statement of compliance as described in paragraph (d) of this section.	(1) 이 절의 (d)에 설명된 제작자의 적합성 확인서.
(2) A pilot's operating handbook that includes:	(2) 다음 사항을 포함하는 조종사 운용 핸드북.
(i) Operating instructions and limitations to safely accommodate all environmental conditions and normal, abnormal, and emergency procedures likely to be encountered in the aircraft's intended operations.	(i) 항공기 운용 중에 예상되는 모든 환경조건, 정상 및 비정상, 그리고 비상 절차를 안전하게 수행할 수 있는 운용지침 및 한계.
(ii) A flight training supplement to enable safe operation of the aircraft within the intended flight envelope under all likely conditions.	(ii) 예상되는 모든 조건에서 설정된 비행선도 이내에서 해당 항공기를 안전하게 운용할 수 있는 비행훈련 보충서
(iii) A listing of any aerial work operations that may be safely conducted using the aircraft and any instructions and limitations that are necessary to safely conduct those operations.	(iii) 해당 항공기를 안전하게 운용하는데 필요한 항공업무 운용목록, 그리고 그 운용을 수행하는데 필요한 지침 및 한계.
(iv) Any instructions or limitations necessary to safely conduct towing operations.	(iv) 견인 비행을 안전하게 수행하는데 필요한 지침 및 한계.
(3) A maintenance and inspection program containing procedures necessary to ensure continued safe operation of the aircraft.	(3) 해당 항공기의 계속된 안전한 운용을 보장하는데 필요한 정비 및 검사 프로그램.

(d) Manufacturer's statement of compliance. The manufacturer's statement of compliance specified in paragraph (c)(1) of this section must -	(d) 제작자의 적합성 확인서 : 이 절의 (c)(1)에 따라 요구되는 제작자의 적합성 확인서는 다음과 같이 작성되어야 한다.
(1) Be signed by the manufacturer's authorized representative who is certified and trained on the requirements associated with the issuance of a statement of compliance by an organization that certifies and trains quality assurance staff in accordance with a consensus standard that has been accepted by the FAA;	(1) 연방항공청이 인정한 합의표준에 따라서 품질보증 요원을 증명하고 교육훈련하는 조직에 의한 적합성 확인서 발급에 관계된 요건에 따라 증명되고 교육훈련된 제작자의 인가된 대표자가 서명하여야 한다.
(2) Identify the aircraft by make, model, serial number, class, and date of manufacture;	(2) 제작자, 모델, 일련번호, 클래스, 그리고 제조일자에 의해서 해당 항공기를 식별하여야 한다.
(3) Specify towing and any aerial work operations the manufacturer has determined may be safely conducted, and state that the aircraft has been ground and flight tested to ensure that it can be operated to safely conduct those operations in accordance with the instructions and limitations provided by the manufacturer;	(3) 제작자가 결정한 견인 및 항공업무 운용이 안전하게 수행될 수 있음을 특정화하고, 제작자가 제시한 지침 및 한계에 따라서 그들 운용이 안전하게 수행된다는 것을 보장하기 위하여 해당 항공기에 대한 지상 및 비행 시험이 수행되었음을 나타내야 한다.
(4) State whether the aircraft meets the requirements of §22.180 of this chapter for simplified flight controls;	(4) 해당 항공기가 간단한 비행 조종을 위한 연방항공규정 §22.180의 요건을 만족하는지 나타내야 한다.
(5) Specify the consensus standards used to determine the aircraft's compliance with subpart B of part 22 of this chapter and state that the aircraft meets the eligibility, design, production, and airworthiness requirements of subpart B of part 22 in accordance with those consensus standards. The specified consensus standards must be accepted or approved by the FAA for the airworthiness certification of light-sport category aircraft;	(5) 연방항공규정 Part 22의 Subpart B에 대한 해당 항공기의 적합성을 결정하는데 적용된 합의표준을 특정하고, 해당 항공기가 그 합의표준에 따라서 Part 22의 Subpart B의 적격성, 설계, 생산, 그리고 감항성 요건을 만족하는지 나타내야 한다. 특정화된 합의표준은 라이트-스포츠 카테고리 항공기의 감항증명을 위하여 연방항공청의 인정을 받거나 승인을 받아야 한다.
(6) State that the aircraft conforms to the manufacturer's design data, using the manufacturer's quality assurance system that meets the specified consensus standard;	(6) 해당 항공기가 특정화된 합의표준을 만족하는 제작자의 품질보증시스템 적용하여 제작자의 설계 데이터에 합치하는지를 나타내야 한다.
(7) State that the manufacturer will make available to any interested person the documents specified in paragraph (c) of this section;	(7) 제작자가 이 절의 (c)에 규정된 문서를 관련인원이 이용할 수 있게 하는지를 나타내야 한다.
(8) State that the manufacturer will support the aircraft by implementing and maintaining a documented continued operational safety program that -	(8) 제작자가 해당 항공기에 대한 다음과 같은 운용유지 안전성 프로그램의 이행과 유지할 수 있는지를 나타내야 한다.
(i) Addresses monitoring and resolving in-service safety of flight issues;	(i) 운항 중의 비행안전 이슈에 대한 모니터링과 해결 절차를 설명한다.
(ii) Includes provisions for the issuance of safety directives;	(ii) 안전지시서 발행 규정을 포함한다.
(iii) Includes a process for notifying the FAA and all owners of all safety of flight issues; and	(iii) 모든 비행안전 이슈를 연방항공청과 모든 소유자에세 통지하는 과정을 포함한다.
(iv) Includes a process for advance notice to the FAA and all owners of a continued operational safety program discontinuance or provider change;	(iv) 운용유지 안전성 프로그램의 중단 또는 제공자 변경을 사전에 연방항공청과 모든 소유자에데 통지하는 과정을 포함한다.
(9) State that the manufacturer will monitor and correct safety-of-flight issues through the issuance of safety directives and a continued operational safety program that meets the specified consensus standard;	(9) 제작자가 지정된 합의표준을 만족하는 안전지시서 발행과 운용유지 안전성 프로그램을 통하여 비행안전 이슈를 모니터하고 시정하는지를 나타내야 한다.
(10) State that at the request of the FAA, the manufacturer will provide unrestricted access to its facilities	(10) 연방항공청이 요청하는 경우에 제작자는 그들의 시설에 제한 없이 출입할 수 있고 이 절 또는 연

and to all data necessary to determine compliance with this section or other applicable requirements of this chapter; and	방항공규정의 해당 요건에 대한 적합성을 결정하는데 필요한 모든 데이터를 열람할 수 있는지를 나타내야 한다.
(11) State that the manufacturer has established and maintains a quality assurance system that meets the requirements of §22.185 of this chapter.	(11) 제작자가 연방항공규정 §22.185의 요건을 만족하는 품질보증시스템을 수립하고 유지하는지를 나타내야 한다.
(e) Special provisions for aircraft certificated in the light-sport category before July 24, 2026. The owner of an aircraft issued a light-sport category airworthiness certificate before July 24, 2026, may submit an amended manufacturer's statement of compliance to the FAA listing those aerial work operations that may be conducted using the aircraft. The amended statement of compliance must -	(e) 2026년 7월 24일 이전에 라이트-스포츠 카테고리로 증명된 항공기에 대한 규정을 특정화하여야 한다. 2026년 7월 24일 이전에 라이트-스포츠 카테고리 감항증명서가 발급된 항공기 소유자는 해당 항공기를 사용하여 수행되는 항공업무 운용이 나열되어 있는 적합성 확인서 개정본을 연방항공청에 제출하여야 한다. 개정된 적합성 확인서는 다음 사항을 만족하여야 한다.
(1) Identify the aircraft by make, model, serial number, and date of manufacture.	(1) 제작사, 모델, 일련번호, 그리고 제조일자에 의해서 해당 항공기를 식별할 수 있어야 한다.
(2) Be made by the original manufacturer of the aircraft.	(2) 해당 항공기의 최초 제작자에 의해서 작성되어야 한다.
(3) Reference and reaffirm the statements made in the original manufacturer's statement of compliance.	(3) 최초 제작자의 적합성 확인서에 기재된 내용을 인용하고 재확인하여야 한다.
(4) State that the design and construction of the aircraft provides sufficient structural integrity to enable safe operation of the aircraft during the performance of the specified aerial work operations and that the aircraft is able to withstand any likely flight and ground loads.	(4) 해당 항공기의 설계 및 구성이 지정된 항공업무 운용을 수행하는 동안 해당 항공기를 안전하게 운용하는데 충분한 구조적 강건성이 있고, 예상되는 비행 및 지상 하중에 견딜 수 있는지를 나타내야 한다.
(5) Specify the FAA-accepted consensus standard used to make the determination required by paragraph (e)(4) of this section.	(5) 이 절의 (e)(4)에 요구된 결정을 하는 적용된 연방항공청에 수락된 합의표준을 나타내야 한다.
(6) Is accompanied by revisions to the aircraft's operating instructions to indicate those aerial work operations that may be conducted using the aircraft, and any applicable revisions to the aircraft's maintenance and inspection procedures, and flight training supplement.	(6) 해당 항공기를 사용해 수행될 수 있는 항공업무 운용을 나타내는 운용지침 개정본, 그리고 해당 항공기 정비 및 검사 절차, 비행 교육훈련 보충판 개정본을 제공하여야 한다.
§21.191 Experimental certificates.	**§21.191 실험용 증명서**
Experimental certificates are issued for the following experimental purposes:	다음과 같은 용도의 항공기에 대하여 실험용 증명서를 발급한다.
(a) Research and development. Testing new aircraft design concepts, new aircraft equipment, new aircraft installations, new aircraft operating techniques, or new uses for aircraft.	(a) 연구개발 : 신규 항공기 개념설계, 신규 항공기 장치품, 신규 항공기 장착성, 신규 항공기 운용기법 또는 항공기의 신규 사용을 위한 시험용 항공기에 대하여 실험용 증명서를 발급한다.
(b) Showing compliance with regulations. Conducting flight tests and other operations to show compliance with the airworthiness regulations including flights to show compliance for issuance of type and supplemental type certificates, flights to substantiate major design changes, and flights to show compliance with the function and reliability requirements of the regulations.	(b) 적합성 입증 : 형식증명서와 부가형식증명서 발급을 위한 적합성 입증 비행, 중급 설계변경 실증을 위한 비행, 해당 규정에 따른 기능 및 신뢰성 요건에 대한 적합성 입증을 위한 비행을 포함하여 적용되는 감항규정에 대한 적합성을 입증하기 위한 비행시험과 기타 운용에 사용되는 항공기에 대하여 실험용 증명서를 발급한다.
(c) Crew training. Training of the applicant's flight crews.	(c) 승무원 교육 : 신청자의 비행승무원에 대한 교육훈련용 항공기에 대하여 실험용 증명서를 발급한다.
(d) Exhibition. Exhibiting the aircraft's flight capabilities,	(d) 전시 : 에어쇼 및 연출을 하는 장소까지 비행(항공

performance, or unusual characteristics at air shows, motion picture, television, and similar productions, and the maintenance of exhibition flight proficiency, including (for persons exhibiting aircraft) flying to and from such air shows and productions.

(e) Air racing. Participating in air races, including (for such participants) practicing for such air races and flying to and from racing events.

(f) Market surveys. Use of aircraft for purposes of conducting market surveys, sales demonstrations, and customer crew training only as provided in §21.195.

(g) Operating amateur-built aircraft. Operating an aircraft the major portion of which has been fabricated and assembled by persons who undertook the construction project solely for their own education or recreation.

(h) Operating primary kit-built aircraft. Operating a primary category aircraft that meets the criteria of §21.24(a)(1) that was assembled by a person from a kit manufactured by the holder of a production certificate for that kit, without the supervision and quality control of the production certificate holder under §21.184(a).

(i) Operating light-sport aircraft. Operating a light-sport aircraft that -

(1) Has not been issued a U.S. or foreign airworthiness certificate and does not meet the provisions of §103.1 of this chapter. An experimental airworthiness certificate will not be issued under this paragraph (i) for these aircraft after January 31, 2008;

(2) Has been assembled -

(i) From an aircraft kit; and

(ii) In accordance with manufacturer's assembly instructions that meet an applicable consensus standard; and

(iii) An experimental airworthiness certificate will not be issued under this paragraph (i)(2) for these aircraft after October 22, 2025; or

(3) Has been previously issued a special airworthiness certificate in the light-sport category under §21.190. An experimental airworthiness certificate will not be issued under this paragraph for these aircraft after October 22, 2025.

(j) Operating former military aircraft. Operating a former military aircraft that meets the following requirements:

(1) The aircraft is not an unmanned aircraft.

(2) The aircraft was manufactured by, purchased by, modified by, or on the registry of the U.S. Armed Forces or a foreign military.

(3) The aircraft is operated for one of the following purposes:

(i) Flying the aircraft to a base where repairs, alterations, or maintenance are to be performed and for

기 전시자에게 인도)과 이로부터 귀환 비행을 포함하여 에어쇼, 동영상, 텔레비전 및 이와 유사한 연출에서 항공기의 비행능력, 성능 또는 색다른 특성을 전시하고, 이에 필요한 전시비행능력을 유지하는데 사용되는 항공기에 대하여 실험용 증명서를 발급한다.

(e) 비행경주 : 비행경주에 참여하는 비행과 행사장까지 비행 및 이로부터 귀환을 포함하는 비행경주에 사용되는 항공기에 대하여 실험용 증명서를 발급한다.

(f) 시장조사 : 시장조사, 판매전시, 그리고 이 규정의 §21.195에서 규정하는 고객 승무원 교육용 항공기에 대하여 실험용 증명서를 발급한다.

(g) 아마추어-제작 항공기 운용 : 자체적인 교육 및 레크레이션을 위한 과제를 단독으로 수행하는 사람에 의해 중요한 부분이 제작 및 조립된 항공기를 운용하는 경우에 실험용 증명서를 발급한다.

(h) 초급 키트-조립 항공기 운용 : 이 규정의 §21.184(a)항에 의거한 제작증명 소지자의 감독과 품질관리를 받지 않는 상태에서 해당 키트에 대한 제작증명 소지자가 제작한 키트를 다른 사람이 조립하고 §21.24(a)(1)항에 규정된 평가기준을 만족하는 초급 항공기를 운용하는 경우에 실험용 증명서를 발급한다.

(i) 라이트-스포츠 항공기 운용 : 다음과 같은 라이트-스포츠 항공기를 운용하는 경우에 실험용 증명서를 발급한다.

(1) 미국 또는 외국의 감항증명서가 발급되지 않았고, 연방항공규정의 §103.1 요건을 만족하지 않는 항공기. 2008년 1월 31일 이후에는 이 절의 (i)에 의거한 실험용 감항증명서를 발급하지 않는다.

(2) 다음과 같이 조립된 항공기.

(i) 항공기 키트로 조립된 항공기.

(ii) 적용 합의표준을 만족하는 제작자 조립지침서에 따라서 조립된 항공기.

(iii) 2025년 10월 22일 이후에는 이들 항공기에 대하여 (i)(2)에 따른 실험용 감항증명서를 발급하지 않는다.

(3) 이 규정의 §21.190 요건에 의거하여 기존에 라이트-스포츠 카테고리 특별감항증명서를 발급받은 항공기. 2025년 10월 22일 이후에는 이들 항공기에 대하여 이 항에 따른 실험용 감항증명서를 발급하지 않는다.

(j) 기존 군용 항공기 운용 : 기존 군용 항공기 운용은 다음의 요건을 만족하여야 한다.

(1) 해당 항공기는 무인 항공기가 아니어야 한다.

(2) 해당 항공기는 미군 또는 외국의 군에 의해서 제작되고, 구매되고, 개조되고, 또는 등록된 항공기이어야 한다.

(3) 해당 항공기는 다음 중에 하나의 목적으로 운용되어야 한다.

(i) 수리, 개조, 또는 정비가 수행될 베이스까지 비행하고, 그들 수리, 개조, 또는 정비 후의 점검 비행.

check flights following those repairs, alterations, or maintenance;	
(ii) Flying to a point of storage; or	(ii) 저장 장소까지 비행.
(iii) Repositioning the aircraft for operation as a public aircraft.	(iii) 해당 항공기를 공공기관 항공기 운용으로 재설정.
(k) Operating light-sport category kit-built aircraft. Operating an aircraft of a type that has been certificated under §21.190 and assembled from an aircraft kit in accordance with manufacturer's assembly instructions that meet an applicable FAA-accepted consensus standard.	(k) 라이트-스포츠 카테고리 키트-제작 항공기 운용 : §21.190 요건에 따라서 증명되고, 연방항공청이 수락한 합의표준을 만족하는 제작자의 조립 지침서에 따라서 항공기 키트로 조립된 타입의 항공기 운용을 위한 증명서를 발급한다.
(l) Operating former light-sport category aircraft. Operating an aircraft that previously has been issued a special airworthiness certificate in the light-sport category under §21.190.	(l) 기존 라이트-스포츠 카테고리 항공기 운용 : §21.190 요건에 따라서 기존에 라이트-스포츠 카테고리로 특별감항증명서가 발급된 항공기 운용을 증명서를 발급한다.
§21.193 Experimental certificates: general.	**§21.193 실험용 증명서 일반요건**
An applicant for an experimental airworthiness certificate must submit the following information in a form and manner prescribed by the FAA:	실험용 감항증명서 신청자는 연방항공청이 규정하는 서식과 방법에 따라서 다음의 정보를 제출하여야 한다.
(a) The experimental purpose for which the aircraft is to be used.	(a) 해당 항공기가 사용될 실험용 목적을 기재된 문서.
(b) Enough information to describe the operation, equipment, or test as applicable.	(b) 운용, 장치품, 또는 시험 중에 해당되는 사항을 설명하는데 충분한 정보.
(c) The estimated time or number of flights required for the operation, for an applicant seeking issuance of an experimental airworthiness certificate for those experimental purposes specified in §21.191(a) through (f).	(c) §21.191(a)부터 (f)까지에 규정된 실험용 목적을 위한 실험용 감항증명서 발급 신청자가 해당 운용에 필요한 예상되는 시간 또는 비행 횟수.
(d) The areas over which flights will be conducted.	(d) 비행이 수행될 지역.
(e) Enough data to identify the aircraft.	(e) 해당 항공기 식별하기에 충분한 자료.
(f) Except for a previously type certificated aircraft without an appreciable change in its external configuration, three-view drawings or three-view dimensional photographs of the aircraft.	(f) 외부 형상의 중대한 변경이 없는 기존에 형식증명을 받은 항공기를 제외하고, 해당 항공기의 삼면도 또는 삼면 방향의 사진.
(g) Upon inspection of the aircraft, any pertinent information found necessary by the FAA to safeguard the general public.	(g) 해당 항공기의 검사에 관하여 일반대중 안전을 위해 연방항공청이 필요한 것으로 확인한 정보.
(h) In the case of a light-sport category aircraft assembled from a kit to be certificated in accordance with §21.191(k), an applicant must provide the following:	(h) §21.191(k) 요건에 따라 증명될 키트 조립 라이트-스포츠 카테고리 항공기의 경우, 신청자는 다음의 문서를 제출하여야 한다.
(1) Evidence that an aircraft of the same make and model was manufactured and assembled by the aircraft kit manufacturer and issued a special airworthiness certificate in the light-sport category under §21.190.	(1) 동일한 제작사 및 모델의 항공기가 해당 항공기 키트 제작자에 의해서 제작 및 조립되고, §21.190에 따라서 라이트-스포츠 카테고리로 특별분류 감항증명서가 발급되었다는 문서.
(2) The pilot's operating handbook that includes a flight training supplement.	(2) 비행 교육훈련 보충판을 포함하는 조종사 운용 핸드북.
(3) The aircraft's maintenance and inspection procedures.	(3) 해당 항공기 정비 및 검사 절차서.
(4) The manufacturer's statement of compliance for the aircraft kit used in the aircraft assembly that meets the applicable requirements of §21.190 in effect at the time the aircraft kit was manufactured, except the statement need not indicate compliance with §22.195 of this chapter. The	(4) 해당 항공기 키트가 제작된 시기에 유효한 §21.190 요건을 만족하는 항공기 조립체에 사용된 항공기 키트에 대한 제작자의 적합성 확인서. 다만, 연방항공규정 §22.195 요건에 대한 적합성을 나타내는데 필요하지 않은 내용은 제외한다. 해당 확인서에는 해당

statement must identify assembly instructions for the aircraft that meet an applicable consensus standard. (5) For an aircraft kit manufactured outside the United States, evidence that the aircraft kit was manufactured in a country with which the United States has a Bilateral Airworthiness Agreement concerning airplanes or a Bilateral Aviation Safety Agreement with associated Implementation Procedures for Airworthiness concerning airplanes, or an equivalent airworthiness agreement.	합의표준을 만족하는 항공기에 대한 조립 지침서가 기재되어야 한다. (5) 미국 이외의 국가에서 제작된 항공기 키트의 경우에는 해당 항공기 키트가 미국과 해당 항공기에 대한 감항성 협정 또는 감항성 이행절차가 포함된 항공안전협정 또는 이와 동등한 감항성 협정을 체결한 국가에서 제작되었다는 것을 나타내는 문서.
§21.195 Experimental certificates: Aircraft to be used for market surveys, sales demonstrations, and customer crew training.	**§21.195 시장조사, 판매전시 및 고객 승무원 교육을 위한 실험용 증명서**
(a) A manufacturer of aircraft manufactured within the United States may apply for an experimental airworthiness certificate for an aircraft that is to be used for market surveys, sales demonstrations, or customer crew training.	(a) 미국 내에서 제작되는 항공기의 제작자는 시장조사, 판매전시 또는 고객 승무원 훈련에 사용되는 항공기에 대한 실험용 감항증명서를 신청할 수 있다.
(b) A manufacturer of an aircraft engine manufactured by him within the United States, that has altered a type certificated aircraft by installing an engine it has manufactured, may apply for an experimental airworthiness certificate for that aircraft to be used for market surveys, sales demonstrations, or customer crew training, if the basic aircraft, before alteration, was type certificated in the normal, utility, acrobatic, commuter, transport, primary, or restricted category.	(b) 미국 내에서 제작된 다른 형식의 엔진을 장착하여 기존에 형식증명을 받은 항공기를 개조하고자 하는 항공기 엔진 제작자는 시장조사, 판매전시 또는 고객 승무원 훈련에 사용되는 항공기에 대한 실험용 증명서를 신청할 수 있다. 이 경우에 개조되기 이전의 기본 항공기는 보통, 곡예, 커뮤터 또는 수송급으로 형식증명을 받은 것이어야 한다.
(c) A person who has altered the design of a type certificated aircraft may apply for an experimental airworthiness certificate for an altered aircraft to be used for market surveys, sales demonstrations, or customer crew training, if the basic aircraft, before alteration, was type certificated in the normal, utility, acrobatic, commuter, transport, primary, or restricted category.	(c) 형식증명을 받은 항공기의 설계를 개조한 자는 시장조사, 판매전시 또는 고객 승무원 훈련에 사용될 개조된 항공기에 대한 실험용 감항증명서를 신청할 수 있다. 이 경우에 개조되기 이전의 기본 항공기는 보통, 곡예, 실용, 커뮤터 또는 수송급으로 형식증명을 받은 것이어야 한다.
(d) An applicant for an experimental airworthiness certificate under paragraph (a), (b), or (c) of this section is entitled to that certificate if, in addition to meeting the requirements of §21.193 - (1) He has established an inspection and maintenance program for the continued airworthiness of the aircraft; and (2) The applicant shows that the aircraft has been flown for at least 50 hours, or for at least 5 hours if it is a type certificated aircraft which has been altered. FAA may reduce these operational requirements if the applicant provides adequate justification.	(d) 이 절의 (a), (b), 또는 (c) 요건에 의거한 실험용 감항증명서 신청자는 §21.193의 요건을 만족시키고, 이에 추가로 다음 사항을 만족하면 해당 증명을 받을 수 있다. (1) 신청자는 해당 항공기의 감항성유지를 위한 검사 및 정비 프로그램을 수립한다. (2) 신청자는 해당 항공기가 최소 50시간, 개조되어 형식증명을 받은 경우에는 최소 5시간 동안 비행하였음을 입증한다. 신청자가 정당한 사유를 제시하는 경우에 연방항공청은 이 운용요건을 경감할 수 있다.
§21.197 Special flight permits.	**§21.197 특별비행허가**
(a) A special flight permit may be issued for an aircraft that may not currently meet applicable airworthiness requirements but is capable of safe flight, for the following purposes: (1) Flying the aircraft to a base where repairs, alterations, or maintenance are to be performed, or to a point of	(a) 현재의 적용 감항요건을 만족시킬 수 없지만, 안전한 비행능력을 가지고 있는 항공기에 대하여 다음의 경우에 특별비행허가서를 발급할 수 있다. (1) 수리, 개조 또는 정비를 수행할 목적으로 기지 또는 보관소까지 해당 항공기를 비행하는 경우.

storage.	
(2) Delivering or exporting the aircraft.	(2) 항공기를 인도 또는 수출하는 경우.
(3) Production flight testing new production aircraft.	(3) 신규 생산 항공기에 대한 양산비행시험을 하는 경우.
(4) Evacuating aircraft from areas of impending danger.	(4) 위험지역으로부터 항공기를 긴급 대피시키는 경우.
(5) Conducting customer demonstration flights in new production aircraft that have satisfactorily completed production flight tests.	(5) 양산비행시험을 성공적으로 완료한 신규 생산 항공기에 대한 고객실증비행을 하는 경우.
(b) A special flight permit may also be issued to authorize the operation of an aircraft at a weight in excess of its maximum certificated takeoff weight for flight beyond the normal range over water, or over land areas where adequate landing facilities or appropriate fuel is not available. The excess weight that may be authorized under this paragraph is limited to the additional fuel, fuel-carrying facilities, and navigation equipment necessary for the flight.	(b) 적절한 착륙시설 또는 지정된 연료를 이용할 수 없는 수면 또는 지면 상공에서 정상적인 항속거리를 초과하는 비행을 위하여 항공기를 인증된 최대이륙중량 이상의 중량에서 운용하고자 하는 경우에 특별비행허가서를 발급할 수 있다. 이 항에 의거하여 허가되는 초과 중량은 추가연료, 연료운반 시설, 그리고 비행에 필요한 항법장치에 따라 제한을 받는다.
(c) Upon application, as prescribed in §91.1017 or §119.51 of this chapter, a special flight permit with a continuing authorization may be issued for aircraft that may not meet applicable airworthiness requirements, but are capable of safe flight for the purpose of flying aircraft to a base where maintenance or alterations are to be performed. The permit issued under this paragraph is an authorization, including conditions and limitations for flight, which is set forth in the certificate holder's operations specifications. The permit issued under this paragraph may be issued to -	(c) 신청에 관하여 연방항공규정의 §119.51 또는 §91.1017에 규정된 바와 같이, 적용 감항요건에는 만족하지 못하지만 정비나 개조를 수행할 기지로 안전하게 비행할 수 있는 항공기에 대하여 연속적인 비행을 승인하는 특별비행허가서를 발급할 수 있다. 이 항에 따라서 발급된 허가서는 증명서 소지자의 운용 규격서에 규정된 조건 및 비행 한계를 포함하는 인가이다. 이 항에 의거한 허가서는 다음의 소지자에게 발급할 수 있다.
(1) Certificate holders authorized to conduct operations under part 119 of this chapter, that have an approved program for continuing flight authorization; or	(1) 연방항공규정 Part 119에 의거한 운용을 목적으로 인가된 증명서 소지자. 해당 소지자는 연속적인 비행승인을 위하여 승인된 프로그램을 운영하여야 한다.
(2) Management specification holders authorized to conduct operations under part 91, subpart K of this chapter for those aircraft they operate and maintain under a continuous airworthiness maintenance program prescribed by §91.1411 of this chapter.	(2) 연방항공규정 Part 91의 Subpart K에 의거한 운용을 목적으로 인가된 경영규격 소지자. 해당 항공기는 연방항공규정의 §91.1411에 규정된 감항성유지 정비 프로그램에 따라서 운용 및 정비되어야 한다.
§21.199 Issue of special flight permits.	**§21.199 특별비행허가서 발급**
(a) Except as provided in §21.197(c), an applicant for a special flight permit must submit a statement in a form and manner prescribed by the FAA, indicating -	(a) 이 규정의 §21.197(c)항에 규정된 사항을 제외하고, 특별비행허가 신청자는 연방항공청이 지정한 서식과 방법에 따라서 다음 사항을 나타내는 문서를 제출하여야 한다.
(1) The purpose of the flight.	(1) 비행 목적.
(2) The proposed itinerary.	(2) 제안된 비행일정.
(3) The crew required to operate the aircraft and its equipment, e.g., pilot, co-pilot, navigator, etc.	(3) 항공기 또는 항공장비를 운용하는데 필요한 승무원. 즉, 조종사, 부조종사, 항법사 등.
(4) The ways, if any, in which the aircraft does not comply with the applicable airworthiness requirements.	(4) 항공기가 적용 감항요건을 충족시키지 못할 때의 대안.
(5) Any restriction the applicant considers necessary for safe operation of the aircraft.	(5) 항공기의 안전한 운용을 위하여 신청자가 필요한 것으로 고려하는 제한사항.
(6) Any other information considered necessary by the FAA for the purpose of prescribing operating limitations.	(6) 운용한계를 규정할 목적으로 연방항공청이 필요하다고 지정한 기타의 정보.

(b) The FAA may make, or require the applicant to make appropriate inspections or tests necessary for safety.	(b) 연방항공청은 신청자에게 안전에 필요한 검사 또는 시험을 실시하도록 요구할 수 있다.
Subpart I - Provisional Airworthiness Certificates	**Subpart I. 임시감항증명**
§21.211 Applicability.	**§21.211 적용범위**
This subpart prescribes procedural requirements for the issue of provisional airworthiness certificates.	이 Subpart는 임시감항증명서 발급에 관한 절차적 요건을 규정한다.
§21.213 Eligibility.	**§21.213 신청자격**
(a) A manufacturer who is a United States citizen may apply for a Class I or Class II provisional airworthiness certificate for aircraft manufactured by him within the U.S. (b) Any holder of an air carrier operating certificate under Part 121 of this chapter who is a United States citizen may apply for a Class II provisional airworthiness certificate for transport category aircraft that meet either of the following: (1) The aircraft has a current Class II provisional type certificate or an amendment thereto. (2) The aircraft has a current provisional amendment to a type certificate that was preceded by a corresponding Class II provisional type certificate. (c) An aircraft engine manufacturer who is a United States citizen and who has altered a type certificated aircraft by installing different type certificated engines, manufactured by him within the United States, may apply for a Class I provisional airworthiness certificate for that aircraft, if the basic aircraft, before alteration, was type certificated in the normal, utility, acrobatic, commuter, or transport category.	(a) 미국 시민으로서 미국 내에서 항공기를 제조하는 제작자는 클래스 I 또는 클래스 II 임시감항증명을 신청할 수 있다. (b) 미국 시민으로서 연방항공규정 Part 121에 의거한 항공운송 운항증명 소지자는 다음 중 하나에 해당하는 수송급 항공기에 대하여 클래스 II 임시감항증명을 신청할 수 있다. (1) 현재의 클래스 II 임시형식증명서 또는 이에 대한 개정본이 발급된 항공기. (2) 이전에 클래스 II 임시형식증명서에 상응하는 증명을 받은 항공기로 현재의 형식증명서에 대한 임시개정본이 발급된 항공기. (c) 미국 시민으로서 미국 내에서 자신이 제작한 다른 형식증명 엔진을 기존에 형식증명을 받은 항공기에 장착하여 개조하는 항공기 엔진 제작자는 해당 항공기에 대한 클래스 I 임시감항증명을 신청할 수 있다. 다만, 개조하기 전의 기본 항공기(basic aircraft)는 보통, 실용, 곡예, 커뮤터 또는 수송급으로 형식증명을 받은 것이어야 한다.
§21.215 Application.	**§21.215 신청서 제출**
Applications for provisional airworthiness certificates must be submitted to the FAA. The application must be accompanied by the pertinent information specified in this subpart.	임시감항증명 신청서는 연방항공청에 제출되어야 한다. 신청서에는 이 Subpart에 규정된 관련 정보가 첨부되어야 한다.
§21.217 Duration.	**§21.217 유효기간**
Unless sooner surrendered, superseded, revoked, or otherwise terminated, provisional airworthiness certificates are effective for the duration of the corresponding provisional type certificate, amendment to a provisional type certificate, or provisional amendment to the type certificate.	임시감항증명서는 반납, 대체, 취소되거나 달리 만료되지 않으면, 해당 임시형식증명서, 임시형식증명서의 개정본 또는 형식증명서 임시개정본에 상응하는 기간 동안 유효하다.
§21.219 Transferability.	**§21.219 양도성**
Class I provisional airworthiness certificates are not transferable. Class II provisional airworthiness certificates may be transferred to an air carrier eligible to apply for a certificate under §21.213(b).	클래스 I 임시감항증명서는 양도할 수 없다. 클래스 II 임시감항증명서는 이 규정의 §21.213(b)항에서 요구되는 신청자격을 갖춘 항공운송사업자에게 양도될 수 있다.
§21.221 Class I provisional airworthiness certificates.	**§21.221 클래스 I 임시감항증명서**
(a) Except as provided in §21.225, an applicant is entitled	(a) 이 규정의 §21.225 요건에 규정된 사항을 제외하

to a Class I provisional airworthiness certificate for an aircraft for which a Class I provisional type certificate has been issued if -	고, 신청자는 클래스 I 임시형식증명서를 발급받은 항공기에 대해서 다음 사항을 만족하는 경우에 클래스 I 임시감항증명서를 발급받을 수 있다.
(1) He meets the eligibility requirements of §21.213 and he complies with this section; and	(1) 신청자가 §21.213의 신청자격 요건을 만족하고 이 절의 요건에 적합한 경우.
(2) The FAA finds that there is no feature, characteristic or condition of the aircraft that would make the aircraft unsafe when operated in accordance with the limitations established in §21.81(e) and §91.317 of this subchapter.	(2) 이 규정의 §21.81(e)항과 연방항공규정의 §91.317 요건에 의거 설정된 한계에 따라서 항공기를 운용할 때, 해당 항공기를 불안전하게 하는 특징, 특성 또는 조건이 없다는 것을 연방항공청이 확인한 경우.
(b) The manufacturer must hold a provisional type certificate for the aircraft.	(b) 제작자는 해당 항공기에 대한 임시형식증명서를 소지하고 있어야 한다.
(c) The manufacturer must submit a statement that the aircraft conforms to the type design corresponding to the provisional type certificate and has been found by him to be in safe operating condition under all applicable limitations.	(c) 제작자는 해당 항공기가 임시형식증명서에 따라 정의된 형식설계에 합치하고, 모든 적용 한계 내에서 안전한 운용 상태에 있음을 확인하였다는 기록서를 제출하여야 한다.
(d) The aircraft must be flown at least five hours by the manufacturer.	(d) 제작자는 해당 항공기를 최소 5시간 동안 비행하여야 한다.
(e) The aircraft must be supplied with a provisional aircraft flight manual or other document and appropriate placards containing the limitations established by §21.81(e) and §91.317.	(e) 이 규정의 §21.81(e)항과 연방항공규정의 §91.317 요건에 의거 설정된 한계를 포함하는 임시 항공기 비행교범 또는 기타의 문서 그리고 지정된 플래카드를 해당 항공기와 함께 제공하여야 한다.
§21.223 Class II provisional airworthiness certificates.	**§21.223 클래스 II 임시감항증명서**
(a) Except as provided in §21.225, an applicant is entitled to a Class II provisional airworthiness certificate for an aircraft for which a Class II provisional type certificate has been issued if -	(a) 이 규정의 §21.225 요건에 규정된 사항을 제외하고, 신청자는 클래스 II 임시형식증명서를 발급받은 항공기에 대하여 다음 사항을 만족하는 경우에 클래스 II 임시감항증명서를 발급받을 수 있다.
(1) He meets the eligibility requirements of §21.213 and he complies with this section; and	(1) 신청자가 §21.213의 신청자격 요건을 만족하고 본 조의 요건에 적합한 경우.
(2) The FAA finds that there is no feature, characteristic, or condition of the aircraft that would make the aircraft unsafe when operated in accordance with the limitations established in §21.83(h), §91.317, and §121.207 of this chapter.	(2) 이 규정의 §21.83(h)항과 연방항공규정의 §91.317 및 §121.207 요건에 의거 설정된 한계에 따라서 항공기를 운용할 때, 해당 항공기를 불안전하게 하는 특징, 특성, 또는 조건이 없다는 것을 연방항공청이 확인한 경우.
(b) The applicant must show that a Class II provisional type certificate for the aircraft has been issued to the manufacturer.	(b) 신청자는 해당 항공기에 대한 클래스 II 임시형식증명서가 해당 제작자에게 발급되었음을 입증하여야 한다.
(c) The applicant must submit a statement by the manufacturer that the aircraft has been manufactured under a quality system adequate to ensure that the aircraft conforms to the type design corresponding with the provisional type certificate.	(c) 신청자는 해당 항공기가 임시형식증명서에 따른 형식설계에 합치하는 것을 보장하는데 적절한 품질시스템 하에서 제작되었음을 나타내는 기록서를 제출하여야 한다.
(d) The applicant must submit a statement that the aircraft has been found by him to be in a safe operating condition under the applicable limitations.	(d) 신청자는 해당 항공기가 적용 한계 내에서 안전한 운용 상태에 있음을 자신이 확인하였다는 기록서를 제출하여야 한다.
(e) The aircraft must be flown at least five hours by the manufacturer.	(e) 제작자는 해당 항공기를 최소 5시간 동안 비행하여야 한다.
(f) The aircraft must be supplied with a provisional aircraft flight manual containing the limitations established by §21.83(h), §91.317, and §121.207 of this chapter.	(f) 이 규정의 §21.83(h)항과 연방항공규정의 §91.317 및 §121.207 요건에 의거 설정된 한계를 포함하는 임시 항공기 비행교범을 해당 항공기와 함께 제공하여

	야 한다.
§21.225 Provisional airworthiness certificates corresponding with provisional amendments to type certificates.	**§21.225 형식증명서의 임시개정에 따른 임시감항증명서**
(a) An applicant is entitled to a Class I or a Class II provisional airworthiness certificate, for an aircraft, for which a provisional amendment to the type certificate has been issued, if -	(a) 신청자는 다음 사항을 만족하는 경우에 형식증명서 임시개정본이 발급된 항공기에 대하여 클래스 I 또는 클래스 II 임시감항증명서를 발급받을 수 있다.
(1) He meets the eligibility requirements of §21.213 and he complies with this section; and	(1) 신청자가 §21.213의 신청자격 요건을 만족하고, 이 절의 요건에 적합한 경우.
(2) The FAA finds that there is no feature, characteristic, or condition of the aircraft, as modified in accordance with the provisionally amended type certificate, that would make the aircraft unsafe when operated in accordance with the applicable limitations established in §21.85(g), §91.317, and §121.207 of this chapter.	(2) 기존에 개정된 형식증명서에 따라서 개조된 항공기를 이 규정의 §21.85(g)항과 연방항공규정의 §91.317 및 §121.207 요건에 의거 설정된 적용 한계에 따라서 운용할 때, 해당 항공기를 불안전하게 하는 특징, 특성 또는 조건이 없다는 것을 연방항공청이 확인한 경우.
(b) The applicant must show that the modification was made under a quality system adequate to ensure that the modification conforms to the provisionally amended type certificate.	(b) 신청자는 해당 개조가 기존에 개정된 형식증명서의 해당 내용에 합치하는 것을 보장하는데 적절한 품질시스템 하에서 수행되었음을 입증하여야 한다.
(c) The applicant must submit a statement that the aircraft has been found by him to be in a safe operating condition under the applicable limitations.	(c) 신청자는 해당 항공기가 적용 한계 내에서 안전한 운용 상태에 있음을 자신이 확인하였다는 기록서를 제출하여야 한다.
(d) The aircraft must be flown at least five hours by the manufacturer.	(d) 제작자는 해당 항공기를 최소 5시간 동안 비행하여야 한다.
(e) The aircraft must be supplied with a provisional aircraft flight manual or other document and appropriate placards containing the limitations required by §21.85(g), §91.317, and §121.207 of this chapter.	(e) 이 규정의 §21.85(g)항과 연방항공규정의 §91.317 및 §121.207에서 요구된 한계를 포함하는 임시 항공기 비행교범 또는 기타의 문서 그리고 지정된 플래카드를 해당 항공기와 함께 제공하여야 한다.
Subpart K - Parts Manufacturer Approvals	**Subpart K. 부품제작자 승인**
§21.301 Applicability.	**§21.301 적용범위**
This subpart prescribes - (a) Procedural requirements for issuing PMAs; and (b) Rules governing holders of PMAs.	이 Subpart는 다음 사항을 규정한다. (a) 부품제작자승인서(PMA) 발급에 관한 절차적 요건. (b) 부품제작자승인(PMA) 소지자를 관리하는 규칙. *[주기] 법령에서는 "부품등제작자증명"으로 표기함.*
§21.303 Application.	**§21.303 신청서 제출**
(a) The applicant for a PMA must apply in a form and manner prescribed by the FAA, and include the following:	(a) 부품제작자승인 신청자는 연방항공청이 지정한 서식과 방법에 따라서 신청서를 제출하여야 한다. 이 신청서에는 다음 사항을 포함하여야 한다.
(1) The identity of the product on which the article is to be installed.	(1) 해당 부품이 장착될 제품에 대한 식별 정보.
(2) The name and address of the manufacturing facilities at which these articles are to be manufactured.	(2) 해당 부품이 제작될 제조시설의 이름과 주소.
(3) The design of the article, which consists of -	(3) 해당 부품의 설계는 다음과 같이 구성되어야 한다.
(i) Drawings and specifications necessary to show the configuration of the article; and	(i) 해당 부품의 형상을 나타내는데 필요한 도면 및 규격서.
(ii) Information on dimensions, materials, and processes necessary to define the structural strength of the article.	(ii) 해당 부품의 구조적 강도를 정의하는데 필요한 치수, 재료, 그리고 공정에 관한 정보.

(4) Test reports and computations necessary to show that the design of the article meets the airworthiness requirements of this subchapter. The test reports and computations must be applicable to the product on which the article is to be installed, unless the applicant shows that the design of the article is identical to the design of a article that is covered under a type certificate. If the design of the article was obtained by a licensing agreement, the applicant must provide evidence of that agreement.	(4) 해당 부품의 설계가 연방항공규정의 감항요건에 만족함을 입증하는데 필요한 시험보고서 및 계산내용. 시험보고서 및 계산내용은 신청자가 해당 부품의 설계가 형식증명에 포함되어 있는 해당 부품의 설계와 동일하다는 것을 입증하지 않으면, 해당 부품이 장착될 제품에 적용하는 것이어야 한다. 해당 부품의 설계를 면허계약에 의거하여 취득한 경우에 신청자는 해당 면허계약에 대한 입증문서를 제출하여야 한다.
(5) An applicant for a PMA based on test reports and computations must provide a statement certifying that the applicant has complied with the airworthiness requirements of this subchapter.	(5) 시험보고서 및 계산내용을 근거로 하는 부품제작자승인 신청자는 연방항공규정의 감항요건에 대한 적합성을 나타내는 기록서를 제출하여야 한다.
(b) Each applicant for a PMA must make all inspections and tests necessary to determine -	(b) 부품제작자승인 신청자는 다음 사항을 결정하는데 필요한 모든 검사와 시험을 하여야 한다.
(1) Compliance with the applicable airworthiness requirements;	(1) 적용 감항요건에 대한 적합성.
(2) That materials conform to the specifications in the design;	(2) 해당 설계 규격에 대한 재료의 합치성.
(3) That the article conforms to its approved design; and	(3) 해당 승인된 설계에 대한 부품의 합치성.
(4) That the manufacturing processes, construction, and assembly conform to those specified in the design.	(4) 해당 설계에 규정된 사항에 대한 제조공정, 제작방식 및 조립체의 합치성.
§21.305 Organization.	**§21.305 신청자 조직**
(a) Each applicant for or holder of a PMA must provide the FAA with a document -	(a) 부품제작자승인 신청자 또는 소지자는 다음의 서류를 연방항공청에 제출하여야 한다.
(1) Describing how its organization will ensure compliance with the provisions of this subpart;	(1) 신청자 조직이 이 Subpart의 해당 요건에 따른 적합성을 어떻게 보장할 것인가를 서술한 문서.
(2) Describing assigned responsibilities, delegated authorities, and the functional relationship of those responsible for quality to management and other organizational components; and	(2) 경영부서와 그 밖의 부서에 할당된 책임, 위임된 권한, 그리고 그들 부서의 품질 책임에 대한 기능적 관계를 서술한 문서.
(3) Identifying an accountable manager.	(3) 총괄 관리자를 식별하는 문서.
(b) The accountable manager specified in paragraph (a) of this section must be responsible within the applicant's or production approval holder's organization for, and have authority over, all production operations conducted under this part. The accountable manager must confirm that the procedures described in the quality manual required by §21.308 are in place and that the production approval holder satisfies the requirements of the applicable regulations of subchapter C, Aircraft. The accountable manager must serve as the primary contact with the FAA.	(b) 위의 (a)항에 명시된 총괄 관리자는 이 인증절차 규정에 따른 모든 생산활동을 수행하기 위하여 신청자 또는 생산승인 소지자 조직에 대한 책임성이 있고, 이를 위한 권한을 가져야 한다. 총괄 관리자는 §21.308에 따라 요구되는 품질매뉴얼에 제시된 해당 절차가 준비되어 있고, 생산승인 소지자가 연방항공규정 Subchapter C, Aircraft의 해당 요건을 만족시키고 있음을 보장하여야 한다. 총괄 관리자는 연방항공청에 대한 연락창구 역할을 수행해야 한다.
§21.307 Quality system.	**§21.307 품질시스템**
Each applicant for or holder of a PMA must establish a quality system that meets the requirements of §21.137.	부품제작자승인 신청자 또는 소지자는 이 규정의 §21.137 요건을 만족하는 품질시스템을 수립하여야 한다.
§21.308 Quality manual.	**§21.308 품질매뉴얼**
Each applicant for or holder of a PMA must provide a manual describing its quality system to the FAA for	부품제작자승인 신청자 또는 소지자는 연방항공청의 승인을 위하여 해당 품질시스템을 서술한 매뉴얼을 제

approval. The manual must be in the English language and retrievable in a form acceptable to the FAA.	출하여야 한다. 해당 매뉴얼은 영어로 작성하고 연방항공청이 인정하는 서식으로 개정될 수 있어야 한다.
§21.309 Location of or change to manufacturing facilities.	**§21.309 제조시설 위치 및 변경**
(a) An applicant may obtain a PMA for manufacturing facilities located outside of the United States if the FAA finds no undue burden in administering the applicable requirements of Title 49 U.S.C. and this subchapter.	(a) 연방항공청이 미국 연방법 Title 49(교통관계법)와 연방항공규정의 요건을 적용하고 인증을 관리하는데 과도한 부담이 되지 않는다고 판단하는 경우에 신청자는 미국 밖에 위치한 제조시설에서 부품제작자승인을 받을 수 있다.
(b) The PMA holder must obtain FAA approval before making any changes to the location of any of its manufacturing facilities.	(b) 부품제작자승인 소지자는 해당 제조시설의 위치를 변경하기 전에 연방항공청의 승인을 받아야 한다.
(c) The PMA holder must immediately notify the FAA, in writing, of any change to the manufacturing facilities that may affect the inspection, conformity, or airworthiness of its PMA article.	(c) 부품제작자승인 소지자는 해당 부품의 검사, 합치성 또는 감항성에 영향을 미칠 수 있는 제조시설의 변경에 대하여 그 즉시 문서로 연방항공청에 통지하여야 한다.
§21.310 Inspections and tests.	**§21.310 검사 및 시험**
(a) Each applicant for or holder of a PMA must allow the FAA to inspect its quality system, facilities, technical data, and any manufactured articles and witness any tests, including any inspections or tests at a supplier facility, necessary to determine compliance with this subchapter.	(a) 부품제작자승인 신청자 또는 소지자는 연방항공청이 해당 품질시스템, 시설, 기술 데이터, 그리고 제작된 부품을 검사하고, 임의의 시험에 입회할 수 있도록 하여야 한다. 또한, 연방항공규정에 대한 적합성을 결정하는데 필요한 경우에 공급자의 시설에서 검사 또는 시험을 실시할 수 있다.
(b) Unless otherwise authorized by the FAA, the applicant or holder - (1) May not present any article to the FAA for an inspection or test unless compliance with §21.303(b)(2) through (4) has been shown for that article; and (2) May not make any change to an article between the time that compliance with §21.303(b)(2) through (4) is shown for that article and the time that the article is presented to the FAA for the inspection or test.	(b) 연방항공청이 달리 허가하지 않으면, 신청자 또는 소지자는 다음 사항을 금해야 한다. (1) 이 규정의 §21.303(b)(2)항부터 (4)항에 대한 적합성이 입증되지 않은 부품을 연방항공청의 검사 또는 시험을 위해서 제시하지 않아야 한다. (2) 이 규정의 §21.303(b)(2)항부터 (4)항에 대한 적합성을 입증한 후, 연방항공청의 검사 또는 시험을 위해 제시하기 전에 해당 부품에 어떠한 변경도 하지 않아야 한다.
§21.311 Issuance.	**§21.311 부품제작자승인서 발급**
The FAA issues a PMA after finding that the applicant complies with the requirements of this subpart and the design complies with the requirements of this chapter applicable to the product on which the article is to be installed.	신청자가 이 Subpart의 요건에 대한 적합성을 입증하고, 해당 설계가 해당 부품이 장착될 제품에 적용되는 연방항공규정의 해당 요건에 적합한지를 연방항공청이 확인하면 부품제작자승인서를 발급한다.
§21.313 Duration.	**§21.313 유효기간**
A PMA is effective until surrendered, withdrawn, or the FAA otherwise terminates it.	부품제작자승인서는 반납, 철회 또는 연방항공청이 달리 이를 만료시키지 않으면 계속하여 유효하다.
§21.314 Transferability.	**§21.314 양도성**
The holder of a PMA may not transfer the PMA.	부품제작자승인 소지자는 해당 부품제작자승인서를 양도할 수 없다.
§21.316 Responsibility of holder.	**§21.316 승인서 소지자 책임**
Each holder of a PMA must -	부품제작자승인 소지자는 다음에 대한 책임이 있다.

(a) Amend the document required by §21.305 as necessary to reflect changes in the organization and provide these amendments to the FAA; (b) Maintain the quality system in compliance with the data and procedures approved for the PMA; (c) Ensure that each PMA article conforms to its approved design and is in a condition for safe operation; (d) Mark the PMA article for which an approval has been issued. Marking must be in accordance with part 45 of this chapter, including any critical parts; (e) Identify any portion of the PMA article (e.g., sub-assemblies, component parts, or replacement articles) that leave the manufacturer's facility as FAA approved with the manufacturer's part number and name, trademark, symbol, or other FAA approved manufacturer's identification; (f) Have access to design data necessary to determine conformity and airworthiness for each article produced under the PMA; (g) Retain each document granting PMA and make it available to the FAA upon request; and (h) Make available to the FAA information regarding all delegation of authority to suppliers. **§21.319 Design changes.** (a) Classification of design changes. (1) A "minor change" to the design of an article produced under a PMA is one that has no appreciable effect on the approval basis. (2) A "major change" to the design of an article produced under a PMA is any change that is not minor. (b) Approval of design changes. (1) Minor changes to the basic design of a PMA may be approved using a method acceptable to the FAA. (2) The PMA holder must obtain FAA approval of any major change before including it in the design of an article produced under a PMA. **§21.320 Changes in quality system.** After the issuance of a PMA - (a) Each change to the quality system is subject to review by the FAA; and (b) The holder of the PMA must immediately notify the FAA, in writing, of any change that may affect the inspection, conformity, or airworthiness of its article.	(a) 해당 조직의 변경내용을 반영하는데 필요한 §21.305에서 요구하는 문서를 개정하고, 이를 연방항공청에 제출하여야 한다. (b) 해당 부품제작자승인을 대상으로 승인된 데이터 및 절차에 적합한 품질시스템을 유지하여야 한다. (c) 부품제작자승인에 따라 제작된 각 부품이 해당 승인된 설계에 합치하고, 안전한 운용 상태에 있음을 보장하여야 한다. (d) 부품제작자승인서가 발급된 해당 부품에 식별표시를 하여야 한다. 해당 식별표시는 Part 45에 따라야 하고, 치명성 부품을 포함하여야 한다. (e) 제조시설에서 출하되는 부품제작자승인을 받은 부품의 일부분(예를 들면, 서브 어셈블리, 구성 부품 또는 대체용 품목)에 대하여 연방항공청의 승인에 따른 제조자 부품번호, 이름, 상표, 심볼 또는 그 밖의 표식으로 식별하여야 한다. (f) 해당 부품제작자승인에 의거하여 생산된 각 부품의 합치성과 감항성 결정에 필요한 설계 데이터를 이용할 수 있어야 한다. (g) 해당 부품제작자승인 관련 문서를 유지하고, 연방항공청이 요청하는 경우에 이를 제시하여야 한다. (h) 공급업체에 위임된 모든 권한에 대한 정보를 연방항공청이 이용할 수 있도록 하여야 한다. **§21.319 설계변경** (a) 설계변경에 대한 분류는 다음과 같다. (1) 부품제작자승인을 받은 부품의 설계에 대한 "경급 변경"은 해당 승인기준에 현저한 영향을 주지 않는 변경을 말한다. (2) 부품제작자승인을 받은 부품의 설계에 대한 "중급 변경"은 경급 변경이 아닌 그 밖의 변경을 말한다. (b) 설계변경의 승인은 다음과 같이 이루어진다. (1) 부품제작자승인 소지자는 연방항공청이 인정하는 방법으로 경급 변경을 승인하여야 한다. (2) 부품제작자승인 소지자는 해당 부품제작자승인에 의거 생산되는 부품에 중급 변경을 반영하기 전에 연방항공청의 승인을 받아야 한다. **§21.320 품질시스템 변경** 부품제작자승인서를 발급받은 후에 제작자는 다음과 같이 조치하여야 한다. (a) 품질시스템에 대한 각 변경사항은 연방항공청의 검토를 받아야 한다. (b) 부품제작자승인 소지자는 해당 부품의 검사, 합치성 또는 감항성에 영향을 줄 수 있는 변경사항에 대하여 그 즉시 문서로 연방항공청에 통지하여야 한다.
Subpart L - Export Airworthiness Approvals **§21.321 Applicability.**	**Subpart L. 수출 감항승인** **§21.321 적용범위**

This subpart prescribes - (a) Procedural requirements for issuing export airworthiness approvals; and (b) Rules governing the holders of those approvals.	이 Subpart는 다음 사항을 규정한다. (a) 수출감항승인 증명서 발급에 관한 절차적 요건. (b) 수출감항승인 소지자를 관리하는 규칙.
§21.325 Export airworthiness approvals.	**§21.325 수출감항승인서**
(a) An export airworthiness approval for an aircraft is issued in the form of an export certificate of airworthiness. This certificate does not authorize operation of that aircraft. (b) The FAA prescribes the form and manner in which an export airworthiness approval for an aircraft engine, propeller, or article is issued. (c) If the FAA finds no undue burden in administering the applicable requirements of Title 49 U.S.C. and this subchapter, an export airworthiness approval may be issued for a product or article located outside of the United States.	(a) 항공기에 대한 수출감항승인은 수출감항증명서 서식으로 발급한다. 이 증명서는 해당 항공기의 운용을 인가하는 것은 아니다. (b) 연방항공청은 항공기 엔진, 프로펠러 또는 부품류(article)에 대한 수출감항승인을 위한 서식과 방법을 규정한다. (c) 연방항공청이 미국 연방법 Title 49(교통관계법)와 연방항공규정의 요건을 적용하고 인증을 관리하는데 과도한 부담이 되지 않는다고 판단하는 경우에 미국 밖에 위치한 제조시설의 제품 또는 부품류에 대하여 수출감항승인서를 발급할 수 있다.
§21.327 Application.	**§21.327 신청서 제출**
(a) Any owner of a U.S.-registered aircraft (or the agent of the owner) may apply for an export certificate of airworthiness for that aircraft. (b) Any person may apply for an export airworthiness approval for an aircraft engine, propeller, or article. (c) Each applicant must apply in a form and manner prescribed by the FAA.	(a) 미국에 등록된 항공기 소유자 또는 그 대리인은 해당 항공기에 대한 수출 감항증명을 신청할 있다. (b) 누구든지 항공기 엔진, 프로펠러, 품목에 대한 수출 감항승인을 신청할 수 있다. (c) 각 신청자는 연방항공청이 지정한 서식과 방법에 따라 신청하여야 한다.
§21.329 Issuance of export certificates of airworthiness.	**§21.329 수출감항증명서 발급**
(a) A person may obtain from the FAA an export certificate of airworthiness for an aircraft if - (1) A new or used aircraft manufactured under subpart F or G of this part meets the requirements under subpart H of this part for a - (i) Standard airworthiness certificate; or (ii) Special airworthiness certificate in either the "primary" or the "restricted" category; or (2) A new or used aircraft not manufactured under subpart F or G of this part has a valid - (i) Standard airworthiness certificate; or (ii) Special airworthiness certificate in either the "primary" or the "restricted" category. (b) An aircraft need not meet a requirement specified in paragraph (a) of this section, as applicable, if - (1) The importing country or jurisdiction accepts, in a form and manner acceptable to the FAA, a deviation from that requirement; and (2) The export certificate of airworthiness lists as an exception any difference between the aircraft to be exported and its type design.	(a) 연방항공청은 다음의 요건을 만족하는 경우에 수출감항증명서를 발급한다. (1) 이 규정의 Subpart F 또는 G에 의거하여 제작된 신규 또는 중고 항공기가 다음의 증명을 위한 Subpart H의 요건을 만족하는 경우. (i) 표준감항증명서. (ii) 초급 또는 제한급 특별감항증명서. (2) 이 규정의 Subpart F 또는 G에 의거하여 제작되지 않은 신규 또는 중고 항공기가 다음의 유효한 증명서를 가지고 있는 경우. (i) 표준감항증명서. (ii) 초급 또는 제한급 특별감항증명서. (b) 다음 사항에 해당되는 경우에는 위의 (a)항에 규정된 요건을 만족하지 않을 수 있다. (1) 수입국가 또는 관할당국이 연방항공청이 인정하는 서식과 방법으로 해당 요건에 대한 완화(deviation)를 수락하는 경우. (2) 수출될 항공기와 해당 형식설계 사이의 차이점에 대한 면제(exception)를 수출감항증명서에 명시한 경우. *[주기] Part 21을 제외한 다른 규정과 실무에서는 exemption으로 표기함. (EASA는 exception으로 표기)*

§21.331 Issuance of export airworthiness approvals for aircraft engines, propellers, and articles.	§21.331 항공기 엔진, 프로펠러, 부품류에 대한 수출감항승인서 발급
(a) A person may obtain from the FAA an export airworthiness approval to export a new aircraft engine, propeller, or article that is manufactured under this part if it conforms to its approved design and is in a condition for safe operation.	(a) 연방항공청은 이 규정에 따라 제작된 신규 항공기 엔진, 프로펠러 또는 부품류가 승인된 설계에 합치하고 안전한 운용 상태에 있는 경우에 수출감항승인서를 발급할 수 있다.
(b) A new aircraft engine, propeller, or article need not meet a requirement of paragraph (a) of this section if -	(b) 신규 항공기 엔진, 프로펠러 또는 부품류에 대하여 다음의 경우에는 위의 (a)항에 규정된 요건을 만족하지 않을 수 있다.
(1) The importing country or jurisdiction accepts, in a form and manner acceptable to the FAA, a deviation from that requirement; and	(1) 수입국가 또는 관할당국이 연방항공청이 인정하는 서식과 방법으로 해당 요건에 대한 완화(deviation)를 수락하는 경우.
(2) The export airworthiness approval lists as an exception any difference between the aircraft engine, propeller, or article to be exported and its approved design.	(2) 수출될 항공기 엔진, 프로펠러 또는 부품류와 해당 승인된 설계 사이의 차이점을 면제(exception)로 수출감항승인서에 명시한 경우.
(c) A person may obtain from the FAA an export airworthiness approval to export a used aircraft engine, propeller, or article if it conforms to its approved design and is in a condition for safe operation.	(c) 연방항공청은 중고 항공기 엔진, 프로펠러 또는 부품류가 해당 승인된 설계에 합치하고 안전한 운용 상태에 있는 경우에 수출감항승인서를 발급할 수 있다.
(d) A used aircraft engine or propeller need not meet a requirement of paragraph (c) of this section if -	(d) 중고 항공기 엔진 또는 프로펠러에 대하여 다음의 경우에는 위의 (c)항에 규정된 요건을 만족하지 않을 수 있다.
(1) The importing country or jurisdiction accepts, in a form and manner acceptable to the FAA, a deviation from that requirement; and	(1) 수입국가 또는 관할당국이 연방항공청이 인정하는 서식과 방법으로 해당 요건에 대한 완화(deviation)를 수락하는 경우.
(2) The export airworthiness approval lists as an exception any difference between the used aircraft engine or propeller to be exported and its approved design.	(2) 해당 중고 항공기 엔진 또는 프로펠러와 해당 승인된 설계 사이의 차이점을 면제(exception)로 수출감항승인서에 명시한 경우.
§21.335 Responsibilities of exporters.	**§21.335 수출사업자 책임**
Unless otherwise agreed to by the importing country or jurisdiction, each exporter must -	수입국가 또는 관할당국에 의해 달리 합의된 사항이 없는 경우에 수출사업자는 다음과 같이 하여야 한다.
(a) Forward to the importing country or jurisdiction all documents specified by that country or jurisdiction;	(a) 수입국가 또는 관할당국에서 규정한 모든 문서를 그 수입국가 또는 관할당국에 제출한다.
(b) Preserve and package products and articles as necessary to protect them against corrosion and damage during transit or storage and state the duration of effectiveness of such preservation and packaging;	(b) 제품 및 부품류를 운송 또는 보관하고, 해당 보존처리 및 포장의 유효기간 동안에 부식 및 손상으로부터 보호하는데 필요한 보존처리 및 포장을 한다.
(c) Remove or cause to be removed any temporary installation incorporated on an aircraft for the purpose of export delivery and restore the aircraft to the approved configuration upon completion of the delivery flight;	(c) 수출 인도를 목적으로 항공기에 일시적으로 설치한 장착물을 제거하거나 이를 제거하게 하고, 인도비행이 완료된 때에는 항공기를 해당 승인된 형상으로 복원한다.
(d) Secure all proper foreign entry clearances from all the countries or jurisdictions involved when conducting sales demonstrations or delivery flights; and	(d) 판매전시 또는 인도비행 수행 중에 포함된 모든 국가 또는 관할당국으로부터 외국 항공기 진입허가를 받아야 한다.
(e) When title to an aircraft passes or has passed to a foreign purchaser -	(e) 항공기에 대한 권리가 외국의 구매자에게 인도되거나 인도가 완료된 때에는 다음과 같이 하여야 한다.
(1) Request cancellation of the U.S. registration and airworthiness certificates from the FAA, giving the date of	(1) 항공기 권리에 대한 양도 일자와 외국 소유자의 이름과 주소를 기재하여 해당 항공기에 대한 미국

transfer of title, and the name and address of the foreign owner; (2) Return the Registration and Airworthiness Certificates to the FAA; and (3) Provide a statement to the FAA certifying that the U.S. identification and registration numbers have been removed from the aircraft in compliance with §45.33.	의 등록과 감항증명의 취소를 연방항공청에 요청한다. (2) 해당 항공기 등록증과 감항증명서를 연방항공청에 반납한다. (3) 연방항공규정 §45.33에 적합하게 해당 항공기로부터 미국의 식별표시 및 등록번호를 제거하였다는 사실을 나타내는 문서를 연방항공청에 제출한다.
Subpart N - Acceptance of Aircraft Engines, Propellers, and Articles for Import	**Subpart N. 수입 항공기 엔진, 프로펠러, 부품류의 수락**
§21.500 Acceptance of aircraft engines and propellers.	**§21.500 엔진 및 프로펠러의 수락**
An aircraft engine or propeller manufactured in a foreign country or jurisdiction meets the requirements for acceptance under this subchapter if -	외국 또는 관할권역에서 제작되는 항공기 엔진 또는 프로펠러는 연방항공규정에 의거한 다음의 수락 요건을 만족하여야 한다.
(a) That country or jurisdiction is subject to the provisions of an agreement with the United States for the acceptance of that product;	(a) 해당 외국정부 및 관할당국은 해당 제품의 수락을 위하여 미국과 체결한 협정의 해당 절차를 따른다.
(b) That product is marked in accordance with part 45 of this chapter; and	(b) 해당 제품은 연방항공규정 Part 45에 따라서 식별표시되어야 한다.
(c) The holder or licensee of a U.S. type certificate for that product furnishes with each such aircraft engine or propeller imported into the United States, an export airworthiness approval issued in accordance with the provisions of that agreement certifying that the individual aircraft engine or propeller - (1) Conforms to its U.S. type certificate and is in condition for safe operation; and (2) Has been subjected by the manufacturer to a final operational check.	(c) 해당 제품에 대하여 미국의 형식증명을 소지한 자 또는 면허계약자는 미국으로 수입되는 해당 항공기 엔진 또는 프로펠러를 공급할 때, 개별 항공기 엔진 또는 프로펠러가 다음의 요건을 만족한다고 증명하는 협정의 절차에 따라서 발급된 수출감항승인서를 함께 제공하여야 한다. (1) 미국의 해당 형식증명에 합치하고 안전한 운용상태에 있다. (2) 해당 제작자가 최종 작동점검을 수행하였다.
§21.502 Acceptance of articles.	**§21.502 부품류의 수락**
An article (including an article produced under a letter of TSO design approval) manufactured in a foreign country or jurisdiction meets the requirements for acceptance under this subchapter if -	기술표준품 설계승인서(TSO LODA)에 의거해 생산되는 품목을 포함하여 외국 또는 관할권역에서 제작된 부품류(article)는 연방항공규정에 의거한 다음의 수락 요건을 만족하여야 한다.
(a) That country or jurisdiction is subject to the provisions of an agreement with the United States for the acceptance of that article;	(a) 해당 외국정부 및 관할당국은 해당 부품류의 수락을 위하여 미국과 체결한 협정의 해당 절차를 따른다.
(b) That article is marked in accordance with part 45 of this chapter; and	(b) 해당 부품류는 연방항공규정 Part 45에 따라서 식별 표시되어야 한다.
(c) An export airworthiness approval has been issued in accordance with the provisions of that agreement for that article for import into the United States.	(c) 미국으로 수입되는 부품류에 대한 협정의 절차에 따라서 해당 부품류에 대한 수출감항승인서가 발급되어야 한다.
Subpart O - Technical Standard Order Approvals	**Subpart O. 기술표준품 승인**
§21.601 Applicability and definitions.	**§21.601 적용범위 및 정의**
(a) This subpart prescribes - (1) Procedural requirements for issuing TSO authorizations;	(a) 이 Subpart는 다음 사항을 규정한다. (1) 기술표준품승인서(TSOA) 발급에 관한 절차적 요건.

(2) Rules governing the holders of TSO authorizations; and

(3) Procedural requirements for issuing letters of TSO design approval.

(b) For the purposes of this subpart -

(1) A TSO issued by the FAA is a minimum performance standard for specified articles used on civil aircraft;

(2) A TSO authorization is an FAA design and production approval issued to the manufacturer of an article that has been found to meet a specific TSO;

(3) A letter of TSO design approval is an FAA design approval for an article that has been found to meet a specific TSO in accordance with the procedures of §21.621;

(4) An article manufactured under a TSO authorization, an FAA letter of acceptance as described in §21.613(b), or an article manufactured under a letter of TSO design approval described in §21.621 is an approved article for the purpose of meeting the regulations of this chapter that require the article to be approved; and

(5) An article manufacturer is the person who controls the design and quality of the article produced (or to be produced, in the case of an application), including any related parts, processes, or services procured from an outside source.

§21.603 Application.

(a) An applicant for a TSO authorization must apply in the form and manner prescribed by the FAA. The applicant must include the following documents in the application:

(1) A statement of conformance certifying that the applicant has met the requirements of this subpart and that the article concerned meets the applicable TSO that is effective on the date of application for that article.

(2) One copy of the technical data required in the applicable TSO.

(b) If the applicant anticipates a series of minor changes in accordance with §21.619, the applicant may set forth in its application the basic model number of the article and the part number of the components with open brackets after it to denote that suffix change letters or numbers (or combinations of them) will be added from time to time.

(c) If the application is deficient, the applicant must, when requested by the FAA, provide any additional information necessary to show compliance with this part. If the applicant fails to provide the additional information within 30 days after the FAA's request, the FAA denies the application and

[주기] 항공안전법령에서는 TSOA(기술표준품승인)를 "기술표준품 형식승인"으로 표기함.

(2) 기술표준품승인 소지자를 관리하기 위한 규칙.

(3) 기술표준품 설계승인서(LODA) 발급에 관한 절차적 요건.

(b) 이 절의 목적을 위하여 다음과 같이 정의한다.

(1) 연방항공청이 발행한 기술표준서(TSO)는 민간항공기에 사용되는 특정한 품목에 대한 최소성능표준(MPS)을 말한다.

(2) 기술표준품승인서(TSOA)는 해당 기술표준서를 만족하는 것으로 확인된 품목의 제작자에게 연방항공청이 발급하는 설계와 생산에 관한 승인서를 말한다.

(3) 기술표준품 설계승인서(LODA)는 §21.621 요건에 따라서 해당 기술표준서를 만족하는 것으로 확인된 품목에 대하여 연방항공청이 발급하는 설계에 관한 승인서를 말한다.

(4) 기술표준품승인서(TSOA), §21.613(b)항에 규정된 바에 따른 연방항공청의 수락서한, 또는 §21.621에 규정된 기술표준품 설계승인서(LODA)에 의거하여 제작된 품목은 그 품목의 승인에 적용되는 연방항공규정의 해당 요건을 만족하는 품목을 말한다.

(5) 품목 제작자(article manufacturer)는 공급업체로부터 납품된 관련 부품, 공정 또는 용역을 포함하여 그 생산된(또는 신청서 제출에 따라 생산될) 품목의 설계와 품질을 관리하는 기업을 말한다.

§21.603 신청서 제출

(a) 기술표준품승인 신청자는 연방항공청이 지정한 서식과 방법에 따라서 신청서를 제출하여야 한다. 신청자는 해당 신청서에 다음의 문서를 포함하여야 한다.

(1) 신청자가 이 Subpart의 요건을 만족하였고, 해당 품목은 신청서 제출일자에 유효한 적용 기술표준서에 만족됨을 나타내는 합치성 확인서(statement of conformance). *[주기] FAA의 관행적 오기. EASA의 21.A.605, 608, 611에는 Statement of Compliance로 명기됨.*

(2) 적용 기술표준서에서 요구하는 기술자료 사본 1부.

(b) 이 규정의 §21.619 요건에 따른 일련의 경급 변경이 예상되는 경우에 신청자는 변경표시용 문자 또는 번호(문자와 번호의 조합)를 수시로 추가할 수 있도록 해당 신청서에 기재된 품목의 기본 모델번호와 구성품의 부품번호 뒤에 비어 있는 괄호를 표기해 놓을 수 있다.

(c) 신청서가 불충분하게 제출된 경우에 연방항공청의 요청에 의거하여 신청자는 해당 부품의 적합성을 입증하는데 필요한 추가적인 정보를 제출하여야 한다. 신청자가 연방항공청의 보완요청 일자로부터 30일 이내에 추가정보를 제출하지 않는 경우에 연방항공청은

notifies the applicant.	신청서 접수를 거절하고 이를 신청자에게 통지한다.
§21.605 Organization.	**§21.605 신청자 조직**
(a) Each applicant for or holder of a TSO authorization must provide the FAA with a document - (1) Describing how its organization will ensure compliance with the provisions of this subpart; (2) Describing assigned responsibilities, delegated authorities, and the functional relationship of those responsible for quality to management and other organizational components; and (3) Identifying an accountable manager. (b) The accountable manager specified in paragraph (a) of this section must be responsible within the applicant's or production approval holder's organization for, and have authority over, all production operations conducted under this part. The accountable manager must confirm that the procedures described in the quality manual required by §21.608 are in place and that the production approval holder satisfies the requirements of the applicable regulations of subchapter C, Aircraft. The accountable manager must serve as the primary contact with the FAA.	(a) 기술표준품승인 신청자 또는 소지자는 다음의 서류를 연방항공청에 제출하여야 한다. (1) 신청자 조직이 이 Subpart의 해당 요건에 따른 적합성을 어떻게 보장할 것인가를 서술한 문서 (2) 경영부서와 그 밖의 부서에 할당된 책임, 위임된 권한, 그리고 그들 부서의 품질 책임에 대한 기능적 관계를 서술한 문서 (3) 총괄 관리자를 식별하는 문서 (b) 위의 (a)항에 명시된 총괄 관리자는 이 규정에 따른 모든 생산활동을 수행하기 위하여 신청자 또는 생산승인 소지자 조직에 대한 책임성이 있고, 이를 위한 권한을 가져야 한다. 총괄 관리자는 §21.608에 따라 요구되는 품질매뉴얼에 제시된 해당 절차가 준비되어 있고, 생산승인 소지자가 연방항공규정 Subchapter C, Aircraft의 해당 요건을 만족시키고 있음을 보장하여야 한다. 총괄 관리자는 연방항공청에 대한 연락창구 역할을 수행해야 한다.
§21.607 Quality system.	**§21.607 품질시스템**
Each applicant for or holder of a TSO authorization must establish a quality system that meets the requirements of §21.137.	기술표준품승인 신청자 또는 소지자는 §21.137 요건을 만족하는 품질시스템을 수립하여야 한다.
§21.608 Quality manual.	**§21.608 품질매뉴얼**
Each applicant for or holder of a TSO authorization must provide a manual describing its quality system to the FAA for approval. The manual must be in the English language and retrievable in a form acceptable to the FAA.	기술표준품승인 신청자 또는 소지자는 연방항공청의 승인을 위하여 해당 품질시스템을 서술한 매뉴얼을 제출하여야 한다. 해당 매뉴얼은 영어로 작성되고, 연방항공청이 인정하는 서식으로 개정될 수 있어야 한다.
§21.609 Location of or change to manufacturing facilities.	**§21.609 제조시설 위치 및 변경**
(a) An applicant may obtain a TSO authorization for manufacturing facilities located outside of the United States if the FAA finds no undue burden in administering the applicable requirements of Title 49 U.S.C. and this subchapter. (b) The TSO authorization holder must obtain FAA approval before making any changes to the location of any of its manufacturing facilities. (c) The TSO authorization holder must immediately notify the FAA, in writing, of any change to the manufacturing facilities that may affect the inspection, conformity, or airworthiness of its product or article.	(a) 연방항공청이 미국 연방법 Title 49(교통관계법)와 연방항공규정의 요건을 적용하고 인증을 관리하는데 과도한 부담이 되지 않는다고 판단하는 경우에 신청자는 미국 밖에 위치한 제조시설에서 기술표준품승인을 받을 수 있다. (b) 기술표준품승인 소지자는 해당 제조시설의 위치를 변경하기 전에 연방항공청의 승인을 받아야 한다. (c) 기술표준품승인 소지자는 해당 기술표준품승인 품목 또는 그 품목이 장착되는 제품의 검사, 합치성 또는 감항성에 영향을 미칠 수 있는 제조시설의 변경에 대하여 그 즉시 문서로 연방항공청에 통지하여야 한다.
§21.610 Inspections and tests.	**§21.610 검사 및 시험**
Each applicant for or holder of a TSO authorization	기술표준품승인 신청자 또는 소지자는 연방항공청

must allow the FAA to inspect its quality system, facilities, technical data, and any manufactured articles and witness any tests, including any inspections or tests at a supplier facility, necessary to determine compliance with this subchapter.

이 해당 품질시스템, 시설, 기술 데이터, 그리고 제작된 품목을 검사하고, 임의의 시험에 입회할 수 있도록 하여야 한다. 또한, 연방항공규정에 대한 적합성을 결정하는데 필요한 경우에 공급자의 시설에서 검사 또는 시험을 실시할 수 있다.

§21.611 Issuance.

If the FAA finds that the applicant complies with the requirements of this subchapter, the FAA issues a TSO authorization to the applicant (including all TSO deviations granted to the applicant).

§21.611 기술표준품승인서 발급

연방항공청은 신청자가 연방항공규정의 해당 요건에 대한 적합성을 입증한 것으로 확인한 경우에 기술표준품승인서(신청자에게 부여된 모든 완화를 포함)를 신청자에게 발급한다.

§21.613 Duration.

(a) A TSO authorization or letter of TSO design approval is effective until surrendered, withdrawn, or otherwise terminated by the FAA.

(b) If a TSO is revised or canceled, the holder of an affected FAA letter of acceptance of a statement of conformance, TSO authorization, or letter of TSO design approval may continue to manufacture articles that meet the original TSO without obtaining a new acceptance, authorization, or approval but must comply with the requirements of this chapter.

§21.613 유효기간

(a) 기술표준품승인서(TSOA) 또는 기술표준품 설계승인서(LODA)는 반납, 철회 또는 연방항공청이 달리 만료시키지 않으면 계속하여 유효하다.

(b) 기술표준서(TSO)가 개정되거나 폐지된 경우에 이로 인하여 영향을 받는 합치성 확인서 수락서한, 기술표준품승인 또는 기술표준품 설계승인 소지자는 신규로 수락서한, 승인서 또는 설계승인서를 발급받지 않고 원래의 기술표준서를 만족하는 품목을 계속하여 생산할 수 있지만, 연방항공규정의 해당 요건에 적합하여야 한다.

§21.614 Transferability.

The holder of a TSO authorization or letter of TSO design approval may not transfer the TSO authorization or letter of TSO design approval.

§21.614 양도성

기술표준품승인 또는 기술표준품 설계승인 소지자는 해당 기술표준품승인서(TSOA) 또는 기술표준품 설계승인서(LODA)를 양도할 수 없다.

§21.616 Responsibility of holder.

Each holder of a TSO authorization must -

(a) Amend the document required by §21.605 as necessary to reflect changes in the organization and provide these amendments to the FAA.

(b) Maintain a quality system in compliance with the data and procedures approved for the TSO authorization;

(c) Ensure that each manufactured article conforms to its approved design, is in a condition for safe operation, and meets the applicable TSO;

(d) Mark the TSO article for which an approval has been issued. Marking must be in accordance with part 45 of this chapter, including any critical parts;

(e) Identify any portion of the TSO article (e.g., sub-assemblies, component parts, or replacement articles) that leave the manufacturer's facility as FAA approved with the manufacturer's part number and name, trademark, symbol, or other FAA approved manufacturer's identification;

(f) Have access to design data necessary to determine conformity and airworthiness for each article produced under the TSO authorization. The manufacturer must retain this data until it no longer manufactures the article. At that

§21.616 승인서 소지자 책임

기술표준품승인 소지자는 다음에 대한 책임이 있다.

(a) 조직의 변경내용을 반영하는데 필요한 §21.605 요건에 규정된 문서를 개정하고, 이를 연방항공청에 제출하여야 한다.

(b) 해당 기술표준품승인을 위해 승인된 데이터 및 절차에 적합한 품질시스템을 유지하여야 한다.

(c) 기술표준품승인에 따라 제작된 각 품목이 해당 승인된 설계에 합치하고, 해당 기술표준서의 요건을 만족하고, 안전한 운용 상태에 있음을 보장하여야 한다.

(d) 기술표준품승인서가 발급된 해당 품목에 식별표시를 하여야 한다. 해당 식별표시는 Part 45에 따라야 하고, 치명성 부품을 포함하여야 한다.

(e) 제조시설에서 출하되는 기술표준품승인 품목의 일부분(예를 들면, 서브 어셈블리, 구성 부품 또는 대체용 품목)에 대하여 연방항공청의 승인에 따른 제조자 부품번호, 이름, 상표, 심볼 또는 그 밖의 표식으로 식별하여야 한다.

(f) 해당 기술표준품승인에 의거하여 생산된 각 품목의 합치성과 감항성 결정에 필요한 설계 데이터를 이용할 수 있어야 한다. 해당 제작자는 이와 같은 데이터를 해당 품목을 더 이상 생산하지 않을 때까지 유

time, copies of the data must be sent to the FAA;	지해야 하고, 생산 중단 시에는 그 데이터 사본을 연방항공청에 제출하여야 한다.
(g) Retain its TSO authorization and make it available to the FAA upon request; and	(g) 해당 기술표준품승인 관련 문서를 유지하고, 연방항공청이 요청하는 경우에 이를 이용할 수 있도록 제시하여야 한다.
(h) Make available to the FAA information regarding all delegation of authority to suppliers.	(h) 공급업체에 위임된 모든 권한에 대한 정보를 연방항공청이 이용할 수 있도록 하여야 한다.
§21.618 Approval for deviation.	**§21.618 완화 승인**
(a) Each manufacturer who requests approval to deviate from any performance standard of a TSO must show that factors or design features providing an equivalent level of safety compensate for the standards from which a deviation is requested.	(a) 기술표준품의 성능표준에 대한 완화(deviation) 승인을 요청하는 제작자는 동등한 수준의 안전성을 제공하는 요소 또는 설계가 완화를 요청한 해당 기술표준서의 요건을 보상할 수 있음을 입증하여야 한다. *[주기] 항공안전법령에서는 Deviation(완화)을 "성능표준 불일치"로 표기함.*
(b) The manufacturer must send requests for approval to deviate, together with all pertinent data, to the FAA. If the article is manufactured under the authority of a foreign country or jurisdiction, the manufacturer must send requests for approval to deviate, together with all pertinent data, through the civil aviation authority of that country or jurisdiction to the FAA.	(b) 제작자는 완화승인 요청서를 이에 관련되는 모든 데이터와 함께 연방항공청에 제출하여야 한다. 해당 품목이 외국 또는 관할권역에서 제작되는 경우에 제작자는 관련되는 모든 데이터와 함께 완화승인 요청서를 해당 국가 또는 관할당국의 민간항공당국을 경유하여 연방항공청에 제출하여야 한다.
§21.619 Design changes.	**§21.619 설계변경**
(a) Minor changes by the manufacturer holding a TSO authorization. The manufacturer of an article under an authorization issued under this part may make minor design changes (any change other than a major change) without further approval by the FAA. In this case, the changed article keeps the original model number (part numbers may be used to identify minor changes) and the manufacturer must forward to the FAA, any revised data that are necessary for compliance with §21.603(a).	(a) 기술표준품승인서를 소지하고 있는 제작자에 의한 경급 변경 : 본 규정에 의하여 발급된 기술표준품승인서에 따라서 품목을 제작하는 자는 연방항공청의 추가적인 승인을 받지 않고 경급 변경을 할 수 있다. 이러한 경우에 설계가 변경된 품목은 최초의 모델번호(경급 변경을 식별하기 위한 부품번호가 사용될 수 있음)를 유지하여야 한다. 그리고 제작자는 §21.603(a)항에 대한 적합성 입증에 필요한 모든 개정 데이터를 연방항공청에 제출하여야 한다.
(b) Major changes by the manufacturer holding a TSO authorization. Any design change by the manufacturer extensive enough to require a substantially complete investigation to determine compliance with a TSO is a major change. Before making a major change, the manufacturer must assign a new type or model designation to the article and apply for an authorization under §21.603.	(b) 기술표준품승인서를 소지하고 있는 제작자에 의한 중급 변경 : 해당 기술표준품의 적합성을 결정하는데 있어서 실질적으로 완전한 조사가 요구될 만큼 광범위한 설계변경은 중급 변경에 해당한다. 제작자는 중급 변경을 하기 전에 해당 품목에 대한 새로운 형식 또는 모델 명칭을 부여하고, §21.603 요건에 따라서 기술표준품승인을 신청하여야 한다.
(c) Changes by persons other than the manufacturer. No design change by any person (other than the manufacturer who provided the statement of conformance for the article) is eligible for approval under this part unless the person seeking the approval is a manufacturer and applies under §21.603(a) for a separate TSO authorization. Persons other than a manufacturer may obtain approval for design changes under part 43 or under the applicable airworthiness regulations of this chapter.	(c) 해당 제작자가 아닌 자에 의한 변경 : 다른 사람(해당 품목에 대한 합치성 확인서를 제출한 제작자가 아닌)에 의한 설계변경은 해당 승인을 받고자 하는 자가 제작자이고, §21.603(a)항에 따라서 별도의 기술표준품승인을 신청하는 경우가 아니면 이 규정에 의한 승인을 받을 수 없다. 제작자가 아닌 자는 연방항공규정 Part 43 또는 그 밖의 적용 감항규정에 의거하여 설계변경에 대한 승인을 받을 수 있다.
§21.620 Changes in quality system.	**§21.620 품질시스템 변경**

After the issuance of a TSO authorization - (a) Each change to the quality system is subject to review by the FAA; and (b) The holder of the TSO authorization must immediately notify the FAA, in writing, of any change that may affect the inspection, conformity, or airworthiness of its article.	기술표준품승인서를 발급받은 후에 제작자는 다음과 같이 조치하여야 한다. (a) 품질시스템에 대한 각 변경사항은 연방항공청의 검토를 받아야 한다. (b) 기술표준품승인 소지자는 해당 품목의 검사, 합치성, 또는 감항성에 영향을 줄 수 있는 변경에 대하여 그 즉시 문서로 연방항공청에 통지하여야 한다.
§21.621 Issue of letters of TSO design approval: Import articles.	**§21.621 수입품목에 대한 기술표준품 설계승인서 발급**
(a) The FAA may issue a letter of TSO design approval for an article - (1) Designed and manufactured in a foreign country or jurisdiction subject to the export provisions of an agreement with the United States for the acceptance of these articles for import; and (2) For import into the United States if - (i) The State of Design certifies that the article has been examined, tested, and found to meet the applicable TSO or the applicable performance standards of the State of Design and any other performance standards the FAA may prescribe to provide a level of safety equivalent to that provided by the TSO; and (ii) The manufacturer has provided to the FAA one copy of the technical data required in the applicable performance standard through its State of Design. (b) The FAA issues the letter of TSO design approval that lists any deviation granted under §21.618.	(a) 연방항공청은 다음의 품목에 대하여 기술표준품 설계승인서(LODA)를 발급할 수 있다. (1) 수출 및 수입되는 품목의 수락을 위하여 미국과 체결한 협정의 규정을 따르는 외국 또는 관할권역에서 설계 및 제작되는 품목. (2) 다음의 요건에 따라 미국에 수입되는 품목. (i) 설계국가는 해당 품목이 검사 및 시험되고, 해당 기술표준서 또는 설계국가의 적용 성능표준 그리고 해당 기술표준서에 제시된 수준과 동등한 수준의 안전성을 제공하기 위하여 연방항공청이 규정하는 기타의 다른 성능표준을 만족하는 것으로 확인되었음을 증명하여야 한다. (ii) 제작자는 해당 성능표준에서 요구된 기술 데이터 사본 1부를 설계국가 감항당국을 경유하여 연방항공청에 제출하여야 한다. (b) 연방항공청은 §21.618에 의거하여 제작자에게 부여된 완화 사항을 기재하여 기술표준품 설계승인서를 발급한다.
Subpart P - Special Federal Aviation Regulations **§21.700 SFAR No. 111 - Lavatory Oxygen Systems.** The requirements of §121.1500 of this chapter also apply to this part.	**Subpart P. 특별연방항공규정(SFAR)** **§21.700 SFAR 111: 화장실 산소시스템** 연방항공규정 §121.1500 요건은 이 규정에도 적용된다.